Met + Cys	Methionin + Cystin
NDF	Neutral detergent fibre (Neutrale Detergens-Faser)
NE	Nettoenergie
NEF	Nettoenergie Fett
NEL	Netto-Energie-Laktation
NPN	Nicht-Protein-Stickstoff
OM, OS	Organische Masse, organische Substanz
PEQ	Protein-Energie-Quotient
Phe	Phenylalanin
PK	Pufferkapazität
p.p.	post partum
puXP	Pepsinunlösliches Rohprotein
RES	Rapsextraktionsschrot
RGV	Rauhfutter verzehrende Großvieheinheit
SAS	Schwefelhaltige Aminosäuren
sD	Scheinbare Verdaulichkeit
StE	Stärkeeinheit
T, TS	Trockenmasse, Trockensubstanz
Thr	Threonin
Trp	Tryptophan
uXC	Unverdauliche Rohkohlenhydrate
uXF	Unverdauliche Rohfaser
uXL	Unverdauliches Rohfett
uXP	Unverdauliches Rohprotein
uXX	Unverdauliche N-freie Extraktstoffe
Val	Valin
VE	Verdaulichkeit der Energie
v. H.	von Hundert
XA	Rohasche
XC	Rohkohlenhydrate (Summe von XF und XX)
XF	Rohfaser
XL	Rohfett (Rohlipide)
XP	Rohprotein
XS	Stärke
XX	N-freie Extraktstoffe
XZ, Z	Zucker

---

[1]) ohne Symbole des SI-Systems und chemische Symbole

Jeroch/Flachowsky/Weißbach

Futtermittelkunde

Futtermittelkunde

Herausgegeben von

Heinz Jeroch, Gerhard Flachowsky und Friedrich Weißbach

Bearbeitet von 13 Fachwissenschaftlern

Mit 100 Abbildungen und 238 Tabellen

Gustav Fischer Verlag Jena · Stuttgart · 1993

Anschriften der Herausgeber

Prof. Dr. agr. habil. Heinz Jeroch
Martin-Luther-Universität Halle-Wittenberg
Landwirtschaftliche Fakultät
Institut für Tierernährung
Emil-Abderhalden-Str. 25b
D-06108 Halle/Saale

Prof. Dr. agr. habil. Gerhard Flachowsky
Friedrich-Schiller-Universität Jena
Biologisch-Pharmazeutische Fakultät
Institut für Ernährung und Umwelt
Dornburger Str. 24
D-07743 Jena

Prof. Dr. agr. habil. Friedrich Weißbach
Bundesforschungsanstalt für Landwirtschaft
Institut für Grünland- und Futterpflanzenforschung
Bundesallee 50
D-38116 Braunschweig-Völkenrode

Die Deutsche Bibliothek – CIP-Einheitsaufnahme

Futtermittelkunde / hrsg. von Heinz Jeroch ... Bearb. von 13
Fachwiss. – Jena ; Stuttgart : G. Fischer, 1993
  ISBN 3-334-00384-1
NE: Jeroch, Heinz [Hrsg.]

© Gustav Fischer Verlag Jena, 1993
Villengang 2, D-07745 Jena

Das Werk einschließlich aller seiner Teile ist urheberrechtlich geschützt. Jede Verwertung außerhalb der engen Grenzen des Urheberrechtsgesetzes ist ohne Zustimmung des Verlages unzulässig und strafbar. Das gilt insbesondere für Vervielfältigungen, Übersetzungen, Mikroverfilmungen und die Einspeicherung und Verarbeitung in elektronischen Systemen.

Lektor: Dr. Dr. Roland Itterheim
Gesamtherstellung: Druckhaus „Thomas Müntzer" GmbH, D-99947 Bad Langensalza
Printed in Germany

ISBN 3-334-00384-1

Autorenverzeichnis

Prof. Dr. sc. **Herbert Felkl** †
Stadtparkhöhe 10
D-01662 Meißen

Prof. Dr. habil. **Gerhard Flachowsky**
Rosa-Luxemburg-Str. 7/111
D-07646 Stadtroda

Dr. **Thomas Heinz**
Signalgastweg 17
D-18109 Rostock

Prof. Dr. habil. **Heinz Jeroch**
Leipziger Str. 34
D-04430 Böhlitz-Ehrenberg

Dr. **Walter Kracht**
Heinrich-Rau-Str. 10
D-39218 Schönebeck

Doz. Dr. habil. **Siegfried Legel**
Lermontowstr. 11
D-04357 Leipzig

Doz. Dr. habil. **Huldreich Nonn**
Oldenburger Str. 16 (915/1)
D-06126 Halle (Saale)

Doz. Dr. habil. **Arno Püschner**
Rehagener Str. 5
D-15806 Kummersdorf-Ort

Dr. **Hans-Joachim Schlöffel**
Steinstr. 21
D-04275 Leipzig

Dr. habil. **Friedrich Schöne**
Hermann-Löns-Str. 43E
D-07745 Jena

Dr. **Rainer Schubert**
Beethovenstr. 1a
D-07743 Jena

Dr. **Rainer Thiele** †
Str. des 18. Oktober 18 − 22
D-04103 Leipzig

Prof. Dr. habil. **Friedrich Weißbach**
Bundesallee 50
D-38116 Braunschweig-Völkenrode

Vorwort

Mit dem vorliegenden Werk soll eine Lücke im Lehr- und Fachbuchangebot geschlossen werden. Es fehlt seit längerem eine Abhandlung über Futtermittel, die dem vorgesehenen Nutzerkreis, insbesondere Studierenden der Landwirtschaft und Veterinärmedizin, leitenden Mitarbeitern der Futtermittelindustrie, Futtermitteluntersuchung und Fütterungsberatung sowie spezialisierten Praktikern den derzeitigen Erkenntnisstand dieser Teildisziplin der Tierernährung in vorrangig anwendungsorientierter Form vermittelt.

Futtermittel nehmen eine zentrale Stellung innerhalb der Landwirtschaft ein. Etwa 70% der pflanzlichen Bruttoproduktion werden in Deutschland für die Tierproduktion als Futtermittel entweder direkt (z. B. Grünfutter und Grünfutterkonservate) oder nach erfolgter Be- und/oder Verarbeitung (z. B. Getreide als Mischfutterkomponente) eingesetzt. Des weiteren fallen bei der Verarbeitung pflanzlicher und tierischer Rohstoffe, die vorranging von der Landwirtschaft erzeugt werden, in beachtlichem Umfang Nebenerzeugnisse an, deren umfassende und zielgerichtete Nutzung als Futtermittel für die Versorgung der Tierbestände mit Energie und Nährstoffen einen hohen Stellenwert besitzt. Außerdem liefert die Industrie Futtermittel und Futterzusatzstoffe, die zu einer Komplettierung und Aufwertung der in den landwirtschaftlichen Betrieben erzeugten Futtermittel im Rahmen einer vollwertigen Ernährung der Nutztiere beitragen. Diesem Ziel dient gleichfalls das breite Mischfuttersortiment, für dessen Herstellung neben im Inland erzeugten Futtermitteln auch Importfuttermittel verwendet werden. Fütterungswürdige Nebenprodukte aus den verschiedensten Bereichen dürfen als Nährstofflieferanten für die Tierbestände nicht unerwähnt bleiben. Die Palette der Futtermittel ist somit weit gefächert; dies wirkt sich für eine systematische Darstellung erschwerend aus. Die Autoren hoffen, daß das verwendete Einteilungsprinzip die Überschaubarkeit des Stoffes unterstützt.

Ein optimaler Einsatz von Futtermitteln im Rahmen einer leistungsorientierten, umweltgerechten und gesunden Ernährung der Tiere setzt detaillierte Kenntnisse über ihre Inhaltsstoffe und Qualitätseigenschaften voraus, deren umfassende Darstellung unter Berücksichtigung der wesentlichsten Einflußgrößen bei der Erzeugung, Konservierung, Lagerung, Be- und Verarbeitung einen Schwerpunkt des Buches bildet. Zur Charakterisierung der Futtermittel dienen in erster Linie nach konventionellen Methoden ermittelte Inhaltsstoffe (z. B. Ergebnisse der Weender Analyse) und die Kenndaten des Futterwertes. Jedoch werden auch Daten neuer Methoden der Inhaltsstoffanalytik und der Futterbewertung bei der Beurteilung berücksichtigt, wenngleich ihre Anwendung derzeit noch vorrangig auf wissenschaftliche Einrichtungen beschränkt ist. Hinweise über Einsatzmöglichkeiten, insbesondere der Einzelfuttermittel, bei Beachtung spezifischer Inhalts- und Begleitstoffe, die Einfluß auf Leistung und Gesundheit der Tiere sowie die Qualität der tierischen Produkte nehmen können, sollen eine Brücke zur Fütterung landwirtschaftlicher Nutztiere schlagen.

Ein erheblicher Teil des erzeugten Futters muß konserviert werden, bevor es verfüttert wird. Zu wesentlichen Aspekten der verschiedensten Konservierungsverfahren erfolgen Ausführungen, die jedoch immer die Zielstellung verfolgen, Qualität in höchstem Maße zu sichern und die Verluste so gering wie möglich zu halten. Ein weiteres Anliegen ist es, neuere Erkenntnisse über physikalische, chemische, biologische sowie biotechnologische Verfahren und Behandlungen zur Qualitätsverbesserung von Futtermitteln und Futtermischungen darzustellen, deren Bedeutung u. a. in einer höheren Ausnutzung von Futterinhaltsstoffen, in z. T. wesentlich erweiterten Einsatzmengen und in der Aufwertung von Futtermitteln liegt.

In erster Linie wird der derzeitige Erkenntnisstand in den jeweiligen Abschnitten berücksichtigt. Jedoch erfolgen auch Hinweise auf Entwicklungstrends und -probleme. Für die verschiedenen Kapitel konnten Autoren gewonnen werden, die in der Regel langjährige wissenschaftliche und/oder praktische Erfahrungen auf den vertretenen Teilgebieten besitzen, eigenständige wissenschaftliche Beiträge zur Futtermittelkunde geleistet haben sowie in der Lehre, Aus- und Weiterbildung mit Fragen der Futtermittelkunde eng verbunden sind.

Die Autoren bedanken sich bei Herrn Prof. Dr. agr. habil. Dr. h.c. A. Hennig für die kritische Durchsicht des Manuskriptes und die zahlreichen konstruktiven Hinweise und Anregungen, die bei der Endfassung weitgehend Berücksichtigung fanden. Während der Konzipierung, Abfassung und Drucklegung erfolgte die Zusammenarbeit mit dem Gustav Fischer Verlag Jena in kollegialer und konstruktiver Form. Dem Verlag und insbesondere seinem Lektor, Herrn Dr. Dr. R. Itterheim, sprechen wir dafür an dieser Stelle ein herzliches Dankeschön aus.

Herausgeber und Autoren wünschen sich eine freundliche Aufnahme des Werkes bei den Nutzern und sind jederzeit für kritische Hinweise und fachliche Anregungen im Sinne einer weiteren Qualifizierung des Titels dankbar.

Halle/Jena/Braunschweig   H. Jeroch, G. Flachowsky, F. Weißbach

Inhaltsverzeichnis

1.	Definition und Einteilung der Futtermittel (H. Jeroch)	15
2.	**Wertbestimmende Bestandteile der Futtermittel** (F. Weißbach)	18
2.1.	Übersicht	18
2.2.	Hauptnährstoffe	19
2.2.1.	Eiweiß und NPN-Verbindungen	20
2.2.2.	Lipide und Fettbegleitstoffe	22
2.2.3.	Kohlenhydrate und andere N-freie Stoffe	23
2.3.	Futtermittelanalyse	29
3.	**Bewertung der Futtermittel** (G. Flachowsky)	33
3.1.	Energetische Futterbewertung	34
3.1.1.	Aufgaben eines energetischen Futterbewertungsmaßstabes	34
3.1.2.	Maßstäbe für die energetische Futterbewertung	34
3.1.2.1.	Bruttoenergie (GE)	35
3.1.2.2.	Verdauliche Energie (DE)	36
3.1.2.3.	Umsetzbare Energie (ME)	40
3.1.2.4.	Nettoenergie (NE)	42
3.1.2.5.	Weitere energetische Futterbewertungsmaßstäbe	51
3.1.3.	Vergleichbarkeit verschiedener Bewertungsmaßstäbe	56
3.2.	Proteinbewertung	60
3.2.1.	Nichtwiederkäuer	61
3.2.2.	Wiederkäuer	63
3.3.	Futteraufnahme und Futterbewertung	65
3.3.1.	Abbau und Passage	66
3.3.2.	Auswirkungen auf die Futterbewertung	68
3.4.	Kontrolle der Futterqualität	70
4.	**Grünfutter und Grünfutterkonservate** (F. Weißbach)	74
4.1.	Stellung in der Futterwirtschaft	74
4.2.	Inhaltsstoffe und Futterwert von Grünfutter	76
4.2.1.	Rohprotein und Mineralstoffe	77
4.2.2.	Kohlenhydrate	78
4.2.3	Vitamine und Provitamine	80
4.2.4.	Antinutritive Substanzen	81
4.2.5.	Verdaulichkeit, Energiekonzentration und Energieertrag	84
4.3.	Konservierung von Grünfutter	87
4.3.1.	Bereitung von Silage	87
4.3.1.1.	Verfahrensgrundlagen	87
4.3.1.2.	Vergärbarkeit des Grünfutters	89
4.3.1.3.	Silierverfahren und Siliermittel	91
4.3.1.4.	Grundsätze der Siliertechnik	93
4.3.2.	Bereitung von Trockenfutter	94
4.3.2.1.	Verfahrensgrundlagen	94
4.3.2.2.	Trocknungsverfahren	95

4.3.3.	Konservatqualität und Nährstoffverluste	99
4.4.	Grünfutterarten	104
4.4.1.	Grünmais und Maisganzpflanzen	104
4.4.1.1.	Eigenschaften	104
4.4.1.2.	Futterwert	106
4.4.1.3.	Konservierung	111
4.4.2.	Grüngetreide und Getreideganzpflanzen	113
4.4.2.1.	Arten und Eigenschaften	114
4.4.2.2.	Futterwert	116
4.4.2.3.	Konservierung	120
4.4.3.	Futtergräser	122
4.4.3.1.	Arten und Eigenschaften	123
4.4.3.2.	Futterwert	126
4.4.3.3.	Konservierung	131
4.4.4.	Futterleguminosen	134
4.4.4.1.	Arten und Eigenschaften	134
4.4.4.2.	Futterwert	139
4.4.4.3.	Konservierung	143
4.4.5.	Futterkruziferen	145
4.4.5.1.	Arten und Eigenschaften	145
4.4.5.2.	Futterwert	146
4.4.5.3.	Konservierung	148
4.4.6.	Rübenblatt	148
4.4.6.1.	Arten und Eigenschaften	148
4.4.6.2.	Futterwert	149
4.4.6.3.	Konservierung	151
4.4.7.	Sonstige Grünfutterarten	153
5.	**Stroh und andere faserreiche Futtermittel** (G. Flachowsky)	155
5.1.	Strohanfall	155
5.2.	Ernte, Lagerung und Anforderungen an die Qualität von Futterstroh	156
5.3.	Inhaltsstoffe und Futterwert von Getreidestroh	157
5.3.1.	Inhaltsstoffe	157
5.3.2.	Physikalische und physikochemische Eigenschaften	159
5.3.3.	Futterwert	159
5.4.	Verbesserung des Futterwertes von Stroh und anderen geringwertigen Rauhfuttermitteln	162
5.4.1.	Physikalische Methoden	162
5.4.2.	Chemische und physikalisch-chemische Methoden	167
5.4.3.	Biologische Methoden	174
5.5.	Empfehlungen zum Einsatz von unterschiedlich aufbereitetem Stroh	175
5.6.	Cellulosereiche Rückstände bei der Erzeugung von Industrierohstoffen, Nahrungs- und Genußmitteln in den Tropen (G. Flachowsky und S. Legel)	175
5.6.1.	Stroh und strohähnliche, cellulosereiche Produkte	178
5.6.2.	Sonstige cellulosereiche Produkte des Pflanzenbaues	179
5.6.3.	Ernterückstände des Zuckerrohrs	179
5.6.4.	Rückstände des Obst- und Gemüseanbaues	181
5.6.5.	Produkte des Genußmittelanbaues	181
5.6.6.	Produkte vom Anbau technischer Kulturen	182
5.7.	Produkte der Forstwirtschaft und holzverarbeitenden Industrie (G. Flachowsky)	183
5.7.1.	Laub und Nadeln	183
5.7.2.	Zweige, Reisig und Unterwuchs	184
5.7.3.	Rinden	186
5.7.4.	Holzabfälle	187
5.7.5.	Produkte der Zellstoff- und Kunstfaserindustrie	188
5.7.6.	Papier	190

6.	**Knollen und Wurzeln** (W. Kracht und A. Püschner)	192
6.1.	Kartoffeln	192
6.1.1.	Inhaltsstoffe	192
6.1.2.	Thermische Behandlung	194
6.1.3.	Verdaulichkeit, Futterwert und Einsatz frischer Kartoffeln	196
6.1.4.	Lagerung und Silierung	197
6.1.4.1.	Zwischenlagerung	197
6.1.4.2.	Silierung	198
6.1.5.	Verdaulichkeit, Futterwert und Einsatz von Kartoffelsilagen	204
6.1.6.	Trocknung, Futterwert und Einsatz der Trockenprodukte	205
6.2.	Beta-Rüben	208
6.2.1.	Futter- und Zuckerrüben	208
6.2.1.1.	Inhaltsstoffe	208
6.2.1.2.	Verdaulichkeit und Futterwert	209
6.2.1.3.	Einsatz in der Fütterung	209
6.2.1.4.	Konservierung und Futterwert der Konservate	213
6.2.2.	Rote Rüben	218
6.3.	Brassica- und Mohrrüben	218
6.3.1.	Inhaltsstoffe	218
6.3.1.1.	Kohlrüben	218
6.3.1.2.	Stoppelrüben (Wasserrüben, Herbstrüben, Turnips)	219
6.3.1.3.	Mohrrüben	220
6.3.2.	Verdaulichkeit	220
6.3.3.	Konservierung	220
6.3.4.	Einsatz in der Fütterung	221
6.4.	Maniok (Tapioka, Cassava) (W. Kracht)	221
6.4.1.	Verbreitung und Bedeutung	221
6.4.2.	Botanische Merkmale und Erträge	222
6.4.3.	Futtermittel aus Maniokwurzeln	222
6.4.3.1.	Inhaltsstoffe	223
6.4.3.2.	Verdaulichkeit	229
6.4.3.3.	Verwertung der Energie	230
6.4.3.4.	Futterwertdaten	231
6.4.3.5.	Frischezustand	232
6.4.4.	Einsatz in der Fütterung	232
6.4.4.1.	Schweine	232
6.4.4.2.	Geflügel	233
6.4.4.3.	Wiederkäuer	234
7.	**Körner und Samen** (H. Jeroch)	238
7.1.	Getreide	238
7.1.1.	Morphologischer Aufbau des Getreidekorns	239
7.1.2.	Inhaltsstoffe und Futterwert	240
7.1.2.1.	Energieliefernde Inhaltsstoffe, Verdaulichkeit und energetischer Futterwert	241
7.1.2.2.	Proteingehalt und Proteinqualität	244
7.1.2.3.	Mineralstoffgehalt	247
7.1.2.4.	Vitamingehalt	249
7.1.2.5.	Antinutritive Substanzen	249
7.1.3.	Futterwert und Fütterungseignung von Frischgetreide, ernte- und lagerungsgeschädigtem Getreide	253
7.1.4.	Lagerung und Konservierung von Getreide	255
7.1.5.	Einsatzformen, Bearbeitungs- und Behandlungsverfahren	260
7.1.6.	Spezifische Futterqualitätseigenschaften einzelner Getreidearten und Einsatzempfehlungen	267
7.1.6.1.	Gerste	267
7.1.6.2.	Hafer	269

7.1.6.3.	Hirsen	270
7.1.6.4.	Maiskörner und Maiskolbenfuttermittel	271
7.1.6.5.	Reis	274
7.1.6.6.	Roggen	275
7.1.6.7.	Triticale	276
7.1.6.8.	Weizen	277
7.2.	Körnerleguminosen	281
7.2.1.	Inhaltsstoffe und Futterwert	282
7.2.2.	Futterwerterhöhende Maßnahmen	289
7.2.3.	Einsatzempfehlungen	291
7.3.	Buchweizen	293
7.4.	Samen von Holzgewächsen	295
8.	**Futtermittel aus der industriellen Verarbeitung pflanzlicher Rohstoffe**	**298**
8.1.	Produkte der Mehl- und Schälmüllerei (R. Thiele)	298
8.1.1.	Produkte der Mehlmüllerei	298
8.1.2.	Produkte der Schälmüllerei	302
8.2.	Produkte der Stärkeindustrie (R. Thiele und H. Jeroch)	303
8.2.1.	Bei der Gewinnung von Maisstärke anfallende Futtermittel	303
8.2.2.	Bei der Weizenstärkegewinnung anfallende Futtermittel	305
8.2.3.	Bei der Gewinnung von Kartoffelstärke anfallende Futtermittel	306
8.3.	Eiweißreiche Produkte der Ölindustrie (F. Schöne)	307
8.3.1.	Rohstoffe und Verfahren der Ölgewinnung	307
8.3.2.	Inhaltsstoffe und Futterwert	310
8.3.2.1.	Gehalt an Rohprotein und Aminosäuren, scheinbare Verdaulichkeit des Rohproteins	310
8.3.2.2.	Gehalt an Kohlenhydraten und Faser, Verdaulichkeit der Energie und energetischer Futterwert	311
8.3.2.3.	Gehalt an Mengenelementen, Spurenelementen und Vitaminen	313
8.3.2.4.	Antinutritive Inhaltsstoffe	314
8.3.3.	Maßnahmen zur Verbesserung des Futterwertes	315
8.3.4.	Einsatzempfehlungen	317
8.3.4.1.	Extraktionsschrote	317
8.3.4.2.	Ölsaaten und Expeller	319
8.3.4.3.	Weniger bedeutsame Ölsaaten und deren Rückstände	321
8.4.	Produkte der Zuckerindustrie (H. Nonn)	323
8.4.1.	Technologie der Zuckerrübenverarbeitung	323
8.4.2.	Anfallende Futtermittel	325
8.4.2.1.	Extrahierte Zuckerrübenschnitzel	326
8.4.2.2.	Teilextrahierte Zuckerrübenschnitzel	330
8.4.2.3.	Ammonisierte extrahierte Zuckerrübenschnitzel	331
8.4.2.4.	Zuckerrübenmelasse	331
8.4.2.5.	Melasseschlempen (Vinasse)	332
8.4.2.6.	Melassierte extrahierte Zuckerrübenschnitzel	333
8.4.2.7.	Futterzucker	334
8.5.	Produkte der Gärungsindustrie (H. Felkl und G. Flachowsky)	335
8.5.1.	Technologie von Bierbrauerei, Brennerei und Weinherstellung	335
8.5.2.	Anfallende Futtermittel	337
8.5.2.1.	Malz und Malzkeime	337
8.5.2.2.	Biertreber	339
8.5.2.3.	Bierhefe	340
8.5.2.4.	Weitere Produkte der Bierbrauerei	340
8.5.2.5.	Schlempen	341
8.5.2.6.	Produkte der Weinherstellung	342
8.6.	Obst und Rückstände der Obstverarbeitung (G. Flachowsky und H. Felkl)	343
8.6.1.	Südfrüchte und Verarbeitungsrückstände	345
8.6.2.	Trester	346

8.6.3.	Sonstige Rückstände	347
8.7.	Produkte der Gemüse- und Kartoffelverarbeitung (H. Felkl und G. Flachowsky)	347
8.7.1.	Kohl und Kohlabfälle	348
8.7.2.	Blattgemüse und -abfälle	351
8.7.3.	Wurzelgemüse und -abfälle	351
8.7.4.	Rückstände der Gemüsesaft- und Gemüsemarkherstellung	352
8.7.5.	Kartoffelschälrückstände	352
9.	**Proteinreiche Futtermittel tierischer Herkunft** (R. Schubert)	354
9.1.	Milch und Milchprodukte	354
9.1.1.	Gewinnung und Konservierung	354
9.1.2.	Futterwert und Einsatzempfehlungen	356
9.1.2.1.	Kolostrum	356
9.1.2.2.	Vollmilch	356
9.1.2.3.	Magermilch	357
9.1.2.4.	Buttermilch	359
9.1.2.5.	Molke	360
9.1.2.6.	Weitere Milchprodukte	361
9.2.	Produkte von Säugetieren und Geflügel	361
9.2.1.	Konservierungsverfahren	361
9.2.2.	Futterwert und Einsatzempfehlungen	363
9.2.2.1.	Frischblut, chemisch konserviert	363
9.2.2.2.	Blutmehl	364
9.2.2.3.	Eiweißmischsilage	364
9.2.2.4.	Tiermehl, Fleischfuttermehl, Fleischknochenmehl, Knochenschrot	365
9.2.2.5.	Federn, Horn, Borsten, Geflügelschlachtabfälle	366
9.2.2.6.	Produkte der Brütereien und Eiverarbeitung	367
9.2.2.7.	Produkte der Lederindustrie	368
9.3.	Fische und Fischverarbeitungsprodukte	368
9.3.1.	Konservierungsverfahren	368
9.3.2.	Futterwert und Einsatzempfehlungen	370
9.3.2.1.	Frischfisch und Fischsilagen	370
9.3.2.2.	Fischmehl	371
9.3.2.3.	Fischpreßsäfte (Solubles)	373
9.3.2.4.	Fischproteinhydrolysat	374
9.3.2.5.	Fischlebermehle	374
9.4.	Futtermittel aus der Verarbeitung von Meerestieren	374
9.4.1.	Aufbereitungsverfahren	374
9.4.2.	Futterwert und Einsatzempfehlungen	375
9.4.2.1.	Walmehl	375
9.4.2.2.	Krillmehl	376
9.4.2.3.	Sonstige Produkte	376
10.	**Fette und Öle** (H.-J. Schlöffel)	378
10.1.	Futterfettquellen und Ziele des Fetteinsatzes	378
10.2.	Fetteigenschaften, Veränderungen und Erhaltung der Fettqualität	380
10.3.	Fettzusammensetzung und Futterwert	384
10.3.1.	Fettsäuremuster von Futterfetten	384
10.3.2.	Verdaulichkeit und energetischer Futterwert	385
10.4.	Einsatzempfehlungen	388
11.	**Futtermittel auf mikrobieller Basis** (Th. Heinz)	392
11.1.	Verfahrensprinzipien	392
11.2.	Hefen	394
11.2.1.	Inhaltsstoffe	394
11.2.2.	Proteinqualität, Verdaulichkeit und energetischer Futterwert	397

11.2.3.	Einsatzempfehlungen	398
11.3.	Bakterien und Mikropilze	399
11.4.	Algen	399
11.5.	Bioschlamm	399

12.	**Mischfuttermittel, Mineralfuttermittel und Zusatzstoffe** (R. Schubert, R. Thiele und H. Jeroch)	404
12.1.	Definitionen	405
12.2.	Vorteile der Mischfuttermittel	406
12.3.	Mischfutterherstellung	407
12.4	Anforderungen an Mischfuttermittel und Qualitätskontrolle	408
12.5.	Mischfuttermittel-Normtypen und Einsatzrichtlinien	409
12.5.1.	Mischfuttermittel für Rinder	410
12.5.2.	Mischfuttermittel für Schweine	410
12.5.3.	Mischfuttermittel für Schafe, Ziegen und Pferde	411
12.5.4.	Mischfuttermittel für Geflügel und andere Tierarten	411
12.5.5.	Mineralfuttermittel, Ergänzungsfutter (flüssig)	417
12.6.	Zusatzstoffe (R. Schubert)	417
12.6.1.	Zusatzstoffe mit ergotroper Wirkung	420
12.6.2.	NPN-Verbindungen	424
12.6.3.	Synthetische Aminosäuren	424

13.	**Küchenabfälle und Produkte der Backwarenindustrie**	426
13.1.	Küchenabfälle (W. Kracht und G. Flachowsky)	427
13.1.1.	Inhaltsstoffe und Futterwert	427
13.1.1.1.	Rohnährstoffe	427
13.1.1.2.	Essentielle Aminosäuren	428
13.1.1.3.	Mineralstoffe und Vitamine	428
13.1.1.4.	Verdaulichkeit und energetischer Futterwert	429
13.1.2.	Erfassung und Aufbereitung	431
13.1.3.	Einsatzempfehlungen	432
13.2.	Produkte der Backwarenindustrie (H. Felkl und G. Flachowsky)	433

14.	**Tierexkremente und Panseninhalt** (G. Flachowsky)	436
14.1.	Exkrementanfall und Einsatzmöglichkeiten	437
14.2.	Inhaltsstoffe, Futterwert, Aufbereitung, Lagerung und Einsatzempfehlungen von Exkrementen	438
14.2.1.	Junggeflügelexkremente und -tiefstreu	438
14.2.2.	Legehennenexkremente und -aufbereitungsprodukte	440
14.2.3.	Schweineexkremente und -aufbereitungsprodukte	442
14.2.4.	Rinderexkremente	444
14.2.5.	Sonstige Exkremente	444
14.3.	Panseninhalt	445

15.	**Anhang**	447
15.1.	Futterwerttabelle für Wiederkäuer	448
15.2.	Futterwerttabelle für Schweine	462
15.3.	Futterwerttabelle für Pferde	471
15.4.	Futterwerttabelle für Geflügel	476
15.5.	Aminosäurengehalt von Futtermitteln	479
15.6.	Mineralstoffgehalt von Futtermitteln	485
15.7.	Vitamingehalt von Futtermitteln	495

Sachregister . . . 501

1. Definition und Einteilung der Futtermittel

Der Futtermittelbegriff wird unterschiedlich interpretiert. Wöhlbier (1977) hat sich mit seiner Definition auseinandergesetzt und kommt zu folgender Formulierung: „Futtermittel sind solche Stoffe, die vom Tier per os aufgenommen werden oder werden können, die auf den Stoffwechsel des Tieres sich auswirken und die als einzelne gesonderte Komponente dem Futter beigemengt werden." Im Sinne des Futtermittelgesetzes (Weinreich et al. 1992) sind Futtermittel: „Stoffe, einzeln (Einzelfuttermittel) oder in Mischungen (Mischfuttermittel), mit oder ohne Zusatzstoffe, die dazu bestimmt sind, in unverändertem, zubereitetem, bearbeitetem und verarbeitetem Zustand an Tiere verfüttert zu werden; ausgenommen sind Stoffe, die überwiegend dazu bestimmt sind, zu anderen Zwecken als zur Tierernährung verfüttert zu werden." Unter dem Begriff „Zusatzstoffe" werden sowohl solche verstanden, die ebenfalls wie herkömmliche Futtermittel zur Deckung des Energie- und Nährstoffbedarfs der Tiere dienen, als auch Substanzen, wie Leistungsförderer, Antioxydantien, Aroma- und appetitanregende Stoffe, Bindemittel, Fließhilfsstoffe und Gerinnungshilfsmittel, Emulgatoren, Stabilisatoren, Verdauungs- und Geliermittel, färbende Stoffe einschließlich Pigmente, Konservierungsstoffe und Säureregulatoren. Sie liefern zwar keine Nährstoffe, beeinflussen aber u. a. Aussehen, Geruch, Geschmack, Konsistenz oder Haltbarkeit der Futtermittel, unterstützen oder verbessern die Verarbeitung und den Einsatz der Futtermittel, wirken diätetisch und verbessern die tierischen Leistungen und die Produktqualität.

Obgleich Arzneimittel nach der Definition des Gesetzgebers eindeutig ausgeklammert werden, bestehen dennoch bei einigen Präparaten bzw. Substanzen Abgrenzungsprobleme. Hierzu zählen z. B. Medizinalfuttermittel und Kokzidiostatika. Erstere können durchaus Nährstoffansprüche befriedigen; bei letzteren gibt es Verbindungen, die leistungsfördernd wirken. Keinesfalls sind Materialien wie z. B. Sägemehl, Erde und Steine, die zwar an Tiere verfütterbar sind bzw. von diesen aufgenommen werden, Futtermittel, da sie keinen Beitrag zur Energie- und Nährstoffversorgung leisten und auch nicht im Sinne von Futterzusatzstoffen wirken.

Futtermittel lassen sich nach verschiedenen Prinzipien einteilen. Betriebswirtschaftlich-marktwirtschaftlichen Gesichtspunkten liegt die Einteilung in *wirtschaftseigene Futtermittel* (im landwirtschaftlichen Betrieb erzeugte und unmittelbar den Tieren verabreichte Futtermittel) und *Handelsfuttermittel* zugrunde. Diese Trennung ist nicht problemlos, denn im landwirtschaftlichen Betrieb erzeugte Futtermittel können sowohl den Status von Wirtschafts- als auch Handelsfuttermitteln (z. B. Getreide, Knollen und Wurzeln, Heu, Stroh, Maissilage) einnehmen. Typische Handelsfuttermittel sind vor allem solche Futtermittel, die als Endprodukte einer technischen Verarbeitung anfallen (u. a. Nebenprodukte bei der Verarbeitung pflanzlicher und tierischer Rohstoffe, Mischfuttermittel, Mineralfutter). Dagegen sind z. B. Grünfutter (Ackerfutterpflanzen, Weidegras) und Rüben eindeutige Wirtschaftsfuttermittel.

Gebrauchswert- und einsatzorientierten Aspekten folgt die Einteilung der Futtermittel in *Grobfutter* und *Konzentrate* (Futtermitteltabellenteil des Rostocker Futterbewertungssystems 1986). In der Katogerie „Grobfutter" sind Futtermittel zusammengefaßt, die aufgrund ihrer chemischen Zusammensetzung (relativ reich an Gerüstsubstanzen) und physikalischen Form vornehmlich in der Wiederkäuerfütterung eingesetzt werden. Zu den Grobfuttermitteln zählen vor allem Grünfutter, Grünfutterkonservate (Silagen, Heu, Trockengrünfutter) und Stroh. Die Konzentrate umfassen Futtermittel mit einem hohen Energie- und/oder Proteingehalt je kg Trockensubstanz. Sie bilden vorrangig oder ausschließlich die Komponenten von Futterrationen bzw. -mischungen für Schweine und Geflügel, d. h. für Nutztiere mit dominierender Verdauung durch körpereigene Enzyme. Knollen und Wurzeln zählen nach dieser Einteilung zu den Konzentratfuttermitteln, eine durchaus umstrittene Zuordnung.

Des weiteren dienen Konsistenz und Wassergehalt (u. a. Rauhfutter, Saftfutter, Trockenfutter), Hauptinhaltsstoffe (energiereiche Futtermittel, eiweißreiche Futtermittel, Mineralfutter), Komponentenzahl (Einzelfuttermittel, Mischfuttermittel) und Verwendungszweck (Alleinfutter, Ergänzungsfutter) zur Einteilung bzw. Bildung von Futtermittelgruppen.

In deutschsprachigen Standardwerken der Tierernährung und Futtermittelkunde, z. B. „Die Ernährung der landwirtschaftlichen Nutztiere" (Kellner 1905), „Lehrbuch der Tierernährung und Futtermittelkunde" (Nehring 1949), „Handbuch der Futtermittel" (Becker und Nehring 1967), „Tierernährung und Futtermittelkunde" (Menke und Huss 1975), erfolgt die Gruppierung der Futtermittel vor allem nach botanischen Gesichtspunkten sowie nach ihrer Herkunft bzw. Erzeugung. Das von Nehring et al. (1969) verfaßte Futtermitteltabellenwerk ist ebenfalls nach diesen Aspekten gegliedert. Dabei erfolgt die Zuordnung der Futtermittel zu folgenden Hauptgruppen:

– grüne Futterpflanzen und ihre Konservate,
– Stroh, Spreu, Schalen, Hülsen,
– Wurzeln, Knollen und fleischige Früchte,
– Körner und Samen,
– industriell hergestellte Produkte,
– Futtermittel tierischer Herkunft,
– Futtermittel chemischer Herkunft,
– Mischfuttermittel.

Diese Vorgehensweise bei der Einteilung der Futtermittel hat sich gleichfalls in der Aus- und Weiterbildung im Fach Futtermittelkunde bewährt. Es darf jedoch nicht unerwähnt bleiben, daß diese Zuordnung wenig über den Futterwert aussagt, denn schon die Unterschiede innerhalb der Gruppen können erheblich sein. Wenn dennoch dieses Einteilungsschema in seinen Grundzügen auch in diesem Werk benutzt wird, sind dafür vor allem didaktische Vorteile und seine langjährige Anwendung ausschlaggebend gewesen.

Literatur

Autorenkollektiv: Rostocker Futterbewertungssystem. 5. Auflage. Deutscher Landwirtschaftsverlag, Berlin 1986.
Becker, M., und K. Nehring: Handbuch der Futtermittel. Band 1–3. Paul Parey, Hamburg und Berlin 1967.

Kellner, O.: Die Ernährung der landwirtschaftlichen Nutztiere. Paul Parey, Berlin 1905.
Kling, M. (Begr.), und W. Wöhlbier (Hrsg.): Handelsfuttermittel. Bd. 1. Verlag Eugen Ulmer, Stuttgart 1977.
Weinreich, O., V. Koch, J. Knippel und W. Eberhardt: Futtermittelrechtliche Vorschriften. Verlag Alfred Strothe, Frankfurt/M. 1992.
Menke, K.-H., und W. Huss: Tierernährung und Futtermittelkunde. Verlag Eugen Ulmer, Stuttgart 1975.
Nehring, K.: Lehrbuch der Tierernährung und Futtermittelkunde. 1.−9. Auflage. Neumann Verlag, Radebeul 1949−1972.
Nehring, K., M. Beyer und B. Hoffmann: Futtermitteltabellenwerk. Deutscher Landwirtschaftsverlag, Berlin 1969.

2. Wertbestimmende Bestandteile der Futtermittel

2.1. Übersicht

Die Futtermittel sind prinzipiell aus den gleichen Stoffen zusammengesetzt wie der Körper der Tiere, die sich von diesen Futtermitteln ernähren. Sowohl in quantitativer, die Mengenverhältnisse der Stoffgruppen betreffend, als auch in qualitativer Hinsicht, auf das Vorkommen spezieller chemischer Verbindungen bezogen, bestehen jedoch große Unterschiede zwischen dem Tierkörper und den Futtermitteln wie auch zwischen den einzelnen Futtermittelarten.

Hinsichtlich der Funktion der einzelnen Stoffe innerhalb der belebten Materie ist zunächst zwischen

- Wasser,
- Baustoffen und
- Wirkstoffen

zu unterscheiden. Das Leben ist an das Vorhandensein von Wasser gebunden, und alle lebenden Zellen enthalten bedeutende Mengen davon. Neben dem Wasser machen die Baustoffe den überwiegenden Teil der Zellsubstanz aus. Es sind größtenteils organische Verbindungen, seltener größere Mengen auch anorganischer Verbindungen, aus denen die Zellgewebe aufgebaut sind. Die organischen **Baustoffe** gehören im wesentlichen zu den drei großen Stoffgruppen:

- Proteine,
- Lipide und
- Kohlenhydrate.

Je nach Stoffwechseltyp werden diese von der Zelle synthetisiert, ineinander umgewandelt oder zur Energiegewinnung abgebaut.

Für den geregelten Ablauf dieser Vorgänge sind als biologische Katalysatoren **Wirkstoffe** notwendig. Substantiell ist ihr Anteil an der organischen Masse nur gering, ihre physiologische Bedeutung aber sehr groß. Zu ihnen gehören Enzyme, Vitamine und Hormone. Enzyme sind katalytisch wirksame Eiweißstoffe, die in der Regel aus einem Protein (Apoenzym) und einer prosthetischen Gruppe (Coenzym) bestehen. Vitamine sind organische Verbindungen relativ niedriger Molmasse, die dem Organismus in der Regel mit der Nahrung zugeführt werden müssen und häufig als Coenzyme fungieren. Hormone sind Wirkstoffe, die in einzelnen Organen produziert und in anderen Organen den Ablauf enzymatisch gesteuerter Vorgänge regulieren. Es handelt sich entweder um relativ niedermolekulare Verbindungen oder um Eiweißstoffe. Die Funktionen der Wirkstoffe aller drei Kategorien sind auf vielfältige Weise miteinander verknüpft.

Tiere sind heterotrophe Organismen, was bedeutet, daß sie ausschließlich von der organischen Substanz leben, die von autotrophen Organismen, den Pflanzen, synthetisiert worden ist. Aus dieser gewinnen sie sowohl die Grundsubstanzen für ihren eigenen Baustoffwechsel als auch alle Energie für die Aufrechterhaltung des Lebens und für das Hervorbringen jeglicher Leistung.

Die Tiere sind darüber hinaus in vielfacher Weise auf bestimmte qualitative Eigenschaften dieser organischen Pflanzensubstanz angewiesen. Ernährungswirksam ist stets nur der von ihnen verdaubare bzw. verwertbare Anteil des Materials: die **Nährstoffe**. Entscheidend für den prinzipiellen Wert eines Futtermittels ist deshalb sein Gehalt an den drei verdaulichen Hauptnährstoffen Proteine, Lipide und Kohlenhydrate.

Unter den Nährstoffen sind die Proteine die einzige Stoffgruppe, die Stickstoff enthält, die deshalb nicht durch Kohlenhydrate oder Fette ersetzt werden kann und im Futter ausreichend enthalten sein muß. Außerdem sind die Tiere nicht in der Lage, einzelne spezielle Stoffe selbst zu synthetisieren. Dazu gehören die essentiellen Aminosäuren, bestimmte Fettsäuren und die Vitamine. Auch diese müssen ihnen in bedarfsdeckener Menge über die Nahrung zugeführt werden. Schließlich muß das Futter alle lebenswichtigen Mineralstoffe, und zwar sowohl die Mengenelemente (Ca, Mg, Na, K, P, S, Cl) als auch eine Vielzahl von Spurenelementen (Fe, Cu, Mn, Zn, Co, Cr, Se, Mo, F, I), in genügendem und zuträglichen Maße enthalten.

Andererseits kommen in vielen Pflanzenarten bzw. Futtermitteln auch antinutritive, für die Tiere schädliche Stoffe vor. Zu diesen gehören bestimmte sekundäre Pflanzenstoffe, Nitrat, Mykotoxine und Pestizidrückstände oder andere Schadstoffe, die entweder die Futteraufnahme, die Gesundheit der Tiere oder die Qualität der Tierprodukte beeinträchtigen. Im weiteren Sinne können dazu auch Stoffe wie Lignin, Cutin und Kieselsäure gerechnet werden, die dem Tier zwar nicht unmittelbar schaden, aber die Verdaulichkeit von Nährstoffen einschränken.

Alle diese genannten Bestandteile bestimmen den Gebrauchswert der Futtermittel. Nur wenige einzelne Futtermittel erfüllen alle Bedarfsansprüche der jeweiligen Tierart. In der Regel ist deshalb eine Kombination mehrerer Futterarten notwendig, um effektiv füttern zu können. Auch innerhalb der jeweiligen Futterart bestehen sehr große Unterschiede im Anteil an wertbestimmenden Bestandteilen. Die Kenntnis der Zusammensetzung der Futtermittel und ihrer Abhängigkeit von verschiedenen Faktoren ist damit eine Grundvoraussetzung jeder rationellen Fütterung.

2.2. Hauptnährstoffe

Die tierische und pflanzliche organische Substanz besteht zum großen Teil aus Makromolekülen, für deren Aufbau es allgemeine Gesetzmäßigkeiten gibt. Sie sind überwiegend nach dem Prinzip der Wiederholung aus kleineren, entweder gleichartigen (Polysaccharide aus Zuckern) oder einander ähnlichen (Proteine aus Aminosäuren) Einheiten aufgebaut. Man spricht deshalb von zusammengesetzten Verbindungen und versteht darunter solche, die sich durch Hydrolyse in die einzelnen Einheiten spalten lassen. Die Makromoleküle bilden lange Ketten, die linear oder verzweigt sind, die sich entweder parallel zu Fasern zusammenlagern (Cellulose, Skleroproteine) oder zu globulären Gebilden (Sphäroproteine) verknäult sein können. Die einzelnen Fäden oder Windungen sind durch Brückenbindungen oder Nebenvalenzen miteinander verknüpft. Seltener sind sphärische, durch vielfältige Verzweigungen entstandene Makromoleküle (Glycogen, Lignin). In der pflanzlichen und mikrobiellen Zellwandmatrix sind verschiedenartige Makromoleküle durch kovalente Bindungen zu einem dreidimensionalen Netzwerk zusammengefügt (Hemicellulose-Lignin-Komplex). Aus den Makromolekülen ragen verschiedene Atomgruppen der sie aufbauenden Einheiten heraus, die mehr oder weniger reaktionsfähig, basisch oder sauer, hydrophil oder lipophil sein können und mit anderen Molekülen sowie mit den Ionen der sie umgebenden Lösung in Beziehung treten.

2.2.1. Eiweiß und NPN-Verbindungen

Eiweiß ist die Grundsubstanz der belebten Materie. Es besteht aus den Elementen Kohlenstoff, Wasserstoff, Sauerstoff und Stickstoff sowie meist auch Schwefel und etwas Phosphor. Der N-Gehalt beträgt durchschnittlich 16%. Daraus wird bei der Futtermittelanalyse auf den Gesamtgehalt an Protein und anderen Stickstoffverbindungen geschlossen, indem man den N-Gehalt mit 6,25 multipliziert ($100:16 = 6,25$) und das Produkt als **Rohprotein** bezeichnet.

Die Bausteine des Eiweißes sind die **Aminosäuren** (Abb. 1). Alle Aminosäuren tragen mindestens eine Aminogruppe und eine Carboxylgruppe. Die Aminosäuren sind im Protein durch die Peptidbindung miteinander verknüpft. Durch Kopplung von zwei Aminosäuren entsteht ein Dipeptid, durch Anknüpfen einer dritten ein Tripeptid usw. bis zu den Polypeptiden. Diese Peptidbindung kann durch Enzyme oder Kochen mit Säuren hydrolytisch gespalten werden, wodurch die einzelnen Aminosäuren wieder frei werden. Durch die Verkettung einer Vielzahl von Aminosäuren entstehen sehr große Molmassen, die im allgemeinen zwischen 10 000 und mehreren Millionen liegen. Jedes Protein ist durch eine bestimmte Aufeinanderfolge oder Sequenz der verschiedenen Aminosäuren gekennzeichnet. Diese Aminosäurensequenz ist genetisch festgelegt und macht einen wesentlichen Teil der Spezifität der einzelnen Proteine aus.

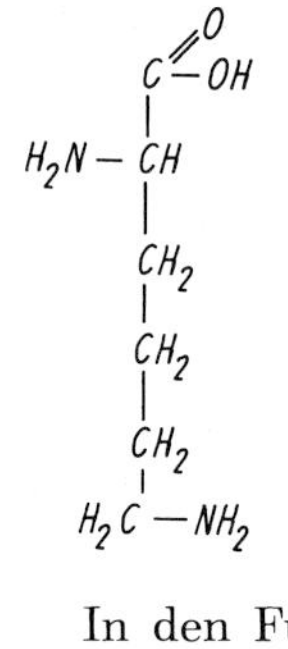

Abb. 1. Chemische Struktur der essentiellen Aminosäure L-Lysin.

In den Futtermitteln kommen etwa 20 Aminosäuren regelmäßig vor. Sie sind in Tabelle 1 genannt. Die Tiere sind nicht in der Lage, bestimmte Aminosäuren selbst zu synthetisieren. Diese *essentiellen Aminosäuren* müssen deshalb mit der Nahrung zugeführt werden. Oft finden sich zwar einzelne essentielle Aminosäuren in den Futtermitteln, sind aber in zu geringer Menge vorhanden. Diese begrenzen dann den biologischen Wert des jeweiligen Proteins eines Futtermittels oder einer Futterration. Limitierende Aminosäuren im Futter monogastrischer Tiere sind vor allem das Lysin sowie die schwefelhaltigen Aminosäuren Methionin und Cystin, seltener Tryptophan und Threonin. Wiederkäuer sind infolge ihres Vormagensystems und der dort ablaufenden bakteriellen Proteinsynthese weitgehend unabhängig von der Zufuhr essentieller Aminosäuren.

Außer von der Aminosäurensequenz (Primärstruktur) wird die Spezifität der Proteine von einer besonderen Raumstruktur (Sekundär- und Tertiärstruktur) bestimmt. Diese Raumstruktur wird wesentlich durch die Bindungskräfte zwischen den Seitenketten

Tabelle 1. Wichtige Aminosäuren tierischer und pflanzlicher Proteine

Essentielle Aminosäuren	Halbessentielle Aminosäuren	Nichtessentielle Aminosäuren
Arginin	Cystin	Alanin
Histidin	Cystein	Asparaginsäure
Isoleucin	Tyrosin	Glutaminsäure
Leucin		Glycin
Lysin		Hydroxyprolin
Methionin		Prolin
Phenylalanin		Serin
Threonin		
Tryptophan		
Valin		

der Aminosäuren, die aus dem Polypeptidmolekül herausragen, verursacht. Dem nativen, biologisch aktiven Protein liegt ein festes Ordnungsprinzip zu Grunde. Die Zerstörung dieser Raumstruktur heißt Denaturierung. Sie kann durch physikalische (z. B. Hitze) oder chemische Einwirkungen (z. B. Säuren) herbeigeführt werden. Die Verdaulichkeit muß dabei nicht notwendigerweise beeinträchtigt werden. Sind dabei jedoch Seitenketten der Aminosäuren konvalente Bindungen mit anderen Stoffen, z. B. mit reduzierenden Zuckern im Falle starker Erhitzung oder mit Formaldehyd, durch entsprechende Behandlung des Futters, eingegangen, so kann das Protein seine enzymatische Spaltbarkeit verlieren.

Die **Proteine** werden in *Skleroproteine*, die Faserstruktur haben und unlöslich sind, sowie die weitgehend kugelig gestalteten und löslichen *Sphäroproteine* eingeteilt. Zur ersten Gruppe gehören das Keratin, das Kollagen und das Elastin aus dem tierischen Haut-, Stütz-, und Bindegewebe; zur zweiten zählen die Albumine, Globuline und Histone, die am Aufbau sowohl des tierischen als auch pflanzlichen Protoplasmas beteiligt sind.

Eiweißstoffe, die im Unterschied zu den reinen Eiweißen, den eigentlichen Proteinen, eine Fremdkomponente in lockerer Bindung tragen, werden **Proteide** genannt. Hierzu gehört eine Vielzahl physiologisch wichtiger Substanzen. *Lipoproteide* sind Komplexe aus einem Eiweiß und einer Fett- oder fettartigen Substanz. Sie sind weit verbreitet, u. a. als Bestandteil von Membranen innerhalb der Zelle. Die *Glycoproteide* bestehen aus Eiweiß und Kohlenhydratkomponenten. Hierzu zählen das Extensin, das am Aufbau der pflanzlichen Zellwand beteiligt ist, und bestimmte Schleimstoffe. *Chromoproteide* sind Verbindungen aus Eiweißen mit Farbstoffen, wozu das Hämoglobin ebenso wie das Chromoproteid der Chloroplasten gehören. Die meisten Enzyme sind Proteide, deren Fremdkomponente die prosthetische Gruppe darstellt. Schließlich gehören hierzu auch die *Nukleoproteide*. Sie bestehen aus Eiweiß und Nukleinsäuren, welche den genetischen Code beinhalten und für die Proteinsynthese bedeutungsvoll sind.

Neben den Proteinen und Proteiden, die in der Futtermittelanalyse als *Reinprotein* zusammengefaßt werden, enthalten die Futtermittel mehr oder weniger große Anteile an nichteiweißartigen Stickstoffverbindungen oder **NPN-Verbindungen**. Hierzu zählen Peptide geringer Kettenlänge, freie Aminosäuren, Säureamide verschiedener organischer Säuren, Harnstoff und Ammoniak sowie einige andere Verbindungen. Ihr Wert für die Proteinversorgung der Tiere hängt davon ab, inwieweit es sich um Aminosäuren bzw. aus solchen bestehende Stoffe oder andere, einfachere N-Verbindungen handelt und um die Fütterung welcher Tierart es geht. Wiederkäuer sind vermöge ihres Vormagensystems in der Lage, auch einfache N-Verbindungen zu nutzen.

2.2.2. Lipide und Fettbegleitstoffe

Unter der Bezeichnung **Lipide** werden sehr verschiedenartige Verbindungen zusammengefaßt, deren gemeinsame Eigenschaften zunächst nur die Löslichkeit in organischen Lösungsmitteln (Ether) und die Unlöslichkeit in Wasser ist. Man unterteilt sie in einfache und komplexe Lipide. Zu den einfachen Lipiden gehören die Fette und die Wachse, zu den komplexen Lipiden die Phospholipoide und die Glycolipoide. Außerdem sind einige Fettbegleitstoffe zu nennen, die mit den Lipiden zusammen vorkommen und bei der Futtermittelanalyse gemeinsam mit ihnen erfaßt werden. Oft unterscheidet man auch nur zwischen den eigentlichen Fetten (Triglyceriden) und allen übrigen etherlöslichen Stoffen und bezeichnet letztere als *Lipoide*.

Die Lipide bestehen aus den Elementen Kohlenstoff, Wasserstoff und Sauerstoff; im Falle der komplexen Lipide kommen Phosphor und z. T. andere Elemente dazu. Der Sauerstoffgehalt von Lipiden liegt bedeutend niedriger als der von Kohlenhydraten. Der Energiegehalt beträgt mehr als das Zweifache desjenigen von Kohlenhydraten, woraus sich ihr besonders hoher kalorischer Nährwert ergibt.

Die **Fette** sind Ester des dreiwertigen Alkohols Glycerol mit jeweils drei Fettsäuren (Abb. 2). Meist sind es verschiedenartige, seltener gleichartige Fettsäuren, die in einem *Triglycerid* vereinigt sind. Es handelt sich überwiegend um langkettige Fettsäuren. In einigen Fetten, so im Butterfett, kommen auch niedere Fettsäuren (Buttersäure) vor. Tabelle 2 enthält eine Aufstellung der wichtigsten Fettsäuren. Da diese Fettsäuren im Stoffwechsel aus Bausteinen mit jeweils 2 C-Atomen aufgebaut werden, haben sie stets geradzahlige Kohlenstoffketten. Die ungesättigten Fettsäuren enthalten Doppelbindungen, die sehr reaktionsfähig sind. Vom Tierkörper werden nur gesättigte und einfach ungesättigte Fettsäuren synthetisiert. Die mehrfach ungesättigten Fettsäuren Linol-, Linolen- und Arachidonsäure müssen ihm mit der Nahrung zugeführt werden, weshalb sie als *essentielle Fettsäuren* bezeichnet werden.

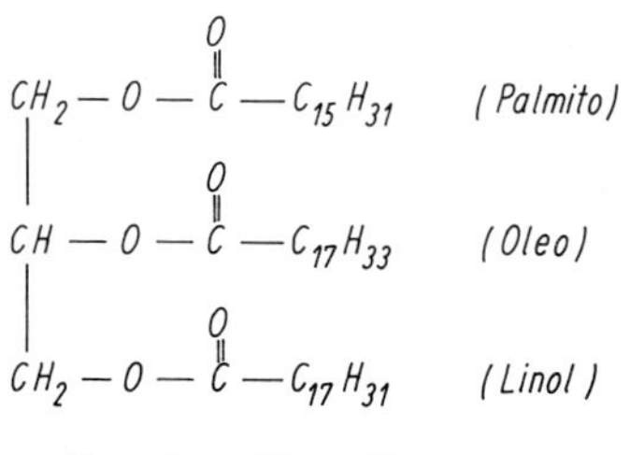

$$\begin{array}{l} CH_2-O-\overset{O}{\overset{\|}{C}}-C_{15}H_{31} \quad (Palmito) \\ CH-O-\overset{O}{\overset{\|}{C}}-C_{17}H_{33} \quad (Oleo) \\ CH_2-O-\overset{O}{\overset{\|}{C}}-C_{17}H_{31} \quad (Linol) \end{array}$$

Abb. 2. Chemische Struktur eines typischen Triglycerids (Palmito-Oleo-Linol-Triglycerid).

Das jeweilige Fettsäurenmuster bestimmt die Eigenschaften des Fettes. Je mehr kurzkettige oder ungesättigte Fettsäuren enthalten sind, um so weicher ist das Fett (Öle); je höher der Anteil der langkettigen gesättigten Fettsäuren, um so härter ist es (Talg). Zur Kennzeichnung der Fetthärte dient der *Schmelzpunkt*, als Maß für die Anzahl der Doppelbindungen ungesättigter Fettsäuren die *Iodzahl*. Die Esterbindung zwischen den Fettsäuren und dem Glycerol kann durch Enzyme (Lipasen) oder Kochen mit Laugen hydrolytisch gespalten werden. Dieser Vorgang heißt Verseifung. Die *Verseifungszahl* ist ein Maß für die mittlere Länge der in einem Fett vorliegenden Fettsäuren. Die eigentlichen Fette oder Triglyceride kommen im Tierkörper und in den Samen verschiedener Pflanzen, dagegen kaum in den vegetativen Pflanzenorganen vor.

Bei den **Wachsen** sind die Fettsäuren im Unterschied zu den Fetten nicht mit dem Glycerol, sondern mit einem langkettigen einwertigen Alkohol verestert. Wachse sind Bestandteil der Kutikula, der äußeren Schicht der Epidermis von grünen Pflanzen.

Tabelle 2. Wichtige Fettsäuren tierischer und pflanzlicher Fette

Name	Kettenlänge Anzahl der C-Atome	Doppelbindungen Anzahl	Schmelzpunkt °C
Gesättigte Fettsäuren			
Buttersäure	4	–	– 8
Capronsäure	6	–	– 2
Caprylsäure	8	–	16
Caprinsäure	10	–	31
Laurinsäure	12	–	44
Myristinsäure	14	–	54
Palmitinsäure	16	–	63
Stearinsäure	18	–	70
Arachinsäure	20	–	76
Ungesättigte Fettsäuren			
Palmitoleinsäure	16	1	1
Ölsäure	18	1	13
Linolsäure	18	2	– 6
Linolensäure	18	3	– 11
Arachidonsäure	20	4	– 50

Die komplexen Lipide sind Verbindungen von Glycerol, Fettsäuren und einer Fremdkomponente. Im Falle der **Phospholipoide** (oder Glycerolphosphatide) sind jeweils zwei Hydroxylgruppen des Glycerols mit Fettsäuren und eine mit Phosphorsäure verestert, die ihrerseits mit einer anderen organischen Verbindung esterartig verknüpft ist (z. B. im Lecithin). Bei den **Glycolipoiden** ist die Fremdkomponente ein Kohlenhydrat, meist Galactose, die teilweise sulfoniert ist. Die Glycolipoide sind die Hauptbestandteile des Etherextraktes von vegetativen Pflanzenorganen und damit von vielen Futtermitteln. Im Unterschied zu Körnern und Samen, deren Lipide überwiegend aus Triglyceriden bestehen, werden in Grünfuttermitteln vor allem Mono- und Digalactosylglyceride gefunden (Hawke 1973). Der Energiegehalt dieser Stoffe liegt infolge der Fremdkomponenten niedriger als der von Triglyceriden.

Zu den **Fettbegleitstoffen** zählen die Steroide und die Lipochrome. Unter den *Steroiden* sind das Cholesterol, das Ergosterol, verschiedene Hormone und die Vitamine der D-Gruppen zu nennen, unter den *Lipochromen* die Carotinoide und das Chlorophyll. Der mengenmäßige Anteil an den Futtermitteln ist stets gering. Ihre Bedeutung ergibt sich aus der Tatsache, daß sich hierunter Vitamine oder Vitaminvorstufen befinden.

2.2.3. Kohlenhydrate und andere N-freie Stoffe

Der größte Teil der organischen Pflanzensubstanz besteht aus Kohlenhydraten. Sie stellen den Hauptanteil der tierischen und menschlichen Nahrung und sind mengenmäßig die wichtigsten Träger von Nahrungsenergie. Die Kohlenhydrate sind aus den Elementen Kohlenstoff, Wasserstoff und Sauerstoff aufgebaut. Das Mengenverhältnis von Wasserstoff zu Sauerstoff ist das gleiche wie im Wasser, weshalb man sie früher als Hydrate des Kohlenstoffs auffaßte und diese Stoffgruppe danach benannte.

Kohlenhydrate sind Zucker oder aus diesen als Grundbausteine aufgebaute zusammengesetzte Verbindungen. Die **Monosaccharide** oder Einfachzucker sind mehr-

24   2. Wertbestimmende Bestandteile der Futtermittel

Tabelle 3. Monsaccharide, die als Bausteine von Oligo- und Polysacchariden in Futtermitteln vorkommen

Hexosen	Pentosen
Zucker:	
Glucose	Xylose
Fructose	Arabinose
Galactose	
Mannose	
Uronsäuren:	
Glucuronsäure	
Galacturonsäure	
Desoxyzucker:	
Rhamnose	
Fructose	

wertige Alkohole, die eine Aldehyd- oder Ketogruppe tragen. Man unterscheidet danach zwischen Aldosen und Ketosen. Monosaccharide, die außerdem eine endständige Carboxylgruppe aufweisen, heißen Uronsäuren. Nach der Anzahl der Kohlenstoffatome im Zuckermolekül spricht man von Triosen (C_3), Tetrosen (C_4), Pentosen (C_5), Hexosen (C_6) usw. Die in den Futtermitteln wichtigsten Monosaccharide gehören zu den Hexosen und Pentosen. Wenn zwei Monosaccharide miteinander verknüpft sind, nennt man die Verbindung ein *Disaccharid*, wenn es wenige Grundbausteine sind, ein *Oligosaccharid*, wenn es viele sind, ein *Polysaccharid*. In Tabelle 3 sind die wichtigsten Zucker bzw. Zuckerabkömmlinge, die in Oligo- und Polysacchariden vorkommen, aufgeführt.

Die einzelnen Monosaccharide sind in den zusammengesetzten Verbindungen stets durch die sogenannte Glycosidbindung miteinander verknüpft. Diese Bindung kann je nach der sterischen Form, in der die Einzelzucker miteinander reagiert haben, sehr unterschiedlich fest sein und für eine hydrolytische Spaltung ganz verschiedene Enzyme (Carbohydrasen) erfordern. Das ist von entscheidender Bedeutung für die Nutzbarkeit des jeweiligen Polysaccharids durch die Tiere.

Die Zucker liegen überwiegend in Form heterozyklischer Ringe vor (Abb. 3), die durch eine intramolekulare Halbacetalbildung zustande kommt. Dieser Ring kann aus 5 C-Atomen und einem Sauerstoffatom (Pyranosen) oder 4 C-Atomen und einem Sauerstoffatom (Furanosen) bestehen. Die Verknüpfung zweier Einzelzucker geht von der so entstandenen halbacetalischen Hydroxylgruppe aus, für die es zwei Stellungsmöglichkeiten, die α- und die β-Konfiguration, gibt. Danach und nach der Position der beteiligten C-Atome (angegeben in Ziffern von 1 bis 5 bzw. 6) werden die **Bindungsformen** benannt. Die *α-glycosidische Bindung* ist z. B. durch Kochen mit Säuren generell relativ leicht, die *β-glycosidische Bindung* dagegen in der Regel

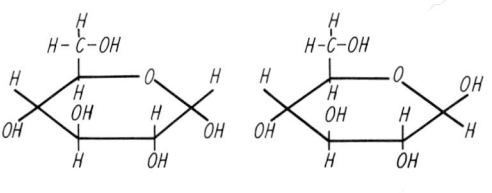

Abb. 3. Chemische Struktur von Glucose.

wesentlich schwerer hydrolytisch spaltbar. Außerdem verfügen die Tiere über keine eigenen Verdauungsenzyme, um bestimmte β-glycosidische Bindungen zu hydrolisieren, weshalb sie diese Stoffe nicht nutzen können oder dafür auf bakterielle Enzyme angewiesen sind. Demgemäß bestehen sehr große Unterschiede in der Verdaulichkeit zwischen verschiedenen Polysacchariden und in Abhängigkeit von der Tierart.

Die Vielfalt der Struktur und der physiologischen Eigenschaften der Polysaccharide ergibt sich aus folgenden Merkmalen:

- Art der sie aufbauenden Monosaccharide,
- Form des Monosaccharidringes (Pyranose oder Furanose),
- Position der Glycosidbindung (1,2; 1,3 usw.),
- Konfiguration der Glycosidbindung (α oder β),
- Linearität oder Verzweigung der Ketten,
- Acetylierung oder Methylierung der Monosaccharide,
- Sekundärstruktur und Assoziation der Makromoleküle (kristalline oder amorphe Struktur).

Je nachdem, ob sie aus gleichen oder verschiedenen Monosacchariden aufgebaut sind, spricht man von Homoglycanen bzw. Heteroglycanen. Die Bezeichnung der jeweiligen Verbindung richtet sich nach der Art der sie aufbauenden Monosaccharide in der Hauptkette, z. B. Glucane (aus Glucose), Fructane (aus Fructose), Xylane (aus Xylose) usw. Die Monosaccharide in den Seitenketten werden gewöhnlich durch Davorsetzen der entsprechenden Bezeichnung kenntlich gemacht, z. B. Arabino-Xylane (Hauptkette: Xylose; Seitenketten: Arabinose).

Hinsichtlich der Funktion in der Zelle werden Struktur-Kohlenhydrate und Nicht-Strukturkohlenhydrate unterschieden (Butler und Bailey 1973). Zu den **Nicht-Strukturkohlenhydraten** in den Futtermitteln gehören freie Mono- und Disaccharide und die leicht hydrolysierbaren Reservekohlenhydrate Stärke und Fructane (Tabelle 4).

Tabelle 4. Nicht-Struktur-Kohlenhydrate in Futtermitteln

	Monomere	Bindungsform
Monosaccharide		
Glucose		
Fructose		
Disaccharide		
Saccharose	Glucose	α/β-(1,2)
	Fructose	
Maltose	Glucose	α-(1,4)
Lactose	Galactose	β-(1,4)
	Glucose	
Polysaccharide		
Stärke		
Amylose	Glucose	α-(1,4)
Amylopektin	Glucose	α-(1,4)
		α-(1,6)
Glycogen	Glucose	α-(1,4)
		α-(1,6)
Fructane		
Phlein-Typ	Fructose (Glucose)	β-(2,6)
Inulin-Typ	Fructose (Glucose)	β-(2,1)

Alle diese Nährstoffe zählen wie die Proteine und Lipide zum Zellinhalt und sind vollständig oder potentiell vollständig von den Tieren verdaubar.

Glucose (s. Abb. 3), **Fructose** und **Saccharose** kommen in vielen pflanzlichen Futtermitteln vor. Die Saccharose ist aus je einem Molekül Glucose und Fructose zusammengesetzt und wird besonders im Zellsaft von Rüben und Zuckerrohr angereichert. Die gleichfalls wasserlöslichen **Fructane** (oder Fructosane) bestehen aus zahlreichen Fructosebausteinen (etwa 10−260) mit einer endständigen Glucoseeinheit. Die Fructane vom Phlein-Typ haben als Reservekohlenhydrate der vegetativen Organe von Gräsern der gemäßigten Zone große Bedeutung für die Tierernährung; die vom Inulin-Typ kommen dagegen nur in ganz wenigen Pflanzen (Compositen) vor (Pontis und Campillo 1985). Die **Lactose** ist der Milchzucker und besteht aus Galactose und Glucose.

Stärke ist das am weitesten verbreitete Reservekohlenhydrat. Es wird besonders in den generativen Organen vieler Pflanzen (Körner, Samen) in Form von Stärkekörnern angereichert, dient dort als remobilisierbare Nährstoffreserve und ist das wichtigste Kohlenhydrat in der Ernährung von Menschen und monogastrischen Tieren. Die Stärke ist aus Glucose in α-glycosidischer Bindung aufgebaut und besteht aus zwei Fraktionen: der unverzweigten Amylose (50−2000 Glucoseeinheiten; Abb. 4) und dem aus verzweigten Ketten bestehenden Amylopectin (2000−220000 Glucoseeinheiten). Die tierische Stärke heißt Glycogen. Die Molekülketten der Stärke sind zu Schrauben gewunden. In den Stärkekörnern liegen die Molekülketten bzw. die einzelnen Windungen der Schraube in geordneter Weise sehr eng aneinander, so daß eine hohe Dichte und abschnittsweise eine kristalline Struktur entstehen. Durch diese Struktur kann der Angriff von Enzymen (Amylasen) erschwert sein (Manners 1985). Größe, Form und Widerstandsfähigkeit der Stärkekörner gegen Verdauungsenzyme sind pflanzenartentypisch. Bei der Einwirkung von Wärme ($>60\ °C$) in Gegenwart von Wasser wird die innere Struktur der Stärkekörner zerstört. Der Abstand zwischen den Molekülketten vergrößert sich; an diese werden große Mengen Wasser angelagert (Quellung), und das Stärkekorn zerfließt (Verkleisterung). Die so thermisch aufgeschlossene Stärke ist dann durch Enzyme stets leicht hydrolysierbar (s. 6.6.2.).

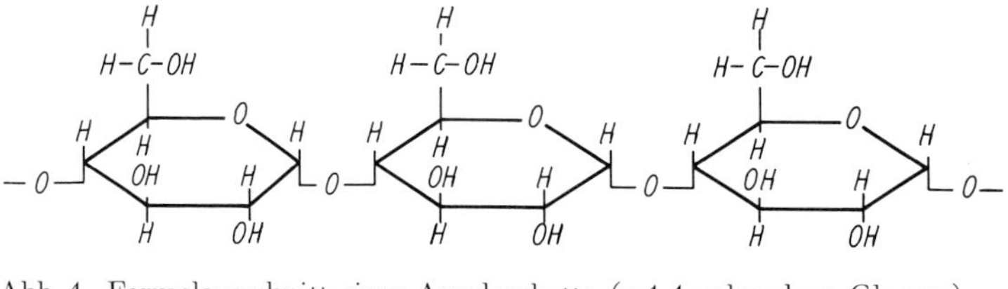

Abb. 4. Formelausschnitt einer Amylosekette (α-1,4-gebundene Glucose).

Die **Struktur-Kohlenhydrate** sind Bestandteile der pflanzlichen Zellwand oder wenigstens mit dieser assoziiert. Nach der klassischen Vorstellung nehmen diese, einmal synthetisiert, nicht mehr am Zellstoffwechsel teil. Für einige Substanzen hat sich das als unzutreffend erwiesen (Dey und Dixon 1985). Sie können im keimenden Samen als Nährstoffreserve remobilisiert oder in wachsenden Zellen umgesetzt werden (z. B. Mannane, Glucomannane, β-Glucane). Zu den Struktur-Kohlenhydraten gehört eine Vielzahl von verschiedenen Verbindungen, deren Aufbau und Anteil von der Art der Pflanze, der Pflanzenorgane und -gewebe und ihrem Entwicklungszustand abhängt. Sie werden in Pectine, Hemicellulosen und Cellulose eingeteilt (Tabelle 5).

Mit Ausnahme der Cellulose, die aus unverzweigten Molekülen von Glucoseeinheiten in β-(1,4)-glycosidischer Bindung besteht (Abb. 5) und die damit relativ einheitlich beschaffen ist, lassen sich praktisch alle übrigen Struktur-Kohlenhydrate chemisch

Tabelle 5. Struktur-Kohlenhydrate in Pflanzen (zusammengestellt nach Angaben von Bailey 1973 sowie Dey und Dixon 1985)

	Monomere		Bindungsform	
	Hauptkette	Seitenkette	Hauptkette	Seitenkette
1. Pektine und Pektinbegleitstoffe				
Galacturonane	Galacturonsäure	Rhamnose Arabinose Galactose	α-(1,4)	α-(1,2) α-(1,2) α-(1,2)
Arabinane	Arabinose	Arabinose	α-(1,5)	α-(1,3) α-(1,2)
Arabino-Galactane (Typ I)	Galactose	Arabinose	β-(1,4)	α-(1,3) α-(1,5)
2. Hemicellulosen und andere Nichtcellulose-Polysaccharide				
a) vorwiegend in vegetativen Pflanzenorganen				
Arabino-Xylane	Xylose	Xylose Arabinose	β-(1,4)	α-(1,2) α-(1,3)
Glucurono-Arabino-Xylane	Xylose	Glucuronsäure Arabinose	β-(1,4)	α-(1,2) α-(1,3)
Xylo-Glucane	Glucose	Xylose Galactose Fucose	β-(1,4)	α-(1,6) β-(1,2)
Arabino-Galactane (Typ II)	Galactose	Galactose Arabinose	β-(1,3)	β-(1,6) β-(1,3)
b) vorwiegend in generativen Pflanzenorganen				
Mannane	Mannose	Galactose ($<10\%$)	β-(1,4)	α-(1,6)
Galacto-Mannane	Mannose	Galactose ($>20\%$)	β-(1,4)	α-(1,6)
Gluco-Mannane	Mannose Glucose	Galactose	β-(1,4) β-(1,4)	α-(1,6)
β-Glucane	Glucose		β-(1,3) β-(1,4)	
Galacto-Xylo-Glucane	Glucose	Xylose Galactose	β-(1,4)	α-(1,6) β-(1,2)
3. Cellulose	Glucose		β-(1,4)	

weniger genau definieren. Meist sind sie aus verschiedenen Monosacchariden und/oder nach unterschiedlichen Bindungsformen aufgebaut. Das Vorkommen und der Anteil der einzelnen Monosaccharide, das Ausmaß der Verzweigung der Hauptkette, die Zusammensetzung der Seitenketten, die Bindungsformen und die Größe der Moleküle, ihre Assoziation untereinander und ihre Verknüpfung mit Fremdkomponenten können wechseln. Die Forschung zur Aufklärung ihrer Struktur ist im Fluß.

Typisch für die Gesamtheit der Struktur-Kohlenhydrate ist, daß die Mehrzahl der dazugehörigen Verbindungen zumindest in der Hauptkette β-glycosidische Verknüpfungen aufweist und deshalb für die Tiere potentiell weniger gut verdaulich ist.

Die **Cellulose** besteht aus unverzweigten Molekülketten mit Kettenlängen von mindestens 10000 Glucoseeinheiten. Diese Molekülketten sind parallel gebündelt zu

Abb. 5. Formelausschnitt einer Cellulosekette (β-1,4-gebundene Glucose).

Elementarfibrillen und diese zu Mikrofibrillen, aus denen die Fasern der Zellwand bestehen. Die einzelnen Cellulosemoleküle werden durch viele Wasserstoffbrückenbindungen zusammengehalten. Sie sind dabei so angeordnet, daß große Teile der Mikrofibrillen eine kristalline Struktur haben. Die enzymatische Hydrolyse geht von den amorphen Teilen der Mikrofibrillen aus und kann durch Zerstörung der kristallinen Struktur über physikalische oder chemische Behandlungsmethoden gefördert werden.

Die **Pectine** und die **Hemicellulosen** bilden zusammen mit dem **Lignin**, das nicht zu den Kohlenhydraten gehört, die **Zellwandmatrix**, eine weitgehend amorphe Grundsubstanz, in welche die Cellulosefasern als lineare Bauelemente eingebettet sind. Im Verlaufe der Entwicklung und Alterung der Zellwand verändert sich der Anteil der einzelnen Substanzen. Der Gehalt an Pectinen ist in der Mittellamelle am größten und nimmt in den darauf aufgelagerten Schichten sukzessive ab. Der Anteil des Lignins verhält sich umgekehrt. Er steigt von der Primär- zur Sekundärzellwand an, wie es Abb. 6 schematisch wiedergibt. Diese Darstellung vereinfacht die Vorgänge der Entwicklung der Zellwand, denn es werden dabei nicht nur immer neue Schichten aufgetragen, sondern auch bereits vorgebildete nachträglich durch Einlagerung von Lignin und Hemicellulosen weiter verfestigt, wodurch sich ihre Zusammensetzung mit dem Alter der Zelle verändern kann. Zwischen den Hemicellulosen und dem Lignin werden vielfältige konvalente Bindungen ausgebildet, so daß ein festgefügtes Netzwerk entsteht. Da das Lignin unverdaulich ist, wird die enzymatische Angreifbarkeit der Zellwandmatrix mit zunehmendem Lignifizierungsgrad herabgesetzt, ihre eigene Verdaulichkeit und dadurch mittelbar auch die der Cellulose werden immer geringer. Durch Behandlung verholzten Pflanzenmaterials mit alkalischen Agenzien können die Bindungen zwischen Hemicellulosen und Lignin aufgebrochen, die Struktur der Zellwandmatrix insgesamt aufgelockert und damit die Verdaulichkeit sowohl der Hemicellulosen als auch der Cellulose verbessert werden.

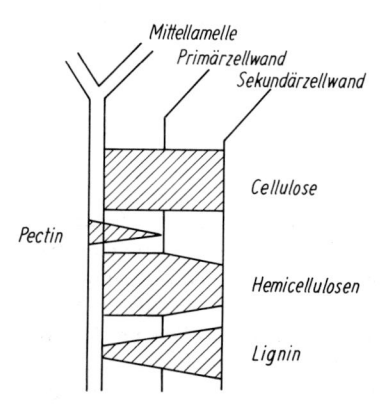

Abb. 6. Anteil der einzelnen Zellwandfraktionen, schematisch.

Das **Lignin** ist ein Dehydrierungspolymerisat von Abkömmlingen des Phenylpropans, einer Verbindung mit einem Phenolring (Abb. 7). Dabei kommen drei Grundbausteine vor: der p-Cumarylalkohol, der Coniferylalkohol und der Sinapylalkohol. Bei der Synthese des Lignins in der Pflanze entstehen durch Abspaltung von Wasserstoff aus den phenolischen Hydroxylgruppen sehr reaktionsfähige Radikale, die auf vielfältige Weise zu Polymeren zusammentreten können. Dadurch werden komplizierte, dreidimensionale Makromoleküle aufgebaut, deren Zusammensetzung bei den einzelnen Pflanzenarten wechselt. Von entscheidender Bedeutung für die Tierernährung ist, daß die Verknüpfung der einzelnen Monomere im Unterschied zu praktisch allen anderen zusammengesetzten Verbindungen hier nicht durch Polykondensation unter Wasseraustritt, sondern durch Polymerisation zustande kommt, woraus sich ergibt, daß sie nur sehr schwer wieder spaltbar ist. Weder die Tiere noch die meisten Mikroorganismen sind dazu befähigt, Lignin abzubauen. Über entsprechende Enzyme (Ligninasen) verfügen jedoch einige Pilze.

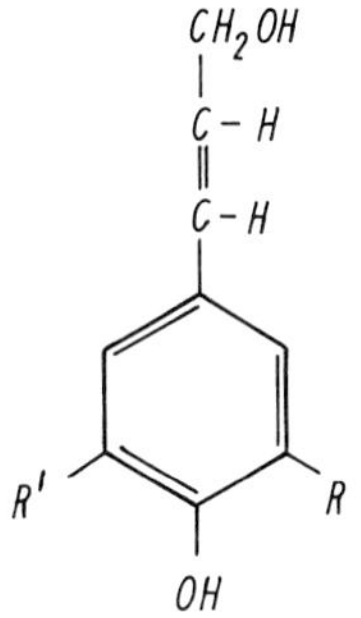

Cumarylalkohol (R; R' ≙ H)
Coniferylalkohol (R ≙ OCH_3; R' ≙ H)
Sinapinalkohol (R; R' ≙ OCH_3)

Abb. 7. Phenylpropanderivate als Ligninbausteine.

Weitere hochpolymere und unverdauliche Pflanzenstoffe, die gemeinsam mit dem Lignin zu den die Zellwand „inkrustierenden Substanzen" gezählt werden, sind das Cutin und das Suberin. Beide sind Polyester von Hydroxy- und Epoxyfettsäuren großer Kettenlängen und gleichfalls sehr schwer spaltbar.

Neben diesen, der Zellwandsubstanz zugehörigen Stoffen sind noch einige andere Nichtkohlenhydrate zu erwähnen, die im Zellinhalt vorkommen und in bestimmten Futtermitteln einen nicht unbedeutenden Anteil der organischen Substanz ausmachen können. Es handelt sich um **organische Säuren**, die als Pflanzensäuren im Zellsaft gelöst, frei oder als Alkalisalze, vorliegen oder als Gärsäuren bei der Silagebereitung entstanden sind. Zu den ersten gehören vor allem Äpfelsäure, Citronensäure und Malonsäure, zu den zweiten Milchsäure, Essigsäure, Propionsäure und Buttersäure. Sie sind wie andere Zellinhaltsstoffe vom Tier vollständig nutzbar.

2.3. Futtermittelanalyse

Die Futtermittelanalyse dient dem Zweck, die chemische Zusammensetzung der Futtermittel zu bestimmen und über diesen Weg ihren Futterwert zu beschreiben. Chemische Untersuchungsmethoden und Informationen über die Zusammensetzung der Futtermittel sind zur Basis der wissenschaftlichen Fütterung geworden und haben entscheidenden Anteil am erreichten Leistungsniveau der modernen Tierproduktion. Andererseits ist das Ziel, über die chemische Analyse den Wert eines Futtermittels zu erfassen, nur mit Einschränkungen realisierbar. Zum einen wäre eine vollständige

2. Wertbestimmende Bestandteile der Futtermittel

Analyse aus Gründen des Aufwandes kaum zu realisieren, und eine Beschränkung auf die jeweils wichtigsten Merkmale ist schon deshalb notwendig. Zum anderen steht auch ein prinzipieller Grund der Erreichbarkeit dieses Ziels entgegen, denn das Zerlegen organischer Makromoleküle in seine Bestandteile sagt noch nicht alles über die Nutzbarkeit durch das Tier aus. Deshalb sind bei der Futtermittelanalyse Kompromisse unumgänglich, und bei der Auswahl der Methoden ist eine Orientierung auf die jeweilige Teilaufgabe notwendig. Diese Teilaufgaben der Futtermittelanalyse sind folgende:

– Trennung der Stoffgruppen mit unterschiedlichem Energiegehalt,
– Bestimmung von Parametern zur Schätzung der Verdaulichkeit,
– Ermittlung des Gehaltes an speziellen Stoffen (Aminosäuren, Fettsäuren, Kohlenhydrate, Vitamine, Mineralstoffe oder antinutritive Substanzen).

Abb. 8 zeigt eine Übersicht über die großen Stoffgruppen der Futtermittel. Diese Einteilung entspricht der klassischen Weender Futtermittelanalyse wie auch den weiterentwickelten, moderneren Analysenverfahren, die sich nur in der weiteren Aufgliederung der Rohkohlenhydrate von den ersten unterscheiden.

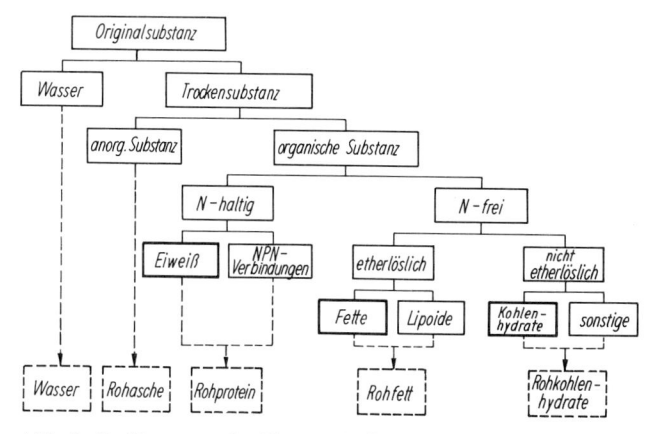

Abb. 8. Stoffgruppen der Futtermittel.

Die **Trockensubstanz** ist der Masserückstand, den man bei der Futtermittelanalyse nach der Trocknung des Materials bei 105 °C erhält. Die Massedifferenz zum ungetrockneten Material gilt als Wasser, das zwar lebensnotwendig, aber ohne Nährwert ist. Zusammen mit diesem können beim Trocknen von Futtermitteln jedoch auch einige flüchtige organische Substanzen, wie niedere Fettsäuren und Alkohole, und Ammoniak verdampfen, denen eine Nährwert zukommt. Bei Silagen, die größere Mengen davon enthalten, sind deshalb entsprechende Korrekturen des Trockensubstanzgehaltes erforderlich.

Die anorganische Substanz wird von der organischen durch Veraschen der Probe getrennt. Der Veraschungsrückstand, der auch die anorganischen Verunreinigungen des Futtermittels enthält, heißt **Rohasche**. Die in der Asche enthaltenen Elemente liegen aber im Futtermittel nicht alle isoliert von den organischen Stoffen vor, sondern sie sind größtenteils selbst Bestandteile der organischen Verbindungen.

Auch die Auftrennung der organischen Substanz in verschiedene Fraktionen bei der Futtermittelanalyse vereinfacht die tatsächlichen Gegebenheiten. Aus der Bestimmung des Stickstoffgehaltes und dem durchschnittlichen N-Gehalt des Eiweißes wird der

Anteil des **Rohproteins** errechnet. Dieses Rohprotein besteht aus dem eigentlichen Eiweiß und den nichteiweißartigen Stickstoffverbindungen. Alles das, was sich aus dem Futtermittel mit Ether extrahieren läßt, wird als **Rohfett** bezeichnet. Das Rohfett enthält die Fette (Triglyceride) und die fettähnlichen Substanzen oder Lipoide. Die Differenz zwischen dem Gehalt an organischer Substanz einerseits und der Summe aus Rohprotein plus Rohfett andererseits ist die große Stoffgruppe der **Rohkohlenhydrate**. In ihr sind außer den eigentlichen Kohlenhydraten eine Reihe weiterer stickstofffreier Stoffe, insbesondere das Lignin und die organischen Säuren, enthalten.

Die Rohkohlenhydrate werden bei der Weender Futtermittelanalyse in zwei Fraktionen geteilt. Der nach Kochen des Futtermittels mit verdünnter Säure und verdünnter Lauge unter genau festgelegten Bedingungen zurückbleibende organische Rückstand, der den größten Teil der Cellulose sowie Anteile des Lignins und der Hemicellulosen enthält, wird **Rohfaser** genannt. Die rechnerisch ermittelte Differenzfraktion sind die **N-freien Extraktstoffe**. Sie enthalten organische Säuren, Zucker, Stärke, Fructane, Pectine sowie einen großen Teil der Hemicellulosen und auch des Lignins.

Moderne Analysenverfahren erlauben eine wesentlich weitergehende, besser begründete Auftrennung der Rohkohlenhydrate, wie das in Abb. 9 dargestellt ist. Ein Analyseverfahren, das mit geringem Aufwand eine Unterscheidung von Zellinhaltsstoffen und Zellwandsubstanz ermöglicht, ist durch van Soest (1967) entwickelt worden und wird in zunehmendem Maße der Trennung in Rohfaser und N-freie Extraktstoffe vorgezogen.

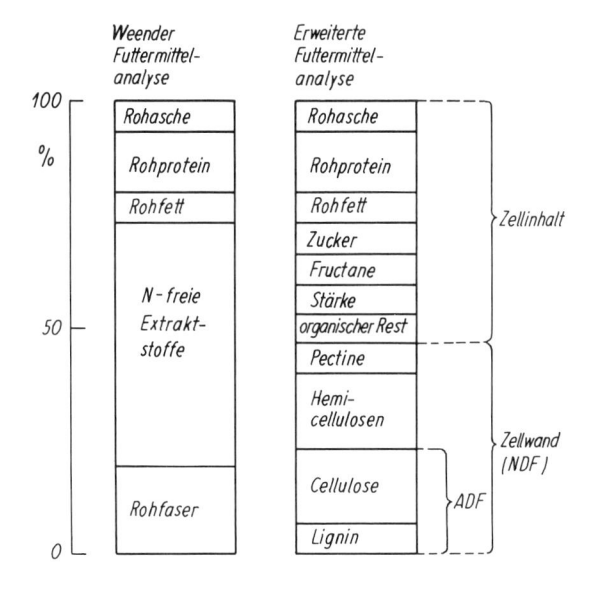

Abb. 9. Zellinhalt und Zellwand (nach Kirchgeßner, verändert).

Als **Zellwandsubstanz** gilt derjenige Stoffanteil, der sich in Neutraldetergens nicht auflösen läßt (NDF = Neutral Detergent Fibre). Der in Lösung gehende Anteil sind die Zellinhaltsstoffe. Der organische **Zellinhalt** umfaßt Rohprotein, Rohfett, wasserlösliche Kohlenhydrate und Stärke sowie eine Restfraktion, die überwiegend aus organischen Säuren besteht. Die Zellwandsubstanz kann durch Ermittlung des in Säuredetergens unlöslichen Rückstandes (ADF = Acid Detergent Fibre) weiter aufgetrennt werden. Die ADF besteht aus Cellulose und Lignin und ist damit etwa der Rohfaser nach dem Weender Verfahren vergleichbar. Die Differenz zwischen NDF

2. Wertbestimmende Bestandteile der Futtermittel

und ADF gilt als Fraktion der Hemicellulosen. Die Pectine gehören zytologisch zur Zellwand, werden aber nach diesem Analysenverfahren beim Zellinhalt erfaßt.

Weiterführende Hinweise zur Stoffgruppenanalyse sind dem „Handbuch Futtermittelprüfung" (von Lengerken und Zimmermann 1991) zu entnehmen.

Literatur

Bailey, R. W.: Structural Carbohydrates. In: Chemistry and Biochemistry of Herbage (Editors: Butler, G. W., and R. W. Bailey). Academic Press, London and New York 1973.

Butler, G. W., and R. W. Bailey: Chemistry and Biochemistry of Herbage. Academic Press, London and New York 1973.

Dey, P. M., and R. A. Dixon: Biochemistry of Storage Carbohydrate in Green Plants, Academic Press, London 1985.

Hawke, J. C.: Lipids. In: Chemistry and Biochemistry of Herbage (Editors: Butler, G. W., and R. W. Bailey). Academic Press, London and New York 1973.

Lengerken, J. von, und K. Zimmermann: Handbuch Futtermittelprüfung. Deutscher Landwirtschaftsverlag, Berlin 1991.

Manners, D. J.: Starch, In: Biochemistry of Storage Carbohydrates in Green Plants (Editors: Dey, P. M., and R. A. Dixon), Academic Press, London 1985.

Nehring, K.: Lehrbuch der Tierernährung und Futtermittelkunde. 9. Aufl. Neumann Verlag, Radebeul 1972.

Pontis, H. G., and E. Del Campillo: Fructans. In: Biochemistry of Storage Carbohydrates in Green Plants (Editors: Dey, P. M., and R. A. Dixen). Academic Press, London 1985.

van Soest, P. I.: J. Anim. Sci. **26**, 119 (1967).

van Soest, P. I.: Nutritional Ecology of The Ruminant. O & B Books Inc., Corvallis/Oregon 1982.

3. Bewertung der Futtermittel

Der Anteil der Futterkosten an den Gesamtkosten der Tierproduktion variiert bei den verschiedenen Produktionsrichtungen zwischen 30 und 60%. Dieser hohe Kostenanteil erfordert einen wissenschaftlichen Einsatz des Futters, damit aus den zur Verfügung stehenden Futtermitteln eine möglichst große Menge an Tierprodukten erzeugt wird und wenig Exkremente anfallen, die bei hoher Tierkonzentration die Umwelt belasten können.

Eine optimale Ernährung landwirtschaftlicher Nutztiere setzt einerseits genaue Kenntnisse über den Bedarf an allen essentiellen Nährtoffen und an Energie und zum anderen konkrete Angaben über die mögliche Nährstoff- und Energielieferung aus Einzelfuttermitteln und Rationen bzw. Mischungen voraus. Für eine planmäßige Fütterung sind zur Kennzeichnung des Futterwertes und zur Quantifizierung des Bedarfs die gleichen Parameter erforderlich. Die Futterbewertung muß diesen Zusammenhang berücksichtigen.

Der Futterwert bzw. die Futterqualität werden bestimmt durch

— das energetische Potential,
— den Gehalt an speziellen Nährstoffen,
— die verzehrsbestimmenden und diätetischen Eigenschaften der Futtermittel sowie
— die Prozesse im Tier.

Zu den speziellen Nährstoffen zählen die Gehalte der Futtermittel an Rohprotein (verdauliches Rohprotein bzw. Durchflußprotein), Aminosäuren, Kohlenhydraten (Zukker, Stärke, Cellulose), essentiellen Fettsäuren, Mineralstoffen und Vitaminen. Dabei besitzen die genannten Inhaltsstoffe des Futters einen unterschiedlichen Stellenwert für die einzelnen Nutztiere. Der Kategorie verzehrsbestimmender und diätetischer Eigenschaften sind der Trockensubstanzgehalt, das Futtervolumen, die physikalische Form, der Konservierungserfolg, der Verschmutzungsgrad sowie der Gehalt an leistungsmindernden und gesundheitsschädigenden Inhaltsstoffen, Geruch und Geschmack der Futtermittel zuzuordnen. Ihre Bedeutung ist für die einzelnen Nutztiere, Leistungsrichtungen und Altersstufen unterschiedlich. Es wird auf die diesbezüglichen Ausführungen in den einzelnen Abschnitten verwiesen.

Aus der Vielzahl der Faktoren, die den Futterwert bestimmen, ergibt sich die Notwendigkeit nach einer komplexen Bewertung. Andererseits besteht ebenso die Forderung, daß sich aus praktischen Erwägungen die Futterbewertung auf Schwerpunkte konzentrieren sollte, um vor allem eine einfache und überschaubare Anwendung zu sichern.

Von grundsätzlicher Bedeutung für die Einschätzung des Futterwertes von Futtermitteln ist sein Energiegehalt. Wenn von Futterbewertung gesprochen wird, ist deshalb in erster Linie die energetische Bewertung der Futtermittel gemeint, obwohl der Proteinbewertung ebenfalls Bedeutung zukommt.

34   3. Bewertung der Futtermittel

3.1. Energetische Futterbewertung

3.1.1. Aufgaben eines energetischen Futterbewertungsmaßstabes

Durch die energetische Futterbewertung sollen wesentliche Voraussetzungen geschaffen werden, damit aus einer vorhandenen Futtermenge unter Berücksichtigung der Höhe der Futteraufnahme die erzielbare tierische Leistung berechnet werden kann. Die wichtigsten Aufgaben, die ein energetischer Futterbewertungsmaßstab zu erfüllen hat, können in folgenden Schwerpunkten zusammengefaßt werden:

- Kennzeichnung des Energiegehaltes eines Futtermittels als Grundlage des energetischen Vergleichs der Futtermittel (einschließlich Preisgestaltung und Futtermittelhandel),
- Angaben zum Energiebedarf der Tierarten und Nutzungsrichtungen in Abhängigkeit von der Leistungshöhe,
- Grundlage für die Rationsberechnung und den rationellen Futtereinsatz,
- Abschätzung des Produktionserfolges in der Tierhaltung (optimale Leistungsvorhersage).

Ein energetisches Bewertungssystem sollte auf einer eindeutigen naturwissenschaftlichen Grundlage aufgebaut sein, für unterschiedliche Nutzleistungen anwendbar, leicht verständlich, einfach zu handhaben und widerspruchsfrei sein sowie eine hohe Aussagekraft haben. Neue wissenschaftliche Erkenntnisse sollten schnell in ein Bewertungssystem einfließen können. Dabei sind jedoch die Vorstellungen des Praktikers, der ein über lange Zeiträume stabiles System wünscht, zu beachten. Aus der Sicht des Anwenders sind Änderungen der Bedarfswerte der Tiere eher akzeptabel als Veränderungen der Futterwerte.

Eine wesentliche Voraussetzung für die Anwendung energetischer Bewertungsmaßstäbe ist die Addierbarkeit des Futterwertes der Futtermittel bei unterschiedlichem Fütterungsniveau, da zur Futterbewertung überwiegend Nährstoffe oder Einzelfuttermittel verwendet wurden.

3.1.2. Maßstäbe für die energetische Futterbewertung

Von der aufgenommenen Futter- bzw. Energiemenge (Bruttoenergie) steht dem Tier nur ein bestimmter Anteil für Erhaltung und Leistung zur Verfügung.

Der energetische Abbau im Tierkörper ist mit erheblichen Energieverlusten verbunden (Schiemann et al. 1971; u. a.), deren Höhe u. a. von Futtermittel, Tierart und Nutzungsrichtung, Haltung der Tiere, Art und Höhe der Nutzleistung, Fütterungsniveau und Rationsgestaltung abhängt.

Als Maßeinheiten für den Energieumsatz werden Joule oder Kalorie (1 J = 0,2388 cal, 1 cal = 4,1868 J) verwendet.

Bei der energetischen Futterbewertung werden die Energieverluste entweder dem Bedarf der Tiere zugeschlagen, oder sie werden bei der Beurteilung des Futtermittels berücksichtigt. Von einem energetischen Bewertungsmaßstab auf der Grundlage der verdaulichen Energie wird gesprochen, wenn vom Bruttoenergiegehalt der Futtermittel lediglich die Kotenergieverluste abgezogen werden. Weitere Energieverluste, die jedoch bei verschiedenen Futtermitteln unterschiedlich hoch sind, sollen bei Bewertungsmaßstäben auf der Basis der verdaulichen Energie bei der Bedarfsangabe der Tiere weitgehend berücksichtigt werden. Daraus wird ersichtlich, daß eine exaktere Leistungs-

3.1. Energetische Futterbewertung   35

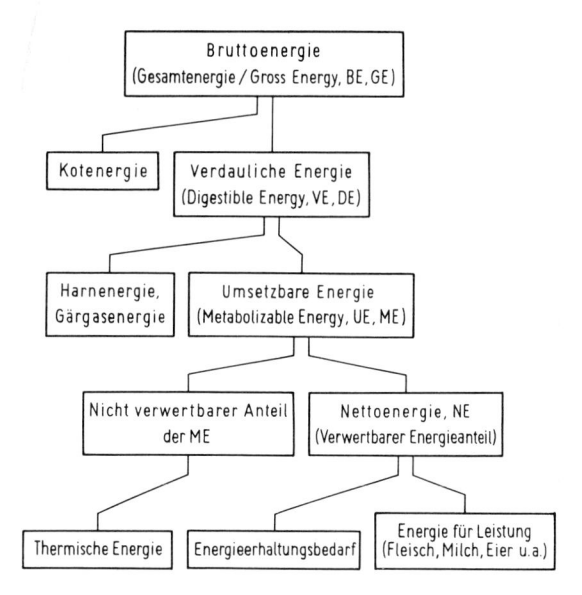

Abb. 10. Energetischer Abbau der Futtermittel im Tierkörper.

vorhersage auf der Basis der umsetzbaren Energie und Nettoenergie zu erwarten ist (Abb. 10).

Nachfolgend wird auf die verschiedenen energetischen Abbaustufen und einige im deutschen Sprachraum in der praktischen Fütterung angewendeten Bewertungsmaßstäbe eingegangen. Da gegenwärtig keine Tabellen vorliegen, aus denen die wichtigsten in Deutschland für die verschiedenen Nutztiere üblichen Bewertungsmaßstäbe hervorgehen, wird in einer Anhangstabelle für ausgewählte Futtermittel eine vergleichende Darstellung vorgenommen (verdauliche Energie — Pferd; BFS-korrigierte umsetzbare Energie — Schwein; N-korrigierte umsetzbare Energie — Geflügel; Stärkewert — Mastrind, Schaf; Nettoenergie Laktation — Milchkuh, Jungrind; Energetische Futtereinheit Rind — Wiederkäuer, Pferd; Energetische Futtereinheit Schwein — Schwein, Kaninchen; Energetische Futtereinheit Huhn — Geflügel, Fisch).

3.1.2.1. Bruttoenergie (GE)

Die Ermittlung des Bruttoenergiegehaltes der Futtermittel erfolgt durch Brennwertbestimmung im Kalorimeter. Der Bruttoenergiegehalt der Futtermittel hängt infolge des unterschiedlichen Energiegehaltes der Nährstoffe (Tabelle 6, Abb. 11) von der chemischen Zusammensetzung der Futtermittel ab, wie in Tabelle 7 demonstriert wird.

Tabelle 6. Bruttoenergiegehalt verschiedener Nährstoffe und chemischer Verbindungen

Substanz	kJ/g	Substanz	kJ/g
Protein (Mittel)	24,0	Lactose	16,4
Pflanzenöl	40,0	Essigsäure	14,6
Butterfett	39,5	Propionsäure	20,8
Stärke (Mittel)	17,5	Methan	55,3
Cellulose	17,8	Harnstoff	10,6
Lignin	20,1	Ethanol	29,3
Glucose	15,7		

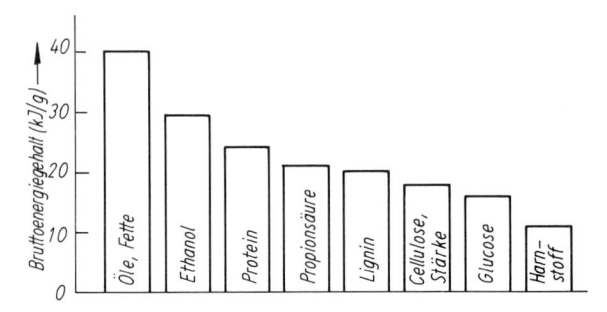

Abb. 11. Mittlerer Bruttoenergiegehalt (Brennwert) von ausgewählten Futterinhaltsstoffen.

Mittels Mehrfach-Korrelationsrechnung konnte Schiemann (1981b) unter Berücksichtigung verschiedener Futterrationen zur Errechnung des Bruttoenergiegehaltes von Rationen folgende Gleichung ermitteln:

Bruttoenergie (kJ) = 23,9 (kJ/g) × Rohprotein (g) + 39,8 (kJ/g)
× Rohfett (g) + 20,1 (kJ/g) × Rohfaser (g) + 17,5 (kJ/g) × XX (g) .

Der Bruttoenergiegehalt der Futtermittel, der unabhängig vom Tier bestimmt wird, hat für die energetische Bewertung der Futtermittel nur sehr geringen Aussagewert.

Tabelle 7. Bruttoenergiegehalt verschiedener Futtermittel in der Trockenmasse (T)

Futtermittel	kJ/g	Futtermittel	kJ/g
Zuckerrüben	16,8	Gerste	18,5
Kartoffeln	17,2	Sojaextraktionsschrot	20,3
Weidelgras	17,9	Fischmehl, fettarm	19,2
Kleegras	18,0	fettreich	22,7
Weizenstroh	18,1	Sojabohnen	23,7
Luzerne	18,4	Casein	24,5
Weizen	18,4		

3.1.2.2. Verdauliche Energie (DE)

● **Verdaulichkeit und Bewertungsmaßstäbe**

Für die Futterbewertung ist nur der Teil der Nährstoffe von Bedeutung, der vom Tier verdaut wird, denn nur dieser steht für die Energiegewinnung und Stoffbildung zur Verfügung. Die Verdaulichkeit wird definiert als die Differenz zwischen der im Futter aufgenommenen und der im Kot ausgeschiedenen Nährstoffmenge. Es handelt sich hierbei um die scheinbare Verdaulichkeit, weil im Kot außer den unverdauten Nahrungsresten noch Substanzen aus dem Stoffwechsel (u. a. Verdauungssekrete), abgestoßene Darmzellen und Produkte mikrobieller Umsetzungen enthalten sind. Die Berechnung der scheinbaren Verdaulichkeit eines Nährstoffes (sD) wird wie folgt vorgenommen:

$$= \frac{\text{Nährstoff im Futter} - \text{Nährstoff im Kot}}{\text{Nährstoff im Futter}} \times 100 \; .$$

Tabelle 8. Einfluß von Futtermenge und Zerkleinerung auf die Verdaulichkeit der organischen Substanz und die mittlere Verweildauer von getrocknetem Gras im Verdauungstrakt des Schafes (Blaxter et al. 1956)

Futtermenge (g/Tier und Tag)	Zerkleinerungsgrad	Verdaulichkeit (%)	Mittlere Verweildauer (h)
600	lang	80	103
1500		79	68
600	15 mm	77	74
1500		70	42
600	6 mm	76	53
1500		65	34

Die in % ausgedrückte Verdaulichkeit wird als *Verdauungsquotient* bezeichnet. Im Rahmen der Futterbewertung wird die scheinbare Verdaulichkeit benutzt.

Die Verdaulichkeit der Futterenergie wird u. a. von Tierart, Höhe der Futtergabe, Futterbehandlung und Rationszusammensetzung beeinflußt (Tabellen 8 und 9).

Verdauungsversuche, deren Ergebnisse für die energetische Futterbewertung tabelliert werden, sollen mit einem Fütterungsniveau von 1,0 bis 1,5 (Schiemann 1981a) durchgeführt werden. Abweichungen von den tabellierten Daten, wie sie vor allem beim Wiederkäuer bei höherer Futteraufnahme auftreten können (s. Tabelle 8), werden bei verschiedenen Bewertungsmaßstäben durch leistungsabhängige Bedarfsnormen berücksichtigt. Die in den Verdauungsversuchen angewandte Rationsgestaltung soll den in der Praxis üblichen Bedingungen weitgehend entsprechen, damit keine wesentlichen Abweichungen auftreten (Tabelle 9). Basierend auf umfangreichen Tierversuchen wurden mittels Mehrfach-Regressionsrechnung Faktoren zur Errechnung der verdaulichen Energie von Futtermitteln und Rationen ermittelt (Tabelle 10).

Die verdauliche Energie eines Futtermittels wird durch Multiplikation des Gehaltes an verdaulichen Nährstoffen mit dem entsprechenden Faktor und Addition der einzelnen Ergebnisse errechnet.

Da die Kotenergieverluste einen hohen Anteil an den Gesamtenergieverlusten ausmachen, ist die verdauliche Energie als Maßstab der energetischen Futterbewertung durchaus geeignet. Diese Feststellung trifft vor allem für Nichtwiederkäuer (Schwein, Geflügel) zu, da die Harn- und Wärmeenergieverluste bei den verschiedenen Futtermitteln nur geringfügig variieren. In verschiedenen Ländern wird vor allem die Rationsberechnung in der Schweinefütterung mit Energiebewertungsmaßstäben auf

Tabelle 9. Trockensubstanzabbau von Weizenstroh nach 48 h Inkubation im Pansen von Schafen sowie Trockensubstanzabbaurate bei unterschiedlicher Fütterung von Schafen (n = 5, Flachowsky und Schneider 1992)

	Rationsgestaltung (%)				
Weizenstroh	80	65	50	35	20
Konzentrat	20	35	50	65	80
In-sacco-Trockensubstanzabbau (% der Einwaage)	50,7	47,4	47,1	39,8	29,2
Abbaurate (%/h)	2,85	2,86	2,27	1,12	0,88

3. Bewertung der Futtermittel

Tabelle 10. Regressionskoeffizienten (kJ/g) zur Errechnung der verdaulichen Energie von Futtermitteln bei verschiedenen Tierarten auf Grundlage der verdaulichen Nährstoffe (Schiemann 1981b)

Tierart	Verdauliches Rohprotein g	Verdauliches Rohfett g	Verdauliche Rohfaser g	Verdauliche N-freie Extraktstoffe g
Rind	24,2	34,1	18,5	17,0
Schaf	23,9	37,9	18,3	17,0
Schwein	24,2	39,4	18,4	17,0
Huhn	23,9	39,8	17,7	17,7

Basis der verdaulichen Energie (z. B. verdauliche Energie, TDN — Total Digestible Nutrients, Gesamtnährstoff; s. Tabelle 21) durchgeführt.

Für die Wiederkäuerfütterung ist die verdauliche Energie als Berechnungsgrundlage wenig geeignet, da die Höhe der Gärgasenergieverluste wesentlich von Rationszusammensetzung und Rationshöhe abhängt (8,1 bis 15,2% der verdaulichen Energie; Schiemann 1981b).

In Deutschland werden in der Pferdefütterung der Energiegehalt der Futtermittel (Anhangstabelle 15.3.) und der Bedarf der Tiere in verdaulicher Energie angegeben. Dieses Vorgehen wird angewandt, da relativ viele Verdauungsversuche mit Pferden vorliegen, Messungen zum Gehalt der Futtermittel an umsetzbarer bzw. Nettoenergie jedoch nur in begrenztem Umfang vorhanden sind.

● **Schätzung der Verdaulichkeit** (F. Weißbach)

Die Verdaulichkeit der Futtermittel bzw. ihr Gehalt an verdaulichen Nährstoffen wird in Bilanzversuchen mit Tieren gemessen. Für die praktische Qualitätskontrolle sind solche Tierversuche jedoch zu zeit- und kostenaufwendig. Es werden deshalb Labormethoden benötigt, deren Ergebnisse Angaben über die Verdaulichkeit liefern oder doch wenigstens zu dieser in Beziehung stehen.

Das ursprüngliche Ziel der Rohfaserbestimmung war es, ein direktes Maß für den Gehalt der Futtermittel an unverdaulicher organischer Substanz zu gewinnen, was sich aber so einfach nicht erreichen ließ. Die Rohfaser erwies sich selbst als z. T. verdaulich, und auch die N-freien Extraktstoffe enthalten unverdauliche Verbindungen. Dessen ungeachtet ist dieses Analysenverfahren über mehr als 100 Jahre beibehalten und zur Trennung der Rohkohlenhydrate in zwei Nährstoffgruppen benutzt worden. Auch das biologisch sinnvollere Analysenschema nach van Soest ist wesentlich von dem Ziel bestimmt, Informationen über die Verdaulichkeit zu gewinnen. Aber auch die grundsätzliche Trennung zwischen den vollverdaulichen Stoffen des Zellinhaltes und den nur partiell verdaulichen der Zellwand führte selbst bei weiterer Aufgliederung nicht zu allgemeingültigen Vorhersagen über die Verdaulichkeit. Als aussichtsreicher erwiesen sich Methoden zur In-vitro-Bestimmung der Verdaulichkeit selbst. Die Futtermittelprobe wird dazu mit Pansensaft und/oder mit Enzymlösungen inkubiert und der Hydrolyserückstand bestimmt. Eine Weiterentwicklung des Verfahrens sind die In-sacco-Methoden, bei denen die Inkubation der Proben direkt in den Pansen fistulierter Wiederkäuer oder in den Dünndarm (mobile Beuteltechnik) erfolgt. Diese zuletzt genannten Methoden gestatten es darüber hinaus, den zeitlichen Verlauf der Hydrolyse zu verfolgen und nicht nur Informationen über die potentielle Abbaufähigkeit, sondern auch über die Abbaugeschwindigkeit zu gewinnen. Eine spezielle In-vitro-Methode besteht darin, nicht den Hydrolyserückstand, sondern die Menge an gebildeten Gärgasen nach Inkubation der Probe mit Pansensaft zu messen (Hohen-

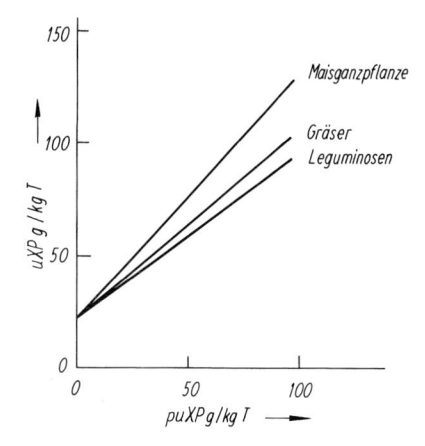

Abb. 12. Beziehungen zwischen den Gehalten an pepsinunlöslichem Rohprotein (puXP) und unverdaulichem Rohprotein (uXP) für Grünfutterkonservate beim Schaf.

heimer Futterwerttest). Der vollwertige Ersatz des Verdauungsversuches am Tier ist aber auch mit allen diesen Methoden bisher nicht erreicht worden. Sie erfordern vielmehr stets eine Eichung an oder die Mitführung von Proben bekannter Verdaulichkeit der gleichen Futterart und eine Korrektur auf die In-vivo-Werte.

In der praktischen Qualitätskontrolle beschränkt man sich bisher meist auf die Schätzung des Gehaltes an verdaulichen Nährstoffen aus den Ergebnissen der chemischen oder enzymatischen Futtermittelanalyse. Dazu dienen Regressionsgleichungen, die für die jeweilige Futterart gelten und deren Variablen die einzelnen Analysendaten sind. Gleichungen dieser Art können so formuliert werden, daß der Gehalt an jeweils Unverdaulichem mit Hilfe eines entsprechenden analytischen Hydrolyserückstandes geschätzt und dann die Differenz zwischen Rohnährstoffgehalt und Unverdaulichem gebildet wird. Für die Schätzung z. B. des Gehaltes an unverdaulichem Rohprotein eignet sich das in Pepsin unlösliche Rohprotein (Abb. 12), für die des Gehaltes an unverdaulichen Rohkohlenhydraten die Rohfaser (Abb. 13).

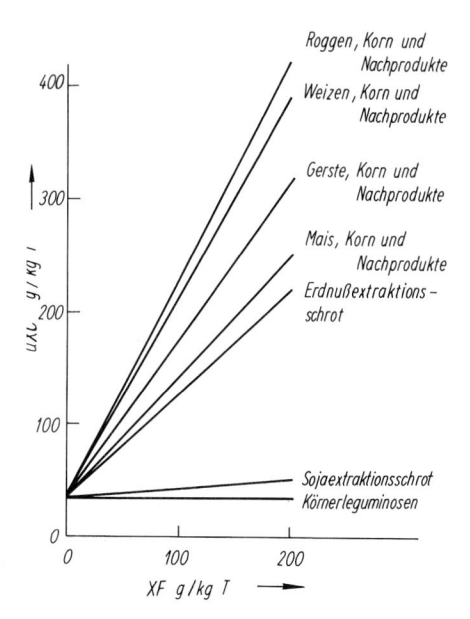

Abb. 13. Beziehungen zwischen den Gehalten an Rohfaser (XF) und unverdaulichen Rohkohlenhydraten (uXC) für Konzentrate beim Schaf.

40   3. Bewertung der Futtermittel

In den letzten Jahren gibt es erfolgreiche Bemühungen um einen Ersatz chemischer Untersuchungsmethoden durch die NIRS-Technik (Nah-Infrarot-Reflexions-Spektroskopie). Über diesen Weg ist es möglich, Schätzwerte nicht nur für den Gehalt an einzelnen Nährstoffen oder Nährstoffgruppen, sondern auch für die Verdaulichkeit zu erhalten. Diese physikalische Untersuchungsmethode ist sehr leistungsfähig und besonders für Massenuntersuchungen geeignet. Sie erfordert aber eine Kalibrierung der Meßgeräte mit Proben bekannter Zusammensetzung und Verdaulichkeit der gleichen Futterart.

3.1.2.3. Umsetzbare Energie (ME)

Zur Ermittlung der umsetzbaren Energie ist die Erfassung der Harnenergieverluste und beim Wiederkäuer zusätzlich die der Gärgasenergie erforderlich.

Da beim Geflügel Kot und Harn gemeinsam durch die Kloake ausgeschieden werden, ist die Ermittlung der umsetzbaren Energie versuchsmethodisch einfacher als die der verdaulichen Energie. In zahlreichen Ländern wird deshalb die Futterbewertung in der Geflügelfütterung auf der Basis der umsetzbaren Energie vorgenommen.

Analog der verdaulichen Energie (Tabelle 10) wurden von Schiemann et al. (1971) Faktoren zur Errechnung der umsetzbaren Energie (Tabelle 11) ermittelt. Diese Regressionsgleichungen dienten auch bei den in verschiedenen Ländern (z. B. Niederlande, Frankreich, Deutschland) eingeführten energetischen Bewertungsmaßstäben als entscheidende Berechnungsgrundlage (van Es 1978, Vermorel 1978, Jarrige 1989; s. Tabelle 21). Die umsetzbare Energie ist die für intermediäre Prozesse im Tierkörper zur Verfügung stehende Energiemenge.

Tabelle 11. Regressionskoeffizienten (kJ/g) zur Errechnung der umsetzbaren Energie von Futtermitteln bei verschiedenen Tierarten auf Grundlage der verdaulichen Nährstoffe (Schiemann 1981b)

Tierart	Verdauliches Rohprotein g	Verdauliches Rohfett g	Verdauliche Rohfaser g	Verdauliche N-freie Extraktstoffe g
Rind	18,1	32,4	15,0	15,2
Schaf	18,8	37,9	15,1	15,3
Schwein	21,0	37,4	14,4	17,1
Huhn	17,8	39,8	17,7	17,7

- **BFS-korrigierte umsetzbare Energie (Schwein)**

In Deutschland erfolgt die Futterbewertung beim Schwein auf der Basis der umsetzbaren Energie. Dabei werden an der von Schiemann et al. (1971) entwickelten Berechnungsformel der umsetzbaren Energie (s. Tabelle 11) für zuckerreiche Futtermittel und in Abhängigkeit vom Gehalt an im Dickdarm bakteriell fermentierbaren Substanzen (BFS) Korrekturen vorgenommen (Tabelle 21).

Die Korrektur für zuckerreiche Futtermittel ergibt sich aus dem um $1-2$ kJ/g geringeren Bruttoenergiegehalt von Mono- und Disacchariden im Vergleich zu Stärke. Bei einem Zuckergehalt von >80 g/kg T erfolgt für den gesamten Zuckergehalt des Futtermittels ein Abzug von 1,4 kJ/g Zucker.

Die Korrektur in Abhängigkeit vom Gehalt an BFS ergibt sich aus der geringeren Energienutzung der Zellwandbestandteile im Vergleich zu Zucker und Stärke. Die Gerüstsubstanzen entgehen weitgehend der enzymatischen Verdauung im Dünndarm und werden teilweise mikrobiell im Dickdarm abgebaut. Dabei entstehen wie im Pansen des Wiederkäuers kurzkettige Fettsäuren, es treten Energieverluste auf (Methan, Wärme), und im Vergleich zur Glucose ist eine geringere energetische Effizienz der absorbierten Fettsäuren im Intermediärstoffwechsel des Schweines zu erwarten. Insgesamt werden die Energieverluste auf etwa 40% geschätzt, so daß der energetische Wert der im Dickdarm fermentierten Substanzen lediglich 60% des Energiewertes der im Dünndarm verdauten Kohlenhydrate beträgt. Daraus ergibt sich ein Abzug von 6,8 kJ/g BFS (BFS = verdauliche Rohfaser + verdauliche XX − Stärke − Zucker; 6,8 kJ ≙ 40% des Energiegehaltes von verdaulicher Stärke). Diese Korrektur wird nur für den 100 g BFS/kg T überschreitenden Gehalt angewandt. Teilweise wird die Korrektur auch bei Stärke angewandt. Bei rohen Kartoffeln werden beispielsweise 50% Stärke als BFS berücksichtigt.

Zur Schätzung des Gehaltes an umsetzbarer Energie im Mischfutter für Schweine werden Vorschläge in Tabelle 21 unterbreitet. Beide Methoden, die neben Angaben zum Gehalt an Rohprotein, Rohfett, Stärke und Zucker entweder Informationen über den ADF- oder Rohfaser-Gehalt erfordern, gestatten Energieangaben mit befriedigender Genauigkeit.

- **N-korrigierte scheinbar umsetzbare Energie (Geflügel)**

Von den verschiedenen Möglichkeiten der Berechnung der umsetzbaren Energie (ME; scheinbare ME, N-korrigierte scheinbare ME; wahre ME; N-korrigierte wahre ME; s. Tabelle 21) erfolgt in Deutschland die Futterberechnung für Geflügel auf der Basis der N-korrigierten scheinbaren umsetzbaren Energie. N-korrigiert bedeutet, daß die umsetzbare Energie bei N-Gleichgewicht (kein Proteinansatz) gemessen wird. Im Falle eines Proteinansatzes wird die umsetzbare Energie um die Energiemenge vermindert, die im Harn verlorengehen würde, wenn das Tier kein Protein ansetzt. Die scheinbare umsetzbare Energie wird nach folgender Formel berechnet, wenn für die N-Bilanz gleich Null unterstellt wird:

$$ME_{N\text{-korr.}} \text{ (kJ/g)} = \frac{\text{Energieaufnahme} - \text{Kot- und Harnenergie} - f \times RN}{\text{Futteraufnahme (g)}}.$$

RN errechnet sich dabei aus der Differenz zwischen der N-Aufnahme und der N-Ausscheidung in Kot und Harn. Die Angaben für den Korrekturfaktor f (Korrektur für angesetztes Protein) schwanken zwischen 34,4 und 36,5 kJ/g angesetztes N (nach Kirchgeßner 1987).

In Deutschland wird bei der Angabe der N-korrigierten umsetzbaren Energie eine Berechnungsgleichung von Härtel et al. (1977; s. Tabelle 21) zugrunde gelegt, die aus umfangreichen Versuchen mit Legehennen abgeleitet wurde:

Scheinbare $ME_{N\text{-korr.}}$ (MJ/kg) = 0,0183 × g umsetzbares Rohprotein + 0,0388 × g umsetzbares Rohfett + 0,0173 × g umsetzbare N-freie Extraktstoffe.

Die sog. umsetzbaren Rohnährstoffe (meist als verdauliche Rohnährstoffe bezeichnet) ergeben sich aus den Rohnährstoffen und den entsprechenden Verlusten in Kot und Harn. Obwohl zwischen den verschiedenen Geflügelarten Unterschiede in der scheinbaren Verdaulichkeit der Futternährstoffe bestehen, werden aus pragmatischen Gründen einheitliche Werte verwendet.

Bei Mischfutter erfolgt die Ermittlung des ME-Gehaltes (N-korrigiert) nach einer Formel der WPSA (World's Poultry Science Association, 1984) im Ergebnis der Rohnährstoffanalyse des Futters (s. Tabelle 21).

3.1.2.4. Nettoenergie (NE)

Die Wirksamkeit der umsetzbaren Energie im Tierkörper hängt u. a. von der Rationsgestaltung sowie der Höhe und der Art der Leistung (Erhaltung, Wachstum, Laktation u. a.) ab. Dabei wird die umsetzbare Energie für Erhaltung und Fettansatz meist bedeutend effektiver als für den Proteinansatz genutzt (Tabelle 12).

Tabelle 12. Verwertung der umsetzbaren Energie für den Protein- und Fettansatz bei wachsenden Tieren nach verschiedenen Autoren (nach Reid et al. 1981)

Tierart, Bedingung	Wirksamkeit der umsetzbaren Energie für den Protein- und Fettansatz (in %)	
	Protein	Fett
Verwertung, theoretisch	90 bis 93	≤ 70
Verwertung, theoretisch bei Wiederkäuern	82	72
Ratte, wachsend	46	70
Küken, 365 g	51	78
Ferkel, 2,5 bis 10 kg	77	81
Läufer, 23 bis 43 kg	54	70
Mastschwein, 20 bis 90 kg	43	77
Mastschwein, 58 bis 92 kg	34	74
Lamm, säugend, 5,5 bis 10,5 kg	77	63
Schaf, 10 bis 40 kg	33	82
Schaf, 6 Monate	10 bis 20	79 bis 92
Kalb, Milchfütterung, 58 bis 155 kg	45	85
Mastrind, 121 bis 706 kg	34	69

Während beim Wiederkäuer in Abhängigkeit von der Energiedichte (Verhältnis zwischen umsetzbarer Energie und Bruttoenergie) die umsetzbare Energie für Erhaltung zu 66 bis 76% und zur Laktation mit 62 bis 70% genutzt wird, beträgt die Verwertung der umsetzbaren Energie für Wachstum nur 33 bis 62% (Abb. 14; van Es 1976). Jedes

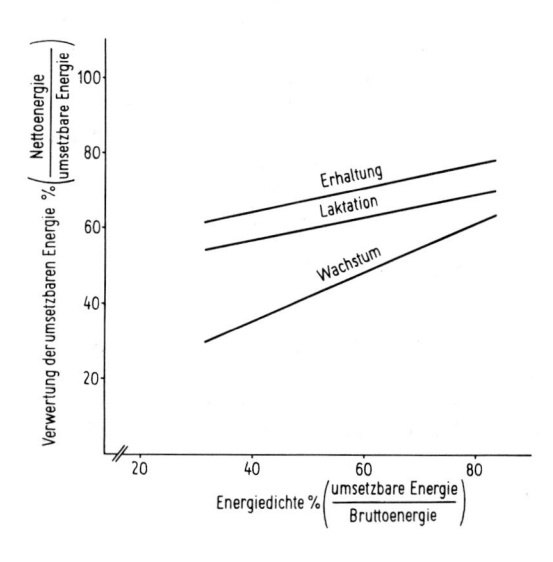

Abb. 14. Verwertung der umsetzbaren Energie beim Wiederkäuer für Erhaltung, Laktation und Wachstum in Abhängigkeit von der Energiedichte.

3.1. Energetische Futterbewertung

Futtermittel hätte bei Berücksichtigung der erwähnten und weiterer Einflußfaktoren eine riesige Anzahl an Nettoenergiegehaltswerten. Da ein solches Vorgehen nicht praktikabel ist, wurde der Nettoenergiegehalt der Futtermittel unter standardisierten Bedingungen am Fettbildungsvermögen (Kellner 1912, Schiemann et al. 1971), an der Höhe der Milchproduktion (van Es 1975, 1979) oder am Stoffansatz wachsender Tiere gemessen (Fraps und Carlyle 1942, Lofgreen und Garrett 1968). Dabei wird in allen Systemen von der Verwertung der Futternährstoffe für eine bestimmte Leistung ausgegangen und die Bewertung abgeleitet.

- **Stärkewertlehre nach Kellner (Wiederkäuer)**

Die Stärkewertlehre wurde Ende des 19. Jahrhunderts von Oskar Kellner entwickelt und basiert auf dem Fettbildungsvermögen des ausgewachsenen Ochsen (Nettoenergie Fett). Da das Stärkewertsystem bis zur Einführung des Rostocker Bewertungssystems zu Beginn der siebziger Jahre in der ehemaligen DDR und des NEL-Systems zu Beginn der achtziger Jahre in der BRD in der Wiederkäuerfütterung genutzt wurde und Details dieses Systems wiederholt beschrieben wurden (Kirchgeßner 1987, Nehring 1964), wird auf eine Darstellung verzichtet. Der Rechenweg zur Ermittlung des Stärkewertes aus den verdaulichen Nährstoffen der Futtermittel ist Tabelle 21 zu entnehmen. Die Stärkeeinheiten (StE) ausgewählter Futtermittel sind im Vergleich mit den EFr- bzw. NEL-Gehalten im Anhang (s. Abschnitt 15) dargestellt.

Infolge von Schwierigkeiten bei der exakten Bestimmung der Verwertung der umsetzbaren Energie für das Wachstum (Abb. 14; unterschiedliche Körperzusammensetzung im Wachstumsverlauf) wird der Energiebedarf für die Rindermast in Deutschland gegenwärtig noch in Stärkeeinheiten angegeben. Dabei existieren Bedarfsangaben für Schwarzbunte und Fleckvieh-Bullen in Abhängigkeit von der Lebendmasse und der täglichen Lebendmassezunahme. In der Schaffütterung wird der Energiebedarf ebenfalls in Stärkeeinheiten angegeben. Die Gesellschaft für Ernährungsphysiologie der Haustiere (GEH) arbeitet gegenwärtig an einem neuen energetischen Bewertungsmaßstab für Mastrinder.

- **Rostocker Futterbewertungssystem (Wiederkäuer, Pferd, Schwein und Geflügel)**

In Weiterentwicklung der Kellnerschen Stärkewertlehre wurde bei der Erarbeitung des Rostocker Nettoenergiebewertungssystems das Fettbildungsvermögen der Futtermittel nicht nur am ausgewachsenen Ochsen, sondern auch beim Börgen und kapaunisiertem Hahn gemessen (Schiemann et al. 1971). Das Rostocker Bewertungssystem wurde 1971 als DDR-Futterbewertungssystem im Osten Deutschlands für alle Bereiche der Futterproduktion, des -handels und des -einsatzes bei allen Nutztierarten verbindlich in die landwirtschaftliche Praxis eingeführt. Die umfangreichen experimentellen Daten (Schiemann et al. 1971) stellen auch eine wesentliche wissenschaftliche Basis für in anderen Ländern eingeführte energetische Bewertungsmaßstäbe dar. Nachfolgend werden einige Details des Systems dargestellt.

Für die Messung der Nettoenergie am Fettbildungsvermögen werden u. a. folgende Faktoren als günstig angesehen:

- In nahezu allen Tierprodukten beträgt der auf Fett entfallende Energieanteil >50% des gesamten Energieansatzes (Tabelle 13).
- Die Verwertung der umsetzbaren Energie für Erhaltung und Fettansatz ist annähernd gleich (s. Abb. 14), 70 bis 90% der Nettoenergie werden für Erhaltung und Fettenergieansatz genutzt.
- Körperfett kann aus allen Futternährstoffen gebildet werden.
- Über den Intermediärstoffwechsel des Fettes herrscht weitgehend Klarheit.

3. Bewertung der Futtermittel

Tabelle 13. Anteil der Fettenergie (%) am Gesamtenergiegehalt in verschiedenen Tierprodukten (nach Nehring et al. [1971] und eigenen Ergebnissen)

Tierprodukt	Fettenergieanteil %	Tierprodukt	Fettenergieanteil %
Rindfleisch, mager	53,1	Fasanenfleisch	15,0
Rindfleisch, fett	75,8	Perlhuhnfleisch	22,0
Schweinefleisch, mager	80,5	Putenfleisch	30,0
Schweinefleisch, fett	90,4	Broilerfleisch	40,0
Kuhmilch (4% Fett)	51,4	Gänsefleisch	70,0
Sauenmilch (7,1% Fett)	56,3	Entenfleisch (Pekingente)	75,0
Hühnereier	55,0		

Der aus Fett stammende Energieanteil (s. Tabelle 13) ist jedoch nicht als konstant zu betrachten, sondern er hängt u. a. von Alter und Lebendmasse der Tiere, Lebendmassezunahme, Fütterungsintensität, Genotyp und Geschlecht ab. Bei gleicher Mastendmasse von 500 kg stammten bei intensiv bzw. extensiv gemästeten Bullen 67,2 bzw. 53,5% der in den verzehrbaren Teilen angesetzten Energie aus Fett (Flachowsky 1978).

Obwohl das Hauptziel der Tierproduktion in der Erzeugung von verzehrbarem Nahrungsprotein besteht, wird aus erwähnten Gründen im Rostocker Futterbewertungssystem die Nettoenergie am Fettbildungsvermögen ausgewachsener kastrierter Tiere gemessen. Nach Schiemann et al. (1971) beträgt der Anteil des Fettenergieansatzes am Gesamtenergieansatz bei ausgewachsenen Ochsen 86%, bei ausgewachsenen Hammeln 79% und bei Börgen über 90 kg Lebendmasse 83%.

Der energetische Bewertungsmaßstab im Rostocker Bewertungssystem ist die Nettoenergie − Fett (NEF). Der für den Energieansatz zur Verfügung stehende verwertbare Anteil der umsetzbaren Energie ist mit der Nettoenergie − Fett identisch. Dabei wird auch der Energieerhaltungsbedarf als Nettoenergie − Fett ausgewiesen.

Eine Futter- oder Nährstoffmenge hat den energetischen Futterwert von 1 kJ NEF, wenn durch sie bei der Fettmast ausgewachsener Tiere unter standardisierten Bedingungen ein Zuwachs an Körperenergie von 1 kJ erzeugt wird.

Zur Ermittlung dieses Zuwachses wurden umfangreiche Gesamtstoffwechselmessungen am Oskar-Kellner-Institut für Tierernährung Rostock an ausgewachsenen männlichen kastrierten Tieren der Arten Rind, Schaf, Schwein und am Huhn mit Rationen sehr unterschiedlicher Nährstoff- und Futtermittelzusammensetzung durchgeführt. Basierend auf diesen Ergebnissen wird der NEF-Gehalt der Futtermittel in Abhängigkeit vom Gehalt an verdaulichen Nährstoffen mit Hilfe der in Tabelle 14 dargestellten Regressionskoeffizienten berechnet. Die Regressionskoeffizienten geben an, wieviel kJ Nettoenergie − Fett je g verdaulichem Rohnährstoff geliefert werden können. Weitere Einzelheiten über die Erarbeitung des Rostocker Bewertungssystems sind in der Monographie von Schiemann et al. (1971) und in den Tabellenwerken (Nehring et al. 1971, Autorenkollektiv 1986) zu finden.

Mit dem Rostocker Bewertungssystem wurden verschiedene Kennzahlen zur Charakterisierung des energetischen Futterwertes von Futtermitteln und Rationen sowie der Bedarfswerte der Nutztiere eingeführt.

− *Energetische Futtereinheit*

Im Rostocker Bewertungssystem erfolgte eine getrennte Tabellierung des Futterwertes der Futtermittel für die Tierarten Rind, Schwein und Huhn (s. Anhangstabellen 15.1., 15.2. und 15.4.).

3.1. Energetische Futterbewertung

Tabelle 14. Regressionskoeffizienten (kJ/g) zur Errechnung der Nettoenergie − Fett (kJ NEF/g) von Futtermitteln bei verschiedenen Tierarten auf Grundlage der verdaulichen Nährstoffe (Schiemann 1981b)

Tierart	Verdauliches Rohprotein g	Verdauliches Rohfett g	Verdauliche Rohfaser und verdauliche N-freie Extraktstoffe g
Rind	7,2	31,5	8,4
Schaf	7,6	35,1	8,0
Schwein	10,7	35,8	12,4
Huhn	10,8	33,5	13,4

Die „Energetische Futtereinheit" (EF) als Maßstab des energetischen Futterwertes wurde für die drei Tierarten als Vielfaches der Nettoenergie − Fett festgelegt:

Rind: 1 EFr = 10,47 kJ NEFr ($\cong$ 2,5 kcal NEFr)
Schwein: 1 EFs = 14,65 kJ NEFs ($\cong$ 3,5 kcal NEFs)
Huhn: 1 EFh = 14,65 kJ NEFh ($\cong$ 3,5 kcal NEFh).

Da bei den Tierarten Schwein und Huhn das durchschnittlich zum Einsatz kommende Futtersortiment einen um $\approx 40\%$ höheren NEF-Gehalt aufweist als beim Wiederkäuer, wurden EFs bzw. EFh um 40% höher festgelegt als die EFr. Dadurch sollten zum Zwecke der Futterplanung und -bilanzierung die Energetischen Futtereinheiten über die Tierarten hinweg addierbar werden. Da bei Einzelfuttermitteln jedoch erhebliche Abweichungen auftreten können, muß die konkrete Futtereinsatzplanung unbedingt tierartspezifisch erfolgen.

Die Angaben des Energiegehaltes der Futtermittel für wirtschaftlich weniger bedeutsame Tierarten erfolgt mit Hilfe der erwähnten Maßstäbe:

EFr: alle Wiederkäuerarten, Pferde,
EFs: Schweine, Kaninchen, Pelztiere,
EFh: alle Geflügelarten, Fische.

Für die Rationsberechnung, Futterplanung und -bilanzierung wurden Vielfache der Energetischen Futtereinheit eingeführt:

1 kEF (kilo-EF) = 1000 EF = 10^3 EF,
1 MEF (Mega-EF) = 1000 kEF = 10^6 EF,
1 GEF (Giga-EF) = 1000 MEF = 10^9 EF.

− *Energiekonzentration*

Die Energiekonzentration (EK) gibt den Gehalt an EF je kg Futtertrockensubstanz an. Sie wurde als Kennzahl eingeführt, weil das Futteraufnahmevermögen der Tiere begrenzt ist und der Energiebedarf bei höheren Leistungen schneller ansteigt als der Futterverzehr (s. Abschnitt 3.3.). Diese Differenz muß über eine erhöhte EK der aufgenommenen Futtermittel ausgeglichen werden.

− *Verdaulichkeit der Energie*

Die Verdaulichkeit der Energie (VE) ist der prozentuale Quotient aus verdaulicher Energie und Bruttoenergie:

$$\text{VE } (\%) = \frac{\text{Verdauliche Energie (kJ)}}{\text{Bruttoenergie (kJ)}} \times 100 .$$

Wie EF und EK ist die VE als Qualitätskennzahl für alle Futtermittel tabelliert. Die VE hat besondere Bedeutung bei der Berechnung von Futterrationen für Wiederkäuer.

Die Korrektur in Abhängigkeit von der VE der Ration stellt im Gegensatz zu Kellners Stärkewertlehre (Rohfaserabzug) die Gesamtration bei Wiederkäuern in den Mittelpunkt. Durch entsprechende Rationsgestaltung ist auch die Ausnutzung der Energie von Futtermitteln mit niedriger Verdaulichkeit möglich. Für Überschlagsrechnungen kann die Verdaulichkeit der Energie aus dem Rohfasergehalt des Futtermittels bzw. der Ration geschätzt werden.

— *Protein-Energie-Quotient*

Der Protein-Energie-Quotient (PEQ) gibt die Menge an g vRP je kEF an:

$$PEQ = \frac{g\ verdauliches\ Rohprotein}{kEF}.$$

Der PEQ soll in der Rationsberechnung helfen, das schnelle Auffinden des optimalen Verhältnisses zwischen Energie und Protein zu erleichtern.

— *Berechnung der Kennzahlen des Futterwertes von Futtermitteln*

Der energetische Wert eines Futtermittels wird aus dem Gehalt an verdaulichen organischen Nährstoffen errechnet (verdauliches Rohprotein = DP; verdauliches Rohfett = DL; verdauliche Rohfaser und verdauliche DX = verdauliche Kohlenhydrate [DC]).

Die Verdaulichkeit der Rohnährstoffe wird den Tabellen des Rostocker Bewertungssystems entnommen oder im Verdauungsversuch bestimmt. Die Verdauungswerte sind futtermittel- und tierartspezifisch.

Durch Multiplikation des Rohnährstoffgehaltes mit der jeweiligen Verdaulichkeit werden die verdaulichen Nährstoffe erhalten (Tabelle 15).

Für die Ermittlung der Gehaltswerte der Futtermittel an Energetischen Futtereinheiten (EFr, EFs, EFh) wurden aus Untersuchungen zum Energiewechsel landwirtschaftlicher Nutztiere folgende Berechnungsgleichungen abgeleitet:

$EFr = 0{,}68 \cdot g\ DP + 3{,}01 \cdot g\ DL + 0{,}80 \cdot g\ DC,$
$EFs = 0{,}73 \cdot g\ DP + 2{,}44 \cdot g\ DL + 0{,}85 \cdot g\ DC,$
$EFh = 0{,}74 \cdot g\ DP + 2{,}28 \cdot g\ DL + 0{,}91 \cdot g\ DC.$

Tabelle 15. Berechnung des energetischen Futterwertes und weiterer Kennzahlen des Futterwertes für 1 kg Weizen für Rinder (Trockensubstanzgehalt: 880 g/kg Frischmasse, Angaben in T)

Roh-nährstoff	Analyse g/kg T	Verdaulichkeit (Tabelle) %	Verdauliche Nährstoffe g/kg T	Berechnungsfaktor für EFr	EFr
XP	121	75	91	0,68	62
XL	21	77	16	3,01	48
XF	29	47	14 }	0,80	614
XX	810	93	753 }		
Kennzahlen	EFr/kg T	EFr/kg FM	EK	VE %	g DP/kg T	PEQ
	724	637	724	87	91	126

Der Schätzfehler bei Anwendung dieser Gleichungen ist $< \pm 5\%$. Bei der Berechnung des energetischen Futterwertes von Futtermitteln für die Tierarten Schwein und Geflügel sind infolge des niedrigeren Bruttoenergiegehaltes des Zuckers und des Milchfettes und des höheren Brennwertes des Caseins folgende Korrekturen vom berechneten Futterwert vorzunehmen:

pro g Zucker $-0{,}043$ EFs bzw. EFh,
pro g Milchprotein $+0{,}286$ EFs bzw. EFh,
pro g Milchfett $-0{,}286$ EFs bzw. EFh.

Bei Grünfutterstoffen, daraus hergestellten Konservaten sowie Naß- bzw. Trockenschnitzeln sind für Schwein bzw. Huhn vom berechneten Futterwert 10% abzuziehen, weil durch mikrobielle Aktivität im Dickdarm zusätzliche Energieverluste auftreten. Bei Verwendung von Energiegehaltswerten aus den Futtermitteltabellen sind alle erwähnten Korrekturen bereits berücksichtigt.

- **Schätzung des energetischen Futterwertes nach dem Rostocker Bewertungssystem aus den Ergebnissen der Futtermittelanalyse** (F. Weißbach)

Grundlage der Berechnung des energetischen Futterwertes ist unabhängig vom Bewertungssystem (DE, ME, NE) die Kenntnis des Gehaltes an verdaulichen Nährstoffen. Die Futtermittelanalyse liefert aber nur Angaben über den Gehalt an den einzelnen Stoffgruppen und sagt zunächst noch nichts über denjenigen Anteil der Nährstoffe aus, der vom Tier verdaut werden kann. Wenn es nicht möglich ist, diesen Anteil in Tierversuchen zu messen, wie es für die praktische Futterbewertung fast immer zutrifft, muß man deshalb auf Näherungslösungen zurückgreifen.

Die einfachste und althergebrachte Verfahrensweise, um ohne den Tierversuch von dem im Labor ermittelten Rohnährstoffgehalt zum Gehalt an verdaulichen Nährstoffen zu gelangen, besteht darin, daß man Angaben zur Verdaulichkeit (VQ) einer Futtermitteltabelle entnimmt und damit die Gehalte an Rohnährstoffen multipliziert. Im Falle des Rohproteins (XP) z. B. ergibt sich der verdauliche Anteil (DP) wie folgt:

$$DP = \frac{VQ_{XP} \cdot XP}{100}.$$

Ebenso verfährt man bei der Berechnung der verdaulichen Anteile des Rohfettes (DL) und der Rohkohlenhydrate (DC) bzw. der Rohfaser und N-freien Extraktstoffe als getrennten Fraktionen. Die Verdaulichkeit unterliegt aber großen Schwankungen, die durch Tabellen nicht hinreichend wiedergegeben werden können. So ist bekannt, daß die Verdaulichkeit des Rohproteins von der Höhe des Rohproteingehaltes selbst abhängt. Ähnliches gilt für die Verdaulichkeit des Rohfettes. Die Verdaulichkeit der Rohkohlenhydrate wird durch den Anteil und das Alter der Zellwandsubstanz in weiten Bereichen verändert. Diese Verfahrensweise kann deshalb zu großen Fehlern führen. Außerdem ist sie nicht auf Futtergemische unbekannter Mengenanteile anwendbar.

In jüngerer Zeit werden zur Schätzung des energetischen Futterwertes oft Gleichungen nach dem Modell der multiplen Regression empfohlen und benutzt, die ohne Verdaulichkeitsangaben unmittelbar zum energetischen Futterwert (EF) führen:

$$EF = a + b_1 x_1 + b_2 x_2 + \ldots b_n x_n$$

Als Ergebnisse der Laboruntersuchung $(x_1, x_2 \ldots x_n)$ werden neben chemischen Analysedaten z. T. auch solche von In-vitro-Methoden einbezogen. Der Nachteil dieser Methode ist, daß die Gleichungen eigentlich nur für das jeweilige Datenmaterial gelten, aus dem sie abgeleitet wurden. Auch geben die Konstanten derartiger Gleichungen die physiologischen Zusammenhänge nur selten richtig wieder. Bei ihrer Übertragung auf andere Futtermittelproben, also bei ihrer praktischen Nutzung, muß deshalb gleichfalls mit Fehlern gerechnet werden. Man versucht, diese Fehler zu begrenzen, indem die Anwendung der Gleichungen auf denjenigen Wertbereich eingeschränkt wird, der in dem Datenmaterial vorlag, das zu ihrer Ableitung benutzt wurde.

Eine andere Methode, die ohne Verdaulichkeitsangaben auskommt, beruht darauf, daß die Differenzen zwischen dem durch Analyse bestimmten Rohnährstoffgehalt und verallgemeinerten, auf die Masseeinheit Futter bezogenen Angaben für die Nährstoffausscheidung des Tieres — vereinfachend als „Gehalt an unverdaulichen Nährstoffen" bezeichnet — gebildet werden. Ist z. B. der Gehalt an unverdaulichem Rohprotein (uXP) bekannt, so ist zu rechnen:

$$DP = XP - uXP.$$

Untersuchungen haben gezeigt, daß bei der gleichen Futterart die Gehalte an unverdaulichem Rohprotein und unverdaulichem Rohfett (uXL) unter den Bedingungen standardisierter Verdauungsversuche nahezu konstante Größen sind und daß sich der Gehalt an unverdaulichen Rohkohlenhydraten (uXC) über futterartenspezifische Funktionen aus dem Rohfasergehalt (XF) schätzen läßt. Diese Größen bzw. Funktionen sind besser verallgemeinerbar als Verdaulichkeitsangaben. In Tabelle 16 sind drei Beispiele für die durchschnittliche Nährstoffausscheidung von Schafen und Schweinen angegeben. Die Schätzfunktion für uXC beginnt jeweils bei einem konstanten Grundbetrag für die nicht vom Rohfasergehalt abhängige Ausscheidung des Tieres und umfaßt den Gesamtbereich der vorkommenden Werte. Mit Hilfe dieser Parameter ist es möglich, Gleichungen zur Berechnung der Energiekonzentration nach folgendem Modell abzuleiten:

$$EF = k_1(XP - uXP) + k_2(XL - uXL) + k_3[XC - (\alpha + \beta\, XF)].$$

In diesem sind die Koeffizienten k_1, k_2 und k_3 die energetischen Wirkungswerte der verdaulichen Nährstoffe aus dem jeweiligen Futterbewertungssystem (EF/g verdaulichem Nährstoff). Die Futtermittelanalyse liefert die Größen XP, XL und XF sowie XA (Rohasche), jeweils in g/kg T, die Rohkohlenhydrate sind als Differenzfraktion

$$XC = 1000 - XA - XP - XL$$

definiert; dieser Ausdruck ist in das Modell aufzunehmen. Für uXP, uXL und uXC sind die verallgemeinerten Schätzgrößen, z. B. die aus Tabelle 16 einzusetzen. Da der Rohfettgehalt bei vielen Futterarten nicht allzusehr schwankt, kann auf seine Messung dort verzichtet und statt dessen ein für die jeweilige Futterart repräsentativer Mittelwert eingefügt werden. Durch anschließendes Ausmultiplizieren und Zusammenfassen erhält man Arbeitsgleichungen der folgenden Gestalt:

$$EF/kg\,T = a - b_1 XA - b_2 XP - b_3 XF$$

Die Größe a ist eine futterartenspezifische Konstante, und b_1, b_2 und b_3 sind Koeffizienten, die den Einfluß der Analysendaten auf den energetischen Futterwert widerspiegeln. Tabelle 17 zeigt die sich ergebenden Gleichungen für die als Beispiele ausgewählten drei Futtermittel. Diese Gleichungen sind formal identisch mit multiplen Regressionsgleichungen, weisen diesen gegenüber jedoch Vorteile auf. So sind ihre Koeffizienten aus physiologischen Zusammenhängen abgeleitete Größen, und ihre Gültigkeit ist nicht auf eine bestimmte Spannweite der einzelnen Variablen beschränkt. Sie erfüllen damit die Forderung nach weitgehender Allgemeingültigkeit. Diese Methode ist auch geeignet, Futtergemische eines bestimmten Typs, aber im Einzelfall

3.1. Energetische Futterbewertung

Tabelle 16. Schätzgrößen für den Gehalt an unverdaulichen Nährstoffen (in g/kg T)

Futterart	uXP	uXL	uXC
Wiederkäuer			
Gerste	28	6	35 + 1,41 XF
Weizenkleie	34	6	35 + 1,80 XF
Sonnenblumen-extraktionsschrot	52	6	35 + 1,06 XF
Schweine			
Gerste	17	9	10 + 1,77 XF
Weizenkleie	34	18	10 + 2,14 XF
Sonnenblumen-extraktionsschrot	65	10	10 + 1,14 XF

unbekannter Zusammensetzung, zu bewerten, wie das für industriell nach Rahmenrezepturen hergestellte Mischfuttermittel zutrifft. In Tabelle 18 sind Beispiele für einige solcher Mischfutterarten aufgeführt. Da es hierbei üblich ist, alle Konzentrationsangaben auf die Originalsubstanz zu beziehen, tritt in diesen Gleichungen der T-Gehalt als zusätzliche Variable auf.

Tabelle 17. Arbeitsgleichungen zur Berechnung der Energiekonzentration (Rohnährstoffgehalte in g/kg T)

Futterart	EF/kg T = $a - b_1$ XA $- b_2$ XP $- b_3$ XF
Wiederkäuer	
Gerste	EFr/kg T = 788 − 0,8 XA − 0,12 XP − 1,13 XF
Weizenkleie	EFr/kg T = 817 − 0,8 XA − 0,12 XP − 1,44 XF
Sonnenblumen-extraktionsschrot	EFr/kg T = 760 − 0,8 XA − 0,12 XP − 0,85 XF
Schweine	
Gerste	EFs/kg T = 845 − 0,85 XA − 0,12 XP − 1,50 XF
Weizenkleie	EFs/kg T = 835 − 0,85 XA − 0,12 XP − 1,82 XF
Sonnenblumen-extraktionsschrot	EFs/kg T = 800 − 0,85 XA − 0,12 XP − 0,97 XF

Tabelle 18. Arbeitsgleichungen zur Berechnung der Energiekonzentration von Mischfuttermitteln nach Rahmenrezepturen (Rohnährstoffgehalte in g/kg Originalsubstanz)

Futterart	EF/kg = a/1000 T $- b_1$ XA $- b_2$ XP $- b_3$ XF
Wiederkäuer	
Grundmischung für Kälber	EFr/kg = 0,771 T − 0,8 XA − 0,12 XP − 0,57 XF
Zuchtbullenfutter	EFr/kg = 0,802 T − 0,8 XA − 0,12 XP − 1,06 XF
Schweine	
Schweinemastfutter	EFs/kg = 0,836 T − 0,85 XA − 0,12 XP − 1,37 XF
Grundmischung für Schweine	EFs/kg = 0,822 T − 0,85 XA − 0,12 XP − 1,18 XF

Tabelle 19. Arbeitsgleichungen zur Berechnung der Energiekonzentration von Luzerne und daraus hergestellten Konservaten (Rohnährstoffgehalte in g/kg T, T-Gehalt in g/kg)

Futterart	EF/kg T = $a - b_1 XA - b_2 XP - b_3 XF - b_4 puXP - b_5 T$
Grünfutter	EFr/kg T = $801 - 0{,}8\ XA - 0{,}12\ XP - 0{,}46\ XF - 0{,}00081\ XF^2$
Trockengrünfutter	EFr/kg T = $820 - 0{,}8\ XA - 0{,}12\ XP - 0{,}46\ XF - 0{,}00081\ XF^2$ $- 0{,}69\ puXP$
Heu	EFr/kg T = $771 - 0{,}8\ XA - 0{,}12\ XP - 0{,}33\ XF - 0{,}00081\ XF^2$ $- 0{,}69\ puXP$
Silage	EFr/kg T = $809 - 0{,}8\ XA - 0{,}12\ XP - 0{,}33\ XF - 0{,}00081\ XF^2$ $- 0{,}69\ puXP - 0{,}066\ T$

Das methodische Prinzip zur Ableitung solcher Schätzgleichungen kann auch auf Grundfuttermittel angewendet werden. Dabei sind einige Besonderheiten zu beachten. So erfordert die Schätzung von uXC in Abhängigkeit vom Rohfasergehalt hier meist eine nichtlineare Funktion. Außerdem muß bei den Konservaten mit Hitzeschädigungen gerechnet werden, die zu erhöhten Werten für uXP und uXC führen können. Dieser Effekt läßt sich durch die Einbeziehung des Gehaltes an pepsinunlöslichem Rohprotein (puXP) erfassen. Bei Silagen ist darüber hinaus mit Veränderungen im Rohfettgehalt zu rechnen, die vom Welkgrad abhängen und durch Aufnahme des T-Gehaltes in die Gleichungen berücksichtigt werden können. Tabelle 19 zeigt als Beispiel solche Arbeitsgleichungen zur Berechnung der Energiekonzentration von Luzerne und von daraus hergestellten Konservaten verschiedener Art.

● **Futterbewertung auf der Basis Nettoenergie-Laktation (NEL; Milchkuh und Jungrind)**

In Deutschland wurde 1981 der Stärkewert durch die Nettoenergie-Laktation (NEL-System) in der Fütterung der Milchkühe und Jungrinder abgelöst.

Die energetische Futterbewertung auf der Basis der Nettoenergie-Laktation beruht auf den von van Es (1978) in den Niederlanden erarbeiteten Grundlagen. Dabei wird von den in Rostock ermittelten Werten der umsetzbaren Energie (Schiemann et al. 1971) ausgegangen. Der Bruttoenergiegehalt wird ebenfalls von Schiemann et al. (1971) entnommen bzw. aus Angaben der Weender Rohnährstoffanalyse errechnet. Der Gehalt der Futtermittel und der Bedarf der Tiere werden in MJ NEL angegeben. Hinweise zum NEL-System sind u. a. in verschiedenen DLG-Mitteilungen, bei Kirchgeßner (1987) und Nieß (1980) zu finden.

— *Berechnung des NEL-Gehaltes der Futtermittel*

Bei der Berechnung des NEL-Gehaltes der Futtermittel wird von einer 60%igen Verwertung der umsetzbaren Energie für die Laktation (k = 0,6) ausgegangen (s. Abb. 14). In Abhängigkeit vom Einfluß der Umsetzbarkeit der Energie $\left(q = \dfrac{ME}{GE} \times 100 \right)$ auf die Verwertung der umsetzbaren Energie werden „Korrekturen" (Zu- bzw. Abschläge, wenn Abweichungen von q = 57%; Tabelle 20) vorgenommen. Die Notwendigkeit dieser Korrekturen ergibt sich aus der unterschiedlichen Verwertung der umsetzbaren Energie in Abhängigkeit von der Umsetzbarkeit der Energie (s. Abb. 14). Zwischen den einzelnen Leistungen (Laktation, Wachstum) bestehen erhebliche Differenzen in der Verwertung der umsetzbaren Energie. Daraus ist abzuleiten, daß für laktierende und wachsende Rinder unterschiedliche Betrachtungsweisen erforderlich sind. In der Anwendung der Korrektur für Einzelfuttermittel besteht ein wesentlicher Unterschied zum Rostocker Futterbewertungssystem.

Tabelle 20. Berechnung des NEL-Gehaltes von Wintergerste und Grasanwelksilage

NEL (MJ/kg) = 0,6 × [1 + 0,004(q − 57)] × ME (MJ/kg)

$$q = \frac{ME}{GE} \times 100$$

Gerste: ME = 12,92 MJ/kg T
GE = 18,46 MJ/kg T

$$q = \frac{12{,}92}{18{,}46} \times 100 = 70\%$$

Grasanwelksilage: ME = 9,66 MJ/kg T
GE = 18,52 MJ/kg T

$$q = \frac{9{,}66}{18{,}52} \times 100 = 52\%$$

Gerste: NEL = 0,6 × [1 + 0,004(70 − 57)] × 12,92 MJ/kg
= 0,6 × [1 + 0,004 × 13] × 12,92 MJ/kg
= 0,6 × [1 + 0,052] × 12,92 MJ/kg
= 0,6 × 1,052 × 12,92 MJ/kg
= 8,16 MJ/kg T

Grasanwelksilage: NEL = 0,6 × [1 + 0,004(52 − 57)] × 9,66 MJ/kg
= 0,6 × [1 + 0,004 × (−5)] × 9,66 MJ/kg
= 0,6 × [1 − 0,020] × 9,66 MJ/kg
= 0,6 × 0,980 × 9,66 MJ/kg
= 5,68 MJ/kg T

3.1.2.5. Weitere energetische Futterbewertungsmaßstäbe

Die energetische Futterbewertung stellt einen Schwerpunkt der Tierernährungsforschung und der Anwendung der Ergebnisse in der praktischen Fütterung dar. Aus diesem Grund ist es nicht verwunderlich, daß immer wieder versucht wurde, die Futterbewertung weiterzuentwickeln.

Als Zielfunktionen dienten dabei die Verständlichkeit und die Einfachheit der Maßstäbe, andererseits vor allem die Exaktheit der Leistungsvorhersage. Wie bereits erwähnt, haben in mehreren Ländern energetische Bewertungsmaßstäbe auf den Energiestufen verdauliche Energie, umsetzbare Energie und Nettoenergie praktische Bedeutung erlangt.

In Tabelle 21 sind ältere und neue Maßstäbe zur Futterbewertung dargestellt, die in verschiedenen Ländern angewendet wurden bzw. werden. Da es sich dabei um Bewertungsmaßstäbe auf unterschiedlichen Energiestufen handelt, ist eine Vergleichbarkeit zu den in Deutschland verwendeten Maßstäben nicht immer gegeben.

Von den „älteren" Bewertungsmaßstäben sind gegenwärtig für die Schweinefütterung verschiedener Länder die auf der Stufe der verdaulichen Energie beruhenden Maßstäbe TDN und GN, für die Geflügelfütterung die umsetzbare Energie und für die Wiederkäuerfütterung der Stärkewert und die daraus abgeleiteten Einheiten („Hafereinheit" und „skandinavische Futtereinheit") bedeutungsvoll.

Auf die Weiterentwicklung der Berechnungsgrundlagen für Schweine (BFS-korrigierte umsetzbare Energie, s. S. 40), Geflügel (N-korrigierte scheinbare umsetzbare Energie, s. S. 41) und Wiederkäuer (s. 3.1.2.4.) wurde bereits hingewiesen.

3. Bewertung der Futtermittel

Tabelle 21. Energetische Futterbewertungsmaßstäbe und Rechenwege zur Ermittlung des Energiegehaltes der Futtermittel

Energiestufe	Bewertungssystem	Berechnungsweg	Tierart	Entwicklung bzw. Nutzung
Bruttoenergie (GE)	ungeeignet			
Verdauliche Energie (DE)	Total verdauliche Nährstoffe (TDN, Total Digestible Nutrients; %, kg/100 kg)	Σ verdauliche Nährstoffe (verd. Rohfett $\times$ 2,25)	Schwein, Geflügel, (Rind), Pferd	USA, Entwicklungsländer
	Verdauliche Energie Gesamtnährstoff (GN nach Lehmann, g/kg)	Σ TDN $\times$ 4,41 Σ verdauliche Nährstoffe (verd. Rohfett $\times$ 2,3)	Pferd	USA, Deutschland
			Pferd, Schwein (Geflügel)	Europa
	Verdauliche Energie nach Perez et al. (1984; MJ/kg)	DE = 5,75 + 0,0066 g XP + 0,68 GE − 0,016 g NDF − 0,035 g XA	Schwein	Frankreich
	Verdauliche Energie nach Morgan et al. (1984; MJ/kg)	DE = 5,62 + 0,0040 g XP + 0,69 GE − 0,016 g NDF − 0,0223 g XA	Schwein	Großbritannien
Umsetzbare Energie (ME)	Umsetzbare Energie nach Just et al. (1984; MJ/kg)	ME = 0,0203 g XP + 0,0252 g XL + 0,0178 g XF + 0,0162 g XX	Schwein	Dänemark
		ME = 0,0215 g DP + 0,0377 g DL + 0,0173 g DF + 0,0173 g DX	Schwein	
	BFS-korrigierte umsetzbare Energie (MJ/kg; nach Kirchgeßner 1987.)	ME = 0,021 g DP + 0,0374 g DL, + 0,0144 g DF + 0,0171 g DX − 0,0014 g XZ − 0,0068 (g BFS-100)	Schwein	Deutschland
	BFS-korrigierte umsetzbare Energie nach Ergebnissen der Futtermittelanalyse (MJ/kg, nach Kirchgeßner 1987)	ME = 0,0218 g XP + 0,0314 g XL + 0,0171 g XS + 0,0169 g XZ + 0,0081 [g OS−(XP + g XL + g XL + g XL + g ADF)] − 0,0066 g ADF	Schwein	Deutschland (Mischfuttermittel)
		ME = 0,0223 g XP + 0,0341 g XL + 0,017 g XS + 0,0168 g XZ + 0,0074 [g OS − (g XP + g XL + g XS + g XZ + g XF)] − 0,0109 g XF		
	Umsetzbare Energie nach Perez et al. (1984; MJ/kg)	ME = 5,53 + 0,0028 g XP + 0,70 GE − 0,016 g NDF − 0,034 g XA	Schwein	Frankreich

3.1. Energetische Futterbewertung

Umsetzbare Energie nach Morgan et al. (1984; MJ/kg)	ME = 5,34 + 0,0021 g XP + 0,69 GE − 0,017 NDF − 0,024 g XA	Schwein	Großbritannien
Wahre umsetzbare Energie nach Sibbald (1982; MJ/kg)	Messung der ME (Bilanzversuche)	Geflügel	Europa, USA
Scheinbar umsetzbare Energie nach Carpenter und Clegg (1956; MJ/kg)	sME = 0,22 + 0,0159 g XP + 0,0357 g XL + 0,0175 g XS + 0,0159 g XZ	Geflügel	
Scheinbar umsetzbare Energie, auch N-korrigierte *ME* nach WPSA (1984) bzw. einer EG-Arbeitsgruppe (1985; MJ/kg) nach Ergebnissen der Futtermittelanalyse	sME = 0,0155 g XP + 0,0343 g XL + 0,0167 g XS + 0,0130 g XZ	Geflügel	Deutschland (Mischfuttermittel)
N-korrigierte scheinbar umsetzbare Energie, nach Härtel et al. (1977; MJ/kg)	sME = 0,0183 g DP + 0,0388 g DL + 0,173 g DX oder 0,0184 g DP + 0,0387 g DL + 0,175 g DS + 0,0157 g DZ + 0,0203 (g DX − g DS − g DZ)	Geflügel	Deutschland
Blaxters 3-Komponenten-*ME*-System (Blaxter 1967, ARC 1980)	ME-Gehalt der Futtermittel, gemessen am Schaf bei Erhaltungsfütterung, aus verdaulicher Energie $\left(\dfrac{ME}{DE} = 0{,}81\right)$ errechnet oder nach Gleichungen von Schiemann et al. (1971) geschätzt	Wiederkäuer	Großbritannien
Nettoenergie (NE)			
Stärkewert (StW; nach Kellner 1912; kg StW/100 kg)	0,94 × g DP + 1,91/2,12/2,41[1] × g DL + 1,0 × g DC; 1 g StW = 2,36 kcal NEFr = 9,88 kJ NEFr	Wiederkäuer	Deutschland, ČR, SR, Ungarn u. a.
Skandinavische Futtereinheit (Gersteineinheit)	StW × 1,40 1 sk. FE = 1640 kcal NEFr[2]	Wiederkäuer	Nordeuropa
Hafereinheit	StW × 1,67 1 Hafereinheit = 1414 kcal NEFr[2]	Wiederkäuer	Rußland und andere Staaten der ehem. Sowjetunion

Tabelle 21. (Fortsetzung)

Energiestufe	Bewertungssystem	Berechnungsweg	Tierart	Entwicklung bzw. Nutzung
	Therm (nach Armsby 1917)	1 Therm = 1000 kcal NEFr[2]	Wiederkäuer	USA
	Mästungs-Nettokalorie (nach Möllgaard 1954)	1 kcal NEFr[2] = 1 NK$_F$	Mastrind	Nordeuropa
	Milcheinheit (nach Möllgaard 1954)	837 kcal NEFr[2] = 1000 kcal[2] NE Milch	Milchvieh	Nordeuropa
	Milchproduktionswert (nach Hanson)	1,43 × g DP + 1,91/2,12/2,41[1] × g DL + 1,0 × g DC	Milchvieh	Nordeuropa
	Produktive Energie (nach Fraps und Carlyle 1942)	Fett- und Proteineinsatz beim Geflügel	Geflügel	USA
	NRC-Nettoenergie-System für Erhaltung (NE$_m$), Wachstum (NE$_g$) und Laktation (NE$_l$) nach Lofgreen und Garrett (1968) und Moe u. a. (1972)	DE (MJ/kg T) = 0,1845 × TDN ME (MJ/kg = 0,82 × DE (MJ/kg T) NE$_m$ (MJ/kg T) = 1,37 ME − 0,248 ME^2 + 0,0105 ME^3 − 1,12 NE$_g$ (MJ/kg T) = 1,42 NE − 0,174 ME^2 + 0,0122 ME^3 − 1,65 NE$_l$ (MJ/kg T) = 0,102 TDN − 0,502. Für jedes Futtermittel wird je ein NE-Wert für Erhaltung (NE$_m$), Wachstum (NE$_g$) und Laktation (NE$_l$) ermittelt	Wiederkäuer	USA, Israel, Ungarn
	Nettoenergie-Laktation (NEL nach van Es 1978)	NEL (MJ/kg T) = 0,6[1 + 0,004(q − 57)] × ME q = $\frac{ME}{GE}$ × 100	Milchvieh, Jungrind	Deutschland u. a.
	VEM-System	VEM = $\frac{NEL}{1,65}$	Milchvieh	Niederlande, Belgien, Schweiz
	UFL-System	UFL = $\frac{NEL}{1,70}$ (1 kg Gerste = 1,70 Mcal NEL)	Milchvieh	Frankreich

3.1. Energetische Futterbewertung   55

Nettoenergie-Wachstum (NEW nach van Es 1978)	$NEW\ (MJ/kg\ T) = ME \times k_{m,g}$ $$k_{m,g} = \frac{k_m \times k_g \times APL}{k_g + (APL - 1)\ k_m}$$ $k_m = 0{,}287q = 0{,}554$ $k_g = 0{,}78q + 0{,}006$	Mastrind	
VEV1-System	$VEV1 = \frac{NEW}{1{,}65}$	Mastrind	Niederlande, Belgien
UFV-System	$UFV = \frac{NEW}{1{,}820}$	Mastrind	Frankreich,
NEV-System	(1 kg Gerste = 1,82 Mcal NE_{mg}) $NEV = 0{,}0069\ VEVI$	Mastrind	Jugoslawien Schweiz
Nettoenergie für Erhaltung und Leistung ($NE_{m,p}$ nach Harkins et al. 1974)	$NE_{m,p}(MJ/kg\ T) = \frac{ME \times APL}{1{,}39ME + 23(APL - 1)}$	Mastrind	Großbritannien

Verwendete Abkürzungen

ADF	= Acid Detergent Fibre		NDF	= Neutral Detergent Fibre
APL	= Animal Production Level (Leistungshöhe, Fütterungsniveau)		NEF_r	= Nettoenergie Fett, Rind
BFS	= Bakteriell fermentierbare Substanz;		NE_g	= Nettoenergie Wachstum
	= g DF + g DX − g XS − g XZ		NE_L	= Nettoenergie Laktation
DC	= Verdauliche Rohkohlenhydrate		NE_m	= Nettoenergie Erhaltung
DF	= Verdauliche Rohfaser		OS	= Organische Substanz
DL	= Verdauliches Rohfett		WPSA	= World Poultry Science Association
DP	= Verdauliches Rohprotein		XA	= Rohasche
DS	= Verdauliche Stärke		XL	= Rohkohlenhydrate
DX	= Verdauliche Stickstofffreie Extraktstoffe		XF	= Rohfaser
DZ	= Verdaulicher Zucker		XL	= Rohfett
k_g	= Wirkungsgrad der ME für Wachstum		XP	= Rohprotein
k_l	= Wirkungsgrad der ME für Laktation		XS	= Stärke
k_m	= Wirkungsgrad der ME für Erhaltung		XX	= Stickstofffreie Extraktstoffe
			XZ	= Zucker

[1]) Unterschiedliche Faktoren für verdauliches Rohfett aus Grobfutter, Getreide bzw. Ölsaaten.
[2]) Bei älteren Maßstäben erfolgte zum besseren Vergleich keine Umrechnung von cal in J (1 cal = 4,186 J)

Der wesentlichste Grund für die Einführung neuer Berechnungsgrundlagen bei Wiederkäuern besteht in der unterschiedlichen Verwertung der umsetzbaren Energie für Erhaltung, Laktation und Wachstum (s. Abb. 14). Die meisten Maßstäbe basieren auf den verdaulichen Nährstoffen (Rohnährstoffe × Verdaulichkeit) und den von Schiemann et al. (1971) ermittelten Regressionsgleichungen zur Errechnung der umsetzbaren Energie (s. Tabelle 11).

Bei den in den USA, Großbritannien und mehreren europäischen Ländern angewandten Berechnungsgrundlagen für Wachstum und Mast fanden verschiedene Koeffizienten $\left(k_m = 0{,}287q + 0{,}554; \; q = \dfrac{ME}{GE}, \; k_f = 0{,}78q + 0{,}006; \text{ Tabelle 21}\right)$ und die Leistungshöhe der Rinder $\left(\text{APL; Animal Production Level; APL} = \dfrac{NEm + NEg}{NEm}\right)$ Berücksichtigung (s. Tabelle 21). Diese Maßstäbe stellen beachtliche Weiterentwicklungen im Vergleich zum Stärkewert und zum Rostocker Bewertungssystem dar. In den nächsten Jahren ist die Adaptation eines dieser Maßstäbe unter Berücksichtigung neuer Ergebnisse für die Mastrinderfütterung in Deutschland zu erwarten.

3.1.3. Vergleichbarkeit verschiedener Bewertungsmaßstäbe

Die Frage nach der Vergleichbarkeit und der Umrechenbarkeit der Futterwertangaben nach verschiedenen Bewertungssystemen wird wiederholt gestellt. Die Angaben der verschiedenen Futterbewertungsmaßstäbe sind nur bedingt untereinander vergleichbar, da die Systeme teilweise auf unterschiedlichen Energiestufen (s. Tabelle 21 und Abb. 10) beruhen, verschiedene Meßkriterien (z. B. Fettansatz bzw. Milchproduktion oder Ansatz) berücksichtigen und unterschiedliche Verwertung der umsetzbaren Energie unterstellen. Das trifft vor allem für Bewertungssysteme der Wiederkäuer zu.

Alle Futterbewertungssysteme gleichen sich dahingehend, daß der Energiegehalt der Futtermittel auf der Basis der verdaulichen Nährstoffe bzw. der verdaulichen Energie bestimmt wird. Dabei wird überwiegend von Ergebnissen der Weender Futtermittelanalytik oder weiterentwickelten Verfahren und den tierartenspezifischen Verdaulichkeiten ausgegangen (s. S. 36). Die umsetzbare Energie wird in den verschiedenen Systemen entweder tierexperimentell, mit Hilfe chemischer oder In-vitro-Daten, der Unterstellung eines festen Verhältnisses zwischen umsetzbarer und verdaulicher Energie (ARC 1980: 0,81; NRC 1984: 0,82) oder zumeist nach den von Schiemann et al. (1971) erarbeiteten Grundlagen ermittelt.

Unterschiedlich sind in den verschiedenen Bewertungssystemen die Verwertungskoeffizienten der umsetzbaren Energie für Erhaltung und Leistung (s. Abb. 14). In Abb. 15 sind wesentliche Schritte zur Beurteilung des Energiegehaltes eines Futtermittels zusammengestellt. Die älteren und neueren Systeme der energetischen Futterbewertung, die in verschiedenen Ländern angewendet wurden bzw. werden, weisen entsprechende Unterschiede bei der Ermittlung des Energiegehaltes der Futtermittel auf (s. Tabelle 21).

Auf der Basis der in Tabelle 21 dargestellten Rechenwege zur Ermittlung des Energiegehaltes von Futtermitteln nach verschiedenen Bewertungsmaßstäben wird in den Tabellen 22 und 23 ein Vergleich des Energiegehaltes verschiedener Futtermittel vorgenommen. Dabei diente der Energiegehalt der Gerste jeweils als Ausgangswert

3.1. Energetische Futterbewertung

Rechenweg	Einflußfaktoren, Meßgrößen
Futterinhaltsstoffe × Verdaulichkeit = verdauliche Nährstoffe ↓ umsetzbare Energie ↓ Nettoenergie	– Weender Analyse – Detailanalysen für Zellinhalt und Zellwände u.a. – Tierart – Nutzungsrichtung – Alter – Futtermenge – Rationsgestaltung – spezifische Faktoren – Berücksichtigung von Harn- und Gärgasenergieverlusten (tierartenspezifisch, Einfluß der Rationsgestaltung, Futtermenge u.a.) – Verwertung der umsetzbaren Energie für Erhaltung, Laktation und Wachstum (unter Berücksichtigung der Energiedichte) – Fettansatz – Milch – Eier – Stoff- bzw. Energieansatz

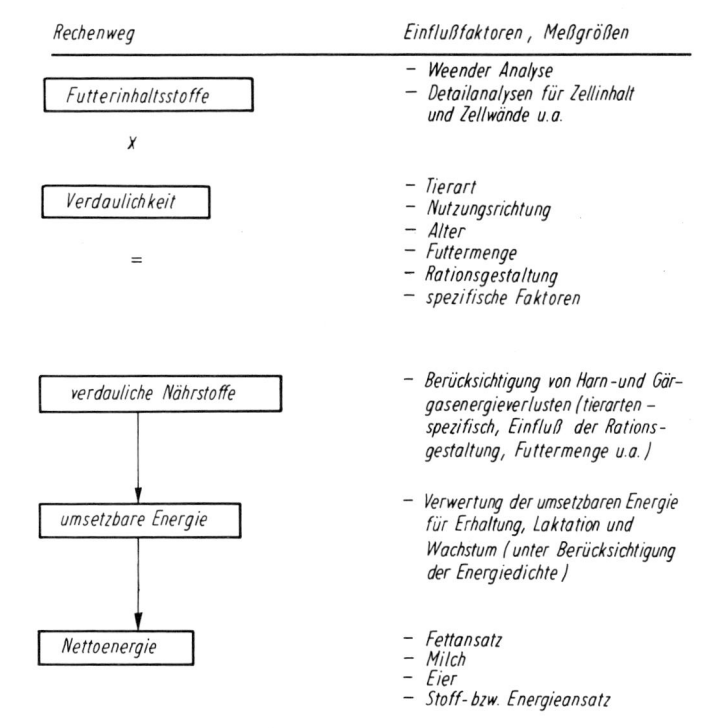

Abb. 15. Rechenweg und Einflußfaktoren bzw. Meßgrößen zur Beurteilung des Energiegehaltes von Futtermitteln.

(100%), und die Werte der anderen Futtermittel wurden in Relation gesetzt. Der Vergleich zeigt (Tabellen 22 und 23), daß Kraftfutter einschließlich Trockenschnitzel nach der Stärkewertlehre und dem NEL-System in der Tendenz relativ höhere Werte aufweisen als nach dem Rostocker Bewertungssystem; Rauhfuttermittel, vor allem Heu und Stroh, enthalten nach NEL relativ weniger Nettoenergie im Vergleich zur Gerste. Analoge Trends zeigen sich auch, wenn die nach Stärkewert und NEL berechneten Energiegehaltswerte mit relativen Angaben des Rostocker Systems (= 100%) vergleichend gegenübergestellt werden (Abb. 16). Diese Tendenzen sind durchaus erklärbar, denn bei den verschiedenen Systemen dienen unterschiedliche Verwertungsbedingungen und Korrekturfaktoren als Grundlage. Beim Stärkewert werden beispielsweise für das verdauliche Rohprotein (0,94) und die verdaulichen Rohkohlenhydrate (1,0) höhere Faktoren als im Rostocker Futterbewertungssystem (0,68 bzw. 0,80 EFr/g verdauliche Nährstoffe) angewendet.

Im NEL-System erfolgt bei hoher Umsetzbarkeit der Bruttoenergie ($q > 57\%$) ein Zuschlag, bei geringeren Werten ($q < 57\%$) ein Abzug vom mittleren Verwertungsfaktor 0,6 (Tabelle 20). In Abhängigkeit vom Rohfasergehalt der Grün- und Rauhfuttermittel (Heu, Stroh: 0,58 StE je g Rohfaser; Grünfutter und Silagen: 0,29 – 0,58 StE je g Rohfaser bei Rohfasergehalt zwischen 4 und 16% in der Frischsubstanz) werden im Stärkewertsystem Abzüge beim Einzelfuttermittel vorgenommen, die beim Rostocker Bewertungssystem in Rationen mit einer Verdaulichkeit der Energie $< 67\%$ erfolgen. Bei anderen Futtermitteln wird ein Wertigkeitsabzug vorgenommen.

Diese Betrachtungen zeigen, daß es keinen einheitlichen Umrechnungsschlüssel der Energiegehaltswerte der Futtermittel von einem in ein anderes System geben kann

58 3. Bewertung der Futtermittel

Tabelle 22. Relativer Energiegehalt ausgewählter Futtermittel für Schweine und Geflügel nach verschiedenen energetischen Bewertungsmaßstäben (in % von Gerste; Gerste = 100%)

Futtermittel	Bewertungsmaßstab						
	Schweine					*Geflügel*	
	Verdauliche Energie (Frankreich)	Umsetzbare Energie (Frankreich)	Umsetzbare Energie, korrigiert nach bakteriell fermentierbaren Substanzen	Nettoenergie Fett (Rostock)	Nettoenergie, Dänisches System	Scheinbare umsetzbare Energie (Frankreich)	Nettoenergie Fett (Rostock)
Gerste	100 (12,62 MJ/kg)	100 (12,27 MJ/kg)	100 (12,28 MJ/kg)	100 (8,82 MJ/kg)	100 (7,87 MJ/kg)	100 (11,66 MJ/kg)	100 (8,05 MJ/kg)
Mais	112,6	113,0	111,9	113,1	112,8	116,5	123,2
Weizen	109,7	109,4	110,2	108,3	110,8	107,4	121,0
Hafer	90,4	90,3	90,0	92,1	86,3	90,3	95,9
Sojaextraktionsschrot (48% XP)	118,2	110,2	110,0	97,8	117,7	85,2	79,2
Rapsextraktionsschrot	100,6	95,9	86,3	81,0	89,3	53,4	50,7
Ackerbohnen	109,3	106,3	101,3	94,3	102,0	95,0	91,9
Weizenkleie	81,1	83,5	72,5	79,0	74,6	54,6	64,6
Melasse	83,6	86,2	76,9	102,0	78,5	79,9	—
Extrahierte Zuckerrübenschnitzel	76,1	78,3	71,5	90,0	101,0	—	—
Luzernemehl	73,5	75,6	63,7	59,3	73,6	44,6	52,7
Fischmehl (55% XP)	88,4	91,0	94,4	108,2	89,2	82,4	—
Fischmehl (65% XP, 8% XL)	122,6	126,1	116,4	98,0	116,8	104,1	94,0
Rindertalg	248,4	255,5	266,4	357,1	290,3	288,2	366,0

Tabelle 23. Relativer Energiegehalt ausgewählter Futtermittel für Wiederkäuer nach verschiedenen energetischen Bewertungsmaßstäben (in % von Gerste; Gerste = 100%)

Futtermittel	Bewertungsmaßstab							USA		
	TDN	Stärkewert	Rostocker Futterbewertungssystem	Britisches System	Niederländisches System, Kühe	Französisches System, Kühe	BRD, Kühe	NE_m	NE_g	NE_l
Gerste	100 (85,0%/kg)	100 (817 StE/kg)	100 (693 EFr/kg)	100 (13,37 MJME)	100 (1126 kcal NE/kg)	100 (1,148 Mcal NE/kg)	100 (8,55 MJ NEL/kg)	100 (1,96 Mcal/kg)	100 (131 Mcal/kg)	100 (1,91 Mcal/kg)
Gras, vor der Blüte	91,9	85,7	92,2	87,7	91,1	89,0	84,0	86,7	82,4	89,0
Gras, nach der Blüte	80,2	70,4	81,0	75,3	73,9	73,6	70,2	67,8	55,7	73,3
Grassilage, frisch	81,8	73,7	84,7	77,6	73,6	76,5	73,8	70,4	63,3	73,2
Grassilage, angewelkt	82,0	69,0	84,0	77,7	75,0	76,0	75,3	67,8	55,7	68,1
Grasheu, gute Qualität	78,2	61,3	78,6	73,7	71,9	73,3	68,7	62,8	45,0	68,1
Maissilage, Milchwachsreife	80,6	72,7	82,3	77,0	76,2	71,9	72,2	71,9	62,6	77,0
Weizenstroh	47,9	17,5	48,5	45,2	39,4	37,9	56,4	50,5	7,6	52,9
Futterrüben	99,8	77,6	97,8	99,7	96,3	84,1	98,1	91,8	91,6	93,7
Mais	106,7	108,9	110,0	107,1	108,4	106,6	108,8	109,7	108,4	106,3
Weizenkleie	84,9	69,4	87,6	83,8	82,4	79,4	79,6	78,4	73,3	83,2
extrahierte Zuckerrübenschnitzel	94,4	75,3	91,9	91,6	91,4	90,2	90,2	91,5	90,8	93,7
Zuckerrübenmelasse	94,5	67,1	91,6	95,0	92,0	95,5	93,5	86,2	84,7	90,0
Rapsextraktionsschrot	82,7	78,8	79,1	80,9	80,3	80,0	75,2	77,0	71,8	82,2
Sojaextraktionsschrot	100,7	98,4	92,8	97,9	101,9	102,4	94,7	96,1	96,2	97,4
Futterfett (pflanzlich)	251,2	279,9	412,0	242,8	313,0	255,9	256,7	267,8	200,0	274,9

3.1. Energetische Futterbewertung

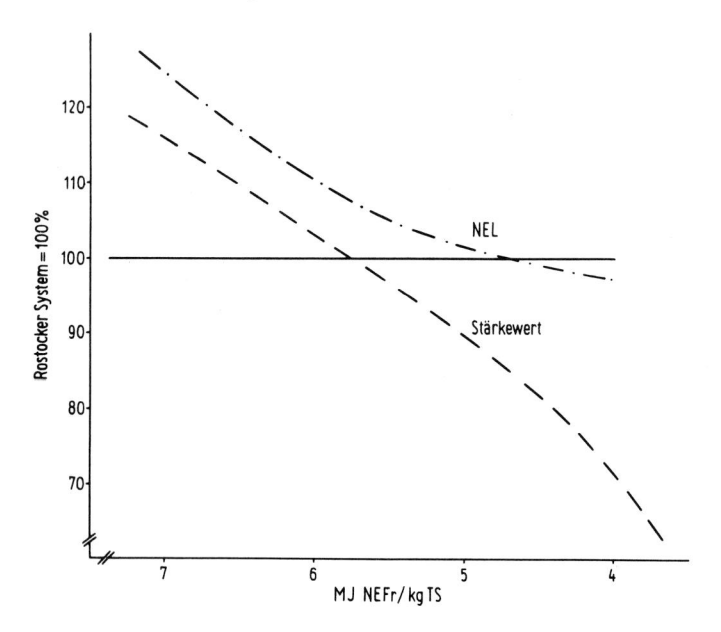

Abb. 16. Mittlere relative Differenzen im Nettoenergiegehalt von Futtermitteln (in %; Rostocker Bewertungssystem = 100%) nach den Angaben des Rostocker Bewertungssystems (MJ NEFr/kg T), Stärkewert (MJ NEFr/kg T) bzw. NEL-System (MJ NEL/kg T) in Abhängigkeit vom Energiegehalt der Futtermittel nach dem Rostocker System.

(s. Abb. 16). Außerdem sind die Maßstäbe in den verschiedenen Systemen unterschiedlich, wie folgende Zusammenstellung zeigt:

1 StE = 2,36 kcal NEFr = 9,88 kJ NEFr,
1 EFr = 2,5 kcal NEFr = 10,47 kJ NEFr,
1 kJ NEL = 0,239 kcal NEL = 1,00 kJ NEL.

3.2. Proteinbewertung

Neben dem Energiegehalt (s. Abschnitt 3.1.) und der Höhe der Futteraufnahme (s. Abschnitt 3.3.) wird der Futterwert der Futtermittel auch wesentlich durch den Gehalt an Protein und Aminosäuren bzw. deren Verfügbarkeit charakterisiert. Die Proteinbewertung hat eine qualitative Beurteilung der Futtereiweiße zum Ziel. Die Proteinbewertung ist beim Nichtwiederkäuer in Verbindung mit der Aminosäurengarnitur der Futtermittel zu sehen, da sich die Eiweiße im Aminosäurengehalt und auch in der physiologischen Wirksamkeit der verschiedenen Aminosäuren unterscheiden. Infolge der mikrobiellen Umsetzungen von Nicht-Protein-Stickstoff und Proteinen im Pansen existieren beim Wiederkäuer andere Anforderungen an die Proteinqualität.

3.2.1. Nichtwiederkäuer

Bei ausreichender Energie-, Mineralstoff- und Vitaminversorgung hängt die Leistungshöhe von Schweinen und Geflügel vom Protein- und Aminosäurengehalt bzw. von den für das Nutztier verfügbaren Aminosäuren ab.

Bei der Proteinbewertung der Futtermittel sind zwei wesentliche Aspekte zu berücksichtigen:

— Aminosäurengarnitur des Futterproteins im Vergleich zum Bedarf, Ermittlung der erstlimitierenden Aminosäure (AS);
— Verdaulichkeit bzw. Verfügbarkeit von Protein bzw. Aminosäuren.

Ausgehend von dieser Situation werden beim Nichtwiederkäuer verschiedene Prinzipien der Proteinbewertung angewandt, wie z. B.

— *Bewertung auf der Basis chemischer Methoden* (z. B. Aminosäurenbestimmungen und Vergleich mit Standardproteinen, wie Milch und Ei)

  • Gehalt an essentiellen Aminosäuren: g AS/kg T, g AS/16 g N

  • Eiprotein-Verhältnis (EPV): $\dfrac{\text{g AS/16 g N im Testprotein}}{\text{g AS/16 g N im Eiprotein}}$

  • Milchprotein-Verhältnis (MPV): $\dfrac{\text{g AS/16 g im Testprotein}}{\text{g AS/16 g N im Milchprotein}}$

  • Chemical score: Erstlimitierende AS im EPV oder MPV

  EPV bzw. MPV: $\dfrac{\text{\% essentielle AS im Testoprotein}}{\text{\% essentielle AS im Ei-(Milch-)Protein}}$

  • Index der essentiellen Aminosäuren (Essential Amino Acid Index, EAAI):

  $$\sqrt[n]{\dfrac{a_1}{b_1} \cdot \dfrac{a_2}{b_2} \ldots \dfrac{a_n}{b_n}}$$

  $a_1 \ldots a_n$ = % essentielle AS im Testprotein
  $b_1 \ldots b_n$ = % essentielle AS im Ei- bzw. Milchprotein
  n = Anzahl aller essentiellen AS.

— *Bewertung auf der Basis biologischer Methoden (Verdauung)*

  • Scheinbare Protein- oder Aminosäurenverdaulichkeit (%):

  $$\dfrac{\text{Futter-N oder Futter-AS(g)} - \text{Kot-N oder Kot-AS (g)}}{\text{Futter-N oder Futter-AS (g)}} \times 100$$

  • Wahre Proteinverdaulichkeit (%) (bzw. wahre AS-Verdaulichkeit):

  $$\dfrac{\text{Futter-N bzw. AS (g)} - \text{Kot-N bzw. AS (g)} + \text{DVN bzw. DVAS (g)}}{\text{Futter-N bzw. AS (g)}} \times 100$$

  DVN = Darm-Verlust-N
  DVAS = Darm-Verlust-Aminosäuren

- Ileale AS-Verdaulichkeit (vor allem Lysin, Methionin; %):

$$\frac{\text{Futter-AS (g)} - \text{AS im Darminhalt (z. B. Ileum; g)}}{\text{Futter-AS (g)}} \times 100$$

- N-Bilanz bzw. AS-Bilanz, retinierter N, N-Ansatz (g/Tag): N-Aufnahme (g) − (Kot-N + Harn-N in g)

− *Bewertung auf der Basis der Leistung der Tiere*
- Proteinwirkungsverhältnis (protein efficiency ratio, PER):

$$\frac{\text{Lebendmassezunahme (g)}}{\text{Protein-(bzw. N-)Aufnahme (g)}}$$

- Biologische Wertigkeit (BW, %):

$$\frac{\text{Retinierter N (g)} + \text{Endogener Kot-N (g)} + \text{Endogener Harn-N (g)} + \text{N-Verlust in Haut und Haaren (g)}}{\text{absorbierter N (g)}}$$

- Physiologischer Nutzwert (PN, %): $\dfrac{\text{Retinierter N}}{\text{N-Aufnahme}} \times 100$.

Bei der Bewertung auf der Basis von Aminosäurenbestimmungen und den daraus berechneten Koeffizienten bleiben die physiologischen Bedingungen im Tier, wie z. B. die Verfügbarkeit der Aminosäuren unberücksichtigt.

Von den essentiellen Aminosäuren stellt bei typischer Rationsgestaltung (dominierender Getreideeinsatz) Lysin in der Schweine- sowie der Legehennenfütterung häufig die erstlimitierende Aminosäure dar. Es folgen meist Threonin, Tryptophan und Methionin. Beim wachsenden Geflügel limitiert oft ein zu geringer Gehalt an schwefelhaltigen Aminosäuren (Methionin + Cystin) in den Futtermitteln im Vergleich zum Bedarf die Leistungshöhe der Tiere.

Beim scheinbar oder wahr verdauten Rohprotein bzw. den Aminosäuren werden die Prozesse im Verdauungstrakt der Nichtwiederkäuer partiell berücksichtigt. Sie sind relativ gute Maßstäbe zur Beurteilung der Proteinqualität. Die Verdaulichkeit wird von einer Vielzahl von Faktoren beeinflußt, wie Proteinherkunft, Fasergehalt der Ration, Futterbehandlung, antinutritive Faktoren (z. B. Tannin, Enzyminhibitoren, Mykotoxine) und tierspezifische Faktoren (z. B. Alter, Lebendmasse). Andererseits weist die Bestimmung der Verdaulichkeit vor allem bei Aminosäuren erhebliche Mängel auf, da im Dickdarm beachtliche mikrobielle Umsetzungen stattfinden, die das Ergebnis beeinflussen. Ausgehend von dieser Situation wird die Ermittlung der Aminosäurenverdaulichkeit am Ende des Dünndarms angestrebt (ileale Verdaulichkeit). Die Messung erfolgt mit Hilfe einfacher bzw. mit Re-entrant-Fisteln oder durch Ileorektal-Anastomose.

Umfassende Tabellen zur Aminosäuren-Verfügbarkeit, basierend auf ilealen Messungen, liegen gegenwärtig noch nicht vor.

Bei der Bewertung von Eiweiß bzw. Aminosäuren auf der Grundlage von Erhaltungs- und Leistungsbedarf landwirtschaftlicher Nutztiere ist zwar eine komplexe Beurteilung möglich, die angewandten Methoden erfordern jedoch eine weitgehende Standardisierung. Infolge dieser Einschränkung sind die Methoden für die Anwendung in der Praxis zur Beurteilung der Proteinqualität der Futtermittel nicht oder wenig geeignet, da sie der Dynamik der Proteinverwertung infolge der punktuellen Standardisierung nicht gerecht werden. Zur Charakterisierung der Proteinqualität der

Futtermittel finden diese Bewertungsmaßstäbe im vorliegenden Buch keine Berücksichtigung.

Gegenwärtig stellt der Gehalt an Eckaminosäuren (Lysin, schwefelhaltige Aminosäuren, evtl. Tryptophan, Threonin) die wichtigste Grundlage zur Einschätzung der Proteinqualität der Futtermittel für Nichtwiederkäuer dar. Hinsichtlich der Verfügbarkeit der Aminosäuren hat sich bisher vor allem die Bestimmung des verfügbaren Lysins (Methode nach Carpenter et al. 1963) durchgesetzt. Wenn umfassende Kenntnisse über die Verfügbarkeit der Aminosäuren aus den verschiedenen Proteinquellen bei den unterschiedlichen Nichtwiederkäuergruppen vorliegen, könnte die Proteinernährung nach einfachem Prinzip erfolgen: Vergleich des Bedarfs mit dem Angebot über die Futtermittel und Ergänzung der fehlenden Aminosäuren. Diese „Bedarfsdeckung auf den Punkt" ist auch aus ökologischer Sicht anzustreben, da je erzeugte Produktenmenge eine minimale N-Ausscheidung mit den Exkrementen zu erwarten ist.

3.2.2. Wiederkäuer

Die Wiederkäuer sind von der Proteinqualität des Futtereiweißes weit weniger abhängig als monogastrische Nutztiere. Der tiefere Einblick in die Umsetzungen im Pansen in den zurückliegenden Jahren ließ das Futterprotein in einem anderen Licht erscheinen. Die Bewertungsgröße verdauliches Rohprotein wird den Anforderungen, die beim gegenwärtigen Kenntnisstand an eine wissenschaftliche Proteinbewertung zu stellen sind, nicht mehr gerecht. Da das verdauliche Rohprotein die Differenz zwischen N im Futter und N im Kot darstellt, bleiben die im Pansen ablaufenden Prozesse weitgehend unberücksichtigt. Im Pansen absorbiertes NH_3 und über die Niere im Harn als Harnstoff ausgeschiedener Stickstoff werden als verdaulich angesehen, so daß der Gehalt an verdaulichem Rohprotein in Rationen, die reich an NPN-Verbindungen sind und große Mengen schnell fermentierbarer Proteinquellen enthalten, wesentlich überbewertet wird. N-reiche Futtermittel bzw. -Rationen, insbesondere bei Verabreichung im Gemisch mit wenig schnell fermentierbaren Kohlenhydraten, weisen ebenfalls eine hohe Harn-N-Ausscheidung und damit eine hohe scheinbare Proteinverdaulichkeit auf. Diese und weitere Schwachstellen zeigen, daß die Größe „verdauliches Rohprotein" zur Proteinbewertung von Wiederkäuerfuttermitteln ungeeignet ist. In der Berechnung des Energiegehaltes der Futtermittel aus den verdaulichen Nährstoffen besteht noch ein Grund für das verdauliche Rohprotein als Kalkulationsgrundlage.

Unter Anwendung neuer Techniken zur Ermittlung des Proteinumsatzes in den Vormägen und im Dünndarm (Pansenfistel, Duodenal-Brücken-Fistel, Nylonbeutel u. a.) wurden in den zurückliegenden Jahren neue Erkenntnisse gewonnen, die in verschiedenen Ländern die Entwicklung und Einführung neuer Proteinbewertungssysteme für Wiederkäuer zur Folge hatten (ARC 1980, 1984, Gabel 1983, Kaufmann 1979, Madsen 1985, NRC 1985, Ørskov 1982, Verite et al. 1979, Voigt und Piatkowski 1987). Dabei ließ man sich davon leiten, daß das in das Duodenum eintretende und im Dünndarm verdaute Protein für den Wiederkäuer die entscheidende Proteinquelle darstellt und das Ziel der Futterproteinbewertung in der Optimierung des Aminosäurenflusses in die Gewebe des Wiederkäuers zur Absicherung des leistungsabhängigen Bedarfs besteht. Außerdem ist durch den Proteingehalt der Futtermittel der N-Bedarf der Pansenmikroben für maximalen Zellwandabbau und mikrobielle Proteinsynthese abzudecken.

Die am Duodenum ankommende Proteinmenge stellt die Summe aus dem nicht im Pansen abgebauten Protein der Futtermittel (Durchflußfutterprotein, Bypass-

64   3. Bewertung der Futtermittel

Protein), dem durch mikrobielle Prozesse auch aus NPN-Verbindungen gebildeten Protein (Mikrobenprotein) und zu einem geringen Anteil endogenem Protein (EP) dar.

Die mikrobielle Proteinsynthese (a; in g je Energiemenge) hängt wesentlich von der Energiebereitstellung im Pansen (E), die vor allem in Form von schnell oder langsam fermentierbaren Kohlenhydraten erfolgt (Abb. 17), ab. Die Durchflußfutterproteinmenge wird vom Abbau des Futterproteins (XP) im Pansen (D, degradability) beeinflußt. Unter Berücksichtigung der erwähnten Faktoren kann die ins Duodenum eintretende Proteinmenge nach folgendem Prinzip geschätzt werden:

Duodenales XP = a × E + XP × (1 − D) + EP .

Die in der Gleichung und in Abb. 17 dargestellten Zusammenhänge zeigen, daß das duodenale Proteinangebot beim Wiederkäuer nicht nur futtermittelspezifisch ist, sondern daß die Rationsgestaltung und die im Pansen ablaufenden Prozesse die erzeugte Proteinmenge und auch die -qualität wesentlich beeinflussen können.

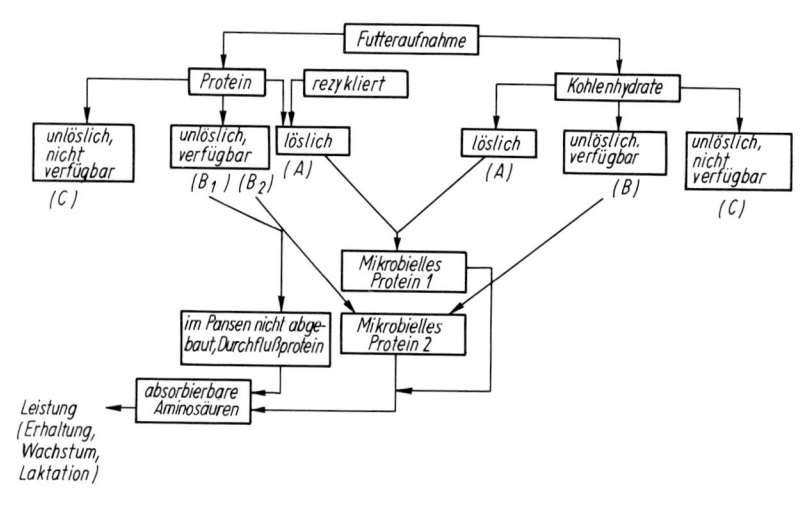

Abb. 17. Dynamik des Proteinumsatzes in Vormägen und im Dünndarm des Wiederkäuers.

Die Messung der verschiedenen Teilschritte, wie z. B.
— Proteinabbau und Menge an Durchflußprotein,
— mikrobielle Proteinsynthese im Pansen,
— Menge des am Duodenum ankommenden Proteins bzw. der Aminosäuren,
— postruminale Proteinverdauung

und eine futtermittelspezifische Tabellierung bereiten erhebliche Schwierigkeiten. Diese Tendenzen werden auch beim Vergleich der in verschiedenen Proteinbewertungssystemen getroffenen Unterstellungen offensichtlich (Tabelle 24). Da die verschiedenen Meßgrößen von einer Vielzahl von Einflußfaktoren abhängen, wie z. B. Futtermittelart und -behandlung, Passagerate, Rationsgestaltung, Fütterungshäufigkeit und -reihenfolge, zeigt sich, daß die Bewertungssysteme auf verschiedenen Ausgangsdaten (s. Tabelle 24) und teilweise auch auf unterschiedlichen theoretischen Konzepten beruhen.

Mit zunehmender Passagerate infolge höherer Futteraufnahme entgeht mehr Protein dem mikrobiellen Abbau im Pansen, so daß futtermittelspezifisch mit einem höheren Anteil Durchflußprotein zu rechnen ist. Andererseits nimmt mit höherer Passagerate

Tabelle 24. Variationsbreiten der in verschiedenen Proteinbewertungssystemen für ausgewählte Faktoren getroffenen Festlegungen (nach Ørskov 1982, Madsen 1985, Waldo und Glenn 1984)

Faktor	Variationsbreite
Proteinabbau im Pansen (%)	35 – 100
Potentielle Nutzung des abgebauten Proteins (%)	80 – 100
Mikrobielle Proteinsynthese	
– g XP/MJ umsetzbare Energie	7,8 – 8,6
– g XP/kg verdauliche organische Substanz	100 – 153
Anteil Amino-N im Mikrobenprotein (%)	70 – 90
Verdaulichkeit des nicht im Pansen abgebauten Futterproteins im Dünndarm (%)	60 – 95
Verdaulichkeit des Mikrobenproteins im Dünndarm (%)	70 – 90

auch die Fermentation der Trockensubstanz ab, was verminderte Energiebereitstellung und eine geringere mikrobielle Proteinsynthese zur Folge hat. Diese gegenläufigen Tendenzen lassen erwarten, daß die am Duodenum ankommende Proteinmenge nicht übermäßig variieren sollte.

Das Mikrobeneiweiß ist durch eine günstige Aminosäurengarnitur und damit eine hohe Proteinqualität gekennzeichnet (Biologische Wertigkeit zwischen 70 und 80%). Die Wiederkäuer sind demnach von der Proteinqualität des Futters bedeutend weniger abhängig als die monogastrischen Tiere. Es ist jedoch auch möglich, daß sehr hochwertiges Futtereiweiß durch die Pansenmikroben abgebaut und damit in seinem biologischen Wert gemindert wird. Durch Futtermittelbehandlung kann der Anteil an nicht im Pansen abgebautem Protein beeinflußt werden (geschütztes Protein). Formalinbehandlung wertvoller Proteine (z. B. Sojaextraktionsschrot) bewirkt beispielsweise die Reduzierung der Proteinlöslichkeit und damit des -abbaus im Pansen (Proteinabbau von unbehandeltem und mit 0,3% Formaldehyd behandeltem Sojaextraktionsschrot nach 16 h Panseninkubationszeit: 70 bzw. 34%; Hvelplund 1985). Durch Einsatz geschützter Aminosäuren kann der Anteil der beim Wiederkäuer erstlimitierenden Aminosäuren (z. B. Lysin, schwefelhaltige Aminosäuren) im Duodenum erhöht werden.

Ausgehend vom Protein- bzw. Aminosäurenbedarf der Wiederkäuer für eine spezifische Leistung wird bei Anwendung der neuen Systeme die für die erforderliche Protein- bzw. Aminosäurenbereitstellung (Durchflußfutterprotein, mikrobielles Protein) optimale Ration kalkuliert. Durch die verstärkte Nutzung von Computern wird zukünftig eine noch bessere Berücksichtigung verschiedener Interaktionen möglich sein.

Da die neuen Proteinbewertungssysteme vor allem auf den im Pansen und Dünndarm ablaufenden rationsspezifischen Prozessen aufbauen, sind aus futtermittelkundlicher Sicht entsprechende Angaben erforderlich. Futtermittelspezifische Tabellen über den Anteil von im Pansen nicht abgebautem Protein liegen vor (z. B. ARC 1984, NRC 1985, Jarrige 1989), bei Verwendung von Mittelwerten können jedoch beachtliche Fehler auftreten (s. Tabelle 24).

3.3. Futteraufnahme und Futterbewertung

Die Beurteilung des Energie- (3.1.) und Proteingehaltes (3.2.) der Futtermittel erlaubt wesentliche Aussagen zum Futterwert. Das größte Problem der Futterbewertung ist jedoch die Einschätzung der möglichen Futteraufnahme, vor allem bei Wiederkäuern.

Bei Nichtwiederkäuern werden Verdaulichkeit und energetischer Futterwert nicht oder nur unwesentlich von der Höhe der Futteraufnahme beeinflußt. Eigentlich kann ein Futterbewertungsmaßstab für Wiederkäuer erst dann als vollständig und in seiner Aussage als präzise angesehen werden, wenn eine eindeutige Beziehung zur Höhe der Futteraufnahme hergestellt wird. Die Futteraufnahme der Wiederkäuer wird im wesentlichen von drei Faktorenkomplexen beeinflußt, die als futter- (nutritiv) bzw. tierbedingt (physiologisch) anzusehen sind und teilweise voneinander abhängen:

- Tierart, Alter, Lebendmasse, Leistungshöhe und physiologischer Status bzw. vorhandener Verdauungsraum (z. B. Trächtigkeit u. a.);
- Besiedlung des Pansens mit Mikroben und Pansenmilieu;
- chemische und physikalische Struktur der Futtermittel.

3.3.1. Abbau und Passage

Zur besseren Beurteilung der Zusammenhänge zwischen der Höhe der Futteraufnahme und der Verdaulichkeit bzw. der energetischen Futterbewertung sind spezifische Kenntnisse der im Pansen ablaufenden Prozesse erforderlich. Für Grundfuttermittel können im Pansen u. a. folgende Kriterien ermittelt werden, die Einfluß auf die Höhe der Futteraufnahme ausüben:

- potentielles Ausmaß der Verdaulichkeit (Abb. 18);
- Rate, mit der die potentiell verdauliche Substanz abgebaut wird (Abbaurate; s. Abb. 18);
- Rate, mit der die Größe unverdaulicher Partikel reduziert wird (vor allem durch Wiederkauen und mechanische Prozesse im Pansen), damit sie den Verdauungskanal (Pansen) verlassen können.

Höhere potentielle Verdaulichkeit und eine hohe Abbaurate können zu einem Anstieg der Trockensubstanzaufnahme führen, während die unverdauliche Menge des Futters (Ballast) im Verdauungstrakt annähernd konstant bleibt. Voraussetzung dafür ist vor allem eine beschleunigte Passage des höher verdaulichen Futters. Abbaumessungen zur Ermittlung

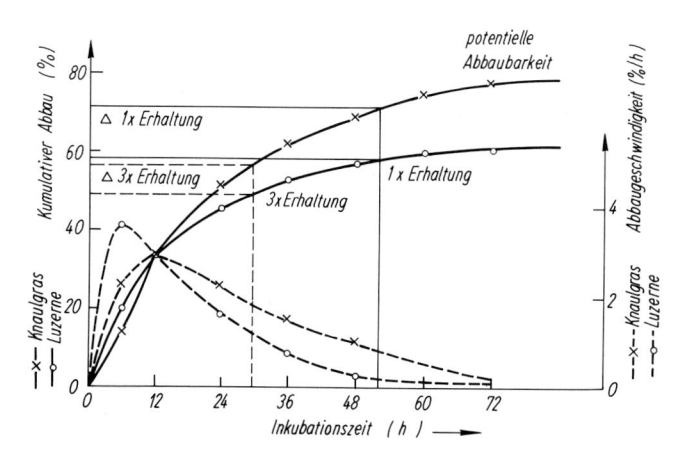

Abb. 18. Kumulative Abbaukurven (%) und Abbaugeschwindigkeit (%/h) von Knaulgras und Luzerne sowie zu erwartender Abbau bzw. Abbaudifferenz bei Fütterung auf Erhaltungsniveau bzw. 3maliger Erhaltung (nach von Soest 1982).

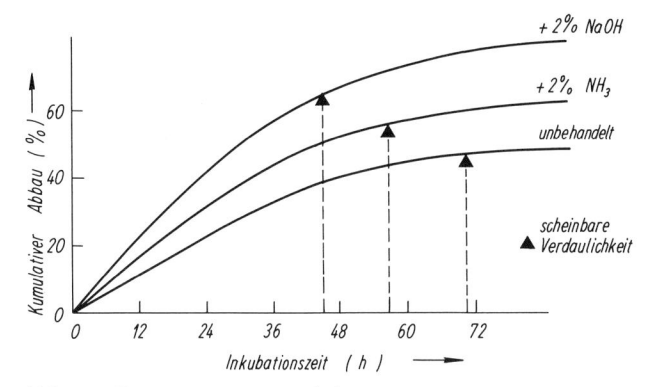

Abb. 19. Kumulativer Abbau (%) von unbehandeltem und NH$_3$- bzw. NaOH-behandeltem Weizenstroh in Abhängigkeit von der Inkubationszeit im Pansen sowie im Tierversuch ermittelte scheinbare Verdaulichkeit.

des potentiellen Ausmaßes der Verdaulichkeit und der Abbaurate wurden unter anderem mit Hilfe der Nylon-Beutel-Technik durchgeführt. Obwohl bei Anwendung dieser Methode gewisse Vereinfachungen und Standardisierungen vorgenommen werden müssen, z. B. unterliegen die Futterpartikel nicht dem Wiederkauen und der Passage, gestatten die Ergebnisse Schlußfolgerungen zur Abbaukinetik der Grundfuttermittel.

Am Beispiel von typischen Abbaukurven von Gräsern und Leguminosen soll die Dynamik der Prozesse vereinfacht dargestellt werden (s. Abb. 18). Die Abbaukurven demonstrieren, daß bei höherer Grundfutteraufnahme (höheres Ernährungsniveau) und verminderter Verweilzeit im Pansen mit einer geringeren Verdaulichkeit der Zellwandbestandteile und damit auch mit einem niedrigeren energetischen Futterwert zu rechnen ist, als bei Erhaltungsniveau ermittelt. Infolge morphologischer Unterschiede zwischen Gräsern und Leguminosen (4.4.3. und 4.4.4.) weisen Leguminosen in den ersten Stunden einen höheren Trockensubstanzabbau im Pansen als Gräser auf (s. Abb. 18). Weißklee gilt diesbezüglich als besonders typischer Vertreter der Leguminosen.

Sowohl in Tabelle 25 als auch in Abb. 18 werden die Zusammenhänge zwischen potentieller Abbaubarkeit, Höhe der Futteraufnahme, Aufenthaltsdauer im Pansen und scheinbarer Verdaulichkeit im Tierversuch eindrucksvoll dargestellt. Eine hohe Abbaugeschwindigkeit in den ersten Fermentationsstunden korreliert meist mit einer hohen

Tabelle 25. Zusammenhänge zwischen Daten aus der Futtermittelanalyse, dem Nylonbeutel- und In-vivo-Abbau von Wiesenheu (unterschiedlicher Schnittzeitpunkt) beim Schaf (Hovell et al. 1986)

	Roh-faser (g/kg T)	ADF[1]) (g/kg T)	T-Verluste im Pansen (% der Einwaage) 12 h	48 h	Potentielle Abbaubarkeit (%)	Scheinbare Verdaulichkeit der T (%)	Aufenthaltsdauer im Pansen für In-vivo-Verdauung (h)	T-Aufnahme (g/kg LM$^{0.75}$ und Tag)
A	302	564	57,5	75,1	76,2	61	25	71
B	356	387	29,2	64,5	66,4	59	25	62
C	348	422	22,6	50,3	55,5	46	31	52
D	330	437	14,6	42,4	45,7	45	67	45

[1]) Acid detergent fibre (nach Goering und van Soest 1970)

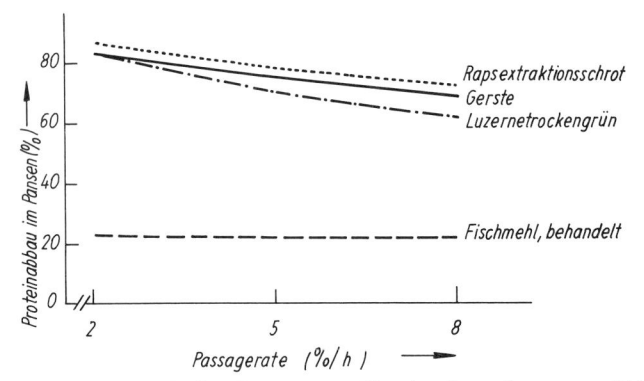

Abb. 20. Einfluß der Passagerate (fractional outflow rate; %/h) auf den Abbau verschiedener Futterproteine (%) im Pansen (nach ARC 1984).

Grundfutteraufnahme. Bei hoher Futteraufnahme infolge rohfaserärmerer Fütterung (s. Tabelle 25) oder chemischer Strohbehandlung (Abb. 19) ist die Differenz zwischen potentieller Abbaubarkeit und scheinbarer Verdaulichkeit am größten, d. h., der „Wettlauf" zwischen dem Zellwandabbau im Pansen und der Passagegeschwindigkeit wird weitgehend von der Passage gewonnen. Bei niedriger Trockensubstanzaufnahme wurde die potentielle Abbaubarkeit nahezu ausgeschöpft (s. Tabelle 25, Abb. 19). Der Einfluß von Abbau- (AR) und Passagerate (PR) sowie der potentiellen Abbaubarkeit (potentielle Verdaulichkeit: pA) auf den tatsächlichen Abbau (tA) von Grundfutterstoffen oder Rationen kann durch folgende Zusammenhänge beschrieben werden (nach van Soest 1982):

$$tA = pA \frac{AR}{AR + PR}.$$

Der Zusammenhang zwischen Passagerate und Abbau ist beim Wiederkäuer auch für das Futterprotein (3.2.2.) zutreffend (Abb. 20). Andererseits sollten die überwiegend den Zellwandabbau beeinflussenden physikalischen Faktoren nicht überbewertet werden, da auch chemische Einflußgrößen, wie Fermentationsgeschwindigkeit und Konzentration an flüchtigen Fettsäuren im Pansen, NH_3-Konzentration u. a., die Höhe der Grundfutteraufnahme steuern.

3.3.2. Auswirkungen auf die Futterbewertung

Die erwähnten Einflußgößen zeigen, daß eine Bewertung von Einzelfuttermitteln bei Ernährungsniveau 1 bis 1,5 zwar notwendig (Schiemann 1981a), beim Wiederkäuer mit höherer Futteraufnahme jedoch mit erheblichen Vereinfachungen und einer Überbewertung des Energiegehaltes der Ration verbunden sein kann. Da eine Additivität der Futterwerte demnach nicht in jedem Fall gegeben ist, werden u. a. in Abhängigkeit von der Höhe der Futteraufnahme in verschiedenen Futterbewertungssystemen Korrekturfaktoren angewandt, die zwischen − 1,3 bis − 4,1% je Ernährungsniveau (1 × Erhaltungsbedarf = Ernährungsniveau 1) variieren. In einzelnen Systemen (z. B. USA) werden auch futtermittelspezifische Korrekturen vorgeschlagen. Durch leistungsabhängige Bedarfsnormen kann auch der Rückgang der Verdaulichkeit bei höherer Futteraufnahme berücksichtigt werden (z. B. im NEL-System).

Wie die dargestellten Zusammenhänge demonstrieren, wird beim Wiederkäuer durch die Steigerung der Futteraufnahme die potentielle Verdaulichkeit zu einem geringeren Grad ausgeschöpft. Dennoch sollten alle Maßnahmen für eine maximale Futterauf-

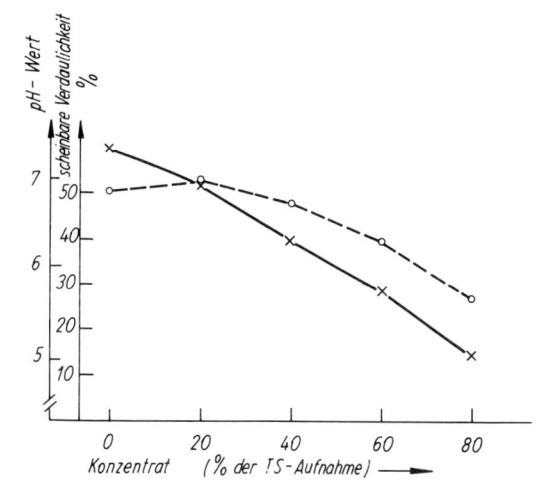

Abb. 21. Einfluß unterschiedlicher Konzentratgaben auf den pH-Wert im Pansensaft (———) und die scheinbare Verdaulichkeit (%) der organischen Substanz von Weizenstroh (— — —).

nahme genutzt werden, damit der Anteil des unproduktiven Energieerhaltungsbedarfs im Vergleich zum Leistungsbedarf relativ gering gehalten wird.

Trotz verbesserter Kenntnisse über physikalische und chemische Eigenschaften der Futtermittel ist gegenwärtig keine zuverlässige Aussage über die Höhe der zu erwartenden Futteraufnahme möglich. Futtermittelseitig sind dazu weitere Informationen zur potentiellen Verdaulichkeit, zur Geschwindigkeit des Abbaus verdaulicher und der Zerkleinerung unverdaulicher Partikel sowie zum Gehalt an löslichem Material notwendig.

Neben der Höhe der Futtergabe haben u. a. folgende Faktoren Einfluß auf die Verdaulichkeit und damit den Energiegehalt von Futtermitteln bzw. Wiederkäuerrationen:

— Rationsgestaltung, vor allem Grundfutter/Konzentrat-Verhältnis (Abb. 21);
— physikalische und chemische Grundfutterbehandlung (z. B. Mahlung, Pelletierung);
— anatomische Unterschiede zwischen Schaf und Rind gestatten keine Übertragbarkeit der am „Modelltier" Schaf mit Ganzgetreide bzw. trockensubstanzreicher Getreideganzpflanzensilage gewonnenen Ergebnisse auf das Rind (Abb. 22);
— Sonderwirkungen bzw. assoziative Effekte von Einzelfuttermitteln, spezifischen Futterinhaltsstoffen bzw. Futterzusätzen.

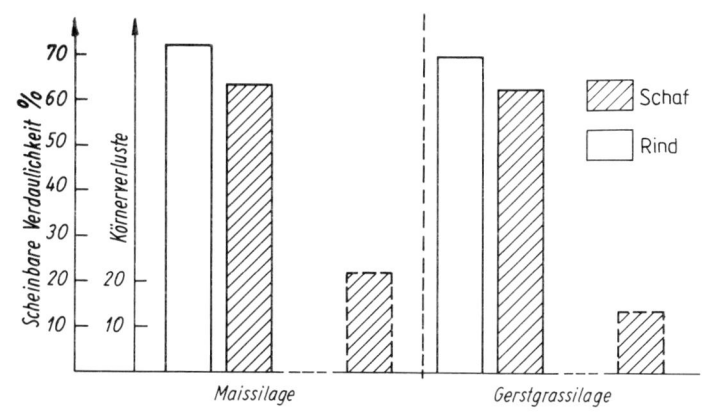

Abb. 22. Scheinbare Verdaulichkeit (%) von trockensubstanzreicher Mais- (36,5% T) bzw. Gerstgrassilage (42% T) sowie Anteil unverdauter Körner im Kot (% der Aufnahme) bei Schaf (□) und Rind (▨).

3.4. Kontrolle der Futterqualität

(F. Weißbach)

Unter der Qualität eines Futtermittels ist sein Futterwert im weitesten Sinne oder die Gesamtheit seiner Gebrauchswerteigenschaften für die Fütterung zu verstehen. Sie umfaßt sowohl die Energiekonzentration als auch den Gehalt an speziellen Nährstoffen sowie seine verzehrsbestimmenden Eigenschaften.

In der Energiekonzentration kommt zum Ausdruck, welche Leistung das Tier ohne Berücksichtigung der sonstigen Eigenschaften des Futtermittels maximal realisieren kann. Damit der energetische Futterwert voll zur Wirkung gelangt, muß der Bedarf der Tiere an lebensnotwendigen Nährstoffen, z. B. an Rohprotein oder essentiellen Aminosäuren, gedeckt werden. Ungünstige Eigenschaften äußern sich in verminderter Futteraufnahme und Stoffwechselstörungen. Zu fordern sind in solchen Fällen entweder Einsatzbegrenzungen oder der Ausschluß von der Verfütterung an bestimmte Tiere. Wird das nicht beachtet, dann treten Leistungsminderungen infolge unvollständigen Futterverzehrs oder durch Gesundheitsschäden auf. Auch unerwünschte Auswirkungen auf die Qualität der Tierprodukte können sich ergeben.

Abb. 23 zeigt eine Übersicht über die wichtigsten Qualitätsmerkmale. Dabei ist zu beachten, daß die einzelnen Merkmale nicht gleichwertig sind und sich nicht gegenseitig vertreten können. So nimmt der energetische Futterwert wegen seiner grundsätzlichen Bedeutung für die mögliche Höhe der tierischen Leistung eine besondere Stellung ein. Es ist deshalb sinnvoll, alle Futtermittel unmittelbar nach der Höhe der Energiekonzentration zu bewerten. Bei den übrigen Merkmalen der Futterqualität genügt dagegen eine Bewertung danach, ob sie bestimmte Mindestanforderungen erfüllen. Das ergibt sich daraus, daß hier eine Verbesserung über ein bestimmtes Maß hinaus, z. B. im Falle der Proteinkonzentration, keine höhere Leistung erwarten läßt. Andererseits genügt ein Mangel bei einem dieser Merkmale, um die Leistung der Tiere zu begrenzen. Deshalb müssen die einzelnen qualitätsbestimmenden Merkmale getrennt beurteilt werden. Welche Merkmale außerhalb der Energiekonzentration geprüft und beurteilt werden sollten, hängt von der Futtermittelart und von der Tierart ab, an die diese Futtermittel zu verfüttern sind. Man beschränkt sich deshalb gewöhnlich darauf, nur die für die jeweilige Futterart wichtigsten Eigenschaften zu kontrollieren und geht dabei nach Grenzwerten vor, die vom geplanten Einsatz der Futtermittel abhängen.

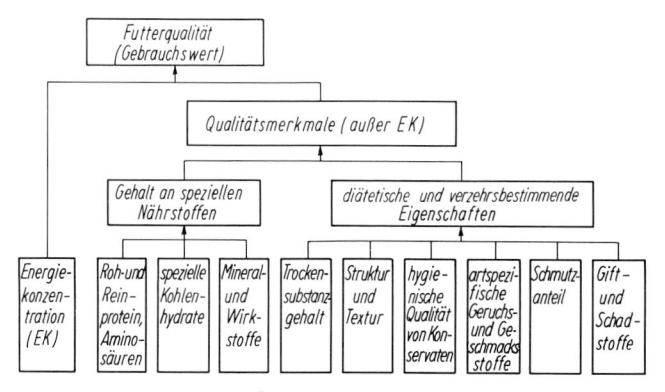

Abb. 23. Merkmale der Futterqualität.

3.4. Kontrolle der Futterqualität

Die Qualitätskontrolle erfolgt über die Entnahme und Untersuchung bzw. Begutachtung repräsentativer Proben. Dabei muß beachtet werden, daß sich der Nährstoffgehalt z. B. zwischen Stengeln und Blättern von Pflanzen unterscheidet und das Futter innerhalb eines Feldbestandes, Futterstapels oder Silos sehr unterschiedliche Qualitätsmerkmale aufweisen kann. Der Aussagewert einer Untersuchung hängt aber entscheidend davon ab, in welchem Maß die Beschaffenheit der Probe die ganze Futterpartie repräsentiert. Eine Probenteilung ist stets mit der Gefahr einer Entmischung verbunden und sollte möglichst unterbleiben. Außerdem hat es sich vor allem bei Grundfuttermitteln als viel effektiver erwiesen, anstelle einer Sammelprobe mehrere Einzelproben von der gleichen Partie zu entnehmen und dafür bei der Laboruntersuchung auf Parallelmessungen von der gleichen Probe zu verzichten (Flachowsky 1988, von Lengerken und Zimmermann 1991). Voraussetzung dafür ist es, vor der Entnahme der Proben den jeweiligen Futterstapel nach äußerlich wahrnehmbaren Unterschieden in einzelne, in sich einheitliche Partien aufzuteilen und diese dann einzeln zu beproben. Diese verbesserte Probenahmestrategie ist in Abb. 24 dargestellt.

Ein weiteres Erfordernis für aussagefähige Untersuchungsergebnisse ist, jede qualitative Veränderung zwischen Probenahme und Untersuchung auszuschließen. Vor allem bei wasserreichen Futtermitteln ist dazu eine schnellstmögliche Übergabe der Proben in dichten Behältnissen und gegebenenfalls unter Kühlung an das Untersuchungslabor notwendig.

Bei wasserreichen Futtermitteln, z. B. Grünfutter oder Grünfuttersilagen, kann der Gehalt an Trockensubstanz stark schwanken. Es ist deshalb zweckmäßig, den Trockensubstanzgehalt in kurzen Zeitabständen und mit bedeutend größerer Häufigkeit — am besten über Schnellmethoden unmittelbar im Betrieb — zu untersuchen und die wesentlich aufwendigere Kontrolle des Nährstoff- und Energiegehaltes auf wenige repräsentative Proben zu beschränken.

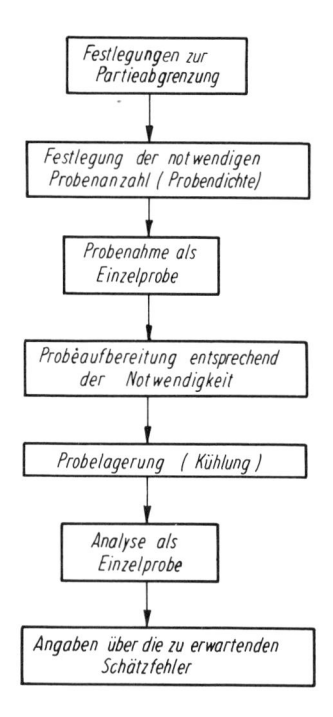

Abb. 24. Strategie für Probennahme, -aufbereitung und -untersuchung (von Lengerken und Zimmermann 1991).

Im Falle von Grünfutter tritt mit dem Vegetationsverlauf eine gerichtete Änderung des Futterwertes ein. Das Untersuchungsergebnis einer Stichprobe gilt dort nur für den Tag der Probenahme. Die Nutzung eines solchen Untersuchungsbefundes für die Fütterung in der darauffolgenden Zeit erfordert deshalb seine Transformation. Dafür gibt es durchschnittliche tägliche Änderungsbeträge für die jeweilige Fruchtart und die Nummer des Aufwuchses.

Literatur

Adams, R. S.: Intern. Dairy Fed. Bulletin **196**, 50 (1986).
ARC: The nutrient requirements of ruminant livestock. Commonwealth Agric. Bureaux, Slough, England (1980).
ARC: The nutrient requirements of ruminant livestock, Suppl. No. Commonwealth Agric. Bureaux, Slough, England (1984).
Armsby, H. P.: The nutrition of farm animals. MacMillan & Co., New York 1917.
Autorenkollektiv: Das DDR-Futterbewertungssystem. 7. Aufl. Deutscher Landwirtschaftsverlag, Berlin 1988.
Balch, C. O., and A. I. H. van Es: Intern. Dairy Fed. Bulletin **196**, (1986).
Blaxter, K. L.: The energy metabolism of ruminants. 2nd ed. Hutchison, London 1967.
Blaxter, K. L., N. McGraham and F. W. Wainman: Brit. J. Nutr. **10**, 69 (1956).
Carpenter, K. J., and K. M. Clegg: J. Nutr. **47**, 449 (1956).
Carpenter, K. J., B. E. March, C. K. Milner and R. C. Campbell: Brit. J. Nutr. **17**, 309 (1963).
Cottyn, B. G., I. V. Aerts and I. M. Vanacker: Intern. Dairy Fed. Bulletin **196**, 28 (1986).
Flachowsky, G.: Untersuchungen zum Einfluß unterschiedlicher Fütterungsintensität bei Verabreichung von Pellets mit Getreidestroh bzw. Feststoffen der Schweinegülle an Mastbullen auf Mast- und Schlachtergebnisse, Schlachtkörperzusammensetzung, Energie- und Proteinansatz und -verwertung. Diss. B, Universität Leipzig, 1978.
Flachowsky, G.: Empfehlungen zur Probenahme, -lagerung und -aufbereitung für Untersuchungen auf dem Gebiet der Tierernährung/Fütterung. Hochschulstudium Agraringenieurwesen – Tierproduktion (1988).
Flachowsky, G., and M. Schneider: Anim. Feed Sci. Technol. **38**, 199 (1992).
Fraps, G. S., and E. C. Cartyle: Productive energy of some feeds as measured by gains of energy of growing chickens. Texas Agr. Exp. Stat. Bull. No. 625 (1942).
Gabel, M.: Untersuchungen zum Protein- und Aminosäurenumsatz im Verdauungstrakt bei wachsenden männlichen Jungrindern – ein Beitrag für eine effektive Proteinversorgung in der Jungrindermast. Diss. B, Universität Rostock, 1983.
Harkins, J., R. A. Edwards and P. McDonald: Anim. Prod. **19**, 141 (1974).
Härtel, H., W. Schneider, R. Seibold und H. J. Lantsch: Arch. Geflügelkde. **41**, 152 (1977).
Hovell, F. D. D., J. W. W. Ngambi, W. P. Barrer and D. J. Kyle: Anim. Prod. **42**, 111 (1986).
Hvelplund, T.: Acta Agric. Scand, Suppl. **25**, 132 (1985).
Jarrige, R.: Ruminant Nutrition. Recommended allowances and feed tables. INRA, John Libbey Eurotext, London, Paris 1989.
Just, A., H. Jorgensen and J. A. Fernandez: Livestock Prod. Sci. 105 (1984).
Kaufmann, W.: Z. Tierphys., Tierern., Futtermittelkde. **42**, 326 (1979).
Kellner, O.: Die Ernährung der landwirtschaftlichen Nutztiere. Paul Parey, Berlin 1912.
Kellner, R. J., und M. Kirchgeßner: Landw. Forschung **32**, 335 (1979).
Kirchgeßner, M.: Tierernährung. 7. Aufl. DLG-Verlag, Frankfurt (Main) 1987.
Lengerken, J. von, und K. Zimmermann. Handbuch Futtermittelprüfung. Deutscher Landwirtschaftsverlag Berlin 1991.
Lofgreen, G. P., and W. N. Garrett: J. Anim. Sci. **27**, 793 (1968).
Madsen, J.: Acta Agric. Scand., Suppl. **25**, 9 (1985).
Menke, K. H., L. Raab, A. Salewski, H. Steingass, D. Fritz and W. Schneider: Agric. Sci. Camb. **93**, 217 (1979).
Moe, P. W., W. P. Flatt and H. F. Tyrrell: J. Dairy Sci. **55**, 945 (1972).

Möllgaard, H.: Festschrift anläßlich des 100jährigen Bestehens der Landwirtschaftlichen Versuchsstation Leipzig-Möckern. Wiss. Abh. Dt. Akad. Land.-Wiss. Berlin **V/2**, 43 (1954).
Morgan, C. A., C. T. Whittemore, P. Phillips and P. Crooks: The energy value of compound feeds for pigs. Edinburgh Sch. Agr. (1984).
Nehring, K.: Tierernährung und Futtermittelkunde. Neumann Verlag Radebeul 1964.
Nehring, K., M. Beyer und B. Hoffmann: Futtermitteltabellenwerk. Deutscher Landwirtschaftsverlag, Berlin 1971.
Nehring, K.: Proc. XIII. Intern. Grassland Congr., Leipzig 1977, 1447.
Nieß, E.: Kraftfutter **63**, 65 (1980).
NRC: The nutrient requirements of beef cattle. Nat. Academy Press, Washington D.C. 1984.
NRC: Ruminant nitrogen usage. Nat. Academy Press, Washington D.C. 1985.
Ørskov, E. R.: Protein Nutrition in Ruminants. Academic Press, London 1982.
Perez, J. M., R. Ramihono et Y. Henry: Prediction de la valeur energetique des aliments composés destinés on porc: étude experimentale. INRA, Paris 1984.
Reid, J. T., Ottilie D. White, R. Amrique and A. Fortin: J. Anim. Sci. **51**, 1393 (1981).
Schiemann, R.: Arch. Tierernähr. **31**, 1 (1981a).
Schiemann, R.: Stoff- und Energieansatz beim ausgewachsenen, vorwiegend fettbildenden Tier. In: Gebhardt, G.: Tierernährung. Deutscher Landwirtschaftsverlag, Berlin 1981b.
Schiemann, R., K. Nehring, L. Hoffmann, W. Jentsch und A. Chudy: Energetische Futterbewertung und Energienormen. Deutscher Landwirtschaftsverlag, Berlin 1971.
Sibbald, I. R.: Can. J. Anim. Sci. **62**, 983 (1982).
Shenk, I. S.: Intern. Dairy Fed. Bulletin **196**, 36 (1986).
Tilley, I. M. A., and R. A. Terry: J. Br. Grassland Soc. **18**, 104 (1963).
van Es, A. J. H.: Livestock Prod. Sci. **2**, 95 (1975).
van Es, A. J. H.: Factors influencing the efficiency of energy utilization by beef and dairy cattle. In: Swan, H., and W. H. Broster: Principles of Cattle Production. Butterworths, London 1976.
van Es, A. H. J.: Livestock Prod. Sci. **5**, 331 (1978).
van Es, A. H. J.: Zschr. Tierphysiol. Tierernähr. Futtermittelkde. **42**, 20 (1979).
van Soest, P. J.: Nutritional ecology of the ruminant. O & B Books Inc. (1982).
Verite, R., M. Journet and R. Jarrige: A new system for the protein feeding of ruminants. The PDI system. Livestock Prod. Sci. **6**, 3 (1979).
Vermorel, M.: Livestock Prod. Sci. **5**, 347 (1978).
Voigt, J., and B. Piatkowski: Prod. IVth Int. Symp. on Physiology of Ruminant Nutrition. April 1987, Košice, 397.
Waldo, D. R., and B. P. Glenn: J. Dairy Sci. **67**, 1115 (1984).
Weißbach, F., S. Kuhla, D. Heinz, J. Becker und J. von Lengerken: Tierzucht **41**, 175 (1987a).
Weißbach, F., S. Kuhla, R. Prym, D. Heinz und J. Becker: Tierzucht **41**, 165 (1987b).

4. Grünfutter und Grünfutterkonservate

4.1. Stellung in der Futterwirtschaft

Grünfutter ist die ursprüngliche und hauptsächliche Futtergrundlage der Wiederkäuer und anderer Pflanzenfresser. Von ihm ernähren sich viele Tierarten in der freien Wildbahn, und mit seiner gezielten Nutzung begann und entwickelte sich die landwirtschaftliche Tierhaltung. Für so wichtige Nutztierarten wie Rinder und Schafe stellt es ein potentiell vollwertiges Futter dar. Mit Futterrationen, die allein aus Grünfutter bestehen, kann bei zweckmäßiger Wahl der Pflanzenarten und ihres Nutzungszeitpunktes der Bedarf dieser Tiere an Nährstoffen und Energie auch nach heutigen Maßstäben mindestens für mittlere tierische Leistungen gedeckt werden.

Mit zunehmender Intensität der Viehwirtschaft, d. h. mit steigenden, ganzjährig hohen Leistungsforderungen an die Tiere, müssen die überwiegend aus Grünfutter und Grünfutterkonservaten bestehenden Grundrationen durch Konzentrate ergänzt werden. Gefördert durch die ökonomischen Bedingungen in vielen entwickelten Ländern, hat das während der letzten Jahrzehnte zu einem bedeutenden Rückgang des Anteils der Grundfuttermittel an der Nährstoffbedarfsdeckung der Rinder und zu einer vermehrten Fütterung von Getreide, das auch direkt der menschlichen Ernährung dienen könnte, geführt. Dieser Entwicklung sind sowohl ernährungswirtschaftliche als auch tierphysiologische Grenzen gesetzt. Um mit grundfutterbetonten Futterrationen hohe tierische Leistungen erzielen zu können, wachsen die Ansprüche an die Qualität des Grünfutters und der Grünfutterkonservate.

Zu den Grünfuttermitteln zählen Ernteprodukte des Grünlandes und des Ackerfutterbaues.

Große Teile der landwirtschaftlich genutzten Fläche aller Kontinente sind *Dauergrünland* (Tabelle 26). Das Ertragspotential dieser oft nicht ackerfähigen Flächen ist erst nach Veredlung über das Tier für den Menschen ernährungswirksam. Dieses Dauergrünland möglichst effektiv für die Stoffproduktion zu nutzen und seine Ernteprodukte möglichst rationell durch Stoffwandlung in tierische Erzeugnisse zu überführen, ist deshalb von tragender Bedeutung für die menschliche Ernährung. Aber auch in Ländern mit hochentwickelter Viehwirtschaft und Nahrungsmittelüberschüssen kann auf die Nutzung des Dauergrünlandes nicht verzichtet werden. Außer seiner ernährungswirtschaftlichen Bedeutung ist es prägender Bestandteil der Kulturlandschaft dieser Länder. Die Erhaltung der Kulturlandschaft setzt die weitere landwirtschaftliche Nutzung des Grünlandes voraus.

Der *Ackerfutterbau* hat neben der Erzeugung von Futtermitteln, die den Futteranteil vom Grünland im Interesse hoher Gesamtproduktivität der Tierhaltung ergänzt, eine wichtige Funktion für die Erhaltung und Mehrung der Fruchtbarkeit des Ackerlandes. Er schafft erweiterte Möglichkeiten für den Fruchtwechsel, für die Nutzung der Fähigkeit von Leguminosen zur Bindung von Luftstickstoff sowie für die Versorgung

4.1. Stellung in der Futterwirtschaft

Tabelle 26. Anteil von Wiesen und Weiden an der landwirtschaftlichen Nutzfläche

	Millionen ha	Anteil an der LN %
Afrika	792	79
Asien	533	53
Europa (einschließlich GUS)	464	55
Ozeanien	466	91
Nord- und Zentralamerika	353	56
Südamerika	395	81
Welt insgesamt		67

des Bodens mit organischer Substanz durch Wurzelrückstände und tierische Exkremente. Rationelle Feldwirtschaft bei sinnvoll begrenztem Einsatz von Agrochemikalien ist deshalb ohne Ackerfutterbau auf die Dauer nicht möglich.

Nach der Einordnung in die Fruchtfolge wird beim Ackerfutterbau zwischen Hauptfrucht-, Zwischenfrucht- und Zweitfruchtfutterbau unterschieden (Abb. 25). Vom *Hauptfruchtfutterbau* spricht man, wenn die Fruchtart den Acker während der gesamten Vegetationszeit oder des größten Teiles derselben beansprucht (z. B. Rotklee, Luzerne, Silomais). *Zwischenfruchtfutterbau* nennt man den Anbau von Futterpflanzen zwischen zwei Hauptfrüchten bzw. zwischen einer Hauptfrucht und einer Zweitfrucht. Dabei gibt es Winterzwischenfrüchte (z. B. Grünroggen) und Sommerzwischenfrüchte (z. B. Leguminosengemenge als Stoppelsaat nach Getreide oder Serradella als Untersaat unter Getreide). *Zweitfruchtfutterbau* ist der Anbau von Futter nach vorausgegangener Winterzwischenfrucht (z. B. Grünmais oder Futterkohl nach Grünroggen). Grünfutter als Koppelprodukt liefert außerdem auch der Anbau einiger Marktfrüchte, so vor allem der von Zuckerrüben und einigen Feldgemüsearten.

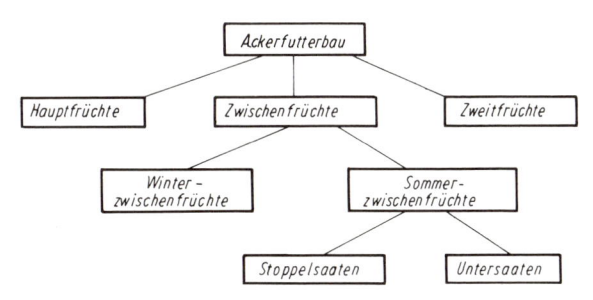

Abb. 25. Formen des Ackerfutterbaues.

Um die Effektivität der Flächennutzung für die Erzeugung von Grünfutter zu kennzeichnen, unterscheidet man *Hauptfutterfläche* und *Zusatzfutterfläche* und gibt diese in Hektar je RGV (Rauhfutter bzw. Grundfutter verzehrende Großvieheinheit) an. Zur Hauptfutterfläche zählen das Grünland und alle Futterkulturen in Haupt- und Zweitfruchtstellung, zur Zusatzfutterfläche die Zwischenfrüchte und die Flächen, auf denen Koppelprodukte der Marktfrüchte anfallen. Eine wichtige Maßzahl für die Intensität der Landnutzung ist die Menge an Tierprodukten, die je Flächeneinheit aus dem Grundfutter erzeugt wird. Diese Größe ist nicht nur vom Energie- und Nährstoffertrag, sondern auch von der Qualität des erzeugten Futters und von der zweckmäßigen Kombination zwischen Grünlandfutter und den einzelnen Ackerfutterkulturen abhängig. Eine hohe Produktivität der Grundfutterfläche wird dann erreicht, wenn hohe Energieerträge im Futterbau und mit diesem Futter eine hohe Energieaufnahme der Tiere über das Grundfutter realisiert werden.

Hinsichtlich der Nutzungsform des Grünfutters ist zwischen Weidenutzung und Mähfutterproduktion für die Sommerstallfütterung und die Konservierung zu unterscheiden. Die *Weidenutzung* ist die älteste und in ihrer ursprünglichen Gestalt (Standweide) die am wenigsten intensive Nutzungsform. Intensive Weidenutzungsverfahren (Umtriebsweide, Portionsweide) erreichen eine sehr hohe Flächenproduktivität, können aber infolge des damit verbundenen großen Stickstoffdüngereinsatzes zu einer unvertretbaren Umweltbelastung führen. Deshalb wird neuerdings vielerorts den extensiven Weidenutzungsverfahren wieder der Vorrang eingeräumt.

Die *Mähfutterproduktion* ist mindestens zur Gewinnung von Winterfutter unerläßlich und auf vielen Standorten auch zur Ergänzung der Weidenutzung oder als bevorzugte Form der gleichmäßigen bedarfsgerechten Versorgung der Tiere notwendiger Bestandteil einer rationellen Futter- und Viehwirtschaft.

4.2. Inhaltsstoffe und Futterwert von Grünfutter

Beim Grünfutter handelt es sich pflanzenmorphologisch um den grünen, oberirdischen Teil des Vegetationskörpers (Sproß) von Futterpflanzen. Er besteht entweder ganz oder überwiegend aus vegetativen Pflanzenorganen, den Stengeln oder Halmen und den Blättern (z. B. bei Gräsern, Grüngetreide, Rotklee, Luzerne) oder bei anderen Pflanzenarten bzw. Formen ihrer Nutzung aus einem Gemisch von vegetativen und generativen Organen, also einschließlich der Blüten- und Fruchtstände (z. B. bei Ganzpflanzen von Mais, Getreide, Ackerbohnen).

Von **Grünfutter** spricht man, wenn Futterpflanzen vor Eintritt der physiologischen Reife geerntet werden. Es besteht somit stets aus stoffwechselaktivem Pflanzengewebe mit mehr oder weniger hohem Wassergehalt. Grünfutter ist deshalb leicht verderblich und nur sehr begrenzt lagerfähig und bedarf, soweit es nicht direkt verfüttert wird, der Konservierung. Außerdem ergibt sich daraus, daß die pflanzenmorphologische und chemische Zusammensetzung von Grünfutter sowie seine Verdaulichkeit und sein energetischer Futterwert auch bei ein und derselben Futterart nicht konstant sind, sondern in starkem Maße vom Vegetationsstadium abhängen, in dem die Ernte erfolgt. Außerdem werden alle diese Merkmale selbstverständlich auch durch die Art der Pflanzen, durch ihre Nährstoff- und Wasserversorgung und durch andere Umweltbedingungen bestimmt, unter denen sie aufwachsen.

Im Vegetationsverlauf werden von den Futterpflanzen zunächst die Organe des Assimilationsapparates bevorzugt ausgebildet. Daraus ergibt sich bei sehr jungen Pflanzen ein hoher Anteil an Blattmasse. Während des dann einsetzenden Streckungswachstums des Sprosses wird die Relation zwischen Blatt- und Stengelmasse immer mehr zugunsten der letzteren verschoben. Außerdem findet eine zunehmende Stabilisierung der Halme durch Verholzung ihrer Gewebe statt. Die meisten Pflanzenarten erreichen zur Zeit der Blüte ihre höchste Photosyntheseleistung, die von da an überwiegend zur Ausbildung der generativen Organe genutzt wird. Bei Pflanzenarten mit potentiell hohem Samenertrag nimmt die Masse der Fruchtstände einen zunehmend größeren Anteil an der Gesamtpflanzenmasse ein. Die Entwicklung der Pflanzen endet mit der vollen Ausbildung der Samen und dem Absterben der Blätter sowie der weitgehend verholzten Stengel.

4.2.1 Rohprotein und Mineralstoffe

Die im Vegetationsverlauf eintretenden Veränderungen des Gehaltes an Rohprotein und Mineralstoffen im Grünfutter sind durch Gesetzmäßigkeiten zu erklären, die u. a. besagen, daß die Aufnahme an Nährstoffen durch die Pflanze (N, P, K, Ca, Mg) der Stoffproduktion und damit der Ertragsbildung vorauseilt (Abb. 26). Danach ist zu erwarten, daß bei der Ernte in einem frühen Vegetationsstadium, in dem erst etwa 50% der möglichen Ertragsbildung erreicht werden, bereits 80 bis 90% der Pflanzennährstoffe aufgenommen worden sind. Die Folge davon ist, daß ihre Konzentration in der Trockensubstanz der Pflanzenmasse bedeutend höher als bei später Ernte liegt. Junges Grünfutter enthält deshalb stets mehr an Rohprotein und Rohasche sowie an den einzelnen Mineralstoffen als älteres. Pflanzenmorphologisch entspricht das der Tatsache, daß die Blätter in der Regel einen höheren Rohprotein- und Mineralstoffgehalt als die übrigen Pflanzenorgane aufweisen und der Blattanteil mit dem Alter der Pflanze sinkt.

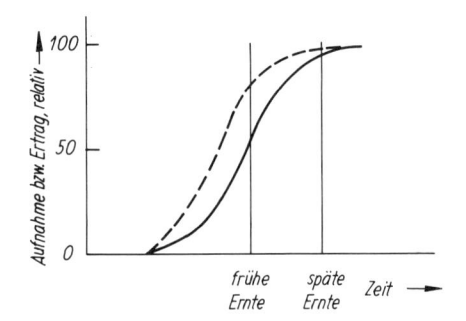

Abb. 26. Verlauf von Nährstoffaufnahme ($---$) und Ertragsbildung (———) von Futterpflanzen.

Außerdem gibt es Unterschiede des Rohprotein- und Mineralstoffgehaltes des Grünfutters in Abhängigkeit von der Nährstoffversorgung der Pflanzen. Bei hoher Düngungsintensität enthält das Grünfutter im gleichen Vegetationsstadium oft mehr Rohprotein, Phosphor, Kalium usw. Die Erklärung hierfür ist, daß die Pflanzen bei reichlichem Angebot in einem frühen Entwicklungsstadium mehr Nährstoffe aufgenommen haben, als sie bis zur Ernte für die Ertragsbildung nutzen konnten. Je später die Ernte erfolgt, um so geringer werden diese Unterschiede, es sei denn, die pflanzliche Stoffproduktion ist durch andere Umweltfaktoren (Wasser- oder Lichtmangel, niedrige Temperaturen) beeinträchtigt oder begrenzt worden. Im Hinblick auf einzelne Pflanzennährstoffe, dies gilt besonders für Stickstoff und Kalium, tritt bei reichlichem Angebot die Erscheinung des Luxuskonsums der Pflanzen auf.

Der Stickstoff wird von den Pflanzen überwiegend als Nitrat aufgenommen und in dieser Form zunächst im Zellsaft, vor allem des Stengelparenchyms, gespeichert. Normal mit Stickstoff versorgte junge Pflanzen enthalten fast immer wenigstens geringe Mengen an Nitrat. Wurde hingegen mehr Stickstoff aufgenommen, als für die Proteinsynthese in der Zeit bis zur Ernte verwertet werden konnte, dann enthält das Grünfutter erhöhte Mengen an Nitrat.

Auf Grund der Tatsache, daß es sich beim Grünfutter überwiegend um junges, im Wachstum befindliches Pflanzengewebe handelt, sind außer Nitrat stets auch bedeutende Mengen an anderen einfachen Stickstoffverbindungen (Aminosäuren, Säureamide) als Metabolite der Proteinsynthese zu erwarten. Das Rohprotein von Grünfutter besteht deshalb im Durchschnitt nur zu 65 bis 75% aus Reinprotein. Erst mit weitgehender Reife der Pflanzen nimmt dieser Anteil zu.

4.2.2. Kohlenhydrate

Die organische Substanz von Grünfutter besteht wie die anderen pflanzlichen Futtermittel überwiegend aus Kohlenhydraten (60 bis 80% der Trockensubstanz). Für den Futterwert ist die Zusammensetzung dieser großen Stoffklasse von entscheidender Bedeutung. Nach der Lokalisierung und Funktion der Kohlenhydrate innerhalb des Pflanzengewebes wird zwischen den Kohlenhydraten des Zellinhalts und den Kohlenhydraten der Zellwand unterschieden. Abb. 27 gibt einen Überblick über die zu den beiden Fraktionen gehörenden Stoffgruppen.

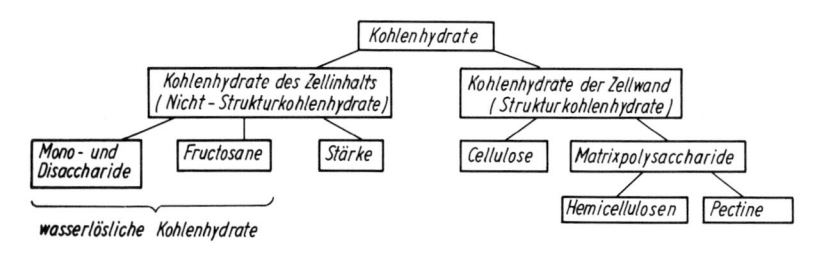

Abb. 27. Aufgliederung der Kohlenhydrate.

Das erste Produkt der Photosynthese sind die Monosaccharide Glucose und Fructose. Hauptsächlich in Form des Disaccharids Saccharose werden die Assimilate innerhalb der Pflanze zu den Orten des Verbrauchs transportiert und dort sowohl für den Betriebsstoffwechsel (Atmung) als auch für den Baustoffwechsel (Synthese aller anderen organischen Substanzen) verwendet. Für die Ertragsbildung wird nur die Differenz zwischen Photosynthese und Atmung, die Nettophotosynthese, wirksam.

Während der vegetativen Entwicklung der Pflanzen dient die Hauptmenge der Assimilate zum Aufbau des Protoplasmas und in zunehmendem Maße zur Synthese der Zellwandsubstanzen. Mit dem Streckungswachstum der Zellen und der gesamten Pflanze wird der Anteil der Zellwand und damit der Struktur-Kohlenhydrate an der Gesamtmasse immer größer. Ausdruck dessen ist der Anstieg des Gehaltes an Rohfaser im Grünfutter, mit der vor allem die Cellulose erfaßt wird.

Es ist verständlich, daß in stoffwechselaktivem Pflanzengewebe stets auch bestimmte Mengen an Bausteinen der Strukturpolysaccharide, also an Mono-, Di- und Oligosacchariden vorkommen. Darüber hinaus werden in den vegetativen Pflanzenteilen leicht zugängige Assimilatreserven angelegt. Bei den Gräsern der gemäßigten Klimazone sind das neben Mono- und Disacchariden die gleichfalls im Zellsaft gelösten Fructosane (Fructane). Von den Leguminosen wird, allerdings in geringeren Mengen, zeitweilig auch Stärke (normalerweise nicht wasserlöslich) als Reservekohlenhydrat in vegetativem Gewebe gespeichert.

Der Gehalt an wasserlöslichen Kohlenhydraten im Grünfutter wird vereinfachend oft als Zuckergehalt bezeichnet. Er ist von der Pflanzenart und davon abhängig, in welchem Verhältnis Assimilationsleistung und Wachstumsintensität zueinander stehen. Die Optima der Umweltbedingungen für die Photosynthese und für das Wachstum stimmen nicht völlig überein. So kann die vor allem von der Lichtintensität abhängige Photosynthese eine hohe Leistung erreichen, die Nutzung der Assimilate für das Wachstum aber wegen zu geringer Temperatur oder durch Stickstoff- oder Wassermangel begrenzt sein. In diesem Fall reichern sich die wasserlöslichen Kohlenhydrate in den vegetativen Geweben an. Umgekehrt kann in bestimmten Entwicklungsphasen der Pflanzen infolge intensiven Wachstums der Bedarf an Assimilaten die Leistung

4.2. Inhaltsstoffe und Futterwert von Grünfutter

der Nettophotosynthese übersteigen. Dann werden die Kohlenhydratreserven der vegetativen Gewebe abgebaut. Aus diesen Gründen ist der Gehalt an wasserlöslichen Kohlenhydraten im Grünfutter ein und derselben Art sehr unterschiedlich und hängt von den Umweltbedingungen und vom Entwicklungsstadium der Pflanzen ab.

In Tabelle 27 ist die Richtung angegeben, in der verschiede Umweltfaktoren den Gehalt an Kohlenhydraten beeinflussen. Der Zucker- und Fructosangehalt der Pflanzen wird mit Ausnahme des Lichtes durch alle Umweltfaktoren, die die Ertragsbildung und den Verbrauch an Assimilation fördern, gesenkt; starke Strahlungsintensität und damit hohe assimilatorische Leistung erhöhen ihn. Der Gehalt an Struktur-Kohlenhydraten verhält sich umgekehrt.

Tabelle 27. Einfluß von Umweltfaktoren auf den Gehalt an Kohlenhydratfraktionen im Grüngetreide (nach van Soest 1982)

	Temperatur	Licht	Stickstoff	Wasser
Ertrag	+	+	+	+
Wasserlösliche Kohlenhydrate	−	+	−	−
Struktur-Kohlenhydrate	+	−	±	+

Was die Veränderungen des Gehaltes an wasserlöslichen Kohlenhydraten mit dem Entwicklungsstadium betrifft, so durchlaufen viele Pflanzenarten während der Phase der größten Stengelstreckung bis zur Blüte ein Minimum (Abb. 28). Danach steigt der Zuckergehalt meist wieder an. Bei Pflanzenarten mit potentiell hohem Samenertrag (Grüngetreide und Mais) erreicht der Zuckergehalt zwischen Blüte und Milchreife regelmäßig ein ausgeprägtes Maximum. Mit zunehmender Kornfüllung werden die wasserlöslichen Kohlenhydrate dann aus den vegetativen Pflanzenteilen in die generativen umgelagert und dort zu Stärke umgeformt. Je reifer die Pflanze ist, um so geringer ist dann ihr Zuckergehalt. Stärke wird in für die Tierernährung bedeutsamen Mengen nur in den generativen Pflanzenteilen angereichert.

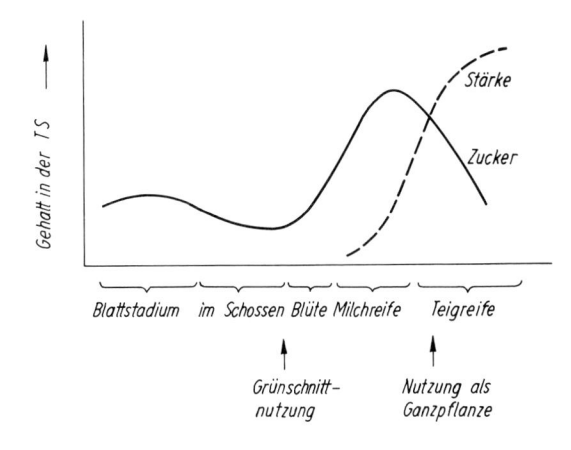

Abb. 28. Entwicklung des Zucker- und Stärkegehaltes.

4.2.3. Vitamine und Provitamine

Grünfutter ist generell reich an Vitaminen und Provitaminen. Aus ernährungsphysiologischer Sicht und unter Berücksichtigung des vorwiegenden Einsatzgebietes von Grünfutter und Grünfutterkonservaten muß vor allem dessen Gehalt an **Carotinen** herausgestellt werden. Im Gemisch der Vitamin-A-Vorstufen dominiert das β-Carotin, das von allen Provitaminen die höchste Vitamin-A-Wirksamkeit besitzt. Der Carotingehalt nimmt wie auch der Gehalt an anderen Inhaltsstoffen (s. Abschnitt 4.2.1.) mit fortschreitender Vegetation ab (Abb. 29). Junge, blattreiche Pflanzen (z. B. Luzerne, Rotklee, Gräser) sind reich an Carotin. Die stengelreichen Arten Mais und Futterkohl enthalten demgegenüber eine deutlich geringere Konzentration an Vorstufen des Vitamins A. Die Konservierung von Grünfutter ist generell mit Verlusten verbunden, die am niedrigsten bei der technischen Trocknung ($\approx 10\%$) und am höchsten bei der Bodentrocknung des Heues ($\approx 70\%$) sind. Carotinverluste treten auch bei der Lagerung von Heu- und Trockengrün auf. Besonders intensiv verlaufen die Abbauvorgänge beim Grünmehl. Der Gehalt reduziert sich während einer 4- bis 6monatigen Lagerung um 60%. Durch Pelletierung und Zusatz von synthetischen Antioxydantien kann die Carotinzerstörung eingeschränkt werden. Für die Geflügelfütterung ist das Vorkommen von weiteren **Carotinoiden** in Grünfutterpflanzen bzw. im Trockengrünfutter bedeutsam, die hier als Pigmentstoffe für die Dotterfarbe benötigt werden.

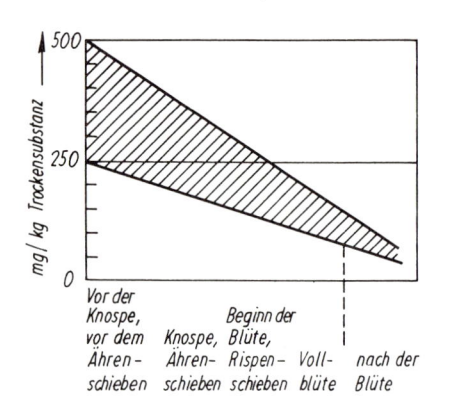

Abb. 29. Carotingehalt im Grünfutter in Abhängigkeit vom Vegetationsstadium.

Vitamin D ist in Grünfutterpflanzen kaum enthalten. Eine Ausnahme bildet teigreifer Silomais. Erst bei der Trocknung der Pflanzen unter Sonnenlicht wird das Provitamin Ergosterol in Vitamin D_2 umgewandelt. Der Vitamin-D_2-Gehalt der Konservate nimmt deswegen in der Reihenfolge: bodengetrocknetes Heu, unter Dach getrocknetes Heu und Anwelksilage ab. Frischsilage (Ausnahme Maissilage) und Trockengrünfutter weisen nur eine geringe Vitamin-D_2-Aktivität auf.

Alle Grünfutterarten enthalten in frischem Zustand relativ viel **Vitamin-E-wirksame** Tocopherole, insbesondere α-Tocopherol. Bei der Heubereitung geht der größte Teil verloren, während das Ausmaß der Verluste bei der Silierung vom Anwelkgrad abhängig ist. Die technische Trocknung verursacht bei sachgemäßer Durchführung nur eine geringe Aktivitätsminderung, jedoch ist die nachfolgende Lagerung des Trockengrünfutters mit Vitamin-E-Verlusten verbunden.

Sowohl **Vitamin K** als auch die meisten **B-Vitamine** kommen im Grünfutter reichlich vor. Lediglich das Vitamin B_{12} ist nicht enthalten. Jedoch sind die Gehalte nur für Monogastriden von Interesse, denn Wiederkäuer sind bei normaler Vormagenfunktion praktisch unabhängig von einer Zufuhr dieser Vitamine mit dem Futter.

4.2.4. Antinutritive Substanzen

Zahlreiche Grünfutterarten können neben den Hauptnährstoffen, Vitaminen und Mineralstoffen sowie einigen für das Tier zwar wertlosen, aber inerten Substanzen, wie Lignin und Kieselsäure, eine Reihe von schädlichen Stoffen enthalten. Der Gehalt an solchen Stoffen muß bei der Fütterung beachtet werden; er kann die Begrenzung der Einsatzmengen erfordern und im Extremfall die Verfütterung sogar ausschließen. Zu diesen antinutritiven Substanzen zählen bei Grünfutter vor allem sekundäre Pflanzenstoffe, Mykotoxine und das Nitrat.

Unter dem Begriff der *sekundären Pflanzenstoffe* werden diejenigen organischen Bestandteile der Pflanze abgegrenzt und zusammengefaßt, die für deren Stoffwechsel im Unterschied zu den primären Stoffen (Kohlenhydrate, Proteine, Nukleinsäuren, Lipide u. a.) entbehrlich erscheinen. Diese Abgrenzung ist künstlich und unscharf, denn zweifellos hat die Synthese dieser Stoffe für die Pflanze einen biologischen Zweck, auch wenn dieser im Einzelfall noch unbekannt ist. Typisch ist jedoch, daß diese Substanzen nicht bei allen Pflanzenarten vorkommen, sondern meist spezielle Produkte des Stoffwechsels bestimmter Arten sind. Für die Fütterung interessieren nur diejenigen sekundären Pflanzenstoffe, die Schadwirkungen bei den Tieren verursachen können. Die Tatsache, daß eine Art als Futterpflanze gilt, besagt eigentlich bereits, daß sie weitgehend frei von giftigen oder dem Tier unzuträglichen Bestandteilen sein müßte. Im Vergleich zu vielen Wildpflanzen, z. B. einigen Ackerwildkräutern, trifft das im allgemeinen auch zu. Es gibt jedoch Ausnahmen.

In Tabelle 28 sind die wichtigsten potentiell schädlichen sekundären Pflanzenstoffgruppen zusammengestellt und Beispiele für die einzelnen Substanzen aufgeführt. Die Anzahl der vorkommenden und erforschten Schadstoffe ist tatsächlich viel größer, als diese Auswahl zeigen kann.

Bei den **Glucosinolaten** handelt es sich um Thioglucoside, die in allen Brassicaceen vorkommen, nach dem Zerstören der Gewebestruktur (durch Quetschen oder Kauen) enzymatisch gespalten werden und dabei Isothocyanate und Nitrile freisetzen. Diese Spaltprodukte haben den typischen Senfölgeruch und -geschmack, der auch auf die Milch übergehen kann. Die Tiere hält dieser Geschmack im allgemeinen nicht vom Fressen ab. Die Isothiocyanate verursachen aber in größeren Mengen eine Störung der Schilddrüsenfunktion und eine Reihe von leistungsmindernden Folgereaktionen, was zur Begrenzung der Einsatzmengen zwingt.

Ähnlich wie aus den Glucosinolaten wird auch aus den **cyanogenen Glycosiden** der eigentliche Schadstoff, in diesem Fall Blausäure, erst bei der mechanischen Zerstörung der Gewebestruktur durch Enzymwirkung frei. Die Blausäure wird im Pansen schnell resorbiert und gelangt über den Blutkreislauf zur Leber, wo sie entgiftet wird. Dabei entstehen Thiocyanate, die ihrerseits in Abhängigkeit von der Dosis schädigend auf die Schilddrüse wirken. Cyanogene Glycoside kommen im Weiß- und Rotklee und vor allem in Hirsearten und Sudangras vor. Ob es zu einer Schädigung durch Blausäure kommt, hängt, außer vom Gehalt an diesen Glycosiden im Futter, von der Geschwindigkeit der Futteraufnahme und der Entgiftungsreaktion ab. Bei allmählicher Aufnahme, wie auf der Weide, ist das Risiko gering.

Von den **Alkaloiden der Gramineen** ist besonders das *Perlolin* gründlich erforscht worden. Es kommt bei *Lolium*- und *Festuca*-Arten vor und wurde mit Fazialekzemen und spastischen Erkrankungen von Schafen auf der Weide in Zusammenhang gebracht. Die Bildung dieses Alkaloids scheint vom Befall der Gräser mit endophytischen, innerhalb der Pflanze wachsenden Pilzen auszugehen. Im Gegensatz zu den Tryptamin-Alkaloiden, die im Rohrglanzgras vorkommen und zumindest bei längerer Aufnahme

Tabelle 28. Sekundäre Pflanzenstoffe in Grünfutter (zusammengestellt nach Angaben aus Butler und Bailey 1973)

Stoffgruppe	Stoffe (Beispiele)	Vorkommen	Wirkungen
Glucosinolate	Allyl-ITC 3-Butenyl-ITC 3-Indolyl-ITC 2-Hydroxyl-3-Butenyl-ITC (ITC = Isothiocyanat)	Kohl, Raps, Rübsen und deren Bastarde	Störungen der Schilddrüsenfunktion, Wachstums- und Fruchtbarkeitsstörungen, Geschmacksveränderung der Milch
Cyanogene Glucoside	Vicianin Linamarin Dhurrin	Ackerbohne Weißklee, Rotklee Sorghum-Arten	Leistungsminderungen und Intoxikation durch freigesetzte Blausäure
Alkaloide	Perlolin Hordenin Histamin Tryptamin-Alkaloide	Weidelgräser, Schwingelarten Gerste, Hafer Knaulgras Rohrglanzgras	höchstens schwach giftig verzehrshemmend, giftig
	Lupinin, Spartein, Augustifolin	Lupinen	verzehrshemmend, giftig, Leberschädigungen
Isoflavone	Biochanin, Formononetin	Rotklee, Weißklee	schwach östrogene Wirkung, Fruchtbarkeitsstörungen
	Cumöstrol, Trifoliol, Medicagol, Lucernol	Luzerne, Weißklee	stärker östrogene Wirkung, Fruchtbarkeitsstörungen
Cumarine	Dicumarol	Steinklee, Gräser	verzehrshemmend, leistungsmindernd
Tannine		Leguminosen	Verminderung der Proteinverdaulichkeit
Saponine		Luzerne, andere Leguminosen	Tympanie auslösend, hämolysierende Wirkung

Vergiftungen auslösen können, sind die mit anderen Alkaloiden in Gramineen verbundenen Risiken für die Tiergesundheit umstritten oder wenigstens unter mitteleuropäischen Bedingungen gering.

Unter den **Alkaloiden der Leguminosen** sind die der Lupine am bekanntesten. In Bitterlupinen ist ihr Gehalt so hoch, daß dieses Futter von den Tieren meist verschmäht wird. Süßlupinen sind auf geringen Alkaloidgehalt gezüchtete Formen und dürften kaum gesundheitliche Schäden verursachen.

Die Gruppe der **Isoflavone** und Isoflavonabkömmlinge kommen in vielen Futterleguminosen vor und führen als *Phytöstrogene* unterschiedlicher Aktivität gelegentlich zu Fruchtbarkeitsstörungen, wie Scheinbrunst, niedrigen Befruchtungsergebnissen und Aborten. Das Auftreten solcher Erscheinungen wechselt sehr stark und hängt von den Umweltbedingungen ab, unter denen z. B. die Luzerne aufgewachsen ist. Auch hier wurden Zusammenhänge mit dem gleichzeitigen Befall der Leguminosen durch Pilzkrankheiten beobachtet.

Die **Cumarine** verursachen als Bestandteile vieler Futterpflanzen den frischen Heugeruch. Im Steinklee ist ihr Gehalt besonders hoch und begrenzt dort die Futteraufnahme. Im übrigen sind die von ihnen ausgehenden Risiken umstritten.

Die **Tannine** sind Polyphenole, die zum großen Teil unlöslich und in ihrer Funktion in der Pflanze dem Lignin vergleichbar sind. Die hydrolisierbaren Anteile der Tannine reagieren mit Proteinen. Sie senken deren Verdaulichkeit und sind in der Lage, Enzyme zu inaktivieren. Ihre Bedeutung für den Futterwert von Grünfutter ist nicht geklärt.

Saponine kommen in vielen Leguminosen vor, besonders in der Luzerne, weshalb vor allem das Luzerne-Saponin gründlich untersucht wurde. Es handelt sich um Substanzen, die die Oberflächenspannung von Wasser verändern und dadurch zur Schaumgärung im Pansen und zur Tympanie führen können. Außerhalb wirken sie hämolysierend und bei Küken, die Luzernemehl erhalten, wachstumsdepressiv.

Mykotoxine sind giftige Produkte des Sekundärstoffwechsels von Schimmelpilzen. Grünfutter und Grünfutterkonservate, die von diesen Schimmelpilzen befallen werden, können deshalb Mykotoxine enthalten und die Tiergesundheit gefährden. Unter den potentiell toxinbildenden Schimmelpilzen überwiegen solche mit der Tendenz zu saprophytischer Lebensweise. Mit einer Mykotoxinkontamination ist deshalb vor allem dann zu rechnen, wenn Grünfutter bereits vor der Ernte abgestorbene Pflanzenteile enthält oder der Pilzbefall während der Lagerung der Konservate stattfindet. Eine im Feldbestand eingetretene Mykotoxinbildung ist z. B. für Silomais, der von Vogel- oder Insektenfraß befallen war und deshalb abgestorbene Pflanzenteile enthielt, nachgewiesen worden. Auch ein schädlicher Schimmelpilzbefall von Stoppelresten vorausgegangener Ernten oder von nach Trockenperioden abgestorbenen Blättern der Futterpflanzen erscheint möglich. Häufiger ist allerdings mit einer Kontamination nach der Ernte, wenn Futtermittel nicht ausreichend trocken gelagert werden, zu rechnen. Von *Fusarium*-Arten können das östrogen wirkende **Zearalenon** und die hochtoxischen **Trichothecene** gebildet werden. Das wichtigste von *Aspergillus*-Arten gebildete Gift ist das ebenfalls hochtoxische **Aflatoxin**. Der Pilz *Stachybotrys atra* bildet das Gift **Satratoxin**, *Penicillium*-Arten u. a. das Mykotoxin Patulin.

Nitrat ist normaler Bestandteil jungen Grünfutters. Risiken für die Tiergesundheit gehen von ihm dadurch aus, daß es von Mikroorganismen im Verdauungstrakt zum sehr viel giftigeren Nitrit reduziert und dieses resorbiert wird. Im Blut reagiert Nitrit mit dem Hämoglobin, das dadurch seine Fähigkeit zum Sauerstofftransport verliert, zu Methämoglobin. Leistungsminderungen und bei hohen Konzentrationen auch tödliche Vergiftungen können dadurch ausgelöst werden. Die Fähigkeit des Tierkörpers zur Regeneration des Hämoglobins ist begrenzt. Schäden treten dann auf, wenn die Entgiftungskapazität durch Resorption einer großen Menge Nitrit innerhalb einer kurzen Zeit überschritten wird. Der normale Anteil des Methämoglobins im Blut beträgt 2 – 3%. Bei 20% kommt es zu ersten Erkrankungssymptomen und bei 50% zu schweren Vergiftungserscheinungen. Die Resorption von Nitrit und die Bildung von Methämoglobin sind um so größer, je mehr Nitrat von den Tieren aufgenommen, je schneller das nitrathaltige Futter verzehrt und je rascher das Nitrat im Pansen aus dem Pflanzengewebe in die Pansenflüssigkeit freigesetzt wird. Aus Heu und Silagen gelangt das Nitrat, weil es sich hier um abgestorbenes Pflanzengewebe handelt, schneller in den Pansensaft als aus Grünfutter. Auf der Weide treten Vergiftungen kaum auf, weil dort das Futter langsamer als im Stall aufgenommen wird. Als tolerierbare Höchstgehalte an Nitrat gelten für Konservate 7,5 g, für Grünfutter bei Stallfütterung 15 g und für Weidefutter 20 g NO_3^-/kg T (Kemp 1986). Enthält das Grünfutter mehr Nitrat, sind Einsatzbeschränkungen notwendig. Dabei sollen als Höchstmengen an Nitrat in Konservaten 3 – 5 g und im Grünfutter 6 – 12 g NO_3/dt Körpergewicht und Mahlzeit nicht überschritten werden. Bei der Sommerstallfütterung muß eine Zwischenlagerung von Grünfutter, bei der es im Inneren eines Haufwerkes zum Sauerstoffmangel des Pflanzengewebes und zur Reduktion von Nitrat zu Nitrit bereits außerhalb des Tierkörpers kommen kann, vermieden werden.

4.2.5. Verdaulichkeit, Energiekonzentration und Energieertrag

Die Verdaulichkeit der Futtermittel und damit ihr energetischer Futterwert werden entscheidend bestimmt
- durch das Verhältnis von Zellinhaltsstoffen zu Zellwandsubstanz und
- durch das physiologische Alter der Zellwandsubstanz.

In Abb. 30 ist dargestellt, daß der organische Zellinhalt bei vegetativen Pflanzenorganen stets viel weniger als die Zellwandsubstanz ausmacht und dieses Verhältnis mit dem Alter der Pflanze immer ungünstiger wird. Der Anteil an Zellinhaltsstoffen beträgt bei jungem Grünfutter etwa 35%, bei älterem 20% und im Stroh weniger als 10% der organischen Substanz. Außerdem nimmt mit der Reife der Lignifizierungsgrad der Zellwand zu. Weitgehend ausgereifte generative Pflanzenorgane bestehen dagegen überwiegend aus Zellinhaltsstoffen.

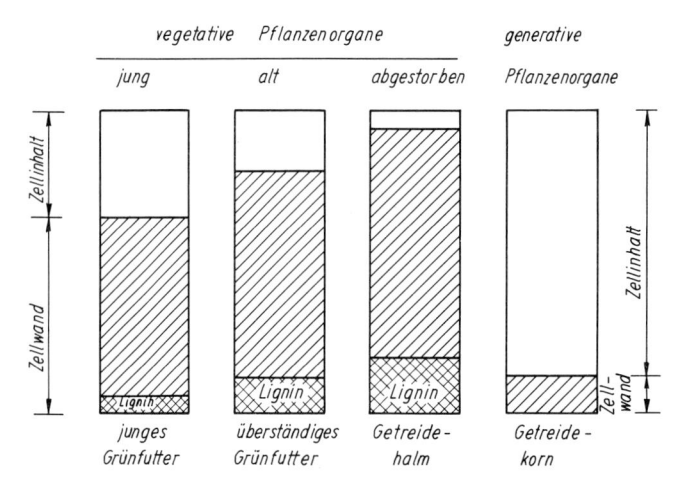

Abb. 30. Verhältnis von Zellinhalt zu Zellwand in der organischen Substanz von Pflanzenmaterial.

Die organischen Zellinhaltsstoffe sind vom Tier praktisch voll verdaulich. Ihre scheinbare Verdaulichkeit beträgt unabhängig vom Reifestadium der Pflanze mehr als 90%. Ein großer Anteil des Zellinhalts an der Gesamtmasse eines Futtermittels ist deshalb immer gleichbedeutend mit hoher Verdaulichkeit und hoher Energiekonzentration.

Die Zellwandsubstanz von Grünfutter ist generell wesentlich schlechter verdaulich (etwa zu 70 bis 30% durch Wiederkäuer) als der Zellinhalt. Außerdem hängt ihre Verdaulichkeit bei ein und derselben Pflanzenart sehr stark vom Lignifizierungsgrad ab (Abb. 31). Je höher der Anteil an Zellwandsubstanz ist und je weiter die Reife der Pflanzen fortgeschritten ist, um so niedriger sind die Gesamtverdaulichkeit und die Energiekonzentration des Grünfutters.

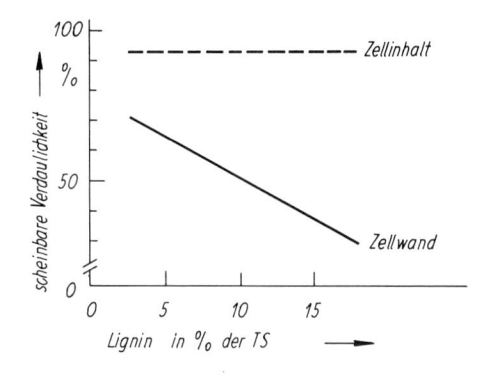

Abb. 31. Verdaulichkeit von Zellinhalt und Zellwandsubstanz in Abhängigkeit vom Ligningehalt des Grünfutters.

Die Möglichkeiten, Grünfutter mit hoher Energiekonzentration zu gewinnen und dabei gleichzeitig einen großen Energieertrag zu erzielen, hängen von der Futterpflanzenart und der Nutzungsform dieser Pflanzen ab. Dabei können zwei Typen von Futterpflanzen bzw. Nutzungsformen unterschieden werden.

- **Grünschnittpflanzen**

Dazu gehören Gräser, Klee, Luzerne und einige andere Futterarten, wie z. B. Grüngetreide vor der Blüte. Typisch für sie ist, daß ausschließlich vegetative Pflanzenteile genutzt werden oder daß, soweit sie zur Ausbildung gelangen, generative Pflanzenorgane praktisch ohne Bedeutung für den Ertrag sind. Der Futterwert dieser Pflanzen nimmt mit dem Alter stetig ab (Abb. 32). Eine Beeinflussung des energetischen Futterwertes ist bei der gleichen Futterart praktisch nur durch die Wahl des Erntetermins möglich. Um die für die Fütterung notwendige hohe Energiekonzentration zu erzielen, muß die Ernte deshalb im jungen Zustand erfolgen. In diesem Stadium liegt noch nicht das Maximum des möglichen Ertrages an Trockensubstanz vor. Der Energieertrag (Produkt aus Trockensubstanzertrag und Energiekonzentration) erreicht seinen Höhepunkt zu einem früheren Termin als der Trockensubstanzertrag. Soweit

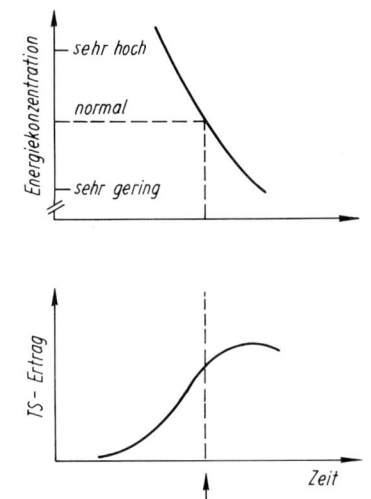

Abb. 32. Verlauf von Energiekonzentration und Ertrag bei Grünschnittpflanzen.

es sich um mehrschnittige Futterpflanzen handelt, kann ein hoher Jahresertrag nur dadurch realisiert werden, daß mehrere (3 — 5) Schnitte pro Jahr, jeweils im optimalen Vegetationsstadium, geerntet werden. Infolge der Tatsache, daß es sich stets um physiologisch junge Pflanzen handelt, ist generell mit einem niedrigen Trockensubstanzgehalt und relativ hohen Gehalten an Rohprotein, Rohasche und einzelnen Mineralstoffen zu rechnen.

● **Ganzpflanzen**

Hierzu gehören Mais-, Getreide- und Körnerleguminosenganzpflanzen. Für sie ist typisch, daß ein Gemisch aus vegetativen und generativen Pflanzenteilen geerntet wird und letztere von großer Bedeutung für den erzielbaren Ertrag sind. Für diese Nutzungsform eignen sich nur Pflanzenarten mit potentiell hohem Samenertrag. Bei diesen Futterarten kompensiert der Zuwachs an generativen Teilen nach der Blüte den weiteren Abfall der Verdaulichkeit der Restpflanze (Abb. 33). Dadurch bleibt die Energiekonzentration trotz fortschreitender Reife auf einem relativ hohen Niveau stehen. Dieses Niveau hängt vom erreichbaren Verhältnis zwischen Samenertrag und Restpflanzenertrag ab. Eine Beeinflussung des energetischen Futterwertes ist hier vor allem dadurch möglich, daß Anbau und Ernte auf einen hohen generativen Ertragsanteil ausgerichtet werden. Bei sehr großem Anteil der generativen Pflanzenorgane kann die Energiekonzentration nach der Blüte sogar ansteigen. Erst gegen Ende der Reife, wenn die Verholzung der Stengel oder Halme nicht mehr durch weiteren Zuwachs an Korn ausgeglichen werden kann, hat die Energiekonzentration fallende Tendenz. Die Maxima des Trockensubstanz- und Energie-Ertrages fallen zeitlich zusammen und werden erst bei nahezu vollständiger Ausbildung der Körner (Teigreife) erreicht. Der Ertrag liegt in der Regel bedeutend höher als der eines Aufwuchses von Grünschnittpflanzen. Die Erntemasse besteht aus physiologisch alten Pflanzen. Ihr Trockensubstanzgehalt ist deshalb meist höher als bei Grünschnittnutzung, ihr Gehalt an Rohprotein und Rohasche gewöhnlich niedriger.

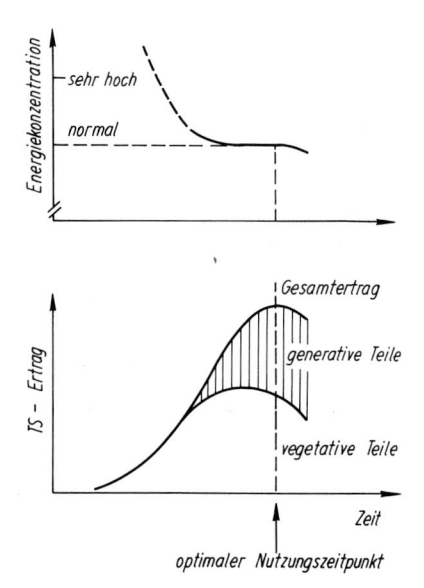

Abb. 33. Verlauf von Energiekonzentration und Ertrag bei Ganzpflanzen.

4.3. Konservierung von Grünfutter

Aus der Forderung, die Tiere kontinuierlich während des ganzen Jahres mit Futter zu versorgen, und der Tatsache, daß nur während der Vegetationsperiode Grünfutter geerntet werden kann, ergibt sich die Notwendigkeit, es zu konservieren. Bei diesem Vorgang treten sowohl qualitative als auch quantitative Veränderungen des Futters ein. Der Futterwert des Konservats ist niedriger als der des Ausgangsmaterials, und auch die Futter- bzw. Nährstoffmenge erleidet bei der Konservierung unvermeidbar einen bestimmten Verlust. Zu umgehen sind diese Verluste nur durch den Einsatz von Frischfutter, weshalb dieser soweit wie möglich ausgedehnt werden sollte. Das Ausmaß der Wertminderungen und der Verluste, denen das Futter bei der Konservierung unterliegt, hängt vom Konservierungsverfahren, von seiner technologischen Gestaltung sowie von der Sachkenntnis und Sorgfalt ab, mit der es durchgeführt wird. Konservatqualität und Konservierungsverlust sind deshalb in weiten Grenzen beeinflußbar.

Der größte Teil des Grundfutterbedarfs für die Winterfütterung wird heute durch Grünfuttersilagen gedeckt. Die Silierung von Grünfutter hat die früher übliche Bereitung großer Mengen Heu stark zurückgedrängt. Gründe dafür waren die größere Witterungsabhängigkeit der Heuproduktion und die bei ungünstiger Witterung wesentlich höheren Nährstoffverluste und schlechteren Qualitäten. Die Heißlufttrocknung von Grünfutter hat als Alternative zur Heubereitung zeitweilig eine gewisse Rolle gespielt, hat aber aus energiewirtschaftlichen Gründen jetzt nur noch geringe Bedeutung. Ein völliger Verzicht auf Trockengrundfutter in der Milchviehhaltung und Jungviehaufzucht ist aber nicht zweckmäßig. Man beschränkt sich in der Regel darauf, nur soviel Heu zu produzieren, wie unbedingt gebraucht wird und ist bestrebt, dafür die besten Witterungsperioden zu nutzen und ansonsten die überwiegende Grünfuttermenge für den Winterfutterbedarf zu silieren.

4.3.1. Bereitung von Silage

4.3.1.1. Verfahrensgrundlagen

Bei der Silierung kommt der Konservierungseffekt durch zwei Faktoren zustande:
- durch die Lagerung des Futters unter Luftabschluß und
- durch die Absenkung des pH-Wertes im Futter infolge Milchsäuregärung.

Die in der epiphytischen Keimflora des Grünfutters oft nur in relativ geringer Zahl vorhandenen Milchsäurebakterien vermehren sich im Silo sehr schnell, wenn durch Luftabschluß ihre auf Luftsauerstoff angewiesenen Konkurrenten unterdrückt werden. Durch die Anreicherung von genügend Milchsäure sinkt der pH-Wert unter die Aktivitätsgrenze der anaeroben Schadkeime, so daß diese nicht mehr wachsen können.

Tabelle 29. Ansprüche der Mikroorganismen an die Umweltbedingungen (nach Beck 1966, verändert)

Keimgruppe	Verhalten zum Luftsauerstoff	Aktivitätsgrenze bei pH
Milchsäurebakterien	fakultativ anaerob	3,6
Bacillus-Arten	aerob	4,5
Enterobacteriaceen	fakultativ anaerob	4,3
Clostridium-Arten	obligat anaerob	4,2
Schimmelpilze	aerob	3,0
Hefen	fakultativ anaerob	2,2

In Tabelle 29 sind die für die Silierung wichtigsten Keimgruppen mit ihren Umweltansprüchen aufgeführt. Die aeroben Sporenbildner (Gattung *Bacillus*), die Schimmelpilze und die für eine starke Vermehrung gleichfalls auf Luftsauerstoff angewiesenen Hefen werden durch den Luftabschluß unterdrückt. Die Enterobacteriaceen und die Buttersäurebakterien (Gattung *Clostridium*) können nur durch rasche und ausreichend tiefe Absenkung des pH-Wertes ausgeschaltet werden (Abb. 34). Gleichzeitig werden dadurch die pflanzeneigenen Enzyme inaktiviert.

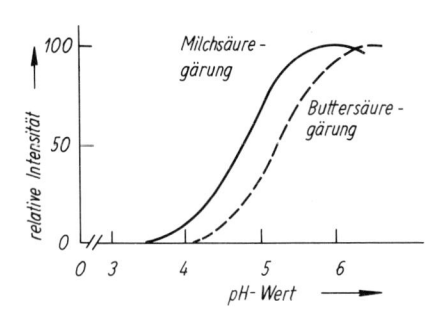

Abb. 34. Abhängigkeit des Nährstoffabbaues vom pH-Wert (Virtanen 1933).

Für einen guten Konservierungserfolg sind somit stets beide Faktoren notwendig. Dem Zweck, das Futter vor aerobem Stoffabbau zu schützen, dienen die Einlagerung in geeignete Behälter, das Zerkleinern und Verdichten des Siliergutes und das möglichst luftdichte Zudecken der Futterstockoberfläche. Wenn die erste Bedingung, die Lagerung unter weitgehendem Ausschluß von Luftsauerstoff, gegeben ist, entscheiden die Geschwindigkeit und das Ausmaß der biologischen Ansäuerung über den Konservierungserfolg.

Abb. 35 und 36 zeigen Beispiele für den möglichen Verlauf der Gärung unter anaeroben Bedingungen. Im ersten Fall, der Silierung eines reichlich Zucker enthaltenen Grünfutters, wird in den ersten Tagen genügend Milchsäure gebildet, um den pH-Wert

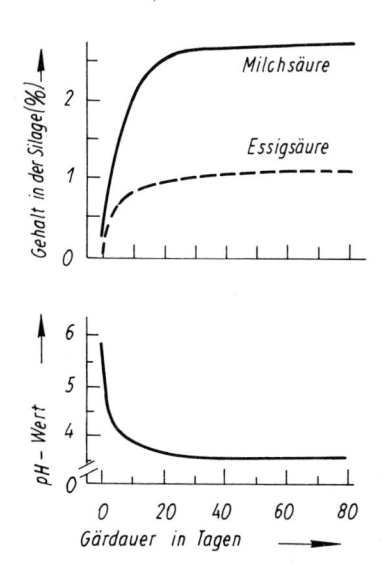

Abb. 35. Verlauf der Gärung in einer guten Maissilage.

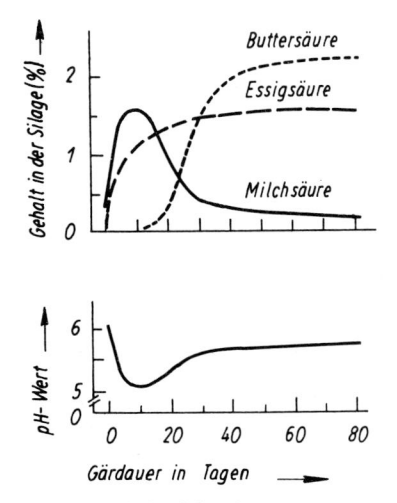

Abb. 36. Verlauf der Gärung in einer schlechten Luzernesilage.

auf unter 4 zu bringen. Weder Enterobacteriaceen noch Clostridien können dann weiter existieren, und es entsteht auf diese Weise eine buttersäurefreie, anaerob stabile Silage. Im zweiten Fall, der Silierung eines sehr eiweißreichen Grünfutters, entsteht in der Regel zwar zunächst auch Milchsäure. Ihre Konzentration reicht aber nicht aus, um den pH-Wert unter die Aktivitätsgrenze der Schadkeime zu senken. Die Milchsäure wird unter solchen Bedingungen von Clostridien nachträglich zu Buttersäure vergoren. Gleichzeitig findet ein Abbau von Aminosäuren statt. Beide Vorgänge lassen den pH-Wert wieder ansteigen, begünstigen auch viele andere unerwünschte Mikroorganismen, die Silage „kippt um" und verdirbt.

Eine nachträgliche Qualitätsverschlechterung der Silage ist auch möglich, obgleich der pH-Wert zunächst unter 4 gelegen hat, und zwar dann, wenn Luftsauerstoff in den Futterstock eindringt. Unter diesen Bedingungen wird Milchsäure durch Kahmhefen und andere lactatzehrende Mikroorganismen oxydativ abgebaut und der pH-Wert allmählich wieder angehoben, so daß anschließend zahlreiche weitere Verderberreger Lebensbedingungen finden.

Verderbprozesse durch oxydativen Milchsäureabbau können sowohl während der Lagerung der Silage im Silo, dort insbesondere in den nicht ausreichend vor Luftzutritt geschützten Oberflächenbereichen, als auch bei bzw. nach der Entnahme der Silage aus dem Silo auftreten. Im letzteren Fall kommt es bei Silagen, in denen sich die Hefen bereits im Silo gut entwickeln konnten, zu ihrer stürmischen Vermehrung, zur Erwärmung, zu Nährstoffverlusten durch CO_2-Produktion und raschem Verderb (Abb. 37). Silagen, die solche Erscheinungen zeigen und eine Bevorratung nach der Entnahme aus dem Silo nicht vertragen, sind aerob instabil.

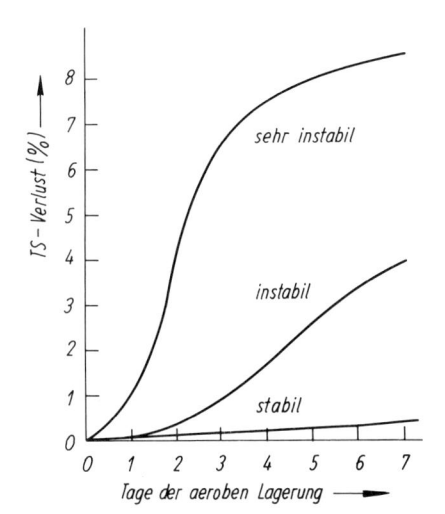

Abb. 37. CO_2-Bildung bei der Lagerung von Silagen an der Luft (Pahlow und Honig 1986).

4.3.1.2. Vergärbarkeit des Grünfutters

Das Substrat der Milchsäuregärung ist **Zucker**. Auf Grund von Unterschieden im Zuckergehalt eignen sich deshalb die einzelnen Grünfutterarten unterschiedlich gut für die Silierung. Unter Zucker wird in diesem Zusammenhang die Gesamtheit der von Milchsäurebakterien nutzbaren wasserlöslichen Kohlenhydrate verstanden.

Außerdem setzt das Grünfutter der Absenkung des pH-Wertes einen unterschiedlich großen Widerstand entgegen. Diese Eigenschaft wird als **Pufferkapazität** bezeichnet.

4. Grünfutter und Grünfutterkonservate

Die Pufferkapazität wird in diesem Zusammenhang als diejenige Milchsäuremenge definiert, die zur Ansäuerung auf pH 4,0 erforderlich ist.

Bei gleicher Milchsäureausbeute je Masseeinheit Zucker wird um so mehr Zucker für die Ansäuerung auf das angestrebte Niveau erforderlich sein, je größer die Pufferkapazität ist. Deshalb bildet man den Quotienten aus Zuckergehalt und Pufferkapazität und benutzt ihn als Maß für das biologische Säuerungspotential des Futters:

$$\text{Z/PK-Quotient} = \frac{\text{Zuckergehalt (g/kg T)}}{\text{Pufferkapazität (g Milchsäure/kg T)}}$$

Tabelle 30 enthält eine Zusammenstellung von Angaben für diese Kennzahl aus einer entsprechenden Untersuchung. Zwischen den Grünfutterarten bestehen bedeutsame Unterschiede. Im allgemeinen ist der Z/PK-Quotient um so kleiner, je höher der Rohproteingehalt einer Art ist. Aber auch bei ein und derselben Art bzw. Artengruppe schwankt das Säuerungspotential in weiten Grenzen.

Tabelle 30. Zuckergehalt und Pufferkapazität verschiedener Futterpflanzenarten

Futterpflanze	Trockensubstanz (T) g/kg	Rohprotein g/kg T	Zucker (Z) g/kg T	Pufferkapazität (PK) g Milchsäure/kg T	Z/PK-Quotient
Mais	200 (150 – 250)	75	230	35	6,6 (4,7 – 8,8)
Zuckerrübenblatt	145 (120 – 180)	135	285	52	5,5 (1,9 – 10,8)
Markstammkohl	155 (140 – 190)	150	290	66	4,4 (3,5 – 5,0)
Grünhafer	220 (145 – 265)	95	130	40	3,3 (2,7 – 4,7)
Felderbse	155 (130 – 165)	180	155	49	3,2 (2,4 – 3,6)
Ackerbohne	150 (110 – 165)	175	145	49	3,0 (1,6 – 3,2)
Süßlupine	150 (120 – 160)	180	115	46	2,5 (1,8 – 3,0)
Gräser	200 (140 – 270)	140	115	47	2,4 (0,8 – 4,6)
Grünroggen	160 (135 – 210)	155	135	56	2,4 (1,6 – 3,3)
Rotklee	200 (165 – 250)	165	115	69	1,7 (0,9 – 1,8)
Luzerne	200 (150 – 220)	190	65	74	0,9 (0,5 – 0,9)

Eine Aussage darüber, von welchem Z/PK-Quotient an eine buttersäurefreie Silage erwartet werden kann, ist nicht ohne Berücksichtigung des Trockensubstanzgehaltes des Grünfutters möglich.

Die Clostridien sind um so säureempfindlicher, je geringer die Wasseraktivität ist (Wieringa 1958), und die in Tabelle 29 angegebenen pH-Grenzwerte gelten eigentlich nur für uneingeschränkte Verfügbarkeit von Wasser. Bei steigendem Trockensubstanzgehalt des Grünfutters nimmt die Konzentration osmotisch wirksamer Substanzen im Pflanzensaft zu und sinkt deshalb die Wasseraktivität. Um Buttersäuregärung zu verhindern, genügen dann weniger tiefe pH-Werte. Diese als **kritische pH-Werte** bezeichneten Grenzen sind in Tabelle 31 angegeben.

Entsprechend dem geringeren Azidiätsbedarf ist bei erhöhtem Trockensubstanzgehalt im Grünfutter auch ein geringeres biologisches Säuerungspotential notwendig, um buttersäurefreie Silagen zu erzeugen (Weissbach und Mitarb. 1974). Diesen Zusammenhang gibt Abb. 38 wieder. Innerhalb des schraffierten Bereiches ist mit unsicheren Ergebnissen des Gärungsverlaufes zu rechnen. Diese Unsicherheit kommt dadurch zustande, daß auch andere Eigenschaften des Grünfutters als die hier betrachteten den Gärungsverlauf beeinflussen können. Für die Praxis ist die Aussage bedeutsam, bei

Tabelle 31. Abhängigkeit des kritischen pH-Wertes vom Trockensubstanzgehalt

Trockensubstanz g/kg	Stabilität der Silage ist gegeben bei pH
150	4,10
200	4,20
250	4,35
300	4,45
350	4,60
400	4,75
450	4,85
500	5,00

welchen Kombinationen aus Z/PK-Quotient und Trockensubstanzgehalt zuverlässig mit guten Silagen zu rechnen ist. Diese obere Grenze des Unsicherheitsbereiches wird durch die angegebene Gleichung beschrieben. Sie gibt den Mindestgehalt an Trockensubstanz für buttersäurefreie Silagen an. Mit Hilfe dieser Beziehung ist es möglich, eine Vorhersage dafür zu treffen, ob bei sorgfältiger Silierung des jeweiligen Grünfutters im natürlichen Zustand eine gute Silage zu erwarten ist, ob das Grünfutter folglich gut vergärbar ist. Anderenfalls liefert diese Methode außerdem Entscheidungsgrundlagen für zusätzliche Maßnahmen zur Steuerung des Gärungsverlaufs.

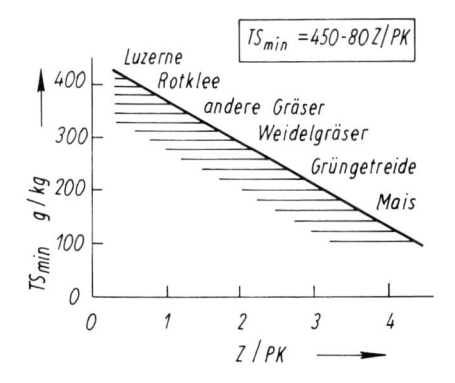

Abb. 38. Mindesgehalt an Trockensubstanz für buttersäurefreie Silagen.

$TS_{min} = 450 - 80 \, Z/PK$

4.3.1.3. Silierverfahren und Siliermittel

Alle mit natürlichem Wassergehalt gut vergärbaren Futterarten (Mais, Getreideganzpflanzen, Zuckerrübenblatt) können prinzipiell frisch und ohne besondere Maßnahmen zur Steuerung des Gärungsverlaufs siliert werden. Bei eiweißreichen, schwer vergärbaren Futterarten (Gräser, Leguminosen, Grüngetreide u. a.) sind dagegen solche Maßnahmen erforderlich. Als Möglichkeiten gibt es das Welken des Grünfutters und den Zusatz von Siliermitteln.

Das Prinzip des Verfahrens der Welksilageproduktion besteht darin, dem Grünfutter durch das Welken vor der Silierung so viel Wasser zu entziehen, daß der Mindest-Trockensubstanzgehalt entsprechend der vorgenannten Gleichung erreicht oder überschritten wird. Dabei muß beachtet werden, daß während des Welkens infolge Atmung des Pflanzengewebes Zucker abgebaut werden und der Z/PK-Quotient sinken kann.

Bei 1- bis 2tägigem Welken unter Schönwetterbedingungen sind diese Veränderungen gering, bei 3 Welktagen vermindert sich der Z/PK-Quotient um durchschnittlich 20 – 25%, bei längeren Liegezeiten des Futters noch mehr. Es ist deshalb notwendig, ein möglichst schnelles Welken anzustreben und bei mehr als zweitägiger Feldliegezeit im Welkgrad des Grünfutters vorzuhalten.

Entsprechend dem Welkgrad kann zwischen *Gärheu* (400 – 600 g T/kg) und *Anwelksilage* (250 – 350 g T/kg) unterschieden werden. Bei der Gärheubereitung wird der Mindest-Trockensubstanzgehalt selbst bei Berücksichtigung der dann kaum vermeidbaren Zuckerverluste während des Welkens immer erreicht. Vorteil dieses Verfahrens ist eine Futterbeschaffenheit, die zwischen der von Heu und Silage steht. Nachteilig sind die höheren Nährstoffverluste beim Welken, die größere Witterungsabhängigkeit und die Notwendigkeit eines sehr guten Luftabschlusses; am besten geeignet sind gasdichte Behälter (z. B. Hochsilos). Die Bereitung von Anwelksilage ist weniger witterungsabhängig, erfordert keine so langen Welkzeiten und eignet sich für alle Behälterformen.

Kleine Silos können und sollten unter Nutzung günstiger Witterungssituationen an einem Tag, d. h. mit Grünfutter von relativ einheitlichem Welkgrad, gefüllt werden. Bei der Welksilageproduktion in sehr großen Fahrsilos ($>1000 \, m^3$) erstreckt sich das Silieren dagegen immer über eine Periode von mehreren Tagen, während der mit unvermeidbaren Schwankungen des Welkgrades in Abhängigkeit von Tageszeit und Witterungsverlauf gerechnet werden muß. Eine gezielte Bereitung von Silage innerhalb eines engen Trockensubstanzgehalt-Bereiches ist hier in der Regel nicht möglich, sondern nur eine Begrenzung der zulässigen Schwankungen des Welkgrades. Als vertretbare Obergrenze gelten 500 g T/kg. Die untere Grenze ist mit dem aus dem Z/PK-Quotienten abgeleiteten Mindest-Trockensubstanzgehalt identisch.

Neben der Verbesserung des Gärungsverlaufes hat das Vorwelken des Grünfutters weitere Vorteilswirkungen, unter denen die Vermeidung von Gärsaft und einer dadurch möglichen Umweltgefährdung besondere Bedeutung erlangt hat. Die Bereitung von Welksilagen ist deshalb der von Fischsilagen generell vorzuziehen.

Wenn das Welken von eiweißreichem Grünfutter aus Witterungs- oder anderen Gründen nicht oder nicht ausreichend möglich ist, sind Siliermittel erforderlich. Nach dem Wirkprinzip sind die folgenden Gruppen von Siliermitteln zu unterscheiden:

a) **Substanzen zur Unterdrückung aller mikrobiellen Umsetzungen:** Hohe Gaben von Ameisensäure oder von Gemischen aus Ameisensäure mit anderen Säuren (5 – 6 l/t). Ziel ist das generelle Vermeiden von Risiken des Gärungsverlaufs durch Herstellung einer weitgehend gärungsfreien Silage. Die dazu erforderlichen Aufwandmengen sind hoch. Die Silagen sind oft von geringer aerober Stabilität und geben große Mengen an Gärsaft ab.

b) **Zucker oder zuckerliefernde bzw. -freisetzende Substanzen:** Futterzucker, Melasse, Getreideschrot, auch in Kombination mit Amylasepräparaten, Cellulasepräparate. Damit wird die Vergrößerung der Substratmenge für die Milchsäuregärung bewirkt oder angestrebt, unvermeidbar werden aber auch unerwünschte Gärungen gefördert. Die notwendigen Aufwandmengen liegen meist sehr hoch. Die Silagen enthalten oft große Mengen Essigsäure und Alkohol.

c) **Säuren zur Steuerung des Gärungsverlaufs:** Ameisensäure oder Gemische aus Ameisensäure mit Essigsäure, Propionsäure oder Mineralsäuren in mäßigen Gaben (3 – 4 l/t) oder verdünnte H_2SO_4 allein. Ziele sind die Herabsetzung der Pufferkapazität und eine kombinierte Wirkung von zugesetzter Säure und gebildeter Milchsäure. Der Effekt ist nicht immer sicher. Die zuverlässigsten Ergebnisse werden mit Ameisensäure erreicht, die neben der Säurewirkung einen spezifischen Hemmstoffeffekt hat.

d) **Spezifische Hemmstoffe zur Steuerung des Gärungsverlaufes:** Pyrosulfit, Benzoat, Gemische aus Nitrit und Formiat, aus Nitrit und Hexamethylentetramin sowie andere Formulierungen. Durch selektive Unterdrückung unerwünschter Gärungen wird eine erhöhte Milchsäureausbeute und/oder eine Hemmung des nachträglichen Milchsäureabbaus angestrebt. Die Wirkung ist oft begrenzt. Gute Präparate sind aber der Ameisensäure gleichwertig.
e) **Milchsäurebakterien-Impfkulturen:** Getrocknete oder lebende Milchsäurebakterien verschiedener Arten und Stämme, ohne bzw. mit gleichzeitiger Zugabe von vergärbaren Kohlenhydraten oder Enzympräparaten. Durch Beschleunigung der Milchsäuregärung wird damit eine größere Milchsäureausbeute bzw. -konzentration erreicht und davon eine graduelle Wertverbesserung auch solcher Silagen erwartet, für die das Risiko einer Buttersäuregärung nicht besteht. Der Effekt im Hinblick auf die Vermeidung von Fehlgärungen ist dagegen begrenzt und bei nicht vorgewelktem eiweißreichen Grünfutter unsicher.

Einige der genannten Siliermittel wirken synergistisch mit dem Welken. Daraus ergibt sich die Möglichkeit, ihre Anwendung mit schwachem Welken des Grünfutters zu kombinieren. Die Wirkung solcher Siliermittel kann als Herabsetzung des Mindestgehaltes an Trockensubstanz dargestellt werden (Abb. 39). Die biologische Ursache für diesen Effekt ist die Tatsache, daß Buttersäurebakterien nicht nur dann, wenn ihnen weniger Wasser zur Verfügung steht, sondern auch wenn zusätzlich zur Milchsäure ein anderer Hemmstoff anwesend ist, säureempfindlicher reagieren. Dadurch vermindert sich die Anforderung an den Welkgrad um einen Betrag, der der Wirksamkeit des Siliermittels entspricht. Das Wirkungsäquivalent von Ameisensäure (3 – 4 l/t) und zweckmäßigen Formulierungen aus Natriumnitrit mit Formiaten oder Hexamethylentetramin beträgt etwa 100 g Trockensubstanz/kg. Bei der Welksilageproduktion unter wechselnden Witterungsbedingungen kann deshalb durch Einsatz eines dieser Siliermittel der zulässige Schwankungsbereich des Trockensubstanzgehaltes um diesen Betrag erweitert werden.

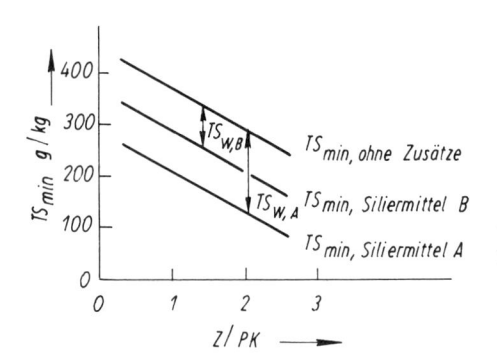

Abb. 39. Effekt von Siliermitteln auf den Mindestgehalt an Trockensubstanz für buttersäurefreie Silagen.

4.3.1.4. Grundsätze der Siliertechnik

Unabhängig von der Futterpflanzenart und vom Silierverfahren sind folgende Grundsätze der Siliertechnik zu beachten:
— Jede Verschmutzung und mikrobielle Vorschädigung des Silierguts ist zu vermeiden. Bodenpartikel, Stoppelreste, langes Liegen im Schwad oder Zwischenlagerung des Futters führen zu einem wesentlich verschlechterten mikrobiellen Ausgangsstatus.

- Das Siliergut ist ausreichend kurz zu häckseln (ausgenommen Rübenblatt). Dadurch wird das Ingangkommen der Gärung beschleunigt, das Verdichten des Futterstockes und die Silageentnahme werden erleichtert.
- In Fahrsilos ist der Futterstock aktiv zu verdichten. Bei Frischgut sind mindestens 750 kg/m³, bei Welkgut mindestens 550 kg/m³ anzustreben. Zum Festfahren werden 2 bzw. 3 Traktorminuten/t benötigt.
- Jedes Silo ist in kürzestmöglicher Zeit und ohne Unterbrechung zu füllen. Kleine Silos sollten in einem Tag gefüllt werden. Bei großen Fahrsilos dürfen 1 Tag pro Meter Futterstockhöhe und eine angemessene Gesamtfülldauer nicht überschritten werden. Unterbrechungen über Nacht sind nur nach vorherigem Verdichten des Futterstockes vertretbar, Wochenendpausen sind unzulässig.
- Je nach Behältertyp ist stets die größtmögliche Futterstockhöhe anzustreben, um den Anteil, der unter Randwirkung stehenden Futtermenge so gering wie möglich zu halten.
- Die Futterstockoberfläche ist unmittelbar nach der Behälterfüllung luft- und wasserdicht zuzudecken. Dafür aufgebrachte Silofolie ist sorgfältig festzulegen und am besten ganzflächig mit 10 cm Erde, Sand, Sägespänen bzw. ähnlichen Materialien zu belasten. Ein Verzicht auf ganzflächige Belastung ist möglich, wenn zwei Lagen einer lichtstabilen Folie verwendet und diese gut gespannt werden.
- Anfallender Gärsaft ist auf kürzestem Wege aus dem Futterstapel bzw. Silo abzuleiten und für die Umwelt gefahrlos zu entsorgen.
- Bei der Entnahme von Silage ist jeder vermeidbare Kontakt mit der Luft zu umgehen. Die Anschnittfläche ist so gering wie möglich zu halten und ihre Auflockerung zu vermeiden. Die täglich abgetragene Schichtstärke soll bei Maissilagen mindestens 35 cm, bei anderen Silagen mindestens 20 cm betragen.

4.3.2. Bereitung von Trockenfutter

4.3.2.1. Verfahrensgrundlagen

Bei der Bereitung von Trockenfutter wird die Lagerfähigkeit und der Schutz vor mikrobiellem Verderb allein dadurch bewirkt, daß sowohl dem Pflanzengewebe als auch den Mikroorganismen das Wasser entzogen und dadurch Stoffwechselaktivität unterbunden wird.

Die Lebensansprüche der mikrobiellen Verderberreger an die Verfügbarkeit des Wassers werden durch die *Wasseraktivität* (a_w) gekennzeichnet. Sie ist als Quotient aus dem Wasserdampfdruck einer Lösung bzw. eines Lagerungsgutes (p) und dem Dampfdruck des reinen Wassers (p_0) definiert:

$$a_w = \frac{p}{p_0}$$

Im Gleichgewichtszustand mit der Luft stellt sich eine relative Luftfeuchte ein, die diesem Quotienten entspricht.

In Abb. 40 ist der Zusammenhang zwischen der Wasseraktivität und der Wachstumsintensität von Mikroorganismen an einigen Beispielen dargestellt. Schimmelpilze kommen mit wesentlich weniger verfügbarem Wasser aus als Bakterien. Wenn im Trockenfutter Verderbvorgänge ablaufen, werden sie folglich zuerst von Schimmelpilzen ausgehen. Bei einer Wasseraktivität von $\leq 0{,}7$ bzw. einer relativen Luftfeuchte von $\leq 70\%$ werden praktisch alle für die Trockenfutterlagerung bedeutsamen Keime an der Entwicklung gehindert.

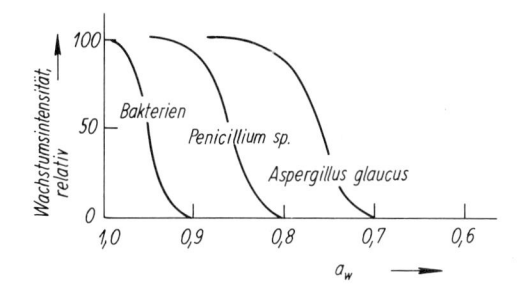

Abb. 40. Abhängigkeit der Wachstumsintensität von der Wasseraktivität (a_w).

Der prozentuale Wassergehalt eines Futtermittels, der zu einer bestimmten Wasseraktivität gehört, ist zwischen den einzelnen Futterarten etwas unterschiedlich. Im Durchschnitt hat getrocknetes Grünfutter eine Wasseraktivität von 0,70, wenn es 14% Wasser enthält (Abb. 41).

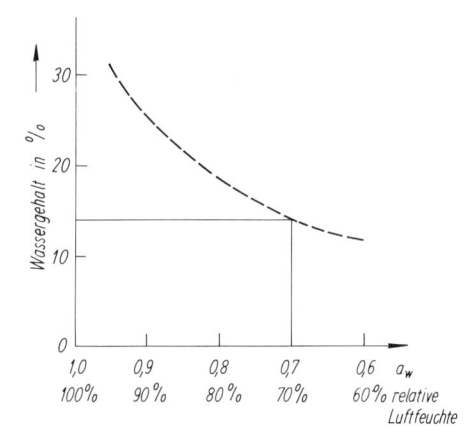

Abb. 41. Sorptionsisotherme für Wiesenheu.

Erfolgt die Trocknung nicht ausreichend weit und nicht gleichmäßig genug oder wird der Grenzwert durch Wiederbefeuchtung des Trockenfutters während der Lagerung wesentlich überschritten, so muß mit einer Erwärmung im Inneren und mit Schimmelbildung in den Randschichten des Futterstapels gerechnet werden. Die Erwärmung des Futterstapels ist ein Zeichen für mikrobiellen Nährstoffabbau. Sie äußert sich im Fermentationsprozeß („Schwitzen") des Heues und kann bis zur Selbstentzündung führen, wenn die freigesetzte Energie nicht durch Belüftung des Lagerungsgutes abgeführt wird.

Andererseits muß der Wasserentzug auf das für die Lagerfähigkeit erforderliche Maß beschränkt bleiben und die Einwirkung hoher Temperaturen auf das Futter vermieden werden. Ein zu starker Wasserentzug und hohe Temperaturen führen zur Bildung unverdaulicher Stoffe aus verdaulichen Stoffen (Maillard-Reaktion). Davon sind das Rohprotein und die wasserlöslichen Kohlenhydrate betroffen. Diese Vorgänge treten bei unsachgemäßer Führung von Heißlufttrocknungsanlagen und bei der Erwärmung des Futters während der Lagerung auf.

4.3.2.2. Trocknungsverfahren

Um Grünfutter durch Trocknen in den lagerfähigen Zustand zu überführen, ist für die Verdunstung bzw. Verdampfung des Wassers eine beträchtliche Energiemenge erforderlich. Im Durchschnitt entsteht 1 kg Trockenfutter aus etwa 5 kg Grünfutter,

4. Grünfutter und Grünfutterkonservate

und es müssen folglich 4 kg Wasser verdampft werden. Der physikalische Wärmebedarf zur Überführung von 1 kg Wasser in die Dampfphase beträgt 2,3 MJ, für die Erzeugung von 1 kg Trockenfutter somit rund 9 MJ. Diese Energiemengen werden je nach Trocknungsverfahren durch folgende Quellen aufgebracht:

- Sonnenenergie (Strahlungswärme, Wärmeenergie der Luft),
- technische Energie (Elektroenergie, Energie fossiler Brennstoffe),
- Atmungsenergie (Energie aus biologischem Stoffabbau).

Nach der Technologie der einzelnen Verfahren und dem Anteil, zu dem die drei Energiequellen genutzt werden, ist zwischen

- Bodentrocknung,
- Belüftungstrocknung und
- Heißlufttrocknung

zu unterscheiden.

Bei der **Bodentrocknung** (Dürreheubereitung) wird das Grünfutter bis zu einem Trockensubstanzgehalt von mindestens 80% allein mit Sonnenenergie getrocknet und dann in den Bergeraum eingelagert. Während der sich anschließenden Fermentationsprozesse in den ersten Wochen der Lagerung steigt der Trockensubstanzgehalt noch geringfügig an, und zwar im Durchschnitt auf 86%, wobei Atmungsenergie diese Wasserverdunstung ermöglicht. Das Verfahren ist sehr witterungsabhängig. In Schönwetterperioden und bei zweckmäßiger Verfahrensgestaltung werden 3 bis 4 Tage bis zum Einfahren benötigt. Bei schlechtem Wetter verlängert sich die Feldliegezeit entsprechend, und es entstehen dann große Nährstoffverluste sowie ein Heu geringer Qualität. Außerdem ist das Verfahren mit dem Risiko der Selbsterhitzung bzw. Selbstentzündung belastet, zu der es immer dann kommen kann, wenn das Heu nicht ausreichend getrocknet war und deshalb die Fermentationsprozesse im Lager eine sehr große Intensität annehmen.

Dieses Verfahren ist deshalb zum großen Teil durch das der **Belüftungstrocknung** ersetzt worden. Hierbei wird dem Grünfutter nur der größte Teil des Wassers mit Sonnenenergie entzogen und die letzte Trocknungsphase unter Dach verlegt. Leguminosen werden ab 50% und Gräser ab 60% Trockensubstanzgehalt (Halbheu) in Bergeräume mit Belüftungsvorrichtungen eingebracht. Anschließend wird Luft durch den Stapel geblasen, bis die Lagerfähigkeit erreicht ist. Durch das Belüften wird dem Heu Wasser entzogen und gleichzeitig eine Akkumulation von Atmungswärme, die hierbei in bedeutendem Umfang frei wird und einen Teil des Energiebedarfes zur Wasserverdunstung liefert, verhindert. Die dabei durch biologischen Stoffabbau entstehenden Nährstoffverluste sind aber in der Regel viel kleiner als die zusätzlichen Verluste, die bei der Dürreheubereitung in der letzten Trocknungsphase auf dem Feld entstehen. Die Feldliegezeit läßt sich gegenüber der Bodentrocknung auf 2 bis 3 Tage verkürzen. Dadurch steigt die Chance, das Heu ohne Regen unter Dach zu bekommen. Außerdem wird das Risiko einer Selbstentzündung umgangen.

Die Bereitung von gutem Heu mit vertretbar geringen Nährstoffverlusten erfordert außer schönem Wetter die Auswahl geeigneter Futterbestände und eine zweckmäßige Gestaltung des Verfahrens. Nicht alle Grünfutterarten eignen sich für die Heubereitung gleich gut. Die Leguminosen Luzerne und Rotklee erleiden im weitgehend getrockneten Zustand sehr große Bröckelverluste durch das Abbrechen der Blätter und kommen deshalb nur für die Belüftungstrocknung in Frage. Von den Grasarten eignen sich reine Weidelgrasbestände und alle Neuansaaten im 1. und 2. Nutzungsjahr weniger gut. Sie haben beim gleichen Entwicklungszustand oft einen höheren Wassergehalt als andere Grasarten. Bei den Weidelgräsern ist außerdem ihre ansonsten wertvolle Fähigkeit, nach dem Schnitt sehr rasch wieder auszutreiben, für die Heubereitung von Nachteil.

Mahd und Schwadbearbeitung sind darauf auszurichten, ein möglichst rasches und gleichmäßiges Trocknen des Futters zu gewährleisten. Schwadmäher mit Vorrichtungen zur Breitablage legen das Gut ausreichend locker ab, so daß eine Schwadbearbeitung unmittelbar nach dem Mähen nicht notwendig ist. Andere Mähmaschinen erfordern dagegen das Auflockern der Mähschwade (Zetten). Vom Tage nach der Mahd ist das Futter täglich einmal zu wenden. Häufigeres Wenden ist nicht zweckmäßig, weil jeder Arbeitsgang mit zusätzlichen mechanischen Verlusten verbunden ist, die um so größer werden, je trockener das Futter ist. Auch der Einsatz von Halmaufbereitern im Zusammenhang mit dem Mähen, die die Halme knicken oder quetschen, hat sich bei der Heubereitung nicht bewährt, weil sie nur einen geringen Zeitgewinn bringen und im Falle eines Einregnens des Heues die Auswaschungsverluste ansteigen lassen.

Beim Belüften des Heues ist zwischen Unterflur- und Oberflurbelüftungsanlagen sowie zwischen Schicht- und Stapeltrocknung zu unterscheiden. *Unterflurbelüftungssysteme* verfügen über eine unterirdische Luftzufuhr durch befahrbare Roste. Sie haben Vorteile bei der Einlagerung großer Heumengen in kurzer Zeit. Von *Oberflurbelüftungsanlagen* spricht man, wenn die Belüftungskanäle und -schächte oberirdisch angebracht sind. Bei der *Schichttrocknung* werden mehrere Halbheuschichten zeitlich nacheinander eingebracht. Die jeweils folgende Schicht darf erst dann aufgestapelt werden, wenn die vorausgegangene weitgehend durchgetrocknet ist. Ihr Trockensubstanzgehalt soll mindestens 75% betragen. Dagegen wird das Halbheu bei der *Stapeltrocknung* in volle Stapelhöhe bis zu 6 m hoch eingebracht und auf einmal belüftet, wofür erheblich leistungsfähigere Ventilatoren benötigt werden. In beiden Fällen ist es notwendig, Lüfterleistung und Schicht- bzw. Stapelhöhe gut aufeinander abzustimmen und das Belüftungsgut locker und gleichmäßig einzulagern. Die Belüftung von verdichtetem Halbheu (Preßballen) ermöglicht kein ausreichend rasches Durchtrocknen.

Voraussetzung für den Wasserentzug ist es, daß die Trocknungsluft beim Durchströmen des Stapels ein Sättigungsdefizit aufweist und daß sie trockener als das Belüftungsgut selbst ist. Mit Fortschreiten des Trocknungsvorganges, d. h. mit Sinken der Wasseraktivität des Heues, steigen die Anforderungen an das Sättigungsdefizit. Andererseits ist das Sättigungsdefizit der Luft bei gleicher absoluter Luftfeuchte von der Temperatur abhängig. Da die Luft beim Durchströmen des Futters ihre Temperatur und damit ihr Wasseraufnahmevermögen ändern kann, muß neben der relativen Luftfeuchte auch die Temperaturdifferenz zwischen Außenluft und Stapelinnerem berücksichtigt werden, um effektiv belüften zu können. Diese Zusammenhänge sind in sogenannten Belüftungstabellen (Tabelle 32) wiedergegeben, nach denen die Belüftungsanlagen gesteuert werden sollten.

Tabelle 32. Belüftungstabelle für Heu aus Gras und Gras-Leguminosen-Gemischen (Berg und Schrader, 1989)

T-Gehalt des Belüftungsgutes in %	Belüftungsluft kälter als das Gut Temperaturdifferenz in K								Belüftungsluft wärmer als das Gut Temperaturdifferenz in K								
	8	7	6	5	4	3	2	1	0	1	2	3	4	5	6	7	8
	Höchstwerte der relativen Luftfeuchte der Belüftungsluft in %																
<70	100	100	100	100	100	100	100	100	98	93	88	83	78	73	69	65	61
70–74	100	100	100	100	100	100	100	99	93	88	83	78	74	69	65	61	58
75–79	100	100	100	100	100	100	96	91	86	81	76	72	68	64	59	56	53
80–84	100	100	100	100	94	89	84	79	74	70	66	62	59	55	52	49	46
>84	100	100	97	91	86	81	76	71	67	63	59	56	53	49	47	44	41

Die Belüftung wird am häufigsten mit Außenluft durchgeführt. Im Gegensatz zu diesem auch als Kaltlufttrocknung bezeichneten Verfahren wird bei der Warmlufttrocknung vorgewärmte Luft verwendet. Dieses Vorwärmen vergrößert das Wasseraufnahmevermögen der Luft bedeutend, es beschleunigt das Trocknen und erlaubt ein witterungsunabhängigeres Belüften, soweit dafür Energie fossiler Brennstoffe eingesetzt werden kann. Ein Vorwärmen der Luft über Sonnenkollektoren erlaubt gleichfalls ein schnelleres Trocknen, ist aber an geeignete Wetterlagen gebunden.

Die **Heißlufttrocknung** ist das Verfahren, bei dem die Energie zur Wasserverdampfung überwiegend oder ausschließlich durch Verbrennen fossiler Energieträger bereitgestellt wird. Das Futter trocknet im Strom der heißen Verbrennungsgase, die infolge ihrer hohen Temperatur nicht nur ein sehr großes Wasseraufnahmevermögen haben, sondern gleichzeitig die Energie für die Wasserverdampfung beinhalten. Durch die Verdampfung des Wassers wird der Trocknungsluft der größte Teil ihrer Energie entzogen; sie kühlt sich ab, während das trocknende Gut nur sehr allmählich wärmer wird. Am Ausgang der Trocknungsanlage haben sich die Temperaturen von Luftstrom und Trockengut weitgehend angenähert. Die Endtemperatur der Trocknungsluft ist ein anlagenspezifisches Maß für den Grad des Wasserentzuges, den das Trockengut erfahren hat. Die Anlagen müssen so gesteuert werden, daß die Restfeuchte des Trockengutes 8 bis 12% beträgt. Ein Unterschreiten dieses Bereiches zeigt an, daß das Futter zu stark getrocknet und die Verdaulichkeit beeinträchtigt wurde; beim Überschreiten können während der anschließenden Lagerung mikrobielle Umsetzungen ablaufen, und im Extremfall kann Selbstentzündung auftreten.

Um technische Energie zu sparen, sollte das Grünfutter vor der Heißlufttrocknung stets angewelkt werden. Schon ein relativ schwaches Welken ist sehr effektiv, weil der Energiebedarf zur Produktion einer Tonne Trockengrünfutter bereits durch eine relativ kleine Anhebung des Trockensubstanzgehaltes bedeutend zurückgeht (Tabelle 33). Andererseits sind die Trocknungsanlagen bei stärker gewelktem Grünfutter und den dann unvermeidbar großen Schwankungen des Welkgrades kaum so zu steuern, daß Übertrocknungsschäden zuverlässig vermieden werden. Es hat sich deshalb bewährt, das Grünfutter vor der Heißlufttrocknung nur kurze Zeit (bis 36 h) im Schwad anzuwelken.

Tabelle 33. Notwendige Wasserverdampfung zur Erzeugung von 1 t Trockengut in Abhängigkeit vom Wassergehalt des Grünfutters

Grünfutter		Notwendige Wasserverdampfung t Wasser/t Trockengut
Trockensubstanzgehalt %	Wassergehalt %	
15	85	5,0
20	80	3,5
25	75	2,6
30	70	2,0
35	65	1,6
40	60	1,3
45	55	1,0
50	50	0,8

Unabhängig vom Trocknungsverfahren ist es erforderlich, während der Lagerung des Trockengutes regelmäßig und mit ausreichender Anzahl von Meßstellen die Temperatur zu überwachen, um Selbsterhitzungen erkennen und dadurch mögliche Schäden vermeiden zu können.

4.3.3. Konservatqualität und Nährstoffverluste

Bei der Beurteilung der Qualität von konserviertem Grünfutter ist zwischen den Merkmalen des Konservierungserfolges einerseits und dem Nährstoff- und Energiegehalt andererseits zu unterscheiden.

Gegenstand der Beurteilung des Konservierungserfolges bei der Silagebereitung (Gärqualität) sind Art und Umfang der abgelaufenen Gärungsvorgänge. Eine gute Silage enthält viel Milchsäure, nur wenig Essigsäure und keine Buttersäure. Der Eiweiß- und Aminosäurenabbau, der sich im Gehalt an Ammoniakstickstoff zeigt, soll möglichst gering sein. Der pH-Wert gelungener Silagen liegt unter dem kritischen pH-Wert. Diese Merkmale lassen sich durch Laboruntersuchungen genau und objektiv bestimmen. Anstelle von oder in Ergänzung zu einer chemischen Untersuchung kann eine Sinnenprüfung der Silage erfolgen. Gute Grünfuttersilagen riechen angenehm säuerlich, weder stechend noch nach Buttersäure und Fäulnisprodukten, sie sind — je nach Art des Ausgangsmaterials etwas unterschiedlich — oliv gefärbt und frei von Schimmel, die Struktur der Pflanzenteile ist gut erhalten. Das Untersuchungsergebnis wird nach einem Punkteschema bewertet (Tabelle 34) und in einer Note für die Gärqualität ausgedrückt.

Die Beurteilung des Konservierungserfolges bei Trockenfutter richtet sich auf alle diejenigen Merkmale, die mikrobiellen Nährstoffabbau bzw. Verderb sowohl bei der Vortrocknung als auch bei der Lagerung zu erkennen geben und die auf das Einwirken hoher Temperaturen bzw. eines zu weitgehenden Wasserentzugs schließen lassen. Auch hierfür gibt es verschiedene Bewertungsschlüssel.

Tabelle 34. DLG-Schlüssel zur Beurteilung der Gärqualität von Grünfuttersilagen nach Weißbach und Honig

1. Beurteilung des Buttersäuregehaltes*		2. Beurteilung des Ammoniakgehaltes*	
Gehalt in % der Trockensubstanz von … bis	Punktzahl	NH_3-N-Anteil in % von … bis	Punktzahl
0 … 0,3	50	… 10	25
>0,3 … 0,4	45	>10 … 14	20
>0,4 … 0,5	40	>14 … 18	15
>0,5 … 0,7	35	>18 … 22	10
>0,7 … 1,0	30	>22 … 26	5
>1,0 … 1,4	25	>26	0
>1,4 … 1,9	20		
>1,9 … 2,6	15		
>2,6 … 3,6	10		
>3,6 … 5,0	5		
>5,0	0		

* Ammoniak-N in % Gesamt-N

* Buttersäuregehalt hier = Summe aus i-Buttersäure, n-Buttersäure, i-Valeriansäure, n-Valeriansäure und n-Capronsäure

4. Grünfutter und Grünfutterkonservate

Tabelle 34. (Fortsetzung)

3. Beurteilung des pH-Wertes

Trockensubstanzgehalt in %				Punktzahl
... 20	>20 ... 30	>30 ... 45	>45	
pH von ... bis				
... 4,1	... 4,3	... 4,5	... 4,7	25
>4,1 ... 4,3	>4,3 ... 4,5	>4,5 ... 4,7	>4,7 ... 4,9	20
>4,3 ... 4,5	>4,5 ... 4,7	>4,7 ... 4,9	>4,9 ... 5,1	15
>4,5 ... 4,6	>4,7 ... 4,8	>4,9 ... 5,0	>5,1 ... 5,2	10
>4,6 ... 4,7	>4,8 ... 4,9	>5,0 ... 5,1	>5,2 ... 5,3	5
>4,7 ... 4,8	>4,9 ... 5,0	>5,1 ... 5,2	>5,3 ... 5,4	0
>4,8 ... 5,0	>5,0 ... 5,2	>5,2 ... 5,4	>5,4 ... 5,6	− 5
>5,0 ... 5,2	>5,2 ... 5,4	>5,4 ... 5,6	>5,6 ... 5,8	−10
>5,2 ... 5,4	>5,4 ... 5,6	>5,6 ... 5,8	>5,8 ... 6,0	−15
>5,4 ... 5,6	>5,6 ... 5,8	>5,8 ... 6,0	>6,0 ... 6,2	−20
>5,6 ... 5,8	>5,8 ... 6,0	>6,0 ... 6,2	>6,2 ... 6,4	−25
>5,8	>6,0	>6,2	>6,4	−30

4. Beurteilung des Essigsäuregehaltes*

Gehalt in % der Trockensubstanz von ... bis	Punktzahl
... 3,5	0
>3,5 ... 4,5	− 5
>4,5 ... 5,5	−10
>5,5 ... 6,5	−15
>6,5 ... 7,5	−20
>7,5 ... 8,5	−25
>8,5	−30

5. Bewertung

Gesamtpunktzahl	Gärqualität	
(Summe 1. bis 4.)	Note	Urteil
91 ... 100	1	sehr gut
71 ... 90	2	gut
51 ... 70	3	mittelmäßig
31 ... 50	4	schlecht
... 30	5	sehr schlecht

* Essigsäuregehalt hier = Essigsäure plus Propionsäure

6. Im Bedarfsfall vorzunehmende Bewertungskorrekturen

Aussehen und Geruch	Punkte
■ Hitzeschädigung eindeutig nachgewiesen (deutlicher Röstgeruch und Verfärbung)	−20 (Abstufung um eine Note)
■ Schimmelbefall eindeutig nachgewiesen (deutlich muffiger Geruch und/oder einzelne Pilzkolonien sichtbar)	−30 (bestenfalls Note 3)
■ Starker Schimmelbefall nachgewiesen (bis 10% der Probe schimmelig) oder deutliche Anzeichen bakterieller Zersetzung (Verrottung)	−50 (bestenfalls Note 4)
■ Sehr starker Schimmelbefall nachgewiesen (über 10% der Probe schimmelig) oder weitgehende bakterielle Zersetzung (Verrottung)	fütterungsuntauglich

4.3. Konservierung von Grünfutter

Bei der Konservierung von Grünfutter gehen verdauliche Nährstoffe verloren. Dadurch reichern sich die unverdaulichen Stoffe an, so daß es zu einer Abnahme der Energie- und Nährstoffkonzentration kommt. Selbst bei bestmöglicher Durchführung der Konservierung muß mit einer unvermeidbaren Wertminderung des Futters durch Ablaufen folgender Prozesse gerechnet werden:

- Beim Liegen des Futters im Schwad und während der ersten Stunden im Silo geht die Atmung des Pflanzengewebes weiter. Dabei wird Zucker verbraucht.
- Durch Gärungsvorgänge im Silo und durch Fermentationsprozesse im Heustapel werden verdauliche Kohlenhydrate abgebaut.
- Durch Bildung von Gärsaft im Silo und dessen Abfluß gehen im Pflanzensaft gelöste Nährstoffe verloren. Hierbei handelt es sich um verdauliche Kohlenhydrate, Protein und Mineralstoffe.

Das normale Ausmaß dieser Vorgänge ist bei gelungener Konservierung relativ gering. Die Energiekonzentration und der Gehalt an verdaulichem Rohprotein unterscheiden sich dann nur wenig von den entsprechenden Werten des Grünfutters. Wenn die Konservierung mangelhaft erfolgt, treten dagegen wesentlich größere Wertminderungen ein (Tabelle 35). Die Vorgänge, die zu diesen zusätzlichen und prinzipiell vermeidbaren Wertminderungen führen, sind:

- erhöhte Atmungs-, Auswaschungs- und Bröckelverluste durch lange Feldliegezeiten des Futters beim Welken bzw. bei der Vortrocknung; dabei gehen sowohl verdauliche Kohlenhydrate als auch Protein verloren;
- verstärkter Kohlenhydratabbau durch zu lange Silofüllzeiten, Fehlgärungen in der Silage, intensive Fermentationsprozesse im Heustapel und durch aerobe Nachgärungen von Silagen bei der Entnahme aus dem Silo;
- starke Erwärmung des Futters im Silo bzw. im Heustapel oder zu starker Wasserentzug bei der Heißlufttrocknung, wodurch unverdauliches Protein und unverdauliche Kohlenhydrate entstehen;
- Verschmutzung des Futters bei der Ernte, Konservierung oder Auslagerung des Konservats, die zu einer „Verdünnung" aller Nährstoffe führt.

Außer diesen qualitativen Veränderungen nimmt bei der Konservierung von Grünfutter auch die Futtermenge ab. Der Gesamtverlust an Nährstoffen bei einem Konservierungsverfahren läßt sich in einzelne Teilverluste aufgliedern und dadurch besser schätzen. Die Angaben erfolgen gewöhnlich in Prozent der geernteten bzw. der in das Lager eingebrachten Futtertrockensubstanz. Durch Multiplikation von eingebrachter bzw. zurückerhaltener Menge an Trockensubstanz mit der jeweiligen Energiekonzentration kann man den Verlust an Energie errechnen.

In Abb. 42 sind die einzelnen Teilverluste für die Grünfuttersilierung dargestellt. Die **Feldverluste** setzen sich aus den nichtmechanischen, den auf Atmungs- und Auswaschungsvorgänge beim Welken des Futters zurückzuführenden Stoffverlusten, sowie aus den mechanischen Verlusten zusammen, die beim Wenden und Aufnehmen des Futters und beim Beladen der Fahrzeuge entstehen. Bei der Welksilageproduktion hängen die Feldverluste von der Liegezeit des Futters, von den Witterungsbedingungen und vom Welkgrad ab. Die **Gärverluste** sind um so geringer, je niedriger die Gärungsintensität ist und je vollständiger Fehlgärungen vermieden werden. Die **Gärsaftverluste** hängen vom Trockensubstanzgehalt des Grünfutters, von der Futterpflanzenart und von der Futterstapelhöhe ab. Im Fahrsilo hört die Gärsaftbildung auf, wenn der Trockensubstanzgehalt etwa 30% erreicht, im Hochsilo erst ab etwa 40%. Die Höhe der **Randverluste** richtet sich nach der Güte des Luftabschlusses, dem Verdichtungsgrad des Futterstockes und der Oberfläche je m^3 Silage. Die **Entnahmeverluste** werden

4. Grünfutter und Grünfutterkonservate

Tabelle 35. Erwartungswerte für die Abnahme der Energiekonzentration bei der Silierung von Grünfutter

	Rückgang %	Differenz zum Grünfutter (550 EFr/kg T) EFr/kg T	Resultierende Energiekonzentration EFr/kg T
Beim Welken			
1 – 2 Tage Feldliegezeit	2	10	–
3 – 4 Tage Feldliegezeit	4	20	–
> 4 Tage Feldliegezeit	8	40	–
Beim Silieren			
< 40 °C Gärtemperatur	3	20	–
40 – 55 °C Gärtemperatur	6	30	–
> 55 °C Gärtemperatur	12	70	–
Gesamtrückgang			
Frischsilage	3	20	530
Welksilage			
– 2 Tage Liegezeit, ohne Erhitzung	5	30	520
– 5 Tage Liegezeit, ohne Erhitzung	11	60	490
– 2 Tage Liegezeit, starke Erhitzung	14	80	470
– 5 Tage Liegezeit, starke Erhitzung	20	110	440

durch die aerobe Stabilität der Silage und das Entnahmeverfahren bestimmt. In Tabelle 36 sind durchschnittliche Angaben für die Nährstoffverluste bei verschiedenen Verfahren der Silierung in Fahrsilos aufgeführt.

In ähnlicher Weise lassen sich die Gesamtverluste der Verfahren der Trokkenfutterproduktion aufgliedern. Außer den Feldverlusten ist hier der Nährstoffverlust bei der Endtrocknung und Lagerung des Futters zu unterscheiden. Die Feldverluste hängen auch hier vom Vortrocknungsgrad und von den Witterungsbedingungen ab,

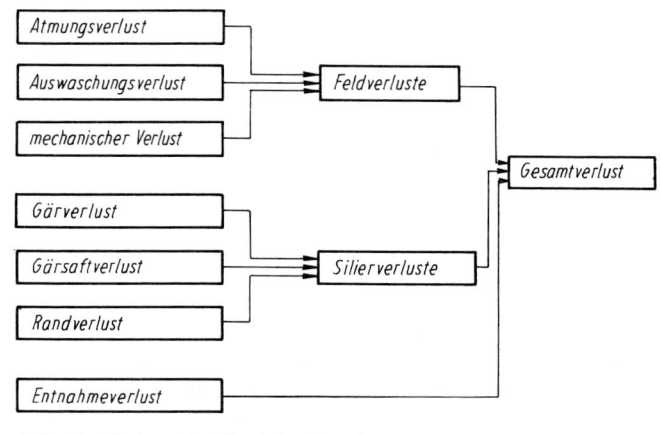

Abb. 42. Verluste bei der Silagebereitung.

4.3. Konservierung von Grünfutter

Tabelle 36. Erwartungswerte für den Verlust an Trockensubstanz bei der Grünfuttersilierung in Fahrsilos in %

Feldverlust	Witterung	
	günstig	ungünstig
Feldliegezeit:		
0 Tage	2	2
1 – 2 Tage	6	8
3 – 4 Tage	8	12
> 4 Tage	10	18
Gärverlust	Gärungsverlauf	
	gut	schlecht
Trockensubstanzgehalt:		
≤ 20%	8	16
20 – 25%	7	13
26 – 30%	6	11
> 30%	5	10
Gärsaftverlust	Futterstockhöhe	
	2 – 3 m	4 – 5 m
Trockensubstanzgehalt:		
≤ 20%	8	10
20 – 25%	4	6
26 – 30%	1	2
> 30%	0	0
Randverlust	Futterstockhöhe	
	2 – 3 m	4 – 5 m
Luftabschluß:		
sehr gut	2	1
gut	5	2
mangelhaft	15	7
ungenügend	30	15
Entnahmeverlust	aerobe Stabilität	
	gut	schlecht
Entnahmetechnik:		
gut	1	3
schlecht	3	6

der Verlust bei der Endtrocknung des Heus im Bergeraum von der Feuchte, mit der das Futter in diesen eingebracht wurde. Bei geringem Vortrocknungsgrad und infolgedessen geringeren Feldverlusten muß mit intensiveren mikrobiellen Stoffabbauvorgängen während der Belüftungstrocknung und deshalb mit einem etwas höheren Verlust im Bergeraum gerechnet werden.

4.4. Grünfutterarten

4.4.1. Grünmais und Maisganzpflanzen

Während der letzten 3 Jahrzehnte hat sich der Mais in vielen europäischen Ländern zur wichtigsten Ackerfutterkultur entwickelt. Gegenüber anderen Futterpflanzen zeichnet sich Mais u. a. durch folgende Vorteile aus:

- Der Mais übertrifft auf den für ihn geeigneten Standorten und bei zweckmäßiger Anbauform mit Ausnahme der Futterrüben alle anderen Futterpflanzen im Nettoenergieertrag und in der Energiekonzentration.
- Maisganzpflanzen sind neben den Getreideganzpflanzen die einzige Grundfutterart, die Stärke in für die Tierernährung bedeutenden Mengen enthält.
- Kolbenreicher, gut ausgereifter Mais läßt sich in vielfältiger Form als Futter nutzen, sowohl als Grundfutter als auch für die Gewinnung von Kraftfutter.
- Maisganzpflanzen und alle anderen Ernteprodukte des Maises sind leicht silierbar.
- Die Verfahren des Anbaues, der Ernte und Konservierung von Mais lassen sich im Gegensatz zu denen der Futterrüben leichter handarbeitsfrei gestalten.
- Der Mais ist vorteilhaft in die Fruchtfolge einzuordnen. Er hat sich sowohl zur Auflockerung von Getreidefruchtfolgen als auch zur Zwischennutzung im Saatgrasbau bewährt.
- Mais ist ein sehr guter Gülleverwerter und wie kaum eine andere Fruchtart zum nutzbringenden Einsatz von Gülle geeignet.

Zu Futterzwecken wird der Mais hauptsächlich für die Produktion von Silage aus den ganzen Pflanzen (Silomais), zum jeweils kleineren Teil für eine getrennte Ernte und Silierung von Kolben und Restpflanzen bzw. zum Trocknen und Pelletieren der ganzen Pflanzen (Körnermais) oder für die Grünschnittnutzung (Grünmais) angebaut. An vielen Standorten liefert die Maissilage 50% oder mehr des Grundfutters für die Winterfütterung von Rindern und Schafen.

Siliertes Maiskorn-Spindel-Gemisch wird in einigen Ländern verbreitet als Schweinefutter genutzt. Der Grünmais hat sich als Grünfutterpflanze für die Sommerstallfütterung in den Monaten August und September bewährt, in einer Periode also, in der auf Ackerbaustandorten wenig anderes Grünfutter anfällt.

4.4.1.1. Eigenschaften

Der Mais (*Zea mays* L.) gehört zu den Gramineen. Die vollentwickelte Pflanze besteht aus einem dicken, von Mark erfüllten Stengel, 8 bis 16 Blättern, dem rispenförmigen männlichen Blütenstand (Fahne) sowie ein oder zwei kompakten weiblichen Blüten- bzw. Fruchtständen. (Kolben), die aus den Blattachseln im mittleren Teil des Sprosses hervorwachsen und von Hüllblättern (Lieschen) umgeben sind. Der zylindrische Kolben setzt sich aus der Spindel und den Körnern (bis 400/Kolben) zusammen. Das Vorhandensein getrenntgeschlechtlicher Blüten hat den Übergang zur Hybridzüchtung erleichtert, durch die entscheidende Zuchterfolge im Hinblick auf Ertrag und Frühreife erreicht werden konnten.

Der Mais ist eine C_4-Pflanze. Er besitzt dadurch im Unterschied zu allen anderen Kulturpflanzen des gemäßigten Klimagebietes, die sämtlich C_5-Pflanzen sind, ein besonders effektives Assimilationssystem. Dieses befähigt ihn bei ausreichend hoher Temperatur zu sehr großer Stoffproduktion und guter Nutzung des verfügbaren Wassers. Nach relativ langsamer Jugendentwicklung durchläuft der Mais im Juli und August eine Phase sehr intensiven Wachstums. In dieser Zeit, die etwa nur 40 Tage umfaßt und in die das größte Streckungswachstum des Stengels, die Blüte und der Kolbenansatz fallen, wird etwa die Hälfte des Trockensubstanzertrages produziert und besteht ein sehr großer Wasser- und Wärmebedarf. Wassermangel in dieser Phase führt zu ungenügender Befruchtung und starken Ertragsausfällen; niedrige Temperaturen bewirken eine später kaum mehr kompensierbare Entwicklungsverzögerung.

Während der vegetativen Entwicklung der Maispflanze werden die Assimilate zunächst im Stengelparenchym gespeichert. Die Stengel enthalten dann bis zu 8% Zucker in der Frischmasse. Nach der Blüte dienen die Assimilationsprodukte der Kornfüllung und werden die Zuckerreserven aus dem Stengel in den Kolben verlagert, wo sie vor allem dem Aufbau der Stärke dienen. Mit zunehmender Reife verarmen die vegetativen Pflanzenteile an Zucker, während der Anteil des nährstoffreichen Kolbens immer mehr anwächst.

Der Futterwert der ganzen Maispflanze hängt entscheidend davon ab, wie groß der Kolbenanteil und der Reifegrad zum Zeitpunkt der Ernte sind und wie hoch die sortentypische Verdaulichkeit der Restpflanze ist. Moderne Silomaissorten sind außer auf Frühreife und Kolbenanteil auch auf hohe Verdaulichkeit der Restpflanze gezüchtet. Um einen Mais mit hoher Energiekonzentration zu erzeugen, müssen Sortenwahl und Anbauverfahren eine gute Kolbenentwicklung und -ausreife ermöglichen. Die Sorten werden in Reifegruppen mit unterschiedlichen Ansprüchen an die Länge der verfügbaren Vegetationszeit eingeteilt (Tabelle 37).

Tabelle 37. Reifegruppen für Silomais und notwendige Anzahl der Vegetationstage

Reife-gruppe	Reifezeit	FAO-Reifezahl	Notwendige Vegetationstage im Klimagebiet (Mittel der Lufttemperatur vom 1. Mai bis 30. September)		
			I ($>15{,}5\ °C$)	II ($15{,}0-15{,}5\ °C$)	III ($<15{,}0\ °C$)
1	sehr früh	<220	125	130	135
2	früh	$220-240$	130	135	140
3	mittelfrüh	$250-260$	135	140	145
4	mittelspät	$260-280$	140	145	150

Traditionell wird zwischen den Anbauformen *Grünmais, Silomais* und *Körnermais* unterschieden. Bei dem zur Grünschnittnutzung vorgesehenen Grünmais spielt die Entwicklung der generativen Pflanzenorgane eine untergeordnete Rolle, und die Anbautechnik ist hier auf hohen Frischmasseertrag ausgerichtet. Der Anbau erfolgt meist als Zweitfrucht und mit $20-25$ Pflanzen je m^2. Etwa 75 Tage nach der Saat beginnt die Ernte. Für alle übrigen Verwendungszwecke ist der Mais so anzubauen, daß ein möglichst hoher Ertrag an generativen Organen erzielt wird. Die Anbautechniken von Silomais, Ganzpflanzenmais zur Trocknung oder Körnermais unterscheiden sich deshalb kaum mehr. Als bester Silomais gilt heute ein nicht ganz ausgereifter Körnermais, der 2 bis 4 Wochen vor der Druschreife geerntet wird. Für diese Verwendungszwecke erforderlich sind − neben der Auswahl genügend frühreifer Sorten − der vorzugsweise Anbau als Hauptfrucht, die Aussaat bis spätestens 10. Mai und eine Bestandsdichte von im allgemeinen nicht mehr als 10 Pflanzen pro m^2 zum Zeitpunkt der Ernte, die zwischen dem 20. September und dem 15. Oktober erfolgt. Der Mais ist frostempfindlich. In frühfrostgefährdeten Lagen kann eine zeitigere Ernte notwendig sein. Gut ausgereifter Mais verträgt aber immerhin $-4\ °C$ und wird, wenn die Ernte nach einem Frühfrost zügig erfolgt, kaum geschädigt. Grünmais erfriert dagegen viel schneller und verliert dadurch stark an Wert.

4.4.1.2. Futterwert

Während der Reife des Maises steigt sein Trockensubstanzgehalt an. Diese Veränderung ist überwiegend eine Folge der Trockensubstanzanreicherung in den generativen Organen. Man benutzt deshalb den Trockensubstanzgehalt der entlieschten Maiskolben oder, nachdem sie ausgebildet sind, der Körner, um den Reifegrad zu kennzeichnen. Dabei werden die in Tabelle 38 angegebenen Reifestadien unterschieden. Der Gehalt der ganzen Pflanze an Trockensubstanz kann im gleichen Reifestadium unterschiedlich ausfallen, je nachdem, welchen Anteil die einzelnen Pflanzenteile an der Gesamtmasse haben und welches sortentypische Abreifeverhalten die Restpflanze hat.

Tabelle 38. Reifestadien von Mais

Reifegrad	Trockensubstanzgehalt		Beschaffenheit des Korninhaltes
	Kolben %	Korn %	
Blühreife	<20	–	wäßrig
Milchreife	<40	<45	milchig bis dickbreiig
Teigreife	40–55	45–60	teig- bis wachsartig
Druschreife	>55	>60	hart

Im Durchschnitt einer entsprechenden Untersuchung setzten sich die Maispflanzen in den einzelnen Reifestadien wie in Tabelle 39 aufgeführt zusammen. Der Kolbenanteil nimmt von der Milchreife an bedeutend zu und erreicht bei einem guten Maisbestand am Ende der Teigreife etwa 50% der Trockensubstanz der ganzen Pflanze. Von einem solchen kolbenreichen Mais können durch Anwendung unterschiedlicher Ernteverfahren verschiedene Ernteprodukte gewonnen werden (Ganzpflanzenhäcksel, Lieschkolbenschrot, Kolbenschrot, Corn-Cob-Mix). Für die Wiederkäuerfütterung wird im allgemeinen die ganze Pflanze gehäckselt und siliert oder das Häcksel mit Heißluft getrocknet und pelletiert. Als Konservate entstehen Maissilagen oder Maisganzpflanzenpellets, auch Maiscobs genannt. Wenn vom Mais Futter für Monogastriden hergestellt werden soll, wird die Getrenntente der Kolben angewendet, wofür es verschiedene technische Lösungen gibt. In diesem Fall bleibt die Restpflanze zurück, die, je nachdem, welcher Reifegrad erreicht wurde und ob die Ernte der Restpflanze unmittelbar nach der Kolbenernte oder mit größerem Zeitabstand vorgenommen wird, zunehmend die Eigenschaften von Maisstroh annimmt.

Tabelle 39. Durschschnittlicher Anteil der einzelnen Pflanzenorgane an der Trockensubstanz von Maisganzpflanzen

Reifestadium	Anteil an der Trockenmasse in %					
	Stengel und Blätter	Lieschblätter	Restpflanze insgesamt	Körner	Spindel	Kolben insgesamt
Blüte	79	14	93	–	7	7
Beginn der Milchreife	66	12	78	7	15	22
Ende der Milchreife	55	11	66	20	14	34
Beginn der Teigreife	47	9	56	32	12	44
Ende der Teigreife	41	8	49	41	10	51
Beginn der Druschreife	39	7	46	45	9	54

4.4. Grünfutterarten

Das optimale Reifestadium für die Silierung der ganzen Pflanzen ist die Teigreife, für alle übrigen Verfahren die Druschreife. Da der Mais unter unseren Klimabedingungen aber nicht überall und in jedem Jahr voll ausreift, sind Kompromisse hinsichtlich des Reifegrades notwendig und möglich. Die angegebenen Verfahren zur Getrennternte haben gegenüber dem eigentlichen Körnermaisdrusch den Vorteil, daß sie auch bereits für teigreifen Mais angewendet werden können. Für die Kolbenernte wird man stets die Bestände auswählen, die in der Entwicklung am weitesten sind und sie auch erst nach dem Silomais ernten. Bei der Trocknung von Maisganzpflanzen ist eine längere Erntezeitspanne verfahrensbedingt erforderlich, so daß oft schon früher als optimal begonnen werden muß.

In Tabelle 40 sind Rohnährstoffgehalte und Futterwertangaben für die zum Grundfutter zählenden Ernteprodukte des Maises angegeben. Diese Werte gelten für durchschnittliche, praxisübliche Bedingungen und betreffen beim Grünmais einen dichten Pflanzenbestand um die Zeit zwischen Blüte und Milchreife und bei den Ganzpflanzen einen kolbenreichen Bestand in der Teigreife. Beim Restmais ist sofortige Ernte nach dem Pflückdrusch ohne größere Verschmutzung unterstellt. Wie diese Zahlen zeigen, ist der Mais ein stets eiweißarmes und bei hohem Kolbenanteil sehr energiereiches Futter. Die Maisrestpflanze hat auch bei hohen Reifegraden noch einen beachtlichen Futterwert, der ihre Nutzung durchaus lohnt. Der Rückgang des Futterwertes ist bei sachgemäßer Konservierung der Maisernteprodukte nur gering.

Tabelle 40. Rohnährstoffgehalt und Futterwertangaben für Wiederkäuer — Grünmais und Maisganzpflanzen

Futterart	T %	g/kg T			Verdaulichkeit %		je kg T		
		Rohasche	Rohprotein	Rohfaser	organische Substanz	Energie	DP g	NEF EFr	NEL MJ
Grünfutter									
Grünmais	16	80	100	230	74	70	60	560	6,2
Ganzpflanze	30	55	85	200	77	73	50	610	6,8
Restpflanze	26	80	75	300	65	61	35	480	5,0
Silage									
Ganzpflanze	28	60	90	210	75	71	55	590	6,6
Restpflanze	25	100	80	320	62	58	40	450	4,5
Trockenprodukt									
Ganzpflanzen, pelletiert	90	55	85	210	76	72	35	600	6,6

Der Futterwert von Maisganzpflanzen kann in der Praxis in relativ weiten Bereichen schwanken. Diese Schwankungen ergeben sich vor allem aus Unterschieden im Reifegrad und Kolbenanteil. Dazu liegen so umfangreiche Untersuchungen wie bei kaum einer anderen Futterpflanze vor. In den Tabellen 41—44 sind die Versuchsergebnisse zusammengefaßt.

Tabelle 41. Veränderung des Nährstoff- und Energiegehaltes von Kolben, Restpflanze und Ganzpflanze während der Reife bei durchschnittlichem Kolbenanteil

Reifegrad	Trockensubstanzgehalt %	Gehalt je kg Trockensubstanz					
		Rohasche g	Rohprotein g	Zucker g	Stärke g	Rohfaser g	EFr g
Kolben							
Blüte	10	50	140	400	80	120	700
Beginn der Milchreife	20	35	110	270	160	150	700
Ende der Milchreife	30	25	105	170	370	100	730
Beginn der Teigreife	40	20	100	100	470	90	740
Ende der Teigreife	50	20	95	80	530	90	750
Beginn der Druschreife	60	20	90	60	560	90	750
Restpflanze							
Blüte	16	80	100	210	20	240	530
Beginn der Milchreife	18	80	90	230	20	250	530
Ende der Milchreife	19	80	85	200	20	260	520
Beginn der Teigreife	20	80	80	150	20	280	500
Ende der Teigreife	23	80	75	120	20	300	480
Beginn der Druschreife	26	80	70	100	20	330	440
Ganzpflanze							
Blüte	15	80	105	220	20	230	540
Beginn der Milchreife	18	70	95	240	50	230	570
Ende der Milchreife	22	60	90	190	140	210	590
Beginn der Teigreife	26	55	90	130	220	200	610
Ende der Teigreife	32	50	85	100	280	190	620
Beginn der Druschreife	37	50	80	80	310	200	610

Die mit zunehmender Reife zu erwartenden Änderungstendenzen des Trockensubstanz-, Nährstoff- und Energiegehaltes getrennt für den Kolben und die Restpflanze sind in Tabelle 41 dargestellt. Während der Trockensubstanzgehalt im Kolben kontinuierlich zunimmt, bleibt dieser im Restmais vom Beginn der Milchreife bis zur Teigreife praktisch gleich; erst mit dem Übergang zur Druschreife steigt er stärker an. Der Kolben wird im Reifeverlauf immer proteinärmer und stärkereicher, wobei der Zucker zunehmend in Stärke umgewandelt und in das Korn eingelagert wird. Dadurch sinkt auch der Spindelanteil und damit der Rohfasergehalt des Kolbens. Sein Energiegehalt ist generell sehr hoch und nimmt bis zur Teigreife zu. Im Unterschied dazu steigt der Rohfasergehalt der Restpflanze mit der Reife an. Die Restpflanze wird dadurch, wenn auch zunächst relativ langsam, energieärmer. Bei Unterstellung der in Tabelle 39 angegebenen durchschnittlichen Kolbenanteile ergeben sich die im unteren Teil der Tabelle 41 aufgeführten Erwartungswerte für den Nährstoff- und Energiegehalt der ganzen Maispflanze. Die Energiekonzentration nimmt beim Mais im Unterschied zu allen anderen Futterpflanzen mit der Reife zu. Das gilt jedoch nur unter der Voraussetzung, daß es zu einer normalen Entwicklung des Kolbenanteils kommt.

4.4. Grünfutterarten

Tabelle 42. Trockensubstanzgehalt von Silomais in Abhängigkeit vom Trockensubstanzgehalt im Kolben und vom Kolbenanteil

Reifestadium	Trockensubstanzgehalt in %							
	Kolben	Ganzpflanzen bei einem Kolbenanteil von						
		5%	10%	20%	30%	40%	50%	60%
Blüte	10	15,5	15,1	14,3	—	—	—	—
Beginn der Milchreife	20	18,1	18,2	18,4	18,6	—	—	—
Ende der Milchreife	30	19,4	19,7	20,5	21,3	22,3	—	—
Beginn der Teigreife	40	—	21,1	22,2	23,5	25,0	26,7	—
Ende der Teigreife	50	—	—	25,8	27,4	29,3	31,5	34,0
Beginn der Druschreife	60	—	—	—	31,3	33,6	36,3	39,4

In Tabelle 42 ist angegeben, mit welchem Trockensubstanzgehalt und in den Tabellen 43 und 44 mit welcher Energiekonzentration bzw. welchem Stärkegehalt in Maisganzpflanzen bei unterschiedlichem Reifegrad *und* Kolbenanteil zu rechnen ist. Wie man sieht, kann der Trockensubstanzgehalt der ganzen Maispflanze sehr verschieden ausfallen, und er ist deshalb ein unsicheres Merkmal zur Kennzeichnung des Reifegrades. Die erwünschte hohe Energiekonzentration von 600 EFr/kg T (6,7 MJ NEL/kg T) und möglichst darüber ist nach Tabelle 43 nur dann zu erreichen, wenn hoher Kolbenanteil und Reifegrad zugleich vorliegen. Ein Maisbestand, der z. B. wegen sehr hoher Pflanzenzahl pro Flächeneinheit kolbenarm ist, läßt nur eine Energiekonzentration zwischen 530 und 560 EFr/kg T (5,8 bis 6,2 MJ NEL/kg T) erwarten. Es hat wenig Zweck, einen solchen Mais länger reifen zu lassen. Dagegen bringt das Abwarten der Teigreife bei Mais mit gutem Kolbenansatz stets Vorteile. Zu frühe Ernte bedeutet hier Verzicht sowohl auf Ertrag wie auf Qualität. Das gilt auch für den Stärkegehalt, den besonderen Vorzug des Maises vor anderen Grundfuttermitteln. Mit einem Stärkegehalt von 250 g/kg T ist erst dann zu rechnen, wenn etwa 50% Kolbenanteil und die Teigreife erreicht werden.

Der Stärkegehalt von Maisganzpflanzen nimmt auch dann noch zu, wenn sich im Reifeverlauf die Energiekonzentration nicht weiter erhöht. Gleichzeitig steigt mit der Reife die Widerstandsfähigkeit der Stärke gegen mikrobiellen Abbau im Silo und im Pansen der Wiederkäuer. Die Chancen, daß die Stärke ohne vergoren zu werden

Tabelle 43. Energiekonzentration von Mais in Abhängigkeit von Reifegrad und Kolbenanteil

Reifestadium	T-Gehalt im Kolben	Energiekonzentration in EFr/kg T bei einem Kolbenanteil von						
	%	5%	10%	20%	30%	40%	50%	60%
Blüte	10	540	550	560	—	—	—	—
Beginn der Milchreife	20	540	550	560	580	—	—	—
Ende der Milchreife	30	530	540	560	580	600	—	—
Beginn der Teigreife	40	—	520	550	570	600	620	640
Ende der Teigreife	50	—	—	530	560	590	620	640
Beginn der Druschreife	60	—	—	—	530	560	600	630

4. Grünfutter und Grünfutterkonservate

Tabelle 44. Stärkegehalt von Mais in Abhängigkeit von Reifegrad und Kolbenanteil

Reifestadium	T-Gehalt im Kolben %	Stärkegehalt in g/kg T bei Kolbenanteil von					
		10%	20%	30%	40%	50%	60%
Blüte	10	30	30	–	–	–	–
Beginn der Milchreife	20	30	50	60	–	–	–
Ende der Milchreife	30	60	90	120	160	–	–
Beginn der Teigreife	40	70	110	160	200	240	290
Ende der Teigreife	50	–	120	170	220	280	330
Beginn der Druschreife	60	–	–	180	240	290	340

die Silierung übersteht und ein gewisser Anteil den Pansen passiert und im Dünndarm der Wiederkäuer zur energetisch günstigeren enzymatischen Verdauung kommt, steigen mit dem Reifegrad des Maises.

Andererseits muß bei der Verfütterung von Silagen aus Mais sehr hoher Reifegrade an Rinder mit der Ausscheidung einiger unverdauter Körner bzw. von ungenutzter Stärke gerechnet werden. Diese Stärkeverluste nehmen oberhalb von 50% Trockensubstanz im Kolben oder 55% im Korn unvertretbar stark zu (Abb. 43). Sie lassen sich durch kurzes Häckseln oder geringfügige Beschädigung der Körner (Reibböden in der Häckseltrommel) nicht verhindern, sondern nur durch eine sehr intensive Nachzerkleinerung (Quetschaggregate im Feldhäcksler). Stehen technische Mittel für eine so weitgehende Zerkleinerung der Körner nicht zur Verfügung, dann ist der Reifegrad des Maises für die Ganzpflanzensilierung nach oben zu begrenzen. Als zu empfehlende Grenze gelten 55% T im Korn, und bei durchschnittlichem Kolbenanteil können, mit größerer Unsicherheit, 30% T in der Ganzpflanze als Orientierung benutzt werden.

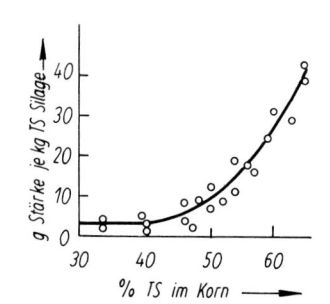

Abb. 43. Ausscheidung unverdauter Stärke durch Rinder.

Als Grundfutter für Schweine hat der Mais nur wenig Bedeutung erlangt. Der auch in Maisganzpflanzen bei guter Kolbenentwicklung im Vergleich zu anderen Grünfutterarten relativ geringe Rohfasergehalt macht ihn aber durchaus auch für die Fütterung von Zuchtschweinen interessant. Die Maissilage muß für diesen Zweck aus sehr kurz gehäckseltem Erntegut (4 mm theoretische Häcksellänge) bereitet werden. Sie wird dann ebenso wie Pellets aus Maisganzpflanzen auch von den Schweinen gut gefressen. Der Protein- und Aminosäurengehalt von Mais ist jedoch sehr gering. Tabelle 45 zeigt Futterwertangaben für Schweine.

4.4. Grünfutterarten

Tabelle 45. Rohnährstoffgehalt und Futterwertangaben für Schweine — Maisganzpflanzen in der Teigreife

Futterart	T %	g/kg T			Verdaulich-keit der organ. Substanz %	je kg T				
		Roh-asche	Roh-protein	Roh-faser		Lys g	Met + Cys g	DP g	NEF EFs	ME MJ
Silage	28	60	90	210	63	3,6	2,1	30	460	9,0
Trockengut	90	55	85	210	62	2,4	1,8	25	450	8,8

Tabelle 46. Mineralstoffgehalt von Grünmais und Maisganzpflanzen

	g/kg T					Ca/P
	Na	K	Mg	Ca	P	
Grünmais in der Blüte	0,4	18	3,2	4,9	2,3	2,1
Maisganzpflanzen in der Teigreife	0,3	17	1,9	4,2	2,2	1,9

Mais gehört generell zu den mineralstoffarmen Futtermitteln. Das gilt um so mehr, je höher der Reifegrad ist (Tabelle 46). Auch der Carotingehalt von Mais ist viel niedriger als in anderen Grünfutterarten und nimmt nicht nur mit der Reife, sondern auch bei der Konservierung stark ab (Tabelle 47). Bei der Fütterung von Mais muß deshalb stets das Mineralstoff- und Carotinangebot der Futterration kontrolliert und durch Kombination mit anderen Futtermitteln bzw. durch Supplementfuttermittel reguliert werden.

Tabelle 47. Carotingehalt (Gesamtcarotin) von Grünmais und Maisganzpflanzen

	mg/kg T
Grünfutter	
in der Blüte	170
in der Milchreife	80
Beginn der Teigreife	40
Ende der Teigreife	20
Silage	
in der Milchreife	40
in der Teigreife	10
Trockengut	10

4.4.1.3. Konservierung

● **Silierung**

Maisganzpflanzen sind in jedem Reifestadium gut vergärbar und liefern, sofern grobe Fehler in der Siliertechnik vermieden werden, stets buttersäurefreie Silagen. Die Pufferkapazität ist gering, und der Gehalt an verfügbaren Kohlenhydraten reicht in jedem Fall aus, um eine rasche Milchsäurebildung und Ansäuerung zu erreichen (Tabelle 48). Im Gegenteil, junger Mais enthält sogar einen bedeutenden Zuckerüberschuß, der hier zum Problem werden kann.

Mais kann zu Beginn der Milchreife weit mehr als 200 g wasserlösliche Kohlenhydrate pro kg Trockensubstanz aufweisen. Nach Abschluß der Milchsäuregärung verbleiben deshalb große Restmengen an Zucker, die zu Alkohol oder bei Zutritt von Luftsauerstoff auch zu Essigsäure vergoren werden. In Verbindung mit schlechter Siliertechnik enthalten solche Silagen oft mehr als 60 g Essigsäure je kg T und werden dann schlecht gefressen. Junger Mais gibt außerdem bei der Silierung reichlich Gärsaft ab. Mit zunehmendem Reifegrad verbessert sich deshalb die Siliereignung von Mais. Der Zuckerüberschuß und die Gärungsintensität sind dann geringer, und es fällt weniger Gärsaft an. Dadurch gehen die Gärverluste wie auch die durch Saftabfluß bedingten Nährstoffverluste zurück.

Tabelle 48. Vergärbarkeit von Mais

	T g/kg	g/kg T		Z/PK
		Zuckergehalt	Pufferkapazität	
Ganzpflanze				
in der Blüte	150	220	40	5,5
Beginn der Milchreife	180	240	36	6,7
Ende der Milchreife	220	190	35	5,4
Beginn der Teigreife	260	130	34	3,8
Ende der Teigreife	340	90	34	2,6
Produkte der Getrennternte				
Restpflanze	280	80	40	2,0
Maiskolben	600	60	30	2,0
Maiskorn	650	65	30	2,2

Gut ausgereifter Mais ist jedoch andererseits sehr luftempfindlich. Das hängt mit der zunehmend schlechteren Verdichtbarkeit des Futterstockes bei steigendem T-Gehalt und dem für Maispflanzen stets sehr hohen epiphytischen Hefebesatz zusammen. Bei mangelhafter Siliertechnik kommt es bereits im Silo zur Vermehrung der Hefen. Während der Entnahme der Silagen aus dem Silo erweisen sich solche Silagen dann als aerob instabil. Sie erwärmen sich an der Luft durch Massenvermehrung von Hefen und erleiden nachträglich sehr große Nährstoffverluste und Qualitätsminderungen durch aerobe Umsetzungen. Um diese und andere Nachteile zu vermeiden, ist der Mais grundsätzlich sehr kurz zu häckseln (7 mm theoretische Häcksellänge), zügig und ohne Unterbrechung in die Silos einzulagern, gut zu verdichten und möglichst luftdicht zuzudecken. Bei der Entnahme der Silage aus dem Silo ist die Anschnittfläche des Futterstockes klein zu halten, ihr Auflockern zu vermeiden und jeder unnötige Kontakt der Silage mit der Luft zu umgehen. Maissilagen eignen sich meist nicht für eine Bevorratung vor dem Verfüttern; sie müssen täglich aus dem Silo entnommen und umgehend an die Tiere verabreicht werden.

Der Einsatz von Siliermitteln zur Unterdrückung unerwünschter bakterieller Umsetzungen ist bei Mais nicht erforderlich. Präparate auf der Basis von Propionsäure, die die aerobe Stabilität von Maissilagen verbessern sollen, sind sehr teuer und haben sich deshalb, zumindest in einer Dosis, die Wirksamkeit verspricht, nicht durchgesetzt. Eine andere Methode, die zu aerob stabileren Maissilagen führt und gleichzeitig ihren Rohproteingehalt anhebt, ist der Zusatz von 5 kg Harnstoff oder wasserfreiem Ammoniak bei der Silierung von Maisganzpflanzen. Das zugesetzte oder aus dem Harnstoff durch bakterielle Hydrolyse freiwerdende Ammoniak hemmt die Entwicklung von Hefen und führt über die verstärkte Bildung von Milchsäure zu Silagen mit geringeren Restzuckergehalten, die weniger empfindlich gegen Luftkontakt bei der Entnahme aus dem Silo sind. Der Aufwand für diese Verfahren ist aber gleichfalls nicht gering und belastet den zügigen Ablauf der Maisernte. Sie sind deshalb bisher nicht in größerem Umfang angewendet worden.

Die Silierung der Restpflanze bzw. des Strohes von Mais erfolgt gewöhnlich nicht allein, sondern als Mischsilage mit Grünfutter anderer Arten, z. B. Rübenblatt. Der Grund dafür ist seine Sperrigkeit, die auch nach dem Häckseln ein Verdichten erschwert. Außerdem liegt die Vergärbarkeit von Restmais, sofern er nicht nach dem Ernten der Kolben auf dem Halm trockener geworden ist, an der Grenze der Sicherheit für buttersäurefreie Silagen. Wichtig ist es, Wert auf eine Bergung des Restmaises ohne starke Verschmutzung zu legen.

- **Trocknung**

Die Trocknung von Maisganzpflanzen und ihre Verarbeitung zu Pellets oder Cobs erfordert wie die Silierung ein kurzes Häckseln. Außerdem ist es notwendig, das getrocknete Häcksel vor dem Pressen zur Zerkleinerung der Körner mit Hammermühlen zu mahlen. Wenn die Pellets für die Rinderfütterung vorgesehen sind, ist ein gleichzeitiger Zusatz von Harnstoff und anderen Supplementen möglich. Beim Trocknen ist darauf zu achten, daß eine verdaulichkeitsmindernde Überhitzung des Trockengutes vermieden wird. Das Verfahren zur Herstellung von Maisganzpflanzenpellets findet aus energetischen Gründen nur noch im beschränkten Umfang Anwendung.

4.4.2. Grüngetreide und Getreideganzpflanzen

Von **Grüngetreide** spricht man, wenn die als Körnerfrüchte bekannten Getreidearten zur Grünfuttergewinnung angebaut und als junge Pflanzen, spätestens bis zur Blüte, geerntet werden. Das Grüngetreide liefert im Unterschied zu den Gräsern stets nur einen Schnitt. Größere Bedeutung haben der Anbau von Grünroggen als Winterzwischenfrucht oder Stoppelsaat und Grünhafer als Hauptfrucht oder Bestandteil von Stoppelsaatgemischen erlangt.

Zur Nutzung als **Ganzpflanze** wird Getreide wie für die Körnergewinnung angebaut und wenige Wochen vor der Druschreife, bei größtenteils bereits abgeschlossener Ausbildung, aber noch weichem Zustand der Körner geerntet. Die Erntemasse besteht aus dem gesamten Vegetationskörper der Pflanzen einschließlich der fast reifen Samen. Während die Grünschnittnutzung von Getreide in speziellen Formen schon mindestens ein Jahrhundert alt ist, wurde die Ganzpflanzennutzung erst in den letzten zwei Jahrzehnten bekannt und hat in jüngster Zeit zunehmende Verbreitung gefunden. Gefördert wurde die Ausbreitung des Verfahrens der Ganzpflanzenernte durch die Spezialisierung von Betrieben auf Futter- und Rinderproduktion und durch die Möglichkeit, damit den Anteil des Silomaises an der Ackerfläche solcher Betriebe in den für die Bodenfruchtbarkeit zweckmäßigen Grenzen zu halten. Getreideganzpflanzen können außerdem auf Standorten, die aus klimatischen Gründen für den Silomaisanbau nicht mehr sicher geeignet sind, diesen ersetzen. Der hohe Futterwert der Maissilagen wird zwar von den Silagen aus Getreideganzpflanzen nicht erreicht; sie enthalten aber wie diese große Anteile an Stärke. Weitere Vorteile des Anbaues von Getreideganzpflanzen sind frühes Räumen der Flächen zugunsten von Untersaaten (insbesondere Weidelgräser) oder Nachfrüchten (z. B. Raps) und eine günstige zeitliche Verteilung des Arbeitsbedarfs. Für die Ganzpflanzenernte werden vor allem Sommer- und Wintergerste sowie Hafer verwendet.

4.4.2.1. Arten und Eigenschaften

● **Roggen** (*Secale cerceale* L.)

Als Futterpflanze ist der Roggen auf praktisch allen Böden gut geeignet und liefert in jungem Zustand ein Grünfutter von hoher Energie- und Proteinkonzentration, das von Rindern und Schafen sehr gern gefressen wird. Es sind die Winter- und die Sommerform des Roggens zu unterscheiden, die zur gleichen Art gehören und beide für den Grüngetreideanbau Bedeutung haben.

Winterroggen wird für die Grünschnittnutzung meist in der ersten Septemberhälfte, d. h. etwas früher als für die Körnergewinnung, ausgesät und dient als Winterzwischenfrucht. Relativ hohe Stickstoffgaben werden von ihm gut verwertet und beschleunigen, wenn sie im Winter ausgebracht werden, die Nutzungsreife des Roggens im Frühjahr. Es gibt Sorten mit unterschiedlicher Nutzungsreife sowie auch spezielle Sorten für die Grünschnittnutzung. Der Winterroggen liefert, je nach Standort und Frühjahrswitterung, ab Ende April oder Anfang Mai das erste Grünfutter, im allgemeinen nur wenige Tage später als Winterrübsen und in der Regel vor dem Weideaustrieb der Rinder auf dem Grünland. Wachstum und Entwicklung verlaufen dann sehr schnell. Mit Beginn des Ährenschiebens nehmen Futterwert und Schmackhaftigkeit rasch ab. Durch Anbau mehrerer Sorten kann eine Schnittzeitspanne von 2 bis 3 Wochen erreicht werden. Neben der Reinsaat sind Gemengesaaten mit Winterwicken möglich (Wickroggen), die etwas später als der reine Roggen die Schnittreife erreichen. Außer als Grünfutter für die Stallfütterung oder für das Beweiden wird Winterroggen auch für die Heißlufttrocknung oder Silierung angebaut.

Der **Sommerroggen** erfreut sich zunehmender Beliebtheit als spätsaatverträgliche Stoppelsaat. Die Aussaat kann unmittelbar nach dem Drusch des Saatgutes, auch unter Verwendung von Korn mit noch hoher Feuchte erfolgen, weil der Roggen das Merkmal der Keimruhe nicht aufweist. Er ist aber eine typische Langtagspflanze und geht um so schneller in die generative Entwicklung über, je früher er gesät wird. Deshalb wird empfohlen, die Aussaat zeitlich gestaffelt zwischen dem 5. und 25. August vorzunehmen. Die frühen Aussaaten erreichen die Schnittreife schon nach 50 Tagen und können bis zum Ährenschieben etwa zwei Wochen lang genutzt werden. Bei den späteren Aussaaten ist die generative Entwicklung mehr und mehr gehemmt und eine bis zu dreiwöchige Nutzung möglich. Auf diese Weise kann von Ende September bis Ende November kontinuierlich Frischfutter bereitgestellt werden, wobei sich auch die Frostresistenz des Sommerroggens (-4 °C) günstig auswirkt. Die Erträge und die Trockensubstanzgehalte sind geringer als die von Winterroggen; Futterwert und Schmackhaftigkeit sind dagegen ebenso gut. Im Vergleich zu den Kruziferen als Stoppelfrüchten hat der Sommerroggen den großen Vorteil, daß er keine Einsatzbeschränkungen wegen antinutritiver Inhaltsstoffe erfordert.

Die Nutzung von Roggen als Getreideganzpflanze ist wegen seines weiten Korn-Stroh-Verhältnisses generell nicht zu empfehlen. Sie kommt allenfalls für stark geschädigte, nicht anders verwertbare Bestände (starkes Lagern, Auswuchsgefährdung, Hagelschäden usw.) in Betracht.

- **Hafer** (*Avena sativa* L.)

Der Hafer kann mit Ausnahme leichter Sandböden auf praktisch allen Standorten als Futterpflanze angebaut werden. Für hohe Erträge ist es jedoch notwendig, daß er im zeitigen Frühjahr, nicht wesentlich später als für die Körnergewinnung, ausgesät und ausreichend mit Stickstoff versorgt wird und daß ihm in den Monaten Mai und Juni genügend Wasser zur Verfügung steht. Grünhafer wird entweder als Hauptfrucht angebaut, die ab Ende Juni schnittreif ist und etwa zwei Wochen lang bis zur Blüte genutzt werden kann, oder als Deckfrucht für die Neuansaat von Gräsern oder mehrjährigen Leguminosen. Im letzteren Fall ist es üblich, den Hafer weniger dicht zu säen und etwas früher als sonst abzuernten. Grünhafer wird im Unterschied zum Grünroggen auch dann noch zufriedenstellend gefressen, wenn er die Blütenstände bereits geschoben hat, obgleich sein Futterwert in dieser Entwicklungsphase schon deutlich abgefallen ist. Die Schnittreife von Grünhafer als Hauptfrucht fällt gewöhnlich in die Zeit zwischen dem ersten und zweiten Schnitt von Rotkleegras oder Luzerne. Er kann deshalb auf Ackerstandorten zur Kontinuität der Frischfutterversorgung beitragen.

Zur Ganzpflanzenernte wird Hafer wie für die Körnergewinnung angebaut und in der Teigreife, z. T. auch erst in der beginnenden Gelbreife, geerntet. Dieser späte Nutzungstermin ist beim Hafer möglich, weil sein Halm später als der anderer Getreidearten abstirbt und die Haferkörner auch noch im weitgehend ausgereiften Zustand ohne Zerkleinerung gut verdaut werden. Oft wird auch stark ins Lager gegangener, zwiewüchsiger oder aus klimatischen Gründen nicht ausreifender Körnerhafer als Ganzpflanze gehäckselt und siliert. Zu beachten ist, daß bei der Ernte von Haferganzpflanzen mit dem Feldhäcksler hohe Körnerverluste entstehen können, wenn ihnen nicht durch geeignete technische Maßnahmen entgegengewirkt wird.

- **Gerste** (*Hordeum vulgare* L.)

Die Gerste stellt wie der Weizen höhere Ansprüche an die Qualität des Bodens. Im Unterschied zu den anderen Getreidearten sind ihre kurze Wachstumszeit und ihr geringer Halmanteil an der reifen Ganzpflanze typisch. Mit der geringeren Halmlänge mag es zusammenhängen, daß weder die Winter- noch die Sommerform der Gerste Bedeutung für die Grünschnittnutzung erlangt haben. Um so häufiger und vorteilhafter werden sie neuerdings als Ganzpflanzen genutzt. Infolge des engen Korn-Stroh-Verhältnisses können damit energiereiche Silagen erzeugt werden. Die Ernte muß aber am Ende der Milchreife, spätestens bei der beginnenden Teigreife erfolgen, weil reifere Körner der Gerste im unzerkleinerten Zustand von Rindern z. T. unverdaut wieder ausgeschieden werden.

Für die Ganzpflanzennutzung eignen sich sowohl Wintergerste als auch Sommergerste. Oft wird der Anbau von Gerste für diesen Zweck mit einer schnellwüchsigen Grasuntersaat kombiniert. Dafür eignet sich Sommergerste besser als Wintergerste. Bei dieser Anbauform, die auch unter der Bezeichnung **Gerstgras** bekannt ist, wird Sommergerste bei verminderter Saatstärke im zeitigen Frühjahr zusammen mit Weidelgräsern (Einjähriges und/oder Welsches Weidelgras) ausgesät, beides gemeinsam aufwachsen gelassen und das Gemenge am Ende der Milchreife der Gerste abgeerntet. Die Untersaat bringt im gleichen Jahr wenigstens einen, unter günstigen Bedingungen auch zwei volle weitere Futterschnitte.

- **Weizen** (*Triticum* spec.)

Der Weizen hat bisher bei uns weder als Grünfutter noch als Ganzpflanze größere wirtschaftliche Bedeutung erlangt. Im Zusammenhang mit der zunehmenden Ausdehnung der Ganzpflanzennutzung ist aber wie im Ausland seine zumindest gelegentliche

Einbeziehung in die Anwendung dieses Verfahrens für die Zukunft durchaus zu erwarten. Für den Weizen der modernen Sorten ist wie für Gerste ein enges Korn-Stroh-Verhältnis typisch, woraus sich die potentielle Möglichkeit für die Erzeugung von Silagen mit hohem Energiegehalt ergibt.

4.4.2.2. Futterwert

Tabelle 49 zeigt Rohnährstoffgehalte und Futterwertangaben von Grüngetreide aller vier Arten sowie für die daraus hergestellten Konservate von Grünroggen und Grünhafer. Unterstellt ist ein jeweils vergleichbares Vegetationsstadium, nämlich das gerade eben beginnende Hervortreten der Ähren- bzw. Rispenspitzen. Dieses Stadium ist für die Silierung optimal. Für die Frischverfütterung wird die Ernte beim Grünroggen wesentlich früher begonnen und beim Grünhafer auch darüber hinaus ausgedehnt. Dadurch ergibt sich, daß der Grünroggen in der Praxis durchschnittlich eine höhere Energiekonzentration als der Grünhafer bringt. Vergleicht man die Arten, wie es hier geschieht, im selben Entwicklungsstadium, so sind die Unterschiede in der Energiekonzentration nicht allzu groß. Der Roggen ist bei gleicher Stickstoffdüngergabe proteinreicher als die anderen Arten; für den Hafer ist der höhere Rohaschegehalt typisch.

Tabelle 49. Rohnährstoffgehalt und Futterwertangaben für Wiederkäuer — Grüngetreidearten zu Beginn des Blütenstandschiebens

Futterart	T %	g/kg T			Verdaulichkeit %		je kg T	
		Roh-asche	Roh-protein	Roh-faser	organische Substanz	Energie	NEF EFr	NEL MJ
Grünfutter								
Roggen	16	80	150	290	77	73	570	6,4
Weizen	20	70	110	310	74	70	550	6,2
Hafer	17	100	120	270	78	74	570	6,4
Gerste	17	90	130	270	79	75	580	6,5
Silage								
Roggen	25	90	160	340	70	66	520	5,7
Hafer	25	110	130	310	71	67	520	5,6
Trockengrünfutter								
Roggen	90	80	150	310	74	70	540	5,9
Hafer	90	100	120	280	75	71	540	5,9

Wie stark sich der Futterwert mit dem Vegetationsstadium ändert, zeigt Tabelle 50. Durch frühen Schnitt kann man von beiden Arten ein sehr protein- und energiereiches Grünfutter gewinnen, was allerdings stark zu Lasten des Ertrages geht. Außer für die Frischverfütterung, bei der man durch frühes Beginnen die mögliche Schnittzeitspanne zu verlängern versucht, ist eine sehr zeitige Ernte nur für die Heißlufttrocknung zweckmäßig, um ein auch für Monogastriden taugliches Trockenfutter zu gewinnen (Tabelle 51). Die Futterwertänderung in der Zeiteinheit ist beim Winterroggen am größten. Pro Tag muß mit einer Abnahme der Energiekonzentration um etwa 6 EFr/kg T gerechnet werden. Beim Sommerroggen und beim Grünhafer ist im Mittel eine tägliche Abnahme von 4 EFr/kg T zu erwarten.

4.4. Grünfutterarten

Tabelle 50. Rohnährstoffgehalt und Futterwertangaben für Wiederkäuer — Grüngetreide in unterschiedlichem Vegetationsstadium

Vegetations-Stadium	T %	g/kg T			Verdaulichkeit %		je kg T	
		Rohasche	Rohprotein	Rohfaser	organische Substanz	Energie	DP g	EFr
Grünroggen								
Beginn des Schossens	14	110	220	220	84	80	180	600
im Schossen	15	95	180	260	81	77	140	580
Beginn des Ährenschiebens	16	80	150	290	77	73	110	570
Ende des Ährenschiebens	19	70	130	330	71	67	90	530
Blüte	25	60	110	370	67	63	70	490
Grünhafer								
Beginn des Schossens	15	120	150	220	84	80	110	600
im Schossen	16	110	130	240	82	78	90	590
Beginn des Rispenschiebens	17	100	120	270	78	74	80	570
Ende des Rispenschiebens	20	90	110	300	74	70	70	540
Blüte	25	80	100	330	70	66	60	510

Tabelle 51. Rohnährstoffgehalt und Futterwertangaben für Schweine — junger Grünroggen

Futterart	T %	g/kg T			Verdaulichkeit der OM %	je kg T				
		Rohasche	Rohprotein	Rohfaser		Lys g	Met + Cys g	DP g	NEF EFs	ME MJ
Grünfutter	14	100	200	240	63	11,0	5,3	130	430	8,3
Silage	18	110	210	280	57	10,4	4,8	140	380	7,2
Trockengrünfutter	90	100	200	250	62	9,6	4,5	120	400	8,2

Die Ganzpflanzenernte von Getreide erfolgt in einem wesentlich späteren Entwicklungsstadium. Größen und Änderungstendenzen des Futterwertes, wie sie für die junge Pflanze gelten, lassen sich auf ein solches Erntegut nicht übertragen. Ursache dafür ist die Erscheinung, daß der Futterwert von Getreideganzpflanzen kaum durch das physiologische Alter der Pflanze, sondern überwiegend durch das Verhältnis von generativen zu vegetativen Pflanzenorganen bestimmt wird. Tabelle 52 enthält Angaben über die Verschiebung dieses Verhältnisses von der Blüte bis zur Gelbreife bei Gerste und Hafer. Nach der Blüte setzt ein enormer Massezuwachs der Fruchtstände ein. Vom Ende der Milchreife an entfällt bei diesen beiden Getreidearten etwa die Hälfte der Erntetrockensubstanz auf die Ähre bzw. Rispe. Die danach eintretende weitere Zunahme ist nicht mehr ganz so groß und ergibt sich vor allem aus der Umlagerung von Nährstoffen aus dem Halm in die Samen. Das Maximum des

Energieertrages und damit das optimale Erntestadium ist deshalb regelmäßig bereits beim Übergang zwischen Milch- und Teigreife erreicht. Der Futterwert des Erntegutes ändert sich über einen sehr weiten Abschnitt der Entwicklung der Pflanze, von der Milchreife bis zur Gelbreife, praktisch nicht, weil die Zunahme des Anteils generativer Organe durch die wachsende Verholzung vegetativer kompensiert wird.

Tabelle 52. Anteil vegetativer und generativer Pflanzenorgane und Ertrag von Getreideganzpflanzen

Getreideart und Reifestadium	Trockensubstanzgehalt %		Trockensubstanzanteil %		Energieertrag der Ganzpflanze relativ
	Ganz-pflanze	Ähre oder Rispe	Halm	Ähre oder Rispe	
Gerste					
Blüte	25	25	80	20	60
Beginn der Milchreife	32	40	60	40	90
Ende der Milchreife	40	45	48	52	100
Beginn der Teigreife	45	50	44	56	100
Ende der Teigreife	50	55	40	60	95
Gelbreife	55	65	37	63	87
Hafer					
Blüte	25	25	83	17	60
Beginn der Milchreife	30	40	65	35	90
Ende der Milchreife	35	45	51	49	100
Beginn der Teigreife	40	50	48	52	100
Ende der Teigreife	45	55	46	54	97
Gelbreife	50	65	45	55	92

Welches Niveau der Futterwert von Getreidepflanzen erreicht, hängt von der Halmlänge und den diese bestimmenden Faktoren ab, wie Getreideart, Sorte, Einsatz von Halmverkürzern und Stoppelhöhe bei der Ernte. Wie Tabelle 53 zeigt, ist bei Roggenganzpflanzen mit der geringsten, bei Weizen- und Haferganzpflanzen mit einer mittleren und bei Gersteganzpflanzen mit der höchsten Energiekonzentration zu rechnen. Unabhängig von der Getreideart kann der Futterwert durch eine größere Schnitthöhe nahezu beliebig angehoben werden, bis hin zur sogenannten Ähren- oder Rispensilage, bei der nur etwa das obere Drittel der teigreifen Getreidepflanzen geerntet und siliert wird. In Tabelle 53 finden sich Angaben sowohl für das silierte als auch für das mit Heißluft getrocknete, gemahlene und pelletierte Erntegut von Getreideganzpflanzen. Beim letztgenannten Verfahren fallen der Rohfasergehalt und die Energiekonzentration etwas niedriger aus als bei den Silagen.

Im Unterschied zur Herstellung von Getreideganzpflanzen-Pellets bleiben die Körner beim Häckseln und Silieren unzerkleinert und größtenteils auch unbeschädigt. Dadurch kann ein Teil dieser Körner der Verdauung durch das Rind entgehen und ungenutzt wieder ausgeschieden werden, wenn das Getreide zu weit ausgereift war. Dieses Problem besteht nach den bisherigen Untersuchungen vor allem bei Gersteganzpflanzen, während Haferkörner auch hoher Reifegrade gut verdaut werden (Tabelle 54). Die Ausscheidung unverdauter Getreidekörner tritt im übrigen nur bei Rindern auf. Schafe zerkauen die Körner offenbar wesentlich besser und verdauen sie praktisch immer vollständig. Um diese Verluste durch unverdaute Körner bei Ganzpflanzensilage aus Gerste zu vermeiden, ist entweder eine weitgehende Nachzerkleinerung oder eine sinnvolle Begrenzung des Reifegrades notwendig. Zusatzausrüstungen zum Feldhäcksler

4.4. Grünfutterarten

Tabelle 53. Rohnährstoffgehalt und Futterwertangaben für Wiederkäuer — Getreidepflanzen am Ende der Milchreife

Futterart	T %	g/kg T			Verdaulichkeit %		je kg T		
		Roh-asche	Roh-protein	Roh-faser	organische Substanz	Energie	DP g	NEF EFr	NEL MJ
Roggen									
siliert	40	40	80	340	61	57	40	490	5,1
getrocknet	90	40	80	330	58	54	30	470	4,8
Weizen									
siliert	40	40	90	310	64	60	50	510	5,4
getrocknet	90	40	90	300	61	57	40	490	5,1
Hafer									
siliert	40	70	80	310	63	59	40	500	5,3
getrocknet	90	70	80	300	60	56	30	480	5,0
Gerste									
siliert	40	50	90	280	67	63	50	530	5,7
getrocknet	90	50	90	270	64	60	40	510	5,4
Gerstegras									
siliert	30	70	110	280	68	64	70	530	5,8

für diesen Zweck sind aufwendig und ihr Effekt bisher nicht ausreichend bewiesen. Sehr kurzes Häckseln reicht nicht aus. Zuverlässiger und billiger ist deshalb das Vermeiden zu hoher Reifegrade. Für die objektive Kennzeichnung des Reifegrades ist der Trockensubstanzgehalt der Ähre zum Zeitpunkt der Ernte geeignet. Dieser soll zwischen 40 und 45% betragen und keinesfalls 50% überschreiten, wenn die Verluste gering bleiben sollen. An der fertigen Silage kann der Reifegrad anhand des Tausendkorngewichtes (ausgesammelte und dann getrocknete Körner) und bei der Verfütterung der Silagen durch eine Stärkebestimmung im Rinderkot kontrolliert werden.

Tabelle 54. Nährstoffverluste durch Ausscheidung unverdauter Körner bei Verfütterung von Getreideganzpflanzensilage

Reifestadium	Trockensubstanz Ähre bzw. Rispe %	Tausend-korngewicht g T	Energieverlust	
			EFr/kg T	%
Gerste				
Milchreife	40—45	<33	10	2
Teigreife	50—55	33—37	30	6
Gelbreife	60—70	>37	60	12
Hafer				
Milchreife	40—45	—	0	0
Teigreife	50—55	—	0	0
Gelbreife	60—70	—	10	2

Zum Mineralstoffgehalt und zum Gehalt an Carotin von Grüngetreide und Getreideganzpflanzen finden sich in den Tabellen 55 und 56 orientierende Werte. Der Gehalt an Calcium ist im Grüngetreide niedriger als in vielen anderen Grünfuttermitteln. Ganz besonders trifft das für die weitgehend ausgereiften Ganzpflanzen zu. Der Carotingehalt von Grüngetreide ist höher als im Mais, erreicht jedoch nicht das Niveau von Gräsern und Leguminosen.

Tabelle 55. Mineralstoffgehalt von Grüngetreide und Getreideganzpflanzen

	g/kg T					Ca/P
	Na	K	Mg	Ca	P	
Grüngetreide						
Roggen	0,4	29	1,7	4,6	3,7	1,2
Hafer	0,5	31	1,5	4,6	3,6	1,3
Getreideganzpflanze						
Gerste	0,2	12	1,2	1,8	2,1	0,9
Hafer	0,3	14	1,1	2,6	2,3	1,1

Tabelle 56. Carotingehalt (Gesamtcarotin) von Grüngetreide (Grünroggen und Grünhafer)

	mg/kg T
Grünfutter	
im Schossen	200
Beginn des Blütenstandschiebens	180
Ende des Blütenstandschiebens	160
Trockengrünfutter	150
Silage	100

4.4.2.3. Konservierung

● **Silierung**

Grüngetreide enthält im Unterschied zu Mais wesentlich weniger Zucker und gibt, wenn es ohne Zusatz von Siliermitteln mit natürlichem Trockensubstanzgehalt siliert wird, sehr oft buttersäurehaltige Silagen. Besonders bekannt ist dieses Problem vom Grünroggen. Erschwerend kommt hinzu, daß die Silagen von dieser Winterzwischenfrucht bereits im Mai bereitet werden und die ganze warme Jahreszeit über lagern und damit relativ hohen Außentemperaturen ausgesetzt sind.

Der Z/PK-Quotient von Grünroggen und Grünhafer hängt sehr von der Stickstoffversorgung der Pflanzen ab (Tabelle 57). Mit steigender Düngungsintensität geht der Zuckergehalt zurück. Deshalb sollte Grüngetreide, das für die Silierung bestimmt ist, nicht mehr als 100 kg N/ha erhalten. Aber auch dann liegt der für buttersäurefreie Silagen benötigte Mindest-Trockensubstanzgehalt wesentlich über dem zu erwartenden natürlichen Gehalt. Prinzipiell kann durch Vorwelken auf 250 – 300 g T/kg die Vergärbarkeit erreicht werden. Aber Grünroggen und -hafer welken nur langsam, und der Grünroggen benötigt um die Jahreszeit, in der er als Winterzwischenfrucht anfällt, selbst für diesen geringen Welkgrad oft 3 bis 5 Tage. Dadurch wird die Bestellung der Zweitfrüchte verzögert. Sofern eine Silierung von Grüngetreide notwendig ist, sollte deshalb besser ein Siliermittel angewendet werden als zu versuchen, das Futter durch ausgedehnte Feldliegezeit auf den sonst notwendigen Welkgrad zu bringen. Dafür genügen Siliermittel mit einem Wirkungsäquivalent von etwa 100 g T/kg. Zu empfehlen ist die Anwendung von geeigneten Siliermitteln in Kombination mit höchstens zweitägigem, schwachen Vorwelken.

Tabelle 57. Vergärbarkeit von Grüngetreide

Futterart	T g/kg	g/kg T		Z/PK	T_{min} g/kg
		Zuckergehalt	Pufferkapazität		
Grünroggen					
75 kg N/ha	170	140	55	2,5	250
100 kg N/ha	160	130	55	2,4	260
150 kg N/ha	150	100	55	1,8	300
Grünhafer					
75 kg N/ha	180	180	50	3,6	160
100 kg N/ha	170	140	50	2,8	230
150 kg N/ha	160	120	50	2,4	260

Getreideganzpflanzen sind grundsätzlich leichter zu silieren als Grüngetreide. Das ergibt sich aus der Tatsache, daß milch- bzw. teigreifes Getreide einen Trockensubstanzgehalt von etwa 300 — 400 g/kg aufweist, der sonst nur durch relativ starkes Welken von Grünfutter herbeigeführt werden kann. Der Z/PK-Quotient von Haferganzpflanzen liegt aber gewöhnlich sehr niedrig (Tabelle 58) und erfordert für buttersäurefreie Silagen einen Mindest-Trockensubstanzgehalt, der zwar im Durchschnitt mit dem natürlichen Trockensubstanzgehalt übereinstimmt, in der Praxis durch witterungsbedingte Schwankungen aber oft unterschritten wird. Schwaches Welken vor der Silierung von Getreideganzpflanzen ist deshalb zumindest im Falle des Hafers durchaus zweckmäßig.

Tabelle 58. Vergärbarkeit von Getreideganzpflanzen

Futterart	T g/kg	g/kg T		Z/PK	T_{min} g/kg
		Zuckergehalt	Pufferkapazität		
Hafer					
milchreif	300	80	50	1,6	320
teigreif	400	30	45	0,7	400
Gerste					
milchreif	300	140	40	3,5	170
teigreif	400	70	35	2,0	290
Gerstgras					
milchreif	250	160	45	3,5	170
teigreif	300	100	40	2,5	250

Eine Besonderheit der Silierung von Getreideganzpflanzen ist die Erfahrung, daß solche Silagen trotz hohen Trockensubstanzgehaltes Buttersäuregärung zeigen können. Ursache dafür ist das Fehlen von Nitrat im Gärmedium, mit dem bei anderem Grünfutter wenigstens in geringer Konzentration stets zu rechnen ist und das offenbar für den erwünschten Gärungsverlauf gebraucht wird. Dem kann durch Zusatz von Milchsäurebakterien oder durch Siliermittel entgegengewirkt werden, die Nitrit oder Nitrat als Bestandteile enthalten. Bei Gerstgras tritt dieses Problem nicht auf und sind solche Siliermittel nicht notwendig, weil durch den Grasanteil nicht nur etwas Zucker, sondern stets auch das dem weitgehend reifen Getreide fehlende Nitrat bereitgestellt wird.

- **Trocknung**

Junges Grüngetreide liefert, wenn es durch Heißlufttrocknung konserviert wird, ein hochwertiges, protein-, energie- und carotinreiches Trockengut, das als Häcksel besonders für die Kälberaufzucht und in gemahlener und pelletierter Form auch als Komponente für Schweine- und Geflügelmischfuttermittel geschätzt wird. Ein solches Futter wird dann allerdings sehr teuer, weil der Ertrag bei zeitiger Ernte z. B. von Grünroggen noch gering, die Kosten für den Anbau und für die Konservierung aber hoch sind. Auch ist der Energieeinsatz für das Trocknen wegen des niedrigen Trockensubstanzgehaltes von jungem Grüngetreide sehr groß. Auf ein 24- bis 36stündiges Welken sollte deshalb nicht verzichtet werden, obgleich der Welkeffekt hier geringer als bei anderen Grünfutterarten ausfällt. Die Erhaltung des Carotins während der Lagerung des Trockengrünfutters erfordert die Pelletierung.

Trocknung und Pelletierung von Getreideganzpflanzen sind prinzipiell möglich und, was den Energieeinsatz für das Trocknen betrifft, wegen des hohen Trockensubstanzgehaltes im Erntegut als durchaus günstig zu beurteilen. Das entstehende Trockenprodukt ist aber ein Massenfutter ohne die besonderen Vorzüge, wie sie hochwertigem Trockengrünfutter zukommen und dort den Aufwand rechtfertigen. Aus energetischen Gründen ist die Heißlufttrocknung von Getreideganzpflanzen kaum mehr sinnvoll und dem alternativen Konservierungsverfahren, der Silierung, in den Kosten unterlegen.

4.4.3. Futtergräser

Die Gräser stellen von alters her und in vielen Gebieten auch heute noch den größten Teil des Grundfutters für Rinder, Schafe und andere Nutztierarten. Sie sind überwiegend ausdauernde, stets aber mehrschnittige Pflanzen, die unter geeigneten Umweltbedingungen während der ganzen Vegetationsperiode Grünfutter liefern können. Gräser sind neben geringeren Anteilen an Leguminosen und Kräutern die Hauptbestandsbildner der Pflanzendecke des natürlichen Grünlandes, das deshalb zutreffend auch Grasland genannt wird.

Um die Ertragsfähigkeit der Grasnarbe zu verbessern, ist man vielerorts auf den pflugfähigen Standorten dazu übergegangen, die natürlichen meist aus weniger leistungsfähigen Arten bestehenden Pflanzengemeinschaften mittels Umbruch und Neuansaat durch Gemische aus Kulturgräsern und Leguminosen zu ersetzen, was aber zu periodischer Wiederholung dieser Maßnahmen im Abstand von mehreren Jahren zwingt. In diesem Falle spricht man von **Saatgrasland** im Gegensatz zum **natürlichen Grün- bzw. Grasland**. Einige Kulturgräser werden im Rahmen des Fruchtwechsels auch auf dem Ackerland als Reinsaaten oder im Gemisch mit Leguminosen (Kleegras, Luzernegras, Wickgras) für die ein- oder mehrjährige Nutzung angebaut. Dieses

Ackergras hinterläßt durch seine Wurzelrückstände große Mengen organischer Substanz im Boden und ist deshalb für die Erhaltung seiner Fruchtbarkeit bedeutsam.

Das Futter vom Dauergrünland und vom Ackergras dient sowohl der Sommerfütterung durch Beweiden oder Mähnutzung als auch zur Gewinnung von Winterfutter, vor allem zur Bereitung von Silage und Heu. Dabei fällt vom ersten Aufwuchs auch bei ausreichender Wasserversorgung in der Regel wesentlich mehr Futter an als von jedem der Folgeaufwüchse. Eine bewährte Form der Anpassung an diese aus dem Entwicklungsrhythmus der Pflanzen resultierende ungleiche Ertragsverteilung während der Vegetationsperiode ist die *Mähweide*. Dabei wird der Weidetierbesatz so gewählt, daß er mit den Sommer- und Herbstaufwüchsen ausreichend ernährt werden kann. Die Ertragsüberschüsse des Frühjahraufwuchses dienen dann der Winterfuttergewinnung.

Die Weidenutzung von Grünland hat den Vorteil geringerer Kosten pro Flächeneinheit und pro Tier, weil hier der Aufwand für das Ernten des Futters und die Entmistung der Ställe eingespart wird. Außerdem gilt die Weidehaltung der Tiere als tiergerechte Haltungsform, bei deren zweckmäßiger Gestaltung ähnlich hohe tierische Leistungen wie über die Sommerstallfütterung erreicht werden können. Man unterscheidet zwischen *Stand-, Koppel-, Umtriebs-* und *Portionsweide*. Eine gute Nutzung des Weidefutters und hohe Flächenproduktivität werden dann erreicht, wenn den Tieren periodisch, am besten täglich, ausreichende Mengen Weidefutter im optimalen Vegetationsstadium neu zugeteilt werden, was mit der Portions- oder auch Streifenweide am besten gewährleistet ist. Die Standweide ist dort die bevorzugte Form der Weidewirtschaft, wo die Standortbedingungen nur eine extensive Nutzung des Grünlandes zulassen oder diese aus Gründen des Biotop- und Umweltschutzes wünschenswert ist.

4.4.3.1. Arten und Eigenschaften

Zu den Gräsern gehören zahlreiche Arten der Süßgräser oder eigentlichen Gräser aus der Familie der *Poaceae (Gramineae)* und der Sauer-, Ried- oder Scheingräser aus der Familie der *Cyperaceae*. Während die letzteren für die Fütterung generell minderwertig oder wertlos sind und ihr Auftreten typisch für niedrigen Kulturzustand der Wiesen und Weiden ist, zählen zu den Süßgräsern sowohl die wertvollen Futtergräser als auch mehr oder weniger geringwertige Arten. Nach Wacker und Wojahn (1986) gibt es nur etwa 10 unter unseren Bedingungen auf dem Saatgrasland oder Acker anbauwürdige Futtergräser. Zusätzlich sind noch einmal etwa halb soviele andere wertvolle oder mittelwertige Gräserarten des natürlichen Grünlandes sowie einige im Kulturgrünland unerwünschte Gräser von Bedeutung. Die Einstufung und Beschreibung dieser Gräserarten erfolgt in Anlehnung an die Angaben der genannten Autoren.

- **Anbauwürdige Futtergräser**

Zu den Weidelgräsern gehören das **Ausdauernde** oder **Deutsche Weidelgras** (*Lolium perenne* L.), das **Welsche Weidelgras** (*Lolium multiflorum* Lam.) und das **Einjährige Weidelgras** (*Lolium multiflorum* Lam., ssp. *westerwoldicum*). Das Ausdauernde Weidelgras ist das beste Weidegras der feuchten und klimatisch milden Standorte. Es bildet dort dichte blattreiche Bestände von niedrigem Wuchs. In klimatisch rauhen Lagen ist es auswinterungsgefährdet, in trockenen warmen Lagen werden die Sommeraufwüchse schnell generativ und verholzen. Die Nutzungsreife der einzelnen Sorten ist sehr unterschiedlich; es gibt frühe und späte Typen. Das Welsche Weidelgras ist zweijährig (überjährig) und verträgt nur eine Überwinterung. Im Aussaatjahr bildet es wegen des fehlenden Vernalisationseffektes überwiegend nur vegetative Triebe. Im zweiten Nutzungsjahr ist der erste Aufwuchs sehr zeitig nutzungsreif; die Folgeaufwüchse neigen bei Sommertrockenheit wie die der ausdauernden Art zum Verholzen. Welsches Weidelgras verträgt und nutzt Gülle- und Abwassergaben gut. Das Einjährige Weidelgras ist eine besonders schnellwüchsige, nicht winterfeste Form des Welschen Weidelgrases. Beide gelten als sehr wertvolle Ackergräser mit großem Ertragspotential. Typisch für alle Weidelgräser ist ein hoher Zuckergehalt. Damit hängen ihr schnelles Nachwuchsvermögen nach erfolgter Nutzung und die allgemein gute Aufnahme durch die Tiere zusammen.

Der **Wiesenschwingel** (*Festuca pratensis* Huds.) ist ein relativ anspruchsvolles, mehrjähriges, ertragreiches Gras von hohem Futterwert, das sich sowohl zur Mäh- als auch Weidenutzung eignet. Seine Leistungsdauer und Konkurrenzkraft sind jedoch nicht hoch. Er wird in Mischungen mit anderen Gräsern auf Saatgrasland oder zusammen mit Rotklee im Ackerfutterbau ausgesät. In der Nutzungsreife ist er früh bis mittelfrüh. Aus der Bastardierung von Wiesenschwingel × Welsches Weidelgras ist der **Wiesenschweidel** (*Festilolium braunii* [Richt.] A. Camus) hervorgegangen. Er vereinigt in sich den hohen Zuckergehalt der Weidelgräser mit der Mehrjährigkeit des Wiesenschwingels und kann bis zu 5 Jahren genutzt werden.

Das **Knaulgras** (*Dactylis glomerata* L.) ist ein relativ anspruchsloses, ausdauerndes, sehr ertragreiches Gras, das Gülle gut verträgt und gut verwertet. Es eignet sich sowohl zur Mäh- als auch Weidenutzung und wird im Ackerfutterbau wie auch im Saatgrasbau als Reinsaat oder im Gemisch mit Wiesenrispe ausgesät. In der Nutzungsreife ist es sehr früh bis früh. Der erste Aufwuchs verholzt sehr schnell und muß vor dem Blütenstandschieben geerntet werden. Die Folgeaufwüchse bestehen fast nur aus Blattmasse, vergilben aber schnell. Gute Futterqualitäten erfordern große Schnitthäufigkeit.

Wiesenlieschgras (*Phleum pratense* L.) gilt als ein ertragreiches, an die Bodenqualität relativ hohe Ansprüche stellendes, mehrjähriges und besonders winterfestes Futtergras. Seine Leistungsdauer und Konkurrenzkraft sind jedoch gering. Es ist empfindlich gegen Trockenheit und neigt im Nachwuchs zum Schossen. In der Nutzungsreife ist es mittelfrüh bis mittelspät. Häufigen Schnitt oder Verbiß verträgt es schlecht und eignet sich deshalb weniger gut zum Beweiden. Sein Anbau erfolgt auf Saatgrasland für die Mähnutzung im Gemisch mit Wiesenschwingel oder auf dem Acker zusammen mit Rotklee oder Luzerne.

Die **Wiesenrispe** (*Poa pratensis* L.) ist ein ausdauerndes, ausläufertreibendes, niedrig wachsendes und ertragssicheres Gras, das sich besonders zur Weidenutzung eignet. Die Nutzungsreife erreicht der erste Aufwuchs sehr früh bis früh. Infolge ihres hohen Blattanteils und ihrer Feinhalmigkeit kann sie aber, wie auch die Folgeaufwüchse, sehr lange genutzt werden, ohne zu verholzen.

Eine spezielle Eignung für Dauergrünland, das zeitweilig überflutet wird, hat das **Rohrglanzgras** (*Phalaris arundinacea* L.). Als ausläufertreibende Art ist es sehr ausdauernd. Das Futter ist jedoch sehr grobstenglig und ausschließlich für die Mähnutzung geeignet, wobei sein Futterwert nur dann befriedigt, wenn die Ernte vor dem Rispenschieben erfolgt.

Als sehr robustes, ausdauerndes und für wechselfeuchte Standorte geeignetes Gras gilt auch der **Rohrschwingel** (*Festuca arundinacea* Schreb.). Er ist dort anderen Arten überlegen im Ertrag. Da er in der Jugend leicht von anderen Gräsern verdrängt wird, baut man ihn hauptsächlich als Reinsaat auf Saatgrasland an. Die Nutzungsreife des ersten Aufwuchses wird früh erreicht. Seine Blätter sind aber ziemlich hart, weshalb er nur ungern gefressen wird und für Weidenutzung schlecht geeignet ist. Es gibt aber feinhalmige Zuchtsorten, die diesen Nachteil nicht haben.

Das **Weiße Straußgras** (*Agrostis gigantea* Roth) ist ein ausläufertreibendes, ausdauerndes Futtergras, das als Mischungspartner für Saatgrasland zur Mähnutzung geschätzt wird. Es wird spät nutzungsreif und besitzt ein gutes Nachwuchsvermögen.

- **Andere wertvolle und mittelwertige Gräser**

Der **Wiesenfuchsschwanz** (*Alopecurus pratensis* L.) kommt auf feuchten, kurzzeitig auch überfluteten Naturwiesen vor. Der erste Aufwuchs schoßt früh und hat nur einen geringen Blattanteil. Die Folgeaufwüchse sind bei ausreichender Bodenfeuchte blatt- und ertragreich.

Trockenere Wiesenstandorte der Niederungen bevorzugt der **Glatthafer** (*Arrhenatherum elatius* L.). In klimatisch rauheren Lagen tritt an seiner Stelle der **Goldhafer** (*Avena flavescens* L.) in den natürlichen Pflanzengemeinschaften auf. Kennzeichnend ist der hohe Halmanteil des Futters.

Die ausläufertreibende **Wehrlose Trespe** (*Bromus inermis* Leys.) wird wegen ihrer Winterfestigkeit, Trockenheits- und Wechselfeuchtresistenz als Wiesengras auf Moorstandorten geschätzt, obgleich sie nur ein relativ grobes Futter liefert.

Vom **Rotschwingel** (*Festuca rubra* L.) gibt es horstbildende und ausläufertreibende Formen, die nur geringe Ansprüche an den Boden und die Wasserversorgung stellen. Er kommt in den natürlichen Pflanzengemeinschaften von Wiesen und Weiden vor allem der Mittelgebirgslagen vor und liefert ein Gras von mittlerem Futterwert.

Die **Gemeine Rispe** (*Poa trivialis* L.) wächst auf feuchten Wiesen und Weiden. Sie liefert ein wertvolles Futter, ihr Ertrag läßt aber im Sommer schnell nach, wenn der Boden nicht gleichmäßig feucht bleibt. Die **Sumpfrispe** (*Poa palustris* L.) ist sehr nässeverträglich und besiedelt nasse, zeitweilig auch überflutete Wiesen. Ihr Futterwert ist nur mittelmäßig.

- **Geringwertige Gräser**

Die **Quecke** (*Elymus repens* [L.] Gould) gehört zur bodenständigen Flora von Überflutungsgrünland. Mit dem Übergang zur Saatgraswirtschaft und zu stärkerer Stickstoffdüngung hat sie sich auch auf anderen nährstoffreichen Grünlandstandorten des Flachlandes stark ausgebreitet. Lückige Pflanzenbestände und reichliche Düngung fördern ihre Vermehrung. Ihr Futterwert ist höchstens mittelmäßig, und von Weidetieren wird sie schlecht gefressen. Wenn ihr Bestandsanteil das erträgliche Maß überschreitet, muß die Narbe erneut umgebrochen, die Quecke durch Zwischennutzung bekämpft und der Grasbestand neu angesät werden.

Das **Borstgras** (*Nardus stricta* L.) ist die wichtigste unerwünschte Grasart des Mittelgebirgslandes und der nährstoffarmen Sandstandorte. Sehr geringer Ertrag und Futterwert wie auch schlechte Aufnahme durch die Tiere erfordern seine Bekämpfung, sofern hohe Ertragsleistungen angestrebt werden. Diese gelingt schon durch ausreichende Düngung, wobei das Borstgras von wertvolleren Arten verdrängt wird.

Wolliges Honiggras (*Holcus lanatus* L.) ist auf extensiv bewirtschafteten Wiesen und Weiden der Moor- und Anmoorstandorte verbreitet. Das Futter hat nur geringen Wert und wird von den Tieren wegen seiner Behaarung schlecht gefressen. Seine Bekämpfung ist nicht allein über die Düngung möglich, sondern erfordert meist Umbruch und Neuansaat.

Die **Rasenschmiele** (*Deschampsia cespitosa* [L.] P. B.) hat stark verkieselte Blätter, ist als Futter ohne Wert und wird von den Tieren auch nicht gefressen. Auf Weiden bleiben die Horste der Rasenschmiele stehen. Als Bestandteil von Heu und Silage mindert diese Grasart den Futterwert. Zur Bekämpfung sind bei starker Verbreitung Umbruch und Neuansaat unerläßlich.

4. Grünfutter und Grünfutterkonservate

Zu den Sauergräsern zählen die **Seggen** (*Carex* spec.), die **Binsen** (*Juncus* spec.), die **Simsen** (*Scirpus* spec.) und die **Wollgräser** (*Eriphorum* spec.). Allen gemeinsam ist, daß sie überwiegend, wenn auch nicht ausschließlich, auf staunassen Wiesenstandorten in Gesellschaft mit anderen Gräsern oder als Reinbestände wachsen. Die alte Bezeichnung Sauergräser weist auch nicht auf die Bodenreaktion, sondern auf Nässe hin. Als Futter sind sie geringwertig bis wertlos. Anteile dieser Arten in Heu und Silage schmälern die Qualität erheblich. Die Verbreitung dieser Arten ist durch Hydromelioration und intensive Bewirtschaftung des Grünlandes stark zurückgedrängt worden. Durch gezielte Wiedervernässung versucht man ihre Erhaltung und Ausbreitung in schützenswerten Biotopen zu erreichen.

4.4.3.2. Futterwert

Rohnährstoffgehalt, Verdaulichkeit und Energiekonzentration verschiedener Gräserarten sind, soweit zu verallgemeinernde Versuchsergebnisse vorliegen, in Tabelle 59 zusammengestellt. Alle Angaben beziehen sich auf den ersten Aufwuchs bei mittlerer Düngungsintensität und auf einen möglichst einheitlichen, vergleichbaren Entwicklungszustand der Pflanzen: auf den Beginn des Schiebens der Blütenstände. Gemeint ist das Stadium, in dem bei etwa 10% der Triebe die Blütenstände aus der Blattscheide hervorzutreten beginnen. Bei der Mehrheit der Arten ist das der bevorzugte Zeitpunkt für die Schnittnutzung.

Tabelle 59. Rohnährstoffgehalt und Futterwertangaben für Wiederkäuer — Gräser zu Beginn des Blütenstandschiebens (erster Aufwuchs, 100 kg N/ha)

Futterart	T %	g/kgT			Verdaulichkeit %		je kg T		
		Roh-asche	Roh-protein	Roh-faser	organische Substanz	Energie	DP g	NEF EFr	NEL MJ
Anbauwürdige Futtergräser									
Welsches Weidelgras	18	100	160	235	78	74	120	580	6,6
Ausdauerndes Weidelgras	19	100	160	245	77	73	120	570	6,4
Wiesenschwingel	19	90	150	250	77	73	110	580	6,5
Knaulgras	20	90	150	270	75	71	110	560	6,3
Wiesenlieschgras	21	80	140	260	76	72	100	580	6,5
Wiesenrispe	19	90	175	240	79	75	135	590	6,6
Weißes Straußgras	19	90	150	245	78	74	110	580	6,5
Andere wertvolle und mittelwertige Gräser									
Wiesenfuchsschwanz	19	90	150	265	76	72	110	560	6,2
Glatthafer	22	85	140	270	75	71	100	560	6,1
Wehrlose Trespe	20	90	145	265	76	72	105	560	6,1
Rohrglanzgras	22	100	160	305	68	64	120	500	5,4
Wiesen- und Weidegras									
hochwertiger Bestand	17	100	160	250	78	74	120	570	6,4
weniger wertvoller Bestand	17	95	140	275	71	67	100	530	5,8

Es zeigt sich, daß in diesem Stadium nur sehr geringe Unterschiede im Futterwert zwischen den einzelnen anbauwürdigen Kulturgräsern bzw. wertvollen Gräsern des natürlichen Grünlandes bestehen. Der Rohfasergehalt liegt dann bei etwa 250 g, die Energiekonzentration bei 570 EFr/kg T (6,4 MJ NEL/kg T). Die einzige Ausnahme unter den angegebenen Arten ist das Rohrglanzgras mit deutlich höherem Rohfaser- und geringerem Energiegehalt. Im Rohproteingehalt bestehen etwas größere Unterschiede zwischen den Arten. Sie sind aber ohne praktische Bedeutung. Aus dieser Einheitlichkeit des Nährstoff- und Energiegehaltes der anbauwürdigen Gräserarten ist zu schließen, daß ihr jeweiliger Nutzwert weniger durch diese Merkmale als vielmehr durch andere Eigenschaften, wie Standortansprüche, Ertragsfähigkeit und -sicherheit, Weideverträglichkeit und Mähfähigkeit, Beliebtheit bei den Tieren und Neigung zum Verholzen im Entwicklungsverlauf der Pflanzen bestimmt wird. Dennoch gibt es Unterschiede in der Energiekonzentration zwischen den Arten, wie das Rohrglanzgras und der Vergleich zwischen Wiesengras hochwertiger bzw. weniger wertvoller Pflanzenbestände andeuten. Besonders sind solche Unterschiede dann zu erwarten, wenn in diesen Vergleich auch die minderwertigen Arten einbezogen werden, für die aber kaum Untersuchungsergebnisse vorliegen.

Tabelle 60 zeigt systematische Angaben zur Abhängigkeit des Futterwertes hochwertiger Grasbestände von der Stickstoffdüngung und vom Vegetationsstadium. Durch die Düngungsintensität wird der Rohproteingehalt, durch den Nutzungszeitpunkt

Tabelle 60. Rohnährstoffgehalt und Futterwertangaben für Wiederkäuer — Wiesengras, hochwertiger Bestand nach unterschiedlicher Düngung in verschiedenen Vegetationsstadien (erster Aufwuchs)

Düngung Vegetationsstadium	T %	g/kg T			Verdaulichkeit		je kg T	
		Rohasche	Rohprotein	Rohfaser	organische Substanz	Energie	DP g	EFr
50 kg N/ha								
vor dem Ährenschieben	16	100	160	230	82	78	120	600
Beginn des Ährenschiebens	18	90	130	260	77	73	90	570
Ende des Ährenschiebens	20	75	110	300	71	67	70	530
Blüte	24	65	100	330	64	60	60	490
100 kg N/ha								
vor dem Ährenschieben	15	110	190	220	82	78	150	600
Beginn des Ährenschiebens	17	100	160	250	78	74	120	570
Ende des Ährenschiebens	19	90	140	290	72	68	100	530
Blüte	23	80	120	330	64	60	80	480
150 kg N/ha								
vor dem Ährenschieben	14	120	220	210	83	79	180	600
Beginn des Ährenschiebens	15	105	190	250	78	74	150	570
Ende des Ährenschiebens	18	95	170	290	72	68	130	530
Blüte	22	85	150	330	64	60	110	470

4. Grünfutter und Grünfutterkonservate

werden der Rohproteingehalt und die Energiekonzentration stark verändert. Einen überwiegend aus wertvollen Arten aufgebauten Pflanzenbestand vorausgesetzt sind diese Einflüsse viel größer als die Unterschiede zwischen den Arten bzw. in der botanischen Zusammensetzung des jeweiligen Pflanzenbestandes. Um ein hochwertiges Grünfutter zu gewinnen, ist in jedem Fall die zweckmäßige Wahl des Erntezeitpunktes am wichtigsten für das Ergebnis. Wenn große Saatgraslandflächen abzuernten sind, wird deshalb empfohlen, die Grasarten und -sorten so zu kombinieren, daß die einzelnen Teilflächen beim ersten Aufwuchs zeitlich gestaffelt nutzungsreif werden.

Gewisse Futterwertdifferenzen sind zwischen dem Frühjahrsaufwuchs und den Folgeaufwüchsen zu erwarten. Hier gibt es auch Unterschiede zwischen den Arten, je nachdem, wie stark sie zur Bildung generativer Triebe im Nachwuchs neigen und welche Witterungsverhältnisse ihn beeinflussen. Im allgemeinen ist der rechtzeitig geschnittene erste Aufwuchs wertvoller als die Nachmahden. In Tabelle 61 finden sich Angaben, mit welchen Unterschieden bei hochwertigen Grasmischbeständen zu rechnen ist. Außerdem sind auch Erwartungswerte für die jeweils daraus bereiteten Konservate aufgeführt. Die Unterschiede zwischen den Aufwüchsen bleiben nach der Konservierung erhalten, wenn vergleichbare Durchführungsweise der Konservierungsverfahren unterstellt wird. Ähnliche Differenzen im Futterwert nach der Jahreszeit des Aufwuchses zeigen sich auch beim Weidegras, das jedoch in der Regel im jüngeren Zustand als das Mähfutter genutzt wird (Tabelle 62).

Tabelle 61. Rohnährstoffgehalt und Futterwertangaben für Wiederkäuer — Wiesengras und Konservierungsprodukte

Futterart	T %	g/kg T			Verdaulichkeit %		je kg T		
		Roh-asche	Roh-protein	Roh-faser	organische Substanz	Energie	DP g	NEF EFr	NEL MJ
Grünfutter									
1. Aufwuchs	17	100	160	250	78	74	120	570	6,4
Folgeaufwüchse	20	90	150	270	73	69	110	540	5,9
Welksilage									
1. Aufwuchs	35	110	150	280	72	68	110	530	5,8
Folgeaufwüchse	35	100	140	300	69	65	100	510	5,4
Trockengrünfutter									
1. Aufwuchs	90	100	160	260	73	69	110	540	6,0
Folgeaufwüchse	90	90	150	280	71	67	100	520	5,7
Heu									
1. Aufwuchs	86	90	130	310	67	63	80	500	5,3
Folgeaufwüchse	86	80	120	330	64	60	70	480	5,0

Zwischen den einzelnen Gräserarten und Aufwüchsen gibt es Unterschiede in der Schnelligkeit, mit der sich ihr Futterwert ändert und demgemäß in der Länge der möglichen Nutzungszeitspanne. Im Durchschnitt ist beim ersten Aufwuchs mit einer täglichen Abnahme der Energiekonzentration um 4 EFr/kg T zu rechnen, bei den Folgeaufwüchsen dagegen nur um etwa 2 EFr/kg T. Der erste Aufwuchs von Knaulgras verliert wesentlich schneller, der von Wiesenrispe deutlich langsamer an Wert als bei den meisten anderen Arten. Die Folgeschnitte von Wiesenlieschgras und von Weidel-

Tabelle 62. Rohnährstoffgehalt und Futterwertangaben für Wiederkäuer — Weidegras unterschiedlicher Qualität

	T %	g/kg T			Verdaulichkeit %		je kg T		
		Rohasche	Rohprotein	Rohfaser	organische Substanz	Energie	DP g	NEF EFr	NEL MJ
hochwertiger Bestand									
1. und 2. Aufwuchs	16	110	190	220	82	78	150	600	6.7
3. und 4. Aufwuchs	18	120	180	230	78	74	140	560	6.3
5. und 6. Aufwuchs	17	120	180	220	79	75	140	570	6.4
weniger wertvoller Bestand									
1. und 2. Aufwuchs	16	100	160	240	76	72	120	560	6.3
3. und 4. Aufwuchs	18	120	150	260	72	68	110	520	5.9

gräsern ab zweitem Nutzungsjahr können bei Sommertrockenheit ebenso schnell verholzen wie der erste Schnitt. Dagegen erreichen die Nachmahden von Knaulgras und Wiesenschwingel zwar keine sehr hohe Energiekonzentration, sie nimmt dort aber relativ langsam ab.

Vernachlässigt man diese Artenunterschiede, so ergibt sich aus dem Verhalten der einzelnen Aufwüchse die generelle Orientierung: Beim ersten Grasschnitt hat der Entwicklungszustand der Pflanzen Priorität für die Wahl des Erntezeitpunktes, und im Falle seiner Konservierung kann dabei wenig Rücksicht auf die Witterung genommen werden; bei den Folgeschnitten ist es dagegen möglich, den Erntezeitpunkt primär nach der Witterung festzulegen.

In beiden Fällen ist der jeweils erreichte Masseertrag für den Erntezeitpunkt von nachgeordneter Bedeutung, wenn Wert auf gute Futterqualität gelegt wird. Diese erfordert, daß in Abhängigkeit von den Standortverhältnissen (Länge der Vegetationsperiode und Wasserversorgung) eine ausreichende Anzahl von Schnitten geerntet wird. Wenn auf Dauergrünland von der Zwei- zur Dreischnittnutzung übergegangen, das Gras also im ganzen früher geschnitten wird, so kann bei etwa gleichem Ertrag an Trockensubstanz für den Durchschnitt aller Aufwüchse des Jahres mit einer Zunahme der Energiekonzentration um etwa 40 EFr/kg T und des Rohproteingehaltes um 40 g/kg T gerechnet werden. Wenn im intensiven Feldgrasbau 4 statt 3 Schnitte gewonnen werden, liegen die positiven Futterwertänderungen bei etwa 20 EFr/kg T bzw. 20 g Rohprotein/kg T (Beyer 1967). Umgekehrt ist eine etwa gleich große Minderung des Futterwertes bei entsprechender Rückführung der jeweiligen Schnittfrequenz (Extensivierung) zu erwarten.

Als Futter für Schweine kommen Gräser nur ausnahmsweise in Frage und dann nur in sehr jungem Zustand. In Tabelle 63 sind Angaben zum Futterwert für Schweine zusammengestellt.

Der Mineralstoffgehalt von Futtergräsern kann bedeutenden Unterschieden je nach Standort, Düngung und Vegetationsstadium unterliegen. Die in Tabelle 64 angegebenen Werte sollen deshalb nur eine grobe Orientierung ermöglichen. Junges Weidegras enthält im Frühjahr oft nur geringe Mengen an Magnesium neben viel Kalium, wodurch das Auftreten von Weidetetanie gefördert werden kann. Der Gehalt von Gräsern an Calcium ist generell viel niedriger als der von Leguminosen. Das Ca/P-Verhältnis entspricht annähernd dem Bedarf der Tiere. Auf schlecht mit Phosphor versorgten Standorten können aber sowohl das Gras als auch das daraus gewonnene Winterfutter

Tabelle 63. Rohnährstoffgehalt und Futterwertangaben für Schweine — Einjähriges und Welsches Weidelgras

	T %	g/kg T			Verdaulichkeit der OM %	je kg T				
		Rohasche	Rohprotein	Rohfaser		Lys g	Met + Cys g	DP g	NEF EFs	ME MJ
Grünfutter										
vor dem Ährenschieben	16	120	180	200	69	8,7	5,4	110	460	9,2
Beginn des Ährenschiebens	18	100	160	235	64	7,9	4,8	90	440	8,4
Silage										
Beginn des Ährenschiebens	18	110	170	255	62	7,7	4,3	100	430	8,0
Trockengrünfutter										
Beginn des Ährenschiebens	90	100	160	245	62	6,1	4,1	80	430	8,2

Tabelle 64. Mineralstoffgehalt von Wiesen- und Weidegras, hochwertiger Pflanzenbestand

	g/kg T					Ca/P
	Na	K	Mg	Ca	P	
Grünfutter						
vor dem Ährenschieben	0,5	37	2,8	7,0	4,6	1,5
Beginn des Ährenschiebens	0,5	33	2,6	6,6	3,9	1,7
Ende des Ährenschiebens	0,5	26	2,3	6,2	3,4	1,8
in der Blüte	0,4	23	2,3	5,9	3,0	2,0
Silage						
Beginn des Ährenschiebens	0,4	26	2,6	5,9	3,5	1,7
Heu						
Ende des Ährenschiebens	0,5	21	2,3	6,2	3,1	2,0

deutlich weniger Phosphor enthalten als hier für den Normalfall angegeben wurde. Zu beachten ist auch, daß das Gras und die daraus hergestellten Konservate in bestimmten Gebieten einen Mangel an Mangan, Kupfer oder Cobalt aufweisen und dadurch Mangelerscheinungen auslösen können.

In Tabelle 65 werden abschließend einige Angaben zu den Erwartungswerten für den Gehalt an Carotin im Gras bzw. in Graskonservaten gemacht. Junges frisches Gras enthält davon stets große Mengen. Bei der Konservierung geht der Gehalt je nach Verfahren mehr oder weniger stark zurück. Heu enthält nur noch sehr wenig davon. Bei der Lagerung sinkt sein Carotingehalt weiter ab.

Tabelle 65. Carotingehalt (Gesamtcarotin) von Wiesen- und Weidegras, hochwertiger Pflanzenbestand

	mg/kg T
Grünfutter	
vor dem Ährenschieben	370
Beginn des Ährenschiebens	310
Ende des Ährenschiebens	240
in der Blüte	170
Trockengrünfutter	180
Frischsilage	150
Welksilage	100
Heu	30

4.4.3.3. Konservierung

● Silierung

Die Konservierung von Gras für die Winterfütterung erfolgt in den entwickelten Ländern heute überwiegend als Silage und zum geringeren Teil als Heu. Die Silageproduktion wird bevorzugt gegenüber der Heubereitung wegen der geringeren Witterungsabhängigkeit des Verfahrens, wegen der damit besser gegebenen Möglichkeit, junges Gras zu konservieren, und wegen des geringeren Nährstoffverlustes und Futterwertrückganges vom Gras zum Konservat. Voraussetzung dafür, daß sich diese Vorteile in der Fütterung auswirken, sind aber weitgehend witterungsunabhängige Silierverfahren und ihre sichere Beherrschung.

Das am meisten verbreitete Verfahren ist die Bereitung von Anwelksilage ohne oder mit Zusatz eines Siliermittels. Inwieweit diese Siliermittel zur Qualitätssicherung notwendig sind, hängt von der Vergärbarkeit des Grases und von dem nach kurzer Welkzeit (ein bis zwei Tage) erreichten Trockensubstanzgehalt ab.

Tabelle 66. Vergärbarkeit von Gräsern des 1. Aufwuchses

Grasart	T g/kg	g/kg T		Z/PK	T_{min} g/kg
		Zuckergehalt	Pufferkapazität		
Weidelgräser					
Ausdauerndes	190	165	47	3,5	170
Welsches	180	220	58	3,8	150
Wiesenschwingel	190	90	60	1,5	330
Knaulgras	200	95	52	1,8	310
Wiesenlieschgras	210	75	46	1,6	320
Wiesenrispe	190	80	57	1,4	340

4. Grünfutter und Grünfutterkonservate

Tabelle 67. Vergärbarkeit von Wiesengras bei unterschiedlichem Entwicklungszustand

Vegetations- stadium	T g/kg	g/kg T		Z/PK	T_{min} g/kg
		Zucker- gehalt	Puffer- kapazität		
vor dem Ährenschieben	150	100	59	1,7	310
Beginn des Ährenschiebens	170	110	52	2,1	280
Ende des Ährenschiebens	190	115	47	2,4	260
Blüte	230	125	44	2,8	230

In Tabelle 66 werden die Kennzahlen der Vergärbarkeit für verschiedene Gräserarten, in Tabelle 67 die Auswirkungen des Entwicklungszustandes und in Tabelle 68 die der Düngungsintensität der Gräser an Beispielen dargestellt. Aus diesen Angaben sind folgende Aussagen zu treffen:

- Die Weidelgräser sind auf Grund ihres hohen Zuckergehaltes allgemein besser vergärbar als praktisch alle übrigen Arten.
- Gras von Frühjahrsaufwüchsen ist leichter zu silieren als das von Sommer- und Herbstaufwüchsen.
- Je jünger das Gras, um so schwerer ist es in der Tendenz vergärbar.
- Mit steigender Stickstoffdüngergabe sinkt der Zuckergehalt des Grases und damit seine Vergärbarkeit.

Mäßig gedüngtes Weidelgras vom ersten Aufwuchs kann in mähfrischem Zustand auch ohne Siliermittelzusatz siliert werden. Bei allen übrigen Gräsern ist dagegen ohne Zusätze mindestens ein schwaches Anwelken für den Siliererfolg unerläßlich.

Tabelle 68. Vergärbarkeit von Welschem Weidelgras unterschiedlicher Aufwüchse bei steigender Düngungsintensität

Düngungs- intensität kg N/ha	T g/kg	g/kg T		Z/PK	T_{min} g/kg
		Zuckergehalt	Pufferkapazität		
1. Schnitt					
50	200	260	56	4,6	<150
100	190	220	58	3,8	150
150	180	160	61	2,6	240
2. und 3. Schnitt					
50	200	120	55	2,2	270
100	190	115	55	2,1	280
4. Schnitt					
50	200	105	58	1,8	310
100	190	95	58	1,6	320

Das Anwelken hat neben der Sicherung des erwünschten Gärungsverlaufs eine Reihe weiterer Vorteile, wie die Einschränkung der Gärsaftbildung und Nährstoffverluste im Silo, die Verminderung der Transportmasse und die Erhöhung des Futterverzehrs. Es wird deshalb nach Möglichkeit bei allen Gräsern angewendet. Dabei ist zu berücksichtigen, daß der Zuckergehalt des Grases von der jeweiligen Witterung schwer überschaubar beeinflußt wird und auch während des Welkens eine gewisse Zuckermenge verlorengeht. Als Empfehlung gilt deshalb, sofern es die Witterung zuläßt, Weidelgräser auf mindestens 300 g T/kg und alle übrigen Gräser auf mindestens 350 g T/kg anzuwelken. Ist das aus Witterungsgründen nicht schnell genug möglich, so sollte die Welkzeit nicht ausgedehnt, sondern ein Siliermittel als Sicherungszusatz angewendet werden.

Chemische Siliermittel, wie Ameisensäure (3 – 4 l/t) und solche auf der Basis von z. B. Formiat oder Hexamethylentetramin in Kombination mit Natriumnitrit haben ein Wirkungsäquivalent von etwa 100 g T/kg Grünfutter. Das ermöglicht es, Weidelgräser von 200 g T/kg an und anderes Gras ab 250 g T/kg zu silieren. Für noch feuchteres bzw. mähfrisches Gras können Siliermittel von größerer Wirksamkeit zweckmäßig sein. Für eine weitgehende chemische Konservierung sind 5 – 6 l Ameisensäure je t Grünfutter erforderlich. Milchsäurebakterien-Impfkulturen sind dagegen zum Ausgleich geringer Trockensubstanzgehalte der Gräser weniger geeignet. Ihr Einsatz ist nur dort sinnvoll, wo der zur Vermeidung von Fehlgärungen erforderliche Welkgrad wenigstens annähernd gegeben ist. Eine Alternative zur Anwelksilage ist die Bereitung von Gärheu. Dafür sind stabile Schönwetterlagen und beste Bedingungen für den Luftabschluß im Silo Voraussetzung.

• Trocknung

Das klassische Verfahren zur Konservierung von Gras ist die Heubereitung durch Bodentrocknung. In jungem Zustand, so wie es im Interesse der Futterqualität wünschenswert wäre, trocknet das Gras jedoch schlecht. Deshalb wird es für die Heubereitung in der Regel erst dann gemäht, wenn es die Ähre oder Rispe geschoben hat, traditionell sogar erst in der Blüte der Leitgräser. Hinzu kommt, daß sich einige der wertvollen Kulturgräser, wie die Weidelgräser, generell zur Heubereitung etwas schlechter eignen und man deshalb dafür an ihrer Stelle gröberes Gras bevorzugt und daß außerdem der Futterwert vom Grünfutter zum Heu fast immer stärker abnimmt als bei der Silierung. Das Heu hat infolgedessen auch nach optimalen Witterungsbedingungen im Durchschnitt einen geringeren Futterwert als Grassilagen.

Unter unseren Klimabedingungen ist die Belüftungstrocknung das günstigste Verfahren der Heubereitung. Das Gras wird dabei möglichst schnell auf mindestens 60% Trockensubstanz vorgetrocknet und dann eingefahren und belüftet. Mit diesem Verfahren ist es möglich, das Witterungsrisiko, die Feldtrocknungsphase und die Feldverluste einzuschränken, auch jüngeres Gras erfolgreich zu trocknen und als Heu ohne Risiko zu lagern. Es ist deshalb zu empfehlen, das Gras für die Belüftungstrocknung im gleichen Stadium oder nur wenig später zu mähen als für die Silierung, um die notwendige Mindestmenge an Heu, insbesondere für die Jungrinderaufzucht und für Kühe mit hoher Leistung, in besserer Qualität als traditionell üblich zu gewinnen. Wenn nur ein geringer Teil des Grases als Heu gewonnen werden muß, ist man besser in der Lage, dafür stabile Schönwetterlagen auszunutzen. Bewährt hat es sich, Silage- und Heubereitung so miteinander zu kombinieren, daß beim ersten Schnitt generell und unabhängig von der Witterung das Gras gemäht und für die Anwelksilagebereitung breit abgelegt wird und daß man bei geeignetem Wetter zu Lasten der Silierung gewisse Anteile davon länger trocknen läßt und als Halbheu auf die Belüftungsanlagen bringt.

Für die Heißlufttrocknung von Gras sind, soweit sie energetisch noch vertretbar ist, nur die hochwertigen Saatgras- oder Ackergrasbestände auszuwählen, das Futter in möglichst jungem Zustand, möglichst jünger als für die Silierung, zu mähen und 1 bis $1^1/_2$ Tage anwelken zu lassen.

4.4.4. Futterleguminosen

Die Futterleguminosen gelten als sehr wertvolle Futterpflanzen, die, mit Ausnahme einzelner Arten, von den Tieren sehr gern und in großen Mengen gefressen werden. Sie eignen sich deshalb vorzüglich für die Frischfutterversorgung im Sommer, aber auch für die Konservatfutterproduktion. Neben ihrem Anbau in Reinsaat haben Gemische mit Gramineen (Kleegras, Luzernegras, Wickgras, Wickroggen, Leguminosengemenge) große Verbreitung gefunden. Auf dem Grünland werden die Leguminosen (besonders der Weißklee) als Bestandteil natürlicher oder angesäter Pflanzengemeinschaften sehr geschätzt. Von einigen großsamigen Leguminosen (Ackerbohnen, Erbsen) wird in jüngster Zeit neben der Grünschnittnutzung auch die Nutzung als Ganzpflanze praktiziert.

4.4.4.1. Arten und Eigenschaften

● **Kleinsamige Leguminosen**

Luzerne (*Medicago varia* Mart.): Die Luzerne ist eine mehrschnittige, mehrjährige Ackerfutterpflanze. Sie ist die wichtigste Futterleguminose unserer trocken-warmen Ackerbaugebiete. Im Anbau befinden sich überwiegend Sorten der buntblühenden Bastardluzerne (Blütenfarbe blau, weiß bis gelbgrün), die durch natürliche Bastardierung aus der in Vorder- und Mittelasien beheimateten, höhere Wärmeansprüche stellenden, blaublühenden Saatluzerne (*Medicago sativa* L.) und der aus nördlicheren Regionen stammenden, an rauheres Klima angepaßten gelbblühenden Sichelluzerne (*Medicago falcata* L.) hervorgegangen ist.

Die Stengel der Luzerne sind reich beblättert, aufrecht wachsend, relativ dünn und verholzen im Wachstumsverlauf schnell. Die Luzerne verfügt über eine sehr tiefgehende, kräftige Hauptwurzel, vermittels derer sie das Wasser aus tieferen Bodenschichten nutzen kann. Sie stellt deshalb nur geringe Feuchteansprüche und ist auch auf trockeneren Standorten ertragssicher. Die Erneuerungstriebe werden aus den Achselknospen der Stengelbasis und dem oberirdisch angeordneten Wurzelkopf gebildet, der gleichzeitig als Nährstoffspeicher dient.

Wegen der Gefahr der Beschädigung der Wurzelköpfe darf Luzerne der üblichen Zuchtsorten grundsätzlich nicht, außer beim letzten Aufwuchs vor dem Umbruch, beweidet werden. Außerdem ist sie sehr empfindlich gegen zu tiefen Schnitt und gegen ein Befahren der Fläche bei hoher Bodenfeuchte. Es gibt aber inzwischen auch spezielle Sorten, die auf Weidefestigkeit gezüchtet sind und einen tieferen Wurzelkopf haben. Nutzungshäufigkeit und -rhythmus müssen es der Luzerne ermöglichen, genügend Nährstoffe für die Überwinterung und den Wiederaustrieb zu speichern. Üblich sind die Dreischnitt- und die Vierschnittnutzung. Von den ersten drei Aufwüchsen im Jahr darf nur einer vor dem Erreichen von 45 cm Wuchshöhe geerntet werden, und mindestens einer der anderen sollte die beginnende Blüte erreichen. Die letzte Ernte im Jahr sollte eine relativ hohe Stoppel zurücklassen. Fünf Schnitte sind nur im letzten Nutzungsjahr zu empfehlen.

Wegen der relativ langsamen Entwicklung und der geringen Konkurrenzkraft junger Luzernepflanzen ist die Aussaat nicht ohne Risiken. Man nutzt deshalb neu angesäte Luzernebestände möglichst vieljährig. In älteren Luzernebeständen breiten sich aber, besonders außerhalb der typischen Anbaustandorte dieser Futterpflanze und nach Nutzungsfehlern, zunehmend Unkräuter und Ungräser aus, so daß Ertragsleistung und Futterwert rasch nachlassen. Dadurch wird die Anzahl der möglichen Nutzungsjahre begrenzt. Üblich ist die dreijährige Nutzung (Ansaatjahr und zwei Hauptnutzungsjahre).

Um dem Ertragsabfall älterer Luzernebestände entgegenzuwirken, aber auch um ein Futter mit weniger einseitiger Zusammensetzung für Rinder zu erzeugen, hat der Anbau von Luzerne im Gemisch mit Gras an Verbreitung zugenommen. Als Mischungspartner kommen je nach Standortbedingungen Knaulgras, Wiesenschwingel, Ausdauerndes Weidelgras oder Wiesenlieschgras zur Anwendung. Durch die Auswahl der Grasart, der Saatstärke und des Nutzungsregimes versucht man beide Mischungspartner möglichst anteilsgleich zur Entwicklung gelangen zu lassen. Der erreichte Luzerne- bzw. Grasanteil wechselt in der Praxis aber sehr stark.

Luzerne wird von Rindern sowie Schafen und in jungem Zustand auch von Schweinen gern gefressen. Wegen ihres hohen Rohproteingehaltes ist sie sowohl in frischer als auch konservierter Form für eine Kombination mit proteinärmeren Futtermitteln gut geeignet. Sie wird hauptsächlich zur Frischverfütterung an Rinder für die Sommerstallfütterung angebaut. Als alleiniges Grundfutter ist frische Luzerne jedoch nicht zu empfehlen, weil ihre nur mittlere Energiekonzentration für hohe Leistungen aus dem Grundfutter nicht ausreicht, und weil es dann zu einer erheblichen Proteinüberversorgung der Tiere kommt. Diese Überversorgung mit Rohprotein kann zu Fruchtbarkeitsstörungen führen. Außerdem ist wiederholt eine östrogene Wirkung von Luzerne, insbesondere im Zusammenhang mit Pilzbefall der Pflanzen (Klappenschorf), beobachtet worden (Wiesner 1970). Zu beachten ist auch der Saponingehalt der Luzerne, der bei unzweckmäßiger Fütterung das Auftreten von Tympanie fördert. Hohe Luzernegaben sollen zudem einen leichten Bittergeschmack der Milch bewirken können. Alle diese Probleme können mit Luzerne-Gras-Gemischen abgeschwächt oder vermieden werden.

Für die Fütterung von Zuchtschweinen haben vor allem Silagen aus junger Luzerne Bedeutung erlangt. Ihnen wird eine günstige Wirkung zugeschrieben, und sie können wesentlich zur Proteinversorgung und zur Einsparung anderer Eiweißträger beitragen. Die Verfütterung von Silage auch im Sommer anstelle von frischer Luzerne erleichtert es, die Forderung nach Einsatz von ausschließlich sehr jungem Futter zu erfüllen. In letzter Zeit gibt es Bemühungen, Blätter und Stengel der Luzerne getrennt zu ernten und die Blattmasse nach Silierung oder schonender Trocknung der Verfütterung an Schweine zuzuführen. Wegen der in den Blättern bedeutend höheren Rohprotein- und geringeren Rohfasergehalte als in der ganzen Pflanze können sich daraus verbesserte Einsatzmöglichkeiten, so z. B. auch für die Fütterung von Mastschweinen, ergeben. Umfangreiche Versuche zur Isolierung von Blattprotein aus dem Preßsaft von frischer Luzerne und zur Gewinnung eines Eiweißkonzentrates für die Fütterung scheiterten meist am großen ökonomischen Aufwand. Auch führte der Saponingehalt zu Leistungsminderungen, insbesondere beim Geflügel.

Rotklee (*Trifolium pratense* L.): Der Rotklee ist eine mehrschnittige, mehrjährige, überwiegend aber nur zweijährig genutzte Ackerfutterpflanze. Er ist die bedeutendste Futterleguminose des Ackerlandes der feucht-kühleren Regionen. Gemäßigte Temperaturen und relativ hohe Luftfeuchte sagen ihm zu. Sommertrockenheit verträgt er dagegen schlecht. Als Voraussetzung für einen ertragssicheren Rotkleeanbau werden wenigstens 550 – 600 mm Jahresniederschlag angesehen. Typische Anbaugebiete sind deshalb die Vor- und Mittelgebirge und die küstennahen Lagen. Der Ackerrotklee (var.

sativum) stammt vom Wiesenrotklee (var. *spontaneum* Willk.) ab. Es sind Früh- und Spätklee zu unterscheiden. Bei uns werden mittelfrühe Sorten des Frühklees, in Nord- und Nordosteuropa wird dagegen der Spätklee angebaut.

Die Stengel des Rotklees sind viel dicker und weicher als die der Luzerne und verholzen wesentlich weniger schnell als bei dieser. Der Rotklee besitzt eine kräftige, auch als Nährstoffspeicher dienende Pfahlwurzel mit weniger stark entwickeltem und tiefer als bei der Luzerne sitzendem Wurzelkopf. Im Herbst wird dieser außerdem durch Kontraktion der Wurzel in den Boden gezogen. Kurze Sproßachsen erster Ordnung bilden eine Laubblattrosette, den sogenannten „Endstamm". Die eigentlichen Rotkleestengel wachsen aus den Achselknospen dieser tiefliegenden Laubblattrosette als Sproßachsen zweiter Ordnung hervor. Diesen Besonderheiten ist es zu verdanken, daß der Rotklee erheblich weniger empfindlich auf Bodendruck und Tiefschnitt reagiert als Luzerne und daß er weideverträglich ist. Da er außerdem, zumindest im Oberflächenbereich, festen Boden liebt, ist ein Beweiden seiner Entwicklung sogar förderlich.

Hohe Erträge werden vom Rotklee nur in den ersten beiden Jahren erzielt. Nach der zweiten Überwinterung läßt sein Ertrag deutlich nach. Üblich ist deshalb der zweijährige oder „überjährige" Rotkleeanbau (Ansaatjahr und ein Hauptnutzungsjahr). Je nach Ansaatverfahren liefert er im ersten Jahr einen Schnitt und/oder eine Herbstweide. Im Hauptnutzungsjahr werden zwei bis drei Aufwüchse geerntet. Eine viermalige Nutzung ist nur bei Bewässerung und für die spezielle Gewinnung eines sehr jungen, eiweißreichen Futters sinnvoll.

Ein besonderer Vorzug des Rotklees gegenüber Luzerne oder Ackergräsern ist, daß der Futterwert des jeweiligen Aufwuchses deutlich weniger stark an eine zeitlich eng begrenzte Entwicklungsspanne gebunden ist. Er liefert vom Beginn der Schnittwürdigkeit bis zur vollen Blüte, also für eine relativ lange Zeit, ein von Rindern gern gefressenes und recht wertvolles Grünfutter und eignet sich deshalb besonders gut für die Sommerstallfütterung.

Neben dem Reinanbau von Rotklee hat der Anbau von Gemischen aus Rotklee und Gras sehr große Verbreitung erlangt. Die Vorteile des Kleegrases sind ein vermindertes Aussaatrisiko, höherer Ertrag bei Nutzung der Möglichkeiten der Stickstoffdüngung, bodenverbessernde Wirkung durch große Wurzelrückstände und ein vielseitig zusammengesetztes Futter für Wiederkäuer. Leider geht damit der Vorteil der langen Nutzungszeitspanne des jeweiligen Aufwuchses, der dem reinen Rotklee eigen ist, z. T. verloren, und das um so mehr, je höher der Grasanteil des Gemisches ist. Auswahl der Grasart und -sorte sowie der Saatstärke und die Stickstoffdüngung sollten so erfolgen, daß beide Gemengepartner möglichst gleichzeitig schnittreif werden und möglichst gleichen Masseanteil am Ertrag erreichen. Im Zweifelsfall ist für die Tierernährung ein größerer Anteil des Klees stets zu bevorzugen. Als Mischungspartner sind Wiesenlieschgras und Wiesenschwingel besser geeignet als Welsches Weidelgras, obgleich letzteres von der Praxis meist verwendet wird. Es hat als Mischungspartner den Nachteil, daß bei der Ernte im optimalen Vegetationsstadium die Ertragsbildung des Rotklees noch relativ gering ist. Wird dagegen auf eine stärkere Entwicklung des Rotklees gewartet, dann ist das Gras bereits überständig. Auch die Bemessung der Düngergaben sollte auf den Kleeanteil Rücksicht nehmen. Hohe Stickstoffdüngergaben fördern das Gras und drängen den Klee zurück. Ab 60% Kleeanteil am Pflanzenbestand ist eine Stickstoffdüngung nicht zweckmäßig. Bei deutlich geringeren Anteilen ist sie jedoch im Interesse des Ertrages sinnvoll.

Außer dem wie bei reinem Rotklee üblichen zweijährigen Anbau ist bei Rotkleegras auch eine dreijährige Nutzung (zwei Überwinterungen) möglich. Im letzten Nutzungsjahr überwiegt dann stets der Ertragsanteil des Grases. Neben der Frischfutterproduktion für die Sommerstallfütterung dient der Kleegrasanbau vor allem der Bereitung von Silage und Heu.

Der Rotklee wird sowohl von Rindern und Schafen als auch von Schweinen sehr gern gefressen. Sein Rohproteingehalt ist hoch, aber nicht ganz so hoch wie der von Luzerne. Er eignet sich deshalb wie diese dazu, den geringeren Eiweißgehalt anderer Futtermittel in der Ration auszugleichen. Im Unterschied zur Luzerne ist aber ein Einsatz als alleiniges Grundfutter bei Rindern möglich. Einschränkungen sind nur im sehr jungen Zustand zu machen, weil dann sein Rohfasergehalt für eine wiederkäuergerechte Ernährung noch zu gering ist und weil junger Rotklee Tympanie auslösen kann. Das gilt besonders für das Beweiden von Kleeuntersaaten (Stoppelklee) im Herbst und für den Schnittnutzungsbeginn beim jeweiligen Aufwuchs. In diesen Fällen ist die Verabreichung eines zweiten, rohfaserreicheren Futtermittels notwendig. Im Herbst stark von Mehltau befallene Rotkleeuntersaaten werden von den Tieren schlecht vertragen und sollten deshalb nicht als Futter genutzt werden.

Rotklee eignet sich für die Frischverfütterung an Zuchtschweine eher als Luzerne, weil er nicht so schnell verholzt. Sein Einsatz sollte aber nicht bis über den Blühbeginn hinaus ausgedehnt werden. Er gibt außerdem wegen seiner zarten Beschaffenheit und seines niedrigen Rohfasergehaltes bei rechtzeitiger Ernte und zweckmäßiger Konservierung vorzügliche Silagen für die Schweinefütterung.

Weißklee (*Trifolium repens* L.): Der Weißklee ist die wichtigste Leguminose des Dauergrünlandes und hier wegen seines niedrigen Wuchses und Lichtbedarfes besonders der Weiden. Seine Nutzung als Untersaat oder als Gemengepartner im Hauptfruchtfutterbau auf dem Ackerland hat bei uns praktisch keine Bedeutung mehr. Um so wichtiger ist seine nahezu unverzichtbare Rolle in der Weidewirtschaft auf dem Grünland.

Der in den Niederlanden und Oberitalien beheimatete Weißklee hat eine relativ schwach ausgebildete, aber mehrere Verzweigungen aufweisende Pfahlwurzel. Typisch für ihn sind seine oberirdischen verzweigten Kriechtriebe, von denen sich die langgestielten Blätter erheben und deren dichtes Flechtwerk den Boden gut beschattet und Bestandslücken schließt. An den Boden und die Feuchtigkeit stellt Weißklee keine hohen Ansprüche. Mit Sommertrockenheit wird er eher fertig als seine Gemengepartner auf der Weide, so daß er dann einen größeren Anteil am erreichten Weidefutterertrag einnimmt. Durch starke Stickstoffdüngung wird der Graswuchs einseitig gefördert und der Weißklee verdrängt. Düngungs- und Nutzungsregime auf der Weide sollten deshalb stets so gestaltet werden, daß der Weißklee mit ausreichendem Ertragsanteil erhalten bleibt.

Der Weißklee wird sehr gern gefressen und steigert vor allem in den Sommer- und Herbstmonaten die Futteraufnahme der Weidetiere. Der Verzehr dieser Leguminose neben Gräsern ist auch pansenphysiologisch als günstig zu beurteilen.

Persischer Klee (*Trifolium resupinatum* L.): Der Persische Klee oder Perserklee ist eine mehrschnittige, einjährige Ackerfutterpflanze. Er stammt aus dem mediterranen Raum, wo er nach Herbstaussaat bis zu 8 Schnitte bringt. In unseren Breiten hat er aufgrund seiner Schnellwüchsigkeit Bedeutung für den einjährigen Futterbau erlangt. Er dient hier als Ersatz für ausgewinterte Ackerfutterbestände, als Deckfrucht für Grasansaaten und als spezielle Futterpflanze für die Erzeugung von Grünfutter für Schweine.

Die reich beblätterten, dicken, weichen und sehr saftreichen Stengel des Perserklees wachsen meist aufrecht. Es gibt jedoch auch kriechende Formen. Der Anbau kann als Hauptfrucht, bei ausreichender Wasserversorgung auch als Zweitfrucht (z. B. nach Grünroggen) oder frühe Stoppelsaat erfolgen. Neben Reinsaaten sind Gemische aus Perserklee mit schnellwüchsigen Ackergräsern (Einjähriges oder Welsches Weidelgras) möglich. Bei Frühjahrsansaat liefert er vier Schnitte.

Perserklee wird allgemein gern gefressen. Besonders hervorzuheben ist, daß seine Stengel nicht verholzen und er deshalb über einen relativ langen Entwicklungsabschnitt hinweg ein zartes Grünfutter liefert. Sein Trockensubstanzgehalt ist jedoch nur gering, so daß eine Konservierung nicht in Betracht kommt.

Sonstige Kleearten: Der **Schwedenklee** oder Bastardklee (*Trifolium hybridum* L.) ist eine mehrschnittige, mehrjährige Ackerfutterpflanze, die aus Nordeuropa stammt. Im Unterschied zum Rotklee bleibt er drei Jahre ertragsfähig, er ist an rauhere Klimabedingungen als dieser angepaßt, stellt aber infolge seiner nur flachen Bewurzelung höhere Feuchteansprüche. Er ist morphologisch dem Rotklee sehr ähnlich. Die Blütenfarbe ist weiß mit rötlichem Grund. Schwedenklee wird wegen seines bitteren Geschmacks weniger gern gefressen. Im Hauptfruchtfutterbau spielt er bei uns keine Rolle mehr. Er wird aber noch als Mischungspartner für Leguminosenuntersaaten (Gemische aus Rotklee, Schwedenklee und Weißklee) empfohlen.

Der **Gelbklee** (*Medicago lupulina* L.) ist eine ein- bis zweijährige, relativ anspruchslose Leguminose, die besonders auf kalkreichen Böden als Untersaat verwendet wird. Sie dient dort vor allem der Bodenverbesserung und liefert zugleich eine wertvolle Schafweide. Die Pflanze hat eine dünne Pfahlwurzel, von der die liegend und nur zum Teil aufrecht wachsenden Stengel ausgehen. Stengel und Blätter sind behaart. Gelbklee hat wie der Schwedenklee einen leicht bitteren Geschmack. Seine wirtschaftliche Bedeutung als Futterpflanze ist gering.

- **Großsamige Leguminosen**

Die großsamigen Leguminosen, die z. T. auch zur Körnergewinnung angebaut werden können, sind einjährige, einschnittige Ackerfutterpflanzen.

Lupinen: Es sind die Arten Gelbe Lupine (*Lupinus luteus* L.), Blaue oder Schmalblättrige Lupine (*Lupinus angustifolius* L.) und Weiße Lupine (*Lupinus albus* L.) zu unterscheiden, unter denen es jeweils die nach dem Alkaloidgehalt unterschiedlichen Formen der *Bitter-* und *Süßlupinen* gibt. Die Züchtung alkaloidfreier oder -armer Süßlupinen aus den überwiegend alkaloidreichen Wildformen war eine wesentliche Voraussetzung für die breite Nutzung als Kulturpflanze.

Zur Gewinnung von Grünfutter hat vor allem die **Gelbe Süßlupine** Bedeutung erlangt. Sie wird vorzugsweise auf leichten Sandböden mit niedrigem pH-Wert als Hauptfrucht, Zweitfrucht oder frühe Stoppelsaat angebaut und liefert dort höhere Erträge als die Futtererbse. Ihre tiefgehende Pfahlwurzel macht sie relativ ertragssicher. Sie hat aufrecht wachsende, ziemlich dicke, fleischige, nur langsam verholzende Stengel. Nach der Blüte werden die Hülsen angesetzt, die mit zunehmender Kornfüllung gleichfalls von hohem Futterwert sind. Die Gelbe Süßlupine liefert deshalb über eine relativ lange Zeitspanne ein wertvolles Grünfutter, das von Rindern und Schafen gern gefressen wird, das sich aber wegen seines nur geringen Trockensubstanzgehaltes für die Konservatfutterproduktion weniger eignet.

Erbsen (*Pisum sativum* L.): Beide Erbsenformen, die weißblühende Speise- oder Saaterbse (*P. sativum* covar. *sativum*) und die meist buntblühende Futter- oder Felderbse (*P. sativum* covar. *speciosum*, früher *P. arvense*), gehören zur gleichen Art. Für den Grünfutteranbau hat vorzugsweise die Futtererbse Bedeutung. Der Anbau erfolgt seltener in Reinsaat, sondern meist im Gemisch mit anderen Futterpflanzen (Wicken, Ackerbohnen, Hafer, Sonnenblumen) als Leguminosengemenge. Der Gemengeanbau hat vor allem den Grund, daß die Triebe der Futtererbsen, wenn sie sich nicht mit Hilfe ihrer endständigen Wickelranken festhalten und aufrichten können, kriechend wachsen und daß sie durch die gemeinsame Aussaat mit sogenannten Stützfrüchten besser mähfähige Bestände ergeben. Der Anbau von Leguminosengemengen kann als Zweitfrucht oder frühe Stoppelsaat erfolgen. Die Erbse braucht besseren Boden als die

Lupine und wegen ihrer nicht allzu tiefen Bewurzelung auch ausreichende Niederschläge. Sie liefert ein saftiges, wenig verholzendes Grünfutter, das auch noch bei weitgehend gefüllten Hülsen wertvoll ist und gern gefressen wird.

Ackerbohnen (*Vicia faba* L.): Die im Anbau befindlichen Sorten gehören zur Unterart *V. faba* ssp. *minor*. Die Ackerbohne hat aufrecht wachsende, kräftige, vierkantige Stengel und bildet keine Ranken. Ihre Pfahlwurzel geht mittelmäßig tief und hat nur eine schwache Nebenbewurzelung. Ihr Wasserbedarf und ihre Ansprüche an die Bodenqualität sind deshalb ziemlich hoch. Zur Grünschnittnutzung wird sie ausschließlich als Bestandteil von Leguminosengemengen (Stützfrucht) angebaut, und man läßt sie höchstens das Stadium der Blüte erreichen. Zur Ganzpflanzennutzung wird sie wie für die Körnergewinnung angebaut und bei weitgehend abgeschlossener Kornfüllung im Stadium der Teigreife geerntet. Die Stengel sind dann bereits rohfaserreicher, was aber durch den hohen Anteil der fleischigen Hülsen und der nährstoffreichen Körner ausgeglichen wird. Im Gegensatz zum Entwicklungsstadium, in dem üblicher Weise die Grünschnittnutzung erfolgt, ist ihr Trockensubstanzgehalt in der Teigreife wesentlich höher, so daß dann eine Silierung gut möglich ist.

Wicken: Zu unterscheiden sind die Winter- oder Zottelwicke (*Vicia villosa* Roth) und die Sommer- oder Saatwicke (*Vicia sativa* L.). Sie werden ausschließlich als Gemengepartner innerhalb von Futterpflanzengemischen angebaut, die Winterwicke z. B. als Bestandteil der Winterzwischenfrüchte Wickroggen und Wickgras, die Sommerwicke als Partner von Leguminosengemengen im Zweit- oder Stoppelfruchtanbau. Die Wicken haben infolge flacherer Bewurzelung einen höheren Wasserbedarf als Erbsen, stellen aber geringere Ansprüche an die Bodenqualität als diese. Ihre feinstengeligen, mit Wickelranken versehenen und reich beblätterten Triebe liefern innerhalb der genannten Gemenge ein wertvolles Futter.

Serradella (*Ornithopus sativus* Brot.): Die Serradella wird als Untersaat unter Getreide, insbesondere Winterroggen, angebaut. Sie bevorzugt leichte Böden, hat aber dennoch einen relativ hohen Wasserbedarf, woraus sich ihre Anbauberechtigung vor allem in maritimen Klimagebieten oder auf grundwassernahen Standorten ergibt. Ihre Kriechtriebe eignen sich kaum zur Mähnutzung, liefern aber ein von den Tieren gern gefressenes Weidefutter. Infolge der Frostverträglichkeit (bis -5 °C) kann die Nutzung bis in den Spätherbst hinein erfolgen.

4.4.4.2. Futterwert

Wie bei den anderen Futterpflanzen hängt der Futterwert der Leguminosen vom Vegetationsstadium ab, in dem sie genutzt werden. Ein Vergleich des Futterwertes der verschiedenen Arten ist deshalb nur möglich, wenn vom gleichen Vegetationsstadium ausgegangen wird.

In Tabelle 69 sind Rohnährstoffgehalte und Futterwertangaben für Luzerne und die verschiedenen Kleearten zum Beginn der Blüte dargestellt. Dieses Entwicklungsstadium ist bei den kleinsamigen Leguminosen für bestimmte Nutzungsformen durchaus zweckmäßig und praxisüblich, während Gräser dann schon als überständig zu gelten haben. Vergleicht man beide zum jeweils praxisüblichen Nutzungszeitpunkt, so ist festzustellen, daß Luzerne und Klee höhere Rohasche- und Rohproteingehalte und generell niedrigere Energiekonzentrationen als die wertvollen Futtergräser aufweisen. Der energetische Futterwert der Luzerne ist infolge des höheren Rohfasergehaltes geringer als derjenige von Rotklee. Dieser Unterschied bleibt auch bei den daraus hergestellten Konservaten erhalten. Der Weißklee zeichnet sich durch hohe Energiekonzentration und gleichzeitig hohen Rohproteingehalt aus. Für den Perserklee sind hoher Rohasche- und Rohproteingehalt und sehr niedriger Rohfasergehalt typisch.

Tabelle 69. Rohnährstoffgehalt und Futterwertangaben für Wiederkäuer — Luzerne und Kleearten, Beginn der Blüte

Futterart	T %	g/kg T			Verdaulichkeit %		je kg T		
		Roh-asche	Rohpro-tein	Roh-faser	organi-sche Sub-stanz	Energie	DP g	NEF EFr	NEL MJ
Grünfutter									
Luzerne	20	100	190	300	67	64	150	490	5,2
Rotklee	20	90	160	260	72	69	120	530	5,8
Weißklee	16	110	190	220	75	72	150	540	6,0
Perserklee	14	140	200	200	76	73	160	530	5,8
Schwedenklee	18	100	170	260	71	68	130	520	5,5
Gelbklee	19	110	190	270	70	67	150	500	5,2
Welksilage									
Luzerne	50	100	180	340	62	59	140	450	4,6
Rotklee	40	90	150	300	66	63	110	500	5,3
Trockengrünfutter									
Luzerne	90	100	180	310	65	62	130	470	4,9
Rotklee	90	90	150	270	69	66	100	510	5,5
Heu									
Luzerne	86	90	160	360	58	55	100	430	4,3
Rotklee	86	80	140	320	62	59	80	470	4,9

Der Futterwert auch der Leguminosen kann durch die Wahl des Nutzungszeitpunktes stark beeinflußt werden. Wie Tabelle 70 am Beispiel von Luzerne und Rotklee zeigt, nimmt der Futterwert mit fortschreitender Reife bedeutend ab. Die Veränderungen pro Zeiteinheit sind aber geringer als bei Gräsern und Grüngetreide. So ist bei der Luzerne mit einem täglichen Abfall der Energiekonzentration um etwa 3 EFr/kg T, bei Rotklee um etwa 2 EFr/kg T und bei Perserklee sogar nur um weniger als 2 EFr/kg T zu rechnen. Die Unterschiede zwischen den einzelnen Aufwüchsen eines Nut-

Tabelle 70. Rohnährstoffgehalt und Futterwertangaben für Wiederkäuer — Luzerne und Rotklee in unterschiedlichen Vegetationsstadien

Vegetationsstadium	T %	g/kg T			Verdaulichkeit %		je kg T	
		Roh-asche	Roh-protein	Roh-faser	organische Substanz	Energie	DP g	EFr
Luzerne								
vor der Knospe	15	115	260	220	75	72	220	540
Knospe	17	110	220	260	71	68	180	510
Beginn der Blüte	20	100	190	300	67	64	150	490
Vollblüte	22	90	170	340	63	60	130	460
nach der Blüte	23	80	155	380	58	55	115	430
Rotklee								
vor der Knospe	13	110	220	190	78	75	180	560
Knospe	15	100	190	230	74	71	150	540
Beginn der Blüte	20	90	160	260	72	69	120	530
Vollblüte	22	85	145	290	69	66	105	500
nach der Blüte	23	80	135	320	66	63	95	480

4.4. Grünfutterarten

zungsjahres sind bei den Leguminosen sowohl im Hinblick auf die Höhe der Energiekonzentration als auch hinsichtlich ihrer zeitlichen Veränderung gering. Wenn bei der Luzerne von der Drei- zur Vierschnittnutzung und beim Rotklee von der Zwei- zur Dreischnittnutzung übergegangen, das Futter also im Durchschnitt jünger geerntet wird, so kann bei etwa gleichbleibendem Ertrag für die Summe aller Aufwüchse des Jahres mit einem Anstieg der Energiekonzentration um etwa 30 EFr/kg T und der Rohproteinkonzentration um etwa 30 g/kg T gerechnet werden (Beyer 1967).

Tabelle 71 enthält Angaben zum Futterwert von Luzernegras und Kleegras sowie zu den daraus hergestellten Konservaten. Dabei ist ein etwa gleicher Masseanteil der jeweiligen Gemengepartner unterstellt worden. Im optimalen Vegetationsstadium ist dann mit einer deutlich über den Leguminosenreinsaaten liegenden Energiekonzentration und einem geringeren Rohproteingehalt zu rechnen. Auch die in diesen Vegetationsstadien gewonnenen Konservate haben bei guter Konservierung einen höheren energetischen Futterwert als die von reinen Leguminosen.

Tabelle 71. Rohnährstoffgehalt und Futterwertangaben für Wiederkäuer — Luzerne und Kleegras in optimaler Zusammensetzung und zum optimalen Schnittzeitpunkt

Futterart	T %	g/kg T			Verdaulichkeit %		je kg T		
		Rohasche	Rohprotein	Rohfaser	organische Substanz	Energie	DP g	NEF EFr	NEL MJ
Luzernegras, Luzerne in der Knospe mit Wiesenlieschgras									
Grünfutter	18	100	180	260	73	70	140	540	6,0
Welksilage	35	110	170	300	69	66	130	510	5,4
Heu	86	90	150	330	64	61	100	470	5,0
Kleegras, Rotklee in der Knospe mit Wiesenschwingel									
Grünfutter	18	90	180	250	76	73	140	560	6,3
Welksilage	35	100	170	280	72	69	130	530	5,7
Heu	86	80	150	320	66	63	100	490	5,2

Der Futterwert von jungen Leguminosen für Schweine ist in Tabelle 72 angegeben. In der Knospe geerntet wird ein Grünfutter mit hohem Proteinfutterwert gewonnen. In der Verdaulichkeit und Energiekonzentration schneiden Rotklee und vor allem Perserklee besser als Luzerne ab.

Für das Grünfutter großsamiger Leguminosen gelten die Angaben in Tabelle 73. Ihre Energiekonzentration liegt in vergleichbarem Vegetationsstadium etwa auf der Höhe derjenigen der wertvollen Kleearten. Der Rohproteingehalt ist dagegen meist höher als bei diesen.

Typisch für alle Leguminosen ist ihr hoher Calciumgehalt und ein weites Ca/P-Verhältnis (Tabelle 74). Am stärksten ist das bei der Luzerne ausgeprägt. Der Carotingehalt von Grünfutter aus Luzerne und Rotklee (Tabelle 75) liegt hoch. Nach schonender Trocknung gewonnenes Trockengrünfutter kann als Carotinträger für die Winterfütterung dienen. Auch gelungene Frischsilagen sind eine gute Carotinquelle für die Tiere. Bei der Bereitung von Welksilage und noch mehr bei der von Heu geht das Carotin dagegen größtenteils verloren.

Tabelle 72. Rohnährstoffgehalt und Futterwertangaben für Schweine — Luzerne und Kleearten, in der Knospe

Futterart	T %	g/kg T			Verdaulichkeit der OM %	je kg T				
		Rohasche	Rohprotein	Rohfaser		Lys g	Met + Cys g	DP g	NEF EFs	ME MJ
Grünfutter										
Luzerne	17	110	220	260	60	11,9	6,1	150	380	7,9
Rotklee	15	100	190	230	65	9,3	4,9	120	450	8,8
Perserklee	11	150	240	160	73	11,7	6,2	170	470	9,8
Silage										
Luzerne	18	120	220	280	57	11,3	5,8	150	370	7,4
Rotklee	18	110	190	250	62	8,8	4,7	120	440	8,5
Trockengrünfutter										
Luzerne	90	110	210	270	58	9,3	4,8	130	370	8,0
Rotklee	90	100	180	240	64	7,0	3,7	100	440	8,6

Tabelle 73. Rohnährstoffgehalt und Futterwertangaben für Wiederkäuer — Grünfutter von großsamigen Leguminosen

Futterart	T %	g/kg T			Verdaulichkeit %		je kg T		
		Rohasche	Rohprotein	Rohfaser	organische Substanz	Energie	DP g	NEF EFr	NEL MJ
Gelbe Süßlupine									
vor der Blüte	12	130	230	210	77	74	190	550	6,1
Blüte	14	100	200	270	72	69	160	530	5,8
Hülsenansatz	17	80	170	300	68	65	130	520	5,6
Futtererbse									
vor der Blüte	12	125	250	180	78	75	210	580	6,6
Blüte	14	110	210	250	74	71	170	550	6,2
Hülsenansatz	18	80	170	280	70	67	130	530	6,0
Ackerbohne									
vor der Blüte	12	130	230	180	77	74	190	550	6,1
Blüte	14	110	200	240	73	70	160	530	5,8
Hülsenansatz	18	80	160	260	70	67	120	530	5,8
Zottelwicke									
vor der Blüte	12	135	260	200	75	72	220	540	5,9
Blüte	14	120	220	260	70	67	180	510	5,4
Serradella									
vor der Blüte	12	140	250	210	76	73	210	560	6,2
Blüte	15	120	210	270	71	68	170	510	5,6
Hülsenfruchtgemenge, Erbsen in Blüte									
mit Ackerbohnen	14	110	210	250	73	70	170	540	6,0
mit Getreide	16	100	170	270	75	72	130	550	6,2
mit Sonnenblumen	14	120	180	250	68	65	140	510	5,4

Tabelle 74. Mineralstoffgehalt von Futterleguminosen (üblicher Nutzungszeitpunkt)

	g/kg T					Ca/P
	Na	K	Mg	Ca	P	
Luzerne	0,5	25	3	19	3	6,3
Rotklee	0,7	29	4	17	3	5,7
Weißklee	0,4	29	4	17	4	4,3
Süßlupine	0,5	33	3	12	3	4,0
Futtererbse	0,5	22	4	14	4	3,5
Ackerbohne	0,9	33	3	13	3	4,3
Zottelwicke	0,7	30	3	15	4	3,8
Serradella	0,5	41	3	18	4	4,5

Tabelle 75. Carotingehalt (Gesamtcarotin) von Futterleguminosen

	mg/kg T	
	Luzerne	Rotklee
Grünfutter	270	200
Trockengrünfutter	170	150
Frischsilage	110	100
Welksilage	80	70
Heu	40	30
Heu, gelagert	10	10

4.4.4.3. Konservierung

● Silierung

Für die Silageproduktion kommen Luzerne und Luzernegras, Rotklee und Rotkleegras sowie als Ganzpflanzen Ackerbohnen und Erbsen in Betracht. Alle anderen Futterleguminosen haben einen sehr hohen Wassergehalt und eignen sich auch kaum zum Vorwelken. Sie geben deshalb beim Silieren sehr große Saftmengen ab und erleiden dadurch größere Nährstoffverluste. Ihre Silierung sollte deshalb nur im Ausnahmefall erfolgen.

Typisch für Luzerne und Rotklee sind ihr sehr niedriger Zuckergehalt und ihre mit dem hohen Gehalt an Rohprotein und Rohasche korrespondierende große Pufferkapazität. Der Z/PK-Quotient dieser Futterarten läßt deshalb beim Silieren mit natürlichem Feuchtegehalt keine buttersäurefreien Silagen erwarten (Tabelle 76). Für die Rinderfütterung werden sie deshalb auf den hier relativ hohen Mindest-Trockensubstanzgehalt gewelkt und Welksilage daraus bereitet. Im Falle der Luzerne ist das bei der Silierung im Fahrsilo schwierig, weil nur die sehr kleine Spannweite des zweckmäßigen Welkgrades von 400–500 g T/kg zur Verfügung steht. Sie eignet sich deshalb eher für die Bereitung von Gärheu in gasdichten Hochsilos. Auch der verfügbare Toleranzbereich für den zweckmäßigen Welkgrad von Rotklee ist mit 350–500 g T/kg kaum größer. Wenn die Silierung von Luzerne und Rotklee in Fahrsilos erfolgen soll, ist es deshalb besser, Anwelksilagen mit einem ausreichend wirksamen Siliermittel als Sicherungszusatz zu bereiten. Dafür eignen sich z. B. Siliermittel mit einem Wirkungsäquivalent von etwa 100 g T/kg. In diesem Fall reicht dann ein Welkgrad von 300 bzw. 250 g T/kg aus, um zuverlässig gute Silagen zu erhalten. Wird Wert auf Silierung

4. Grünfutter und Grünfutterkonservate

Tabelle 76. Vergärbarkeit von Luzerne und Rotklee

	T g/kg	g/kg T		Z/PK	T_{min} g/kg
		Zucker	Pufferkapazität		
Luzerne					
1. Aufwuchs	200	65	74	0,9	380
Folgeaufwüchse	200	45	87	0,5	410
Rotklee					
1. Aufwuchs	200	115	69	1,7	310
Folgeaufwüchse	200	90	75	1,2	350
Luzernegras					
1. Aufwuchs	180	110	63	1,7	310
Folgeaufwüchse	180	75	72	1,0	370
Rotkleegras					
1. Aufwuchs	180	135	59	2,3	270
Folgeaufwüchse	180	100	65	1,5	330

von Luzerne und Rotklee in mähfrischem Zustand gelegt, wie es zur Herstellung von speziellen Silagen für Schweine zweckmäßig ist, müssen stärker wirksame Konservierungsmittel zugesetzt werden, die zu einer weitgehenden chemischen Konservierung führen. Dafür eignen sich 5 — 6 l Ameisensäure je t Grünfutter.

Die Silierung von Luzernegras und Rotkleegras ist infolge des höheren Zuckergehaltes der Gräser meist etwas einfacher. Bei hohem Grasanteil und vor allem bei Weidelgräsern als Gemengepartner genügt ein schwaches Anwelken, um buttersäurefreie Silage erwarten zu können. In allen Zweifelsfällen und insbesondere bei für das Welken ungünstiger oder wechselnder Witterung sollte aber die Anwelksilage auch hier besser mit einem Siliermittel bereitet werden.

Ganzpflanzen von großsamigen Leguminosen in der Teigreife der Körner, insbesondere Ackerbohnen, enthalten relativ viel Zucker (Tabelle 77). Sie sind deshalb gut vergärbar und können auch ohne Zusätze siliert werden.

Tabelle 77. Vergärbarkeit von großsamigen Leguminosen

	T g/kg	g/kg T		Z/PK	T_{min} g/kg
		Zucker	Pufferkapazität		
Gelbe Süßlupine					
vor der Blüte	120	120	48	2,5	250
Blüte	140	120	47	2,5	250
Hülsenansatz	170	115	46	2,5	250
Futtererbse					
vor der Blüte	120	140	59	2,4	260
Blüte	140	150	51	2,9	220
Hülsenansatz	180	175	48	3,6	160
Ackerbohne					
Blüte	140	140	53	2,6	240
Hülsenansatz	180	145	49	3,0	210
Teigreife	250	145	46	3,2	190

● **Trocknung**

Für die Heubereitung kommen die gut welkfähigen Futterleguminosen mit dünnen Stengeln in Frage; das sind Luzerne, Rotklee, Luzernegras, Rotkleegras und Wickgras. Wegen des großen Risikos des Abbröckelns der Blätter sind reine Leguminosen nur über die Belüftungstrocknung zu gutem Heu zu machen. Sie können schon ab 50% Trockensubstanzgehalt zur Unterdachtrocknung eingelagert werden. Für die Heißlufttrocknung eignet sich Luzerne gut. Zur Gewinnung eines protein- und carotinreichen Trockengrünfutters, u. a. als Futterzusatz für Schweine und Geflügel, werden Heißlufttrocknungsanlagen oft vollständig oder hauptsächlich für das Trocknen von Luzerne benutzt. Rotklee ist zum gleichen Zweck fast ebenso gut brauchbar. In beiden Fällen ist das Grünfutter möglichst jung zu schneiden und vor dem Trocknen schwach anzuwelken, um die Energie für das Trocknen rationell einzusetzen. Alle übrigen Leguminosen sollten nicht für die Heißlufttrocknung verwendet werden, weil ihr geringer Trockensubstanzgehalt das Verfahren zu energieaufwendig macht.

4.4.5. Futterkruziferen

Mit dem Übergang zu intensiven Nutzungsformen des Ackerlandes sind neben den Futtergramineen und -leguminosen auch zahlreiche Futterkruziferen in die Feldwirtschaft eingeführt worden. Die Palette der Arten und ihr Anbauumfang haben in den letzten drei Jahrzehnten stark zugenommen. Sie werden überwiegend als Zwischenfrüchte angebaut und ermöglichen auf diese Weise eine zusätzliche Futterproduktion ohne Inanspruchnahme von Hauptfutterfläche. Rechtzeitig geschnittene Futterkruziferen sind ein rohfaserarmes und proteinreiches Grünfutter, das bis auf Ausnahmen von den Tieren auch gut aufgenommen wird. Wegen ihrer Frosttoleranz ist es mit diesen Futterarten möglich, den Frischfuttereinsatz bis in den Spätherbst zu verlängern. Nachteile bei der Nutzung von Futterkruziferen ergeben sich aus den Grenzen der Verträglichkeit für die Tiere und aus phytosanitären Gründen. Die potentiell in allen Kruziferen zu erwartenden Glucosinolate zwingen zur Einhaltung von Einsatzgrenzen, weil sonst durch ihre strumigene Wirkung Gesundheits- und Fruchtbarkeitsstörungen ausgelöst werden und bei zu großen Gaben außerdem die Milchqualität beeinträchtigt wird. Die Futterkruziferen nehmen oft viel mehr Stickstoff auf, als sie für die Stoffproduktion bis zum Ende der Vegetationsperiode bzw. bis zur Ernte verwerten können. Deshalb muß bei ihnen immer mit hohen Nitratgehalten gerechnet werden, was gleichfalls zur Beschränkung des Futtereinsatzes zwingt.

4.4.5.1. Arten und Eigenschaften

Der **Futterkohl** (*Brassica oleracea* L. convar, *acephala* [Dc.] Alef.), der früher auch als Markstammkohl bezeichnet und durch Auspflanzen mit relativ weiten Pflanzenabständen angebaut wurde und bei dem man Wert auf eine gute Entwicklung der fleischigen Strünke gelegt hat, wird heute hauptsächlich in Drillsaat mit geringeren Pflanzenabständen kultiviert, was zum Überwiegen des Blattanteils an der Erntemasse geführt hat. Dieser Änderung in der Anbauform wurde durch die Pflanzenzüchtung Rechnung getragen, die Sorten mit höherem Blattanteil (50 – 70%) bereitstellte. Der Anbau erfolgt ausschließlich als Zweitfrucht. Futterkohl erreicht oft noch bis in den Oktober hinein einen Ertragszuwachs, er verliert auch nach Ablauf der Vegetationsperiode kaum an Blattmasse und verträgt bis zu $-12\,°C$. Die Verfütterung ist bis in den November, in günstigen Jahren sogar noch im Januar möglich. Er wird sehr gut gefressen. Die zulässige Tageshöchstmenge beträgt 15 kg/Kuh.

Winterrübsen (*Brasica rapa* L. var. *silvestris* [Lam.] Briggs f. *autumnalis* [Dc.] Mansf.) liefert als Winterzwischenfrucht das erste frische Grünfutter schon im April. Er ist noch zeitiger als Futterraps und Grünroggen nutzungsreif. Bis zum Beginn der Blüte wird er sehr gut gefressen. Der Glucosinolatgehalt von Rübsen ist niedriger als der von Raps, nimmt aber mit dem Eintritt in die Blüte zu. Der Winterrübsen wird meist zur Übergangsfütterung der Rinder im Stall unmittelbar vor dem Weideaustrieb eingesetzt. Die Tagesgaben sollten 20 kg/Kuh nicht überschreiten.

Winterrübsenbastard (Winterrübsen × Chinakohl — *Brassica pekinensis* Rupr.), auch unter der Bezeichnung „Perko" bekannt, eignet sich sowohl zur Herbstaussaat als Winterzwischenfrucht wie auch zur Sommeraussaat als Stoppelfrucht. Im letzteren Fall bildet er nur Blattmasse und keine Stengel. Er wird dann im Unterschied zum Sommerfutterraps nicht überständig und kann lange genutzt werden, eignet sich aber zur Schnittnutzung weniger gut als zum Beweiden. Er verträgt bis zu 10 °C. Das Futter wird von Rindern gut gefressen. Die Futteraufnahme sollte 20 kg/Kuh und Tag nicht übersteigen.

Winterfutterraps (Winterraps — *Brassica napus* L. × Blattkohl — *Brassica napus* var. *biennis*), auch als „Akela" bezeichnet, eignet sich gleichfalls als Winterzwischenfrucht und als Stoppelfrucht und geht nur nach der Überwinterung in Blüte. Als Winterzwischenfrucht hat er aber nur geringe Anbauberechtigung, da er später als Winterrübsen nutzungsreif wird. Als Stoppelfrucht bringt er einen hohen Blattanteil und ist seine gute Frostverträglichkeit (bis −15 °C) von Vorteil. Die Nutzung erfolgt wie die von Perko. Die Futteraufnahme gilt als gut. Die Tagesfutteraufnahme ist auf 15 kg/Kuh zu begrenzen.

Sommerfutterraps (*Brassica napus* L. var. *napus* Metzg. f. *annua* Thell.) bringt als Stoppelsaat fertile Triebe und damit mähfähige Bestände. Bis zum Blühbeginn wird er von den Tieren sehr gut gefressen, und sein Anbau erfreut sich großer Beliebtheit. Die Tageshöchstmengen sollten aber trotzdem 20 kg/Kuh nicht überschreiten. Über zeitliche Staffelung der Aussaattermine läßt sich eine längere Nutzungsdauer erreichen. Durch die Züchtung ist man bemüht, seine Blühneigung und seinen Glucosinolatgehalt weiter zu senken. Die Frostverträglichkeit ist etwas geringer als die anderer Arten (−6 bis −8 °C).

Ölrettich (*Raphanus sativus* L. var. *oleiformis* Pers.) zeichnet sich als Stoppelsaat durch rasche Entwicklung und hohe Ertragsfähigkeit aus. Er ist besonders spätsaatverträglich. Dadurch, daß er im gleichen Jahr generative Triebe bringt, ist seine Mähfähigkeit etwas besser als die von Winterrübsenbastard oder Winterfutterraps. Geerntet wird er spätestens bis zum Blühbeginn. Frost verträgt er bis −6 °C. Leider ist er bei den Tieren nicht sehr beliebt. Aber nach Gewöhnung lassen sich neben anderen Grünfutterarten dennoch gewisse Mengen verfüttern.

Weißer Senf (*Sinapis alba* L.) ist im Futterwert anderen Stoppelfrüchten unterlegen und hat deshalb nur noch geringe Anbauberechtigung. Er verträgt nicht nur späte Aussaat, er fordert sie sogar, weil er sonst als Langtagspflanze rasch zum Blühen kommt. Seine Schmackhaftigkeit ist nur vor der Blüte zufriedenstellend. Nachteilig sind auch sein relativ hoher Glucosinolatgehalt und seine geringe Frostverträglichkeit (bis −4 °C).

4.4.5.2. Futterwert

In Tabelle 78 sind Angaben zum Rohnährstoffgehalt und Futterwert der wichtigsten Kruziferen, die zur Grünfuttergewinnung für Rinder dienen, zusammengestellt. Außer beim Futterkohl beziehen sich die Angaben auf ein vergleichbares Vegetationsstadium kurz vor der Blüte. Die Futterkruziferen haben alle einen hohen Rohasche- und

4.4. Grünfutterarten 147

Rohprotein- und einen niedrigen Rohfasergehalt. Mit Ausnahme des Senfs sind die Unterschiede in der Energiekonzentration zwischen den Arten nur gering. Für die nicht aufgeführten Futterkruziferen ist mit ähnlichen Werten zu rechnen.

Tabelle 78. Rohnährstoffgehalt und Futterwertangaben für Wiederkäuer – Futterkruziferen im optimalen Vegetationsstadium

Futterart	T %	g/kg T			Verdaulichkeit %		je kg T		
		Rohasche	Rohprotein	Rohfaser	organische Substanz	Energie	DP g	NEF EFr	NEL MJ
Futterkohl	15	120	160	200	78	74	120	560	6,3
Winterrübsen	12	150	190	220	77	73	150	540	6,0
Sommerfutterraps	12	140	190	230	77	73	150	540	6,0
Ölrettich	11	150	220	220	77	73	180	540	6,0
Weißer Senf	13	160	180	250	74	70	140	510	5,5

Wie bei anderen Futterpflanzen sind bei jüngeren, blattreicheren Beständen auch von Futterkruziferen noch etwas höhere Rohproteingehalte und Energiekonzentrationen zu erwarten. Das trifft insbesondere für im Herbst genutzten Winterfutterraps und Winterrübsenbastard und für dicht gesäten Futterkohl zu. Solche jungen, blattreichen Pflanzen eignen sich auch gut zur Schweinefütterung. Das belegen die in Tabelle 79 aufgeführten Angaben. Der Mineralstoffgehalt der verschiedenen Futterkruziferen ist relativ gleichförmig (Tabelle 80).

Tabelle 79. Rohnährstoffgehalt und Futterwertkennzahlen für Schweine – Futterkruziferen, jung mit hohem Blattanteil

Futterart	T %	g/kg T			Verdaulichkeit der OM %	je kg T				
		Rohasche	Rohprotein	Rohfaser		Lys g	Met + Cys g	DP g	NEF EFs	ME MJ
Futterkohl	13	170	190	130	79	11,0	4,8	130	510	10,0
Futterraps und Futterrübsen	11	160	220	150	77	9,7	5,7	160	500	10,0

Tabelle 80. Mineralstoffgehalt von Futterkruziferen

	g/kg T					Ca/P
	Na	K	Mg	Ca	P	
Futterkohl	1	32	2	12	4	3,0
Futterraps und Futterrübsen	1	31	2	16	4	4,0
Weißer Senf	1	31	3	15	4	3,8

4.4.5.3. Konservierung

Das Grünfutter von Kruziferen ist sehr wasserreich. Sieht man von Futterkohl mit hohem Strunkanteil ab, so werden kaum mehr als 10 − 12% Trockensubstanzgehalt erreicht. Die Silierung ist deshalb im allgemeinen ebenso wenig zweckmäßig wie die Trocknung, obgleich der Glucosinolatgehalt wahrscheinlich bei der Konservierung zurückgeht und dadurch die Verträglichkeit für die Tiere verbessert wird. Außerdem enthalten die Kohlarten und Kohlbastarde beachtliche Mengen an Zucker, so daß sie durchaus als gut vergärbar eingestuft werden können (Tabelle 81). Aber infolge des geringen Trockensubstanzgehaltes ist stets mit sehr großen Gärsaftmengen und dadurch bedingten Verlusten zu rechnen.

Tabelle 81. Vergärbarkeit von Futterkohl

Düngung kg N/ha	T %	g/kg T		Z/PK
		Zucker	Pufferkapazität	
100	16	300	65	4,6
200	15	290	66	4,4
300	14	280	70	4,0

Die einzige empfehlenswerte Ausnahme ist die Bereitung von Mischsilagen für Zuchtschweine durch Silierung von Futterkohl zusammen mit gedämpften Kartoffeln bzw. Preßschnitzeln oder beidem. Auf diese Weise läßt sich für die Frischverfütterung nicht benötigter Futterkohl sinnvoll nutzen. Die Herstellung von Mischsilagen aus anderen Kruziferen, wie z. B. Ölrettich, zusammen mit Rübenkraut oder Mais hat sich dagegen, auch wegen der oft ungenügenden Schmackhaftigkeit der Silagen, schlecht bewährt. Nicht für die Frischverfütterung verwertbare Bestände sollten deshalb besser als Gründüngung eingepflügt werden.

4.4.6. Rübenblatt

Beim Anbau von Zucker-, Runkel-, Kohl- und Mohrrüben fällt als Koppelprodukt das Rübenblatt an. Je nach Rübenart und Ernteverfahren besteht es aus den eigentlichen Blättern und Stielen dieser Pflanzen sowie aus den Rübenköpfen. Es ist von hohem Futterwert und liefert zusätzlich zu den Rüben einen Futterertrag, der bei den Zuckerrüben mit demjenigen anderer Futterkulturen vergleichbar ist. Typisch für das Rübenblatt aller Arten ist, daß es nur während einer relativ kurzen Zeitspanne im Herbst bei der Ernte der Rüben anfällt. Neben der Verfütterung im frischen Zustand wird es deshalb überwiegend für die Silagebereitung genutzt.

4.4.6.1. Arten und Eigenschaften

Die Zucker- und die Runkelrübe gehören zu den Gänsefußgewächsen (Chenopodiaceen) und stammen von der halophilen (salzliebenden) Wildpflanze *Beta maritima* L. ab. Die **Zuckerrübe** (*Beta vulgaris* L. provar. *altissima* Döll) liefert ein Grünfutter, das aus den weichen Blattspreiten, den fleischigen Blattstielen, dem Rübenkopf (Epikotyl), an dem die Blattstiele ansetzen, und, je nach Tiefe des Köpfschnittes, aus Anteilen des Rübenkörpers, d. h. des Rübenhalses (Hypokotyl), besteht. Bei der **Runkelrübe** (*Beta vulgaris* L. provar. *crassa* Helm) wird der Rübenkörper selbst hauptsächlich vom Hals gebildet. Sie werden auch wesentlich flacher geköpft, so daß ihr Blatt kaum Anteile des Rübenkörpers umfaßt. Da der Rübenkörper mehr Nährstoffe als die Blätter enthält, ist das Runkelrübenblatt etwas weniger wertvoll. Die **Futterzuckerrüben** oder Gehaltsrüben sind Übergangsformen zwischen den Zuckerrüben und den eigentlichen Runkel- oder Massenrüben. Ihr Blatt gleicht mehr dem der Zuckerrüben. Das Verhältnis des Ertrages von Rübenkörper zu Rübenblatt beträgt bei den Zuckerrüben 1 : 1,2; bei den Gehaltsrüben 1 : 1 und bei den Massenrüben 1 : 0,4.

Die **Kohlrüben** oder Wruken (*Brassica napus* L. ssp. *rapifera* Metzg./Sinsk.) gehören zu den Kruziferen und bilden weitgehend oberirdisch wachsende Sproßrüben mit einer Blattrosette, den sog. Kronen aus. Das Blatt der Kohlrüben besteht aus diesen Kronen, d. h. aus Blättern, Stielen und der oberen Spitze des Rübenkörpers, an dem die Stiele ansetzen. Die Erträge an Blatt sind viel kleiner als bei den Beta-Rüben.

Die **Mohrrübe** oder Möhre (*Daucus carota* L. ssp. *sativus*) gehört zu den Doldenblütlern (Umbelliferen). Sie hat dünnstielige, fein gegliederte und aufrecht wachsende Blätter, die bei der Ernte oberhalb des Rübenkörpers abgetrennt werden. Das Kraut der Mohrrüben besteht deshalb ausschließlich aus den Blattstielen und Blättern.

4.4.6.2. Futterwert

Für das Rübenblatt ist mit den in Tabelle 82 angegebenen Rohnährstoffangaben und Futterwertkennzahlen zu rechnen. Der Nährstoff- und Energiegehalt hängt hier im Unterschied zu anderen Futterarten nicht vom Erntezeitpunkt ab; dieser ist durch die Rodung der Rüben ohnehin vorgegeben, sondern vor allem vom Anteil des in das Blatt gelangenden Rübenkörpers und vom Verschmutzungsgrad. Mit zunehmender Köpftiefe der Zuckerrüben sind ein höherer Blattertrag und zumindest potentiell eine höhere Energiekonzentration des Futters zu erwarten. Dem läuft aber zuwider, daß mit zunehmender Köpftiefe in der Regel auch der Verschmutzungsgrad des Futters zunimmt. Die zweckmäßigste Köpftiefe ist gegeben, wenn, vom Ansatz der inneren Blätter aus gemessen, etwa 3 cm dicke Kappen entstehen. Weder ein flacheres noch ein tieferes Köpfen ist zu empfehlen. Ungünstig sind auch Ernteverfahren, bei denen die Rübenblätter durch den Schlegelernter zunächst abgeschlagen werden und das Köpfen in einem zweiten Arbeitsgang erfolgt. Die eigentlichen Rübenblätter allein sind sehr wasserreich und energieärmer. Sie werden hierbei außerdem zu stark zerkleinert und durch Aufnahme von Staub stark verschmutzt. Generell sollte das Zuckerrüben- und Runkelrübenblatt möglichst sauber geerntet und unzerkleinert belassen, allenfalls lang gehäckselt werden. Unzerkleinert wird es von den Rindern sowohl als Frischfutter als auch als Silage lieber aufgenommen.

Als Maß für den Verschmutzungsgrad dient der Rohaschegehalt. Der biologische Rohaschegehalt von Zuckerrüben- und Runkelrübenblatt beträgt 150 g/kg T. Er liegt damit bei diesen halophilen Pflanzen schon von der Natur aus höher als in anderem Grünfutter. Hinzu kommt eine unvermeidbare Mindestverschmutzung schon im unberührten Feldbestand und durch das Ernten auch bei sorgfältiger Arbeit. Dadurch ist stets mit mindestens 200 g Rohasche/kg T im geernteten Rübenblatt zu rechnen (Tabelle 83). Wesentlich höhere Aschegehalte haben ihre Ursache in vermeidbaren Mängeln der Ernte, des Transportes oder der Einlagerung in die Silos.

Tabelle 82. Rohnährstoffgehalt und Futterwertangaben für Wiederkäuer — Rübenblatt

Futterart	T %	g/kg T			Verdaulichkeit %		je kg T		
		Rohasche	Rohprotein	Rohfaser	organische Substanz	Energie	DP g	NEF EFr	NEL MJ
Grünfutter									
Zuckerrübenblatt mit Kopf									
gewaschen	14	150	145	125	80	76	105	560	6,3
normal	15	200	140	120	80	76	100	530	5,8
verschmutzt	20	300	120	105	80	76	80	460	4,6
Futterrübenblatt	14	220	160	125	78	74	120	500	5,3
Kohlrübenblatt	15	220	180	130	78	74	140	500	5,4
Mohrrübenblatt	16	230	160	150	77	73	120	490	5,2
Silage									
Zuckerrübenblatt mit Kopf									
normal	17	240	120	130	80	76	80	500	5,3
verschmutzt	22	350	110	110	80	76	70	430	4,3
Trockenfutter									
Zuckerrübenblatt mit Kopf									
gewaschen	90	180	135	120	73	69	80	490	5,0

Tabelle 83. Rohaschegehalt von Zuckerrübenblatt bei guter Arbeitsqualität

	g Rohasche/kg T		Ursache der Zunahme
	Gehalt	Zunahme	
gewaschen	150	—	(biologischer Gehalt)
im Bestand	180	30	liegendes Blatt, Staub, Platzregen
nach dem Köpfen	200	20	Zusatzverschmutzung
nach dem Einlagern	230	30	Zusatzverschmutzung
in der Silage	240	10	biologischer Stoffabbau

Bei den Kohlrüben, die relativ frostresistent aber wenig lagerfähig sind und deshalb erst im Spätherbst geerntet und bald verfüttert werden, verzichtet man meist auf die getrennte Gewinnung des Blattes; es wird gleich mit den Rüben zusammen verfüttert. Der Futterwert des Möhrenkrautes hängt wie bei den Beta-Rüben vom Ernteverfahren ab. Auch hier ist das Ernten mit dem Schlegelernter mit starker Verschmutzung verbunden und weniger günstig als die Rauf-Ernte.

Das Rübenblatt aller Arten hat generell einen sehr niedrigen Rohfasergehalt. Bei der Verfütterung an Wiederkäuer muß deshalb durch andere Rationskomponenten, z. B. Futterstroh oder Heu, für ein ausreichendes Rohfaserangebot gesorgt werden. Andernfalls sind Durchfälle und andere Stoffwechselstörungen die Folge.

Das Blatt von Zucker- und Runkelrüben kann wegen seines geringen Rohfasergehaltes und seiner zarten Beschaffenheit auch an Schweine verfüttert werden, die es ebenfalls gern fressen und verhältnismäßig gut verdauen. Tabelle 84 enthält entspre-

4.4. Grünfutterarten 151

chende Futterwertangaben. Die Energiekonzentration liegt höher als bei jungen Leguminosen und Gramineen, der Gehalt an Aminosäuren ist jedoch etwas geringer als bei diesen.

Tabelle 84. Rohnährstoffgehalt und Futterwertangaben für Schweine — Rübenblatt

Futterart	T %	g/kg T			Verdau-lichkeit der OM %	je kg T				
		Roh-asche	Roh-protein	Roh-faser		Lys g	Met + Cys g	DP g	NEF EFs	ME MJ
Grünfutter										
Zucker-rübenblatt mit Kopf	15	200	140	120	80	5,4	3,5	100	470	9,0
Futterrüben-blatt	14	220	160	125	80	6,4	4,1	120	450	8,7
Silage										
Zuckerrüben-blatt mit Kopf	17	240	120	130	78	4,3	2,6	70	440	8,0
Trockengrünfutter										
Zuckerrüben-blatt mit Kopf	90	180	135	120	73	3,2	2,8	60	460	7,6

Der hohe Gesamtgehalt an Mineralstoffen besteht auch beim Rübenblatt überwiegend aus Alkalien (Tabelle 85). Hervorzuheben ist sein sehr großer Natriumgehalt, der etwa 5- bis 10mal so hoch liegt wie der anderer Futtermittel. Der Phosphorgehalt ist gering und das Ca/P-Verhältnis weit.

Tabelle 85. Mineralstoffgehalt von Rübenblatt

	g/kg T					Ca/P
	Na	K	Mg	Ca	P	
Zuckerrübenblatt	5	27	4	11	2,2	5,0
Runkelrübenblatt	6	26	5	11	2,1	4,8

4.4.6.3. Konservierung

Die Hauptmenge des Rübenblattes wird siliert. Bei der Bereitung der Silage sind folgende Besonderheiten zu beachten:

— Rübenblatt ist sehr wasserreich und gibt sehr große Mengen an Gärsaft ab.
— Die Vergärbarkeit ist nur dann gegeben, wenn Rübenblätter mit einem angemessenen Kopfanteil siliert werden.
— Bei der Einlagerung in die Silos muß jeder vermeidbare Schmutzeintrag in das Futter verhindert werden.

Rübenblatt ist leicht im Silo zu verdichten. Infolge der weichen Beschaffenheit läßt aber auch die Befahrbarkeit des Futterstapels sehr schnell nach. Beim Beschicken der Silos müssen deshalb eine ausreichende Fortschrittsgeschwindigkeit gewährleistet und die Silogrößen der Leistung der Erntekomplexe gut angepaßt sein. Mit der guten Verdichtbarkeit steht auch im Zusammenhang, daß die Gärsaftbildung sehr schnell, bereits nach wenigen Stunden einsetzt. In der ersten Woche nach dem Einlagern des Futters fällt die Hauptmenge des Saftes an, die hier auch insgesamt größer ist als bei anderen Futterpflanzen von gleichem Trockensubstanzgehalt. Es ist mit dem Abfließen von 250 bis 300 l Sickersaft pro t Rübenblatt und entsprechend hohen Nährstoffverlusten zu rechnen. Dieser Gärsaft muß abgeleitet, aufgefangen und wie Gülle auf den Acker ausgebracht werden. Sein Verträngen an Schweine ist möglich. Das setzt aber voraus, daß er hygienisch einwandfrei gewonnen und seine Verdünnung durch Regenwasser vermieden werden kann. Durch Zusatz von kurzgehäckseltem Stroh bei der Silierung von Zuckerrübenblatt läßt sich ein Teil des Saftes und der darin gelösten Nährstoffe zurückhalten (maximal 50 kg trockenes Stroh/t Rübenblatt). Dabei ist ein sehr gleichmäßiges Vermischen beider Komponenten notwendig. Der Strohanteil der Silage wird sonst schlecht gefressen.

Die Rübenblätter allein sind ziemlich zuckerarm und geben für sich siliert oft buttersäurehaltige Silagen. Erst durch den Kopfanteil stehen genügend vergärbare Kohlenhydrate für die Milchsäuregärung zur Verfügung (Tabelle 86), weshalb auf diesen für die Silierung nicht verzichtet werden kann. Bei sehr hohem Anteil des Rübenkörpers am Rübenblatt wird der überschüssige Zucker zu Essigsäure und Alkohol vergoren, wodurch die Gärverluste ansteigen können.

Tabelle 86. Vergärbarkeit von Zuckerrübenblatt

Rübenblatt	Tiefe des Köpfschnittes cm	T %	g/kg T		Z/PK
			Zucker	Pufferkapazität	
ohne Kopfanteil	0	12	110	65	1,7
mit Kopfanteil	1	13	175	62	2,8
mit Kopfanteil	2	14	220	58	3,8
mit Kopfanteil	3	15	285	52	5,5
mit Kopfanteil	4	15	350	49	7,1
mit Kopfanteil	5	16	415	46	9,0

Die Verschmutzungsgefahr des Rübenblattes beim Einbringen in den Silo entsteht vor allem aus dem Erdbesatz der Räder der Transportfahrzeuge, der bei feuchter Witterung erheblich sein kann. Der Futterstapel sollte deshalb grundsätzlich nicht von den Transportfahrzeugen befahren werden. Das Hochsetzen des abgekippten Futters geschieht besser mit einer Front- oder Heckgabel am Traktor als mit einem Schiebeschild. Die Verluste an Trockensubstanz liegen je nach Arbeitsqualität bei der Rübenblattsilierung zwischen 30 und 50% und sind damit relativ groß.

Eine Trocknung von gewaschenem Rübenblatt wurde früher gelegentlich praktiziert. Das Produkt, „Troblako" genannt, war von gutem Futterwert. Wegen des durch den geringen Trockensubstanzgehalt des Rübenblattes erheblichen Energieaufwandes hat das Verfahren aber keine Berechtigung mehr.

4.4.7. Sonstige Grünfutterarten

Es gibt eine Reihe weiterer Kulturpflanzen, die zumindest gelegentlich zur Grünfuttergewinnung dienen und nicht zu den bisher behandelten Pflanzenfamilien gehören. Die wirtschaftliche Bedeutung dieser Arten ist aber insgesamt nur gering. Dazu zählen die Sonnenblume (*Helianthus annuus* L.) und das Topinamburkraut (*Helianthus tuberosus* L.) sowie die Phacelia (*Phacelia tanacetifolia* Benth.). Die Sonnenblume wird als Stützpflanze in Leguminosengemengen verwendet, die Phacelia als Stoppelsaat. Die Pflanzen aller drei Arten sind stark behaart und werden von Rindern nicht gern gefressen. Auch ihr energetischer Futterwert ist relativ gering. Angaben dazu finden sich in Tabelle 87.

Zu dieser Futtermittelgruppe werden auch einige Wildkräuter gezählt. Der Gemeine Löwenzahn (*Taraxacum officinale* L.) und die Große Brennessel (*Urtica dioica* L.) vermehren sich auf schlecht bewirtschafteten, aber reichlich gedüngten Grünlandflächen oft sehr stark. Während die Brennessel von den Weidetieren verschmäht und nur im jungen Zustand, z. B. zur traditionellen Aufzucht von Junggeflügel, genutzt wird, nehmen Rinder und andere Weidetiere den Löwenzahn gut auf. Sein Futterwert ist recht hoch. Wenn er in großem Anteil mit dem Weidefutter verzehrt wird, soll er jedoch den Geschmack der Milch beeinträchtigen.

Tabelle 87. Rohnährstoffgehalt und Futterwertangaben für Wiederkäuer − sonstige Grünfutterarten

Futterart	T %	g/kg T			Verdaulichkeit %		je kg T		
		Rohasche	Rohprotein	Rohfaser	organische Substanz	Energie	DP g	NEF EFr	NEL MJ
Sonnenblumen	13	130	120	260	68	64	80	480	5,3
Topinamburkraut	15	130	140	240	66	62	100	460	5,1
Phacelia	10	200	130	220	72	68	90	460	5,1
Löwenzahn	13	100	150	200	74	70	110	560	6,2
Brennessel	23	180	240	160	65	62	200	450	5,0

Literatur

Beck, Th.: Das wirtschaftseigene Futter **12**, 227 (1966).
Berg, F., und A. Schrader: Verfahren der Heuproduktion. Deutscher Landwirtschaftsverlag, Berlin 1989.
Beyer, M.: Einfluß von Nutzungszeit und Nutzungsfolge auf den Futterwert und den Ertrag an verdaulichen Nährstoffen bei mehrjährigen Grünfutterpflanzen. Diss., Akademie Landw.wissensch., Berlin 1967.
Beyer, M., A. Chudy, L. Hoffmann, W. Jentsch, W. Laube, K. Nehring und R. Schiemann: DDR-Futterbewertungssystem. 5. Aufl. Deutscher Landwirtschaftsverlag, Berlin 1986.
Breunig, W., B. Märtin und E. Wojahn: Futterproduktion. Deutscher Landwirtschaftsverlag, Berlin 1986.
Butler, G. W. and R. W. Bailey: Chemistry and Biochemistry of Herbage, Academic Press, London and New York 1973.
DeBoer, E., and H. Bickel: Livestock feed resources and feed evaluation in Europe. Elsevier, Amsterdam 1988.
Groß, F. und K. Riebe: Gärfutter, Verlag Eugen Ulmer, Stuttgart 1971.
Kemp, A.: Bull. Intern. Dairy Federation **196**, 79 (1986).
Kirchgeßner, M.: Tierernährung. 5. Aufl. DLG-Verlag, Frankfurt/Main 1982.

Knabe, O., M. Fechner und G. Weise: Verfahren der Silageproduktion. Deutscher Landwirtschafsverlag, Berlin 1985.
Kreil, W., W. Simon und E. Wojahn: Futterpflanzenbau — Empfehlungen, Richtwerte, Normative. Deutscher Landwirtschaftsverlag, Berlin 1982.
Lüddecke, F.: Ackerfutter. Deutscher Landwirtschaftsverlag, Berlin 1990.
McCullough, M. E.: Fermentation of Silage — A Review. Nation. Feed. Ingred, Assoc., West Des Moines/Iowa 1978.
McDonald, P.: The Biochemistry of Silage. John Wiley & Sons, Chichester 1981.
Nehring, K.: Lehrbuch der Tierernährung und Futtermittelkunde. Neumann Verlag, Radebeul 1972.
Nehring, K., M. Beyer und B. Hoffmann: Futtermitteltabellenwerk. Deutscher Landwirtschaftsverlag, Berlin 1972.
Pahlow, G., und H. Honig: Das wirtschaftseigene Futter, **32**, 20 (1986).
Prym, R.: Veränderungen des Futterwertes bei der Heißlufttrocknung von Grünfutter. Diss., Akademie der Landw.wissensch., Berlin 1970.
Stählin, A.: Die Beurteilung der Futtermittel. Neumann Verlag, Radebeul 1957.
Schmidt, L.: Die Änderungen von Futterwert und Nährstoffertrag des Grüngetreides im Verlauf der Vegetation bei unterschiedlicher Stickstoffdüngung. Diss., Akademie der Landw.wissensch., Berlin 1968.
van Soest, P. J.: Nutritional Ecology of the Ruminant. O & B Books. Inc. Corvallis, Oregon 1982.
Voigtländer, G., und H. Jacob: Grünlandwirtschaft und Futterbau. Verlag Eugen Ulmer, Stuttgart 1987.
Virtanen, A. I.: Imp. J. expr. agr. **1**, 143 (1933).
Virtanen, A. I.: Acta Chemi Fenn. A **6**, 1 (1933).
Wacker, G., und E. Wojahn: Gräser. In: Futterproduktion (Breunig, Märtin und Wojahn), Berlin 1986, 132.
Weißbach, F.: Beziehungen zwischen Ausgangsmaterial und Gärungsverlauf bei der Grünfuttersilierung, Habil.-Schrift, Rostock 1968.
Weißbach, F., L. Schmidt und E. Hein: Proceed. XII. Intern. Grassland Congr. Moskau 1974, 663.
Weißbach, F., E. Hein und L. Schmidt: Proceed. XIII. Intern. Grassland Congr. Leipzig 1977, 1285.
Wieringa, G. W.: Netherlands J. Agric. Sci. **6**, 201 (1958).
Wiesner, E.: Ernährungsschäden der landwirtschaftlichen Nutztiere. 2. Aufl. Gustav Fischer Verlag, Jena 1970.
Woolford, M. K.: The silage fermentation. Marcel Dekker Inc., New York and Basel 1984.
Zscheischler, J., C. Estler, F. Groß, G. Burgstaller, H. Neumann und R. Geissler: Handbuch Mais, Anbau — Verwertung — Fütterung. 4. Aufl. DLG-Verlag, Frankfurt/Main 1990.

5. Stroh und andere faserreiche Futtermittel

Zu dieser Futtermittelgruppe werden die vegetativen Rückstände der Getreide-, Leguminosen- und Ölsaatproduktion sowie weitere zellwandreiche Materialien zusammengefaßt. Im Vergleich zum Stroh sind die anfallenden Mengen der anderen Nebenprodukte des Getreideanbaus (Spreu, Schalen, Hülsen u. a.) relativ gering (<10% der Strohmenge), und auf ihre ausführliche Darstellung wird in den folgenden Abschnitten weitgehend verzichtet. Cellulosereiche Rückstände, die bei der Erzeugung von Industrierohstoffen, Nahrungs- und Genußmitteln in den Tropen anfallen sowie Nebenprodukte der Forstwirtschaft vervollständigen die hier beschriebene Futtermittelpalette.

Diese Futtermittel sind überwiegend proteinarm und weisen eine geringe Verdaulichkeit bzw. eine niedrige Energiekonzentration auf. Deshalb ging Stroh in den Sprichwortschatz vieler Völker meist auch abwertend ein, wie die Begriffe „leeres Stroh dreschen", „Strohfeuer" oder „Strohkopf" belegen. Andererseits enthalten Stroh und die anderen Nebenprodukte bis zu 75% potentiell verwertbare Nicht-Stärke-Polysaccharide, die für die Wiederkäuer eine wertvolle Energiequelle darstellen. Zur optimalen Nutzung dieser Kohlenhydrate wurden in unserem Jahrhundert umfangreiche Aktivitäten eingeleitet. In verschiedenen Monographien (Autorenkollektiv 1983, Flachowsky 1987, Sundstøl und Owen 1984) wird ein ausführlicher Überblick über Inhaltsstoffe, Futterwert und Methoden zur Futterwerterhöhung von Stroh und ähnlichen Nebenprodukten gegeben. Aus diesem Grund erfolgt im vorliegenden Kapitel lediglich eine zusammenfassende Wertung wichtiger Befunde unter Berücksichtigung neuer Versuchsergebnisse.

5.1. Strohanfall

Die anfallende Strohmenge wird neben der Anbaufläche vor allem von Pflanzenart und -sorte, dem Vegetationsjahr sowie von Schnitthöhe, Feldliegezeit und Ernteverfahren beeinflußt.

In der Praxis verschiedener Länder erfolgt meist eine Schätzung des Strohanfalls auf der Basis der Kornerträge. In Regionen mit den geringsten Getreideerträgen (z. B. Afrika) werden die höchsten Multiplikationsfaktoren angewendet (Tabelle 88). Bei den in Deutschland erzielten Getreideerträgen liegt der Multiplikationsfaktor für Weizen und Gerste bei ≈ 1, für Hafer bei 1,3 und für Roggen bei 1,6.

Unter Berücksichtigung verschiedener Kalkulationsgrößen variieren die Angaben über die Mengen der jährlich auf der Erde anfallenden Nebenprodukte des Getreideanbaus zwischen 1,3 (Klopfenstein 1981) und 2,95 Mrd. t (Kossila 1984). Die Gesamtmenge faserreicher Nebenprodukte wird mit 4,45 Mrd. t pro Jahr angegeben. In Deutschland ist mit einem jährlichen Strohanfall von etwa 30 Mill. t zu rechnen. Bedingt durch hohe Stoppel, den Anbau kurzhalmiger Sorten und erhebliche Ernte-

Tabelle 88. Multiplikationsfaktoren zur Ermittlung des Anfalls an faserreichen Nebenprodukten auf der Basis der Getreideerträge für verschiedene Regionen (Kossila 1984)

Getreideart	Regionen der Erde						
	Afrika	Nord-amerika	Süd-amerika	Asien	Europa	Ozeanien	GUS
Weizen	2,0	1,5	1,2	1,3	1,0	1,3	1,0
Gerste	1,5	1,2	1,3	1,3	1,2	1,3	1,3
Mais	3,0	2,0	3,0	3,0	2,0	3,0	3,0
Hafer	1,5	1,3	1,3	1,3	1,3	1,3	1,3
Millet	5,0	4,0	4,0	4,0	4,0	4,0	4,0
Sorghum	5,0	4,0	4,0	4,0	4,0	4,0	4,0

verluste kann in der Praxis im Mittel nur mit einem abschöpfbaren Strohertrag von etwa 25 dt/ha Getreideanbaufläche kalkuliert werden, so daß die geerntete Strohmenge jährlich zwischen 15 und 20 Mill. t beträgt. Im Mittel stehen jährlich etwa 20 dt Stroh je RGV zur Verfügung. Infolge erheblicher Unterschiede im Getreideanbau und im Umfang der Tierbestände können in verschiedenen Gebieten im Nordosten über 30 dt Stroh, im viehreichen Süden weniger als 10 dt/RGV und Jahr genutzt werden.

5.2. Ernte, Lagerung und Anforderungen an die Qualität von Futterstroh

Die Strohernte unmittelbar nach dem Mähdrusch und die Einlagerung von trockenem Stroh in Scheunen oder Bergeräumen stellen wesentliche Voraussetzungen zur Bereitstellung von qualitativ hochwertigem Futterstroh dar (Tabelle 89). Zu lange Feldliegezeiten haben sowohl eine geringere Verdaulichkeit als auch eine verminderte Strohaufnahme durch die Wiederkäuer zur Folge. Beispielsweise nahm in zweijährigen Untersuchungen die Verdaulichkeit der organischen Substanz (Sommergerste-, Winterweizenstroh) von 50,5 nach einem Tag auf 43,2% nach 22 Tagen Feldliegezeit ab, die Energiekonzentration sank um 51 EFr/kg T. Bei Verabreichung einer konstanten Grundration und Weizenstroh, das 1, 10 bzw. 28 Tage auf dem Feld lagerte, verzehrten Mastbullen 9,38; 8,61 bzw. 8,65 kg T und nahmen 567; 447 bzw. 424 g/Tag zu (Durham und Hinman 1979).

Tabelle 89. Anforderungen an die Qualität von Futterstroh

Kriterium	Forderung	Bemerkung
Farbe	arteigen	–
Geruch	frisch	nicht muffig oder fremdartig
Organischer Besatz	nicht zulässig	Schimmel, giftige Pflanzenteile
Anorganischer Besatz	nicht zulässig	Sand, Steine, Glas, Metallteile
Rohaschegehalt	<100 g/kg T	–
Trockensubstanzgehalt	>84%	nach Lagerung

Die Hauptursachen für verminderte Verdaulichkeit und geringere Futteraufnahme bei längerer Feldliegezeit sind höhere Verluste der besser verdaulichen Blätter (s. Abschnitt 5.3.2.), anhaftende Erde und Abbauprozesse. Das Ausmaß der Verminderung des Futterwertes hängt vor allem von den Witterungsbedingungen des jeweiligen Erntejahres ab. Fünf mm Niederschlag bewirken einen Rückgang der Verdaulichkeit der organischen Substanz von Stroh von etwa einer Einheit.

Bei nicht unter Dach gelagertem Häckselstroh sind die dabei eintretenden Abbauprozesse mit denen einer zu langen Feldliegezeit vergleichbar. Mastbullen, die neben einer konstanten Grundration unter Dach bzw. im Diemen gelagertes Weizenstroh erhielten, nahmen in unseren Versuchen 499 bzw. 320 g/Tag zu. Im Freien gelagertes Stroh sollte im Herbst genutzt werden, um den negativen Witterungseinfluß zu minimieren. Für die Winter- und Frühjahrsfütterung ist das unter Dach gelagerte Futterstroh zu reservieren.

Um die nachteiligen Auswirkungen ungünstiger Witterungseinflüsse in Grenzen zu halten, sind bei Mietenlagerung im Freien hohe (bis 10 m), steilwandige Mieten mit glatter Oberfläche zu setzen und mit Häckselstroh zu überblasen. Die Längsachse des Diemens sollte in die Wetterrichtung zeigen. Bei ungünstigen Witterungsbedingungen während der Strohernte können Havarieverfahren, wie z. B. die Feuchtstrohkonservierung mit Harnstoff (s. Abschnitt 5.4.2.) angewandt werden. Die eine hohe Dichte aufweisenden Rundballen können längere Zeit im Freien gelagert werden. Eine Umhüllung mit Folie oder eine „Unter-Dach-Lagerung" trägt jedoch auch wesentlich zur Erhaltung der Qualität bei.

5.3. Inhaltsstoffe und Futterwert von Getreidestroh

5.3.1. Inhaltsstoffe

• **Gerüstsubstanzen und Rohnährstoffe**

Getreidestroh und die anderen Nebenprodukte bestehen überwiegend aus Zellwandfraktionen, wie Cellulose und Hemicellulosen (Tabelle 90). Im Gegensatz zu verschiedenen Grünfutterarten sind die Unterschiede im Rohnährstoffgehalt von Getreidestroh relativ gering. Leguminosenstroh weist einen höheren Rohproteingehalt als Getreidestroh auf. Während des Wachstums der Zelle werden an die Mittellamelle, die überwiegend aus Pectin besteht, von beiden Seiten in der Primär- und Sekundärzellwand Hemicellulosen und Cellulose angelagert. Die Cellulose weist einen sehr hohen Polymerisationsgrad linearer Ketten von β-1,4-gebundener Glucose auf. Zwischen den verschiedenen Zellwandbestandteilen sind Ester- und Wasserstoffbrückenbindungen vorhanden, die eine wesentliche Voraussetzung für die Stabilität der Zellwand sind.

Tabelle 90. Gerüstsubstanzen im Stroh (g/kg T; Nehring et al. 1970)

Getreideart	Cellulose	Hemicellulose	Lignin	Restkohlenhydrate
Wintergerste	444	215	147	80
Hafer	452	230	132	71
Reis	340	272	142	—
Winterroggen	466	229	135	80
Winterweizen	423	231	150	85
Erbse	417	178	158	61

Das hochmolekulare Lignin, das hauptsächlich aus Phenylpropan als Grundkörper besteht, stellt die bedeutendste Zellwandinkrustierung dar (Tabelle 90) und führt allmählich zum Absterben der Pflanzenzelle. Zwischen mono- und dikotylen Pflanzen (z. B. Gräser bzw. Leguminosen) bestehen erhebliche Unterschiede in der Lignifizierung. Während bei Gräsern vor allem kovalente Lignin-Hemicellulose-Bindungen existieren, ist bei Dikotylen eine lignifizierende Matrix vorhanden (Gordon und Mitarb. 1983). Bei Gräsern sind 60 bis 90% des Lignins alkalilabil, für Leguminosen beträgt dieser Wert lediglich 20 bis 60%. In die bei der Ligneineinlagerung verbleibenden Resträume zwischen den Mikrofibrillen werden verschiedene Mineralstoffe, wie z. B. Kieselsäure, eingelagert, so daß das Gesamtsystem weitere Stabilität erhält.

Der Cellulose-Hemicellulose-Lignin-Komplex wird bei der Weender Futtermittelanalyse vor allem in der Fraktion der Rohfaser erfaßt. Beachtliche Mengen werden jedoch auch als N-freie Extraktstoffe ausgewiesen.

Bei Anwendung der Detergenzien-Methode (Goering und van Soest 1970) ist durch die NDF (Neutral Detergent Fibre) eine eindeutige Zuordnung der Zellwandfraktion gegeben. Als NDF oder Faser gelten polymere Pflanzenbestandteile, die der Verdauung mit körpereigenen Enzymen der Säugetiere widerstehen.

Zwischen verschiedenen Fraktionen des Strohhalmes bestehen beachtliche Unterschiede im Rohnährstoffgehalt und im Gehalt an Gerüstsubstanzen. Da die Stengel meist lignin- und rohfaserreicher und damit weniger verdaulich als die Blätter sind (Abb. 43, Tabelle 91), enthält länger im Schwad gelagertes Stroh infolge höherer Bröckelverluste mehr Lignin und Rohfaser.

Tabelle 91. Wichtige Fraktionen von Getreidestroh (Mittelwerte sowie Variationsbreite der untersuchten Sorten in Prozent des Strohhalmes) und In-sacco-Trockensubstanzverlust der Strohfraktionen im Pansen (Mittelwerte der Getreidearten und Variationsbreite der Sorten, Inkubationszeit: 48 h, n = 5; Flachowsky et al. 1990c)

Getreideart	Anzahl der Sorten	Fraktionen (% des Halmes)		In-sacco-Trockensubstanzverlust (% der Einwaage)		
		Stengel (ohne Knoten)	Blätter	Stengel (ohne Knoten)	Blätter	Gesamter Halm
Hafer	12	45,2 (42,0 – 53,8)	35,8 (30,5 – 42,8)	46,0 (38,7 – 57,5)	67,8 (56,6 – 73,6)	56,8 (49,2 – 65,4)
Sommergerste	6	42,6 (30,0 – 45,0)	42,2 (39,0 – 46,5)	32,7 (30,4 – 36,0)	64,1 (60,0 – 68,9)	49,6 (46,1 – 54,2)
Wintergerste	10	64,4 (58,0 – 70,0)	24,2 (21,0 – 29,0)	33,6 (25,0 – 30,7)	45,5 (42,9 – 56,8)	37,2 (33,6 – 44,7)
Winterroggen	9	63,8 (57,0 – 69,0)	17,2 (13,5 – 24,0)	26,5 (22,4 – 36,6)	38,2 (33,9 – 43,2)	29,2 (25,5 – 35,6)
Winterweizen	9	50,3 (46,0 – 58,0)	26,7 (21,0 – 30,5)	34,9 (28,7 – 40,1)	52,6 (47,3 – 58,1)	41,3 (36,7 – 45,9)
Triticale	5	51,0 (41,9 – 57,1)	19,8 (16.2 – 24,1)	35,7 (23,0 – 45,8)	51,9 (41,4 – 59,3)	42,4 (29,8 – 51,9)

• Mineralstoffe und Vitamine

Getreidestroh unterscheidet sich von den herkömmlichen Grobfuttermitteln vor allem durch höheren Si- und geringeren Ca- und P-Gehalt. Reisstroh (12 — 16%) und Reisschalen (22% der T) weisen einen extrem hohen SiO_2-Gehalt auf. Vitamine sind im Getreidestroh nur in unbedeutenden Mengen enthalten, so daß der Vitaminbedarf der Tiere durch andere Futtermittel bzw. Vitaminzusätze abzusichern ist.

• Ungünstige Inhaltsstoffe

In Abhängigkeit von den angewandten Pflanzenschutzmaßnahmen und den Erntebedingungen können im Stroh verschiedene ungünstige Inhaltsstoffe vorkommen, z. B. Mykotoxine, Pflanzenschutzmittel, Halmstabilisatoren und Schwermetalle. Bei Einhaltung der in den Anwendungsempfehlungen gegebenen Einsatzmengen liegen die Rückstände an Pflanzenschutzmitteln und Halmstabilisatoren unter den zulässigen Toleranzgrenzen, so daß keine Einsatzbegrenzungen von Stroh in der Fütterung erforderlich sind. Diese Feststellung trifft auch für den Schwermetallgehalt im Stroh zu, der vor allem vom Schwermetall- und Humusgehalt des Bodens beeinflußt wird.

Der Pilzbefall und damit der mögliche Mykotoxingehalt hängen vor allem von den Ernte- und Lagerungsbedingungen des Strohs ab. Verschimmeltes und muffig riechendes Stroh ist kein Futtermittel.

5.3.2. Physikalische und physikochemische Eigenschaften

Zu physikalischen und physikochemischen Eigenschaften der Zellwandbestandteile gehören u. a. die Partikelgröße, die Dichte, die Hydratationskapazität (Quellverhalten), die Ionenaustauschkapazität und die Kristallinität der Cellulose.

In der Hydratationskapazität bestehen zwischen der Faser verschiedener Strohherkünfte keine wesentlichen Unterschiede (zwischen 6 und 8 ml/g). Der Kationenaustauschkapazität der Zellwandbestandteile wird vor allem im Zusammenhang mit Fragen der Humanernährung besondere Aufmerksamkeit gewidmet. Dabei wird davon ausgegangen, daß die Fasermatrix analog den Tonmineralien des Bodens eine Pufferkapazität aufweist. Die Kationenaustauschkapazität ist ein Ausdruck für die ionisierten Gruppen an der Faseroberfläche. Die Ladungen beeinflussen das Anhaften der Mikroben an die Faseroberfläche und damit die Rate der Verdauung. Außerdem besteht darin eine bedeutsame Pufferkapazität im Verdauungskanal. Für Luzerneheu, Maissilage bzw. Weizenstroh wird die Kationenaustauschkapazität mit 473, 265 bzw. 349 mmol je kg NDF angegeben (van Soest 1982). Die Werte entsprechen den mmol H^+, durch die Kationen ersetzt werden können.

Von Kristallinität der Cellulose wird vor allem auf Grund der intramolekularen H-Brücken-Bindungen gesprochen, die der Cellulosekette eine große Starrheit verleihen (Bergner 1980). Pflanzencellulose liegt meist in amorpher Form vor. Sie kann kristallin werden, wenn verzweigtkettige Hemicellulosen und dreidimensionale Ligninverbindungen entfernt werden, so daß die Abstände zwischen den Cellulosefibrillen geringer werden. Trocknung kann ebenfalls die Kristallinität der Cellulose erhöhen. Kristalline Cellulose weist eine geringe Verdaulichkeit auf.

5.3.3. Futterwert

Der Futterwert der Futtermittel ist vor allem durch die Höhe der Futteraufnahme und die Verdaulichkeit der organischen Substanz bzw. den Gehalt an verwertbarer Energie gekennzeichnet. Infolge der Bedeutung von Stroh für die Wiederkäuerfütterung werden Futterwert und Einflußfaktoren auf den Futterwert ausschließlich für diese Tiergruppe kurz dargestellt. Bei begrenzter Futterbereitstellung kommt einer hohen Verdaulichkeit große Bedeutung zu, bei ausreichendem Futterangebot werden die Futtermittel neben der Verdaulichkeit vor allem nach der Höhe des Verzehrs bewertet.

- **Strohaufnahme**

Bedingt durch die starke Einlagerung von Lignin und anderer Inkrusten stellt Stroh vor allem eine Faserquelle für Wiederkäuer dar und wird im Vergleich zu anderen Rauhfuttermitteln in geringen Mengen verzehrt. Bei extremer Rationsgestaltung (z. B. 2 kg Konzentrat/Tier und Tag, Stroh ad libitum) verzehren Mastrinder täglich bis 1,5 kg T je 100 kg Lebendmasse, bei Ad-libitum-Fütterung einer Mischration sind 0,5 kg T Stroh je 100 kg LM und Tag als hohe Strohaufnahme anzusehen. Durch mechanische Behandlung (Häckseln, Mahlen, Pelletieren, 5.4.1.1.) kann die Strohaufnahme der Wiederkäuer gesteigert werden. Sommergetreidestroh wird meist in größeren Mengen verzehrt als Wintergetreidestroh. Als Ursachen kommen geringere Inkrustierung und höherer Blattanteil bei Sommergetreidestroh sowie vermutlich ungünstige sensorische Eigenschaften des Wintergetreidestrohs (verstärkter Pilzbefall) in Betracht. Beispielsweise verzehren Hereford-Ochsen, die täglich 1% der Lebendmasse als Konzentrat erhielten, 54,2; 55,5 bzw. 44,6 g je kg $LM^{0.75}$ von gehäckseltem Gersten-, Hafer- bzw. Weizenstroh. Da die potentiell verdauliche Substanz in Blättern schneller abgebaut wird und eine intensivere Zerkleinerung der unverdaulichen Partikel erfolgt, werden Blätter schneller und in größeren Mengen aufgenommen als Stengel. Demnach wird das Stroh von blattreichen Sorten einer Art dem einer stengelreichen Art vorgezogen.

- **Verdaulichkeit und Energiekonzentration**

Mit Hilfe der Pansenmikroben sind die Wiederkäuer in der Lage, die Zellwandfraktionen teilweise abzubauen. Die polymeren Kohlenhydrate werden durch mikrobielle Enzyme, die vor allem von den pflanzlichen Partikeln anhaftenden Mikroben (Haftflora) erzeugt werden, in mehreren Schritten bis zu Monosacchariden gespalten. Die Intensität des Anhaftens der Mikroben an der Partikeloberfläche hängt u. a. von der Kationen-Austausch-Kapazität ab. Über bivalente Kationen (z. B. Mg^{2+}, Ca^{2+}) haftet das negativ geladene Bakterium an der weniger negativ geladenen Zellwandfraktion (Abb. 44).

Mit Hilfe der Nylonbeutelmethode konnte demonstriert werden, daß ein erheblicher Mengenelement-Einstrom zum Stroh erfolgt (Flachowsky und Grün 1992). Beispielsweise stieg die Ca-Konzentration und auch die absolute Ca-Menge im Stroh bei längerer Aufenthaltsdauer im Pansen trotz Strohabbau deutlich an. Dieser Trend ist als Ausdruck zunehmender mikrobieller Besiedlung anzusehen.

Bei niedrigem pH-Wert (etwa <6) und hohem osmotischen Druck bzw. hohem pH-Wert (etwa $>7,5$) und hoher Salzkonzentration verschlechtern sich die Anhaftungsbedingungen für zellulolytische Keime, so daß die Zellwandverdaulichkeit geringer wird. Demnach hat die Rationsgestaltung wesentlichen Einfluß auf die Höhe der im Tierversuch ermittelten Verdaulichkeit der organischen Substanz von Stroh. In konzentratreichen Rationen werden die Zellwandbestandteile in bedeutend geringerem Ausmaß abgebaut als bei grobfutterreicher Ration.

Die Einlagerung von Lignin und anderen Inkrusten (z. B. SiO_2 im Reisstroh) bewirkt eine geringe potentielle Verdaulichkeit von Getreidestroh. Es kann davon ausgegangen werden, daß die 2,4- bis 3fache Menge der Ligninmasse an Zellwandbestandteilen nicht mikrobiell abgebaut werden kann (Chandler et al. 1980). Das Ausmaß des „Ligninschutzes" hängt von Art und Intensität der Bindungen zwischen Lignin und den verwertbaren Kohlenhydraten ab. Für die Beziehung zwischen Ligningehalt und Zellwandverdaulichkeit werden Korrelationskoeffizienten zwischen $-0,8$ bis $-0,9$ angegeben (van Soest 1982).

5.3. Inhaltsstoffe und Futterwert von Getreidestroh

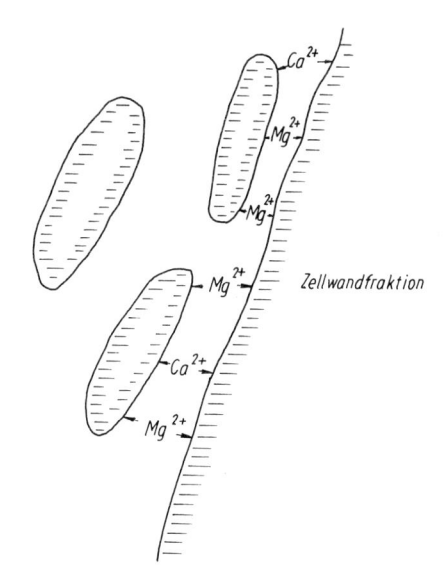

Abb. 44. Schematische Darstellung des Anhaftens von negativ geladenen Bakterien an eine weniger negativ geladene Zellwandfraktion über Liganden bivalenter Kationen (nach van Soest und Sniffen 1984).

Unter Produktionsbedingungen wird die Verdaulichkeit der organischen Strohsubstanz bzw. der Energiegehalt vor allem von der Strohart bzw. -sorte, der Feldliegezeit und den Ernte- und Lagerungsbedingungen beeinflußt.

Hafer- und Gerstenstroh weisen eine höhere Verdaulichkeit der organischen Substanz ($\approx 50\%$) und eine höhere Energiekonzentration auf als Roggen- und Weizenstroh (43 – 45%). Als Hauptursachen sind der höhere Blattanteil bei Hafer- und Gerstenstroh, die höhere Verdaulichkeit der Blätter im Vergleich zum Stengel (Abb. 45) sowie eine höhere Verdaulichkeit der Stengel von Hafer und Gerstenstroh im Vergleich zu Roggen- und Weizenstroh anzusehen. Die hohe Verdaulichkeit der organischen Substanz der Blätter (s. Tabelle 91, Abb. 45) führte zu Überlegungen, die Blätter separat vom

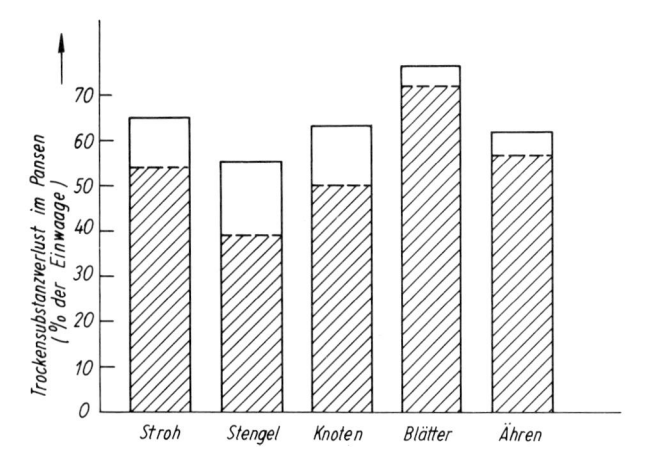

Abb. 45. Trockensubstanzverlust verschiedener botanischer Fraktionen von Wintergersten- (▧) und Sommergerstenstroh (□) im Pansen bei einer Inkubationszeit von 48 h (Ramenzin und Ørskov 1986).

Stroh zu gewinnen bzw. bei der Getreidezüchtung auf blattreiche Sorten zu selektieren. Die Verdaulichkeit der Spreu ist annähernd mit der der Blätter vergleichbar.

Zur Nutzung als Futterstroh sollten vor allem Hafer- und Gerstenstroh geerntet und unter Dach gelagert werden. Falls keine getrennte Lagerung von Stroh der verschiedenen Getreidearten möglich ist, dann kann bei optimal geerntetem und in Scheunen gelagertem „Mischstroh" mit einer Verdaulichkeit der organischen Substanz von $\approx 45\%$ und einer Energiekonzentration von ≈ 350 EFr bzw. 3,6 MJNEL/kg T kalkuliert werden. Die Verdaulichkeit der organischen Substanz von Leguminosen- und Grassamenstroh ist annähernd mit der von Sommergetreidestroh vergleichbar.

5.4. Verbesserung des Futterwertes von Stroh und anderen geringwertigen Rauhfuttermitteln

Das Hauptziel der verschiedenen Methoden der Strohbehandlung besteht in der Erhöhung der Energieaufnahme der Wiederkäuer aus Stroh durch höheren Strohverzehr und/oder erhöhte Verdaulichkeit der organischen Substanz des Strohs. Bereits um die Jahrhundertwende wurden Verfahren zur Erhöhung des Futterwertes von Stroh entwickelt und teilweise in die Praxis eingeführt. Zwischenzeitlich erfolgte die Erprobung verschiedener physikalischer, chemischer und biologischer Methoden der Strohbehandlung (Tabelle 92), von denen nur wenige praktische Bedeutung erlangten. Obwohl die größte Effektivität der verschiedenen Behandlungsmethoden meist bei geringwertigen Rauhfuttermitteln, wie z. B. Getreidestroh, zu beobachten ist, können die dargestellten Varianten auch bei anderen Rauhfuttermitteln angewandt werden. Die Kombination verschiedener Behandlungen ist möglich und wird auch praktiziert, wie z. B. der Chemikalienzusatz bei der Strohkompaktierung.

5.4.1. Physikalische Methoden

Als physikalische Methoden der Strohbehandlung werden alle auf mechanischen Wirkungen (Zerkleinerung, Kompaktierung u. a.) sowie den Einfluß von Druck, Temperatur, Elektrizität und energiereichen Strahlen bzw. von Kombinationen dieser Varianten beruhenden Behandlungsverfahren bezeichnet. Praktische Bedeutung haben vor allem die mechanische Aufbereitung auch in Verbindung mit chemischen Methoden, und teilweise das Dämpfen von Stroh erlangt. In Tabelle 93 wird eine vergleichende Wertung physikalischer Methoden der Strohbehandlung vorgenommen.

● **Mechanische Behandlung**

Hauptziel der mechanischen Behandlung von Stroh durch Zerkleinern mit Hilfe von Häckslern, Strohspaltern, Strohreißern, Hammermühlen, Zahnscheibenmühlen oder anderen Zerkleinerungsaggregaten sowie der evtl. anschließend vorgenommenen Kompaktierung des Strohs ohne bzw. mit weiteren Zuschlagstoffen mit Hilfe von Pelletier- oder Brikettierpressen ist die Erhöhung der Strohaufnahme bzw. der Energieaufnahme aus Stroh (s. Tabelle 93). Die Hauptursache für den Mehrverzehr von zerkleinertem Stroh ist in der höheren Passagegeschwindigkeit zu suchen. Theoretisch müßte mit zunehmendem Zerkleinerungsgrad die Strohaufnahme ansteigen.

Kurzgehäckseltes (20 bis 30 mm) und gemahlenes Stroh (5 bis 10 mm) kann gemeinsam mit anderen Grundfuttermitteln und Konzentraten in losen Schüttmi-

5.4. Verbesserung des Futterwertes von Stroh

Tabelle 92. Möglichkeiten zur Verbesserung des Futterwertes von Stroh und anderen geringwertigen Rauhfuttermitteln

Grund-prinzip	Behandlung	Zielstellung

Physikalische Methoden	— Mechanische Behandlung
	  — Zerkleinerung
	  — Kompaktierung
	  — Fraktionierung in wertvolle und geringwertige Fraktionen
		Erhöhung der Strohaufnahme

	— Energiereiche Bestrahlung	Erhöhung der Verdaulichkeit und/oder der Strohaufnahme

	— Weitere Verfahren
	  — Druck
	  — Dampf
	  — Elektrizität
		Erhöhung der Verdaulichkeit und der Strohaufnahme

Chemische Methoden	— Aufschluß (Schwellung durch Laugen und NH_3-Verbindungen)
	  — Naßverfahren
	  — Feuchtverfahren
	  — Trockenverfahren
		Erhöhung der Verdaulichkeit sowie Anstieg der Futteraufnahme; in Kombination mit physikalischen Methoden der Strohbehandlung deutlicher Anstieg der Strohaufnahme

	— Delignifikation durch Peroxide	Erhöhung der Verdaulichkeit
	— Behandlung mit Säuren und weiteren Chemikalien	„Teilverzuckerung" von Stroh, Erhöhung der Verdaulichkeit, Nutzung in der Nichtwiederkäuerernährung und als Rohstoff für Fermentationsprozesse
Biologische Methoden	— „Vorverdauung" durch Enzyme, Mikroben	Erhöhung der Verdaulichkeit
	— Erzeugung eßbarer Pilze	Speisepilze, Rückstand als Futtermittel
	— Mikrobielle Fermentation zur Einzeller- oder Alkoholproduktion	Erschließung von Stroh als Futtermittel (Eiweiß) für Nichtwiederkäuer bzw. als Energiequelle

schungen an Wiederkäuer verfüttert werden. Zur Vermeidung von Staubbelästigungen und Schleimhautreizungen ist die Herstellung feuchter Schüttmischungen empfehlenswert. Andererseits ist deren Lagerfähigkeit begrenzt. Die Vermischung des gemahlenen Strohs mit Melasse hat sich bewährt. Die Kompaktierung von zerkleinertem Stroh stellt eine wirkungsvolle Maßnahme zur Erhöhung der Strohaufnahme beim Wiederkäuer dar. Diese Feststellung trifft auch auf die aus Getreideganzpflanzen hergestellten Pellets zu, die nach gemeinsamer Ernte von Korn und Stroh zum Zeitpunkt des höchsten Energieertrages in der Teigreife produziert werden.

In Abhängigkeit von Strohart und Rationsgestaltung können für die verschiedenen mechanischen Behandlungsvarianten bei Rindern annähernd die in Tabelle 93 angegebenen Strohaufnahmen erwartet werden. Die erhöhte Passagegeschwindigkeit des zerkleinerten Strohs, die Voraussetzung für den Mehrverzehr ist, hat eine verminderte Strukturwirksamkeit der Zellwandbestandteile im Pansen zur Folge (s. Tabelle 93). Infolge Strukturzerstörung sollten kompaktierte Stroh-Konzentrat-Gemische nicht

Tabelle 93. Vergleichende Wertung physikalischer Methoden der Strohbehandlung nach verschiedenen Kriterien

Kriterien	Physikalische Strohbehandlung					Dämpfen	Bestrahlen	Sonstige Behandlungen
	Häckseln		Mahlen	Kompaktieren				
	lang (50 bis 100 mm)	kurz (20 bis 30 mm)	(5 bis 10 mm)	Pelletieren	Brikettieren			
Bedarf an technischer Energie	sehr gering	sehr gering	gering	hoch	mittel	hoch	sehr hoch	sehr hoch
Erforderliche technische Ausrüstung	gering	gering	mittel	sehr hoch	sehr hoch	hoch	bisher keine Anwendung in der Praxis	bisher keine Anwendung in der Praxis
Aufwand an lebendiger Arbeit	gering	gering	gering	mittel	mittel	hoch		
Umweltbelastung	keine (evtl. Staub)	keine (evtl. Staub)	Staub, Lärm	Staub, Lärm	Staub, Lärm	Abgase		
Kosten	sehr niedrig	sehr niedrig	niedrig	hoch	hoch	hoch		
Einfluß auf die Strukturwirksamkeit der Rohfaser	kein Einfluß (100%)	geringer Abfall (90 bis 100%)	Abfall (70 bis 80%)	starker Abfall (30 bis 40%)	Abfall (70 bis 80%)	behandlungsabhängig (50 bis 100%)	dosisabhängig (0 bis 100%)	behandlungsabhängig (0 bis 100%)

5.4. Verbesserung des Futterwertes von Stroh

Einfluß auf die Höhe der Strohaufnahme	nicht meßbar (100%)	geringer Mehrverzehr, rationsabhängig (100 bis 120%)	Mehrverzehr, rationsabhängig (95 bis 130%)	deutlicher Mehrverzehr (130 bis 180%)	Mehrverzehr (120 bis 150%)	nicht untersucht	nicht untersucht
Einfluß auf Verdaulichkeit	kein Einfluß (100%)	kein Einfluß (100%)	geringer Abfall (95 bis 100%)	geringer Abfall (90 bis 100%)	geringer Abfall (95 bis 100%)	Anstieg, dosisabhängig (100 bis 150%)	Anstieg, behandlungsabhängig (100 bis 120%)
					geringer Anstieg (100 bis 120%)		
Gegenwärtige praktische Bedeutung	groß	sehr groß	gering	gering	keine	keine	keine
			Kombination mit Chemikalien anstreben				

hergestellt werden, wenn wenig Stroh (<2 kg T/RGV und Tag) und wenig strukturwirksame Grundfuttermittel vorhanden sind.

Da die Aufwendungen für die verschiedenen Verfahren der Strohkompaktierung relativ hoch sind, der wesentliche Vorteil jedoch lediglich in der Verzehrssteigerung besteht (s. Tabelle 93), sollte die Pelletierung unbedingt mit dem Zusatz von Aufschlußmitteln zur Erhöhung der Verdaulichkeit von Stroh kombiniert werden. In Tabelle 94 sind einige technologische Kennzahlen von Preßlingen zusammengestellt.

Tabelle 94. Technologische Kennzahlen von Preßlingen

Empfehlungen zum Durchmesser von Strohpellets (mm)

Milchkühe	30	Ausgewachsene Schafe	20
Mastrinder, Jungrinder	25	Jungschafe	10
Kälber	12	Lämmer	5

Preßkörpergröße von Briketts: bis 80 × 80 mm

Druckfestigkeit: ≈ 1 MPa/cm², < 2 MPa/cm²

Pelletdichte (kg/m³) bei einem Pelletdurchmesser von ≈ 20 mm:

Strohanteil (%)			
30	50	70	90
550	430	340	250

Trockensubstanzgehalt für Langzeitlagerung: > 86%

- **Weitere Möglichkeiten der Strohaufbereitung auf physikalischer Basis**

Energiereiche Strahlen, z. B. γ-Strahlen oder beschleunigte Elektronen, bewirken eine weitgehende Zerstörung des Lignin-Hemicellulose-Cellulose-Komplexes (Abb. 46). Bei der Bestrahlung kommt es nicht nur zur Spaltung von Bindungen zwischen verwertbaren Bestandteilen und Inkrusten, sondern in Abhängigkeit von der Strahlendosis werden auch β-glucosidische Bindungen der Polysaccharide zerstört. Nach Bestrahlung konnte bisher in nahezu allen Experimenten ein signifikanter Anstieg der In-vitro-Verdaulichkeit ermittelt werden (Abb. 46). In Tierversuchen wurden diese Befunde nicht immer bestätigt. Die Behandlung von Stroh mit energiereichen Strahlen zum Zwecke der Futterwerterhöhung hat gegenwärtig keine praktische Bedeutung, da die notwendigen Strahlendosen (s. Abb. 46) zu hoch sind und die hohen Kosten für Investitionen und Ausrüstung keine Anwendung zulassen.

Als weitere Methoden der Strohbehandlung wurden Dämpfen, Druckbehandlung und Behandlung mit elektrischem Strom erprobt und teilweise in der Praxis angewandt (Flachowsky 1987). Der Effekt des Dämpfens auf die Erhöhung der Verdaulichkeit kann durch Zusatz von Chemikalien, vor allem NaOH und NH_3, wesentlich erhöht werden. Das Dämpfen sowie weitere Methoden (hydrobarothermische Behandlung, Explosionsbehandlung u. a.) sind teure und energieaufwendige Verfahren zur Erzeugung von Wiederkäuerfutter. Eine begrenzte Bedeutung erlangte das Dämpfen (30 min bei 100 °C) bei der Herstellung von teilhydrolysiertem Strohmehl für die Schweinefütterung (s. S. 168). Auf die Möglichkeit der mechanischen Trennung von Blättern und Stengeln (weniger wertvollen Strohbestandteilen) wurde bereits hingewiesen (s. S. 161).

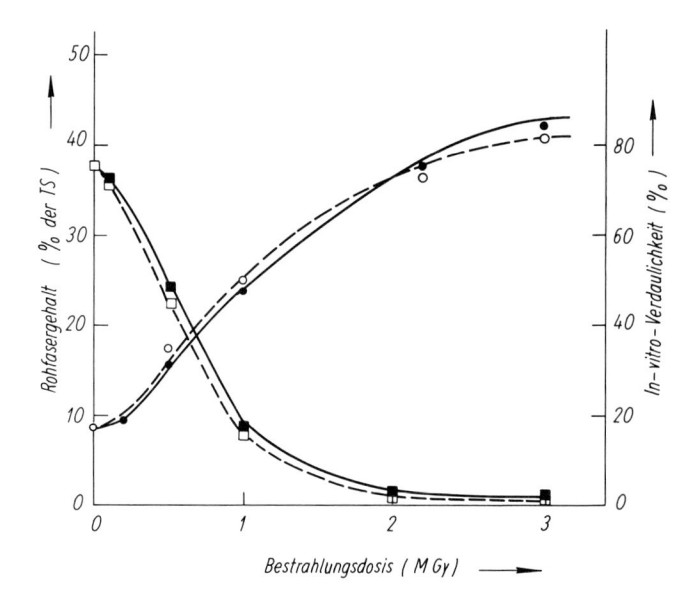

Abb. 46. Rohfasergehalt (□, ■) und In-vitro-Verdaulichkeit (○, ●) von Weizenstroh in Abhängigkeit von der Bestrahlungsdosis mit ^{60}Co (□, ○) bzw. mit beschleunigten Elektronen (■, ●) (Leonhardt et al. 1983).

5.4.2. Chemische und physikalisch-chemische Methoden

Unter chemischer Strohbehandlung werden Methoden zusammengefaßt, bei denen mit Hilfe von Chemikalien (Tabelle 95) eine Lockerung des Lignin-Hemicellulose-Komplexes erfolgt und dadurch eine Erhöhung des Futterwertes von Stroh eintritt. Dabei gelangen vor allem alkalische und ammoniakalische Medien, aber auch Säuren und andere Chemikalien zum Einsatz.

Tabelle 95. Chemikalien, die zum Strohaufschluß eingesetzt werden

Chemikaliengruppen	Chemikalien
Laugen	Alkalilaugen: NaOH, KOH Erdalkalilaugen: Ca(OH)$_2$
NH$_3$-bildende Substanzen	Wasserfreies NH$_3$, NH$_3$-Wasser, Harnstoff, Harn, weitere NH$_3$-Verbindungen
Säuren	HCl, H$_2$SO$_4$, HF
Sonstige Chemikalien	Peroxide: O$_5$, H$_2$O$_2$, Na$_2$O$_2$, KMnO$_4$, Peressigsäure Chlorite und Chlorate: NaClO$_2$, KClO$_2$, NaClO$_3$, KClO$_3$ Bleichmittel: Cl$_2$, ClO$_2$, NaClO, KClO, SO$_2$

Die größte praktische Bedeutung hat in den zurückliegenden Jahren die Strohbehandlung mit Natronlauge und Ammoniak erlangt. Meist wird der Chemikalieneffekt auf die Erhöhung des Futterwertes von Stroh lediglich im Anstieg der Verdaulichkeit bzw. der Energiekonzentration gemessen. Vor allem Laugen- und Ammoniakbehandlung von Stroh haben jedoch auch deutlichen Einfluß auf die Passagerate, so daß die Strohaufnahme wesentlich ansteigen kann (Tabelle 96) und von einem Doppeleffekt der chemischen Behandlung — erhöhte Verdaulichkeit und erhöhter Strohverzehr — gesprochen wird.

Neben den eingesetzten Chemikalien (s. Tabelle 96) hängt der Erfolg der Futterwerterhöhung u. a. von der verwendeten Strohart, der Chemikalienmenge und den Reaktionsbedingungen, wie Temperatur, Feuchtigkeit, Druck, Reaktionszeit und gleichmäßiger Applikation, ab. Erfahrungsgemäß ist der Aufschlußeffekt mit Laugen und Ammoniakverbindungen bei den Gramineenstroharten am höchsten, die die stärkste Inkrustierung aufweisen, so daß sich die Rangfolge Weizen- und Roggenstroh > Gerste- und Haferstroh > Grassamenstroh > Maisstroh > minderwertiges Grasheu ergibt.

Da Stroh von dikotylen Pflanzen eine lignifizierende Matrix aufweist, die der Alkalienhydrolyse weniger zugänglich ist, wird nach Behandlung von Getreidestroh mit Alkalien ein größerer Effekt beobachtet. Mit Oxydationsmitteln (s. Tabelle 95), die jedoch gegenwärtig zu teuer sind, kann bei dikotylen Pflanzen ein höherer Aufschlußeffekt als mit Alkalien erzielt werden.

- **Behandlung mit Säuren**

Der Lignin-Hemicellulose-Cellulose-Komplex ist gegenüber Säuren relativ widerstandsfähig, so daß keine Delignifikation, sondern lediglich eine partielle Selbstkondensation des Ligninmoleküls erfolgt. Durch Behandlung von Stroh mit Säuren (H_2SO_4, HCl u. a.) können Cellulose und Hemicellulosen zu Monosacchariden gespalten werden, so daß von *Strohhydrolyse* oder Strohverzuckerung gesprochen wird. Die Strohhydrolyse stellt auch eine Voraussetzung für verschiedene biologische Behandlungen dar, wie z. B. die Strohverhefung.

Durch die partielle Spaltung β-glucosidischer Bindungen wird ein begrenzter Teil der polymeren Kohlenhydrate für Nichtwiederkäuer nutzbar. Die Nährstofflieferung sowie die Wirkung der Zellwandpartikel werden durch Herstellung von teilhydrolysiertem Strohmehl und Einsatz in der Schweinefütterung ausgenutzt (Münchow und Mitarb. 1984). Der diätetische Effekt des teilhydrolysierten Strohs in der Ferkel- und Läuferfütterung (3 – 10% der Rationstrockensubstanz), der u. a. zum verminderten Auftreten von Colienterotoxämie und geringeren Tierverlusten führte, kann durch die physikochemischen Eigenschaften der Zellwandfraktion (5.3.1.4.) teilweise erklärt werden. Dadurch werden verschiedene Prozesse im Dickdarm des Schweines günstig beeinflußt. Das teilhydrolysierte Stroh wird durch Behandlung von gemahlenem Roggen- oder Weizenstroh mit konzentrierter Salzsäure (10 kg 33%ige oder 20 kg 17,7%ige HCl je 100 kg Stroh), Wasserzusatz und anschließendes Dämpfen (30 min bei 100 °C) hergestellt. Vor der Verfütterung erfolgt eine Neutralisation, vorzugsweise mit Ca-Verbindungen (3,0 kg Ca/oder 5,3 kg $CaCO_3$ je 100 kg Stroh). Durch die Salzsäurebehandlung wird die Verdaulichkeit der organischen Substanz von Stroh beim Schwein annähernd verdoppelt. Als ungünstig bei der Herstellung von teilhydrolysiertem Strohmehl sind die Verwendung konzentrierter Säuren und die relativ hohen Aufwendungen anzusehen.

- **Aufschluß mit Laugen**

Alkalien üben vielfältige Einflüsse auf die Zellwandbestandteile aus. Sowohl der Schwelleffekt der Cellulosefasern in der Zellwand, die mögliche Überführung eines

Teiles der kristallinen Cellulose in amorphe Form als auch die Lockerung bzw. Zerstörung von H-Brücken und kovalenten Bindungen zwischen Lignin und den verwertbaren Kohlenhydraten wirken begünstigend auf den Cellulose- und Hemicelluloseabbau im Pansen der Wiederkäuer.

Die mit Laugen erzielbare Aufschlußwirkung ist um so größer, je stärker die Lauge bzw. je höher der Dissoziationsgrad ist. Bei gleichen Dosierungen nimmt die Wirksamkeit in der Reihenfolge NaOH > KOH > $Ca(OH)_2$ ab. Auf moläquivalenter Basis bestehen zwischen NaOH und KOH keine wesentlichen Unterschiede, während $Ca(OH)_2$ infolge der geringeren Dissoziation weniger wirksam ist und bedeutend längere Einwirkdauer benötigt (Tabelle 96). Die Vorteile von KOH im Vergleich zu NaOH liegen vor allem in der möglichen Doppelnutzung als Aufschlußmittel und als Pflanzennährstoff bei Verwendung der Tierexkremente als Dünger sowie in der besseren Adaptation der Wiederkäuer an einen K-Überschuß. Nachteilig sind der höhere Preis von KOH im Vergleich zu NaOH und die etwa 40% höhere KOH-Menge, die erforderlich ist, um einen der NaOH vergleichbaren Aufschlußeffekt zu erzielen.

Die Strohbehandlung mit Laugen kann nach verschiedenen Verfahren durchgeführt werden (s. Tabelle 96; Flachowsky 1987):

- *Naßaufschluß* (Stroh wird längere Zeit in alkalische Lösung eingeweicht, Lauge wird danach mit Wasser ausgewaschen),
- *Feuchtaufschluß* (gehäckseltes oder gemahlenes Stroh wird im Verhältnis 1 : 0,2 − 1 mit alkalischer Lösung besprüht),
- *Trockenaufschluß* (gehäckseltes und gemahlenes Stroh wird vor Kompaktierung mit konzentrierter Lauge besprüht, z. B. ≈ 10 l 20%ige NaOH je 100 kg Stroh).

• Ammoniakverbindungen

Ammoniak ist eine schwächere Base als NaOH, und bei annähernd gleicher Dosierung liegt der Aufschlußeffekt unter den für NaOH bekannten Werten (s. Tabelle 96). Durch Ammoniak werden vor allem H-Brücken zwischen Lignin und Hemicellulosen sowie Esterbindungen gespalten. Dadurch wird die native Zellwandsubstanz aufgelockert, ihre Quellfähigkeit vergrößert und für Enzyme besser angreifbar. NH_3-behandeltes Stroh wird von Wiederkäuern in signifikant größeren Mengen verzehrt als unbehandeltes Stroh (Ochrimenko 1984, Schneider 1988). Neben dem Aufschlußeffekt können beim Einsatz von NH_3-liefernden Chemikalien im Vergleich zu Laugen u. a. folgende Vorteile erwartet werden:

- zugesetzter N dient teilweise als N-Quelle für Wiederkäuer;
- im Gegensatz zu NaOH keine Belastung von Tier und Boden;
- bedingt durch die fungizide und bakterizide Wirkung des NH_3 kann eine Konservierung von feuchtem Stroh erfolgen (Tabelle 97);
- verschiedene Verfahren der Strohbehandlung sind einfach und leistungsfähig;
- viele Unkrautsamen werden durch NH_3-Behandlung abgetötet.

Die NH_3-Behandlung von Stroh ist auf verschiedenen Wegen möglich, wie z. B. durch:

- NH_3-Begasung von Stroh (15 − 25% Strohfeuchte, Zusatz von 2 − 5% NH_3; Schneider 1988, Sundstøl und Owen 1984),
    - mit Folie abgedeckte Diemen;
    - Großrundballen mit Folie überzogen;
    - Begasung im „Dänischen Ofen" (≈ 85 °C);
    - Zusatz von NH_4HCO_3 und anderen NH_3-Quellen;

Tabelle 96. Vergleichende Wertung chemischer Methoden der Strohbehandlung nach verschiedenen Kriterien

Kriterium	NaOH			KOH	Ca(OH)$_2$	NH$_3$	Harnstoff	Sonstige Chemikalien
	Naßaufschluß	Feuchtaufschluß	Trockenaufschluß (Kompaktierung)					
Empfohlene Einsatzmenge (% der Stroh-T)	4–6	4–5	2	hängt von Verfahren ab, ≈40% mehr als NaOH	3–8	2–5	4–6	unterschiedliche Dosen
Bedarf an technischer Energie	hoch	hoch	sehr hoch	ähnlich NaOH	gering	hoch	hoch	meist hoch
Erforderliche technische Ausrüstung	hoch	hoch	sehr hoch	ähnlich NaOH	mittel	hoch	gering	meist sehr hoch
Anforderungen an Arbeitsschutz	sehr hoch	sehr hoch	sehr hoch	ähnlich NaOH	mittel	sehr hoch	gering	mittel bis sehr hoch
Aufwand an lebendiger Arbeit	hoch	hoch	mittel	ähnlich NaOH	mittel	gering	mittel	mittel bis sehr hoch
Belastung des Bodens	Dosisabhängig, hoch bis sehr hoch			Düngerwirkung	Düngerwirkung	Düngerwirkung	Düngerwirkung	gering bis sehr hoch
Kosten	sehr hoch	hoch	sehr hoch	sehr hoch	gering	hoch	hoch	meist sehr hoch
Aufschlußdauer	temperaturabhängig 2–5 Tage	3–5 Tage	<1 Tag	ähnlich NaOH	Langzeitbehandlung >6 Wochen	temperaturabhängig <20 °C: 1–8 Wochen abhängig; 20–50 °C: 2–4 Wochen; >50 °C <10 Tage		verfahrensabhängig

5.4 Verbesserung des Futterwertes von Stroh 171

Einsatzgrenzen beim langfristigen Einsatz in Wiederkäuerfütterung	Milchkuh, Jungrind: 60 – 70 Mastrind: 55 – 50 Mutterschaf	<6 g Na/kg T <12 g Na/kg T <10 g Na/kg T	kaum notwendig, Grünfutter ist K-reicher als Aufschlußstroh	Ca-Gehalt der Ration berücksichtigen	keine, ≈ 30% des zugesetzten N ernährungswirksam	keine, ≈ 50% des zugesetzten N ernährungswirksam	keine, ≈ 50% unterschiedlich, hängt von Chemikalien ab
Einfluß auf die Verdaulichkeit der organischen Substanz (%, Häckselstroh: 45%)		52 – 60	52 – 60	50 – 60	50 – 58	50 – 58	45 – 65
Einfluß auf die Höhe der Strohaufnahme (%, Häckselstroh: 100%)	100 – 150	100 – 140	150 – 200	ähnlich NaOH	100 – 120	110 – 150	110 – 150	50 – 150
Einfluß auf die Strukturwirksamkeit der Rohfaser (%, Häckselstroh: 100%)	Abfall (50%)	Abfall (70%)	starker Abfall (25 – 50%)	hängt von mechanischer Behandlung ab (wie NaOH)		geringer Abfall (80 – 90%)	behandlungsabhängig	
Gegenwärtige praktische Bedeutung	gering	groß		keine	keine	zunehmend	zunehmend	keine, außer teilhydrolysiertes Strohmehl mit HCl

Tabelle 97. Empfehlungen zur Feuchtstrohkonservierung mit Harnstoff sowie Ergebnisse bei Anwendung des Verfahrens

Optimale Bedingungen

- Gleichmäßige Strohfeuchte: 40 – 50%
- Gleichmäßiger Harnstoffzusatz: 4 – 6% (bezogen auf T)
- Temperatur bei Lagerung: 40 – <60 °C
- Lagerungsdauer: mindestens 14 Tage

Silobeschickung:

- Durchfahrtsilo: Stroh festfahren, Silo abdecken, beschweren
- Hochsilo: Strohfeuchte >40%, sonst Schwelbrände
  Häcksellänge <50 mm, Entnahmefräse mit spitzem Messer, Verdichtung mit 2 – 3 m dicker Schicht aus wasserreichem Grüngut zweckmäßig

Ergebnisse:

- Geringere Witterungsabhängigkeit der Strohernte und unproblematische Lagerung von Feuchtstroh,
- N-Anreicherung im Stroh (von ≈5 auf 10 bis 15% Rohprotein in T),
- höhere Strohaufnahme (30 – 50%) und höhere Leistungen der Wiederkäuer im Vergleich zu unbehandeltem Stroh,
- Nachteilig sind die zusätzlichen Verfahrenskosten, der hohe Harnstoffeinsatz und die N-Verluste (30 – 50%).

- Feuchtstrohkonservierung mit Harnstoff (Zusatz von 4 – 6% Harnstoff, bezogen auf Stroh-T; zu feuchtem Stroh mit 50 bis 60% T ≈ 25 kg Harnstoff je t Feuchtstroh; Ochrimenko 1984, Weißbach et al. 1984; Tabelle 97);
- Vermischung von Stroh mit Harn als Harnstoffquelle (1 : 1 – 2; Flachowsky 1986).

In Auswertung von 79 Literaturhinweisen stiegen bei einem mittleren Zusatz von 3,8% NH_3 der Rohproteingehalt in der Strohtrockensubstanz von 4,6 auf 10,6% und die Trockensubstanzverdaulichkeit von 43,5 auf 54,8%. Der Futterwert von NH_3-behandeltem Stroh ist demnach annähernd mit dem von Wiesenheu mäßiger Qualität vergleichbar.

Bei Temperaturen >40 °C kann es nach NH_3-Zusatz zu Reaktionen des Ammoniaks mit Kohlenhydraten, der sog. *Maillard-Reaktion*, kommen. Diese Reaktion sowie die mögliche antimikrobielle Aktivität freigesetzter Phenole, die außerdem Verbindungen mit der N-Fraktion eingehen, können zu einer wesentlichen Senkung der N-Verfügbarkeit für Pansenbakterien und Wiederkäuer führen. Das Ausmaß der Maillard-Reaktion hängt u. a. von Strohfeuchte, Temperatur, Zeitdauer, pH-Wert (Abb. 47) sowie dem Zucker- und N-Gehalt des Materials ab (Theander 1980). Bei noch höheren Temperaturen (>85 °C) und Stärke bzw. Zucker im Futter kann es durch Ammoniakzusatz zur Bildung von 4-Methylimidazol kommen. Diese Verbindung gilt als Ursache für verschiedene Symptome von Übererregbarkeit der Wiederkäuer (hyperexcitability), die zum Tod führen kann (Perdok und Leng 1985). Zuckerhaltige Futtermittel, wie Heu, Stroh mit hohem Unkrautbesatz oder nach Melassezusatz, sollten demnach nicht mit Ammoniak behandelt werden.

Die Feuchtstrohkonservierung mit Harnstoff kann eine Havarievariante für ungünstige Erntebedingungen darstellen (5.2.). Im Gegensatz zu Ammoniak kann Harnstoff ohne Schwierigkeiten dem Stroh zugesetzt werden, so daß bei homogener Vermischung

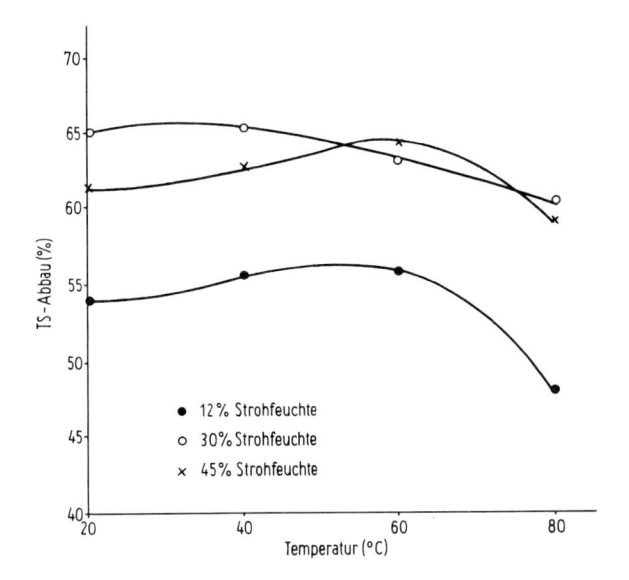

Abb. 47. Einfluß der Behandlungstemperatur und der Strohfeuchte auf die Höhe des Trockensubstanzabbaues von Weizenstroh nach 48 Stunden Panseninkubation (NH_3-Zusatz: 2%, n = 5; Schneider 1988).

mit Feuchtstroh eine gleichmäßige NH_3-Bildung im Stroh zu erwarten ist. Bewährt hat sich eine silageähnliche Lagerung des feuchten Strohs in Hoch- oder Durchfahrtsilos (s. Tabelle 97). Das Enzym Urease bewirkt die Harnstoffspaltung.

- **Sonstige Chemikalien**

Oxydationsmittel, wie Ozon, H_2O_2 und Peressigsäure, greifen bevorzugt am Lignin an und könnten vor allem bei der Behandlung stark lignifizierter Rückstände dikotyler Pflanzen (z. B. Leguminosenstroh, Rapsstroh, Baumwollstroh, Sonnenblumenrückstände) sowie in Kombination mit Alkalien (peroxidische NaOH; Kerley et al. 1985) auch bei der Getreidestrohbehandlung Bedeutung erlangen. Durch Peroxide werden die aromatischen Ligninmoleküle oxydiert, so daß eine Zerstörung der Zellwandstrukturen eintritt. Na_2O_2 und andere Alkaliverbindungen (s. Tabelle 95) wirken ligninzerstörend und üben auch einen Schwelleffekt auf die Zellwandbestandteile aus.

Schwefeldioxid, das auch beim Sulfitprozeß zur Celluloseherstellung genutzt wird, reagiert mit Lignin zum löslichen Lignosulfonat. Beim Waschen gehen neben Lignin relativ viel Hemicellulose und wenig Cellulose in Lösung. Die Verdaulichkeit der teilweise delignifizierten Zellwände stieg um 15 bis 20 Einheiten an. Die erwähnten Chemikalien haben bisher bei der Strohbehandlung keine praktische Bedeutung erlangt.

- **Vergleichende Wertung chemischer Methoden der Strohbehandlung**

Neben Aufschlußeffekt und Strohmehrverzehr, die sich in höherer Leistung der Nutztiere widerspiegeln müssen, sind verschiedene Randbedingungen, wie z. B. der Bedarf an technischer Energie, die zu erwartende Umweltbelastung, die Verträglichkeit für Tier, Boden und Pflanzen und die Kosten des Verfahrens wichtige Voraussetzungen zur komplexen Bewertung chemischer Methoden der Strohbehandlung.

In Tabelle 96 wird der Versuch einer vergleichenden Beurteilung chemischer Aufschlußverfahren bei der Behandlung von Getreidestroh vorgenommen. Da bei der Beurteilung der Methoden hinsichtlich der Eignung für die Futterwerterhöhung in Entwicklungsländern die Verfügbarkeit der Chemikalien, Fragen des Arbeitsschutzes und evtl. erforderliche spezielle Ausrüstungen zusätzliche Bedeutung haben, fanden diese Kriterien in Tabelle 96 ebenfalls Berücksichtigung.

5.4.3. Biologische Methoden

Als biologische Strohbehandlung werden Methoden bezeichnet, bei denen durch Enzymzusatz (z. B. Cellulasen, Pectinasen, Hemicellulasen) eine „Vorverdauung" außerhalb des Verdauungssystems der Wiederkäuer erfolgen soll bzw. bei denen das Stroh Pilzen oder Einzellern als Nährsubstrat dient und danach eine höhere Verdaulichkeit aufweisen soll bzw. Protein, Zucker oder verschiedene Fermentationsprodukte erzeugt werden. Zur Entfaltung der Enzymwirkung sind optimale Bedingungen (Feuchte, Temperatur, pH) und lange Behandlungen erforderlich. Meist konnte jedoch durch Enzymzusatz (z. B. Cellulase) keine signifikante Erhöhung der Strohverdaulichkeit beim Wiederkäuer erzielt werden, da die cellulolytische Aktivität der Pansenmikroben sehr hoch ist und Lignin-Kohlenhydrat-Bindungen durch die Enzymbehandlung nicht gelockert werden (Flachowsky und Klappach 1991). Stroh kann entweder direkt als Nährboden für Pilze dienen, oder es wird einer chemischen Vorbehandlung unterzogen (z. B. Säurehydrolyse, Behandlung mit Alkalien). Verschiedene Basidiomyzeten (z. B. *Agaricus bisporus*, *Pleurotus ostreatus*, *Kuehneromyces mutabilis*, *Polystictus sanguineus*) erzeugen neben Cellulase auch Ligninase und nutzen verschiedene Strohinhaltsstoffe effektiv, so daß ohne N-Ergänzung >1 kg frische Pilze je kg Stroh geerntet werden können.

Zur Verdaulichkeit des Strohrückstandes liegen unterschiedliche Ergebnisse vor. Während die Verdaulichkeit in vitro meist anstieg, fanden wir in Übereinstimmung mit Tierversuchen mit Hilfe der Nylonbeutelmethode einen signifikant verminderten Abbau der Trockensubstanz im Pansen nach Pilzwachstum (Abb. 48). Die verwendeten Pilze nutzten demnach nicht nur Lignin, sondern sie verbrauchten auch große Mengen Cellulose und Hemicellulose als Nährsubstrat, so daß der Rückstand nicht als Futtermittel geeignet ist.

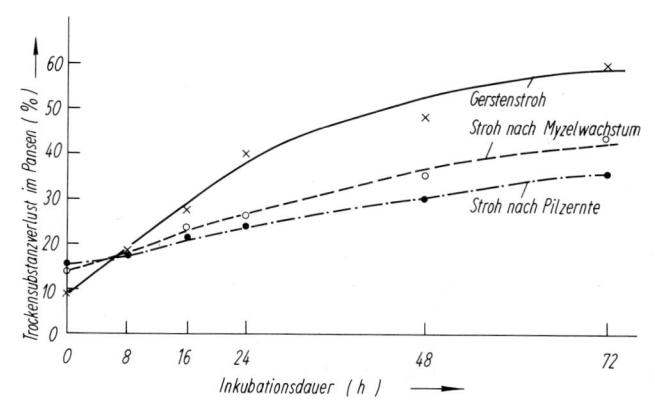

Abb. 48. In-sacco-Trockensubstanzverlust von Gerstenstroh bzw. Stroh nach Myzelwachstum bzw. Ernte von *Pleurotus ostreatus* (Flachowsky und Ørskov 1986/87).

Weißfäulepilze, die auch als lignolytische Pilze bezeichnet werden, da sie überwiegend Lignin und Hemicellulosen, aber kaum Cellulose abbauen, scheinen besser zur Strohverpilzung geeignet zu sein (Zadrazil 1990), benötigen jedoch einen langen Zeitraum. Die Fähigkeit der Ligninspaltung dieser Pilze beruht auf der Peroxidbildung (O_3, H_2O_2).

Die erwähnten sowie weitere Methoden der biologischen Grobfutterbehandlung haben gegenwärtig keine praktische Bedeutung für die Erhöhung des Futterwertes von Stroh.

5.5. Empfehlungen zum Einsatz von unterschiedlich aufbereitetem Stroh

Stroh hat in der Wiederkäuerfütterung, teilweise aber auch in der Nichtwiederkäuerernährung, unterschiedliche Aufgaben zu erfüllen:

— Strukturlieferant zum optimalen Ablauf der Pansenprozesse bei Wiederkäuern sowie der Dickdarmverdauung bei Pferd und Kaninchen;
— Energielieferant, vor allem nach Strohaufschluß;
— Sattfütterung der Wiederkäuer bei nicht ausreichender Grobfutterbereitstellung und extensiven Haltungsformen;
— Nutzung der diätetischen Eigenschaften der Zellwand beim wachsenden Nichtwiederkäuer;
— Energieverdünner der Ration (z. B. bei güsten und niedertragenden Sauen, Broilerelterntieren, Legeenten).

Die verschiedenen Aufgaben, die Stroh in der Fütterung erfüllen kann, Unterschiede in der Rationsgestaltung und der Futterbereitstellung sowie in der Tierproduktion angestrebte Leistungshöhe gestatten keine allgemeingültigen Hinweise zur zweckmäßigen Einsatzhöhe von unterschiedlich aufbereitetem Stroh in der Fütterung. Dennoch wird in Tabelle 98 versucht, einige Empfehlungen zum Einsatz von Stroh bei verschiedenen Nutzungsrichtungen zusammenfassend darzustellen.

5.6. Cellulosereiche Rückstände bei der Erzeugung von Industrierohstoffen, Nahrungs- und Genußmitteln in den Tropen

In vielen tropischen Ländern besteht eine große Diskrepanz zwischen erforderlichen und verfügbaren Futtermitteln. Die vorhandene Ackerfläche wird zum Anbau von Kulturen für die Humanernährung benötigt. In Bangladesh stehen beispielsweise täglich 88 g Konzentrat und 1 kg Trockensubstanz aus Gras je Rind zu Verfügung (Dolberg und Mitarb. 1981). Nach Most und Lambourne (1982) müssen in Afrika etwa 70% der ≈ 140 Mill. Rinder während der Trockenzeit ihren Futterbedarf über cellulosereiche Nebenprodukte des Ackerbaues abdecken, in Mexiko stammen etwa 45% der Trockensubstanzaufnahme der Wiederkäuer aus Nebenprodukten des Getreideanbaus (Dovring 1970). Hungernde oder unterernährte Tiere haben nicht nur Mangel an Milch, Fleisch und anderen Tierprodukten zur Folge, sondern wegen fehlender Zugkraft

Tabelle 98. Empfehlungen zum zweckmäßigen Einsatz von unterschiedlich aufbereitetem Stroh in der Fütterung

Tierart bzw. Nutzungsrichtung	Strohbehandlung					
	lang	gehäckselt, gemahlen	kompaktiert	NaOH-behandelt	NH$_3$-behandelt	HCl-teilhydrolysiert
Milchkühe	Strukturlieferung, Sättigung	Strukturlieferung, Sättigung	Sättigung	Energielieferung, <6 g Na/kg T der Ration	Energielieferung	–
Jungrinder	Strukturlieferung, Sättigung	Strukturlieferung, Sättigung	Sättigung	Energielieferung, <6 g Na/kg T der Ration	Energielieferung	–
Mastrinder	Strukturlieferung, Sättigung	Strukturlieferung, Sättigung	Sättigung	Energielieferung, <12 g Na/kg T der Ration	Energielieferung	–
Kälber	–	Strukturlieferung, Pansenentwicklung <10% der T	Sättigung, Pansenentwicklung <20% der T	–	Strukturlieferung, Pansenentwicklung	–
Mutterschafe	Strukturlieferung, Sättigung	Strukturlieferung, Sättigung	–	Energielieferung, <10 g Na/kg T der Ration	Energielieferung	–
Lämmer	–	Strukturlieferung, Pansenentwicklung	Sättigung, Pansenentwicklung, <15% der T	–	Strukturlieferung, Pansenentwicklung	–

5.6. Cellulosereiche Rückstände bei der Erzeugung von Industrierohstoffen

Erwachsene Pferde	Struktur-lieferung, 0,5 kg Stroh/100 kg LM	Struktur-lieferung, wenn >30 mm Häcksellänge	30–60% Strohanteil, zusätzliche Strukturlieferung notwendig	—	—	Struktur-lieferung, 0,5 kg Stroh/100 kg LM	—
Fohlen, Jungpferde	Struktur-lieferung, 0,5 kg Stroh/100 kg LM	Struktur-lieferung, wenn >30 mm Häcksellänge	30–60% Strohanteil, zusätzliche Strukturlieferung notwendig	—	—	Struktur-lieferung, 0,5 kg Stroh/100 kg LM	—
Güste, niedertragende Sauen	—	—	—	—	—	—	—
Hochtragende, laktierende Sauen	—	—	Energieverdünnung, bis 50% der T	—	—	—	diätetische Wirkung, bis 40% der T
Ferkel/Läufer	—	—	—	—	—	—	diätetische Wirkung, 5–10% der T
Mastschweine	—	—	—	—	—	—	—
Geflügel, außer Broilerelterntiere, Legeenten	—	—	—	—	—	—	—
Zuchtkaninchen	—	Sättigung, diätetische Wirkung, Strukturlieferung	diätetische Wirkung, <30% der T	diätetische Wirkung, <30% der T	diätetische Wirkung, <30% der T	diätetische Wirkung, <30% der T	—
Mastkaninchen	—	Strukturlieferung	diätetische Wirkung, <15% der T	diätetische Wirkung, <20% der T	diätetische Wirkung, <20% der T	diätetische Wirkung, <20% der T	—

—: Einsatz nicht zweckmäßig oder ungünstige Nebenwirkungen

verschlechtern sich auch die Voraussetzungen zur Erreichung höherer Erträge im Ackerbau. Es wird geschätzt, daß von den auf der Erde anfallenden $\approx 4{,}4$ Mrd. t cellulosereichen Rückständen etwa 40% in den Tropen anfallen (Kossila 1984).

Der Kombination von cellulosereichen Nebenprodukten mit N-Quellen (z. B. Harnstoff, N-reiche Pflanzen), fermentierbaren Kohlenhydraten als Energiequelle (z. B. Nebenprodukte der Getreideverarbeitung und der Zuckerindustrie) und Mineralien sowie die Erhöhung des Futterwertes der lignifizierten Rückstände mit einfachen Methoden (5.4.) kommt demnach bei der Stabilisierung der Futterwirtschaft und der Erhöhung der Tierproduktion strategische Bedeutung zu (Dixon 1987, Doyle 1986).

Die Bemühungen zur Nutzung von Nebenprodukten als Futtermittel sollten nach Ansicht verschiedener Experten nicht den Farmern oder privaten Unternehmern überlassen werden. Sie bedürfen der Leitung und Förderung durch zentrale staatliche Einrichtungen, weil dadurch ein wesentlicher Beitrag zur Verbesserung der Ernährungssituation in vielen tropischen Entwicklungsländern geleistet werden kann.

Neben den in gemäßigten Breiten bekannten cellulosereichen Nebenprodukten sind in den Tropen auch Stroh, Stengel und andere Rückstände von Getreide, Leguminosen und weiteren Kulturen verfügbar, die außerhalb der Tropen nicht gedeihen. Auch Tierexkremente sind cellulosereiche, aber bedeutend N-reichere Nebenprodukte als Getreidestroh. Auf ihre große Bedeutung als Futtermittel unter tropischen Bedingungen wird an dieser Stelle nicht eingegangen, da sich Futterwert und Einsatzempfehlungen nur unwesentlich von den im Abschnitt 14 beschriebenen Befunden unterscheiden. Meist sind Exkremente, Tiefstreu bzw. Aufbereitungsprodukte etwas trockensubstanz- und aschereicher als unter gemäßigten Klimaten. Bei Tiefstreu, die vor allem zur Energie- und Proteinergänzung von Wiederkäuerrationen während der Trockenzeit genutzt werden sollte, hängen Zusammensetzung und Futterwert wesentlich von Einstreuart und -menge ab. Erfahrungen und Ergebnisse zur Nutzung von Tierexkrementen als Futtermittel in tropischen Ländern werden u. a. von Flachowsky und Hennig (1990a), Flachowsky et al. (1985) und Shah und Müller (1982) vermittelt.

Größere Bedeutung als unter gemäßigten Klimabedingungen hat in den Tropen die Nutzung von Tierexkrementen als Nährsubstrat für das Wachstum von Algen und zur Biogasproduktion (Autorenkollektiv 1981). Die Ernte der Algen sowie der geringe Trockensubstanzgehalt des Faulschlammes (3–5%) verhindern gegenwärtig die Nutzung der Fermentationsprodukte. Außerdem ist die Proteinverdaulichkeit gering. Bei Faulschlamm aus Schweinegülle, der 11,4% N in der Trockensubstanz enthielt, betrug sie lediglich 55% (Goedeken und Mitarb. 1985).

5.6.1. Stroh und strohähnliche, cellulosereiche Produkte

Die Inhaltsstoffe und der Futterwert der in den Tropen anfallenden vegetativen Rückstände des Getreide- und Leguminosenanbaus sowie von technischen Kulturen entsprechen weitgehend denen der gemäßigten Klimaten. Der Rohproteingehalt ist sehr niedrig (Getreide- und Baumwollstroh: <5%, Leguminosenstroh: ≈ 10% der T). Hauptbestandteile sind inkrustierte Zellwände, so daß der Gehalt an Rohkohlenhydraten 60–80% der Trockensubstanz beträgt. Der Aschegehalt schwankt zwischen 5 und 30%, wobei die höchsten Werte bei Reisstroh und anderen Nebenprodukten von Reis ermittelt wurden. Da die Verdaulichkeit der organischen Substanz von Stroh gering ist (<50%) und Stroh neben überständigem Gras von Naturweiden häufig die einzige Futterquelle für Wiederkäuer in tropischen Ländern während der Trockenzeit darstellt, kommt der Futterwerterhöhung und der bedarfsgerechten Rationsergänzung große Bedeutung zu. Als Aufschlußmittel sollen vor allem einheimische, billige und bei

Herstellung und Anwendung wenig Technologie erforderliche Substanzen verwendet werden, wie z. B. Ammoniak aus Harnstoff oder Harn sowie Ca-Verbindungen (s. Tabelle 99). Infolge höherer Umgebungstemperatur ist die Aufschlußzeit häufig bedeutend kürzer als in Mitteleuropa.

Mit alkalischen und ammoniakalischen Medien sollten vorrangig Rückstände von monokotylen Pflanzen behandelt werden, weil im Vergleich zu dikotylen Pflanzen ein größerer Effekt zu erwarten ist. Die Ammoniakbehandlung hat den Vorteil, daß in Ländern des humiden Bereiches die Konservierung von feuchtem Stroh erfolgen kann.

Davis et al. (1983) brachten in anschaulicher Versform, die sich im Englischen reimte, die Vorteile der Ammoniak-Behandlung von Stroh zum Ausdruck:
Mische Wasser mit Stroh,
setze Harnstoff zu und mische weiter.
Wenn Du die Kosten dafür sparen willst,
mische Stroh mit Rinderharn.
Vermeide Ammoniakverluste durch Abdecken,
in 10 Tagen ist die Behandlung vorüber.
Halte Stroh unter deine Nase,
riecht es, ist die Behandlung gelungen.
Füge grüne Wasserhyazinthen
und etwas Eiweißfuttermittel zu.
Die Rinder, die waren vorher sehr schlaff,
ihre Haut wird danach wieder straff.

Neben der chemischen Behandlung besteht bei ausreichender Energiebereitstellung (z. B. in der Nähe von Wasserkraftwerken) auch die Möglichkeit der Kompaktierung geringwertiger Rauhfuttermittel. Dadurch werden sie über größere Entfernungen transportwürdig, und die Wiederkäuer verzehren sie in bedeutend größeren Mengen. Mastrinder nahmen beispielsweise täglich 1,14; 1,50 bzw. 2,55 kg Trockensubstanz je 100 kg Lebendmasse und Tag von unbehandeltem, gehäckseltem bzw. pelletiertem Baumwollstroh auf (Flachowsky et al. 1981).

5.6.2. Sonstige cellulosereiche Produkte des Pflanzenbaues

In dieser Futtermittelgruppe werden cellulosereiche Rückstände zusammengefaßt, die bei der Ernte oder ersten Aufbereitungsstufen von Nahrungs- und Genußmitteln bzw. technischen Kulturen in den Tropen anfallen. Die jährlich in den Entwicklungsländern anfallende Menge wird mit $\approx$ 200 Mill. t angegeben (Autorenkollektiv 1981). Bei den Nebenprodukten handelt es sich vor allem um Blätter, Restpflanzen oder Samen- bzw. Fruchthüllen, die hauptsächlich in der Wiederkäuerfütterung eine Einsatzberechtigung besitzen und deren Nutzung in bestimmten Gebieten große Bedeutung erlangen kann.

5.6.3. Ernterückstände des Zuckerrohrs

Zuckerrohr wird etwa 3 m hoch und weist Stengeldurchmesser von 5 – 6 cm auf. Die ganze Pflanze, die in frischer oder silierter Form auch als Futtermittel genutzt wird, besteht zu $\approx$ 10% aus stark lignifizierten Blättern, etwa 30% Stengelspitzen (tops) und 60% Stengel (cane; Abb. 49). Blätter und tops enthalten 80 – 90% Rohkohlenhydrate. Die Verdaulichkeit der organischen Substanz der bei der Zuckerrohrernte anfallenden Blätter beträgt etwa 50%, die der tops 60 – 70%.

5. Stroh und andere faserreiche Futtermittel

Tabelle 99. Vor- und Nachteile bei der Anwendung verschiedener Chemikalien bei der Strohbehandlung in tropischen Entwicklungsländern

Aufschlußmittel	Verfügbarkeit des Aufschlußmittels (Bereitstellung)	Risiko der Anwendung (Arbeitsschutz u. a.)	Einfluß der hohen Umgebungstemperatur	Bedarf an zusätzlicher Ausrüstung	Kosten	Aufschlußeffekt
NaOH oder andere starke Laugen	schwierig	hoch	günstig	hoch	hoch	sehr hoch
$Ca(OH)_2$	relativ einfach	relativ sicher	günstig	(ja)	gering	geringere Wirkung im Vergleich zu NaOH, längere Lagerung
NH_3	sehr schwierig	hoch	günstig	ja	hoch	geringer als NaOH, liefert N
Harnstoff	relativ einfach	sicher	günstig	nein	vertretbar	geringer als NaOH, liefert N
Harn	einfach, Sammlung schwierig	sicher, hygienische Aspekte	günstig	nein	gering	geringer als NaOH, liefert N

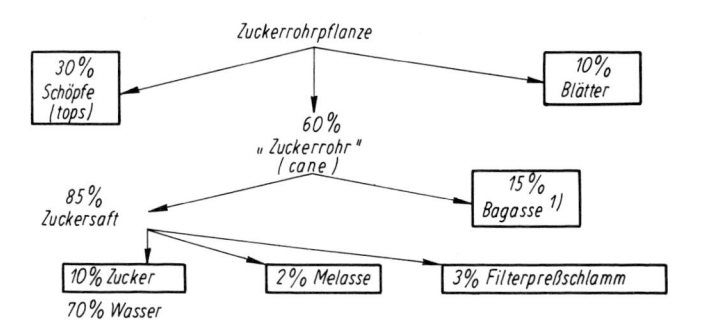

Abb. 49. Aufbereitung der Zuckerrohrpflanze zur Zuckergewinnung.

[Diagramm: Zuckerrohrpflanze → 30% Schöpfe (tops), 60% „Zuckerrohr" (cane), 10% Blätter; aus „Zuckerrohr": 85% Zuckersaft, 15% Bagasse [1]; aus Zuckersaft: 10% Zucker, 70% Wasser, 2% Melasse, 3% Filterpreßschlamm]

[1] davon 30% Feinbagasse, 70% Grobbagasse

Zuckerrohrbagasse ($\approx 15\%$ des Stengels) ist der entzuckerte Rückstand des Zukkerrohrs und enthält 90 − 95% Rohkohlenhydrate. Durch NaOH-Behandlung kann die Verdaulichkeit der organischen Substanz der lignifizierten Bagasse von etwa 45 auf 55 − 60% erhöht werden (Hanke et al. 1986). Bei einem Wassergehalt von 40% ist frische Bagasse nicht lagerfähig und wird deshalb getrocknet oder siliert. Die zellwandreichen Ernterückstände vom Zuckerrohr stellen typische Wiederkäuerfuttermittel dar. Chemisch behandelt können sie bis 25% der Trockensubstanzaufnahme von Milchkuh- und Mastrinderrationen ausmachen.

5.6.4. Rückstände des Obst- und Gemüseanbaues

Cellulosereiche Nebenprodukte des Südfrüchteanbaues sind u. a. Bananenschalen, -blätter und -stengel sowie Blätter (Ananas, Mango, Melone u. a.) und Schalen (Citrus u. a.) weiterer Kulturpflanzen. Grüne Bananenschalen und -blätter sind reich an Tannin und bewirken einen Rückgang der Verdaulichkeit. Im Futterwert entsprechen sie annähernd Heu mittlerer Qualität. Die botanische Differenzierung zwischen Banane und Kochbanane (Plantain) hat futtermittelkundlich keine Bedeutung. Bananenstengel (Pseudostamm) enthalten etwa 65% N-freie Extraktstoffe in der Trockensubstanz, sie sind zu häckseln und sollten frisch oder siliert vor allem an Wiederkäuer ($\approx 20\%$ der Ration) gefüttert werden (Poyyamozhi und Kadervel 1986). Bananenblätter und der Pseudostamm werden gern gefressen und haben keinen nachteiligen Einfluß auf die Milchproduktion. Bei alleiniger Verfütterung an Rinder (etwa 1,5 kg Trockensubstanz je 100 kg Lebendmasse) wurden tägliche Lebendmassezunahmen von 500 g erreicht. Ananasblätter fallen in großen Mengen an und werden frisch, siliert oder in getrockneter Form (Ananasheu, Ananasblattmehl) vorzugsweise an Wiederkäuer gefüttert (bis 25% der T). In geringem Umfang kann es als Ananasblattmehl auch in Geflügel- und Schweinerationen eingesetzt werden. Empfohlen wird die Silierung von Ananasblättern mit 5 – 10% Melasse.

5.6.5. Produkte des Genußmittelanbaues

Als cellulosereiche Produkte des Anbaues von Genußmitteln fallen Samenschalen (Kaffee, Kakao) oder Restpflanzen (Tee, Tabak) an.

- **Kaffee**

Die Kenntnis des anatomischen Aufbaus der Kaffeekirsche erleichtert die Definition der bei der Verarbeitung anfallenden Nebenprodukte. Das Exokarp (äußere feste Haut) umschließt das Mesokarp (zuckerreiches, saftiges Fruchtfleisch) und das Endokarp (Pergament- oder Hornschale). Nach Entfernen dieser Hornschale bleiben die zwei Samen übrig, die auch geschälte Kaffeebohnen genannt werden. Bei der Aufbereitung von einem Kilo Kaffee fallen etwa an:

432 g Fruchtfleisch (Pülpe),
 61 g Schalen (Hornschalen),
118 g Schleimstoffe,
389 g Samen (Bohnen).

Insgesamt fallen bei der Ernte und Verarbeitung des Kaffees folgende Abfall- und Nebenprodukte an:

- Kaffeeblätter: Sie werden meist in getrockneter Form verfüttert.
- Kaffeepülpe: Sie besteht aus dem im Naß- oder Trockenverfahren abgetrennten Fruchtfleischanteil; enthält etwa 1,2% *Coffein* (Trimethylxanthin) und 3,4% Tannin.
- Kaffeeschalen: Sie werden von den Hornschalen gebildet und besitzen einen sehr hohen Rohfaseranteil.
- Kaffeebohnenextraktionsschrot: Schrot fällt bei der Ölextraktion in kleinen Mengen an.
- Kaffeesatz: Er entsteht als Nebenprodukt bei der Instantkaffeeherstellung.

Getrocknete Blätter werden als schmackhaft bezeichnet und als Rationskomponente an Rinder verfüttert. Ihre Verfütterung soll die Laktationsperiode verlängern. Der Futterwert weiterer Nebenprodukte des Kaffeeanbaus, vor allem von Kaffeepülpe, hängt wesentlich vom Restcoffeingehalt ab. Ein hoher Coffeingehalt ($>0,15\%$) senkt die

Futteraufnahme und wirkt sich harntreibend aus; bei Schweinen wird ein gestörter Proteinstoffwechsel erwähnt und bei sehr hohen Konzentrationen von Toxizität berichtet (Kiflewahid 1982). Kaffeeschalen und Kaffeesatz (nach Instantkaffeeherstellung) sollten nicht verfüttert werden.

● **Kakao**

Die als Kakaobeeren bezeichneten Früchte bestehen aus einer äußeren, 5 − 20 mm dicken Fruchtschale. Im Inneren befinden sich die in 5 Reihen angeordneten 20 − 50 Samen, die von einem Fruchtmark (Pulpa) umgeben sind. Die Samen haben eine lederartige Samenschale. Bei der Verarbeitung der Früchte fallen folgende Nebenprodukte an:

− Kakaofruchtschalen: Sie entstehen als Rückstand der Gewinnung der Samen und der Pulpa.
− Kakaosamenschalen: Sie sind die Rückstände der Gewinnung des Rohkakaos. Die Entfernung der Samenschalen erfolgt durch Anfeuchten mit anschließender Trocknung oder durch Rösten. Die so gewonnenen Samenschalen enthalten noch Kakaokernbruchstücke (11 − 15%) und Keimwurzeln (1%).
− Kakaoextraktionsschrot/kuchen: Sie bilden den Rückstand bei der Entfettung der Kakaobohnen.
− Kakaobeeren: Sie werden − wenn sie in einem für die weitere Verarbeitung nicht mehr einwandfreien Zustand sind − als Futtermittel genutzt.

Alle Verarbeitungsprodukte enthalten das Alkaloid *Theobromin* (bis 1%). Durch entsprechende Behandlung (Kochen, Filtern, Trocknen) kann die Toxizität vermindert werden. Die toxischen Grenzwerte (700 mg/kg für Rinder und 500 mg/kg für Monogastriden) werden bei der Verfütterung von Kakaoprodukten aber kaum erreicht. Kakaosamenschalen sind relativ protein- (16 − 22%) und fettreich (3 − 9.5% in der Trockensubstanz) und enthalten viel Vitamin D (0,7 mg D_2/kg T). Kakaofruchtschalen werden meist in getrockneter Form verfüttert. An Rinder wurden bis zu 7 kg und an Schweine bis zu 2 kg je Tier und Tag ohne toxische Folgen verfüttert. In Rationen für Schweine wurde der Maisanteil bis zu 35% durch getrocknete Fruchtschalen ersetzt. Bei Kakaosamenschalen wird bei Rindern ein Einsatz von 0,5 − 1,0 kg/Tag als möglich angesehen (Flachowsky et al. 1990b).

5.6.6. Produkte vom Anbau technischer Kulturen

Die Rückstände der Sisalgewinnung (sisal pulp) enthalten 6 − 15% Trockensubstanz; knapp die Hälfte sind lösliche Zucker. Die Verdaulichkeit der organischen Substanz beträgt 65% (Kategile 1986). Die Verfütterung muß unmittelbar nach dem Anfall erfolgen, da bereits nach wenigen Stunden Fermentationsprozesse einsetzen. Eine Silierung ist gemeinsam mit Stroh möglich. An Milchkühe können täglich bis 25 kg, an wachsende Rinder 10 kg gefüttert werden.

Die Ramie *(Boehmeria nivea)* wird vor allem in Ostasien als Faserpflanze angebaut. Die eiweißreichen Blätter (20 − 25% in der T) stellen eine wertvolle Ergänzung für proteinarme Wiederkäuerrationen dar. Sie werden auch in der Schweine- und Geflügelfütterung (5 − 20%) eingesetzt. Der hohe Mo-Gehalt der Pflanze erfordert eine Cu-Ergänzung der Ration.

Bei ausreichenden Niederschlägen oder Zusatzbewässerung kann die Weiße Ramie, deren Futterwert mit Luzerne vergleichbar ist, auch zur Grünnutzung angebaut werden. Dabei sind jährlich bis 14 Schnitte und Erträge von > 40 t T/ha möglich.

Von der Agave *(Agave atrovirens)* als Hartfaserpflanze fallen Blätter und Agavenpülpe (Agavenmark) als Verarbeitungsrückstand bei der Fasergewinnung an; 20 bzw. 10 kg frische Blätter können an Milchkühe bzw. Mastrinder verfüttert werden. Sonnentrocknung oder Silierung (mit Melassezusatz) ist möglich.

5.7. Produkte der Forstwirtschaft und der holzverarbeitenden Industrie

Mit Ausnahme grüner Blätter sowie einiger Früchte und Samen enthalten die forstwirtschaftlichen Produkte nahezu ausschließlich inkrustierte Zellwandbestandteile und weisen demnach eine geringe Verdaulichkeit auf. Als Futtermittel werden sie vor allem von Wildwiederkäuern genutzt. In tropischen Ländern werden Laub und Zweige verschiedener Bäume und Sträucher sowie verschiedene Früchte und Samen hauptsächlich während der Trockenzeit verfüttert. Die wesentlichen Schwierigkeiten bestehen in der Sammelbarkeit der forstwirtschaftlichen Produkte sowie im geringen Futterwert.

In Mitteleuropa gelangen forstwirtschaftliche Produkte nur bei extremem Futtermangel an landwirtschaftliche Nutztiere zum Einsatz bzw. werden als Waldweide genutzt. Vereinzelt werden sie als Grundfuttersupplement (5—15% der Ration) bei strukturfutterarmen, konzentratreichen Rationen verwendet (Autorenkollektiv 1983).

5.7.1. Laub und Nadeln

In den Wäldern wachsen große Mengen an organischer Masse in Form von Laub und Nadeln. Die Angaben schwanken zwischen 30 und 150 dt Trockensubstanz/ha und Jahr eines gut entwickelten Bestandes (Becker und Nehring 1965). Neben der Pflanzenart hängt der Rohnährstoffgehalt vom Entnahmezeitpunkt ab. Bei der Mehrheit der Blätter nimmt der Rohproteingehalt ab und der Rohfasergehalt im Vegetationsverlauf zu (Tabelle 100).

Tabelle 100. Einfluß des Vegetationsstadiums (Alters) auf Rohprotein- und Rohfasergehalt (g/kg Trockensubstanz) von Rotbuchen- und Pappelblättern bzw. Zweigen (bis 10 mm Durchmesser, nach Becker und Nehring 1965)

Ent-nahme-zeit	Blätter				Zweige			
	Rotbuche		Pappel		Rotbuche		Pappel	
	Roh-protein	Roh-faser	Roh-protein	Roh-faser	Roh-protein	Roh-faser	Roh-protein	Roh-faser
06. 05.	233	181	235	132	44	500	52	477
01. 06.	225	261	256	184	58	414	74	374
15. 06.	218	273	207	196	51	462	78	417
01. 07.	206	253	186	171	56	512	76	398
15. 07.	196	274	201	195	50	481	63	381
01. 08.	171	214	174	179	43	506	52	418
15. 08.	148	249	191	258	39	490	57	437
01. 09.	168	257	172	193	50	448	55	431
15. 09.	148	252	158	189	41	513	55	428
01. 10.	143	237	149	227	52	572	52	381

Bei vielen Blattherkünften, z. B. Buchen- und Lindenlaub, vermindert sich mit zunehmender Vegetationsdauer die Verdaulichkeit der organischen Substanz (32 – 65%) und der Rohnährstoffe analog den Gräsern und Leguminosen. Bei anderen Baumarten, wie z. B. Pappel und Holunder (55 – 65%), ist der Einfluß der Vegetationszeit auf Inhaltsstoffe und Verdaulichkeit nicht so deutlich ausgeprägt. Die geringe Verdaulichkeit des Blattproteins wird durch ungünstige Inhaltsstoffe, wie Polyphenole, Tannin und verschiedene Gerbstoffe, verursacht. Beispielsweise liegen in Pappelblättern >50% des N als Tannin-Protein-Komplex vor und sind somit unverdaulich (Bas et al. 1985). Der Gerbstoffgehalt der Blätter ist im Herbst teilweise doppelt so hoch wie im Frühjahr. Der Carotingehalt grüner Blätter (Mitte August) variiert zwischen 100 und 200 mg/kg Trockensubstanz. Die meisten Blätter sind reich an Ca und arm an P, so daß das Ca/P-Verhältnis zwischen 3 – 10 : 1 variiert.

Bei früher Entnahme ist im Mittel der Futterwert der Blätter mit Wiesenheu mittlerer Qualität, bei später Entnahme mit dem von Stroh vergleichbar. Die Verdaulichkeit der organischen Substanz von Herbstfallaub schwankt zwischen 27 und 40%, der Futterwert liegt damit unter dem von Getreidestroh. Nadeln und Nadelreisig dienen in manchen Gebirgsgegenden als Beifutter für Schafe, Ziegen und Rinder. Zu diesem Zweck wurde das Material Ende Mai und Anfang Juni gewonnen. In Rußland werden Nadeln, auch gemeinsam mit dünnen Zweigen (Muka), vor allem als Carotin-, Spurenelement- und Vitaminquelle in der Geflügel-, Schweine- und Wiederkäuerernährung genutzt (Alesin 1975, Autorenkollektiv 1983). Die Verdaulichkeit der organischen Substanz von „Muka" aus Fichte beträgt beim Schaf 30 – 40% und liegt somit unter den vom Stroh bekannten Werten. Die Verdaulichkeit einjähriger Nadeln ist etwa 20 – 50% geringer als die frisch getriebener Nadeln (Anderson 1985). Die Vitamin-A-Wirksamkeit des Carotins aus Nadeln wird als gering eingeschätzt (Becker und Nehring 1965).

Bei extremem Futtermangel können Nadeln einen Beitrag zur Verminderung der Lebendmasseabnahme der Wiederkäuer leisten.

Die Einsatzmenge sollte nicht >10% der Trockensubstanzaufnahme betragen, da Verdauungsstörungen, Blutharnen und bei tragenden Wiederkäuern Aborte auftreten können (Autorenkollektiv 1983, Becker und Nehring 1965). Nach Pelletierung der Nadeln oder von Nadelreisig, gemeinsam mit anderen Futtermitteln, wird eine hohe Futteraufnahme erzielt (Müller et al. 1977, Schulz et al. 1979).

5.7.2. Zweige, Reisig und Unterwuchs

Die jährlich auf der Erde durch Holzeinschlag anfallende Menge an Zweigen und Reisig (Zweige bis 6 mm Durchmesser) wird zwischen 10 und 100 Mill. t Biomasse geschätzt (Autorenkollektiv 1983). Etwa 80% des Baumes sind Holz, 20% entfallen auf Zweige. Zweige, Reisig sowie der Unterwuchs (Heidelbeerkraut, Heide, Himbeere u. a.) enthalten weniger Stickstoff und Rohfett und bedeutend mehr Lignin als Blätter und Nadeln (Tabelle 101), sind aber ligninärmer und proteinreicher als Rinden und Holz. Neben der Pflanzenart hängen die Gehaltswerte vor allem vom Blatt- bzw. Nadel-zu-Holz-Verhältnis ab.

Die Verdaulichkeit der organischen Substanz (35 – 60%) dieser forstwirtschaftlichen Nebenprodukte, die nach dem Holzeinschlag nahezu ausschließlich im Wald verbleiben und nicht genutzt werden, liegt über der der rohfaserreichen Stoffe (s. Tabelle 101). Einen günstigeren Futterwert weisen die Zweige von Holunder und Robinie auf.

5.7. Produkte der Forstwirtschaft und der holzverarbeitenden Industrie

Tabelle 101. Rohnährstoffgehalt (g/kg Trockensubstanz) und scheinbare Verdaulichkeit (%) der organischen Substanz forstwirtschaftlicher Nebenprodukte von Espe, Buche und Fichte (nach Becker und Nehring 1965, Autorenkollektiv 1983)

Art bzw. Nebenprodukte	Inhaltsstoffe						Verdaulichkeit der organischen Substanz
	Rohprotein	Rohfett	Rohfaser	N-freie Extraktstoffe	Rohasche	Lignin	
Pappel							
– Blätter (Mitte Juli)	174	47	251	445	83	211	65
– Zweige (⌀ bis 1 cm)	61	30	442	394	73	258	40
– Rinde	30	58	420	428	27	275	44
– Holz	10	20	540	420	10	–	30
Buche							
– Blätter (Mitte Juli)	191	25	247	438	54	272	38
– Zweige (⌀ bis 1 cm)	50	31	496	386	37	304	29
– Rinde	43	12	–[1]	–[1]	–[1]	322	27
– Holz	13	4	643	328	12	293	5
Fichte							
– Nadeln	70	65	328	502	35	313	–[1]
– Zweige (⌀ bis 1 cm)	57	65	372	468	38	–[1]	39
– Rinde	55	53	–[1]	–[1]	–[1]	280	42
– Holz	7	2	747	238	6	–[1]	12

[1]) keine Angaben

Durch verschiedene Inhaltsstoffe in Blättern und Rinden, wie z. B. von Tannin und anderen Gerbstoffen mit verdauungsdepressiver Wirkung, kann die Verdaulichkeit von Zweigen und Reisig wesentlich beeinflußt werden. Der Gerbstoffgehalt der Zweige nimmt im Vegetationsverlauf deutlich zu und beträgt im Herbst teilweise das Doppelte des Frühjahrsgehaltes (z. B. Birke: 0,75 bzw. 2,10%, Buche: 1,55 bzw. 2,92%, Linde: 0,45 bzw. 0,90% der Trockensubstanz), so daß die gerbstoffreicheren Blätter bzw. Zweige im Herbst auch ungern verzehrt werden. Die Verdaulichkeit der organischen Substanz dünner Zweige (<6 mm) variiert zwischen 30 und 40%, die von stärkeren Zweigen liegt 10–15 Einheiten niedriger. Vor allem in Waldregionen, in denen schnellwachsende Pappelarten dominieren, könnte die Nutzung der Zweige bei Mutterkühen, Schaf- und Ziegenherden sowie in der extensiven Rindermast Bedeutung erlangen.

Wegen verschiedener Inhaltsstoffe sollte die Einsatzhöhe von Laub und Zweigen bei Mastrindern auf 50 und bei Milchkühen auf 30% der Trockensubstanzaufnahme begrenzt werden; bei Ziegen und Schafen mit geringer Leistung können Laub und Zweige die alleinige Grobfutterkomponente darstellen.

Bei extremem Futtermangel wurden auch Winterreisig von Laubbäumen und Nadelreisig zur Fütterung herangezogen. Etwa 90% der Trockensubstanz sind Rohkohlenhydrate, die Verdaulichkeit der organischen Substanz variiert zwichen 24 (Birke) und 38% (Pappel) und liegt damit wesentlich unter der von Getreidestroh. Die Verdaulichkeit der organischen Substanz von Nadelreisig schwankt zwischen 30 und 48%, das Rohprotein ist unverdaulich. Der Einsatz des Reisigs in der Fütterung erfolgt entweder direkt, gehäckselt oder in pelletierter Form gemeinsam mit verschiedenen Zuschlagstoffen (Müller und Mitarb. 1977, Schulz und Mitarb. 1979).

5.7.3. Rinden

Die Rinden stellen das stoffwechselaktive „lebende Gewebe" des Baumes dar und dienen vor allem dem Wild als Nahrung. Je Stück Rotwild werden jährlich bis 7 m² Rinde geäst (Theodor und Müller 1974). In Abhängigkeit vom Durchmesser des Stammes schwankt der Rindenanteil zwischen 10 und 20%, bezogen auf Trockensubstanz. Der Trockensubstanzgehalt frischer Rinden variiert zwischen 50 und 60%.

Rinden enthalten meist mehr Stickstoff, Rohfett und Asche als Holz. Der Rohproteingehalt schwankt zwischen 3,5 (Kiefer) und 5% (Pappel), die Rinden enthalten 75 (Pappel) bis 90% Rohkohlenhydrate (Kiefer), etwa 30% Lignin und 5 (Kiefer) bis 16% (Pappel) Rohfett in der Trockensubstanz. In eigenen Untersuchungen (Flachowsky et al. 1990 a) fanden wir in Fichten-, Lärchen- bzw. Kiefernrinde 16,4; 34,1 bzw. 48,1% Lignin in der Trockensubstanz, der In-sacco-Trockensubstanzverlust betrug nach 48 h Panseninkubation 64,6; 27,0 bzw. 18,2%. Im allgemeinen besteht eine positive Korrelation zwischen der Verdaulichkeit von Holz und Rinde für die verschiedenen Arten (s. Tabelle 101). Dabei sind die Rinden höher verdaulich als das Holz, wie Tabelle 102 für einige Beispiele zeigt. Die Angaben für die Verdaulichkeit der organischen Substanz schwanken zwischen 5 und 50%, wobei die niedrigsten Werte für Buchen- und Eichenrinde und die höchsten für Fichten- und Pappelrinde ermittelt wurden. Infolge des Gerbstoffgehaltes ist das Protein unverdaulich (Flachowsky 1977). Die Verdaulichkeit der an zentralen Aufbereitungsplätzen anfallenden Rinden wird vor allem vom Restholzanteil beeinflußt.

Tabelle 102. In-vitro-Trockensubstanz-Verdaulichkeit (%) von Rinde und Holz ausgewählter Beispiele (Baker und Mitarb. 1975)

Art	Rinde	Holz
Ahorn	14	7
Birke	16	6
Eiche	5	0
Esche	45	17
Pappel	50	33
Lärche	7	3
Ulme	27	8

Umfangreiche Untersuchungen zur Aufbereitung und Nutzung von Baumrinden wurden mit Pappelrinde durchgeführt (Autorenkollektiv 1983). Für die Verdaulichkeit von Trockensubstanz bzw. organischer Substanz wurden 25—50% und damit die höchsten Werte für Baumrinden ermittelt. Im Fütterungsversuch lag der Futterwert unter dem von Stroh (Enzmann et al. 1969).

5.7.4. Holzabfälle

Von den Nebenprodukten der Forstwirtschaft weisen die in unterschiedlicher Form anfallenden Holzabfälle mit 20—30% den höchsten Ligningehalt in der Trockensubstanz und damit die geringste Verdaulichkeit auf (s. Tabelle 101). Ursache für die niedrige Verdaulichkeit ist neben der starken Lignifizierung der Zellwände die kristalline Struktur der Zellwandcellulose. Der Gehalt an anderen Rohnährstoffen im Holz kann vernachlässigt werden.

Sowohl in vitro als auch in vivo weisen unbehandelte Holzabfälle von Pappel, Esche, Ahorn und Ulme die höchste Verdaulichkeit der organischen Substanz auf (10—35%; Becker und Nehring 1965, Autorenkollektiv 1983), während für die anderen Hartholzreste sowie Nadelholzarten Werte zwischen 0 und 10% angegeben werden. Obwohl Holzabfälle infolge des geringen Futterwertes keine Einsatzberechtigung als Futtermittel haben, fehlte es nicht an Bemühungen um ihre Nutzung. In mehreren Versuchsserien (Singh und Kamstra 1981a, b) wurden vor allem Holzabfälle der Pappel bis zu 48% der Trockensubstanzaufnahme in silierter bzw. pelletierter Form an Mastrinder oder Mutterkühe verabreicht. Dabei zeigte sich, daß bei entsprechender N-Ergänzung durchaus eine Absicherung des Energieerhaltungsbedarfs möglich ist. Die Pelletierung von Holzabfällen gemeinsam mit verschiedenen Zuschlagstoffen ist ein sehr teures Verfahren und hat in keinem Land praktische Bedeutung erlangt.

Teilweise wurde durch chemische, physikalische und biologische Behandlungen sowie verschiedene Kombinationen (Säurehydrolyse, Alkalibehandlung, Delignifikation, Zerstörung der kristallinen Struktur, Druckbehandlung, Behandlung mit energiereichen Strahlen u. a., Autorenkollektiv 1983, Flachowsky et al. 1990a), wie sie ausführlich beim Strohaufschluß beschrieben sind, versucht, die Verdaulichkeit von Holz- und Holzabfällen zu erhöhen, um die Nutzungsmöglichkeiten in der Fütterung zu verbessern.

Der Behandlungseffekt hängt neben der Behandlungsintensität vor allem von der verwendeten Holzart ab. Während Pappelholz bei unterschiedlichen Ausgangswerten nahezu wie Stroh auf NaOH-Behandlung reagierte (Abb. 50), stieg die In-vitro-Verdaulichkeit von Ulmen- bzw. Eichenholz nach ähnlicher Behandlung lediglich von

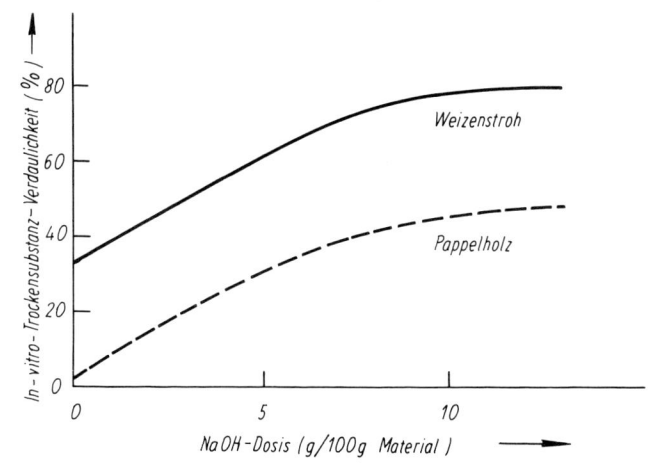

Abb. 50. Einfluß der NaOH-Behandlung auf die In-vitro-Verdaulichkeit von Weizenstroh und Pappelholz (Wilson und Pigden 1964).

8 auf 14% bzw. von 3 auf 14% an (Baker et al. 1975). Bedingt durch die hohen Behandlungskosten und die relativ geringen Preise herkömmlicher Futtermittel, hat die Holzbehandlung mit dem Ziel der Futterwerterhöhung bisher keine praktische Bedeutung erlangt.

5.7.5. Produkte der Zellstoff- und Kunstfaserindustrie

Die Cellulosegewinnung in den Zellstoff-Fabriken erfolgt entweder nach dem sauren (Sulfit-) oder dem alkalischen (Natron- bzw. Sulfat-) Verfahren. Bei beiden Verfahren wird das Lignin weitgehend entfernt; die Verdaulichkeit der Cellulose beträgt etwa 90%.

In der Zellstoff- und Kunstfaserindustrie fallen unterschiedlich lignifizierte Rückstände an, wie z. B. Astschnitzel, Minderzellstoff und Hemicellulose. Sie bestehen nahezu ausschließlich aus Rohkohlenhydraten (Tabelle 103). Die Astschnitzel sind 20 − 50 mm lang und enthalten stark lignifizierte Bestandteile (10 − 15% Lignin in der T). Der Minderzellstoff („Fangstoff") besteht aus Cellulosebruchstücken, die meist <1 mm Faserlänge aufweisen. Die Entwässerung des Minderzellstoffes ist schwierig, so daß der Trockensubstanzgehalt häufig <35% beträgt. Die bei der Zellstoffherstellung verbleibende Ablauge (Sulfitablauge, Holzmelasse) enthält neben Lignin vor allem lösliche Bestandteile des Zellinhaltes, die u. a. zur Hefeproduktion (Sulfitablaugenhefe) genutzt werden. Die danach anfallenden Rückstände sind auch für Wiederkäuer unverdaulich. Sie werden teilweise als Pelletierhilfsmittel verwendet und bewirken eine Verminderung der Energiekonzentration der Mischung.

Tabelle 103. Inhaltsstoffe (g/kg T) und Verdaulichkeit der organischen Substanz (%) von Nebenprodukten der Zellstoff- und Kunstfaserindustrie

Nebenprodukt	Rohprotein	Rohfett	Rohfaser	N-freie Extraktstoffe	Rohasche	Verdaulichkeit der organischen Substanz	Autor
	(g/kg T)					(%)	
Astschnitzel, alkalisch	4	4	827	122	43	17	Rubach (1967/68)
Astschnitzel, sauer	16	2	695	260	27	58	Rubach (1967/68)
	19	4	773	189	15	55	Flachowsky und Mitarb. (1980)
	−	−	728	−	−	75	Liebscher (1943)
Minderzellstoff (Fangstoff)	8	4	897	77	14	56	Flachowsky et al. (1980)
Hemicellulose	4	1	1	918	76	77	Rubach (1967/68)
Schwammtuchabfälle	24	5	759	204	8	81	Naumann und Mitarb. (1978/79)

5.7. Produkte der Forstwirtschaft und der holzverarbeitenden Industrie

Der Mineralstoffgehalt der Nebenprodukte hängt von der Art der Holzbehandlung ab. Im Falle einer Verfütterung ist die Bestimmung toxischer Schwermetalle notwendig, da in Abhängigkeit von der Führung der Abwasserströme im Zellstoffwerk eine Anreicherung bestimmter Elemente in den Nebenprodukten möglich ist.

Neben der Holzherkunft hängt die Verdaulichkeit der Nebenprodukte vor allem von der Art der chemischen Behandlung bzw. dem Ausmaß der Delignifikation während der Cellulosegewinnung ab (Abb. 51). Bei alkalischer bzw. saurer Kochung von Buchenholz für die Cellulosegewinnung wurden für die Verdaulichkeit der organischen Substanz von Astschnitzeln 17 bzw. 58% ermittelt (Rubach 1967/68; s. Tabelle 103).

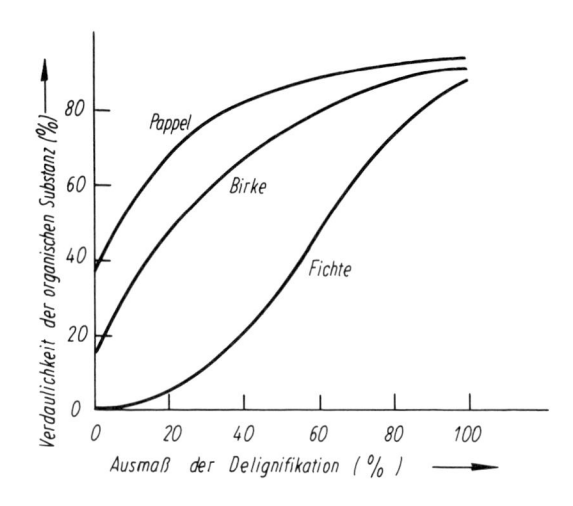

Abb. 51. Einfluß des Ausmaßes der Delignifikation auf die Verdaulichkeit der organischen Substanz verschiedener Holzherkünfte (nach Millett et al. 1976).

Bei der Viskoseherstellung wird die Hemicellulose von der Cellulose abgetrennt und fällt in Konzentrationen von 1—3% in einer 19%igen NaOH (Filtratlauge) als Nebenprodukt der Kunstfaserindustrie an. Ursprünglich wurde eine separate Gewinnung und Trocknung der Hemicellulose angestrebt (Rubach 1967/68). Durch Nutzung der hemicellulosehaltigen Filtratlauge zum Strohaufschluß können sowohl im Landwirtschaftsbetrieb als auch in der Kunstfaserindustrie verschiedene Vorteile erzielt werden (Möller et al. 1977a, b). Celluloseabfälle entstehen auch bei der Herstellung von Viskose-Schwammtüchern (Naumann et al. 1978/79). Die Herstellung der Viskoseschwämme erfolgt nach ähnlichen Prinzipien wie die Viskosefaserproduktion. Sie enthalten >96% Rohkohlenhydrate, die Verdaulichkeit liegt bei >80% (s. Tabelle 103). Zur Verhinderung von mikrobiellen Abbauprozessen werden Formaldehyd oder andere Konservierungsmittel zugesetzt, die eine Nutzung der Abfälle als Futtermittel meist nicht gestatten.

Nebenprodukte der Zellstoff- und Kunstfaserindustrie sind nahezu proteinfrei und enthalten überwiegend Rohkohlenhydrate. Mit Ausnahme verschiedener Astschnitzel beträgt die Verdaulichkeit der organischen Substanz >50% (s. Tabelle 103). Beim Einsatz in der Fütterung ist der mögliche Gehalt an schädlichen Inhaltsstoffen zu berücksichtigen. Bei begrenztem Schadstoffgehalt und ausgeglichener Ration können Cellulose und entsprechende Nebenprodukte zu 20—30% der Trockensubstanzaufnahme in Wiederkäuer- und Pferderationen eingesetzt werden.

5.7.6. Papier

Für die Papierherstellung wird das Holz gemahlen und unterschiedlichen Behandlungen unterworfen. Bei der chemischen Behandlung erfolgt weitgehend eine Delignifizierung; mechanische Prozesse beeinflussen den Lignin-Kohlenhydrat-Komplex nur unwesentlich. Während das nach verschiedenen Methoden aufbereitete Papier nahezu ausschließlich Rohkohlenhydrate und kaum andere Rohnährstoffe enthält, bestehen in der Verdaulichkeit in Abhängigkeit vom Ausmaß der Delignifizierung wesentliche Unterschiede. Beispielsweise weist ligninreiches Zeitungspapier ($\approx 70\%$ mechanisch und $\approx 30\%$ chemisch behandeltes Material) nur eine geringe Verdaulichkeit ($\approx 30\%$) auf, ligninarmes Toilettenpapier ist dagegen bis zu 80% verdaulich. In verschiedenen Experimenten wurde Papier zerkleinert, mit Melasse oder anderen Futtermitteln vermischt und an Wiederkäuer verabreicht. Zeitungspapier konnte in Mastrinderrationen bis zu 10% ohne Leistungsdepressionen eingesetzt werden. Die beim Druck benutzten Zuschlagstoffe können die Verwendung von Zeitungspapier als Futtermittel verbieten. Vor allem Cd und Pb kommen teilweise in unvertretbar hohen Konzentrationen vor (Autorenkollektiv 1983).

Literatur

Alesin, V.: Životnovodstvo **10**, 45 (1975).
Anderson, G. W.: J. Exp. Agric. **25**, 524 (1983).
Autorenkollektiv: Food, Fuel and Fertilizer from organic wastes. National Academy Press, Washington D.C. 1981.
Autorenkollektiv: Underutilized resources as animal feedstuffs. National Academy Press, Washington D.C. 1983.
Baker, A. J., M. A. Millet and L. D. Satter: In: A. F. Turbak: Cellulose Technology Research, ACS Symposium Series **10**, Washington D.C. 1975.
Bas, F. J., E. R. Ehle and R. D. Goodrich: J. Anim. Sci. **61**, 1030 (1985).
Becker, M., und K. Nehring: Handbuch der Futtermittel. Bd. 1 – 3. Paul Parey, Hamburg und Berlin 1965.
Bergner, H.: Arch. Tierern. **30**, 2399 (1980).
Chandler, J. A., W. J. Jewell, J. M. Gosett, P. J. van Soest and J. B. Robertson: Biotechn. and Bioeng. Symp. No. **10**, 93 (1980).
Davis, C. H., M. Saadullah, F. Dolberg and M. Haque: Proc. 4th Seminar, Maximum livestock production from minimum land. Bangladesh, 1 (1983).
Dixon, R. M.: Ruminant feeding systems utilizing fibrous agricultural residues. Int. Developm. Program of Austral Univ. and Colleges, Canberra (1987), 245 p.
Dolberg, E., M. Saadullah, M. Haque, R. Ahmed and R. Haque: RES. Progress REP. 1979 – 1981. Utilization of straw as cattle feed. Mymensing/Bangladesh, 24, 1981.
Dovring, F.: Land Economics **46**, 264 (1970).
Doyle, P. T., C. Devendra and C. R. Pearce: Rice straw as a feed for ruminants. Int. Developm. Program of Austral. Univ. and Colleges, Canberra (1986), 250 p.
Durham, R. R., and D. D. Hinman: J. Anim. Sci. **48**, 464 (1979).
Enzmann, J. W., R. D. Goodrich and J. C. Meiske: J. Anim. Sci. **29**, 633 (1969).
Flachowsky, G.: Arch. Tierern. **27**, 645 (1977).
Flachowsky, G.: Arch. Tierern. **36**, 107 (1986).
Flachowsky, G.: Stroh als Futtermittel. Deutscher Landwirtschaftsverlag, Berlin 1987.
Flachowsky, G., M. Bär, S. Zuber and K. Tiroke: Biol. Wastes **34**, 181 (1990a).
Flachowsky, G., and A. Hennig: Anim. Feed Sci. Technol. **31**, 17 (1990).
Flachowsky, G., and M. Grün: Anim. Feed Sci. Techn. **36**, 239 (1992).
Flachowsky, G., G. Güther, I. Wolf, H.-J. Löhnert, S. Legel und A. Hennig: Beitr. trop. Landw. Vet. med. **19**, 447 (1981).
Flachowsky, G., und G. Klappach: Proc. „Industrial Enzymes, Probiotics and Biol. Add.", Kaunas, Lit., 14. – 16. 5. 1991, 45 (1991).

Flachowsky, G., W. I. Ochrimenko, Heidrun Koch und Gisela Leopold: Beitr. trop. Landwirtsch. Vet. med. **28**, 93 (1990b).
Flachowsky, B., B. Olesch, B. Petzold, I. Wolf und G. Stubendorff: Arch. Tierernähr. **30**, 491 (1980).
Flachowsky, G., and E. Ørskov: Tierernährung und Fütterung **13**, 244 (1986/87).
Flachowsky, G., Tesffaye Ayalew, Tegene Negesse und Kano Banjaw: Arch. Tierernähr. **55**, 507 (1985).
Flachowsky, G., K. Tiroke und G. Schein: Feldwirtschaft **31**, 522 (1990c).
Goedeken, F. K., J. A. Paterson, L. L. Koeln, J. L. Fischer and J. E. Williams: J. Anim. Sci. **60**, 1472 (1985).
Goering, H. J., and P. J. van Soest: Forage fiber analyses (apparaturs, reagents, procedures and some applications). Agric. Handbook No. 579, S. Dep., Agric. Washington D.C. 1970.
Gordon, A. H., J. A. Lomay and A. Chesson: J. Sci. Food Agric. **34**, 1341 (1983).
Hanke, R., S. Legel und C. P. Martin: Arch. Tierern. **36**, 85 (1986).
Kerley, M. S., G. C. Fahey Jr., L. L. Berger, J. M. Gould and F. L. Baker: Science **230**, 820 (1985).
Kiflewahid, B.: Proc. Workshop on "By-product utilization for animal production", Nairobi, Sept. 1982.
Klopfenstein, T.: In: J. T. Huber: Upgrading residues and by-products for animals, CBC Press Inc., Boca Raton Florida **39** (1981).
Kossila, V. L.: Location and potential feed use. In: E. Sundstøl and E. Owen: Straw and other fibrous by-products as feed. Development in Anim. and Vet. Sci. (Elsevier) **14**, 4 (1984).
Liebscher, W.: Landw. Jahrbuch, **93**, 306 (1943).
Most, A. K., and L. J. Lambourne: Proc. Workshop on "By-product utilization for animal production", Nairobi, Sept. 1982.
Möller, E., W. Lampe, A. Machold und G. Flachowsky: Agartechnik **27**, 309 (1977a).
Möller, E., W. Lampe, W. Hannes, W. Irmscher, A. Machold und G. Flachowsky: Kooperation **11**, 420 (1977b).
Müller, H., O. Schulz, B. Raffel, K. Kirchner, H. Ramlow, K. Schamel, B. Heide, I. Schulz und K. Tauscher: Mh. Vet.-Med. **32**, 578 (1977).
Münchow, H., H. Bergner, H. Seifert, G. Schönmuth und E. Buarande: Mh. Vet.-Med. **39**, 54 (1984).
Naumann, E., G. Flachowsky und Beate Petzold: Tierern. und Fütterung **11**, 332 (1978/79).
Nehring, K., M. Beyer und B. Hoffmann: Futtermitteltabellenwerk. Deutscher Landwirtschaftsverlag, Berlin 1970.
Ochrimenko, W. I.: Untersuchungen zum Einfluß von unterschiedlich behandeltem Weizenstroh auf Leistung und Stoffwechsel von Mastbullen unter besonderer Berücksichtigung von mit Harnstoff konserviertem Feuchtstroh. Diss. A, Universität Leipzig, 1984, 118 S.
Perdok, H. B., and R. A. Leng: Proc. Feeding Systems of Animals in Temporate Arcas., May 2—3, 1985, Soul (Südkorea).
Poyyamozhi, V. S., and R. Kadervel: Anim. Feed Sci. Techn. **15**, 95 (1986).
Rubach, G.: JB. Tierern. und Fütterung **6**, 549 (1967/68).
Schneider, M.: Untersuchungen zur NH_3-Behandlung von Getreidestroh. Diss. A, Universität Leipzig, 1988, 95 S.
Schulz, O., H. Müller, K. Kirchner, H. Baumberg, H.-J. Dittmer, B. Heide, R. Walzel und M. Wasmund: Mh. Vet.-Med. **34**, 556 (1979).
Shah, S. L., and Z. O. Müller: Proc. Workshop "By-product utilization for animal production", Nairobi, Sept. 1982.
Singh, M., and D. Kamstra: J. Anim. Sci. **53**, 551 (1981a).
Singh, M., and D. Kamstra: Proc: Soc. Acad. Sci. **60**, 54 (1981b).
Sundstøl, E., and E. Owen: Straw and other fibrous by-products as feed. Development in Animal and Vet. Sci. **14** (1984).
Theander, O.: In: P. Koivistoinen and I. Hyvonen (Eds.) Carbohydrate Sweeteners. Academic Press, New York 1980.
Theodor, R., and S. Müller: Unsere Jagd (1974).
van Soest, P. J.: National ecology of the ruminant. Durham and Downey Inc. Portland/Ox. 1982.
Weißbach, F., L. Schmidt und H.-J. Block: Biowissenschaftliche Grundlagen sowie Verfahrensvorschläge für die Konservierung und den gleichzeitigen chemischen Aufschluß von feuchtem Getreidestroh. Abschlußbericht A 4, 12/1984; FZ Tierproduktion, Dummerstorf-Rostock.
Zadrazil, F.: Der Champignon **343**, 17 (1990).

6. Knollen und Wurzeln

Für die Fütterung der landwirtschaftlichen Nutztiere spielen unter mitteleuropäischen Bedingungen von den Knollen die Kartoffel *(Solanum tuberosum)* und von den Wurzeln die Beta-Rüben (*Beta vulgaris* = Zucker- und Futterrübe), die *Brassica*-Rüben (*Brassica napus* = Kohlrübe oder Wruke und *Brassica rapa* = Wasser- oder Stoppelrübe) sowie die Mohrrübe *(Daucus carota)* die größte Rolle. Die aus Nordamerika stammende Topinamburpflanze, deren Knollen die stärkeähnliche Substanz Inulin enthalten, wird nur in einigen Ländern (Frankreich, Rußland) angebaut (Becker und Nehring (1969).

In den tropischen Regionen Lateinamerikas, Afrikas und Asiens ist der Anbau der Maniokpflanze (Tapioka, Cassava) sehr verbreitet. Aus ihren stärkehaltigen Wurzeln werden Nahrungs- und Futtermittel hergestellt. Darüber hinaus werden in den Ländern der tropischen und subtropischen Klimazone Bataten (Süßkartoffeln), Yams und Taro zur Stärkeerzeugung und als Futtermittel genutzt. Betreffs Angaben zum Futterwert und zum Einsatz der weniger bedeutsamen Wurzeln (Topinambur, Bataten, Yams, Taro) wird auf die Standardwerke der Futtermittelkunde von Becker und Nehring (1969) und von Kling und Wöhlbier (1983) verwiesen.

Charakteristisch für Knollen und Wurzeln, die im deutschen Sprachgebrauch auch als **Hackfrüchte** bezeichnet werden, ist der hohe Wassergehalt der Frischmaterialien, der je nach Art und Sorte im Bereich von >90% (Massenrüben des Beta-Typs) und bei Kartoffeln und Zuckerrüben zwischen 70 und 80% liegt und Probleme einer verlustarmen Langzeitkonservierung aufwirft. Der Hauptanteil der Trockensubstanz entfällt auf leicht lösliche Kohlenhydrate des Stärke- (Kartoffel, Maniok) bzw. Saccharosetyps (Rüben).

Die Gehaltswerte an N-freien Extraktstoffen liegen zwischen 700 und 900 g/kg T; die an Rohprotein zwischen 50 und 100 g/kg T und die an Rohfaser zwischen 25 und 100 g/kg T. Ausgesprochen niedrig ist der Rohfettgehalt bei den meisten Knollen und Wurzeln (<10 g/kg T). Vom Gehalt an Rohnährstoffen her sind daher alle Futtermittel dieser Gruppe in erster Linie für die Energieversorgung der Tiere von Bedeutung. Alle auf Hackfrüchten basierenden Rationen für Monogastriden müssen vor allem durch Proteine bzw. essentielle Aminosäuren bedarfsgerecht ergänzt werden. Zum Gehalt an Mineralstoffen und Vitaminen sowie zu sonstigen ernährungsphysiologisch bedeutsamen Inhaltsstoffen lassen sich keine für die gesamte Futtermittelgruppe gültigen Allgemeinaussagen machen. Angaben hierzu folgen bei der Einzelbesprechung.

6.1. Kartoffeln

6.1.1. Inhaltsstoffe

Der T-Gehalt von Kartoffeln schwankt in Abhängigkeit von Sorte und exogenen Faktoren (z. B. Witterung und Düngung) erheblich und liegt im Bereich von

<18–25% (Spitzenwerte um 30%). Frühe und mittelfrühe Sorten weisen dabei in der Regel einen niedrigeren T-Gehalt als späte Sorten auf.

Mit hinreichender Genauigkeit läßt sich der den Hauptanteil der Kartoffel-T ausmachende Stärkegehalt (y in %) aus dem T-Gehalt (x in %) nach der Gleichung $y = x - 5{,}7$ (Schwankungsbereich 5–7) errechnen.

Der Stärkegehalt in der Kartoffel-T liegt im Bereich von 650–800 g/kg. Die Kartoffelstärkekörner enthalten nach Angaben von Swinkels (1985) 21% Amylose und 79% Amylopectin. Ähnliche Relationen liegen auch in der Getreidestärke vor.

Die Gesamtfraktion der NFE besteht zu 80–90% aus Stärke. Zucker sind nur in geringen Mengen (10–30 g/kg T) als Glucose, Fructose und Saccharose vorhanden.

Bei Lagerungstemperaturen um den Gefrierpunkt steigt die Zuckerbildung stark an, woraus der süße Geschmack unterkühlter Kartoffeln resultiert. Die Verdauung der Kartoffelstärke durch tierkörpereigene Enzyme wird durch den strukturellen Aufbau der Stärkekörner beeinträchtigt. Rohe Kartoffelstärke besitzt eine größere Dichte als Getreidestärke (Badenhuizen 1971). Hierdurch wird die im Dünndarm des monogastrischen Tieres wirksame Pankreasamylase, die das Stärkekorn von der Mitte her angreift (Endokorrosion), am Eindringen gehindert. Um eine enzymatische Verdauung der Kartoffelstärke im Dünndarm zu ermöglichen, muß die Struktur der Stärkekörner zerstört werden. Deshalb ist es notwendig, die Kartoffeln vor der Fütterung zu dämpfen.

Neben Stärke und Zucker enthält die Kartoffel 45 bis 55 g/kg T Pektin, das vorwiegend am Aufbau der Interzellularsubstanz beteiligt ist und hier eine Verfestigungsfunktion ausübt. Das Pektin wird durch Erhitzen denaturiert und sein Gehalt auf 20 bis 24 g/kg T vermindert (Mica 1980).

Der Rohproteingehalt beträgt 60–90 g/kg T, wobei im Mittel 50% des Gesamt-N auf NPN-Verbindungen entfallen. Knapp die Hälfte des NPN liegt als Aminosäure-N vor. Auf T bezogen, haben frühe Sorten bei vergleichbarer N-Düngung zumeist höhere NPN-Anteile in der XP-Fraktion als späte Sorten. Die Qualität des nativen Kartoffel-XP ist hochwertig. Die Gehaltswerte an Lysin (5–6 g/16 g N) und S-haltigen Eiweißbausteinen (2–4 g/16 g N) sind beachtlich. Die an Schweinen ermittelten BW-Zahlen liegen zwischen 73 und 86. Der Gehalt an Rohfett (<5 g/kg T) ist unbedeutend, gleichfalls der Rohfaseranteil (25–30 g/kg T). Die Faserfraktion ist selbst für Monogastriden gut verdaulich.

Von den essentiellen Mineralstoffen ist praktisch nur der K-Gehalt von Interesse (20–25 g/kg T), der fütterungsseitig (im Gegensatz zur menschlichen Ernährung) auf Grund des ohnehin vorhandenen K-Überangebotes eher negativ als positiv bewertet werden muß. Die Gehaltswerte an Ca und P liegen bei etwa 0,5 g Ca und 2,0–2,5 g P/kg T. Nur im Falle des Phosphors kann damit bei hohem Kartoffeleinsatz in der Schweineernährung ein nennenswerter Beitrag zur Bedarfsdeckung geleistet werden. Auf dem Spurenelementsektor ist lediglich (z. T. verschmutzungsbedingt) der Fe-Gehalt erwähnenswert. An Vitaminen sind in der Kartoffel geringe Mengen an B-Vitaminen (außer B_{12}) und Vitamin K nachgewiesen worden. Insbesondere für die menschliche Ernährung hat der L-Ascorbinsäure(Vitamin-C)-Gehalt Bedeutung. Frisch geerntete Kartoffeln enthalten etwa 1 g Vitamin C/kg T. Im Verlauf der Lagerung (besonders stark in den ersten Monaten) und bei Konservierung durch Silierung oder Trocknung erfolgt jedoch eine wesentliche Abnahme des Vitamin-C-Gehaltes.

Neben diesen Inhaltsstoffen sind in den Kartoffeln mehrere Stoffgruppen mit leistungsdepressiven Eigenschaften enthalten. Unter diesen sind die Glycoalkaloide von Bedeutung, von denen in der Kartoffel etwa 10 verschiedene Arten identifiziert wurden. Am weitesten verbreitet sind das Solanin, das Chaconin und die Leptine (Morris und Lee 1984). Das *Solanin* ist ein Gemisch verschiedener Glycoside, das aus einer Nichtzuckerkomponente, dem Solanidin, und aus unterschiedlichen Monosacchariden besteht. Die Gehaltswerte an Solanin sollen bei ausgereiften frischen Kartoffeln im Bereich von 20 – 100 mg/kg Kartoffeln in der FM liegen. Grün gewordene oder keimende Kartoffeln können jedoch wesentlich höhere Solaninmengen (bis zu 500 mg/kg) enthalten. Besonders solaninreich sind Kartoffelkeime (2 – 5 g/kg Keimfrischmasse). Allein aus diesem Grunde ist eine Keimentfernung vor der Verfütterung zu fordern. Über die Unschädlichkeitsgrenze des Solanins für die verschiedenen Nutztierarten gehen die Angaben weit auseinander. In der Schweinemast scheint bei maximalem Kartoffeleinsatz ein Solaningehalt von 150 mg/kg FM unbedenklich zu sein. Bei den normalerweise in Wiederkäuerrationen einbezogenen Kartoffelmengen besteht unter Voraussetzung einer vorherigen Entkeimung keine Gefahr. Lediglich bei Schafen sind nach Überweidung abgeernteter Kartoffelflächen solaninbedingte Schäden durch reichlichen Verzehr grüngewordener Knollen diskutiert worden. Bei Bewertung derartiger Fälle muß allerdings immer eine primäre Schädigung des Pansenstoffwechsels (Azidose!) als Voraussetzung für eine verringerte Solanintoleranz in Betracht gezogen werden. Bei Aufnahme zu hoher Solaninmengen kommt es zu Reizerscheinungen an den Schleimhäuten des Verdauungstraktes, zu hämolytischen Erscheinungen und zu zentralnervösen Störungen.

Neben den Glycoalkaloiden sind noch weitere futterverzehrs- und wachstumsdepressiv wirkende Substanzen in den Kartoffeln enthalten, von denen insbesondere die Inhibitoren von Verdauungsenzymen (Trypsin, Chymotrypsin) und Lektine beachtet werden müssen. Von Kaiser (1970) wurden aus Kartoffelrohpräparaten 22 Proteine isoliert, von denen 3 die Wirksamkeit des Trypsins und 9 – 11 die des Chymotrypsins hemmten. Von diesen wurden 3 bei 55 °C bzw. 75 °C inaktiviert, während die restlichen 6 noch bei 95 °C stabil waren.

6.1.2. Thermische Behandlung

Die thermische Behandlung der Kartoffeln bei der Aufbereitung für die Fütterung erfolgt durch Dämpfen. Die Erhitzung dient dazu, die Kartoffelstärke aufzuschließen und verzehrs- und leistungsdepressiv wirkende Inhaltsstoffe (Inhibitoren) zu inaktivieren. Vor dem Dämpfen müssen die Kartoffeln gewaschen werden, da hohe Schmutzanteile eine gleichmäßige Verteilung des Dampfes verhindern, die Verdaulichkeit der Ration herabsetzen und Durchfallerscheinungen verursachen. Beim traditionellen Dämpfverfahren durchlaufen die Kartoffeln den Dämpfbehälter in 40 – 45 min und werden auf 90 bis 100 °C erhitzt. Ein weicher Zustand der Kartoffeln gilt als Zeichen dafür, daß eine ausreichende Gare eingetreten ist.

Mit den zur Zeit verfügbaren Dämpfanlagen wird bei der Behandlung mit >90 °C eine Leistung von 3 – 3,5 t/h erreicht. Je Tonne Kartoffeln werden 45 – 50 kg fester Brennstoff verbraucht. Der Anfall an Dämpfkondensat liegt im Bereich von 130 – 180 kg/t, die unter Beachtung der Erfordernisse des Umweltschutzes abgeleitet werden müssen. Im Dämpfkondensat sind bei Anwendung einer Dämpftemperatur von >90 °C 5 – 6% T enthalten. Hieraus resultiert ein Dämpfverlust an Kartoffel-T von 3 – 5%. Durch die Erhitzung der Kartoffeln im wäßrigen Medium werden die H-Brücken zwischen den Stärkemolekülen gespalten und die freigewordenen OH-Gruppen hydratisiert. Hierdurch quillt das Stärkekorn, bis ein Aufplatzen und eine Verkleisterung erfolgen. Die im Dünndarm der Monogastriden enthaltene Amylase vermag nun in die Stärkekörner einzudringen und diese zu Glucose abzubauen.

Der Aufschluß der Kartoffelstärke tritt bereits bei Temperaturen von 62 – 70 °C ein. Diese Tatsache gab Anlaß, die Dämpftemperatur im Rahmen des sogenannten Kurzdämpfverfahrens (Klug et al. 1964) auf 70 °C herabzusetzen, da hierdurch die

Dämpfzeit um 10 – 15 min verkürzt, der Durchsatz der Dämpfmaschine von 3,0 auf 4,3 t/h erhöht und der Brennstoffaufwand um etwa 30% verringert werden können (Klug und Haufe 1984). Infolge der festeren Konsistenz der bei 70 °C gedämpften Kartoffeln wird der T-Verlust mit dem Dämpfkondensat auf etwa 1 – 1,5% vermindert. Das Herabsetzen der Dämpftemperatur von > 90 °C auf 70 °C hatte in Fütterungsversuchen eine Verminderung der Masttagszunahmen der Schweine um 30 – 35 g zur Folge (Kracht et al. 1987). Die Ursachen für diese Depression liegen darin, daß bei 70 – 75 °C die vorhandenen Trypsininhibitoren nicht völlig zerstört werden. Von Livingstone et al. (1979) wurde bei 20minütiger Einwirkung von 70 °C im Vergleich zu 90 °C eine Herabsetzung der Dünndarmverdaulichkeit des Stickstoffs von 60% auf 30% und des Lysins von 71% auf 45% ermittelt. Diese Nachteile können in der Praxis in Ausnahmesituationen toleriert werden, wenn die Notwendigkeit besteht, stark verderbgefährdete Kartoffeln schnell zu verarbeiten und der Anteil der Kartoffeln an der täglichen Energieaufnahme der Mastschweine im Bereich von < 15% liegt.

Das in den Kartoffeln enthaltene Solanin wird auch bei Anwendung höherer Dämpftemperaturen nicht oder nur in geringem Ausmaß zerstört (Baker et al. 1955, Zobel und Schilling 1964). Da ein Teil des Solanins in das Dämpfungskondensat übergeht, ist es ratsam, dieses nicht zu verfüttern.

Tabelle 104. Auswirkung des Dämpfens auf die Mastleistung der Schweine (Kirsch und Jantzon 1938, Kracht und Mitarb. 1984)

Gruppe Kartoffelvariante	1 roh frisch	2 gedämpft frisch	1 roh siliert	2 gedämpft siliert
Anfangsmasse, kg	39,9	37,2	39,5	39,7
Endmasse, kg	96,6	114,4	116,8	119,2
Masttage	104	104	133	112
Masttagszunahme, g	546	743	581	710
relativ	100	136	100	122
Verzehr/Tier und Tag, kg				
Ergänzungsfutter	0,95	0,95	1,10	1,40
Kartoffeln, FM	5,25	7,93	2,50	1,93
relativ %	100	151	100	197
Kartoffeln, T	1,13	1,72	1,12	1,20
relativ %	100	152	100	107

Der durch eine thermische Behandlung der Kartoffeln bei etwa 90 °C erreichte Leistungsanstieg in der Schweinemast ist bei frischer Verfütterung der rohen und gedämpften Kartoffeln größer als bei der Fütterung von Silagen (Tabelle 104). Der Verzehr an Kartoffeln war bei Frischverfütterung um 40 – 50% und die Lebendmassezunahmen um 30 – 40% erhöht.

In mehreren Versuchsreihen wurden bei Fütterung gedämpft silierter Kartoffeln im Vergleich zu Rohsilagen
– die Lebendmassezunahmen um 60 – 120 g,
– der Verzehr an Kartoffelsilage-FM um 20 – 100%,
– der Verzehr an Kartoffelsilage-T um 3 – 15%
erhöht und der Aufwand an Nettoenergie um 18 – 25% vermindert.

Die Ursache für die geringere Verzehrsdepression bei Fütterung von Rohsilagen liegt darin, daß ein Teil der ungünstig wirkenden Inhaltsstoffe mit dem abfließenden Silosaft entfernt wird. Der weitaus stärkere Saftabfluß aus Rohsilagen ist daran erkennbar, daß der T-Gehalt der Rohsilagen im Bereich von 33−40% liegt, während bei Dämpfsilagen meistens nur T-Gehalte von 20 bis 23% erreicht werden (Kracht et al. 1984).

6.1.3. Verdaulichkeit, Futterwert und Einsatz frischer Kartoffeln

Die Verdaulichkeit der organischen Substanz der Kartoffeln wird in erster Linie durch die Verdaulichkeit der XX-Fraktion beeinflußt. Diese liegt sowohl bei Wiederkäuern als auch bei Schweinen über 85% (Tabelle 105).

Tabelle 105. Rohnährstoffgehalt, Verdaulichkeit und Futterwertdaten roher und gedämpfter Kartoffeln (Daten aus Rostocker Futterbewertungssystem, DLG-Futterwerttabellen für Rinder und Schweine und Futterwerttabellen von Weißbach in diesem Buch)

Kartoffel 16% Stärke Aufbereitung:	T %	OM	XP	XL	XF	XX	Stärke	Zucker	XA
					Gehalt je kg in g				
roh	22	935	90	4	30	811	727	28	65
gedämpft	22	925	95	5	30	795	753	28	75
	Verdaulichkeit für Wiederkäuer %								
roh	−	82	49	25	45	87			
gedämpft	−	82	48	15	45	89			
	Verdaulichkeit beim Schwein %								
roh	−	89	33	50	62	96	98	99	−
gedämpft	−	94	70	50	65	98	100	99	−

Futterwertdaten je kg T

	Wiederkäuer				Schwein				
	EFr	StE	NEL MJ	XP g	EFs	ME MJ	DP g	Lys. g[1]	Met. + Cys. g[1]
roh	609	763	7,7	90	636	12,2	30	1,0	0,5
gedämpft	610	766	7,8	95	771	15,1	67	4,5	2,1

[1]) verfügbare AS nach Autorenkollektiv (1989)

Während bei Wiederkäuern eine weitgehende Übereinstimmung in der Verdaulichkeit der organischen Substanz roher und gedämpfter Kartoffeln vorliegt, wurden bei Schweinen Differenzen zwischen 5 und 10 Einheiten ermittelt. Im Gegensatz dazu unterscheidet sich der im Dünndarm verdaute Anteil der Stärke bei rohen und gedämpften Kartoffeln erheblich. An fistulierten Schweinen wurden im Dünndarm für rohe Stärke Verdaulichkeiten im Bereich von 20−40% ermittelt, während die aufgeschlossene Stärke gedämpfter Kartoffeln zu 90−95% verdaut wird (Kracht et al. 1987, Wünsche 1987).

Die rohe Kartoffelstärke gelangt zum überwiegenden Anteil in den Dickdarm und wird durch Enzyme mikrobieller Herkunft abgebaut. Hierdurch erfolgt eine weitgehende Annäherung der im gesamten Darmtrakt festgestellten Verdaulichkeiten.

Der mikrobielle Abbau der rohen Kartoffelstärke im Dickdarm ist mit höheren Energieverlusten verbunden als der enzymatische Abbau der aufgeschlossenen Stärke im Dünndarm. Hierauf beruht die relativ große Differenz im Nettoenergiegehalt (636 bzw. 771 EFs).

Bei der Errechnung des Nettoenergiegehaltes aus den verdaulichen Nährstoffen sind die sich aus der Gleichung ergebenden EFs-Gehalte bei gedämpften bzw. gedämpft silierten Kartoffeln um 5% zu erhöhen und bei rohen Kartoffeln bzw. Rohsilagen um 10% zu vermindern (Autorenkollektiv 1989, S. 56). In der DLG-Futterwert-Tabelle für Schweine wurde festgelegt, daß bei der Errechnung des Gehalts an umsetzbarer Energie (ME, MJ) roher Kartoffeln 50% des Stärkegehaltes zur bakteriell fermentierbaren Substanz zu addieren sind.

Die sehr niedrige Verdaulichkeit des Proteins der rohen Kartoffeln von 33% wird durch Proteaseinhibitoren verursacht, die bewirken, daß große Anteile des Proteins der Kartoffeln und der Grundration in den Dickdarm gelangen. Hier entwickelt sich beim Abbau der rohen Kartoffelstärke eine sehr intensive Bakterientätigkeit, die mit einer verstärkten Synthese von Bakterienprotein verbunden ist. Dies hat zur Folge, daß aus dem Futter und aus endogenen Sekreten stammende Proteine zu Bakterienprotein verarbeitet werden und damit für den Stoffwechsel des Tieres nicht mehr zur Verfügung stehen. Sie werden im Kot ausgeschieden. Eine verstärkte Ausscheidung von Bakterien-N wurde bei Fütterung von rohen Kartoffelprodukten von Mason et al. (1976) und Wünsche et al. (1987) nachgewiesen.

Der Einsatz von Kartoffeln sollte vorrangig in der Schweinemast erfolgen. Die herkömmliche Modellration für die Kartoffelmast besteht aus einer täglichen Ergänzungsfuttergabe von 1 kg Trockenkonzentrat mit einem Eiweißfutteranteil von 25% und gedämpften Kartoffeln bis zur Sättigung. Die Höhe der täglichen Kartoffelaufnahme steigt im Lebendmassebereich von 30 – 120 kg von 2 bis etwa 10 kg an.

Sofern stärkeärmere Kartoffeln (12 – 14%) verfüttert werden, ist es zweckmäßig, die Ergänzungsfuttergabe auf 1,3 – 1,5 kg zu erhöhen.

Der Kartoffeleinsatz in der Geflügelhaltung sollte grundsätzlich in gedämpfter Form erfolgen. Legehennen können täglich bis zu 50 g gedämpfte Kartoffeln als Rationsbestandteil erhalten. In der Wiederkäuerfütterung ist bei Wahrung einer insgesamt wiederkäuergerechten Rationsgestaltung der Einsatz roher wie auch gedämpfter Kartoffeln möglich. Lediglich bei jungen Tieren sollten vorrangig gedämpfte Kartoffeln zum Einsatz gelangen. An Milchkühe und Mastrinder können 10 kg, in der Endmast (>300 kg Lebendmasse) auch bis zu 20 kg Kartoffeln in roher, unzerkleinerter Form verabreicht werden (Piatkowski 1987).

In der Pferdefütterung können mit täglichen Kartoffelgaben (gedämpft) von 12 – 15 kg bis zu 4 kg Hafer ersetzt werden (Schubert 1986).

6.1.4. Lagerung und Silierung

Als Verfahren stehen die Zwischenlagerung in Lagerhäusern oder Mieten, die Silierung von gedämpften oder rohen Kartoffeln sowie die Trocknung zur Verfügung. Die Entscheidung darüber, ob die Kartoffeln eingelagert oder siliert werden sollen, ist von dem vorgesehenen Verwendungszeitraum, der Verlusthöhe bei beiden Verfahren und der vorhandenen Dämpf- bzw. Aufbereitungstechnik abhängig.

6.1.4.1. Zwischenlagerung

Die Zwischenlagerung der Kartoffeln für den Einsatz in der Fütterung erfolgt vorwiegend in Großmieten mit befestigten Lagerflächen, die eine Zwangsbelüftung ermöglichen. Die Mieten werden mit ein oder zwei Kanälen für die Luftzu- und -abfuhr angelegt. Hinsichtlich weiterer Details zur Technik der Mietenlagerung mit Zwangsbelüftung wird auf eine Publikation von Köppen et al. (1981) verwiesen.

In Lagerhäusern aufbewahrte Kartoffeln werden nur in Ausnahmefällen (Qualitätsminderung, Restbestände) für Fütterungszwecke verwendet. Die Frischverfütterung in Mieten gelagerter Kartoffeln ist solange vertretbar, wie die lagerbedingten nicht die silierbedingten Verluste überschreiten (Abb. 52).

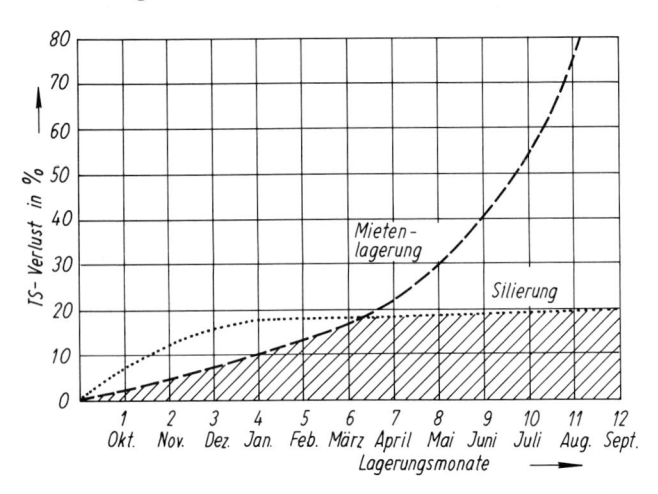

Abb. 52. Trockensubstanzverluste bei der Mietenlagerung und Silierung von Kartoffeln (Laube 1966).

Unter optimalen Lagerungsbedingungen (10 − 15 °C) kann in Abhängigkeit von der Lagerungsdauer mit folgenden T-Verlusten gerechnet werden:

Lagerungsdauer		T-Verluste bis zum Füttern in %
von	bis	(einschließlich Wasch- und Dämpfverluste)
Oktober	Anfang April	15 − 20
	Mitte Mai	20 − 30
	Juli	30 − 40
	September	60 − 70

In der Regel übersteigen die lagerungsbedingten Verluste die Silierverluste im Frühjahr bei steigenden Lufttemperaturen, so daß eine Lagerung zur Frischverfütterung nur bis Ende März sinnvoll erscheint.

6.1.4.2. Silierung

Das Verfahren der Einsäuerung von Kartoffeln wurde bereits vor etwa 100 Jahren in die landwirtschaftliche Praxis eingeführt. Durch die Silagebereitung werden eine ganzjährige Versorgung der Tierbestände mit Kartoffeln und das Anlegen von Futterreserven ermöglicht. Vorteilhaft ist, insbesondere für kleinere Betriebe, daß die thermische Behandlung der Kartoffel nicht täglich vorgenommen werden muß. Aus verfahrenstechnischer Sicht ist es möglich, die Kartoffeln in gedämpfter Form zu silieren oder roh in grob zerkleinertem Zustand in das Silo einzulagern und das Erhitzen vor der Fütterung vorzunehmen.

● **Gärbiologische Aspekte**

Die Kartoffeln sind für eine milchsaure Konservierung geeignet, da sie Kohlenhydrate und relativ geringe Anteile an puffernden Substanzen (Proteine, Mineralstoffe) enthalten. Von den Milchsäurebakterien werden aber nur leichtlösliche Zucker (Glucose, Maltose, Lactose, Saccharose) als Nährsubstanz verwendet. Rohe Kartoffelstärke wird wegen des Fehlens amylolytischer Enzyme nicht angegriffen. Der Abbau der Stärke bis zur Stufe der einfachen Zucker setzt bereits während des Dämpfens und Abkühlens ein. Trotzdem sind die Differenzen des Gehalts roher und gedämpfter Kartoffeln an Stärke und Zucker gering (Zimmer 1963, 1965). Der Zuckergehalt liegt im Bereich von 10 − 20 g/kg T. Bereits am 2. Tag nach der Silierung erfolgt bei gedämpften Kartoffeln ein starker Anstieg des Zuckergehalts auf über 150 g/kg T (Gross und Beck 1967).

Bis zum Ende der Gärphase wird der Zucker zu Milchsäure, Essigsäure und Buttersäure vergoren. Beim Abschluß der Silierung liegt ein Restzuckergehalt von 1 − 4% vor. In den Rohkartoffelsilagen tritt innerhalb der ersten Tage nur ein geringer Anstieg des Zuckergehalts auf 30 − 40 g/kg T ein. Dieser wird im Verlauf der Gärung bis zu einem Restzuckergehalt von 1 − 2% abgebaut. Durch die unterschiedliche Verfügbarkeit des Zuckers in den Dämpf- und Rohsilagen werden unterschiedliche Gärungsabläufe verursacht (Tabelle 106). Während der Milchsäuregehalt in den Dämpfsilagen in wenigen Tagen in den Bereich von 1,6 − 2,5% ansteigt und einen Abfall des pH auf 3,8 − 4,0 bewirkt, ist in den Rohsilagen nur ein Anstieg des Milchsäuregehalts auf 0,7 − 1,4% zu verzeichnen, und der pH-Wert verbleibt häufig im Bereich von 4,5.

Tabelle 106. Gehalt an Gärungsprodukten in Silagen aus gedämpften und rohen Kartoffeln (Weißbach et al. 1968)

	Milch-säure %	Essig-säure %	Butter-säure %	Alkohol %	pH	freie Säuren, mvol 100 g	NH_3 %
gedämpft	2,25	0,52	0	0,75	3,9	18,6	0,031
roh	1,12	0,77	0,04	0,26	4,7	8,8	0,068

In diesem pH-Bereich bestehen bei hohen Außentemperaturen sowohl für die essigsäurebildenden Colikeime als auch für die buttersäurebildenden, saccharolytischen Clostridien gute Wachstumsbedingungen. Deshalb sind Rohkartoffelsilagen insbesondere in den warmen Sommermonaten verderbgefährdet. Ihr Essigsäuregehalt liegt häufig im Bereich von 0,5 − 1,2%. Niedrige Essigsäuregehalte von 0,2 − 0,5% sind auch in Dämpfsilagen nicht zu vermeiden, da die Essigsäure von heterofermentativen Milchsäurebakterien gebildet wird.

Die Haltbarkeit der Rohkartoffelsilagen wird auch durch einen relativ starken Proteinabbau beeinträchtigt, der an dem hohen Anteil von NH_3-N am Gesamt-N (15 − 25%) erkennbar ist. In Dämpfsilagen steigt der Anteil an NH_3-N nur auf etwa 8 − 10% an (Gross und Beck 1967).

Bei der Bereitung von Rohkartoffelsilagen treten Schaumgärungen auf, die in den ersten 3 − 4 Tagen nach Beginn der Silierung eine Vergrößerung des Volumens der Silagemasse um 40 − 60% bewirken (Abb. 53). Das Gas enthält zum überwiegenden Anteil CO_2, 15 bis 20 ppm NO_2 und Spuren von Alkohol (Gross und Beck 1967). Im Stadium der Gasbildung tritt eine deutliche Vermehrung der anaeroben Gasbildner ein. An dem erheblichen Anstieg des Essigsäuregehaltes ist erkennbar, daß die Gasbildung vorwiegend durch Colikeime erfolgt. Durch Zusätze von 0,4% Ameisensäure oder 0,4% Kaliummetabisulfit ($K_2S_2O_5$) wird das Hochschäumen der Silagen verhindert, die Bildung von Milchsäure herabgesetzt und insbesondere die Essigsäuregärung stark gehemmt (Weißbach 1973). Der relativ hohe pH-Wert der Silage bei Zusatz von $K_2S_2O_5$ (pH 4,8 – 5,5) ist nicht ungünstig zu bewerten.

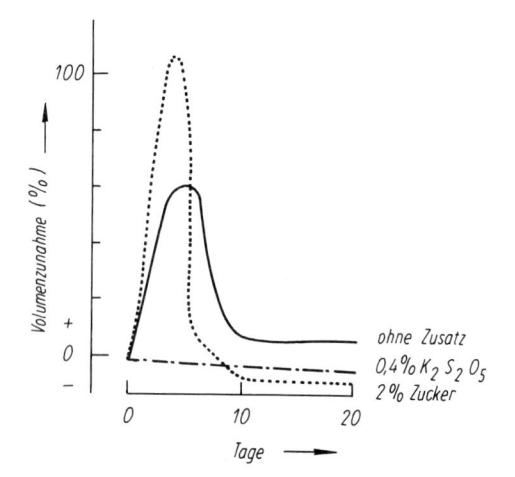

Abb. 53. Effekt von verschiedenen Zusätzen auf die Schaumgärung (nach Weißbach et al. 1968).

Zusätze von 1 – 3% Zucker oder Melasse zur Förderung der Milchsäurebildung verbessern zwar die Silagequalität, sie verstärken aber die unerwünschte Gasbildung. Durch den Einsatz von 10% Kleie, Getreide- oder Rapsextraktionsschrot wird der Trockensubstanzgehalt der Silage erhöht und die Schaumbildung verhindert. Durch das Aufsaugen des Saftes verbleiben aber die im Saft enthaltenen leistungsdepressiv wirkenden Substanzen (Inhibitoren) in der Silage. Zudem müssen diese Futtermittel vor der Fütterung mit erhitzt werden, woraus ein erhöhter Aufwand an Energie resultiert.

Rohe, gewaschene und zerkleinerte Kartoffeln können bei niedrigen Temperaturen in massiven Behältern ohne Zusatz befriedigend bis gut vergären (Zimmer 1965).

Die häufig auftretenden Schaumgärungen und die aus der geringen Azidität resultierende Verderbgefährdung stellen jedoch Risikofaktoren dar, die durch Zusätze von $K_2S_2O_5$ oder Ameisensäure vermeidbar sind.

• **Silierverluste**

Die Angaben zur Höhe der T-Verluste bei der Silierung gedämpfter Kartoffeln liegen im Bereich von <5 bis >30%. Maßgebliche Einflußfaktoren sind die Größe und Beschaffenheit der Silos, die Verfahrensgestaltung und die auch bei Übereinstimmung dieser Bedingungen bisweilen stark differenzierenden Abläufe der Gärung und Sickersaftbildung. In kleineren Versuchssilos werden meist weitaus niedrigere Verluste ($\approx 10\%$) erzielt als in den in der Praxis üblichen Horizontalsilos ($>25\%$). Die Verluste an T und Nährstoffen ergeben sich aus den bei der Vergärung der Kohlenhydrate entstehenden Gasen (etwa 90 Vol.-% CO_2, 7 Vol.-% H_2 sowie etwa 6 ppm NO_2 und Alkohol), den im Sickersaft abfließenden Nährstoffen sowie den mit verdorbenen Oberflächen- und Randschichten entfernten Futterbestandteilen (Zimmer 1965). Proteine und Mineralstoffe gehen unter Versuchsbedingungen (ohne Oberflächen- und

Randverluste) ausschließlich über den Sickersaft verloren. In derartigen Versuchssilos entfallen etwa 60 bis 70% der T-Verluste auf die Gärgase und 30—40% auf den Sickersaft (Zimmer 1963). Von der eingelagerten Frischmasse gehen bei der Silierung gedämpfter Kartoffeln in kleineren Silos 10—20% als Saft verloren, während bei der Rohsilierung in großen Silos 40—50% als Saft abfließen. Die Futterstockhöhe und der Aufschlußgrad der Stärke beeinflussen die anfallende Saftmenge. Rohe Kartoffelstärke hat ein schlechteres Wasserbindungsvermögen als gequollene. Schon bei der Verminderung der Dämpftemperatur von 90 auf 70 °C tritt ein verstärkter Saftabfluß ein. Hierdurch steigen die Trockensubstanzverluste um 4—6% an. Der Saftanfall wird durch das Anstauen des Saftes im Silo um etwa 50% vermindert. Einige Inhaltsstoffe des Sickersaftes von Dämpf- und Rohsilagen sind in Tabelle 107 angegeben.

Die Höhe der Verluste an Silage-T liegt unter versuchsmäßigen Bedingungen bei Dämpf- und Rohsilagen in einer etwa gleichen Größenordnung (Tabelle 108). Die Differenzen zugunsten der Dämpfsilagen betragen unter vergleichbaren Bedingungen

Tabelle 107. Inhaltsstoffe des Sickersaftes (nach Zimmer 1963 und 1965)

	Dämpfsilagen	Rohsilagen (ohne Zusatz)
Trockensubstanz g/kg FM	90—120	10—50
je kg T:		
Rohprotein (g)	70—100	170
XX (g)	800	150
Stärke (g)	600	n. b.
Zucker (g)	150—200	n. b.
Rohasche (g)	100	300
pH-Wert	3,9	4,7
Gärsäuren in der FM		
Milchsäure %	2,8	1,5
Essigsäure %	0,4	0,5
Buttersäure %	0,1	0,2

Tabelle 108. Nährstoffverluste bei der Silierung gedämpfter und roher Kartoffeln

Autoren	Wacker und Kretschmar		Zimmer		Kracht und Matzke		
	1963	1965	1963	1965	1987		
Silage-varianten	ge-dämpft	roh	ge-dämpft	roh	gedämpft bei 90 °C	gedämpft bei 70 °C	roh
Silogrößen (m³)	3	3	8	2,5	20	20	20
Verluste in %							
Frischmasse	22	?	?	?	20	30	56
Trocken-substanz	18	20	11	16	16	22	26
Rohasche	9	52	?	36	8	15	55
Rohprotein	10	49	12	29	10	17	57
NFE	21	18	10	11	18	23	20

? = keine Angaben

nur 2 bis 5%. Unter praxisnahen Bedingungen (größere Silos, freier Saftabfluß, Zutritt von Niederschlagswasser) kann jedoch bei Rohsilagen ein um 10% höherer T-Verlust eintreten. Die Verteilung des T-Verlustes auf die Stoffgruppen ist bei Dämpf- und Rohsilagen infolge der Verschiedenheit des Gärablaufs unterschiedlich. Während die Verluste bei Dämpfsilagen relativ gleichmäßig auf die Rohnährstoffe verteilt sind, fließen bei Rohsilagen etwa 50 – 60% des Rohproteins und 45 – 60% der Rohasche mit dem Saft ab. Eine Rohsilierung der Kartoffeln ist daher nur dann vertretbar, wenn die Möglichkeit besteht, den Saft aufzufangen und nach einer Erhitzung zu verfüttern. Bei der Silierung gedämpfter Kartoffeln können die Nährstoffverluste durch eine sachgerechte Verfahrensgestaltung (Saftstau, Abkühlung, Zerkleinerung, Abdecken) vermindert werden (Tabelle 109). Die Zerkleinerung der gedämpften Kartoffeln ist insbesondere dann empfehlenswert, wenn die Kartoffeln bei niedrigeren Temperaturen (70 – 80 °C) gedämpft wurden und eine festere, gummiartige Konsistenz aufweisen.

Tabelle 109. Auswirkung verfahrenstechnischer Maßnahmen auf die Trockensubstanz- und Nährstoffverluste in %

	Wacker und Kretzschmar (1963)				Zimmer (1963)	
	freier Saftabfluß	Saftstau	gequetscht	unzerkleinert	Einlagerungstemperatur bei Saftabfluß 85 bis 90 °C/25 – 35 °C	
n	17	16	25	8	15	12
Trockensubstanz	21	15	17	22	20	11
verdauliches Rohprotein	17	18	18	18	15	9
XX	24	17	20	21	21	10

Die T-Verluste wurden durch das Anstauen des Saftes um 6%, durch das Quetschen der Kartoffeln um 5% und durch das Abkühlen auf etwa 30 °C um 9% herabgesetzt. Bei kalt eingefüllten Kartoffeln ist der Buttersäuregehalt vermindert, weil der optimale Temperaturbereich für das Wachstum der Buttersäurebildner (30 – 40 °C) unterschritten wird.

Ein weiterer Einflußfaktor der Verlusthöhe ist die Lagerungsdauer. Die T-Verluste bei der Silierung gedämpfter Kartoffeln nehmen in den ersten 20 Lagerungswochen je Woche nahezu linear um 1% zu. Im weiteren Gärverlauf sinken sie langsam auf etwa 0,25% pro Woche ab (Hofmann 1963).

Zur Senkung der Verluste ist es notwendig, die Silage mit Folie abzudecken und diese zu beschweren, um den Luftzutritt einzuschränken. Eine Überdachung der Silos zum Abhalten von Regenwasser und zur Verhinderung einer unmittelbaren Sonneneinstrahlung wirkt sich ebenfalls günstig auf Verlusthöhe und Silagequalität aus.

- **Silieren gedämpfter Kartoffeln**

Für das Silieren gedämpfter Kartoffeln sind kleinere Horizontalsilos geeignet. In diesen muß eine funktionstüchtige Entwässerung zur Ableitung von Sickersaft- und Niederschlagswasser vorhanden sein. Als Ersatz können auch Behelfssilos dienen, die als 1,0 – 1,5 m tiefe Gräben mit trapezförmigem Querschnitt und einer Sohlenbreite von etwa 4 m angelegt werden. Die schrägen Längswände können mit Folie und die Silosohle mit Betonplatten bedeckt werden. Die Kartoffeln werden abgekippt und mit einem Kran bis zu einer Futterstockhöhe von 2,0 – 2,5 m hochgesetzt. Die oberste

Schicht wird verdichtet, indem ein Kran eine Betonplatte anhebt und auf den Futterstock fallen läßt. Im Anschluß an das Befüllen eines jeden Abschnitts werden die Kartoffeln mit Folie abgedeckt, die mit einer Erdschicht, Spreu oder Strohballen beschwert wird. Bei der Entnahme muß eine Verschmutzung der Silage vermieden werden.

- **Silieren roher Kartoffeln**

Die Rohsilierung wird angewandt, wenn nicht lagerfähige Kartoffeln in kürzester Frist konserviert werden müssen, ohne daß eine ausreichende Dämpfkapazität zur Verfügung steht. Die gewaschenen, grob zerkleinerten Kartoffeln werden mit einem Konservierungsmittel vermischt und in Silos, die ein Anstauen des Saftes ermöglichen, eingelagert.

Als Konservierungsmittel eignen sich:
- Pyrosulfitlösungen (Kalium- oder Natriumpyrosulfit) in einer Dosis von 7,5 l oder 10 kg (mit 310 g SO_2/l) je t Kartoffeln,
- Benzoesäure in Höhe von 0,2% oder 2 kg/t Kartoffeln,
- Ameisensäure in Höhe von 0,4%, das sind 4 kg/t Kartoffeln.

In der Bundesrepublik Deutschland sind Natriummetabisulfit und einige Benzoesäureester bzw. -salze als Konservierungsstoffe zugelassen (Koch et al. 1989). Der Sickersaft muß einige Wochen im Silo verbleiben, um ein völliges Durchdringen der Kartoffeln mit dem Konservierungsmittel zu ermöglichen. Der Saft (etwa 0,4 m³/t eingelagerter Kartoffeln) ist etwa 4 Wochen vor der Silageentnahme abzulassen. Das Rohkonservat muß vor der Fütterung erhitzt werden. Wegen der spezifischen Konsistenz der Rohsilagen (30 – 40% T) sind hierfür nur Garschnecken, nicht aber herkömmliche Dämpfanlagen, geeignet, Voraussetzung für die Anwendung des Verfahrens sind daher dichte Silos und die Verfügbarkeit von Garschnecken.

Von Weißbach et al. (1968) wurde für größere Mastanlagen ein Verfahren zur chemischen Konservierung gemuster, roher Kartoffeln in gas- und wasserdichten Behältern unter Ausschluß von Luft entwickelt. Durch Zusatz von Konservierungsmitteln sollen die Gärungsvorgänge und der Nährstoffabbau weitgehend unterdrückt werden. Die Beschickung und Entleerung der Behälter sowie die Förderung des Konservats sollen mit Hilfe von Dickstoffpumpen über Rohrleitungen erfolgen. Nach der Erhitzung des Konservats wird die dickbreiige Kartoffelmasse in kaltem Wasser dispergiert und nach Mischung mit Ergänzungsfutter über Leitungen in die Tröge gepumpt.

- **Mischsilagen**

Zur Herstellung von Mischsilagen sind nur gedämpfte Kartoffeln zu verwenden, da beim Einsatz roher Kartoffeln auch die Mischungspartner thermisch behandelt werden müssen, ohne daß deren Futterwert dadurch verbessert wird.

Für die Schweinemast sind folgende Mischungen geeignet:
Gedämpfte Kartoffeln
90%   + 10% Rapsextraktionsschrot,
50%   + 50% Zuckerrüben,
50%   + 50% Futterzuckerrüben,
70%   + 30% Rübenblatt,
80%   + 20% Grünfutter (Rotklee oder Luzerne bis zur Knospe).

In Silagen für Zuchtschweine kann der Kartoffeleinsatz auf 20% begrenzt werden.

Bei der Silierung von Gemischen aus gedämpften Kartoffeln und Rüben treten relativ hohe Verluste an Trockensubstanz und Nährstoffen auf (Becker und Oslage 1953 und 1954, Laube 1958).

Die gemeinsame Silierung von gedämpften Kartoffeln mit Rapsextraktionsschrot hat das Ziel, die Kartoffeln mit Protein anzureichern, die im RES enthaltenen Glucosinolate durch mikrobiellen bzw. enzymatischen Abbau zu vermindern und durch Einschränkung des Saftabflusses die Nährstoffverluste zu reduzieren. Eine Erhöhung des RES-Anteils in der Silage von 10% auf 15% verstärkt die thyreostatische Belastung der Tiere und hat eine Wachstumsdepression zur Folge (Kracht et al. 1990c). Bei Verwendung von glucosinolatarmen (-freien) Rapsextraktionsschroten besteht diese Gefahr nicht.

6.1.5. Verdaulichkeit, Futterwert und Einsatz von Kartoffelsilagen

Die Verdaulichkeit der organischen Substanz und die energetischen Futterwertdaten der Roh- und Dämpfsilagen stimmen mit den entsprechenden Daten der rohen bzw. gedämpften frischen Kartoffelvarianten weitgehend überein (Tabelle 110).

Tabelle 110. Rohnährstoffgehalt, Verdaulichkeit und Futterwertdaten roh und gedämpft silierter Kartoffeln

Kartoffel 16% Stärke Aufbereitung %	T	OM	XP	XL	XF	XX	XA
			% Gehalt je kg T in g				
roh	35	945	70	5	40	830	55
gedämpft	23	925	100	5	40	780	75
gedämpft mit RES[1]) 9 : 1[2])	30	948	188	16	47	697	52
gedämpft mit Zuckerrüben 1 : 1[3])	23	910	75	3	35	797	90
Verdaulichkeit beim Wiederkäuer %							
roh	–	79	49	25	45	84	–
gedämpft	–	85	37	13	46	92	–
Verdaulichkeit beim Schwein %							
roh	–	89	33	50	62	95	
gedämpft	–	92	70	50	65	97	
gedämpft mit: RES 9 :1[2])	–	86	74	4	47	94	
Zuckerrüben 1 : 1	–	86	46	18	67	95	

Futterwertdaten je kg T

	Wiederkäuer				Schwein				
	EFr	StE	NEL MJ	XP g	EFs	ME MJ	DP g	Lys. g	Met. + Cys. g
roh	596	746	7,5	70	643	12,2	23	0,8	0,3
gedämpft	606	760	7,7	90	758	14,9	70	3,9	1,6
gedämpft mit RES 9 : 1	–	–	–	–	704	14,5	140	9,7	7,6
gedämpft mit Zuckerrüben 1 : 1	–	–	–	–	706	11,4	35	3,2	1,6

[1]) RES = Rapsextraktionsschrot, [2]) Daten von Kracht et al. (1990c), [3]) Daten von Laube (1958). Die weiteren Daten wurden den in Tabelle 105 angeführten Quellen entnommen.

Der Energiegehalt roher und gedämpfter Kartoffelsilagen unterscheidet sich beim Wiederkäuer nicht, weil die Kartoffelstärke im rohen und gedämpften Zustand von den Pansenbakterien abgebaut wird. Im Gegensatz dazu liegt beim Schwein der Gehalt der Dämpfsilagen an umsetzbarer und Nettoenergie um etwa 20% höher als der Energiegehalt der Rohsilagen. Die Ursache hierfür liegt in der höheren Effektivität des enzymatischen Abbaues der aufgeschlossenen Kartoffelstärke im Dünndarm der Monogastriden.

Auch der auf der Grundlage der Proteinverdaulichkeit korrigierte Gehalt an Lysin und schwefelhaltigen Aminosäuren ist bei den Rohsilagen geringer als bei den Dämpfsilagen, weil ein beträchtlicher Anteil des Proteins der Rohsilagen mit dem Silosaft abfließt (s. Tabelle 110). Diese Tatsache ist auch am niedrigeren Proteingehalt der Rohsilage erkennbar.

Auf die Verdaulichkeit des Proteins der Dämpfsilagen hat die Lagerungstemperatur einen wesentlichen Einfluß. Von Weißbach (1973) wurde festgestellt, daß die in vitro ermittelte Proteinverdaulichkeit mit steigender Lagerungstemperatur wie folgt abnimmt:

Lagerungstemperatur °C	25	45	55	65	75	85
Proteinverdaulichkeit	89	88	87	71	61	62

Der Einsatz der Kartoffelsilagen in der Fütterung erfolgt in erster Linie in der Schweinemast. Die Höhe des täglichen Verzehrs ist von der Zuteilung an Ergänzungsfutter abhängig (Tabelle 111). Mit steigender Ergänzungsfuttergabe wird auch die tägliche Lebendzunahme erhöht. Nur beim Einsatz stärkereicher Kartoffeln wird ein ähnliches Leistungsniveau erzielt wie in der Mischfuttermast. Bei Fütterung von Rohsilagen wird meistens nur ein täglicher Verzehr von 1 kg Silagetrockenmasse erzielt (s. auch Tabelle 104).

Für den Einsatz der Dämpfsilage bei anderen Tierarten gelten die für frische Kartoffeln gegebenen Empfehlungen (s. Abschnitt 6.1.3.).

Tabelle 111. Auswirkung der Höhe der Ergänzungsfuttergabe auf den Verzehr an Silage aus gedämpften Kartoffeln bei Mastschweinen, 118 Masttage, 40 – 115 kg Lebendmasse (Kracht 1990a)

Gruppe	1	2	3
Ergänzungsfuttergabe je Tier und Tag kg	1,0	1,5	2,0
Silageverzehr je Tier und Tag			
FM kg	5,8	4,8	4,3
T kg	1,3	1,1	0,9
Tägliche Zunahme g	583	624	688

6.1.6. Trocknung, Futterwert und Einsatz der Trockenprodukte

Die Trocknung der Kartoffeln ist bei ordnungsgemäßer Trocknungsführung aus der Sicht der Nährstoffverluste allen anderen Konservierungsverfahren überlegen. Die Höhe der Verluste an Trockensubstanz und Nährstoffen liegt bei der Heißlufttrocknung von Kartoffeln im Bereich von 5 – 10% (Wacker und Kretzschmar 1963). Vorteile der Trockenkartoffeln sind ihre praktisch unbegrenzte Haltbarkeit, ihre Handelsfähigkeit und die Möglichkeit ihres Einsatzes in arbeitssparenden Fütterungstechnologien.

Energiewirtschaftliche Aspekte, die damit im Zusammenhang stehenden hohen Trocknungskosten und die mit Übertrocknung verbundenen Gefahren (Verbrennen, geringe N-Verdaulichkeit) haben zur Folge, daß die Kartoffeltrocknung gegenwärtig eine rückläufige Tendenz aufweist. Die vor einigen Jahrzehnten noch weit verbreitete Herstellung von Kartoffelflocken wird nur noch in Ausnahmefällen praktiziert. Bei diesem Verfahren werden die Kartoffeln zunächst gedämpft, durch Quetschen zu Brei zerkleinert und danach auf mit Dampf beheizten Walzen getrocknet. Von diesen werden sie in Flockenform abgeschabt. Durch das Dämpfen vor der Trocknung wird ein vollständiger Stärkeaufschluß und infolgedessen ein hoher Futterwert (Tab. 101) erreicht. Die Anwendung dieses Verfahrens ist aber auf Grund des hohen Energieaufwandes für die Dampferzeugung und infolge der Wärmeabstrahlung an den Trockenwalzen aus energetischer Sicht nicht vertretbar.

Bei den gegenwärtig angewandten Verfahren werden rohe Kartoffelschnitzel direkt den Feuergasen ausgesetzt und im Heißluftstrom getrocknet. Da die Feuergase das zu trocknende Gut umströmen, wird die Energie besser ausgenutzt (Schneider 1966). Zur Trocknung von Kartoffeln sind Trommel-, Schrägrost-, Kegelspiral- und Schubwendetrockner geeignet. Das Eintrocknungsverhältnis (Frische Kartoffeln: Kartoffelschnitzel) liegt im Bereich 5:1. Die hergestellten Produkte werden als Kartoffelschnitzel oder Trockenkartoffel bezeichnet.

Der Futterwert der Kartoffelschnitzel hängt in starkem Maße von den Trocknungsbedingungen (Relation von Energie- und Frischgutzufuhr) ab. Bei zu starker Wärmeeinwirkung werden insbesondere das Protein und einige essentielle Aminosäuren geschädigt (Rossbach et al. 1975, Abdel, 1975). Die Schadwirkung erstreckte sich einerseits auf eine direkte Zerstörung des Lysins, die in der erheblichen Senkung des Lysingehalts sichtbar wird, andererseits auf eine Abnahme der wahren Verdaulichkeit des Rohproteins und der Eckaminosäuren in Abhängigkeit von dem am T-Gehalt erkennbaren Ausmaß der Wärmeeinwirkung (Tabelle 112). Selbst wenn in Zweifel zu setzen ist, ob die wahren Verdaulichkeiten die reale Höhe der Resorption widerspiegeln, so zeigen die Relationen zur Hitzeeinwirkung doch, welch drastische Proteinschädigungen auftreten.

Tabelle 112. Einfluß der Hitzebehandlung von Kartoffeln auf den Lysingehalt sowie auf die wahre Verdaulichkeit des Rohproteins und der Eckaminosäuren (Roßbach et al. 1975)

Variante	T g/kg FM	Lysin g/kg T	wahre Verdaulichkeit in %			
			Rohprotein	Lysin	Methionin	Cystin
gedämpft schonend	206	4,4	85	84	82	80
getrocknet	875	3,5	77	71	70	70
übertrocknet	922	2,5	68	59	60	62
stark übertrocknet	965	2,7	53	54	44	60

Von Abdel (1975) wurden in Versuchen mit 2 Kartoffelsorten bei der Trocknung Minderungen des Lysingehaltes um 13 bzw. 39% ermittelt. Bei einigen anderen essentiellen Aminosäuren war die Senkung der Gehaltswerte wesentlich geringer. Der gleiche Autor führte die Abnahme des Lysingehalts auf oxydative Desaminisierungsvorgänge und auf das Auftreten der Maillard-Reaktion zurück. Bei dieser Reaktion geht ein Teil des Lysins infolge Bindung seiner ε-Aminogruppen an Fructose verloren. Von Ebersdobler (1971) wurde zwar eine Resorption von ^{14}C-markiertem Fructose-Lysin nachgewiesen, dieses wurde jedoch unverwertet mit dem Harn ausgeschieden.

Eine zu starke Wärmeeinwirkung beim Trocknungsprozeß hat auch eine erhebliche Verminderung des Nettoenergiegehalts der Trockenkartoffeln zur Folge, die sowohl beim Schwein als auch beim Rind wirksam wird (Tabelle 113).

Tabelle 113. Rohnährstoffgehalt, Verdaulichkeit und Futterwertdaten getrockneter Kartoffeln (Quellen s. Tabelle 105)

	TS %	OM	XP	XL	XF	XX	XA
		Gehalt je kg T in g					
Kartoffelschnitzel gute Qualität	90	945	90	3	30	822	55
übertrocknet	96	935	80	2	35	818	65
Kartoffelflocken	90	955	90	3	30	832	45
	Verdaulichkeit beim Wiederkäuer %						
Kartoffelschnitzel gute Qualität		82	45	25	30	88	–
übertrocknet		74	10	15	20	83	–
	Verdaulichkeit beim Schwein %						
Kartoffelschnitzel gute Qualität		90	50	0	60	96	–
übertrocknet		80	35	0	50	86	–
Kartoffelflocken		94	65	0	75	98	–
	Verdaulichkeit beim Huhn %						
Kartoffelschnitzel gute Qualität		71	53	0	40	74	–
Kartoffelflocken		86	70	0	60	89	–

Futterwertdaten je kg T

	Wiederkäuer			Schwein		
	EFr	StE	NEL MJ	EFs	ME MJ	DP
Kartoffelschnitzel: gute Qualität	617	773	7,8	718	14,7	45
übertrocknet	554	692	6,8	636	12,8	28
Kartoffelflocken	–	–	–	896	15,5	58

	Huhn		
	EFh	ME_N	DP
Kartoffelschnitzel gute Qualität	600	11,3	48
Kartoffelflocken	736	13,9	48

Der Futterwert der Kartoffelschnitzel kann auch durch eine zu geringe Wärmeeinwirkung, die einen unzureichenden Stärkeaufschluß zur Folge hat, gemindert werden (Piatkowski et al. 1961). Erhöhte SO_2-Gehalte im Trockengut erwiesen sich in Schweinemastversuchen nicht als leistungsmindernd (Teichmann 1963, Witt und Schröder 1964).

Der Trocknertyp hat keinen Einfluß auf den Futterwert (Kracht et al. 1990b).

Der Gehalt an energetischen Futtereinheiten ist unabhängig von der Qualität beim Schwein um etwa 15% höher als beim Rind, so daß Trockenkartoffeln vorrangig an Schweine, insbesondere im Mastabschnitt, verfüttert werden sollten. Der im Vergleich zu Getreide niedrigere Gehalt an Eckaminosäuren muß durch erhöhte Gaben an proteinreichen Konzentraten ausgeglichen werden. Die Einsatzhöhe im Schweinemastfutter sollte im 1. Mastabschnitt auf 30% und im 2. Mastabschnitt auf 50% begrenzt werden.

Trockenkartoffelschrote können auch im Geflügelfutter verwendet werden, da ihr Gehalt an Nettoenergie beim Geflügel auf etwa gleicher Höhe liegt wie beim Schwein. Während auf Grund älterer Befunde nur ein Einsatz im Mastfutter bis zu einer Höhe von 10 bis 15% ratsam erschien, haben Vogt und Stute (1969) auch beim Einsatz von 30% Trockenkartoffelschrot keine Leistungsminderung ermittelt. Bei Fütterung dieser Rationen war jedoch der Wassergehalt des Kotes stark erhöht.

6.2 Beta-Rüben

Von den für Futterzwecke angebauten Wurzeln spielen die Beta-Rüben mit den Varietäten *Beta vulgaris* var. *crassa* (Futterrüben) und var. *altissima* (Zuckerrüben) die größte Rolle. Die Rote Rübe (*Beta vulgaris* var. *conditiva*) wird dagegen nur örtlich (Abfälle bzw. Überschüsse der Produktion für die menschliche Ernährung) als Futter genutzt.

6.2.1. Futter- und Zuckerrüben

6.2.1.1. Inhaltsstoffe

Die T-Gehaltswerte liegen zwischen etwa 10% bei den ausgesprochenen Massenrüben und 20 – 25% bei den Zuckerrüben. Eine Mittelstellung nehmen diesbezüglich die Gehalts- und Futterzuckerrübensorten mit 14 – 17% T ein. Massenrüben enthalten bei hoher Einzelmasse viel Zellsaft mit relativ geringer, Zuckerrüben dagegen weniger Zellsaft mit extrem hoher Saccharosekonzentration. Der Saccharosegehalt in der T liegt zwischen 650 und 700 g/kg bei den Zuckerrüben und ansteigend im Bereich von 550 – 650 g/kg bei Massen- und Futterzuckerrüben. Andere Zucker spielen mengenmäßig keine Rolle. Der Gehalt an Rohprotein bewegt sich zwischen 60 und 100 g/kg T; ein hoher Anteil (40 – 60% des Gesamt-XP) liegt in Form von NPN-Verbindungen (Glutaminsäure bzw. Glutamin und besonders Betain) vor. Letztgenannte Verbindungen machen etwa 90% des organisch gebundenen NPN aus. Der Gehalt an Nitrat-N kann bei entsprechend hoher N-Düngung Werte von 20 g/kg T erreichen. Fütterungsseitig, vor allem in der Wiederkäuerernährung, ist allerdings bei dem gleichzeitigen Überschuß an leichtlöslichen Kohlenhydraten unter der Voraussetzung normaler Tagesgaben und wiederkäuergerechter Gesamtrationsgestaltung keine Nitratbelastung zu befürchten.

Rohfett ist in Beta-Rüben nur in unbedeutenden Mengen (4 – 7 g/kg T) enthalten. Der Rohfasergehalt liegt im Bereich von 50 – 80 g/kg T. An Gerüstsubstanzen, die bei Anwendung der Weender Futtermittelanalyse zu einem großen Teil nicht als Rohfaser-, sondern als XX-Bestandteile erfaßt werden, sind Lignin (15 – 22 g/kg T), Cellulose (60 – 90 g/kg T), Pentosane (70 – 80 g/kg T) und Pektine (etwa 100 g/kg T) zu nennen Besonders die Pektinfraktion der Zuckerrübennachprodukte (Trockenschnitzel, s. Kap. 8.4.2.4.) ist für die N-Anreicherung durch Ammonisierung von Interesse. Die Gehaltswerte an organischen Säuren (Oxalsäure) sowie ein für Zuckerrüben spezifisches Saponin sind ernährungsphysiologisch nicht nachteilig zu beurteilen.

Der Vitamingehalt der Beta-Rüben ist für die Fütterung ohne Bedeutung. Von den Mengenelementen sind die relativ hohen Gehaltswerte an Na 2 − 10 g/kg T), K (5 − 25 g/kg T) und Cl (4 − 15 g/kg T) zu erwähnen, während der niedrigere Gehalt an Ca (2,5 − 3,0 g/kg T) und P (1,5 − 2,5 g/kg T) von geringerer Bedeutung für die Bedarfsdeckung ist. Der Spurenelementgehalt schwankt in Abhängigkeit vom Standort erheblich. Wie Tabelle 114 zeigt, sind die Gehaltswerte an wichtigen essentiellen Spurenelementen für eine Wurzelfrucht durchaus beachtenswert.

Tabelle 114. Gehaltswerte (in mg/kg T) ausgewählter Spurenelemente in Futter- und Zuckerrüben (Autorenkollektiv 1972)

Futtermittel	Fe	Mn	Co	Cu	Mo	Zn
Massenrüben	32	24	0,1	7,8	0,1	29
Gehaltsrüben	76	63	0,1	6,6	0,2	37
Futterzuckerrüben	26	19	0,2	7,0	0,5	21
Zuckerrüben	56	67	0,08	5,6	0,1	26

6.2.1.2. Verdaulichkeit und Futterwert

Die Verdaulichkeit der Rübenkohlenhydrate ist bei allen Säugetierarten sehr hoch. In Tabelle 115 sind Angaben zur Verdaulichkeit der Rohnährstoffe sowie Futterwertdaten für Rinder und Schweine zusammengestellt.

Bei der Errechnung des Gehalts an energetischen Futtereinheiten (Schwein) auf der Grundlage analytisch ermittelter Rohnährstoffgehalte mit Hilfe tabellierter Verdauungswerte und der im Rostocker Futterbewertungssystem angegebenen Schätzgleichungen sind wegen des Pektingehalts bei Rüben in frischer, silierter und getrockneter Form einschließlich Mohrrüben 5% und bei Preßschnitzeln in frischer, silierter und getrockneter Form 10% vom errechneten EFs-Gehalt abzuziehen (Autorenkollektiv 1989, S. 56).

Die Verdaulichkeit der Rüben wird durch anhaftenden Schmutz herabgesetzt. Von Zausch und Nonn (1987) wurde gezeigt, daß sich hieraus eine erhebliche Senkung der Energiekonzentration ergibt (Tabelle 116).

6.2.1.3. Einsatz in der Fütterung

Futterrüben (Massen- und Gehaltsrüben) sollten vorrangig in der Wiederkäuerernährung und bei (niedertragenden) Sauen eingesetzt werden, Zuckerrüben dagegen primär in der Schweinemast. Bei wiederkäuergerechter Rationsgestaltung sind jedoch Zuckerrüben als energiereiche Konzentrate auch für die Milch- und Mastrindfütterung von großer Bedeutung. Auch für Pferde stellen saubere Beta-Rüben ein gern gefressenes Futtermittel dar.

● **Rinder, Schafe, Pferde**

Futterrüben werden von Wiederkäuern gern verzehrt. Die Fütterung sehr hoher Mengen an Massenrüben (>50 kg FM) ist sowohl aus pansenphysiologischen Gründen (vermehrte Buttersäurebildung) als auch wegen der unerwünschten Beeinflussung der

Tabelle 115. Rohnährstoffgehalt, Verdaulichkeit und Futterwertdaten von Betarüben (Quellenangabe s. Tabelle 105)

	T	OM	XP	XL	XF	XX	XZ	XA
	%	Gehalt je kg T in g						
Massenrübe	11	890	100	7	85	698	550	110
Gehaltsrübe	15	910	80	6	65	759	611	90
Futterzuckerrübe	18	915	65	5	60	785	620	85
Zuckerrübe	23	920	60	4	55	801	647	80
Zuckerrübe siliert	23	900	70	5	80	745	550	100
Zuckerrübe getrocknet	92	940	60	4	70	806	690	60
Rote Rübe	20	890	118	6	70	696	400	110
	Verdaulichkeit beim Wiederkäuer %							
Massenrübe		86	65	30	60	93		
Gehaltsrübe		88	55	25	50	95		
Futterzuckerrübe		88	55	25	45	94		
Zuckerrübe		90	55	25	45	96		
Zuckerrübe siliert		88	40	25	70	95		
Zuckerrübe getrocknet		90	50	25	45	97		
Rote Rübe		88	72	68	64	94		
	Verdaulichkeit beim Schwein %							
Massenrübe		84	61	86	60	90		
Gehaltsrübe		86	60	86	50	92		
Futterzuckerrübe		87	50	25	45	94		
Zuckerrübe		89	50	25	55	95		
Zuckerrübe siliert		87	25	25	70	95		
Zuckerrübe getrocknet		86	45	10	50	93		
Rote Rübe		83	62	0	55	90		
	Verdaulichkeit beim Huhn %							
Zuckerrübe getrocknet		71	10	20	5	80		

Futterwertdaten je kg T

	Wiederkäuer			Schwein				
	EFr	StE[1])	NEL MJ	EFs	ME MJ	DP g	Lys. g	Meth. + Cys. g
Massenrübe	610	687	7,4	580	12,0	60	3,4	1,8
Gehaltsrübe	640	720	7,9	608	12,6	48	2,6	1,5
Futterzuckerrübe	642	724	7,9	614	12,5	33	2,2	1,0
Zuckerrübe	660	744	8,2	630	12,9	30	2,0	0,9
Zuckerrübe siliert	633	712	7,8	610	11,8	17	1,8	0,8
Zuckerrübe getrocknet	675	760	8,4	620	12,9	27	—	—
Rote Rübe	629	708	7,8	600	11,1	38	—	—
	Huhn EFh		ME_N	DP				
Zuckerrübe getrocknet	592		11,3	6				

[1]) Analog zur DLG-Futterwerttabelle für Wiederkäuer (5. Auflage) 1982 wurde bei Rüben eine Wertigkeit von 90% angenommen.

Tabelle 116. Auswirkung des Verschmutzungsgrades auf die Verdaulichkeit und Energiekonzentration von Rüben beim Schwein (Zausch und Nonn 1987)

	Rohasche g/kg T	Verdaulichkeit		EFs/kg T
		Organische Substanz %	Rohprotein %	
Zuckerrüben				
gewaschen	64	89	63	696
verschmutzt	240	87	57	564
stark verschmutzt	367	85	50	468
Futterzuckerrüben				
gewaschen	78	86	66	644
verschmutzt	183	84	56	585

Milchqualität (bitterer Geschmack der Milch, harte, bröcklige Butterkonsistenz) beim laktierenden Tier nicht ratsam.

An Milchkühe können je Tier und Tag 2—3 kg T aus Futterrüben oder frischen, gelagerten bzw. chemisch konservierten Zuckerrüben verabreicht werden. Die maximale Einsatzhöhe je Kuh und Tag sollte bei Futterrüben 5 kg T (= 40 kg FM) und bei Zuckerrüben 4,5 T (= 20 kg FM) nicht übersteigen. Zu beachten ist, daß die Summe der Trockensubstanzgabe aus Beta-Rüben bzw. deren Verarbeitungsprodukten und Rübenblattsilage 4,5 kg T/Tier nicht überschreiten darf (Hoffmann 1983), um das Auftreten azidotischer Erscheinungen infolge einer zu starken Zuckerzufuhr zu vermeiden. Vorteile der Rüben sind ihr günstiger Einfluß auf die Pansenfermentation und die Verdaulichkeit der rohfaserhaltigen Futtermittel. Durch die Fütterung von Rüben kann die T-Aufnahme je Tier und Tag erhöht werden, weil die Tiere Rüben auch dann noch aufnehmen, wenn bei Fütterung von Silage und Heu bereits die Sättigungsgrenze erreicht wurde. Durch 1 kg T Rüben werden nur 0,4 kg T Grundfutter aus der Ration „verdrängt" (Piatkowski 1987).

An Schafe können bis zu 3 kg FM, an Pferde bis zu 10 kg FM Futterrüben je Tier und Tag gefüttert werden. Bei Arbeitspferden ist auch der Einsatz sauberer Zuckerrüben in Mengen von 15 kg (bei schweren Rassen bis zu 20 kg) je Tier und Tag möglich.

- **Schweine**

Zuckerrüben sind auf Grund ihrer hohen Verdaulichkeit und Energiekonzentration für den Einsatz in der Schweinemast geeignet, während Gehalts- und Massenrüben nur bei Mangel an energiereicheren Futtermitteln bis zu Anteilen von 35 bzw. 25% an der T-Gabe verwendet werden sollten. Die Höhe der Lebendmassezunahmen sinkt bei abnehmender Energiekonzentration der Rüben, obwohl die Tiere von den energieärmeren Rüben größere Mengen an FM verzehren. Die Aufnahme an Rüben-T und -energie ist jedoch bei Fütterung der wasserreicheren Rüben vermindert (Tabelle 117). Die Rüben werden als Grundration bei einer Ergänzungsfuttergabe in Höhe von 1,25 bis 1,50 kg ad libitum verabreicht. Der tägliche Verzehr steigt im Verlauf der Mastzeit von 1,3 auf etwa 9 kg an. Zur Deckung des Bedarfs an Eckaminosäuren und verdaulichem Rohprotein muß das Ergänzungsfutter bei einer täglichen Gabe von 1,5 kg je kg FM enthalten:

12 g Lysin, 6,5 g Methionin + Cystin und 190 g verdauliches Rohprotein.

Tabelle 117. Mastleistung der Schweine bei Fütterung verschiedener Rübenarten (Kracht et al. 1988)

Gruppe Grundration	1 Zuckerrüben	2 Futterzuckerrüben (Rosamona)	3 Massenrüben (Futterkraft)
Tierzahl (Einzelhaltung)	9	9	9
Masttage	79	79	79
Lebendmassezunahme/Tier und Tag, g	781	731	608
Verzehr/Tier und Tag Ergänzungsfutter, kg	1,4	1,4	1,4
Rüben (FM), kg	6,9	7,4	9,0
Rüben (T), kg	1,6	1,2	1,2
EFs	1843	1515	1479
ME MJ	33,46	27,74	26,84
EFs aus Rüben, %	55	45	44

Rübenverzehr und Mastleistung werden in starkem Maße durch den Verschmutzungsgrad beeinflußt, der am Rohaschegehalt erkennbar ist. Dieser sollte 100 g/kg Rüben-T nicht übersteigen. Das entspricht nach Zausch und Nonn (1987) einer Schmutzaufnahme von 60 g/kg Rüben-T. Bei einem Verzehr von 1,3 kg Rüben-T werden im Mittel der Mastzeit täglich etwa 80 g bzw. 1,0 g Schmutz je kg Lebendmasse aufgenommen. Höhere Schmutzaufnahmen senken den Verzehr und die Mastleistung erheblich (Kracht et al. 1988). Es ist deshalb notwendig, auf schwereren Böden angebaute Rüben zu waschen, da der Schmutz auf mechanischem Wege (Trockenreinigung) nicht in ausreichendem Maße entfernt werden kann.

Vor der Fütterung muß eine Zerkleinerung der Rüben erfolgen. Der mit Feinbröcklern erreichte Zerkleinerungsgrad (30 – 50% der Partikel <3 mm) hat sich bei Futterzucker- und Zuckerrüben als ausreichend erwiesen. Durch Musen (80% der Partikel <3 mm) wurde kein zusätzlicher Effekt erzielt (Kracht et al. 1988). Sofern höhere Rübenanteile (≈35% der Energiegabe) in der Ration eingesetzt werden, kann sich ein Dämpfen der Rüben vorteilhaft auswirken. Hierdurch kann eine Erhöhung des Verzehrs und der Mastleistung erreicht werden. Eine Voraussetzung für den positiven Effekt ist, daß der beim Dämpfen anfallende Saft aufgefangen und verfüttert wird. Eine Verbesserung der Verwertung der Rüben wird durch das Dämpfen nicht erzielt (Jentsch et al. 1989).

Beta-Rüben sind für den Einsatz in der Sauenfütterung gut geeignet. Von niedertragenden Sauen werden neben 1,0 kg Trockenkonzentrat bis zu 15 kg Massenrüben, 12 kg Gehaltsrüben oder 10 kg Zuckerrüben, das sind etwa 60% der Energieaufnahme, verzehrt. Zur Verminderung des täglichen Frischmasseeinsatzes sollten vorrangig Gehalts-, Futterzucker- oder Zuckerrüben verfüttert werden. Bei hohen Rübengaben ist für eine Stabilisierung der Verdauung durch Zufütterung rohfaserreicher Futtermittel (Kleie, Grünmehl) Sorge zu tragen. Um einen Anteil des Proteinbedarfs aus der Grundration zu decken, ist es vorteilhaft, die Rübengaben auf 5 bis 6 kg FM (1 kg T) bzw. auf 40 – 60% der Energiezufuhr zu begrenzen und zusätzlich etwa 2 kg eiweißreiche Grünfuttersilage zu verabreichen. An hochtragende Sauen sollten nur 3 – 4 kg FM Rüben gefüttert werden. Bei laktierenden Sauen ist wegen des voluminösen Charakters der Rüben auf ihren Einsatz zu verzichten.

6.2.1.4. Konservierung und Futterwert der Konservate

Futterrüben werden vorwiegend konservierend gelagert, bei Zuckerrüben wird außerdem die Silierung oder die Trocknung praktiziert.

● **Konservierende Lagerung**

Für Futterrüben ist die konservierende Lagerung in Mieten, vereinzelt auch in geeigneten Lagerhallen oder Kellern das einzig praktikable Konservierungsverfahren. Zur Erhaltung der Lagerungseigenschaften müssen folgende Grundsätze beachtet werden, die graduell auch für andere Rübenarten gelten:

— Die (maschinelle) Ernte muß schonend unter Vermeidung großer Fallhöhen (Massenrüben max. 50 cm, Gehaltsrüben max. 1 m) erfolgen.
— Der Kopfschnitt sollte möglichst hoch, evtl. auch als Blattschnitt über dem Blattansatz erfolgen.
— Die geernten Rüben sind ohne Zwischenlagerung in eine Miete (möglichst mit Zwangsbelüftung) zu bringen und mit einer dünnen Stroh- bzw. Erdschicht zu bedecken, um sowohl das Welken als auch Erfrieren an der Oberfläche zu verhindern. Bei Frosteintritt werden Strohballen aufgelegt.

Optimal sind Lagerungstemperaturen zwischen 1 und 5 °C und eine Luftfeuchtigkeit von 90% in den Lagerstätten. Die optimale Gestaltung der Lagerungsbedingungen wird durch hohe Schmutzanteile erheblich erschwert (Verminderung der Luftzirkulation mit Wärmestau als Folge). Bei sachgemäßer Lagerung geköpfter Futterrüben kann in Abhängigkeit von der Lagerungsdauer mit den in Abb. 54 dargestellten T-Verlusten gerechnet werden.

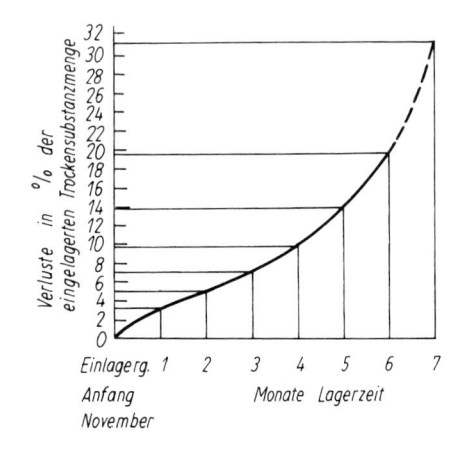

Abb. 54. Trockensubstanzverluste bei der Mietenlagerung geköpfter Futterrüben in Abhängigkeit von der Lagerungsdauer.

Neuere Ergebnisse zum Verlustgeschehen bei der konservierenden Lagerung der Futterzuckerrübensorte „Rosamona" in Erd- und Großmieten unter Praxisbedingungen sind in Tabelle 118 dargestellt.

● **Silierung und Futterwert der Silagen**

Die Silierung der Zuckerrüben bereitet wegen des Überangebots an leicht vergärbarem Zucker erhebliche Schwierigkeiten und sollte nicht ohne Silierzusätze durchgeführt werden. Nach der Einlagerung der geschnitzelten Zuckerrüben und der Veratmung des Sauerstoffs werden in einer Zwischenphase durch Coli-aerogenes-Bakterien größere

Tabelle 118. Verluste bei der konservierenden Lagerung von Rüben der Sorte „Rosamona" und Futterwert der gelagerten Rüben[1] (auszugsweise nach Nonn und Zausch 1983)

Lagerungsform	Lagerungszeit	T	Futterwertdaten zum Zeitpunkt der Auslagerung		Verluste zum Zeitpunkt der jeweiligen Auslagerung in %			
	(Tage)	%	EFs je kg T	EFr	T	Zucker	EFs	EFr
Erdmiete	84	15,2	615	686	5,7	9,1	6,6	5,7
	162	15,6	635	679	15,1	23,8	17,1	16,0
Großmiete mit	84	15,4	635	679	6,7	10,8	6,7	7,7
Zwangsbelüftung	159	16,1	625	679	17,2	27,1	19,3	18,1

[1] Einlagerungszeitpunkt: 19. 10. 1981

Mengen an CO_2 und Essigsäure und durch heterofermentative Milchsäurebakterien Essigsäure und Milchsäure gebildet. Durch die CO_2-Bildung kommt es insbesondere bei Silierung gemuster Zuckerrüben zu einer Schaumgärung, die eine Zunahme des Volumens der Silage um 30–40% zur Folge haben kann. Von Weißbach (1973) wurde festgestellt, daß diese Schaumgärung ausschließlich auf die Tätigkeit anaerober Gasbildner zurückzuführen ist, und daß ein Zusammenhang zu einer parallel verlaufenden Essigsäuregärung besteht. Die Schaumbildung wurde durch einen Zusatz von selektiv bakteriostatisch wirkendem Pyrosulfit ($K_2S_2O_5$) in Höhe von 0,4% vollständig unterdrückt, durch Zugabe von 0,3% Na-Benzoat aber nur gemindert.

Mit zunehmendem Milchsäuregehalt der Silage sinkt der pH-Wert in den Bereich von $<4,0$ ab, und die homofermentativen Milchsäurebakterien treten in den Vordergrund. Hierdurch wird die Intensität der Milchsäuregärung stark erhöht und der pH-Wert sinkt weiter ab. In einem pH-Bereich von $<3,5$ tritt schließlich eine starke Vermehrung von Hefezellen ein, die den noch vorhandenen Zucker zu Alkohol vergären. Bei der Umwandlung von Zucker zu Akohol treten zwar hohe stoffliche Verluste in Form von CO_2 (49%) ein, die Energieverluste sind aber mit 3% nur sehr gering (Laube 1967).

Die Hefen wurden nach herkömmlichen Auffassungen zu den nützlichen Mikroorganismen gerechnet, da sie durch Verbrauch von Sauerstoff das Wachstum der Milchsäurebakterien begünstigen und durch Bildung von Aromastoffen den Verzehr erhöhen sollten. Nach anderen Erkenntnissen sind sie aber als gefährliche Gärfutterschädlinge einzuordnen, da sie Zucker und Milchsäure abbauen, dadurch den Futterwert der Silagen vermindern und ihre Haltbarkeit beeinträchtigen (Beck und Gross 1964).

Bei Lufteinwirkung, insbesondere beim Öffnen des Silos, wird aus dem Alkohol Essigsäure gebildet (Laube 1967). Alkoholreiche Silagen sind hinsichtlich ihrer Futterwirkung ungünstig zu beurteilen, da Anteile des Alkohols unverändert in den Atemgasen erscheinen. Zudem kann der Alkohol die Futteraufnahme der Tiere beeinträchtigen (Laube 1967). Zur Einschränkung der alkoholischen Gärung ist Benzoesäure geeignet, deren antimikrobielles Wirkungsspektrum im sauren Bereich liegt. Benzoesäure sowie Na-Benzoat hemmen Hefen und Schimmelpilze, weniger Bakterien. Ein Zusatz von 0,2% Na-Benzoat oder Benzoesäure vermindert in starkem Maße den Zuckerabbau, die Bildung von Alkohol und Essigsäure und die Verluste an organischer Substanz (Tabelle 119).

Tabelle 119. Konservierungsparameter und Nährstoffverluste bei der Feuchtkonservierung von Zuckerrüben mit Hilfe von Benzoesäure bzw. Na-Benzoat (auszugsweise nach Wildgrube und Zausch 1971)

Zusatz	Zucker-gehalt	pH-Wert	Milch-säure	Essig-säure	Alkohol	Verluste an	
						Zucker[1])	organische Substanz
	%		%	%	%	%	%
ohne (n = 17)	1,2	3,7	2,11	1,24	2,03	91,6	42,1 ± 13,3
0,2% Na-Benzoat (n = 14)	6,0	4,15	1,28	0,69	1,00	68,0	26,1 ± 9,0
0,2% Benzoesäure (n = 17)	9,5	4,10	0,71	0,19	0,80	19,5	22,0 ± 5,6

[1]) Hierbei handelt es sich nicht um Totalverluste, da ein Teil der ursprünglich vorhandenen Zuckerenergie in Form der Fermentationsprodukte (Fettsäuren, Ethanol) erhalten bleibt.

Bei Verwendung von Pyrosulfiten, Mineralsäuren, Ameisensäure und Formiaten als Silierzusatz in Zuckerrübensilagen werden die bakteriellen Gärungen gehemmt, die Alkoholbildung wird aber nicht beeinträchtigt (Laube 1967). Durch Pyrosulfite wird die alkoholische Gärung sogar gefördert (Weißbach 1973).

Es besteht die Möglichkeit, Zuckerrüben im Gemisch mit Rapsextraktionsschrot einzusilieren. Ein Anteil von 10% glucosinolathaltigem Rapsextraktionsschrot sollte jedoch nicht wesentlich überschritten werden, um eine thyreostatische Belastung der Tiere zu vermeiden. Im Vergleich zur Silierung ohne Zusatz und zur Verwendung von Pyrosulfit werden die Verluste wesentlich vermindert und die Silagequalität verbessert. Nach Angaben von Nonn und Zausch (1986) sind in einer derartigen Silage (Zuckerrüben und 10% Rapsextraktionsschrot) je kg T etwa folgende Futterwertdaten enthalten: 650 EFs, 160 g Rohprotein und 7 g Lysin.

Die Auswirkungen unterschiedlicher Silierzusätze auf die Höhe der Verluste sowie die Verzehrhöhe und die Lebendmassezunahmen bei Mastschweinen wurden in Versuchen demonstriert (Tabelle 120). Die Befunde zeigen eindeutig, daß bei Verwendung von Benzoesäure bzw. Na-Benzoat die niedrigsten Silierverluste sowie die höchste Futteraufnahme und Mastleistung erreicht werden. Sofern diese nicht verfügbar sind, stellt die Mischsilierung mit Rapsextraktionschrot die günstigste Alternative dar.

Die Verdaulichkeit der Rohnährstoffe und die Futterwertdaten für Zuckerrübensilage (22% T) sind in Tabelle 115 angegeben. Häufig wird eine Mischeinsäuerung von Kartoffeln mit Zucker- bzw. Futterzucker- und Gehaltsrüben im Verhältnis 2 − 1 : 1 empfohlen, weil hierdurch die Schaumgärung bei der Rübensilierung vermieden und die Silagen gern gefressen werden. Beim Einsatz derartiger Silagen in der Schweinemast werden die Mastleitungen je nach Rübenanteil nur um 10 − 20% vermindert. Von Becker und Oslage (1953, 1954) und Laube (1958) wurden bei der Einsäuerung von Kartoffel-Rüben-Gemischen hohe Verluste an organischer Substanz ermittelt. Laube (1958) stellte bei der Silierung von Gemischen aus Kartoffeln und Futterrüben im Verhältnis 2:1 bzw. 1:1 Verluste an organischer Substanz von 29 bzw. 41% fest, während bei den im Vergleich dazu einsilierten Kartoffeln nur ein Verlust von 20% eingetreten war. Die Verluste können durch ein Abkühlen der Kartoffeln vor der Einlagerung ins Silo um etwa 5 − 10% vermindert werden.

6. Knollen und Wurzeln

Tabelle 120. Silierverluste und Mastleistung beim Einsatz verschiedener Siliermittel in Zuckerrübensilage im Vergleich zur Silierung ohne Zusatz (Nonn und Zausch 1986)

Silierzusatz kg/t	ohne —	Benzoesäure 2	Na-Pyrosulfit 4	Rapsextraktionsschrot 100
Verluste in %				
organische Substanz	26	9	38	11
EFs	29	8	42	17
Verzehr und Mastleistung im Lebendmassebereich 35 — 100 kg				
Tierzahl	14	14	14	14
Trockenkonzentrat (kg/Tier/Tag)	1,25	1,25	1,25	1,25
Zuckerrübensilage (kg/Tier/Tag)	4,42	4,68	4,62	4,34
Lebendmassezunahme (g/Tier/Tag)	583	731	617	708

- **Trocknung von Zuckerrüben und Futterwert der Konservate**

Die Trocknung von Rüben ist im Vergleich zu anderen Konservierungsverfahren mit den niedrigsten Nährstoffverlusten verbunden. Bei sachgemäßer Trocknerführung liegen die Verluste an organischer Substanz im Bereich von 5 — 7%. Aus ökonomischer Sicht ist nur die Trocknung frischer, T-reicher Zuckerrüben gerechtfertigt, da bei den wasserreichen Futterrüben der Energieaufwand in Relation zum Futterwert zu hoch ist. Die Verdaulichkeit der Rohnährstoffe und die Futterwertdaten liegen beim Rind und Schwein in einem optimalen Bereich, während beim Geflügel ein geringerer Futterwert ermittelt wurde. (s. Tabelle 115).

Bei ungünstiger Trocknerführung wird die Verdaulichkeit vermindert und der Verlust an Futterenergie erhöht (Tabelle 121). Die Verfütterung des Trockenproduktes (Produktbezeichnung: Zuckerrübenvollschnitzel) sollte primär in der Schweinehaltung und in Anbetracht der hohen Verdaulichkeit und Energiekonzentration vorrangig in der

Tabelle 121. Auswirkung der Trocknerführung auf Verdaulichkeit und Nährstoffverluste von Zuckerrüben (Nonn und Mitarb. 1971)

Variante	Normale Trocknung	Erhöhte Temperatur	Stark erhöhte Temperatur
Trommelausgangstemperatur (°C)	185	190	195
Eintrocknungsverhältnis	5,2 : 1	5,5 : 1	5,7 : 1
T der Zuckerschnitzel (%)	88	94	97
Verlust an organischer Substanz (%)	2,9	4,8	4,8
Farbe der Zuckerschnitzel	grau-braun	braun	braun-schwarz
Verdaulichkeit (%)			
Organische Substanz	88	80	76
Rohprotein	49	19	—
Rohfett	—	—	—
Rohfaser	69	50	37
XX	94	90	87
Verlust an Futterenergie (%)	6	14	20

Mast erfolgen. Die Zuckerrübenvollschnitzel können entweder ad libitum zu einer Ergänzungsfuttergabe (etwa 1,5 kg/Tier und Tag) verabreicht werden, die den Bedarf der Tiere an essentiellen Aminosäuren sowie Vitaminen und Mineralstoffen in vollem Ausmaß deckt, oder als Bestandteil einer Alleinfuttermischung zum Einsatz gelangen. Beide Verfahren ermöglichen es, je Tier und Tag hohe Lebendmassezunahmen von > 700 g zu erreichen, wenn auch häufig bei der Getreidemast um 30 – 100 g höhere Lebendmassezunahmen erzielt werden (Tabelle 122).

Tabelle 122. Mastleistungen beim Einsatz von Zuckerrübenvollschnitzeln im Schweinemastfutter im Lebendmassebereich von 40 – 120 kg (Kracht und Erxleben 1988)

Gruppe	1	2	3	4	5
Zuckerrübenschnitzelanteil %	0	15	30	45	60
Tierzahl	50	50	50	50	50
Alleinfutterverzehr (kg/Tier/Tag)	2,93	2,93	2,68	2,78	2,54
Mastzunahme g/Tier	801	810	734	722	665
Aufwand/kg Zuwachs (kEFs)	2,18	2,17	2,20	2,26	2,21
Aufwand/kg Zuwachs ME MJ	46,47	46,00	46,37	47,96	46,61

Im Rahmen der Kartoffelmast können die Zuckerrübenvollschnitzel etwa 50% des Getreideanteils der Ergänzungsfuttergabe ersetzen. Die Zuckerrübenvollschnitzel sollten nach der Trocknung soweit zerkleinert werden, daß etwa 70% der Schnitzel eine Partikelgröße von < 5 mm aufweisen. Das ist erreichbar, wenn bei der Zerkleinerung 15er oder 19er Rippenmesser verwendet werden (Wildgrube und Nonn 1971). Bei Verwendung von Seitenschnittmessern liegen nur etwa 40% der Partikel im Größenbereich < 5 mm. Hierdurch wird ein Absinken der Lebendmassezunahmen bewirkt. Durch Schroten derartig grober Partikel wird die Mastleistung verbessert. Das Mahlen der Schnitzel sollte im Gemisch mit Getreide erfolgen, da bei der Zerkleinerung mit einer Hammermühle diese schnell verklebt und zudem die Gefahr einer Staubexplosion besteht. Ein Aufquellen der Schnitzel vor der Fütterung vermindert den Verzehr und die Mastleistung.

Zuckerrübenvollschnitzel können auch im Ferkelaufzuchtfutter bis zu einer Höhe von 30% eingesetzt werden, wenn sie durch ein 2-mm-Sieb zerkleinert wurden. Es ist allerdings notwendig, die Tiere langsam an eine derartige Futtermischung zu gewöhnen, da sonst Durchfälle auftreten (Zausch und Ottilie 1965). In der Sauenfütterung haben sich im Trächtigkeitsabschnitt tägliche Gaben von 1,25 – 1,50 kg und in der Säugeperiode bis zu 2 kg als günstig erwiesen (Wildgrube und Zausch 1971).

Die Verfütterung von getrockneten Zuckerrüben an Wiederkäuer kann bei Verabreichung zu hoher Gaben zu Azidosen führen. In der Milchviehfütterung sollte deshalb die Tagesgabe an Zuckerschnitzel auf 1,0 – 1,5 kg T begrenzt werden. Die Tiere sind langsam an das zuckerreiche Futtermittel zu gewöhnen. Die Zuteilung sollte nach einer Grundfuttergabe erfolgen. In Rationen für Mastrinder ist der Einsatz von getrockneten Zuckerrüben auf 0,4 kg T/100 kg Lebendmasse und Tag (Flachowsky und Mitarb. 1985) zu begrenzen.

An Pferde können bei schwerer Arbeit bis zu 5 kg Zuckerrübenvollschnitzel verabreicht werden. Die Schnitzel müssen vor der Fütterung in Wasser vorgequollen werden. In arbeitsfreien Perioden ist diese Tagesgabe stark zu reduzieren oder einzustellen, da der hohe Zuckergehalt eine verstärkte Einlagerung von Glycogen in den Muskel bewirkt. Bei einsetzender Arbeitsbelastung tritt ein schneller Abbau des Glycogens ein, der Myglobinurie („Verschlag") auslösen kann (Schubert 1986).

6.2.2. Rote Rüben

Rote Rüben sind für die Fütterung von geringer Bedeutung. Der Trockensubstanzgehalt liegt im Bereich von Massenrüben (s. Tabelle 115). Im Vergleich zu diesen sind die NFE-Gehaltswerte (im Mittel 55% der T, wovon nur ein Fünftel als Saccharose vorliegt) deutlich niedriger und die XP- und Aschegehalte etwas höher. Für den Fütterungseinsatz gelten die gleichen Aussagen wie zu T-armen Futterrüben. Die in Roten Rüben enthaltenen Farbstoffe gehören der Anthocyangruppe an und haben keine Vitaminwirksamkeit.

6.3. Brassica- und Mohrrüben

Rübenartige Wurzeln, die zu Fütterungszwecken genutzt werden, bilden von den Kreuzblütlern die Kohlrübe oder Wruke (*Brassica napus* var. *napobrassica*) und die Stoppelrübe bzw. Wasserrübe oder Turnips (*Brassica napus* var. *rapifera*) und von den Doldengewächsen die Mohrrübe bzw. Möhre *(Daucus carota).*

6.3.1. Inhaltsstoffe

6.3.1.1. Kohlrüben

Der Futterwert resultiert in erster Linie aus dem Gehalt an Kohlenhydraten. Von dem Gehalt an NFE (650 – 750 g/kg T) entfallen im Gegensatz zu den Beta-Rüben nur etwa die Hälfte auf Saccharose. Erhebliche Anteile liegen als Monosaccharide (Glucose und Fructose) vor. Darüber hinaus sind in den XX stark schwankende Mengen (10 – 100 g/kg T) an kleinkörniger Stärke enthalten. Wie bei allen Brassica-Rüben enthält die XX-Fraktion der Kohlrübe einen höheren Anteil an Gerüstkohlenhydraten, die leicht hydrolysierbar sind und dadurch nicht bei der Rohfaserbestimmung erfaßt werden. Daher liegt der analytisch bestimmbare Cellulosegehalt deutlich höher als der Rohfasergehalt. Vom Rohproteingehalt (110 g/kg T) entfallen etwa 50% auf Reineiweiß. Der NPN-Anteil enthält wenig Betain und freie Aminosäuren. Der Gehalt der Kohlrüben an Rohfett (20 g/kg T) ist relativ gering. Der Vitamingehalt ist mit Ausnahme des für die menschliche Ernährung erwähnenswerten Vitamin-C-Gehaltes ohne Bedeutung für die Fütterungspraxis, auch wenn in gelb gefärbten Sorten geringe Mengen (10 – 50 mg/kg T) an Carotinen nachgewiesen wurden.

An besonderen Inhaltsstoffen sind die für alle Cruciferen typischen Glucosinolate zu nennen, deren Gehaltswerte in den Rüben allerdings beträchtlich niedriger liegen als in den grünen Pflanzenteilen und den Samen. Auf die Glucosinolat-Problematik wird bei Besprechung der als Futtermittel bedeutsamen Rückstände der Ölgewinnung aus Cruciferensamen detailliert eingegangen. Da die Schadwirkungen der Glucosinolate durch ihre Agluconbestandteile verursacht werden, muß jedoch darauf hingewiesen werden, daß Kohlrüben glucosinolatspaltende Enzyme (Myrosinase) enthalten. Deshalb sollten glucosinolatreiche Samenrückstände (Rapsextraktionsschrot) nicht gemeinsam mit frischen Kohlrüben an Schweine verabreicht werden.

6.3.1.2. Stoppelrüben (Wasserrüben, Herbstrüben, Turnips)

Die Stoppelrüben werden, wie der Name sagt, hauptsächlich als Sommerzwischenfrüchte für Futterzwecke angebaut und in der Regel mit Kraut verfüttert. Trotz großer Formenvielfalt (englische Turnips erreichen Massenrübengröße, „Teltower Rübchen" als Gemüsepflanzen stellen die kleinste Varietät dar) liegt der T-Gehalt aller Stoppelrübensorten bei knapp 10% (Tabelle 123). Der Rohproteingehalt liegt mit 135 g/kg T etwas höher als bei anderen Rübenarten. Die XP-Fraktion besteht überwiegend aus NPN-Verbindungen. Bei Verfütterung mit Blatt, nach vorhergehender reichlicher N-Düngung, ist auf die Möglichkeit hoher Nitratgehalte hinzuweisen. Der Gehalt an XX (620 g/kg T) liegt auf einem weitaus niedrigeren Niveau als bei den übrigen Beta- und Brassica-Rüben. Die XX-Fraktion besteht zum überwiegenden Teil

Tabelle 123. Rohnährstoffgehalt, Verdaulichkeit und Futterwertdaten von Kohl-, Stoppel- und Mohrrüben (Quellenangabe siehe Tab. 93)

	T %	OM	XP	XL	XF	XX	Stärke	Zucker	XA
		Gehalt je kg T in g							
Kohlrübe	11	910	110	20	110	670	0	350	90
Stoppelrübe									
ohne Blätter	8,5	875	135	12	110	618	0	400	125
mit Blätter	9,5	815	195	20	140	460	–	–	185
Mohrrübe	12	885	90	15	90	690	–	500	115
Verdaulichkeit beim Wiederkäuer in %									
Kohlrübe		90	70	60	70	97			
Stoppelrübe									
ohne Blätter		84	75	60	70	89			
mit Blätter		80	78	65	60	88			
Mohrrübe		88	70	55	70	93			
Verdaulichkeit beim Schwein in %									
Kohlrübe		84	60	20	65	93			
Stoppelrübe									
ohne Blätter		84	60	20	65	89			
Mohrrübe		87	60	30	75	93			

Futterwertdaten je kg T

	Wiederkäuer			Schwein				
	EFr	StE	NEL MJ	EFs	ME MJ	DP g	Lys g	Met. + Cys. g
Kohlrübe	670	740	8,2	600	11,1	66	2,8	1,4
Stoppelrübe								
ohne Blätter	590	660	7,1	575	11,5	100	5,4	2,1
mit Blätter	533	590	6,3	–	–	–	–	–
Mohrrübe	634	705	7,7	600	11,8	54	2,9	1,5

aus Zucker, der vorwiegend als Glucose vorliegt. Hinsichtlich des Vitamingehalts besteht Übereinstimmung mit den Angaben für Kohlrüben. Die für Brassica-Gewächse typischen Glucosinolate liegen in größeren Mengen als in Kohlrüben vor, ihr Gehalt kann Werte von 150 bis 200 mg/kg Frischmasse erreichen.

6.3.1.3. Mohrrüben

Der T-Gehalt der Mohrrüben liegt zwischen 11 und 14%, wovon etwa die Hälfte in Form leichtlöslicher Zucker vorliegt (s. Tabelle 123). Im Vergleich zu Beta-Rüben sind jedoch wie bei Kohlrüben geringe Stärkemengen vorhanden. Für Speisemohrrübensorten werden ein Zuckergehalt von etwa 450 g (je zur Hälfte aus Mono- und Disacchariden bestehend) und ein Stärkegehalt von 50 g/kg T angegeben. Der Gehalt an XP liegt im Mittel bei 90 g/kg T. Mehr als die Hälfte davon ist Reineiweiß, die NPN-Fraktion besteht zu einem großen Teil aus Glutamin und Asparagin. Die Mohrrüben reichern im Gegensatz zu den vorher besprochenen Rüben kaum Nitrat im Wurzelbereich an. Der Gehalt an Rohfett ist mit $10-15$ g/kg T gering. Erwähnenswert ist der Gehalt an etherischen Ölen, der bei Verfütterung großer Mohrrübenmengen an Schweine verzehrsdepressiv wirken kann. Aus der Sicht der Human- und Tierernährung ist der Gehalt an Carotin, mit β-Carotin als dominierendem Bestandteil, von besonderer Bedeutung. Rote Speisemohrrüben enthalten in frischer Form mehr als 500 mg/kg T, häufig werden sogar Carotingehalte von 1 g/kg T erreicht. Von den Mineralstoffen sind die Gehaltswerte an Kalium ($20-30$ g/kg T), Natrium ($6-8$ g/kg T) und Eisen (Verschmutzung!) zu erwähnen.

6.3.2. Verdaulichkeit

Die Verdaulichkeit der organischen Substanz liegt bei den Brassica- und Mohrrüben im Bereich von $83-88\%$ und stimmt bei Rind und Schwein weitgehend überein. Lediglich bei den Kohlrüben wurde an Rindern eine höhere Verdaulichkeit ermittelt (s. Tabelle 123). Die Überlegenheit des Rindes in bezug auf die Proteinverdaulichkeit ist in Anbetracht des niedrigen Rohproteingehalts der Rüben ohne praktische Bedeutung. Der Gehalt an EF für Rinder liegt bei den angeführten Rübenarten höher als die EF-Werte für Schweine. Für die Brassica-Rüben ist hieraus ein bevorzugter Einsatz in der Rinderfütterung abzuleiten. Bei den Mohrrüben wird dieser Nachteil durch andere Vorteile (Carotin) aufgewogen, so daß die Zweckmäßigkeit des Einsatzes in der Sauen- und Ferkelfütterung hierdurch nicht in Frage gestellt wird.

6.3.3. Konservierung

Sowohl für Kohlrüben als auch Stoppelrüben ist die konservierende Lagerung ungeköpfter Partien das günstigste Konservierungsverfahren. Diese Feststellung gilt besonders für die Kohlrübe. Stoppelrüben können auf Grund ihrer Frosthärte bis zum Einsetzen stärkerer Fröste im Boden verbleiben und kontinuierlich frisch verfüttert werden.

Die Konservierung der Mohrrüben sollte vorrangig in Erdmieten erfolgen. Vor der Einlagerung ist das Kraut zu entfernen. Hierbei ist jedoch eine Beschädigung der Rübenkörper zu vermeiden. Eine Silierung ist sowohl bei den Brassica- als auch bei den Mohrrüben wegen des hohen Wassergehaltes mit sehr hohen Sickersaft- und Masseverlusten verbunden und daher abzulehnen.

6.3.4. Einsatz in der Fütterung

Kohlrüben sind in erster Linie für die Rinderfütterung geeignet. Von Kühen werden täglich 30 — 40 kg FM in zerkleinertem Zustand verzehrt. Es ist aber zweckmäßig, die Gabe auf 1,5 bis 2,0 kg T/Kuh und Tag (15 — 20 kg FM) zu begrenzen, um Geschmacksbeeinträchtigungen von Milch und Butter zu vermeiden. Zu diesem Zweck muß die Zuteilung nach dem Melken erfolgen, um einen Abbau der spezifischen Inhaltsstoffe, der etwa 6 h erfordert, zu ermöglichen (Hoffmann 1983). Bei zu hohen Gaben wird die Butter fest und bröcklig. Eine langfristige Fütterung hoher Gaben kann das Auftreten der sog. Kohlanämie zur Folge haben. In der Schweinemast sollten Kohlrüben nur in Anteilen von 30 — 50% an der Grundration eingesetzt werden.

Stoppelrüben sollten ebenfalls vorrangig in der Rinderfütterung zum Einsatz gelangen. Bei der Fütterung sind die für Kohlrüben gegebenen Hinweise zu beachten. Sofern zu hohe Gaben verabreicht werden, tritt bei Milch und Butter ein für Turnips charakteristischer scharfer, saurer Geschmack und Geruch auf.

An Jung- und Mastrinder und insbesondere an Schafe und Pferde sind in Abhängigkeit von der Lebendmasse nur geringe Mengen von 0,2 — 1,0 kg T/Tier und Tag zu verabreichen. An Schweine können bei der Hackfruchtmast Anteile von 30 — 40% an der Grundration verfüttert werden.

Mohrrüben sind auf Grund ihrer guten diätetischen Wirkung und ihres Gehalts an β-Carotin für junge Tiere besonders wertvoll. Auf die Schmutzfreiheit des Materials ist hier besonders zu achten. Als Tagesgaben können an Fohlen 1 — 1,5 kg FM, an Stuten 2 bis 5 kg FM und an Rennpferde 1 — 2 kg FM verabreicht werden. Für weibliche Jungschweine (35 — 115 kg Lebendmasse) sind im 1. und 2. Aufzuchtabschnitt Tagesgaben von 1,5 bzw. 3,5 kg FM zu empfehlen. In der Fütterung tragender Sauen kann durch Gaben von 2 — 3 kg einem Vitamin-A-Mangel vorgebeugt werden. Höhere Anteile an der Energiebedarfsdeckung von 25 — 35% (5 — 7 kg FM/Tier und Tag) werden von den tragenden Sauen gut verzehrt und ermöglichen eine Einsparung an Trockenkonzentraten.

Der Einsatz von 1 — 3 kg FM Mohrrüben in den Rationen laktierender Sauen trägt dazu bei, die Verdauung zu stabilisieren und die Versorgung mit Vitamin A zu sichern.

An Milchkühe können bis zu 20 kg/Tier und Tag verfüttert werden. Tagesgaben von 10 — 15 kg Mohrrüben/Tier in der Winterfütterung sind nicht nur die Carotin- bzw. Vitamin-A-Versorgung bedeutsam, sondern tragen auch zur Qualitätsverbesserung des Butterfettes bei carotinarmen Grundrationen bei.

6.4. Maniok (Tapioka, Cassava)

(W. Kracht)

6.4.1. Verbreitung und Bedeutung

Unter den tropischen Kulturen hat die aus den nördlichen Teilen des tropischen Südamerika stammende und gegenwärtig weltweit zwischen dem 23. Grad nördlicher und südlicher Breite angebaute Maniokpflanze eine vorrangige Bedeutung erlangt (Pond und Maner 1984).

Die ursprüngliche Bezeichnung der zur Familie der *Euphorbiaceae* (Wolfsmilchgewächse) gehörenden Maniokpflanze (*Manihot esculenta* Crantz) lautete in Südamerika Manioca, Mandioca oder Yuca. Im englischen Sprachgebiet wird sie Cassava und in Süd-Ostasien Tapioka genannt. Der letztere Name ist auch in Mitteleuropa gebräuchlich (Vogt und Penner 1963, Becker und Nehring 1969).

Es wird zwischen Bitter- (*Manihot utilissima* Pohl) und Süß- (*Manihot dulcis* Baillon) Maniokvarietäten unterschieden, die höhere bzw. niedrigere Blausäureglucosidgehalte aufweisen. Von der Weltproduktion an Maniok, die 100 Millionen t übersteigt, werden 38% in Afrika, 36% in Asien und etwa 25% in Lateinamerika erzeugt. In der Rangordnung des Produktionsvolumens der landwirtschaftlichen Kulturen steht Maniok im Weltmaßstab an 9. Stelle, in den Tropen nimmt sie den 5. Platz ein (Pond und Maner 1984).

Die Maniokwurzeln sind in der tropischen Klimazone ein Grundnahrungsmittel für 300 Millionen Menschen (Cooke und De La Cruz 1982). Überschüsse werden in steigendem Ausmaß als Futtermittel verwendet und zu diesem Zweck nach Europa, den USA und in andere Länder exportiert.

6.4.2. Botanische Merkmale und Erträge

Die Maniokpflanze ist ein 1,5 bis 3,0 m hoher Strauch, der zu 6% aus Blättern, 44% aus Stengeln und zu 50% aus Wurzeln besteht (Devendra 1977). Die aus den unterirdischen Sproßachsen des Strauches abzweigenden, knollenartigen, zylinder- bis kegelförmigen Wurzeln haben eine Länge von 30–60 cm, einen Durchmesser von 5–20 cm und ein Gewicht von 3–5 kg. Sie enthalten 60–70% Wasser, 20–35% Stärke und etwa 5% Zucker (Figueiredo 1974, Kling und Wöhlbier 1983).

Der Ertrag an Wurzelknollenfrischmasse liegt nach einer Vegetationszeit von 12–13 Monaten im Bereich von 20–30 t. Einige Sorten erreichen einen Ertrag von 40 t/ha bei einem Stärkegehalt von 38% (Müller et al. 1974). Bei einem T-Gehalt von 32 bis 35% wird ein mittlerer Trockenmasseertrag von 7–12 t/ha erzielt (Tabelle 124). In einigen Ländern ist es üblich, auch die Blätter mit oder ohne Teile der Stengel zu ernten, wobei je ha Mengen von 10–30 t anfallen (Oke 1978).

Tabelle 124. Erträge an Frisch- und Trockenmasse sowie Ausbeute an Chips je Hektar im 12. Vegetationsmonat (Gomez und Valdivieso 1984)

	Gesamte Wurzel			Sonnen-getrocknete Chips	
	Trockensubstanz %	Frischmasse t/ha	Trockenmasse t/ha	Ausbeute %	Anfall t/ha
Süß-Cassava	32,2	28,1	9,1	33	9,3
Bitter-Cassava	38,7	30,2	11,7	40	12,1

6.4.3. Futtermittel aus Maniokwurzeln

In der Mischfutterindustrie zahlreicher Länder werden getrocknete Produkte aus Maniokwurzeln als Kohlenhydrat- bzw. Energieträger verwendet. Diese Futtermittel dienen zur Substitution von Getreide und können bei niedrigen Kosten je Einheit Futterenergie dazu beitragen, die Mischfuttermittel zu verbilligen.

In der Futtermittelverordnung der Bundesrepublik Deutschland vom 8. 4. 1981 (Koch et al. 1989) werden folgende Einzelfuttermittel aus getrockneten Maniokwurzeln unterschieden: Maniokmehl, -schnitzel oder -wurzeln Typ 55. Dieses aus ganzen Maniokwurzeln bestehende Produkt soll in der T mindestens 63% Stärke und max. 4% salzsäureunlösliche Asche enthalten. Der Wassergehalt darf 14% nicht übersteigen. Bei der Herstellung werden die Knollen erforderlichenfalls gewaschen und danach geschnitzelt, wobei Chips mit einer Länge von 4 – 5 cm anfallen. Diese werden überwiegend auf freien Flächen unter Einwirkung der Sonne getrocknet (Gomez et al. 1984), gemahlen und entweder mit Zusätzen von Melasse, Bindemitteln oder Wasserdampf zu sog. Markenpellets verarbeitet, oder es werden Nativ-Pellets ohne Zusätze vorwiegend auf einheimischen Pelletieranlagen hergestellt (Hammen 1983). Der Pelletdurchmesser beträgt 5 – 8 mm. Durch das Pelletieren wird das Volumen der getrockneten Wurzeln um 25% verringert, die Lager- und Transportfähigkeit wird verbessert, Wachstumsinhibitoren und andere Schadstoffe (Pilze) werden zerstört, und infolge der Vermeidung einer Staubentwicklung im Futtertrog wird der Verzehr der Tiere erhöht (Müller et al. 1974).

- **Maniokmehl, -schnitzel**

Dieses Futtermittel soll aus geschälten Wurzeln hergestellt werden. Der Mindestgehalt an Stärke in der T soll 70% betragen. Der maximale Gehalt an unlöslicher Asche mit 3,3% der T liegt niedriger als beim Maniokmehl vom Typ 55. Für den Normtyp werden bezogen auf die Originalsubstanz minimal 63% Stärke und maximal 4% Rohfaser gefordert.

- **Maniokpülpe, getrocknet**

Die Pülpe fällt bei der Stärkegewinnung aus Maniokwurzeln an. In der Pülpe-T darf der Rohfasergehalt 13% und der Gehalt an salzsäureunlöslicher Asche 2,3% nicht übersteigen. Für den Wassergehalt wird eine Begrenzung von max. 13% angegeben. Im Normtyp werden bezogen auf die Originalsubstanz folgende Gehalte gefordert: Stärke minimal 50%, Rohfaser maximal 11%, Rohasche maximal 5%. Die Rückstände der Stärkegewinnung werden auch als Tapioka-Ampas bezeichnet (Sperling 1954).

- **Maniokquellmehl**

Dieses Erzeugnis wird aus Maniokmehl gewonnen. Die Stärke wird thermisch aufgeschlossen. Der Wassergehalt soll 12% und der Rohfasergehalt in der T 4% nicht übersteigen. In der Originalsubstanz des Normtyps sollen mindestens 75% Stärke enthalten sein.

- **Maniokquellstärke**

Dieses Futtermittel wird aus Maniokstärke durch thermischen Stärkeaufschluß hergestellt. Der Wassergehalt soll 12% und der Gehalt der T an salzsäureunlöslicher Asche 0,5% nicht übersteigen. In der Originalsubstanz des Normtyps sollen mindestens 88% Stärke und maximal 1% Rohfaser enthalten sein.

6.4.3.1. Inhaltsstoffe

- **Rohnähr- und Faserstoffe**

Der Rohnährstoffgehalt von Maniokwurzeln und einiger Maniokprodukte ist in Tabelle 125 angegeben.

Die Maniokwurzel enthält 35% Trockenmasse. Der innere Teil der Wurzel weist mit 38% einen höheren T-Gehalt auf als die Schale mit 28%. Der Rohproteingehalt der Maniokprodukte in der T ist weitaus niedriger als der Proteingehalt einheimischer Knollenfrüchte. Er liegt nur im Bereich von etwa 20% des Rohproteingehaltes der Getreidearten.

6. Knollen und Wurzeln

Tabelle 125. Rohnährstoffgehalt von Maniokknollen und getrockneten Maniokprodukten

Quelle	nach [1], [2], [3], [4], [5], [6] Schwankungsbereich		DLG-Futterwerttabellen (1984)			Kling und Wöhlbier (1983)	
	Knollen	Trocken-produkte	Maniok-mehl -schnitzel	Maniok-mehl -schnitzel Typ 55	Maniok-stärke	Maniokschlempe frisch / getrocknet	Maniokpülpe
Trockensubstanz	32–39	86–90	87,1	86,6	87,4	3,3 / 9,2	7,5
% d. Originalsubstanz							
Gehalt in % der Tockensubstanz							
Rohasche	2,2–3,8	2,0–6,3	4,2	6,2	3,0	6,7 / 9,3	5,5
Rohprotein	3,3–3,6	1,4–4,5	2,5	2,7	0,7	14,4 / 12,3	5,2
Rohfett	0,8–1,0	0,3–1,1	0,5	0,7	0,3	1,8 / 1,6	5,3
Rohfaser	3,2–4,4	2,3–6,8	3,6	6,3	0,2	2,8 / 5,6	23,8
XX	84–88	84–90	89,2	84,1	98,5	74,2 / 71,2	62,2
Stärke	67–84	67–84	79,2	72,2	98,5		
Zucker	–	–	3,1	3,5	–		

[1] Becker und Nehring (1969),
[2] Kling und Wöhlbier (1983),
[3] Hammen (1983),
[4] Walker (1983),
[5] Pond und Maner (1984),
[6] Schiemann et al. (1966)

Vom Rohprotein der Maniokwurzel liegen 40 – 60 % als Nicht-Protein-N (NPN) vor, wobei der NPN-Gehalt in der Schale höher ist als in der gesamten Wurzelmasse (Pond und Maner 1984).

Der Gehalt an XX übersteigt die XX-Gehalte inländischer Hackfrüchte und von Getreide. Die XX-Fraktion besteht zu 86 – 89 % aus Stärke und zu 4 – 5 % aus Zucker. Die Tapiokastärke besteht ähnlich der Getreide- und Kartoffelstärke zu 17 – 20 % aus Amylose und 80 – 83 % aus Amylopectin (Pond und Maner 1984, Swinkels 1985).

Beim Einsatz von Tapiokaprodukten im Mischfutter ist zu beachten, daß der Stärkegehalt erheblich differiert. Von Jackisch (1979) wurde bei der Untersuchung von 51 Maniokproben ein Schwankungsbereich von 55,7 % bis 73,7 % ermittelt. Starke Schwankungen liegen auch beim Rohfasergehalt der Maniokprodukte vor. Während aus ungeschälten Wurzeln hergestellte Futtermittel in der T bis zu 6,5 % Rohfaser aufweisen, werden nach Entfernen der Schale nur 3 – 4 % erreicht.

Die Angaben zum Gehalt von Maniokmehl und -pellets an Neutraldetergensfaser von 10 – 11,5 % der T zeigen, daß die Faserstoffe nicht vollständig in der Rohfaserfraktion erfaßt werden und mit der Weender Analyse nahezu die Hälfte der Faser als XX ausgewiesen wird (Blum 1987). Der Gehalt an saurer Detergensfaser (ADF) liegt mit 4,6 – 5,7 % der T etwa im Bereich des Rohfasergehalts (Blum 1987).

In Maniokprodukten wurden in der T Gehalte von 4,6 % Rohcellulose, 2,9 % Pentosanen und 1,6 % Lignin ermittelt (Autorenkollektiv 1972). Von Bedeutung ist der erhebliche Schwankungsbereich des Rohasche- und Sandgehalts. Jackisch (1979) fand in 51 Proben eine Variationsbreite von 2,63 – 9,35 % Rohasche (Mittelwert 4,64) und einen Schwankungsbereich des Sandgehalts von 0,24 % bis 6,60 % (Mittelwert 2,65 %). Die erhöhten Sand- und Rohaschegehalte sind auf mineralische Verunreinigungen zurückzuführen.

- **Mineralstoffe und Vitamine**

Zum Gehalt der Maniokwurzeln an Mengen- und Spurenelementen sowie Vitaminen liegen nur wenige neuere Daten vor, die in Tabelle 126 zusammengestellt sind. Die verschiedenen Angaben weisen Differenzen auf, so daß eine Berücksichtigung bei der Rationsberechnung nicht ratsam erscheint.

- **Aminosäuren**

Der Aminosäurengehalt des Maniokproteins ist in Tabelle 127 angeführt. Während der Lysingehalt des Maniokproteins auf nahezu gleicher Höhe liegt wie der des Gerstenproteins und auch beim Threonin- und Tryptophangehalt eine weitgehende Übereinstimmung vorliegt, ist der Gehalt an Methionin und Cystin im Maniokeiweiß weitaus niedriger als der von Getreideeiweiß.

Einige für die Berechnung von Futterrationen bzw. -mischungen benötigte Aminosäurengehalte von Maniokprodukten sind in Tabelle 128 angegeben. Da das Lysin bei Wärmeeinwirkung mit den Aldehydgruppen der Kohlenhydrate eine Verbindung eingeht (Maillard-Reaktion) und dadurch für das Tier nicht verfügbar wird, empfehlen einige Autoren, Maniokrationen mit synthetischem Lysin zu ergänzen (Oke 1978).

- **Schadstoffe**

In der Maniokwurzel und in den vegetativen Organen der Pflanze sind die Blausäureglucoside Linamarin (Phaseolunation) und in geringerer Konzentration auch Lotaustralin enthalten. Freie Blausäure liegt in gesunden Pflanzen nur dann vor, wenn das Wachstum durch Trockenheit oder andere ungünstige Einflüsse unterbrochen wurde (Oke 1969). Bei Zerstörung der Gewebe werden die Glucoside durch das ebenfalls in der Pflanze vorhandene Enzym Linamarase (EC 3.2.1.21) in Gegenwart von Wasser

6. Knollen und Wurzeln

Tabelle 126. Mineralstoff- und Vitamingehalt von Maniokknollen und -produkten, Mengenelemente in g/kg T

Produkt	Quelle	Trockensubstanz % der FM	Rohasche	Calcium	Phosphor	Magnesium	Natrium	Kalium	Chlor
Maniokknolle	[1]	33	36	1,2	1,8	0,4	0,6	13,8	–
Maniokschnitzel	[1]	89	28	1,2	1,1	0,7	0,3	8,5	0,1
Maniokmehl Typ 55	[1]	88	51	1,9	0,8	0,9	0,3	8,6	–
Maniokknolle	[2]	87	36	2,3	1,7	0,9	0,3	4,6	0,7
Maniokpellets	[2]	85	61	3,5	2,2	1,5	0,5	12,9	1,2
Maniok	[3]	87	57	1,4	1,1	1,3	0,5	10,1	1,0

Spurenelemente in mg/kg T

	Eisen	Mangan	Zink	Kupfer	Molybdän	Kobalt	Fluor	Nickel	Selen	Aluminium	Bor
Maniokknolle [1]	22	12	24	8,4	0,9	–	–	–	–	19	3,3
Maniokschnitzel [1]	40	–	1,7	–	–	–	5,6	–	0,07	–	–
Maniokmehl [1]	220	18,6	8,0	2,7	0,05	0,05	4,6	0,9	0,1	540	–
Maniok [2]	13	34	17	5,0	0,06	0,05	5,2	1,0	0,1	–	–

Vitamingehalt in mg/kg T

	Vit. C	B$_1$	B$_2$	B$_6$	Nicotinsäure	Pantothensäure	Folsäure	Biotin mcg
Maniokknolle/frisch [1]	1072	2,1	0,9	–	18,5	11,9	–	–
Maniokknolle/geschält	1040	2,8	0,9	–	26,4	–	–	–
Maniokmehl [1]	–	0,2	1,2	2,8	12,1	7,1	0,35	30
Maniok [2]	–	1,8	0,9	1,1	3,5	1,1	–	–

[1] Kling and Wöhlbier (1983),
[2] Blum (1987),
[3] Tables AEC, Rhône Poulenc (1987)

6.4. Maniok (Tapioka, Cassava)

zu Glucose, Blausäure und Aceton aufgespalten, so daß Anteile der Glucoside von etwa 10 – 30% als freie Blausäure vorliegen. Die Blausäureglucosidgehalte variieren in Abhängigkeit von Sorte, Boden, Düngung und Witterung (Oke 1978).

Tabelle 127. Aminosäurengehalt von Tapiokamehl und -produkten

	Tapiokamehl [1]	Maniok [2]	Maniokschlempe [3]	[3]
Trockensubstanz %	88,0	87,0	3,3	92
Rohprotein % in T	1,9	2,5	14,4	12,3
Aminosäuren in g/16 gN bzw. % vom Rohprotein				
Arginin	4,1	4,8	1,8	4,1
Histidin	1,6	1,2	1,1	1,7
Isoleucin	3,4	3,2	12,5	12,4
Leucin	5,2	5,2	2,9	6,9
Lysin	4,0	3,2	3,7	5,6
Methionin	1,4	1,6	0,2	1,1
Cystin	1,0	1,2	2,9	1,8
Phenylalanin	3,3	3,2	nb	7,8
Tyrosin	1,6	2,0	0,2	1,1
Tryptophan	1,2	0,8	0,2	0,5
Valin	4,5	4,0	1,3	3,0
Threonin	3,6	3,2	3,1	4,1

[1] Aminosäure-Tabellen 1981 des Forschungszentrums für Tierproduktion Dummerstorf-Rostock, Bereich Tierernährung,
[2] Tables AEC, 5. Ausgabe 1987, Rhône Poulenc,
[3] Kling and Wöhlbier (1983) (DLG-Futterwerttabellen 1976)

Tabelle 128. Aminosäuregehalte von Tapiokaprodukten in g/kg Futtermittel (FM)

	Trockensubstanz	Rohprotein	Lysin	Methionin und Cystin	Threonin	Tryptophan
Maniokschnitzel Typ 55	866	23	0,9	0,6	0,8	0,2
Maniokschnitzel aus geschälten Wurzeln	871	22	0,8	0,5	0,7	0,2
Maniokschlempe	917	113	6,3	3,3	4,6	0,5

Erhebliche Unterschiede bestehen im CN-Gehalt von Süß- und Bitter-Maniokvarietäten (Tabelle 129). Mit fortschreitender Vegetationszeit zeigt sich im CN-Gehalt eine abnehmende Tendenz (Gomez et al. 1984). In den Süß-Varietäten wurde ein höherer Anteil an freier HCN ermittelt. Die Milchsaftschläuche der Rinde weisen einen weitaus höheren CN-Gehalt auf als das Parenchymgewebe (Tewe 1984). Der CN-Gehalt der Blätter ist geringer als der des Wurzelgewebes (Cooke und De La Cruz 1982). In 536 Maniokpellet-Chargen aus Thailand fanden Bassler und Putzka (1974) bei 75% der Proben einen Blausäuregehalt unter 20 mg/kg. Bei dem restlichen Teil der Proben wurden 40 mg/kg nicht überschritten.

6. Knollen und Wurzeln

Tabelle 129. Gehalt von Süß- und Bitter-Cassava an gebundener und freier Blausäure in 1 kg Trockensubstanz (Gomez et al. 1984)

Vegetations-monat	Süß-Cassava			Bitter-Cassava		
	Gesamt CN/mg	Gebundenes CN/mg	Freies CN/%	Gesamt CN/mg	Gebundenes CN/mg	Freies CN/%
9	584	397	32	980	802	18
10	459	351	24	750	578	23
11	379	247	35	713	551	24
12	355	208	42	646	515	20
Mittelwert	436	295	34	772	610	21
s±	111	98	8	167	148	5

In der Anlage 5 der Futtermittelverordnung (Koch et al. 1989) wurde für Einzelfuttermittel aus Maniokwurzelknollen ein Höchstgehalt von 100 mg HCN/kg Futtermittel festgelegt. In anderen Einzelfuttermitteln und Alleinfuttermitteln soll der Blausäuregehalt 50 mg nicht überschreiten. Alleinfuttermittel für Küken dürfen nur bis zu 10 mg Blausäure enthalten. Diese Restriktionen sind auch in einigen anderen Ländern gültig (Ingram 1975, Walker 1983). Durch eine länger andauernde Trocknung bei Temperaturen im Bereich von 45 bis 60 °C wird eine Reduzierung des gebundenen CN um etwa 26 − 29% erreicht, während bei Temperaturen von 80 − 100 °C nur 10 − 15% der Blausäure zerstört werden. Die Ursache liegt darin, daß die Linamarase bei 72 °C denaturiert wird und daher im höheren Temperaturbereich nicht mehr wirksam wird.

Die geringeren Anteile freier Blausäure werden um 85 bis 95% vermindert (Cooke und Maduagwu 1978). Bei der in den tropischen Ländern vorwiegend praktizierten Trocknung durch Sonneneinwirkung bleibt die Linamarase infolge der längeren Trocknungsdauer bei günstigen Temperatur- und Feuchtigkeitsbedingungen über längere Zeit wirksam und der Gehalt an Blausäureglucosiden wird auf 7 − 15% der Ausgangskonzentration vermindert (Gomez et al. 1984). Nach der Aufnahme des Maniok durch das Tier wird das noch verbliebene Linamarin durch die im Magen vorhandene Salzsäure zersetzt, wobei Blausäure entsteht (Pond und Maner 1984). Diese wird durch ein in der Leber enthaltenes Enzym, die Rhodanase, entgiftet, indem SCN(=Thiocyanat)-Ionen mit einer um 200fach geringeren Giftwirkung (Oke 1969) gebildet werden, die über den Harn zur Ausscheidung gelangen (Tewe 1984). Bei dieser Detoxifikation wird Methionin als Schwefellieferant verbraucht. Für den Abbau von 1 g CN werden 1,2 g Schwefel benötigt (Oke 1978).

Sofern in Rationen mit höheren Maniokanteilen methioninarme Eiweißfuttermittel wie Soja- und andere Extraktionsschrote eingesetzt werden, liegt Methionin als erste limitierende Aminosäure vor. Bei Fütterung derartiger Futtermischungen an Geflügel und Schweine wurden durch Methioninzusätze Leistungsverbesserungen erzielt (Oke 1978, Walker 1983). Ein ähnlicher Effekt wurde auch durch Zugabe von Natriumthiosulfat oder Schwefel erreicht (Job 1975). Die bei der Detoxifikation des HCN in Leber und Nieren entstehenden Thiocyanat (=Rhodanid)-Ionen beeinträchtigen durch kompetitive Verdrängung die Jodaufnahme der Schilddrüse und wirken daher strumigen.

Bei unzureichender Entgiftung der Blausäure können Vergiftungserscheinungen auftreten. Diese beruhen auf der Affinität der Blausäure zu den Schwermetallionen Eisen und Kupfer. Durch die Anlagerung der Blausäure an das Eisen des Hämoglobins und die Bildung von Cyanohämoglobin wird die Sauerstoffübertragung inhibiert und die Atmung der Zellen gehemmt (Oke 1969). Das HCN wirkt daher als Atmungsgift. Darüber hinaus geht die Blausäure mit dem Kupfer der Cytochromoxidase eine reversible Bindung ein. Hierdurch wird die Funktion dieses Enzyms in der Atmungskette als Elektronenüberträger unterbunden. Die Blausäure ist daher ein starkes Zellgift (Oke 1969, Pond und Maner 1984). Als Krankheitssymptome treten eine Störung der Atemtätigkeit, erhöhter Puls, fehlende Reizbarkeit und Muskelkrämpfe auf (Pond und Maner 1984). Neben den Blausäureglucosiden ist der Bleigehalt der Maniokprodukte zu beachten. Unter den Knollen und Wurzelfrüchten weist Maniokmehl mit 3,32 ppm (Schwankungsbereich 0,70 – 7,69 ppm) den höchsten Bleigehalt auf (Oelschläger et al. 1974). Die Retention ist aber bei Schweinen nur sehr gering (Vemmer und Oslage 1976). Lediglich in Leber und Knochen wurden erhöhte Bleiwerte festgestellt. Für Einzel- und Mischfuttermittel wurde ein Höchstgehalt an Blei von 10 ppm in der T festgelegt.

6.4.3.2. Verdaulichkeit

Maniokschnitzel und -mehl weisen bei Wiederkäuern und Schweinen eine hohe Verdaulichkeit der organischen Substanz auf (Tabelle 130). Das Rohprotein ist jedoch, wie schon von Zausch et al. (1967/68) an Schweinen bestätigt wurde, mit 50 – 57% geringer verdaulich als das Gersten- und Weizenprotein. Die am Geflügel ermittelten

Tabelle 130. Verdaulichkeit von Maniok und Maniokprodukten in %

	Tapiokamehl [1]	Maniokmehl-schnitzel [2]	Maniokmehl-schnitzel Typ 55 [2]	Maniokstärke [2]
Organische Substanz				
Wiederkäuer	86	87	87	–
Schwein	93	94	89	96
Huhn	88 [4]			
Rohprotein				
Wiederkäuer	50	55	50	–
Schwein	50	55	50	–
Huhn [3]	50 [4]	28	28	–
Rohfett				
Wiederkäuer	50	59	59	–
Schwein	50	55	36	50
Huhn [3]	25 [4]	18	18	–
Rohfaser				
Wiederkäuer	–	47	47	–
Schwein	50	52	38	–
Huhn	13 [4]	–	–	–
XX				
Wiederkäuer	89	93	93	–
Schwein	96	97	95	97
Huhn [3]	94 [4]	92	89	–

[1] Futtermitteltabellenwerk, 2. Auflage, Autorenkollektiv (1972),
[2] DLG-Futterwerttabellen für Wiederkäuer (1982) und Schweine (1984),
[3] European Table of Energy Values for Poultry Feedstuffs (1989),
[4] Richter et al. (1987)

Verdaulichkeiten des Maniokproteins differieren erheblich. Die XX-Fraktion ist bei allen Tierarten hoch verdaulich.

Von O'Grady und Hanrahan (1979) wurde festgestellt, daß die Durchfallhäufigkeit bei jüngeren Schweinen ansteigt, wenn 20 − 40% Maniok im Futter eingesetzt werden. Im Gegensatz dazu fand Aumaitre (1969), daß die Durchfälle durch den Einsatz von Maniokmehl vermindert werden.

In Versuchen an fistulierten Schweinen wurde bei Fütterung einer Ration mit einem Anteil von 30% Maniokmehl eine niedrigere Dünndarmverdaulichkeit ermittelt als beim Einsatz von Rationen ohne und mit 15% Maniokmehl (Patridge 1984/85). Die Ration mit dem höheren Maniokanteil wurde zu einem höheren Anteil im Dickdarm verdaut. Hieraus wurde abgeleitet, daß die Energie aus Maniok schlechter verwertet wird als Getreideenergie und es für notwendig erachtet, von dem ermittelten Gehalt an verdaulicher Energie einen Abzug vorzunehmen.

6.4.3.3. Verwertung der Energie

Aus den Ergebnissen von Verdauungs- und Gesamtstoffwechselversuchen von Schiemann et al. (1966, 1972) ist ersichtlich, daß die Höhe der Energieverdaulichkeit und der Grad der Energieverwertung bei Futtermitteln aus Maniokwurzeln im gleichen Bereich liegen wie beim Getreide. Die Unterschiede zwischen den Maniokchargen waren auf den unterschiedlichen Rohfasergehalt zurückzuführen (Tabelle 131).

Tabelle 131. Energiegehalt von Maniokprodukten und Getreide und die Energieverwertung beim Schwein

Quelle	Schiemann et al. (1966 und 1972)				Tables AEC 1987, Rhône Poulenc Maniok
	Maniokmehl		Wintergerste	Winterweizen	
Charge	A	B			C
Bruttoenergie/kg T MJ	16,98	17,03	18,46	18,45	16,92
verdauliche Energie/ kg T MJ	16,12	14,09	14,95	16,33	14,62
Verdaulichkeit der Energie %	95	83	81	89	86
Umsetzbare Energie/kg T MJ	15,92	14,03	14,62	16,12	14,44
Umsetzbarkeit der verdaulichen Energie %	99	99	98	99	99
Nettoenergie/kg T MJ	12,36	10,72	10,28	11,31	10,83
Verwertung der umsetzbaren Energie %	78	76	70	70	75
Verwertung der verdaulichen Energie %	77	76	69	69	74
Verwertung der Bruttoenergie %	73	63	56	61	64

Inhaltsstoffe der Maniokchargen/kg T:
Charge A: 1,4% Rohprotein, 3,5% Rohfaser,
Charge B: 3,0% Rohprotein, 6,5% Rohfaser,
Charge C: 2,9% Rohprotein, 4,6% Rohfaser

6.4. Maniok (Tapioka, Cassava)

Eine Übereinstimmung hinsichtlich der Verwertung der Energie aus Maniokprodukten und Getreide durch das Schwein wurde auch von französischen Autoren auf der Grundlage von Energiebilanzversuchen (Tables AEC Rhône Poulenc 1987) und von Henkel und Feige (1977 a, b) aufgrund von Fütterungsversuchen in Verbindung mit Körperanalysen bestätigt. Diese Befunde zeigen, daß es nicht notwendig ist, bei der energetischen Bewertung von Maniokprodukten einen Abzug von der ermittelten verdaulichen Energie vorzunehmen, wie es von Walker (1983) und Patridge (1984/85) in Erwägung gezogen wurde.

6.4.3.4. Futterwertdaten

Einige Futterwertdaten von Produkten aus Maniokwurzeln sind in Tabelle 132 angeführt.

Tabelle 132. Futterwertdaten von Maniokprodukten in 1 kg Trockenmasse

	Maniok-mehl-schnitzel	Maniok-mehl-schnitzel Typ 55	Maniokstärke
Wiederkäuer			
Nettoenergie			
Laktation MJ	9,03	8,61	–
Stärkeeinheiten	825	824	–
EFr	694	671	–
Rohprotein g	25	27	–
verdauliches Rohprotein g	12	13	–
Schwein			
ME, MJ	15,51	14,31	16,39
EFs	768	715	822
verdauliches Rohprotein g	14	13	0
Lysin g	0,9	1,0	–
Methionin und Cystin	0,65	0,7	–
Geflügel			
ME MJ	14,85	13,15	16,35
EFh	754	689	827
verdauliches Rohprotein g	7	8	2

DLG-Futterwerttabellen für Schweine 1989 und mit Schätzgleichungen errechnete Werte (European Table of Energy Values for Poultry Feedstuffs, 1989)

Bei der Berechnung der umsetzbaren Energie für die Schweinefütterung wurden beim Maniokmehl und bei Maniokschnitzeln (Typ 55) 64 bzw. 62 g/kg T bakteriell fermentierbare Substanz berücksichtigt. Der Gehalt an umsetzbarer Energie von Mehl, das aus geschälten Wurzeln hergestellt wurde, entspricht nahezu dem Energiegehalt von Weizen, während Schnitzel vom Typ 55 in ihrem Energiegehalt mit der Sommergerste vergleichbar sind. Der Aminosäurengehalt ist sehr gering und trägt nur wenig zur Bedarfsdeckung bei.

Bei der Rationsberechnung ist zu beachten, daß im Stärke-, Wasser-, Asche- und Sandgehalt erhebliche Schwankungen vorliegen, so daß eine Untersuchung dieser Inhaltsstoffe zu empfehlen ist (Hammen 1983).

6.4.3.5. Frischezustand

Bei der Trocknung der Maniokchips an der Luft treten infolge der Einwirkung von Niederschlägen häufig eine Kontamination mit Bakterien und Pilzen und eine Verschmutzung ein. Es besteht daher die Gefahr, daß eine Kontamination mit Aflatoxinen vorliegt. Stichprobenartige Prüfung des Befalls mit Pilzen und Pilztoxinen erscheint daher zweckmäßig. Das Ausmaß der Verschmutzung ist am Gehalt an HCl-unlöslicher Asche erkennbar.

6.4.4. Einsatz in der Fütterung

6.4.4.1. Schweine

Die Angaben zur Höhe des möglichen Einsatzes von Maniokprodukten im Schweinefutter liegen im Bereich von 15 — 60%. Eine Ursache für die Unterschiede in den Aussagen liegt darin, daß diese Futtermittel sehr differenzierte Qualitäten aufweisen und sich insbesondere im Gehalt an Rohasche, Rohfaser und Stärke sehr stark unterscheiden.

- **Ferkel**

In Versuchen an früh abgesetzten Ferkeln wurden mit Maniokanteilen in der Futtermischung bis zu 50% günstige Ergebnisse erzielt (Aumaitre 1967, 1969, Nielsen et al. 1974). In Anbetracht der variierenden Qualitäten und Schadstoffgehalte sollte im Ferkelfutter eine Einsatzhöhe von 10% Tapioka nicht überschritten werden (Anonym 1962).

- **Sauen**

Die Befunde zum Einsatz von Maniokprodukten im Sauenfutter zeigen einen ungünstigen Einfluß auf die Reproduktionsleistung. Bei durchgehender Fütterung frischer oder getrockneter Maniokprodukte im Trächtigkeits- und Laktationsstadium wurde die Anzahl der geborenen und aufgezogenen Ferkel verringert (Walker 1983, Pond und Maner 1984). Es ist daher ratsam, einen Anteil von 20% in der Futtermischung nicht zu überschreiten. Bei Verwendung von Süßmaniok wurde kein ungünstiger Effekt beobachtet (Gomez 1979).

- **Mastschweine**

Die Angaben zur möglichen Einsatzhöhe von Tapioka im Schweinemastfutter hängen u. a. davon ab, ob die Autoren lediglich die Mastleistung oder darüber hinaus das ökonomische Ergebnis der Mast als Beurteilungskriterium zugrunde legen. Sofern ausschließlich die Mastleistung als Maßstab verwendet wird, empfiehlt man Grenzwerte, die für die Anfangsmast im Bereich von 15 — 25% und für die Endmast im Bereich von 25 — 30% liegen (Becker et al. 1980, Walker 1985, Taylor und Patridge 1987, Kirchgeßner 1987). Bei Verwendung sehr guter Tapiokaqualitäten wurden in einzelnen Fällen auch beim Überschreiten dieser Grenzwerte sehr günstige Mastergebnisse erreicht (Hammen 1983, Günther 1990). Wenn geringere Minderungen der Mastleistungen wegen der beim Tapiokaeinsatz häufig niedrigeren Mischfutterpreise in Kauf genommen werden, hält man es für vertretbar, im Futter für die Anfangsmast 35 — 40% und in Mischungen für die Endmast bis zu 60% Maniokprodukte einzusetzen (Schmitten 1981, Hammen 1983, Kitpanit 1984). Robb (1976) hält den Einsatz höherer Maniokanteile für möglich, wenn die Maniokprodukte entgiftet werden.

In den Niederlanden wurden wegen der großen Qualitätsschwankungen bei Maniok für die Futtermittelindustrie Empfehlungen herausgegeben, in denen die Höchstanteile in Abhängigkeit von der ermittelten Qualität, insbesondere vom Stärkegehalt, variieren:

Stärkegehalt %	max. Maniokanteil im Schweinemastfutter %
>67	40
63–67	35
59–62	30
<59	20

Die von Hammen (1983) ermittelte enge Beziehung zwischen der Höhe des Gehaltes an HCl-unlöslicher Asche und dem Futteraufwand der Mastschweine lassen es ratsam erscheinen, bei Aschegehalten über 3,2% die untere Grenze des Einsatzbereiches einzuhalten.

6.4.4.2. Geflügel

Die Angaben zur möglichen Höhe des Einsatzes von Maniokprodukten im Geflügelfutter weisen erhebliche Differenzen auf. Die Ergebnisse der Tierversuche führten zu sehr unterschiedlichen Ergebnissen, wobei als Einflußfaktoren die Höhe der Methioninbedarfsdeckung, die Blausäuregehalte und die Korngrößenstruktur von Bedeutung sind.

- **Broiler**

Von Vogt (1966) wurde bis zu einer Einsatzhöhe von 10% keine Leistungsminderung festgestellt, während Tapiokaanteile von 20% und 30% Wachstumsdepressionen bewirkten, die vor allem in den ersten Lebenswochen eintraten. Der Einsatz höherer Anteile kann nach Befunden von Vogt und Stute (1963) erst ab der 4. Lebenswoche empfohlen werden.

Der Futterverzehr wird wahrscheinlich durch die zu feine Beschaffenheit des Tapiokamehls negativ beeinflußt (Vogt und Stute 1964). Bei Verwendung zerkleinerter Pellets wurden günstigere Ergebnisse erzielt. Höhere Anteile als 10% im Mastfutter sind nach Angabe dieser Autoren trotzdem ein Risiko.

Enriquez und Ross (1967) fanden schon bei Anteilen von 10% Maniok einen geringen Leistungsabfall. Bei Supplementierung der Mischung mit 0,15% Methionin wurde bis zu einem Anteil von 50% Maniok keine Leistungsminderung festgestellt. Übereinstimmend dazu ermittelten Schulze et al. (1979) bei Broilern eine Einsatzgrenze von 10% Maniok. Bei Zusatz von 1 g Methionin konnte der Maniokanteil auf 20% erhöht werden (Becker et al. 1980). Im Gegensatz zu diesen Befunden wurde von Richter et al. (1988) bis zu einer Einsatzhöhe von 30% kein Leistungsabfall beobachtet. Aus Sicherheitsgründen empfahlen die Autoren einen maximalen Tapiokaanteil von 20%.

- **Puten**

In der Putenmast bewirkten schon niedrigere Maniokanteile Leistungsdepressionen, so daß auf den Einsatz von Maniok im Putenmastfutter verzichtet werden sollte (Richter et al. 1988).

• Enten

Im Entenmastfutter erwiesen sich bis zu 30% Tapioka nicht als nachteilig. Erst bei 45% trat eine Wachstumsdepression ein (Schulze et al. 1979). Bei Supplementierung der Mischung mit 2 g Methionin war auch bei einem Anteil von 65% Tapioka kein Leistungsabfall zu verzeichnen (Schulze et al. 1979).

• Legehennen

In Aufzuchtmischungen der Junghennen bis zur 18. Lebenswoche können 20% Tapiokamehl eingesetzt werden, ohne daß Leistungsminderungen auftreten (Richter et al. 1987). Von Vogt (1966) wurde für den Einsatz von Maniok im Legehennenfutter eine Grenze von 20% empfohlen. Becker et al. (1980) ermittelten beim Einsatz von 15% Tapioka keine Leistungsminderung, während bei 30% ein Abfall der Legeleistung um 4% eintrat. Die Autoren empfahlen eine Einsatzrestriktion von 15%. Im Gegensatz dazu wird von Richter et al. (1987) die Begrenzung des Tapiokaeinsatzes im Legehennenfutter auf 5% für notwendig erachtet, da schon bei einer Dosis von 10% eine Abnahme der Legeleistung und der Eimasse zu verzeichnen waren. Außerdem wurde die Gelbfärbung der Eidotter vermindert.

6.4.4.3. Wiederkäuer

Maniokprodukte können in Kraftfuttermischungen für Wiederkäuer als Energieträger eingesetzt werden. Zu beachten ist, daß der niedrigere Gehalt des Maniokmehls an Protein, Mineralstoffen und Vitaminen ausgeglichen wird. Im Rahmen der Gesamtration ist eine ausreichende Bereitstellung von strukturiertem Futter erforderlich. Mohme und Pfeffer (1972) empfahlen den Einsatz von Maniok in Trockengrünfutterpellets, die aus 80% getrocknetem Gras, 17,8% Tapioka und 2,2% Mineralstoff bestehen.

Im Mischfutter wurde der Einsatz von Maniok in folgenden Anteilen empfohlen: Kälberaufzuchtfutter 15%, Kälbernährmehl 10%, Milchleistungsfutter 20 – 25%, Rindermastfutter 30%, Ergänzungsfutter für hochtragende Rinder 25%, sonstige Ergänzungsfutter ohne Begrenzung (Becker und Nehring 1969). Beim Einsatz von Harnstoff ist Maniokmehl als Energielieferant sehr geeignet (Müller et al. 1974).

Literatur

Abdel, M.: Hefte für den Kartoffelbau, 18. Schriftenreihe der Förderungsgemeinschaft der Kartoffelwirtschaft, Hamburg 1975.
Anonym: Schweinezucht und Schweinemast 12, 19 (1962).
Aumaitre, A.: Z. Tierphys. Tierernährung u. Futtermittelkd. 23, 41, (1967).
Aumaitre, A.: Ann. Zootechn. 18, (1969).
Autorenkollektiv: Nehring, K., M. Beyer und B. Hoffmann: Futtermitteltabellenwerk. 2. Aufl. Berlin 1972, Deutscher Landwirtschaftsverlag.
Autorenkollektiv: Das DDR-Futterbewertungssystem. 7. Aufl. Deutscher Landwirtschaftsverlag, Berlin 1989.
Badenhuizen, N. P.: Struktur und Bildung des Stärkekorns. Paul Parey, Berlin und Hamburg 1971.
Baker, J. C., J. H. Lampitt and O. B. Meredith: J. Sci. Food. Agric. 6, 197 (1955).
Bassler, R., und H.-A. Putzka: Landwirtsch. Forsch. 27, 3/4, 211 (1974).
Beck, T. H., und F. Gross: Das wirtschaftseigene Futter 10, 198 (1964).
Becker, M., und W. Oslage: Landw. Forschung 5, 110 (1953).

Becker, M., und W. Oslage: Landw. Forschung **6**, 11 (1954).
Becker, M., und K. Nehring: Handbuch der Futtermittel. Paul Parey, Hamburg und Berlin 1969.
Becker, J., W.-D. Schulze, A. Schmidt und G. Knape: Tierzucht **34**, 12, 564 – 565 (1980).
Blum, J. C., Feeding of Non-Ruminant Livestock. Translated and edited by Julian Wiseman. Butterworths, London 1987.
Cooke, R. D., and E. N. Maduagwu: J. Fd. Technol. **13**, 299 (1978).
Cooke, R. D., and E. M. De La Cruz: J. Sci. Agric. **33**, 269 (1982).
Devendra, C.: Cassava as a feed source for ruminants. Zit. nach Hammen (1983).
DLG-Futterwerttabellen für Wiederkäuer. 5. Aufl., DLG-Verlag Frankfurt (M.) 1982.
DLG-Futterwerttabellen für Schweine. 5. Aufl., DLG-Verlag Frankfurt (M.) 1984.
Erbersdobler, H.: Zeitschr. f. Tierphysiologie, Tierernährung und Futtermittelkunde **28**, 171 (1971).
European Table of Energy Values for Poultry Feedstuffs 1989. Spelderholt Centre for Poultry Research an Information Services.
Figueiredo, A. A.: Deutsche Lebensmittel-Rundschau **70**, 9, 322 (1974).
Flachowsky, G. G., H. Richter und H.-J. Löhnert: Mastrindererernährung Schriftenreihe der Lehrgangseinrichtung für Fütterungsberatung Remderoda, Heft 8/1985.
Gomez, G.: World Animal Review **29**, 13 (1979).
Gomez, G., and M. Valdivieso: Anim. Feed Science and Technology **11**, 49 (1984).
Gomez, G., M. Valdivieso, D., De La Cuesta and T. S. Salcedo: Anim. Feed. Science and Technology **11**, 57 (1984).
Gross, F., und T. H. Beck: Das wirtschaftseigene Futter **13**, 152 (1967).
Günther, K. D.: Kraftfutter **1**, 30, (1990).
Hammen, K.: Möglichkeiten der Substitution von Getreide durch Maniok in der Schweinemast. Diss., Friedrich-Wilhelms-Universität Bonn (1983).
Henkel, H., und K. H. Feige: Kraftfutter **6**, 238 (1977).
Henkel, H., und K. H. Feige: DLG-Mitteilungen **92**, 672 (1977).
Hoffmann, M.: Tierfütterung. Deutscher Landwirtschaftsverlag, Berlin 1983.
Hofmann, P.: Bayer. Landw. Jahrb. **40**, 498 (1963).
Ingram, J. S.: Standards, specifications and quality requirements for processed cassava products. Rep. Trop. Prod. Inst., London 1975.
Jackisch: Top agrar **6**, 96 (1979).
Jentsch, W., L. Hoffmann und R. Schiemann: Arch. Anim. Nutr. **39**, 12, 981 (1989).
Job, T. A.: 1975, zit. nach Oke, O. L. (1978).
Kaiser, K. P.: Trypsin und Chymotrypsininhibitoren in Kartoffeln. Diss., Techn. Univ. München (1970).
Kirchgeßner, M.: Tierernährung. DLG-Verlag, 7. Aufl. Frankfurt (M.) 1987.
Kirsch, W., und H. Jantzon: Landw. Jahrb. **85**, 801 (1938).
Kitpanit, N.: The utilization of the cassava root products in swine ration. Mem. Tokyo, Univ. Agric. (Tokyo) **26** (1984).
Kling, M., und W. Wöhlbier: Handelsfuttermittel. 2. Aufl. Eugen Ulmer, Stuttgart 1983.
Klug, A., R. Zillig, F. Schierbaum, M. Richter und H. Görlitz: Archiv. f. Tierernährung **14**, 213 (1964).
Klug, A., und F. Haufe: Tierzucht **38**, 370 (1984).
Koch, V. O., Weinreich, J., Knippel und W. Eberhardt: Futtermittelrechtliche Vorschriften. Alfred Strothe, Frankfurt (M.) 1989.
Köppen, D., N. Riedel, W. Günzel und F. Linke: Anlagen mit zweikanaligen Großmieten. agra-Buch, Leipzig-Markkleeberg 1981.
Kracht, W., W. Matzke, J. Redeker und A. Hoffmann: Tierzucht **38**, 8, 367 (1984).
Kracht, W., W. Matzke und G. Bolduan: Sektion Tierproduktion und Veterinärmedizin der Universität Leipzig, 18. Jahrestagung, 237 (1987).
Kracht, W., G. Bolduan, W. Matzke, H. O. Ohle, O. Weinrich und J. Redeker: Tierzucht **42**, 2.77, (1988).
Kracht, W., und O. Erxleben: unveröffentliche Ergebnisse (1988).
Kracht, W., H. O. Ohle, W. Matzke, G. Bolduan, O. Weinrich und J. Redeker: Tierzucht **44**, 6, 276 (1990a).
Kracht, W., W. Matzke und G. Bolduan: Tierzucht **44**, 12, 545 (1990b).
Kracht, W., W. Matzke, F. Kreienbring, Heidrun Pätzelt, K.-H. Lüdde, K. Jonas und J. Franke: Tierernährung und Fütterung **16**, 212 (1990c).

Laube, W.: Wiss. Abhandl. Dt. Akad. d. Landwirtsch.-Wiss., Berlin Nr. **37**, 130 (1958).
Laube, W.: Tagungsberichte Nr. 91 Dt. Akad. d. Landwirtsch.-Wiss., Berlin 1966, 19.
Laube, W.: Tagungsberichte Nr. 92 Dt. Akad. d. Landwirtsch.-Wiss. Berlin 1967, 196.
Livingstone, R. M., B. A. Baird, T. Atkinson and R. M. J. Crefts: Animal Feed Science an Technology **4**, 295 (1979).
Mason, V. G., A. Just und S. Bech-Andersen: Z. f. Tierphysiol. Tierernährung und Futtermittelkde. **36**, 310 (1976).
Mica, B.: Starch **32**, 375 (1980).
Mohme, H., und E. Pfeffer: Tierzüchter **24**, 718, 723 (1972).
Morris, S. C., and T. H. Lee: Food Technology in Australia **36**, 118 (1984).
Müller, Z., K. C. Chou and K. C. Nah: World Animal Review **12**, 19 (1974).
Nielsen, H. H., P. Skiwaranard, V. Danielsen und B. O. Eggum: Z. Tierphs. Tierernähr., Futtermittelk. **33**, 151 (1974).
Nonn, H., und M. Zausch: Tierzucht **25**, 88 (1971).
Nonn, H., und M. Zausch: Feldwirtschaft **24**, 467 (1983).
Nonn, H., und M. Zausch: Feldwirtschaft **26**, 66 (1985).
Nonn, H., und M. Zausch: Tierzucht **40**, 71 (1986).
Oelschläger, W., W. Huss und L. Bestenlehner: Landw.-Forschung **27**, 272 (1974).
Oke, O. L.: World Review of Nutrition and Dietetics **11**, 170 – 198 (1969).
Oke, O. L.: Animal Feed Science and Technology **3**, 345 – 380 (1978).
O'Grady, J. F., and T. J. Hanrahan (1979), zit. nach Walker (1983).
Patridge, I. G.: Animal Feed Science and Technology **12**, 119 – 123 (1984/85).
Piatkowski, B., F. Häseler und E. Otto: Tierzucht (Berlin) **15**, 5, 213 (1961).
Piatkowski, B.: Rinderfütterung. 2. Aufl. Deutscher Landwirtschaftsverlag, Berlin 1987.
Pond, W. G., and J. H. Maner: Swine Production and Nutrition. Animal Science Textbook Series AVI Publishing Company Inc., Westport/Connecticut 1984, 317.
Richter, G., K. Gruhn und Annelore Lemser: Arch. Anim. Nutr. **37**, 12, 1115 (1987).
Richter, G., B. Meixner und A. Hennig: Arch. Anim. Nutr. (Berlin) **38**, 1, 67 (1988).
Robb, J.: in: Swan und Lewis: Feed Energy Sources for Livestock. Butterworths, London 1976, 13.
Roßbach, F., S. Poppe, R. Prym und F. Weißbach: Arch. Tierernähr. **25**, 311 (1975).
Schiemann, R., W. Jentsch, L. Hoffmann und K. Nehring: Archiv Tierernährung **16**, 2/3, 173 (1966).
Schiemann, R., K. Nehring, L. Hoffmann, W. Jentsch und A. Chudy: Energetische Futterbewertung und Energienormen. Deutscher Landwirschaftsverlag, Berlin 1972.
Schmitten, F.: In: Fischbeck, G., H. Haushofer, F. Renz und D. Schroeder: argraspectrum, Schriftenreihe Bd. 3: Substitution herkömmlicher Futtermittel. Verlagsunion Agrar (1981), S. 196.
Schneider, R.: Die Deutsche Landwirtschaft **17**, 35 (1966).
Schubert, R.: Pferdeernährung. Schriftenreihe der Lehrgangseinrichtung für Fütterungsberatung Remderoda, Heft 9 (1986).
Schulz, H.: Das wirtschaftseigene Futter **10**, 44 (1964).
Schulze, W.-D., A. Schmidt, G. Knape und J. Becker: Tierzucht **33**, 10, 476 (1979).
Sperling, L.: Futter und Fütterung **44**, 343 (1954).
Swinkels, J. J. M.: In: Breynum, G. M. A., and J. A. Rolls: Starch Conversion Technology 15. Marcel Dekker Inc., New York 1985.
Tables AEC Rhône Poulenc 1987, Empfehlungen für die Tierernährung, 5. Ausgabe.
Taylor, J. A., and I. G. Partridge: Anim. Prod. **44**, 457 (1987).
Teichmann, W.: Das wirtschaftseigene Futter **1**, 148 (1963).
Tewe, O. O.: Animal Feed Science and Technology **11**, 1 (1984).
Vemmer, H., und H. J. Oslage: Landbauforschung Völkenrode **26**, 1, 17 (1976).
Vogt, H.: World Poultry Science, J., **22**, 113 (1966).
Vogt, H., und W. Penner: Arch. Geflügelkd. **27**, 431 – 460 (1963).
Vogt, H., und K. Stute: Arch. Geflügelkd. **27**, 473 (1963).
Vogt, H., und K. Stute: Arch. Geflügelkd. **28**, 342 (1964).
Vogt, H., und K. Stute: Arch. Geflügelkd. **33**, 233 (1969).
Wacker, H., und G. Kretzschmar: Das wirtschaftseigene Futter **9**, 130, (1963).

Wacker, H., und G. Kretzschmar: Das wirtschaftseigene Futter **11**, 238 (1965).
Walker, N.: In: Recent advances in animal nutrition. Butterworths, London 1983, 43.
Walker, N.: Anim. Prod. **40**, 345 (1985).
Weißbach, F.: unveröffentlichte Ergebnisse (1973).
Weißbach, F., W. Laube, G. Schadereit, R. Prym und G. Henk: Feldwirtschaft **9**, 360 (1968).
Wildgrube, M., und H. Nonn: Tierzucht **25**, 97 (1971).
Wildgrube, M., und M. Zausch: Tierzucht **25**, 90 (1971).
Wildgrube, M., und M. Zausch: Tierzucht **25**, 103 (1971).
Witt, M., und J. Schröder: Das wirtschaftseigene Futter **10**, 76 (1964).
Wünsche, J., M. Meinl, U. Hennig, E. Borgmann, F. Kreienbring und H. D. Bock: Arch. Anim. Nutr. **37**, 169 (1987).
Zausch, M., und W. Ottilie: Tierzucht **18**, 325 (1965).
Zausch, M., M. Drauschke und A. Lauterbach: J. Tierernährung, Fütterung **6**, 256 (1967/68).
Zausch, M., und H. Nonn: Tierzucht **41**, 382 (1987).
Zimmer, E.: Das wirtschaftseigene Futter **9**, 114 (1963).
Zimmer, E.: Das wirtschaftseigene Futter **11**, 17 (1965).
Zobel, M., und J. Schilling: Z. f. Lebensmittel-Untersuchung und -Forschung **124**, 327 (1964).

7. Körner und Samen

Als Futtermittel werden fast ausschließlich Getreidekörner und Leguminosensamen verwendet. Sie gelangen entweder als Ganzkorn oder nach vorangegangener Bearbeitung (u. a. geschält bzw. entspelzt, gequetscht, gebrochen, geschrotet) zum Einsatz. Eine Verfütterung ölhaltiger Samen an landwirtschaftliche Nutztiere erfolgt derzeit nur in geringem Umfang (z. B. Leinsamentränke als Diätfuttermittel in der Kälberaufzucht, thermisch behandelte Vollfettsojabohnen und Rapssaat (00-Qualität) als Mischfutterkomponenten). Es zeichnet sich jedoch eine stärkere Verwendung ab; ihre Abhandlung erfolgt im Kapitel 8.3. (Eiweißreiche Produkte der Ölindustrie). Sie bilden aber eine wesentliche Komponente in der Ziergeflügel-, Exoten- und Kanarienfütterung. Von den sonstigen Körnerfrüchten, die verschiedentlich verfüttert werden, soll nur der zu den Knöterichgewächsen zählende Buchweizen erwähnt werden, dessen Anbau kaum noch erfolgt.

In futterknappen Jahren wurden mitunter auch die Samen einiger Holzgewächse (Bucheckern, Eicheln, Roßkastanien) an landwirtschaftliche Nutztiere verfüttert.

Die verschiedenen Körnerfrüchte zeichnen sich durch folgende gemeinsame Merkmale aus:

- Es sind jeweils trockensubstanzreiche Produkte; ihre Lagerfähigkeit ohne Konservierungsmittel erfordert einen Mindest-T-Gehalt von 86−88%.
- In unzerkleinerter Form bleiben unter optimalen Lagerungsbedingungen wesentliche Qualitätseigenschaften der Körner als Futtermittel relativ lange erhalten. Sie eignen sich somit bestens zur Anlage von Futtervorräten.
- Es handelt sich in der Regel um gut bis sehr gut verdauliche Futtermittel, die energie- und/oder proteinreiche Konzentratfuttermittel darstellen.
- Kleine Körner der gleichen Art sind in der Regel reicher an Rohprotein, Rohfaser und Mineralstoffen als größere bzw. normal ausgebildete Körner, die höhere prozentuale Anteile an Reservestoffen (Stärke, Fette) enthalten und dadurch auch einen höheren energetischen Futterwert besitzen.
- Körnerfrüchte sind, gemessen an den Bedarfsanforderungen der Nutztiere, vor allem Ca- und Na-arm. Vom deutlich höheren Phosphorgehalt liegen jedoch >50% in organischer Bindungsform (Phytinsäure und deren Salze) vor.
- An Vitaminen enthalten Körnerfrüchte vor allem die des B-Komplexes (außer Vitamin B_{12}) und Vitamin E. Vorstufen der Vitamine A (mit Ausnahme des Maises) und D_2 kommen nicht vor.

7.1. Getreide

Der Begriff Getreide bezieht sich auf die zur Körnernutzung angebauten Gramineen. Aufgrund unterschiedlicher Wärmeansprüche sowie physiologischer und morphologischer Merkmale unterscheidet man zwischen Getreidearten der gemäßigten und der warmen Zone (Tabelle 133). Diese Einteilung beschränkt jedoch keinesfalls den Anbau der beiden Gruppen auf die jeweiligen Klimazonen. In den wärmeren Gebieten gelangen in beachtlichem Umfang auch Weizen und Gerste zum Anbau. Andererseits hat sich z. B. das Anbauareal von Körnermais durch die Schaffung frühreifer und gleichzeitig sehr ertragreicher Sorten sowie neuer Verwertungsformen zunehmend in kühlere Breiten ausgedehnt. Bei Gerste, Roggen und Weizen existieren sowohl Winter- als auch Sommerformen. Das Artenspektrum hat in den letzten Jahren eine Erweiterung durch den Weizen-Roggen-Bastard Triticale erfahren.

Tabelle 133. Kulturformen beim Getreide (Cerealien) zur Körnerproduktion

Arten der gemäßigten Klimazone	Arten der warmen Klimazone
Gerste *(Hordeum vulgare)* – Nacktgerste *(H. vulgare* var. *coeleste)* Hafer *(Avena sativa)* – Nackthafer *(A. sativa* var. *chinensis)* Roggen *(Secale cereale)* Weizen *(Triticum)* – Hartweizen *(T. durum)*[1] – Saat- oder Weichweizen *(T. aestivum* sp. *vulgare)* Triticale	Hirse – Sorghum-Arten/Milocorn *(Sorghum bicolor)* – Rispenhirse *(Panicum miliaceum)* – Kolbenhirse *(Setaria italica)* Körnermais *(Zea mays)* Reis *(Oryza sativa)*

[1] Anbau vorrangig in der warmen Klimazone

7.1.1. Morphologischer Aufbau des Getreidekorns

Zum besseren Verständnis der Ausführungen zum Futterwert des Getreides einschließlich qualitätsverbessernder Maßnahmen sowie der Nebenprodukte der Getreideverarbeitung erscheint es zweckmäßig, zunächst den Kornaufbau, der am Beispiel des Weizens in Abb. 55 dargestellt ist, zu beschreiben.

Das Getreidekorn ist eine Schließfrucht (Karyopse). Im morphologischen Aufbau unterscheiden sich die Getreidearten nicht. Es werden im wesentlichen drei Bestandteile unterschieden: Schale, Mehlkörper (Endosperm) und Keimling (Embryo). Die Spelzen gehören nicht zum eigentlichen Korn. Die Schale wird durch das Verwachsen der Fruchtschale (Perikarp) mit der Samenschale (Testa) gebildet. Erstere besteht hauptsächlich aus Zellwandkohlenhydraten und Lignin (Gerüstsubstanzen). In der Samen-

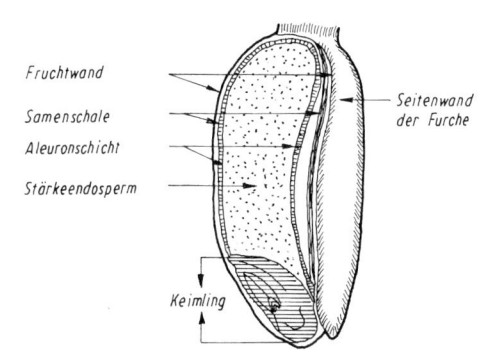

Abb. 55. Morphologischer Aufbau des Weizenkorns.

schale findet man neben Gerüstsubstanzen außerdem noch reichlich Eiweiß und Mineralstoffe. Den überwiegenden Teil des Korns nimmt das Endosperm ein (Tabelle 134), das sich aus der Aleuronschicht (äußere Zellschicht bzw. Zellschichten des Endosperms) und dem eigentlichen Mehlkörper (Stärkeendosperm) zusammensetzt. In stofflicher Hinsicht unterscheidet sich die Aleuronschicht vom Stärkeendosperm. Sie enthält keine Stärke, aber reichlich Eiweiß sowie Fett, Vitamine, Farbstoffe und Enzyme. Wichtigster Inhaltsstoff des eigentlichen Mehlkörpers ist Stärke. Zucker kommt nur in geringer Konzentration vor. Zwischen den Stärkekörnern befindet sich Eiweiß (Klebereiweiß), dessen Anteil vom Korninneren nach außen zunimmt. Auf den an der Kornbasis liegenden Keimling entfallen bei den Getreidearten der gemäßigten Zone etwa 3% und beim Mais etwa 8 — 10% der Kornmasse. In ihm ist der überwiegende Teil des Rohfettes vom Korn lokalisiert. Mineralstoffe und Vitamine (E, B-Komplex) sind neben Rohprotein ebenfalls reichlich im Keimling enthalten.

Tabelle 134. Mittlere Masseanteile (%) der einzelnen Gewebe im Korn bei den inländischen Getreidearten

Gewebe	Weizen	Roggen	Gerste[1])	Hafer[1])
Fruchtschale	5,5	6,5	3,5	3,5
Samenschale	2,5	2,5		
Aleuronschicht	7,0	8,0	5,5	6,5
Mehlkörper	82,5	80,0	88,0	85,2
Keimling	2,5	3,0	3,0	2,8

[1]) bezogen auf entspelztes Korn

Das Eiweiß von Keimling, Aleuron und Stärkeendosperm besteht aus unterschiedlichen Proteinfraktionen. Damit sind deutliche Abstufungen in der biologischen Wertigkeit verbunden, die vor allem aus dem verschiedenen Gehalt der Eiweißkörper an Lysin resultieren. Relative Veränderungen der einzelnen Gewebe am Kornaufbau, die u. a. durch Züchtung und/oder agrotechnische Maßnahmen (z. B. Düngung) erzielt werden, wirken sich somit auf den Protein- und Aminosäurengehalt sowie die Proteinqualität aus (7.1.2.2.). Auf die nicht zum eigentlichen Korn gehörende Spelze entfällt bei den bespelzten Arten Gerste, Hafer und Reis folgender Anteil der jeweiligen Körner: 9 — 13% (Sommergerste), 10 — 14% (Wintergerste), 23 — 28% bzw. 18 — 28%. Bei flachkörnigen Getreidefrüchten steigt der Spelzenanteil nicht unerheblich an.

7.1.2. Inhaltsstoffe und Futterwert

Die Getreidekörner sind aufgrund ihrer nährstoffmäßigen Zusammensetzung (s. Tabelle 135) vorwiegend energieliefernde Futtermittel. Jedoch wird der Gebrauchswert der verschiedenen Körnerfrüchte nicht allein vom energetischen Potential bestimmt. Eine Reihe weiterer Parameter beeinflussen Qualität und Fütterungseignung, vor allem, wenn das Getreide die wesentliche Rationskomponente bildet, wie es für die Geflügel- und Schweinefütterung typisch ist. Hierzu zählen insbesondere der Rohfasergehalt, der Rohproteingehalt, die Proteinqualität, der Mineralstoffgehalt (u. a. an verfügbarem Phosphor), der Gehalt an Vitaminen bzw. Vitaminvorstufen und Carotinoiden, der Gehalt an essentiellen Fettsäuren, das Vorkommen von Inhaltsstoffen mit leistungsmindernder und gesundheitsbeeinträchtigender Wirkung (antinutritive Substanzen), die Kontamination mit toxischen Substanzen (z. B. Pilztoxine) und die Aufnahmewilligkeit (Akzeptanz).

7.1.2.1. Energieliefernde Inhaltsstoffe, Verdaulichkeit und energetischer Futterwert

Die wichtigste Rohnährstofffraktion des Getreides bilden infolge des bereits beschriebenen Kornaufbaus die **N-freien Extraktstoffe** (Tabelle 135). In ausgereiften Körnern bestehen sie vorwiegend aus **Stärke** (Tabelle 136); der **Zuckergehalt** (Mono- und Disaccharide) ist dagegen gering (s. Tabelle 136). Höhere Anteile findet man, wenn Körnermais vor Abschluß der Kornfüllungsphase zur Erzeugung von Kolbensilagen geerntet wird. Die XX-Fraktion beinhaltet auch Teile der Gerüstsubstanzen bzw. Zellwandkohlenhydrate.

Tabelle 135. Nährstoffmäßige Zusammensetzung des Getreides

Rohnährstofffraktion bzw. Nährstoff	Gehalt je kg T (g)
Rohprotein[1]	90 – 175
Rohfett[1]	15 – 55
Rohfaser[1]	25 – 120
N-freie Extraktstoffe[1]	670 – 820
Rohasche[1]	15 – 60
Stärke[2]	445 – 735
Zucker[2]	10 – 65

[1]) Autorenkollektiv (1986), [2]) Dokumentationsstelle der Universität Hohenheim (1991)

Tabelle 136. Stärke- und Zuckergehalt von Getreidearten (g/kg T)[1]

Getreideart	Stärke	Zucker
Sommergerste	602	25
Wintergerste	600	26
Hafer	447	16
Hirse, Milocorn	734	11
Hirse, Rispenhirse	590	9
Maiskorn	695	19
Reiskorn	650	59
Roggen	646	63
Triticale	667	40
Winterweizen	675	32

[1]) Dokumentationsstelle der Universität Hohenheim (1991)

Der Schalen- bzw. Spelzenanteil der Körner bestimmt die Höhe des **Rohfaseranteils** (Tabelle 137). Rohfaserarm sind die unbespelzten Arten (Mais, Milocorn, Weizen, Roggen, Triticale). Der spelzenreiche Hafer enthält von den inländischen Getreidearten den höchsten Rohfasergehalt. Aber auch Reis sowie Kolben- und Rispenhirse (Arten der warmen Zone) sind relativ rohfaserreich und unterscheiden sich hierbei nur wenig vom Hafer. Gerste nimmt beim Rohfasergehalt eine Mittelstellung zwischen den unbespelzten Arten und dem reich bespelzten Hafer ein. Bei dieser Spezies ist die Winterform etwas rohfaserreicher als die Sommerform (s. Tabelle 137). Durch die Miternte der rohfaserreichen Kolbenfraktionen Lieschen und Spindel bei der Erzeugung von Maiskolbenfuttermitteln ergeben sich mehr oder weniger deutlich höhere Gehalte im Vergleich zu den faserarmen Maiskörnern. Lieschkolbenschrot bzw. daraus hergestellte Silagen liegen mit 100 – 150 g Rohfaser/kg T im Bereich von Hafer. Bei den

Tabelle 137. Mittlerer Gehalt von Getreidearten an Rohfaser und Zellwandsubstanzen (g/kg TS)[1])

Getreideart	XF	NDF	ADF	Zellulose
Gerste, Sommergerste	50	174	64	51
Gerste, Wintergerste	60	209	76	65
Hafer	120	302	151	119
Hirse, Milocorn	26	105	44	29
Hirse, Rispenhirse	103	[3])	157	106
Mais	27	105	35	26
Reis	99	195	115	99
Roggen	29	145[2])	[3])	28
Triticale	30	134	51	31
Weizen	30	122	38	27

[1]) Quellen: Autorenkollektiv (1986), Dokumentationsstelle der Universität Hohenheim (1991), INRA (1984), United States-Canadian Tables of Feed Composition (1982), [2]) Nicht-Stärkepolysaccharide plus Lignin (Pettersson 1988), [3]) keine Angabe

Maiskorn-Spindel-Gemisch-Silagen (Corn-Cob-Mix-Silagen) variiert der Rohfasergehalt in Abhängigkeit vom mitgeernteten Spindelanteil zwischen 40 und 70 g/kg T.

Mit der Rohfaserbestimmung wird auch beim Getreide nur ein Teil der Zellwandsubstanzen erfaßt (s. Tabelle 137). Der Gesamtgehalt an Gerüstsubstanzen (insbesondere Cellulose, β-Glucan, Hemicellulosen [Pentosane], Pektine, Lignin) in den Körnerfrüchten ist nicht nur wesentlich höher, sondern es gibt auch deutliche Unterschiede im Vorkommen an spezifischen Zellwandkohlenhydraten (β-Glucan, Pentosane, Pektine) zwischen den Getreidearten (s. Tabelle 144), die von erheblicher Bedeutung für die Fütterungseignung sein können.

Auch im **Rohfettgehalt** bestehen beachtliche Differenzen bei den Getreidearten. Mais und Hafer als die Arten mit dem höchsten Fettanteil liegen im Bereich von 45–50 g/kg T, Milocorn um 35 g/kg T und die übrigen Getreidefrüchte zwischen 15 und 25 g/kg T. Neben seinem positiven Einfluß auf den energetischen Futterwert des Getreides ist insbesondere das Rohfett der fettreicheren Getreidearten eine potentielle Quelle an essentiellen Fettsäuren. Von den Gesamtfettsäuren entfallen 25 bis 66% auf Linolsäure und bis maximal 10% auf Linolensäure. Außerdem enthält das Getreidefett reichlich Ölsäure. Die Lipidfraktion besteht somit überwiegend aus ungesättigten Fettsäuren. Diese Gegebenheit muß bei der Vorratshaltung und Rationsgestaltung beachtet werden.

Die **Verdaulichkeit des Getreides** wird vor allem vom Rohfasergehalt bzw. dem Gehalt an Zellwandsubstanzen beeinflußt. Als hochverdaulich (Verdaulichkeit der organischen Substanz ≈ 85 bis 90%) sind für alle Tierarten die rohfaserarmen Getreidefrüchte einzustufen. Tierartbedingte Unterschiede bestehen praktisch nicht. Lediglich die organische Substanz des Roggens verdaut das Geflügel schlechter als Wiederkäuer und Schweine. Der höhere Anteil an spezifischen Nicht-Stärkekohlenhydraten (Pentosane, β-Glucan, Pektine) in den Roggenkörnern dürfte diesen Abfall verursachen (s. Tabelle 144). Bei den Getreidearten mit mittlerem und höherem Rohfasergehalt werden jedoch Abweichungen zwischen den Tierarten sichtbar, die vor allem aus dem unterschiedlichen Verdauungsvermögen der Faserfraktion resultieren. Es ergeben sich somit folgende Reihenfolgen bei der FM-Verdaulichkeit: Getreide mit mittlerem Rohfasergehalt: Wiederkäuer = Pferd = Schwein > Geflügel; Getreide mit höherem Rohfasergehalt: Wiederkäuer > Pferd > Schwein > Geflügel.

Der Anstieg des Rohfasergehaltes im Getreide wirkt sich somit am deutlichsten auf die FM-Verdaulichkeit beim Geflügel aus.

7.1. Getreide

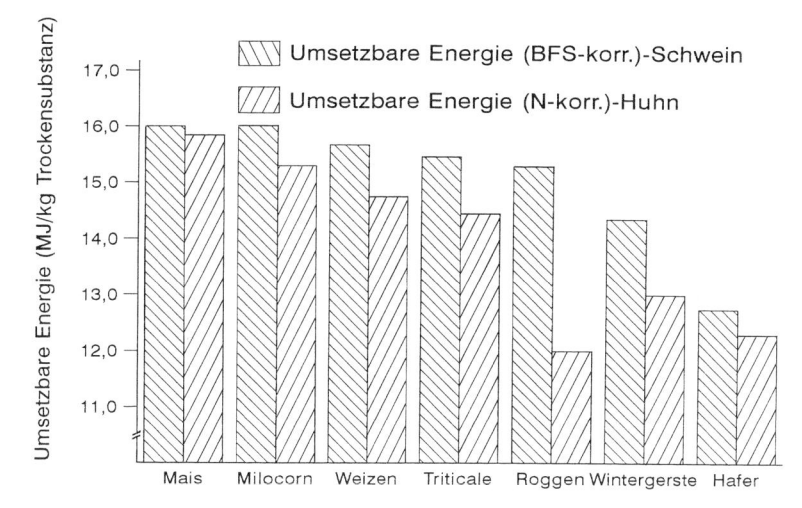

Abb. 56. Energetischer Futterwert der wichtigsten Getreidearten für Schweine und Geflügel.

Aus den vorangegangenen Ausführungen ist unschwer abzuleiten, daß die Getreidearten Mais und Milocorn die energiereichsten Körnerfrüchte sind (Abb. 56; Anhang). Neben ihrem geringen Rohfasergehalt und hohem Stärkegehalt trägt hierzu vor allem ihr höherer Fettanteil bei. Steigender Anteil an Zellwandbestandteilen und eine damit verbundene rückläufige FM-Verdaulichkeit verursachen in erster Linie die Abstufung im **energetischen Futterwert** innerhalb der Cerealien. Hafer enthält vergleichsweise zu Mais ≈ 20% weniger umsetzbare Energie/kg T. Der relativ niedrige energetische Futterwert des Roggens für das Geflügel wird durch den reichlichen Gehalt an antinutritiven Substanzen in dieser Getreideart verursacht (s. Abschnitt 7.1.2.5.; Tabellen 143 und 144). Bei den Maiskolbenfuttermitteln beeinflussen die jeweiligen Anteile an den mitgeernteten rohfaserreichen Kolbenfraktionen (Spindeln, Lieschen) und Restmaisteilen den energetischen Futterwert (Abb. 57; Anhang). Rohfaserärmere CCM-Silage erreicht annähernd den Energiewert von Körnermais bzw. übertrifft den von Weizen. Das rohfaserreichere Maiskolbenfuttermittel LKS-Silage ist energetisch mit Hafer vergleichbar.

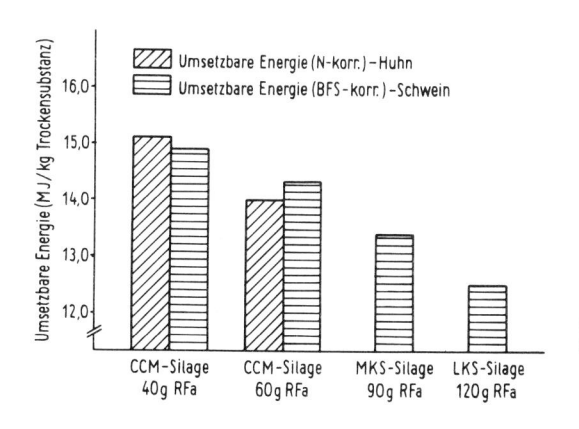

Abb. 57. Energetischer Futterwert von silierten Maiskolbenprodukten.

7.1.2.2. Proteingehalt und Proteinqualität

Obgleich die Stärke der dominierende Inhaltsstoff der Getreidekörner ist und damit die Cerealien in erster Linie Energiefuttermittel sind, beeinflussen jedoch auch Proteinanteil und -qualität maßgeblich ihren Gebrauchswert für monogastrische Nutztiere aufgrund des häufig hohen Mischungs- bzw. Rationsanteils; denn je nach Höhe des Eiweißgehaltes und dessen Wertigkeit sind unterschiedliche Anteile an Eiweißfuttermitteln in den Futtermischungen bzw. -rationen zur Gewährleistung der tierart- und leistungsabhängigen Gehalte an Rohprotein und Aminosäuren erforderlich.

Der **Rohproteingehalt** in den Getreidearten variiert nach den Angaben neuerer Futtermitteltabellen (Autorenkollektiv 1986, Dokumentationsstelle der Universität Hohenheim 1991) zwischen 90 und 175 g/kg T (s. Tabelle 135). Mais und Reis sind die proteinärmsten Körnerfrüchte; die Spitze nehmen bei diesem Inhaltsstoff Weizen und Triticale ein (s. Anhang). Für die praktische Fütterung ist von Bedeutung, daß der XP-Gehalt bei den einzelnen Körnerfrüchten vom jeweiligen Mittelwert beachtlich abweichen kann. Deshalb sollte stets sowohl bei der Verwendung als Komponente in Mischfuttermitteln als auch in hofeigenen Mischungen der Rohproteingehalt der jeweiligen Charge bzw. Partie bestimmt werden. Seine Kenntnis trägt vor allem zu einem rationelleren Einsatz von Eiweißfuttermitteln bei. Neben einer genetisch bedingten Variabilität sind es vor allem auch ökologische Faktoren (Bodenart, Witterungsverlauf, Intensität und Zeitpunkt der N-Düngung), die diese Schwankungen verursachen. Auf gezielte Maßnahmen zur Proteinanreicherung in den Getreidekörnern wird unter Einbeziehung der Qualität noch eingegangen.

Die **Verdaulichkeit des Getreideproteins** liegt bei den verschiedenen Nutztierkategorien in folgenden Bereichen: Wiederkäuer $\approx 70-80\%$, Schweine $\approx 75-85\%$ und Geflügel $\approx 70-80\%$. Einen wesentlichen Einfluß hat der Rohfasergehalt, d. h., mit seiner Zunahme in den Körnern ist in der Regel ein Verdaulichkeitsrückgang verbunden. Nachteilig auf die XP-Verdaulichkeit wirken außerdem antinutritive Inhaltsstoffe. Das reichliche Vorkommen solcher Substanzen vor allem in Roggen bewirkt in erster Linie die vergleichsweise zu Weizen deutlich schlechtere Eiweißverdaulichkeit.

Das Getreideeiweiß ist — gemessen an den Anforderungen monogastrischer Nutztiere — durch ein unausgeglichenes Aminosäurenmuster gekennzeichnet. Es enthält vor allem wenig Lysin; aber auch weitere für die Versorgung bedeutsame essentielle Eiweißbausteine findet man in den Cerealienproteinen in nicht ausreichenden Konzentrationen. Die im allgemeinen geringe bis mäßige **biologische Wertigkeit** der Getreideeiweiße ergibt sich aus ihrem Aufbau, d. h. den relativen Anteilen der verschiedenen Proteinfraktionen am Gesamteiweiß (Abb. 58). Mit Ausnahme des Haferproteins dominieren die lysinarmen Speicherproteine (Prolamine, Gluteline) des Endosperms (Mehlkörper), deren Anteil am Gesamtprotein bei fast allen Getreidearten zusammen 70 – 90 % beträgt. Die in der Minderheit vorhandenen lysinreicheren Globuline sind vorwiegend in der Aleuronschicht und im Keimling lokalisiert. Deshalb ist das Eiweiß der Mühlennachprodukte und des Keimlings wertvoller als das des Gesamtkorns; dagegen aber Klebereiweiß (z. B. Maiskleber; Abschnitt 8.2.1.) durch seine einseitige AS-Zusammensetzung (ausgesprochen lysinarm) von geringer Wertigkeit.

Neben der allgemeinen Werteinschätzung des Getreideeiweißes dürfen jedoch artbedingte Unterschiede in der Aminosäurenzusammensetzung, die für die Fütterungspraxis bedeutsam sind, nicht unerwähnt bleiben (Abb. 59; Anhang). Hafer, Gerste,

	Masseanteil am Korn (%)	Eiweißgehalt (%)	Anteil am Gesamteiweiß (%)	Lysingehalt (% des XP)
Endosperm Prolamine Gluteline	82	8–14	75	 0,4 2,4
Aleuronschicht Globuline	7	30	13	 3,2
Keimling Albumine (+ Globuline)	3	26	6	 7–9,2
Frucht- und Samenschale	8	≈ 10	≈ 6	

Abb. 58. Verteilung der Speicherproteine im Getreidekorn — Weizen, Gerste (nach Schilling 1982).

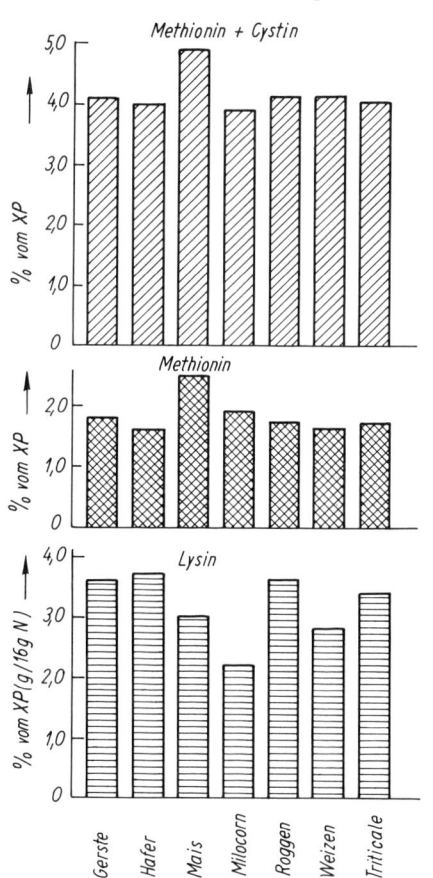

Abb. 59. Lysin-, Methionin- und Methionin- plus Cystingehalt des Rohproteins von Getreidefrüchten (Bock et al. 1981).

Roggen und Triticale heben sich z. B. beim Lysinanteil mehr oder weniger deutlich positiv von Mais, Weizen und Milocorn ab. Vor allem aufgrund der unterschiedlichen Gehaltswerte an diesem Baustein fällt die biologische Wertigkeit im allgemeinen in der Reihenfolge Hafer, Roggen, Gerste, Triticale, Weizen, Mais und Milocorn ab.

Nach Lysin, der ersten leistungsbegrenzenden Aminosäure in allen Getreideproteinen für Nichtwiederkäuer, folgen in der Limitierungsrangfolge beim Schwein Threonin und Tryptophan außer bei Mais und Maiskolbenfuttermitteln, wo Tryptophan aufgrund des ausgesprochen niedrigen Anteils nach Lysin folgt. Für das Geflügel ergeben sich nachstehende Reihenfolgen der Limitierung:

Mais und Maiskolbenfuttermittel: Lysin, Tryptophan, Methionin;
alle anderen Getreidearten: Lysin, Threonin, Methionin.

Aus den Ausführungen zum Aufbau des Getreidekorns (s. S. 239) und der Verteilung der Proteinfraktionen auf die einzelnen Gewebe (s. Abb. 58) läßt sich unschwer ableiten, daß sich Änderungen in den relativen Anteilen auf den Proteingehalt und dessen Qualität auswirken können. Um den Beitrag des Getreides bei der Eiweiß(Aminosäuren)-versorgung der Nichtwiederkäuer zu erhöhen, ist man schon seit längerem bestrebt, durch agrotechnische (Düngung) und züchterische Maßnahmen Proteingehalt und -qualität zu erhöhen. Vor allem durch die Untersuchungen von Selke (1940) ist bekannt, daß sich durch eine späte zusätzliche N-Düngung zum Zeitpunkt des Ähren- bzw. Rispenschiebens der Rohproteinanteil in den Getreidekörnern erhöhen läßt. In einer Vielzahl von Feldversuchen ermittelten Ebert und Rinno (1977) die in Tabelle 138 ausgewiesenen mittleren Zunahmen des Rohproteingehaltes. Das Verfahren der N-Spätdüngung hat sich praktisch bei allen Getreidearten zur Erzeugung zusätzlichen Körnereiweißes bewährt. Trotzdem darf nicht unerwähnt bleiben, daß die Wirkung der späten N-Gabe unterschiedlich ausfallen kann, da neben Getreideart und Sorte vor allem Standort und Witterung darauf Einfluß nehmen. Die durch eine späte N-Gabe bewirkte Eiweißerhöhung in den Körnern resultiert jedoch fast ausschließlich aus einer vermehrten Bildung lysinarmer Speicherproteine (Prolamine, Gluteline), so daß sich der Lysinanteil im Getreideprotein vermindert (leichter Rückgang der biologischen Wertigkeit) und bezogen auf das Futtermittel in geringerem Umfang als der Rohproteingehalt ansteigt. Dennoch besitzt solches Getreide futterwirtschaftliche Vorteile, weil sich der Bedarf an hochwertigen Eiweißfuttermitteln für eine vollwertige Ration reduziert.

Tabelle 138. Zunahme des Rohproteingehaltes im Korn bei Steigerung der N-Düngung durch N-Spätgaben (40 kg N/ha, d. h. Erhöhung der N-Menge von 80 auf 120 kg/ha; Feldversuche nach Ebert und Rinno 1977)

Getreideart	Zahl der Versuche	Zunahme des XP-Gehaltes in Prozentpunkten
Winterweizen	42	1,5
Wintergerste	14	1,7
Winterroggen	46	1,3
Sommergerste	25	1,7
Hafer	45	1,5

Die Pflanzenzüchtung bemüht sich seit längerem um eine Proteinanreicherung sowie -qualitätsverbesserung bei den einzelnen Getreidearten. Diese Zielstellung ist bei den bearbeiteten Spezies bislang in unterschiedlichem Maße gelungen. Züchterisch verbesserte Formen gibt es vor allem von Gerste, Mais und Milocorn. Die neuen Zuchtprodukte zeichnen sich insbesondere durch einen mehr oder weniger deutlich höheren Lysinanteil des Eiweißes im Vergleich zu den jeweiligen konventionellen Sorten aus. Er resultiert aus Relationsverschiebungen bei den Proteinfraktionen (Tabelle 139). Die in Schweden gezüchtete Gerstenmutante „Hiproly" ist außerdem wesentlich proteinreicher. Geringere Körnererträge und weitere Nachteile gegenüber leistungsfähigen Normalsorten haben bisher eine praktische Nutzung dieses Zuchtfortschrittes weitgehend verhindert, wenngleich die ernährungsphysiologischen Vorteile qualitätsverbesserter Hybriden erheblich sind, wie die in Tabelle 140 ausgewiesenen Daten lysinreicherer Körnermaishybriden aus Bernburg belegen.

Tabelle 139. Rohprotein- und Lysingehalt sowie relative Zusammensetzung des Eiweißes nach Fraktionen von Gerste- und Maiskörnern konventioneller Sorten bzw. qualitätsverbesserter Zuchtprodukte (nach Flamme 1985)

	Rohprotein	Lysin	in % des Rohproteins		
	% der T	g/16 g N	Albumine, Globuline, Nichtprotein-N	Prolamine	Gluteline
Mais, normal	10,7	1,6	6	59	30
Mais, „Opaque 2"		3,7	18	26	49
Gerste, normal	12,6	3,6	27	29	39
Gerste, „Riso 1508"	13,4	5,3	46	9	39
Gerste, „Hiproly"	16,8	4,2	37	32	—

Tabelle 140. Vergleich der Eiweißqualität von Maiskörnern bzw. CCM aus herkömmlichen Sorten und lysinreicheren Stämmen (Jeroch et al. 1987, Wecke et al. 1987)

Parameter	Maiskörner		CCM	
	konventionelle Sorten	lysinreichere Stämme	konventionelle Sorten[1]	lysinreichere Stämme[2]
Rohprotein (% der T)	10,5	10,4	10,2	9,3
Lysin (% vom Rohprotein)	2,9	4,4	2,8	4,4
Biologische Wertigkeit in (%):				
Schwein	66	76	[3]	[3]
Broiler	[3]	[3]	56	66

[1] 61 g Rohfaser/kg T, [2] 78 g Rohfaser/kg, [3] nicht bestimmt

7.1.2.3. Mineralstoffgehalt

Getreidekörner sind vergleichsweise zu grünen Pflanzen (z. B. Grüngetreide) mineralstoffärmer. Sie enthalten sehr wenig Calcium (s. Tabelle 141). Bei hohem Getreideanteil in der Futtermischung bzw. Futterration (z. B. lufttrockene Alleinfuttermischungen für Schweine und Geflügel, Getreidemast-Schweine) besteht deshalb ein beachtliches Defizit zu den erforderlichen Gehalten im Futter. Dennoch soll nicht unerwähnt bleiben, daß die Ca-Konzentration innerhalb dieser Futtermittelgruppe beachtlich variiert (Tabelle 141), was gleichermaßen für weitere Mineralstoffe zutrifft (s. Tabelle 141).

7. Körner und Samen

Tabelle 141. Mineralstoffgehalt des Getreides (Anke und Groppel 1985, Nehring et al. 1972, NRC 1984)

Mineralstoff	Gehalt je kg Trockensubstanz (T)			
Calcium	0,3	g (Mais)	− 1,2	g (Hafer)
Gesamtphosphor	2,6	g (Reis)	− 4,6	g (Hartweizen)
Nichtphytinphosphor	0,9	g (Roggen)	− 3,0	g (Hafer)
Magnesium	0,7	g (Reis)	− 2,1	g (Milocorn)
Natrium	0,1	g (Weizen)	− 0,5	g (Reis)
Mangan	6	mg (Mais)	− 51	mg (Hafer)
Kupfer	1,7	mg (Milocorn)	− 8,2	mg (Wintergerste)
Zink	14	mg (Reis)	− 34	mg (Weizen)
Selen	0,09	mg (Sommergerste)	− 0,11	mg (Hafer)
Iod	0,09	mg (Mais)	− 0,15	mg (Sommergerste)

Phosphor enthalten die Cerealien dagegen in reichlicheren Mengen. Jedoch liegen 40 − 80% des Gesamtgehaltes ebenso wie in Körnerleguminosen und Ölsaaten in organischer Bindungsform als **Phytin-Phosphor** vor (Tabelle 142). Unter dem Sammelbegriff „Phytin" werden die Inositphosphorsäure (Phytinsäure) und deren Salze (Ca, Mg, Mn, Fe, Zn) zusammengefaßt. Die im Phytin gebundenen Mineralstoffe (somit auch Phosphor) können erst nach dessen Hydrolyse resorbiert werden. Die hierfür erforderlichen Phytasen sind in Getreidekörnern selbst enthalten und werden außerdem durch Bakterien im Verdauungstrakt gebildet. Bakterielle Phytasen findet man reichlich im Vormagensystem der Wiederkäuer; diese Nutztiergruppe kann somit Phytin-P gut verwerten. Beim Schwein und Geflügel hängt die Ausnutzung des Phytin-Phosphors vor allem von der in den Getreidekörnern vorhandenen Phytase-Aktivität ab, die zusammen mit der vergleichsweise zu den Wiederkäuerarten wesentlich geringeren bakteriellen Enzymaktivität im Kropf (Geflügel), Magen und Dünndarm wirksam werden kann. Zwischen den Getreidearten bestehen jedoch beachtliche Unterschiede in der korneigenen Phytase-Aktivität (s. Tabelle 142), die zur Folge haben, daß der verfügbare P-Anteil am Gesamtgehalt bei Weizen, Roggen, Triticale und Gerste ≈ 50 − 55% beträgt, dagegen bei Mais, Milocorn und Hafer nur ≈ 15 − 25% (Sauveur 1983). Die vor allem in der Geflügelfütterung erforderliche Ergänzung der Futterration mit anorganischem Phosphor wird somit in ihrer Höhe erheblich von den verwendeten Getreidearten bestimmt. Wenn z. B. anstelle von Körnermais Weizen die Getreidekomponente im Legehennenfutter bildet, kann auf eine P-Ergänzung weitgehend verzichtet werden (u. a. Sauveur 1983; Vogt 1990).

Tabelle 142. Gesamt- und Phytinphosphorgehalt sowie Phytaseaktivität von Getreidekörnern (nach Sauveur 1983)

Getreideart	Gesamt-P g/kg	Anteil Phytin-P am Gesamt-P %	Phytaseaktivität
Weizen	3,3 − 3,5	60 − 77	+ + + + + +[1]
Gerste	3,3 − 3,6	56 − 72	+ + + + +
Roggen	3,4 − 3,7	65	+ + + +
Hafer	3,4 − 3,8	55	+ + +
Mais	2,5 − 2,8	67	+ +[2]
Milocorn	2,8 − 3,2	60 − 74	+ +
Reis	1,0 − 1,5	38 − 60	?

[1]) + + + + + + = stark, [2]) + + = schwach

Durch Ergänzung der Futterrationen monogastrischer Nutztiere mit mikrobiell erzeugten Phytasen läßt sich die Phytin-P-Ausnutzung deutlich steigern (u. a. Simons et al. 1990).

Getreide ist Na-arm, gemessen an den erforderlichen Gehalten im Futter. Die Gehalte an Spurenelementen variieren z. T. erheblich zwischen den Getreidearten (s. Tabellenanhang). Sie unterliegen hinsichtlich ihres Gehaltes verschiedenen exogenen Einflüssen (Bodenart, Standort, Witterungsbedingungen). Außerdem ist verschiedentlich deren Verfügbarkeit eingeschränkt (z. B. an Phytinsäure gebundenes Zink). Dadurch können bei hohem Getreideeinsatz in der Fütterung Ergänzungen, vor allem mit den Spurenelementen Mangan und Zink, entweder über Futtermittel mit höheren Gehalten oder Mineralfutter, zur Bedarfssicherung erforderlich sein.

7.1.2.4. Vitamingehalt

Aus der Gruppe der fettlöslichen Vitamine enthält das Getreide die Vitamine E und K. Lediglich im Körnermais und in den Maiskolbenfuttermitteln kommen außerdem noch Provitamine des Vitamins A (vor allem β-Carotin) vor. Ernährungsphysiologisch bedeutsam ist vor allem der Vitamin-E (α-Tocopherol-)Gehalt in den Getreidekörnern, obgleich er beachtlichen Einflüssen unterliegt. Hierzu zählen neben dem genetischen Einfluß (Gerste ist z. B. deutlich Vitamin-E-reicher als Weizen) die Witterungsbedingungen während der Ernte (in regenreichen Jahren geringere Gehalte), der physiologische Zustand der Körner auf dem Halm (Vitamin-E-Verlust beim Keimvorgang), die Konservierungsart (Feuchtsilierung mit oder ohne Silierzusätze verlustreicher als Trocknung) und die Lagerungsdauer (20 – 50% Aktivitätsverlust bei 6monatiger Lagerung von Trockenkorn). Erntegeschädigte Getreidefrüchte sind somit eine schlechtere Vitamin-E-Quelle als unter normalen Bedingungen geerntete Körner. Diese Gehaltsabnahme ist in der Regel mit einer Fettqualitätsveränderung verbunden. Die Verfütterung solcher qualitätsgeminderter Getreidepartien kann Ursache für Leistungsminderungen und gesundheitliche Störungen sein.

Die vorrangig in den Außenschichten der Getreidekörner lokalisierten Vitamine des B-Komplexes (außer Vitamin B_{12}) besitzen für die Versorgung monogastrischer Nutztiere mit diesen essentiellen Futterinhaltsstoffen erheblichen Stellenwert. Bei dieser pauschalen Wertung darf jedoch nicht übersehen werden, daß zwischen den Getreidearten z. T. beachtliche Unterschiede existieren und außerdem die analytisch ermittelten Gehalte verschiedentlich nur partiell verfügbar sind. So steht der hohen Biotinverfügbarkeit aus Mais für Küken eine deutlich niedrigere aus den Getreidearten Weizen, Gerste, Hafer und Milocorn gegenüber. Anderseits kann der vergleichsweise zu Weizen und Gerste erheblich niedrigere Niacingehalt des Maises nur zu 30% durch Küken genutzt werden.

7.1.2.5. Antinutritive Substanzen

Die Getreidearten und die Nebenprodukte ihrer Verarbeitung enthalten eine Reihe von Inhaltsstoffen (Tabelle 143), für die nachteilige Einflüsse auf Leistung und Gesundheit der Nutztiere bekannt sind. Hierzu zählen Tannine, Alkylresorcinole und Verdauungsenzym-Inhibitoren sowie einige Nichtstärkepolysaccharide [(1 → 3), (1 → 4)-β-D-Glucane, Pentosane (Arabinoxylane), Pektine], die neben ihrem Nährstoffcharakter auch Schadwirkungen verursachen können. Außerdem ist eine Kontamination der Körnerfrüchte mit toxischen Substanzen, wie Mutterkornalkaloide, Mykotoxine und Umweltchemikalien, möglich. Das Vorkommen von schädlichen Substanzen muß bei der Fütterung beachtet werden. Es kann den Einsatz damit belasteter Getreidearten bzw. -partien mehr oder weniger einschränken oder eine Verfütterung verbieten.

Tabelle 143. Inhaltsstoffe mit leistungsmindernder und gesundheitsgefährdender Wirkung in Getreidearten

Stoffgruppe	Chemische Verbindung(en)	Wirkungen
Kohlenhydrate	β-Glucane[1]	erhöhte Viskosität des Darminhaltes, klebrige und wasserreichere Exkremente, herabgesetzte Futterdurchgangszeit, Verdaulichkeitsminderung
	Pentosane[1], Pektine[1]	deutlich gesteigerte Viskosität des Darminhalts, Beeinträchtigung von Verdauung und Resorption, veränderte Darmmikroflora im vorderen Darmabschnitt, klebrige und wasserreichere Exkremente
Phenolderivate	Tannine	Futteraufnahmesenkung, Hemmung proteolytischer Verdauungsenzyme
	Alkylresorcinole	Futterverzehrsdepression, Wachstumsstörungen
Mutterkorn (Claviceps-purpurea)-Alkaloide	u. a. Ergotoxin, Ergotamin	u. a. Gleichgewichtsstörungen, Lähmungen, Krämpfe, Aborte

[1]) antinutritive Effekte, vor allem bei Küken

Nichtstärkepolysaccharide sind vor allem in Roggen, Gerste und Hafer reichlicher als in anderen Getreidefrüchten enthalten (Tabelle 144). Sie beeinträchtigen mehr oder weniger stark die Verdauungs- und Resorptionsvorgänge infolge spezifischer Eigenschaften (starkes Wasserbindungs- und Quellvermögen, viskositätssteigernde Wirkung) vor allem bei Jungtieren. Gegenüber den Substanzen im Roggen sind Küken und Ferkel außerordentlich empfindlich. Die β-Glucan-reichen Getreidearten Gerste und Hafer entfalten vor allem bei jungen Küken ungünstige Wirkungen. Mit zunehmendem Alter der Tiere verlieren diese spezifischen Kohlenhydrate mehr oder weniger ihren antinutritiven Charakter.

Tabelle 144. Gehalte an gelbildenden Polysacchariden in Getreidekörnern (g/kg T) (nach Dierick 1989, Choct und Annison 1990)

Getreideart	β-Glucane[1]	Pentosane[2]	Pektine[3]
Gerste	49 (16−107)[4]	66	4
Hafer	43 (30−66)	58	10
Roggen	24 (19−29)	87	6
Weizen	10 (6−14)	66	5
Triticale	12	70	
Milocorn	10	28	
Mais	12	43	
Reis (geschält)	4	0	

[1]) $(1 \rightarrow 3)$, $(1 \rightarrow 4)$-β-Glucane (30:70), hauptsächlich löslich, [2]) Xylose-Arabinose (60:40), hauptsächlich unlöslich, [3]) Uronsäuren, hauptsächlich löslich, [4]) Mittelwerte und Schwankungsbereich

Wenngleich die Gesamtpentosangehalte von Roggen und Triticale sich wenig unterscheiden (s. Tabelle 144), so liegt doch der Anteil an löslichen Pentosanen bei der Getreideneuzüchtung niedriger und könnte eine Erklärung für deren deutliche ernährungsphysiologischen Vorteile vor allem auch für Küken sein. Erst bei höherem Triticaleanteil im Futter wurden Anzeichen einer Schadwirkung (klebrige Exkremente) bemerkt (Ruiz et al. 1987).

Auch für Weizenpentosane wurden antinutritive Effekte bei Küken ermittelt, wenn energieärmere bzw. faserreichere Herkünfte dieser Getreideart zur Verfütterung gelangten (Literatur bei Choct und Annison 1990).

Tannine kommen in zahlreichen Nutzpflanzen und deren Samen vor. Sie beeinträchtigen vor allem die Eiweißverdaulichkeit durch die Bildung enzymresistenter Komplexverbindungen mit Futterproteinen im Verdauungstrakt und inhibieren ferner Verdauungsenzyme. Sehr hohe Gehalte ($\approx 3 - 10\%$) sind für vogelresistente *Sorghum*-Arten typisch. Bei diesen Konzentrationen sind deutliche Auswirkungen auf Verdaulichkeit, Futteraufnahme und Wachstum festzustellen. In normalen Sorten liegt jedoch der Gehalt meistens unter 1%, der als unbedenklich angesehen wird.

Auch in anderen Getreidearten (u. a. Gerste, Weizen, Roggen) sind Tannine nachgewiesen worden. Eggum und Christensen (1975) analysierten 29 Gerstenmuster und fanden Tanningehalte zwischen 0,55 und 1,23%; jedoch nur wenige Proben lagen über 1%. Die mit Laborratten durchgeführten Verdaulichkeitsmessungen ergaben nur einen geringen Einfluß des Tanningehaltes auf die XP-Verdaulichkeit, der für die praktische Fütterung keine Konsequenzen nach sich zieht. Nachteilige Effekte sind von den Tanningehalten in weiteren Getreidearten (Weizen $\leqq 0,7\%$, Roggen $\leqq 0,55\%$) nicht zu erwarten.

Alkylresorcinole wurden in fast allen Getreidearten analysiert. Roggen enthält jedoch wesentlich höhere Konzentrationen als die anderen Cerealien (Gehalte je kg T: Roggen 1,4 – 1,8 g, Triticale 0,8 – 0,9 g, Weizen 0,7 – 0,9 g). Wieringa (1967) hat die bei Roggenverfütterung festzustellenden Störungen mit dem reichlichen Gehalt an Alkylresorcinolen in Verbindung gebracht. Inzwischen liegen jedoch zweifelsfreie Versuchsergebnisse – insbesondere von polnischen Autoren – vor, daß die in Roggenkörnern enthaltenen Alkylresorcinolkonzentrationen für landwirtschaftliche Nutztiere unbedenklich sind. Erst wesentlich höhere Gehalte, die auch von Wieringa geprüft wurden, wirken verzehrsdepressiv und leistungsmindernd.

Aus Getreidekörnern wurden verschiedene **Verdauungsenzym-Inhibitoren**, u. a. Protease-Inhibitoren, isoliert. Ihr Gehalt ist jedoch minimal und physiologisch unbedeutend, wie z. B. der Vergleich der Trypsin-Inhibitor-Aktivität von Roggen mit Ackerbohnen und Sojabohnen zeigt (1 : 10 : 100).

Der früher häufig vorkommende Besatz des verfütterten Roggens mit **Mutterkorn** *(Claviceps purpurea)* hat mit zur Abwertung dieser Getreideart vor allem als Futtermittel für Schweine beigetragen. Hühner nehmen Mutterkorn nicht auf, wenn es Bestandteil des Körnerfutters ist. Diese Futterart dominierte bekanntlich in der damaligen Hühnerhaltung, so daß Mutterkornbesatz kaum ein Problem darstellte. Auch die Ähren weiterer Getreidearten können mit Sporen des Pilzes *Claviceps purpurea* infiziert werden, was aber vergleichsweise zu Roggen seltener anzutreffen ist. Nur Triticale soll ebenso wie Roggen für diese Infektion anfälliger sein. Die vom Mutterkorngewebe gebildeten Alkaloide sind für alle Tierarten äußerst giftige Substanzen, wobei Säugetiere noch empfindlicher reagieren als das Geflügel. Für erstere wird ein Mutterkornbesatz bis 0,1% im Futter als unbedenklich angesehen (Young 1979). Durch Reinigungsverfahren ist Futtergetreide heute praktisch frei von Mutterkornbesatz.

Eine weitere Gruppe von toxischen Begleitstoffen des Getreides und anderer Körner und Samen entwickelt sich gleichfalls erst nach deren mikrobiellem Befall. Es handelt sich hierbei um die überwiegend äußerst giftigen **Mykotoxine**, die von zahlreichen Schimmelpilzarten gebildet werden (Tabelle 145). Diese artspezifischen Stoffwechselprodukte stellen eine erhebliche Gefahr für die Gesundheit und Leistungsfähigkeit aller landwirtschaftlichen Nutztiere dar. Bei der Aufnahme von Pilztoxinen kann es auch zur Bildung von Rückständen in eßbaren Geweben, Milch und Eiern kommen, so daß auch die Verbraucher gefährdet sind. Mit einer Kontamination des Getreides durch Pilzgifte muß vor allem bei unsachgemäßer Lagerung bzw. Konservierung gerechnet werden, d. h., wenn die überall vorkommenden Schimmelpilzsporen geeignete Bedingungen für ihr Wachstum vorfinden. Sie sind für einige Arten potentieller Toxinbildner bereits bei einem Wassergehalt von 15 – 16% in den Getreidefrüchten und Leguminosensamen und sehr niedrigen Temperaturen gegeben. Ein Pilzwachstum ist auch in heißluftgetrocknetem Getreide möglich, wenn die späteren Lagerungsbedingungen eine Wiederbefeuchtung zulassen. Sie ist z. B. durch Schwitzwasserbildung an den Innenwänden von Getreide- und Mischfuttersilos möglich, die ungeschützt den Temperaturschwankungen der Tages- und Jahreszeit ausgesetzt sind. Schimmelpilzgefährdet sind auch Maiskolben- und Getreidekörnersilagen bei Zwischenlagerung nach der Entnahme aus den Silos. Eine Infektion der Getreidekörner mit gefährlichen Schimmelpilzen aus der Gruppe der Feldpilze (s. Tabelle 145) kann bei ungünstigen Witterungsbedingungen bereits im Bestand erfolgen. Diese Gefahr besteht

Tabelle 145. Mykotoxinbildner sowie zootechnische Störungen und klinische Anzeichen durch Pilztoxine[1])

Bildner (Pilzgattung/ Pilzarten)	Mykotoxine (Pilzgifte)	Klinische Erscheinungen	Kritische Gehalte (mg/kg lufttrockenes Futter)
Aspergillus[2]) (*A. flavus*, *A. parasiticus*)	Aflatoxine (B_1, B_2, G_1, G_2)	Leistungsminderung (Wachstum, Legeleistung, gesteigerter Futteraufwand), Kümmern, Leberschädigungen, Leberkarzinom, Schwächung der körpereigenen Abwehr, unspezifische Todesfälle	0,01 – 0,05
Penicillium[2]), *Aspergillus*[2])	Ochratoxin A, Sterigmatocystin, Citrinin	Wachstumsstörungen, Rückgang der Legeleistung, gesteigerter Futteraufwand, Leber- und Nierenschädigungen, vermehrte Harnabgabe und Wasseraufnahme, Störung des Immunsystems	≈ 1,4; evtl. tiefer
Fusarium[3]) (u. a. *F. culmorum*, *F. graminearum*, *F. poae*, *F. sporotrichoides*)	Trichothecene (z. B. T-2-Toxin, HT-2-Toxin, Deoxynivalenol, Nivalenol, Vomitoxin)	Leistungsminderungen, gestörte Schlupffähigkeit, Futterverweigerung, Erbrechen, Schädigung von Haut und Schleimhäuten, Geschwürbildung, Blutungen	>0,3 – 0,5; aber noch unsicher
Fusarium[3]) (*F. graminearum*, *F. culmorum*)	Zearalenon	Hyperöstrogenismus und Fruchtbarkeitsstörungen beim Schwein, Ferkelverluste; Geflügel ist im Vergleich zum Schwein weniger gefährdet	>0,05; offensichtlich kumulativ

[1]) Quellen: Gedek (1989), Meyer, Bronsch und Leibetseder (1989), Pettersson (1991), [2]) Lagerungspilze, [3]) Feldpilze

vor allem bei Körnermais, dessen Ernte in den Herbstmonaten häufig unter weniger günstigen Bedingungen erfolgt.

Die Fütterungswürdigkeit des Getreides wird vor allem durch Toxine von Schimmelpilzen der Gattungen *Aspergillus*, *Penicillium* und *Fusarium* gefährdet. Da eine wirtschaftlich vertretbare Entgiftung kontaminierter Getreidepartien derzeit nicht möglich ist, muß einer Pilzvermehrung durch vorbeugende Maßnahmen, wie schonende Ernteverfahren, sofortige sorgfältige Trocknung oder rasche Silierung, trockene und kühle Lagerung, Vermeidung jeglicher Wiederbefeuchtung, kurze Zwischenlagerzeit von Getreide- und Maiskolbensilagen, Reinigung und Desinfektion der Lagerbehälter und Fütterungseinrichtungen, entgegengewirkt werden. Verschimmeltes Futter ist grundsätzlich nicht zu verfüttern. Eine Kontrolle von Futtermitteln auf Mykotoxine sollte im Zweifelsfalle unbedingt erfolgen (mikrobiologische Untersuchung). Für eine mykologische Beurteilung von Getreide und Getreideprodukten eignet sich u. a. die Schimmelpilzinfektionsrate (Kwella und Weißbach 1984).

7.1.3. Futterwert und Fütterungseignung von Frischgetreide, ernte- und lagerungsgeschädigtem Getreide

● **Erntefrisches Getreide**

Nach der Mähdruscherte vollzieht sich in den ersten Tagen und Wochen in den Körnern der Nachreifeprozeß. Man versteht darunter in der Hauptsache den Entquellungsvorgang der kolloiden Kornbestandteile. Dabei wird Wasser abgegeben; das Getreide „schwitzt". Ein Schwitzen der Körner ist auch dann festzustellen, wenn diese bereits den geforderten Trockensubstanzgehalt für eine Langzeitlagerung besitzen. Außerdem ist zum Zeitpunkt der Ernte und unmittelbar danach die Enzymaktivität in den Körnern sehr niedrig und steigt erst später wieder an. Bei einigen Getreidearten äußert sich die Nachreife in einer stark verminderten Keimkraft. Im „Schwitzprozeß" befindliches Getreide besitzt eine geringere Fütterungseignung. Bei seinem Einsatz ist mit Verdauungsstörungen zu rechnen, die u. a. einen Leistungsabfall zur Folge haben. Von den einzelnen Nutztierarten sollen besonders Schweine und Pferde empfindlich gegenüber „Frischgetreide" sein. Vor allem die Verfütterung von erntefrischem Roggen verursacht erhebliche gesundheitliche Störungen und Leistungsminderungen. Neuere, an Absetzferkeln durchgeführte Untersuchungen mit „frischem" und „abgelagertem" Roggen ergaben u. a. eine deutlich gesteigerte mikrobielle Aktivität im Magen und Dünndarm der Tiere bei der Fütterungsvariante mit Frischroggen (Bolduan et al. 1987). Die vor allem bei Jungtieren und in abgeschwächter Form auch bei älteren Tieren festzustellenden Verdauungs- und Resorptionsstörungen bei höheren Roggenanteilen im Futter werden bei Verwendung von Frischroggen verstärkt.

Aufgrund der ungünstigen Erfahrungen bei der Verfütterung von Frischgetreide sollte möglichst ein Einsatz erst nach 4wöchiger Lagerzeit erfolgen. Wenn eine Verwendung nicht zu umgehen ist, muß der Anteil von erntefrischem Getreide auf maximal 30% des zulässigen Getreideanteils in den Mischfuttermitteln bzw. hofeigenen Mischungen für die verschiedenen Tierarten und Nutzungsrichtungen beschränkt werden (s. Tabelle 158). Diese Restriktion gilt ebenso für die direkte Verfütterung von Frischgetreide.

● **Auswuchsgetreide**

In den Jahren mit übermäßig feuchter Witterung im Erntezeitraum kann es zum Auswuchs beim Getreide kommen, d. h., die Körner keimen bereits in der Ähre bzw.

Rispe. Auswuchsanfällig sind vor allem Roggen, Triticale und Hafer, aber auch Weizen kann betroffen werden. Gerste verbleibt dagegen nach Erreichen der Mähdruschreife längere Zeit in der Keimruhe und ist deshalb weniger gefährdet.

Der Keimvorgang führt zu einer Mobilisierung von Stärke und Reserveeiweiß, gesteigerter Atmung und Nährstoffwanderung in die Keime. Letztere gehen jedoch beim Mähdrusch und der Körnernachbehandlung weitgehend verloren, so daß dadurch ein Masse- und Nährstoffverlust eintritt, der in seinem Ausmaß von Dauer und Intensität der Keimung abhängt. In der Rohnährstoffzusammensetzung der Körner ohne Keime vollzieht sich mit Ausnahme von extremem Auswuchs keine gravierende Veränderung. Innerhalb der XX-Fraktion nimmt der Stärkeanteil ab, und es erhöht sich die Zuckermenge. Durch den Abbau von Reineiweiß reichern sich Eiweißspaltprodukte an. Im späteren Verlauf des Keimvorganges erfolgt eine beachtliche Mobilisierung des im Phytin festgelegten Phosphors. Von Auswuchs betroffenes Getreide erfährt keine erhebliche Verminderung der Verdaulichkeit (Tabelle 146) und des energetischen Futterwertes, vorausgesetzt, daß es sofort nach der Ernte sorgfältig konserviert wird. Seine Verfütterung ermöglicht durchaus gleiche Leistungen wie mit Normalgetreide. An Wiederkäuer sollten jedoch nur geringe Mengen zum Einsatz kommen, weil die im Auswuchsgetreide vorhandenen Amylasen einen unerwünscht schnellen Stärkeabbau verursachen, der zur Azidose führen kann.

Tabelle 146. Verdaulichkeit der organischen Substanz von Auswuchsroggen im Vergleich zu Normalroggen (=100) (Becker et al. 1964)

Auswuchsgrad[1]	Hammel		Schwein		Laborratte	
2	87	100	90,5	100	85,5	100
20,5	89,5	103	88,5	98	83,5	98
26,8	84	96	89,5	99	84	98
34,9	88	101	87,5	97	84,5	99
51,1	87	100	nicht bestimmt		81,5	95

[1] Anteil an Körnern, die durch Auskeimen sichtbar betroffen waren

Bei Auswuchsgetreide besteht jedoch immer die Gefahr einer Kontamination mit Pilztoxinen, da bereits auf dem Feld ein erhöhter mikrobieller Befall der Körner infolge der feuchten Witterung stattfinden kann. Er muß nicht unbedingt sichtbar sein. Das Pilzwachstum kann sich z. B. unter der Haferspelze vollziehen. Außerdem neigen die im Getreidefett reichlich vorhandenen ungesättigten Fettsäuren zur Peroxidbildung und fördern dadurch die Zerstörung von Vitamin E. Bei einer Verfütterung von Auswuchsgetreide an Schweine und Geflügel muß deshalb mit Vitamin-E-Mangelsymptomen gerechnet werden. Sowohl das Vorkommen von Fettabbauprodukten als auch ein verminderter Vitamin-E-Gehalt in Auswuchsgetreide können ebenso wie die Anreicherung mit Pilztoxinen die Fütterungseignung von Auswuchsgetreide stark einschränken. Es ist deshalb angeraten, Auswuchsgetreide nicht an empfindliche Tiere (Kälber, Ferkel, hochtragende und säugende Sauen, Küken, Zuchtgeflügel) zu verfüttern. Bei allen weiteren Tierarten und Nutzungsrichtungen sollte der Anteil an Auswuchsgetreide maximal 30% der Gesamtgetreidemenge der Futtermischung bzw. -ration betragen.

- **Qualitätsbeeinflussung der Körner durch unsachgemäße Lagerung bzw. Konservierung**

Die nährstoffreichen Getreidefrüchte können während der Lagerung bzw. Konservierung vielfachen Einwirkungen ausgesetzt sein, wenn die für eine Qualitätserhaltung notwendigen Voraussetzungen und Bedingungen mehr oder weniger nicht gewährleistet sind. Ernährungsphysiologisch bedeutsame Veränderungen, die bis zu einer vollständigen Fütterungsuntauglichkeit führen können, werden einerseits durch rein chemische sowie durch die von verschiedenen korneigenen Enzymen katalysierten Reaktionen verursacht. Andererseits bewirkt die Stoffwechsel- und Enzymtätigkeit von Mikroorganismen stoffliche Umsetzungen sowie eine Anreicherung mit Schadstoffen. Die einzelnen Vorgänge laufen keinesfalls unabhängig voneinander ab, sie beeinflussen sich gegenseitig bzw. ergänzen sich. Über wesentliche Prozesse und die dabei verursachten Qualitätsveränderungen informiert Tabelle 147. Reaktionsgeschwindigkeit und die Intensität der zu einer Nährstoffschädigung bzw. zum Verderb führenden Prozesse sind vor allem vom Wassergehalt (Wasseraktivität) des Lagergutes und von der Umgebungstemperatur abhängig.

Tabelle 147. Ursachen für Qualitätsverminderungen und Verderbniserscheinungen beim Getreide bei Nichteinhaltung der Lagerungs- bzw. Konservierungsbedingungen

Ursachen-komplex	Reaktionen bzw. daran beteiligte Mikro-organismen	Verursachte Qualitäts-veränderungen bzw. Verderbniserscheinungen	Sensorisch wahr-zunehmen
Mikrobielle Prozesse	Schimmelpilze	Substanzverlust (Stärke), Toxin-anreicherung	dumpfiger, muffiger Geruch
	Bakterien (u. a. Gärungsvorgänge, enzymatische Umsetzungen)	Nährstoffabbau, Anreicherung mit toxischen Abbau-produkten	saurer Geruch
	Hefen (Gärungs-erscheinungen)	Zucker- und Stärkeabbau	gäriger Geruch
Prozesse durch korneigene Enzyme	Oxydasen	Nährstoffdissimi-lation (Atmung)-Stärkeverlust	
	Amylasen	Stärkeabbau	
	Lipasen	Fettabbau	ranziger Geruch
	Lipoxydasen	Anreicherung mit toxischen Dien-hydroperoxiden und Folgeprodukten	
Chemische Um-setzungen	Maillard-Reaktion Lipidoxydation (Autooxydation) Oxydation von Carotinen	Proteinschädigung Peroxidanreiche-rung verminderter Gehalt an Vitamin-A-Vor-stufen und Pig-mentstoffen	

7.1.4. Lagerung und Konservierung von Getreide

Eine dauerhafte und verderbnisfreie Lagerung von Getreide ist nur möglich, wenn dessen Trockensubstanzgehalt mindestens 86% beträgt (maximal 14% Gutsfeuchte)

und der Schwarzbesatz (organische und anorganische Beimengungen, die kein Getreide sind) unter 1% liegt. Die Lagerung der Körner hat stets unzerkleinert bis zur Verarbeitung (Mischfutterherstellung, hofeigene Mischungen) bzw. Verfütterung zu erfolgen. Im geschroteten Getreide kommt es infolge enzymatischer Reaktionen und des intensiven Sauerstoffkontaktes zu Fettqualitätsveränderungen (10.2.) und Vitamin-E-Abbau. Außerdem wird der Schädlingsbefall (z. B. mit Milben) begünstigt.

Bei den in Deutschland vorherrschenden Witterungsbedingungen während des Erntezeitraumes weist ein beachtlicher Anteil des geernteten Getreides, der selbstverständlich von Jahr zu Jahr variiert, den für eine ungefährdete Lagerung erforderlichen Trockensubstanzgehalt nicht auf, d. h., es erfolgt die Ernte mit höheren Gutsfeuchten. Im Zeitraum 1970 – 78 betrug der mittlere Feuchtegehalt in den geernteten Getreidefrüchten im ostdeutschen Raum 16 – 18%. In Jahren mit extremer Witterung (z. B. 1987) kann der Durchschnittswert sogar über 20% liegen. Ungünstige Voraussetzungen für eine stabile Lagerung der Körner liefern lagernde sowie mit Zwiewuchs befallene Getreidebestände.

Um Qualitätsminderung auszuschließen, muß Getreide mit einem Feuchtegehalt über 14% vorher konserviert werden. Bei jeder Konservierung werden den lebenden Organismen im Getreidestapel (Kornkeimlinge, Mikroorganismen auf den Körnern) die erforderlichen Lebensbedingungen weitgehend entzogen, so daß die Körner nicht mehr verderben können. Die Konservierung von Getreide einschließlich Maiskolbenproduktion kann nach folgenden Verfahren erfolgen:
1. Trocknung,
2. luftdichte Lagerung,
3. Kühlung,
4. chemische Konservierung,
5. Silierung.

Die Varianten 2 – 5 werden auch als *Feuchtkonservierungsverfahren* bezeichnet.

● **Konservierung durch Wasserentzug (Trocknung)**

Die Trocknung ist die älteste Methode der Haltbarmachung von Nahrungs- und Futtermitteln. Nach wie vor wird der überwiegende Teil des nach der Ernte nicht sofort lagerfähigen Futtergetreides durch Wasserentzug haltbar gemacht. Dafür kommen folgende Trocknungsverfahren zur Anwendung:
– Belüftungstrocknung,
– Warmlufttrocknung.

Bei der **Belüftungstrocknung** wird durch Einblasen atmosphärischer Luft in den Körnerstapel diesem Wasser entzogen. Dieser Vorgang ist jedoch in starkem Maße witterungsabhängig; er versagt bei hoher Luftfeuchtigkeit (>65%). Nachts und bei feuchtem Wetter ermöglicht eine Anwärmung der Belüftungsluft um ca. 5 °C das Weitertrocknen. Bei diesem Trocknungsverfahren muß ein schneller und gleichmäßiger Wasserentzug aus dem Getreidestapel bis zum Erreichen des erforderlichen Mindesttrockensubstanzgehaltes von 86% erfolgen. Ansonsten muß mit Verderbniserscheinungen gerechnet werden.

Die **Warmlufttrocknung** beruht im Prinzip auf Zuführung von Warmluft in das Trocknungsgut Getreidekörner. Dabei gibt die Luft Wärme zur Wasserverdampfung ab und nimmt Wasserdampf auf. Als Abluft verläßt sie mit verringerter Temperatur und erhöhter Feuchte den Trockner. Nach der Bauweise und dem Arbeitsprinzip wird zwischen *Satztrockner*, *Umlauftrockner* und *Durchlauftrockner* unterschieden. Um Qualitätsbeeinträchtigungen auszuschließen, muß das Feuchtgetreide innerhalb 24 Stunden getrocknet sein.

Der Trocknungsprozeß ist so zu gestalten, daß keine Beeinträchtigung der Futterqualität erfolgt. Deshalb dürfen bestimmte Temperaturen und ihre Einwirkungszeit auf die Körner nicht überschritten werden. Entsprechende Richtwerte vermittelt Tabelle 148. Durch überhöhte Temperaturen und/oder längere Einwirkung kann es zu einer thermischen Schädigung des Trockengutes kommen. Von den einzelnen Inhaltsstoffen des Getreides ist davon in erster Linie das Eiweiß betroffen. Die Verdaulichkeit dieses Nährstoffes und der Gehalt an stoffwechselwirksamen essentiellen Aminosäuren sind insbesondere durch folgende Reaktionen mehr oder weniger beeinträchtigt:

— Ausbildung inter- sowie intramolekularer Bindungen zwischen Proteinmolekülen,
— Oxidation von Aminosäuren,
— Umsetzungen zwischen Aminogruppen der Proteine (insbesondere frei aus dem Proteinverband herausragende Aminogruppen, wie z. B. die ε-Aminogruppe des Lysins und Carbonylgruppen reduzierender Kohlenhydrate [Maillard-Reaktion]).

Im Rahmen der Maillard-Reaktion ist vor allem Lysin, die limitierende Aminosäure im Getreideprotein, gefährdet. Durch starke Übertrocknung verschlechtert sich auch die Verdaulichkeit von Kohlenhydraten und Fett. Thermisch geschädigtes Getreide ist ausschließlich an Wiederkäuer zu verfüttern.

Tabelle 148. Zulässige Korntemperaturen in °C in Abhängigkeit vom Feuchtigkeitsgehalt der Körner und von der Zeit der Temperatureinwirkung (Schulz 1981)

Getreideart	Einwirkungszeit in Minuten	Wassergehalt der Körner in %			
		15	20	25	30
Roggen	60	69	65	62	59
Gerste	90	54	52	49	46
Weizen	60	53,5	48	45	43
Hafer	90	49	46,5	43	39,5

● **Feuchtkonservierung von Getreide und Maiskolbenprodukten**

Geeignete Verfahren sind die chemische Konservierung mit zugelassenen Substanzen und die Silierung, die in erster Linie zur Konservierung von Maiskolbenfuttermitteln angewandt wird.

Bei der **chemischen Konservierung** von feuchten Getreidekörnern und Maiskolbenfuttermitteln nutzt man die fungizide und bakterizide Wirkung geeigneter chemischer Substanzen (z. B. Propionsäure und Propionsäurepräparate, Harnstoff), um unerwünschte mikrobielle und biochemische Umsetzungsvorgänge (s. Abschnitt 7.1.4.) in den nichtlagerfähigen Körnerfrüchten bzw. Maiskolbenprodukten zu unterbinden. Dadurch besteht die Möglichkeit, diese Erntegüter unter aeroben Bedingungen vor dem Verderb zu schützen und deren Futterqualität über bestimmte Zeiträume zu erhalten.

Erntefeuchtes Getreide, Maiskörner und Maiskolbenfuttermittel (z. B. CCM) werden durch Zugaben von Propionsäure (Luprosil) sicher konserviert. Feinste und gleichmäßige Verteilung des Konservierungsmittels mit Hilfe spezieller Dosiergeräte ist Voraussetzung, um Schimmelbildung und bakterielle Tätigkeit im Erntegut zu unterbinden. Die erforderliche Aufwandsmenge richtet sich nach dem Feuchtigkeitsgehalt der Körner bzw. der Maiskolbenfuttermittel und der vorgesehenen Lagerungsdauer (Tabelle 149). Diese angegebenen Aufwandsmengen gelten für die Lagerung des

7. Körner und Samen

Tabelle 149. Propionsäuredosierung (Luprosil) in l je dt Feuchtgetreide und Maiskolbenprodukte[1])

Feuchtgehalt %	Konservierungsdauer			
	bis 1 Mo.	1 – 3 Mo.	4 – 6 Mo.	7 – 12 Mo.
18	0,40	0,50	0,55	0,65
22	0,50	0,65	0,75	0,85
26	0,60	0,80	0,95	1,05
30	0,80	1,00	1,15	1,30
34	1,00	1,20	1,35	1,60
38	1,25	1,45	1,65	1,90
42	1,55	1,75	1,95	2,20
46	1,85	2,05	2,25	2,55
50	2,15	2,35	2,60	2,95

[1]) BASF Tierernährung, „Ratgeber Futterkonservierung"

Materials. Beim Einsatz sind die erforderlichen Sicherheits- und Schutzmaßnahmen einzuhalten, denn Propionsäure ist eine stark ätzende und korrosive Flüssigkeit (s. Merkblatt des Herstellers).

Die mit Propionsäure konservierten Erntegüter können als Freihaufen auf Schüttboden, in Hallen oder Scheunentennen gelagert werden. Bei Betonfußboden ist eine Folie unterzulegen. Als weitere Lagerungsmöglichkeiten bieten sich an: Holzsilos, Betonsilos nach Auftrag eines speziellen säurefesten Anstrichs, Hallen mit Trennwänden aus Holz- oder Hartfaserplatten.

Für landwirtschaftliche Nutztiere ist Propionsäure bei den angegebenen Aufwandsmengen unschädlich. Sie ist eine organische Säure, die im Organismus der Tiere ohnehin vorkommt und zudem einen der Gerste vergleichbaren Nährwert besitzt. Bekannt sind außerdem die positiven Effekte von Propionsäure auf die Verdauungsvorgänge bei monogastrischen Nutztieren (Meixner und Flachowsky 1990).

Technisch sehr einfach und zugleich ausgesprochen wirksam ist die Konservierung von Feuchtgetreide mit kristallinem Harnstoff, wie umfangreiche Labor- und Praxisexperimente (Nest et al. 1978, Schimpfky 1978, Schmidt et al. 1978a, 1978b) gezeigt haben. Die konservierende Wirkung geht aber nicht vom Harnstoff selbst aus, sondern vom Ammoniak, das durch enzymatische Spaltung aus dem Harnstoff freigesetzt wird:

$$H_2N - CO - NH_2 + H_2O \xrightarrow{Urease} 2\ NH_3 + CO_2.$$

Aus den oben zitierten und weiteren Untersuchungen ergeben sich vor allem folgende Hinweise, die für ein volles Gelingen dieser chemischen Konservierungsmethode bedeutsam sind:

- Für die Harnstoffkonservierung ist nur erntefrisches Getreide oder durch Kaltbelüftung bzw. Kühlung vorkonserviertes Getreide zu verwenden. Sensorisch geschädigte Körner (7.1.4.), besonders saures Getreide, sind für die Konservierung nicht geeignet.
- Mit diesem Verfahren läßt sich Feuchtgetreide mit einem Wassergehalt von 20 bis 30% für etwa 6 Monate ohne Qualitätsminderung haltbar machen. Der Wassergehalt sollte 20% nicht unterschreiten, da bei <20% Feuchte die Bedingungen (Enzymbildung, Wasserverfügbarkeit) für die Ammoniakfreisetzung nicht mehr optimal sind.

- Die zur Konservierung benötigte Harnstoffmenge ist von der Gutsfeuchte des Getreides abhängig (2,5, 3, 3,5 bzw. 4% Harnstoff bei Gutsfeuchten von 20 – 22%, 23 – 25%, 26 – 28% bzw. 29/30%).
- Harnstoff ist gleichmäßig mit dem feuchten Getreide zu vermischen.
- Die Getreidestapel sind mit Folie abzudecken, um ein Entweichen von Ammoniak weitgehend zu verhindern.
- Für die Lagerung des Feuchtgetreides zur chemischen Konservierung mit Harnstoff eignen sich betonierte Freiflächen, Stützwandsiloanlagen, Lagerhallen und auch Silobehälter, soweit eine Brückenbildung keine technischen Probleme verursacht.

In der äußeren Beschaffenheit unterscheidet sich harnstoffkonserviertes Getreide von getrocknetem, siliertem oder mit Propionsäure konserviertem durch eine dunklere Farbe und den mehr oder weniger starken Ammoniakgeruch. Die Verfärbung beschränkt sich auf die Schale. Sie ist eine pH-Wert abhängige Farbreaktion ohne Auswirkungen auf den Futterwert. Es kommt ferner zum Anstieg des Rohproteingehalts ($N \times 6,25$) in den Körnern, da ein Teil des Ammoniaks in diesen verbleibt.

Harnstoffkonserviertes Feuchtgetreide darf lt. Futtermittelverordnung nur an Wiederkäuer verfüttert werden. Im Futterwert besteht zu getrocknetem Getreide kein Unterschied (Schmidt et al. 1982).

Zur Konservierung von Feuchtgetreide (Ährengetreide, Körnermais) und Maiskolbenprodukten (z. B. Corn-Cob-Mix) ist ebenfalls die **Silierung** geeignet. Es gelten hierbei die gleichen gärbiologischen Gesetzmäßigkeiten wie für andere Siliergüter (z. B. Grünfutter und Silomais; 4.3.1.). Diese energiereichen Konzentratfuttermittel sind bei entsprechendem Feuchteanteil aus der Sicht ihrer chemischen Zusammensetzung leicht und verlustarm silierbar. Sie enthalten ausreichend vergärbare Kohlenhydrate bei gleichzeitig geringer Pufferkapazität. Normalerweise findet man in Silagen aus Maiskolbenprodukten und Feuchtgetreide keine Buttersäure, und es erfolgt praktisch kein Eiweißabbau (Tabelle 150). Allerdings besteht auch hier die Voraussetzung für eine hohe Qualität der Konservate und geringe Verluste darin, daß bei diesen relativ leicht silierbaren Produkten die Anforderungen an das Siliergut und die Siliertechnik erfüllt werden, die ausführlich von Gross (1990) beschrieben werden, so daß auf eine Darlegung verzichtet wird.

Bei ordnungsgemäßem Gärverlauf unterscheiden sich Ausgangsmaterial und Silagen kaum im energetischen Futterwert und in der Proteinqualität.

Tabelle 150. Ergebnisse der Analyse der Gärprodukte von Silagen aus Maiskorn-Spindel-Gemisch (Erntejahre 1982 – 1983[1]) und Wintergerste (Erntejahre 1986/87[2])

		Silage aus	
		CCM	Feuchtgerste
Trockensubstanz	(%)	60	70 – 75
pH-Wert		3,9	4,5
Milchsäure	(%)	1,4	1,5
Essigsäure	(%)	0,3	0,25
Buttersäure	(%)	Spuren	Spuren
andere Fettsäuren	C_4	Spuren	
Alkohol	(%)	0,2	
NH_3	(%)	0,05	

[1]) nach eigenen Untersuchungen, [2]) nach Untersuchungen des Instituts für Getreideforschung Bernburg-Hadmersleben und des Forschungszentrums für Mechanisierung und Energieanwendung Schlieben

Für Silagen aus CCM und Feuchtgetreide sind die in Tabelle 150 ausgewiesenen Gehalte an Gärprodukten charakteristisch. Wenn die luftdichte Zudeckung bis zur Silageauslagerung erhalten wird, treten praktisch keine Abräumverluste auf. Die Silage besitzt bis unter die Zudeckfolie eine gute Qualität. Aufgrund der geringen Umsetzungen sind auch die Gärverluste gering. Sie betragen bei optimaler Verfahrensgestaltung für CCM < 5% Trockensubstanz.

Feuchtgetreide- und Maiskolbenfuttermittelsilagen sind in aufgelockerter Form wenig haltbar, d. h., bei Luftzutritt kommt es zu intensiven Nachgärungen mit erheblichen Nährstoffverlusten und Qualitätseinbußen. Diese Vorgänge verlaufen vor allem bei Temperaturen >10 °C sehr intensiv. Das ist bei der Entnahme und Zwischenlagerung vor dem Verfüttern zu beachten, um die Silagequalität bis zum Futtertrog zu erhalten. Deshalb ist dem Silo nur soviel Futter zu entnehmen, wie am gleichen Tag (in Ausnahmefällen innerhalb von 2 Tagen) verfüttert wird. Die Anschnittfläche ist so gering wie möglich zu halten, und der Silagestapel darf durch das Entnahmegerät nicht aufgelockert werden. Diese Anforderungen an die Entnahme erfüllen Fräßlader und Blockschneider.

7.1.5. Einsatzformen, Bearbeitungs- und Behandlungsverfahren

Getreidekörner gelangen in intakter Form, d. h. unbearbeitet bzw. unbehandelt, kaum zur Verfütterung. Aus den verschiedensten Gründen wird das Getreide als Einzelfuttermittel oder Mischfutter- bzw. Rationskomponente Behandlungsverfahren unterzogen. Die Verwendung als wesentlicher Mischfutterbestandteil setzt grundsätzlich eine Zerkleinerung der Körner voraus. Aber auch zur Gewährleistung einer hohen Futteraufnahme und höchstmöglichen Nährstoffausnutzung ist häufig eine Zerkleinerung bzw. Strukturveränderung der Körner vor der Verfütterung erforderlich. Mit verschiedenen Bearbeitungs- bzw. Behandlungsverfahren lassen sich mehr oder weniger deutliche Qualitätsverbesserungen und günstigere Gebrauchswerteigenschaften bei einigen Getreidearten erreichen. Dadurch ergeben sich erweiterte Einsatzmöglichkeiten, und es sind beim gezielten Einsatz von behandeltem Getreide bzw. getreidereichen Mischungen u. a. höhere tierische Leistungen und geringere Aufwendungen an Futter, Nährstoffen und Energie möglich.

Das Spektrum der geprüften Bearbeitungs- bzw. Behandlungsverfahren ist umfangreich. Es erweiterte sich beachtlich in den letzten Jahren. Jedoch wird davon nur ein Teil in der Praxis angewandt. Nach den Verfahrens- bzw. Wirkprinzipien lassen sich folgende Hauptgruppen bilden:
– mechanische und physikalische Bearbeitungs- und Behandlungsverfahren,
– chemische Behandlungen,
– biologische Verfahren bzw. Behandlungen.
Die nachfolgenden Ausführungen erheben keinen Anspruch auf Vollständigkeit. Schwerpunkte bilden in Anwendung befindliche Verfahren und solche mit perspektivischer Bedeutung.

● **Mechanische und physikalische Bearbeitungs- und Behandlungsverfahren**
Zu den traditionellen Verfahren der Getreidebearbeitung zählen vor allem die **mechanische Zerkleinerung** der Körner, wie **Schroten** oder **Mahlen, Quetschen** und **Brechen**. Da das Getreide eine wesentliche Komponente aller Mischfuttermittel und hofeigener Futtergemische ist, muß es bereits aus verfahrenstechnischen Gründen zerkleinert werden. Vor allem aber aus ernährungsphysiologischer Sicht ist der Zerkleinerung der Körner einschließlich Intensität und Verfahren erhebliche Bedeutung beizumessen.

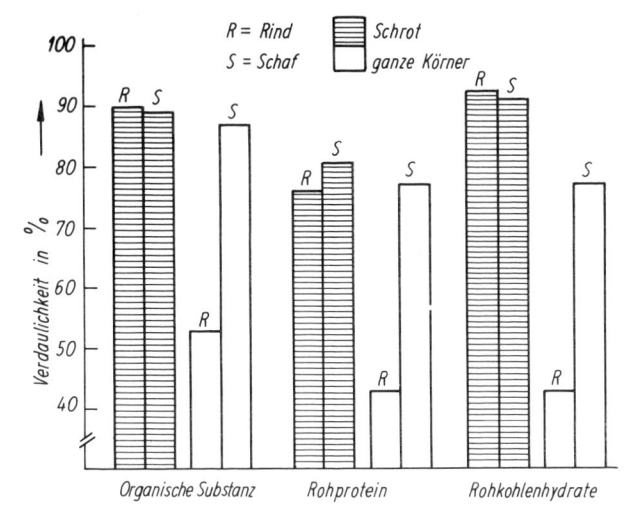

Abb. 60. Einfluß der Zerkleinerung von Getreidekörnern auf die Verdaulichkeit der Inhaltsstoffe bei Rind und Schaf.

Sowohl aus älteren als auch neueren Verdaulichkeitsmessungen ergeben sich nicht unerhebliche Unterschiede zwischen den Tierarten, was die Notwendigkeit einer Zerkleinerung generell betrifft. Ganze Körner werden von Rindern und Schweinen infolge unzureichenden Kauens erheblich schlechter als Getreideschrot verdaut (Abb. 60, Tabelle 151). Im Gegensatz zu Rindern verwerten Schafe ganze Getreidekörner mit nahezu gleicher Effektivität wie zerkleinertes Getreide (s. Abb. 60). Die Ursache liegt sicherlich in der wesentlich aktiveren Kautätigkeit der Schafe. Pferde kauen ebenfalls das Futter gut durch, so daß der Einfluß einer vorherigen Zerkleinerung gering ist. Beim Geflügel erfolgt eine intensive Zerkleinerung der Getreidekörner im Muskelmagen. Wenn die Tiere noch zusätzlich unlöslichen Grit erhalten, der die Mahlprozesse im Muskelmagen unterstützt, besteht in der Nährstoffausnutzung zwischen Getreidekörnern und -schrot kein Unterschied. Lediglich die mit einer harten Schale versehenen Körner der verschiedenen Hirsearten sollten grundsätzlich in geschrotetem Zustand verfüttert werden.

Tabelle 151. Einfluß der Zerkleinerung auf die Nährstoffverdaulichkeit von Gerste bei Schweinen (Nehring 1972)

	Scheinbare Verdaulichkeit in %				
	OM	XP	XL	XF	XX
ganze Körner	67	60	37	12	75
mittelfein gemahlen	81	81	55	13	88
fein gemahlen	85	84	76	30	90

Beim Rind reicht bereits ein grobes Zerkleinern (Schroten) bzw. auch Quetschen aus, um eine optimale Nährstoffausnutzung zu gewährleisten. Dadurch läßt sich technische Energie einsparen, und außerdem ist das Getreide bei dieser Beschaffenheit wiederkäuergerechter. Eine Ausnahme bildet jedoch Mais, dessen harte Körner

7. Körner und Samen

mittelfein zu schroten sind, da selbst Kornbruchstücke unverändert den Verdauungstrakt passieren und im Kot erscheinen.

In der Schweinefütterung sollte das Getreide in mittelfeiner Schrotung zum Einsatz kommen, obgleich die Verdaulichkeit bei mehlförmiger Beschaffenheit (Partikelgröße überwiegend < 0,5 mm) noch etwas günstiger ist. Eine zu feine Futterstruktur beeinträchtigt jedoch den Verzehr bei Trockenfütterung und fördert bei längerfristigem Einsatz das Entstehen von Magenschleimhautläsionen und -geschwüren (Kirchgessner et al. 1985). Zu feine Futterstruktur von Futtermischungen mit höheren Weizen- und Roggenanteilen im Futter wachsender Küken kann Schnabelverklebungen verursachen, die eine wesentliche Voraussetzung für Schnabelanomalien sind (Knape et al. 1975, 1978). Dadurch wird die Futteraufnahme stark behindert.

Im Vergleich zu lufttrockenen Getreidekörnern werden an die Zerkleinerung von Feuchtgetreide und Corn-Cob-Mix nicht so hohe Anforderungen gestellt. Eine optimale Verdaulichkeit ist von CCM-Silage gesichert, wenn ≈ 50% der Partikel bei der Siebanalyse durch die 2-mm-Lochung fallen (Tabelle 152).

Tabelle 152. Einfluß des Zerkleinerungsgrades von Corn-Cob-Mix auf dessen Verdaulichkeit und Energiekonzentration beim Schwein (Wecke 1988)

Lochdurchmesser der Hammermühlenscheibe	Partikelanteil < 2 mm	Verdaulichkeit			EFs/ kg T
		OM %	XX %	Stärke %	
12 mm	46%	83	91	99	734
10 mm	55%	84	91	99	735
8 mm	64%	83	91	99	727
6 mm	78%	83	88	99	740

Das bereits erwähnte **Quetschen** der Körner und auch das **Walzen** oder **Rollen** (Musen), **Pressen, Pelletieren** und **Krümeln** sind Behandlungsarten, die eine Strukturveränderung der Körner bzw. von getreidereichen Mischungen bewirken. Neben dem geringeren Aufwand an technischer Energie hat die Verwendung von gequetschtem Getreide vor allem ernährungsphysiologische Vorteile in der Wiederkäuerfütterung einschließlich Kälber- und Lämmeraufzucht. Die beim Quetschvorgang weitgehend unbeschädigt bleibenden Gerste- und Haferspelzen beeinflussen positiv die Vormagenentwicklung bei Kälbern und Lämmern.

Die Vorteile einer Verfütterung **pelletierter, getreidereicher Futtermischungen** sind bei einigen Produktionsrichtungen unbestritten. Hierzu zählt vor allem die Broilermast. Der günstige Einfluß sowohl von pelletiertem als auch granuliertem Futter auf die Leistung von Broilerküken ist u. a. auch durch chemische Veränderungen bewirkte Qualitätsverbesserungen des Futters bedingt. Als Ursachen für die Erhöhung des Futterwertes kommen die Verkleisterung der Getreidestärke und speziell bei Getreidearten mit spezifischen Nicht-Stärkekohlenhydraten (β-Glucan, Pentosane, Pektine) zumindest eine Abschwächung der antinutritiven Wirkung dieser Inhaltsstoffe in Frage. Gerste- und triticalehaltige Futtermischungen werden durch Pelletierung beachtlich aufgewertet (Tabelle 153). Das Ausmaß der Qualitätsveränderungen ist von den Pelletierfaktoren Wärme, Feuchtigkeit und mechanische Beanspruchung und deren Einwirkungszeit sowie von der Rationszusammensetzung abhängig. Diese Vielfalt von Einflußfaktoren erklärt auch, daß sowohl die Befunde beim praktischen Einsatz pelletierter bzw. gebröckelter Mischungen als auch die Ergebnisse von Stoffwechselversuchen mitunter recht widersprüchlich sind.

Tabelle 153. Vergleichende Prüfung von gerste- und triticalereichen Mischungen als Schrot und Pellets in der Broilermast (Jeroch 1989, 1991a)

Getreide-komponente(n) der Mischung	Beschaffen-heit	Futterverzehr g/Tier[2])	Mastendgewicht g/Tier[2])	Futteraufwand kg[1]
100% Gerste	Schrot	3906	1731	2,07
	Pellets	4200	1919	1,97
100% Triticale	Schrot	3782	1632	2,11
	Pellets	4001	2018	2,02

[1]) 1.–42. Tag, [2]) 42. Tag

Zu den qualitätsverbessernden Maßnahmen zählen das teilweise bzw. vollständige **Entspelzen** bzw. **Schälen** solcher Getreidefrüchte, die entweder mit einer Hüllspelze versehen sind (Gerste, Hafer) oder einen reichlichen Schalenanteil aufweisen (Reis, Rispen- und Kolbenhirse). Die rohfaserreichen Spelzen und Schalen beeinträchtigen in mehrfacher Hinsicht den Futterwert damit versehener Getreidearten vor allem für monogastrische Nutztiere (u. a. durch Energieverdünnung, Verdaulichkeitsminderung der wertvollen Inhaltsstoffe, Beeinträchtigung der Futteraufnahme, Schleimhaut-verletzungen). Sie erschweren Mischprozesse sowie die Futterdarbietung und begünstigen Entmischungsvorgänge. Auch aus diesen Nachteilen ergeben sich Einsatzbeschränkungen unterschiedlichen Ausmaßes für die inländischen Getreidearten Gerste und Hafer insbesondere in der Schweine- und Geflügelfütterung. Durch teilweises bzw. vollständiges Entfernen der Spelzen vermindert sich der Rohfasergehalt, und Verdaulichkeit sowie Energiegehalt steigen an. Der Gebrauchswert teilgeschälter Gerste für Ferkel verbessert sich. Entspelzter Hafer übertrifft im energetischen Futterwert sogar noch Mais. Lediglich für Küken hat selbst eine weitgehende Entfernung der Gerste- und Haferspelzen keine ernährungsphysiologischen Vorteile, weil dadurch der Gehalt an β-Glucan relativ zunimmt und somit dessen negativer Effekt verstärkt wird.

Das Schälen bzw. Entspelzen ist in Abhängigkeit von der Bearbeitungsintensität mit einem mehr oder weniger hohen Masseverlust verbunden. Die dabei anfallenden sehr voluminösen Spelzen und Schalen sind selbst für Wiederkäuer nur von geringem Futterwert, so daß ihre sinnvolle Verwertung Probleme bereitet. Auch können durch die mechanische Bearbeitung Verluste an hochwertiger Kornsubstanz auftreten. Das Schälen bzw. Entspelzen ist insgesamt sehr aufwendig und sollte deshalb nur dann angewandt werden, wenn ein Einsatz bzw. eine -erweiterung von Gerste und Hafer auch in solchen Rezepturen bzw. Futterrationen erforderlich ist, für die normalerweise bei intakter Beschaffenheit Restriktionen existieren.

In den letzten Jahren wurden Behandlungsverfahren entwickelt, die vor allem einen „Aufschluß" der Getreidestärke als Ziel haben. Darunter ist eine Strukturveränderung (Verkleisterung) der Stärkekörner zu verstehen. Hierzu wird das Getreide **thermischen** oder **hydrothermischen Behandlungen** ausgesetzt, die häufig mit mechanischen Einwirkungen bzw. Bearbeitungen gekoppelt sind.

Als mögliche positive Nebeneffekte derartiger Aufbereitungen werden genannt: Höhere Fettverfügbarkeit, verminderter Keimgehalt, Abbau von Verdauungshemmstoffen und bessere Verarbeitungseigenschaften.

Die hauptsächlichsten thermisch-mechanischen und hydrothermisch-mechanischen Verfahren für die Getreidebehandlung sind nach Michaelsen (1992):
— die thermische Beanspruchung durch Heißluft,

7. Körner und Samen

- die thermische Beanspruchung durch Infrarotstrahlung,
- die thermisch-mechanische Druckkonditionierung (Expander) und
- die thermisch-mechanische Beanspruchung mit Formgebung im Extruder.

Sowohl bei der Heißluft- als auch Infrarotbehandlung wird der gewünschte Stärkeaufschluß erst durch eine nachgeschaltete mechanische Bearbeitung, z. B. im Walzenstuhl, erreicht. Das Ausmaß des Stärkeaufschlusses ist bei den genannten Verfahren unterschiedlich (Abb. 61). Die besten Wirkungen erreichten in diesem mit Weizen durchgeführten Experiment die Behandlungen mittels Expander und Extruder.

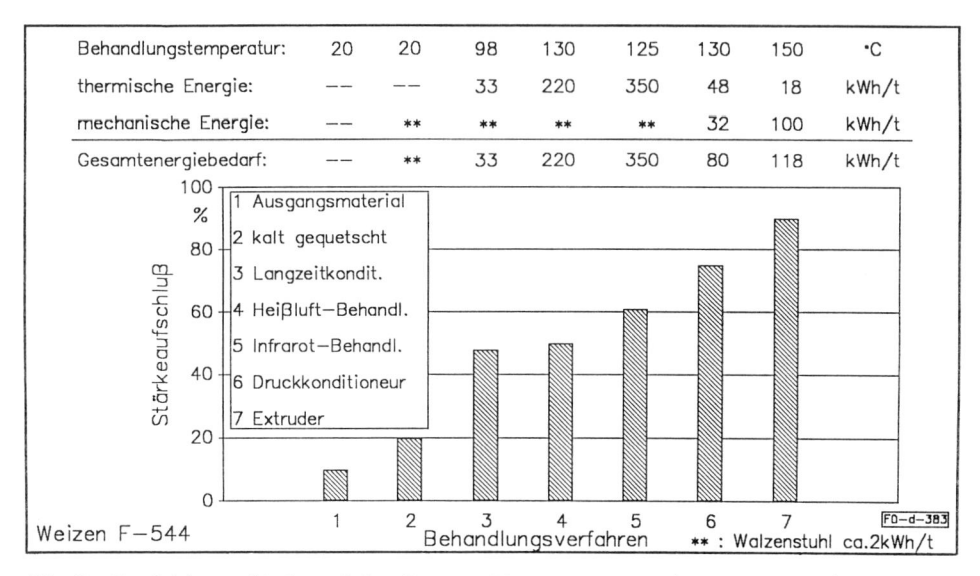

Behandlungstemperatur:	20	20	98	130	125	130	150	°C
thermische Energie:	--	--	33	220	350	48	18	kWh/t
mechanische Energie:	--	**	**	**	**	32	100	kWh/t
Gesamtenergiebedarf:	--	**	33	220	350	80	118	kWh/t

Weizen F-544   Behandlungsverfahren   ** : Walzenstuhl ca. 2 kWh/t

1 Ausgangsmaterial
2 kalt gequetscht
3 Langzeitkondit.
4 Heißluft-Behandl.
5 Infrarot-Behandl.
6 Druckkonditioneur
7 Extruder

Abb. 61. Vergleich verschiedener Behandlungsverfahren für Weizen (Michaelsen 1992).

Zur objektiven Bewertung der Stärkemodifizierung wird die enzymatische Methode benutzt, die darauf beruht, daß aufgeschlossene Stärke leichter abgebaut wird. Jedoch lassen sich solche Befunde nicht ohne weiteres auf die Verdauungsvorgänge im Tierkörper übertragen. Die Verfahren zur Stärkemodifizierung sind energieaufwendig und verursachen zusätzliche Kosten. Nur bei deutlichen ernährungsphysiologischen Vorteilen könnten deshalb derartige Bearbeitungen gerechtfertigt sein. Sie dürften sich jedoch für Schweine und Geflügel kaum ergeben, denn die Verdaulichkeit der nativen Getreidestärke liegt mit Ausnahme sehr junger Ferkel (gleichfalls Kälber) bereits sehr hoch (>95%). Dies bestätigen auch die Ergebnisse neuerer Verdauungsversuche mit Broilerküken sowie Absetzferkeln und der Getreideart Mais (unbehandelt, konditioniert, extrudiert) (Hartmann et al. 1992). Lediglich in der Ferkel- und Kälberfütterung könnten sich in bestimmten Abschnitten Vorteile ergeben (z. B. Ferkelstarterfutter, Kälbermast). Für einige Fischarten (z. B. Forelle), Hund und Katze ist dagegen „aufgeschlossenes Getreide" eine vorteilhafte Rationskomponente, denn diese Tierarten sind nicht oder nur begrenzt in der Lage, native Getreidestärke zu verdauen.

Als eine wirksame Methode zur Verbesserung der Futterqualität von Roggen und Gerste erwies sich die **Gammabestrahlung** der Körner dieser Getreidearten (Campbell et al. 1983, Classen et al. 1985). Da die nachteiligen Effekte der Nicht-Stärkekohlenhydrate weitgehend eliminiert wurden, dürfte der Effekt dieser physikalischen Methode auf einer Strukturveränderung dieser Substanzen beruhen.

- **Chemische Verfahren**

Dieser Kategorie lassen sich die **Wasserextraktion** und **Behandlungen mit Proteinschutzstoffen** zuordnen.

Eine weitere Möglichkeit zur Futterqualitätserhöhung von Roggen und Gerste ist die Extraktion mit Wasser. Ein Teil der Nicht-Stärkekohlenhydrate (β-Glucan, Pentosane, Pektine) ist löslich und läßt sich durch diese Art der Behandlung entfernen. In Kükenwachstumsversuchen erwiesen sich Mischungen mit H_2O-extrahiertem Roggen solchen mit unbehandeltem Roggen deutlich überlegen (Misir und Marquardt 1978). Sicherlich werden durch die Extraktion noch weitere Inhaltsstoffe entfernt. Hierzu liegen jedoch keine Angaben vor. Auch Gerste läßt sich mit dieser Methode im Futterwert verbessern. Dennoch handelt es sich hierbei um ein Verfahren, das für die Praxis ungeeignet ist.

Chemische Behandlungen von Getreide mit dem Ziel, den Anteil an Durchflußprotein zu erhöhen, wurden geprüft, jedoch lassen die wenigen Ergebnisse noch keine Wertung zu.

- **Biologische Verfahren bzw. Behandlungen**

Hierzu zählen Vorvergärung, Verpilzung, Keimfutterverfahren, Einquellen der Körner und Enzymbehandlung bzw. -ergänzung.

Bei der **Vorvergärung** werden dem befeuchteten Getreideschrot Bäckerhefe und geringe Mengen anorganische N-Verbindungen zugesetzt. Nach spätestens 24 Stunden erfolgt die Verfütterung des vorvergorenen Futters. Eine Verbesserung des Futterwertes ist mit dieser Behandlung nicht verbunden. Vielmehr kommt es zum Nährstoffverlust, und auch die Verdaulichkeit kann abnehmen (Kellner 1907). Einem möglichen diätetischen Effekt der gebildeten Milchsäure stehen somit erhebliche Nachteile gegenüber. Er läßt sich u. a. ebenso durch Sauermolke bzw. dickgelegte Magermilch und CCM-Silage, wenn erforderlich, erreichen.

Auch die **Verpilzung** von Getreideschrot bzw. getreidereichen Mischungen verbessert nicht deren Futterwert und -wirkung, wie die Ergebnisse umfangreicher Wachstumsversuche mit Schweinen zweifelsfrei belegen (u. a. Güther 1957/58, Kracht 1957/58). Die dem verpilzten Futter nachgesagte bessere Schmackhaftigkeit und günstige Beeinflussung der Tiergesundheit ließ sich im Tierexperiment in der Regel nicht bestätigen. Im Vergleich zum Ausgangsmaterial ist das verpilzte Getreide zwar geringfügig proteinreicher und mit Vitaminen des B-Komplexes angereichert, aber gleichfalls auch rohfaserreicher, und es enthält weniger N-freie Extraktstoffe, d. h. leichtverdauliche Kohlenhydrate. Neben dieser veränderten Nährstoffzusammensetzung muß vor allem der beachtliche Substanzverlust (vorrangig an leichtverdaulichen Kohlenhydraten) durch das intensive Pilzwachstum und stoffliche Umsetzungen in den Körnern als äußerst nachteilig angesehen werden. Die Verluste an organischer Substanz bewegen sich zwischen 10 – 20 % (Nehring et al. 1957). Verpilzung wie auch Vorvergärung sind für eine Qualitätsverbesserung des Getreides ungeeignet und nicht zu empfehlen.

Die Herstellung von **Keimgetreide** (insbesondere Keimhafer) gehört weitgehend der Vergangenheit an. Keimhafer kam vor allem in den Hühnerhaltungen während der Wintermonate zum Einsatz, um damit die Vitaminversorgung zu verbessern. Diesem Vorteil steht ein beachtlicher Nährstoffverlust entgegen, so daß heute bei den Möglichkeiten der Vitaminversorgung über standardisierte Präparate, die auch den Kleinerzeugern zugänglich sind, die aufwendige Keimfutterherstellung (ausführliche Beschreibung der Herstellung u. a. bei Römer 1954) als eine Variante der Vitaminbereitstellung nicht mehr benötigt wird.

7. Körner und Samen

Seit Ende der fünfziger Jahre wird intensiv geprüft, inwieweit sich durch eine **Enzymbehandlung** des Getreides vor der Verfütterung bzw. durch eine **-ergänzung** getreidereicher Rationen bzw. Mischungen Futterqualitätsverbesserungen für monogastrische Tiere erzielen lassen. Wenngleich die hochverdauliche Stärke in allen Getreidearten der dominierende Nährstoff ist (s. Tabelle 136), enthalten vor allem die bespelzten Körner beachtliche Anteile an Zellwandkohlenhydraten (s. Abschnitt 7.1.3.1.; s. Tabelle 137), die insbesondere für das Geflügel und bedingt auch für das Schwein in mehrfacher Hinsicht nachteilig zu bewerten sind. Sie liefern infolge fehlender eigener und einer sehr begrenzten bakteriellen Enzymkapazität fast keine oder nur geringe Mengen an verwertbaren Bausteinen bzw. Fermentationsprodukten und beeinflussen außerdem mehr oder weniger nachteilig die Verdauung bzw. Freisetzung weiterer Inhaltsstoffe (u. a. Rohprotein, Phosphor). Einige Nicht-Stärkekohlenhydrate (β-Glucan, Pentosane, Pektine) wirken darüber hinaus antinutritiv vor allem bei jungen Tieren (s. Tabelle 144). Ihr reichliches Vorkommen in verschiedenen Getreidearten erfordert deshalb z. T. erhebliche Einsatzbeschränkungen, um insbesondere Leistungsdepressionen, gesundheitliche Störungen, Qualitätsbeeinträchtigungen und Einstreuprobleme durch klebrige und feuchtere Exkremente (z. B. Broilermast) zu vermeiden bzw. zumindest in vertretbaren Grenzen zu halten. Erst im letzten Jahrzehnt hat der Einsatz von Enzymen bzw. Enzymgemischen das Stadium der praktischen Anwendung erreicht. Dafür waren verschiedene Gründe, vor allem die industrielle Produktion mikrobieller Enzympräparate mit hoher Substratspezifität, die nach der Applikation mit dem Futter auch unter den Milieubedingungen des Verdauungstraktes wirksam bleiben, und die stark forcierte Verwendung von Gerste, Hafer und Roggen in der Geflügelfütterung einiger Länder, ausschlaggebend.

Gerstereiche Broilermastmischungen lassen sich durch Ergänzung mit β-Glucanase-haltigen Enzympräparaten beachtlich verbessern. Eine Auswertung der Resultate neuerer Experimente mit hohem Gersteanteil in der Ration vermittelt Tabelle 154. Das Ausmaß der Enzymwirkung variiert beachtlich. Vor allem der β-Glucan-Gehalt in den verwendeten Gersten ist eine wesentliche Variationsursache. So ergaben u. a. eigene Untersuchungen (Jeroch et al. 1991) in den ersten 14 Lebenstagen nach dem Schlupf eine Wachstumsverbesserung von 4 bzw. 11% bei 2,3 bzw. 3,2% β-Glucan in den eingesetzten Gersteherkünften und einem Rationsanteil von jeweils 68%.

Die bereits an anderer Stelle dargelegten antinutritiven Wirkungen des reichlich in der Gerste, aber auch im Hafer enthaltenen β-Glucans (s. Abschnitt 7.1.3.5) werden deutlich abgeschwächt bzw. beseitigt, was auf einen Abbau oder zumindest eine

Tabelle 154. Ergebnisse aus Versuchen mit enzymergänzten Broilermastmischungen auf Gerstebasis – Auswertung von Veröffentlichungen im Zeitraum 1985 – 1991 (Jeroch 1991b)

Gersteanteil im Mischfutter:	40 – 68%
Enzympräparate:	β-Glucanase enthaltende Multi-Enzympräparate
Prüfzeitraum:	1. – 35./49. Lebenstag
Futterverzehr:	0 – 10% gesteigert; keine oder nur geringe Verzehrserhöhung bei pelletierten Futtermischungen
Lebendgewicht:	0 – 13% höher am Mastende
Futteraufwand:	0 – 5% vermindert; bei pelletierten Mischungen stärkerer Einfluß
Exkrement- und Einstreubeschaffenheit:	unbeeinflußt bis deutlich verbessert bzw. normalisiert
Schlachtkörperqualität:	bessere Qualitätseinstufung durch geringeres Auftreten von Brustblasen

strukturelle Veränderung dieses Nicht-Stärkekohlenhydrats durch die dem Futter zugesetzten Enzyme schließen läßt.

Ernährungsphysiologische Vorteile ergaben sich auch durch die Supplementierung roggen- und triticalehaltiger Broilermastmischungen mit Multi-Enzympräparaten, die Cellulasen, Pentosanasen, β-Glucanasen und verschiedentlich auch Pektinasen enthielten (u. a. Broz und Frigg 1986, Jackisch und Jeroch 1990, 1992, Scholtyssek und Knorr 1987). Eine Auswertung von Veröffentlichungen, die die Prüfung von enzymergänzten roggenhaltigen bzw. roggenreichen Broilermastmischungen beinhalteten, vermittelt Tabelle 155. Weitere Anwendungsgebiete von Futterenzymen zur Qualitätsverbesserung von Getreidearten sind nach dem derzeitigen Erkenntnisstand möglich (Jeroch 1991 b).

Tabelle 155. Ergebnisse aus Versuchen mit enzymergänzten roggenhaltigen bzw. roggenreichen Broilermastmischungen — Auswertung von Veröffentlichungen im Zeitraum 1982–1991 (Jeroch 1991 b)

Roggenanteil im Mischfutter:	7,5–65%
Enzympräparate:	überwiegend Multi-Enzymgemische mit Cellulasen, Pentosanasen und β-Glucanasen, verschiedentlich auch Pektinasen; Pektinasen enthaltende Präparate
Prüfzeitraum:	1./8. – 25./56. Lebenstag
Futterverzehr:	0–32% gesteigert; Ausmaß der Verzehrserhöhung vor allem von Roggenanteil, Kükenalter, Enzymaktivitäten des Präparates und Dosierung beeinflußt
Lebendgewicht:	0–34% verbessert; wesentliche Variationsursachen: Roggenanteil, Kükenalter, Enzympräparat, Dosierung
Futteraufwand:	0–8% vermindert
Exkrement- und Einstreubeschaffenheit:	deutlich verbessert bzw. normalisiert
Schlachtkörperqualität:	verbessert

Das **Einweichen** von Roggen- und Gerstekörnern in Wasser über mehrere Stunden bewirkt einen Abbau der Nicht-Stärkekohlenhydrate durch korneigene Enzyme, was eine deutliche Qualitätsverbesserung bei einer Verfütterung an wachsendes Hühnergeflügel zur Folge hat (Literatur bei Moussa 1988, Jeroch 1987). Das Verfahren besitzt jedoch keine Aussicht auf praktische Anwendung, zumal durch den Einsatz mikrobieller Enzyme gleichgerichtete Effekte zu erreichen sind. Lediglich bei der Feuchtsilierung von Gerste und Roggen fällt der Effekt korneigener Enzyme als positive Begleiterscheinung dieser Konservierungsmethode an.

7.1.6. Spezifische Futterqualitätseigenschaften einzelner Getreidearten und Einsatzempfehlungen

7.1.6.1. Gerste

Zur Verfütterung gelangt hauptsächlich Wintergerste. Gegenüber der Sommerform ist sie etwas rohfaserreicher und im energetischen Futterwert geringfügig niedriger (Anhang). Wie bei allen weiteren Getreidearten sind u. a. sorten- und herkunftsbedingte Abweichungen von den angegebenen Mittelwerten (Inhaltsstoffe, Futterwertdaten) möglich. Diese Getreideart ist besonders für die **Mastschweinefütterung** ein vorteilhaftes Futtermittel. Mit Gerste als Getreideanteil in den Futterrationen kann den Anforderungen an Verdaulichkeit und Energiegehalt optimal entsprochen werden. Der Rohfasergehalt der Gerste liegt in einem verdauungsphysiologisch günstigen Bereich. Durch gezielte Ergänzung mit essentiellen synthetischen Aminosäuren, in erster Linie Lysin, läßt sich der Eiweißfuttermittelanteil in den Mischungen (Rationen) vermindern, bzw. er kann weitgehend entfallen (Schüler 1972, Wecke und Gebhardt 1981, von Essen 1989), ohne daß Nachteile für die Mast- und Schlachtleistung sowie die Fleischqualität entstehen. Solche Rationen sind auch aus ökologischer Sicht sehr bedeutsam, denn sie ermöglichen eine deutliche Reduzierung der N-Ausscheidungen bei den Tieren.

Auch für Zuchtsauen ist Gerste ein geeignetes Energiefuttermittel. Dagegen sind in der **Ferkelfütterung** Einsatzbeschränkungen erforderlich. Sie ergeben sich vor allem aus dem zu hohen Rohfasergehalt (bewirkt Verdaulichkeit der organischen Substanz <80%) und möglichen ungünstigen Effekten des Spelzenanteils (Entmischungsprobleme, Verzehrsminderung, Schleimhautverletzungen). Andererseits wirkt die Rohfaserfraktion der Gerste stabilisierend auf die Verdauungsprozesse beim Ferkel (Bolduan und Jung 1985). Dieser diätetische Vorteil der Gerste gegenüber den anderen Getreidearten läßt sich durch die Verwendung teilgeschälter Gerste noch besser nutzen (7.1.6.), da höhere Rezepturanteile möglich sind (ungeschälte Gerste 10−25%, teilgeschälte Gerste keine Einsatzbeschränkung; s. Tabelle 158).

In der **Geflügelfütterung** ist die Einsatzhöhe dieser Getreideart in erster Linie vom Alter der Tiere und von der Anforderung an den Energiegehalt der Futtermischung abhängig. Die hohen Ansprüche von Mastküken (Broiler) und Mastputen an das Energieniveau des Futters lassen sich mit Rationen auf Gerstebasis nicht erfüllen. Aber auch eine energetische Aufwertung durch Fettzulagen bewirkt in der Regel nicht die gleichen Zunahmen wie isoenergetische konventionelle Mischungen auf Maisbasis. Der reichliche Gehalt an β-Glucan in der Gerste ist hierfür die Hauptursache (s. Abschnitt 7.1.2.5.). Das fast ausschließliche Vorkommen dieses Nicht-Stärkekohlenhydrats in den Zellwänden des Stärkeendosperms bedingt, daß ein Schälen der Körner (Rohfaserverminderung) ihren Futterwert für Küken nicht verbessert. Anteile von 10−20% sollten in den Futtermischungen für Broiler und Mastputen nicht überboten werden. Höhere Gersteanteile im Futter ohne wesentliche Leistungsbeeinträchtigung sind nur möglich, wenn futterwerterhöhende Maßnahmen (insbesondere Pelletierung des Mischfutters, Enzymeinsatz; s. Abschnitt 7.1.5.) angewandt werden. In der Kükenaufzucht könnten zwar aus energetischer Sicht gsterereiche Futtermischungen zum Einsatz kommen, jedoch ist aufgrund der nachteiligen Effekte des β-Glucans auf die Verdauungsprozesse (s. Abschnitt 7.1.2.5.) sowie von Problemen, die sich aus dem Spelzenanteil ergeben können (z. B. Verletzungen der Schleimhäute des Verdauungstraktes einschießlich Schnabelhöhle), nur ein Anteil bis 30% im Futter angebracht. Für die Futtermischungen der Nachzuchttiere (u. a. Junghennen, Jungputen) ab 8. Lebenswoche kann ohne Begrenzung Gerste verwendet werden.

In der **Legehennenfütterung** wird Gerste als Körnerfutter sowie Mischfutterkomponente eingesetzt. Wenn bei gleichzeitigem Angebot von Weizen- und Gerstenkörnern erstere Getreideart bevorzugt gefressen wird, sind hierfür jedoch nur taktile Eindrücke (d. h. ein leichterer Verzehr) ausschlaggebend. Bei der üblichen Rationierung der Körnergabe kann durchaus Gerste sowohl als alleinige Getreideart als auch im Gemisch mit weiteren Cerealien angeboten werden. Die Fähigkeit von Legehennen, ihre Futteraufnahme innerhalb einer beträchtlichen Spannweite des Futterenergiegehaltes dem Energieniveau der Ration weitgehend anzupassen, ermöglicht den Anteil beachtlicher Gersteanteile in den Futtermischungen. Selbst mit Futtermischungen, die ausschließlich Gerste als Getreidekomponente enthalten, sind optimale Leistungen zu erzielen (Herstad 1987, Jeroch 1991c). Nach Campbell (1987) sollte die ausschließliche Verwendung von Gerste als Getreideanteil jedoch erst ab 45. Lebenswoche erfolgen, weil bei den jüngeren Hennen die Futteraufnahme nicht immer ausreicht, um die Bedarfsansprüche an Energie und Nährstoffen für hohe Leistungen, optimales Eigewicht und normgerechte Lebendmasseentwicklung ausreichend zu befriedigen. Hinweise auf einen höheren Schmutzeieranteil bei gersterreichem Legehennenfutter (Herstad 1987) weisen auf nachteilige Effekte des β-Glucans auf die Exkrementbeschaffenheit hin. Im Vergleich zu den überwiegend positiven Resultaten mit enzymergänzten Mischungen auf Gerstebasis in der Broilermast lassen die hierzu wenigen Untersuchungen an Legehennen generelle Vorteile für eine Enzymergänzung noch nicht erkennen.

Gerstereiche Rationen wirken sich nachteilig auf Dotterpigmentierung und Einzeleimasse aus, wenn der erforderliche Ausgleich an essentiellen Fettsäuren und Dotterpigmenten über entsprechende Rationskomponenten bzw. Supplemente nicht erfolgt.

Für **Wiederkäuer** und **Pferde** ist Gerste ein sehr geeignetes, energiereiches Konzentratfuttermittel. Vorteilhaft beeinflußt die Verfütterung einwandfrei gequetschter Gerste (ohne scharfkantige Teile, die die Labmagenschleimhaut verletzen) an Kälber deren Vormagenentwicklung.

7.1.6.2. Hafer

Von dieser Getreideart werden fast ausschließlich bespelzte Sorten angebaut. Die rohfaserreiche Spelze, die mit einem Anteil von $\approx 25\%$ am Aufbau des Haferkorns beteiligt ist, verursacht die vergleichsweise zu anderen Getreidearten relativ niedrige Verdaulichkeit der organischen Substanz und die daraus resultierende mäßige Energiekonzentration. Hafer ist deshalb für monogastrische Nutztiere, außer Pferde und Kaninchen, nur bedingt als Konzentratfuttermittel geeignet. Durch Entspelzen verbessert sich jedoch sein Futterwert erheblich; die Verdaulichkeit steigt auf $\approx 90\%$ an. Der energetische Futterwert entspelzter Haferkörner entspricht annähernd dem des Körnermaises. Jedoch ist diese futterwerterhöhende Maßnahme mit einem beachtlichen Masseverlust verbunden. Hafer zählt zu den rohproteinreicheren Getreidearten. Das Hafereiweiß nimmt hinsichtlich seines Lysinanteils die Spitze unter den Cerealienproteinen ein (s. Abb. 56).

Trotz der erwähnten schlechteren Verdaulichkeit wird Hafer in begrenztem Umfang gern in der Fütterung eingesetzt. Für die dem Hafer nachgesagten günstigen Eigenschaften, insbesondere in der Jungtieraufzucht und bei Verfütterung an Zuchttiere, werden dessen höherer Gehalt an essentiellen Fettsäuren, Vitamin E und phenolischen Antioxydantien verantwortlich gemacht. Wissenschaftliche Belege stehen hierfür allerdings noch aus. Unumstritten dagegen ist die diätetische Wirkung des Haferschleimanteils.

In der **Pferdefütterung** kommt Hafer in ganzer Form zum Einsatz. Quetschen oder Schroten lohnen sich nicht, d. h., eine Zerkleinerung bringt keine verdauungsphysiologischen Vorteile. Auch an **Kaninchen** und **Geflügel** (außer Küken) kann Hafer unzerkleinert verfüttert werden. Er eignet sich z. B. sehr gut für die Ausmast von Magergänsen beim Verfahren der Spätgänsemast. Wegen der spitzen Form des Korns wird Hafer von Hühnern weniger gern aufgenommen als die ovalen und runden Weizen- bzw. Maiskörner. Dieses Verzehrsverhalten trifft jedoch nur bei gleichzeitigem Angebot zu. Die Verfütterung von Keimhafer an Zuchtgeflügel war früher weit verbreitet. An **Wiederkäuer** und **Schweine** ist Hafer in Schrotform einzusetzen.

Höhere Haferanteile sind in Konzentratmischungen für **Milchkühe**, **Mastbullen** und **Zuchtsauen** möglich. Dagegen verbietet der hohe Rohfasergehalt größere Mengenanteile bis auf wenige Ausnahmen (z. B. Ausmast der Spätmastgänse [s. o.], extensive Aufzuchtverfahren, Legeruhe) in den Futterrationen für **wachsende Schweine** und **Geflügel**. Auch an **Legehennen** kann Hafer nur begrenzt eingesetzt werden. In entschälter Form bzw. nach Absieben der Spelzen stellt der Hafer ein vorzügliches Energiefuttermittel dar, das Mais ersetzen kann. Lediglich in Kükenrationen ist eine Einsatzbegrenzung (maximal 20%) aufgrund des β-Glucan-Gehaltes (s. Abschnitt 7.1.2.5.) erforderlich.

7.1.6.3. Hirsen

Der Sammelbegriff Hirse umfaßt mehrere Arten. Aus futtermittelkundlicher Sicht ist zwischen unbespelzten und bespelzten Formen zu unterscheiden (s. Tabelle 133). Als Futtermittel werden hauptsächlich die unbespelzten Sorghum-Arten, auch als Milocorn bezeichnet, verwendet. Eine umfassende Charakterisierung des Futterwertes liegt deshab auch nur für Milocorn vor.

Milocorn ist die Körnerfrucht von Sorghum-Hirse, die in vielen Varietäten in Nordamerika, Afrika und Südostasien angebaut wird. Die Körner sind klein, rund und von heller (hellgelb, hellgrün) bis dunkelgrüner Farbe. Diese Hirseart unterscheidet sich in der Rohnährstoffzusammensetzung und im energetischen Futterwert nur wenig vom Körnermais, von dem sich auch der Name ableitet („corn" im amerikanischen Englisch = Mais). Von den Getreideproteinen enthält das Milocorneiweiß den geringsten Lysinanteil (2,3%, Mais 3,0%, Gerste 3,6% des Rohproteins). Nachteilig auf den Futterwert kann sich der Tanningehalt auswirken (Cousins et al. 1981), der in Abhängigkeit von Varietät und Sorte erheblich streut (s. 7.1.2.5.). Neuzüchtungen sollen nur noch geringe Tanninmengen enthalten. Eine diesbezügliche Analyse von 16 verbesserten Sorghumvarietäten Nigerias ergab Gehalte zwischen 0,01 und 0,22% Tannin in der Trockensubstanz (Okoh et al. 1982). Tanninarme Herkünfte sind Körnermais im Futterwert annähernd ebenbürtig, wie Vergleichsuntersuchungen mit ausbilanzierten Rationen nachwiesen. Milocorn hat gegenüber Mais den Vorteil, daß die Fettqualität der Schlachttiere sowie des Milchfettes nicht beeinträchtigt wird. Die Lipidfraktion enthält weniger ungesättigte Fettsäuren, insbesondere auch Linolsäure. Jedoch ist die Konzentration an Carotinoiden vergleichsweise zu Mais geringer.

Beim Einsatz von Milocorn in der praktischen Fütterung sind aber aufgrund von Schwankungen des Tanningehaltes Einsatzbeschränkungen notwendig. Die Höchstanteile sollten deshalb in den Futtermischungen für **monogastrische Nutztiere** $\approx 20-30\%$ betragen.

Die bespelzten Körner der *Rispen-* und *Kolbenhirse* sind hinsichtlich ihrer nährstoffmäßigen Zusammensetzung weitgehend mit Hafer vergleichbar. Sie enthalten reichlich Rohfaser, wobei die Werte für Kolbenhirse die der Rispenhirse noch übertreffen. Hirsen zählen ebenso wie Hafer zu den fettreicheren Getreidearten. Die höhere Verdaulichkeit der organischen Substanz im Vergleich zu Hafer läßt auf eine günstigere Rohfaserzusammensetzung schließen. Jedoch bewirkt ein Entspelzen der Hirsekörner ebenso wie bei allen weiteren bespelzten Getreidearten eine deutliche Futterwerterhöhung (z. B. Verdaulichkeit der OM von Rispenhirse für das Schwein: bespelzte Körner 82%, geschälte Körner 93%). Geschälte Körner zählen wie Körnermais und Milocorn (Sorghumhirse) zu den energiereichen Getreidefuttermitteln. Ein Einsatz von Hirsekörnern ist bei allen Tierarten möglich; die Anforderungen an Rohfasergehalt, Verdaulichkeit und Energiekonzentration beeinflussen in erster Linie den möglichen Rationsanteil bei den einzelnen Tierarten und Produktionsrichtungen. Diese Getreideart ist ein beliebtes Futtermittel für Ziervögel.

7.1.6.4. Maiskörner und Maiskolbenfuttermittel

Maiskörner haben von allen Getreidearten den höchsten Energiegehalt; die Verdaulichkeit liegt bei allen Tierarten über 85%. Im Vergleich zur typischen inländischen Futtergetreideart Gerste ist Mais nicht nur beachtlich proteinärmer, auch die Proteinqualität ist schlechter. Neben der Lysinarmut des Maisproteins muß in der Fütterungspraxis noch der vergleichsweise zu allen weiteren Getreidearten niedrigere Tryptophananteil beachtet werden. Positiv zu bewerten ist sein reichlicher Gehalt an Linolsäure, β-Carotin und Carotinoiden (Zeaxanthin, Lutein). Einsatzbeschränkungen infolge Antinutritiva ergeben sich für diese Gertreideart nicht. Körnermais kann jedoch zu einem Problemfuttermittel werden, wenn insbesondere durch ungünstige Ernte- und Lagerungsbedingungen eine Kontamination mit Pilztoxinen und/oder Anreicherung mit Fettabbauprodukten erfolgte.

Aufgrund seines hohen Energiegehaltes wird Körnermais bevorzugt in den Mastmischungen des **Scharrgeflügels** (Broiler, Mastputen) eingesetzt. Mit dieser Getreideart lassen sich annähernd die Anforderungen an den Energiegehalt der Alleinfuttermischungen erfüllen. In der **Wassergeflügelmast** ist die ausschließliche Verwendung von Mais als Energiefuttermittel wegen vermehrter Fettbildung und Beeinträchtigung der Fettqualität nicht zweckmäßig; die obere Grenze im Rationsanteil liegt bei 30%. In **Geflügelaufzuchtmischungen** sollte der Maiseinsatz aus nährstoffökonomischer Sicht restriktiv erfolgen. Außerdem begünstigen hohe Maisanteile bei unkontrollierter Fütterung im Junghennenabschnitt die Fettbildung (u. a. vermehrte Fettablagerung im Eierstock). Verfettete Junghennen sind weniger leistungsfähig. In der **Legehennenfütterung** gewährleistet der Einsatz von Körnermais eine reichliche Versorgung mit Linolsäure sowie Carotinoiden (Dotterpigmenten) und ist deshalb eine bevorzugte Getreideart. Dennoch darf nicht übersehen werden, daß die Verfütterung von Maisrationen an ältere Hennen eine bedarfsübersteigende Energieaufnahme zur Folge haben kann, wenn nicht kontrolliert gefüttert wird.

Die Verfütterung von Mais an **Schweine** wird unterschiedlich beurteilt. Hohe Maisanteile beeinflussen nachteilig das Fett-Fleisch-Verhältnis, wenn nicht rationiert gefüttert wird und die Konzentrationen an essentiellen Aminosäuren nicht dem Energieniveau angepaßt sind. Mit Mais nehmen die Schweine höhere Mengen an mehrfach ungesättigten Fettsäuren auf als z. B. bei der Verwendung von Ährengetreide als Energiefuttermittel. Dies führt zu einem erhöhten Anteil an Polyensäuren (insbesondere Linolsäure) im Körperfettgewebe. Schweinefett mit hohem Linolsäuregehalt (essentielle Fettsäure) wäre ernährungsphysiologisch zwar wertvoll, doch es wird sowohl vom Verbraucher (weiche Beschaffenheit, gelblich-schmieriges Aussehen) als auch vom verarbeitenden Gewerbe (unerwünschte Konsistenz, erhöhte Oxidationsbereitschaft) abgelehnt. Solche Qualitätsveränderung des Fettes ist vor allem bei der Herstellung von Dauerwaren unerwünscht. In der Endmast sollte deshalb der Maisanteil in Getreiderationen 30 – 50% nicht überschreiten. Auch beim Einsatz höherer Maismengen an **Mastrinder** und **Milchkühe** bleiben ungünstige Einflüsse auf die Qualität von Schlachtkörperfett und Milchfett nicht aus. Die Tagesgabe ist deshalb auf maximal 2 kg/Tier zu begrenzen.

Das Nutzungsspektrum des Körnermaises hat sich seit Anfang der siebziger Jahre erweitert. Neben dem typischen Verfahren der Trockenkornproduktion werden in zunehmendem Maße Energiefuttermittel aus den Körnern und weiteren Teilen des Kolbens hergestellt. Anstelle der energieaufwendigen Trocknung wird die Lagerfähigkeit dieser Produkte über den natürlichen Vorgang der Konservierung durch Milchsäuregärung erreicht. Mit der Züchtung frühreifer und gleichzeitig ertragreicher Maishybriden ist eine wesentliche Voraussetzung geschaffen worden, das hohe Ertragspotential dieser Getreideart auch in den Grenzlagen des Körnermaisanbaues in Verbindung mit einer energiesparenden und verlustarmen Konservierungsmethode zur Erzeugung hochwertiger Konzentratfutter zu nutzen. Die Kolbenernte kann nach verschiedenen Verfahren erfolgen, die wiederum unterschiedlich zusammengesetzte Ernteprodukte liefern (Abb. 62). Den Ausführungen über Futterwert und Einsatzmöglichkeiten der verschiedenen Maiskolbensilagen sollen zunächst Angaben zur Kolbenzusammensetzung und zum Rohnährstoffgehalt der Kolbenkomponenten vorangestellt werden. Der Lieschkolben besteht aus den Fraktionen Lieschen, Körner und Spindel, auf die jeweils zum Erntezeitpunkt ≈ 10, ≈ 75 bzw. $\approx 15\%$ der Trockensubstanz des Gesamtkolbens entfallen. Bei einer früheren Ernte nimmt die Körnerfraktion zugunsten der Spindel- und Lieschenanteile ab. Außerdem ist der Anteil der einzelnen Komponenten sortenabhängig.

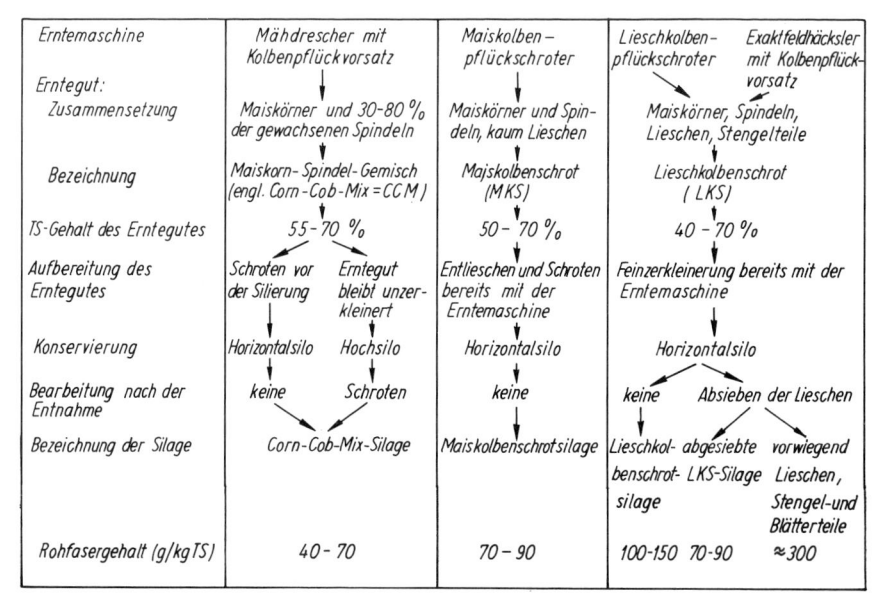

Erntemaschine	Mähdrescher mit Kolbenpflückvorsatz		Maiskolben-pflückschroter	Lieschkolben-pflückschroter	Exaktfeldhäcksler mit Kolbenpflückvorsatz
Erntegut: Zusammensetzung	Maiskörner und 30-80% der gewachsenen Spindeln		Maiskörner und Spindeln, kaum Lieschen	Maiskörner, Spindeln, Lieschen, Stengelteile	
Bezeichnung	Maiskorn-Spindel-Gemisch (engl. Corn-Cob-Mix = CCM)		Maiskolbenschrot (MKS)	Lieschkolbenschrot (LKS)	
TS-Gehalt des Erntegutes	55-70%		50-70%	40-70%	
Aufbereitung des Erntegutes	Schroten vor der Silierung	Erntegut bleibt unzerkleinert	Entlieschen und Schroten bereits mit der Erntemaschine	Feinzerkleinerung bereits mit der Erntemaschine	
Konservierung	Horizontalsilo	Hochsilo	Horizontalsilo	Horizontalsilo	
Bearbeitung nach der Entnahme	keine	Schroten	keine	keine	Absieben der Lieschen
Bezeichnung der Silage	Corn-Cob-Mix-Silage		Maiskolbenschrotsilage	Lieschkolbenschrot-silage	abgesiebte LKS-Silage	vorwiegend Lieschen, Stengel- und Blätterteile
Rohfasergehalt (g/kg TS)	40-70		70-90	100-150	70-90	≈ 300

Abb. 62. Produktionsverfahren für silierte Maiskolbenprodukte.

In der Nährstoffzusammensetzung unterscheiden sich die Körner deutlich von Spindel und Lieschen (Tabelle 156). Letztere sind rohfaserreich, wobei jedoch die Rohfaserfraktion der Spindel kaum Lignin enthält. Außerdem enthält sie bei geringerer Ausreife noch einen relativ hohen Zuckergehalt (Transportsubstrat). Gegenüber der reinen Körnerernte hat die teilweise bzw. vollständige Miternte der Spindelfraktion noch den Vorteil, daß die an den Spindelenden halbreifen Körner mit den Spindelstücken mitgeerntet werden. *Maiskorn-Spindel-Gemisch-Silage (CCM-Silage)* setzt sich aus der gesamten Kornfraktion und je nach Mähdreschereinstellung aus ≈ 30 bis 80% der gewachsenen Spindel zusammen. Vor allem diese rohfaserreiche Kolbenkomponente (s. Tabelle 156), aber auch der Reifegrad der Körner beeinflussen die nährstoffmäßige Zusammensetzung des CCM bzw. daraus hergestellter Silagen, insbesondere dessen Rohfasergehalt, Verdaulichkeit und energetischen Futterwert. Zwischen Rohfasergehalt und Verdaulichkeit der organischen Substanz sowie Energiekonzentration bestehen enge Beziehungen, die zur Futterwertschätzung genutzt werden. Der Trockensubstanzgehalt liegt im Bereich von 55—70% und wird innerhalb dieser Grenzen, die durch Ernte- und Aufbereitungsverfahren und Siliereignung gezogen werden, insbesondere von Reifegrad, von den Witterungsbedingungen während der Ernte und dem Spindelanteil im Siliergut beeinflußt. Dieser beachtliche Schwankungsbereich erfordert kontinuierliche Trockensubstanzbestimmungen vor der Verfütterung, um Fehler bei der Rationsberechnung zu vermeiden.

Tabelle 156. Mittlere Zusammensetzung von Lieschkolben und Nährstoffgehalt der einzelnen Kolbenfraktionen

Kolben-Fraktion	Anteil an der T des Kolbens %	Gehalt in g/kg T				
		XP	XL	XF	XX	XA
Lieschen	≈20	39	9	368	550	34
Spindeln	≈15	30	6	345	602	17
Körner	≈75	116	51	28	791	14

CCM-Silage ist ein vielseitig einsetzbares Energiefuttermittel, für das bei allen landwirtschaftlichen Nutztieren eine hohe Aufnahmewilligkeit besteht. In erster Linie wird dieses Feuchtkonzentrat an **Mastschweine** verfüttert. Es entspricht hinsichtlich Rohfasergehalt, Verdaulichkeit und energetischem Futterwert bestens ihren Anforderungen. Verdauungsphysiologische Vorteile gegenüber dem rohfaserarmen Körnermais resultieren vor allem aus dem höheren Faseranteil und dem Gehalt an Milchsäure. Nachteilige Einflüsse auf die Schlachtkörperqualität (erhöhter Fettansatz) sind selbst bei hohen Rationsanteilen (d. h. alleiniges Energiefutter) nicht zu befürchten, wenn die Gesamtration die Anforderungen an den Rohprotein- bzw. Aminosäuregehalt erfüllt. Die Fettkonsistenz erfährt nur dann eine ungünstige Beeinflussung, wenn außer CCM weitere Futtermittel mit nennenswerten Polyensäuregehalten Rationskomponenten bilden. Ebenso wie bei der Verwendung von Körnermais verdienen die Aminosäuren Lysin und Tryptophan besondere Aufmerksamkeit. Aber auch der Rohfasergehalt der Ergänzungs- bzw. Eiweißfuttermittel muß beachtet werden, damit in der Gesamtration das Rohfaseroptimum nicht überschritten wird. Wenn nur rohfaserreichere Proteinträger (z. B. Leguminosen) zur Verfügung stehen, sollte rohfaserärmere Silage (Spindelanteil reduzieren) produziert werden, oder es sind neben CCM-Silage rohfaserärmere Getreidearten (z. B. Weizen) in die Ration aufzunehmen.

Anstelle von Getreide kann CCM-Silage ebenfalls an **Zuchtsauen** verfüttert werden. Für tragende Sauen sind rohfaserreichere Silagen besser geeignet als solche mit niedrigem Spindelanteil. Letztere Qualität bildet aber bei säugenden Sauen die Voraussetzung für einen weitgehenden Verzicht auf Getreide in der Ration. Der relativ hohe Rohfaser- und der Milchsäuregehalt wirken sich insbesondere in der Zeit vor dem Abferkeln aus diätetischer Sicht günstig aus, da sie die Futterpassage im Verdauungstrakt beschleunigen und dazu beitragen, Verstopfungen und Fehlgärungen zu vermeiden. Für **Ferkel** ist CCM-Silage ebenfalls ein sehr brauchbares Diätfuttermittel, das im Vergleich zur bewährten Weizenkleie noch den Vorteil der Milchsäurewirkung (u. a. pH-Erniedrigung) im Magen aufweist. Ihr Einsatz unterstützt neben anderen Maßnahmen einen störungsfreien Übergang von der Milch- zur Trockenfutterernährung. Dabei hat sich eine Ration aus 50% Vormischung (40,5% Weizenschrot, 18% Sojaextraktionsschrot, 12% Fischmehl, 12% Futterhefe, 9% Trockenmagermilch, 5,5%

Mineralstoffmischung und 3% Wirkstoffmischung) und 50% CCM-Silage bewährt (Reinisch 1986).

CCM-Silage bildet auch eine Alternative für Körnermais in der **Geflügelfütterung**. Sie enthält ebenso wie das Maiskorn reichlich Linolsäure und Carotinoide. Durch Variation des Spindelanteils im Ernteprodukt lassen sich Rohfasergehalt und Energiegehalt den Ansprüchen der einzelnen Geflügelarten und Produktionsrichtungen anpassen. So sind z. B. für die Einsatzgebiete Broiler- und Putenmast rohfaserärmere Silagen erforderlich, um gleiche Leistungen wie mit Maisrationen zu erzielen. Die vergleichsweise zu Getreide geringere Energie- und Nährstoffdichte bereitet selbst den jungen Küken keine Probleme hinsichtlich ausreichender Trockensubstanzaufnahme. Bereits ab 1. Lebenstag kann somit CCM-Silage als Energiefuttermittel in Aufzucht- und Mastrationen eingesetzt werden. Der Milchsäuregehalt der Silage wirkt außerdem darmflorastabilisierend bei den jungen Tieren.

Für **Kälber** und **Lämmer** ist CCM-Silage ebenfalls ein vorteilhaftes Futtermittel, das Getreide voll ersetzen kann (Jeroch et al. 1990; Ulbrich und Böhme 1987).

Maiskolbenschrotsilage enthält den entlieschten Kolben einschließlich Kolbenansatzstück. Lieschen sind weitgehend entfernt. Gegenüber CCM liegt der Rohfasergehalt höher (70–90 g/kg). Demzufolge wird der Futterwert von CCM-Silage nicht erreicht (Verdaulichkeit der OM [Schwein] 79%, 680 EFs/kg T, 13,6 MJ UE/kg T). Die Einsatzmengen sind abhängig von den Futterwertkenndaten der Silage und dem eiweißreichen Ergänzungsfutter sowie den Anforderungen der Tiere an Rohfasergehalt, Verdaulichkeit und energetischen Futterwert der Gesamtration. So kann z. B. in Mastschweinerationen Maiskolbenschrotsilage in der Regel nur mit rohfaserärmerem Getreide zur Verfütterung gelangen.

Lieschkolbenschrotsilage besteht aus den Bestandteilen des ganzen Kolbens und bis zu 15% der Restpflanze (obere Pflanzenteile). Der Rohfasergehalt in der LKS-Silage variiert zwischen 100 und 150 g/kg T und bedingt gegenüber CCM-Silage eine niedrigere Verdaulichkeit der organischen Substanz ($\approx 75\%$ beim Schwein) und einen geringeren Energiegehalt (≈ 580 EFs/kg T, $\approx 11,2$ MJ UE/kg T). Demzufolge ist LKS-Silage in der vorliegenden Form kein geeignetes Futtermittel für Schweine und Hühner, zumal Futterrückstände in Form der Lieschen außerdem Fütterungs- und Entmistungsanlagen störanfällig machen. Vor dem Verfüttern dieser Silage an genannte Tierarten müssen deshalb die Lieschen abgesiebt werden. Der weitgehend lieschenfreie Rückstand besitzt etwa den Futterwert von Maiskolbenschrotsilage. Es sind somit die gleichen Einsatzempfehlungen zu beachten. Für **Wiederkäuer**, auch **Kälber** und **Lämmer**, sowie **Pferde** stellt LKS-Silage ein sehr geeignetes Konzentratfuttermittel dar.

7.1.6.5. Reis

Reis dient fast ausschließlich als Nahrungsmittel nach vorangegangener Bearbeitung. Sie umfaßt zunächst das Entfernen der Spelze, auf welche 18–28% des Korns entfallen. Danach schließt sich ein Polieren der entspelzten Körner an. Frucht und Samenschale werden hierbei entfernt. Entspelzter bzw. polierter Reis, auch als brauner bzw. weißer Reis bezeichnet, sind im Vergleich zum unbearbeiteten Korn vor allem wesentlich rohfaser- und rohascheärmer (Tabelle 157). Der Futterwert der bearbeiteten Reiskörner ist deutlich höher als der von Rohreis. Die Verdaulichkeit der organischen Substanz steigt z. B. beim Huhn von 74% (Rohreis) auf 90% (entspelzter Reis) bzw. 96% (polierter Reis) an. Zerkleinerte Reiskörner (Rohreis) können deshalb bei monogastrischen Nutztieren nur geringe Rationsanteile bilden. Dagegen sind die bearbeiteten Reiskörner, soweit sie für Fütterungszwecke zur Verfügung stehen (z. B. als Bruchreis), dem Körnermais in der Futterwirkung ebenbürtig. Sie enthalten jedoch keine Pigmentstoffe und sind linolsäurearm. Beide Aspekte müssen vor allem bei der Verwendung als Geflügelfutter beachtet werden.

Tabelle 157. Vergleiche des Nährstoffgehaltes unbearbeiteter, entspelzter und polierter Reiskörner (nach Kling und Wöhlbier 1983)

Produkt	g/kg Trockensubstanz				
	XP	XL	XF	XX	XA
Reiskörner, unbearbeitet	94	22	104	721	62
Entspelzter Reis	93	15	8	873	11
Polierter Reis	79	5	4	906	7

7.1.6.6. Roggen

Der Anbau von Roggen erfolgt in erster Linie als Brotgetreide. In den typischen Roggenanbaugebieten wurde jedoch schon immer auch diese Getreideart an fast alle Tierarten — z. T. in hohen Rationsanteilen — verfüttert.

Roggen als unbespelzte Getreideart ist infolge niedrigerer Nährstoffverdaulichkeit energieärmer als Weizen (s. Abb. 56, und Anhang). Er zählt zu den proteinärmeren Getreidearten; das Protein hat aber eine günstigere Aminosäurenzusammensetzung als verschiedene andere Getreidearten. So ist der relative Lysinmangel nicht so extrem wie bei Mais und Weizen. Als Nachteil muß jedoch die vergleichsweise zu Weizen beachtlich geringere Protein- und Lysinverdaulichkeit angesehen werden, die bei der Rationsberechnung berücksichtigt werden sollte.

Roggen enthält mehrere antinutritive Substanzen. Aufgrund neuerer Untersuchungen kann festgestellt werden, daß in erster Linie die reichlichen Gehalte an Pentosanen und weiteren Nicht-Stärkepolysacchariden (s. Tabelle 144) die ungünstige Futterwirkung des Roggens speziell bei Jungtieren verursachen. Infolge Reinigungsverfahren ist heute Roggen in der Regel frei von Mutterkorn (*Claviceps purpurea*), so daß dessen Toxine im Gegensatz zu früher als Schadfaktoren kaum noch in Frage kommen.

Roggen sollte stets in abgelagertem Zustand, d. h. nicht erntefrisch, zur Verfütterung gelangen. Dieser Hinweis ist in fast allen älteren Einsatzrichtlinien enthalten. Neuere, an Ferkeln durchgeführte Untersuchungen (Bolduan et al. 1987) bestärken diese Empfehlung. Frischer Roggen verursacht wesentlich intensivere mikrobielle Aktivitäten im Magen und Dünndarm als abgelagerte Körner. Die Leistungen sind dadurch noch stärker beeinträchtigt.

Roggen wird vielfach als Problemfuttermittel bezeichnet, und es existiert Abneigung gegen seine Verwendung in den Futterrationen für Monogastriden. Die ungünstige Wirkung der spezifischen Kohlenhydrate im Roggen schwächt sich mit zunehmendem Alter der Tiere ab; Legehennen und Mastschweine tolerieren beachtlich höhere Anteile im Futter ohne nachteilige Wirkung auf Leistung und Gesundheit als Ferkel und Küken.

Im **Ferkelfutter** sollte Roggen nicht enthalten sein, um jegliches Risiko für eine ungünstige Beeinflussung der Verdauungsprozesse durch die spezifischen Roggenkohlenhydrate auszuschließen. Dagegen ist sein Einsatz im **Mastschweinefutter** durchaus möglich. Für die Anfangsmast werden 25—30%; für die Endmast 30—50% in Alleinfuttermischungen empfohlen. Diese Empfehlungen stützen sich auf neuere Untersuchungen (u. a. Beste et al. 1990, Bolduan et al. 1987, Kracht et al. 1987). Im Alleinfutter für **güste und niedertragende Sauen** kann der Roggenanteil 10—20%

betragen. Futterrationen **hochtragender und säugender Sauen** sollten Roggen nicht enthalten.

Eine ausgesprochen hohe Empfindlichkeit gegenüber den Nicht-Stärkekohlenhydraten des Roggens besitzen ebenfalls **Küken**. Bereits ein Anteil von 5 — 10% kann Minderzunahmen verursachen (u. a. Koreleski 1986). Wenn das Mastfutter ausschließlich Roggen als Getreidekomponente enthielt, betrug die Wachstumsdepression 50 bis 60%. Außerdem stieg die Mortalitätsrate beachtlich an, und die oberen Einstreuschichten mußten wegen feuchter, klebriger und übelriechender Beschaffenheit fortlaufend erneuert werden. In den Startermischungen ist deshalb im Interesse einer ungestörten Entwicklung von einem Roggeneinsatz Abstand zu nehmen. Ab 3./4. Lebenswoche sind 50 g/kg Alleinfutter möglich. Ein Schälen des Roggens erwies sich ebenso wie bei der Gerste als wirkungslos, während in Verbindung mit wirksamen Enzympräparaten (s. 7.1.5., Tabelle 155) und Darmflorastabilisatoren höhere Einsatzmengen möglich sind.

Pelletierte roggenhaltige Mischungen sind zwar dem Schrotfutter etwas überlegen, jedoch läßt sich dadurch der Roggenanteil nicht wesentlich erhöhen. Mit zunehmendem Alter des Geflügels schwächt sich die ungünstige Wirkung der spezifischen Kohlenhydrate im Roggen ab. **Legehennen** tolerieren deutlich höhere Anteile im Mischfutter gegenüber Küken. In ausbilanzierten Rationen sind Anteile bis zu 30 — 40% möglich, ohne daß Gefahren für Leistung, Gesundheit und Eiqualität bestehen. Jedoch liegen die Empfehlungen für praktische Rationen niedriger (Tabelle 158). Auch in Futtermischungen für **Kälber** und **Lämmer** sollte auf Roggen verzichtet werden. In der **Rindermast** kann das Konzentratfutter 20% Roggen enthalten. Für **Milchkühe** sind Tagesgaben von 2 — 3 kg möglich. Roggen eignet sich auch als Konzentratfuttermittel für **Arbeitspferde**, wobei sein Anteil ein Drittel in der Konzentratmischung nicht überschreiten sollte. An **wachsende Pferde**, **trächtige** und **säugende Stuten** sollte kein Roggen verfüttert werden.

7.1.6.7. Triticale

Diese Getreideart ist eine Kreuzung von Weizen *(Triticum)* mit Roggen *(Secale)*. An diese Neuzüchtung wird die Erwartung geknüpft, eine Getreidespezies zu erhalten, bei der die geringen Standortansprüche des Roggens mit dem hohen Ertragspotential und den Qualitätseigenschaften des Weizens gekoppelt sind und die vordergründig als Futtermittel dient. Dank intensiver züchterischer Bemühungen existieren in einigen europäischen und außereuropäischen Ländern (u. a. Rußland, Polen, Ungarn, Deutschland, Schweden, Kanada, Mexiko) inzwischen Sorten und Zuchtstämme, die diesen hohen Anforderungen nahekommen. Seit Ende der achtziger Jahre wird diese Getreideart feldmäßig in Deutschland angebaut.

Es besteht derzeitig bei Triticale eine erhebliche Formenvielfalt, die u. a. auch für die beachtliche Streubreite im Nährstoffgehalt der untersuchten Proben und die nicht immer einheitlichen Angaben zu Futterwert und Einsatzmöglichkeiten verantwortlich ist. Triticale zählt zu den proteinreichen Getreidearten. Die Analyse von Körnern leistungsfähiger polnischer Sorten und Stämme ergab folgende nährstoffmäßige Zusammensetzung (Angaben je kg T): 140 — 153 g Rohprotein, 21 g Rohfett, 17 — 24 g Rohfaser, 785 — 810 g N-freie Extraktstoffe und 10,5 — 18 g Rohasche. Das Rohprotein enthält u. a. 2,9 — 3,2% Lysin, 1,7 — 2,3% Methionin, 2,5 — 2,8% Cystin, 1,3 — 1,5% Tryptophan und 2,9 — 3,1% Threonin (Bock et al. 1986). Vergleichsweise zu Weizen ist das Triticaleprotein lysinreicher, und es wird annähernd der Lysin-Anteil des Roggeneiweißes erreicht. Daraus resultiert vor allem die gegenüber Weizen etwas bessere Proteinqualität. Wie in allen Getreidearten bildet Lysin die erste limitierende

Aminosäure, an zweiter Stelle folgen Threonin (Schwein) bzw. die schwefelhaltigen Eiweißbausteine Methionin plus Cystin (Geflügel). Hinsichtlich der Nährstoffverdaulichkeit übertrifft Triticale beachtlich den Roggen und ist bei dieser Bewertung Weizen ebenbürtig (s. Anhang).

Über den Gehalt an spezifischen Kohlenhydraten, die in Roggen reichlich vorkommen und die Verdauungsprozesse insbesondere bei Küken und Ferkeln ungünstig beeinflussen, liegen bisher nur wenig Angaben vor. Pektine sind in Triticalekörnern kaum enthalten; auch der Gehalt an wasserlöslichen Pentosanen ist niedriger im Vergleich zu Roggen (s. Tabelle 144). Symptome, die für Roggenverfütterung tyisch sind, werden bei höheren Triticaleanteilen im Kükenfutter in abgeschwächter Form festgestellt. Eine Verringerung der Futteraufnahme mit steigenden Triticaleanteilen in der Ration wird verschiedentlich — besonders in der Schweinefütterung — als ein Spezifikum für diese Getreideart beim Einsatz anstelle von Mais, Weizen oder Gerste herausgestellt. Als Ursachen für die Senkung der Futteraufnahme bei hohen Triticaleanteilen in Schweinerationen werden vorwiegend Mutterkorn-Infektionen und Trypsin-Inhibitoren angegeben. Eine Mutterkornverunreinigung läßt sich jedoch ebenso wie beim Roggen durch entsprechende Reinigungsverfahren vermeiden. Die Trypsin-Inhibitor-Aktivität (TIA) ist vor allem sortenabhängig und liegt in der Größenordnung zwischen den für Weizen und Roggen ermittelten Werten. Für eine leistungsfähige Sorte (Beagle '82) und weitere Getreidearten sowie rohe Sojabohnen teilen Myer und Barnett (1985) folgende TIA mit (Einheiten/mg entfettete Proben): Triticale 1,4, Gelbmais 1,5, Weichweizen 0,5, Roggen 3,3, Sojabohnen 98. Beim Einsatz dieser Triticale-Herkunft anstelle von Mais in Ferkel- und Mastschweinerationen bestand kein nachteiliger Einfluß auf den Futterverzehr und das Wachstum. Ausgehend von der bisher nicht einheitlichen Bewertung der Futterwirkung von Triticale sowohl bei verschiedenen Nutzungsrichtungen des Geflügels als auch Schweinen, leitet sich die Empfehlung ab, die Triticaleanteile in den Alleinfuttermischungen für **Schweine** und **Geflügel** auf maximal 50% des jeweiligen Getreideanteils zu begrenzen. Auch in den Aufzuchtmischungen für **Kälber** und **Lämmer** ist ein restriktiver Einsatz dieser Getreideart zweckmäßig ($\approx 25-50\%$ des Getreideanteils). Für **Wiederkäuer** mit voll funktionsfähigem Vormagensystem besteht dagegen keine Einsatzbeschränkung.

7.1.6.8. Weizen

Wenngleich Weizen in erster Linie in vielfältiger Form der menschlichen Ernährung dient, ist diese Getreideart ein ebenso universell einsetzbares Futtermittel. Diese spelzenfreie Getreideart zählt zu den energiereichen Getreidefrüchten. Aufgrund seines niedrigen Rohfasergehaltes und der hohen Verdaulichkeit der organischen Substanz sollte Weizen bevorzugt bei Schweinen und Geflügel zur Verfütterung gelangen. Einsatzbeschränkungen wegen leistungsmindernder und gesundheitsschädigender Inhaltsstoffe bestehen in der Regel nicht.

Der Rohproteingehalt kann in Abhängigkeit von Sorte, Düngungsintensität und Witterungsbedingungen in einem Umfang variieren, der für die Fütterungspraxis bedeutsam ist, was deshalb bei der Rezeptur- bzw. Rationsgestaltung unbedingt berücksichtigt werden sollte. Im Vergleich zu Gerste, der wichtigsten Futtergetreideart unseres Landes, enthält das Weizenprotein jedoch $\approx 25\%$ weniger Lysin, dessen Anteil auch bei der Bezugsbasis Futtertrockensubstanz durch den etwas höheren XP-Gehalt in keiner Weise kompensiert wird.

Weizen ist ebenso wie Gerste ein für die **Schweinemast** bestens geeignetes Energiefuttermittel. Bei hohen Weizenanteilen im Mischfutter und Trockenfütterung sollte der Einsatz in grobgeschroteter Form erfolgen, wenn das Futter nicht pelletiert wird. Andernfalls, d. h. bei zu intensiver Zerkleinerung, verklebt das Futter im Maul und wird deshalb schlechter gefressen. Proteinreicherer Weizen hat den ernährungsphysiologischen Vorteil, daß bei Ausgleich des Lysindefizits auf Proteinfuttermittel weitgehend verzichtet werden kann. Ganze Weizenkörner bildeten früher das erste Beifutter der Ferkel. Auch heute ist Weizenschrot die bevorzugte Getreideart (hochverdaulich, energiereich, frei von leistungsmindernden Inhaltsstoffen) für **Ferkelaufzuchtmischungen**. Obgleich mit Weizen die besten Zunahmen erzielt werden, kann der herabgesetzte Digestatransit nachteilig sein (Bolduan et al. 1985). Eine Beschränkung auf 50% des Getreideanteils zumindest im Starterfutter wird deshalb für vorteilhaft angesehen. Weizen ist in grobgeschroteter Form einzusetzen. Als Energieträger in Futtermischungen bzw. Futterrationen für **Zuchtsauen** kann Weizen entsprechend den jeweiligen energetischen Anforderungen ohne Beschränkung zum Einsatz kommen.

Weizen ist ebenfalls ein sehr brauchbares Konzentratfuttermittel für **Wiederkäuer**. Im Konzentratfutter für **ausgewachsene Pferde** sind bis 25% möglich. An **Fohlen** ist Weizen nicht zu verfüttern.

Älteren Angaben zufolge ist Weizen „das beste und am liebsten genommene Körnerfutter für Hühner und für Tauben" (Römer 1954) und „das Lieblingsfutter des Geflügels" (Fangauf et al. 1960). Diese Auffassungen sind vom Grundsatz her durchaus heute noch gültig, jedoch dürfen gewisse Unterschiede zwischen den einzelnen Geflügelarten und Nutzungsrichtungen hinsichtlich der Einsatzeignung vor allem aus der Sicht hoher Leistungsausschöpfung nicht unbeachtet bleiben. Es ist deshalb eine differenzierte Bewertung erforderlich.

Für **Legehennen** ist Weizen nach wie vor ein vorzügliches Körnerfutter. Er kann in den Futtermischungen hochproduktiver Hennen durchaus die einzige Getreideart bilden, wie wiederholt auch neuere Untersuchungen demonstrieren. Ebenso wie bei Verwendung von Gerste als Getreidekomponente bleiben nachteilige Auswirkungen auf die Dotterpigmentierung und das Eigewicht nicht aus, wenn der weitgehend fehlende Pigmentgehalt und der relativ niedrige Linolsäuregehalt nicht anderweitig den erforderlichen Konzentrationen angepaßt werden. Futtermischungen für **Zuchthennen** sollten nicht ausschließlich Weizen als Energiefuttermittel enthalten. Eine Kombination mit Mais und/oder Hafer (besser Haferkerne) schließt mögliche nachteilige Effekte auf die Bruteierqualität, das Schlupfergebnis und die Eintagskükenqualität infolge besserer Linolsäureversorgung aus.

In der **Broilerfütterung** kann Weizen den Körnermais nicht gleichwertig als Energieträger ersetzen. Bei gleicher Mastdauer beträgt die Minderzunahme 5%. In erster Linie ist die geringere Futteraufnahme für das schlechtere Wachstum bei der Verfütterung schrotförmiger, weizenreicher Mastmischungen verantwortlich. Einschränkend auf den Futterverzehr wirken verklebende Eigenschaften, die vor allem bei zu feinem Schrot und proteinreicheren Herkünften ausgeprägt sind. Die Futteraufnahmedepression wird noch verstärkt, wenn durch im Schnabel anhaftendes Futter bei jungen Küken Schnabeldeformationen (Kreuzschnäbel) verursacht werden, die den Verzehr besonders stark behindern. Durch das Pelletieren weizenreicher Mastmischungen lassen sich diese Nachteile vollständig kompensieren. Eine partielle Maissubstitution (bis 30%) durch Weizen beeinträchtigt auch bei schrotförmigem Futtereinsatz kaum Zuwachs und Futteraufwand. Die für die Broilerfütterung getroffenen Aussagen treffen ebenso für **Mastputen** zu. Auch in den Aufzuchtmischungen für Hühnerküken sollte Weizen wegen möglicher Schnabelmißbildungen nur bis 40% enthalten sein. Dagegen ist diese Getreideart ein für die **Junghennenaufzucht** bestens geeignetes Futtermittel, das in Verbindung mit Lysin- und Methioninsupplementen sowie Mineralstoff- und Vitamingaben optimale Aufzuchtergebnisse gewährleistet. Diese Form der Rationsgestaltung kommt weitgehend ohne Proteinträger pflanzlicher und tierischer Herkunft aus. Für die **Wassergeflügelmast** bildet Weizen eine ausgezeichnete Getreideart, zumal das Futter entweder pelletiert oder feuchtkrümelig zum Einsatz kommt.

Tabelle 158. Empfehlungen für Höchstmengen verschiedener Getreidearten in Alleinfuttermischungen bzw. in der Gesamtration (%)

	Mais	Milo-corn	Weizen	Roggen	Triti-cale	Gerste	Hafer
Kälberaufzuchtfutter	o. B.[1]	5	o. B.	0	20	o. B.	30
Sauenalleinfutter	0	20 – 30	o. B.	10 – 20[2] bzw. 0[3]	20 – 30	o. B.	o. B.
Saugferkelfutter	0	0	o. B.	0	20	10	0
Ferkelaufzuchtfutter	10	10	o. B.	0	20	25	0
Schweinemastfutter							
Mastabschnitt 20 – 50 kg	o. B.	20	o. B.	25 – 30	30	o. B.	o. B.
Mastabschnitt > 50 kg	30 – 50	30	o. B.	30 – 50	40	o. B.	o. B.
Kükenaufzuchtfutter	o. B.	20	30	5 – 10	20	30	20
Junghennenfutter	o. B.	20	o. B.	10 – 20	30	o. B.	30
Legehennenfutter	50	10	o. B.	20	30	40 – 50	20
Broilermastfutter	o. B.	20	40	5	30	10 – 20	15

[1]) ohne Beschränkung,
[2]) güste und niedertragende Sauen,
[3]) hochtragende und säugende Sauen.

Literatur

Aboud, M.: Diss. A, Universität Leipzig (1988).
Anke, M., und B. Groppel: Persönliche Mitteilung (1985).
Autorenkollektiv: Das Rostocker Futterbewertungssystem. 5., völlig neugefaßte Auflage. Deutscher Landwirtschaftsverlag, Berlin 1986.
Becker, M., E. Schulz und R. Schultz: Archiv Tierernährung **14**, 411 (1964).
Bergner, E., und F. Weißbach: Archiv Tierernährung **33**, 483 (1983).
Beste, R., E. Niess, T. Becker und B. Steffen: Ber. Ldw. 68, 304.
Bock, H.-D., J. Wünsche, F. Kreienbring, L. Hoffmann, W. Wiesemüller, H. Jeroch und J. Becker: Aminosäure-Tabellen. 6., überarbeitete Auflage, AdL FZ Tierproduktion Dummerstorf-Rostock 1981.
Bock, H.-D., D. Ackermann und Sabine Kesting: Tag.-Ber. Akad. Landwirtsch.-Wiss. Berlin **248**, 153 (1986).
Bolduan, G., und H. Jung: Tierzucht **39**, 555 (1985).
Bolduan, G., H. Jung, W. Kracht, Renate Schneider, U. Kersting und K. Ender: Tierzucht **41**, 138 (1987).
Bolduan, G., W. Kracht, H. Jung, J. Becker und W.-D. Schulze: Tierzucht **41**, 379 (1987).
Broz, J., und M. Frigg: Archiv Geflügelkd. **50**, 104 (1986).
Campbell, G. L.: Vortrag Messekolloquium am 17. März 1987 in Leipzig.
Campbell, G. L., L. D. Campbell and H. C. Classen: Brit. Poultry Sci. **24**, 191 (1983).
Choct, M. and G. Annison: Brit. Poultry Science **31**, 811 (1990).
Classen, H. L., G. L. Campbell and B. G. Rossnagel: Can. J. Anim. Sci. **65**, 725 (1985).
Cousins, B. W., T. D. Tanksley, Jr., D. A. Knabe and T. Zebrowska: J. Anim. Sci. 53, 1524 (1981).
Dierick, N. A.: Arch. Anim. Nutr. 39, 240 (1989).
Dokumentationsstelle der Universität Hohenheim: DLG-Futterwerttabellen — Schweine. 6. Aufl. DLG-Verlag, Frankfurt/Main 1991.
Ebert, K., und G. Rinno: Arch. Acker- u. Pflanzenb. u. Bodenk. **21**, 201 (1977).

Essen, B. von: In: Aktuelle Themen der Tierernährung und Veredlungswirtschaft. Wiss. Tagung der Lohmann Tierernährung GmbH Cuxhaven, S. 17, Cuxhaven 1989.

Eggum, B. O., and K. D. Christensen: In: Breeding for seed protein improvement using nuclear techniques. IAEA, Vienna 1975.

Fangauf, R., H. Mackrott und H. Vogt: Geflügelfütterung. Verlag Eugen Ulmer, Stuttgart 1960.

Flamme, W.: Beiträge zur Chemie des Roggens (Secale cereale). Promotion B, AdL 1985.

Güther, W.: Jahrb. Arbeitsgemeinschaft für Fütterungsberatung **1**, 111 (1957/58).

Gross, F.: Futterkonservierung. In: Handbuch Mais (Anbau − Verwertung − Fütterung). Verlagsunion Agrar 1990.

Gedek, B.: Kraftfutter **72**, 84 (1989).

Hartmann R., L. Liebert und F. Reinisch: In: 2. Internationale Tagung Schweine- und Geflügelernährung, Halle (S.), 1.−3. 12. 1992.

Herstad, O.: Proc. 6th European Symp. on Poultry Nutrition, Königslutter (1987).

INRA: L'alimentation des animaux monogastriques: porc. lapin, volatiles, Paris 1984.

Jackisch, B., und H. Jeroch: Arch. Anim. Nutrition **40**, 1109 (1990).

Jackisch, B., und H. Jeroch: Arch. Anim. Nutrition **41**, 55 (1992).

Jeroch, H.: Proc. 6th European Symp. on Poultry Nutrition, Königslutter (1987).

Jeroch, H.: In: 11. Kolloquium zur Geflügelernährung, Leizig, 16./17. Mai 1988. Institut für Geflügelwirtschaft Merbitz (Herausgeber) (1989).

Jeroch, H.: Arch. Anim. Nutr. **41**, 329 (1991a).

Jeroch, H.: Tagungsbericht. 3. Symposium „Vitamine und weitere Zusatzstoffe bei Mensch und Tier", Stadtroda (1991b), S. 334.

Jeroch, H.: Archiv Tierzucht **34**, 581 (1991c).

Jeroch, H., J. Naether, C. Wecke und M. Aboud: In: Tagungsbericht 5. Maiskolloquium Leipzig, 15. u. 16. 4. 1987.

Jeroch, H., H.-J. Schlöffel, G. Keller, Kerstin Kratzsch, K.-H. Görner, S. Kelz und G. Gebhardt: Jahrbuch Tierernährung u. Fütterung **16**, 33 (1990).

Jeroch, H., Eija Helander, G.-J. Schlöffel, K.-H. Engerer, H. Pingel und G. Gebhardt: Arch. Geflügelkunde **55**, 22 (1991).

Kellner, D.: Grundzüge der Fütterungslehre. Paul Parey, Berlin 1907.

Kirchgeßner, M., F. X. Roth, W. Bollwahn und K. Heinbitzi: Zbl. Vet.-Med. **32**, 641 (1985).

Kling, M., und W. Wöhlbier: Handelsfuttermittel. Bd. 2. Teil A. Futtermittel pflanzlicher Herkunft. Verlag Eugen Ulmer, Stuttgart 1983.

Knape, G., D. Schulze, A. Schmidt und R. Gruber: Vet.-Med. **30**, 618 (1975).

Knape, G., D. Schulze, A. Schmidt und J. Becker: Tierzucht **32**, 82 (1978).

Koreleski, J.: In: 10. Kolloquium zur Geflügelernährung, Leipzig, 22/23. 5. 1986. Institut für Geflügelwirtschaft Merbitz (Herausgeber).

Kracht, W.: Jahrb. Arbeitsgemeinschaft für Fütterungsberatung **1**, 121 (1957/58).

Kracht, W., G. Bolduan, H.-O. Ohle, Monika Wüsthof, M. Enner, O. Ernleben und J. Redeker: Tierzucht **41**, 338 (1987).

Kwella, M., und F. Weißbach: Zbl. Mikrobiol. **139**, 453 (1984).

Meixner, B., und G. Flachowsky: Ergotropikaeinsatz in der Tierernährung, Teil I. Fortschrittsberichte für Ernährung und Landwirtschaft, Heft 8, **28** (1990).

Meyer, H., K. Bronsch und J. Leibetseder: Supplemente zu Vorlesungen und Übungen in der Tierernährung. Verlag M. & H. Schaper, Alfeld − Hannover 1989.

Michaelsen, T.: In: 2. Internationale Tagung Schweine- und Geflügelernährung, Halle (S.) 1.−3. 12. 1992.

Misir, R., and R. R. Marquardt: Can. J. Anim. Sci. **58**, 731 (1978).

Myer, R. O., and R. D. Barnett: Nutr. Rep. Intern. **31**, 181 (1985).

National Research Council: Nutrient Requirements of Poultry. 8th Rev. Ed. National Academy Press., Washington D.C. 1984.

Nehring, K.: Lehrbuch der Tierernährung und Futtermittelkunde. 9. Aufl. Neumann Verlag, Radebeul 1972.

Nehring, K., W. Laube, und F. Taubert: Zschr. f. landw. Vers.- u. Untersuchungswesen **3**, 76 (1957).

Nehring, K., M. Beyer und B. Hoffmann: Futtermitteltabellenwerk, 2. Aufl. Deutscher Landwirtschaftsverlag, Berlin 1972.

Nest, R., S. Hamann, L. Schmidt und H. Cöster: Getreidewirtschaft **12**, 170 (1978).

Okoh, P. N., A. T. Obilana, P. C. Njoku and A. O. Aduku: Anim. Feed Sci. Technol. **7**, 359 (1982).
Pettersson, D.: Composition and productive value for broiler chickens of wheat, triticale wheat. Dissertation, Swedish University of Agricultural Science (1988).
Pettersson, H.: In: Proceedings 8th European Symposium on Poultry Nutrition. Venezia-Mestre 1991.
Reinisch, F.: In: Tagungsbericht 5. Maiskolloquium 5./6. 3. 1986. Universität Leipzig, S. 37.
Römer, R. R.: Die Fütterung des Geflügels. 11. Aufl. Verlag Fritz Pfennigstorff, Berlin und Stuttgart 1954.
Ruiz, N., J. E. Marion, R. D. Miles and R. B. Barnett: Poultry Sci. **66**, 90 (1987).
Sauveur, B.: Proc. 4th European Symposium on Poultry Nutrition. 17.–20. October 1983, Tours (France), S. 103.
Schilling, G.: Pflanzenernährung und Düngung. Teil 1: Pflanzenernährung. Deutscher Landwirtschaftsverlag, Berlin 1982.
Schimpfky, S.: Getreidewirtschaft **12**, 143 (1978).
Schmidt, L., F. Weißbach und G. Peters: Arch. Tierernährung **28**, 123 (1978a).
Schmidt, L., F. Weißbach, G. Peters und K. Haacker: Getreidewirtschaft **12**, 141 (1978b).
Schmidt, L., F. Weißbach und H. Cöster: Arch. Tierernährung **32**, 99 (1982).
Scholtyssek, S., und R. Knorr: Arch. Geflügelkd. **51**, 20 (1987).
Schüler, D.: Arch. Tierernährung 22, 631 (1972).
Schulz, H.: In: Drusch- und Hackfruchtproduktion (Herausgeber: M. Seiffert) Deutscher Landwirtschaftsverlag, Berlin 1981.
Selke, W.: Bodenkunde u. Pflanzenernähr. **20**, 1 (1940).
Simons, P. C. M., H. A. J. Versteegh, A. W. Jongbloed, P. A. Kemme, P. Slump, K. D. Bos, M. G. E. Wolters, R. F. Bendeker and G. J. Verschoor: Brit. J. Nutrition **64**, 525 (1990).
Ulbrich, M., und Pia Böhme: In: Tagungsbericht VI. Maiskolloquium 15./16. 4. 1987. Universität Leipzig.
United States-Canadian Tables of Feed Composition 1982: Third Rev. National Academy Press., Washington D.C. 1982.
Vogt, H.: In: Mengen- und Spurenelemente. 10. Arbeitstagung 1990, **2**, S. 400–407, Leipzig (1990).
Wecke, C.: Ernährungsphysiologische und futtermittelkundliche Untersuchungen zur Beurteilung silierter Maiskolbenprodukte als Futtermittel für Schweine. Dissertation B, Universität Leipzig (1988).
Wecke, C., und G. Gebhardt: Arch. Tierernährung **31**, 195 (1981).
Wecke, C., H. Jeroch, und G. Gerhardt: Arch. Tierern. **37**, 583 (1987).
Wieringa, G. W.: Publ. 156 Inst. Storage Proc. Agr. Prod., Wageningen (Netherlands) 1967.
Young, J. C.: Feedstuffs **54**, 23 (1979).

7.2. Körnerleguminosen

Die Körner bzw. Samen von Leguminosen sind weltweit sowohl Nahrungs- als auch Futtermittel; aber auch zur Ölgewinnung (insbesondere Sojabohnen und Erdnüsse) werden sie verwendet. Speziell für Futterzwecke, d. h. zur Erzeugung proteinreicher Konzentratfuttermittel, werden in Europa vorrangig Ackerbohnen *(Vicia faba.)*, Erbsen (*Pisum sativum* L.) und Süßlupinen (*Lupinus* L.) angebaut. Von Ackerbohnen, Erbsen und Lupinen existieren verschiedene Arten, Varietäten bzw. Convarietäten (Tabelle 159), die sich nicht nur in botanischen Merkmalen, sondern auch teilweise im Nährstoffgehalt unterscheiden. Neben den erwähnten Hülsenfrüchten gelangen mitunter Samen weiterer Vertreter dieser Pflanzenfamilie zur Verfütterung (z. B. Gartenbohnen [*Phaseolus*-Arten], Wicken [*Vicia sativa* L.]). Auch Sojabohnen werden neuerdings in gewissem Umfang verfüttert (s. Abschnitt 8.3.4.2.).

Tabelle 159. Arten, Varietäten und Convarietäten von Körnerleguminosen

Körnerleguminose	Arten, Varietäten bzw. Convarietäten
Ackerbohne (*Vicia faba* L.)	Kleine Ackerbohne bzw. Pferdebohne (*Vicia faba* L. var. *minor*)
	Große Ackerbohne, Sau- bzw. Puffbohne (*Vicia faba* L. var. *major*)
Erbse (*Pisum sativum* L.)	Weißblühende Futtererbse (convar. *sativum*)
	Buntblühende Futtererbse (convar. *speciosum*)
Süßlupine (*Lupinus* L.)	Gelbe Lupine (*Lupinus luteus* L.)
	Weiße Lupine (*Lupinus albus* L.)
	Blaue Lupine (*Lupinus angustifolius* L.)

7.2.1. Inhaltsstoffe und Futterwert

● **Rohnährstoffe**

Der ernährungsphysiologisch bedeutsamste Inhaltsstoff in Körnerleguminosen ist das **Rohprotein**. Sein Anteil variiert insbesondere in Abhängigkeit von Gattung, Art und Convarietät zwischen 250 und 500 g/kg T (s. Anhang). Lupinen sind die proteinreichsten Vertreter dieser Futtermittelgruppe; Erbsen zählen zu den eiweißärmsten. Von den verschiedenen Lupinenspezies weist *L. luteus* mit 445 g/kg T den höchsten Rohproteingehalt auf; es folgen *L. angustifolius* und *L. albus*. Gegenüber Getreidekörnern setzt sich die Proteinfraktion der Hülsenfruchtsamen vorrangig aus wertvollen Eiweißkörpern, wie Albuminen und Globulinen, zusammen (Tabelle 160).

Tabelle 160. Zusammensetzung des Rohproteins von Körnerleguminosen hinsichtlich Proteinfraktionen

Körnerleguminose	in % des Gesamtproteins			
	Albumin	Globulin	Prolamin	Glutelin
Erbse[1]	1	66	–	12
Lupine[2,3]	37 – 60	31 – 57	0,8 – 1,7	2,5 – 17,2

[1] nach Boulter (1977),
[2] nach Varasundharosoth und Barnes (1985),
[3] Angaben beziehen sich auf *Lupinus angustifolius*, *L. albus* and *L. luteus*

Auch bei weiteren Nährstofffraktionen bestehen hinsichtlich ihres Anteils z. T. beachtliche Unterschiede zwischen den einzelnen Leguminosen. Ackerbohnen und Erbsen übertreffen Lupinen deutlich im **XX-Gehalt** (Tabelle 161). Letztere Hülsenfrucht enthält demgegenüber beachtlich mehr **Rohfett** und **Rohfaser** (Tabelle 162) im Vergleich zu den beiden anderen Leguminosenarten. Neuzüchtungen von Weißen Lupinen erreichen Fettanteile von $\approx$ 100 g/kg T, was etwa der Hälfte der Fettmenge von Sojabohnen entspricht. Das Fettsäurenmuster des Leguminosenfettes besteht zu 60 – 90% aus ungesättigten Fettsäuren (Hill 1977, Welch und Griffiths 1984), wobei Ölsäure und Linolsäure dominieren. Vor allem die fettreicheren Lupinen können somit bei entsprechendem Rationsanteil einen beachtlichen Beitrag zur Versorgung monogastrischer Nutztiere mit essentiellen Fettsäuren leisten.

Tabelle 161. Rohnährstoffgehalt von Körnerleguminosen

Körnerleguminose	in 1 kg T				
	XP g	XL g	XF g	XX g	XA g
Ackerbohne	285	15	95	565	40
Futtererbse	258	15	68	621	38
Gelbe Süßlupine	445	54	157	293	51
Weiße Süßlupine	390	90	110	365	45

Tabelle 162. Gehalt von Körnerleguminosen an Rohfaser, N-freien Extraktstoffen und Gerüstsubstanzen (nach Becker und Nehring 1965; Angaben je kg T)

Körnerleguminose	Weender Analyse		Gerüstsubstanzanalyse			
	XF g	XX g	Cellulose g	Pentosane g	Lignin g	insgesamt g
Ackerbohnen	90	564	116	51	51	218
Futtererbsen	78	626	92	62	35	189
Lupinen[1])	196	326	221	96	32	349

[1]) Mittelwerte Gelber und Weißer Süßlupinen

Die XX-Fraktion von Ackerbohnen und Erbsen besteht überwiegend aus Stärke (stärkeführende Hülsenfruchtsamen), während Lupinen ebenso wie Sojabohnen und Erdnüsse nur geringe Anteile bzw. Spuren dieses Reservekohlenhydrats enthalten (stärkearme bzw. -freie Hülsenfruchtsamen). Wesentlicher Bestandteil der N-freien Extraktstoffe in Lupinen ist β-Galactan (Hill 1977), ein insbesondere für Geflügel schwerverdauliches Polysaccharid. Leguminosenkörner enthalten aber auch wechselnde Anteile an verschiedenen Mono- und Oligosacchariden, deren Gesamtgehalt bei Erbsen in Abhängigkeit von Convarietät und Sorte 50—100 g/kg T betragen kann. In der Zuckerfraktion bei Erbsen sind auch a-Galactoside erfaßt, auf die später noch einzugehen ist. Außerdem sind in der Gruppe der N-freien Extraktstoffe nicht unwesentliche Anteile an löslichen Gerüstsubstanzen vertreten, wie der Vergleich von Rohfasergehalt und der Summe der analytisch bestimmten Gerüstsubstanzen in Tabelle 162 nachhaltig belegt.

- **Mineralstoffe**

Ebenso wie Getreidekörner enthalten Leguminosensamen wenig Calcium (1,5 bis 2,7 g/kg T), aber gleichfalls reichlicher Phosphor (4,9—5,4 g/kg T), der jedoch zu etwa 40—50% als Phytin-P vorliegt (u. a. Griffiths und Thomas 1981). Dadurch ist die P-Ausnutzung insbesondere bei wachsenden Monogastriden erheblich eingeschränkt. Als relativ niedrig muß ebenfalls die Na-Konzentration beurteilt werden. Gemessen an den erforderlichen Konzentrationsnormen im Futter, liegen die Gehalte ernährungsphysiologisch bedeutsamer Spurenelemente nur partiell in einem günstigen Bereich (s. Anhang). Außerdem kann deren Resorption durch den hohen Phytingehalt beeinträchtigt werden, wobei experimentelle Belege vor allem für Zink vorliegen.

7. Körner und Samen

● **Vitamine**

Die Angaben zum Vitamingehalt variieren beachtlich und sind außerdem nicht in jedem Fall ausreichend analytisch belegt. Deshalb sollten die Daten im Anhang (15.6.) nur als orientierende Werte angesehen werden. Hülsenfruchtsamen sind praktisch carotinfrei. Der Anteil von *a*-Tocopherol am Gesamttocopherolgehalt ist niedrig. Einige Vitamine des B-Komplexes weisen recht günstige Gehalte auf (z. B. Vitamin B_1, Vitamin B_6, Cholin). Andererseits soll die Niacinverfügbarkeit aus Ackerbohnen durch einen Inhibitor beeinträchtigt sein.

● **Antinutritive Substanzen**

Leguminosenkörner enthalten, jedoch nach Art und Menge verschieden, leistungshemmende oder toxische Substanzen. Die wichtigsten Verbindungen sind einschließlich ihres Vorkommens und ihrer Wirkung in Tabelle 163 aufgeführt.

Tabelle 163. Sekundäre Inhaltsstoffe mit leistungsmindernder und gesundheitsgefährdender Wirkung in Körnerleguminosen

Stoffgruppe	Chemische Verbindung	Wirkung	Vorkommen
Phenolderivate	Tannine	Futteraufnahmesenkung, Hemmung proteolytischer Enzyme, herabgesetzte Proteinverdaulichkeit	Ackerbohnen, Erbsen
Proteine	Lectine	Koagulierung der Erythrozyten, Beeinträchtigung körpereigener Abwehrmechanismen	*Phaseolus*-Arten, Ackerbohnen, Erbsen, Lupinen
	Protease-Inhibitoren	trypsinhemmende Wirkung Pankreashypertrophy und -plasie, Wachstumsdepression	Ackerbohnen, Erbsen, Lupinen
Glucoside	Vicin, Convicin (Pyrimidin-Glucoside)	Störung des Fettstoffwechsels, verminderte Legeleistung und Einzeleimasse, Befruchtungs- und Schlupfleistungsdepression	Ackerbohnen, Wicken
	a-Galactoside		Lupinen, Ackerbohnen, Erbsen
	cyanogene Glucoside	Vergiftungserscheinungen durch freigesetzte Blausäure	Wicken, *Phaseolus*-Arten
Alkaloide	Spartein, Lupinin, Lupanin, Hydroxylupanin, Angustifolin	Leberschädigung, Atemlähmung, Futteraufnahmesenkung	Bitterlupinen, nur Spuren in Süßlupinen
Antivitamine		Aktivitätsminderung von Niacin	Ackerbohnen

Weit verbreitet ist das Vorkommen von **Tanninen** (Gerbstoffen) in Leguminosenkörnern, die vorrangig in den Samenschalen lokalisiert sind. Es handelt sich hierbei um eine Gruppe phenolischer Verbindungen, deren antinutritive Wirkung mit zunehmendem Polymerisationsgrad ansteigt. Vor allem Ackerbohnen sind damit reichlicher versehen. In herkömmlichen Sorten und buntblühendem Neuzuchtmaterial ermittelten Kuhla et al. (1982) unabhängig von Genotyp, Anbaujahr und ökologischen Faktoren 2,1 – 4,5% in der T. Weitgehend tanninfrei sind dagegen die Samen weißblühender

Ackerbohnen. Bei insgesamt 55 in die Untersuchungen von Cabrera und Martin (1986) einbezogenen Ackerbohnenlinien enthielten die Samen der weißblühenden Herkünfte (= 9) 0,07 ± 0,08% und die der normalblühenden Genotypen (= 21) 1,8 ± 0,06% Tannine (jeweils bezogen auf FM). In Erbsen wurden 0,9 – 1,4% (Saaterbsen) bzw. 1,5 – 2,5% (Futtererbsen) analysiert (Ahlström 1978, Lindgren 1975). Weißblühende Herkünfte sind im Vergleich zu buntblühenden Sorten ebenfalls tanninärmer. Nach Untersuchungen von Hauschild (1992) enthielten erstere 0,6% und letztere 0,9% Tannin. Demgegenüber sind Lupinen praktisch tanninfrei.

Lectine (Hämagglutinine) kommen in allen Körnerleguminosen vor. Ihr Vorhandensein in Ackerbohnen wird verschiedentlich als eine Ursache für leistungsmindernde Effekte beim Einsatz höherer Rationsanteile angesehen. Im Vergleich zu Gartenbohnen (*Phaseolus*-Arten) ist jedoch die für Ackerbohnen ermittelte hämagglutinierende Aktivität wesentlich niedriger. Die im Rahmen von Einsatzprüfungen gleichzeitig erfolgten Hämoglobingehaltsbestimmungen ergaben selbst bei hohen Ackerbohnenanteilen in der Ration bzw. Futtermischung keinen Hinweis für eine Schädigung der Erythrozyten. Nach diesen neueren an landwirtschaftlichen Nutztieren erzielten eindeutigen Ergebnissen dürften Lectine keine Ursache für Einsatzbeschränkungen von Ackerbohnen sein. Völlig anders ist die Situation bei den *Phaseolus*-Arten. Sie müssen vor der Verfütterung grundsätzlich einer Hitzebehandlung (Kochen, Dämpfen, Toasten) unterzogen werden. Die Hämagglutinine werden dadurch denaturiert und somit ungiftig.

Leguminosen enthalten wechselnde Konzentrationen an **Protease-Inhibitoren**, die die Wirkung proteinspaltender Verdauungsenzyme (Trypsin, Chymotrypsin, Papain) erheblich einschränken können. Ihr nachteiliger Effekt ist besonders bei der Verfütterung von rohen Sojabohnen bzw. ungetoastetem Extraktionsschrot bekannt geworden. Im Vergleich zu Sojabohnen ist jedoch die in den verschiedenen Körnerleguminosen ermittelte Protease-Inhibitor-Aktivität erheblich geringer (Tabelle 164). Sie übersteigt nur geringfügig die in getoastetem Sojaextraktionsschrot noch nachgewiesene Restaktivität. Süßlupinen sind praktisch frei von trypsinhemmender Aktivität (Valdebouze 1977).

Tabelle 164. Protease-Inhibitor-Aktivität von Körnerleguminosen (Griffiths 1984)

Leguminosenart	Trypsin-Inhibitor-Einheiten (TIE)/mg	Chymotrypsin-Inhibitor-Einheiten (CIE)/mg
Sojabohnen	28,75	17,4
Gartenbohnen	8,85	
Ackerbohnen	1,49	0,56
Erbsen	1,06	3,29

Das Vorkommen von **Vicin** und **Convicin** beschränkt sich auf Ackerbohnen und Wicken. Ihre Einflüsse auf Leistungsparameter und Stoffwechselprozesse wurden in den letzten Jahren von der Arbeitsgruppe Marquardt in Kanada intensiv untersucht und dabei wesentliche Beiträge zur Aufklärung der biochemischen Wirkprinzipien geleistet. Die bei erhöhtem Ackerbohnenanteil in Hennenrationen registrierte geringere Einzeleimasse sowie schlechtere Befruchtung und Schlupffähigkeit sind eindeutig der Wirkung dieser hitzestabilen Glucoside zuzuordnen (Muduuli et al. 1981; Tabelle 165). Es bestehen negative Auswirkungen auf die Legeintensität, jedoch ist der depressive Effekt auf die Einzeleimasse stärker ausgeprägt. Der Rückgang im Eigewicht resultiert vor allem aus einem reduzierten Dotteranteil. Die festgestellten Leistungsminderungen

Tabelle 165. Einfluß eines Vicinzusatzes zum Legehennenfutter auf Futterverzehr, Legeleistung sowie Befruchtung und Schlupffähigkeit der Eier (14tägige Prüfperiode nach vorangegangener Kontrollperiode von 10 Tagen für alle Gruppen)

Parameter	Kontrollfutter ad libitum	Kontrollfutter restriktiv[1])	Kontrollfutter ad libitum mit 1% Vicin[2])
Futterverzehr/Henne/Tag (g)	98	82	77
Legeleistung (%)	98	91	85
Einzeleimasse (g)	56	56	48
Befruchtung der Eier (%)	93	97	47
Schlupffähigkeit (% der befruchteten Eier)	94	86	71

[1]) Futterzuteilung entsprechend Verzehr der Vicin-Gruppe,
[2]) entspricht einem 80%igen Ackerbohnenanteil im Futter

sind auf Störungen im Fettstoffwechsel zurückzuführen. Diese negativen Inhaltsstoffe in der Ackerbohne sollen mutmaßlich auch die bei höherem Ackerbohnenanteil in Zuchtsauenrationen festgestellten negativen Effekte, wie geringere Ferkelzahl pro Wurf, herabgesetzte Milchleistung, verminderte Gehalte an Immunglobulinen und ein verändertes Fettsäuremuster der Kolostralmilch, verursachen. Ebenso wie bei anderen Schadstoffen besteht auch bei diesen Verbindungen ein deutlicher genetischer Einfluß auf ihre Gehalte in den Ackerbohnenkörnern (Bjerg et al. 1984).

Obgleich in Körnerleguminosen *a*-Galactoside nachgewiesen wurden, ist ihr Gehalt jedoch als ernährungsphysiologisch unbedenklich anzusehen (Brenes et al. 1988).

Süßlupinen sind aufgrund einer züchterischen Selektion, die eng mit den Namen Baur und v. Sengbusch (Müncheberg) verknüpft ist, **alkaloidarm**. Sie enthalten nur noch Spuren des in den Bitterlupinen (Ausgangsformen) vorhandenen Alkaloidgehaltes (Tabelle 166), die für landwirtschaftliche Nutztiere unbedenklich sind.

Tabelle 166. Alkaloidgehalt von Lupinen (nach Brandhoff 1962)[1])

Alkaloid	Gelbe Süßlupine (%)	Blaue Süßlupine (%)	Weiße Süßlupine (%)
Spartein (Lupinidin)	0,020	—	—
Lupinin	0,040	—	—
Lupanin	—	0,016	0,014
Hydroxylupanin	—	0,029	0,029
Angustifolin	—	0,004	0,003
insgesamt	0,060	0,049	0,046
zum Vergleich Bitterlupinen insgesamt	0,821	1,331	1,817

[1]) zitiert bei Becker und Nehring (1965)

● **Proteinqualität**

Die Proteinqualität — ein den Futterwert von Körnerleguminosen maßgeblich bestimmender Parameter — wird in starkem Maße von der Aminosäurenzusammensetzung des Proteins bestimmt. Für Lysin, Methionin bzw. Methionin plus Cystin vermittelt Abb. 63 die entsprechenden Gehalte; ausführliche Angaben sind dem Anhang zu entnehmen.

7.2. Körnerleguminosen

Im Vergleich zum Sojaprotein enthält Ackerbohneneiweiß etwa die gleiche Lysinkonzentration, während das Erbseneiweiß den Wert dieses Vergleichsproteins noch übertrifft. Von den einheimischen Leguminosen weisen Süßlupinen die niedrigsten Lysinanteile auf, wobei jedoch Artenunterschiede existieren (s. Abb. 63).

Auffällig ist der geringe Gehalt an schwefelhaltigen Aminosäuren im Protein einheimischer Körnerleguminosen. Im Vergleich zum Sojaprotein liegt die Methioninkonzentration um 35—45% niedriger. Wie auch bei weiteren pflanzlichen Proteinträgern (Extraktionsschrote, Einzellerprotein) sind die Thioaminosäuren die erstlimitierenden Eiweißbausteine. Sie erweisen sich als eindeutig wertbegrenzend beim Leguminosenprotein.

Als alleiniger Proteinträger an Monogastriden verfüttert, besitzt Leguminoseneiweiß nur eine niedrige bis mittlere Proteinqualität, die sich jedoch durch Methioninergänzung deutlich verbessern läßt (Abb. 64). Ein sinnvoller Einsatz von Leguminosen ist deshalb nur in Kombination mit anderen Eiweißträgern (einschließlich des methioninreicheren Getreideproteins — Mastschweinefütterung) und/oder durch Ergänzung mit syn-

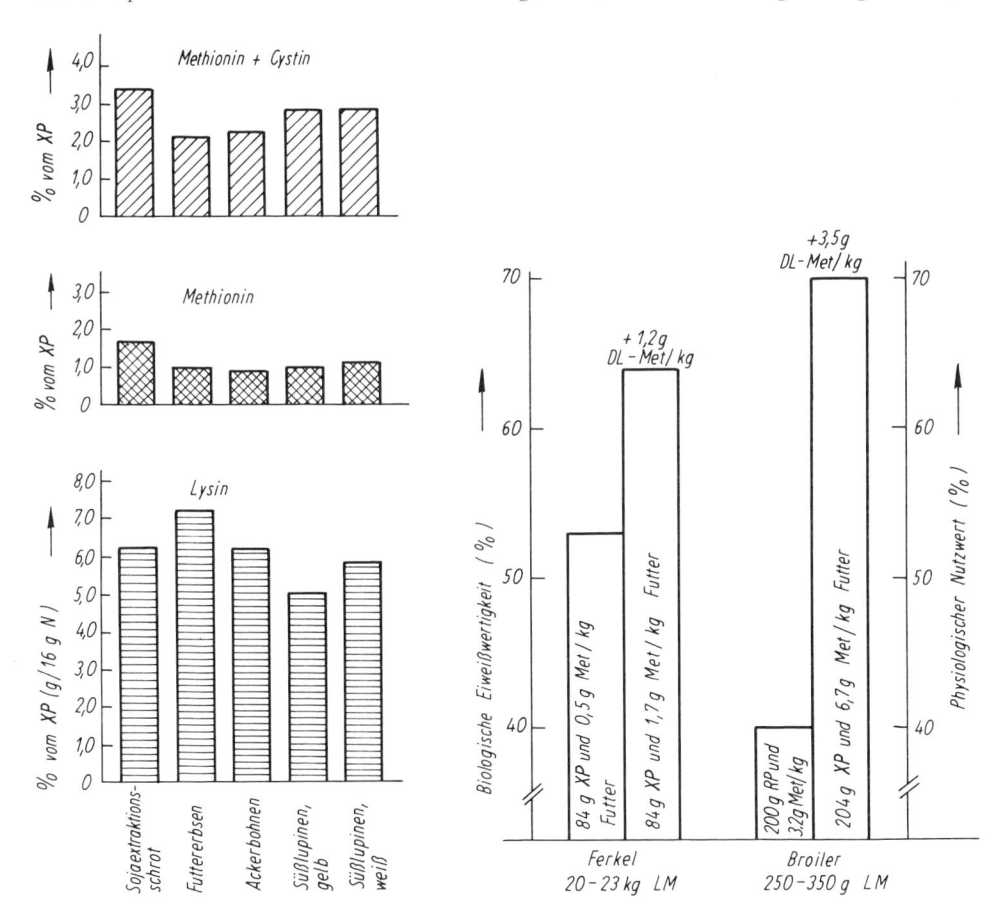

Abb. 63. Lysin-, Methionin- und Methionin- plus Cystingehalt des Rohproteins von Körnerleguminosen und Sojaextraktionsschrot (Bock et al. 1981).

Abb. 64. Verbesserung der Qualität des Ackerbohnenproteins durch Methioninzulage (Liebert und Gebhardt 1980, Walz 1975).

288   7. Körner und Samen

thetischem Methionin möglich. Bei höheren Rationsanteilen in Verbindung mit tryptophanarmen Rationskomponenten (Körnermais, Maiskolbensilagen) muß allerdings darauf geachtet werden, daß Tryptophan nicht limitierend wird.

• **Verdaulichkeit und energetischer Futterwert**

Hülsenfrüchte werden auch von Nichtwiederkäuern trotz des z. T. beachtlichen Rohfaseranteils in den Körnern (Lupinen) recht gut verdaut. Die scheinbare Verdaulichkeit der organischen Substanz liegt in den Größenordnungen von ≈ 70 (Geflügel) bzw. 80 – 85% (Schwein). Für die Rohproteinverdaulichkeit lassen sich aus der neueren Literatur und eigenen Untersuchungen die folgenden Angaben machen (Tabelle 167).

Tabelle 167. Rohproteinverdaulichkeit von Körnerleguminosen

Tierart	Ackerbohnen	Süßlupinen		Erbsen
		Gelbe	Weiße	
	%	%	%	%
Schwein	80 – 85	89	86	88
Huhn	76 – 80	74	75 – 81	80 – 88

Neben versuchsmethodischen Aspekten kommen als Ursachen für die Variation der Werte vor allem Unterschiede in der Rohfaserzusammensetzung (Ligninanteil; Hauschild 1992) und im Gehalt an sekundären Inhaltsstoffen (s. Tabelle 163) in Frage.

Der Energiegehalt der Körnerleguminosen ist sowohl spezies- als auch tierartenabhängig (Abb. 65; s. Anhang). Innerhalb dieser Futtermittelgruppe zählen Ackerbohnen neben Wicken zu den energieärmeren Arten. Vor allem aus der deutlich besseren Rohfaserverdauung resultiert der beachtlich höhere energetische Futterwert der Hülsenfruchtsamen für Schweine und Wiederkäuer gegenüber Hühnern.

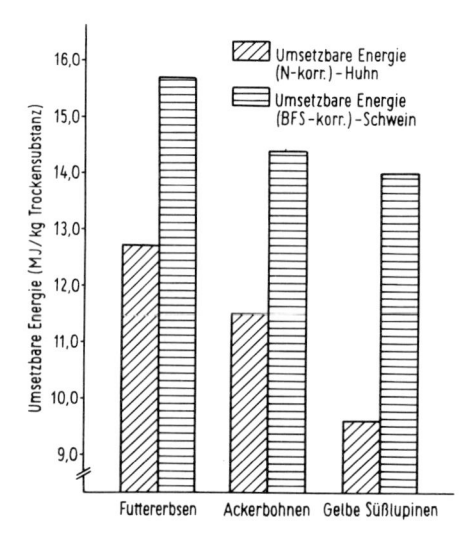

Abb. 65. Energetischer Futterwert von Körnerleguminosen für Geflügel und Schweine.

7.2.2. Futterwerterhöhende Maßnahmen

Körnerleguminosen enthalten verschiedene antinutritive Substanzen (s. Tabelle 163). Dadurch und aus weiteren Gründen (insbesondere Rohfaser- und Energiegehalt, Proteingehalt und -qualität) können sich Einsatzbeschränkungen in der praktischen Fütterung erforderlich machen, um sowohl Leistungsbeeinträchtigungen jeglicher Art als auch gesundheitliche Gefahren für die Tiere auszuschließen. Im Zusammenhang mit der Aufklärung der Wirkung antinutritiver Substanzen erfolgten gleichfalls Untersuchungen über Methoden und Verfahren zur Schadstoffbeseitigung bzw. -reduzierung, die vor allem eine verbesserte Qualität als Zielstellung haben. Als wesentliche prinzipielle Wege für eine Beseitigung bzw. Verminderung von antinutriven Substanzen sind zu nennen: Züchtungsmaßnahmen, mechanische Bearbeitung, thermische Behandlung, Extraktionsverfahren und Abbau auf enzymatischem Wege.

- **Züchtungsmaßnahmen**

Einen erheblichen wirtschaftlichen Nutzen erbrachte die Selektion fast alkaloidfreier Lupinen sowohl für die Grünmasse- als auch Körnerproduktion. Jeglicher Anstieg des Restalkaloidgehaltes in den Körnern über bereits erwähnte Grenzwerte hat jedoch sofort Leistungsbeeinträchtigungen zur Folge, die in ihrem Ausmaß natürlich von der Schadstoffkonzentration und dem jeweiligen Rationsanteil abhängig sind. Diese nachteiligen Effekte wurden erst wiederholt in den letzten Jahren im Zusammenhang mit Einsatzprüfungen einer weißen Lupinensorte festgestellt, die einen geringen Anteil schwach bitterer und bitterer Körner aufwies. Deshalb muß jegliche „Verunreinigung" mit bitterstoffhaltigen Körnern im Rahmen des Züchtungsprozesses und bei der Saatgutproduktion ausgeschlossen werden. Bitterlupinen sind vor einer Verfütterung grundsätzlich zu entbittern (Nehring 1972), wobei auch hier dem Restalkaloidgehalt größte Beachtung beizumessen ist. So reagierten z. B. Legehennen bei 8%igem Anteil einer teilentbitterten Charge (0,3% Gesamtalkaloide in der T gegenüber 3–4% im unbehandelten Samen von *Lupinus mutabilis* (veränderliche Lupine) mit deutlichen Leistungsminderungen (Vogt et al. 1983).

Die nachteilige Wirkung der Tannine auf die Eiweißverdauung und die bei Ackerbohnen festgestellte erhebliche Variabilität im Gehalt der Körner, insbesondere in Abhängigkeit von der Blütenfarbe, stimulierte die Züchtung weißblühender, tanninarmer Herkünfte. Diese Formen zeigten im Vergleich zu herkömmlichen Sorten gewisse ernährungsphysiologische Vorteile (leicht verbesserte Rohproteinverdaulichkeit; Tabelle 168), günstigere Wirkungsmöglichkeit der limitierenden Aminosäure

Tabelle 168. Vergleich der Eiweißqualität von herkömmlichen Ackerbohnensorten mit einer tanninarmen Sorte (Gebhardt et al. 1982)

Tierart	Ackerbohnensorte	XP Verdaulichkeit %	Physiologischer Nutzwert (PNu) %
Laborratte	konventionell	74	42
	tanninarm	77	44
Schwein	konventionell	74–76	38
	tanninarm	78	42
Huhn	konventionell	77,5	40
	tanninarm	81	42,5

19 Jeroch, Futtermittel

7. Körner und Samen

Methionin, geringerer Schalenanteil mit gleichzeitig vermindertem Ligninanteil), die jedoch beim Einsatz — selbst bei relativ hohen Anteilen — in konventionellen und ausbilanzierten Rationen bzw. Mischungen nicht fütterungswirksam werden (Tabelle 169). Eine generelle Umstellung auf Sorten mit vermindertem Tanningehalt ist nach dem derzeitigen Erkenntnisstand deshalb nicht erforderlich, zumal solche Herkünfte krankheitsanfälliger sein sollen. Dennoch gibt es bereits vereinzelt tanninarme Sorten (z. B. Niederlande, Österreich, Kanada).

Tabelle 169. Ergebnisse der Prüfung von Ackerbohnen als wesentlicher pflanzlicher Proteinträger in Alleinfuttermischungen für Ferkel, Mastschweine und Broiler

Tierart, Prüfzeitraum	Pflanzliche Proteinträger (Rationsanteil)	Lebendgewichtzunahme Tier/Tag (g)	Futteraufwand kg/kg Zunahme
Broiler (1. – 49. Tag)	Sojaextraktionsschrot (21,5%)	37	1,95
	Ackerbohnen, konventionell (45%)	36	1,96
	Ackerbohnen, tanninarm (45%)	37	1,93
Ferkel ($\approx$ 10 – 40 kg LG)	Sojaextraktionsschrot (8 – 10,5%)	548	2,02
	Ackerbohnen, konventionell (15 – 20%)	556	2,05
	Ackerbohnen, tanninarm (15 – 20%)	523	2,03
Mastschwein ($\approx$ 35 – 70 kg LG)	Ackerbohnen, konventionell (35%)	569	2,89
	Ackerbohnen, tanninarm (35%)	585	2,85

In die züchterische Bearbeitung sind bei der Ackerbohne außerdem weitere negative Inhaltsstoffe einbezogen. Durch eine Verminderung der Gehalte an Vicin und Convicin, deren Stoffwechselbelastung beachtlich ist und die man aus heutiger Sicht als wichtigste Antinutritiva in Ackerbohnen bezeichnen kann, würden sich durchaus praxisrelevante Vorteile ergeben (z. B. höherer Ackerbohneneinsatz im Mischfutter für Lege- und Zuchthennen).

• Mechanische Bearbeitung der Körner

Der vorrangig in der Schale konzentrierte Gehalt des Samens an Gerüstsubstanzen, Tanninen und Trypsininhibitoren veranlaßte, die futterwerterhöhende Wirkung des **Schälens** der Körner, vor allem von Ackerbohnen, zu ermitteln. Vom Gesamtkorn dieser Leguminose entfallen im Mittel 12% auf die Schale (Cabrera und Martin 1986). Geschälte Samen sind rohfaserärmer und insbesondere für das Geflügel besser verdaulich. Jedoch ergaben sich keine Vorteile für die Proteinqualität und auch bei praxisüblichen Rationsanteilen kaum günstigere Leistungen, die eine Anwendung dieses aufwendigen, mit beachtlichen Substanz- und Nährstoffverlusten verbundenen Verfahrens rechtfertigen würden.

- **Thermische, thermisch-mechanische
und hydrothermisch-mechanische Behandlungsverfahren**

Durch Autoklavieren, Expandieren, Extrudieren, Toasten oder Dampfpelletierung lassen sich die thermolabilen Antinutritiva, wie Trypsininhibitoren, Lectine und Tannine, durchaus inaktivieren. Bei relativ hohen Anteilen im Futter ($>30\%$) bewirken diese Behandlungen von Ackerbohnen und Erbsen mitunter Leistungsverbesserungen, vor allem einen günstigeren Futteraufwand. Neben der Inaktivierung antinutritiver Substanzen kommen auch eine verbesserte Protein- und Stärkeverdaulichkeit hierfür als Ursachen in Betracht. Andererseits lassen sich aus zahlreichen Versuchen der letzten Jahre mit praxisüblichen Futteranteilen, wenn bei der Rezepturgestaltung den Anforderungen an die wertbestimmenden Inhaltsstoffe entsprochen wurde, kaum Vorteile für genannte Behandlungen ableiten. Als praxisfreundliches Verfahren kommt außerdem nur die Pelletierung des Futters unter Verwendung von Wasserdampf in Frage, die bei höheren Ackerbohnen- bzw. Erbsenanteilen in Scharrgeflügelmastrationen durchaus zu empfehlen ist, zumal damit weitere Vorteile verbunden sind.

- **Wasserbehandlung**

Bei der Entbitterung von Lupinen spielt die Wasserbehandlung mit und ohne chemische Zusätze eine erhebliche Rolle (Nehring 1972). Durch das Aufquellen der Körner und nachfolgendes Waschen wird der Alkaloidgehalt erheblich reduziert. Jedoch sind mit diesem Verfahren gewisse Nährstoffverluste verbunden. Inzwischen existieren technisch/technologisch ausgereifte, wassersparende Extraktionsverfahren in Kombination mit einer Alkaloidgewinnung (Verwendung als pflanzlicher Wuchsstoff), die den Anbau bitterstoffhaltiger Lupinen auf extremen Standorten gegenüber den anspruchsvolleren Süßlupinen favorisieren könnten.

- **Enzymatischer Schadstoffabbau**

Die Nutzung von mikrobiell erzeugten Enzymen zur Schadstoffbeseitigung in Futtermitteln könnte eine perspektivische Methode sein. Sie wurde erstmalig zum Abbau der Pyrimidinglucoside (Vicin, Convicin) angewandt, die im Sameninneren lokalisiert und relativ hitzebeständig sind, so daß sowohl durch ein Schälen der Samen als auch thermische Behandlungen eine Beseitigung dieser spezifischen Schadstoffe nicht möglich ist. Durch die Behandlung mit dem Enzym β-Glucosidase läßt sich ein Abbau von Vicin und Convicin zu unschädlichen Verbindungen fast vollständig erreichen. Diese Methode setzt eine spezifische Aufbereitung der Körner sowie definierte Bedingungen (Temperatur, pH-Wert, Inkubationszeit) für eine optimale Enzymwirkung voraus (Arbid und Marquardt 1985); industriell wird das Verfahren noch nicht angewendet.

7.2.3. Einsatzempfehlungen

Unter dem Aspekt einer teilweisen bzw. vollständigen Substitution von Sojaextraktionsschrot, insbesondere in Futtermischungen für monogastrische Nutztiere, sind in den letzten Jahren zahlreiche Einsatzprüfungen mit den einzelnen Körnerleguminosen vorgenommen worden. Ihre Aussagen sind in der Regel verbindlicher gegenüber früheren Untersuchungen, die nicht immer die Randbedingungen (z. B. ausreichende Vitamin- und Mineralstoffversorgung, bedarfsangepaßter Energie-, Protein- und Aminosäurengehalt der Futtermischungen bzw. Rationen, Berücksichtigung möglicher additiver Effekte ungünstiger Futterinhaltsstoffe) ausreichend beachteten. Außerdem haben sich die Kenntnisse über das Vorhandensein und die Wirkung antinutritiver Inhaltsstoffe wesentlich erweitert. Empfehlungen über Einsatzmengen müssen neben den unmittelbaren Leistungsparametern, wie Zunahme, Aufwand u. a. mögliche Einflüsse auf die Qualität der tierischen Produkte und bei Zuchttieren, auch Auswirkungen auf die Nachkommen berücksichtigen.

Körnerleguminosen sollen aufgrund ihrer nährstoffmäßigen Zusammensetzung in erster Linie einen Beitrag zur Protein- und Aminosäurenversorgung monogastrischer Nutztiere leisten. Sie sind infolge ihrer Proteinqualität (lysinreich, relativ geringer Gehalt an schwefelhaltigen Aminosäuren) und guten Verdaulichkeit vorteilhafte Proteinfuttermittel für Futterrationen auf der Basis von Getreide und -produkten in der **Schweinefütterung**. Vor allem empfiehlt sich ihr Einsatz in der Schweinemast (Nieß 1990).

Beim Einsatz in **Geflügelmischungen** verdient die Absicherung der Konzentrationsnormen an schwefelhaltigen Aminosäuren besondere Aufmerksamkeit (Jeroch 1993). Erhöhte Anteile in Geflügelfuttermischungen verursachen einen Abfall des Energiegehaltes unter die geforderten Konzentrationsnormen, wenn eine Auffettung nicht möglich ist oder Mais nicht ausreichend zur Verfügung steht. Weiße Süßlupinen und Erbsen sind aus energetischer Sicht die vorteilhaftesten Körnerleguminosen für Geflügelrationen. Für die Geflügelfütterung besitzt auch der reichliche Linolsäuregehalt im Lupinenfett einen ernährungsphysiologischen Stellenwert. Beim Einsatz von Körnerleguminosen in den Futtermischungen bzw. -rationen für Schweine und Geflügel ist eine ausreichende Ergänzung mit Mineralstoffen und Vitaminen zu gewährleisten.

Körnerleguminosen können selbstverständlich auch in der **Wiederkäuerfütterung**, z. B. Bullenmast, zum Ausgleich des Proteindefizits in der Ration (z. B. Maissilage als Grundfutter) eingesetzt werden.

Die in Tabelle 170 ausgewiesenen Empfehlungen zum zweckmäßigen Körnerleguminosenanteil berücksichtigen sowohl ernährungsphysiologische als auch praxisrelevante Belange (u. a. realisierbare Rationsgestaltung, kein erhöhtes Produktionsrisiko). Die nicht unerhebliche Variation im Gehalt an antinutritiven Inhaltsstoffen ist ein weiterer Grund, daß in Versuchen durchaus bewährte Rationsanteile für den praktischen Einsatz nicht aufrechtzuerhalten sind. Die Empfehlungen für Süßlupinen treffen nur bei einem Restalkaloidgehalt <0,05% zu.

Leguminosen werden häufig in nicht lagerfähigem Zustand (erhöhter Restfeuchtegehalt) geerntet. Sofortiges schonendes Nachtrocknen zwecks Erhaltung der Proteinqualität ist deshalb erforderlich. Ansonsten besteht die Gefahr der Qualitätsminderung (7.1.5.). Qualitätsgeminderte Partien können im Falle einer Kontamination mit

Tabelle 170. Einsatzempfehlungen für Körnerleguminosen in Alleinfuttermischungen für verschiedene Tierarten bzw. Nutzungsrichtungen

	Ackerbohnen %	Erbsen %	Süßlupinen %
Kälberaufzucht	10 – 15	15	10
Lämmeraufzucht	10 – 15	15	10
Ferkelaufzucht	10 – 15	10	10
Zuchtsauen	10	20	10
Schweinemast	15 – 20	20	10
Legegeflügel	10	20 – 30	10 – 20
Geflügelaufzucht	15	20 – 30	20
Geflügelmast	15 – 20	20 – 30	20

Pilztoxinen drastische Leistungseinbußen und gesundheitliche Schäden verursachen. Die Lagerungsbedingungen sind qualitätserhaltend zu gestalten. Ebenso wie beim Getreide sollte die Zerkleinerung erst vor dem Einsatz erfolgen.

Literatur

Ahlström, B.: Sveriges Lantbruksuniversitet, Inst. für husdjurens utfodring och vård, Rapport **55**, 1 (1978).
Arbid, M. S. S., and R. R. Marquardt: J. Sci. Food. Agric. **36**, 839 (1985).
Autorenkollektiv: Das Rostocker Futterbewertungssystem. 5. Aufl. Deutscher Landwirtschaftsverlag, Berlin 1986.
Becker, M., und K. Nehring: Handbuch der Futtermittel. Paul Parey. Hamburg und Berlin 1965.
Bjerg, Birthe, B. O. Eggum, Ingeborg Jacobsen, O. Olson und H. Sorensen: Z. Tierphysiol., Tierernähr. u. Futtermittelkde. **51**, 275 (1984).
Bock. H.-D., J. Wünsche, F. Kreienbring, L. Hoffmann, W. Wiesemüller, H. Jeroch und J. Becker: Aminosäure-Tabellen 1981. 6., überarbeitete Auflage. Akademie der Landwirtschaftswissenschaften, Forschungszentrum für Tierproduktion, Dummerstorf-Rostock 1981.
Boulter, D. A.: In: Protein Quality from Leguminous Crops. Commission of the European Communities, Kirchberg Luxembourg, S. 11 – 15 (1977).
Brenes, A., J. Treviño, C. Centeno and P. Yuste: In: Proc. of the First, Intern. Workshop on Antinutrional Factors (ANF) in Legume Seeds, Nov. 23 – 25, 1988, Wageningen, The Netherlands.
Cabrera, A., and A. Martin: J. agric. Sci. Camb. **106**, 377 (1986).
Gebhardt, G., H. Berger, C. Wecke, F. Liebert, F. Reinisch, W. Kracht, H. Jeroch und Rosemarie Köhler: Forschungsbericht Körnerleguminosen. WB Tierernährungsphysiologie und Futtermittelkunde der Universität Leipzig 1982.
Griffiths, D.W.: J. Sci. Food Agric. **35**, 481 (1984).
Griffiths, D. W., and T. A. Thomas: J. Sci. Food Agric. **32**, 187 (1981).
Hauschild, Annegret: Unveröffentlichte Ergebnisse (1992).
Hill, G. D.: Nutrition Abstracts and Reviews, B.: Livestock feeds and feeding. **47**, 511 (1977).
Jeroch, H.: D. Geflügelwirtschaft u. Schweineproduktion 46 (1993).
Jeroch, H., and H. Berger: In: Proc. 4th European Symposium on Poultry Nutrition. Tours/France, 17. – 20. 10. 1983, S. 114.
Kuhla, S., Sabine Kesting und F. Weissbach: Arch. Tierernähr. **32**, 277 (1982).
Liebert, F., und G. Gebhardt: Arch. Tierernähr. **30**, 363 (1980).
Lindgren, E.: Swedish J. agric. Res. **5**, 159 (1975).
Muduuli, D. S., R. R. Marquardt, and W. Guenther: Can. J. Anim. Sci. **61**, 757 (1981).
Nehring, K.: Lehrbuch der Tierernährung und Futtermittelkunde, 9. Aufl. Neumann Verlag, Radebeul 1972.
Nieß, E.: In: Internationale Tagung Schweine- und Geflügelernährung, S. 44, Leipzig, 11. – 13. 12. 1990.
Valdebouze, P.: In: Protein Quality from Leguminous Crops. Commission of the European Communities, Kirchberg/Luxembourg, S. 87 (1977).
Varasundharosoth, D., and M. F. Barnes: New Zealand J. Agric. Res. **28**, 71 (1985).
Vogt, H., S. Harnisch, Renate Krieg, H.-W. Rauch und Hazem A. Karara: Landbauforschung Völkenrode **33**, 27 (1983).
Walz, O. P.: Das wirtschaftseigene Futter **21**, 198 (1975).
Wecke, C., F. Liebert, F. Reinisch, H. Jeroch und G. Gebhardt: Tierzucht **35**, 361 (1981).
Welch, R. W., and D. W. Griffiths: J. Sci. Food Agric. **35**, 1282 (1984).

7.3. Buchweizen

Buchweizen zählt zu den Knöterichgewächsen *(Polygonaceae)* und ist aus dieser Pflanzenfamilie praktisch die einzige landwirtschaftlich genutzte Art. Sein Anbau zur Körnernutzung war früher auch in Mitteleuropa auf sehr leichten, sandigen Böden verbreitet. Der ertragreichere Roggen hat ihn praktisch verdrängt. Die Körner bzw.

ihre Verarbeitungsprodukte dienten in erster Linie der menschlichen Ernährung, sie gelangten aber stets auch als Futtermittel zum Einsatz (z. B. Buchweizengrütze in der Kükenaufzucht), wie der älteren Literatur zu entnehmen ist. Hinsichtlich seiner nährstoffmäßigen Zusammensetzung ist er mit den Getreidefrüchten vergleichbar und wird deshalb in der Regel diesen auch zugeordnet.

Die Früchte des Buchweizens sind von einer harten und rohfaserreichen Schale umgeben, auf die 20% und mehr der Gesamtkornmasse entfallen. Dadurch enthalten die Körner ebenso wie Hafer und Hirsen relativ viel Rohfaser (Tabelle 171). Verdaulichkeit und energetischer Futterwert sind somit nur mittelmäßig. Dagegen ist nach Entfernung der Schalen, die selbst für Wiederkäuer nur einen geringen Futterwert besitzen, das entschälte Korn ein hochverdauliches und energiereiches Futtermittel (s. Tabelle 171). Mit etwa 120 g (intakte Körner) bzw. 130 g (geschälte Körner) Rohprotein/kg T liegt dieser Inhaltsstoff in der Größenordnung von Gerste. Das Buchweizenprotein weist jedoch ein deutlich günstigeres Aminosäurenmuster auf als Getreideeiweiße. Es enthält immerhin rund 5,5 g Lysin/16 g N (Gerste = 3,6 g/16 g N). Auch die Konzentration an weiteren essentiellen Aminosäuren (u. a. Tryptophan, Threonin, Methionin) liegt z. T. beachtlich höher. Das relativ ausgewogene AS-Spektrum bewirkt eine deutliche Überlegenheit in der Proteinqualität gegenüber Weizenprotein; biologische Wertigkeit nach Versuchen an wachsenden Wistarratten: Buchweizen 90—93%. Weizen 55% (Eggum et al. 1981).

Tabelle 171. Rohnährstoffgehalt (g/kg T). Verdaulichkeit und Energiekonzentration von Buchweizen (Kling und Wöhlbier 1983)

Parameter	Körner	Körner, entschält
XP	124	132
XL	29	29
XF	127	12
XX	686	805
XA	33	22
Verdaulichkeit der OM (%)		
Wiederkäuer	72	
Schwein	77	93
Huhn	71	86
Energetischer Futterwert je kg T[1])		
EFr	572	
EFs	641	870
EFh	637	784

[1]) berechnet unter Verwendung der Angaben zum Rohnährstoffgehalt und deren Verdaulichkeit

Vegetative Teile, Stroh, aber auch Körner können nach ihrem Verzehr bei allen landwirtschaftlichen Nutztieren Hauterkrankungen an den nichtpigmentierten Flächen verursachen, wenn sich die Tiere im Freien aufhalten und vor allem der direkten Sonnenbestrahlung ausgesetzt werden. Diese Erscheinung wird als Buchweizenkrankheit oder Fagopyrismus bezeichnet. Sie wird durch die im Buchweizen enthaltene Substanz *Fagopyrin*, die photodynamische Eigenschaften besitzt, verursacht. Bei Hühnern bilden bereits 30 g Buchweizenschrot je Tier und Tag die Empfindlichkeitsschwelle.

Geschälter Buchweizen ist ein vorzügliches Energiefuttermittel für monogastrische Nutztiere. Er kann gleichwertig energiereiche Getreidearten ersetzen, zumal durch den Schälprozeß die relativ reichlich Tannin enthaltene Kornkomponente (1,5 – 1,8% in der T; Eggum et al. 1981) weitgehend entfernt wird.

Literatur

Eggum, B. O., I. Kreft and Branka Javornik: Qual. Plant Foods Hum. Nutr. **30**, 175 (1981).
Kling, M., und W. Wöhlbier: Handelsfuttermittel. Bd. 2, Teil B. Verlag Eugen Ulmer, Stuttgart 1983.

7.4. Samen von Holzgewächsen

Von den Samen inländischer Holzgewächse werden mitunter die von Buchen (*Fagus sylvatica* L.), Eichen (vor allem Stieleiche, *Quercus robur* und Traubeneiche, *Quercus patraea*) und Roßkastanien (*Aesculus hippocastanum* L., Weiße Roßkastanie, *Aesculus pavia* L., Rote Roßkastanie) für Fütterungszwecke genutzt. Angaben über Rohnährstoffgehalt, Verdaulichkeit und energetischen Futterwert von Bucheckern, Eicheln und Kastanien vermittelt Tabelle 172.

Tabelle 172. Rohnährstoffgehalt, Verdaulichkeit und energetischer Futterwert von Bucheckern, Eicheln und Roßkastanien, Angaben bezogen auf 1 kg T (Autorenkollektiv 1986, Nehring et al. 1972)

Futtermittel	XP g	XL g	XF g	XX g	XA g	OM-Verdaulichkeit (%) Wiederkäuer	Schwein	EFr	EFs
Bucheckern, unentschält	162	310	197	293	38	63		1053	
Bucheckern, entschält	257	471	53	174	45	79	82	1515	1293
Eicheln, unentschält	71	43	145	711	30	83	58	706	397
Eicheln, entschält	79	54	67	770	30	90	85	797	733
Roßkastanien, unentschält	85	30	49	804	32	72		573	
Roßkastanien, entschält	80	60	32	802	26	87	(85)	742	762

Bucheckern sind reich an Fett; sie dienten deshalb in Mangelzeiten als Rohstoff für die Ölgewinnung. Der relativ hohe Schalenanteil ($\approx$ ein Drittel der Samen) bewirkt einen beachtlichen Rohfasergehalt, der sich jedoch durch Schälen drastisch vermindern läßt (s. Tabelle 172). Unentschälte Samen werden selbst von Wiederkäuern nur mäßig verdaut. Dagegen liegt die Verdaulichkeit der organischen Substanz geschälter Samen in der Größenordnung der von Getreidekörnern. Durch Schälen reichert sich der Rohproteingehalt erheblich an und ist dann in seinem Anteil mit dem von Futtererbsen vergleichbar. Zur Qualität (AS-Zusammensetzung) des Proteins liegen keine Angaben vor. Bucheckern enthalten Tannine, vor allem reichlich in der Schale, so daß Schälen diese antinutritiven Substanzen (7.1.3.5. und 7.2.1.) weitgehend beseitigt, was sich positiv auf die Eiweißverdauung auswirkt. Außerdem kommt in den Buchensamen eine weitere antinutritive Substanz vor, die die Bezeichnung *Fagin* führt und deren Struktur und Wirkungen noch nicht restlos aufgeklärt sind. Dieser Inhaltsstoff soll jedoch nur bei Pferden gesundheitliche Störungen verursachen. Beim Kochen der Samen geht der Schadstoff in das Kochwasser über, so daß dadurch seine Beseitigung möglich ist. Als ausgesprochenes Energiefuttermittel eignen sich Bucheckern zur Verfütterung an Wiederkäuer und Schweine; die Einsatzmengen werden vor allem durch den hohen Fettgehalt und dessen überwiegende Zusammensetzung aus ungesättigten Fettsäuren limitiert. An Mastbullen sind Tagesgaben bis 1 kg möglich, im Konzentrat der Milchkühe sollte der Anteil maximal 10% betragen. Dieser Anteil, jedoch als geschälte Samen, ist auch in den Rationen für Mastschweine nicht zu überschreiten.

In **Eicheln** sind reichlich N-freie Extraktstoffe enthalten, die vorwiegend aus Stärke bestehen. Der beachtliche Rohfasergehalt läßt sich durch Schälen deutlich verringern (s. Tabelle 172). Dadurch verbessert sich erheblich die Verdaulichkeit der organischen Substanz für Schweine. Entschälte Eicheln übertreffen im energetischen Futterwert (EFs/kg T) noch Gerste. Eicheln enthalten relativ wenig Rohprotein, das aufgrund der hohen Gerbstoffkonzentration (6 – 8% in unentschälten Samen) praktisch nicht (unentschälte Samen) oder nur gering (entschälte Samen) von Wiederkäuern und Schweinen verdaut wird. Die Gerbstoffe verleihen den Eicheln einen bitteren Geschmack, was sich bei Wiederkäuern und Pferden ungünstig auf ihren Verzehr auswirkt. Es ist deshalb bei diesen Tierarten eine langsame Gewöhnung erforderlich. Dagegen werden Eicheln von Schweinen gern gefressen. Die Gerbstoffe sind außerdem für ihre stopfende Wirkung bekannt. Eicheln eignen sich dadurch sehr gut als Beifutter zu Rübenblättern oder anderen Futtermitteln, die leicht Durchfall hervorrufen. Durch mehrmaliges Einweichen gequetschter Samen in Wasser lassen sich zwar die Gerbstoffe weitgehend beseitigen, jedoch ist diese Behandlung einerseits aufwendig und nur bei hohen Gaben angebracht. Diese sind aber nicht günstig, weil Eicheln außerdem Flavone als weitere Antinutritiva enthalten, die mit den in *Brassica*-Gewächsen reichlich vorkommenden Glucosinolaten verwandt sind und analoge Effekte bewirken. Bevorzugtes Einsatzgebiet für Eicheln ist die Schweinemast. Bei frischen Eicheln sind Tagesgaben bis 1,2 kg möglich, wobei die Tiere die Schalen selbst entfernen. Getrocknete Eicheln sollten nur entschält verfüttert werden (0,5 – 1 kg je Tier und Tag). Für Mastrinder ab 200 kg Lebendmasse sind tägliche Gaben bis 5 (frische Eicheln) bzw. 3 kg (getrocknete Eicheln) zu empfehlen.

Auch in **Kastanien** dominieren die N-freien Extraktstoffe als Nährstoffgruppe. Stärke bildet auch hier die wesentliche Komponente. Vergleichsweise zu Bucheckern und Eicheln ist ihr Schalenanteil niedriger, so daß sich dessen zwar relativ leichte Beseitigung nicht gravierend auf die nährstoffmäßige Zusammensetzung auswirkt (s. Tabelle 172), jedoch führt sie zu einer deutlichen Reduzierung des Gerbstoffgehaltes, weil diese Substanzen vor allem in der Schale lokalisiert sind. Kennzeichnend für Kastanien ist die hohe Saponinkonzentration ($\approx 10\%$), die ihre Verfütterung stark begrenzt. Sie verursacht u. a. den Bittergeschmack der Kastanien, der eine zögernde Aufnahme zur Folge hat. Teilweise Beseitigung ist durch Einweichen gequetschter Früchte über 2 – 3 Tage in Wasser möglich. Kastanien (in geschälter Form) sind vorzugsweise an Mastrinder und Mastschweine zu verfüttern. Folgende Tagesgaben sollten aus genannten Gründen nicht überschritten werden: Mastschweine (ab 40 kg LG) bis 1,5 (frisch) bzw. 0,8 kg (getrocknet), Mastrinder (ab 200 kg LG) 7,0 kg (frisch) bzw. 4,0 kg (getrocknet). In Futtergemischen für diese Produktionsrichtungen sind Anteile bis 20% (Schweine) bzw. 30% (Mastrinder) möglich. Vorteilhaft ist die Verfütterung in

Verbindung mit Rübenblättern, anderen Rübenprodukten oder ähnlichen Futtermitteln, die leicht Durchfall hervorrufen, da Kastanien stopfend wirken.

Die genannten Samen von Holzgewächsen sind grundsätzlich nur in einwandfreier Beschaffenheit zu verfüttern. Wenn ihr Einsatz nicht zum Zeitpunkt des Anfalls erfolgt, müssen sie sorgfältig getrocknet werden. Bei größeren Mengen empfiehlt sich eine Lagerung mit Kaltbelüftung oder die Silierung mit gedämpften Kartoffeln bzw. anderen Feuchtkonzentraten bei Anteilen bis 5%.

Literatur

Autorenkollektiv: Das Rostocker Futterbewertungssystem. 5. Aufl. Deutscher Landwirtschaftsverlag, Berlin 1986.

Nehring, K., M. Beyer und B. Hoffmann: Futtermitteltabellenwerk. 2. Aufl. Deutscher Landwirtschaftsverlag, Berlin 1972.

8. Futtermittel aus der industriellen Verarbeitung pflanzlicher Rohstoffe

8.1. Produkte der Mehl- und Schälmüllerei

Bei der Verarbeitung von Getreidekörnern und Leguminosensamen zu Mehlen und Nährmitteln in der Mehl- und Schälmüllerei fallen verschiedenartige Nebenprodukte als Futtermittel an. Man teilt sie in die beiden Hauptgruppen Kleien und Futter- bzw. Nachmehle ein. Ein weiteres Nebenprodukt der Mehlmüllerei bilden außerdem die Keime. Rohstoffe der Mehlmüllerei sind in Deutschland fast ausschließlich die unbespelzten Getreidearten Roggen und Weizen. Zu Nährmitteln werden in den Schälmühlen nach anderen Verfahren spelzen- oder schalenhaltige Ausgangsmaterialien wie Gerste, Hafer und Erbsen verarbeitet. Mehl- und Schälmüllerei liefern Nachprodukte, die hinsichtlich Zusammensetzung und Futterwert verschieden sind. Sie sollen deshalb gesondert abgehandelt werden.

Das für die Verarbeitung (Mehlmüllerei, Schälmüllerei) vorgesehene Getreide muß zunächst gereinigt werden, denn es enthält nach der Mähdruschernte noch Verunreinigungen verschiedener Art (Erdbrocken, Staub, Sand, kleine Steine, Metallteile, Unkrautsämereien, Fremdgetreide, durch parasitische Pilze veränderte Körner, z. B. Mutterkorn, verkümmerte, notreife und zerbrochene Körner). Hierzu durchläuft das Getreide mehrere Reinigungsstufen vor allem unter Verwendung von Aspirateuren (Siebsichtern) und Trieuren. Von den Abfällen dürfen lediglich die aussortierten Fremdgetreidearten und Bruchkörner der Verfütterung zugeführt werden. Alle weiteren Beimengungen (z. B. Unkrautsamen) sind fütterungsuntauglich.

8.1.1. Produkte der Mehlmüllerei

- **Technologie der Mehlherstellung**

Die Verarbeitung von Roggen und Weizen erfolgt nach dem in Abb. 66 stark vereinfacht dargestellten Schema. Danach wird das von Fremdbeimengungen befreite Getreide einer sog. Weißreinigung unter Verwendung von Scheuer- und Bürstenmaschinen unterzogen. Bei dieser mechanischen Bearbeitung kommt es zu einer mehr oder weniger starken Abtrennung der obersten Zellschicht der Fruchtschale (s. Abb. 55). Der rohfaserreiche Abrieb (2 − 4% der Gesamtkornmasse) führt die Bezeichnung Schälkleie und wird in der Regel der Kleie zugesetzt. Lediglich bei der Herstellung von Vollkornmehlen in Spezialmühlen kann Schälkleie ein eigenständiges Nachprodukt bilden. Außerdem wird bei dieser Art der Reinigung ein Teil der Keime, bei Roggen mehr als bei Weizen, abgeschlagen, die gleichfalls Bestandteil der Schälkleie sind. Bei der eigentlichen Vermahlung der Roggen- und Weizenkörner werden durch stufenweises Zerkleinern mit zwischengeschaltetem Sieben und/oder Sichten Backschrote,

8.1. Produkte der Mehl- und Schälmüllerei

```
┌─────────────────────────────────────────┐
│  Gereinigte Getreidekörner (Roggen, Weizen) │
└─────────────────────────────────────────┘
                    │
                    ▼
┌─────────────────────────────────────────┐        Schälkleie mit
│  Bearbeitung mit Bürsten- und Scheuermaschinen │ ──▶  Keimen
│         (Weißreinigung)                 │
└─────────────────────────────────────────┘
                    │
                    ▼
┌─────────────────────────────────────────┐
│  Konditionierung (Benetzung) der Körner │
└─────────────────────────────────────────┘
                    │
                    ▼
┌─────────────────────────────────────────┐
│  Zerkleinerung der Körner in Walzenstühlen in mehrfacher │
│  Wiederholung mit zwischengeschalteter Siebung und/oder Sichtung │
└─────────────────────────────────────────┘
    │        │         │          │         │
    ▼        ▼         ▼          ▼         ▼
 Backschrote, Keime   Nachmehl   Kleie    Grießkleie
 Grieße,    (Weizen- (Weizen-  (Roggen,
 Dunst,     müllerei) müllerei) Weizen)
 Mehle               (Roggen-
                     müllerei)
                        │
                        ▼
                     Futtermehl
                    (Roggenmüllerei)
```

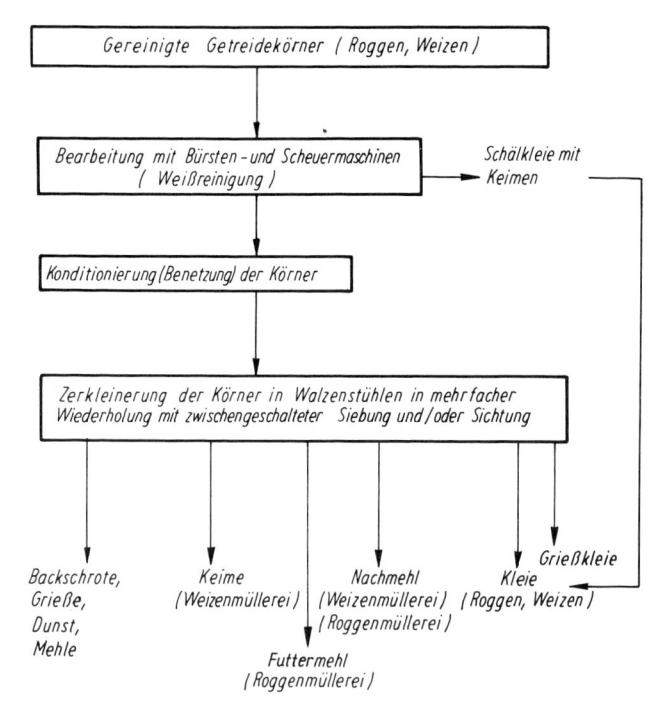

Abb. 66. Vereinfachtes technologisches Verfahrensschema der Mehlmüllerei.

Grieße, Dunst und verschiedene Mehle aus dem Mehlkörper hergestellt. Dabei erfolgen gleichzeitig eine Abtrennung und Entfernung der Schalenteile, Aleuronzellen und Keime, die die Hauptsubstanzen für die anfallenden Futtermittel (Kleien, Nachmehle, Keime) bilden.

Rückstände bei der Roggenvermahlung sind Futtermehl, Nachmehl, Grießkleie und Kleie. Bei der Weizenvermahlung fallen neben der mengenmäßig dominierenden Kleie und Grießkleie außerdem in bescheidenem Umfang Nachmehl, Futtermehl und Kleie an. Wenn der Ausmahlgrad 80% beträgt, bilden nur Kleie, Grießkleie und Keime die Rückstände.

Bei der Herstellung der Mehle kommt es darauf an, den Herstellungsvorgang so zu führen, daß ein möglichst schalenfreies Mehl mit guten bis sehr guten Backeigenschaften bei hoher Ausbeute anfällt. Daraus ergibt sich zwangsläufig der Anfall der Nebenerzeugnisse. Letztendlich resultiert ihr Anteil aus den Beziehungen zwischen Mehl- und Futtermittelpreis und den Herstellungskosten. Als ungefähre Anhaltspunkte gelten: 10—11% Kleie, 3—4% Grießkleie und 3—4% Futter- und Nachmehl. Aus wirtschaftlichen Gründen erfolgt nicht in jedem Fall eine getrennte Gewinnung der Nachprodukte. Zusammengemischt werden sie als Kleie in den Handel gebracht.

● **Inhaltsstoffe und Futterwert**

Vergleichsweise zu den ganzen Körnern sind die Kleien deutlich rohfaserreicher (7.1.), enthalten aber andererseits mehr Rohprotein (7.1.), Rohasche (Mineralstoffe), Vitamine des B-Komplexes und Vitamin E als diese. Nährstoffverdaulichkeit und Energiekon-

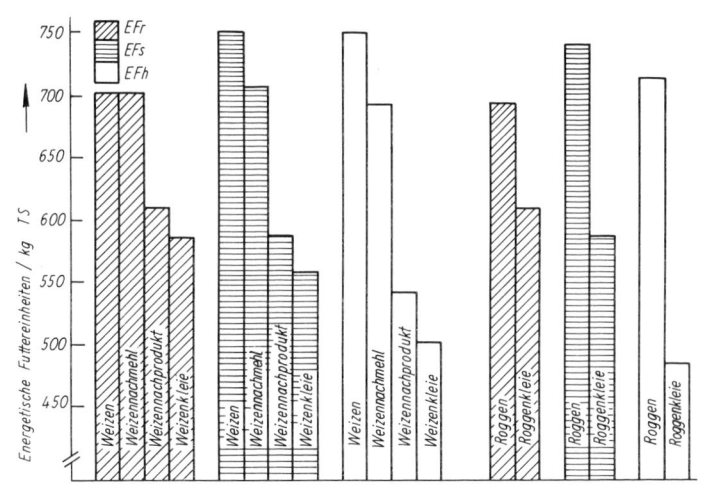

300   8. Futtermittel aus der industriellen Verarbeitung pflanzlicher Rohstoffe

Abb. 67. Energetischer Futterwert der Produkte der Mehlmüllerei und ihrer Ausgangsmaterialien.

zentration unterschreiten beachtlich die Werte der Ausgangsmaterialien. Der Abfall im energetischen Futterwert ist für das Schwein und vor allem für das Geflügel deutlicher als für Wiederkäuer (Abb. 67). Für Wiederkäuer und Schweine ist Roggenkleie etwas wertvoller als Weizenkleie. Dagegen erreicht Weizennachmehl annähernd den energetischen Futterwert des Weizens bzw. es entspricht dem Ganzkorn (s. Abb. 67), denn dieses Nebenprodukt enthält weniger von den rohfaserreichen Schalen, aber dafür mehr von den wertvollen Kornfraktionen Aleuronschicht und Mehlkörper. Die Proteinqualität der Nachprodukte, beurteilt am Gehalt an Lysin und S-haltigen Aminosäuren, liegt über der des Getreides (Tabelle 173).

Für die Nebenerzeugnisse gibt es futtermittelrechtlich festgelegte Qualitätsanforderungen, die vor allem die Gehalte an Wasser, Stärke, Rohfaser und HCl-unlöslicher Asche berücksichtigen (Tabelle 174).

Soweit die Weizenkeime nicht einer anderweitigen Verwendung (pharmazeutische Industrie, Spezialnahrungsmittel) zugeführt werden, bilden sie ein hochwertiges Futter-

Tabelle 173. Lysin-, Methionin- und Methionin- plus Cystingehalt von Rohstoffen und Nebenprodukten der Mehlmüllerei (nach Bock et al. 1981, Wöhlbier und Jäger 1983)

Produkt	g/kg T			% des Rohproteins		
	Lys	Met	Met + Cys	Lys	Met	Met + Cys
Roggenkörner	4,1	1,9	4,7	3,6	1,7	4,1
Roggenkleie	7,0	2,5	6,3	4,4	1,6	4,0
Weizenkörner	4,0	2,4	5,8	2,8	1,7	4,1
Weizennachmehl	6,4	3,1	6,9	3,7	1,8	4,0
Weizenkleie	7,0	3,1	7,2	3,9	1,7	4,0
Weizengrießkleie				4,4	1,6	4,0

Tabelle 174. Verbindliche Anforderungen an Mühlennachprodukte aus der Verarbeitung der Getreidearten lt. Futtermittelverordnung (Angaben in %)

	Wasser (max.)	Stärke (min.)	Rohfaser (max.)	HCl-unlösliche Asche (max.)
Gerstenfuttermehl	14	35	12	
Gerstenkleie	14		17	
Gerstenschälkleie	14		23	
Haferfuttermehl	14	40	9,5	
Haferschälkleie	14		29	5
Roggengrießkleie	14	17	6	
Roggenkleie	14		9	
Roggenfuttermehl	14	30	4	
Roggennachmehl	14	40	3,5	
Weizenfuttermehl	14	32	5	
Weizengrießkleie	14	17	10	
Weizenkleie	14		12,5	
Weizennachmehl	14	40	3,5	

mittel, das reich an Rohprotein, Rohfett, Vitaminen (E, B-Komplex) und Mineralstoffen (P, Mg, Fe, Mn, Zn, Cu, Co) ist. Das Keimlingseiweiß zeichnet sich durch eine hohe biologische Wertigkeit aus.

- **Einsatzempfehlungen**

Der Einsatz der Mühlennachprodukte bei den einzelnen Nutztierarten und Produktionsrichtungen wird vor allem von deren Verdaulichkeit und damit ihrer Energiekonzentration bestimmt. Daneben sind Verzehrs- und diätetische Eigenschaften zu beachten. In den Futtermischungen bzw. -rationen für Schweine und Geflügel lassen sich Kleien infolge ihrer mäßigen Verdaulichkeit (Schwein $\approx 75\%$, Geflügel $\approx 60\%$) nur begrenzt einsetzen (bis maximal 20% in Alleinfuttermischungen), wenn hohe Leistungen erwartet werden. Für die Schweinemast ist Roggen- gegenüber Weizenkleie aufgrund ihres höheren energetischen Futterwertes (s. Abb. 63) besser geeignet. Gleichzeitig müssen durch eine Kombination mit höher verdaulichen Futtermitteln (Getreideschrote, Kartoffeln [Schwein], Futterfett [Geflügel]) Verdaulichkeiten von $>80\%$ der organischen Substanz der Gesamtration bzw. kompletten Mischung sichergestellt werden. Lediglich in den Rationen bzw. Mischungen für güste und niedertragende Sauen sowie in bestimmten Phasen bzw. Fütterungsprogrammen der Geflügelaufzucht und während der Legeruhe (z. B. Wassergeflügel) sind höhere Anteile möglich und auch vorteilhaft. Weizenkleie hat dabei den Vorzug gegenüber Roggenkleie, Weizenkleie ist außerdem eine sehr günstige Komponente für das Ferkelfutter nach dem Absetzen (diätetische Wirkung der Kleierohfaser). Wegen der Futterstruktur sollten auch die höher verdaulichen Nachmehle auf Anteile bis zu 30% beschränkt bleiben. Das stark staubende oder nach dem Anfeuchten pappige Futter beeinträchtigt die Futteraufnahme. Bei pelletiertem Futter entfällt diese Begrenzung. Bevorzugtes Einsatzgebiet für Kleien sollte die Wiederkäuerfütterung sein, da Rinder und Schafe die Nährstoffe besser verdauen und außerdem auf den Verzehr voluminöser Futtermittel eingestellt sind. Wenn Weizenkeime für die Verfütterung zur Verfügung stehen, sind sie an männliche Zuchttiere und in der Jungtieraufzucht in kleinen Gaben einzusetzen.

302   8. Futtermittel aus der industriellen Verarbeitung pflanzlicher Rohstoffe

Dadurch wird das Futter hinsichtlich des Mineralstoff- und Vitaminangebots aufgewertet.

Mühlennachprodukte sind nur begrenzt lagerfähig. Durch eine zulässige Gutsfeuchte von max. 14% (s. Tabelle 174) können sie leicht schimmeln sowie dumpf, muffig und klumpig werden. Außerdem tritt schnell Milbenbefall auf. Bei den fettreichen Keimen besteht bereits nach kurzer Lagerung die Gefahr der Fettverderbnis (10.2.), so daß ein alsbaldiger Verbrauch erforderlich ist.

8.1.2. Produkte der Schälmüllerei

In der Schälmüllerei werden vor allem Gerste, Hafer und Erbsen je nach Verwendungszweck der Schälprodukte in ein- oder mehrmaligen Arbeitsgängen geschält und danach weiteren Bearbeitungen unterzogen (Abb. 68). Als Nebenprodukte stehen für Fütterungszwecke vor allem Gerstenkleie, Gerstenfuttermehl und Gerstenschälkleie sowie Haferschälkleie und Haferfuttermehl zur Verfügung. Verschiedentlich gelangt auch der geschälte Hafer (Haferkerne) zur Verfütterung. Ausgewählte Futterwertkenndaten vermittelt Tabelle 175. Von geringem Futterwert selbst für Wiederkäuer sind die vorrangig aus den Spelzen bestehenden Schälkleien. Ihr Einsatz kommt für monogastrische Nutztiere in der Regel nicht infrage. Lediglich als Energieverdünner im Rahmen einer qualitativen Restriktion könnten diese Rückstände Verwendung finden. Man sollte die Haferschälkleie in der Wiederkäuerfütterung, z. B. als Weideergänzungsfutter, verwenden. Günstiger sind die bei der Gerstenverarbeitung anfallenden Futtermittel zu bewerten. Ihre Verfütterung ist entsprechend den für die Nachprodukte der Mehlmüllerei gegebenen Einsatzempfehlungen vorzunehmen.

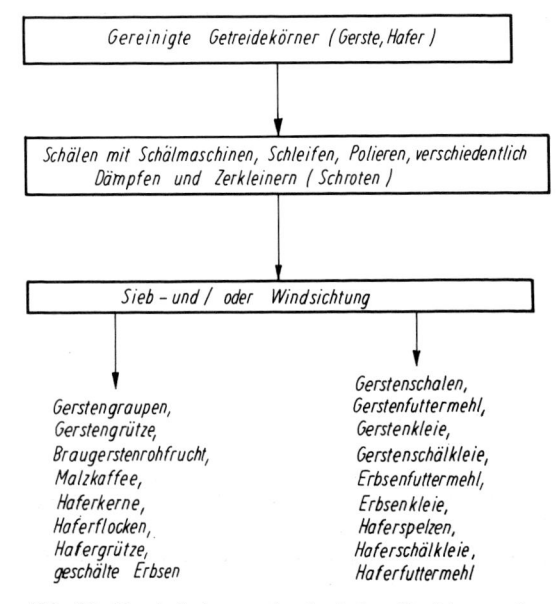

```
┌─────────────────────────────────────────────┐
│   Gereinigte Getreidekörner (Gerste, Hafer) │
└─────────────────────────────────────────────┘
                      │
                      ▼
┌─────────────────────────────────────────────────────────┐
│ Schälen mit Schälmaschinen, Schleifen, Polieren,        │
│ verschiedentlich Dämpfen und Zerkleinern (Schroten)     │
└─────────────────────────────────────────────────────────┘
                      │
                      ▼
┌─────────────────────────────────────────────┐
│         Sieb- und / oder Windsichtung       │
└─────────────────────────────────────────────┘
            │                       │
            ▼                       ▼
   Gerstengraupen,          Gerstenschalen,
   Gerstengrütze,           Gerstenfuttermehl,
   Braugerstenrohfrucht,    Gerstenkleie,
   Malzkaffee,              Gerstenschälkleie,
   Haferkerne,              Erbsenfuttermehl,
   Haferflocken,            Erbsenkleie,
   Hafergrütze,             Haferspelzen,
   geschälte Erbsen         Haferschälkleie,
                            Haferfuttermehl
```

Abb. 68. Vereinfachtes technologisches Verfahrensschema der Schälmüllerei.

Tabelle 175. Futterwertdaten von Nebenprodukten der Schälmüllerei im Vergleich zu den Ausgangsmaterialien (DLG-Futterwerttabellen 1982)

Futtermittel	Rohfasergehalt g/kg T	je kg T		
		MJ NEL	StE	MJ ME Schwein
Sommergerste	53	8,33	800	14,36
Gerstenfuttermehl	73	7,58	743	13,09
Gerstenkleie	120	7,08	679	9,60
Gerstenschälkleie	212	4,78	438	—
Hafer	116	7,10	698	12,81
Haferfuttermehl	53	9,84	894	15,60
Haferschälkleie	258	4,54	460	5,71

Literatur

Bock, H.-D., J. Wünsche, F. Kreienbring, L. Hoffmann, W. Wiesemüller, H. Jeroch und J. Becker: Aminosäure-Tabellen. 6. Aufl. AdL, FZ Tierproduktion, Dummerstorf-Rostock 1981.

8.2. Produkte der Stärkeindustrie

Zur Stärkegewinnung werden Getreidefrüchte (Mais, Weizen, Roggen, Reis u. a.) und stärkehaltige Wurzelgewächse (Kartoffeln, Maniok bzw. Tapioka u. a.) verwendet. Körner und Knollen unterscheiden sich nicht nur im morphologischen Aufbau, sondern auch in der nährstoffmäßigen Zusammensetzung. Erstere sind protein- und fettreicher. Die aus beiden Rohstoffgruppen nach voneinander abweichenden Verarbeitungstechnologien (s. Abb. 69 und 70) anfallenden Nebenprodukte sind verschieden zusammengesetzt. Es ist deshalb ihre gesonderte Besprechung zweckmäßig.

Futtermittel aus der Stärkefabrikation dürfen außer geringen Beimengungen, die für den Produktionsprozeß erforderlich sind, nur Bestandteile der Ausgangsrohstoffe enthalten. Für die einzelnen Produkte sind im Futtermittelgesetz Anforderungen festgelegt.

8.2.1. Bei der Gewinnung von Maisstärke anfallende Futtermittel

Das Herstellungsverfahren für Maisstärke ist vereinfacht in Abb. 69 dargestellt. Dabei fallen mehrere Nebenprodukte mit unterschiedlichem Nährstoffgehalt und Futterwert an. Es sind in der Reihenfolge ihres Anfalls Maisquellwasser, Maiskeimkuchen, Maispülpe und Maiskleber.

Beim Quellvorgang treten wasserlösliche Bestandteile (Stärkehydrolysate, Mineralstoffe, Vitamine) und löslich gewordene Stoffe (Eiweißbestandteile) aus den Maiskörnern in das Quellwasser über. Die Kohlenhydrate werden dabei überwiegend durch Laktobazillen zu Milchsäure fermentiert. Der T-Gehalt des Quellwassers beträgt $\approx 6\%$. Durch vorsichtiges Eindampfen erfolgt dessen Anreicherung auf $\approx 50\%$. Das eingedickte Quellwasser wird mit weiteren Rückständen verarbeitet (s. Abb. 69). Die

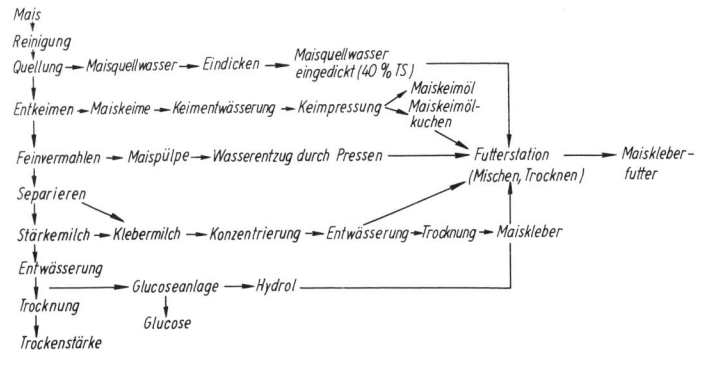

304 8. Futtermittel aus der industriellen Verarbeitung pflanzlicher Rohstoffe

```
Mais
 ↓
Reinigung
 ↓
Quellung → Maisquellwasser → Eindicken → Maisquellwasser
                                          eingedickt (40 % TS)
                                                    ↘ Maiskeimöl
Entkeimen → Maiskeime → Keimentwässerung → Keimpressung ⟨ Maiskeimöl-
                                                          kuchen
                                                                    ↘
Feinvermahlen → Maispülpe → Wasserentzug durch Pressen ——————→ Futterstation ——————→ Maiskleber-
 ↓                                                              (Mischen, Trocknen)           futter
Separieren                                                              ↑
 ↓                                                                      |
Stärkemilch ← Klebermilch ← Konzentrierung ← Entwässerung → Trocknung → Maiskleber
 ↓
Entwässerung
 ↓          ↘ Glucoseanlage ——→ Hydrol
Trocknung      ↓
 ↓            Glucose
Trockenstärke
```

Abb. 69. Vereinfachtes technologisches Schema der Stärkegewinnung aus Mais.

abgetrennten Keime mit geringem Mehlkörperanteil enthalten 40 − 50% Fett. Sie werden getrocknet und dienen der Maisölgewinnung unter Anwendung des Preßverfahrens. Der ausgepreßte Keimrückstand führt die Bezeichnung Maiskeimölkuchen; sein Restölgehalt beträgt maximal 10%. Weitere wichtige Inhaltsstoffe in diesem Rückstand sind Eiweiß und Stärke. Maiskeimölkuchen bildet eine weitere Komponente des Maiskleberfutters (s. Abb. 69) ebenso wie die im nachfolgenden Produktionsabschnitt anfallenden Faserbestandteile, die nach der Entwässerung die Bezeichnung Pülpe führen. Ein weiterer und wesentlicher Rückstand des Stärkegewinnungsprozesses ist der Maiskleber, ein Produkt mit hohem Rohproteingehalt (Tabelle 176).

Tabelle 176. Nährstoffgehalt und Energiekonzentration der Nebenprodukte der Stärkeherstellung im Vergleich zu den Ausgangsmaterialien (DLG-Futterwerttabellen 1989)

	T g/kg OS	Nährstoffgehalt (g/kg T)					je kg T		
		Roh-protein	Roh-fett	Roh-faser	XX	Roh-asche	NEL MJ	StE	ME MJ Schwein
Kartoffel, roh	219	90	4	28	812	66	8,08	791	12,16
Kartoffelpülpe,									
frisch	134	52	4	154	759	31	6,69	669	1,57
getrocknet	879	57	5	192	711	35	6,34	604	11,72
Mais	879	108	47	26	803	16	9,53	909	16,03
Maiskleberfutter,									
proteinarm	895	235	39	87	575	64	7,75	753	10,16
proteinreich	896	406	45	51	461	37	7,89	749	13,95
Maiskleber	905	712	47	15	203	23	9,05	870	17,02

Durch das Zusammenführen von Maisquellwasser, Maiskeimölkuchen, Maispülpe und unterschiedlichen Kleberanteilen fallen im Rahmen der Maisstärkegewinnung als standardisierte Produkte für die Fütterung Maiskleberfutter mit geringem Anteil an Kleber, Maiskleberfutter (eiweißreich) mit höherem Kleberanteil und Maiskleber, vorwiegend aus Klebersubstanz bestehend an (Tabelle 176 und 177). Diese Futtermittel

8.2. Produkte der Stärkeindustrie

Tabelle 177. Anforderungen für Maiskleberfutter lt. Futtermittelverordnung (Angaben in %)

	Wasser (max.)	Rohprotein (min.)	Rohfaser (max.)	Rohasche (max.)
Maiskleberfutter	13	20	10	6
Maiskleberfutter, eiweißreich	13	33	6	4

werden in getrockneter Form bereitgestellt und lassen sich somit in Mischfuttermitteln verarbeiten. In gewissem Umfang wird auch das Maiskeimrohöl als Bestandteil von Fischfuttermitteln und Milchaustauscher für die Kälberaufzucht und -mast verfüttert.

Von den beiden Qualitäten ist Maiskleberfutter aufgrund des beachtlichen Rohfasergehaltes (Tabelle 177) vorrangig in der Wiederkäuerfütterung einzusetzen (Tabelle 178). Auch das rohfaserärmere und damit besser verdauliche und außerdem proteinreichere Kleberfutter sowie der sehr eiweißreiche Kleber erlauben infolge der schlechten Proteinqualität (vor allem lysinarm) nur einen begrenzten Einsatz in den Futterrationen bzw. Futtermischungen für monogastrische Nutztiere (s. Tabelle 178). Bei Ergänzung mit synthetischen Aminosäuren (insbesondere Lysin) lassen sich jedoch ohne Leistungsbeeinträchtigung die Anteile erhöhen.

Tabelle 178. Empfehlungen zu maximalen Einsatzmengen für Maiskleberfutter und Maiskleber

Futtermittel	Tierart bzw. Produktionsrichtung	Tier und Tag in g	Anteil in lufttrockenen Mischungen (%)
Maiskleberfutter	Milchkühe	1000	25
	Mastrinder	500	25
	Mastschweine	150−300	15
	Legehennen	6	10
Maiskleber	Milchkühe	500	
	Jungrinder	500	
	Mastschweine	70	2−4
	Legehennen	6	7

Maiskleber ist reich an Carotinoiden (Lutein, Zeaxanthin) und somit eine gute Pigmentquelle, insbesondere für Legehennenmischungen (De Groote 1970, Härtel 1970). Anteile von 1−2% zu Mischungen mit geringem Maisanteil (20−30%) gewährleisten eine vom Verbraucher gewünschte Dotterpigmentierung.

Bei der Weiterverarbeitung von Maisstärke zu Traubenzucker (s. Abb. 69) bildet Dextrosemelasse (Mutterlauge der Glucosekristallisation) − auch als Hydrol bezeichnet − das Nebenprodukt. Sie enthält 60−70% Trockensubstanz und ist von sirupartiger Konsistenz. Hauptbestandteil ist Dextrose ($\approx$60% der T). Ferner findet man Maltose, Isomaltose und Oligosaccharide im Zuckerspektrum. Dieser Rückstand ist eine weitere Komponente des Maiskleberfutters.

8.2.2. Bei der Weizenstärkegewinnung anfallende Futtermittel

Weizenstärke kann aus dem Korn oder aus Mehl gewonnen werden. Derzeit dient vorrangig Weizenmehl als Ausgangsmaterial. Da der Weizenkleber hauptsächlich in der Lebensmittelindustrie verbleibt, sind die für Fütterungszwecke anfallenden Nebenprodukte (Weizenpülpe, Weizenkleberfutter) mengenmäßig unbedeutend.

8.2.3. Bei der Gewinnung von Kartoffelstärke anfallende Futtermittel

Ein vereinfachtes Schema der Stärkegewinnung aus Kartoffeln vermittelt Abb. 70. Nachdem zunächst die Kartoffelreibsel weitgehend vom Fruchtwasser befreit sind, wird aus dem Sediment mittels Naßsiebung die Rohstärkemilch abgetrennt. Als Rückstand fällt die Kartoffelpülpe an. Dieses Nebenprodukt enthält vom Ausgangsmaterial die Zellwandbestandteile und außerdem verfahrensbedingt noch unterschiedliche Stärkeanteile (250—400 g/kg T). Der größte Teil des Kartoffeleiweißes sowie der wasserlöslichen Vitamine und ein Teil der Mineralstoffe sind im Fruchtwasser (s. Abb. 66) enthalten. Die anfallende Pülpentrockensubstanz beträgt $\approx 25\%$ der Kartoffeltrockenmasse. Pülpe ist sehr wasserreich ($\approx 6-8\%$). Durch Abpressen eines Teils des Wassers erfolgt eine T-Anreicherung auf 150 bis 250 g/kg. Transport und Einsatz in der Fütterung werden dadurch erleichtert. Da es sich bei der Pülpe um ein leicht verderbliches Futtermittel handelt, ist eine unmittelbare Verfütterung nach dem Anfall erforderlich, wenn nicht eine Konservierung durch Silierung oder Trocknung erfolgt.

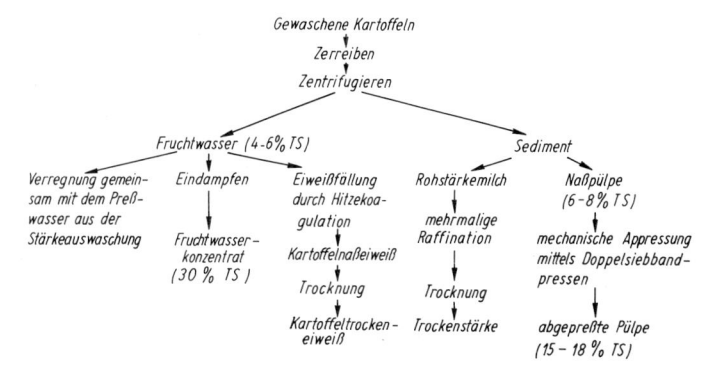

Abb. 70. Vereinfachtes technologisches Schema der Stärkegewinnung aus Kartoffeln.

Aufgrund der nährstoffmäßigen Zusammensetzung (s. Tabelle 176) ist Kartoffelpülpe ein ausgesprochenes Kohlenhydratfuttermittel, dessen Einsatzgebiet infolge der geringen Nährstoffkonzentration, des reichlichen Rohfasergehaltes und der in frischer Pülpe in nativem Zustand vorliegenden Stärke vor allem die Wiederkäuerfütterung bilden sollte. Die Tiere müssen hierbei allmählich an den Pülpeeinsatz gewöhnt werden. Die in Versuchen angewandten Tagesgaben (zwei Mahlzeiten) variierten bei Milchkühen zwischen 5 und 20 kg/Tier und Tag (maximal 2 kg T/Tier und Tag). Entscheidend für die Einsatzhöhe sind die Rationsergänzung mit strukturwirksamer Rohfaser und die Sicherstellung einer bedarfsgerechten Protein-, Mineralstoff- und Vitaminversorgung. An Mastrinder mit einer Lebendmasse von 200 kg lassen sich 5 kg und an 400 kg schwere Tiere 20—25 kg Pülpe unter Beachtung der genannten Einsatzkriterien mit bestem Erfolg verfüttern. Für Schafe und Pferde sind Tagesgaben bis 0,5 bzw. 8 kg zu empfehlen. Ein rationeller Einsatz in der Schweinemast ist vom Gehalt und Verkleisterungsgrad der Reststärke (6—7% der in der Kartoffel enthaltenen Stärke) abhängig. Frische Pülpe sollte deshalb nur nach vorherigem Dämpfen verfüttert werden. Im Austausch von Kartoffeln sind im ersten Mastabschnitt 2—3 kg und später 3—4 kg nicht zu überschreiten. Auch die getrocknete Pülpe (≈ 200 g Rohfaser/kg T) wird vorrangig in der Wiederkäuerfütterung eingesetzt. In Mischfuttermitteln bzw. Futtergemischen für Schweine sollten 10 bis 15% an getrockneter Kartoffelpülpe nicht überschritten werden.

Verschiedentlich erfolgt eine Rückgewinnung (durch Fällung des koagulierbaren Anteils [$\approx 50\%$ des Gesamtproteins]) der im Fruchtwasser enthaltenen biologisch hochwertigen Eiweißbestandteile. Sie werden entweder der Pülpe zugesetzt (das Gemisch führt dann den Namen Kartoffeleiweißpülpe) oder fallen nach der Trocknung mit der Produktbezeichnung „Kartoffeltrockeneiweiß" als Einzelkomponente an. Es handelt sich hierbei um ein Produkt, das fast ausschließlich aus Eiweiß besteht und ein sehr hochwertiges Proteinfuttermittel darstellt (s. Tabelle 177). Kartoffeltrockeneiweiß eignet sich vorteilhaft zur Ergänzung des lysinarmen Getreides in der Schweinefütterung. Sehr günstige Ergebnisse liegen vor allem mit diesem Rationstyp (einschließlich Mineralstoff- und Vitaminsupplemente) in der Mast vor (Lindner et al. 1982). Dieses Proteinkonzentrat kann ebensogut als Komponente für Geflügelmischungen sowie in Ferkelprestartern verwendet werden.

Die Eiweißgewinnung aus dem Fruchtwasser ist ein energie- und kostenaufwendiger Prozeß, der in den Stärkefabriken selten zur Anwendung kommt. Um dennoch die Nährstoffe dieses Abproduktes für Fütterungszwecke zu nutzen, wurde die Herstellung von Fruchtwasserkonzentraten mit $\approx 35\%$ T erwogen, deren sehr reichlicher Kaliumgehalt die Verfütterung an Schweine stark einengt, so daß vor allem ein Einsatz in der Wiederkäuerfütterung in Betracht kommen würde.

Literatur

Autorenkollektiv: Rostocker Futterbewertungssystem 5. Aufl. Deutscher Landwirtschaftsverlag, Berlin 1986.
De Grote, G.: World's Poultry Sci **26**, 435 (1970).
Härtel, H.: Arch. Geflügelk. **34**, 109 (1970).
Lindner, J. P., G. Burgstaller und A. Huber: Züchtungskunde **54**, 203 (1982).
Kirchgeßner, M.: Tierernährung. 7. Aufl. DLG-Verlag, Frankfurt/M. 1987.

8.3. Eiweißreiche Produkte der Ölindustrie

8.3.1. Rohstoffe und Verfahren der Ölgewinnung

Unter den mehr als 40 Pflanzenarten, aus denen Öle und Fette gewonnen werden, haben die in Abb. 71 aufgeführten (Lennerts 1984) für die Weltwirtschaft die größte Bedeutung. Es folgen Kopra, Leinsaat und Kerne der Öl- sowie der Babassupalme. Saflor-, Sesam- bzw. Mohnsaat werden in bestimmten Regionen Asiens, Amerikas bzw. im Orient erzeugt. Maiskeime, als fettreiche ($>20\%$) Bestandteile des Maiskornes, haben für die hiesige Ölindustrie eine gewisse Bedeutung.

Die Verdreifachung der Ölsaaterzeugung ab 1965 ist Ausdruck des wachsenden Öl- und Eiweißbedarfs. Speiseöl dominiert unter den Produkten. Der Anteil des „Non-food"-Bereiches mit Ölen für Arzneimittel, Kosmetika, Farben, Lacke, Schmiermittel, Kühlflüssigkeiten, Detergentien und Kraftstoffe nimmt aber bereits ein

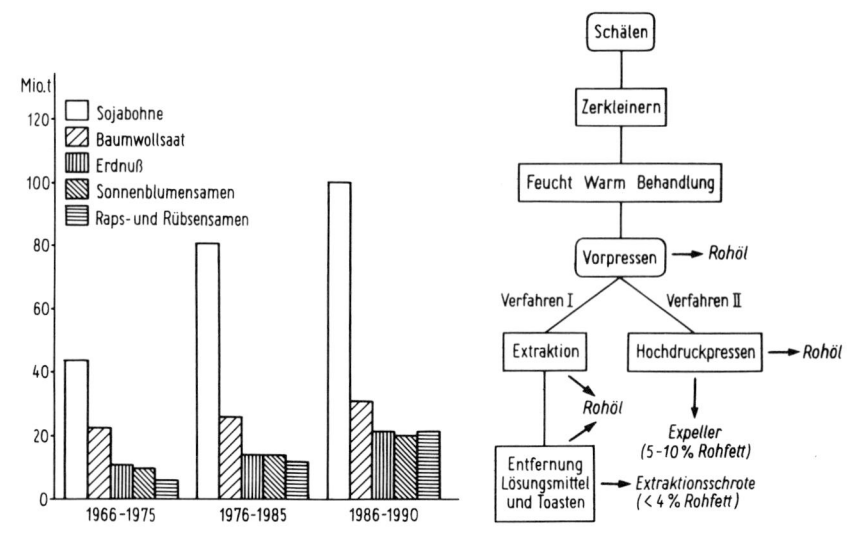

308   8. Futtermittel aus der industriellen Verarbeitung pflanzlicher Rohstoffe

Abb. 71. Welterzeugung ausgewählter Ölsaaten (Lennerts 1984, USDA 1990).

Abb. 72. Verarbeitung von Ölsaaten, Schälen und Vorpressen sind zusätzliche Verarbeitungsschritte. Die Weiterverarbeitung des Rohöls, im wesentlichen die Abtrennung des Lösungsmittels (Destillation) und des Rohlecithins, ist nicht dargestellt.

Fünftel der Gesamtölerzeugung ein. Mehr als die Hälfte der Ölsaatproduktion wird von der Sojabohne *(Glycine max,* Leguminosae) bestritten. Die Sojabohne dominiert, weil sie Öl *und* das „Eiweißkraftfutter" (Lennerts 1984) Sojaextraktionsschrot liefert. Der Ausweitung des Sojaanbaus vergleichbare Trends zeichnen sich in der Erzeugung der Raps *(Brassica napus)-* bzw. Rübsen *(Brassica campestris)*-Saat ab. Dagegen weist die Erzeugung von Sonnenblume *(Helianthus annuus),* Baumwollsaat *(Gossypium)* oder Erdnuß *(Arachis hypogaea)* wesentlich geringere Steigerungsraten auf.

In Deutschland, überhaupt in den Ländern mit entwickelter Tierproduktion, wird der Bedarf an Eiweißfuttermitteln zu mindestens zwei Dritteln durch Sojaextraktionsschrot gedeckt. Das größtenteils getoastete Schrot stammt aus den USA, Brasilien und Argentinien. Rapsextraktionsschrot, welches mit weniger als einem Viertel am Aufkommen proteinreicher Konzentrate beteiligt ist, fällt fast ausschließlich bei der Ölverarbeitung im Inland an. Baumwollsaat- und Erdnußextraktionsschrot werden in geringerem Umfang importiert, können aber in Abhängigkeit vom Preisniveau zeitweilig Bedeutung haben. Die Sonnenblumensaat nimmt auf Grund der hohen Speiseölqualität einen festen Platz in der Ölindustrie ein: Sonnenblumenextraktionsschrot dürfte in der Größenordnung von 5% zum Aufkommen proteinreicher Konzentrate beitragen.

Die Verarbeitung (Abb. 72) von Ölsamen bzw. Kokosnüssen (Kopra) und Palmfrüchten (Palm- und Babassukerne) variiert in Abhängigkeit von der Beschaffenheit der Rohstoffe (Tabelle 179) und der zu erwartenden Ölausbeute. Das Schälen der Baumwoll- und Sonnenblumensaat bzw. das Enthülsen der Erdnüsse senkt den unerwünschten Rohfaseranteil und begünstigt die Rohölgewinnung. Andererseits ist ein vollständiges Schälen der Sonnenblumen- oder Baumwollsaat wegen unvertretbar hoher „Ölfleischverluste" nicht möglich.

8.3. Eiweißreiche Produkte der Ölindustrie

Tabelle 179. Zusammensetzung ölreicher Rohstoffe in % der Trockensubstanz

	Rohfett	Rohprotein	Rohfaser	XX	Rohasche	Antinutritive Inhaltsstoffe
Sojabohne	22	39	6	28	5	Trypsinhemmstoffe
Raps- und Rübsensaat	43	24	6	22	5	Glucosinolate, Sinapin
Sonnenblumensamen (Neuzüchtungen)	42	22	19	11	6	(Phenole)
Baumwollsaat	25	25	18	28	4	Gossypol
Erdnuß	50	32	2	13	3	Mykotoxine, besonders Aflatoxine
Babassu- und Palmkerne	70	10	6	12	2	nicht bekannt
Kopra	71	9	4	14	2	nicht bekannt
Leinsaat	36	25	8	25	6	cyanogene Glycoside

Rapssaat enthält bis zu 18% Schalen (Wöhlbier und Jager 1983). An Versuchen, die Schalen zu entfernen, hat es nicht gefehlt (Vermorel et al. 1978, Schneider und Ruette 1987), jedoch konnte kein Verfahren Eingang in die Praxis finden.

An die Zerkleinerung und eine Feucht-Warm-Behandlung (Konditionierung) schließt sich die eigentliche Rohölgewinnung an (s. Abb. 72). Samen mit einem Ölgehalt von weniger als 25% (Sojabohne) extrahiert man im allgemeinen direkt mit Siedegrenzbenzin oder besser Hexan. Rohstoffe mit Ölanteilen von mehr als 30%, beispielsweise Raps- und Rübsensaat, werden bis auf 14 – 18% vorgepreßt und anschließend extrahiert oder fertig gepreßt. Der Ölgehalt der Expeller übersteigt mit 5 – 8% den der Extraktionsschrote (1 – 4%) beträchtlich.

Im Futtermittelrecht (Koch et al. 1989) wird für die Expeller der Begriff Kuchen verwendet. Nach Lennerts (1984) fallen Ölkuchen in diskontinuierlich arbeitenden, teils primitiven Preßvorrichtungen an, wie sie großenteils noch in den Entwicklungsländern vorkommen. Expeller werden dagegen mittels kontinuierlich arbeitender Spindel- oder Schneckenpressen hergestellt. Im Mischfutterwerk und Landwirtschaftsbetrieb ist es schwierig, zwischen Expellern und Kuchen zu unterscheiden. Beide Begriffe werden deshalb synonym gebraucht.

Für den Futterwert der Extraktionsschrote entscheidend sind die Entfernung des Lösungsmittels (Desolventisierung) durch Wasserdampf und die nachfolgende Trocknung. Moderne Ölmühlen besitzen mehretagige „Desolventizer-Toaster", welche in den Extraktionsschroten einen Lösungsmittelrest von weniger als 0,1%, bei minimaler Proteinschädigung garantieren.

Toasten inaktiviert Trypsinhemmstoffe und vermutlich weitere Proteasehemmer in Sojaextraktionsschrot bzw. Sojabohne (s. S. 314). In Raps wird der Eiweißkörper Myrosinase zerstört. Dieses Enzym (Thioglycosid-glucohydrolase, EC 3.2.3.1.) spaltet Glucosinolate in verschiedene, teils toxische Substanzen (s. S. 314). In der intakten Pflanzenzelle kann Myrosinase nicht wirken. Enzym und Substrat sind räumlich getrennt. Erst wenn die Zelle zerstört wird, das geschieht während der Zerkleinerung und Konditionierung der Saat, setzt die Glucosinolatspaltung ein. Das Enzym besitzt ein Temperaturoptimum von 30 – 45 °C. Eine weitere Voraussetzung für die Wirkung ist Feuchtigkeit. Während des Toastens wird das Schrot auf mehr als 90 °C aufgeheizt. Im fertigen Rapsextraktionsschrot ist die Myrosinase vollständig inaktiviert (Bille et al. 1983).

8. Futtermittel aus der industriellen Verarbeitung pflanzlicher Rohstoffe

Das Ausmaß der Glucosinolatspaltung läßt sich aber für die einzelne Rapscharge nicht voraussagen. In eigenen Untersuchungen enthielten Extraktionsschrote ein bis mehr als zwei Drittel der (intakten) Glucosinolate, welche in der Saat vor Beginn der Verarbeitung analysiert worden waren.

8.3.2. Inhaltsstoffe und Futterwert

8.3.2.1. Gehalt an Rohprotein und Aminosäuren, scheinbare Verdaulichkeit des Rohproteins

Der Gehalt an XP variiert in Abhängigkeit vom Rohstoff (s. Tabelle 179) aber auch von der Verarbeitung. Die Variationsbreite des XP-Gehaltes der Extraktionsschrote in Abb. 73 beträgt 20 (Palmkernextraktionsschrot) bis 50% (Sojaextraktionsschrot).

Extraktionsschrote enthalten mehr Eiweiß als Expeller, Expeller wiederum mehr als der entsprechende Rohstoff. Wird wie bei der Ölgewinnung Trockensubstanz lediglich als Fett entzogen, reichern sich im Folgeprodukt die „Nicht-Fett-Bestandteile", darunter das Rohprotein, an.

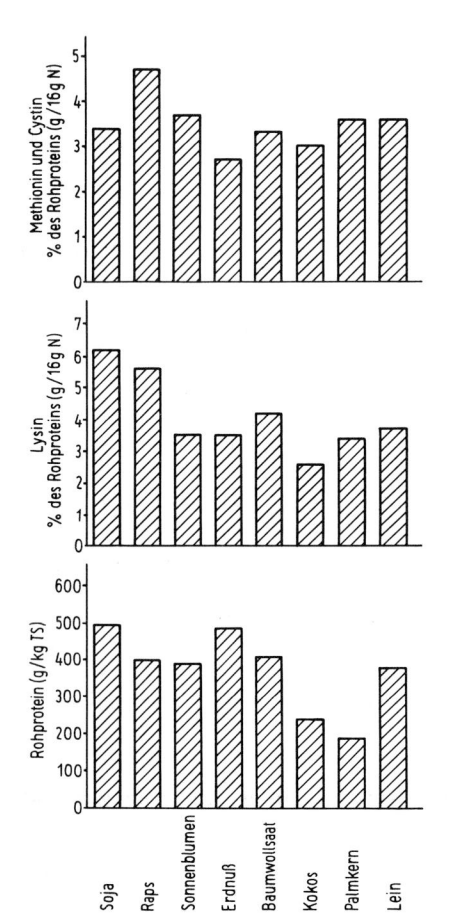

Abb. 73. Gehalt ausgewählter Extraktionsschrote an Rohprotein, Lysin und schwefelhaltigen Aminosäuren.

8.3. Eiweißreiche Produkte der Ölindustrie

In dem gewählten Beispiel Sojabohne (Abb. 74) entspricht eine Abnahme des Fett- bzw. TS-Anteils um 13% einem Anstieg des XP-Gehaltes, und zwar von 36% RP im Rohstoff um den Faktor $\frac{1}{1-0{,}13}$ auf 41% XP im Expeller.

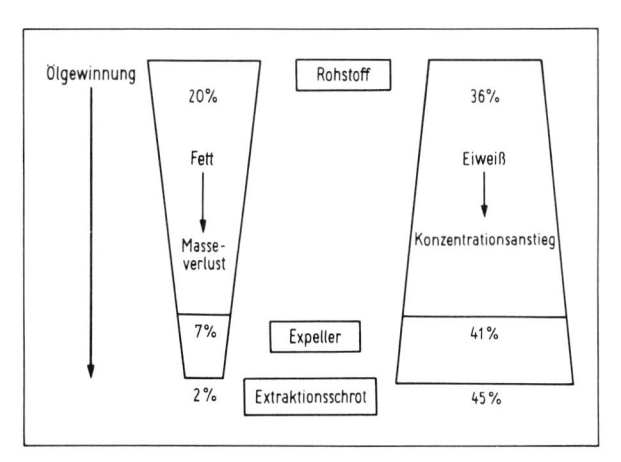

Abb. 74. Entzug von Fett bzw. Trockensubstanz aus der Sojabohne und Anreicherung von Eiweiß in Expellern und im Extraktionsschrot.

Teilweises oder vollständiges Entfernen der Schalen bedingt ebenfalls einen Anstieg des Eiweißgehaltes in Extraktionsschroten bzw. Expellern. „Hoch-Protein-Sojaschrot" wird aus geschälten Bohnen hergestellt und enthält bei weniger als 4% XFa 48–50% XP (55% XP in der T). Die Rückstände aus der Schälung der Sojabohnen werden wiederum Sojaextraktionsschroten zugesetzt. Solche Schrote enthalten bei bis zu 10% XFa lediglich 40% und weniger an XP. Laut Futtermittelgesetz (Koch et al. 1989) darf solche in der Regel preiswerte Ware nicht als Sojaextraktionsschrot deklariert werden.

Bezogen auf den XP-Gehalt übertrifft der Lysingehalt von Soja- und Rapsextraktionsschrot den des Getreides deutlich (s. Abb. 73). Methionin sowie Cystin aber auch Threonin sind im Rapseiweiß in höheren Anteilen als im Getreideeiweiß enthalten. Der Gehalt des Eiweißes der weiteren Extraktionsschrote an Threonin und Tryptophan weist keine Besonderheiten im Vergleich zum Getreideeiweiß auf. Der hohe Bedarf von Schweinen oder Broilern zumindest an Lysin oder an den SAS wird selbst in Getreide-Sojaextraktionsschrot-Rationen in der Regel erst durch Lysin- oder Methioninzusatz gedeckt.

Die Proteinverdaulichkeit der Extraktionsschrote und Expeller ist der von Getreide vergleichbar, Voraussetzung ist aber ein niedriger Anteil an XFa (s. S. 313) und antinutritiven Substanzen (s. S. 314). Das Eiweiß des Rapsextraktionsschrotes wird im Vergleich zu dem des Sojaextraktionsschrotes vom monogastrischen Tier schlechter verdaut, die Verwertung dürfte gleich sein.

8.3.2.2. Gehalt an Kohlenhydraten und Faser, Verdaulichkeit der Energie und energetischer Futterwert

Stärke ist lediglich in den Soja- und Erdnußfuttermitteln enthalten, etwa 8% in der T der Exraktionsschrote. Die weiteren tabellierten Extraktionsschrote bzw. Expeller

312   8. Futtermittel aus der industriellen Verarbeitung pflanzlicher Rohstoffe

sind stärkefrei (DLG 1991). Der Zuckeranteil ist in der Regel unter 10%. Stärke und Oligosaccharide machen zusammen weniger als ein Drittel der XC aus. Der Hauptteil sind Gerüstsubstanzen, darunter das Lignin. Allerdings ist Lignin kein Polysaccharid, und verschiedene Autoren rechnen die Verbindung auch nicht zur Kohlenhydratfraktion.

Rückstände aus der Verarbeitung ungeschälter Erdnuß-, Baumwoll- und Sonnenblumensaat sowie aus der Babassu- und Palmkernverarbeitung können mehr als 50% Gerüstsubstanzen bzw. 15% Lignin enthalten. Die Verdaulichkeit solcher faserreicher Ölsaatrückstände ist niedrig. Sie entspricht in etwa der von Heu. Der Einsatz faserreicher Ölsaatenrückstände muß demnach auf den Wiederkäuer beschränkt bleiben.

Rapsextraktionsschrot enthält im Vergleich zum Sojaextraktionsschrot etwa das Doppelte an XFa (Tabelle 180). Die Analyse der Zellwandfraktionen zeigt im Rapsextraktionsschrot neunmal soviel Rohlignin wie im Sojaextraktionsschrot (Abb. 75). In Verdauungsversuchen mit Schweinen erwies sich die Rohligninfraktion als unverdaulich (Schöne et al. 1991). Entsprechend dem hohen Ligninanteil war in dem Rapsextraktionsschrot die scheinbare Verdaulichkeit der OS deutlich niedriger als in Sojaextraktionsschrot. Sojaextraktionsschrot enthielt in Übereinstimmung mit den Angaben in Tabelle 180 ein Fünftel mehr NEFs als Rapsextraktionsschrot.

Die Expeller oder Kuchen weisen eine ähnliche DO auf wie die Extraktionsschrote (s. Tabelle 180). Durch den Fettanteil ist die EK der Expeller aber 15—20% höher als die der Extraktionsschrote. Bei höheren Anteilen Expeller im Futter ist mit einer Beeinflussung der Zusammensetzung des Körper- bzw. Milchfetts zu rechnen (s. S. 320). Für den Einsatz in der Fütterung der Jungtiere sollte die Qualität des Fettes (s. S. 381) beachtet werden. Die Einschränkungen treffen noch mehr auf die Sojabohne und Rapssaat zu (s. S. 320). Trotzdem sind beide Ölsaaten eine wirtschaftliche Alternative gegenüber dem Zusatz von Fett (s. S. 378) zum Mischfutter.

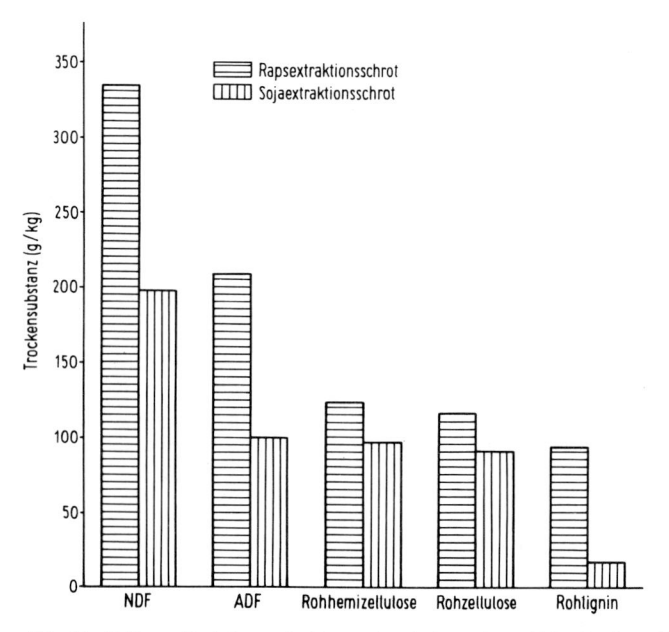

Abb. 75. Zellwandfraktionen in Rapsexktraktionsschrot (4 Proben) und Sojaextraktionsschrot (2 Proben).

8.3. Eiweißreiche Produkte der Ölindustrie

Tabelle 180. Gehalt an Rohfaser und Rohfett und Verdaulichkeit der Energie sowie Energiekonzentration ausgewählter Extraktionsschrote und Expeller (Rostocker Futterbewertungssystem 1988)

	Sojaextraktionsschrot getoastet	Rapsextraktionsschrot	Sonnenblumenextraktionsschrot entschält	Baumwollsaat		
				Extraktionsschrot		Expeller teilweise entschält
				teilweise entschält	entschält	
Gehalt Rohfaser g/kg Trockensubstanz	80	150	150	160	90	170
Gehalt Rohfett g/kg Trockensubstanz	15	20	20	20	20	70
Verdaulichkeit der Energie (%)						
Rind	88	75	74	70	76	71
Schwein	88	74	72	62	76	64
Huhn	67	52	69	49	62	52
Energiekonzentration (EF/kg T)						
Rind	634	554	536	521	553	631
Schwein	665	554	512	467	590	545
Huhn	486	330	491	361	457	441

8.3.2.3. Gehalt an Mengenelementen, Spurenelementen und Vitaminen

Extraktionsschrote enthalten erheblich mehr Calcium als Getreide (Tabelle 181). Der Phosphoranteil ist hoch. Im Mischfutter trägt der Phosphor aus dem Extraktionsschrotanteil verstärkt zur Bedarfsdeckung bei.

In Übereinstimmung mit Getreide liegen etwa zwei Drittel des Phosphors der Extraktionsschrote als Phytinsäure vor (Lantzsch 1989). Das Enzym Phytase (s. S. 248) dürfte während des Toastens vollständig inaktiviert werden. Phytasezusatz zu Broiler- und Schweinemastrationen mit hohem Extraktionsschrotanteil und weiteren phytasearmen Komponenten (Mais!) erhöht die Verdaulichkeit und Verwertung des Phosphors beträchtlich.

Tabelle 181. Gehalt ausgewählter Extraktionsschrote an Mengen- und Spurenelementen (Angaben je kg T)

	Extraktionsschrot aus			
	Baumwollsaat	Raps- und Rübsensaat	Sojabohnen	Sonnenblumensaat
Calcium (g)	2,3	7,1	3,1	4,6
Phosphor (g)	12,6	11,5	7,7	14,3
davon Phytinsäure-Phosphor[1]) %	keine Angaben	67	56	75
Zink (mg)	45	69	48	64
Kupfer (mg)	18	7	22	36
Selen (mg)	0,9	1,0	0,2	0,3

[1]) Lantzsch (1989).

Der Zn- und Cu-Gehalt der Extraktionsschrote ist höher als im Getreide. Vermutlich ist aber ein höherer Anteil des Zn phytingebunden. Die hohe Fe-Konzentration im Bereich von 200 bis 700 mg/kg T dürfte auch aus der Kontamination während der Verarbeitung resultieren.

Der Se-Gehalt des Rapsextraktionsschrotes wird von kanadischen Autoren als günstig eingeschätzt (Kling und Wöhlbier 1983). Der Iodgehalt liegt bei 0,1 mg/kg T. Die Glucosinolate und deren Abbauprodukte stören allerdings den Iodumsatz und erhöhen den Iodbedarf (Groppel und Körber 1985).

Der Gehalt der Extraktionsschrote an den Vitaminen B_1, B_2, B_6, Pantothensäure, Niacin und Folsäure wird in der Größenordnung von Getreide angegeben, ihr Vitamin-E-Gehalt ist niedriger, der Cholingehalt, besonders von Rapsverarbeitungsprodukten, deutlich höher (Jeroch 1980). Pflanzenfette enthalten bis zu 1,5 g Vitamin E/kg (Marquard 1990). Expeller und Ölsaaten sind demnach Vitamin-E-reiche Futtermittel.

8.3.2.4. Antinutritive Inhaltsstoffe

Die chemisch heterogenen Substanzen wurden bereits in Tabelle 179 den entsprechenden Ölsaaten zugeordnet. Substanzen sind antinutritiv, indem sie Futterverzehr, Verdauung und Verwertung bzw. Stoffwechsel, aber auch die Qualität der Produkte (Milch, Eier) beeinträchtigen. Über eine antinutritive Wirkung entscheidet die Substanzmenge, weshalb der Gesetzgeber Höchstanteile in Futtermitteln vorgibt (Koch et al. 1989). Wichtige Einflußfaktoren sind die Tierart und das Alter. Die Gefährdung von Jung- und Hochleistungstieren ist stärker, und im allgemeinen können Wiederkäuer größere Substanzmengen „entgiften" als Schweine und Geflügel.

Nachfolgend werden antinutritive Inhaltsstoffe der Ölsaaten, Expeller und Extraktionsschrote charakterisiert.

Trypsinhemmstoffe der Sojabohne: Bisher wurden zwei Trypsinhemmstoffe isoliert, welche etwa 15% des Sojaproteins ausmachen. Der Kunitz-Faktor besteht aus 181 Aminosäuren, der Bowman-Birk-Faktor aus 71 Aminosäuren (American Soybean Association 1990). Beide Peptide bilden Komplexe, besonders mit dem Trypsin der Bauchspeicheldrüse. Das Organ erhöht daraufhin die Enzymproduktion. Proteasehemmstoffe kann man an einer vergrößerten Bauchspeicheldrüse diagnostizieren.

Glucosinolate des Rapses: Die Verbindungen besitzen die gleiche Grundstruktur-, eine Thioglucose, welche mit einem Sulfat über Kohlenstoff und Stickstoff verknüpft ist (Abb. 76). Der Rest ist unterschiedlich. Bisher sind etwa 100 Glucosinolate bekannt, 8 davon kommen in nennenswerten Anteilen im Raps vor. Glucosinolate können den Futterverzehr und die Schilddrüse beeinträchtigen. Es liegen erste Ergebnisse über Dosis-Wirkungs-Beziehungen vor.

Glucosinolate werden enzymatisch, nach neueren Befunden ebenfalls durch Kupferionen (Lüdke und Schöne 1988) in Isothiocyanate, Nitrile und Thiocyanate gespalten (s. Abb. 76). Isothiocyanate und Nitrile gelten als toxisch. Ein Teil der Verbindungen wird aber während des Toastens flüchtig.

Sinapin des Rapses: Die Verbindung, ein Cholinester, ist in Rapsextraktionsschrot zu 0,4 – 0,8% enthalten (Henkel und Mosenthin 1989). Aus Sinapin wird im Darm durch Bakterien Trimethylamin (TMA) freigesetzt. Bestimmte Hennenlinien, vor allem die

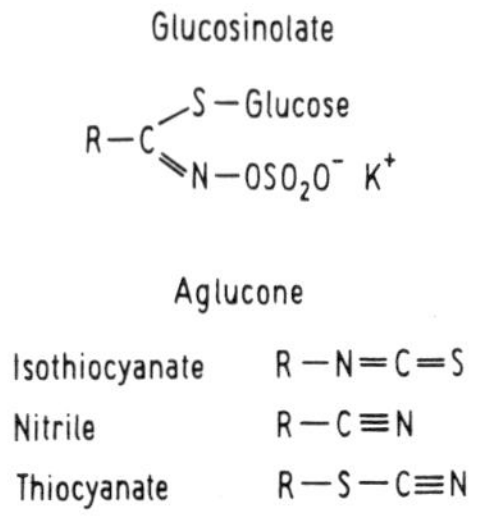

Glucosinolate

$$R-C\begin{matrix}\nearrow S-\text{Glucose}\\ \searrow N-OSO_2^-\ K^+\end{matrix}$$

Aglucone

Isothiocyanate	$R-N=C=S$
Nitrile	$R-C\equiv N$
Thiocyanate	$R-S-C\equiv N$

Abb. 76. Struktur der Glucosinolate und der Abbau durch Myrosinase oder Kupferionen.

braunschalige Eier legenden, bilden nicht ausreichend TMA-Oxidase. Dieses TMA inaktivierende Enzym soll ebenfalls durch Glucosinolate und Tannine des Rapsextraktionsschrotes gehemmt werden. TMA reichert sich im Organismus an und verleiht den Eiern einen fischigen Geruch und Geschmack.

Gossypol der Baumwollsaat: Die phenolische Verbindung ist ein gelbes Pigment. Nur freies Gossypol ist giftig. Bei Hitze wird Gossypol an Protein gebunden (Schmandke 1987). Mit Metall-, besonders Fe-Salzen, bildet Gossypol Chelate. Baumwollsaatexpeller enthalten 0,5 bis 0,9% Gesamtgossypol, in freier Form bis zu 0,2% (Lennerts 1984). In Baumwollsaatextraktionsschroten wurde bis zu 0,12% freies Gossypol nachgewiesen. Das ist der im Futtermittelgesetz angegebene Höchstanteil (Koch et al. 1989).

Freies Gossypol hemmt in einer Dosis von wenigen mg täglich die Spermatogenese. Die hundertfache Dosis beeinträchtigt die Funktion der Leber und der Niere. Besonders bei Jungtieren (Ferkel, Kälber) traten durch Baumwollsaatfuttermittel Todesfälle auf.

Mykotoxine werden von mikroskopisch kleinen Pilzen produziert. Bislang kennt man etwa 400 dieser chemisch sehr unterschiedlichen Substanzen (Bauer 1991). Erdnüsse, aber auch Baumwollsaat und die entsprechenden Verarbeitungsprodukte können mit Aflatoxinen kontaminiert sein (Wood 1989). Ochratoxin kontaminiert Mais, aber auch Sojaprodukte. Aflatoxin B_1 und Ochratoxin schädigen Niere sowie Leber und können Todesfälle verursachen. Der Gesetzgeber toleriert in Futtermitteln bis zu 50 µg Aflatoxin B_1/kg (Koch et al. 1989).

Cyanogene Glycoside der Leinsaat: Das Futtermittelgesetz (Koch et al. 1989) gibt für Leinsaat den Höchstgehalt Linamarin mit 250 mg/kg (als Blausäure!) an. Nach Schilcher und Schulz (1986) handelt es sich in der Leinsaat nicht um das Monoglucosid Linamarin, sondern um die Diglucoside Linostatin und Neolinostatin. Die Autoren verzehrten ohne gesundheitliche Folgen über Wochen täglich 150 – 300 g Leinsamen. Die Schlußfolgerung aus dem „Selbstversuch" ist: „Es werden unbedeutende Mengen Blausäure freigesetzt, welche der Organismus rasch entgiftet."

8.3.3. Maßnahmen zur Verbesserung des Futterwertes

Für das Sojaextraktionsschrot sind die entscheidenden qualitätsbestimmenden Schritte der Verarbeitung die Wasserdampfbehandlung und die Trocknung. Das Toasten inaktiviert die Trypsinhemmstoffe, Lectine und mutmaßlich noch andere antinutritive

Substanzen. Gleichzeitig verringert sich die Ureaseaktivität, die als Indikator für die Wirksamkeit des Toastens genutzt wird, auf weniger als 0,4 mg N-Freisetzung/g/min. Fehleinschätzungen sind allerdings möglich, da übertrocknetes bzw. proteingeschädigtes Sojaextraktionsschrot ebenfalls wenig Urease enthält.

Auf die Schälung von Baumwollsaat, Sojabohne und Sonnenblumensaat als Verfahrensschritt während der Ölgewinnung wurde bereits eingegangen. Das vollständige oder teilweise Entfernen der Schalen vermindert den Rohfaser- bzw. Ligninanteil und erhöht den energetischen Futterwert (s. S. 312).

Ein Schälen der Sonnenblumensamen wird wegen der hohen Verluste an ölhaltigen Bestandteilen nur ungenügend praktiziert. Langfristig dominieren züchterische Maßnahmen, um den Schalenanteil der Sonnenblumensaat zu verringern. Ertragsstarke Sonnenblumenarten vorwiegend südosteuropäischer Provenienz haben etwa 25% Schalen in den Samen gegenüber 45% bei den älteren, teilweise noch heute in den USA angebauten Sorten (Mieth et al. 1984). Unterstellt man eine Ölausbeute von 45% wird auch in Extraktionsschrot der schalenarmen Neuzüchtungen der Rohfasergehalt mehr als 25% betragen.

Bei der züchterischen Bearbeitung der Rapssaaten wurde in einem ersten Schritt die den Herzmuskel schädigende Erucasäure von 50% auf weniger als 3% am Gesamtfett verringert (Tabelle 182). Diese Maßnahme ermöglichte es, den Anteil des Rapsöles bei der Margarine- und Speiseölherstellung zu erhöhen. Die zweite Phase der züchterischen Verbesserung des Rapses betrifft die Verminderung des Glucosinolatanteiles von 3—9% auf etwa 1% in der entfetteten Saat, das entspricht dem von der Tierernährung geforderten Grenzwert von 30 mmol Glucosinolaten je kg des entfetteten Rapsschrotes. Sommerrapssorten mit niedrigem Erucasäure- und Glucosinolatgehalt (Doppelnullqualitäten) existieren mit der kanadischen Sorte „Tower" seit 1973.

Bei dem ertragsstärkeren Winterraps wurde 1981 in Deutschland die erste glucosinolatarme Sorte („Librador") zugelassen. Derzeit in Mittel- und Westeuropa fast ausschließlich angebauter Qualitätswinterraps enthält bis zu 60 mmol Glucosinolate/kg

Tabelle 182. Raps und Rapsextraktionsschrote — Qualitätskriterien und Verwendung

Kriterium Bezeichnung/Gehalt	Erucasäure (C22:1) %	Glucosinolate + Abbauprodukte mmol/kg[1])	Verwendung
Herkömmlich			
— Saat	20	75	Gewinnung von technischen Ölen
— Extraktionsschrot	<2	125	Futter Wiederkäuer, Düngemittel
Einfach(null)qualität			
— Saat	<3	75	Speiseölgewinnung
— Extraktionsschrot	<2	125	Futter Wiederkäuer, Düngemittel
Doppel(null)qualität			
— Saat	<3	<18	Speiseölgewinnung
— Extraktionsschrot	<2	<30	Futter, Schwein, Huhn und Wiederkäuer

[1]) 1 mmol entspricht etwa 0,4 g

8.3. Eiweißreiche Produkte der Ölindustrie   317

fettfreier Substanz. Das ist zwar ein Drittel bis die Hälfte des Glucosinolatanteils herkömmlicher Sorten. Der genannte Grenzwert für Doppel(null)qualität wird aber in vielen Fällen überschritten.

Tierernährung und Mischfutterindustrie können Rapschargen mit mehr als 30 mmol Glucosinolaten/kg entfetteter Substanz keinesfalls unter der Bezeichnung Doppelqualität akzeptieren. An dieser Feststellung ändert auch die Tatsache nichts, daß in mehreren Schweinemastversuchen die Aufnahme von Rationen mit Extraktionsschroten aus neuen Winterrapssorten hoch war. Futter mit 16% eines solchen Schrotes (48 mmol Glucosinolate/kg T) wurde in annähernd gleichem Umfang wie eine Sojaextraktionsschrotration verzehrt (Tabelle 183). Das Rapsextraktionsschrot aus herkömmlicher Saat (136 mmol Glucosinolate/kg T) verminderte erwartungsgemäß die Futteraufnahme und das Wachstum drastisch. Trotz Iodergänzung des Futters in Höhe des Bedarfes (0,1 mg; National Research Council 1988) verursachte das glucosinolatreiche Futter Kropf. Aber auch nach Verabreichung des glucosinolatärmeren Rapsextraktionsschrotes war die Schilddrüsenmasse noch deutlich erhöht. In weiteren Versuchen mit noch niedrigerem Glucosinolatanteil im Futter (2,4 mmol/kg) wurde die Vergrößerung der Schilddrüse nicht beobachtet. Voraussetzung war aber die Ergänzung des Futters mit mindestens 0,25 mg Iod/kg. Das ist nach dem gegenwärtigen Erkenntnisstand mehr als der zweifache Bedarf.

Tabelle 183. Mastergebnisse und Schilddrüsenmasse von Schweinen bei unterschiedlichem Glucosinolatanteil im Futter (9 Tiere/Gruppe über 17 Versuchswochen)

	Sojaextraktionsschrot	Rapsextraktionsschrot	
		Herkömmlich	Neu
Anteil im Mischfutter %	14	16	16
Gehalt an Glucosinolaten mmol/kg Futter	0	19	6
Futteraufnahme kg/Tag	2,39[a]	1,64[b]	2,31[a]
Lebendmassezunahme g/Tag	729[a]	487[b]	676[a]
Futteraufwand kg/kg Zunahme[1])	3,29	3,38	3,41
Körpermasse zu Versuchsende kg	107[a]	78[b]	101[a]
Schilddrüsenmasse mg/kg Körpermasse	122[a]	772[b]	305[c]

Unterschiedliche Indices kennzeichnen signifikante Differenzen.
[1]) nicht signifikant

8.3.4. Einsatzempfehlungen

8.3.4.1. Extraktionsschrote

Die Begrenzung von Raps-, Baumwollsaat- und Erdnußextraktionsschrot in den Futterrationen soll den Einfluß antinutritiver Substanzen minimieren (Tabelle 184). Im Mischfutter für Saugferkel, Lamm und Küken dürfen die Schrote nicht oder nur in geringem Anteil enthalten sein. Sonnenblumenextraktionsschrot, selbst aus entschälter Saat, wird wegen des hohen Gehaltes an XFa (16%; Koch et al. 1989) bei

Tabelle 184. Maximaler Anteil ausgewählter Extraktionsschrote in der Fütterung von Nutztieren (% der Trockensubstanz)

	Soja getoastet	Raps			Sonnenblume		Baumwollsaat entschält
		Herkömmlich	Doppelqualität[1])	Neu[2])	teilgeschält	entschält	
Schwein							
Ferkel	20	0	3	0	0	0	0
Mastschwein	15	2	10	6	0	4	5
laktierende Sau	20	0	0	0	0	2	5
Wiederkäuer							
Kalb	15	0	5	2	5	5	0
Milchkuh Mastrind Schaf	10	5	10	10	10	10	5
Lamm	15	2	10	6	0	0	2
Geflügel							
Broiler	35	2[3])	10[3])	6[3])	0	0	2[3])
Legehenne	20	0	0	0	0	5	2
Pute	40	0	5	3	0	0	2

[1]) <30 mmol Glucosinolate (einschl. Glucosinolatabbauprodukte)/kg
[2]) <60 mmol Glucosinolate (einschl. Glucosinolatabbauprodutke)/kg
[3]) nicht an Küken

monogastrischen Nutztieren begrenzt eingesetzt. Pelletieren kann die Energiedichte und die Energieaufnahme erhöhen. Sonnenblumenextraktionsschrot aus teilgeschälter Saat, mit höchstens 28% XF sollte an Wiederkäuer gefüttert werden. Im Alleinfutter für tragende Sauen sind Sonnenblumenextraktionsschrotanteile bis zu 15% möglich.

In der Aufzucht der Ferkel bis zum Alter von 8 Wochen sollte der Anteil des Sojaextraktionsschrotes am eiweißreichen Konzentrat auf zwei Drittel begrenzt werden. Ungetoastetes Sojaextraktionsschrot darf nur an Milchkühe und Mastrinder verfüttert werden. Diese Einschränkungen schmälern die Bedeutung des Sojaextraktionsschrotes als „Universaleiweißkraftfutter" nur unwesentlich.

Die Begrenzung der Futtermittel mit antinutritiven Bestandteilen beinhaltet eine erhebliche Sicherheit. Akutes Risiko besteht erst, wenn die Höchstanteile (s. Tabelle 184) wesentlich überschritten werden. Bei Jungrindern traten nach vierwöchiger Verabreichung von 1 kg Baumwollextraktionsschrot (20% der T der Ration) Todesfälle infolge Gossypolvergiftung auf (Orgad-Klopfer und Adler 1986). Siliertes Rapsextraktionsschrot, in Anteilen von 15% der T an hochtragende Sauen gefüttert, führte in Verbindung mit einem Ioddefizit zu katastrophalen Ferkelverlusten (Schöne et al. 1986). Andererseits besteht selbst bei Unterschreiten der Höchstanteile, besonders in Verbindung mit weiteren belastenden Rationsbestandteilen, das Risiko einer Verzehrs- bzw. Leistungsminderung. In einigen Versuchen nahmen Mastschweine bereits Mischfutter mit 2% Rapsextraktionsschrot aus herkömmlicher bzw. 5% aus glucosinolatarmer Saat schlechter auf (Kracht 1989). Durch Einbeziehung von Fischmehl oder von Leistungsförderern kann man dem Verzehrsabfall entgegenwirken.

Im Gegensatz zu den Angaben in Tabelle 184 sehen kanadische Empfehlungen (Baidoo und Aherne 1985) im Alleinfutter für Zuchtsauen bis zu 12% Rapsextraktionsschrot aus Doppelqualitätssaat vor. Die Versuchsergebnisse zum Einsatz selbst der glucosinolatarmen Rapsextraktionsschrote sind aber widersprüchlich.

In dänischen Untersuchungen mit insgesamt 164 Sauen war bei 20% Rapsextraktionsschrot im Futter die Anzahl der geborenen bzw. abgesetzten Ferkel vermindert (Danielsen et al. 1987). Die Hälfte dieses Rapsextraktionsschrotanteils wurde ohne Auswirkungen auf die Aufzuchtergebnisse, die Milchleistung und die Fruchtbarkeit toleriert. In französischen Untersuchungen kamen an insgesamt 127 Sauen 0, 7, 14 und 20% Rapsextraktionsschrot zur Prüfung (Etienne et al. 1991). Die Ferkel der Sauen mit 7% Rapsextraktionsschrot im Futter waren zur Geburt 70 g leichter. Der steigende Rapsextraktionsschrotanteil verringerte die Geburtsmasse noch weiter und erhöhte die Schilddrüsenmasse.

Der Unterschied zwischen den Ergebnissen dieser beiden Sauenversuche ist möglicherweise auf den unterschiedlichen Glucosinolatgehalt der Rapsextraktionsschrote zurückzuführen. Die dänischen Untersucher verwendeten Schrot aus Sommersorten mit 12 mmol Glucosinolaten/kg, die französischen Untersucher dagegen Schrot aus Winterrapssorten mit dem dreifachen Glucosinolatanteil. Die Glucosinolattoleranz des Fetus bzw. des Ferkels dürfte sehr gering sein. Bis zum Vorliegen weiterer Untersuchungsergebnisse sollte jeglicher Rapsextraktionsschroteinsatz bei Sauen unterbleiben.

Die für Broiler angegebenen Höchstanteile der Rapsextraktionsschrote stimmen mit den Angaben für Mastschweine überein. Zu beachten ist die niedrige Energiedichte dieser Futtermittel, welche dem Energiebedarf des Broilers keinesfalls entspricht. Bei Hennen besteht das Sinapinproblem (s. S. 314), und Raps sowohl herkömmlicher als auch glucosinolatarmer Qualität darf an Legehennen nicht gefüttert werden.

Rinder tolerieren in der Regel wesentlich mehr antinutritive Substanzen als monogastrische Tiere. In Fütterungsversuchen mit Milchkühen wurde kurzfristig täglich bis zu 1,8 kg Rapsextraktionsschrot mit hohem Glucosinolatanteil eingesetzt (Papas et al. 1979), ohne daß Leistungsminderungen im Vergleich zu den mit der gleichen Eiweißmenge über Sojaextraktionsschrot versorgten Tieren auftraten. Für Extraktionsschrote aus Doppelqualitätssaat kamen Tagesgaben von 2,5 bis 3 kg (Emanuelson et al. 1987, Grandegger et al. 1990) erfolgreich zur Anwendung. Glucosinolate und deren Abbauprodukte sind bis auf Spuren ungiftigen Thiocyanates (Bell 1984) nicht in der Milch enthalten, so daß auch unter diesem Aspekt langfristig täglich 0,5 bis 1 kg herkömmliches Rapsextraktionsschrot oder die doppelte Menge glucosinolatarmes Schrot an Milchkühe verabreicht werden können.

8.3.4.2. Ölsaaten und Expeller

Die energetischen Ansprüche von jungen und Hochleistungstieren rechtfertigen neben dem Einsatz von Expellern, in gewissem Umfang auch den von Ölsaaten. Vergleichsweise zu Getreide sind die Ölsaaten deutlich energiereicher (s. Anhang) und somit sowohl Protein- als auch Energieträger (Tabelle 185).

Rapssaat mit ihrem sehr hohen Fettgehalt muß eine höhere EK als Sojabohnen besitzen. Andererseits verdauen Schweine die OM von Rapssaat zu 77% gegenüber 88% von getoastetem Vollfettsoja (Schöne et al. 1992). Die EK der Rapssaat übertrifft die der Sojabohne somit nur um etwa ein Zehntel.

Getoastete Sojabohnen werden schon seit längerem in der Fütterung eingesetzt. Für eine Inaktivierung der Proteaseinhibitoren in Sojabohnen eignen sich auch weitere Verfahren (druckthermische Behandlung im Expander, Extrusion, Mikronisation, Rösten, jet-sploding; Frank 1989, Zollitsch 1991).

8. Futtermittel aus der industriellen Verarbeitung pflanzlicher Rohstoffe

Tabelle 185. Nährstoff- und Energiegehalt von Sojabohnen und Rapssamen (Angaben, bezogen auf 1 kg Futtertrockensubstanz)[1])

Futtermittel	Roh-protein g	Roh-fett g	Roh-faser g	Umsetzbare Energie	
				Schwein (BFS-korrigiert) MJ	Huhn (N-korrigiert) MJ
Sojabohnen (dampferhitzt)	389	216	62	17,6[1])	15,3[1])
Rapssaat (OO-Qualität)	229	445	79	19,9[1])	13,7[2]) 16,6[3])[4]) 18,0[2]) 21,3[3])[4])

[1]) Quellen: DLG-Futterwerttabellen für Schweine (1991), Dokumentationsstelle der Universität Hohenheim (1991)
[2]) bestimmt an Broilerküken,
[3]) bestimmt an adulten Hähnen,
[4]) technisch behandelte Saat (getoastet und geflockt).

Für Rapssaat liegen erste Ergebnisse aus Fütterungsversuchen vor. Die Saat muß vor dem Einsatz zerkleinert werden. Das geschieht am besten durch gemeinsames Schroten mit Getreide. In Untersuchungen mit Ferkeln (Grosjean et al. 1989) erwies sich die Extrusion, in Untersuchungen mit Masthähnchen ein Autoklavieren als vorteilhaft. Die Leistungsverbesserung wird nicht nur als „Aufschlußeffekt" gesehen, sondern es soll ebenfalls Myrosinase (s. S. 309) denaturiert werden. Hinsichtlich einer weiteren Reduzierung des Gehaltes an Glucosinolaten bzw. deren Abbauprodukten in OO-Rapssaat erwies sich die hydrothermische Behandlung im Expander als sehr wirksam (Peisker 1990). Das Verfahren in Verbindung mit einem Katalysator vermindert ebenfalls den Sinapingehalt drastisch. Die expandierte Saat kann selbst bei solchen Hennenherkünften eingesetzt werden, welche nicht in der Lage sind, Trimethylamin abzubauen (Jeroch 1992, Peisker 1990).

Im Schweinemastversuch führten 20% Rapssaat im Alleinfutter zu guten Mastergebnissen (Hoppenbrock 1985). Das Schlachttierfett zeigte aber eine weiche Konsistenz. Im Rückenspeck war der Anteil Linol- und Linolensäure erhöht. Geht man von maximal 12% Linolsäure im Rückenspeck aus, so darf Mastfutter höchstens 4% Rapsöl oder 10% Rapssaat enthalten (Burgstaller et al. 1991). Sojaöl enthält deutlich mehr doppelt ungesättigte Fettsäuren als Rapsöl, so daß 2% Sojaöl oder höchstens 10% Vollfettsoja im Schweinemastfutter zulässig sind.

Im Broilermastfutter sind Anteile von 15% Sojabohnen und 10% Rapssaat möglich. Expandierte Rapssaat erlaubt einen höheren Anteil. Nach diesem Verfahren bearbeitete, weitgehend sinapinfreie Rapskörner können im Legehennenfutter in einer Größenordnung von 8–12% eingesetzt werden. Die Höhe des Vollfettsojabohnenanteils im Legehennenfutter wird durch den reichlichen Gehalt an doppelt ungesättigten Fettsäuren bestimmt. Danach können bis 10% im Futter integriert werden.

Bei Einsatz von Vollfettsoja, Rapssaat und Rapsexpellern in Milchviehrationen muß die zugeführte Fettmenge beachtet werden. Fettanteile von 700 g über 25% Rapsexpeller im Milchviehmischfutter senkten den Milchfettgehalt drastisch (Röhrmoser et al. 1991). In kanadischen Untersuchungen waren bereits bei 500 g Fett über Rapssaat die Futteraufnahme und die Milchmenge beeinträchtigt (Kenelly et al. 1987). Die Verschiebung von den mittelkettigen zu den langkettigen Fettsäuren im Milchfett scheint aber nicht wie beim Schlachttierfett mit Qualitätsmängeln einherzugehen. Nach dem gegenwärtigen Erkenntnisstand können in Milchviehrationen Rapssaat bis zu 5% der T, Vollfettsoja bis zu 10% der T eingesetzt werden.

Verschiedentlich wird **Leinsamen** als Futtermittel verwendet, und zwar aufgrund günstiger diätetischer Eigenschaften. Sein reichlicher Gehalt an Schleimstoffen — ein Gemisch aus verschiedenen Kohlenhydraten in den Epidermiswänden — ist hierfür die Ursache. Den in wäßrigem Medium schleimbildenden Stoffen des Leinsamens werden eine Reihe günstiger Eigenschaften zugeschrieben (u. a. Stimulierung der Darmperistaltik, Beseitigung von Verdauungsstörungen). Leinsamenschrote kommen deshalb vor allem in der Kälberaufzucht als Bestandteil der Tränke bzw. des Aufzuchtfutters zum Einsatz. Beachtung verdienen jedoch die cyanogenen Glycoside. Eine übermäßige Leinsamenverfütterung muß deshalb vermieden werden. Anteile von 10% Leinsamen im Kälberaufzuchtfutter haben sich bewährt. Vor dem Leineinsatz bei Masttieren ist zu warnen, denn das an mehrfach ungesättigten Fettsäuren reiche Leinöl dürfte die Qualität des Schlachttierfettes beeinträchtigen.

Verschiedene ölhaltige Samen sind bevorzugte Futtermittel für Kanarien, Exoten und Ziergeflügel. Rassegeflügelzüchter verfüttern sie gern in der Vorbereitungsphase ihrer Ausstellungstiere. Der Fettgehalt bewirkt ein glänzendes Gefieder. Für diesen Zweck werden vor allem Hanf- und Sonnenblumensamen verwendet.

8.3.4.3. Weniger bedeutsame Ölsaaten und deren Rückstände

Diesen im internationalen Maßstab weniger häufig genutzten und untersuchten Futtermitteln gelten die folgenden Kurznotizen.

Kokosfuttermittel werden bis zu einem Drittel in Konzentraten für Milchkühe, Mastrinder und Kälber eingesetzt. Unter Beachtung eines optimalen XF-Gehaltes und einer hohen Akzeptanz der Milchviehration haben Expeller oder Kuchen keinen negativen Einfluß auf die Konsistenz der Butter (Lennerts 1984). Bei einer EK von 665 EFs/kg T ist der Einsatz der Expeller in der Schweinemast möglich. Die Tagesgabe sollte aber 0,3 kg je Tier nicht überschreiten.

Für den Einsatz von **Palmkern-** oder **Babassukuchen** bzw. **-expellern** bei Rindern gelten die gleichen Empfehlungen wie für die Kokosfuttermittel. In Schweinemastrationen können 10% Palmkernexpeller mit 645 EFs und 130 g DP je kg T eingesetzt werden. Palmkernextraktionsschrot wird wegen des hohen Staubanteils auch im Mischfutter für Rinder auf Anteile von $\approx$ 10% begrenzt.

Leinextraktionsschrot und -expeller finden besonders bei Kälbern als Diätetikum Verwendung. Die Quellfähigkeit bzw. Schleimbildung der Leinfuttermittel resultiert im wesentlichen aus dem Gehalt an löslichen Pentosanen (Marquard 1991).

Saflorkuchen und -expeller aus geschälter bzw. ungeschälter Saat werden im Konzentrat für Milchkühe zu 15 bzw. 5% eingesetzt. In höheren Anteilen beeinträchtigen neben dem hohen Rohfaseranteil Antinutritiva die Futteraufnahme.

Sesamextraktionsschrot und -expeller erreichen wegen des Rohascheanteils von mehr als 10% (Sandbeimengungen!) in der Regel nicht 600 EFs/kg T und scheiden daher aus der Schweinefütterung weitgehend aus. Sesamfuttermittel können an Mastrinder und Milchkühe in Anteilen von bis zu 1 kg/Tier und Tag verfüttert werden.

Mohnextraktionsschrot wird von Milchkühen und Mastrindern in Rationsanteilen bis zu 20% toleriert. Während Mohnkuchen sich bei Milchvieh nicht bewährt hat, sollen Mastrinder bis 2 kg/Tier und Tag akzeptieren (Lennerts 1984).

Maiskeimkuchen und -extraktionsschrot werden in Konzentraten für Rinder zu maximal 20% einbezogen. Die DO wird für das Schwein mit $\approx 65\%$ angegeben, so daß lediglich bei tragenden Sauen bis zu 20% dieses Futtermittels, bezogen auf die T der Ration, eingesetzt werden können.

Literatur

American Soybean Association: Sojaschrot. Hamburg 1990.
Baidoo, S. L., and F. X. Aherne: Agriculture & Forestry Bulletin. The University of Alberta **8**, No. 3, 21 (1985).
Bauer, J.: Vortr. 103. VDLUFA-Kongreß, Ulm, 13 (1991).
Bell, J. M.: J. Anim. Sci. **58**, 996 (1984).
Bille, N., B. O. Eggum, I. Jacobsen, D. O. Olsen and H. Sorensen: Z. Tierphysiol. Tierernähr. Futtermittelkde. **49**, 148 (1983).
Burgstaller, G., Karin Lang, Christiane Jatsch und H. Nicklas: Fat. Sci. Technol. **93**, 391 (1991).
Danielsen, V., B. O. Eggum, K. W. Rasmussen and H. Sørensen: Proc. 7th Int. Rapeseed Congress, Poznań 1727 (1987).
DLG-Futterwerttabellen für Schweine. DLG-Verlag, Frankfurt/Main 1991.
Dokumentationsstelle der Universität Hohenheim: Nährstoff-, Mineralstoff- und Aminosäurentabelle zur Geflügelfütterung, 1991. In: Jahrbuch für die Geflügelwirtschaft. Verlag Eugen Ulmer, Stuttgart 1992.
Emanuelson, M., K.-A. Ahlin und L.-E. Edquist: Proc. 7th Int. Rapeseed Congress, Poznań 1825 (1987).
Etienne, M., J. Y. Dourmad, W. Obidzinski and J. Evrard: Proc. 8th Int. Rapeseed Congress, Saskatoon 376 (1991).
Frank, G.: Fett. Wissenschaft, Technologie **91**, 129 (1989).
Grandegger, K., T. Jilk and H. Steingass: Agribiol. Res. **43**, 82 (1990).
Groppel, B., und R. Körber: Iodversorgung und Iodbedarf der Wiederkäuer und Schweine. Fortschrittsbericht AdL der DDR **23** (1985).
Grosjean, F., J. Fekete and F. Gatel: Proc. E.A.A.P. Meeting, Dublin (1989).
Henkel, H., und R. Mosenthin: Übers. Tierernährg. **17**, 139 (1989).
Hoppenbrock, K. H.: Fette, Seifen, Anstrichmittel **87**, 276 (1985).
Jeroch, H.: Biostimulatoren und Futterzusätze. Gustav Fischer Verlag, Jena 1980.
Jeroch, H.: unveröffentlichte Ergebnisse 1992.
Kenelly, J. J., M. Deacon and G. Deboer: Proc. 7th Int. Rapeseed Congress, Poznań 1692 (1987).
Kling, M., und W. Wöhlbier: Handelsfuttermittel. Band 2, Teil A. Futtermittel pflanzlicher Herkunft. Verlag Eugen Ulmer, Stuttgart 1983.
Koch, V., O. Weinreich, J. Knippel und W. Eberhardt: Futtermittelrechtliche Vorschriften. Textsammlung mit Erläuterungen. Verlag Alfred Strothe, Frankfurt/Main 1989.
Kracht, W.: Vortrag Arbeitstagung „Raps und Rapsverarbeitungsprodukte in der DDR". Potsdam-Rehbrücke, 22. 3. 1989.
Lantzsch, H.-J.: Einführung und Stand der Diskussion zur intestinalen Verfügbarkeit des Phosphors beim Schwein. In: Mineralstoffempfehlungen beim Schwein unter besonderer Berücksichtigung der Phosphorverwertung. Industrieverband Agrar e. V., Fachausschuß Futterphosphate 1989.
Lennerts, L.: Ölschrote, Ölkuchen, pflanzliche Öle und Fette, Herkunft, Gewinnung und Verwendung. Verlag Alfred Strothe, Hannover 1984.
Lüdke, H., and F. Schöne: Anim. Feed Sci. Technol. (Elsevier) **22**, 33 (1988).
Marquard, R.: Fat. Sci. Technol. **92**, 452 (1990).
Marquard, R.: Qualitätsaspekte bei der Produktion von Diät- und Industrielein. Vortrag LUFA Thüringen, Jena, 26. 11. 1991.
Mieth, G., E. Lange und J. Brückner: Die Nahrung **28**, 533 (1984).
National Research Council (NRC): Nutrient requirements of swine − 9th Ed. Nat. Acad. Sci., Washington D.C. 1988.
Orgad-Klopfer, U., and H. Adler: Israel J. Vet. Med. **42**, 16 (1986).
Papas, A., J. R. Ingalls and L. D. Campell: J. Nutr. **109**, 1129 (1979).
Peisker, M.: Die Mühle und Mischfuttertechnik **127**, 400 (1990).

Röhrmoser, G., C. Rindle und J. Zwickel: Vortr. 103. VDLUFA − Kongreß, Ulm, 131 (1991).
Rostocker Futterbewertungssystem. 6. Aufl. Deutscher Landwirtschaftsverlag, Berlin 1988.
Schilcher, H., und V. Schulz: Zschr. Phytotherapie **7**, 113 (1986).
Schmandke, H.: Ernährungsforschung **32**, 1 (1987).
Schneider, F. H., und U. Ruette: Proc. 7th Int. Rapeseed Congress, Poznań 1313 (1987).
Schöne, F., G. Jahreis, H. Lüdke, B. Groppel, E. Kirchner und H. Bock: Arch. exper. Vet. med. **40**, 507 (1986).
Schöne, F., A. Hennig, B. Groppel and R. Lange: Proc. 8th Int. Rapeseed Congress, Saskatoon 382, (1991).
Schöne, F., U. Kirchheim und G. Jahreis: Vortr. Tagung „Futterwert und Futterwertverbesserung", Halle 1992 (im Druck).
United States Department of Agriculture (USDA), Foreign Agric. Service: World Oilseed Situation. Ausgabe Oktober 1990.
Vermorel, M., and J. J. Baudet: Reprod. Nutr. Develop. **27(1A)** 45 (1978).
Wöhlbier, W., und F. Jager: Futtermittel aus höheren Pflanzen. Cruciferae. In: W. Wöhlbier (Hrsg.): Handelsfuttermittel, Bd. 2A. Verlag Eugen Ulmer, Stuttgart 1983.
Wood, G. E.: J. Assoc. Off. Anal. Chem. **72**, 543 (1989).
Zollitsch, W.: Proc. 8th European Symposium on Poultry Nutrition: October 14−17, 1991, Venezia-Mestre, Italy.

8.4. Produkte der Zuckerindustrie

8.4.1. Technologie der Zuckerrübenverarbeitung

Zuckerrüben enthalten in der Trockenmasse (Nonn 1969) >70% − in der Regel >75% − lösliche Kohlenhydrate, ca. 6% N-haltige Stoffe, 4−8% Rohasche sowie die Zellwandbestandteile Zellulose (6−8%), Pektin (5−7%) und Lignin (2−3%).

Bei der Zuckerrübenverarbeitung wird der Hauptbestandteil der löslichen Kohlenhydrate, das Disaccharid Saccharose, weitgehend als Weißzucker gewonnen. Die Verarbeitung erfolgt in mehreren Schritten (Abb. 77). Es fallen dabei verschiedene Nebenprodukte an, die zu Futterzwecken genutzt werden können und nach den futtermittelrechtlichen Vorschriften (Futtermittelverordnung vom 08. 04. 1981) als Futtermittel anerkannt sind.

Die Zuckerrübenverarbeitung kann nach verschiedenen Verfahren erfolgen. Zunächst werden die Rüben gewaschen und geschnitzelt, danach schließt sich die Zuckerextraktion bzw. Diffusion an. Die Schnitzel werden auf 346−351 K (73−78 °C) erhitzt, damit die Rübenzellen denaturieren und der Zucker in der nachfolgenden (60−120 min) Diffusionszeit (verfahrensabhängig) besser ausgelaugt werden kann. Die Diffusion wird nach derzeitigem technologischen Standard in kontinuierlich arbeitenden Extraktionsanlagen durchgeführt. Es fallen der zuckerhaltige Rohsaft und extrahierte Schnitzel an. Die extrahierten Schnitzel, zunächst als Diffusions- oder Naßschnitzel bezeichnet, werden fast ausschließlich zu Futterzwecken genutzt. Der Rohsaft, der den zu gewinnenden Zucker enthält, wird über verschiedene Behandlungsstufen durch Kalk- und Kohlendioxidzusatz (Scheidung, Saturation) gereinigt, d. h., im Saft gelöste Stoffe wie Pektin, Eiweiße, hochmolekulare Zucker (Araban, Galactane), Phosphat, Oxalat, Citrat, Farbstoffe u. a. werden ausgefällt. Der dabei anfallende Scheideschlamm besteht vor allem aus $CaCO_3$ und wird meist getrocknet als Düngemittel verwendet. Nach der Scheidung und Saturation liegt der Saft als Dünnsaft mit 12−15% T vor. Er wird zu Dicksaft mit 65−68% T eingedampft. In Kochapparaten wird der Zucker in einem mehrstufigen (meist 3 Stufen) Prozeß aus dem Dicksaft zur Kristallisation

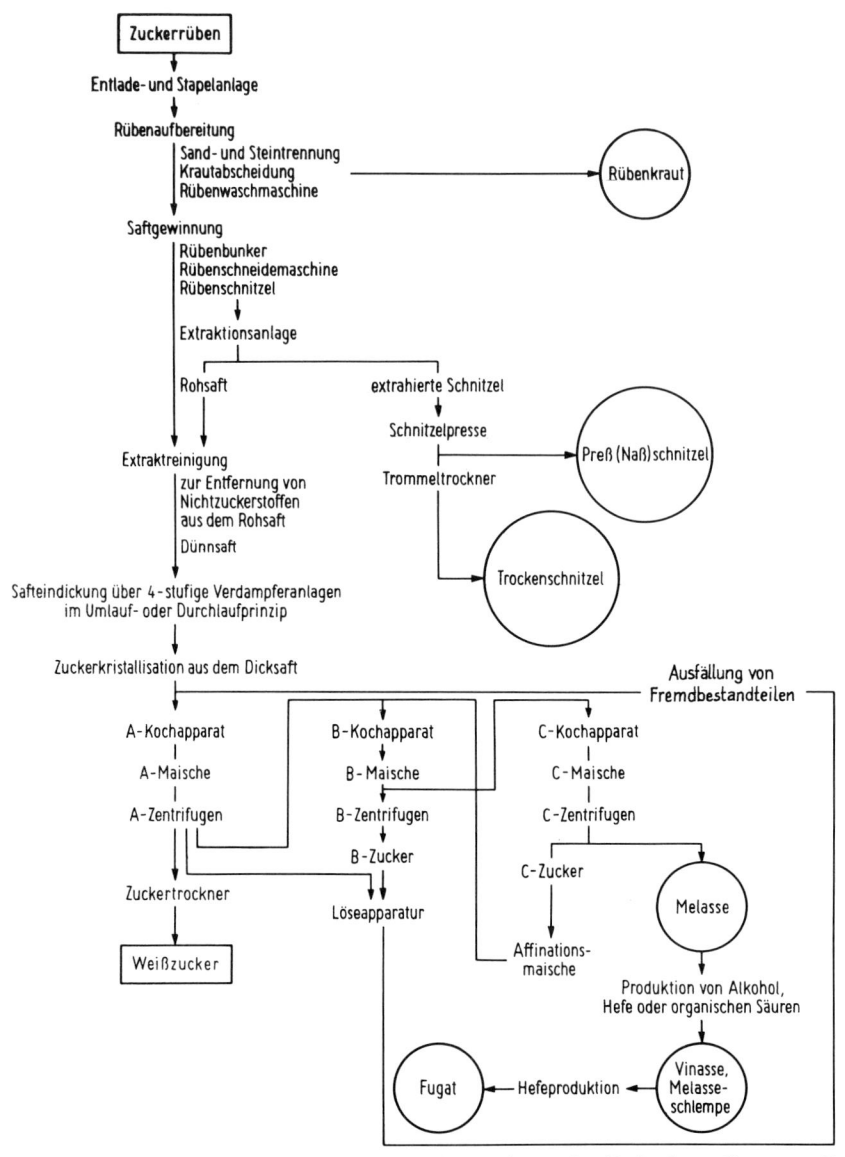

Abb. 77. Vereinfachtes technologisches Verfahrensschema der Zuckerherstellung aus Zuckerrüben.

gebracht und abzentrifugiert. Es entstehen Rohzucker und Melasse. Durch nochmaliges Auflösen und erneute Kristallisation wird der Rohzucker von Melasseresten befreit und damit zu Weißzucker. Die Melasse findet für Futterzwecke oder in der Gärungsindustrie zur Herstellung von Hefe, Alkohol, Glutamin-, Propion- und Citronensäure, Ephedrin u. a. Verwendung. Sie wird häufig noch unter Anwendung von Ionenaustauschverfahren weiter entzuckert. Dafür gibt es verschiedene Verfahren, und die übrigbleibende Melasse weist verfahrensabhängig erhebliche Schwankungen in ihrer Zusammensetzung auf.

8.4.2. Anfallende Futtermittel

Bei der Zuckerrübenverarbeitung zu Weißzucker fallen als verfütterungswürdige Nebenprodukte vor allem extrahierte Schnitzel und Melasse (s. Abb. 77) an. Durchschnittlich werden bei der Verarbeitung von 1 t Zuckerrüben 135 kg Weißzucker und 540 kg Diffusionsschnitzel (60 kg Trockenschnitzel) sowie 40 kg Melasse erzeugt. Die *Diffusions-* bzw. *Naßschnitzel* (8 – 13% T) werden in der Regel durch Abpressen zu Preßschnitzeln bzw. Abpressen und Heißlufttrocknung zu *Trockenschnitzeln* weiterverarbeitet.

Früher wurden auch teilentzuckerte Schnitzel, z. B. Greifenberger oder Steffenschnitzel, hergestellt. Es gab dafür besondere Extraktionsverfahren. Mit derzeitigen Verfahren können teilentzuckerte Schnitzel durch höheren Rübendurchsatz und damit kürzere Diffusionszeiten produziert werden. Aus ökonomischen Gründen findet diese Verfahrensweise derzeit kaum Anwendung.

Ammonisierte Schnitzel sind mit NH_3 behandelte Trockenschnitzel, die einen höheren Rohproteingehalt besitzen und in verschiedenen Versuchen erfolgreich getestet worden sind. Sie erhielten bisher noch keine futtermittelrechtliche Anerkennung.

Die *Melasse* ist ein wichtiges Nebenprodukt der Zuckererzeugung, das zu Futterzwecken genutzt werden kann. In Abhängigkeit vom Entzuckerungsgrad wird nach der Futtermittelverordnung in Zuckerrübenmelasse, Zuckerrübenmelasse zuckerreich und Zuckerrübenmelasse teilentzuckert unterschieden. Bei der Verarbeitung der Melasse in der Gärungsindustrie fällt mit der *Melasseschlempe*, auch als *Vinasse* bezeichnet, noch ein weiteres verfütterungswürdiges Produkt an. Melasse und Melasseschlempe können bei entsprechenden technischen Voraussetzungen auch getrocknet werden und als Trockenprodukte in den Handel gelangen.

Wird Melasse extrahierten Schnitzeln zugegeben, entstehen sog. *melassierte Schnitzel*. Die Melassezugabe kann nach dem Abpressen (melassierte Preßschnitzel) und nach der Heißlufttrocknung (melassierte Trockenschnitzel) erfolgen. Die Bezeichnung Melasseschnitzel ist ein Synonym für melassierte Trockenschnitzel. Je nach Melasseanteil und damit Zuckergehalt werden nach der geltenden Futtermittelverordnung Melasseschnitzel, Melasseschnitzel zuckerarm und Melasseschnitzel zuckerreich unterschieden.

Auch der produzierte Zucker kann zu Futterzwecken genutzt werden. Der Zuckereinsatz zu Futterzwecken ist aus Kostengründen jedoch sehr begrenzt. Als Futterzucker deklarierte Ware kann Rohzucker sein oder vergällter Weißzucker (EG-Verordnung Nr. 235/67). Nach der Futtermittelverordnung ist auch Zuckerrübensirup als Futtermittel zugelassen. Er wird als ein Produkt deklariert, das durch Abpressen von Zuckerrübenschnitzeln gewonnen wird und eingedickt worden ist.

Die Futtermittel, die als Nebenprodukte bzw. Produkte bei der Zuckerrübenverarbeitung anfallen, unterscheiden sich erheblich im Trockensubstanzgehalt und in der Nährstoffzusammensetzung. Ihre wertbestimmenden Nährstoffe sind vor allem verschiedene Zucker, Hemicellulosen, Pektin und Rohprotein. Sie sind generell arm an Phosphor, besitzen keine strukturwirksame Rohfaser und enthalten kein oder nur sehr wenig Rohfett. In Tabelle 186 werden in Anlehnung an Tabellenwerte (DLG-Futterwerttabellen, Rostocker Futterbewertungssystem) und unter Beachtung eigener Untersuchungsbefunde Rohnährstoff-, Zucker- und ausgewählte Mineralstoffgehalte angegeben. Sie stellen durchschnittliche Erwartungswerte dar, die besonders in Abhängigkeit von den Herstellungsverfahren und der Rübenqualität erheblichen Schwankungen unterliegen können.

8. Futtermittel aus der industriellen Verarbeitung pflanzlicher Rohstoffe

Tabelle 186. Gehalt an Rohnährstoffen, Zucker und ausgewählten Mineralstoffen von Zuckerrübenverarbeitungsprodukten im Vergleich zu Zuckerrüben

Futtermittel	Angaben in g/kg T							
	Rohprotein	Rohfett	Rohfaser	XX	Zucker	Rohasche	Ca	P
Zuckerrüben	55	4	50	831	750	60	2,6	1,4
Extrahierte Schnitzel								
Naßschnitzel	98	5	210	617	60	70	9,3	1,1
Preßschnitzel, frisch	100	5	215	625	50	55	8,8	1,0
Preßschnitzel, siliert	105	6	215	604	10	70	9,0	1,0
Trockenschnitzel	95	5	205	640	50	55	8,8	1,0
Teilentzuckerte Schnitzel	85	5	135	725	200	50	3,9	1,3
Zuckerrübenmelasse								
Melasse, zuckerreich	120	0	0	780	650	100	3,0	0,3
Melasse, teilentzuckert	250	0	1	539	240	210	5,0	0,5
Melasseschlempe								
Melasseschlempe	330	4	3	393	65	270	5,4	
Melasseschlempe, N-reich	630	10	1	239	40	120	3,6	
Melassierte Schnitzel								
Melasseschnitzel	115	4	150	651	200	80	5,4	1,2
Melasseschnitzel, zuckerarm	105	5	170	645	140	75	5,6	1,1
Melasseschnitzel, zuckerreich	120	4	135	656	250	85	5,2	1,0
Zucker								
Weißzucker	0	0	0	1000	998	0	0	0
Futterzucker, vergällt	20	0	5	945	940	30	2,0	0,1

8.4.2.1. Extrahierte Zuckerrübenschnitzel

● **Inhaltsstoffe und Futterwert**

Extrahierte Zuckerrübenschnitzel sind infolge des Zuckerentzuges vergleichsweise zu Zuckerrüben ärmer an XX und reicher an Rohprotein, Rohfaser und Rohasche. Die Unterschiede im Nährstoffgehalt sind zwischen Naß-, Preß- und Trockenschnitzeln gering. In Abhängigkeit vom Herstellungsverfahren bzw. der jeweiligen Charge ist mit den in Tabelle 187 ausgewiesenen Schwankungen zu rechnen (Richter und Oslage 1961, Becker et al. 1963, Schiemann et al. 1966, 1971, Schramm und Bergner 1969, Kluge 1986, Nonn 1987a). Erhebliche Unterschiede bestehen zwischen den drei Schnitzelarten im Trockensubstanzgehalt. Die Hauptbestandteile der XX und der Rohfaserfraktion sind Pektin- und Hemicellulosen (Becker et al. 1963, Henkel 1971, Kluge 1986). Der Pektingehalt beträgt 20 – 25% der T. Pektin besteht hauptsächlich aus D-Galacturonsäurebausteinen, die in α-1,4-Bindung verknüpft und deren Carboxylgruppen zu ca. 75% mit Methylalkohol verestert sind. Ein Pektinmolekül kann aus bis zu 1000 Galacturonsäureeinheiten bestehen. Dem Pektin verdanken die Schnitzel

Tabelle 187. Übliche Variation der Nährstoffgehalte bei extrahierten Zuckerrübenschnitzeln

Angaben in g/kg T		Trockenmassegehalt g/kg Frischmasse	
Rohprotein	80 – 100	Naßschnitzel	80 – 130
Rohfett	5 – 15	Preßschnitzel	180 – 300
Rohfaser	200 – 220	Trockenschnitzel	890 – 920
XX	550 – 650		
Gesamtzucker	30 – 70		
Pektin	180 – 250		
Pentosane	200 – 250		
Lignin	15 – 50		
Rohasche	50 – 100		
Calcium	5 – 10		
Phosphor	0,5 – 1,4		
Magnesium	1,1 – 2,8		
Natrium	1,8 – 12,5		

ihre Struktur und Quellfähigkeit. Der Rohproteingehalt der Schnitzel ist gering, die Aminosäurezusammensetzung des Proteins aber vergleichsweise günstig (Kirjuschkin 1987, Tabelle 188).

Die Verdaulichkeit der organischen Substanz der extrahierten Schnitzel beträgt beim Wiederkäuer etwa 85% (80 – 90%), die Energiedichte 7,5 – 7,7 MJ NEL bzw. 720 – 740 StE/kg Trockensubstanz. Bedingt durch die Abbauspezifik des Pektins im Verdauungskanal der Wiederkäuer stellen die extrahierten Zuckerrübenprodukte eine wertvolle Energiequelle für die Wiederkäuerfütterung dar. Im Pansen erfolgt die

Tabelle 188. Aminosäurezusammensetzung des Proteins von Trockenschnitzeln im Vergleich zu Gerstenschrot (nach Kirjuschkin 1987)

	g AS/kg Trockensubstanz	
	Trockenschnitzel	Gerstenschrot
T %	91,0	87,6
N %	1,72	1,92
Lysin	6,42	3,73
Histidin	5,33	2,56
Arginin	4,07	4,73
Asparaginsäure	7,31	6,32
Threonin	4,16	3,36
Serin	3,88	3,71
Glutaminsäure	9,89	23,12
Prolin	4,33	10,57
Glycin	4,54	4,34
Alanin	4,39	4,22
Valin	6,84	5,77
Isoleucin	4,10	3,92
Leucin	5,98	7,04
Tyrosin	3,02	2,31
Phenylalanin	3,73	5,19
Methionin	1,54	2,68
Cystin	1,76	2,13
Summe AS	81,56	95,7

328   8. Futtermittel aus der industriellen Verarbeitung pflanzlicher Rohstoffe

Fermentation langsamer als die von Zucker und Stärke (Abb. 78), so daß einerseits der Pansen-pH-Wert kaum abfällt (6,0), andererseits günstige Bedingungen für den Rohfaserabbau von Grobfuttermitteln bestehen. Bei Untersuchungen von Kluge (1986) bewirkte ein Austausch von Getreide durch Trockenschnitzel in Milchviehrationen infolge des Pektingehaltes der Schnitzel eine Verbesserung der Rohfaserverdauung und eine Verstärkung der Propionsäurebildung im Pansen. Flachowsky et al. (1988/89) sowie Schneider (1988) fanden bei Milchviehrationen mit 50% Trockenschnitzelanteil zu alleinigem Grobfuttereinsatz keine Depression des Zellwandabbaus im Pansen. Dagegen bewirkten entsprechende Anteile an Getreide bzw. zuckerreichen Futtermitteln eine deutliche Abnahme des Celluloseabbaus. Ein positiver Aspekt der Trockenschnitzelfütterung an Wiederkäuer ist auch die vergleichsweise geringe Fermentationsrate des Proteins im Pansen von <65% (Kirchgeßner 1987, Kirjuschkin 1987).

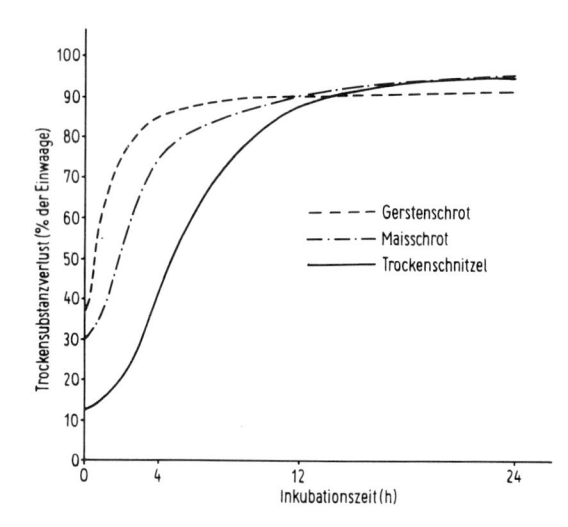

Abb. 78. Trockensubstanzverlust (% der Einwaage) von geschroteter Gerste, geschrotetem Mais und Trockenschnitzeln in Abhängigkeit von der Inkubationszeit im Pansen von Schafen (Nylonbeutel-Methode; Fütterung der Schafe: 1200 g Grastrockengrün/Tag; n = 5).

Nichtwiederkäuer können extrahierte Schnitzel wesentlich ungünstiger verwerten als Wiederkäuer. Da bei diesen der Pektinabbau erst im Enddarm mit Hilfe bakterieller Pektinasen erfolgt und die Abbauprodukte energetisch nur mangelhaft verwertet werden können. Es entstehen hohe CH_4-Ausscheidungen und thermische Energieverluste. Die scheinbare Verdaulichkeit der organischen Substanz von extrahierten Schnitzeln von 78 – 80% bei Schweinen führte in der Vergangenheit zu einer energetischen Überbewertung (Bolduan et al. 1986). Nach Schneider und Menke (1982) beträgt der Nettoenergiegehalt von extrahierten Schnitzeln in der Schweinefütterung nur ca. zwei Drittel von dem der Gerste, obwohl die scheinbare Verdaulichkeit der organischen Substanz nur unwesentlich niedriger liegt. Bei den gegenwärtig geltenden Energiebewertungssystemen bzw. Energieangaben in Tabellenwerken findet dieser Sachverhalt Berücksichtigung.

● **Lagerung und Konservierung**

Naßschnitzel sind infolge des geringen Trockensubstanzgehaltes leicht verderblich und wenig transportfähig. Da auch die Silierung von Naßschnitzeln schwierig ist (Sickersaft, Fehlgärungen), werden in der Regel Preßschnitzel bzw. Trockenschnitzel hergestellt.

Preßschnitzel (18 – 30% T) sind nur ca. 3 Tage haltbar. Für eine längere Bevorratung sind sie mittels Heißlufttrocknung oder Silierung zu konservieren. Die Heißlufttrocknung ist energieaufwendig (200 — 300 l Heizöl/t Trockenschnitzel) und teuer. Die Trockenschnitzel müssen für eine problemlose Lagerung einen Trockensubstanzgehalt von >88% (nach der Futtermittelverordnung >90%) aufweisen und trocken gelagert werden. Eine starke Staubentwicklung, die durch Oberflächenladungen an den Partikeln zu Explosionen führen kann, ist zu verhindern.

Bei der Preßschnitzelsilierung muß beachtet werden, daß sich Preßschnitzel deutlich von anderen Siliergutarten unterscheiden. Das betrifft ihre chemische Zusammensetzung mit viel Pektin, wenig übrigen Strukturbestandteilen und relativ wenig, aber unmittelbar für die Mikroorganismen verfügbarem Zucker. Außerdem treten bei der Schnitzelherstellung hohe Temperaturen auf. Die Preßschnitzel verdanken ihre Struktur dem Pektin, das aber während der Lagerung der Silage im Futterstock durch chemische und enzymatische Prozesse abgebaut werden kann. Für die Bereitung hochwertiger Preßschnitzelsilagen, die durch die in Tabelle 189 ausgewiesenen Parameter gekennzeichnet sind, müssen beachtet werden (Palow und Honig 1982, Beckhoff und Heller 1983, Besaucenot 1983, Braunsteiner et al. 1983, Hallaus et al. 1983, Devillers 1983, Kubandin et al. 1984, Palow 1985, Michel et al. 1988, Nonn 1990):

- hoher T-Gehalt der Schnitzel (25 — 30%) durch ausreichendes Abpressen.
- Rasche Silobefüllung mit noch heißen Schnitzeln (45 — 50 °C). Hierbei wird der wenige Zucker von thermophilen bzw. thermotoleranten Milchsäurebakterien (*Lactobacillus delbrueckii, Bacillus coagulans*) weitgehend zu Milchsäure vergoren, der kritische pH-Wert und damit ein stabiles Lagerverhalten erreicht.
- Langsames Abkühlen der Silagen im Futterstock (ca. 1 °C täglich) durch Begrenzung der Futterstockhöhe auf 1,8 m. Unter dieser Voraussetzung wird der chemische Pektinabbau verhindert, und die Struktur der Schnitzel bleibt erhalten.

Tabelle 189. Parameter für hochwertige Preßschnitzelsilagen

T-Gehalt	200 g/kg Frischmasse
Milchsäuregehalt	20 g/kg T
Essigsäuregehalt	25 g/kg T
Alkoholgehalt	20 g/kg T
Buttersäurefreiheit	
Energiedichte	>7,5 MJ NEL/kg T
	bzw. >730 StE/kg T
	bzw. 620 EFr/kg T
Struktur erhalten (trocken-krümlig)	
Farbe hell (grau bis leicht bräunlich)	

Müssen Schnitzel mit geringem Trockensubstanzgehalt (<20%) bzw. nach längerer Zwischenlagerung und Abkühlung siliert werden, sind größere Verluste und Qualitätseinbußen die Folge. Bei abgekühlten und bis zu 2 Tagen zwischengelagerten Preßschnitzeln können durch Anwendung von Siliermitteln die Silagequalität wesentlich verbessert, die Verluste gesenkt und größere Strukturschäden verhindert werden. Am besten sind dafür Benzoesäure (2 kg/t Siliergut) und Ameisensäure (4 kg/t Siliergut) geeignet. Bei Preßschnitzeln mit sehr geringem Trockensubstanzgehalt (<18%) können auch durch Mischsilierung mit Stroh positive Effekte erreicht werden. Die sonst bei diesen Schnitzeln übliche Maische-, Riß- und Gletscherbildung und der damit verbundene Oberflächenverderb werden weitgehend verhindert. Solche Silagen sind nur für die Rinderfütterung geeignet und der Strohanteil sollte 25% der T des Siliergutes nicht überschreiten. Es ist kurzgehäckseltes Stroh, das auch mit NaOH

8. Futtermittel aus der industriellen Verarbeitung pflanzlicher Rohstoffe

aufgeschlossen sein kann, zu verwenden. Das Stroh ist mit den Schnitzeln vor der Einlagerung in den Silo zu vermischen (Zieschang 1979, Nonn 1987b).

● **Futtereinsatz**

Wegen der günstigen Fermentationseigenschaften der extrahierten Schnitzel im Pansen ist es günstig, diese Produkte langfristig in der Wiederkäuerfütterung einzusetzen (Boldt et al. 1979, Flachowsky et al. 1988/89). Sie bewirken in grobfutterreichen Rationen eine Verbesserung des Futterverzehrs und der Rohfaserverdauung. Bei Sicherung eines ausreichenden Angebotes an strukturwirksamer Rohfaser, Protein und Phosphor können in der Milchviehfütterung bis zu 30% und für wachsende Rinder bis zu 50% der Trockensubstanz der Rationen aus extrahierten Schnitzeln stammen. Trockensubstanzreiche Preßschnitzel bzw. Preßschnitzelsilagen (>24% T) werden in größeren Mengen verzehrt als feuchtere Produkte (Abb. 79). Mischsilagen aus Preßschnitzeln und Stroh können in Milchvieh- und Mastrinderrationen bis zu 40% der Trockensubstanz enthalten sein. In der Mastrinderfütterung hat sich die Kombination von Preßschnitzel- und Maissilage besonders bewährt (Henkel 1971a, Boucque et al. 1973, Boldt et al. 1982a, 1982b, 1984, 1985, Burgstaller 1983).

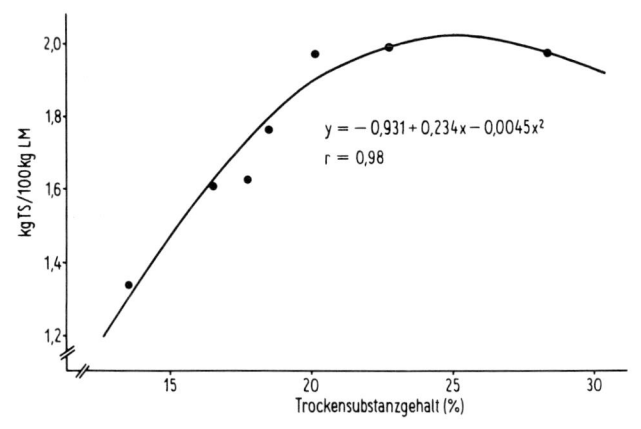

Abb. 79. Einfluß des Trockensubstanzgehaltes von Preßschnitzelsilage auf die Trockensubstanzaufnahme von Mastbullen (1 kg Konzentrat, 0,75 kg Grobfutter; Preßschnitzelsilage ad libitum; nach Kamphues und Dayen 1983).

Für die Schweinefütterung sind extrahierte Schnitzel wegen ungünstiger energetischer Verwertung nicht zu empfehlen. Bei Mastschweinen führt ihr Einsatz zu gravierenden Leistungsdepressionen (Kirsch und Jantzon 1941, Henkel 1971b). Auch für Zuchtsauen sind sie wenig geeignet und aufgrund ihres geringeren Proteingehaltes schlechter zu beurteilen als rohfaserarme proteinreiche Grobfuttermittel.

8.4.2.2. Teilextrahierte Zuckerrübenschnitzel

Teilextrahierte Schnitzel, die in der Regel zwischen 15 − 25% Zucker in der Trockensubstanz enthalten, werden nur in äußerst geringem Umfange hergestellt. Trotz etwas höherer Verdaulichkeit sind ihre Futterwerteigenschaften mit denen von üblichen Extraktionsschnitzeln zu vergleichen. Auch sie sind ausgesprochene Wiederkäuerfuttermittel und für die Schweinefütterung nicht empfehlenswert (Boldt und Zausch 1971, Wöhlbier und Jäger 1983, Nonn 1987a).

8.4.2.3. Ammonisierte extrahierte Zuckerrübenschnitzel

Ammonisierte Schnitzel wurden wiederholt in Versuchen getestet (Hock und Dargel 1962, Poppe et al. 1966, Nehring und Krawielitzki 1971, Marienburg und Bergner 1976). Die Ammonisierung zielt auf eine Erhöhung des Rohproteingehaltes der proteinarmen extrahierten Schnitzel ab. Bei der Ammonisierung wird $NH_3 - N$ an das Pektin der Schnitzel gebunden. Es erfolgt eine Amidierung von Carboxylgruppen der Galacturonsäure bei gleichzeitiger Abspaltung vorhandener Methoxylgruppen. Neben Säureamiden entsteht teilweise auch Ammoniumpektinat. Der Rohproteingehalt der Schnitzel steigt durch die Ammonisierung von 10 auf >20% der T an. Der am Pektin angelagerte Stickstoff wird im Pansen der Wiederkäuer allmählich freigesetzt, was günstig für die mikrobielle Eiweißsynthese ist. Ammonisierte Schnitzel sind ausgesprochene Wiederkäuerfuttermittel. Sie sind nach derzeitigen futtermittelrechtlichen Bestimmungen (FVO vom 08. 04. 1981) kein zugelassenes Handelsfuttermittel.

8.4.2.4. Zuckerrübenmelasse

- **Inhaltsstoffe und Futterwert**

Melasse fällt als brauner, sirupartiger Rückstand nach dem Auskristallisieren des Zuckers an (s. Abb. 77). Der Trockensubstanzgehalt der Melasse schwankt zwischen 60 und 80% und liegt gewöhnlich über 65%. Sie enthält vor allem lösliche Saccharide (Glucose, Fructose, Saccharose und Raffinose), Mineralstoffe (ca. 10% Rohasche) und NPN-Verbindungen (Olbrich 1956, Leopold et al. 1958, Wöhlbier und Jäger 1984, Licht 1988, Hessland 1991). Nach der Futtermittelverordnung wird zwischen Zuckerrübenmelasse (>36% Zucker), Zuckerrübenmelasse zuckerreich (>40% Zucker) und teilentzuckerter Zuckerrübenmelasse unterschieden. Die Zusammensetzung des Rohproteins und der XX-Fraktion von Zuckerrübenmelasse wird in Tabelle 190 verdeutlicht. Die XX-Fraktion, die fast ausschließlich aus Zucker besteht, besitzt bei Wiederkäuern und bei Schweinen eine Verdaulichkeit von >90%. Die Energiedichte der Melasse ist vom Zuckergehalt abhängig. Sie beträgt bei zuckerreicher Melasse ca. 8,0 MJ NEL bzw. 680 StE sowie 13,5 MJ UE (Schweine) je kg Trockenmasse.

Tabelle 190. Zusammensetzung des Rohproteins und der XX in Zuckerrübenmelasse in g/kg T (nach Wöhlbier und Jäger 1984)

Rohprotein	113	XX	742
Betain	60	Saccharose	625
Aminosäuren	25[1])	Raffinose	32
Pyrrolidin-Carbonsäure	25	Kestose[2])	3
		Galactinol[3])	4
		reduzierte Substanz	4
		N-freie organische Säuren	54

[1]) davon >60% Glutaminsäure, <0,1% Lysin;
[2]) Trisaccharid aus 2 Mol D-Fructose und 1 Mol D-Glucose;
[3]) Glucosid der Galactose mit m-Inosit.

- **Lagerung**

Bedingt durch die zähflüssige Konsistenz sind Handhabung und Lagerung der Melasse schwierig. Sie ist in Behältern zu lagern. Bei niedrigen Temperaturen sind ihre schlechten bzw. fehlenden Fließeigenschaften zu bemängeln und bei höheren Temperaturen besteht die Gefahr der alkoholischen Gärung. Melasse kann prinzipiell bei entsprechenden technischen Voraussetzungen — meist bei Zusatz von Calciumhydroxid — auch getrocknet werden. Wegen der hohen Aufwendungen ist die Melassetrocknung aber kaum in der Praxis anzutreffen.

• **Futtereinsatz**

Melasse kann in begrenzten Mengen an verschiedene Tierarten (Wiederkäuer, Pferde, Schweine) verfüttert werden. Wegen des hohen Gehaltes an leichtfermentierbarem Zucker wird Melasse auch als Silierzusatz für schwervergärbare Futterstoffe genutzt. In der Wiederkäuerfütterung ist Melasse auf Rationsanteile < 15% der Trockenmasseaufnahme (< 0,4 kg T/100 kg Lebendmasse und Tag) zu begrenzen. Bei zu hohen Einsatzmengen und unzureichendem Rohfaseranteil in der Ration tritt eine azidotische Gefährdung der Pansenfermentation ein. Enthalten die Rationen noch weitere zuckerreiche Futtermittel, ist die Einsatzmenge weiter zu reduzieren. Es ist darauf zu achten, daß Wiederkäuer allmählich an die Melassefütterung gewöhnt werden. Die günstigste Form der Melasseverarbeitung stellt ihre homogene Vermischung in zuckerarmen Rationen dar. Dadurch wird eine kontinuierliche Fermentation im Pansen der Wiederkäuer im Tagesverlauf ermöglicht. Zweckmäßig ist z. B. der Melassezusatz bei der Strohpelletierung bzw. der Herstellung loser Stroh-Kraftfutter-Schüttmischungen (Flachowsky 1987). In manchen Ländern wird Melasse neben der flüssigen Form (liquid supplement) auch verpreßt in Blöcken (Zusatz von Mineralstoffen, Vitaminen, Ergotropika, NPN-Verbindungen) in der Wiederkäuerfütterung eingesetzt.

Für die Schweinefütterung werden mit 20% der Rationstrockenmasse maximale Einsatzmengen für Melasse angegeben. Dabei ist es zweckmäßig mit dem Melasseeinsatz erst bei einer Lebendmasse > 40 kg zu beginnen. An Läufer ab 15 kg ist der Melasseeinsatz weiter (10 — 20% der Trockenmassemenge) zu begrenzen. Wegen des hohen NPN-Anteils in der Melasse sollten lediglich 50% des verdaulichen Rohproteins bei der Rationsberechnung für Schweine Berücksichtigung finden (Burgstaller 1974). Für die Schweinefütterung sind nur zuckerreiche Melassen geeignet. Melassen werden wegen ihrer staubbindenden Wirkung oft in Mischfuttermitteln (ca. 2%) verarbeitet. Der hohe Zuckergehalt und die staubbindende Wirkung macht zuckerreiche Melassen auch zu beliebten Komponenten für die Pferdefütterung.

Als Silierzusätze für schwer vergärbare Grünfutterstoffe sind ebenfalls zuckerreiche Melassen oder nach der zweiten Kristallisationsstufe entnommener Dicksaft (Ablauf B) mit melasseähnlichen Eigenschaften zu verwenden. Die Aufwandmenge an Melasse bzw. Dicksaft richtet sich nach deren Zuckergehalt und der Vergärbarkeit des Siliergutes. Sie kann mit 40 — 100 kg/t Siliergut veranschlagt werden und ist besonders vorteilhaft in Kombination mit Milchsäurebakterienimpfkulturen (Inokulantien) zu verwenden (Wiesemüller 1981, Nonn et al. 1991). Bei allen melasseergänzten und protein- bzw. NPN-reichen Futtermitteln ist eine Erhitzung (> 60 °C) unbedingt zu vermeiden, weil die Gefahr der Maillard-Reaktion (Verminderung der Verdaulichkeit, besonders des Proteins) und der Bildung toxischer Verbindungen (z. B. 4-Methyl-Imidazol; Perdok und Lenk 1985) besteht.

8.4.2.5. Melasseschlempen (Vinasse)

Melasseschlempen werden international meist als *Vinasse* bezeichnet. Es sind Rückstände, die bei der mikrobiellen Vergärung der Melasse zu Alkohol, organischen Säuren oder anderen Stoffen anfallen. Ihre Nährstoffzusammensetzung unterscheidet sich je nach verwendeter Melasseart, dem angewendeten Gärungsverfahren sowie den eingesetzten Zusatzstoffen. Melasseschlempen haben eingedickt einen T-Gehalt von 60 — 70%. Die einzelnen Handelspräparate sind nach den Verarbeitungsverfahren, bei denen sie anfallen, z. B. aus der Alkoholproduktion (Alvicoll, Neprocoll) aus der Citronensäureherstellung (Citragil, Citracol) oder der Backhefeerzeugung (Vipradal) besonders gekennzeichnet (Lewicki 1977). Melasseschlempen besitzen vergleichsweise zu Melassen deutlich niedrigere XX-Anteile, dafür mehr Rohasche und Rohprotein (Tabelle 191). Das Rohprotein besteht aus hohen Anteilen Glutamin- und Asparaginsäure sowie Betain. Bei den Mineralstoffen sind vor allem der hohe Kalium- und der niedrige Phosphoranteil hervorzuheben.

Tabelle 191. Rohnährstoffgehalt (g/kg T) von Melasseschlempen (Wecke et al. 1984/85)

	g/kg FM	Rohprotein	Rohfett	Rohfaser	XX	Rohasche
Melasseschlempe (Alkohol)	70 – 130	232 – 308			405 – 536	244 – 357
Vinasse, eingedickt (Citragil)	593 – 664	185 – 405			337 – 538	248 – 298
Rückstand der Melasseschlempeverhefung, eingedickt	896 – 907	343 – 361	1 – 2	2	235 – 289	365 – 412

Der Futterwert der Melasseschlempen liegt deutlich unter dem der Melasse. Der Futtereinsatz sollte nur bei Wiederkäuern und in begrenzten Mengen (Mastrinder <15%; Milchkühe <5% der T der Ration) erfolgen. Melasseschlempen werden auch als Pelletierhilfsmittel (Zusatz von 2 – 5%) verwendet.

8.4.2.6. Melassierte extrahierte Zuckerrübenschnitzel

Durch Melassezusatz werden extrahierte Schnitzel mit Zucker aber auch mit NPN-Verbindungen und Rohasche angereichert. Letzteres führt vor allem zur Zunahme der Calcium- und Kaliumgehalte. Melassierte Preßschnitzel besitzen eine bessere Siliereignung und ermöglichen höhere Silagequalitäten (Cottyn et al. 1980, Gross 1981, Beckhoff und Heller 1983). Kampheus et al. (1983) berichten auch über eine größere aerobe Stabilität von Preßschnitzelsilage mit Melassezusatz, dieser Sachverhalt wurde durch andere Autoren (Gross 1981, Beckhoff und Heller 1983) allerdings nicht bestätigt.

Melassierte Trockenschnitzel werden nach der Futtermittelverordnung als Melasseschnitzel bezeichnet (18 – 23% Zucker in der T). Außerdem werden in Abhängigkeit von der Menge der zugesetzten Melasse und des damit erreichten Zuckergehaltes noch Melasseschnitzel zuckerarm (9 – 18% Zucker in der T) und Melasseschnitzel zuckerreich >23% Zucker in der T) unterschieden. Melassierte extrahierte Zuckerschnitzel sind wie Trockenschnitzel und teilextrahierte Schnitzel ausgesprochene Wiederkäuerfuttermittel. Darüber hinaus können sie auch vorteilhaft in der Pferdefütterung eingesetzt werden. In der Wiederkäuerfütterung bewirkt die Melassierung eine geringfügige Verbesserung der Verdaulichkeit und des Nettoenergiegehaltes der Schnitzel. Auch über eine Stimulierung der Propionsäurebildung im Pansen wird berichtet (Cottyn et al. 1980). Die Einsatzkriterien bei der Fütterung entsprechen weitgehend denen von extrahierten Schnitzeln ohne Melassierung. Auf eine ausreichende Versorgung mit strukturwirksamer Rohfaser ist besonders zu achten.

8.4.2.7. Futterzucker

Zucker wird wegen seines hohen Preises nur in geringem Umfang in der Tierernährung genutzt. Als Futterzucker darf (s. Abschnitt 8.4.2.) nur Rohzucker oder vergällter Weißzucker gehandelt werden. Rohzucker enthält noch Melassereste, ist deshalb bräunlich und darf bis zu 4% organische und bis zu 2,5% anorganische Nichtzuckerstoffe enthalten. Für das Vergällen von Weißzucker zu Futterzucker kommen Eisenoxid, Fischmehl, Quellstärke u. a. in Betracht. Durch diese Zusätze wird der Futterwert etwas beeinflußt. Der Zucker selbst besteht nahezu ausschließlich aus dem Disaccharid Saccharose. Infolge der hohen Verdaulichkeit ($>95\%$) wird die Energiedichte mit ca. 9,1 MJ NEL bzw. 690 StE für Wiederkäuer und mit 14,9 MJ UE/kg T für Schweine angegeben. Futterzucker kann in der Wiederkäuer- und in der Nichtwiederkäuerfütterung eingesetzt werden. In der Wiederkäuerfütterung entsprechen die Einsatzempfehlungen annähernd denen von Melasse ($<15\%$ der T, gleichmäßige Verteilung im Tagesverlauf). Da Kälber nicht in ausreichenden Mengen über die für den Saccharoseabbau notwendige Saccharase verfügen, darf Futterzucker nicht dem Milchaustauscher oder anderen Kälberfuttermitteln zugesetzt werden. Futterzucker ist auch in der Schweinemast einsetzbar. Es bedarf einer vollwertigen Ergänzung mit Protein, Mineral- und Wirkstoffen. Im allgemeinen gelten 20% Zucker in der Trockenmasse der Ration als Obergrenze für Mastschweine. In eigenen Untersuchungen (Nonn 1987a) wurde an Mastschweine neben 1,5 kg Mischfutter zur Protein-, Mineralstoff- und Vitaminbedarfsdeckung Futterzucker ad libitum eingesetzt. Im Mastabschnitt von 35 – 105 kg wurden je Tier und Tag ein Zuckerverzehr von 1,68 kg registriert und Zunahmen von 741 g erreicht. Es waren keinerlei Durchfälle, sondern sehr trockensubstanzreicher Kot zu beobachten.

Im Geflügelfutter dürfen nur $<10\%$ Futterzucker enthalten sein, da höhere Anteile den Wassergehalt des Kotes steigern und die Leistungen schmälern.

Literatur

Becker, M., H. Hausberg, S. Harnisch und E. Clemens: Arch. Tierernährung **13**, 214 (1963).
Beckhoff, I., und C. Heller: Zuckerindustrie **33**, 108 (1983).
Bescenaut, I. K.: Sucerie Franc. Bd. **124**, 319 (1983).
Boldt, E., und M. Zausch: Tierzucht **25**, 104 (1971).
Boldt, E., Herma Siebecke, M. Zausch, H. Zirmd, H. Fehse, G. Lennrvke und K. Rönnefahrt: Tierzucht, **33**, 348 (1979).
Boldt, E., F. Kitzhofer, M. Zausch, F. Wisswedel und H. Schernkr: Tierzucht **36**, 348 (1982a).
Boldt, E., M. Hoffmann, F. Kitzhofer, M. Zausch, H. Wolfin und O. Finke: Tierzucht **36**, 345 (1982b).
Boldt, E., M. Zausch, F. Wisswedel und H. Schwenke: Tierzucht **38**, 351 (1984).
Boldt, E., und M. Zausch: Tierzucht **39**, 36 (1985).
Bolduan, G., R. Schiemann, U. Kesting und W. Kracht: Tierzucht **40**, 83 (1986).
Braunsteiner, W., N. Kubadinow und K. Hallaus: Zuckerindustrie **108**, 1138 (1983).
Boucque, C. V., B. G. Cottyn and F. X. Buysse: 36. I. I. R. B. Winter Congress 22. 02. Brüssel (1973).
Burgstaller, G.: Bericht Bayerisch. Bundesanstalt für Tierzucht (1974).
Burgstaller, G.: Die Zuckerrübe **32**, 44 (1983).
Cottyn, B. G., C. V. Boucque, J. V. Aerts, L. O., Fiems und F. X. Buysse: Landbouwtijdschr. **33**, 945 (1980).
Derillers, P.: Sucerie Franc. **124**, 297 (1983).
Flachowsky, G.: Stroh als Futtermittel. Deutscher Landwirtschaftsverlag, Berlin 1987.
Flachowsky, G., K. Behrens und M. Schneider: Tierernährung und Fütterung **16**, 64 (1988/89).
Gross, F.: Wirtschaftseigenes Futter **27**, 27 (1981).

Henkel, H.: Beiträge zur Kenntnis des Fettstoffwechsels hochleistender Milchkühe, insbesondere bei der Milchfettbildung. Paul Parey, Hamburg und Berlin 1971a.
Henkel, H.: Landwirtschaftl. Forschung **24**, 5 (1971b).
Hessland, F.: persönliche Mitteilungen (1991).
Hock, A., und D. Dargel: Arch. Tierernährung **12**, 343 (1962).
Hallaus, K., W. Braunsteiner und V. Kubandinow: Zuckerindustrie **108**, 1049 (1983).
Kampfheus, J., und M. Dayen: Übersichten Tierernährung **11**, 155 (1983).
Kirchgeßner, M.: Tierernährung. 7. Aufl. DLG-Verlag Frankfurt/M. 1987.
Kirjuschkin, O.: Untersuchungen von Bakterienprotein- und Aminosäurebildung in Vormägen laktierender Rinder bei Einsatz von Zuckerrübenprodukten. Diss. A, MLU Halle (1987).
Kirsch, W., und H. Jantzon: Tierernährung, Futtermittelkunde **5**, 225 (1941).
Kluge, H.: Untersuchungen zum Einfluß der Kohlenhydratzusammensetzung der Futterration auf Kenndaten des Panseninhaltes und der Verdaulichkeit bei Milchkühen. Diss. A, MLU Halle (1986).
Kubandinow, N., K. Hallaus und W. Braunsteiner: Zuckerindustrie **109**, 38 (1984).
Leopold, H., und Z. Fencel: Chem. Techn. **10**, 507 (1958).
Lewicki, W.: Kraftfutter **60**, 199 (1979).
Licht, F. O.: Internationaler Alkohol- und Melassebericht (1988).
Marienburg, I., und H. Bergner: Arch. Tierernährung **26**, 731 (1976).
Michel, F., J. F. Thibault and J. L. Barry: J. Sci. Food Agricult. **42**, 77 (1988).
Nehring, K., und R. Krawielitzki: Arch. Tierernährung **21**, 367 (1971).
Nonn, H.: Untersuchungen zur Konservierung von Zuckerrüben für Futterzwecke. Diss. A, MLU Halle (1969).
Nonn, H.: Forschungsbericht (1987a).
Nonn, H.: Tagungsbericht 3. Internationales Symposium „Futterkonservierung" 20 – 22. Okt. in Nitra (ČSFR (1987b).
Nonn, H.: Die Zuckerrübe **39**, 325 (1990).
Nonn, H., und Ingrid John: Arch. Tierernährung **41**, 311 (1991).
Olbrich, H.: Die Melasse. Berliner Selbstverlag des Institutes für Gärungschemie (1956).
Pahlow, G.: Die Zuckerrübe **34**, 210 (1985).
Pahlow, G., und H. Honig: Die Zuckerrübe **31**, 210 (1982).
Perdok, H., und A. Leng: Proc. Feeding Systems of Animals in Temperate Areas Seaul 2. – 3. May, 357 (1985).
Poppe, S., H. Kristen und R. Krawielitztki: Arch. Tierernährung **16**, 255 (1966).
Richter, K., und H. J. Oslage: Tierphysiologie, Tierernährung, Futtermittelkunde **16**, 31 (1961).
Schiemann, R., W. Jentsch, L. Hoffmann und K. Nehring: Arch. Tierernährung **16**, 173 (1966).
Schneider, W., und K. H. Menke: Tierphysiologie, Tierernährung, Futtermittelkunde **48**, 233 (1982).
Schneider, M.: Untersuchungen zur NH_3-Behandlung von Getreidestroh. Diss. A, Universität Leipzig (1988).
Schramm, S., und H. Bergner: Arch. Tierernährung **19**, 281 (1969).
Wiesemüller, W.: Tierzucht **35**, 275 (1981).
Wöhlbier, W., und F. Jäger: Handelsfuttermittel. Verlag Eugen Ulmer, Stuttgart 1983.
Zieschang, G.: Untersuchungen zur Silierung von Preßschnitzeln und Getreideganzpflanzen unter Berücksichtigung des Einsatzes von Konservierungsmitteln. Diss. A, MLU Halle (1979).

8.5. Produkte der Gärungsindustrie

8.5.1. Technologie von Bierbrauerei, Brennerei und Weinherstellung

Stärke aus Getreide oder Kartoffeln stellt den wesentlichen Rohstoff für die alkoholische Gärung in Brauereien bzw. Brennereien dar. Für die Brauerei hat die Gerste (Braugerste) die größte Bedeutung. Die in den Getreidekörnern enthaltene Stärke kann jedoch von den Hefen nicht direkt vergoren werden. Durch „Mälzen" in den der Brauerei vorgelagerten Mälzereien müssen die für den Stärkeabbau nötigen Enzyme gebildet werden. Bei der Reinigung werden die im Getreide enthaltenen, nicht vollwertigen Körner sowie Unkrautsamen, Grannen, Spindeln, Sand und Schmutz aussortiert. Der Anteil kann bis zu 20% betragen, der Futterwert entspricht 60 – 70% des Wertes von Futtergerste (Menke und Huss 1980). Das gereinigte Getreide wird durch Anfeuchten und geeignete Lagerungsbedingungen zum Auskeimen gebracht. Nachdem die Keimwurzel etwa 1,5mal so lang ist wie das Korn (≈ 2 cm, nach 7 – 9 Tagen), wird das Grünmalz auf Darren getrocknet (Darrmalz), und anschließend werden die Keimlinge entfernt (Malzkeime). Das zerkleinerte Malz wird in Maischpfannen mit warmem Wasser angesetzt. Durch Amylasen wird die Stärke nahezu vollständig zu Maltose und wasserlöslichen Dextrinen abgebaut (Abb. 80). Nach Abschluß des Maischprozesses wird mit Hilfe von Pressen die süße Würze von den wasserunlöslichen Rückständen, den Biertrebern, abgetrennt. Hopfen und Hopfenbrei werden dem Malzauszug beigegeben und mit ihm gekocht. Hopfentreber, Hopfenextrakt und Trub werden nach dem Entbittern der süßen Würze wieder abgetrennt. Trub ist ein eiweißreicher Niederschlag und fällt nach Abkühlen der Bierwürze gemeinsam mit Hopfentreber an (s. Abb. 80). Nach Abkühlen werden Hefen der Gattung *Saccharomyces* zugesetzt, die die alkoholische Gärung bewirken. Nach Abschluß der Gärung wird die Hefe abgetrennt und steht als Futtermittel (Gelägerbierhefe, Brauereihefe) zur Verfügung. Je Hektoliter Bier rechnet man mit einem Anfall von 18 – 24 kg Biertreber, 0,3 – 0,4 kg Malzkeimen, 1,5 kg Bierhefe und 3,9 l Trub-Wasser-Gemisch.

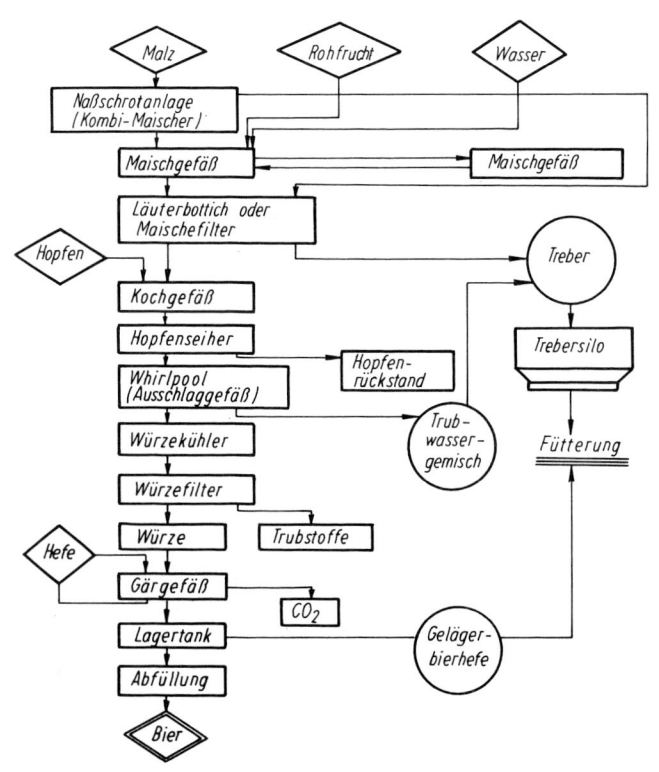

Abb. 80. Vereinfachtes Verfahrensschema der Bierherstellung mit Kennzeichnung des Anfalls von fütterungswürdigen Ab- und Nebenprodukten.

Die **Spiritus (Ethanol)-Herstellung** erfolgt durch eine alkoholische Vergärung zucker- oder stärkehaltiger Rohstoffe, wie Getreide, Kartoffel, Zuckerrohr, Melasse, Frucht- oder Obstsäften. Der Gärung geht ein enzymatischer Abbauprozeß der Polysaccharide (Maischen) voraus. Beim Destillieren der Maische fällt Rohspiritus und als wichtiges Futtermittel die Schlempe an. Der Rohspiritus enthält noch Fuselöle, Aldehyde und Säuren und wird durch eine mehrfache Kolonnendestillation gereinigt. Abb. 81 verdeutlicht den technologischen Ablauf am Beispiel der Kornfeindestillation. Bei der Kalkulation des Anfalls kann man je Liter Brennspirituserzeugung mit 3 kg Getreide- bzw. 8,5 kg Kartoffelschlempe rechnen (Bugdol et al. 1984). Nach Kling und Wöhlbier (1983) ist mit 11 – 14 l Schlempe je l Alkohol zu rechnen.

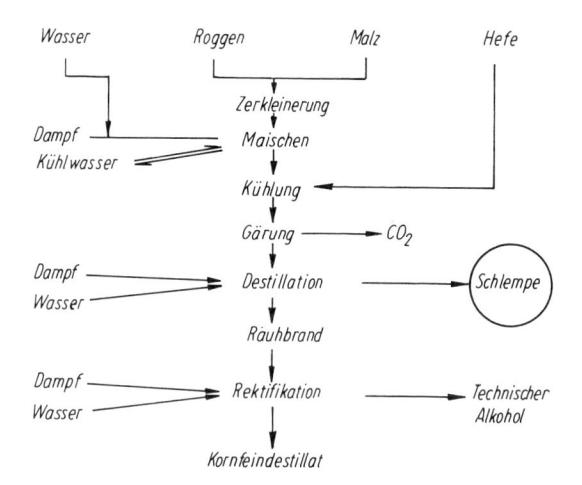

Abb. 81. Fließschema der Kornfeindestillation (Linke und Kühnert 1984).

Dabei muß beachtet werden, daß als Folge der Zentralisation der Alkoholproduktion der Schlempeanfall territorial begrenzt ist.

Bei der **Weinherstellung** werden die Trauben entrappt, gemahlen und eingemaischt. Beim sich anschließenden Preßvorgang entsteht der Preßmost, und als Nebenprodukt fallen Trester mit recht mäßigem Futterwert an. Der Preßmost wird nach der Mostbehandlung vergoren. Bei der Weinbereitung fällt mit der Weinhefe ein weiterer Rückstand mit hohem Futterwert an. Bei der Kalkulation des Tresteranfalls ist mit 15 kg je hl Wein zu rechnen.

8.5.2. Anfallende Futtermittel

In der Gärungsindustrie fallen verschiedene Futtermittel an, die sich wesentlich im Futterwert unterscheiden und ausführlich von Becker und Nehring (1967) beschrieben wurden (Tabelle 192). Während Hefen und Malzkeime proteinreich sind, enthalten Treber und Schlempen als Rückstände des fermentierten Ausgangsmaterials und vor allem Trester überwiegend Zellwandbestandteile (s. Tabelle 192).

8.5.2.1. Malz und Malzkeime

Malzkeime sind im getrockneten Zustand lagerfähig. Gerstenmalzkeime bestehen ausschließlich aus Keimwurzeln. Malzkeime aus Weizen enthalten auch Blattkeime. Das junge Keimgewebe ist relativ proteinreich (20 – 30%, davon können bis 50%

338   8. Futtermittel aus der industriellen Verarbeitung pflanzlicher Rohstoffe

Tabelle 192. Kennzahlen des Futterwertes von Rückständen der Bier-, Spiritus- und Weinproduktion

Futtermittel	T g/kg FM	Rohnährstoffe je kg T					Futterwert je kg T						
		Roh-protein g	Roh-fett g	Roh-faser g	XX g	Roh-asche g	Rinder			Schweine			
							EFr	DP g	VE %	EFs	Lys g	Met + Cys g	VE %
Braugerstenabfälle	900	296	10	164	464	66	702	205	60	559	9,3	3,8	69
Malzkeime, getrocknet	900	235	74	200	439	52	535	240	72	539	11,7	7,6	49
Biertreber, frisch	245	244	79	177	452	49	625	183	65	438	7,0	6,6	50
Biertreber, getrocknet	900	286	20	35	635	24	604	181	63	449	7,2	6,8	(85)
Trubwassergemisch	100	546	75	17	266	96	—	—	87	682	38,2	13,1	84
Bierhefe, frisch	125	530	20	15	550	85	606	534	78	663	37,1	12,7	83
Bierhefe, getrocknet	900	211	58	22	609	100	546	435	45	610			
Hopfentreber, getrocknet	900	255	25	100	500	120	397	65	66	—	9,6	7,8	70
Kartoffelschlempe, frisch	50	255	25	100	490	130	498	153	66	550	9,6	7,8	70
Kartoffelschlempe, getrocknet	900	230	100	105	520	45	492	153	72	543	7,1	7,8	74
Maisschlempe, frisch	80	240	80	100	535	45	698	161	72	707	7,4	8,2	75
Maisschlempe, getrocknet	900	250	50	80	580	40	697	168	69	688	7,9	8,9	69
Roggenschlempe, frisch	85	250	50	95	550	55	590	188	69	600	7,9	8,9	68
Roggenschlempe, getrocknet	900	265	60	85	530	60	581	188	68	585	8,3	9,3	70
Weizenschlempe, frisch	80	265	60	85	525	65	589	199	68	606	8,4	9,3	70
Weizenschlempe, getrocknet	900						586	199		603			
Apfelschlempe, frisch	300	113	80	313	397	97	279	17	25	—	—	—	—
Weintrester, frisch	—	258	48	48	520	126	628	159	79	405	—	—	46
Weinhefe, frisch													

NPN-Verbindungen sein) und enthält ≈ 15% Zucker (Menke und Huss 1980). Neben dem NPN-Gehalt begrenzt der relativ hohe Rohfasergehalt (15 – 20% der T) den Einsatz der Malzkeime in der Nichtwiederkäuerfütterung. Bei Zusatz spelzenreicher Reinigungsabfälle kann der Rohfasergehalt noch höher liegen. Die Verdaulichkeit der organischen Substanz der Malzkeime beträgt beim Wiederkäuer 75 – 80%, beim Schwein lediglich 65 – 70%. Infolge ihrer Hygroskopizität sind Malzkeime trocken zu lagern (maximal 3 – 4 Monate) und bei Verdacht auf Schimmelbefall einer Fütterungstauglichkeitsuntersuchung zu unterziehen. Gut getrocknete Malzkeime haben eine goldgelbe Farbe, schmecken leicht bitter, werden gern gefressen und sollen im Pansen langsam abgebaut werden (Durchflußprotein). Unter Berücksichtigung von Inhaltsstoffen und Futterwert sind Malzkeime vorrangig dem Konzentrat für Wiederkäuer als Proteinergänzung zuzusetzen (< 1 kg/Milchkuh und Tag, < 25% im Konzentrat für Mastrinder). Bei höheren Einsatzmengen kann die Milch einen herben Geschmack aufweisen. Im Mischfutter von Schweinen und Geflügel sollten nicht mehr als 5 – 10% Malzkeime enthalten sein.

8.5.2.2. Biertreber

Biertreber enthalten alle ungelöst gebliebenen Bestandteile des Malzes und der Rohfrucht. Es sind Spelzen und Schalen, nicht in Zucker verwandelte Stärke, fast das gesamte Fett sowie 70% des Rohproteinanteils der Schüttung. Bestimmend für den Futtereinsatz sind der hohe Wassergehalt und die dadurch gegebene Neigung zu bakteriellem Verderb und Schimmelbildung (Zwischenlagerung: ein Tag) sowie die relativ hohen Rohprotein- und Rohfaseranteile (≈ 20% der T). Bei der Organisation des Futtereinsatzes steht die Frischverfütterung der gern gefressenen Rückstände an Milchkühe und Mastrinder im Vordergrund. Es ist aber auch möglich, Biertreber zu silieren.

Wegen des geringen Zuckeranteils (4 – 5%) und des Fehlens anderer fermentierbarer Kohlenhydrate sind Sicherungszusätze (2 – 3 kg Melasse/100 kg Treber) zu empfehlen. Sechs Wochen nach der Silierung sollten diese Silagen zügig verfüttert werden, weil sie wenig stabil sind (Abb. 82). Verdorbene oder fehlvergorene Biertreber rufen starke Durchfälle hervor. Selbst frische Biertreber sollten nicht oder nur in geringen Mengen

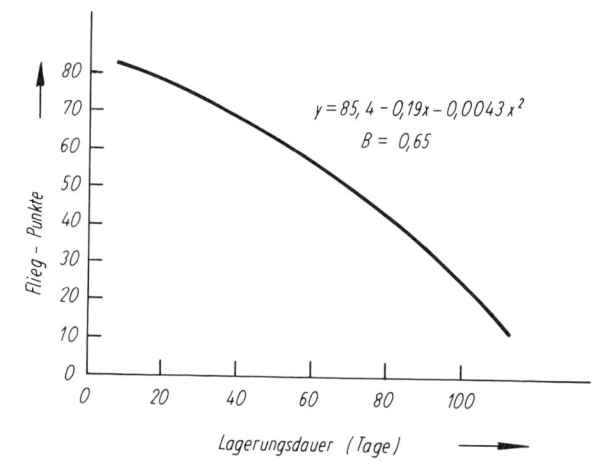

Abb. 82. Qualität von Biertrebersilagen in Abhängigkeit von der Silierdauer (nach Beckhoff 1986).

an hochtragende Kühe und Sauen verfüttert werden. Milchfettdepression durch Biertreber ist meist eine Folge zu hoher Tagesgaben bzw. von Fütterungsfehlern; sie ist bei Tagesgaben von 10 bzw. 15 kg/Kuh und Tag in Winterfutterrationen nicht festzustellen.

Für die Futtereinsatzplanung kann man mit folgenden Tagesgaben je Tier rechnen:

- Milchkühe: 6 — 10 kg Biertreber frisch oder siliert (2 kg T),
- Mastrinder: <5 kg/100 kg Lebendmasse und Tag,
- Jungrinder: 5 — 8 kg,
- Zuchtsauen, niedertragend: 3 — 6 kg,
- Mastschweine: kein Einsatz,
  bei niedrigen Leistungen >3 kg.

Getrocknete Biertreber werden am zweckmäßigsten als Komponenten von Futtergemischen verfüttert. In dieser Form können sie auch in geringeren Mengen bei Legehennen sowie Mast- und Zuchtputen (5%) eingesetzt werden. Wegen des hohen Wassergehaltes sind frische Biertreber für die Pferde- und Schaffütterung weniger geeignet, obwohl auch an Mutterschafe bis 1,5 kg und Mastlämmer bis zu 2 kg gesäuerte Biertreber mit Erfolg verfüttert worden sind.

8.5.2.3. Bierhefe

Bierhefe ist ein wertvolles proteinreiches Futtermittel (40 — 60% Rohprotein in der T). Das Rohprotein besteht zu etwa 70% aus Reineiweiß, 20% aus Nukleinsäuren und Nukleotiden sowie 10% aus Peptonen und Aminosäuren (Roth-Maier 1979).

Die Verdaulichkeit der organischen Substanz beträgt 88% beim Rind und 86% beim Schwein. Ebenso günstig sind die Verdauungswerte für Rohprotein und N-freie Extraktstoffe. Hervorzuheben sind der mit bestem Tierkörpermehl vergleichbare Lysingehalt (38 g/kg FM) und der hohe Anteil von Vitaminen des B-Komplexes (außer B_{12}). Durch UV-Bestrahlung kann der Vitamin-D_2-Gehalt der Hefe wesentlich erhöht werden.

Proteingehalt und Aminosäurenzusammensetzung kennzeichnen die ausgezeichnete Eignung der frischen oder getrockneten Bierhefe als Schweine- (2 l/Mastschwein und Tag) und Geflügelfuttermittel, insbesondere als Ergänzung von getreidereichen Rationen. Der Einsatz in frischer Form erfordert eine Abtötung der Hefezellen, die u. a. durch Hitzebehandlung, NaCl- oder Propionsäurezusatz erfolgen kann. Wichtig ist die Überprüfung des Trockensubstanzgehaltes der Hefe, der zwischen 80 und 300 g je kg schwanken kann. Bewährt hat sich die Einbeziehung frischer Bierhefe in die Produktion von Eiweißmischsilagen (maximal 25%).

Vielseitig einsetzbar ist getrocknete Bierhefe. Empfehlenswert ist eine Kombination mit anderen Eiweißfuttermitteln in Futtergemischen. Als Richtwerte sollen 200 — 300 g getrocknete Bierhefe je Mastschwein und Tag sowie ein Bierhefeanteil bis zu 5% in Geflügelfuttergemischen genannt werden.

Auch für Rinder stellt Bierhefe ein geeignetes Futtermittel dar. So können nach Burgstaller (1976) in der Jungbullenmast bis 2 kg Frischhefe je 100 kg LM und bis 15 l je Tier und Tag an Milchkühe bei Mais- bzw. Rübenblattfütterung eingesetzt werden.

8.5.2.4. Weitere Produkte der Bierbrauerei

Im Trub-Wasser-Gemisch, das den Biertrebern zur Proteinanreicherung zugesetzt wird oder frisch verfüttert werden kann, ist Grobtrub, Hoch- oder Heißtrub enthalten. Es sind Abscheidungen, die beim Maischekochen durch die Hitzekoagulation der Eiweißkörper, teilweise durch Mitwirkung von Gerbstoffen, entstehen. Bei niedrigem und variierendem Trockensubstanzgehalt von 7 – 12% besitzt die Trockenmasse viel Rohprotein ($\approx 28\%$ T); wenig Rohasche und Rohfaser und relativ konstante Fettanteile mit 2% (s. Tabelle 192). Die hohe Nährstoff- und Energieverdaulichkeit kennzeichnen dieses Futtermittel als wertvolle Rationskomponente für Mastschweine mit ebensolcher Eignung für die Rinderfütterung. An Mastschweine können täglich 2 l Trub-Wasser-Gemisch je Tier verfüttert werden. An Milchkühe haben sich Tagesgaben von 10 – 15 kg FM als günstig erwiesen. Anfallendes Rest- und Abfallbier kann an Schweine verfüttert werden, wobei 4,5 l Bier $\approx 0,5$ kg Gerste ersetzen (Anonym 1981). Hopfentreber oder -extrakt, der gemeinsam mit Trub in geringen Mengen bereitgestellt wird, wird im frischen Zustand kaum verzehrt und sollte getrocknet weniger als 5% in Mastrinderrationen ausmachen.

8.5.2.5. Schlempen

Schlempen enthalten mit Ausnahme der vergorenen Kohlenhydrate alle anderen Nährstoffe von Getreide bzw. Kartoffeln sowie die im Destillationsrückstand verbleibende Hefe, was zu einer Eiweißanreicherung führt. Kennzeichnend für alle Schlempeherkünfte ist die hohe Verdaulichkeit des Rohproteins und der N-freien Extraktstoffe für Rinder und Schweine. Der Vergleich der Nettoenergiegehalte ergibt die Rangordnung: Maisschlempe > Weizenschlempe > Roggenschlempe > Kartoffelschlempe > Rüben- und Obstschlempen. Dem günstigen Rohnährstoffgehalt vieler Schlempen (s. Tabelle 192) steht ein Trockensubstanzgehalt von nur 5 – 10% in der Frischschlempe gegenüber. Durch Dekantieren wird versucht, den Trockensubstanzgehalt von Schlempen auf 20 – 30% und damit die Transportwürdigkeit zu erhöhen. Aus energetischen Gründen ist eine Schlempetrocknung nicht zu vertreten. Die Schwankungen im Trockensubstanzgehalt bei Getreideschlempen erfordern eine Analyse des tatsächlichen Futterwertes. Bei der Schlempeverfütterung sind folgende Grundsätze zu beachten:

- allmähliche Gewöhnung der Tiere an die Schlempefütterung.
- Rationsberechnungen unter besonderer Berücksichtigung des hohen Protein- und geringen Rohfasergehaltes der Schlempen (s. Tabelle 192) bestimmen den Fütterungserfolg. Heu bei frischlaktierenden Kühen und Stroh bei Kühen mittlerer Leistung und Mastrindern sind notwendige Rationsbestandteile beim Schlempeeinsatz.
- Schlempe wird am besten noch warm verfüttert, Zwischenlagerzeiten von über einem Tag sind zu vermeiden!
- Die Silierung von Schlempe mit gemahlenem oder fein gehäckseltem trockenem Rauhfutter (Stroh, Heu) ist möglich; 25 – 30% T sollten angestrebt werden (Flachowsky et al. 1990).
- Sauberkeit der Transportbehälter und Zwischenlagerungseinrichtungen sowie der Futterkrippen sind unerläßlich zur Verhinderung von Gärungsprozessen und damit verbundenen Durchfällen.
- Schlempe wird nach dem Melken den Milchkühen angeboten. Richtig in Futterrationen eingebaute Schlempe aktiviert die Pansenvorgänge, verbessert die Futteraufnahme mäßiger Silagen und von Stroh und hat günstige Wirkungen auf die Milchproduktion (Milchmenge, Milchfettgehalt). Bei Rindern sollten folgende Schlempemengen je Tag nicht überschritten werden:
- Milchkühe: ≤ 35 kg FM (≤ 2 kg T),
- Mastrinder: ≤ 12 kg/100 kg LM ($\leq 0,7$ kg T/100 kg LM),
- Jungrinder: 1 – 2 Jahre: ≤ 5 kg/100 kg LM ($\leq 0,3$ kg T/100 kg LM).

Auf den Einsatz wasserreicher Futtermittel in schlempereichen Rationen ist zu verzichten. Beim Einsatz großer Schlempemengen bzw. verdorbener Schlempe können in der Praxis Erkrankungen auftreten, wie z. B. Schlempehusten oder Schlempemauke. Bei *Schlempehusten* kommt es zu einer Schleimhautreizung im Kehlkopf, die durch Essigsäure und Alkohol ausgelöst wird. Bei Verfütterung großer Mengen Kartoffelschlempe aus schlecht vergorener Maische kann bei Rindern entzündlicher Ausschlag an den unteren Teilen der Gliedmaßen und am Unterbauch auftreten, der als *Schlempemauke* bezeichnet wird.

Der hohe Gehalt an essentiellen Aminosäuren und die Verdaulichkeit der Energie von meist über 70% rechtfertigen die Schlempeverfütterung an Mastschweine, um proteinreiche Konzentrate einzusparen. In Versuchen wurden nach allmählicher Gewöhnung 5 kg frische Schlempe an nieder- und hochtragende Sauen und bis zu 7 kg an Mastschweine ohne ungünstige Nebenwirkungen erfolgreich erprobt. Selbst säugende Sauen erhielten bis zu 3 kg Schlempe/Tier und Tag.

8.5.2.6. Produkte der Weinherstellung

Weintrester mit einer Energiekonzentration von < 280 EFr/kg T, dem hohen Rohfaseranteil und einer Verdaulichkeit der Energie von 25% (s. Tabelle 192) gehören zu den geringwertigsten Futtermitteln, auf die nur bei Futtermangel zurückgegriffen wird. Sie werden dann nur an Rinder und in täglichen Gaben von maximal 5 kg verfüttert. Die Begrenzung ist wegen des geringen Futterwertes, aber auch infolge des hohen S-Gehaltes, der aus der Schwefelbehandlung der Trauben vor der Ernte resultiert, notwendig.

Weinbentonit fällt bei der Klärung (Schönung) des Weines mit Bentonit anstelle von Gelatine, Agar-Agar usw. als pasteförmige Masse mit einem Trockensubstanzgehalt von 30 – 35% an. Das B-Vitamin-reiche Produkt enthält 8 – 10% Rohprotein, 2 – 3% Rohfett, 4 – 5% Rohfaser, 37 – 46% XX und 40 – 45% Rohasche in der Trockensubstanz. Infolge des hohen Aschegehaltes sollten nicht mehr als 5% dem Schweinefutter zugesetzt werden.

Im Gegensatz zur Bier- oder Backhefe ist die Weinhefe proteinärmer (s. Tabelle 192), und das Protein weist eine geringere Verdaulichkeit auf (Rind: 62%; Schwein: 23%; Schüler und Mitarb. 1976). Weinhefe kann in Tagesgaben von je 2 kg je Mastschwein und 3 – 4 kg je Mastrind verfüttert werden.

Literatur

Anonym: Feeding brewery waste. Animal Sci., Agicult. Sci. Service. Ref. Bock **254** (81), 77 (1981).
Becker, M., und K. Nehring: Handbuch der Futtermittel. Paul Parey, Hamburg und Berlin 1967.
Bugdol, G., K. Mieth und R. Schlegelmilch: Mh. Vet.-Med. **39**, 46 (1984).
Burgstaller, G.: Der Tierzüchter **28**, 62 (1976).
Flachowsky, G., P. Baldeweg, K. Tiroke, H. König und Astrid Schneider: Biol. Wastes **34**, 271 (1990).
Kling, M., und W. Wöhlbier: Handelsfuttermittel. Verlag Eugen Ulmer, Stuttgart 1983.
Menke, K. H., und W. Huss: Tierernährung und Futtermittelkunde. 2. Aufl. Verlag Eugen Ulmer, Stuttgart 1980.
Roth-Maier, D.: Der Tierzüchter **31**, 107 (1979).
Schüler, D., G. Flachowsky und C. Voigt: Arch. Tierern. **26**, 61 (1976).

8.6. Obst und Rückstände der Obstverarbeitung

Obst wird nur in Ausnahmefällen direkt in der Fütterung eingesetzt. Die Früchte sind zuckerreich und weisen für Wiederkäuer und Nichtwiederkäuer meist eine hohe Verdaulichkeit der organischen Substanz auf (80 — 90%; Tabelle 193).

Überschüssiges Obst bzw. nicht markttaugliche Früchte sollten in der Schweinefütterung eingesetzt werden. Diese Feststellung trifft auch für Fruchtsäfte und Fruchtsaftkonzentrate zu, die vereinzelt als Futtermittel angeboten werden. Infolge des hohen Anteils leicht fermentierbarer Kohlenhydrate sind zur Vermeidung von Azidose die Einsatzmengen beim Wiederkäuer auf < 10% der Trockensubstanzaufnahme zu begrenzen. Obst und strukturfutterarme Obstrückstände sind an Wiederkäuer gemeinsam mit strukturwirksamen Grobfuttermitteln zu verabreichen.

Obstrückstände fallen saisonabhängig, vor allem bei der Saftgewinnung, aber auch bei der Bereitung von Wein, Alkohol, Marmelade und anderen Produkten an. Die Saftgewinnung kann nach mehreren Verfahren erfolgen (Abb. 83), z. B. Auspressen der Früchte, Auspressen der Maische, Gegenstromextraktion bzw. enzymatische Verflüssigung der Früchte (Kling und Wöhlbier 1983). Während beim Auspressen die als Rückstand verbleibenden Trester einen beachtlichen Futterwert aufweisen, sind die bei den anderen Verfahren anfallenden Rückstände relativ inhaltsstoffarm. Von den verschiedenen Nebenprodukten haben die Trester, vor allem von Äpfeln und Birnen, die größte Bedeutung als Futtermittel. Bedeutung und Menge anderer Rückstände, wie Obstschlempen, Obstkerne oder Extraktionsschrote, sind im Vergleich zu Trestern relativ gering. In Ländern mit zitrusverarbeitender Industrie fallen große Mengen Zitrusabfälle

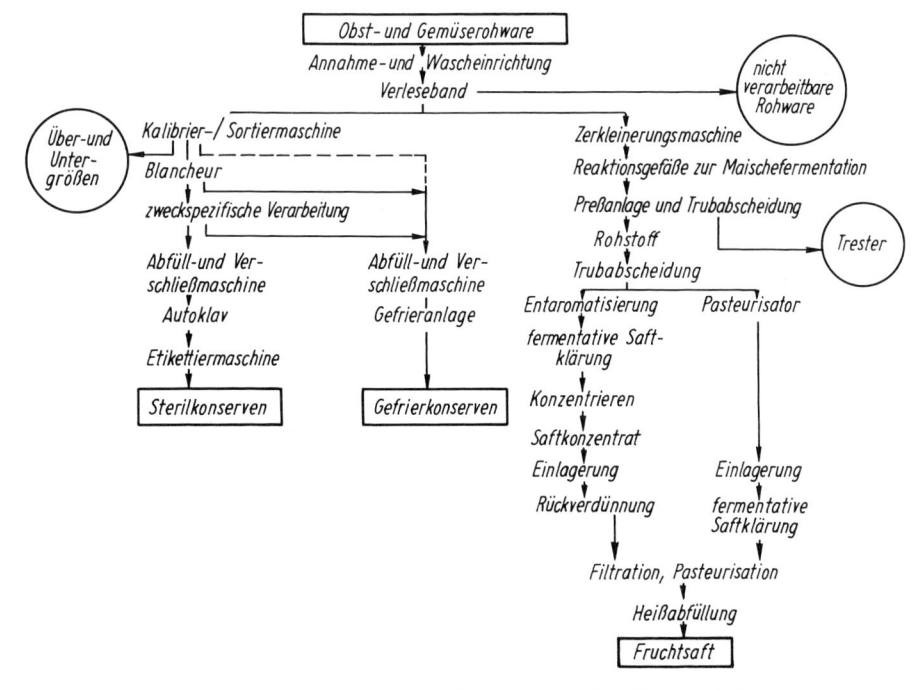

Abb. 83. Vereinfachtes technologisches Verfahrensschema der Obst- und Gemüseverarbeitung (verändert nach Linke 1980).

344   8. Futtermittel aus der industriellen Verarbeitung pflanzlicher Rohstoffe

Tabelle 193. Mittlerer Rohnährstoffgehalt (g/kg T) und Variationsbreite sowie scheinbare Verdaulichkeit (%) von Fallobst und verschiedenen Obsttrestern

Futtermittel	Trockensubstanzgehalt g/kg Frischmasse	Rohprotein	Rohfett	Rohfaser	N-freie Extraktstoffe	Rohasche	Scheinbare Verdaulichkeit der organischen Substanz (Wiederkäuer)
Fallobst, (Apfel, Birne)	170	20	20	136	800	24	85
Apfeltrester	200 (144–324)	56 (36–112)	56 (24–96)	252 (142–412)	596 (258–736)	40 (20–68)	50
Birnentrester	180 (160–218)	48 (38–67)	24 (19–38)	288 (200–320)	616 (356–703)	24 (14–38)	48
Zitrustrester	100 (71–115)	70 (50–95)	36 (12–45)	150 (110–180)	700 (630–750)	50 (35–60)	90

an. Beispielsweise sind von den 11 Mill. t Obst, die in den USA jährlich industriell verarbeitet werden, 7,1 Mill. t Zitrusfrüchte (Autorenkollektiv 1983). Die Gesamtmenge der Nebenprodukte wird in den USA mit 3,9 Mill. t angegeben.

8.6.1. Südfrüchte und Verarbeitungsrückstände

Als Folge von Produktionsüberschüssen und der sich entwickelnden Verarbeitungsindustrie erlangen diese Futtermittel zunehmende lokale Bedeutung in den Anbaugebieten und Verarbeitungszentren. Dabei können sowohl wasserreiche Früchte bzw. deren Verarbeitungsrückstände, wie z. B. Bananen, Zitrusfrüchte, Weinbeeren oder Mango, als auch Trockenprodukte, wie z. B. Rosinen und Datteln oder Samen verschiedener Früchte, anfallen. Während die ganzen Früchte, Fruchtsäfte bzw. Fruchtsaftkonzentrate überwiegend kohlenhydratreich und hochverdaulich (z. T. >90%) und damit für die Nichtwiederkäuerfütterung geeignet sind, enthalten die ausgepreßten Rückstände (Trester, 35—50% der Früchte) zwischen 10 bis 20% Rohfaser in der Trockensubstanz und können frisch, siliert oder getrocknet bis etwa 1/4 der Trockensubstanzaufnahme vor allem an Wiederkäuer gefüttert werden. Die Verdaulichkeit der organischen Substanz frischer Trester beträgt $\approx$ 90%. Der hohe Pektingehalt der Zitrustrester (20—40% in T) wirkt sich günstig auf die Pansenfermentation aus. Falls durch Frischverfütterung nicht alle Preßrückstände genutzt werden können, ist eine Silierung zweckmäßig, wobei 0,5—1% Ameisensäure oder 0,5—0,7% Harnstoff den Silierverlauf begünstigen.

Die für die häufigsten *Zitrusfrüchte* (Orangen, Grapefruits, Mandarinen, Zitronen) getroffene Aussagen gelten auch für Pampelmusen, Limetten, Pomeranzen und Bergamotten, die nur lokale Bedeutung haben. Neben Zitrustrester (Zitruspülpe) als Verarbeitungsrückstände der Juice- und Fruchtsaftproduktion fallen auch Zitrusmehl, Zitrusmelasse und Zitrusextraktionsschrot an. Zitrustrester bestehen aus Schalen und dem inneren Mark mit Samen sowie nicht marktfähigen Früchten.

Der Anbau der *Banane* hat sich vom tropischen Bereich heute bereits bis etwa 38° nördlicher Breite und 28° südlicher Breite ausgedehnt. Dementsprechend fallen in erheblichem Umfang Nebenprodukte als Futtermittel an. Grüne Bananen enthalten in der Trockensubstanz 85—90% XX, überwiegend als Stärke, bei reifen Bananen erfolgt eine teilweise Umbildung in Zucker. Bananen sind arm an Rohfaser (<3%), N (<1%) und Mineralstoffen. Überschüssige Bananen, auch siliert, sollten in der Schweinefütterung eingesetzt werden, wobei große Mengen reifer Bananen Durchfall auslösen können. Bananenmehl kann bis zu 50 bzw. 10% an Schweine bzw. Geflügel gefüttert werden. Die Verdaulichkeit der organischen Substanz wird mit $\approx$ 90% für Schweine angegeben. In der Wiederkäuerfütterung kann Bananenmehl Getreide ersetzen.

Ananas wird im gesamten tropischen Bereich bis weit in subtropische Regionen hinein angebaut und gehört mit zu den am meisten verbreiteten Früchten. Da von den Früchten nur etwa 15—25% für die menschliche Ernährung verwertet werden, fallen sehr große Mengen an Verarbeitungsrückständen an, die eine beachtliche Futterreserve darstellen. Sie bestehen aus Schalen (äußere Hülle der Frucht), Fruchtschopf (oberer Fruchtteil), Fruchtboden (unterer Fruchtteil), Fruchtmark (ausgestanztes Mittelteil) und dem Trester (Preßrückstände der Juiceproduktion). Alle genannten Rückstände werden zusammen getrocknet und als Ananaskleie oder Ananasrückstände bezeichnet. Die Ananasrückstände (bis 80 t/ha) sind ein besonders schmackhaftes und relativ energiereiches, aber proteinarmes Futter (Verdaulichkeit der organischen Substanz: 70—80%). Sie sollten vor allem an Milchkühe als Leistungsfutter verabreicht werden (10 – 20 kg/Tier und Tag). Ananasrückstände wurden auch bis zu 50% Rationsanteil an ältere Schweine gefüttert. Ananassirup (eingedickter Ananassaft) gelangte mit Proteinergänzung bis 80% in Schweinemastrationen zum Einsatz.

Trotz geringerer weltwirtschaftlicher Bedeutung spielt die *Dattelpalme* in Nordafrika und im Nahen Osten eine sehr große Rolle. Als Nebenprodukte fallen Dattelkerne, Dattelkernextraktionsschrot und Dattelpülpe an. In der Mastschweinefütterung können die kohlenhydratreichen und hochverdaulichen Datteln bis 2 kg Kartoffeln ersetzen. Zerkleinerte Dattelkerne können an Wiederkäuer (bis 20%) und Nichtwiederkäuer (bis 10% der T) gefüttert werden.

Die *Samen von Südfrüchten* sind relativ protein- (bis 40% im Citruskernmehl) und fettreich (5 – 15%), können aber verschiedene schädliche Inhaltsstoffe enthalten. Im Citruskernmehl kommt beispielsweise Limonin vor, das toxisch für Schweine und Geflügel ist. Mangosamen sind tanninreich und sollten ebenfalls nicht an Schweine und Geflügel gefüttert werden.

8.6.2. Trester

Etwa 25 – 40% der zu Saft verarbeiteten Früchte verbleiben als Trester, die vor allem aus Schalen, Kerngehäuse und teilweise Fruchtmark bestehen. Die Trester enthalten nach Auspressen des Obstsaftes noch Restzucker, organische Säuren sowie die Zellwände, die hauptsächlich Hemicellulosen und Pektine sind. Der pH-Wert liegt meist <4. Der Trockensubstanzgehalt der Trester schwankt zwischen 10 und 20% (s. Tabelle 193). Rohnährstoffgehalt (15 – 35% Rohfaser; s. Tabelle 193) und Verdaulichkeit der organischen Substanz unterliegen ebenfalls erheblichen Schwankungen und charakterisieren Trester als typische Futtermittel für Wiederkäuer.

Der Futterwert der Trester hängt neben dem Ausgangsmaterial (s. Tabelle 193) vor allem von der Art der Saftgewinnung und der weiteren Aufbereitung ab. Werden beispielsweise die Trester zur Pektingewinnung genutzt, so weisen die Rückstände (Pektinpülpe) einen geringeren Futterwert auf als herkömmliche Trester. Die der Literatur entnommenen Verdauungswerte für Apfel- und Birnentrester sind sehr niedrig ($\approx 50\%$; s. Tabelle 193). Vermutlich wurden meist Trester nach der Alkoholgewinnung geprüft. Weintrester (8.5.2.6) sind weniger verdaulich als Apfel- und Birnentrester (s. Tabelle 193). Trester können frisch, siliert oder getrocknet verfüttert werden. Eine längere Zwischenlagerung der Trester (>2 Tage) ist nicht möglich, da sie schnell verderben. Die Silierung kann allein oder im Gemisch mit gehäckseltem Stroh (Trester: Stroh $\approx 10:1$) oder anderen Zusätzen (z. B. Harnstoff) erfolgen (Nikolić und Jovanović 1986). Bei alleiniger Silierung muß der Trockensubstanzgehalt $>20\%$ betragen. Infolge des hohen Restzuckergehaltes tritt bei der Silierung verstärkte Alkoholbildung ein (10 – 20% Alkohol in der T; Alibes et al. 1984). Die Einsatzhöhe richtet sich nach dem Tresteranfall, dem Alkoholgehalt und den Möglichkeiten einer wiederkäuergerechten Rationsgestaltung.

In frischer und silierter Form werden Trester in großen Mengen durch Wiederkäuer aufgenommen. An Milchkühe können etwa 10 kg je Tier und Tag, an Jung- bzw. Mastrinder etwa 10 bis 25% der Trockensubstanzaufnahme verabreicht werden. Teilweise wird von Fruchtaroma der Milch berichtet, wenn Trester vor dem Melken gefüttert wurden. Verdorbene Trester können Durchfälle auslösen und dürfen nicht gefüttert werden. Da Obsttrester wenig Protein (5 bis 7% Rohprotein in der T) und nur geringe Mineralstoffmengen (≈ 2 g Ca, <1 g P, <1 g Mg, 2 mg Zn, 2 mg Mn, 1,5 mg Cu/kg T; Alibes et al. 1984) enthalten, ist eine entsprechende Rationsergänzung notwendig.

8.6.3. Sonstige Rückstände

Neben Trestern können bei der industriellen Obstverarbeitung Schlempen, Kerne bzw. Kernextraktionsschrote, Fruchtsäfte und Fruchtsaftkonzentrate sowie andere Nebenprodukte anfallen.

Während die bei der Fruchtsaft-, Marmeladen- und Konservenherstellung vorhandenen Obstverarbeitungsrückstände überwiegend wertvolle Futtermittel sind, weisen weitere Nebenprodukte, wie z. B. Schlempen oder Rückstände der Ölgewinnung, meist eine geringere Eignung als Futtermittel auf. Der Futterwert der wasserreichen Obstschlempen (5 — 10% T) ist geringer als der von Getreide- und Kartoffelschlempen, da die Zucker in den süßen Früchten zu Alkohol umgesetzt werden. Zur Verdaulichkeit der organischen Substanz von Obstschlempen und weiteren Rückständen der Obstverarbeitung liegen nur wenige Angaben vor. Für Obstschlempen werden für die Verdaulichkeit der organischen Substanz beim Wiederkäuer $\approx 40\%$ angegeben.

Unter Berücksichtigung des geringeren Futterwertes sind die Einsatzempfehlungen mit denen von Getreide- und Kartoffelschlempen vergleichbar. Obstschlempen enthalten mehr Säuren als diese Schlempen. Außerdem kann durch schädliche Inhaltsstoffe, wie z. B. Blausäureglycoside in Steinobstschlempen, die Fütterungstauglichkeit stark eingeschränkt sein.

Während Obstkerne meist beachtliche Fettanteile enthalten (15 — 30% der T), zeichnen sich Kernkuchen bzw. -extraktionsschrot durch einen hohen Rohprotein- (10 — 25%) und Rohfasergehalt aus (20 — 45% der T). In Obstkernen können verschiedene Blausäureglycoside, vor allem Amygdalin, vorkommen. Der Einsatz von Kernen und anderen Rückständen sollte in begrenzten Mengen ($< 10\%$ der T-Aufnahme) bei Wiederkäuern (Schafe, Mastrinder) erfolgen.

Literatur

Autorenkollektiv: Underutilized resources as animal feedstuffs. National Academy Press, Washington D.C. 1983.
Alibes, X., F. Munoz and J. Rodriguez: Anim. Feed. Sci. Technol. **11**, 189 (1984).
Nikolić, J. A., und M. Jovanović: Anim. Feed Sci. Technol. **15**, 57 (1986).

8.7. Produkte der Gemüse- und Kartoffelverarbeitung

Mit dem Gemüseanbau ist der Anfall größerer Mengen von Ernteüberschüssen sowie Rückständen der Gemüseverarbeitung als Futtermittel verbunden. Die Schätzung der Menge der Ackerrückstände hängt von Pflanzenart und Erntezeitpunkt ab. Zur Berechnung der Futtermengen aus Ernterückständen bieten sich vor allem die Markterträge an. Die bei Kleinerzeugern (Abb. 84) anfallenden Rückstände sind nur mit Einschränkungen auf mechanisierte Produktionsverfahren übertragbar, wie die Werte in Tabelle 194 demonstrieren. Da Früchte, Blätter, Stengelteile und Wurzeln verschiedener Pflanzenarten teilweise oder vollständig als Gemüse genutzt werden, unterscheiden sich die als Futtermittel in Betracht kommenden Rückstände, die auch nicht marktfähige Produkte enthalten, ganz erheblich in den Inhaltsstoffen und im Futterwert. Entsprechende Futtermittelanalysen sind notwendig. Verschiedene Gemüseabfälle sind im Futterwert (Tabelle 195) mit Grünfutterpflanzen aus dem Grasland- und Feldfutterbau vergleichbar. Da auf die Besonderheiten einzelner Gemüseabfälle nicht

Anfall von Gemüseabfällen für Futterzwecke

Kleinproduzenten

Futteranfall in kg OS je m² Anbaufläche

Gemüseart	kg/m²	Gemüseart	kg/m²
Blumenkohl	2,0-3,5	Puffbohne	2,3-3,2
Buschbohne	1,0-1,6	Rettich	2,0-2,8
Chicorée	3,5-4,8	Rosenkohl	1,6-2,8
Chinakohl	1,0-1,5	Rote Rübe	1,8-2,5
Gemüseerbse	2,2-2,6	Rotkohl	1,8-2,2
Grünkohl	1,0-1,8	Schwarzwurzel	0,8-1,3
Kohlrabi, früh	0,5-0,7	Sellerie	1,2-2,5
Kohlrabi, spät	1,2-1,6	Möhre, früh	0,4-1,2
Kohlrübe	1,0-1,3	Möhre, spät	2,0-3,0
Kopfsalat	0,8-1,2	Weißkohl	1,3-4,0
Pastinake	2,0-2,8	Wirsingkohl	1,0-2,5
Porree	0,5-0,8		

Spezialisierte Betriebe mit weitgehend mechanischen Produktionsverfahren

auf dem Feld anfallende und nutzbare Gemüserückstände ← Sorte, Markterträge, Erntetermin des Ernteproduktes, Ernteverfahren, Standort

Futteranfall (Umblatt) vor der Einlagerung der Marktfrüchte ← Lagerverfahren, Lagerdauer

nach der Auslagerung anfallende Futtermengen

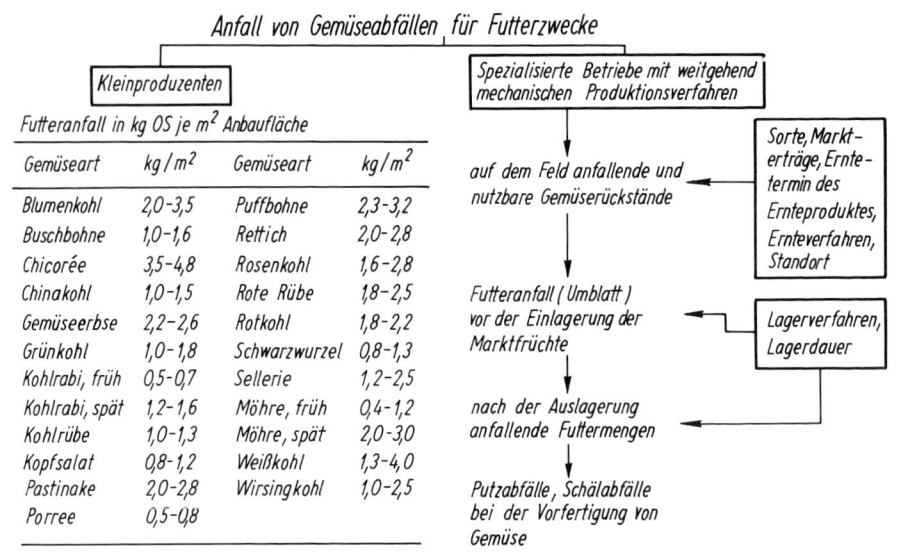

Putzabfälle, Schälabfälle bei der Vorfertigung von Gemüse

Abb. 84. Aufkommen von Gemüseabfällen von Kleinerzeugern für Futterzwecke (nach Vogel et al. 1984).

tiefgründig eingegangen werden kann, wird weiterführende Literatur empfohlen (Becker und Nehring 1967, Kling und Wöhlbier 1983; Vogel et al. 1984).

Die als Gemüse bzw. Rückstände der Gemüse- und Kartoffelverarbeitung anfallenden Futtermittel werden folgenden fünf Hauptgruppen zugeordnet:

- Kohl und Kohlabfälle,
- Blattgemüse und -abfälle,
- Wurzelgemüse und -abfälle,
- Rückstände der Gemüsesaft- und markherstellung,
- Kartoffelschälrückstände.

Bei der Verfütterung verschiedener Gemüserückstände sind Kenntnisse über die durchgeführten Pflanzenschutzmaßnahmen notwendig, damit keine Gefährdung der Tiere erfolgt. Gemüse und Gemüseabfälle sind vor allem für die Wiederkäuerfütterung geeignet. Die hohen Verdaulichkeiten (s. Tabelle 195) rechtfertigen jedoch auch den Einsatz begrenzter Mengen in der Schweinefütterung, vor allem bei Sauen.

8.7.1. Kohl und Kohlabfälle

Neben Weiß- und Rotkohl werden auch Grün-, Wirsing-, Rosen- und Blumenkohl sowie Kohlrabi in dieser Gruppe zusammengefaßt.

Weißkohl- und Rotkohlabfall besteht überwiegend aus Hüllblättern und Strunkresten und nicht marktfähigen Köpfen. Inhaltsstoffe und Verdaulichkeit hängen hauptsächlich von Pflanzenart, Pflanzenteil und der Art der Aufbereitung ab (s. Tabelle 195). In der Rangfolge Kohlköpfe und -blätter < Ganzpflanzenreste < Stengel nimmt der Rohfasergehalt zu und die Verdaulichkeit der organischen Substanz ab. Kohl und Kohlabfälle können frisch, aber auch siliert an Wiederkäuer gefüttert werden.

8.7. Produkte der Gemüse- und Kartoffelverarbeitung   349

Tabelle 194. Mittlere Ackerrückstände bei Gemüsearten mit größerem Anbauumfang sowie technologisch bei Ernte und Aufbereitung gegenwärtig erfaßbare Futtermengen (nach Vogel et al. 1984)

Gemüseart	Auf dem Feld vorhanden, dt Frischmasse/ha (Mittelwerte)	Gegenwärtig vorherrschendes Ernteverfahren	Technologisch bei vorhandenen Ernteverfahren nicht gewinnbar in %	Verfügbar in dt Frischmasse/ha (Mittelwerte)	Variationsbreite der Verfügbarkeit in dt Frischmasse/ha
Gemüseerbse	175	stationärer Drusch	14	150	75 – 280
Blumenkohl	175	Ernteband, Erntewagen, 6 Durchgänge	20		
		– blattkranzgeschnitten		140	100 – 250
		– mit Umblatt		90	70 – 130
Rosenkohl	160	Erntemaschine, stationäre Entrosung	10	145	20 – 250
Weißkohl, spät	300	Vollerntemaschine	20 – 40	210	175 – 250
		Erntewagen	55 – 70	110	90 – 130
Rotkohl, spät	260	Vollerntemaschine	20 – 40	180	150 – 200
		Erntewagen	55 – 70	90	70 – 100
Kohlrübe (Blatt)	145	manuelle Laubtrennung	10	130	100 – 160
Sellerie	55	verschiedene Erntetechniken	50	70	50 – 90
Gemüsebohne	120	Vollerntemaschine	100		
Rote Rübe	150	verschiedene Erntetechniken	100		
Chicorée-Blatt	220	verschiedene Erntetechniken	100		
Chicorée-Wurzel	–	–	(20)	150	80 – 200
Möhre, spät, Blatt	115	Raufroden und Rodeladen	100		
Möhre, Wurzel			(10)	60	50 – 100

Tabelle 195. Mittlerer Rohnährstoffgehalt (g/kg T) und Variationsbreite sowie scheinbare Verdaulichkeit der organischen Substanz (%) ausgewählter Gemüsearten und von Rückständen des Gemüseanbaus (nach Autorenkollektiv 1986, Vogel et al. 1984, eigene Angaben)

Material	Trockensubstanz (g/kg Frischsubstanz)	Rohnährstoffgehalt					Verdaulichkeit der organischen Substanz	
		Rohprotein	Rohfett	Rohfaser	N-freie Extraktstoffe	Rohasche	Wiederkäuer	Schwein[1]
Blumenkohlabfall – überwiegend Blätter	125 (92–150)	190 (175–245)	25 (20–40)	150 (120–180)	450 (400–500)	185 (160–200)	83	77
Chicoréewurzeln, getrieben	125 (100–140)	90 (70–110)	10 (8–12)	150 (130–180)	660 (600–700)	90 (70–140)	84	–[2]
Erbsenkraut, frisch	190 (150–220)	150 (105–200)	35 (28–40)	285 (260–310)	385 (350–440)	145 (100–160)	71	–[2]
Grünkohl, frisch	150 (140–180)	190 (170–200)	25 (20–30)	170 (140–183)	485 (430–530)	130 (91–160)	82	–[2]
Kartoffelschälabfälle	150 (120–200)	80 (70–100)	3 (2–4)	50 (40–70)	792 (720–830)	75 (55–90)	90 (roh)	92 (gedämpft)
Kohlrübenblatt, frisch	125 (120–130)	190 (179–200)	30 (25–35)	140 (123–163)	465 (420–520)	175 (163–200)	85	79
Kopfsalat, frisch	70 (40–85)	220 (175–304)	40 (30–50)	125 (116–129)	415 (380–460)	200 (186–225)	85	–[2]
Möhrenkraut, frisch	170 (165–176)	145 (137–160)	35 (30–40)	150 (143–160)	430 (400–460)	240 (200–269)	75	–[2]
Rosenkohlabfall – überwiegend Blätter	140 (125–145)	180 (150–246)	25 (20–30)	140 (83–160)	495 (450–540)	160 (106–228)	81	75
Spinat, frisch	120 (100–121)	240 (183–370)	55 (30–45)	110 (90–117)	455 (410–500)	160 (137–200)	85	–[2]
Weiß- und Rotkohlabfall, überwiegend Blätter	140 (109–159)	165 (139–211)	25 (20–30)	155 (108–169)	480 (420–530)	175 (125–245)	82	77
Wirsingkohlabfall, überwiegend Blätter	140 (130–160)	155 (150–165)	25 (20–30)	150 (140–156)	500 (450–550)	170 (156–180)	82	76

[1] hohe Werte bedürfen weiterer experimenteller Absicherung,
[2] keine Daten

Bedingt durch den Glucosinolatgehalt, ist die Einsatzhöhe der Kohlabfälle in der Fütterung zu begrenzen (Milchkühe: <15 kg/ Tier und Tag, Verabreichung nach dem Melken; Mastrinder: <4 kg/100 kg LM und Tag). Bei höheren Einsatzmengen und mangelndem Strukturfutterangebot wurden Durchfälle beobachtet. Von Kohlanämie, scharfem Geruch und stechendem Geschmack der Milch und vermindertem Schilddrüsenhormonspiegel (Flachowsky et al. 1988/89) wird ebenfalls berichtet. Kohlabfälle sollten nicht an hochtragende und frischlaktierende Rinder, Schafe und Sauen sowie an Jungrinder und Lämmer verfüttert werden. Da bei der Kohlaufbereitung im Herbst teilweise größere Abfallmengen bereitstehen (Lagerung maximal 10 Tage), als sofort verfüttert werden können, ist die Silierung zu empfehlen. Das Vermischen der gehäckselten, wasserreichen Rückstände mit gehäckseltem Getreidestroh (Kohlabfälle: Stroh = 5:1) ergab eine stabile Silage (Flachowsky et al. 1988/89), die von Wiederkäuern gefressen wurde. Dabei wurden die antinutritiven Substanzen nur teilweise abgebaut.

8.7.2. Blattgemüse und -abfälle

Zu dieser Gruppe werden die verschiedenen Salatarten, wie Chicorée, Spinat, Mangold, Chinakohl, aber auch die Rückstände des Bohnen-, Erbsen-, Gurken-, Melonen-, Kürbis- und Paprikaanbaus gezählt. Kopfsalat und Salatabfall sowie Spinat enthalten viel Wasser (88 — 93%), sind proteinreich und rohfaserarm. Der Einsatz kann beim Wiederkäuer, aber auch in der Sauenfütterung erfolgen. Die Verdaulichkeit der organischen Substanzen beträgt beim Wiederkäuer $\approx 85\%$ (s. Tabelle 195).

Eine Zwischenlagerung sollte wegen des Nitratgehaltes unterbleiben. Beim Einsatz größerer Mengen in der Schweinefütterung ist infolge des hohen Oxalsäuregehaltes einiger Arten eine ausreichende Ca-Ergänzung der Ration erforderlich. Von Bohnen und Erbsen sowie weiteren Gemüsearten stehen vor allem eiweißreiche Stengel- und Blattreste als Futtermittel für Wiederkäuer zur Verfügung.

Bei einzelnen Blattgemüsearten fallen neben Blättern und Blattresten auch Wurzeln mit hohem Futterwert als Rückstände an. Die organische Substanz von Chicoréewurzeln weist beim Schaf eine Verdaulichkeit von 84% auf, der Futterwert ist annähernd mit dem von Futterrüben vergleichbar (Flachowsky und Mitarb. 1986/87). Trotz des bitteren Geschmacks gewöhnen sich Schafe schnell an die Chicoréeaufnahme. Gurken- (510 EFs/kg T) und Kürbisrückstände (640 EFs/kg T) eignen sich infolge der beachtlichen Energiekonzentration auch für die Schweinemast.

8.7.3. Wurzelgemüse und -abfälle

Von Wurzelgemüse, z. B. Möhren, Roten Rüben, Sellerie, Porree, Schwarzwurzel und Spargel können sowohl Blatt- als auch Wurzelrückstände als Futtermittel genutzt werden. Möhrenkraut und Reste der Möhrenaufbereitung sind hoch verdaulich und carotinreich. Sie sollten vor allem in der Milchkuhfütterung (bis 25 kg/Tier und Tag) eingesetzt werden. Bedingt durch den Carotingehalt, bewirken höhere Mengen eine Gelbfärbung des Milchfettes. Der Aschegehalt des Möhrenkrautes sollte <23% der T liegen. Hohe Möhrenkrautmengen können auch die Milchsensorik beeinflussen.

8.7.4. Rückstände der Gemüsesaft- und Gemüsemarkherstellung

Gemüsesäfte und Gemüsemark werden hauptsächlich aus Tomaten und Möhren hergestellt. In den USA entfallen beispielsweise 40% (6,3 Mill. t) des industriell verarbeiteten Gemüses auf Tomaten (Autorenkollektiv 1983). Rückstände der Tomatenaufbereitung (Tomatentrester) enthalten zwischen 12 und 28% Rohprotein, 10 — 15% Rohfett und 20 — 25% Rohfaser, außerdem Carotinoide, die zur Pigmentierung der Geflügelhaut und der Eidotter führen. Der Futterwert ist mit dem von Heu geringer Qualität vergleichbar. Tomatentrester sind frisch (maximal 2 — 3 Tage Lagerung) oder siliert vor allem an Mastrinder (bis 8 kg/Tier und Tag) zu verfüttern. Bei Jungrindern und Milchkühen können bis 5 kg/Tier und Tag eingesetzt werden. Sowohl Möhrenschalen als auch Trester, die beim Auspressen vorgekochter und zerkleinerter Möhren anfallen, stellen Konzentrat für Wiederkäuer dar (Verdaulichkeit der organischen Substanz: ≈ 85%) und sind carotinreich.

8.7.5. Kartoffelschälrückstände

Beim Schälen von Speisekartoffeln (Abb. 85) fallen Kartoffelreibsel, Nachputzabfälle sowie nicht nachputzwürdige Knollen an, die entweder roh an Rinder oder nach dem Garen (Garschnecke) gedämpft an Schweine verfüttert oder siliert werden. Die Schällinien haben meist eine Tagesproduktion von 10 — 20 t Schälware je Tag; man kann je Tonne geschälter Speisekartoffeln mit 1 — 3 t Schälabfällen rechnen.

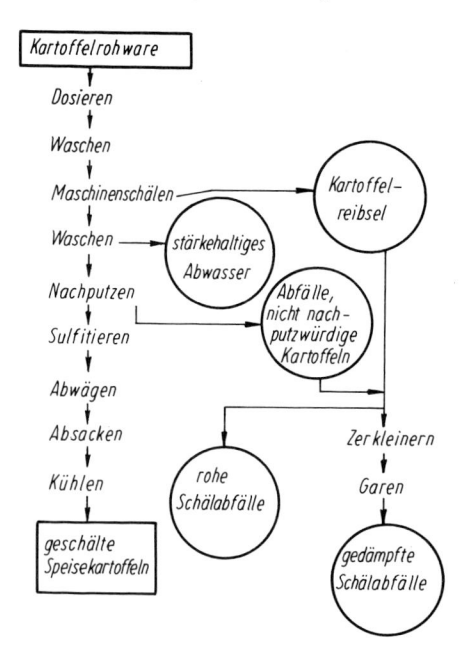

Abb. 85. Technologisches Schema „Schälen von Kartoffeln" mit Kennzeichnung der verfütterungswürdigen Rückstände.

Die Rückstände der Kartoffelbe- und -verarbeitung besitzen einen hohen Futterwert, der insbesondere durch den Stärkegehalt und die Verdaulichkeit der organischen Substanz von etwa 90% beim Rind und 85 — 98% beim Schwein bestimmt wird. Kartoffelschalen der Haushalte ähneln im Nährstoffgehalt je kg Trockensubstanz den

Kartoffelschälabfällen der Schällinien. Schälabfälle weisen mit 150 − 200 g je kg Frischmasse einen deutlich geringeren Trockensubstanzgehalt als Kartoffelschalen auf. Kartoffelschälabfälle werden zweckmäßigerweise gemeinsam mit Küchenabfällen aufbereitet. Das Dämpfen der Kartoffelschälabfälle führt zu einer höheren Stärkeverdauung beim Schwein und bewirkt außerdem eine Solaninanreicherung im Dämpfwasser. Der Gehalt der Kartoffel am Glucosid *Solanin* schwankt zwischen 100 und maximal 160 mg/kg T, kann aber in Schälabfällen von gekeimten Kartoffeln auf über 200 mg/kg T ansteigen. Kartoffelschälabfälle sind wie Kartoffeln arm an Ca, P, Na, Mn, und der Gehalt an P, Na und Mn zeigt eine große Schwankungsbreite. Die Beifütterung einer P-haltigen Mineralstoffmischung für Schweine in Tagesgaben von 20 − 30 g je Mastschwein ist notwendig. In die Futterrationen für Mastschweine werden gedämpfte Kartoffelschälabfälle bis zu 5 kg/Tier und Tag aufgenommen. Bei tragenden bzw. säugenden Sauen können bis 25 bzw. 15% der Trockensubstanzaufnahme aus gedämpften Kartoffelschälabfällen bestehen (Bolduan et al. 1984).

An Rinder werden Kartoffelschälabfälle roh im Gemisch mit rohfaserreichen Futtermitteln verfüttert. Mastrinder erhalten nach Gewöhnung 5 kg und Milchkühe 3 − 6 kg je Tier und Tag. Zu beachten ist der Frischezustand, da Schälabfälle nur wenige Tage haltbar sind. Möglich ist auch das Silieren der Rückstände.

An Küken, Jung- und Legehennen der Kleinproduzenten wird Weichfutter verfüttert, das Mischfutter, aber auch Möhren, Grünfutter, gedämpfte Kartoffeln oder Kartoffelschälabfälle enthält. Je Küken können 5 − 15 g, je Legehenne 50 − 60 g Kartoffelschälabfälle täglich dem Weichfutter zugesetzt werden. Auch für Mastenten haben sich als Kartoffelersatz 80 − 100 g Kartoffelschälabfälle neben Mischfutter bewährt. Bilanzierte Futterrationen für Zucht- und Mastgänse können etwa ein Drittel Hackfrüchte mit Kartoffelschälabfällen, Möhren oder Rübenverarbeitungsprodukten enthalten. Bei der Kaninchenmast der Kleintierhaltung werden Kartoffelschälabfälle in Tagesgaben von 50 − 80 g je Tier eingesetzt.

Literatur

Autorenkollektiv: Underutilized resources as animal feedstuffs. National Academy Press, Washington D.C. 1983.
Autorenkollektiv: Das DDR-Futterbewertungssystem. 5. Aufl. Deutscher Landwirtschaftsverlag, Berlin 1986.
Becker, M., und K. Nehring: Handbuch der Futtermittel. Band 3. Paul Parey, Hamburg und Berlin 1967.
Bolduan, G., U. Herrmann, H. Jung und W. Kracht: Schweinefütterung. Deutscher Landwirtschaftsverlag, Berlin 1984, S. 149 − 151.
Flachowsky, G., H.-J. Löhnert, P. Baldeweg, C. Bauer, G. Jahreis, Heidrun Paetzelt und F. Schöne: Tierern. und Fütterung **16**, 71 (1988/89).
Flachowsky, G., O. Schäller und Beate Stubendorf: Tierern. und Fütterung **15**, 61 (1986/87).
Kling, M., und W. Wöhlbier: Handelsfuttermittel. Verlag Eugen Ulmer, Stuttgart 1983.
Vogel, G., H. Fröhlich und W. Trebens: Feldwirtschaft **25**, 507 (1984).

9. Proteinreiche Futtermittel tierischer Herkunft

9.1. Milch und Milchprodukte

Als Futtermittel gewann die Milch erst im 20. Jahrhundert eine größere Bedeutung, nachdem die jährliche Milchleistung je Kuh auf >2500 kg gestiegen war. Um 1900 wurden die ersten Qualitätskontrollen und -standards für Milch und Milchprodukte eingeführt.

9.1.1. Gewinnung und Konservierung

Das Grundprinzip der Milchzerlegung besteht in der Trennung in Fett- und Caseinfraktion mit den Nebenprodukten Magermilch, Buttermilch und Molke (Abb. 86). Entrahmung und Reinigung der Rohmilch erfolgen mittels Separator. Die abgetrennte Magermilch wird z. T. als Futtermagermilch abgegeben. Der anfallende Zentrifugenschlamm kann nach Sterilisierung über die Fütterung umweltschonend entsorgt werden. Zur Caseinfällung werden Lab oder Säuren, je nach Endprodukt Käse oder Casein, verwendet, wobei Zusammensetzung und Säuregrad der anfallenden Molke in Abhängigkeit des Fällungsmittels variieren. Bei der Verarbeitung einiger Fraktionen zu Rohstoffen für die Industrie (Casein, Milchzucker) fallen Nebenprodukte an (Molkeneiweiß, Rotlauge).

Die als Futtermittel bereitstehenden Milchprodukte können sowohl frisch als auch getrocknet abgegeben werden. Als Trocknungsverfahren werden vorrangig angewendet:

Magermilch: Walzen- oder Sprühtrocknung;
Molke: Sprühtrocknung mit anschließender Hydratisierung der Lactose (geringe Hygroskopizität).

Die Walzentrocknung erfolgt durch Auftragen eines eingedickten Milchfilmes auf beheizte Trommeln (>100 °C), das getrocknete Produkt wird mit Abstreifmessern gewonnen.

Bei der Sprühtrocknung wird die eingedickte und zerstäubte Milch im Heißluftstrom (bis 300 °C) getrocknet; durch den Verbrauch von Verdunstungswärme erhitzen sich die Milchpartikel jedoch nur auf ≈ 90 °C. Bei Anwendung von Vakuumtrocknungsverfahren (Walzen- oder Sprühtrocknung) werden geringere Temperaturen eingesetzt. In Abhängigkeit der Trocknungsverfahren tritt eine Veränderung der Qualität auf. Auf Grund der Reaktion zwischen Lactose und Proteinen bei höheren Temperaturen (>105 °C) vermindert sich vor allem die Verfügbarkeit des Lysins. Die Abnahme des verfügbaren Lysins aus Molke ist beispielsweise bei Walzentrocknung 30fach höher als bei Sprühtrocknung. Der Grad der Hitzeschädigung des Lysins kann durch die quantitative säulenchromatographische Bestimmung des

9.1. Milch und Milchprodukte

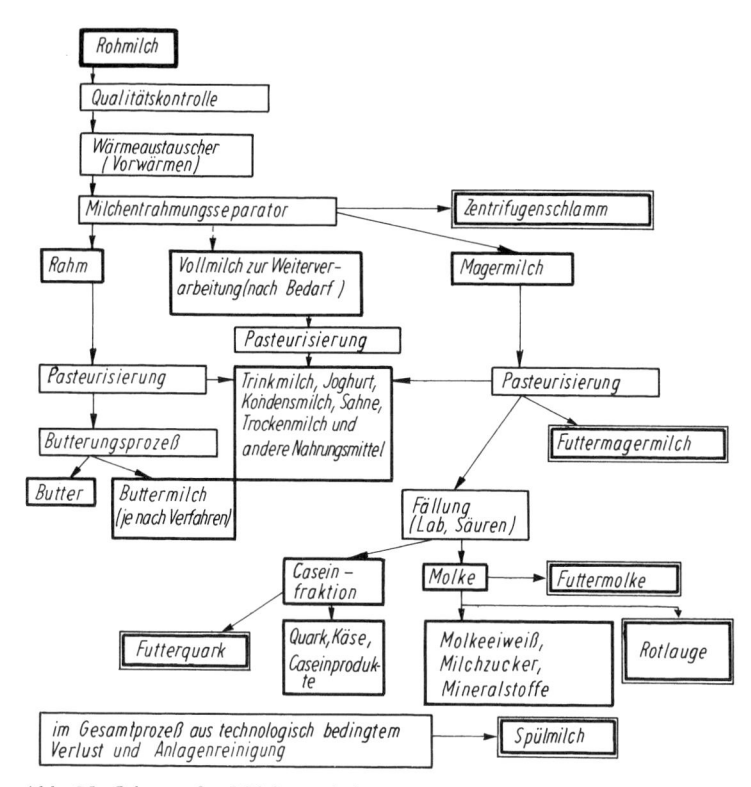

Abb. 86. Schema der Milchverarbeitung.

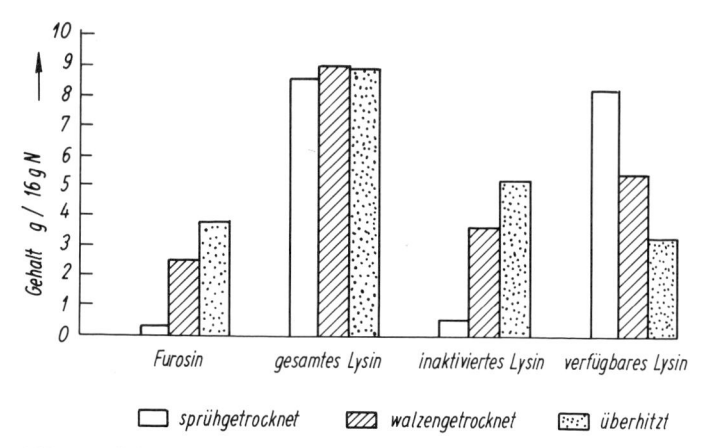

Abb. 87. Gehalt verschiedener Magermilchpulver an verfügbarem Lysin (nach Jahreis und Gruhn 1982).

Furosins im Proteinhydrolysat erfaßt werden (Abb. 87). Trockenmilchprodukte müssen einen Trockensubstanzgehalt von >950 g/kg aufweisen und auf Grund der relativ starken Hygroskopizität trocken gelagert werden. In feuchtem Milch- oder Molkepulver (<940 g T/kg) findet eine relativ rasche Abnahme der Lysinverfügbarkeit statt.

9.1.2. Futterwert und Einsatzempfehlungen

9.1.2.1. Kolostrum

Die Milch von Klauen- und Huftieren in den ersten Laktationstagen (z. B.Rind: 4 − 5 d, Stute: 1 − 4 d), das Kolostrum, enthält höhere Anteile an Albuminen und Globulinen sowie an essentiellen Aminosäuren als die Normalmilch (Tabelle 196).

Tabelle 196. Mittlere Zusammensetzung von Kolostral- und Normalmilch (Mittelwerte nach mehreren Literaturangaben)

Inhaltsstoff	ME je kg	Kuh		Sau		Stute	
		Kolostrum	Milch	Kolostrum	Milch	Kolostrum	Milch
Fett	g	40	35	72	90	20	18
Protein	g	143	33	190	55	100	24
Casein	g	52	26	50	30	27	10
Albumin + Globulin	g	15	5	100	17	60	12
Immunoglobuline	g	60	<1	75	<1	65	<1
Lactose	g	31	46	25	45	50	70
Bruttoenergie	MJ	5,5	3,0	7,8	5,0	3,8	2,4
Rohasche	g	10	8	6	10	7	4
Lysin	g/16 g N	8,5	7,8	7,0	7,5	8,0	7,5
Methionin + Cystin	g/16 g N	3,8	3,5	3,0	2,8	3,5	3,0
Arginin	g/16 g N	4,8	3,6	5,8	5,4	6,0	5,0
Threonin	g/16 g N	7,4	4,6	5,2	4,4	6,0	4,0

Die Konzentration und Resorbierbarkeit der enthaltenen Antikörper nehmen ≈ 12 Stunden nach der Geburt rapide ab, deshalb ist das Kolostrum den Jungtieren so früh wie möglich anzubieten. Abgemolkenes Kolostrum ist körperwarm zu verabreichen. Bei Verendung des Muttertieres oder bei akutem Milchmangel kann Kälbern, Lämmern und Fohlen das Kolostrum von Ammen verabreicht werden, das nach Gewinnung aus einer Euterhälfte (Erstgemelk post partum) bei − 20 °C bis zu 2 Jahren gelagert werden kann. Mit dem ersten Saugen sollten Kälber zur Entwicklung eines hohen Immunschutzes mindestens 2 kg Kolostrum erhalten (Kim et al. 1983). In den ersten 12 Lebensstunden kann bei Ad-libitum-Angebot aus dem Tränkeimer mit einer Kolostrumaufnahme gesunder Kälber von etwa 3 − 4 kg gerechnet werden (Eigenmann und Mitarb. 1983). Auch bei Mutterkuhhaltung wurden vom Kalb innerhalb der ersten 12 Stunden p. p. mit mehreren Saugakten insgesamt 3,4 ± 0,8 kg (7,6 ± 2,8% der Lebendmasse) Kolostrum aufgenommen (Derenbach et al. 1983). Überschüssiges Mischkolostrum ist als Eiweißfutter für Kälber nach der Kolostralperiode bei sofortiger Verfütterung oder nach Konservierung (USA: 0,01% Formaldehyd, Deutschland: 0,1% 35%iges Wasserstoffperoxid) einsetzbar, erbringt jedoch keine besseren Zunahmen als Vollmilch oder Milchaustauscher (Maidment 1981).

9.1.2.2. Vollmilch

Der Futterwert der Vollmilch wird vorwiegend durch deren Gehalt an Protein und essentiellen Aminosäuren sowie durch die Energiekonzentration bestimmt (s. Tabelle 196).

Das Rohprotein der Milch kann in 3 Gruppen untergliedert werden (Kuh):

- Caseine: ≈ 80% des Gesamt-N,
- Milchserumproteine (vorwiegend Albumine und Globuline): ≈ 16% des Gesamt-N,
- NPN-Verbindungen (u. a. freie Aminosäuren, Ammoniak, Harnstoff): ≈ 4% des Gesamt-N.

Die Caseine, es sind etwa 20 Isomere bekannt, sind relativ labile Verbindungen, deren kolloidale Struktur durch Fällung mittels Säuren oder Enzymen (z. B. Lab) leicht verändert werden kann. Als Fällungsoptimum wird ein pH-Wert von 4,6 (isoelektrischer Punkt) bei 20 °C angegeben. Die Fällungsreaktion wird in der praktischen Fütterung beim Dicklegen der Milch genutzt.

Milchserumproteine (Molkeneiweiß) bleiben unter den Bedingungen der Caseinfällung in Lösung. Albumine und Globuline koagulieren jedoch bei Erhitzen > 70 °C. β-Lactoglobulin stellt den größten Anteil der Milchserumproteine der Kuhmilch, gefolgt von α-Lactalbumin. Die in Spuren enthaltenen Proteine (minor proteins) können die Stabilität der Milch beeinflussen. Die Konzentration an NPN-Verbindungen differiert in Abhängigkeit der Stoffwechsellage und Fütterung der Kuh sehr stark. Das Milchfett stellt ≈ 50% der Gesamtenergie der Milch. Die emulgierten Fettkügelchen sind von einer Eiweißmembran umgeben. Das Membranprotein ist mit Lab nicht fällbar, gerinnt jedoch bei Temperaturen um 100 °C. Milchzucker (Lactose) ist das in der Milch hauptsächlich vorkommende Kohlenhydrat und kann durch Lactasen (Darm, Milchsäurebakterien) in Glucose und Galactose gespalten und weiterhin in Milchsäure überführt werden.

Zu Futterzwecken wird in der Regel nicht absetzbare oder nicht verkehrsfähige Milch verwendet, deren Einsatz jedoch erst nach veterinärmedizinischer Prüfung erfolgen kann. Nicht verkehrsfähige Rohmilch ist Milch von Kühen, die fieberhafte Erkrankungen, Eutererkrankungen oder erhebliche Störungen des Allgemeinbefindens aufweisen bzw. die auf einem oder mehreren Vierteln veränderte Milch abgeben, und auch Sammelmilch mit erheblichen Qualitätsmängeln. Eine Ausnahme stellt die für die Kälbermast verwendete Vollmilch in Mutterkuhherden dar.

Die Verwendung von Vollmilch als Eiweißquelle für Kälber und Ferkel hat gegenüber Magermilch keine Vorteile, da bei der Entrahmung nahezu kein Protein der Milch entzogen wird. Auf Grund der höheren Energiekonzentration der Vollmilch gegenüber Magermilch (s. Tabelle 197) sind bessere Zunahmen zu erwarten. Die wesentlich höhere Konzentration der Vollmilch an fettlöslichen Vitaminen kann in der Mutterkuhhaltung hinsichtlich des Vitaminzusatzes zum Beifutter berücksichtigt werden.

9.1.2.3. Magermilch

Beim Entrahmen werden der Vollmilch die Fettkügelchen mit darin enthaltenen fettlöslichen Vitaminen, den Carotinoiden und Phospholipoiden entzogen. Der Proteinanteil aus der Membran der Fettkügelchen ist vernachlässigbar, so daß die Magermilch, bezogen auf Frischsubstanz, fast den gleichen Proteingehalt wie die Vollmilch aufweist (Tabelle 197). Da die Magermilch nahezu die gleichen Proteinfraktionen wie die Vollmilch enthält, besteht auch im Gehalt an Aminosäuren im Rohprotein zwischen beiden Milchsorten kein Unterschied (s. Tabelle 197). Die hohe Verdaulichkeit sowie die günstige Aminosäurenpalette des Proteins, besonders die Konzentration an den limitierenden Aminosäuren Lysin, Methionin und Cystin, zeichnen die Magermilch als ein hochwertiges, proteinreiches Konzentrat aus (s. Abb. 88).

9. Proteinreiche Futtermittel tierischer Herkunft

Tabelle 197. Zusammensetzung von Magermilchprodukten, Buttermilch und Molke im Vergleich zur Vollmilch (Mittelwerte je kg T)

	Voll-milch	Magermilch			Butter-milch frisch	Molke frisch
		frisch	dick-sauer[1])	sprüh-getrocknet		
Trockensubstanz g/kg FM	125	91	95	965	90	65
Rohprotein g	280	380	380	361	380	160
Lysin g	21	30	30	28	28	10
Methionin + Cystin g	9	13	13	12	13	6
Rohfett g	280	11	11	12	55	15
Lactose g	376	529	379	545	420	720[2])
Milchsäure g	–	–	150	–	55	
Rohasche g	64	80	80	82	90	105
EFr	1310	700	700	688	773	685
EFs	1165	833	833	806	858	740
EFh	–	–	–	721	–	–
StE	1250	715	715	720	810	717
MEs MJ	22,3	15,9	15,9	15,8	16,5	14,2
MEg MJ	16,5	13,0	13,0	12,5	–	–

[1]) Fällung durch Milchsäurekulturen
[2]) in Sauermolke davon $\approx$ 120 g Milchsäure

Durch das Dicklegen der Milch vor der Verfütterung mit Milchsäurekulturen (nicht bei Zusatz von Säuren) wird ein Teil der Lactose in Milchsäure umgesetzt. Der Trocknungsprozeß verändert die Bestandteile der Milchtrockensubstanz nur wenig, wenn nicht durch Überhitzung eine Proteinschädigung (Lysinverfügbarkeit, Cystingehalt) eingetreten ist. Die Verdaulichkeit der Nährstoffe und der Energie von Magermilchprodukten beträgt für Rind und Schwein 90 – 98%.

Die traditionellen Tränkverfahren der **Kälberaufzucht** umfassen eine Tränkperiode von $\approx$ 12 Wochen. Während dieser Zeit werden 500 – 600 l Milch je Kalb (2 – 4 Wochen Vollmilch, ab 2. – 4. Woche aufgefettete Magermilch) verfüttert. Das Frühabsetzen nach der 4. bis 8. Lebenswoche kann auch bei Einsatz von Vollmilch und aufgefetteter Magermilch (250 – 300 l/Kalb) zur Anwendung kommen, stellt aber höhere Anforderungen an Misch- und Grundfutter.

Bei Verfütterung von dicksaurer Milch, die technologische und ernährungsphysiologische Vorteile aufweist, sollte ein pH-Wert von $\approx$ 4,5 vorliegen. Zum Dicklegen können je 100 l Magermilch

200 – 350 g Citronen- oder Weinsäure (100%ig),
450 g Milchsäure (60%ig),
240 g Essigsäure (100%ig),
270 g Salzsäure (37%ig)

oder 3 – 5 l bereits gesäuerte Milch, Buttermilch oder Sauermolke eingesetzt werden.

Bei Verwendung von Ameisen- und Essigsäure kann in den ersten Tagen ein Rückgang der Milchaufnahme auftreten (Keusenhoff und Piatkowski 1986). Formalin als Konservierungsmittel ist für Kälber nicht geeignet und nach der Futtermittelverordnung (FMV) für diese Tierart nicht zugelassen (o. V. 1992). Die Tränketemperatur sollte auch bei dicksaurer Milch bis zur 4. Lebenswoche > 30 °C und ab 5. Lebenswoche

20—30 °C betragen. Bei Kalttränkverfahren (Stalltemperatur) sind für gleiche Zunahmen höhere Milchmengen erforderlich.

An **Saugferkel** können ab 3. Lebenswoche $\approx 1{,}5$ kg Magermilch je kg Futtertrockensubstanz verabreicht werden. Sowohl dicksaure Magermilch bei feucht-krümeliger Fütterung als auch Trockenmagermilch im Trockenfutter stellen wertvolle Proteinträger besonders für frühabgesetzte Ferkel dar. Die meisten Ferkelfutter enthalten je kg $\approx 30-50$ g Trockenmagermilch.

An Absetzferkel mit ≈ 20 kg Körpergewicht (KGW) können bei einer Gerste-Basis-Ration etwa 2 l Frischmilch je Tag verabreicht werden. Mastschweine, die ab 28 kg KGW im Mittel 4 l Magermilch zu einer Gerste-Ration erhielten, erreichten gegenüber geringeren Milchgaben die höchsten täglichen Zunahmen bei niedrigem Anteil an Fettgewebe. Höhere Milchanteile in der Ration erbringen keine weitere Zunahmesteigerung. In der Regel werden jedoch von Mastbeginn bis -ende von $\approx 2{,}5$ auf $\approx 1{,}5$ kg sinkende Mengen an dicksaurer Magermilch empfohlen, wenn Milch das einzige Eiweißfuttermittel darstellt.

Zuchtsauen können neben Getreide als Kraftfutter mit folgenden Mengen an frischer oder dicksaurer Magermilch ihren Protein- und Aminosäuren-Bedarf decken:

niedertragend   1 kg/Tag,
hochtragend   3 kg/Tag,
säugend   8 kg/Tag.

Das Dicklegen der Milch für die Schweinefütterung erfolgt meist mit Ameisensäure (350 g je 100 l) oder Salzsäure (270 g, 37%ige HCl je 100 l). Dickgelegte Magermilch ist ≈ 3 Tage haltbar.

An **Geflügel** kann sowohl dicksaure als auch getrocknete Magermilch verfüttert werden. An Legehennen sind beispielsweise bis 250 g dicksaure Magermilch je Tag verabreichbar. Da Geflügel keine Lactase bildet, kann der Milchzucker nur begrenzt bakteriell verdaut werden.

In der **Fohlenaufzucht** können bis zum Alter von ≈ 1 Jahr täglich 3—4 kg dicksaure Milch eingesetzt werden. Mischfutter für die Fohlenaufzucht enthält je kg meist bis ≈ 90 g Trockenmagermilch. In der **Kaninchenfütterung** werden für säugende Häsinnen und Mastkaninchen Magermilchtränken oder Anteile von 25 g Trockenmagermilch je kg Fertigfutter empfohlen.

In Rationen für **Nerze** sind 30 g Trockenmagermilch/kg Futter oder T-gleiche Mengen an Frischmilch einsetzbar.

In der **Bienenfütterung** stellt Trockenmagermilch in Kombination mit Zucker einen Pollenersatz dar und verhindert in fluglosen Schlechtwetterperioden eine Brutunterbrechung.

9.1.2.4. Buttermilch

Buttermilch enthält gegenüber Magermilch meist mehr Fett (s. Tabelle 197). Die Variation des Futterwertes kann auf Grund der unterschiedlichen Herstellungsverfahren und der Entmischungsvorgänge bei der Zwischenlagerung erheblich sein. Die Verdaulichkeit der Rohnährstoffe der Buttermilch entspricht für Wiederkäuer und Schweine etwa der der Magermilch. Geflügel soll die organische Substanz der Buttermilch um ≈ 10 Einheiten schlechter verdauen als die der Magermilch. Die scheinbare Verdaulichkeit des Rohproteins sowohl der frischen als auch der getrockneten Buttermilch ist bei Wiederkäuern und Schweinen mit 90—95% um ≈ 10 Einheiten höher als bei Geflügel (82%).

Buttermilch ist hinsichtlich ihres Einsatzes etwa der Magermilch gleichzusetzen. Fütterungsversuche mit Kälbern, Schweinen und Geflügel führten bei getrockneter Buttermilch zu ähnlichen Ergebnissen wie mit Magermilchpulver. An Mastkälber können bis 10 kg frische Buttermilch verabreicht werden. Junge Kälber und Ferkel sollten gegenüber Magermilch geringere Mengen Buttermilch erhalten, da bei höheren Gaben öfter Durchfälle beobachtet wurden. Für Mastschweine werden tägliche Gaben von ≈ 3 kg frischer Buttermilch je Tier empfohlen. An Geflügel und Fohlen kann Buttermilch (frisch oder getrocknet) wie Magermilch verabreicht werden.

9.1.2.5. Molke

Je nach Art der Caseinfällung durch Lab oder Milchsäure fällt bei der Käsebereitung Labmolke (Süßmolke, pH 6,2 – 6,6) oder Sauermolke (pH 4,5 – 4,7) an. Beide Molkenarten enthalten ≈ 160 g Rohprotein je kg T (s. Tabelle 197) und noch etwa 17% des Gesamtproteins der Vollmilch. Dialysierte (entsalzte) Molke kann je kg T bis 330 g Protein enthalten. Das Molkeprotein besteht hauptsächlich aus β-Lactoglobulin und enthält ähnlich der Vollmilch im Mittel 8% Lysin, ist aber mit ≈ 4% Methionin und Cystin reicher an schwefelhaltigen Aminosäuren. Die Sauermolke ist calciumreicher als Süßmolke, da das Ca hier als lösliches Lactat vorliegt, bei Labfällung jedoch im Casein-Komplex gebunden bleibt. Da Sauermolke nur bei Magerkäsebereitung anfällt, stellt sie den mengenmäßig geringeren Anteil am Gesamtaufkommen von Molke dar.

Die organische Substanz der Molke ist für Wiederkäuer, Schweine und Geflügel hoch verdaulich (≈ 95%). Durch die verschiedenen Trocknungsverfahren wird der Futterwert von Molkepulver, außer der Lysinverfügbarkeit (s. Abschnitt 9.1.1.), nicht wesentlich verändert.

Die Molke wird überwiegend in nichtentsalzter und nicht entzuckerter Form frisch oder getrocknet zur Fütterung bereitgestellt. Auf Grund des Gehaltes an Milchsäure sind die Lagerung und Verabreichung von Sauermolke in säurebeständigen Behältern vorzunehmen.

Ab 6. Lebenswoche können an **Kälber** neben Voll- oder Magermilch langsam steigende Mengen frischer Labmolke verfüttert werden, als maximale Gabe werden 10 kg im Alter von 10 Wochen empfohlen. Zur Verwendbarkeit von Sauermolke in der Kälberfütterung liegen erst wenige Erfahrungen vor, sie sollte darum gemeinsam mit dicksaurer Magermilch verabreicht werden. In der Rindermast können nach 1- bis 2wöchiger Gewöhnungsperiode bis 20 kg Molke je Tier und Tag, in der Endmast bis 30 kg eingesetzt werden.

Die für **Schweine** bis 1 Woche lagerfähige Frischmolke kann an Zuchtläufer in Mengen von 6 – 8 kg und an Zuchtsauen bis 3 Wochen vor dem Ferkeln in Mengen von 10 – 12 kg verabreicht werden. Mastschweine können ab ≈ 30 kg KGW Frischmolke in steigenden Mengen bis zu 20 kg (Winter) bzw. 30 kg (Sommer) bei einem Körpergewicht von 80 kg erhalten. Für die Erzielung hoher Zunahmen sollten beginnend mit der Mast (27 kg KGW) die Molkgaben täglich 1 kg in der ersten Mastwoche und nach allmählicher Steigerung 12 kg ab 10. Mastwoche nicht überschreiten. Dabei wird ein Einsatz von 1,4 kg (1. Woche) bis 2,2 kg (15. Woche) Mischfutter mit 170 g Rohprotein (XP) zugrunde gelegt, so daß für 78 kg Zuwachs in 16 Mastwochen 900 kg Molke und 200 kg Mischfutter benötigt werden (o. V. 1985).

Eine Ergänzung der Getreide- oder Kartoffelration mit proteinreichem Ergänzungsfutter ist erforderlich, wenn weniger als 15 kg Molke je Tier und Tag aufgenommen werden.

An **Geflügel** kann Frischmolke bei Einsatz von Weichfutter in begrenzten Mengen verabreicht werden. Auf Grund des hohen Gehaltes an Milchzucker können bei zu hohen Gaben Durchfälle auftreten. Molkepulver ist im Mischfutter für Küken, Legehennen und Puten bis zu einem Anteil von 40 g/kg einsetzbar.

Tabelle 198. Mittlere Zusammensetzung verschiedener Milchnebenprodukte

Produkt	Gehalt je kg T								
	T g/kg FM	XP g	XL g	XX g	XA g	EFs	MEs MJ	Lys g	Met + Cys g
Quark	350	791	12	164	33	875	16,8	64	33
Käseabfälle, getrocknet	910	658	98	118	126	880	16,9	53	27
Casein	900	917	13	42	28	895	17,2	74	34
Molkeneiweiß	200	700	30	110	160	785	15,1	70	30
Zentrifugenschlamm	395	733	70	94	102	–	–	46	31
Rotlauge	59	195	80	522	203	–	–	12	10

9.1.2.6. Weitere Milchprodukte

Quark, Käseabfälle, Casein und **Molkeneiweiß** werden meist nur in begrenztem Umfang als Futtermittel abgegeben. Der Futterwert der drei erstgenannten Produkte wird durch die sehr hohe Proteinkonzentration von > 650 g XP/kg T gekennzeichnet (Tabelle 198). Das Protein ist dabei für Rind und Schwein zu $> 90\%$ verdaulich, sein Aminosäurengehalt entspricht etwa dem der Ausgangsprodukte. Molkeneiweißschlempe, die bei der Milchzuckergewinnung anfällt, enthält ≈ 700 g XP/kg T und wird vorrangig in der Schweineproduktion eingesetzt.

Mit Molkeneiweiß, an Schweine verabreicht, und mit Casein, an Kälbern und Küken geprüft, wurden meist schlechtere Leistungen als mit Magermilchprodukten erzielt.

Zentrifugenschlamm besteht aus Schmutzresten, Gewebepartikeln des Euters sowie Milchsedimenten und enthält z. T. > 700 g XP/kg T. Der Gehalt des Proteins an Lysin bzw. schwefelhaltigen Aminosäuren beträgt ≈ 6 bzw. 4 g/16 g N. Zentrifugenschlamm ist vor Verfütterung an Schweine zu sterilisieren und kann in Tierkörperverwertungsbetrieben oder gemeinsam mit Sammelfutter aus Haushalten verarbeitet und somit entsorgt werden.

Rotlauge stellt die flüssige Phase der Molke nach Abtrennen des Eiweißes und des Milchzuckers dar. Die gelbliche bis rötliche Flüssigkeit (Rotlauge) enthält noch ≈ 200 g XP/kg T (s. Tabelle 198).

9.2. Produkte von Säugetieren und Geflügel

9.2.1. Konservierungsverfahren

Die Aufbereitung zwecks Sterilisation, Aufschluß und Haltbarmachung erfolgt durch Erhitzen und/oder chemische Konservierung (Teilkonserve mit kürzerer Lagerfrist) bzw. durch Trocknung mit längerer Lagerfähigkeit der Produkte.

• Blut

Schlachtblut kann als teilkonserviertes *Frischblut* oder als *Blutmehl* zur Verfütterung gelangen. Die verschiedenen Konservierungsmethoden gestatten eine unterschiedliche Zwischenlagerungsdauer (Tabelle 199). Zur chemischen Konservierung sind Säuren (H_2SO_4) oder schwefeldioxidbildende Salze ($K_2S_2O_5$) am gebräuchlichsten, aber auch organische Säuren (z. B. Ameisensäure) und Hypochlorite ($Ca(OCl)_2$) werden verwendet. Zur Gewinnung von Blutmehl wird das Blut in Walzen- oder Sprühtrocknern getrocknet (Brunner 1978).

Tabelle 199. Ausgewählte Teilkonservierungsverfahren für Futterblut und mögliche Dauer der Zwischenlagerung

Konservierungsart bzw. -mittel	maximale Lagerungsdauer	Autor[1]
Kochen (3 Stunden)	1 Tag	1
Schwefelsäure, konz.[2]) 15 g H_2SO_4/kg Blut (*p*H < 4)	mehrere Monate	2
Kaliummetabisulfit 15 g $K_2S_2O_5$/kg Blut	mehrere Wochen	1
Natriummetabisulfit 10 g $Na_2S_2O_5$/kg Blut	mehrere Wochen	3
Kombination von 5 g $K_2S_2O_4$ + 15 g H_2SO_4/kg Blut	≈ 3 Monate	1
Ameisensäure 7 g/kg Blut	≈ 3 Wochen	1
3 – 6% Natriumchlorid + 0,7 – 1,0% Calciumhypochlorid ($Ca(OCl)_2$)	2 – 3 Wochen	4

[1]) 1 Wöhlbier (1978), 2 Becker und Nehring (1967), 3 Vandegrift und Kirk (1981), 4 Shirley (1983).
[2]) mit Wasser 1 : 1 verdünnt zu verwenden

• Tiermehle, Eiweißmischsilage

Für die Herstellung von *Tiermehl* (aus Kadavern und Schlachtabfällen) bzw. Fleischfutter- oder Fleischknochenmehl (Schlachtabfälle) wird das Ausgangsmaterial sterilisiert, zerkleinert, entfettet (Pressen, Extraktion), getrocknet und gemahlen. Die Verfahren zur Sterilisation in Siebbodenvorkochern sind auf die pathogenen Bakterienspezies mit der höchsten Hitzeresistenz abgestimmt (F-Wert-Konzept; Schaub 1987). Die in verwesenden Tierkörpern entstandenen toxischen Eiweißabbauprodukte werden durch die hohen Sterilisierungstemperaturen ebenfalls inaktiviert. Bei zu feuchter Lagerung kann eine Sekundärinfektion der Tiermehle mit Keimen erfolgen. Beim Dampfentfetten von Fleisch und Knochen fällt wäßriger Extrakt an, der getrocknet wird (Fleischknochenextrakt).

In begrenztem Umfang erfolgt eine Verarbeitung der Kadaver und Schlachtabfälle (anteilig größere Menge) durch chemische Konservierung (Eiweißmischsilagen). *Eiweißmischsilage* ist ein sterilisiertes und mit Schwefelsäure konserviertes flüssiges Produkt aus unterschiedlichen Anteilen Kadavern, Schlachtabfällen, Blut, Federn, Fischabfällen und anderen tierischen, pflanzlichen und mikrobiellen Abfällen (Autorenkollektiv 1981, Cobos et al. 1986/87, Gruhn 1982). Die Eiweißmischsilagen werden in einem geschlossenen System produziert, die Lagerdauer wird mit maximal 15 Tagen angegeben. Durch die in den Vorkochern angewendete hydrothermische Aufbereitung (pü ≈ 0,5 MPa, 158 °C, 30 – 120 min) werden die ohne Vorbehandlung kaum verdaulichen Skleroproteine (Keratin, Kollagen, Elastin) von Haut, Borsten, Sehnen, Knochen u. a. aufgeschlossen.

9.2. Produkte von Säugetieren und Geflügel

- **Federn, Horn, Borsten, Geflügelschlachtabfälle**

Federn, Horn und Borsten bestehen vorwiegend aus wenig quellfähigen und enzymresistenten Keratinen. In Geflügelköpfen und -ständern sind Kollagen und Elastin als schwerverdauliche Gerüsteiweiße enthalten. Durch Hydrolysieren (1 – 4 Stunden bei einem pü von 0,5 – 0,6 MPa) wird eine Proteinverdaulichkeit dieser Gerüstsubstanzen von ≈80% erreicht. Die hydrolysierten Federn können nach Zerkleinerung direkt verfüttert werden oder gelangen zur weiteren Verarbeitung (Anteil in aufbereiteten Geflügelschlachtabfällen sowie in Tiermehl bzw. Eiweißmischsilagen oder Trocknung zu Feder- bzw. Hornmehl).

- **Nebenprodukte der Brütereien und Eiverarbeitung**

Die in Brütereien anfallenden unbefruchteten Eier, Eier mit toten Embryonen, leere Eischalen sowie Hahnenküken werden entweder zu getrocknetem Brütereiabfallmehl oder in Eiweißmischsilagen verarbeitet.

- **Nebenprodukte der Lederindustrie**

Bei der Häuteverarbeitung fallen Maschinenlederleim und Chromlederabfälle an. Diese proteinreichen (Kollagene) Abfälle bestehen vorrangig aus Subkutis, Epidermis mit Haaren sowie Fett- und Fleischresten und werden nach Hydrolyse (0,3 – 0,5 MPa) direkt verfüttert oder getrocknet bzw. in Eiweißmischsilagen verarbeitet.

9.2.2. Futterwert und Einsatzempfehlungen

9.2.2.1. Frischblut, chemisch konserviert

Blut, gekocht oder chemisch konserviert, enthält je kg etwa 200 g Trockensubstanz, das hochwertige Protein (>900 g/kg T) ist zu über 90% verdaulich, eine Proteinschädigung tritt nur nach längerer Erhitzung auf. Blut ist sehr fettarm (Tabelle 200). Durch die chemische Konservierung werden nicht immer alle pathogenen Keime (Tuberkulose, Paratyphus) abgetötet, so daß eine Hitzebehandlung vor der Verfütterung zu empfehlen ist. In sulfitkonserviertem Blut sind meist keine aktiven Erreger von Rotlauf, Maul- und Klauenseuche sowie Salmonellen mehr nachweisbar.

Tabelle 200. Mittlere Zusammensetzung und Futterwert von teilkonserviertem Blut und Blutmehl (nach verschiedenen Autoren)

	T	je kg T			EFs	MEs MJ	je 16 g N		Protein-verdaulich-keit (Schwein)
		XP	XL	XA			Lys	Met + Cys	
	g/kg	g	g	g			g	g	%
Frischblut	210	940	5	50	580	16,7	9,0	3,0	90
Blut, chemisch konserviert	205	920	5	55	570	16,4	9,0	3,0	90
Blutmehl	900	910	5	55	560	16,1	8,5	2,8	85[1]

[1] hohe Variation in Abhängigkeit des Trocknungsverfahrens (<65 bis >90), Lysinverfügbarkeit 65 – 75%

Abgekochtes oder chemisch konserviertes Blut kann an Schweine entsprechend des Proteingehaltes und der -qualität der Grundration in folgenden Tagesgaben verabreicht werden:

Mastabschnitt
bis 35 kg KGW   bis   300 g/Tier,
36 – 75 kg KGW   300 – 500 g/Tier,
über 75 kg KGW   500 – 700 g/Tier.

Für Geflügel ist teilkonserviertes Blut im Weichfutter einsetzbar.

9.2.2.2. Blutmehl

Blutmehl steht bei sorgfältiger Trocknung hinsichtlich des Futterwertes dem Frischblut nicht wesentlich nach. Bei zu hohen Trocknungstemperaturen (schwarzbraunes Blutmehl) oder zu feuchter Lagerung (<900 g T/kg) können erhebliche Qualitätsminderungen (Proteingehalt und -verdaulichkeit erniedrigt, Keimgehalt >5 Millionen/g) auftreten.

Blutmehl wird vorrangig an Schweine und Geflügel verabreicht, Blutmehl ist nicht als alleiniges Eiweißfuttermittel einzusetzen, da es wenig Isoleucin, Methionin und Cystin enthält. Als Richtwerte können Anteile in den Rationen bis ≈60 g/kg der T bzw. Anteile bis ≈25% des Gesamtproteingehaltes der Rationen für wachsende Schweine und für Geflügel gelten.

9.2.2.3. Eiweißmischsilage

Der Futterwert der Eiweißmischsilage (EMS) wird durch deren Gehalt an Rohprotein und Rohfett (XL) bestimmt und ist vom Anteil der Komponenten abhängig (Tabelle 201). Das Rohfett der EMS wird vom Schwein zu ≈70% verdaut, so daß die fettreichen Chargen eine hohe Energiekonzentration aufweisen. Der Lysingehalt des Proteins wird in den EMS der verschiedenen Herstellerbetriebe nahezu einheitlich mit ≈5,8 g/16 g N angegeben. Bei hohem Federanteil (cystinreich) steigt der Gehalt an schwefelhaltigen Aminosäuren im Protein der Eiweißmischsilage.

Tabelle 201. Mittlere Zusammensetzung und Futterwert von Eiweißmischsilage (Autorenkollektiv 1981, 1986; Gruhn 1982)

Tierkörper-verwertungs-betrieb	T	je kg T			EFs	MEs MJ	je 16 g N		Protein-verdaulich-keit (Schwein)
		XP	XL	XA			Lys	Met + Cys	
	g/kg	g	g	g			g	g	%
Malchin	245	458	291	130	790	18,6	5,6	2,3	90
Wünschendorf	216	391	444	129	1080	25,4	5,9	3,4	–
Hagenwerder	194	423	432	124	1220	28,5	5,9	5,0	–
Mittel	250	415	240	160	770	18,1	5,2	2,2	83

hauptsächliche Bestandteile:
Malchin: Tierkörper, Schlachtabfälle, Blut, Federn, Fischabfälle.
Wünschendorf: Lederleim, Blut, Schlachtabfälle, Bierhefe und Myzele.
Hagenwerder: Lederleim, Blut, Federn, Schlachtabfälle.

Eiweißmischsilage wird in begrenztem Umfang in der Schweinemast eingesetzt (Poppe et al. 1985). Das pumpfähige Eiweißfuttermittel kann trotz seines niedrigen pH-Wertes von 3,2 – 3,7 ohne vorherige Neutralisation gemeinsam mit der Grundration verfüttert werden.

Als Einsatzmengen je Tier und Tag werden empfohlen:

Mastschweine
bis 35 kg KGW:	bis 300 g	(Tierkörper-EMS),
	bzw. 500 g	(Lederleim-EMS),
36 – 75 kg KGW:	500 – 1000 g	(beide EMS-Typen),
über 75 kg KGW:	1000 g	(beide EMS-Typen),
Zuchtsauen	1000 – 1500 g	(Lederleim-EMS).

9.2.2.4. Tiermehl, Fleischfuttermehl, Fleischknochenmehl, Knochenschrot

Entsprechend der Zusammensetzung des Ausgangsmaterials (Kadaver, Schlachtabfälle) können Tiermehle als Eiweißfutter in sechs Gruppen gegliedert werden (o. V. 1992, Weinreich et al. 1992):

	Gehalt je kg Frischmasse (FM)	
Tierlebermehl	>650 g XP	
Fleischfuttermehl	>750 g XP	
Tiermehl	>550 g XP	<110 g XL
Tiermehl, fettreich	>500 g XP	>110 g XL
Fleischknochenmehl	>400 g XP	<140 g XL
Futterknochenschrot	>260 g XP	< 50 g XL

Der Nährstoffgehalt und die Proteinqualität von Tiermehlen variieren auf Grund der verschiedenen Ausgangsmaterialien und Verarbeitungstechnologien sehr stark (Tabelle 202). Mit steigenden Anteilen an Knochen, Sehnen, Haut und Haaren bzw. Federn erhöht sich der Anteil an Kollagenen, deren Gehalt an essentiellen Aminosäuren, besonders an Lysin, niedriger als im Muskelprotein ist. Durch die Hitzebehandlung (30 min bei >130 °C) ist mit einer Verringerung der Verfügbarkeit des Lysins und der schwefelhaltigen Aminosäuren um 10 – 30% zu rechnen.

Tabelle 202. Mittlere Zusammensetzung und Futterwert von Tiermehlen (nach verschiedenen Autoren)

	je kg T				EFs	MEs	je 16 g N		Protein-verdaulich-keit[1]
	T	XP	XL	XA			Lys	Met + Cys	
	g/kg FM	g	g	g			g	g	%
Tiermehl, entfettet	900	700	50	170	600	14,1	5,0	2,5	85
fettreich	900	570	125	250	650	15,3	5,0	2,5	80
Fleischfuttermehl, ohne Knochen	900	900	80	10	750	17,6	8,0	3,3	90
Fleischknochen-mehl	900	600	100	280	610	12,5	5,0	2,2	88
Futterknochenschrot, nicht entleimt	900	375	30	550	310	6,4	4,0	1,0	80

[1]) Schwein

Die Mehrheit der zur Verfügung stehenden Tiermehle weist eine ungünstigere Aminosäurenpalette im Protein auf als Fischmehl. Der Gehalt an den schwefelhaltigen Aminosäuren Methionin und Cystin ist besonders in Tiermehlen mit hohem Anteil an Bindegewebe sogar niedriger als in pflanzlichen Proteinen, da Kollagene gegenüber Fleisch sehr arm an diesen Aminosäuren sind (Kollagen: 1,2, Fleisch: 4,1, Soja: 3,5 g je 16 g N).

Die Verdaulichkeit des Proteins von Tiermehlen für Schwein und Geflügel schwankt von <70 bis >90%, wobei in der Regel für Geflügel ≈10% niedrigere Werte als für das Schwein angegeben werden. Tiermehle enthalten neben z. T. nicht unbedeutenden Mengen an Vitaminen, vorrangig des B-Komplexes, beachtliche Gehalte an Mengen- und Spurenelementen, besonders bei höheren Knochenanteilen.

Tiermehle werden vorrangig an Schwein und Geflügel verabreicht. Bei Schweinen und Geflügel führen auf Grund der ungünstigeren Aminosäurenpalette des Proteins gleiche Anteile an Tiermehlen meist zu schlechteren Leistungen als Fischmehl. Dennoch stellen Tiermehle für Schweine eine einsatzwürdige Proteinquelle dar und ermöglichen in Getreiderationen (Gerste) befriedigende Zunahmen (Bock et al. 1976). Der Einsatz von Tiermehlen über Mischfutter hat sich als günstigste Variante erwiesen. Proteinreiches Tiermehl (>500 g XP/kg T) konnte in Versuchen von Khoroshilov und Vorobev (1981) bei Absetzferkeln und Ebern bis 15% und bei Saugferkeln, Mastschweinen und Sauen bis 10% der Ration einbezogen werden. Für Mischfuttermittel sind Tiermehle in Anteilen von ≈50 g/kg (Schweine und Geflügel), für Ergänzungsfuttermittel von ≈100 − 200 g/kg (Schweine) zu empfehlen.

9.2.2.5. Federn, Horn, Borsten, Geflügelschlachtabfälle

Auf Grund des hohen Gehaltes an Gerüsteiweißen, die enzymatisch nicht (Keratin, Kollagen) bzw. nur begrenzt (Elastin) verdaut werden können, sind diese Nebenprodukte nur nach hydrothermischer Behandlung bei pü 0,35 MPa und einer Dauer von 45 min als Futtermittel einsetzbar (s. Abschnitt 9.2.1.).

Autoklavierte Federn und Borsten, wie auch Tierhaare und Abfallwolle, weisen einen Rohproteingehalt von >900 g/kg T auf (Tabelle 203). Das Protein von Federn und Borsten ist gegenüber Tiermehlen ärmer an Lysin, Methionin und Histidin, enthält aber relativ viel Cystin (Drochner 1978). Durch die hydrothermischen Aufschlußverfahren wird zwar etwa die Hälfte des Cystins zerstört, so daß nur noch 3 − 5 g/16 g N

Tabelle 203. Mittlerer Gehalt an Rohnährstoffen und Aminosäuren von autoklavierten Federn, Borsten und Geflügelschlachtabfällen (nach Drochner 1978, Gruhn 1982, 1984, Wöhlbier 1978)

Parameter		Federn	Borsten	Geflügel-schlachtabfälle
Trockensubstanz	g/kg	320	320	300
Rohprotein	g/kg T	940	930	635
Rohfett	g/kg T	45	55	235
Rohfaser	g/kg T	−	−	15
N-freie Extraktstoffe	g/kg T	−	−	40
Rohasche	g/kg T	15	15	75
EFs	je kg T	530	530	760
MEs	MJ/kg T	10,9	10,9	15,6
Lysin	g je 16 g N	3,6	3,8	5
Methionin + Cystin	g je 16 g N	4	4	4,5

im Futterprotein enthalten sind, der Gehalt an Methionin plus Cystin des Federn- und Borstenproteins beträgt jedoch trotz des Abbaues etwa das Doppelte des Tiermehlproteins. Das Protein von hydrolysierten Federn bzw. Borsten wird vom Schwein zu $\approx 75\%$ und vom Geflügel zu $\approx 85\%$ verdaut.

Der Futterwert der Geflügelschlachtabfälle variiert auf Grund der unterschiedlichen Anteile an Blut, Federn, Köpfen, Ständern und Innereien sehr stark. Geflügelschlachtabfälle enthalten neben 600 – 700 g XP auch 150 bis 350 g XL je kg T. Die meist ausgewiesenen geringen Anteile an Rohfaser und N-freien Extraktstoffen stammen vorwiegend aus dem Magen-Darm-Inhalt. Das Rohprotein der aufgeschlossenen Geflügelschlachtabfälle enthält je 16 g N im Mittel 5 g Lysin und 4,5 g Methionin plus Cystin und ist für Schweine und Geflügel zu $\approx 75\%$ verdaulich (Gruhn 1984). Der Einsatz dieser Futtermittel sollte stets im Gemisch mit anderen Proteinträgern erfolgen. Feuchte, autoklavierte Federn, Borsten oder Geflügelschlachtabfälle werden aus technologischen Gründen vorrangig in der Schweinefütterung verwendet, nach Trocknung und Mahlen ist jedoch ein Einbeziehen in Rationen für Geflügel ebenfalls möglich. Der Einsatz von keratinhaltigen Eiweißfuttermitteln kann prinzipiell auch in der Wiederkäuerfütterung erfolgen. Nach neueren Ergebnissen soll hydrolysiertes Federmehl als eine Quelle von Durchflußfutterprotein für wachsende Wiederkäuer geeignet sein.

Auf Grund der gegenüber Soja bzw. Fischmehl ungünstigeren Aminosäurenpalette der Federn und Borsten (vorwiegend Mangel an Lysin) sowie der verzehrssenkenden Wirkung ist deren Anteil in Schweine- und Geflügelrationen auf $\approx 15\%$ des Proteins der Ration zu begrenzen. Im Mischfutter für Geflügel sollten maximal 2% Federmehl enthalten sein. Geflügelschlachtabfälle können dagegen in der Schweinemast bis zwei Drittel des Rohproteins der Ration ohne Beeinträchtigung der Mast- und Schlachtleistungsparameter gestellt werden (Gruhn und Wunderlich 1980/81). In Geflügelrationen sind getrocknete Geflügelschlachtabfälle bis 50% des Rohproteins der Ration einsetzbar.

9.2.2.6. Produkte der Brütereien und Eiverarbeitung

Der Futterwert der Nebenprodukte aus Brütereien wird vorrangig durch deren Anteil an nicht befruchteten Eiern, toten Embryonen, nicht geschlüpften Küken, Eischalen und nicht absetzbaren Küken bestimmt. Nach Gruhn et al. (1983) sind im Brutei einschließlich „Steckenbleibern" ≈ 460 g XP und im Eintagsküken ≈ 570 g XP/kg T enthalten. Der Gehalt an Lysin bzw. schwefelhaltigen Aminosäuren (Methionin plus Cystin) beträgt im Ei- und Kükenprotein 5,8 – 6,4 bzw. 4,5 – 4,1 g je 16 g N. Nebenprodukte aus Brütereien enthalten, bedingt durch den Eischalenanteil, erhebliche Mengen Rohasche (bis 600 g/kg T) und Calcium (bis 250 g/kg T), die deren Einsatz in der Fütterung begrenzen. Der Fettgehalt kann zwischen 100 und 200 g/kg T variieren, wobei Eintagsküken etwa den 2,5fachen Rohfettgehalt von Bruteiern (340 gegenüber 130 g/kg T) aufweisen.

Die Verdaulichkeit des Rohproteins bzw. des Rohfettes von Brüterei-Nebenprodukten für das Schwein beträgt bis 90%.

Bei der Eierverarbeitung fallen Eierschalen mit Restinhalt an. Auf Grund des geringen Rohproteingehaltes von ≈ 110 g/kg T und des hohen Gehaltes an Rohasche (XA) von >800 g/kg T sollten sie nicht als Protein-, sondern als Mineralstoffquelle genutzt werden. Das Protein der Eischalenabfälle enthält je 16 g N $\approx 5,3$ g Lysin und 6,2 g Methionin plus Cystin (Gruhn und Richter 1982).

Brüterei-Nebenprodukte sind an Mastgeflügel bzw. Mastschweine in Abhängigkeit vom Calciumgehalt bis ≈ 10 bzw. 20% des Gesamtproteins der Ration einsetzbar. Nebenprodukte mit hohem Eischalenanteil stellen für Legehennen sowohl eine

Protein- als auch eine Calciumquelle dar. Dabei werden als Komponente in Legerationen bis 16% getrocknetes Brütereiabfallmehl empfohlen (Vogt 1978).

Die Aufbereitung der Nebenprodukte erfolgt aus veterinärhygienischer Sicht besser in Tierkörperverwertungsbetrieben.

9.2.2.7. Produkte der Lederindustrie

Bei den verschiedenen Verarbeitungsschritten in der lederherstellenden Industrie fallen vor allem die Subkutis der Häute (Maschinenlederleim) und Spaltabfälle von chromgegerbten Häuten (Chromlederabfälle) an, die umweltschonend als Eiweißfutter entsorgt werden können.

Maschinenlederleim besteht vorwiegend aus Gerüsteiweiß (Kollagen), Fettgewebe, Blut- und Lymphgefäßen, Schweiß- und Fettdrüsen sowie zum geringen Teil aus Muskelfasern. Der Rohnährstoffgehalt ist nach Gruhn et al. (1983) von Vorbehandlung der Häute, Ernährungszustand und Alter der Tiere abhängig. Im Mittel sind ≈ 300 g XP und ≈ 640 g XL je kg T enthalten. Lederleim wird meist teilentfettet und enthält je kg T etwa 620 g XP und 55 g XL sowie ≈ 520 EFs bzw. $\approx 12,2$ MJ MEs. Das Protein des Maschinenlederleims ist reich an Glycin, aber arm an Methionin, Cystin, Tyrosin und Tryptophan, es enthält etwa 4,3 g Lysin und 2,5 g Methionin plus Cystin je 16 g N. Die Verdaulichkeit von Rohprotein (80%) und Rohfett (90%) des getrockneten Lederleims für Schweine ist mit der anderer Eiweißfuttermittel vergleichbar.

Chromlederabfälle entstehen beim Spalten und Falzen der chromgegerbten Häute. Chromlederabfälle enthalten über 800 g Rohprotein/kg T. Der Cr-Gehalt ist sehr hoch und beträgt $20-30$ g/kg T. Durch kalkalkalischen Aufschluß bei pü 0,2 MPa über eine Dauer von 2 Stunden wird das Chrom jedoch in schwer resorbierbare Form überführt und gleichzeitig das Kollagen destrukturiert. Neue Produktionslösungen sehen auch eine Entchromung mit Cr-Rückgewinnung vor. Die Verdaulichkeit des Rohproteins von Chromlederabfällen für Schweine wird mit 66% angegeben (Gruhn und Werner 1969/70). Aufbereitete Subkutis (je kg: 615 g T, 325 g XP, 105 g XL) kann in Tierkörperverwertungsbetrieben verarbeitet oder direkt an Mastschweine verfüttert werden (Gruhn und Rättig 1986). Als tägliche Gaben werden 100 g/Tier zu Mastbeginn bis 300 g/Tier in der Endmast zu Rationen mit begrenztem Anteil an lysinreichen Eiweißfuttermitteln empfohlen. Getrockneter Lederleim ist auch an Legehennen und Broiler in Anteilen von $3-10\%$ der Ration verabreichbar.

9.3. Fische und Fischverarbeitungsprodukte

9.3.1. Konservierungsverfahren

• Frischfisch und Fischsilagen

Frischer, unkonservierter Rohfisch wird in der Landwirtschaft vorwiegend an Pelztiere verfüttert. Frische Fische und Fischabfälle können unter Zusatz von Säuren und/oder Schwefeldioxidbildnern zu Fischsilagen verarbeitet werden.

Die Zugabe von 2,8 l konzentrierter Schwefelsäure, mit Wasser im Verhältnis von 1:3 verdünnt, zu 100 kg gekochtem ($110-115$ °C) oder rohem, zerkleinertem Fisch-Rohmaterial bewirkt einen Abfall des *p*H-Wertes auf $<2,5$. Durch proteolytische Enzyme des Fisches erhält die Silage eine flüssige Konsistenz und ist in verschlossenen säurefesten Behältern bei <15 °C bis 7 Monate lagerfähig. Vor Verfütterung dieser

Silage wird eine Neutralisation bzw. ein Mischen mit anderen Futtermitteln empfohlen. Bei Konservierung mit 1,2 – 1,5 l 90%iger Ameisensäure (in 20 l Wasser gelöst) je 100 kg Fisch oder mit 2% Natriummetabisulfit wird eine Haltbarkeit bis zu einem Jahr erreicht. Eine kombinierte Silierung mit Kaliummetabisulfit und Schwefelsäure ist enbenfalls möglich (Asgard und Austreng 1981, Schellner et al. 1960/61).

- **Fischmehl**

Bei der Fischmehlherstellung erfolgt eine Konservierung von Fischen und Fischabfällen (Gemisch mehrerer Arten oder getrennte Arten) durch Sterilisierung, teilweise Entfettung und Trocknung (Bock et al. 1976). Die Sterilisierung durch Erhitzen bewirkt neben dem Abtöten von pathogenen Mikroorganismen, besonders Salmonellen, einen Aufschluß der Gerüsteiweiße und einen Fettaustritt aus den Zellen.

Die Fischmehlproduktion erfolgt nach zwei Grundprinzipien.

Das **Trockenverfahren** wird ausschließlich für die Verarbeitung von Magerfischen angewendet. Eine intensive Entfettung ist dabei nicht möglich, es fällt auch kein Preßwasser an. Bei diesem Verfahren wird die Rohware zerkleinert, unter Vakuum sterilisiert und entwässert, durch Abpressen grob entfettet und anschließend gemahlen.

Das **Naßverfahren** als am weitesten verbreitete Methode gestattet auch die Verarbeitung von fettreichen Fischen. Nach Zerkleinern der Rohware erfolgen Sterilisation, Aufschluß und Vorentwässerung in einem Kochprozeß. Mit dem anschließenden Abpressen erfolgt der Entzug des fettreichen Preßwassers, welches in einem weiteren Arbeitsgang in Fischöl und Leimwasser (fish solubles) getrennt wird. Der beim Pressen zurückbleibende Preßkuchen wird zerkleinert, getrocknet und gemahlen. In einigen Verfahren erfolgt die Wiederzuführung des getrockneten Leimwassers zum Fischmehl (Fischvollmehl).

Die angewendeten Verfahren von Trocknung, Transport und Lagerung sind auf Grund der leichten Verderblichkeit der Rohware und des Trockenproduktes (besonders bei zu hohem Fett- und Feuchtigkeitsgehalt) oft von größerer Bedeutung für die Qualität und Einsatzwürdigkeit des Fischmehls als die Art der verwendeten Fische und Fischabfälle. Um die Oxydation von Fetten einzuschränken und oxydationsempfindliche Vitamine (z. B. Vitamin A) zu stabilisieren, werden dem Fischmehl bei der Herstellung Antioxydantien (z. B. Ethoxychinolinderivate) zugesetzt. Damit wird auch die Selbsterhitzung des Fischmehls eingeschränkt.

- **Fischpreßsäfte (Solubles)**

Das bei der Fischmehlherstellung anfallende Preßwasser wird mitunter nach Entfetten im Separator auf etwa 500 g T/kg eingedickt oder zu Mehl mit ≈ 900 g T/kg verarbeitet.

- **Fischproteinhydrolysat**

In den siebziger Jahren ist im Ausland die Produktion von Fischproteinhydrolysat, das aus Fischen mittels proteolytischer Enzyme und Druck gewonnen wird, entwickelt worden (Mackie 1982). Durch Extraktion (Isopropanol, Dichlorethan u. a.) wird das meiste Fett entzogen.

- **Fischlebermehle**

Lebermehle fallen als Rückstände bei der Trangewinnung aus Lebern von Dorsch, Schellfisch, Hai, Rochen, Thun- und anderen Fischarten an.

9.3.2. Futterwert und Einsatzempfehlungen

9.3.2.1. Frischfisch und Fischsilagen

Die Zusammensetzung von Fischen und Fischsilagen ist im wesentlichen von den verwendeten Fischarten, dem Anteil an Abfallfraktionen (Köpfe, Gräten, Innereien), aber auch von der Jahreszeit, in der der Fang erfolgte, abhängig. Dabei sind wesentliche Unterschiede vor allem hinsichtlich des Gehaltes an Protein, Fett und Asche, weniger in der Proteinqualität, d. h. im Gehalt an essentiellen Aminosäuren im Protein, zu verzeichnen (Tabelle 204). Lediglich bei hohem Anteil an Stütz- und Bindegewebe verändert sich neben dem Protein- und Aschegehalt auch die Aminosäurenpalette des Proteins, indem vor allem eine niedrigere Lysin- und höhere Glycin- und Prolinkonzentration vorliegt.

Tabelle 204. Mittlerer Gehalt an Rohnährstoffen und limitierenden Aminosäuren von frischem Fisch und Fischsilagen (Autorenkollektiv 1986, Becker und Nehring 1967, Wöhlbier 1978)

Produkt	T g/kg FM	je kg T			je 16 g N	
		XP g	XL g	XA g	Lys g	Met + Cys g
Hering, frisch	290	550	380[1])	70	7,7	4,0
Dorsch, frisch	205	810	25	20	7,2	4,2
Fischinnereien, frisch	200	550	75	125	—	—
Fischsilagen (teilentfettet)						
fettarm	325	660	70	220	7,8	4,0
fettreich	275	640	110	180	7,8	4,0
Fischsilagen (nicht entfettet)						
aus Fettfisch	330	400	505	95	—	—
aus Magerfisch	200	660	150	190	—	—

[1]) Fangzeit April: 50 – 80 g/kg FM
    Juli: > 200 g/kg FM

Frischfisch enthält zwischen 200 und 300 g Trockensubstanz je kg und je kg Trockensubstanz in Abhängigkeit der Fischart von ≈ 550 g (Fettfische: Hering, Sardinen, Sardellen, Sprotten, Menhaden, Makrelen, Rotbarsch) bis > 800 g Rohprotein (Magerfische: Dorsch, Kabeljau, Wittling, Seehecht, Seelachs, Grenadierfisch, Plattfische). Der Fettgehalt der verschiedenen Fischarten variiert von ≈ 25 g (Dorsch) bis > 500 g/kg T (Hering, Sommerfang) außerordentlich stark. Bei der überwiegenden Fangzusammensetzung der Seefischerei Deutschlands ist mit einem mittleren Gehalt des Frischfisches von ≈ 700 g XP bzw. 65 – 110 g XL/kg T zu rechnen. Die Verdaulichkeit des Rohproteins bzw. des Rohfettes von Frischfisch beträgt für das Schwein ≈ 90 bzw. ≈ 80%.

Frischer, ungekochter Fisch ist für die Nerzfütterung sehr gut geeignet. Gekochter Frischfisch wird vorwiegend an Mastschweine bis zu 1,5 kg je Tier und Tag verabreicht. Die Gaben von frischen Fischen und Fischabfällen, besonders fettreicher Arten, sind etwa 8 Wochen vor der Schlachtung einzustellen, um eine Geschmacksbeeinträchtigung der Produkte mit Sicherheit zu vermeiden.

Fischsilagen weisen einen Trockensubstanzgehalt von 250 — 350 g/kg auf. Je nach Ausgangsmaterial und Entfettungsgrad variiert deren Gehalt an Rohprotein von $\approx 400-700$ g/kg T und an Rohfett von $\approx 60-115$ g/kg T; die Energiekonzentration beträgt $\approx 600-730$ EFs bzw. 15 — 16 MJ MEs. Aus Fettfischen erzeugte Fischsilage ohne Entfettung kann wesentlich fettreicher sein. Die Verdaulichkeit von Rohprotein und Rohfett wird für das Schwein mit jeweils $\approx 90\%$ angegeben.

Fischsilagen werden vorrangig in der Schweinefütterung ähnlich wie Eiweißmischsilagen eingesetzt. Schon Ferkel können etwa 10 g je Tier und Tag im Gemisch mit anderen Konzentraten erhalten. In der Mast sind bis zu einem Körpergewicht der Schweine von 70 — 80 kg tägliche Gaben von 500 — 800 g Fischsilage zu proteinarmen Grundrationen (Getreide, Kartoffel) möglich, die Verfütterung ist jedoch etwa 6 — 8 Wochen vor Mastende einzustellen, um eine Beeinträchtigung des Schlachtkörpers (Geruch und Geschmack von Fleisch und Fett sowie Speckfarbe und -konsistenz) durch den hohen Gehalt an ungesättigten Fettsäuren zu vermeiden. An Sauen können täglich bis zu 4 kg Fischsilage verabreicht werden. Auch in der Nerzfütterung ist Fischsilage einsetzbar (Skrede 1981).

9.3.2.2. Fischmehl

Der Gehalt an wertbestimmenden Inhaltsstoffen des Fischmehls ist vorrangig vom Ausgangsmaterial und von der Trocknungstechnologie abhängig. Verarbeitete ganze Fische, die als untermaßige Speisefische, Beifang (nicht zu Speisezwecken geeignete Fischarten und Meerestiere), wegen Überangebot nicht absetzbare Speisefische und speziell für die Fischmehlproduktion gefangene Fischarten (u. a. Hering, Menhaden) verwendet werden, ergeben Fischmehl mit höherem Proteingehalt als bei anteiliger oder ausschließlicher Verarbeitung von Fischabfällen. Gleichzeitig verändern sich dabei die Aminosäurenpalette des Proteins und der Mineralstoffgehalt. Vom Fettgehalt der Fischarten (9.3.1.) sind Rohprotein- und Rohfettgehalt des Fischmehls ebenfalls abhängig, da der bei der Fischmehlherstellung angewendete Entfettungsgrad variieren kann. Der Rohproteingehalt der Fischmehle beträgt in der Regel 550 — 750 g/kg bei einem geforderten Trockensubstanzgehalt von >880 g/kg (Tabelle 205). Extreme Abweichungen von 400 g — 850 g XP sind möglich. Mehle aus mehreren Fischarten mit Anteilen von Fischabfällen weisen einen mittleren (≈ 600 g XP/kg T), sortenreine Fischmehle, die vorwiegend aus einer Fischart hergestellt werden, einen höheren Proteingehalt auf.

Tabelle 205. Mittlerer Gehalt an Rohnährstoffen ausgewählter Fischmehle (Autorenkollektiv 1986, Bock et al. 1976, Schiller und Schulz 1970, Wöhlbier 1978)

Produkt	T	je kg T		
		XP	XL	XA
	g/kg	g	g	g
Fischmehl (ohne nähere Bezeichnung)	880 — 950	550 — 750	50 — 130	100 — 280
Dorschmehl[1])	900	720	35	220
Anchovismehl	900	720	50	170
Heringsmehl	900	750	90	150
Sardinen-/Sardellenmehl	900	680	75	200
Menhadenmehl	900	670	110	210
Rotbarschmehl	900	630	110	250

[1]) Dorschartige: Dorsch, bzw. Kabeljau, Blauer Wittling, Schellfisch, Köhler, Seehecht, Pollack, Quappe

9. Proteinreiche Futtermittel tierischer Herkunft

Auf Grund der typischen Fischvorkommen in den Fanggründen nehmen bei den wichtigsten Fischmehl produzierenden Ländern die dort vorkommenden Fischarten auch den Hauptanteil in den Produkten ein:

Angola:	Hering,
Chile:	Anchovis, Sardinen, Sardellen,
Dänemark:	Hering, Makrelen, Sprotten,
Island:	Hering,
Kanada:	Hering, Kabeljau, Plattfische,
Marokko:	Hering, Sardinen, Sardellen,
Norwegen:	Hering, Menhaden,
Peru:	Anchovis, Sardinen, Sardellen,
Südafrika:	Sardinen, Makrelen, Anchovis,
USA:	Menhaden.

Die Verdaulichkeit des Rohproteins wird für Schweine und Rinder mit ≈ 90% sowie für Geflügel mit 85% angegeben.

Die Konzentration an Lysin und Methionin plus Cystin im Protein vermindert sich mit steigendem Anteil an Fischabfällen (Gerüst- und Leimeiweiße sind arm an diesen Aminosäuren), aber auch bei Wiedereinsatz des Fischpreßsaftes zum „Fischvollmehl". Im allgemeinen hat Fischmehl im Vergleich zu anderen tierischen Eiweißfuttermitteln einen sehr hohen Gehalt an limitierenden Aminosäuren (Abb. 88). Mit meist 7 – 8 g/16 g N ist die Lysinkonzentration des Fischmehlproteins besonders hoch einzuschätzen. Die mittlere Verfügbarkeit des Gesamtlysins aus Fischmehl beträgt etwa 85% (Schiller und Schulz 1970). Durch Fehler in der Verarbeitungstechnologie, vor allem bei Überhitzung, wird infolge einsetzender Maillard-Reaktionen die Verfügbarkeit besonders des Lysins weiter vermindert.

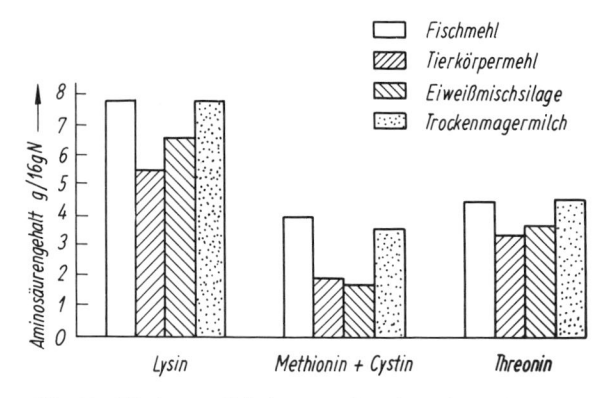

Abb. 88. Mittlerer Gehalt an limitierenden Aminosäuren im Rohprotein von Fischmehl im Vergleich zu anderen Eiweißfuttermitteln.

Der Gehalt an Rohfett beträgt in Fischmehlen von ausgeweideten Magerfischen < 30 g/kg T, Mehle aus Fettfischen enthalten meist 40 – 150 g, in Einzelfällen über 200 g XL/kg T. Bei Verfütterung fettreicher Fischmehle ist mit negativer Beeinflussung der tierischen Produkte (Geruch, Geschmack, Speckfarbe und -konsistenz, Peroxidgehalt) zu rechnen. Obwohl das Fett hoch verdaulich ist (Schwein und Rind ≈ 90%, Geflügel ≈ 88%), wird der Fettgehalt in hochwertigen Fischmehlen aus Gründen der Haltbarkeit auf 80 g/kg begrenzt.

Der energetische Futterwert von Fischmehl variiert von 480 – 730 EFs bzw. 15 – 16,2 MJ MEs je kg T. Der Gehalt an Mengen- und Spurenelementen im

Fischmehl ist bei höherem Anteil an Stützgeweben beachtlich. Besonders hervorzuheben ist der Iodgehalt von Seefischen, der mit ≈ 3 mg/kg T deutlich höher als in anderen tierischen Eiweißfuttermitteln (<1 mg/kg T) ist. Hohe Gehalte an Calcium und Phosphor lassen auf hohe Anteile an Fischabfällen (Gräten) und Beifang (Krebse, Muscheln) schließen. Der Kochsalzgehalt beträgt bei Verarbeitung von Frischfisch <20 g/kg, höhere Konzentrationen treten bei Verwendung von gesalzenen Fischen auf, in Ausnahmefällen bis >100 g/kg.

Fischmehl enthält neben relativ geringen Mengen an Vitaminen A, D_3 und E auch Vitamine des B-Komplexes, wobei der Gehalt an Vitamin B_{12} in einigen Fällen mit >160 μg/kg T deutlich höher als beispielsweise in Trockenmagermilch (30 μg/kg T) ist. Die für Fischmehle oft beschriebenen Wirkungen nichtidentifizierter Wachstumsfaktoren (UGF) beruhen vorrangig auf einer umfassenden Bedarfsdeckung mit lebensnotwendigen Inhaltsstoffen. Fischmehl zählt vor allem aufgrund des hohen Gehaltes an Protein, essentiellen Aminosäuren und Vitamin B_{12} zu den hochwertigsten Eiweißfuttermitteln. Bei ausreichendem und kostengünstigem Angebot können je nach Aminosäurengehalt der Grundration bis $\approx 15\%$ des Proteinbedarfs von Junggeflügel, Legehennen und Schweinen durch Fischmehl gedeckt werden. Die Einsatzgrenzen werden neben Angebot und Kosten durch den Fischöl- und Salzgehalt des Fischmehls bestimmt, um die Produktqualität durch zu hohe Aufnahme an ungesättigten Fettsäuren und die Legeleistung sowie Eischalenqualität durch zu hohe Konzentration an Kochsalz nicht zu beeinträchtigen.

Hennig (1971) gibt folgende maximale Fischölkonzentrationen im Alleinfutter für Geflügel an:

Legehennen   15 g/kg,
Broiler   12 g/kg,
Mastputen   8 g/kg,
Mastenten   6 g/kg.

Da Legehennen, im Gegensatz zum Schwein, bei >10 g NaCl je kg Futter mit Leistungsminderung und schlechter Eischalenstabilität reagieren, sollte der Kochsalzgehalt in Fischmehlen bei der Herstellung von Mischfutter für diese Tierart berücksichtigt werden.

Entsprechend dem Protein- und Fettgehalt sowie der Vorbehandlung werden Fischmehle in 4 Normtypen gehandelt (o. V. 1992):

	Gehalt je kg FM	
Fischmehl, teilhydrolysiert	>850 g XP	<25 g XL
Fischmehl Typ 55	>550 g XP	<120 g XL
Fischmehl Typ 60	>600 g XP	<120 g XL
Fischmehl Typ 64	>640 g XP	<120 g Xl.

Der Einsatz des Fischmehls erfolgt vorwiegend über Misch- und Ergänzungsfuttermittel. Die Rezepturen der Mischfuttermittel (Alleinfutter) für Mastschweine und Geflügel enthalten je kg meist 20 bis 100 g dieses Proteinträgers. Fischmehl ist auch Bestandteil der Mischfuttermittel für die intensive Aufzucht und Mast von Forellen (350–450 g/kg), Aal und Karpfen (100–150 g/kg).

9.3.2.3. Fischpreßsäfte (Solubles)

Die im Naßverfahren der Fischmehlproduktion anfallenden teilentfetteten Preßsäfte enthalten vorwiegend wasserlösliche Proteine, freie Aminosäuren, andere N-haltige Verbindungen, Mineralstoffe und Vitamine (B-Komplex), sie sind jedoch in ihrer Zusammensetzung sehr heterogen.

Der Rohproteingehalt im eingedickten ($\approx$ 550 g T/kg) oder getrockneten ($\approx$ 930 g T/kg) Preßsaft variierte je nach Fischart und Verarbeitungstechnologie zwischen 550 und 850 g/kg T bei einer Verdaulichkeit von $\approx$ 90%. Das Protein weist in der Regel einen geringeren Gehalt an essentiellen Aminosäuren, außer Tryptophan, auf (z. B. Lysin: 4,4 g/16 g N, Methionin plus Cystin: 2,3 g/16 g N) als Fischmehl, so daß die Eiweißqualität auch schlechter eingeschätzt werden muß.

Der Rohfettgehalt ist je nach Entfettungsgrad einer ebenfalls außerordentlich großen Variation unterworfen und kann zwischen 30 und $\approx$ 300 g/kg T betragen. Das Fett wird vom Schwein zu > 85% verdaut und ist analog dem Fischmehl reich an mehrfach ungesättigten Fettsäuren.

Eingedicktes Fischpreßwasser kann an Mastschweine (30 – 80 kg KGW) in täglichen Gaben bis 250 g verabreicht werden. Getrocknete Solubles sind bei Schweinen und Geflügel in Anteilen von 30 – 50 g/kg Futter einsetzbar.

9.3.2.4. Fischproteinhydrolysat

Zum Futterwert liegen erst wenige Angaben vor. Der Rohproteingehalt beträgt 800 – 950 g/kg T, das Protein enthält $\approx$ 6,5 g Lysin, 4,5 g Methionin plus Cystin, 1,5 g Histidin und 3,5 g Tyrosin, die Konzentration der übrigen essentiellen Aminosäuren entspricht etwa der des Magermilchpulvers, so daß Fischproteinhydrolysat als Milchaustauschprotein Bedeutung erlangen könnte (Merritt 1982). Das Rohprotein ist für das Kalb (1. – 15. Woche) zu 75 – 90% verdaulich. Aufgrund der vorgenommenen Fettextraktion ist der Gehalt an Rohfett mit $\approx$ 20 g/kg T niedrig. Der Rohaschegehalt beträgt $\approx$ 70 g/kg T. Der als kostengünstig eingeschätzte Einsatz an Kälber im Milchaustauschfuttermittel scheint nach bisherigen Ergebnissen ab 2. – 4. Woche in Anteilen von 30 – 50% des Milchproteins ohne wesentliche Unterschiede in Futterverzehr und Zunahme möglich zu sein (Gorrill et al. 1975, Petchey 1982, Jenkins et al. 1982, Ørskov et al. 1982).

9.3.2.5. Fischlebermehle

Die Zusammensetzung dieser Rückstände aus der Lebertrangewinnung ist vom Grad der Entölung abhängig. Sie enthalten bei $\approx$ 900 g T/kg $\approx$ 300 bis > 700 g Rohprotein, 20 bis > 500 g Rohfett und 10 – 200 g Rohasche. Es können auch beachtliche Mengen Kochsalz enthalten sein, wenn als Ausgangsmaterial gesalzene Lebern verwendet wurden. Die Proteinqualität entspricht etwa der des Fischmehls (5 – 8 g Lysin/16 g N). Die Verdaulichkeit von Protein und Fett beträgt $\approx$ 90% (Hammel). Fischlebermehl als Normtyp nach dem geltenden Futtermittelrecht (o. V. 1992) enthält > 500 g XP und < 100 g XL bei 990 g T je kg.

Hinsichtlich der Konzentration an Vitaminen werden sehr differenzierende Angaben gemacht, die hauptsächlich aus dem unterschiedlichen Fettanteil resultieren dürften. Fischlebermehle werden unter Berücksichtigung des Gehaltes an Öl in Dosierungen von 20 – 30 g/kg Futter vorwiegend für wachsende Tiere eingesetzt.

9.4. Futtermittel aus der Verarbeitung von Meerestieren

9.4.1. Aufbereitungsverfahren

Von den Meeressäugetieren kommt nur dem **Wal** als Rohstoff für Eiweißfuttermittel eine erwähnenswerte Bedeutung zu, die auf Grund der internationalen Schutzbestimmungen für Wale drastisch zurückgegangen ist. Die bei der Tran- und Fleischgewinnung anfallenden Rückstände wurden bislang zu Wal-Fleischknochenmehl oder fraktioniert zu Wal-Fleischmehl bzw. Wal-Knochenmehl verarbeitet, wobei teilweise eine weitere Entfettung erfolgte. Seit 1986 besteht international ein totales Walfangverbot, so daß die Verarbeitung zu Futtermittel eingestellt wurde.

Als relativ neuer Rohstoff wurde Mitte der siebziger Jahre **Krill**, ein 3 — 6 cm langer und ≈ 1 g schwerer Spaltfußkrebs der antarktischen Gewässer, erschlossen. Der potentielle Weltjahresertrag wird auf bis 50 Mill. Tonnen geschätzt. Der künftige Nutzungsumfang wird von ökologischen und ökonomischen Faktoren bestimmt. Die angewendeten Aufbereitungsverfahren, wie Entschalung und Trocknung sowie der Anteil von Abfällen aus der Nahrungsproteingewinnung bestimmen Aussehen (rosa bis braun) und Futterwert.

Als weitere für die Futterproduktion verwendbare Meerestiere werden andere Krebstiere, meist der für menschliche Ernährung nicht nutzbar untermaßige Anteil sowie Abfälle, und Seesterne, Seeigel, Seewalzen sowie Muscheln, meist als Fischereibeifang, erwähnt. Diese Rohstoffe werden vorwiegend im Gemisch, selten nach Arten getrennt aufbereitet. Tintenfische wurden bei Heringsknappheit in Norwegen zu Mehl verarbeitet.

9.4.2. Futterwert und Einsatzempfehlungen

9.4.2.1. Walmehl

Der Knochenanteil und Entfettungsgrad bestimmten im wesentlichen den Futterwert der Walmehle, deren Rohproteingehalt von $\approx 250 - >850$ g/kg T variierte. Das Fett enthielt einen hohen Anteil an langkettigen, mehrfach ungesättigten Fettsäuren. Der Rohfettgehalt betrug $\approx 50 - 150$ g/kg T. Für die Verdaulichkeit der Rohnährstoffe wurden meist geringere Werte als für Fischmehl angegeben. Die Konzentration an wertbestimmenden essentiellen Aminosäuren entsprach etwa der des Fischmehles (Tabelle 206).

Walmehl hat heute aufgrund des nahezu eingestellten Fanges keine Bedeutung mehr.

Tabelle 206. Wertbestimmende Inhaltsstoffe von Meerestieren (nach Wöhlbier 1978)

Produkt		je kg T			Verdaulichkeit des XP	je 16 g N	
	T	XP	XL	XA		Lys	Met + Cys
	g/kg FM	g	g	g	%	g	g
Walfleischmehl	920	870	60	60	85[1]	9,1	5,3
Walfleisch-knochenmehl	930	610	115	260	880[1]	8,3	3,1
Walknochen-mehl	960	240	120	600	55[1]	—	—
Walpreßwasser	485	830	40	100	—	4,5	1,7
Wallebermehl	890	935	35	30	—	—	—
Robbenmehl	—	580	150	—	—	—	—
Krillmehl	900	600	170	160	95[1]	7,9	3,8
Krebsmehl	920	480	70	300	—	5,6	4,4
Garnelenmehl	900	510	40	330	87[1]	7,4	2,9
Krabbenmehl	900	400	80	300	—	4,5	2,5
Seesternmehl	940	320	50	550	15[2]	—	—
Tintenfischmehl	900	880	30	60	94[3]	—	—

[1] Schwein, [2] Huhn, [3] in vitro

9.4.2.2. Krillmehl

Im getrockneten Krillmehl sind je nach Verarbeitung 550 − 660 g XP, 65 − 270 g XL und 140 − 180 g XA je kg T enthalten (s. Tabelle 206). Die Konzentration an wertbestimmenden essentiellen Aminosäuren entspricht etwa dem Fischmehl (Heinz et al. 1981). Aufgrund des Gehaltes an Chitin (70 g/kg T) soll jedoch die Proteinverdaulichkeit geringer als bei Fischmehl sein (Rehbein 1981). Das Rohfett weist einen hohen Gehalt an langkettigen, mehrfach ungesättigten Fettsäuren auf. Für Krill ist ein hoher Gehalt an Fluor charakteristisch. Dabei wurden Fluor-Konzentrationen von ≈ 540 mg/kg T bei sehr hoher Verfügbarkeit des F gefunden (Siebert et al. 1982). Krillmehl wurde an Broilern in Anteilen von 20 − 80 g/kg Futter geprüft. Die höheren Gaben beeinträchtigten den Geschmack der Schlachtkörper. Anteile über 80 g/kg Mischfutter für Schweine und Geflügel waren meist mit schlechterer Leistung und Schlachtkörperqualität verbunden.

9.4.2.3. Sonstige Produkte

Der Futterwert von Mehlen aus Krebstieren (Garnelen, Krabben u. a.), Stachelhäutern (Seesterne, Seewalzen, Seeigel u. a.) sowie Weichtieren (Muscheln u. a.) ist vom Anteil an Chitinpanzern und Schalen abhängig. Da die meisten Mehle aus Fischerei-Beifang ohne Entschalung bzw. aus Rückständen der Verarbeitung von Nahrungsmitteln bestehen, ist der relativ geringe Rohproteingehalt (300 − 500 g/kg T) mit einem hohen Rohaschegehalt (300 − 550 g/kg T) verbunden (s. Tabelle 206). Der Fettgehalt variiert von ≈ 40 − 80 g/kg. Der oft als Rohfaser ausgewiesene Anteil resultiert überwiegend aus dem Gehalt an Chitin (30 − 100 g/kg), das ohne Vorbehandlung unverdaulich ist. Die Verdaulichkeit des Rohproteins wird mit > 80% angegeben. Mehle aus Krebstieren, Stachelhäutern und Weichtieren bzw. aus Fischerei-Beifang werden für Schweine- und Geflügelfutter in Anteilen von 20 − 50 g/kg empfohlen. Mehl aus Tintenfischen weist einen sehr hohen Proteingehalt auf (s. Tabelle 206). Gaben von 150 g je Mastschwein und Tag erbrachten mit Heringsmehl vergleichbare Zunahmen und Schlachtkörperqualität.

Literatur

Asgard, T., and E. Austreng: Feedstuffs **53** (27), 22 (1981).
Autorenkollektiv: Eiweißfuttermittel durch die Tierkörperverwertung, agrabuch, Markkleeberg 1981.
Autorenkollektiv: DDR-Futterbewertungssystem. 5. Aufl. Deutscher Landwirtschaftsverlag Berlin 1986.
Becker, M., und K. Nehring: Handbuch der Futtermittel. Band 3. Paul Parey, Hamburg und Berlin 1967.
Bock, H.-D., S. Jahn und W. Kracht: Konzentratfuttermittel. Deutscher Landwirtschaftsverlag, Berlin 1976.
Brunner, M.: Übers. Tierernährung **6**, 180 (1978).
Cobos, V., Hanna Meier und S. Poppe: Tierernähr. Fütterung − Erfahrungen, Ergebnisse, Entwicklungen **15**, 487 (1986/87).
Derenbach, J., H.-J. Langholz, F.-W. Schmidt und J. W. Kim: Z. Tierzücht. u. Züchtungsbiol. **100**, 175 (1983).
Drochner, W.: Übers. Tierernähr. **6**, 174 (1978).
Eigenmann, U. J. E., W. Zaremba, K. Luetgebrune und E. Grunert: Bln. Münch. Tierärztl. Wschr. **96**, 109 (1983).
Gorrill, A. D. L., J. W. G. Nicholson, Elisabeth Larmond, and H. E. Power: Can. J. Anim. Sci. **55**, 269 (1975).

Gruhn, K.: Mh. Vet.-Med. **37**, 401 (1982).
Gruhn, K.: Mh. Vet.-Med. **39**, 59 (1981).
Gruhn, K., und I. Rättig: Mh. Vet.-Med. **41**, 810 (1986).
Gruhn, K., und G. Richter: Mh. Vet.-Med. **37**, 259 (1982).
Gruhn, K., und J. Werner: Jb. Tierernähr. Fütter. **7**, 445 (1969/70).
Gruhn, K., und Steffi Wunderlich: Tierernähr. Fütterung — Erfahrungen, Ergebnisse, Entwicklungen **12**, 93 (1980/81).
Heinz, T., G. Henk und Sabine Kesting: Arch. Tierernähr. **31**, 537 (1981).
Hennig, A.: Grundlagen der Fütterung. Deutscher Landwirtschaftsverlag, Berlin 1971.
Jahreis, G., und K. Gruhn: Mh. Vet.-Med. **37**, 66 (1982).
Jenkins, K. J., D. B. Emmons, E. Larmond, and E. D. Sauer: J. Dairy Sci. **65**, 784 (1982).
Keusenhoff, Renate, und B. Piatkowski: Zur Ernährung des Milchkalbes. Fortschrittsberichte für die Landwirtschaft und Nahrungsgüterwirtschaft, AdL der DDR **24**, 37, H. 12 (1986).
Khoroshilov, M., und S. Vorobev: Svinovodstvo **35** (5) 19 (1981).
Kim, J. W., E.-W. Schmidt, H.-J. Langholz und J. Derenbach: Z. Tierzücht. u. Züchtungsbiol. **100**, 187 (1983).
Mackie, I. M.: Animal Feed Sci. and Technol. **7**, 113 (1982).
Maidment, D. C. J.: Br. vet. J. **137**, 268 (1981).
Merritt, J. H.: Animal Feed Sci. and Technol. **7**, 147 (1982).
Ørskov, E. R., H. S. Soliman, and C. F. S. Clark: Animal Feed Sci. and Technol. **7**, 135 (1982).
o. V.: Futtermittelverordnung. Bundesgesetzblatt Teil I Nr. 53 vom 21. November 1992.
o. V.: Molke an Schweine und Rinder füttern. AID-Information, Bonn, Nr. 168, 1985.
Petchey, A. M.: Animal Feed Sci. and Technol. **7**, 444 (1982).
Poppe, S., Hanna Meier und Heike Scheel: Arch. Tierernähr. **35**, 693 (1985).
Rehbein, H.: J. Agric. and Food Chemistry **29**, 682 (1981).
Schaub, A.: Mh. Vet.-Med. **42**, 289 (1987).
Schellner, G., H. Trautmann und G. Linke: Jahrb. Arbeitsgemeinsch. Fütterungsberatung **3**, 202 (1960/61).
Schiller, K., und E. Schulz: Landw. Forschung **23**, 109 (1970).
Shirley, R. L.: World Animal Review **46**, 46 (1983).
Siebert, G., E. Gabriel, R. Hannover, D. Henschler, E. J. Karle, H. Kasper, M. Mack, W. Romen, B. Schmauck und K. Trautner: Arch. Fischwiss. **32**, 43 (1982).
Skrede, A.: Acta Agricult. Scandinavica **31**, 171 (1981).
Vandegrift, V., and M. A. Kirk: J. Agric. and Food Chemistry **29**, 671 (1981).
Vogt, H.: Übers. Tierernähr. **6**, 55 (1978).
Weinreich, O., V. Koch, J. Knippel und W. Eberhardt: Futtermittelrechtliche Vorschriften-Textsammlung mit Erläuterungen. 8. Aufl. Verlag Alfred Strothe, Frankfurt/Main, 1992.
Wöhlbier, W.: Handelsfuttermittel. Band 1. Verlag Eugen Ulmer, Stuttgart 1978.

10. Fette und Öle

Fette sind ein natürlicher Nahrungsinhaltsstoff für Mensch und Tier. Entwicklungsgeschichtlich gesehen ist die Fettaufnahme der in freier Natur lebenden und ohne kohlenhydratreiche Rationen versorgten Wildformen unserer Haustiere mengenmäßig höher einzuschätzen als die intensiv gehaltener Nutztiere. Eine gewisse Sonderstellung nehmen hierbei die ausgesprochenen Herbivoren (z. B. Rind und Schaf) ein. Erst im Ergebnis der menschlichen Tätigkeit ist ein erhöhter Anfall von größeren Mengen des nahezu reinen Hauptnährstoffs Fett zu verzeichnen. Der meist beträchtliche Futterwert dieses Fettaufkommens läßt einen verstärkten Futterfetteinsatz in der Nutztierfütterung sinnvoll erscheinen.

10.1. Futterfettquellen und Ziele des Fetteinsatzes

Die potentiell als Futtermittel einsetzbaren Fette werden traditionell nach ihrer Herkunft unterschieden (Tabelle 207).

Pflanzliche Fette (jährliche Weltproduktion an isolierten Samenfetten ca. 45 — 50 Mio t) werden — global betrachtet — vorwiegend für die Humanernährung produziert, jedoch hat in den Ländern mit hochentwickelter Landwirtschaft bei gesicherter Nahrungsenergieversorgung des Menschen die Verwendung als Tierfuttermittel wirtschaftliche Bedeutung erlangt. In der Perspektive ist hierfür bei noch zunehmend angespannterer Ressourcenbasis für die Industrie und entsprechender Zweckverwendungssubventionierung auch eine Konkurrenzsituation zur Verwendung als „nachwachsender Rohstoff" denkbar.

Die als Futtermittel wichtigsten pflanzlichen Öle sind in Tabelle 207 aufgeführt. International werden auch Baumwollsaat-, Erdnuß- und Safloröle sowie Kokos-, Palm- und Palmkernfett in der Fütterung eingesetzt. Fette und Öle tierischer Herkunft sind im wesentlichen als Schlachtfette der Nutztiere anzusprechen (s. Tabelle 207), deren gesamtes Futteraufkommen in Deutschland bei starken jährlichen Schwankungen mit ca. 200 — 300 kt angesetzt werden kann. Im Rahmen der Leimgewinnung fällt auch Knochenfett an. Mit dem Begriff Mischfett wird in der Regel ein Produkt der Tierkörper-, Schlachtabfall- und Konfiskatverwertung aus meist sehr verschiedenen Ausgangsmaterialien bezeichnet. Die bei Zimmertemperatur flüssigen Seetierfette besitzen infolge ihres stark zurückgegangenen Aufkommens nur noch geringfügige Bedeutung als Futtermittel. Das Milchfett, die Hauptenergiequelle des neugeborenen Säugetiers, findet isoliert kaum Verwendung in der Fütterung. Jedoch sind dessen ernährungsphysiologische und verarbeitungstechnische Eigenschaften zur Produktion von Milchfettsubstituten für die Jungtierernährung relevant, da insbesondere das Kuhmilchfett in der Humanernährung als Butter Verwendung findet. Auch Fette aus Verarbeitungsprozessen besitzen Fütterungstauglichkeit (Janssen et al. 1986). Zu nennen sind Raffinationsfettsäuren (Spaltfett), gebrauchte Frittierfette und Abscheider-,

10.1. Futterfettquellen und Ziele des Fetteinsatzes

Tabelle 207. Fettsäurenzusammensetzung einiger originärer pflanzlicher und tierischer Fette (Fettsäuren in % der Gesamtfettsäuren), nach Literaturangaben zusammengestellt

Fettsäure (FS) (Trivialname)	C-Atome und Doppelbindungen	Sojaöl	Sonnenblumenöl	Rapsöl[1]	Leinöl	Maiskeimöl	Milchfett	Rindertalg	Knochenfett	Schweineschmalz	Fischöl	Geflügelfett
Buttersäure	4:0	–	–	–	–	–	2,5–4,5	–	–	–	–	–
Capronsäure	6:0	–	–	–	–	–	1,0–2,5	–	–	–	–	–
Caprylsäure	8:0	–	–	–	–	–	1,0–2,0	Sp	–	–	–	–
Caprinsäure	10:0	–	–	–	–	–	2,0–3,5	0,1	–	0,1	–	–
Laurinsäure	12:0	≤0,1	–	–	–	–	1,2–6,0	0,1–3,4	≤3	0,1–0,5	≤1	0,1–0,5
Myristinsäure	14:0	0,1–1,0	≤1	≤1	≤1	≤3	6–15	2–6	1–5	1–4	1–6	0,9–3
Palmitinsäure	16:0	2–14	4–10	1–6	4–9	8–13	20–33	20–33	18–32	21–32	12–28	15–27
Stearinsäure	18:0	2–7	2–6	1–3	2–8	1–4	2–15	2,7–34,8	3–16	8–21	1–15	4–14
Arachinsäure	20:0	≤2	≤1	≤2	≤1	≤1	≤1	≤1	–	–	–	–
Behensäure	22:0	≤0,5	–	≤2	–	–	Sp	–	–	–	–	–
Lignocerinsäure	24:0	≤0,1	–	≤3	–	–	–	–	–	–	–	–
Lauroleinsäure	12:1	–	–	–	–	–	≤1	–	–	–	–	–
Myristoleinsäure	14:1	0,1	–	–	–	–	≤0,7	–	–	–	≤4	≤0,5
Palmitoleinsäure	16:1	0,2–1,0	≤1	0,5–2,5	≤0,5	≤1	1,5–6,0	0,5–5,4	0,5–2	1–4	7–33	1–8
Ölsäure	18:1	20–36	10–12	11–52	7–30	24–60	19–42	0,7–13,4	3–10	39–60	20	35–55
Gadoleinsäure	20:1	≤1	–	2–13	≤0,5	–	–	26,3–53,0	43–60	–	14	–
Cetolein-/Erucasäure	22:1	–	–	1–60*	–	–	–	–	–	–	15	–
Linolsäure	18:2	48–60	33–77	10–36	8–31	35–60	2–6	1,2–19,7	1–12	0–22	2–5	10–35
Linolensäure	18:3	2–11	≤1	1–12	45–67	≤1	≤1	0,1–7,9	≤1	0,5–2,5	–	1–6
Arachidonsäure	20:4	–	–	–	–	≤1	≤0,2	≤1	–	0,2–2	–	–
Clupanodonsäure	22:5	–	–	–	–	–	–	–	–	–	7	–
Schmelztemperatur °C		–15–10	–20–10	–3–0	–15	–10–18	15–25	40–50	32–45	27–16	≤18	25–40
Jodzahl		120–140	115–140	95–120	170–200	115–125	20–39	32–56	48–58	33–76	100–192	58–104
Verseifungszahl		190–195	185–195	170–195	187–195	190–193	220–235	190–200	185–190	190–200	185–196	188–200

[1] Rapsöl-Sortenunterschiede

	konventionell	0-Sorten		konventionell	0-Sorten
18:1	11–24%	55–60%	18:3	7–12%	–
18:2	10–25%	24–36%	22:1*	35–60%	≤1%

Schöpf- und Schleusenfette. Bedingte Fütterungseignung besitzen Brüdenfette (bei der Fettdesodorierung anfallend) und ölhaltige Bleicherden. Nicht fütterungstauglich sind Destillationsrückstände der Fettindustrie.

Die Ziele bzw. Vorteile des Fetteinsatzes in der Fütterung sind vielfältig. Futterfette werden in ihrem Energiegehalt von keinem anderen Futtermittel auch nur annähernd erreicht und sind daher für die energetische Aufwertung energiearmer Futterrationen, insbesondere bei höheren tierischen Anforderungen an die Energiekonzentration, sehr gut geeignet. Die damit verbundenen Vorteile schließen die Möglichkeit der Einbeziehung energieärmerer Futtermittel in die Rezeptur (insbesondere des Broilers), die günstigen Wirkungen von Mischfutter mit höherer Energiedichte (z. B. geringerer Transport- und Futteraufwand) sowie die Erreichung höherer Energieaufnahmen durch die Tiere ein. Der Fremdfetteinsatz bei der Herstellung von Milchersatzpräparaten erlaubt die umfangreichere Nutzung des wertvollen Butterfettes in der Humanernährung. Durch den Einsatz in der Tierfütterung ist eine sinnvolle Verwendung von anderweitig nicht nutzbarer Überproduktion bzw. von Nebenprodukten der tierischen und industriellen Produktion sowie der Humanernährung möglich. Durch Futterfett kann die Versorgung des Tieres mit essentiellen Futterinhaltsstoffen gesichert (essentielle Fettsäuren) bzw. verbessert (Resorptionserhöhung von Xanthophyllen und fettlöslichen Vitaminen; Vogtmann 1971) werden. International wird häufig durch den günstigen Preis der Futterfette (bezüglich der Energieeinheit) von einer Senkung der Futterkosten berichtet. Durch den Zusatz von Futterfetten ergeben sich sowohl in der Mischfutterindustrie als auch der Fütterungspraxis eine Reihe von technologischen Vorzügen: Senkung der Staubbelastung, Einengung der Variation der Partikelgröße im Mehlfutter, verringerte Entmischungsgefahr. Beim Pelletieren sind eine Senkung des technischen Energiebedarfs um bis zu 40% (Marchello et al. 1973), eine Verringerung des Matrizenverschleißes sowie die Erhöhung der Preßleistung zu erwarten. Der Zusatz von Futterfett kann sich auch positiv auf die Tiergesundheit auswirken (z. B. Prophylaxe des Fettlebersyndroms der Legehenne; linolsäurebedingte, beim Monogastriden positiv zu wertende Beeinflussung der Darmflora: Groneuer und Hartfiel 1975).

Einige potentielle Nachteile, die durch Futterfetteinsatz möglich sind, umfassen die sinkende Verfügbarkeit der Erdalkalielemente Ca und Mg des Futters (10.3.2.), die Notwendigkeit der Schaffung von besonderen Voraussetzungen zum Futterfetteinsatz in der Mischfutterindustrie (z. B. ständige Erwärmung von Tierfett auf 70−80 °C in den Lagerbehältern und Rohrleitungen), eine geringere Pellethärte, einen möglichen energetischen Luxuskonsum der Tiere sowie eine eventuelle stärkere Verfettung der Tiere (nur bei nichtausbalancierten Rationen hinsichtlich des Eiweiß-[Aminosäuren-]-Energie-Verhältnisses). Leistungsdepressionen der Tiere bei mangelnder Qualität des Futterfetts sind ebenso möglich.

Es ist darauf hinzuweisen, daß Qualitätsveränderungen tierischer Produkte durch direkte Einflußnahme des Futterfetts auf das Fettsäuremuster von Fleisch, Milch und Eiern sowohl in positiver (z. B. Verbesserung der Streichfähigkeit harter Winterbutter) als auch in negativer Richtung (s. 10.4.) möglich sind.

10.2. Fetteigenschaften, Veränderungen und Erhaltung der Fettqualität

Fette weisen häufig wahrnehmbare Geruchs- und/oder Geschmacksveränderungen auf. Diese können durch fettfremde, sensorisch aktive Beimengungen (z. B. Trimethylamin im Fischöl), aber auch durch das Auftreten von kurzen und mittellangen Fettsäuren

10.2. Fetteigenschaften, Veränderungen und Erhaltung der Fettqualität

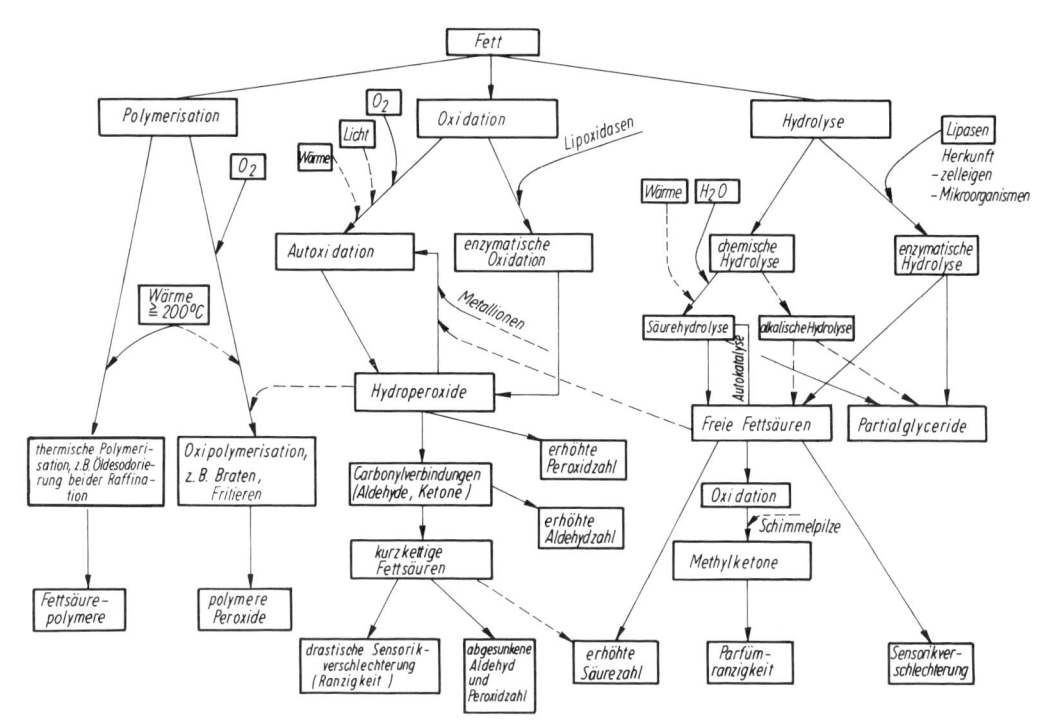

Abb. 89. Ablaufende Prozesse im Rahmen negativ zu bewertender Fettveränderungen (Fettverderb).

(bis C_{12}) in freier Form im Ergebnis hydrolytischer (aber auch oxydativer) Fettverderbsreaktionen (Abb. 89) verursacht werden. Diese Beeinträchtigung des Frischegrades (z. B. Ranzigwerden der Butter) läßt sich durch die Angabe der **Säurezahl** als Maß für den Gehalt an freien Fettsäuren charakterisieren. Wenngleich hohe Gehalte an freien Fettsäuren negativ auf das Geruchs- und Geschmacksempfinden des Menschen wirken und durch ihre Oxydationsempfindlichkeit einen besonderen Risikofaktor darstellen, so ist jedoch diesbezüglich keine unmittelbare Beeinträchtigung von Futteraufnahme und Leistung der Nutztiere zu verzeichnen, da auch im Verlauf der Verdauungsprozesse ein ähnlicher Abbau stattfindet. Ansteigende Säurezahlen von Futterfetten sind aber als Hinweis auf das Vorhandensein von Enzymen, Mikroorganismen und Wasser in der Fettpartie im Hinblick auf eine mögliche Oxydation der Fettsäuren zu werten. Diese Verderbprozesse, die auch oxydative Vorgänge einschließen, sind durch möglichst geringe Gehalte an Wasser ($\leq 1\%$) und petroletherunlöslichen Verunreinigungen ($\leq 1,5\%$) wirksam zu begrenzen (Hartfiel 1979).

Die **Peroxidzahl** und die **Aldehydzahl** müssen als sehr unzuverlässige Parameter der Fütterungstauglichkeit von Futterfetten im Hinblick auf die Autoxydation des Fettes angesehen werden. Die Peroxidzahl als Maß für den im Bereich der Doppelbindungen ungesättigter Fettsäuren peroxidisch gebundenen Sauerstoff steigt mit dem Fortschreiten der Autoxydation zunächst an, um mit dem weiteren Ablauf des Fettverderbs durch den Zerfall der Peroxide wieder abzusinken. Ähnlich verhält es sich mit der Aldehydzahl (Abb. 90). Eine negative Wirkung der Peroxide ist, da eine Resorption weitgehend ausgeschlossen werden kann (Sallmann 1985), insbesondere durch die Übertragung des Sauerstoffs auf leicht oxydierbare Mikronährstoffe des Futters (Vitamine A, D, E, B-Vitamine, Carotinoide und mehrfach ungesättigte

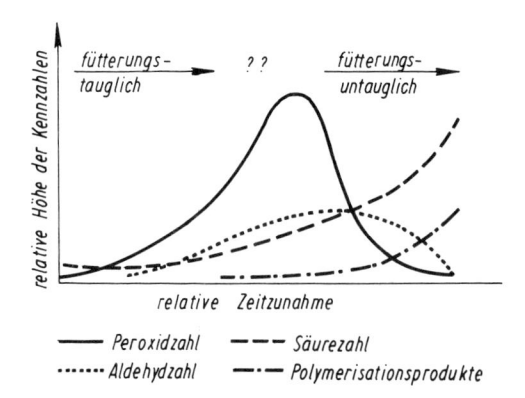

Abb. 90. Veränderungen der Fettkennzahlen während des Fettverderbs (Niesar 1967).

—— Peroxidzahl   — — — Säurezahl
······ Aldehydzahl   —·—· Polymerisationsprodukte

Fettsäuren) mit der Induzierung eines sekundären Mangels an diesen Nahrungsfaktoren gegeben. Außerdem sind durch die entstehenden Carbonylverbindungen Geruchs- und Geschmacksabweichungen der Schlachtkörperfette zu erwarten. Die Schadwirkung oxydierter Fette, die auch bei entsprechend autoxydiertem Getreidefett (vor allem Mais) möglich ist, wird gegenwärtig den als toxisch geltenden sekundären Autoxydationsprodukten der Linolsäure zugeschrieben (Sallmann 1985), von deren Vorkommen das Auftreten direkter Leistungsdepressionen abhängt.

Als wesentlichste Präventivmaßnahmen zur Verhinderung bzw. Verzögerung der Peroxidbildung sind die Stabilisierung der Fette bereits unmittelbar nach der Gewinnung mittels natürlicher (Vitamin E) oder/und synthetischer Antioxydantien (BHT, BHA, Ethoxyquin, verschiedene Gallatderivate und synthetische Tocopherolpräparate) und eine möglichst nur kurzzeitige Lagerung bei tiefen Temperaturen unter weitgehendem Sauerstoffabschluß zu nennen. Auch geringe Gehalte an Verunreinigungen (insbesondere Fe- und Ca-Ionen) sowie prooxydativer Substanzen wie Chlorophyll und Hämine und ein geringer Mikrobenbefall des Fetts sind wichtige Vorbeugemaßnahmen. Mit der schnell durchführbaren Bestimmung der petroletherunlöslichen Verunreinigungen lassen sich derartige riskante Verschmutzungen im Futterfett allgemein sicherer feststellen als mit der langwierigen Methode der Ermittlung des Unverseifbaren, das auch die natürlichen Fettbegleitstoffe wie Sterole, Kohlenwasserstoffe und Alkohole erfaßt und damit weniger aussagefähig ist (Hartfiel 1980a). Weiterhin sind alle Maßnahmen, die ein Wachstum von Mikrobenpopulationen im Mischfutter unterbinden (z. B. kühle und kurze Lagerung, Zusatz von Konservierungsstoffen) als vorteilhaft für die Erhaltung der Qualität des eingemischten Fetts zu werten.

Gefährdet durch die Peroxidbildung sind insbesondere pflanzliche Öle und Seetieröle mit ihrem hohen Gehalt an polyungesättigten Fettsäuren (z. B. Maiskeimöl), so daß deren Einsatz auf ein Mindestmaß begrenzt werden sollte (s. Tabelle 210). Keinesfalls sollten oxydierte Öle mit frischen Futterfetten gemischt werden.

Eine weitere wesentliche, jedoch noch nicht vollständig geklärte Fettverderbsreaktion ist die **Polymerisation von Fettsäuren**. Sie tritt besonders intensiv beim Hocherhitzen von Fetten (Frittieren, Braten) und in stark oxydierten Ölen auf. Wenngleich Janssen et al. (1986) mit Frittierfetten gute Fütterungserfolge an Broilern erzielten, so ist auf die besondere Toxizität einiger dieser Substanzen (vor allem der Dimere) hinzuweisen. Eine praktikable Nachweismethode der Polymerisationsprodukte steht bislang nicht zur Verfügung.

Durch ein Reinigungsverfahren (Raffination) können Rohfette von enthaltenen Beimengungen, insbesondere freien Fettsäuren, Chlorophyll, Geruchsstoffen, Metallspuren, Autoxydations- und Polymerisationsprodukten sowie Toxinen (z. B. Gossypol), aber auch Carotinoiden und Tocopherolen, befreit werden. Dieser aufwendige Verfahrensweg ist häufig nach längeren Lagerungs- und Transportzeiten (z. B. internationaler Handel) angezeigt, aber auch für die Behandlung von Abfallfetten vonnöten. Auf die Freiheit der Futterfette von Pestiziden und deren Stoffwechselprodukten, die häufig fettlöslich sind (z. B. chlorierte Kohlenwasserstoffe), soll an dieser Stelle nur hingewiesen werden.

Neben den angeführten Parametern des Frischegrades und der Reinheit von Fetten sind weitere Kennziffern zu nennen, die insbesondere vom Fettsäurenmuster des jeweiligen Futterfetts abhängig sind. Die **Iodzahl**, ein Kriterium für den Anteil ungesättigter Fettsäuren, gibt die Iodmenge in g an, die sich mit den in 100 g Fett enthaltenen Doppelbindungen ungesättigter Fettsäuren verbindet. Die Iodzahl der meisten Pflanzenfette und der Seetieröle liegt in der Regel über 100 (s. Tabelle 207).

Ein ebenfalls objektiv erfaßbares Kriterium ist der **Schmelzpunkt** (s. Tabelle 207). Er sinkt mit steigender Iodzahl und kürzer werdender Kettenlänge der Fettsäuren im Fett. Da verschiedene Fettsäuren am Aufbau der Triglyceride beteiligt sind, läßt sich für natürliche Fette kein scharf abgrenzbarer Schmelzpunkt angeben, es erfolgt vielmehr ein allmählicher Übergang in den flüssigen Zustand. Die Konsistenz des Fettes ist damit neben der Fettsäurenzusammensetzung auch von der Temperatur abhängig. Die **Verseifungszahl**, ein Maß für die mittlere Molmasse der Fettsäuren, gibt an, wieviel mg KOH notwendig sind, um 1 g Fett vollständig zu verseifen. Die Verseifungszahl ist um so größer, je höher der Gehalt des Fettes an niedrigmolekularen Fettsäuren ist. Eine hohe Verseifungszahl besitzen z. B. die Milchfette.

Fette können durch Bearbeitungsmaßnahmen in ihren Qualitätseigenschaften entsprechend ihrem vorgesehenen Verwendungszweck verbessert werden. So bietet sich die Herstellung von Mischfetten (z. B. von stark gesättigtem Rindertalg mit pflanzlichen Ölen) für Fütterungszwecke an. Mittels Hydrierung, die auch selektiv unter Schonung der Linolsäure möglich ist, wird durch die Addition von Wasserstoff an die Doppelbindungen der ungesättigten Fettsäuren das Fett gehärtet und u. a. die Lagerstabilität verbessert. Mit einer Ca-Hydroxid-Behandlung ist eine Verseifung der zur Fütterung vorgesehenen Fette möglich, was die Pansenverträglichkeit des Futterfettes verbessert (Abel und Masch 1987). Eine ähnliche Schutzwirkung vor der Pansenhydrolyse soll die Ummantelung emulgierter Fette mit vernetzten Eiweißen (Orth et al. 1966) gestatten. Die Umesterung und Reveresterung der Fette, wie sie gegenwärtig in der Lebensmittelchemie zur Produktion von Fetten mit definierter Fettsäurenzusammensetzung bzw. Partialglyceriden (Emulgatoren) angewandt wird, hat gegenwärtig für die Fütterung noch keine Bedeutung.

Das Bereitstellungsvermögen mehrfach ungesättigter Fettsäuren, denen bei den Monogastriden Vitamincharakter zukommt (Mindestgehaltsempfehlungen im Geflügelfutter bewegen sich zwischen 0,5 und 1,0% der Ration), ist als wichtige ernährungsphysiologische Qualitätseigenschaft eines Futterfettes einzustufen, wenngleich bei höheren Polyensäuregehalten (oberhalb 0,8 g/MJ ME, entsprechend etwa 10 g Polyensäure/kg Futter) bereits negative Auswirkungen auf die Produktqualität, namentlich beim Mastschwein, möglich sind.

Bezüglich der Omega-3-Fettsäuren (gekennzeichnet durch die Position 3 der ersten Doppelbindung im Fettsäuremolekül vom Methylende gesehen), denen in der Humanernährung eine Schlüsselstellung zukommt (u. a. in der Prävention des Herzinfarktes) und die daher wesentlich die ernährungsphysiologische Qualität des Nahrungsfettes bestimmen, liegen hinsichtlich ihrer Bedeutung in der Tierernährung bislang keine gesicherten Erkenntnisse vor.

10.3. Fettzusammensetzung und Futterwert

10.3.1. Fettsäurenmuster von Futterfetten

Die Futterwerteigenschaften von Fetten sind neben ihrem qualitativen Zustand (s. 10.2.) in erster Linie vom Fettsäurenmuster abhängig. Die Fettsäuren der Futterfette sind nahezu ausschließlich geradzahlige, unverzweigte, aliphatische Monocarbonsäuren mit verschiedenem Sättigungsgrad und einer Kettenlänge von 2 — 26 Kohlenstoffatomen, wobei die Vertreter mit 16 und 18 C-Atomen überwiegen (s. Tabelle 207). Mit mehr als 140 verschiedenen Fettsäuren ist das Milchfett der Wiederkäuer das am vielfältigsten zusammengesetzte Futterfett. Ein geringer Gehalt von Fettsäuren mit einer ungeraden Anzahl von Kohlenstoffatomen bzw. mit verzweigter Kette ist für Wiederkäuermilch, aber auch deren Körperfett typisch. Sie sind das Resultat der mikrobiellen Vormagenverdauung. Da die Biosynthese und auch der intermediäre Abbau von Fettsäuren über C_2-Bruchstücke erfolgt, findet nach Fütterung ungeradzahliger Fettsäuren ebenfalls eine Anreicherung ungeradzahliger Fettsäuren im Körperfett von Monogastriden statt, wie Thacker und Bowland (1980) nach Verabreichung von Propionsäure an Mastschweine feststellten.

Die in Futterfetten vorkommenden ungesättigten Fettsäuren besitzen fast ausschließlich cis-Konfiguration. Trans-Isomere, wie z. B. die Elaidin- und die Vaccensäure (Stereoisomere der Ölsäure) sind in Mengen von ca. 10 bzw. 5% in Wiederkäuerfetten, im Ergebnis der Tätigkeit bestimmter Pansenbakterien, vertreten. Trans-Fettsäuren weisen immer einen deutlich höheren Schmelzpunkt als ihre cis-Isomere auf. Bezüglich der ernährungsphysiologischen Rolle von trans-Fettsäuren ist bislang nichts Nachteiliges bekannt.

Die Ölsäure, vom Tierkörper selbst in größerer Menge über die De-novo-Fettsynthese gebildet, ist die am weitesten verbreitete Fettsäure überhaupt. Durch Kettenverlängerung der Ölsäure können die im Rapsöl konventioneller Sorten mit ca. 8 bzw. 40 — 50% vorkommenden Gadoleinsäure und Erucasäure in der Pflanze synthetisiert werden. Die Erucasäure wirkt sich allgemein wachstumsdepressiv und speziell bei Legehennen in einer Senkung von Eigröße, Lege- und Schlupfleistung aus. In Rapsölen moderner Sorten („0-Qualität") fehlt die Erucasäure, während eine beträchtliche Zunahme der Öl- und Linolsäure zu verzeichnen ist (s. Tabelle 207).

Die Cyclopropensäuren (z. B. Malvalia- und Sterculasäure in Baumwollsaatöl zu etwa 0,7 — 1,5 bzw. 0,3 — 0,5% enthalten) kommen in einigen Samenfetten vor und verursachen allgemein eine weitgehende Absättigung der Tierproduktfette (Schlachttierfette, Eierfett) und außerdem bei der Legehenne eine Verfärbung von Eiklar und Dotter von gelagerten Eiern. Die Polyensäuren, auch als essentielle Fettsäuren bezeichnet, werden im wesentlichen durch die Linol-, Linolen- und Arachidonsäure repräsentiert. Arachidonsäure, nur in Tierfetten und allgemein nur in geringen Mengen ($\leq 1\%$) vorkommend, ist insbesondere zur Prostaglandinsynthese notwendig, kann aber aus der Linolsäure im Tierkörper synthetisiert werden. Linolsäure, die am weitesten verbreitete mehrfach ungesättigte Fettsäure, ist als Hauptquelle der tierischen Versorgung mit essentiellen Fettsäuren anzusehen. Alle Polyensäuren sind besonders oxydationsempfindlich. Die relative Oxydationsgeschwindigkeit verhält sich in der Reihenfolge Stearin-, Öl-, Linol- und Linolensäure wie 1:100:1200:2400. Damit ist namentlich die Linolensäure praktisch nicht zu stabilisieren (Hartfiel 1980b).

Tierische Fette weisen meist eine größere Variabilität der Fettsäurenzusammensetzung auf als pflanzliche Öle. Fette des Futters ab einer Kettenlänge von 12 C-Atomen außer Palmitin-, Stearin- und Ölsäure schlagen sich in stärkerem (Monogastriden) oder schwächerem Umfang (Wiederkäuer) in der Fettsäurenzusammensetzung des Körper- und Produktfettes (Milch, Eier) nieder (Hartfiel 1980b). So resultieren beispielsweise die für tierische Fette relativ hohen Linolsäuregehalte des Geflügelfetts (s. Tabelle 188) in erster Linie aus dem hohen Maiseinsatz in der Geflügelfütterung. Tierisches Fett, das aus der Körperperipherie (Subkutanfett) gewonnen wurde, weist einen deutlich höheren Grad der Ungesättigtheit auf als Fett aus dem Körperzentrum (Darmfett, Nierenfett). Wesentliche Qualitätsunterschiede, z. B. bei Rindertalg, sind darauf zurückzuführen. Kältere Umgebungstemperaturen in der Tierhaltung verursachen ebenfalls höhere Anteile ungesättigter Fettsäuren im Subkutanfett. Pflanzliche Öle variieren ihre Fettsäurenzusammensetzung vor allem in Abhängigkeit von Sorte, Vegetationsbedingungen (Klima, Standort) und Anbaujahr.

Neben der Fettsäurenzusammensetzung ist für den Futterwert von Futterfetten auch deren Gehalt an nichttriglyceridischen Lipiden (Sterole [meist $\leq 1\%$], Sterolester, Phospholipide [Phosphatide]) sowie Fettbegleitstoffen (Kohlenwasserstoffe, Lipochrome [fettlösliche Farbstoffe] und Lipovitamine) bedeutsam.

10.3.2. Verdaulichkeit und energetischer Futterwert

Die Verdaulichkeit der Futterfette ist meist mit $75-100\%$ (Prabucki 1977) als hoch zu veranschlagen. Jedoch wurden speziell bei sehr jungen Tieren und/oder stark gesättigten Fetten auch nur Werte zwischen 55 und 70% experimentell ermittelt (Eusebio et al. 1965, Whitehead und Fisher 1975).

Für die Verdaulichkeitsermittlung der Fette ist der Salzsäure-Aufschluß, insbesondere des Kotfetts vonnöten. Ältere Verdaulichkeitsbefunde, denen die Kotfettbestimmung mit einfacher Etherextraktion zugrunde liegt, ergeben deutlich überhöhte Verdaulichkeitswerte, da im Kot eine wechselnde Menge nichtresorbierbarer Fettsäurenseifen vorliegen, die erst nach einer Säurebehandlung gespalten und dann als freie Fettsäuren extrahierbar sind. Eine gewisse depressive Wirkung auf die Verdaulichkeit des Rohfetts durch Seifenbildung muß vor allem bei Fetten mit höherem Anteil langkettiger gesättigter Fettsäuren (Palmitinsäure) sowie bei der Legehenne, in deren Ration naturgemäß höhere Ca-Gehalte zum Einsatz kommen, erwartet werden, was sich, ohne leistungssenkend zu wirken, auch in einer verminderten Ca-Absorption niederschlägt.

Die Verdaulichkeit der Futterfette nimmt in der Regel mit zunehmender Kettenlänge der Fettsäuren ab, so daß der Schmelzpunkt des betreffenden Fettes für die zu erwartende Verdaulichkeit bereits einen wertvollen Anhaltspunkt liefert. Gleichzeitig wird damit der Grad der Gesättigtheit der Fette berücksichtigt, da ungesättigte Fettsäuren beträchtlich höher verdaulich sind als gesättigte. Dabei ist zu bemerken, daß für die Verdaulichkeit von Triglyceridgemischen auch Interaktionen zwischen den einzelnen Fettsäuren zu beachten sind. Tierisch-pflanzliche Mischfette sind höher verdaulich, als sich rechnerisch aus dem gewogenen arithmetischen Mittel der einzelnen Verdauungswerte vorhersagen läßt. Dies gilt insbesondere dann, wenn stark gesättigte Fette mit geringen Mengen ($5-10\%$) linolsäurereicher Öle vermischt zum Einsatz kommen. Diese vorteilhafte Wirkung ungesättigter, aber auch kurz- und mittelkettiger Fettsäuren auf die Verdaulichkeit langkettiger gesättigter Fettsäuren (z. B. Palmitin- und Stearinsäure) ist komplexer Natur und äußert sich vor allem in einer verbesserten Mizellenbildung im Absorptionsprozeß, wobei auch die Polarität und das davon abhängige differente Lösungsverhalten der Fettsäuren in Gallensalzlösungen bedeutsam sind (Freeman 1984). Für die Verdaulichkeit des Fetts ist auch die Stellung der einzelnen Fettsäuren im Triglyceridmolekül wichtig („Positionseffekt"). Bei jungen Säugetieren (Ferkel, Kälber) ist vor allem bei Verabreichung in zahlreichen kleinen Portionen und in feinstverteiltem Zustand von einer etwas höheren Verdaulichkeit gegenüber älteren Tieren auszugehen (Prabucki 1977). Bei Geflügel ist in den ersten 4 Lebenswochen infolge einer noch unzureichenden Gallensalz- und Lipasesekretion mit einer verminderten Fähigkeit zur Fettverdauung zu rechnen. Futterzusätze von Gallensalzen, Lipasen oder Phospholipiden können diese physiologische Unreife des Verdauungssystems des Junggeflügels weitgehend kompensieren (Krogdahl 1985).

Im praxisrelevanten Fettzulagebereich ($\leq 10\%$ der Ration) ist bei Monogastriden zur Mast durch den Fetteinsatz keine nennenswerte Depression der Verdaulichkeit der Futternährstoffe einschließlich des Zulagefetts selbst zu erwarten. Dies gilt nicht für stark gesättigte Fette, für die mit steigender Zulage eine erheblich nachlassende Verdaulichkeit nachgewiesen wurde (Ketels et al. 1986). Für Wiederkäuer trifft offensichtlich das Gegenteil zu, denn mit gesättigten Fetten, die ungeschützt den Pansen erreichen, ist keine bzw. nur eine deutlich geringere Beeinträchtigung des mikrobiellen Stoffwechsels zu erwarten, als dies z. B. für pflanzliche Öle der Fall ist.

Mit einer Futterfettsupplementation ergibt sich, auch zur Erreichung akzeptabler Rohfettverdaulichkeiten, die Notwendigkeit zur Erhöhung des Rationsproteingehaltes. Dieser Sachverhalt hat insbesondere für den Einsatz gesättigter Tierfette, z. B. in Broilermischungen, Bedeutung, da die abnehmende Verdaulichkeit des Rohfetts bei steigender Supplementationshöhe von starkgesättigten Fetten durch höhere Rohproteingehalte kompensiert werden kann (Süs 1974).

Die Verdaulichkeit des Futterfetts soll, wie die aller übrigen Rohnährstoffe, ebenfalls von Menge und Herkunft der Rohfaser des Futters abhängen, was jedoch bei praxisüblicher Rationsgestaltung vernachlässigt werden kann.

Auf den energetischen Futterwert der Fette sind, da der gesamte verdauliche Fettgehalt des Futters für den Energiestoffwechsel (Wärmeproduktion) bzw. den Fettansatz verwertet wird, die Ausführungen zur Beeinflussung der Fettverdaulichkeit vollinhaltlich übertragbar. Die Verwendung des verabreichten Fettes zum Energie-(Fett-)ansatz erfolgt energetisch günstiger als jeder andere Futternährstoff, da die zum Ansatz gelangenden Fettsäuren im Intermediärstoffwechsel nicht abgebaut werden. Daraus resultiert bei fettreicher Fütterung eine deutlich geringere Stoffwechselwärmeproduktion („heat increment") mit günstigeren Energieverwertungsdaten. Der sog. extrakalorische Effekt von Futterfett bei Monogastriden (d. h. im Zulageversuch experimentell ermittelte Gehaltswerte an umsetzbarer Energie für die Fettergänzung, die sogar deren Bruttoenergiegehalt übersteigen kann) ist aus einer vorteilhaft zu wertenden Interaktion der Fettzulage mit dem Fett-, Protein- und löslichen Kohlenhydratgehalt der Basalration zu erklären. Eine gezielte Ausnutzung dieser Wirkungen in der praktischen Fütterung ist jedoch gegenwärtig auf Grund des unzureichenden Kenntnisstandes nicht möglich. In Tabelle 208 wurde eine Zusammenstellung nationaler und − soweit eine Umrechnung des Datenmaterials möglich war − auch internationaler energetischer Futterwertangaben vorgenommen. Während eine sichere Vorhersage des Fettbrennwertes aus der alleinigen Kenntnis der Iod- und Verseifungszahl möglich ist (Prabucki 1977), ist von einer starken Schwankung des realen energetischen Futterwerts für alle Nutztierarten auszugehen. Die besonders starke Variabilität der Zahlenwerte für das Geflügel ist vor allem als Hinweis einer besonders intensiven Forschungstätigkeit zum Futterfetteinsatz bei dieser Tierartengruppe zu werten. Eine vergleichbare Datenstreuung ist mit der Zunahme entsprechender Untersuchungen auch für das Schwein (Wiseman 1984) und namentlich für das Rind zu erwarten, da für letztere Tierart besonders widersprüchliche Befunde vorliegen (Palmquist und Jenkins 1980). Im Extremfall sind Schwankungen des energetischen Futterwertes von stark gesättigten Fetten − allein durch Variation der Dosierungshöhe im Bereich von 1 − 10% der Ration − von über 200% für Monogastriden nachgewiesen

10.3. Fettzusammensetzung und Futterwert

Tabelle 208. Energetischer Futterwert verschiedener Futterfette für Rind, Schwein und Geflügel (nach Literaturangaben zusammengestellt; Bezugsbasis: kg Fett, rein, ohne Beimengungen)

	Rind		Schwein		Junggeflügel		adultes Geflügel	
	EFr	MJ NEL	EFs	MJ ME	EFh	MJ ME	EFh	MJ ME
Rindertalg	2100–2500	17,9–18,1	2200–2380	24,3–33,1	1230–1600	23,1–31,2	1470–19000	29,7–35,6
Schweineschmalz	2160–2600	19,9	2310–2400	34,0–35,8	1460–1750	31,8–35,6	1680–2050	32,2–36,5
Geflügelfett	o. A.	o. A.	o. A.	o. A.	1600–1860	32,7–37,6	1700–2120	33,0–38,6
tierisch-pflanzliches Mischfett	o. A.	o. A.	o. A.	31,0–34,9	1650–1810	33,5–36,1	1610–2000	32,9–35,0
Sonnenblumenöl	2700	20,0	2350	36,4	1700–1880	35,6–36,5	1800–2140	36,4–38,8
Erdnußöl	o. A.	o. A.	2390	36,4	1700–1850	35,6–36,3	1800–2080	36,1–38,5
Sojaöl	2260–2700	20,6–22,9	2090–2380	35,5–37,7	1700–1900	34,0–37,7	1800–2120	36,6–38,8
Maisöl	2260–2650	17,1–21,0	2380	36,4	1750–1850	35,6–37,7	1800–2120	36,2–37,8
Rapsöl	o. A.	o. A.	o. A.	36,7–36,8	1600–1740	34,0–35,6	1800–2005	36,0–36,8
Schleusenfett	o. A.	o. A.	2510	o. A.	o. A.	o. A.	o. A.	o. A.
Kokosnußöl	o. A.	22,0–22,1	o. A.	36,6–36,7	1640–1750	33,5–35,6	1700–2000	35,0–36,4
Palmkernöl	o. A.	17,0–22,0	o. A.	o. A.	1450–1650	29,3–33,5	1700–1950	34,8–35,5
Butterschmalz	o. A.	21,2	o. A.	o. A.	o. A.	o. A.	o. A.	o. A.
Seetieröl, gehärtet	o. A.	20,8	o. A.	33,6	1250	25,4	1400	28,4
Baumwollsaatöl	o. A.	o. A.	o. A.	36,4	1760	35,6	1800–2040	34,9–36,8
Knochenfett	o. A.	o. A.	o. A.	o. A.	1570	32,0	1750	35,2
Leinöl	o. A.	o. A.	o. A.	36,4	1750	35,6	1850–2050	37,6–38,0
Safloröl	o. A.	o. A.	o. A.	36,4	1750–1870	35,6–37,7	1800–2150	36,8–38,8
Olivenöl	o. A.	o. A.	o. A.	o. A.	1630–1740	33,5–35,6	1750–2010	35,2–36,6

o. A. = ohne Angabe

worden (De Groote et al. 1987). Für Fette mit höherem Gehalt an ungesättigten Fettsäuren (z. B. pflanzliche Öle, Schweineschmalz) kann jedoch ein gleichbleibender energetischer Futterwert unterstellt werden. Stark gesättigte Fette besitzen bei geringer Supplementationshöhe (1 – 2%) auf Grund von synergistischen Effekten zu den Nährstoffen des Futters einen höheren energetischen Futterwert als pflanzliche Öle.

Hinzuweisen ist auf die beträchtliche Schwankung der Fettsäurenzusammensetzung tierischer Fette, die von bestimmendem Einfluß auf deren Energiegehalt ist.

10.4. Einsatzempfehlungen

Futterfette kommen bislang vornehmlich bei den monogastrischen Nutztieren zum Einsatz. Die Verträglichkeitsgrenzen liegen für diese Tiere weit oberhalb des praxisrelevanten Einsatzbereiches. So wurden beispielsweise bereits Rationen mit 25% Futterfett an Mastschweine, 15% an Legehennen, 33% an Broiler und 35% an Ferkel (3 – 30 kg Lebendgewicht, Berschauer et al. 1979) erfolgreich verabreicht. Für Broiler wurde sogar die Möglichkeit einer kohlenhydratfreien Ernährung demonstriert. Die in Tabelle 209 empfohlenen Einsatzmengen können als gesichert angesehen werden. Darüber hinaus kann Futterfett auch in der Fütterung der Karnivoren (Pelztiere, Katze, Hund) Verwendung finden. Vorteilhafte Wirkungen der Fettergänzung des Mischfutters für Sauen (200 bis 600 g Fettzusatz je Sau und Tag in den letzten beiden Wochen der Trächtigkeit und in der Säugeperiode) bestehen durch angestiegene Fettgehalte der Sauenmilch in erhöhten Lebendgewichtszunahmen der Ferkel und verringerten Körpermasseverlusten der Muttertiere. An Wiederkäuer werden international neuerdings vermehrt Futterfette verabreicht. Jedoch sollten hierbei in ungeschützter Form vorwiegend linolsäurearme, gesättigte Fette bis zu einer Dosis von 800 – 1000 g Fett/Kuh/d ($\triangleq$ maximal 5% der Rationstrockensubstanz) verabreicht werden. Um eine Beeinträchtigung des mikrobiellen Pansenstoffwechsels auszuschließen, werden

Tabelle 209. Optimale Einsatzhöhe von Futterfett (nach Literaturangaben zusammengestellt)

Tierart/ Nutzungsrichtung	Autoren	Aufnahme an Fett (% der Trockensubstanz der Tagesfuttermenge)
Broiler	Hartfiel (1984)	9
Legehennen	Vogt und Harnisch (1976)	3 – 6
Legeputen	Robel (1985)	5
Ferkelaufzucht	Hartfiel (1984)	5
Schweinemast	Hartfiel (1984)	6
Sauen[1]	Lohmann (1988)	8
Mastbullen[2]	Flachowsky et al. (1990)	5
Milchkühe[2]	Palmquist und Jenkins (1980)	3 – 5
Kälber[3]	Röhnisch et al. (1986)	16 – 20
Häsinnen	Besedina und Snytko (1977)	2
Kaninchenmast	Raimondi et al. (1974)	4
Fische	Andrews und Davis (1979) Schulz et al. (1984)	10

[1]) laktierend und letzte beide Wochen der Trächtigkeit
[2]) bei geschützten (pansenstabilen Fetten) höhere Einsatzmengen möglich (bis 10%),
[3]) 1. – 7. Lebenswoche

gegenwärtig verschiedene Fettbehandlungsarten erprobt, die eine mögliche Erhöhung obiger Gaben in Aussicht stellen. Die Suche nach pansenverträglichen Fetten erscheint für Ca-verseifte Fette (Abel 1988) und Ölsaaten (Günther 1987) besonders aussichtsreich. Meist ist jedoch bei Fetteinsatz an Milchkühe bei Steigerung der fettkorrigierten Milchmenge eine leichte Senkung der Milchinhaltsstoffe zu verzeichnen. Eine besondere praktische Bedeutung könnte der Futterfetteinsatz zur Vorbeuge ketotischer Stoffwechsellagen bzw. zur Bremsung der Körperfettmobilisierung in der Frühlaktation gewinnen.

Es ist darauf hinzuweisen, daß Qualitätsmängel des verabreichten Fetts, insbesondere oxydative Veränderungen, auszuschließen sind. Die Empfehlungen zum Gehalt verschiedener Fettsäuren im Futterfett (Tabelle 210) sind auch unter diesem Aspekt zu sehen.

Leinöl (sehr linolensäurereich) und sämtliche Seetieröle sollten infolge ihrer besonderen Oxydationsempfindlichkeit sowie ihrer Wirkung auf die Produktqualität nicht an Rind, Schwein und Geflügel verabreicht werden, wohingegen in der Fischfütterung für diese Fettquellen aussichtsreiche Einsatzmöglichkeiten bestehen (Schulz et al. 1984). Die Verwendung der ernährungsphysiologisch hochwertigen pflanzlichen Öle in der Tierfütterung sollte generell auf ein Mindestmaß beschränkt bleiben. Die

Tabelle 210. Anforderungen an Futterfette (DLG-Arbeitskreis Futterfette, 1979)

Fettsäuren (FS) in %		Rind	Kalb, Lamm, Ferkel	Schwein	Küken, bis 4 Wochen und Mastgeflügel	Übriges Geflügel
$8:0 - 12:0$	max.	20	—	20	20	20
$14:0 - 16:1$		—	—	—	—	—
$18:0$	max.	—	20	20	20*	20
$18:1$		—	—	—	—	—
$18:2$	max.	—	12	12	—	—
$18:3$	max.	10	5	5	10	10
Summe der ein- und zweifach ungesättigten FS mit über 18 C-Atomen	max.	3	3	3	3	3
Summe der ungesättigten FS mit über 18 C-Atomen und mehr als 2 Doppelbindungen	max.	1	1	1	1	1
Summe der gesamten ungesättigten FS mit über 18 C-Atomen	max.	5	5	5	5	5
Summe der gesamten ungesättigten FS mit über C 14:1	max.	—	65	65	80	80
	min.	—	40	40	40	40
Summe der gesamten gesättigten FS mit über C 18:0	max.	5	3	3	3	3

— = keine Begrenzung.
* Bei Küken bis 4 Wochen Lebensalter darf der Gehalt an Fettsäuren mit mehr als 16 C-Atomen 15% nicht überschreiten.

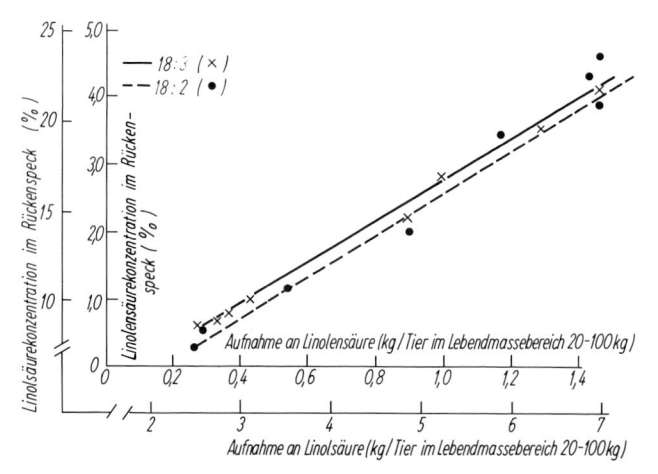

Abb. 91. Einfluß einer steigenden Linolsäure- und Linolensäureaufnahme auf deren Konzentrationen im Rückenspeck von Mastschweinen (Oslage et al. 1984).

möglichen Veränderungen der Produktqualität sind bei der Einstellung des Linol- und Linolensäuregehaltes in Betracht zu ziehen. Zwischen der Aufnahme dieser Fettsäuren und ihrem Ansatz z. B. im Subkutanfett des Mastschweines bestehen lineare Beziehungen (Abb. 91), wodurch ein „Öligwerden des Specks" provoziert werden kann. Zur Vermeidung derartiger Konsistenzmängel des Rückenspecks im Hinblick auf geforderte Dauerwarenqualitäten sollten − obwohl Lagerzeiten und Verarbeitungstechniken deutlich differieren können − die Polyensäurengehalte im Rückenspeck 14−15% und im Futter 1,9−2,1 g/kg keinesfalls überschreiten (Sommer und Hoppenbrock 1991). Ein höherer Fettgehalt im Schlachtkörper von Monogastriden ist bei sorgfältiger Anpassung des Aminosäurenniveaus an den durch Auffettung beträchtlich erhöhten Energiegehalt der Ration bei Einhaltung der Energiekonzentrationsnormen nicht zu erwarten.

Cyclopropenfettsäure- und erucasäurehaltige Öle sollten zumindest nicht bei den Tierarten eingesetzt werden, bei denen sie ihre bekannten Schadwirkungen verursachen (Baumwollsaatöl nicht an Legehennen, Rapsöl konventioneller Sorten nicht an Broiler und Legehennen).

Von besonderer Bedeutung ist die homogene Verteilung der Fettzulagen im Futter, die in der Regel durch das Einsprühen des flüssigen Fetts während des Mischprozesses im Mischfutterbetrieb oder durch Aufsprühen nach dem Pelletierprozeß realisiert werden kann. Für Kälber beträgt die optimale Teilchengröße milchfremder Fette 2−4 μm (in der Milch bei 2,5 μm) in der Tränke. Sie wird durch den Zusatz von Emulgatoren und mechanische Homogenisierung erreicht.

In angelsächsischer Literatur wird häufig über vorteilhafte Wirkungen des Fetteinsatzes an Mast- und teilweise auch Legegeflügel in Perioden hoher Umgebungstemperaturen berichtet. Die rückläufige Futterenergieaufnahme (und damit auch gesunkener Nährstoffverzehr!) kann mittels partiellen Ersatzes der Stärke- durch Fettenergie (geringere, den Futterverzehr senkende Stoffwechselwärmeproduktion; s. 10.3.) gemindert bzw. verhindert werden. Voraussetzung für diese Verfahrensweise sind jedoch spezielle Mischungen mit niedrigem Protein-, aber bedarfsgerechtem Aminosäurengehalt sowie ein möglichst unmittelbarer Futterverbrauch. Generell sollten alle zur Fütterung vorgesehenen Fette möglichst frühzeitig stabilisiert werden und nur mit dem Antioxydans vermischt Verwendung finden.

Literatur

Abel, H.: Kraftfutter **71**, 318 (1988).
Abel, H. und E. Masch: Landwirtschaftsbl. Weser-Ems **134** (12), 22 (1987).
Andrews, J. W., and J. M. Davis: Feedstuffs **51** (3), 33 (1979).
Berschauer, F., U. Ehrensvärd, G. Gaus und K. H. Menke: Z. Tierphys., Tierernähr. Futtermittelkde. **42**, 35 (1979).
De Groote, G., E. Ketels and G. Hyghebaert: Proc. 6th Symp. Poultry Nutrit., Königslutter, C21 (1987).
DLG-Arbeitskreis Futterfette: Qualitätsmerkmale für Futterfette, Dt. Landwirtsch.-Ges. 1 (1979).
Eusebio, J. A., V. W. Hays, V. C. Speer and J. T. McCall: J. Animal Sci. **24**, 1001 (1965).
Flachowsky, G., Astrid Dörr, D. Wolfram, M. Rönsch, Elisabeth Flachowsky und A. Schuster: Tierzucht **44**, 444 (1990).
Freeman, C. P.: Proc. 37th Nottingham Easter School (Ed.: J. Wiseman). Butterworths, London 1984.
Groneuer, K. J., und W. Hartfiel: Arch. Geflügelkde. **39**, 103 (1975).
Günther, K. D.: Landwirtschaftsbl. Weser-Ems **134** (12), 25 (1987).
Hartfiel, W.: Kraftfutter **62**, 136 (1979).
Hartfiel, W.: Mühle + Mischfuttertechnik **117**, 605 (1980a).
Hartfiel, W.: Proc. Internat. Symp. on Animal Fats in Feed. Brüssel, 12. – 14. 06. 1979 (Ed.: National Renderers Assoc., 193, 1980b).
Hartfiel, W.: Tagung „Einsatz tierischer Fette in der Tierernährung" anläßlich der Messe „Huhn und Schwein '83", Hannover, 22. 06. 83 (Hrsg.: Interessengemeinschaft Fett, Bonn, 2, 1984).
Janssen, W. M. M. A., P. J. W. van Schagen und A. A. Siegerink: Fette, Seifen, Anstrichmittel **88** (1) 25 (1986).
Ketels, E., G. Hyghebaert and G. De Groote: Proc. 7th Europ. Poultry Conf.; Paris 460 (1986).
Krogdahl, A.: J. Nutrit. **115**, 675 (1985).
Lohmann-Fachinformation **36**, 1 (1988).
Marchello, J. A., F. D. Dryden, W. H. Hale and L. L. Cutten: J. Animal Sci. **37**, 266 (1973).
Orth, A., W. Kaufmann und K. Rohr: Z. Tierphys., Tierernähr. Futtermittelkde. **21**, 83 (1966).
Oslage, H. J., H. Böhme und U. Petersen: Fette, Seifen, Anstrichmittel **86**, 397 (1984).
Palmquist, D. I., and T. C. Jenkins: J. Dairy Sci. **63**, 1 (1980).
Prabucki, A.: Fette und Öle als Futtermittel. In: Handelsfuttermittel (Hrsg.: W. Wöhlbier). Verlag Eugen Ulmer, Stuttgart **1**, 565 (1977).
Raimond, R., M. T. Auxilia, G. Masoeroe M. de Carmela: Ann. Ist. Sperim. Zootec. **7** (2), 217 (1974).
Robel, E. J.: Nutrit. Rep. Internat. **31**, 1281 (1985).
Röhnisch, H. G., G. Knape und J. Becker: Qualitätsanforderungen für Mischfuttermittel, Wirk- und Mineralstoffmischungen sowie Fütterungsanweisungen für den Einsatz in der Tierproduktion – Ausgabe 1987. Agrabuch, Leipzig 1986.
Sallmann, H.-P.: Z. Tierphys., Tierernähr. Futtermittelkde. **54**, 69 (1985).
Schulz, D., W. Hartfiel und E. Greuel: Kraftfutter **67**, 278 (1984).
Sommer, W., und K.-H. Hoppenbrock: Deutsche Geflügelwirtschaft u. Schweineproduktion **43** (5), 136 (1991).
Süs, H.: Untersuchungen zur Verdaulichkeit von Rindertalg bei Geflügel. Diss., Univ. Hohenheim 1974.
Thacker, P. A., and J. P. Bowland: Canad. J. Animal Sci. **60**, 971 (1980).
Vogt, H., und S. Harnisch: Arch. Geflügelkde. **40**, 168 (1976).
Vogtmann, H.: Der Einfluß von Art und Menge des Futterfettes auf die Verwertung von Canthaxanthin sowie der Vitamine A und E durch die Legehenne. Diss., ETH Zürich (1971).
Whitehead, C. C., and C. Fisher: Brit. Poultry Sci. **16**, 181 (1975).
Wiseman, J.: Proc. 37th Nottingham Easter School (Ed.: J. Wiseman). Butterworths, London 1984.

11. Futtermittel auf mikrobieller Basis

Als Futtermittel mikrobieller Herkunft werden nachfolgend Produkte verstanden, die zum überwiegenden Teil aus Zellmasse von Mikroorganismen bestehen und hauptsächlich wegen ihres hohen Eiweißgehaltes in Rationen für landwirtschaftliche Nutztiere eingesetzt werden. Im englischsprachigen Raum wird dafür der Begriff *„Single Cell Protein"* (SCP, d. h. Einzellerprotein) verwendet. Die Produktion von Futtermitteln auf mikrobieller Basis ist trotz der stürmischen Entwicklung der Biotechnologie ein sehr kostenaufwendiger Prozeß geblieben, so daß diese Produkte preislich nicht mit hochwertigen pflanzlichen und z. T. auch tierischen Proteinträgern konkurrieren können. Daher haben sich die vor ca. 20 Jahren geäußerten Hoffnungen auf eine Lösung des Eiweißproblems durch die großtechnische Kultivierung von Mikroorganismen nicht verwirklicht. Insbesondere bei der Nutzung von nichtkonventionellen Rohstoffen für die mikrobielle Biomasseproduktion kommen toxikologisch relevante Probleme hinzu. So enthalten z. B. Hefen auf n-Alkan-Basis Kohlenwasserstoffe und ungewöhnliche Fettsäuren, die über die Nahrungskette bis zum Menschen gelangen können. Trotz umfangreicher toxikologischer Untersuchungen ohne negative Befunde verbleibt immer noch ein Restrisiko, so daß die Zulassung solcher Futtermittel gegenwärtig nicht gegeben ist. Weiterhin können arbeitshygienische Probleme beim Umgang mit den mikroskopisch feinen Partikeln der verschiedenen Produkte entstehen, die u. U. zu Schleimhautreizungen und Allergien führen.

11.1. Verfahrensprinzipien

Die meist großtechnische Vermehrung von Mikroorganismen erfolgt unter aeroben Bedingungen in wäßrigem Milieu innerhalb bestimmter pH-Wert- und Temperaturbereiche und bei Zuführung geeigneter Kohlenstoff-, Stickstoff- und Mineralsalzquellen. In Abhängigkeit von den verwendeten Mikroorganismen und den Fermentationsbedingungen kann die Generationsfolge in günstigen Fällen weniger als eine Stunde betragen, im allgemeinen liegt sie in einem Bereich bis maximal 5 Stunden. Im Unterschied zu den aeroben Verfahren der Futtereiweißproduktion stehen bei den verschiedenen Verfahren der alkoholischen Gärung bei vorwiegend anaeroben Bedingungen die Gärungseigenschaften von Hefen im Vordergrund. Die während der Gärung in geringerem Umfang gebildete Zellsubstanz setzt sich in den Behältern ab und wird als eiweißreiches Futtermittel genutzt. Eine praktische Bedeutung besitzt in diesem Zusammenhang vor allem die Bierhefe, die auf Grund ihrer Zusammensetzung mit den sogenannten Wuchs- und Eiweißhefen gut vergleichbar ist.

Die Biomasseproduktion geht in großen Behältern vonstatten. Der den Fermentor verlassende Ablauf wird durch verschiedene Verfahren (z. B. Separation, Eindampfung, Filtration) stufenweise aufkonzentriert und dabei der größte Teil des Substrats entfernt bzw. wieder in die Fermentation zurückgeführt. Durch eine Thermolyse werden die

Mikrobenzellen zerstört, da die Zellwände meist Verbindungen aus polymeren Kohlenhydraten mit Lipiden und Proteinen sind, die für die Monogastriden enzymatisch schwer verdaulich sind. Anschließend erfolgt eine Trocknung (Sprüh-, Walzen-, Wirbelschichttrocknung), gegebenenfalls eine Pelletierung, Granulierung oder „Ölung" (Einsprühen pflanzlicher Öle bis 1% Anteil), um die Staubförmigkeit der getrockneten Mikrobenzellen zu verringern. Ein einfaches technologisches Schema der Produktion mikrobieller Biomasse zeigt Abb. 92 (die gestrichelten Linien weisen auf spezielle verfahrensabhängige Schritte hin).

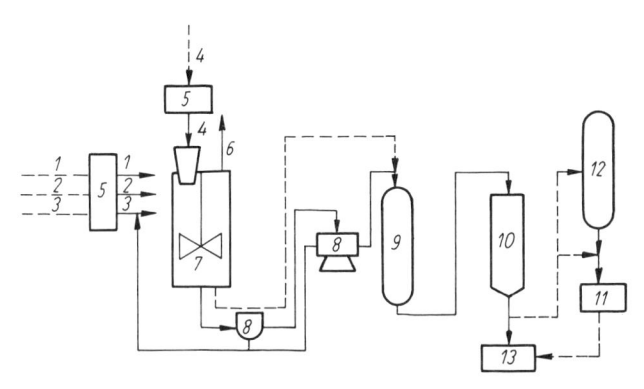

Abb. 92. Technologisches Schema der mikrobiellen Biomasseproduktion.

1 = NH_3, Nährsalze
2 = C-Quelle
3 = Wasser
4 = Luft
5 = Sterilisation
6 = CO_2, Wärme
7 = Fermentation
8 = Separation, Filtration, Flockung
9 = Eindampfung
10 = Trocknung
11 = Pelletierung, Granulierung
12 = Lösungsmittelextraktion
13 = Endprodukt
--- = mögliche, vom jeweiligen Rohstoff abhängige Verfahrensschritte

Eine Übersicht von Kohlenstoffquellen für die mikrobielle Biomasseproduktion vermittelt Tabelle 211 (nach Reiff 1962, Präve et al. 1982).

Die Angaben in Tabelle 211 sind stark verallgemeinert und können nur bedingt die Vielfalt der technischen Verfahren sowie die Wechselwirkungen zwischen Verfahren, C-Quelle und Mikroorganismen widerspiegeln. Werden auf konventionellen Rohstoffen,

Tabelle 211. Kohlenstoffquellen für mikrobielle Biomasseproduktion

● *Komplexe organische Verbindungen* (vorwiegend konventionelle Biomasseprodukte)	● *Chemische Grund- und Zwischenprodukte* (vorwiegend nichtkonventionelle Biomasseprodukte)
Rohzucker	Kohlendioxyd
Melasse	Methan
Melassesirup	Methanol
Melasseschlempen	Ethanol
Sulfitablaugen	Essigsäure
Stärkehaltige Produkte	n-Alkane
Hydrolysate von cellulosehaltigen Produkten	

wie z. B. Sulfitablauge, Mikroorganismen kultiviert, die bislang keine Verwendung in der Tier- oder Humanernährung fanden, bzw. wachsen sie auf Rohstoffen, die keinen Futtermittel- oder Nahrungscharakter besitzen, dann unterliegen diese als „nichtkonventionelle" Eiweißfuttermittel bezeichneten Produkte (s. Tabelle 211) vor ihrer allgemeinen Einführung in die Fütterungspraxis einem strengen, an der Arzneimittelprüfung orientiertem Untersuchungsprogramm. Deshalb werden neben den Untersuchungen zum Futterwert umfangreiche toxikologische Prüfungen zum Nachweis der Unbedenklichkeit dieser Futtermittel durchgeführt, worin auch die erzeugten tierischen Lebensmittel eingeschlossen sind. Auf Grund der Bedeutung existieren international, z. B. durch Spezialorganisationen der UNO empfohlene (Anonym 1972, 1974) und von einzelnen Ländern weiter präzisierte Richtlinien zur Prüfung nichtkonventioneller Eiweißprodukte (Pokrowski et al. 1978).

11.2. Hefen

Hefen werden auf zuckerhaltigen Rohstoffen bereits seit Beginn dieses Jahrhunderts kultiviert und in der Fütterung eingesetzt.

11.2.1. Inhaltsstoffe

Trockenfutterhefen enthalten meist zwischen 900 und 950 g Trockensubstanz/kg (Tabelle 212). Dies gewährleistet eine gute Lagerfähigkeit. Prinzipiell kann die Trocknung auch eingespart und Hefe flüssig verfüttert werden. Die Trockensubstanzwerte von Molken- und Bierhefe als Beispiel für Flüssigprodukte schwanken jedoch recht stark. Bei ihrem Einsatz als örtliche Eiweißquellen müssen hygienische Bedingungen eingehalten werden, damit keine pathogenen Mikroorganismen (z. B. Salmonellen) sich auf diesem Substrat vermehren. Der Rohproteingehalt wird vor allem durch die auf dem jeweiligen Rohstoff gezüchtete Hefepopulation und tech-

Tabelle 212. Mittlere Gehaltswerte an Rohnährstoffen von Futterhefen (in g/kg Trockensubstanz)

	Trockensubstanz g/kg FM	Rohasche	Rohprotein	Rohfett (HCl-Aufschluß)	Rohkohlenhydrate
Rohzucker-Melassehefe	925	100	524	55	321
Melasse-Schlempehefe	923	82	536	51	331
Melassesiruphefe [1]	900	84	471	64	381
Sulfitablaugenhefe P	917	88	469	45	398
Sulfitablaugenhefe W	924	74	424	36	466
Sulfitablaugenhefe B	908	77	408	42	473
n-Alkanhefe (Fermosin) [2]	911	47	706	38	209
n-Alkanhefe (Paprin) [2]	900	74	640	85	201
Molkenhefe	50	150	460	90	300
Bierhefe	100	75	500	34	391

[1] Rohrzuckermelasse mit höherem Zuckergehalt (Kuba-Hefe).
[2] Handelsnamen für in der ehemaligen DDR (Fermosin) bzw. UdSSR (Paprin) erzeugte n-Alkanhefen.

nologische Bedingungen beeinflußt und liegt im allgemeinen zwischen 400 und 700 g/kg T (s. Tabelle 212). Bei Sulfitablaugenhefen können Werte unter 400 g/kg T auftreten. Dies ist besonders dann der Fall, wenn die Qualität der Sulfitablauge durch Einflüsse aus der Celluloseproduktion plötzlichen Schwankungen unterliegt.

Das Rohprotein pflanzlicher oder tierischer Eiweißfuttermittel guter Qualität besteht fast ausschließlich (>90%) aus Aminosäuren und enthält nur wenig Nicht-Protein-N (NPN). Bei mikrobiellen Eiweißfuttermitteln dagegen ist, bedingt durch die hohen Zellteilungsraten der Mikroorganismen, der Gehalt an NPN, besonders in Form von Nukleinsäuren sowie einzelnen Nukleotiden, relativ hoch (Tabelle 213). Auch weitere NPN-Verbindungen (Hexosamine, Cholin, Rückstände der N-haltigen Nährsalze) sind vorhanden, so daß von 100 g Rohprotein im Mittel etwa 80 g auf Aminosäuren entfallen.

Die oral aufgenommenen Nukleinsäuren werden sowohl im Darm enzymatisch und mikrobiell abgebaut und über den Kot ausgeschieden als auch zu einem hohen Anteil als Purine und Pyrimidine absorbiert (Greife 1984). Der Hauptteil der Purine wird über die Leber zu Harnsäure (Geflügel) bzw. weiter zu Allantoin (Säugetiere außer Primaten) abgebaut und in dieser Form renal ausgeschieden. Die Pyrimidine werden bis zu CO_2, NH_3 und flüchtigen Fettsäuren abgebaut. Die Nukleinsäuren müssen als ein für Futterhefen und weitere mikrobielle Eiweißfuttermittel typischer unvermeidbarer Inhaltsstoff ohne Proteinwert angesehen werden. Bei den in Tabelle 213 aufgeführten Nukleinsäuregehalten ist jedoch selbst bei Hefeanteilen von 10 – 15% in ausbilanzierten Rationen für Schweine oder Geflügel keine physiologische Belastung mit ungünstigen Auswirkungen auf die Leistungen nachgewiesen worden.

Tabelle 213. Mittlere Gehaltswerte an Nukleinsäuren, Amino-N × 6,25, Lysin und Methionin plus Cystin (in g/100 g XP)

	Nukleinsäuren	Amino-N × 6,25	Lysin	Met + Cys
Melassehefen	12	73	7,0	2,2
Sulfitablaugenhefen	13	78	7,3	2,5
n-Alkanhefen	10	83	7,7	2,6
Molkenhefe	8	73	7,1	3,0
Bierhefe	6	81	7,1	3,0

Die Aminosäuren-(AS)-Zusammensetzung der verschiedenen Hefeproteine ist ziemlich einheitlich, da sie genetisch weitgehend festgelegt und durch die praxisüblichen Kultivierungsbedingungen im Fermentor nur wenig beeinflußbar ist (s. Tabelle 213). Typisch für Hefen ist der hohe Lysingehalt. Dieser Wert liegt vergleichsweise über dem des Sojaproteins und entspricht bei einigen Hefeherkünften den Werten hochwertiger tierischer Eiweiße. Im Gehalt an Methionin und Cystin erreichen die Hefen nicht die Vergleichswerte des Sojaproteins. Weitere Aminosäuren geraten bei praxisüblichen Rationen mit Hefeanteilen <10% nicht ins Minimum.

Der Gehalt der Hefen an Rohfett (s. Tabelle 212) und dessen Zusammensetzung ist durch die Fermentations- und Aufarbeitungsbedingungen (z. B. Extraktion) steuerbar. Das Hefefett ist phosphatidreich. 60 – 70% der Fettsäuren sind ungesättigt. Hefefette können reich an Linolsäure (18:2) sein (10 – 40% der Gesamtfettsäuren). Bei n-Alkan-Hefen treten substratbedingt ungeradzahlige Fettsäuren, deren Anteil 30 – 40% der Gesamtfettsäuren betragen kann (Kaemmerer 1974), sowie Kohlenwasserstoffe, vor allem n-Alkane, auf. Sowohl ungeradzahlige Fettsäuren als auch Kohlenwasserstoffe werden vom Tier ohne nachteilige Auswirkungen auf dessen Gesundheit

Tabelle 214. Mittlere Gehaltswerte an einigen Vitaminen in mg/kg T (Kling und Wöhlbier 1983, Heinz und Henk 1986)

	B_1	B_2	B_6	Nicotinsäure	E
Melassehefen	8	90	14	361	170
Sulfitablaugenhefen	3	54	14	458	140
n-Alkanhefen	2	80	40	300	70
Molkenhefe	15	49	n. b.	n. b.	n. b.
Bierhefe	115	27	15	200	20

n. b. = nicht bestimmt

und Leistungsfähigkeit toleriert. Neben der Verstoffwechselung dieser Verbindungen erfolgt eine gewisse Speicherung im Fettgewebe der Tiere. Damit kann auch der Mensch diese Stoffe aufnehmen. Obwohl auf der Grundlage des bisherigen Erkenntnisstandes daraus keine unmittelbare Beeinträchtigung der menschlichen Gesundheit und Leistungsfähigkeit abgeleitet wird, sollte ein weitgehender Ausschluß dieser Stoffe angestrebt werden. Dies kann z. B. durch eine Extraktionsbehandlung der n-Alkan-Hefen geschehen, wodurch der Gehalt an Hefelipiden einschließlich der Kohlenwasserstoffe erheblich reduziert werden kann (Pokrowski 1972).

Die Nährstofffraktion der Kohlenhydrate ist bei Hefen sehr heterogen zusammengesetzt. In den Zellwänden sind polymere Kohlenhydrate, wie Mannan, Glucan und Chitin, enthalten, die zum Teil chemisch mit Lipiden und Proteinen verknüpft sind (Grimmecke und Reuter 1981). Die Struktur dieser Verbindungen läßt erwarten, daß sie durch die Verdauungsenzyme nur wenig angreifbar sind (Longe und Mitarb. 1982). Der Gehalt an leichtlöslichen und leichthydrolysierbaren Kohlenhydraten (Zucker und Stärke) beträgt für die verschiedenen Hefen zwischen 50 − 100 g/kg T (Heinz et al. 1979) und kommt aus den Zellinhaltsstoffen, wie dem Hefeglycogen und den Pentosen der Nukleinsäuren, bei Kohlenhydrathefen auch aus Substratresten. Diese Fraktion ist gut verdaulich.

Hefen sind seit langem als gute Quelle von B-Vitaminen (außer B_{12}) bekannt (Tabelle 214). Weiterhin kann durch UV-Bestrahlung das Ergosterol (nach Reiff 1962 etwa 0,5% in Hefen) in Vitamin D_2 umgewandelt werden. Auch die Vitamin-E-Gehalte sind bei einigen Hefen beachtlich (s. Tabelle 214).

Die Mineralstoffe von mikrobiellen Biomassen stammen vor allem aus den verwendeten C-Quellen (z. B. Melasse, Sulfitablauge, Molke) sowie aus den zugesetzten Nährsalzen und in geringerem Maße aus Metallabtrag der verschiedenen Apparaturen. Daher schwanken insgesamt die Rohaschegehalte (s. Tabelle 212) relativ stark. Sie sollten jedoch möglichst nicht über 100 g/kg T liegen. Im allgemeinen sind Hefen Ca-arm und P-reich (s. Tabelle 215). Wenn bei der Zellstoffkochung Ca-Bisulfit als

Tabelle 215. Mittlere Gehaltswerte an einigen Mineralstoffen (Heinz und Henk 1986)

	Mengenelemente (in g/kg T)				Spurenelemente (in mg/kg T)			
	Ca	P	K	Mg	Cu	Mn	Zn	Fe
Melassehefen	3,6	15,2	44	1,7	37	55	110	423
Sulfitablaugenhefen	13,5	14,0	40	3,0	10	173	113	352
n-Alkanhefen	1,4	12,9	10	2	40	135	377	297
Molkenhefe	14,6	11,9	n. b.	n. b.	n. b.	n. b.	n. b.	n. b.
Bierhefe	3,7	16,9	n. b.	3,3	35	87	109	542

n. b. = nicht bestimmt

Aufschlußmittel sowie Kalk zur pH-Wert-Einstellung der Sulfitablauge vor der Fermentation verwendet werden, dann sind relativ hohe Ca-Werte vorhanden. Bei Molkenhefe stammt das Ca aus der Spaltung des Casein-Kalk-Komplexes bei der Säuregewinnung. Der Phosphor der Hefen (Tabelle 215) ist für das Tier gut verfügbar. Auch die Gehaltswerte an den anderen Mengen- und Spurenelementen (s. Tabelle 215) sind, obwohl in den verschiedenen Herkünften schwankend, meist pflanzlichen und z. T. auch tierischen Futtermitteln überlegen. Die Gehaltswerte an toxischen Elementen (z. B. As, Cd, Hg, Pb) liegen weit unterhalb zulässiger Grenzwerte.

11.2.2. Proteinqualität, Verdaulichkeit und energetischer Futterwert

Durch N-Bilanz-Methoden können Eiweiße pflanzlicher (einschließlich mikrobieller) und tierischer Herkunft vorwiegend an Labortieren schnell und unkompliziert hinsichtlich der Proteinqualität überprüft werden. Die Biologische Eiweißwertigkeit (BW) von Hefen liegt in Versuchen an Albinoratten ohne Methioninergänzung im Mittel bei etwa 60% (Eiprotein = 100). Wird das Hefeprotein mit 3% DL-Methionin ergänzt, dann steigt die BW auf Werte um 90%, d. h., es wird fast die Qualität hochwertiger tierischer Proteine erreicht. Daraus kann geschlußfolgert werden, daß für praktische Rationen Hefe mit Futtermitteln kombiniert werden muß, die einen höheren Gehalt an Methionin bzw. auch Cystin besitzen (z. B. Getreide, tierische Eiweißfuttermittel, Extraktionsschrote aus Raps und Sonnenblumen) und damit das Hefeprotein ergänzen.

Die Verdaulichkeit der Rohnährstoffe und die daraus errechnete Energiekonzentration weisen zwischen den einzelnen Herkünften z. T. erhebliche Unterschiede auf, die substrat-, mikroorganismen- und verfahrensbedingt sind (Tabelle 216). Im allgemeinen haben n-Alkan-Hefen die günstigsten Verdaulichkeitswerte bei beiden Tierarten. Die Werte sind insbesondere für Rohprotein vergleichbar mit Sojaextraktionsschrot. Die Sulfitablaugenhefen sind meist schlechter verdaulich. Dies ist zurück-

Tabelle 216. Mittlere scheinbare Rohnährstoffverdaulichkeit und Energiekonzentration (Heinz und Henk 1986)

	Schweine				Hühner			
	XP %	XL[1]) %	XC %	EFs kg T	XP %	XL[1]) %	XC %	EFh/ kg T
Rohzucker-Melassehefe	88	72	86	668	83	81	40	540
Melasse-Schlempehefe	85	52	89	648	77	68	44	517
Melassesiruphefe	86	64	92	694	84	80	27	503
Sulfitablaugenhefe P	85	64	57	554	76	85	33	470
Sulfitablaugenhefe W	82	60	59	540	79	93	32	460
Sulfitablaugenhefe B	83	67	46	501	78	98	29	454
n-Alkanhefe (Fermosin)	93	74	80	690	85	72	55	611
n-Alkanhefe (Paprin)	92	79	76	724	88	90	30	646
Molkenhefe	89	88	74	681	86	94	32	573
Bierhefe, ungekocht	90	29	85	635	n. b.	n. b.	n. b.	n. b.
Bierhefe, gekocht	92	46	89	670	n. b.	n. b.	n. b.	n. b.

n. b. = nicht bestimmt,
[1]) HCl-Aufschluß

zuführen auf Sulfitablaugenrückstände, die mit der Hefe getrocknet werden. Als Hauptursache für die verringerte Verdaulichkeit von Sulfitablaugenhefen kommen lösliche Ligninverbindungen in Betracht, die einen Anteil von etwa 50% der organischen Substanz von Sulfitablauge einnehmen (Boda 1981). Die Hefen auf Melassebasis sowie Molken- und Bierhefe erreichen hinsichtlich ihrer Verdaulichkeit nicht ganz die recht hohen Werte der n-Alkan-Hefen.

Durch Kochen kann, wie schon Nehring und Schramm (1940) feststellten, die Verdaulichkeit von Bierhefe, leicht erhöht werden (s. Tabelle 216). Gleichzeitig wird damit eine Verbesserung der Haltbarkeit erreicht. Aus Energiegründen kann jedoch das Kochen meist nicht mehr durchgeführt werden. Die Annahme, daß die Verfütterung von ungekochter Bierhefe zu Verdauungsstörungen führt (Nehring und Schramm 1940), wird durch neuere Ergebnisse widerlegt, in denen von positiven diätetischen Effekten bei der Verfütterung frischer, ungekochter Bierhefe an Schweine berichtet wurde (Gedek 1984). Auch in eigenen Versuchen wurden Mengen von 4 bis 6 l je Mastschwein und Tag ohne Probleme toleriert.

Die auf der Grundlage des Rostocker Futterbewertungssystems errechneten Energiekonzentrationen (EK) liegen in den Größenordnungen anderer proteinreicher Konzentrate und sind allgemein als recht günstig für ein Eiweißfuttermittel einzuschätzen. Lediglich die Sulfitablaugenhefen besitzen eine vergleichsweise relativ niedrige EK, die der rohfaserreicherer Futtermittel wie Weizenkleie entspricht.

11.2.3. Einsatzempfehlungen

Auf Grund ihres hohen Lysingehaltes werden Hefen als Eiweißfuttermittel bei Schweinen, Geflügel, evtl. auch Kälbern eingesetzt, wobei die Zielstellung besteht, die Rationsanteile an Sojaextraktionsschrot und Fischmehl dafür zu reduzieren, ohne daß damit Leistungseinbußen verbunden sind. Bei der Rationsaufstellung ist neben Energie nach Lysin und Methionin plus Cystin zu bilanzieren. In Geflügelrationen, besonders für Broiler, begrenzt der niedrige Gehalt an Methionin plus Cystin den Futterhefeanteil auf 50 − 70 g/kg. Bei Ergänzung mit synthetischem DL-Methionin sind höhere Rationsanteile (100 − 150 g/kg) prinzipiell möglich. Dabei muß jedoch insbesondere in der Geflügelfütterung die Beschaffenheit der Futterhefen stärkere Beachtung finden. Sprühgetrocknete Produkte führen in solchen Rationen zu Schnabelverklebungen, verringerter Futteraufnahme, Futterverlusten, Staubbelastung und damit insgesamt zu verminderten Leistungen.

Bei Anwendung anderer Trocknungsverfahren wie Wirbelschichttrocknung, Walzentrocknung oder durch Nachbehandlung wie Pelletierung oder Einsprühen von Pflanzenöl kann die Staubbelastung wesentlich reduziert werden. Eine andere Möglichkeit ist die Pelletierung von Rationen mit Anteilen von >7% sprühgetrockneter Biomasse. Flüssige Hefen, wie Bier- und Molkenhefe, können prinzipiell als alleinige Eiweißfuttermittel in Rationen für Mastschweine eingesetzt werden, wenn der Trockensubstanzgehalt nicht zu niedrig ist (Roth-Maier 1979). Solche Produkte sind auf Grund ihres schnellen Verderbs in Abhängigkeit von den möglichen Lagerungstemperaturen meist nur 2−3 Tage, bei Sommerhitze noch weniger, lagerfähig. Eine Abtötung lebender Hefezellen und Konservierung bis zu mehreren Wochen ist bei Bierhefe durch einen Anteil von 1% Propionsäure möglich (Witting 1977). Ein Zusatz von 1% Viehsalz ermöglicht eine Lagerung bis zu einer Woche.

Getrocknete Futterhefen wirken besonders bei Ferkeln diätetisch günstig (Jung und Mitarb. 1982), da sie im Vergleich zu Fischmehl und Sojaextraktionsschrot weniger die Magensäure abpuffern. Dadurch kann die Vermehrung von Kolikeimen im Verdauungstrakt gebremst und damit das Auftreten von Durchfällen reduziert werden. Die Zellwandbestandteile von Hefen sowie die Nukleinsäuren können weiterhin zu einer gewissen Aktivierung der physiologisch günstig wirkenden Milchsäurebakterienflora beitragen. Dies ist besonders bei Verfütterung frischer, ungekochter Bierhefe der Fall, wenn die lebenden Hefezellen, die sich entgegen früherer Auffassung (Nehring und Schramm 1940) auf Grund der Einwirkung der Magensäure und der Verdauungsenzyme im Verdauungstrakt nicht mehr vermehren, in den Dickdarm gelangen (Gedek 1984).

11.3. Bakterien und Mikropilze

Bakterien und Mikropilze werden gegenwärtig in nur geringem Umfang großtechnisch für die Produktion eiweißreicher Biomasse kultiviert. Der Vorteil der Bakterien besteht besonders in ihrer noch höheren Generationsfolge gegenüber Hefen, dem jedoch einige technologische und ernährungsphysiologische Nachteile gegenüberstehen. Der Mikropilz *Paecilomyces variotii* (Pekilo) läßt sich im Vergleich zu Hefen auf Grund seiner Myzelbildung durch Filtration anstelle der energieaufwendigen Separation vom Substrat abtrennen. Nachteilig ist der niedrigere Lysingehalt.

Aus den Angaben zum Futterwert (Tabelle 217) wird deutlich, daß Bakterien zwar noch rohproteinreicher als z. B. n-Alkan-Hefen (s. Tabelle 212) sind, aber auch höhere Nukleinsäuregehaltswerte besitzen. Das sogenannte Pekilo-Protein hat gegenüber Hefen mit vergleichbarem XP-Gehalt ebenfalls höhere Nukleinsäure- und Chitingehalte. Alle Produkte haben im Vergleich zu Hefen niedrigere Lysin- und geringfügig höhere Gehalte an Methionin plus Cystin. In der Verdaulichkeit deutet sich eine gewisse Überlegenheit der auf Methanol kultivierten Bakterienbiomassen an. Diese Werte sind vergleichbar mit Hefen auf Melassebasis. Im Rahmen ausbilanzierter Rationen für Mastkälber, Schweine und Geflügel ist unter Beachtung der meist staubförmigen Beschaffenheit der Produkte eine vollständige bzw. teilweise Substitution von Milcheiweiß bzw. Fischmehl und Sojaextraktionsschrot nachgewiesen worden (Schulz 1975, Wolobjev 1979).

11.4. Algen

Algen gehören zu den einfachsten Pflanzen und sind durch die Photosynthese befähigt, aus CO_2 und Wasser bei Lichteinwirkung komplexe Kohlenstoffverbindungen zu synthetisieren. Mikroalgen können sowohl bei entsprechender Beleuchtung in geschlossenen Fermentorsystemen (Abb. 89) als auch in offenen Systemen unter Nutzung des natürlichen Lichtes kultiviert werden (Präve et al. 1982). Die Grünalgen *Chlorella* und *Scenedesmus* und die Blaualgen der Gattung *Spirulina* sind hinsichtlich ihres Nähr- und Futterwertes relativ gut charakterisiert. Großalgen wie Braun- und Rotalgen wachsen in den Meeren und werden z. T. in der Human- und Tierernährung eingesetzt (Kling und Wöhlbier 1983). Eine Nutzung von Algen für Fütterungszwecke ist unter europäischen Bedingungen in nennenswertem Umfang gegenwärtig nicht in Sicht.

Tabelle 217. Charakterisierung des Futterwertes von Bakterien und Mikropilzen (Heinz und Henk 1986, Hansen 1982, Brenne 1979, Schulz 1975)

Rohstoffbasis:	Erdgas	Methanol	Methanol	Methanol	Methanol	Methanol	Sulfitablauge
Land/Firma:	ehem. UdSSR	ehem. UdSSR	GB/ICI	BRD/Hoechst	ehem. DDR	ehem. DDR	Finnland
Bezeichnung:	Gaprin	Meprin[1]	Pruteen	Probion	MB 8[1]	MB 3[1]	Pekilo
XP (g/kg T)	750	690	750	780	680	760	500
Lysin (g/100 g XP)	4,9	5,1	5,9	6,0	5,3	5,5	5,6
Met + Cys (g/100 g XP)	3,0	2,6	2,9	2,5	3,0	2,4	2,6
Nukleinsäuren (g/100 g XP)	12	10–14	16–20	16	12	10–14	10–16
scheinbare Verdaulichkeit (%) beim Schwein							
OM	78	82	80	85	74	74	82
XP	84	91	90	86	88	88	78
scheinbare Verdaulichkeit (%) beim Huhn							
OM	73	n. b.	83	n. b.	72	n. b.	n. b.
XP	83	n. b.	85	n. b.	83	n. b.	n. b.

n. b. = nicht bestimmt,
[1]) Versuchsprodukte

Tabelle 218. Charakterisierung des Futterwertes von Trockenbioschlamm aus Abwässern (Boďa 1991, Melzer 1980, Tročina 1974, Gebhardt et al. 1981, Henk und Kesting 1984—1987)

Abwasserherkunft:	Großstadt	Faserplatten-produktion	Chemiewerk	Hefe-produktion	Schweinemastanlage a)	b)
Trockensubstanz (g/kg FM)	950	850—920	950	830	900—950	900—960
Rohasche (g/kg T)	350	100	95	260	150—300	80—180
Rohprotein (g/kg T)	360	300	700	370—660	400—600	500—690
Rohfett (g/kg T)	50	n. a.	68	10	n. a.	30—110
Rohfaser/Cellulose (g/kg T)	100	n. a.	21	60—270	n. a.	n. a.
Nukleinsäuren/Amide (g/kg T)	80—160	n. a.	80	n. a.	60—90	85—105
Lysin (g/100 g XP)	n. a.	n. a.	3,5	5,1	2,5—4,2	4,8—5,8
Met + Cys (g/100 g XP)	n. a.	n. a.	1,5[1]	n. a.	n. a.	2,5—3,3
XP-Verdaulichkeit (%)	50	55	88[2]	n. a.	53—63	63—65
Biologische Wertigkeit (%)	n. a.	n. a.	n. a.	n. a.	53—64	67—87
Vitamin B_{12} (µg/kg)	3—9	n. a.	n. a.	3,5—32	n. a.	n. a.

[1] nur Methionin,
[2] in vitro

Auf Grund ihres Rohproteingehaltes von 400 – 600 g/kg T sind *Chlorella-*, *Scenedesmus-* und *Spirulina*-Algen als Eiweißträger untersucht worden. Der Lysingehalt liegt meist nur zwischen 4 und 5 g/100 g XP. Die Verdaulichkeit der organischen Substanz und des Rohproteins wurde in Versuchen an Ratten und Schweinen für *Chlorella-* und *Scenedesmus*-Algen bei nur ca. 50 – 60% ermittelt, für *Spirulina* bei 70% (Kling und Wöhlbier 1983).

11.5. Bioschlamm

Diese auch als Aktiv-, Belebt- oder Überschußschlamm bezeichneten Produkte fallen bei der biologischen Reinigung von Abwässern aus Haushalten, Industrieanlagen, Tierproduktionsanlagen usw. an. Der Hauptanteil dieser Biomasse sind Bakterien, die sich bei der intensiven Belüftung der hochbelasteten, mechanisch vorgereinigten Abwässer stark vermehren. Da nur etwa 30% der im Abwasser enthaltenen Nährstoffe zu CO_2, H_2O und weiteren Endprodukten verstoffwechselt werden, muß der Überschuß an Biomasse laufend dem System entnommen werden (Melzer 1980). Neben der Möglichkeit, auf anaerobem Wege aus dem Schlamm Biogas zu gewinnen, wurde und wird versucht, diese Bakterienprodukte als Eiweiß-Vitamin-Quelle in der Fütterung einzusetzen.

Aus den Angaben zum Futterwert (Tabelle 218) geht hervor, daß im Rohprotein dieser Produkte recht hohe Anteile an NPN-Verbindungen vorhanden sein können. Der Lysingehalt im Rohprotein liegt z. T. noch unter den Werten der auf definierten C-Quellen kultivierten Bakterienbiomassen (s. Tabelle 217).

Die scheinbare Rohproteinverdaulichkeit an Laborratten liegt z. T. noch deutlich unter den Werten von Sulfitablaugenhefe, für die nach gleicher Methodik Mindestwerte von 67% ermittelt wurden (Heinz et al. 1988).

Die biologische Wertigkeit des Rohproteins kann nach Methioninergänzung Werte bis nahe 90% erreichen.

Die Ergebnisse von Fütterungsversuchen sind sehr widersprüchlich (Bod'a 1984, Kovalenko et al. 1980). Bei Rationen ohne hochwertige tierische Eiweißfuttermittel kann der meist recht hohe Vitamin-B_{12}-Gehalt von Bioschlamm die Leistung günstig beeinflussen.

Neben den ernährungsphysiologischen sind es vor allem hygienische und toxikologische Gründe, aus denen bisher die Verfütterung von Bioschlamm an Nutztiere nicht aus dem Versuchsstadium herausgekommen ist.

Die wichtigsten Ursachen sind:

– Es gibt keine definierbare, stabile Produktionskultur mit nachgewiesener Apathogenität.
– In Abhängigkeit vom Ausgangsstoff besteht die Gefahr der Kontamination des Bioschlamms mit toxikologisch bedenklichen Stoffen wie Phenolen, Kohlenwasserstoffen, Aminen, Nitraten, Arzneimittel- und Desinfektionsmittelrückständen sowie Schwermetallen (Bod'a 1984), wodurch die Gesundheit der Tiere gefährdet und die Unbedenklichkeit der tierischen Lebensmittel in Frage gestellt werden.
– Der Mineral-, insbesondere Spurenelementstatus der Tiere kann erheblich gestört werden (Grätsch und Trenner 1984).
– Die Nachbehandlung des Bioschlamms muß die Abtötung von Krankheitskeimen, Wurmeiern usw. gewährleisten.

Aus den genannten Gründen ist, auch in Übereinstimmung mit internationalen Empfehlungen (Anonym 1972, 1974), ein Einsatz von Biomasse aus der biologischen Abwasserreinigung in der Fütterung nur dann denkbar, wenn die Kultivierungsbedingungen besser definiert und die hygienisch-toxikologische Unbedenklichkeit erwiesen sind.

Literatur

Anonym: PAG Guideline (Nr. 6) for Preclinical Testing of Novel Sources of Protein (1972).
Anonym: PAG Guideline on Nutritional and Safety Aspects of Novel Protein Sources for Animal Feeding (1974).
Becker, M., und K. Nehring: Handbuch der Futtermittel, Verlag Paul Parey, Hamburg und Berlin 1967.
Bod'a, K.: Nichttraditionelle Futtermittel in der Fütterung der landwirtschaftlichen Nutztiere. Verlag Priroda Bratislava, 1981.
Brenne, T., B. Nafss and L. Farstad: Acta. Agric. Scand. **24**, 3 (1971).
Brenne, T.: Meldruger fra Norges landbrukshogskole **179** (1979).
Erbersdobler, M.: Protein Quality of a Bacterial SCP (Methylomonas) and of some SCP-Preparations. Aminosäuresymp. Serock. P1/3 (1981).
Gedek, Brigitte: Kraftfutter **67**, 210 (1981).
Gebhardt, G., Rosemarie Köhler, Th. Kreuter, G. Pauli und W. Sonnenkalb: Wiss. Konf. Humboldt-Universität. AdL Berlin 276, 1981.
Grätsch, U., und P. Trenner: Mengen- und Spurenelemente – Arbeitstagung Universität Leipzig 16 (1984).
Greife, H. A.: Übers. Tierernähr. **12**, 1 (1981).
Grimmecke, H.-D., und G. Reuter: Z. Allg. Mikrobiologie **21**, 95 (1981).
Hansen, J. T.: Z. Tierphysiol. Tierernähr. und Futtermittelk. **47**, 13 (1982).
Heinz, T., und G. Henk: unveröffentlichte Ergebnisse (1986).
Heinz, T., G. Henk, Sabine Kesting und Doris Thomaneck: Tierzucht **42**, 88 (1988).
Heinz, T., Ruthild Schadereit und G. Henk: Tierernähr. **29**, 81 (1979).
Henk, G., und Sabine Kesting: Versuchsberichte am Institut für Düngungsforschung 1981–1987, unveröffentlicht.
Jung, H., G. Bolduan, Brigitte Klenke, Elvira Schnabel und Christine Schubert: Tierzucht **36**, 83 (1982).
Kaemmerer, K.: Züchtungskunde **46**, 56 (1974).
Kling, M., und W. Wöhlbier: Handelsfuttermittel. 2. Aufl. Verlag Eugen Ulmer, Stuttgart 1983.
Kavalenko, N. A., A. P. Lapenko i G. N. Goloborodko: Vestn. selskochos. Nauki (Moskva) **4**, 135 (1980).
Longe, Grace., G. Norton and D. Lewis: J. Sci. Fd. Agric. **33**, 155 (1982).
Melzer, E.: Wissenschaft und Umwelt **2**, 78 (1980).
Nehring, K., und W. Schramm: Z. Tierernähr. u. Futtermittelk. **3**, 97 (1940).
Pokrowski, A. A.: Medizinisch-biologische Untersuchungen von Kohlenwasserstoffhefen (1961 bis 1970), Verlag Nauka, Moskau 1972.
Pokrowski, A. A., A. Laube, Irina Aksjuk, G. Henk, Tatjana Uschakowa und U. Herrmann: Chem. Techn. **30**, 368 (1978).
Präve, P., U. Faust, W. Sittig und D. A. Sukatsch: Handbuch der Biotechnologie, Akademische Verlagsgesellschaft, Wiesbaden 1982.
Reiff, F.: Die Hefen, Verlag Hans Carl. Nürnberg 1962.
Roth-Maier, Dora: Tierzüchter **31**, 3 (1979).
Schulz, E.: Übers. Tierernähr. **3**, 177 (1975).
Witting, R.: Landw. Forsch., Kongreßband. Sonderheft 34/I, 36 (1977).
Wolobjev, A. I., i A. A. Sokolov: Moločn. i Mjasnoe Skotovodstvo, Moskva, Heft **3**, 41 (1979).

12. Mischfuttermittel, Mineralfuttermittel und Zusatzstoffe

Mischfuttermittel sind eine notwendige Vorleistung für eine intensive und rentable Tierproduktion. So erfolgt die Fütterung von Schweinen und Geflügel in größeren Anlagen ausschließlich oder weitgehend auf der Basis von Mischfuttermitteln. Der Leistungsanstieg z. B. in der Geflügelwirtschaft in den letzten Jahrzehnten wäre ohne den Einsatz von Mischfutter nicht möglich gewesen. Mineralfuttermittel, zumeist vitaminisiert, und Zusatzstoffe sind nicht nur notwendige Komponenten des Mischfutters, sondern sie ergänzen betriebliche Futterrationen und Futtergemische im Sinne einer tierart- und bedarfsgerechten Versorgung mit allen Nährstoffen. Gegenwärtig beträgt die Jahresproduktion an Mischfutter in der EG $\approx$ 100 Mio t und davon in Deutschland $\approx$ 22 Mio t (Stand 1990, einschließlich neue Bundesländer). Von der Gesamtproduktion entfallen etwa 37% auf Mischfuttermittel für Rinder und Schafe 41% auf Schweinemischfutter, 21% auf Geflügelmischfutter sowie 1% auf Mischfuttermittel für Pferde und andere Tierarten (Tabelle 219, Abb. 93). Als wesentlichste

Tabelle 219. Mischfutterproduktion[1]) in der EG und in Deutschland (o. V. 1989, Jacobi und Lüdtke 1988)

Gebiet	Rinder und Schafe %	Schweine %	Geflügel %	Pferde %	Gesamt Mio t
EG					100
davon Deutschland gesamt (1990)	37	41	21	1	22

[1]) ohne betriebliche Futtergemische

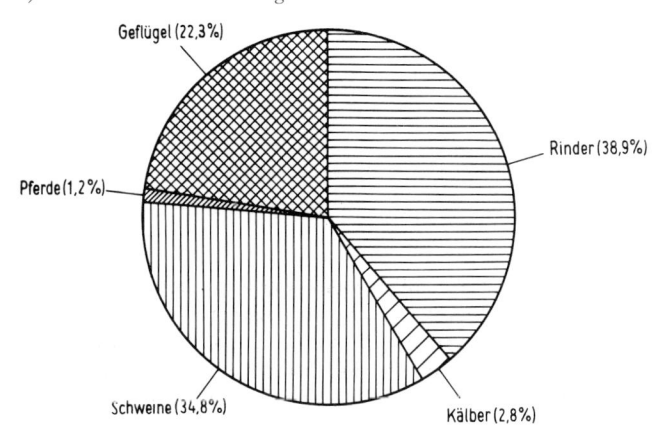

Abb. 93. Anteile der Mischfutterherstellung für verschiedene Tierarten (Bundesrepublik Deutschland 1989/90; nach ZMP, o. V. 1990).

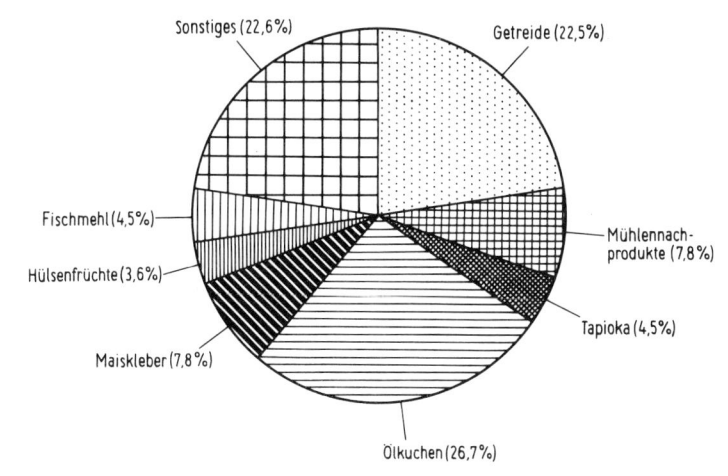

Abb. 94. Verarbeitung von Getreide und anderen Komponenten zu Mischfutter (Bundesrepublik Deutschland; nach ZMP, o. V. 1991).

Komponenten wurden 1990/91 Getreide (22%), Mühlennachprodukte (8%), Tapioka (4%) sowie Anteile an verschiedenen Eiweißfuttermitteln (43%) verarbeitet (Abb. 94).

12.1. Definitionen

Mischfuttermittel sind Mischungen aus lufttrockenen Einzelfuttermitteln (z. B. Getreide, Körnerleguminosen, Extraktionsschrote, tierische Eiweißfuttermittel, pflanzliche Nebenprodukte), Mineralfuttermitteln, Zusatzstoffen sowie Misch- und Preßhilfsstoffen.

Alleinfuttermittel sind Mischfuttermittel, die ohne Verwendung anderer Kraftfuttermittel den Nahrungsbedarf der Tiere decken.

Ergänzungsfuttermittel sind Mischfuttermittel, die neben anderen Kraftfuttermitteln eingesetzt werden, um den Nahrungsbedarf der Tiere zu decken.

Melassefuttermittel sind Ergänzungsfuttermittel, die unter Verwendung von Melasse hergestellt sind und > 14 v. H. Gesamtzucker (berechnet als Saccharose) enthalten.

Mineralfuttermittel sind Ergänzungsfuttermittel, die überwiegend aus mineralischen Einzelfuttermitteln zusammengesetzt sind, mindestens 40 v. H. Rohasche enthalten und vitaminisiert sein können.

Milchaustauschfuttermittel sind Mischfuttermittel, die unverändert oder mit Flüssigkeit zubereitet an Mastkälber oder, in Ergänzung bzw. als Ersatz der postkolostralen Muttermilch, an andere Jungtiere verfüttert werden.

Zusatzstoffe sind Stoffe, die Futtermitteln aus ernährungsphysiologischen, diätetischen oder technologischen Gründen sowie zur Beeinflussung der Futterbeschaffenheit, zur Erzielung bestimmter Eigenschaften bzw. Wirkungen (z. B. Aussehen, Geruch, Geschmack, Konsistenz, Haltbarkeit) oder zur Verhütung bestimmter, häufig auftretender Krankheiten von Tieren (z. B. Kokzidiose des Geflügels) zugesetzt werden.

Vormischungen sind Mischungen von einzelnen oder mehreren Zusatzstoffen mit Trägerstoffen, die für die Herstellung von Futtermitteln bestimmt sind.

12.2. Vorteile der Mischfuttermittel

Einzelfuttermittel sind in den meisten Fällen bei ihrer Verfütterung an landwirtschaftliche Nutztiere nicht in der Lage, gleichzeitig den Bedarf an Energie, Rohprotein (Aminosäuren), Mineralstoffen, Vitaminen und weiteren essentiellen Futterinhaltsstoffen zu decken. Es ergeben sich sowohl mehr oder weniger große Versorgungslücken als auch bedarfsüberschreitende Aufnahmen (Tabelle 220). Daraus resultiert, daß einerseits das genetische Leistungspotential der Tiere unzureichend ausgeschöpft wird, andererseits durch das unausgewogene Energie- und Nährstoffangebot keine optimale Verwertung des Futters (Umwandlung der Futterinhaltsstoffe in tierische Leistungen) möglich ist. Darüber hinaus resultiert daraus eine höhere Ausscheidung besonders von Stickstoff über den Harn, der zu einer erheblichen Belastung der Umwelt führt. Durch eine entsprechende Mischfuttermittelzusammensetzung, d. h. eine sachgemäße Kombination von Einzelfuttermitteln, Mineralstoff- und Wirkstoffmischungen, lassen sich die Ansprüche der Tiere an Energie und Nährstoffen wesentlich besser erfüllen. Diese Feststellung trifft sowohl für Alleinfutter- als auch für Ergänzungsfuttermittel zu (s. Abschnitt 12.5.).

Mit der Herstellung und dem Einsatz von Mischfuttermitteln sind vor allem folgende Vorteile verbunden:

— Neue Erkenntnisse der Ernährungsphysiologie und Futtermittelkunde können durch die Änderung der Qualitätsanforderungen für Mischfuttermittel und durch Berücksichtigung der Gehaltswerte der Komponenten in die Fütterungspraxis umgesetzt werden.
— Der Einsatz von Mischfutter ermöglicht eine effektive und rentable Versorgung der Tiere mit Nährstoffen entsprechend des Bedarfes.
— Im Gemisch treten ungünstige Eigenschaften von Einzelfuttermitteln zurück, die ansonsten bei alleiniger Verfütterung eine Gefahr für Leistung und Gesundheit der Tiere darstellen würden. Durch Fütterungsbeschränkungen nach dem Futtermittelrecht lassen sich solche „kritischen Futtermittel" in ihrer Einsatzhöhe begrenzen bzw. ihre Verwendung zwecks Verschneiden ist untersagt (o. V. 1992).
— Durch spezielle Technologien (Zerkleinern, Homogenisieren, Hitzebehandlung, Pressen, Extrudern u. a.) läßt sich nicht nur eine Qualitätsverbesserung einzelner Komponenten und der Mischung erreichen, sondern es ergeben sich weitere Vorteile, die u. a. den Transport, die Lagerung, die Futterdarbietung und -aufnahme sowie die Fütterungs- und Arbeitshygiene betreffen.
— Zur Sicherung einer gleichbleibenden Qualität erfolgt durch den Mischbetrieb und durch entsprechende Behörden eine ständige Qualitätskontrolle der verwendeten Komponenten und der produzierten Mischfuttermittel (s. Abschnitt 12.4.).

Die Herstellung von Mischfuttermitteln ist an bestimmte Voraussetzungen gebunden, die im landwirtschaftlichen Betrieb nicht immer gewährleistet sind. Sie umfassen die Lagerhaltung zahlreicher Einzelkomponenten, ihre Aufbereitung und Qualitätsermittlung, eine leistungsfähige Mischtechnik, die u. a. ein exaktes Vermischen von Mineralstoffen, Vitaminen und weiteren Futterzusätzen gewährleistet, und die Qualitätskontrolle der fertigen Mischungen. Deshalb erfolgt weltweit die Mischfutterproduktion in leistungsfähigen Spezialbetrieben.

12.3. Mischfutterherstellung

Tabelle 220. Bedarfsdeckung durch Gerstenschrot als Alleinfutter bei Mastschweinen

	Lebendmasse/Tier	
	30 – 70 kg	71 – 110 kg
Futteraufnahme in kg je Tier und Tag	2,15	2,95
Bedarfsdeckung in %:		
Energie	116	100
Verdauliches Rohprotein	87	90
Lysin	59	69
Methionin + Cystin	102	113
Calcium	50	74
Phosphor	119	212
Vitamin A	0	0
Vitamin D	0	0

12.3. Mischfutterherstellung

Das Grundprinzip der Mischfutterproduktion ist in Abb. 95 dargestellt. In Abhängigkeit vom Werkstyp gibt es unterschiedliche Varianten der Prozeßgestaltung (Autorenkollektiv 1981).

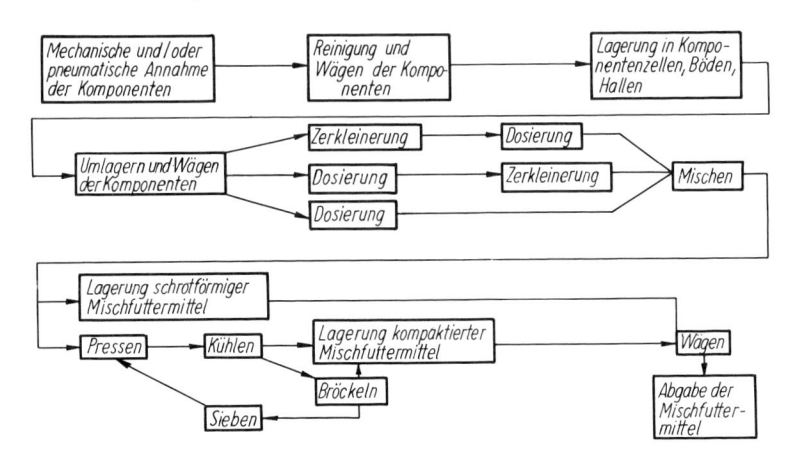

Abb. 95. Technologischer Ablauf der Mischfutterherstellung.

Annahme der Komponenten und Abgabe der Mischfuttermittel erfolgen vorrangig über stationäre, mechanische oder pneumatische Förderwege. Die Reinigung der Komponenten wird mit Vibrationssieben und Elektromagnetabscheidern vorgenommen. Körnerförmige und grobstrukturierte Komponenten werden bevorzugt in Hammermühlen, teilweise auch in Schlagkreuzmühlen und vereinzelt in Walzenstühlen gemahlen oder gequetscht. Die Dosierung geschieht hauptsächlich mit Behälterwaagen (Massedosierung). Der Mischprozeß erfolgt entweder nach dem Chargenprinzip (Füllen – Mischen – Entleeren) oder dem kontinuierlichen Verfahren (gleichmäßiger Durchlauf der Komponenten durch einen oder mehrere Mischer). Für das Pressen werden den Mischfuttermitteln Dampf und/oder Wasser sowie Preßhilfsmittel (z. B.

Melasse) zur besseren Konditionierung zugesetzt. Die Anforderungen an die Betriebe zur Herstellung oder Behandlung von Mischfutter, Vormischungen oder Zusatzstoffen sind futtermittelrechtlich geregelt (o. V. 1992, Weinreich et al. 1992).

12.4. Anforderungen an Mischfuttermittel und Qualitätskontrolle

Entsprechend dem geltenden Futtermittelrecht sind u. a. folgende Begrenzungen vorgegeben (Weinreich et al. 1992):

- Gehalt an Feuchtigkeit − darf in Mischfuttermitteln, ausgenommen Mischfuttermittel aus ganzen Körnern, Samen oder Früchten und Melassefuttermittel, höchstens betragen (bezogen auf Frischmasse):
  bei Mischfuttermitteln mit Anteilen von > 40 v. H. Trockenmilch-　7 v. H.
  erzeugnissen
  bei Mineralfuttermitteln mit organischen Bestandteilen　10 v. H.
  bei Mineralfuttermitteln ohne organische Bestandteile　5 v. H.
  bei sonstigen Mischfuttermitteln　14 v. H.
- Gehalt an salzsäureunlöslicher Asche, bezogen auf Trockensubstanz, darf nicht überschreiten:
  a) bei Mischfuttermitteln, die überwiegend aus Reisnebenerzeugnissen oder
  b) aus Schnitzelerzeugnissen der Zuckerrübe bestehen oder Preßhilfsmittel mineralischen Ursprungs enthalten sowie
  c) bei Mineralfuttermitteln　3,3 v. H.
     (b und c gelten nicht, wenn der Gehalt an salzsäureunlöslicher Asche angegeben ist)
  d) bei sonstigen Mischfuttermitteln　2,2 v. H.
- Milchaustausch-Alleinfuttermittel für Kälber bis 70 kg Körpergewicht müssen mindestens 30 mg Eisen je kg Frischmasse (88 v. H. T) enthalten.
- Mischfuttermittel für Nutztiere dürfen nur zugelassene Einzelfuttermittel enthalten (Ausnahmegenehmigungen sind möglich); mineralische Einzelfuttermittel, die nicht der Zulassung unterliegen, dürfen nur dann enthalten sein, wenn sie der futtermittelrechtlichen Beschreibung (o. V. 1992) entsprechen.

Verpackung, Kennzeichnung, Bezeichnung, Angaben über Inhaltsstoffe und Zusammensetzung von Mischfutter, zusätzliche Angaben und Toleranzen sind ebenfalls futtermittelrechtlich vorgeschrieben (o. V. 1992, Weinreich et al. 1992).

Neben der Qualitätskontrolle der verwendeten Rohstoffe für die Mischfutterherstellung zum Zweck der Komponentenauswahl und der Rezepturanpassung sowie der Kontrolle von Stichproben aus dem laufenden Produktionsprozeß zur Sicherstellung der betrieblich vorgegebenen Parameter durch den Mischfutterbetrieb sind Maßnahmen zur Futtermittelüberwachung durch das Bundesministerium für Ernährung, Landwirtschaft und Forsten fixiert. Darin sind u. a. Probenahmeverfahren und Analysemethoden für die amtlichen Untersuchungen von Futtermitteln, Zusatzstoffen und Vormischungen vorgeschrieben. Durch die zuständige Behörde werden die Mischfutterhersteller besichtigt und begutachtet sowie Proben aus der laufenden Produktion entnommen, die in Landwirtschaftlichen Untersuchungs- und Forschungsanstalten (LUFA) auf die Einhaltung zertifizierter oder futtermittelrechtlich vorgeschriebener Qualitätsparameter untersucht werden. In periodischer Folge wird die Eigenschaft der

Mischfuttermittel hinsichtlich der Erzielung tierischer Leistungen und Produktqualität durch vergleichende Prüfung von Teilchargen ähnlicher Mischfuttertypen verschiedener Hersteller in beauftragten Einrichtungen (LUFA) tierexperimentell geprüft. Die veröffentlichten Ergebnisse dienen der Futtermittelüberwachung und zur Information bzw. Beratung der Mischfutterabnehmer.

12.5. Mischfuttermittel-Normtypen und Einsatzrichtlinien

In Deutschland wurde die Typenliste mit der 10. Änderungsverordnung zur Futtermittelverordnung (FMV) im Jahre 1992 neu gefaßt und enthält 69 Mischfuttertypen (Allein-, Ergänzungs- und Mineralfutter). Für die Mischfuttertypen sind im Futtermittelrecht (o. V. 1992), bezogen auf 88% Trockensubstanz, Grenzwerte für bestimmte Inhaltsstoffe vorgegeben. Sofern diese Grenzwerte nicht qualitätsmindernd über- oder unterschritten werden, dürfen Mischfuttermittel die zusätzliche Bezeichnung „**Normtyp**" tragen.

Mischfuttermittel werden nach verschiedenen Aspekten eingeteilt und bezeichnet:

1. Verwendungszweck: Milchaustauschfuttermittel (als Alleinfuttermittel), Alleinfuttermittel, Ergänzungsfuttermittel (zu verschiedenem Grundfutter), Mineralfuttermittel.
2. Leistungs- und Alterskategorie: z. B. Starter, Aufzucht mit Altersklassen, Zucht, Mast mit Gewichtsklassen, Milchvieh, Lege-/Zuchtgeflügel.
3. Tierart: Nutztiere: Rinder, Schweine, Schafe, Ziegen, Pferde, Kaninchen, Gänse, Enten, Hühner, Truthühner, Karpfen, Forellen sowie durch Rechtsverordnung diesen Tieren gleichgestellte Arten.

Unter **Alleinfuttermitteln** sind Mischungen zu verstehen, welche die für eine bedarfsgerechte Versorgung notwendigen Gehalte an Energie, Protein (Aminosäuren), Mineralstoffen und Vitaminen aufweisen und mit verschiedenen ergotropen Substanzen zum Zwecke der Leistungssteigerung, der Futterqualitätserhaltung und der Krankheitsprophylaxe ergänzt sein können. Sie kommen in der Regel ohne Zufütterung weiterer Futtermittel zum Einsatz. Alleinfuttermittel ermöglichen den höchsten Grad der Vereinfachung in der Futterdarbietung.

Ergänzungsfuttermittel dienen zur Aufwertung und Komplettierung betrieblicher Futtermittel (z. B. Grundfutter, Getreide, Wurzeln und Knollen, Eiweißfuttermittel) mit Energie, Nähr- und Mineralstoffen, Vitaminen und anderen Zusatzstoffen. Durch diese Kombination soll eine annähernd vollwertige Ernährung der Tiere gewährleistet werden. Mischfuttermittel dieser Kategorie werden vor allem in der Rinder-, Pferde- und Schweinefütterung eingesetzt. Auch mit der Fütterung von vitaminisierten Mineralfuttermitteln wird das Ziel verfolgt, unzureichende Gehalte in den Rationskomponenten aufzubessern, d. h. eine bedarfsorientierte Versorgung mit Mengen- und Spurenelementen sowie Vitaminen zu gewährleisten.

Vormischungen gelten nicht als Mischfuttermittel im futtermittelrechtlichen Sinn. Sie werden zur gewerbsmäßigen Abgabe von „anerkannten Vormischbetrieben" oder von „anerkannten Mischfutterherstellern" für die innerbetriebliche Verwendung zwecks Einbringen von Zusatzstoffen (s. Abschnitt 12.6.) in Mischfuttermittel hergestellt.

12.5.1. Mischfuttermittel für Rinder

Das Sortiment an Normtypen für Rinder umfaßt drei Milchaustauschfuttermittel für Aufzucht- bzw. Mastkälber als Alleinfuttermittel, drei Ergänzungsfuttermittel für Aufzucht- bzw. Mastkälber, vier Milchleistungsfutter als Ergänzungsfutter für Kühe, zwei Rindermastfutter als Ergänzungsfuttermittel sowie ein mineralstoffreiches Ergänzungsfuttermittel und zwei Mineralfuttermittel (Tabelle 221). Die aufgeführten Milchaustauschfuttermittel für Kälber sind für eine milchfreie Aufzucht konzipiert. Das darin enthaltene Fett muß, soweit es sich um Mischfuttermittel des Normtyps handelt, folgenden Anforderungen entsprechen:

Anisidinzahl	max. 25
Fließschmelzpunkt	max. 40 °C
Octadecadiensäuren	max. 12 v. H. der Gesamtfettsäuren.

Die Milchaustauschfuttermittel I und II (Normtypen 1.4, 1.5) sind Alleinfuttermittel für Mastkälber bis bzw. ab etwa 80 kg Körpergewicht, während für Mastkälber mit Magermilchfütterung ein energiereiches Ergänzungsfuttermittel (Normtyp 1.6) zum Einsatz gelangen kann. Der Einsatz der Ergänzungsfuttermittel für Aufzuchtkälber ist entweder zu Magermilch (Normtyp 1.2) in täglichen Gaben bis 200 g je Tier oder zur Ergänzung der Ration (Normtyp 1.3) mit täglichen Gaben bis 2 kg je Tier vorgesehen. Die Normtypen der Ergänzungsfuttermittel für Milchkühe und Mastrinder sind für verschiedene Rationstypen vorgesehen. So sollte das Milchleistungsfutter III (Normtyp 1.9) im Verhältnis von etwa 1:1 mit Getreide, Trockenschnitzeln oder anderen energiereichen Einzelfuttermitteln verfüttert werden, das Milchleistungsfutter IV, da es eiweißreicher ist, dagegen im Verhältnis von etwa 1:2 mit den genannten Futtermitteln. Das Eiweißkonzentrat für Mastrinder (Normtyp 1.16) ist je nach Grundfuttertyp mit Getreide oder anderen energiereichen Einzelfuttermitteln im Verhältnis 1:1 zu verfüttern.

Zur zusätzlichen Mineralstoffversorgung stehen die Normtypen 1.13 bis 1.15 als Rahmen zur Verfügung. Das „Mineralstoffreiche Ergänzungsfuttermittel für Rinder" enthält neben mineralischen Komponenten auch organische Bestandteile (z. B. Getreide, Eiweißfuttermittel), als tägliche Gabe werden 400 bis 1000 g je Großvieheinheit empfohlen. Die Mineralfuttermittel I bzw. II sind in täglichen Mengen von 100 bis 200 g je Großvieheinheit zu calciumreichem bzw. -armem Grundfutter einzusetzen.

12.5.2. Mischfuttermittel für Schweine

Die derzeitigen Normtypen sind in Tabelle 222 zusammengefaßt. Das Sortiment umfaßt 15 verschiedene Mischfuttermittel sowie zwei Mineralfuttermittel für die Fütterung von Zuchtsauen, Zuchtebern, Ferkeln und Mastschweinen.

Die Mischfuttermittel, außer für Saugferkel, können trocken, feuchtkrümelig oder pumpfähig je nach Normtyp als Alleinfutter oder in Ergänzung betrieblicher Futtermittel (Grünfutter, Grünfutterkonservaten, Strohpellets, Hackfrüchte und andere) verfüttert werden.

Das Ferkelaufzuchtfutter I (Normtyp 2.2; Tabelle 222) ist als Alleinfutter vorzugsweise an frühabgesetzte Ferkel bis etwa 20 kg Lebendgewicht, das Ferkelaufzuchtfutter II bis etwa 35 kg Lebendgewicht zu verfüttern. Die Normtypen für Mastschweine sind für die Gewichtsgruppen bis 50 kg (Alleinfutter I, Normtyp 2.4), ab 50 kg (Alleinfutter II, Normtyp 2.5) und ab etwa 35 kg (Alleinfutter, Normtyp 2.5) vorgesehen.

12.5. Mischfuttermittel-Normtypen und Einsatzrichtlinien

Das Alleinfutter für tragende Sauen (Normtyp 2.7) können auch Jungsauen, die für die Bedeckung aufgestallt werden, erhalten. Die Ergänzungsfuttermittel für Saugferkel (Normtypen 2.9 und 2.10) sind für den Einsatz als Beifutter neben Sauenmilch bzw. zur zusätzlichen Eisenversorgung (Normtyp 2.10) bestimmt. Zur Verminderung der N- und P-Ausscheidung von Mastschweinen stehen 4 spezielle Normtypen zur Verfügung.

Zur gemeinsamen Verfütterung mit betrieblichen Futtermitteln kommen je nach Rationsgestaltung die verschiedenen Normtypen (Ergänzungsfuttermittel) für Mast- und Zuchtschweine in Frage:

Normtyp	Bezeichnung	v. H. der Tagesration
2.11	Ergänzungsfuttermittel I, Mastschweine	bis 50
2.12	Ergänzungsfuttermittel II, Mastschweine	bis 35
2.13	Ergänzungsfuttermittel, Zuchtschweine	bis 50
2.14	Eiweißreiches Ergänzungsfuttermittel für Schweine	bis 25
2.15	Eiweißkonzentrat für Schweine	bis 20

Die im Futtermittelrecht ausgewiesenen Mineralfuttermittel für Schweine (Normtyp 2.16: ohne Lysin, Normtyp 2.17: lysinhaltig) sind in täglichen Gaben bis 3 v. H. der Tagesration zu verfüttern.

12.5.3. Mischfuttermittel für Schafe, Ziegen und Pferde

Das Sortiment umfaßt ein Milchaustauschfuttermittel für Schaflämmer als Alleinfuttermittel (Grenzwerte des enthaltenen Fettes s. Abschnitt 12.5.1.), ein Alleinfutter für Mastlämmer, ein Ergänzungsfuttermittel für Zuchtschafe, drei Ergänzungsfuttermittel für Fohlen, ausgewachsene Pferde bzw. hochtragende und laktierende Stuten sowie drei Mineralfuttermittel für Schafe, Ziegen bzw. Pferde (Tabelle 223).

Die aufgeführten Mineralfuttermittel des Normtyps sind in täglichen Mengen von 15 bis 30 g je Schaf oder Ziege bzw. bis 200 g je Pferd zu verfüttern.

12.5.4. Mischfuttermittel für Geflügel und andere Tierarten

Im Futtermittelrecht sind für diese Gruppe derzeit als Normtypen 19 Mischfuttermittel für Enten, Hühnergeflügel und Puten, ein Mineralfuttermittel für Legehennen, ein Alleinfutter für Forellen sowie ein Ergänzungsfuttermittel (flüssig) für mehrere Tierarten (s. Abschnitt 12.5.5.) aufgeführt. Die Mehrheit der Mischfuttermittel für Geflügel sind als Alleinfuttermittel konzipiert. Lediglich für Jung- und Legehennen werden Ergänzungsfuttermittel zum gemeinsamen Einsatz mit Getreide vorgesehen (Normtypen 7.9 bis 7.11; Tabelle 224).

Die Alleinfuttermittel für Geflügel sind für verschiedene Altersgruppen und Nutzungsrichtungen ausgewiesen. So wird das Alleinfuttermittel für Hühnerküken in den ersten Lebenswochen (Normtyp 7.1) als Starterfutter für Küken der Lege- oder Zuchtrichtung empfohlen. Auch für Legehennen ab 10. Legemonat besteht zur Anpassung der Fütterung an die zurückgehende Legeleistung ein gesonderter Normtyp (7.7), der nur für Bestände mit weniger als 70 v. H. Legeleistung vorgesehen ist.

Tabelle 221. Mischfuttermittel-Normtypen für Rinder (Angaben bezogen auf Frischmasse, 88% T)

Nr. lt. Typenliste	Bezeichnung	Ausgewählte Inhaltsstoffe/Zusatzstoffe							
		XP % min.	Lys % min.	XL % von–bis	XF % max.	Ca % min.	Fe mg[1] min.	Vit. A IE[1] min.	Vit. D IE[1] min.
1.1	Milchaustauschfuttermittel Aufzuchtkälber (Alleinfuttermittel)	20	1,45	13–25	3	0,9	60	12000	1500
1.2	Ergänzungsfuttermittel zu Magermilch, Aufzuchtkälber						120	80000	10000
1.3	Ergänzungsfuttermittel Aufzuchtkälber	18			10			8000	1000
1.4	Milchaustauschfuttermittel I Mastkälber (Alleinfuttermittel)	22	1,75	12–30	1,5	0,9	40	10000	1250
1.5	Milchaustauschfuttermittel II Mastkälber ab 80 kg (Alleinfuttermittel)	17	1,25	15–30	2	0,9		8000	1000
1.6	Energiereiches Ergänzungsfuttermittel zu Magermilch Mastkälber			30–60	3			20000	2500
1.7	Milchleistungsfutter I (Ergänzungsfuttermittel Milchkühe)	max. 15		max. 5		0,65–0,9			
1.8	Milchleistungsfutter II (Ergänzungsfuttermittel Milchkühe)	16–21		max. 5		0,65–0,9			
1.9	Milchleistungsfutter III (Ergänzungsfuttermittel Milchkühe)	21–25		max. 8		1,3			
1.10	Milchleistungsfutter IV (Eiweißreiches Ergänzungsfuttermittel, Milchkühe)	28–32		max. 8		1,9			
1.11	Rindermastfutter I (Ergänzungsfuttermittel Mastrinder)	13–16		max. 8		0,6–1,0			
1.12	Rindermastfutter II (Eiweißreiches Ergänzungsfuttermittel, Mastrinder)	20–30		max. 10		1,5–2,4			

12.5. Mischfuttermittel-Normtypen und Einsatzrichtlinien

		XP	XL	Ca %	P %	Mg % min.	Na % min.	Co mg[1] min.	Cu mg[1] min.	Zn mg[1] min.
1.13	Mineralstoffreiches Ergänzungsfuttermittel, Rinder			2 – 6	1,2 – 4	0,4	1,5	5	150	600
1.14	Mineralfuttermittel I Rinder			max. 11	8 – 13	2	5	10	700	3000
1.15	Mineralfuttermittel II Rinder			min. 14	4 – 8	2	8	10	700	3000
1.16	Eiweißkonzentrat Mastrinder	36	10	min. 3	min. 1,8					

[1]) je kg
Für Normtypen ohne Angaben bei einzelnen Inhaltsstoffen sind keine Vorschriften erlassen.

Tabelle 222. Mischfuttermittel-Normtypen für Schweine (Angaben bezogen auf Frischmasse, 88% T)

Nr. lt. Typen-liste	Bezeichnung	Ausgewählte Inhaltsstoffe/Zusatzstoffe								
		ME[2] MJ min.	XP % min.	Lys % min.	XL % max.	XF % max.	Ca % min.	Fe[2] mg min.	Vit. A[2] IE min.	Vit. D[2] IE min.
2.1	Milchaustauschfuttermittel, Ferkel (Alleinfutter)		24	1,5	min. 4	1,5	1	100	8000	1000
2.2	Ferkelaufzuchtfutter I (Alleinfuttermittel) bis ≈20 kg	12,5	18,5	1,1	7	6	0,85	100	8000	1000
2.3	Ferkelaufzuchtfutter II (Alleinfuttermittel) bis ≈35 kg	12,5	17,5	1,0	7	6	0,8	100	8000	1000
2.4	Alleinfuttermittel I Mastschweine bis ≈50 kg	12,5	17	0,9	8	6	0,75		4000	500
2.4a	Alleinfuttermittel I Mastschweine bis ≈50 kg zur Verminderung der N- und P-Ausscheidungen[1]	12,5	17	0,9	8	6	0,75	—	4000	500
2.5	Alleinfuttermittel II Mastschweine ab ≈50 kg	12,5	14	0,75	10	7	0,65			
2.5a	Alleinfuttermittel II Mastschweine bis ≈50 kg zur Verminderung der N- und P-Ausscheidungen[1]	12,5	15	0,75	10	7	0,65	—		
2.6	Alleinfuttermittel Mastschweine ab ≈35 kg	12,5	15,5	0,85	9	6	0,7	—	4000	500
2.6a	Alleinfuttermittel Mastschweine 35−70 kg zur Verminderung der N- und P-Ausscheidungen[1]	12,5	15,5	0,85	9	6	0,7	—	4000	500
2.6b	Alleinfuttermittel Mastschweine ab ≈75 kg zur Verminderung der N- und P-Ausscheidungen[1]	12,5	13	0,7	10	7	0,65	—		

12.5. Mischfuttermittel-Normtypen und Einsatzrichtlinien

			Ca % min.	P % min.	Na % min.	Cu mg[2] min.	Zn mg[2] min.	Vit. A IE[2] min.	Vit. D IE[2] min.
2.7	Alleinfuttermittel tragende Sauen		11,5	0,5		0,7		4000	500
2.8	Alleinfuttermittel säugende Sauen	13	16	0,8	8	0,8		5000	625
2.8a	Alleinfuttermittel für säugende Jungsauen	13	17,5	0,85	8	0,9	–	5000	625
2.9	Ergänzungsfuttermittel Saugferkel	13	22	1,4	6	0,8	100	8000	1000
2.10	Ergänzungsfuttermittel zur Eisenversorgung für Ferkel in den ersten Lebenswochen				2		(6 g)[3]		
2.11	Ergänzungsfuttermittel I Mastschweine		24–27	1,45	12	7	2,1	8000	1000
2.12	Ergänzungsfuttermittel II Mastschweine		28–33	1,75	12	8	2,4	12000	1500
2.13	Ergänzungsmittel Zuchtschweine		22	1,2	12	8	1,6	10000	1250
2.14	Eiweißreiches Ergänzungsfuttermittel Schweine		36	2,3			3,1	16000	2000
2.15	Eiweißkonzentrat Schweine (Ergänzungsfuttermittel)		44	2,85			4,2	20000	2500
2.16	Mineralfuttermittel Schweine		20	4	5	700	2000	150000	18750
2.17	Lysinhaltiges Mineralfutter, Schweine[4]		18	4	5	500	1500	100000	12500

[1]) Zusätzliche Angabe von Mindestgehalt an Methionin und Cystin, P-Gehalt nach oben begrenzt
[2]) je kg
[3]) in Quelle Weinreich et al. 1992 keine Angabe für Mengeneinheit (g).
Für Normtypen ohne Angaben bei einzelnen Inhaltsstoffen sind keine Vorschriften erlassen.
[4]) ohne Vorschriften für Lysingehalt

Tabelle 223. Mischfuttermittel-Normtypen für Schafe, Ziegen und Pferde (Angaben bezogen auf Frischmasse, 88% T)

Nr. lt. Typenliste	Bezeichnung	Ausgewählte Inhaltsstoffe/Zusatzstoffe							
		XP % min.	Lys % min.	XL %	XF % max.	Ca % min.	P % min.	Vit. A[1] IE min.	Vit. D[1] IE min.
3.1	Milchaustauschfuttermittel Schaflämmer (Alleinfutter)	20	1,5	15–30	1	0,9	0,6	10000	1250
3.2	Alleinfuttermittel Mastschaflämmer	16			8	1	0,5	10000	1250
3.3	Ergänzungsfuttermittel Zuchtschafe	15			14	1	0,5		
5.1	Ergänzungsfuttermittel Fohlen (Fohlenstarterfuttermittel)	15			10	1,2	max. 1	20000	2500
5.2	Ergänzungsfuttermittel Pferde					0,6	max. 0,6	15000	1500
5.3	Ergänzungsfuttermittel hochtragende und laktierende Stuten	15				0,8	max. 0,6	16000	2000
		Ca %	P %	Mg % min.	Na % min.	Co[1] mg min.	Zn[1] mg min.	Vit. A[1] IE min.	Vit. D[1] IE min.
3.4	Mineralfuttermittel Schafe	10–20	4–10	2	8	10	3000		
4.1	Mineralfuttermittel Ziegen	10–20	4–10	2	8	10	3000		
5.4	Mineralfuttermittel Pferde	min. 12	4–8		6			300000	37500

[1]) je kg
Für Normtypen ohne Angaben bei einzelnen Inhaltsstoffen sind keine Vorschriften erlassen.

Für Broiler sind zwei Normtypen aufgenommen, wobei das Alleinfutter I (7.8) als Starter- und das Alleinfutter II (7.9) als Mastfutter ab 5. Lebenswoche gelten kann.

Das Ergänzungsfuttermittel für Legehennen (Normtyp 7.10) ist mit Getreide im Verhältnis 2:1 zu verfüttern. Das Ergänzungsfuttermittel für Legehennen enthält dabei mehr als 4.5 v. H. Calcium, anderenfalls ist der Zusatz „Zusätzlich Muschelschalen verfüttern" auf dem Zertifikat angegeben. „Eiweißreiches Ergänzungsfuttermittel für Legehennen" (Normtyp 7.11) ist dagegen für einen gemeinsamen Einsatz mit Getreide im Verhältnis 1:2 vorgesehen. Für das aufgeführte Mineralfuttermittel für Legehennen (Normtyp 7.12) werden Gaben bis 2 v. H. der Tagesration zur Ergänzung betrieblicher Rationen empfohlen.

12.5.5. Mineralfuttermittel, Ergänzungsfutter (flüssig)

Im geltenden Futtermittelrecht sind die Normtypen von acht Mineralfuttermitteln für Rinder, Schweine, Schafe, Ziegen, Pferde und Geflügel sowie ein mineralstoffreiches Ergänzungsfuttermittel für Rinder aufgeführt. Besonderheiten und Einsatzempfehlungen sind den entsprechenden Abschnitten für die jeweiligen Tierarten zu entnehmen (s. auch Tabellen 221–224). Darüber hinaus ist der Normtyp eines vitaminreichen Ergänzungsfutters, flüssig, für Rinder, Schweine und Hühner aufgenommen. Das Ergänzungsfuttermittel, flüssig, ist zur kurzfristigen zusätzlichen Vitaminversorgung bei erhöhten Leistungsanforderungen oder zur Unterstützung der Therapie bei Krankheiten vorgesehen.

Als tägliche Höchstmengen werden empfohlen:

je 100 Küken	10 ml
je 100 Junghennen	15 ml
je 100 Legehennen	25 ml
je 10 Ferkel	20 ml
je 1 Zuchtsau	10 ml
je 1 Kalb	10 ml.

12.6. Zusatzstoffe

Die Zulassung, Verwendung, Abgabe, Kennzeichnung und Fütterungsbeschränkungen von Zusatzstoffen sind in der Futtermittelverordnung umfassend neu geregelt (o. V. 1992). Die Liste der zugelassenen Zusatzstoffe (Tabelle 225) umfaßt 12 Hauptgruppen und enthält die EWG-Nummer, Bezeichnung, chemische Bezeichnung und Beschreibung, Verwendungszweck für die Tierart oder Tierkategorie, Mindest- und Höchstgehalte, „Wartezeiten", Verwendungsbeschränkungen und Gebrauchsanweisungen der Zusatzstoffe sowie das Höchstalter der damit gefütterten Tiere. Im geltenden Futtermittelrecht (o. V. 1992) sind z. Z. einige Stoffgruppen nicht aufgenommen, wie z. B. Proteinschutzstoffe, Probiotika, Säuren, Pansenpuffer, Enzyme, Anabolika und Tranquillantien (NPN-Verbindungen und synthetische Aminosäuren werden in der Futtermittelverordnung als Einzelfuttermittel geführt). Nachfolgend wird deshalb auch auf diese Zusatzstoffgruppen kurz eingegangen.

Tabelle 224. Mischfuttermittel-Normtypen für Geflügel und andere Tierarten (Angaben bezogen auf Frischmasse, 88% T)

Nr. lt. Typenliste	Bezeichnung	Ausgewählte Inhaltsstoffe/Zusatzstoffe								
		ME[1] MJ min.	XP % min.	Met % min.	Ca %	P % min.	Na %	Mn[1] mg min.	Vit. A[1] IE min.	Vit. D$_3$[1] IE min.
6.1	Alleinfuttermittel Entenküken	11	17	0,35	0,8–1,6	0,6	0,12–0,25	50	4000	500
6.2	Alleinfuttermittel Moschusentenküken	11,5	19	0,38	0,85–1,6	0,6	0,12–0,25	50	6000	750
6.3	Alleinfuttermittel Mastenten	11,5	15	0,3	0,75–1,5	0,55	0,1–0,25	50	3200	400
6.4	Alleinfuttermittel I Mastmoschusenten	11,5	15	0,3	0,75–1,5	0,55	0,1–0,25	50	3200	400
6.5	Alleinfuttermittel II Mastmoschusenten ab 42. Lebenstag	11,5	13	0,25	0,65–1,4	0,5	0,1–0,25	50	3200	400
7.1	Alleinfuttermittel Hühnerküken, erste Lebenswochen	11,5	22	0,45	0,9–1,3	0,6	0,1–0,25	50	6000	750
7.2	Alleinfuttermittel Hühnerküken	10,5	17	0,35	0,7–1,2	0,6	0,1–0,25	50	4000	500
7.3	Alleinfuttermittel I Junghennen ab 7. Lebenswoche	10	15		0,6–1,2	0,5	0,1–0,25	50	4000	500
7.4	Alleinfuttermittel II Junghennen ab 13. Lebenswoche	10	12	0,28	0,5–1,2	0,45	0,1–0,25	50	3200	400
7.5	Alleinfuttermittel I Legehennen, energiearm	10	14,5–16,5	0,28	3–4	0,45–0,6	0,12–0,25	40	6000	750
7.6	Alleinfuttermittel I Legehennen	10	15,5–17,5	0,32	3,2–4	0,48–0,56	0,12–0,25	40	6000	750
7.7	Alleinfuttermittel II Legehennen ab ≈ 10. Legemonat	10	15–17	0,28	3,7–4,5	0,45–0,6	0,12–0,25	40	6000	750
7.8	Alleinfuttermittel I Masthühnerküken (Broiler)	12,5	22	0,45	0,8–1,2	0,6	0,12–0,25	50	6000	750

12.6. Zusatzstoffe

Nr.		P min. %	XP %	Lys %	XF %	Na %				
7.9	Ergänzungsfuttermittel II Masthühnerküken (Broiler) ab 5. Lebenswoche	12	18	0,36		0,55	0,12–0,25	50	6000	750
7.10	Ergänzungsfuttermittel Legehennen (Legemehl)		18	0,35	2–6	0,6–0,8	0,18–0,4	60	9000	1125
7.11	Eiweißreiches Ergänzungsfuttermittel, Legehennen		27	0,54	8,5–12	0,65–1,25	0,3–0,7	120	18000	2250
8.1	Alleinfuttermittel Truthühnerküken	11	25	0,5	1,2–2	0,75	0,12–0,25	70	10000	1250
8.2	Alleinfuttermittel Mastruthühner	11,5	20	(2)[2]	1,0–1,8	0,65	0,12–0,25	50	8000	1000
8.3	Alleinfuttermittel II Mastruthühner ab 14. Lebenswoche	11,5	14		0,8–1,6	0,62	0,12–0,25	50	8000	1000

Nr.		XP %	Lys %	XF %	Na %[3]	Vit. A[3] IE/ml	Vit. D$_3$[3] IE/ml	Vit. C[3] mg/ml	Vit. E[3] mg/ml
9.1	Alleinfuttermittel Forellen	40	1,8	max. 6		2500	100–200	50–100	20–50

Nr.		Na %[3]	Vit. A[3] IE/ml
10.1	Ergänzungsfuttermittel flüssig für Rinder, Schweine, Hühner (zur kurzfristigen zusätzlichen Vitaminversorgung)	1	20000 bis 50000

Nr.		P min. %	Na %	Mn[1] min. mg	Zn[1] min. mg	Vit. A[1] min. IE	Vit. D$_3$[1] min. IE	Riboflavin[1] min. mg
7.12	Mineralfuttermittel Legehennen	8	4–8	2000	3000	300000	37500	125

[1]) je kg
[2]) % des XP
[3]) in der Frischmasse
Für Normtypen ohne Angaben bei einzelnen Inhaltsstoffen sind keine Vorschriften erlassen.

420   12. Mischfuttermittel, Mineralfuttermittel und Zusatzstoffe

Tabelle 225. Übersicht zu Zusatzstoffen (nach Anlage 3 zur Futtermittelverordnung vom 8. April 1991)

1.	Leistungsförderer
1.1.	Antibiotika
1.2.	Andere Leistungsförderer
2.	Antioxydantien
3.	Aroma- und appetitanregende Stoffe
4.	Bindemittel, Fließhilfsstoffe, Gerinnungshilfsstoffe
5.	Emulgatoren, Stabilisatoren, Verdickungs- und Geliermittel
6.	Färbende Stoffe einschließlich Pigmente
7.	Zusatzstoffe zur Verhütung der Histomoniasis und der Kokzidiose
7.1.	Zusatzstoffe zur Verhütung der Histomoniasis
7.2.	Zusatzstoffe zur Verhütung der Kokzidiose
8.	Konservierungsstoffe
9.	Säureregulatoren
10.	Spurenelemente
11.	Vitamine, Provitamine und ähnlich wirkende Stoffe, die chemisch eindeutig beschrieben sind
12.	Wasserbindende Stoffe

12.6.1. Zusatzstoffe mit erogotroper Wirkung

Zu dieser Stoffgruppe zählen nicht lebensnotwendige Futterzusätze, deren Verabreichung die Leistungen der Nutztiere stabilisieren und erhöhen sowie im erweiterten Sinn den Gebrauchswert des Futters und der tierischen Produkte erhalten bzw. verbessern kann. Für den Einsatz in der Fütterung sind nur solche Substanzen zugelassen, welche die Gesundheit der Nutztiere und des Menschen durch Resistenzbildung oder Auftreten von Rückständen in tierischen Produkten nicht gefährden sowie die Qualität der Produkte nicht beeinträchtigen (Hennig 1982, Jeroch 1980, 1987, Meixner und Flachowsky 1990b, Tuschy 1986, Weinreich et al. 1992). Die gegenwärtig vom Gesetzgeber zugelassenen Zusatzstoffe dieser Gruppe sind im geltenden Futtermittelrecht aufgeführt (o. V. 1992).

Die Systematisierung dieser Substanzen nach ihren Wirkprinzipien, die Wirkungsweise, Einsatzempfehlungen und Einsatzgrenzen wurden von Meixner und Flachowsky (1990a, b) ausführlich beschrieben. In diesem Abschnitt erfolgt eine an die Futtermittelverordnung (FMV) angelehnte Gliederung und Kurzbeschreibung dieser Zusatzstoffe.

Leistungsförderer umfassen laut FMV die Gruppen der „Antibiotika" (Avoparcin, Flavophospholipol, Monensin-Natrium, Salinomycin-Natrium, Spiramycin, Tylosinphosphat, Virginiamycin und Zink-Bacitracin) und „andere Leistungsförderer" (Carbadox, Olaquindox). *Antibiotika* sind Stoffwechselprodukte verschiedener Bakterien- und Pilzstämme sowie höherer Pflanzen, welche die Vermehrung von Mikroorganismen hemmen. Nur ≈ 20 der > 4000 beschriebenen Substanzen können als Fütterungsantibiotika genutzt werden. Die Wirkungsweise beruht vorwiegend auf der Einschränkung des mikrobiellen Stoffwechsels, der Hemmung pathogener Keime im Dünndarm und der Förderung von Bakterien mit für das Wirtstier positiven Eigenschaften.

In Deutschland werden Antibiotika als Leistungsförderer meist nur an wachsende Tiere verabreicht. Unter Produktionsbedingungen ist bei Antibiotikaverabreichungen an wachsende Tiere mit 5 – 12% Mehrzunahme und Aufwandssenkungen zwischen 3 und 8% zu rechnen. Zu dieser Gruppe gehören futtermittelrechtlich auch die als *Pansenfermoregulatoren* bezeichneten Antibiotika, die u. a. die Methanbildung im

Pansen der Wiederkäuer senken und eine höhere Effektivität der Fermentation ermöglichen (verstärkte Propionsäuresynthese, engeres Acetat : Propionat-Verhältnis). Zugelassen sind u. a. das Polyetherantibiotikum Monensin-Natrium sowie das Glucopeptid-Antibiotikum Avoparcin, deren Einsatz (z. B. 20 − 40 mg Monensin/kg Futter-T) bei etwas höheren Gewichtszunahmen und vermindertem Futterverzehr mit einer Senkung des Futter- bzw. Energieaufwandes um 8% verbunden ist.

Probiotika sind Kulturen bestimmter Bakterien (Lactatbildner, *Streptococcus faecium* u. a.) oder Pilze, die nach Ansiedlung im Magen-Darm-Kanal durch Veränderung pathogener Keime (z. B. *E. coli*) Mehrzunahme, geringeren Futteraufwand und stabilere Darmflora bewirken sollen. Die Anpassung der gegenwärtig verfügbaren Stämme an die Bedingungen im Darm ist nicht optimal, deshalb sind die vorliegenden Ergebnisse mit Kälbern, Ferkeln und Geflügel sehr uneinheitlich.

Andere Leistungsförderer werden chemisch synthetisiert und weisen den Antibiotika ähnliche Wirkprinzipien auf. Die Herstellung dieser Leistungsförderer begann in den 60er Jahren und resultierte aus der Suche nach Umgehung der Resistenzprobleme, die bei Antibiotika-Einsatz auftraten. Im Futtermittelrecht sind aus dieser Gruppe Carbadox und Olaquindox (Chinoxalinderivate) für einen Einsatz bei Ferkeln und Kälbern aufgeführt. Bei einer zugelassenen Dosierung von 20 − 50 bzw. 15 − 50 mg/kg Mischfuttermittel für Ferkel (Höchstalter von 4 Monaten) sind z. B. neben positiver Beeinflussung der Darmflora bessere Zunahmen und geringerer Futteraufwand zu erzielen.

Antioxydantien sind Substanzen, die oxydationsempfindliche Futterinhaltsstoffe, wie ungesättigte Fettsäuren, Vitamin A, Carotin, vor einer Oxydation schützen. Die bei der Fettoxydation entstehenden Peroxide, die nach neueren Ergebnissen nicht absorbiert werden sollen, können gemeinsam mit anderen, noch nicht ausreichend bekannten Faktoren, Vitamin-E-Mangel-Erscheinungen auslösen, wie z. B. Enzephalomalazie, exsudative Diathese und Muskeldystrophie. Natürlich vorkommende Antioxydantien sind die Vitamine E und C. Da die in Futtermitteln vorliegenden geringen Konzentrationen an natürlichen Antioxydantien eine nicht ausreichende Schutzwirkung aufweisen und Anteile an ungesättigten Fettsäuren einen höheren Vitamin-E-Verbrauch bewirken, werden vor allem bei fettreichen Mischfuttermitteln (hohe Anteile an Futterfett, Fischmehl, Mais, Hafer u. a.) synthetisch hergestellte Präparate eingesetzt. Zu dieser Gruppe zählen z. B. L-Ascorbinsäure, Ethoxyquin, Butylhydroxytoluol und Butylhydroxyanisol. Die übliche Dosis beträgt $\approx$ 150 mg Antioxydans je kg Mischfuttermittel.

Bindemittel, Fließhilfsstoffe und **Gerinnungshilfsstoffe** werden für die Verbesserung des technologischen Ablaufes der Futtermittelherstellung und der strukturellen Eigenschaften der Mischfuttermittel verwendet. Dazu zählen z. B. Bentonit-Montmorillonit, Calciumsilicat, Citronensäure, Kaolinit-Tone, Kieselgur, Kieselsäuren und andere.

Wasserbindende Stoffe werden für die Qualitätserhaltung von Mineralfuttermitteln verwendet. In der FMV ist Aluminiumsulfat für Rinder zugelassen.

Emulgatoren, Stabilisatoren, Verdickungs- und Geliermittel sind ebenfalls Stoffe zur Konditionierung von Futtermitteln. Emulgatoren verändern die Oberflächenspannung von Wasser und ermöglichen eine feindisperse Verteilung von wasserunlöslichen Stoffen, z. B. bei der Herstellung von wassermischbaren Präparaten fettlöslicher Vitamine oder bei der Herstellung von Milchaustauschfuttermitteln bzw. der Auffettung von Magermilch einschließlich der Stabilisierung der feinverteilten Fremdfettpartikel.

In der Praxis gelangen vor allem Lecithine als natürlich vorkommender Emulgator sowie synthetische Präparate zum Einsatz. In der FMV sind aus dieser Gruppe ≈ 60 Substanzen zugelassen, wie z. B. Agar-Agar, Carboxylmethylcellulose, Dextrane, Glycerol, Gummi arabicum, Pektine, Sorbit und andere.

Färbende Stoffe einschließlich Pigmente: Dazu zählen Carotinoide, Xanthophylle, Brillantsäuregrün BS (Lissamingrün), Patentblau V sowie alle Stoffe, die in gemeinschaftlichen Vorschriften zur Färbung von Lebensmitteln zugelassen sind. Sie dienen sowohl der Färbung der Futtermittel als auch der Verbesserung bestimmter Tierproduktqualitäten. Zur Erzielung der vom Verbraucher gewünschten kräftigen Farbe von Eidotter und Geflügelschlachtkörper beispielsweise können neben den in einigen Futtermitteln enthaltenen natürlichen Pigmentstoffen (Carotinoide in Mais, grünen Pflanzen, Paprika, verschiedenen Blüten) auch zugelassene synthetische Präparate dem Legehennen- und Broilerfutter zugesetzt werden. In Abhängigkeit vom Grundgehalt der Ration an Carotinoiden und von der Farbtönung sind unterschiedliche Dosen der Pigmentstoffe möglich. Bei einem maisfreien Mischfuttermittel ohne Trockengrünmehl hat sich beispielsweise ein Zusatz von 4 mg β-apo-8'-Carotinsäureethylester und 3,75 mg Canthaxanthin je kg als günstig erwiesen. Die Einsatzvorschriften der Substanzen dieser Gruppe sind dem geltenden Futtermittelrecht zu entnehmen (o. V. 1992).

Zusatzstoffe zur Verhütung der Histomoniasis und der Kokzidiose sind im Mischfutter für Geflügel und Kaninchen enthaltene Arzneimittel. Die verschiedenen Präparate (gegen Histomoniasis: Dimetridazol, Ipronidazol, Nifursol, Ronidazol; gegen Kokzidiose: Amprolium, Amprolium-Ethopabat-Kombination, Meticlorpindol, Halofuginon, Robenidin, Monensin u. a.) müssen zur Verhinderung der Resistenzentwicklung nach spezifischen Rotationsprinzipien gewechselt werden.

Säuren: Anorganische (z. B. Salzsäure) und organische Säuren (Ameisen-, Essig-, Propion-, Fumar-, Citronensäure u. a. oder deren Salze) sollen u. a. neben ihrer konservierenden Wirkung im Futter zur gewünschten Absenkung des pH-Wertes im Magen führen, die Pepsinwirkung fördern und die Mikroflora des Darmes bei Ferkeln und Mastschweinen günstig beeinflussen. Organische Säuren werden energetisch verwertet. Bei Ansäuerung des Futters auf pH 4 – 5, z. B. mit 1 – 3% organischen Säuren im Ferkelstarterfutter oder mit 10% teilhydrolysiertem Stroh (100 g konz. HCl/kg Stroh-T) in der Ration, soll mit besseren Zunahmen, geringerem Aufwand und geringerer Durchfallhäufigkeit zu rechnen sein.

Pansenpuffer werden zur Verminderung einer unerwünschten pH-Wert-Absenkung im Pansen der Wiederkäuer genutzt. Bei der Verfütterung von rohfaserarmen Rationen an Milch- und Mastrinder hat sich der Einsatz von 20 – 30 g Natrium- bzw. Kaliumhydrogencarbonat oder 10 – 15 g Magnesiumoxid je 100 kg Körpergewicht und Tag bewährt. Auch Natriumacetat (200 bis 400 g/Milchkuh und Tag) und zum Strohaufschluß verwendete Natronlauge sind als Pansenpuffer geeignet.

Proteinschutzstoffe sollen den mikrobiellen Abbau von Proteinen im Pansen vermindern und deren effektive enzymatische Verdauung im Labmagen und Dünndarm (Durchflußfutterprotein) ermöglichen. Zu dieser Gruppe zählen u. a. Tannin, Formaldehyd, Glyoxal und Glutaraldehyd, wobei der Einsatz von 3 – 5 g Formaldehyd je 100 g Futterprotein für die Praxis am besten geeignet erscheint. Bei zu hoher Dosierung kann jedoch relativ schnell eine Verminderung der Proteinverdaulichkeit im Dünndarm eintreten. Diese Stoffe sind nicht als Zusatzstoffe im Sinne der FMV aufgenommen.

Enzyme: Die Enzympräparate sind meist Fermentationsprodukte von Bakterien- oder Pilzstämmen und können ein Gemisch verschiedener Enzyme mit speziellem Wirkungsspektrum sein. Für den Abbau einiger Futterinhaltsstoffe, wie z. B. Phytat, Hemicellulosen, Pektine oder β-Glucan, werden vom tierischen Organismus keine oder nicht ausreichende Mengen an Verdauungsenzymen produziert, so daß der Zusatz beispielsweise von β-Glucanase oder Pektinasen durch Zellwandaufschluß eine bessere Verdauung der Zellinhaltsstoffe bei Kälbern, Ferkeln und Küken erwarten läßt. Besonders bei verstärktem Einsatz von Futtermitteln mit hohem Gehalt an o. g. Substanzen in Geflügelrationen, wie z. B. Gerste in der Broilermast, sind durch Einsatz von Beta-Glucanase enthaltenden Enzympräparaten Leistungsdepressionen und abnorme Exkrementbeschaffenheit zu vermeiden (s. Abschnitt 7.1.5.). Ein Phytasezusatz erhöht die P-Verfügbarkeit aus Getreide und anderen pflanzlichen Futtermitteln bei Nichtwiederkäuern.

Aroma- und appetitanregende Stoffe werden mit dem Ziel der Verbesserung der Futteraufnahme vorwiegend von Ferkeln, aber auch anderer Tierarten, eingesetzt. Neben Saccharin sind alle natürlich vorkommenden Stoffe und die ihnen entsprechenden synthetischen Produkte zugelassen.

Konservierungsstoffe werden zur Haltbarmachung von Misch- und anderen Futtermitteln (z. B. Silage, Heimtiernahrung) eingesetzt. Für Nutztiere sind bestimmte organische Säuren (z. B. Propionsäure) und deren Salze sowie Formaldehyd, Salzsäure, Schwefelsäure und weitere Substanzen zugelassen.

Säureregulatoren sind in der FMV ausschließlich für Hunde und Katzen vorgesehen.

Tranquillantien sind Substanzen mit beruhigender Wirkung (Sedativa) und können bei Tiertransporten und -umsetzungen zur Verminderung der Streßwirkungen (u. a. Fleischqualität von Mastschweinen) praktische Bedeutung erlangen. Diese Stoffe sind keine Zusatzstoffe im Sinne der FMV.

Anabolika sind in erster Linie ergotrop wirkende Sexualhormone und deren Derivate (z. B. Diethylstilbestrol, Trenbolonacetat) mit stimulierender Wirkung auf die Eiweißsynthese, die eine Erhöhung des Proteinansatzes besonders bei Färsen und Ochsen bewirken. Wegen möglicher Rückstände in Schlachtprodukten wurde der Einsatz von anabol wirkenden Sexualhormonen in Deutschland wie auch in einigen anderen Ländern verboten.

Seit wenigen Jahren werden die leistungssteigernden Effekte des Wachstumshormons (Somatotropin) und weiterer in den Protein- und Fettstoffwechsel eingreifender Hormone in der Mast wachsender Tiere und in der Milchviehfütterung erforscht (ausführlich bei Meixner und Flachowsky 1990b), die aufgrund tierspezifischer Wirkung keine Rückstände erwarten lassen. Die Verabreichung erfolgt unter Umgehung des Verdauungstraktes, so daß diese Verbindungen nicht zu den Futterzusätzen zählen.

Zu den Zusatzstoffen im Sinne des geltenden Futtermittelrechts zählen auch „**Spurenelemente**" sowie „**Vitamine, Provitamine und ähnlich wirkende Stoffe, die chemisch eindeutig beschrieben sind**". Eine nähere Beschreibung dieser Stoffgruppen sprengt den Rahmen dieses Buches, sie ist entsprechenden Monographien zu entnehmen (z. B. Jeroch 1980). Einsatzvorschriften und Fütterungshinweise werden im geltenden Futtermittelrecht gegeben (o. V. 1992).

12.6.2. NPN-Verbindungen

Unter NPN (Non Protein Nitrogen) wird Stickstoff verstanden, der nicht im Eiweiß gebunden ist. Aus dieser Gruppe werden einige großtechnisch hergestellte oder anfallende Verbindungen in der Wiederkäuerfütterung als Stickstoffquelle für den Aufbau von Mikrobeneiweiß im Vormagensystem eingesetzt (ausführlich bei Jeroch 1980).

Harnstoff: Für die Fütterung wichtigste, großtechnisch bei hohem Druck durch Erhitzen eines Gemisches aus NH_3 und CO_2 sehr kostengünstig herstellbare Verbindung: N-Gehalt 466 g/kg, Rechenwert 2900 g XP bzw. 2200 g DP/kg, Einsatzhöhe z. B. 20 g/kg Mischfuttermittel, 5 kg/t Silomais-Frischmasse, bis 50 g/kg Preßschnitzel, je nach T-Gehalt bis 80 g/kg T bei der Konservierung von Feuchtstroh ($\approx$ 500 g T/kg). Nachteilig sind Hygroskopizität, schnelle Hydrolyse im Pansen, Vergiftungsgefahr bei Aufnahme zu großer Mengen durch Mischungsfehler und unsachgemäßer Verabreichungsform.

Ammoniumhydrogencarbonat: Von den mehreren zu Futterzwecken geeigneten Ammoniumsalzen mitunter bei der Strohpelletierung eingesetzte und aus gleichen Teilen NH_3, CO_2 und H_2O-Dampf herstellbare Verbindung: N-Gehalt 177 g/kg, Rechenwert 1100 g XP bzw. 850 g DP/kg, Einsatzhöhe 13 kg/t Maissilage, 50 g/kg Strohpellets, gegenüber Harnstoff keine Vorteile, höherer Preis, heute kaum noch verwendet.

Ammoniak: Aus Luftstickstoff und Wasserstoff meist nach dem Haber-Bosch-Verfahren hergestelltes Gas, unter Druck verflüssigt oder in Wasser gelöst ($\approx$ 25%ig), zur Ammonisierung von Futtermitteln einsetzbar. N-Gehalt 824 g/kg (konz.) bzw. $\approx$ 190 g/l (25%ige Lösung), Einsatz über Ammonisierung meist kohlenhydratreicher Futtermittel oder Stroh, z. B. 25 kg Ammoniakwasser (25%ig) je 100 kg Stroh vor der Pelletierung oder 30 kg Flüssig-Ammoniak (100%ig) je t Stroh zur Einbringung in Diemen mittels Injektionslanze.

Harnsäure: Als Stoffwechselendprodukt des Stickstoffs auch in Geflügelexkrementen ($\approx$ 60 g Harnsäure/kg T bei $\approx$ 60 g Gesamt-N/kg T) und Geflügeltiefstreu ($\approx$ 40 g Harnsäure/kg T bei $\approx$ 50 g Gesamt-N/kg T) enthaltene Verbindung: N-Gehalt 333 g/kg, Harnsäure ist als langsam fließende N-Quelle dem Harnstoff überlegen. Exkremente und Kot sind futtermittelrechtlich verbotene Stoffe.

Isobutylidendiharnstoff (IBDH): In Wasser schwer lösliche Verbindung: N-Gehalt 322 g/kg. IBDH liefert nach der Aufnahme einerseits relativ schnell einsetzend, andererseits kontinuierlich NH_3 und ist aus physiologischer Sicht dem Harnstoff überlegen. Die Prüfungen für einen Einsatz in der Praxis sind noch nicht abgeschlossen. Andere NPN-Verbindungen, wie z. B. verschiedene Ammoniumsalze, Acetamid, Acetylharnstoff, Biuret, Betain, Harnstoffphosphat, haben auf Grund höherer Herstellungskosten, niedriger N-Effektivität oder anderer ungünstigerer Eigenschaften gegenwärtig keine praktische Bedeutung.

12.6.3. Synthetische Aminosäuren

Durch den Einsatz synthetischer Aminosäuren kann der Bedarf der landwirtschaftlichen Nutztiere an limitierenden Aminosäuren effektiver gedeckt werden als mit dem kombinierten Einsatz verschiedener Futterproteine (ausführlich bei Jeroch 1980).

Lysin und Methionin sind die als Futterzusatz verbreitetsten Aminosäuren.

L-Lysin (α-ε-diamino-Capronsäure) wird vorwiegend biosynthetisch durch Fermentation unter Nutzung von Melasse oder anderer C- und N-Quellen als Nährmedium für Mutanten von Corynebakterien hergestellt. Nur die L-Form ist im Stoffwechsel verwertbar. Das im Handel befindliche L-Lysinmonohydrochlorid weist eine Konzentration von $\approx 75\%$ Lysin auf.

Lysin stellt für Schweine und Geflügel die erstlimitierende Aminosäure dar. Der Einsatz des synthetischen Lysins erfolgt vorrangig über Misch- und Mineralfuttermittel und ist besonders für die Ergänzung getreidereicher Rationen geeignet. Die Höhe der Supplementierung ist vom Protein- und Aminosäurengehalt der Ration abhängig. Mischfutter für Ferkel bzw. Mastschweine kann beispielsweise 2,4 g bzw. 2,4 ... 1,6 g synthetisches L-Lysin-HCl je kg enthalten.

DL-Methionin (α-Amino-γ-Methylmercaptobuttersäure) wird aus Methan oder Methanol über die Zwischenstufen Methylmercaptan und Acrolein hergestellt. D- und L-Form sind physiologisch nutzbar. Die im Handel befindlichen Produkte weisen eine Konzentration von 99% (DL-Methionin) bzw. 88,15% (N-Hydroxymethyl-DL-Methionin-Ca) auf.

Methionin stellt für Geflügelrationen oft die zweitlimitierende Aminosäure dar, während sie für das Schwein nur in Rationen mit Hefe oder Ackerbohnen den Bedarf unterschreiten kann. Die Supplementierung von Rationen mit Methionin erfordert in der Mehrheit eine gleichzeitige Lysinergänzung, da Methioninüberschuß zu Imbalanzen führt und mit Leistungsdepressionen verbunden ist. Lediglich bei Rationen mit methionin-/cystinarmen Komponenten (Hefe, Ackerbohne) kann ein bestehendes Defizit durch synthetisches Methionin ohne Lysinzulage ausgeglichen werden. Mischfutter mit Methioninzusatz wird z. B. für Geflügel und Labortiere produziert.

Literatur

Autorenkollektiv: Technologie Mischfuttermittel. Fachbuchverlag, Leipzig 1984.
Hennig, A.: Ergotropika. Deutscher Landwirtschaftsverlag, Berlin 1982.
Jacobi, H., und H. Lüdke: Tierzucht **42**, 37 (1987).
Jeroch, H.: Biostimulatoren und Futterzusätze. Gustav Fischer Verlag, Jena 1980.
Jeroch, H.: Tierzucht **41**, 461 (1987).
Meixner, B., und G. Flachowsky: Ergotropikaeinsatz in der Tierernährung. Fortschrittsberichte für Ernährung und Landwirtschaft, ILID Berlin, Teil I, **28**, H. 8 (1990a); Teil II, **28**, H. 9 (1990b).
o. V.: Weinreich, O., V. Koch, J. Knippel und W. Eberhardt: Futtermittelrechtliche Vorschriften – Textsammlung mit Erläuterungen. 8. Aufl., Verlag Alfred Strothe, Frankfurt/Main, 1992.
o. V.: Kraftfutter **12**, 524 (1990).
o. V.: Kraftfutter **2**, 58 (1991).
o. V.: Futtermittelverordnung. Bundesgesetzblatt Teil I Nr. 53 vom 21. November 1992.
Tuschy, D.: Übers. Tierernähr. **14**, 157 (1986).

13. Küchenabfälle und Produkte der Backwarenindustrie

Obwohl in der Bundesrepublik Deutschland aus hygienischen Gründen die Verfütterung von Küchenabfällen vom Gesetzgeber nicht gestattet[1]) ist, werden im folgenden Abschnitt einige Grundsätze bei Erfassung und Aufbereitung sowie zum Futterwert und Einsatz von Küchenabfällen dargestellt. In zahlreichen Ländern mit einem hohen Anteil städtischer Bevölkerung werden Nahrungsmittelabfälle aus Haushalten sowie aus Küchen von Betrieben, Gaststätten, Schulen, Kindergärten und Krankenhäusern und aus Betrieben der Nahrungsmittelverarbeitung und -lagerung durch organisierte Sammlung erfaßt und an landwirtschaftliche Nutztiere verfüttert. In Gemeinden mit dörflichem Charakter werden die Lebensmittelabfälle häufig unmittelbar für die Fütterung der von der Bevölkerung gehaltenen Nutz- und Haustiere verwendet.

Die Nahrungsmittelabfälle besehen aus:

— Speiseresten,
— Abfällen der Speisezubereitung,
— Abfällen der Lebensmittelverarbeitung und -lagerung.

In Einrichtungen der Gemeinschaftsverpflegung fallen vorwiegend Speisereste an, die aus Rückständen von Essenportionen und Essenüberschüssen bestehen. Die Bestandteile der Haushaltsabfälle hängen wesentlich von der Jahreszeit ab. Während im Herbst weitgehend Obst- und Gemüseabfälle dominieren, sind während der anderen Jahreszeiten Brot- und Kartoffelrückstände die wichtigsten Bestandteile des Sammelfutters (Tabelle 226).

Tabelle 226. Bestandteile der Küchenabfälle aus Haushalten und Großküchen (in % der Frischmasse), nach verschiedenen Autoren

Bestandteile	Autor		
	Gruhn (1983)	Kracht (1988)	Rodnow (1984)
Kartoffeln und Kartoffelschalen	40	43	51,6
Gemüse und Obstabfälle	20	25	31,7
Brotteile und Teigwaren	30	15	1,8
Fleisch-, Wurst-, Käse-, Fischreste	10	1	5,5
Knochen	—	—	9,4
Gemisch aus Speiseresten	—	16	—

---

[1]) Insofern ein zugelassenes Erhitzungsverfahren angewandt wird, kann eine Ausnahmegenehmigung erteilt werden.

13.1. Küchenabfälle

Neben den Nahrungs- und Speiseresten aus den Haushalten der Wohngebiete sowie aus Küchen der verschiedensten Betriebe und Einrichtungen werden auch Sekundärprodukte aus Kartoffelschälbetrieben, Bäckereien und von der obst- und gemüseverarbeitenden Industrie zu dieser Futtermittelgruppe gezählt. Da die Futtermittel in Wohngebieten gesammelt werden müssen, setzte sich an Stelle von Abfällen aus Küchen und Haushalten zunehmend der Begriff *Sammelfutter* durch.

13.1. Küchenabfälle

13.1.1. Inhaltsstoffe und Futterwert

13.1.1.1. Rohnährstoffe

Der Rohnährstoffgehalt (Tabelle 227) der Küchenabfälle hängt wesentlich von den Bestandteilen (s. Tabelle 226) und damit von der Jahreszeit (Kornegay et al. 1965, Rodnow 1980) ab. Bei Betrachtung der hohen Variationsbreiten (Tabelle 227) ist zu berücksichtigen, daß es bei einem derartig inhomogenen Material nahezu unmöglich ist, eine Durchschnittsprobe zu erhalten. Der Trockensubstanzgehalt schwankt, sofern man Extreme außer acht läßt, im Bereich von 90 – 250 g/kg Frischmasse. Die Unterschiede im Trockensubstanzgehalt beruhen u. a. auch darauf, daß ein Teil der Proben vor und andere nach einer Dampfbehandlung entnommen wurden.

Tabelle 227. Rohnährstoffgehalt der Küchenabfälle (nach verschiedenen Quellen)

Quelle	n	Trockensubstanz (g/kg Frischmasse)	Rohprotein	Rohfett	Rohfaser	XX	Rohasche
			(g/kg Trockensubstanz)				
Gruhn (1987)							
Küchenabfälle	12	175	128	103	24	693	52
Sammelfutter	8	203	148	64	44	685	59
Halle-Lettin (1986)							
$\bar{x}$	244	198	177	95	57	591	80
min.		139	61	71	30	–	45
max.		300	242	152	151	–	172
Kracht (1982 – 1986)							
$\bar{x}$	53	163	152	76	57	623	92
min.		93	89	24	20	465	61
max.		212	249	112	132	743	167

Der Rohproteingehalt in der Trockensubstanz liegt meist im Bereich von 150 – 200 g und ist damit etwa doppelt so hoch wie der Proteingehalt gedämpfter Kartoffeln.

Der Gehalt an Rohfett unterscheidet sich ebenfalls in starkem Maße. Rohfettgehalte von 200 – 350 g/kg Trockensubstanz zeigen, daß in den Abfällen die Speisereste überwogen, während Werte unter 100 g auf höhere Anteile an Gemüseabfällen schließen lassen.

428   13. Küchenabfälle und Produkte der Backwarenindustrie

Der Rohfasergehalt in der Trockensubstanz liegt meist im Bereich von 40 − 60 g/kg. Aus den maximalen Gehaltswerten von 130 − 150 g ist erkennbar, daß ein hoher Anteil von Kohlblättern und Abfällen vorlag, die einen Rohfasergehalt von 130 − 160 g aufweisen.

Die mittleren Rohaschegehalte von > 150 g deuten ebenfalls auf einen hohen Anteil von Kohlblättern hin, deren Rohaschegehalt im Bereich von 150 − 170 g liegt. Bei hohen Rohaschegehalten ist aber auch eine Verschmutzung nicht auszuschließen. Die entsprechend der Weender Analyse als Differenz errechneten Gehalte an N-freien Extraktstoffen lassen bei der Verschiedenartigkeit des Ausgangsmaterials keine sicheren Rückschlüsse auf den Futterwert zu, da nicht ersichtlich ist, ob es sich um Stärke bzw. Zucker oder insbesondere bei hohen Gemüse- und Obstanteilen auch um Pektine und β-Glucane und andere Stoffe mit geringerem Futterwert handelt.

13.1.1.2. Essentielle Aminosäuren

Der Futterwert des Küchenabfallproteins wird durch seinen Gehalt an essentiellen Aminosäuren bestimmt (Tabelle 228). Analog den Rohnährstoffen schwankt auch der Aminosäurengehalt beträchtlich. Aus den vorliegenden Ergebnissen kann abgeleitet werden, daß der für die Schweinefütterung in erster Linie bedeutsame Gehalt an Lysin im Bereich von 2 − 10 g je kg Trockensubstanz (0,4 − 2,0 g je kg Frischmasse) schwanken kann, wobei die meisten Werte zwischen 3 und 5 g/kg T liegen.

Tabelle 228. Gehalt der Küchenabfälle an ausgewählten essentiellen Aminosäuren (in g/kg T)

Autor	Roh-protein	Lysin	Methionin + Cystin	Arginin	Threonin	Tryptophan
Gruhn (1987)						
$\bar{x}$	148	6,6	4,1	6,9	−	−
Perez Valdivia und Ly (1983)						
$\bar{x}$	166	8,0	2,6	9,0	5,8	−
Myšik und Neteša (1984)						
min.	−	7,6	2,5	7,9	7,0	−
max.	−	10,2	2,9	−	7,8	−
Wünsche und Kreienbring (1987)						
$\bar{x}$	156	4,6	4,3	5,0	5,2	1,1
min.	−	4,1	3,6	4,7	4,9	1,0
max.	−	5,3	5,1	5,4	5,4	1,5

13.1.1.3. Mineralstoffe und Vitamine

Wie andere Inhaltsstoffe können auch die verschiedenen Mengen- und Spurenelemente in den Küchenabfällen erhebliche Schwankungen aufweisen (Tabelle 229). Für Na wurden beispielsweise Extremwerte zwischen 9,3 und 92,3 g/kg T ermittelt (Dominguez et al. 1983). Küchenabfälle enthalten im Mittel geringe Mengen Carotin (Tabelle 230). Bei höheren Gemüseanteilen, vor allem von Möhren, kann der Carotingehalt ansteigen. Der Gehalt an B-Vitaminen, mit Ausnahme von Vitamin B_2, liegt meist unter dem von Getreide.

Tabelle 229. Gehalt der Küchenabfälle an ausgewählten Mengen- und Spurenelementen (je kg T)

Autor sowie Herkunft der Abfälle	Element							
	Ca (g)	P (g)	Mg (g)	Fe (mg)	Mn (mg)	Zn (mg)	Cu (mg)	Co (mg)
Dominguez et al. (1983)								
min.	14,0	4,0	0,3	170	21	15	36	—
max.	45,0	10,0	9,0	650	52	97	48	—
Myšik und Neteša (1984)								
Restaurant	5,9	3,7	—	510	24,5	444	25	0,20
Imbißstube	3,7	2,9	—	429	15,6	153	17	0,04
Kaserne	5,9	3,3	—	435	28,5	242	28	0,11
Küche (Sammelfutter)	16,0	4,3	—	346	25,6	737	37	0,26
Pond und Maner (1984)								
x̄	7,5	3,3	0,7	430	28	—	39	—
min.	3,7	2,9	0,5	346	23	—	27	—
max.	16,9	3,9	1,0	510	36	—	50	—

Tabelle 230. Vitamingehalt von Küchenabfällen (mg/kg T)

Autor bzw. Herkunft der Abfälle	Carotin	Thiamin	Riboflavin	Niacin	Pantothensäure
Myšik und Neteša (1984)					
Restaurant	4,4	2,2	3,4	27,9	2,7
Imbißstube	4,2	2,7	2,9	25,2	4,3
Kaserne	3,9	2,3	2,7	29,9	3,9
Küche (Sammelfutter)	4,9	3,9	3,8	23,0	6,2
Pond und Maner (1984)					
x̄	4,3	2,3	3,2	26,5	4,3
min.	3,9	2,2	2,7	23,0	2,7
max.	4,9	3,9	3,8	29,9	6,2

13.1.1.4. Verdaulichkeit und energetischer Futterwert

Die scheinbare Verdaulichkeit der organischen Substanz bzw. der Trockensubstanz übersteigt beim Schwein meist 85% (Tabelle 231). Niedrigere Werte im Bereich von 70–75% wurden ermittelt, wenn das Sammelfutter offenbar höhere Gemüseanteile enthielt. Unter diesen Bedingungen fiel auch die Rohfaserverdaulichkeit <40% ab (s. Tabelle 231). Für Rohprotein und N-freie Extraktstoffe überstieg die Verdaulichkeit meist 75% und betrug im Mittel der vorliegenden Untersuchungen 83 bzw. 88% (s. Tabelle 231). Der Gehalt an verdaulichem Rohprotein schwankte nach den Angaben verschiedener Autoren zwischen 100 und 144 g/kg T (Tabelle 232). Bei der Ermittlung der scheinbaren Verdaulichkeit ausgewählter Aminosäuren (Gruhn 1987) wurde für Lysin der niedrigste Wert (67,5%), gefolgt von Methionin (77,6%) und Cystin (79,5%), gefunden. Grundsätzlich ist festzustellen, daß infolge der Heterogenität der Küchenabfälle die Bestimmung der Verdaulichkeit schwierig ist.

13. Küchenabfälle und Produkte der Backwarenindustrie

Tabelle 231. Scheinbare Verdaulichkeit von Trockensubstanz bzw. organischer Substanz und Rohnährstoffen von Küchenabfällen beim Schwein (nach verschiedenen Autoren)

Autor bzw. Herkunft der Abfälle	Verdaulichkeit in %				
	Trocken-substanz	Roh-protein	Roh-fett	Roh-faser	XX
Kornegay et al. (1965)					
Institutionen	93,6	87,9	91,4	77,4	98,3
Kasernen	95,7	89,0	96,0	85,4	98,2
Städte (Sammelfutter)	73,1	79,2	84,9	30,2	74,6
Myšik und Neteša (1984)					
Restaurant	87,3	83,1	94,1	72,5	88,6
Imbißstube	78,3	78,8	95,3	72,5	73,6
Krankenhaus	93,4	87,9	96,2	71,0	95,4
Kaserne	93,3	88,2	90,0	65,9	97,7
Küchen (Sammelfutter)	71,0	75,0	85,0	37,0	73,0
Perez Valdivia und Ly (1983)					
Mittelwert	81,2	83,2			
min.	78,1	75,1			
max.	85,3	89,0			
Pond und Maner (1984)					
Untersuchung 1	87,3	83,1	94,1	72,5	88,6
Untersuchung 2	84,2	82,7	91,7	46,7	84,9
Gruhn (1987) Sammelfutter	organische Substanz 89,3	77,2	75,7	93,1	
Kling und Wöhlbier (1983) Küchenabfälle	88	79	87	61	92

Tabelle 232. Angaben zum Gehalt an verdaulichem Rohprotein und Energie (nach verschiedenen Autoren)

Autor bzw. Herkunft der Abfälle	Trocken-substanz (g/kg Frischmasse)	Verdauliches Rohprotein (g/kg T)	ME (BFS korr., MJ/kg T)	EFs/kg T
Gruhn (1983)	203	114	11,5	630
Halle-Lettin (1986)	198	140	13,8	698
Kornegay et al. (1965)	166	139	15,2	842
Kling und Wöhlbier (1983)	230	122	17,0	958
Kracht (1987)	163	120	11,8	654
Myšik und Neteša (1984)	187	136	15,3	842
Rodnov (1980)	111	152	11,5	635
Wjaisenen und Smirnov (1984)	101	105	10,5	609

Die Energiekonzentration der Küchenabfälle (s. Tabelle 232) hängt vom Rohnährstoffgehalt und von der Verdaulichkeit ab. Als Extremwerte konnten aus dem vorliegenden Datenmaterial 610 bis 960 EFs/kg T bzw. 10,5 bis 17,0 MJ BFS korr. ME errechnet werden, im Mittel können 730 EFs/kg T bzw. 14,5 MJ BFS korr. ME ausgewiesen werden. Bei höherem Fettgehalt kann die Energiekonzentration auf >1000 EFr bzw. >18 MJ BFS korr. ME ansteigen. Unter Berücksichtigung des mittleren Trockensubstanzgehaltes (≈ 170 g) ist abzuleiten, daß etwa 5 dt einer Mischung von Sammelfutter aus Haushalten sowie der Abfälle aus Betriebsküchen und der Gemüseverarbeitung mit 1 dt Getreide verglichen werden können.

13.1.2. Erfassung und Aufbereitung

Das Sammeln der Küchenabfälle hat in dafür geeigneten Behältern zu erfolgen. Die kurzfristige Abfuhr, bei höheren Außentemperaturen möglichst täglich, trägt wesentlich zur Erhaltung des Futterwertes der Küchenabfälle bei. Die Sammelbehälter sind regelmäßig zu säubern und die möglichst schattigen Sammelplätze sind in einem sauberen und hygienisch einwandfreien Zustand zu halten.

Die Abfälle sind am Abfuhrtag zu verarbeiten und zu verfüttern. Die Zwischenlagerung darf einen Zeitraum von 2 Tagen nicht übersteigen. Zur Abtötung der in den Abfällen enthaltenen Keime ist eine Hitzebehandlung bei 100 °C und eine Heißbehandlung von 30 Minuten bei 100 °C Kerntemperatur erforderlich. Unter diesen Bedingungen werden alle praktisch in Frage kommenden Tierseuchenerreger (außer Spuren von Bacillus anthracis) abgetötet. Nach Untersuchungen von Fenske und Pioch (1983) reduzierte eine derartige Erhitzung den Keimgehalt um mehrere Zehnerpotenzen (von $5{,}4 \times 10^{11}$ auf $4{,}0 \times 10^{4}$ Keime/g).

Um in der gesamten Partie eine Kerntemperatur von 100 °C zu erreichen, ist die Küchenabfallaufbereitungsanlage mit einem Rührwerk auszurüsten bzw. mit Überdruck zu arbeiten.

In Abhängigkeit von der Beschaffenheit der Futterstoffe sollte zwischen 1,5 und 3 Stunden gedämpft werden. Durch die längere Einwirkdauer der hohen Temperatur werden härtere Futterbestandteile gegart, und das Futter wird in eine breiige bis suppige Konsistenz gebracht.

Vor der Verfütterung ist eine Absonderung der Fremdkörper erforderlich. Der Fremdkörperbesatz (z. B. Verpackungsmaterial, Holz, Glas) wird mit $2-5\%$ angegeben (Bildt 1986).

Neben dem Dämpfen werden in verschiedenen Ländern auch andere Aufbereitungstechnologien genutzt, wie Fermentieren (Talkington und Mitarb. 1981), Trocknung und Pelletierung (Pjasinski et al. 1979, Popechina und Tajakina 1985) oder Säurezusatz (Grossmann 1975).

In einigen Gebieten fallen vorwiegend in den Herbstmonaten erhöhte Mengen an Küchenabfällen an, die den Bedarf übersteigen. Es besteht die Möglichkeit, diese Überschüsse durch Silierung zu konservieren. Der zu erwartende Siliererfolg ist um so höher, je mehr Kartoffeln oder andere Rückstände mit leichtlöslichen Kohlenhydraten in den Küchenabfällen enthalten sind (Schellner und Taubert 1960/61; günstiges Verhältnis XX:Rohprotein: $>3:1$). Die Gefahr des Verderbens wird bei Anwesenheit von eiweißreichen Essen- und Gemüseabfällen durch das Auftreten von Fäulnisbakterien verstärkt. Die Silierung kann sowohl im gedämpften als auch im rohen Zustand erfolgen. Nach russischen Untersuchungen ist bei der Silierung von rohen Küchenabfällen der Zusatz von Na-Pyrosulfat als Silierhilfsmittel zweckmäßig ($4-20$ kg/t: Dawydow und Saizewa 1965, Wianjakowa und Noskow 1966). Die Silierung sollte in Hackfruchtsilos bei Einhaltung siliertechnischer Grundsätze erfolgen.

13.1.3. Einsatzempfehlungen

Aufbereitete Küchenabfälle sind auf Grund ihrer hohen Verdaulichkeit (s. Tabelle 231) vorrangig für die Fütterung der Mastschweine (>35 kg Lebendmasse) geeignet. Gemüseabfälle mit geringem Futterwert sollten, sofern sie frei von Fremdkörpern sind, bevorzugt an Rinder und Schafe verfüttert werden.

Küchenabfälle können trotz des relativ hohen Gehaltes an Energie und Protein (s. Tabelle 232) nicht als Alleinfutter an Mastschweine verabreicht werden, da sie auf Grund ihres niedrigen Trockensubstanzgehaltes, der häufig 18% unterschreitet, sehr voluminös sind. Bei einem derartigen Wassergehalt der Abfälle wird selbst der für Fließfutter als Mindesttrockensubstanzgehalt angegebene Bereich von 18 – 20% unterschritten. Zur Deckung des Energiebedarfs eines Mastschweines mit 70 kg Lebendmasse und einer täglichen Zunahme von 650 g würden etwa ≈ 11 kg Sammelfutter mit einem EFs- bzw. ME-Gehalt von 140 bzw. 2,5 MJ je kg Frischmasse benötigt, während bei ausschließlicher Fütterung von gedämpften Kartoffeln nur etwa 9,0 kg verzehrt werden müßten. Der Lysinbedarf würde durch Aufnahme von 17 kg Sammelfutter oder 24 kg Kartoffeln gedeckt. Derartige Futtermengen vermag das Mastschwein wegen des begrenzten Volumens seines Magen- und Darm-Traktes nicht aufzunchmen.

In Anbetracht des voluminösen Charakters der Küchenabfälle und ihres unzureichenden Proteingehaltes ist es notwendig, die Abfälle analog zu dem Verfahren der Hackfruchtmast in Verbindung mit einem Ergänzungsfutter zu verabreichen. Dieses hat die Aufgabe, einerseits den Bedarf an essentiellen Aminosäuren zu decken, andererseits den Trockensubstanz- und Energiegehalt der Ration zu steigern. Die Erhöhung der Ergänzungsfuttergabe von 1,0 über 1,5 auf 2 kg je Mastschwein und Tag führte im Mittel von drei Versuchen zu einem signifikanten Anstieg der Lebendmassezunahme (Tabelle 233).

Tabelle 233. Höhe des Verzehrs an Küchenabfällen und der Masttagszunahme bei abgestuften Ergänzungsfuttergaben (Kracht und Rusche 1984)

Höhe der Ergänzungsfuttergabe je Tier und Tag kg	Tierzahl	Höhe des Sammelfutterverzehrs je Tier und Tag kg	Höhe der täglichen Lebendmassezunahme g	Anteil der Energie aus dem Sammelfutter in % der Energieaufnahme
1,0	220	6,0	492	53
1,5	220	4,9	541	38
2,0	220	3,8	590	29

Der Energieanteil aus Sammelfutter sollte bei einem Niveau der Masttagszunahmen von 550 – 600 g 25 – 30% nicht übersteigen, bei 700 g Tageszunahme können energiearme Küchenabfälle nicht mehr eingesetzt werden. Ähnliche Befunde wurden von anderen Versuchsanstellern erzielt. Gonzalez et al. (1984) ersetzten 0, 25, 50, 75 und 100% der Trockensubstanz einer Mischfutterration durch Küchenabfälle. Bei Fütterung derartiger Rationen wurden im Lebendmassebereich von 26 – 95 kg Masttagszunahmen von 594, 546, 553, 503 und 435 ermittelt.

Bei Verfütterung von Rationen mit Küchenabfällen stellt Lysin meist die erstlimitierende Aminosäure dar. Starkes Erhitzen vermindert die Lysinverfügbarkeit. Durch Lysinzusätze (1 – 3 g/kg T) wurden meist Mehrzunahmen erzielt (Popechina und Tajakina 1985, Rodnow 1980). Die Mineralstoff- und Vitaminergänzung der Schweinemastration sollte entsprechend den für Hackfruchtmast geltenden Empfehlungen erfolgen.

13.2. Produkte der Backwarenindustrie

Größere Backwarenbetriebe haben eine Produktionskapazität von 10 — 15 kt/a und fertigen auf erzeugnisspezifischen Produktionslinien Brot und Kleingebäck (80%) sowie Konditoreiwaren (20%). Diese gliedern sich in folgende Prozeßstufen: Rohstoffannahme, Lagerung und Vorbereitung, Teigbereitung und Bearbeitung, Backprozeß, Nachbehandlung und Verpackung. Das Mehl wird mit Tankwagen angeliefert und pneumatisch in die Annahmesilos gefördert oder gelangt bei Sackanlieferung in die Lagersilos. Hier und bei der Backvorbereitung ist Kehrmehl ein Abprodukt. Auch bei der Teigbereitung und nach dem Backprozeß gibt es verfütterungswürdige Abfälle, wie nicht qualitätsgerechte Erzeugnisse, Kuchenränder, Zwieback-, Kuchen- und Feingebäckabfälle. Außerdem fällt beim Verkauf von Backwaren das sog. Backfutter (unverkaufte, überlagerte Backwaren) an, das sich vorrangig aus den verschiedensten Brotsorten, Brötchen und Kuchenresten zusammensetzt.

Alle Nebenprodukte sind hochverdaulich und energiereich, denn sie enthalten wenig Rohfaser, aber hohe Anteile an N-freien Extraktstoffen (Stärke, Zucker; Tabelle 234). Für Feingebäckabfälle ist außerdem ein beachtlicher Fettgehalt typisch (s. Tabelle 234). Obgleich Rohprotein- und Aminosäurengehalte in der Größenordnung des Getreides liegen, muß jedoch bei der Verfütterung an monogastrische Nutztiere berücksichtigt werden, daß der Backprozeß in der Regel eine Proteinschädigung bewirkt, die vor allem die Verfügbarkeit der Aminosäure Lysin, aber auch weiterer essentieller Eiweißbausteine mehr oder weniger vermindert. Durch Zusätze bei der Teigbereitung, wie Zucker, Fette, Backhefe, Salz, Aromastoffe und die dabei zum Teil notwendige Sauerteigmikroflora (Mischbrot, Roggenbrot), weisen die Abfälle einen angenehmen Geruch auf und werden gern gefressen.

Tabelle 234. Nährstoffgehalt und energetischer Futterwert von Rückständen der Teig- und Backwarenindustrie (zusammengestellt nach Angaben von Kling und Wöhlbier 1983 und eigenen Untersuchungen, Felkl et al. 1982)

Produkt	T g/kg FM	je kg Trockensubstanz						
		XP g	XL g	XF g	XX g	XA g	DP[1] g	EFs[1] g
Teig- und Dauerbackwaren	880	135	20	10	810	25	122	810
Abfälle der Teigherstellung	880	174	12	10	793	10	156	805
Feingebäckabfälle	920	110	147	9	711	14	99	991
Kuchenränder	525	122	72	54	740	12	110	878
Weizenbrotabfälle	740	118	50	33	788	11	106	858
Roggenbrotabfälle	720	109	34	21	796	41	98	852
Zwiebackabfälle	920	110	41	8	828	14	99	855
Backfutter ($\approx$ 80% Brot und 20% Feingebäck und sonstiges)	901	113	28	43	780	36	102	804
Kehrmehl	911	113	21	34	802	30		

[1]) Bei der Berechnung des Gehaltes an DP und Energie wurden folgende Verdaulichkeiten unterstellt: Rohprotein = 90%, Rohfett = 90%, Rohfaser = 50%, XX = 98%.

Wenig Angaben liegen zum Mineralstoff- und Vitamingehalt vor. Roggenbrot enthält nach einigen Analysen 1,2 g Ca und 7,6 g P/kg T, in Weizenbrotabfällen wurden 8,7 g P/kg T ermittelt. Mit dem Vorkommen an Vitaminen des B-Komplexes (außer Vitamin B_{12}) ist zu rechnen, wenngleich Verluste beim Herstellungsprozeß nicht auszuschließen sind.

Aufgrund der Tatsache, daß immer mit Schwankungen im Nährstoffgehalt bei den Abfällen der Backwarenindustrie zu rechnen ist, sind bei höheren Einsatzmengen kontinuierliche Futtermittelanalysen zweckmäßig. Besondere Beachtung verdient auch die Trockensubstanz aus der Sicht der Zwischenlagerung. Diese ist nur möglich, wenn der T-Gehalt >88−90% ist. Bei geringem T-Anteil muß eine Verfütterung innerhalb von 2−3 Tagen erfolgen, wenn keine Nachtrocknung erfolgt, um vor allem einen Pilzbefall, aber auch weitere Qualitätsbeeinträchtigungen bei diesen hochwertigen Produkten zu vermeiden. Verschimmelte Partien sind nicht fütterungswürdig.

Rückstände der Teig- und Backwarenindustrie werden vorzugsweise in der Schweinefütterung eingesetzt, eignen sich aber auch für Rinder und Geflügel. Als maximale tägliche Futtergabe werden 1,5 kg Backfutter je Tier bei einem T-Gehalt von 80% empfohlen (Bolduan et al. 1984). Bei der individuellen Schweinemast werden oft Brotabfälle bis zu 80% der Rationstrockensubstanz mit befriedigenden Ergebnissen verfüttert, sofern der erforderliche Protein-, Mineralstoff- und Vitaminausgleich gewährleistet ist. Wichtig ist das Einweichen von nachgetrockneten Abfällen und zu empfehlen die feuchtkrümelige Futterdarbietung in Kombination mit anderen Futtermitteln. Sollten größere Abfallmengen zu verwerten sein, ist auch der Einsatz an Mastrinder (Flachowsky und Kilian 1988/89) und Kühe in Tagesgaben von maximal 5 kg je Tier möglich. Eine ungleich größere Bedeutung hat die Verfütterung von Abfällen der Backwarenindustrie an die verschiedenen Geflügelarten und Kaninchen bei den individuellen Haltern.

Literatur

Bildt, B.: persönliche Mitteilung (1986).
Bolduan, G., U. Herrmann, H. Jung und W. Kracht: Schweinfütterung. Deutscher Landwirtschaftsverlag, Berlin 1984
Dawydow, O. F., und F. K. Sajzewa: Svinovodstvo **11**, 26 (1965).
Dominguez, O. F., J. A. Lan y Y. E. Garcia: Tec. Agric. Ganado porcino **6**, 2, 39 (1983).
Felkl, H., K. Rosalewski und I. Braband: Erschließung und Nutzung örtlicher Futterreserven für die Fütterung. Meißen 1982.
Fenske, G., und G. Pioch: Mh. Vet.-Med. **33**, 781 (1983).
Flachowsky, G., und G. Kilian: Tierern. und Fütterung **16**, 76 (1988/89).
Gonzalez, J., C. P. Diaz, P. L. Dominguez, J. Ly und Y. Torres: Ciene, Tec. Agric. Ganadoporcino **7**, 4, 57 (1984).
Grossmann, G.: Mh. Vet.-Med. **30**, 228 (1975).
Gruhn, K.: Eiweißreiche Sekundärfuttermittel. Schriftenreihe der LEF Remderoda, Heft 7/1983, 4−35.
Gruhn, K.: unveröffentlichte Ergebnisse (1987).
Halle-Lettin: Daten aus der Zentralstelle für Futtermittelprüfung und Fütterung Halle-Lettin (1986).
Kling, M., und W. Wöhlbier: Die Handelsfuttermittel. Verlag Eugen Ulmer, Bd. 2b, 924 (1983).
Kornegay, E. T., G. W. van der Noor, K. M. Barth, W. S. Mac Grath, J. G. Welch und F. D. Porkhiser: J. Anim. Sci. **24**, 319 (1965).
Kracht, W.: unveröffentlichte Ergebnisse (1982 bis 1987).
Kracht, W.: Küchenabfälle und weitere Sammelfutter. Fortschrittsberichte für die Land- und Nahrungsgüterwirtschaft der AdL 26 (1988).

Kracht, W., und W. Rusche: Tierzucht **58**, 77 (1984).
Perez Valdivia, J. D. Rioy, J. Ly: Cienc. Tec. Agric. Ganadoporcino **6**, 3, 83 (1983).
Pjasinski, S., W. Bermont i W. Katkevič: Svinovodstvo **9**, 33 (1979).
Pond, W. G., und J. H. Maner: Swine Production and Nutrition. AVI Publishing Company, 366 (1984).
Popechina, P. C., i Z. W. Tajakina: Rosselchozizdat. Moskva 1985, 435.
Rodnow, W.: Svinovodstvo **1**, 17 (1980).
Rodnow, W.: Svinovodstvo **3**, 23 (1984).
Schellner, G., und F. Taubert: Jb. für Fütterungsberatung **3**, 240 (1960/61).
Talkington, F. D., E. B. Shotts, R. E. Wolley, W. K. Whitehead and C. N. Dobbins: Am. J. Vet. Res. **42**, 1298 (1981).
Wianjakowa, N. N., i A. I. Noskow: Shivotnovodstvo **5**, 25 (1966).
Wünsche, J., und F. Kreienbring. unveröffentlichte Ergebnisse (1987).

14. Tierexkremente und Panseninhalt

Als Tierexkremente werden die im Kot ausgeschiedenen Bestandteile und der Harn landwirtschaftlicher Nutztiere, der überwiegend Endprodukte des Eiweißstoffwechsels enthält, bezeichnet. Die unter Produktionsbedingungen anfallenden Kot-Harn-Gemische (Stallmist, Gülle) können außerdem Fremdwasser, Futterreste, Einstreu, Rückstände von Reinigungs- und Desinfektionsmitteln, Medikamente und ihre Metabolite sowie weitere Fremdmaterialien enthalten. Neben der Nutzung der Exkremente als Düngemittel oder der Verwendung zur Energieerzeugung kann die Verfütterung unter verschiedenen Bedingungen eine zweckmäßige Form der Exkrementverwertung darstellen. Die Aufnahme des eigenen Kotes durch Tiere wird als *Koprophagie* bezeichnet. Die Ratte verzehrt 50 − 65% ihres Kotes, auch das Kaninchen nimmt einen Teil des eigenen Kotes wieder auf. Koprophagie dient unter anderem zur Versorgung mit B-Vitaminen und Vitamin K. Ausführliche Informationen über Möglichkeiten der Exkrementverfütterung sind u. a. den Übersichten von Flachowsky und Day (1986/87), Flachowsky und Hennig (1990), Flachowsky und Löhnert (1983), Fontenot (1981), Hennig und Poppe (1975), Huber (1981), Müller (1980; 1982) und Ørskov (1980) zu entnehmen. Abb. 96 zeigt mögliche Ursachen, die weltweit für eine Nutzung von Tierexkrementen als Futtermittel entscheidend sein können. In Deutschland ist die Exkrementverfütterung nicht gestattet. Da Inhaltsstoffe und Verdaulichkeit von Panseninhalt mit Exkrementen vergleichbar sind, wird im vorliegenden Abschnitt auch auf dieses Material eingegangen.

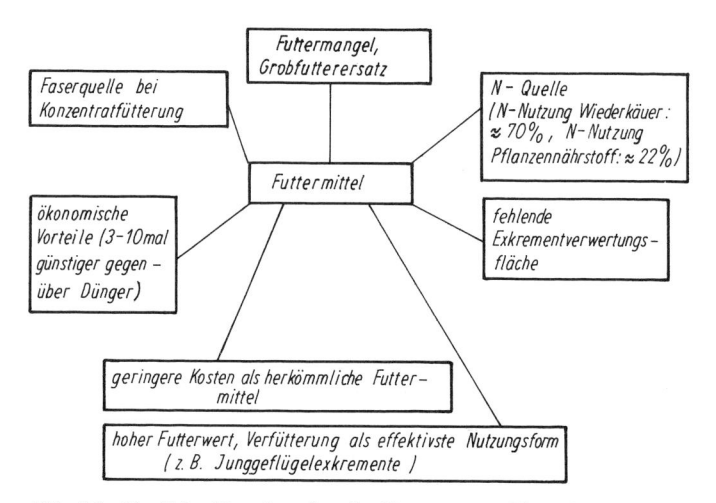

Abb. 96. Mögliche Ursachen für die Nutzung von Tierexkrementen als Futtermittel.

14.1. Exkrementanfall und Einsatzmöglichkeiten

Die anfallenden Exkrementmengen (Tabelle 235) hängen von einer Vielzahl von Einflußfaktoren ab (Abb. 97), so daß die definitive Beurteilung von Menge und Inhaltsstoffen der Exkremente Kenntnisse über die Herkunft und umfangreiche analytische Arbeit voraussetzt. Bezogen auf die Lebendmasse beträgt die täglich anfallende Exkrementtrockenmasse bei Broilern 2,0 — 2,5%, bei Legehennen 1,5 — 2,0%, beim Mastschwein 0,6 — 0,8% und bei Rindern 0,5 — 0,8%. Jährlich ist in Deutschland mit etwa 30 Mill. t Trockensubstanz an Tierexkrementen zu rechnen, annähernd 65% sind Rinderexkremente, 25% Schweineexkremente, 5% Legehennenexkremente und 3% Junggeflügelexkremente. Weltweit beträgt der Exkrementanfall jährlich etwa 2 Mrd. t Trockensubstanz.

Tabelle 235. Mittelwerte für den täglichen Kot-, Harn- bzw. Exkrementanfall verschiedener Nutzungsrichtungen (Angaben in kg je Tier und Tag)

Tierart bzw. Nutzungsrichtung	Kotmenge		Harnmenge		Exkrementmenge	
	Trockensubstanz	Frischmasse	Trockensubstanz	Frischmasse	Trockensubstanz	Frischmasse
Mastgeflügel (1000 g LM)	—	—	—	—	0,025	0,08
Legehenne	—	—	—	—	0,03	0,15
Mastschwein (80 kg LM)	0,6	2,5	0,06	3,0	0,66	5,5
Mastrind (300 kg LM)	2,0	10	0,3	10	2,3	20
Milchkuh (550 kg LM)	3,5	20	0,5	15	4,0	35

futtermittelspezifische Faktoren
- Rationsgestaltung
- Futteraufnahme
- Wasseraufnahme
- Verdaulichkeit
- Futterverluste
- Trockensubstanzgehalt des Kotes
- Futterzusätze (z.B. $CuSO_4$)

tierspezifische Faktoren
- Tierart
- Nutzungsrichtung
- Alter
- Haltung
- Besatzdichte
- veterinärmedizinische Behandlung
- Harnmenge

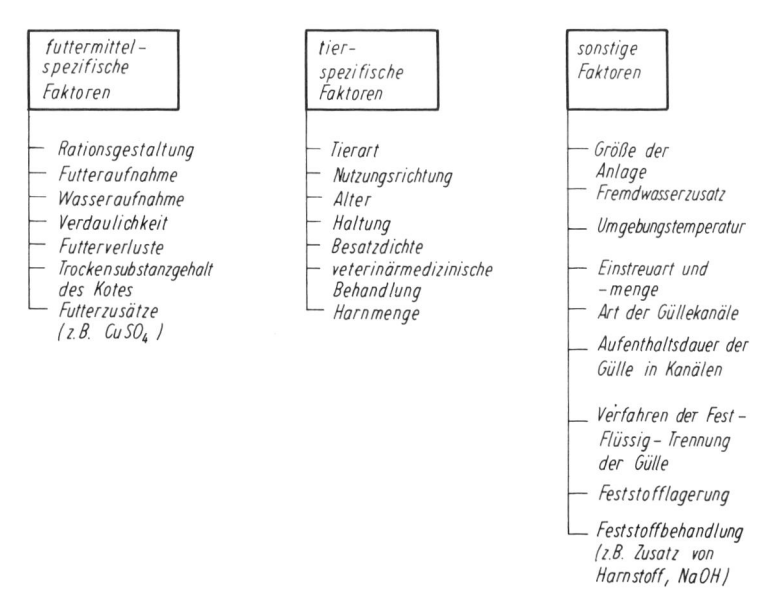

sonstige Faktoren
- Größe der Anlage
- Fremdwasserzusatz
- Umgebungstemperatur
- Einstreuart und -menge
- Art der Güllekanäle
- Aufenthaltsdauer der Gülle in Kanälen
- Verfahren der Fest-Flüssig-Trennung der Gülle
- Feststofflagerung
- Feststoffbehandlung (z.B. Zusatz von Harnstoff, NaOH)

Abb. 97. Einflüsse auf die Höhe des Exkrementanfalls und auf die Exkrementinhaltsstoffe.

Da Monogasterexkremente im wesentlichen die Rückstände der überwiegend enzymatischen Verdauung darstellen, erscheint die Verfütterung an Wiederkäuer zweckmäßig. Die Exkremente sollten vorrangig an Mastrinder verfüttert werden, können jedoch auch bei Mutterkühen und Schafen eingesetzt werden.

Umfangreiche Untersuchungen wurden zur möglichen Gefährdung von Tier- und Humangesundheit nach Exkrementverfütterung sowie zur Behandlung der Exkremente vor der Verfütterung durchgeführt. Bei Anwendung entsprechender Behandlungsmethoden, wie z. B. Langzeitlagerung, Silierung, Erwärmung, aerobe Behandlung, chemische Behandlung, können pathogene Keime abgetötet werden (McCaskey et al. 1985, Lober et al. 1992), so daß Kupfervergiftung bei Verfütterung Cu-reicher Geflügeltiefstreu an Schafe bisher als einzige Störung beschrieben wurde (Fontenot 1977). Es besteht weitgehend Übereinstimmung darin, daß die Gefährdung der Konsumenten durch Rückstände in Tierprodukten nach Verfütterung von Tierexkrementen nicht größer ist als beim Einsatz herkömmlicher Futtermittel (Lindley 1982).

14.2. Inhaltsstoffe, Futterwert, Aufbereitung, Lagerung und Einsatzempfehlungen von Exkrementen

14.2.1. Junggeflügelexkremente und -tiefstreu

Zu dieser Futtermittelgruppe werden Exkremente von Aufzucht- (Küken, Junghennen, Jungputen, Jungenten, Junggänse) und Mastgeflügel (Broiler, Mastputen, Mastenten, Mastgänse) zusammengefaßt. Haltungsform und -dauer, Fütterung und Verdauung sind bei den Geflügelarten sehr unterschiedlich, so daß Rohnährstoffgehalt, Verdaulichkeit und Energiekonzentration der verschiedenen Exkremente bzw. von Tiefstreu erheblich variieren, wie in Abb. 98 für Broilertiefstreu gezeigt wird.

- **Inhaltsstoffe und Verdaulichkeit**

Junggeflügelexkremente und -tiefstreu sind trockensubstanz- und N-reicher als die Kot-Harn-Gemische von Schwein und Rind sowie rohascheärmer als Legehennenexkremente. Der Trockensubstanz- und Rohnährstoffgehalt der Junggeflügelexkremente bzw. -tiefstreu hängt neben der Tierart vor allem von Alter und Fütterung der Tiere sowie der Haltungsform ab. Bei Broilern in Käfighaltung beträgt beispielsweise der Trockensubstanzgehalt der Exkremente in der ersten Lebenswoche infolge der hohen Stalltemperatur 70 bis 80%, im Mittel der Mast dagegen lediglich 33%. Im Vergleich zu den Exkrementen ist die Tiefstreu der verschiedenen Junggeflügelarten in Abhängigkeit von Einstreuart und -menge bedeutend trockensubstanzreicher, enthält mehr Rohkohlenhydrate und nur 60 bis 80% des Rohproteins der Exkremente. Um eine hohe Futteraufnahme zu erreichen, sollte der Trockensubstanzgehalt der Tiefstreu >70% betragen. Der in den Futtermischungen in der Reihenfolge Pute > Broiler > Junghenne abnehmende Proteingehalt spiegelt sich auch in den Exkrementen bzw. in der Tiefstreu wider. Das Rohprotein der Geflügelexkremente besteht zu 40 – 60% aus NPN-Verbindungen, davon sind über 75% Harnsäure. Der Abbau der Harnsäure im Pansen bis zum Ammoniak erfolgt bedeutend langsamer als die Harnstoffspaltung, so daß Harnsäure im Vergleich zu Harnstoff für den Wiederkäuer als physiologisch günstiger beurteilt werden kann.

14.2. Inhaltsstoffe, Futterwert, Aufbereitung, Lagerung und Einsatzempfehlungen   439

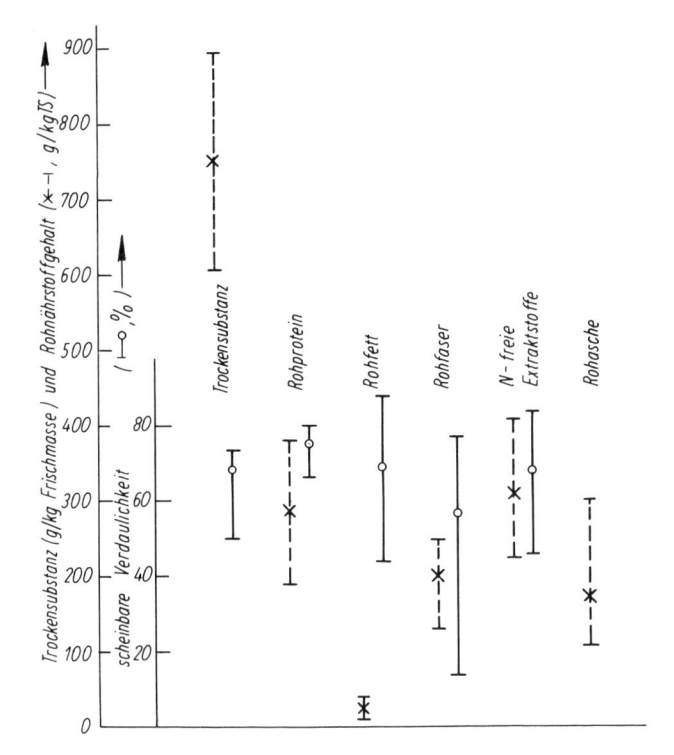

Abb. 98. Mittelwerte und Variationsbreite des Rohnährstoffgehaltes und der scheinbaren Verdaulichkeit von Broilertiefstreu.

Junggeflügelexkremente sind relativ reich an Ca, P, Fe und Zn (s. Anhang). Neuere Untersuchungen zeigten vor allem eine geringe Verfügbarkeit des Ca aus Broilertiefstreu, so daß exkrementhaltige Rationen mit Ca-reichem und P-armem Mineralstoffgemisch ergänzt werden sollten. Der Vitamingehalt der Exkremente kann vernachlässigt werden. Außerdem kommen in Exkrementen und Tiefstreu verschiedene Futterzusätze vor. Beispielsweise wurden 30—50% der im Mischfutter enthaltenen Tetracycline in der Broilertiefstreu wiedergefunden. Die eingesetzten Kokzidiostatika werden zu unterschiedlichen Anteilen ausgeschieden. Bei Verwendung des Polyether-Antibiotikums Monensin als Kokzidiostatikum könnte diese Substanz bei der Verfütterung der Tiefstreu an Mastrinder noch als Pansenfermoregulator (Hennig 1982) wirken.

Junggeflügelexkremente und -tiefstreu weisen von allen Tierexkrementen beim Wiederkäuer die höchste Verdaulichkeit und den höchsten Protein- und Energiegehalt auf. Die Verdaulichkeit der organischen Substanz von Broiler- und Mastputenexkrementen beträgt 76% und ist mit der von Kartoffeln oder Hafer vergleichbar. Der Futterwert der Tiefstreu hängt neben den in Abb. 97 dargestellten Faktoren vor allem vom verwendeten Einstreumaterial ab. Wenn eine Verfütterung der Tiefstreu vorgesehen ist, dann sollte Stroh als Einstreumaterial genutzt werden.

● **Lagerung und Aufbereitung**

In Anlagen, in denen Junggeflügelexkremente bzw. -gülle anfällt, sind wie bei Legehennengülle-Stroh-Gemischen eine Aufbereitung mit Stroh (evtl. gemahlen) und anderen Grobfuttermitteln und ein gemeinsamer Einsatz mit Konzentrat möglich. Diese

Feststellung trifft auch für den Einsatz von Junggeflügelgüllefeststoffen zu, wenn sie nach der Fest-Flüssig-Trennung von Gülle anfallen.

Junggeflügel wird meist auf Tiefstreu gehalten. Falls Holzabfälle statt Stroh als Einstreumaterial verwendet werden, dann darf das Holz nicht mit toxischen Chemikalien behandelt worden sein. Es ist darauf zu achten, daß die Tränken nicht auslaufen und dadurch die Tiefstreu befeuchtet wird. Ein Umstechen der Einstreu, vor allem bei längerer Haltung des Junggeflügels (z. B. Junghennen, Jungmastputen), und die Selektion verdorbener Partien (z. B. feuchte Stellen in der Nähe laufender Tränken) steigern den Trockensubstanzverzehr.

Die silageähnliche Zwischenlagerung in hohen Durchfahrtsilos oder in Bergeräumen (≈ 2 bis 3 Wochen) übt einen positiven Einfluß auf den Tiefstreuverzehr aus. Bei der Zwischenlagerung erwärmt sich die Tiefstreu (bis auf 80 °C, teilweise Schwarzverfärbung infolge Schwelung), was eine Senkung des Keimgehaltes, aber auch der Verdaulichkeit bewirkt. Gegenüber der Kaltbelüftung weist die silageähnliche Lagerung energetische Vorteile auf. Durch Harnstoffzusatz (gleichmäßige Verteilung über Tiefstreu vor Entmistung) erwärmt sich die Tiefstreu weniger, weist eine höhere Verdaulichkeit auf, und vorhandene Salmonellen werden abgetötet (Lober et al. 1992). Falls die Tiefstreu gröbere Partien enthält, ist vor der Verfütterung eine Homogenisierung zweckmäßig. Eine weitere Form der Tiefstreuaufbereitung stellt die Pelletierung der Tiefstreu gemeinsam mit anderen Futtermitteln (Stroh, Konzentrate u. a.) dar. Dieses Verfahren ist arbeitswirtschaftlich vorteilhaft, verursacht jedoch erhebliche Kosten und hohe Energieaufwendungen, so daß lose Schüttmischungen mit Tiefstreuanteilen bevorzugt werden sollten.

• **Einsatzempfehlungen**

Die Einsatzhöhe ist so zu wählen, daß eine Belastung der Wiederkäuer mit zu hohen N- und P-Gaben vermieden wird. Mit einer Menge von $\approx 0,5$ kg T Broilertiefstreu je 100 kg Lebendmasse kann meist der Rohprotein- und Mineralstoffbedarf von Mastbullen abgedeckt werden. Höhere Einsatzmengen sind möglich, jedoch ist eine wesentliche Überschreitung der Proteinversorgung unzweckmäßig, und es ist sogar eine Senkung der Trockensubstanzaufnahme zu erwarten. Besonders vorteilhaft ist die Kombination der N-reichen Tiefstreu mit proteinarmen Futtermitteln, wie Maissilage, Getreidestroh, Tapiokamehl und Rübenprodukten. Durch Vermischung mit Futtermitteln, die gern gefressen werden bzw. die Pansenfermentation günstig beeinflussen, wie z. B. Melasse und Rüben, kann die Trockensubstanzaufnahme gesteigert werden.

14.2.2. Legehennenexkremente und -aufbereitungsprodukte

• **Inhaltsstoffe und Verdaulichkeit**

Legehennenexkremente und Legehennengülleaufbereitungsprodukte unterscheiden sich vor allem durch den bedeutend höheren Rohaschegehalt von Junggeflügelexkrementen und auch von Exkrementen anderer Tierarten. Der Trockensubstanzgehalt der Legehennenexkremente variiert zwischen 20 und 25%. Durch Fremdwassereinsatz entsteht Gülle, die mit Dekanterzentrifugen in eine flüssige Phase und Feststoffe getrennt werden kann. Güllefeststoffe sind rohproteinärmer und reicher an Rohkohlenhydraten als Exkremente (Abb. 99).

14.2. Inhaltsstoffe, Futterwert, Aufbereitung, Lagerung und Einsatzempfehlungen

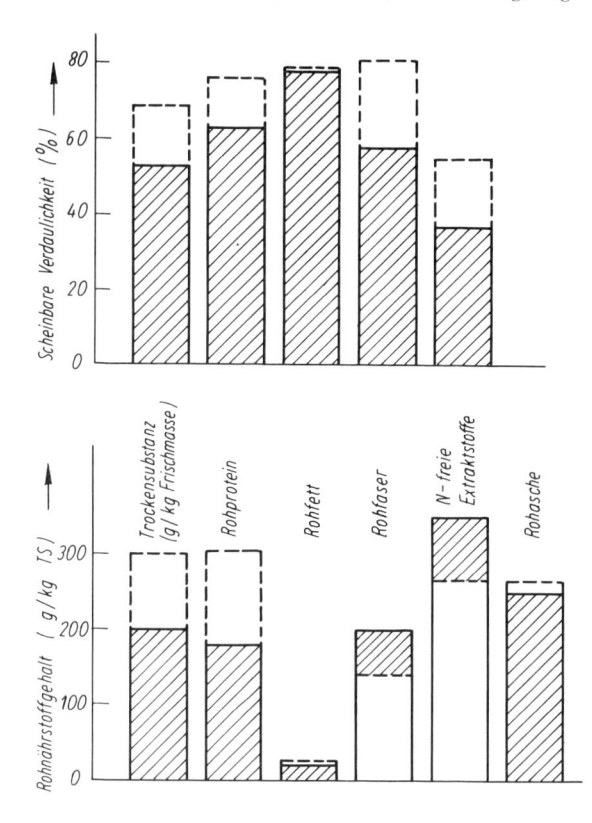

Abb. 99. Mittlerer Rohnährstoffgehalt und mittlere scheinbare Verdaulichkeit (Wiederkäuer) von Legehennenexkrementen (☐) und dekantierten Feststoffen (▨) der Legehennengülle.

Verdaulichkeit und Energiekonzentration der Güllefeststoffe liegen wesentlich unter den Angaben für Legehennenexkremente (s. Abb. 99). Die Hauptursache für diese Unterschiede sind die nach der Fest-Flüssig-Trennung der Gülle in der flüssigen Phase enthaltenen Nährstoffe. Lösliche und damit meist auch hochverdauliche Bestandteile, wie z. B. Zucker, Eiweiße und Schleimstoffe, verbleiben in der flüssigen Phase ($\approx 50\%$ der T) und gehen somit der Rezyklierung verloren. Bei Haltung der Legehennen auf Einstreu sind für den Futterwert der Tiefstreu und auch für den Einsatz in der Wiederkäuerfütterung die für Junggeflügeltiefstreu getroffenen Feststellungen gültig. Bedingt durch die proteinärmere und aschereichere Fütterung liegen der Proteingehalt und die Energiekonzentration jedoch unter den und der Rohaschegehalt über den für Broilertiefstreu mitgeteilten Daten (s. Abb. 98 und 99). Infolge der Ca-reichen Fütterung ($\approx 3,0\%$ Ca im Legehennenmischfutter) weisen Legehennenexkremente und Güllefeststoffe einen hohen Ca-Gehalt auf (bis 80 g Ca/kg T).

- **Aufbereitung und Einsatz**

Für die Verfütterung sind frische Exkremente zu verwenden. Aufbereitungsprodukte, z. B. Güllefeststoffe, dürfen vor der Verfütterung maximal 2 Tage zwischenlagern (Schimmelbildung). Legehennenexkremente können in unterschiedlicher Form für die Verfütterung an Mastrinder aufbereitet werden:
– Vermischung der Exkremente (20–30% T) mit anderen Grobfuttermitteln und gemeinsame Verfütterung mit Konzentrat (Hennig und Poppe 1975).
– Herstellung von Rohgülle-Stroh-Gemischen (3–5 Teile Legehennengülle, 1 Teil Stroh, gleichmäßig vermischt; Löhnert et al. 1984/85).

442   14. Tierexkremente und Panseninhalt

- Einsatz von Feststoffen der Legehennengülle im Gemisch mit anderen Futtermitteln (Kumpert und Rutz 1976).
- Die technische Trocknung von Legehennenexkrementen bzw. Güllefeststoffen ist aus energetischen Gründen und wegen der Umweltbelästigung abzulehnen.

Infolge des hohen Rohaschegehaltes (s. Abb. 99) sollten Legehennenexkremente und -aufbereitungsprodukte nicht mehr als 20% der T-Aufnahme der Mastrinder ausmachen (<0,5 kg T/100 kg Lebendmasse und Tag). Da die Strukturwirksamkeit dieser Exkremente nahezu Null ist, sind entsprechende Ergänzungen der Rationen vorzunehmen.

14.2.3. Schweineexkremente und -aufbereitungsprodukte

● Inhaltsstoffe und Verdaulichkeit

Der Rohnährstoffgehalt des Schweinekotes hängt vor allem vom Alter bzw. von der Fütterung der Tiere ab. Mit steigendem Alter der Tiere und veränderter Rationsgestaltung nimmt der Rohproteingehalt (Ferkel: 30%, Sau: 18% in T) ab, während der Rohfaser- (Ferkel: 14%, Sau: 30% in T) und der Rohaschegehalt im Kot ansteigen.

Die Zusammensetzung der Güllefeststoffe wird wesentlich vom Verfahren der Fest-Flüssig-Trennung der Gülle beeinflußt. Abgepreßte Feststoffe sind trockensubstanzreicher und enthalten mehr Rohkohlenhydrate (Rohfaser und N-freie Extraktstoffe), jedoch weniger Rohprotein und Rohasche (Tabelle 236) und sind demnach strohähnlicher als dekantiertes Material. Analog Broilertiefstreu (s. Abb. 98) treten bei Inhaltsstoffen und Verdaulichkeit erhebliche Variationsbreiten auf (s. Tabelle 236), so daß Analysen zur Beurteilung des Futterwertes notwendig sind. Dekantierte Feststoffe enthalten mehr Mengen- und Spurenelemente als abgepreßtes Material (s. Tabellenanhang). Die Unterschiede im Rohaschegehalt der abgepreßten Feststoffe aus einer Anlage, die während verschiedener Jahre anfielen, können sowohl mit Verschleißer-

Tabelle 236. Mittelwerte und Variationsbreiten des Rohnährstoffgehaltes und der scheinbaren Verdaulichkeit von dekantierten und abgepreßten Feststoffen der Mastschweinegülle

	Rohnährstoffgehalt (g/kg T)		Scheinbare Verdaulichkeit beim Wiederkäuer (%)	
	Dekantierte Feststoffe	Abgepreßte Feststoffe	Dekantierte Feststoffe	Abgepreßte Feststoffe
Trockensubstanz (g/kg Frischmasse)	290 (240 – 350)	480 (230 – 600)	– –	– –
Organische Substanz	810 (750 – 860)	923 (865 – 950)	48 (37 – 62)	46 (40 – 55)
Rohprotein	150 (110 – 200)	85 (55 – 120)	54 (50 – 57)	41 (11 – 68)
Rohfett	20 (8 – 30)	18 (10 – 25)	70 (60 – 80)	48 (0 – 85)
Rohfaser	250 (210 – 290)	310 (260 – 350)	48 (44 – 54)	50 (35 – 61)
N-freie Extraktstoffe	390 (280 – 480)	510 (450 – 600)	44 (38 – 48)	45 (34 – 55)
Rohasche	190 (140 – 250)	77 (50 – 135)	–	–

scheinungen in den Güllekanälen als auch durch den Übergang von der Schwerkraft- zur Spülentmistung erklärt werden (Tabelle 237). Der höhere Cu-Gehalt der nach 1978 anfallenden Proben wurde durch Einsatz von $CuSO_4 \cdot 5\,H_2O$ als Leistungsförderer in der Schweinemast verursacht. Trotz des hohen Cu-Gehaltes ist die Verfügbarkeit des Cu aus den Schweineexkrementen gering (5–24%), da infolge der anaeroben Verhältnisse in den Güllekanälen Cu vermutlich als CuS festgelegt wird.

Tabelle 237. Gehalt an ausgewählten Mineralstoffen in abgepreßten Feststoffen der Schweinegülle aus einer Schweinemastanlage in verschiedenen Perioden

Untersuchungs-zeitraum	n	Roh-asche	Ca	P	Fe	Cu	Zn	Mn
		(g/kg T)			(mg/kg T)			
Schwerkraftentmistung 1976/77	26	65 ±12	7,8 ±2,0	6,4 ±0,7	1015 ±167	22 ±6	90 ±28	110 ±41
Schwerkraftentmistung 1978/79	75	89 ±17	15,2 ±5,8	7,2 ±2,2	1606 ±319	178 ±57	266 ±94	±41 ±12
Spülentmistung 1982/83	36	106 ±19	13,5 ±2,2	6,4 ±1,3	2273 ±520	218 ±45	250 ±70	16 ±8

Die Verdaulichkeit der Rohnährstoffe und die Energiekonzentration von Schweinekot sind ähnlich den Legehennenexkrementen höher als für Gülleteststoffe. Trotz unterschiedlichem Rohnährstoffgehalt (s. Tabelle 236) stimmen Verdaulichkeit der organischen Substanz und Energiekonzentration von dekantierten und abgepreßten Feststoffen der Mastschweinegülle annähernd überein (s. Tabelle 236) und entsprechen nahezu Getreidestroh (s. Kap. 5).

- **Lagerung und Aufbereitung**

Feuchte Feststoffe der Schweinegülle verschimmeln nach 2–3 Tagen Lagerung und sind nicht mehr fütterungswürdig. Durch Zusatz von 2–3% Harnstoff (bezogen auf die Feststofftrockensubstanz; ≈ 10 kg Harnstoff je t feuchte abgepreßte bzw. dekantierte Feststoffe, gleichmäßig vermischt) als Konservierungsmittel können die Lagerungseigenschaften der feuchten Feststoffe wesentlich verbessert werden (Wolfram 1980). Die Ursache für diesen Konservierungserfolg ist in der fungiziden und bakteriziden Wirkung des aus dem Harnstoff entstehenden Ammoniaks zu suchen. Neben der Konservierung bewirkt das Ammoniak analog dem Strohaufschluß (s. Kapitel 5.) auch einen besseren Abbau der Feststofftrockensubstanz im Pansen (Abb. 100); die scheinbare Verdaulichkeit der organischen Substanz wird um ≈ 5% erhöht. Eine weitere, den Futterwert und die Futteraufnahme der Feststoffe erhöhende Behandlungsmaßnahme ist der Zusatz von Alkalilaugen (≈ 2% NaOH oder 3% KOH zur Feststofftrockensubstanz; Wolf 1979, Wolfram 1980; s. Abb. 100). Der Laugeneinsatz ist um so effektiver, je höher der Rohkohlenhydratanteil in den Feststoffen (dekantiert: 60–65%, abgepreßt: 80–85% der T) ist. Damit eine ausreichende Wirkung der Lauge garantiert ist, sollte die Feststoffbehandlung mindestens 2–3 Tage vor der Verfütterung erfolgen. Durch den Zusatz von NaOH kann der Keimgehalt der Feststoffe wesentlich reduziert werden (Wolfram 1980). Die Lagerung von harnstoff- und NaOH-behandelten Feststoffen der Schweinegülle kann in Schüttkegelform oder in entsprechenden Vorratsboxen über Wochen erfolgen. Ein Wasserzutritt zu den Feststoffen ist zu verhindern.

444   14. Tierexkremente und Panseninhalt

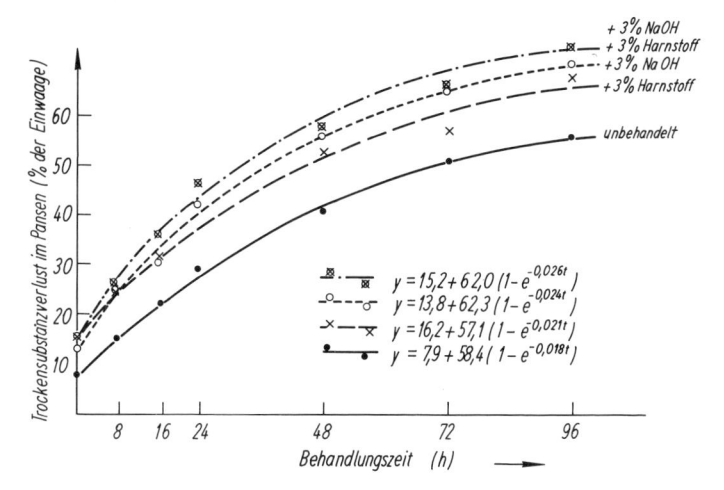

Abb. 100. Trockensubstanzverlust im Pansen von unterschiedlich behandelten Feststoffen der Schweinegülle (Flachowsky und Ørskov 1986).

- **Einsatzempfehlungen**

Schweineexkremente können nach entsprechender Behandlung (Fest-Flüssig-Trennung der Gülle, Harnstoff- und NaOH-Zusatz u. a.) vor allem als feuchte, dekantierte oder abgepreßte Güllefeststoffe im Gemisch mit Konzentraten oder Grobfuttermitteln in der Wiederkäuerfütterung zum Einsatz gelangen. Bedingt durch verschiedene Inhaltsstoffe (z. B. Rohasche) sollten die Rationen nicht mehr als 25% Trockensubstanz ($\approx 0{,}5$ kg T/100 kg LM) aus dekantierten Feststoffen enthalten. Bei abgepreßten Feststoffen wird die Einsatzhöhe vor allem von der niedrigen Energiekonzentration und der angestrebten Mastleistung bestimmt. Bei mastviehgerechter Rationsgestaltung können 0,75 kg T/100 kg LM als maximale Einsatzempfehlung gelten. Trotz des hohen Cu-Gehaltes der Feststoffe nach Einsatz von $CuSO_4 \cdot 5\,H_2O$ als ergotrope Substanz in der Schweinemast (s. Tabelle 237) ist die Verfütterung an Rinder möglich.

14.2.4. Rinderexkremente

Obwohl annähernd zwei Drittel der weltweit anfallenden Exkrementtrockensubstanz Rinderexkremente sind, gelangten Wiederkäuerexkremente bisher nur bei extremem Futtermangel unter Praxisbedingungen zum Einsatz (Flachowsky et al. 1978/79, Hennig und Poppe 1975). Die überwiegend grobfutterreiche Wiederkäuerfütterung ist als Hauptgrund anzusehen, warum Rinderexkremente keine Bedeutung als Futtermittel haben. Beispielsweise betrug die Verdaulichkeit der Trockensubstanz des von Mastrindern anfallenden Kotes 27, 36 bzw. 62% (Gilbertson et al. 1974), wenn die Rinder mit Heu, Maissilage bzw. Konzentrat gefüttert wurden.

14.2.5. Sonstige Exkremente

Die Exkremente sonstiger Tierarten (Pferde, Schafe, Ziegen, Kaninchen, Pelztiere u. a.) haben einen geringen Anteil am gesamten Exkrementanfall ($<10\%$ der T) und gegenwärtig keine Bedeutung für eine Rezyklierung. Die Verdaulichkeit der organischen

Substanz von Pferdekot bzw. Feststoffen der Kaninchengülle beträgt beispielsweise 31 bzw. 50%. Schafkot ist mit Rinderexkrementen vergleichbar (Flachowsky und Hennig 1990, Flachowsky und Löhnert 1983, Hennig und Poppe 1975).

14.3. Panseninhalt

Auf den Rinderschlachthöfen fallen große Mengen Panseninhalt an (30 — 80 kg/RGV; Mittel: 50 kg), die wegen nicht vorhandener Nutzungsmöglichkeiten umweltbelastend sind. Der Trockensubstanzgehalt schwankt zwischen 8 und 15%. Bedingt durch die relativ lange Nüchterung der Rinder vor der Schlachtung (24 — 48 h) sind die leicht fermentierbaren Kohlenhydrate abgebaut, und der Panseninhalt stellt vor allem eine Mischung aus Zellwandbestandteilen und Bakterienkörpern dar. Der Rohnährstoffgehalt unterliegt in Abhängigkeit von verschiedenen Einflußfaktoren, wie z. B. Fütterung und Nüchterungsdauer, erheblichen Schwankungen (Tabelle 238). Der Ligningehalt ($\approx 15\%$ in der T) steht in enger Beziehung zum Rohfasergehalt (r = 0,94, Kamphues 1981) und kann mit dem von Getreidestroh verglichen werden.

Tabelle 238. Mittlerer Rohnährstoffgehalt (g/kg T) und Schwankungsbreite von unbehandeltem und gepreßtem Panseninhalt sowie von Preßsaft (nach Kamphues 1981)

	Trocken-substanz (g/kg Frischsubstanz)	Roh-protein	Roh-fett	Roh-faser	N-freie Extrakt-stoffe	Roh-asche
Unbehandelter Panseninhalt	120 80 — 150	140 85 — 218	35 8 — 130	320 226 — 400	380 303 — 472	125 53 — 180
Gepreßter Panseninhalt	250 200 — 400	125 118 — 134	20 10 — 29	380 330 — 415	390 360 — 420	85 74 — 100
Preßsaft	45 25 — 90	305 264 — 333	90 88 — 95	40 32 — 55	235 178 — 251	330 277 — 384

Für Wiederkäuer beträgt die Verdaulichkeit der organischen Substanz im Mittel 40%, die Schwankungsbreite 31 — 45%; bei Schweinen wurden Werte zwischen 20 und 26% gefunden. Die Proteinqualität entspricht etwa der von Gras vor der Blüte. Sein Futterwert ist demnach gering und übersteigt den von Rinderexkrementen nur unwesentlich (s. Abschnitt 14.2.4.).

Billige und wenig störanfällige Aufbereitungs- und Konservierungsverfahren sind wesentliche Voraussetzungen für die Nutzung von Panseninhalt als Futtermittel. Eine zweckmäßige Variante kann die Behandlung des Panseninhaltes nach den bei der Schweinegülleaufbereitung beschriebenen Prinzipien darstellen:
— Fest-Flüssig-Trennung mit Sieben und Pressen;
— Zusatz von Harnstoff (15 — 20 kg je t feuchter Panseninhalt), silageähnliche Zwischenlagerung bei pH von ≈ 9;
— Besprühen mit NaOH (≈ 50 l 20%ige NaOH je t feuchten Panseninhalts; Wolfram 1980).

Der Trockensubstanzgehalt von abgesiebtem Material sollte $>20\%$, nach Einsatz von Pressen 25 — 40% betragen. Durch den Harnstoffzusatz wird der feuchte Panseninhalt für längere Zeit (bis 8 Wochen) lagerungsfähig, und die Verdaulichkeit der organischen Substanz kann von etwa 40 bis auf 50% ansteigen. Das Besprühen mit NaOH bewirkt eine weitere Erhöhung der Verdaulichkeit sowie einen höheren Verzehr.

Inhaltsstoffe (s. Tabelle 238) und geringer Futterwert beschränken den Einsatz auf Wiederkäuergruppen mit relativ geringem Energiebedarf (z. B. Mutterkühe, Mastrinder in der Vormast, Hammel). Die Einsatzempfehlungen für dieses geringwertige Grobfuttermittel sind mit denen von abgepreßten Schweinegüllefeststoffen (s. Abschnitt 14.2.3.3.) vergleichbar.

Falls im Schlachtbetrieb eiweißreiche Schlachtabfälle in flüssiger Form für die Schweinefütterung aufbereitet werden, könnte Panseninhalt, bei dem allerdings der Rohfasergehalt die Einsatzhöhe limitiert, oder vorzugsweise der N-reiche Preßsaft (s. Tabelle 238) dem Gemisch zugesetzt werden.

Literatur

Autorenkollektiv: Animal Wastes. In: Underutilized resources as animal feedstuffs. National Academy Press, Washington D.C. 1983.
Flachowsky, G., und D. I. Day: Tierernährung und Fütterung **15**, 277 (1986/87).
Flachowsky, G., und A. Hennig: Biol. Wastes **31**, 17 (1990).
Flachowsky, G., und H.-J. Löhnert: Tierexkremente als Futtermittel. Schriftenreihe der Lehrgangseinrichtung für Fütterungsberatung Remderoda, Heft 7/1983, 36.
Flachowsky, G., and E. R. Ørskov: Arch. Anim. Nutr. **36**, 905 (1986).
Flachowsky, G., Ingrid Wolf, G. Stubendorff, E. Kumpert und E. Herrmann: Tierernährung und Fütterung **11**, 66 (1978/79).
Fontenot, J. P.: Conf. Alternative Nitrogen Sources for Ruminants. Atlanta, Georgia, 9 – 11. 11. 1977, **34**.
Fontenot, J. P.: In: J. T. Huber (Ed.): Upgrading residue and byproducts for animals. CRC Press. Inc., Boca Raton/Florida 1981.
Gilbertson, C. B., J. A. Nienhaber, J. R. Ellis, T. M. McCalla, T. J. Klopfenstein and S. D. Farlin: Agricult. Exp. Sta., Univ. Nebraska, Res. Bull. **262**, 20 (1974).
Hennig, A.: Ergotropika. Deutscher Landwirtschaftsverlag Berlin, 1982.
Hennig, A., und S. Poppe: Abprodukte tierischer Herkunft als Futtermittel. Deutscher Landwirtschaftsverlag, Berlin 1975.
Huber, J. T.: Upgrading residues and by-products for animals. CBC Press, In., Boca Raton/Florida 1981.
Kamphues, J.: Übers. Tierernähr. **9**, 259 (1981).
Kumpert, F., und G. Rutz: Tierzucht **30**, 54 (1976).
Lindley, J. A.: North Central Regional Res. Publ. No. **281**, MWPS-25, 17 (1982).
Lober, U., E. Eisengarten und G. Flachowsky: Biores. Techol. **41**, 135 (1992).
Löhnert, H.-J., W. Thiele, G. Ritschel und G. Flachowsky: Tierernährung und Fütterung **14**, 97 (1984/85).
McCaskey, T. G., A. I. Sutton, E. P. Lincoln, D. C. Dorson and J. P. Fontenot: Proc. 5th Int. Symp. on Agricultural Wastes. ASAE, Chicago, 16./17. Dez. 1985, 275.
Müller, Z. O.: FAO Anim. Prod. and Health Paper. No. **18**, FAO Rome, 1980.
Müller, Z. O.: FAO Anim. Prod. and Health Paper. No. **28**, FAO Rome, 1982.
Ørskov, E. R.: By-products and wastes in animal feeding. Occasional Publ., Brit. Soc. of Animal. Prod. Longman, London 1980.
Wolf, Ingrid: Untersuchungen zur Verbesserung des Futterwertes von rohfaserreichem Grobfutter mit niedrigem Energiegehalt. Diss. A, Sektion Tierprod. und Vet.-Med. der Universität Leipzig 1979, 115 S.
Wolfram, D.: Untersuchungen zum optimalen Einsatz von Feststoffen der Schweinegülle in der Mastrinderfütterung und Hinweise zur Rationsgestaltung. Diss. A, Sektion Tierprod. und Vet.-Med. der Universität Leipzig 1980, 129 S.

15. Anhang

● **Inhaltsstoffe, Verdaulichkeit und Futterwert von Futtermitteln**

Die Tabellen wurden mit Hilfe folgender Quellen zusammengestellt:
- DLG-Futterwerttabellen (Wiederkäuer, 1991; Schweine, 1991, Aminosäuren, 1976; Mineralstoffe, 1973)
- Rostocker Futterbewertungssystem (1988)
- Futtermitteltabellenwerk (Nehring et al. 1970)
- Tabellenanhang im Fachbuch „Tierernährung" (Kirchgeßner 1987)
- Nährstofftabelle zur Geflügelfütterung (Jahrbuch für die Geflügelwirtschaft 1992)
- Degussa-Tierernährung, Aminosäuren-Zusammensetzung von Futtermitteln (1990)
- Feedstuffs Analysis Tables (1989, 1990, 1991)

15.1. Futterwerttabelle für Wiederkäuer

Futtermittel	Trockenmasse g je kg Frischmasse	je kg Trockenmasse							Verdaulichkeit der organischen Substanz %	je kg Trockenmasse				
		Rohasche g	Rohprotein g	Rohfett g	Rohfaser g	N-freie Extraktstoffe g	Zucker g	Stärke g		ME MJ	NEL MJ	StE	EFr	
● Grünfutter														
Ackerbohne, in der Blüte	160	57	199	9	260	475	—	0	69	9,86	5,82	570	520	
Alexandrinerklee, in der Blüte	190	138	206	35	232	389	—	0	70	9,52	5,66	526	525	
Erbse (Futtererbse), in der Blüte	150	105	174	30	243	448	—	0	69	9,86	5,85	542	520	
Esparsette, in der Blüte	230	61	193	22	313	411	—	0	66	9,46	5,51	495	500	
Futterrübenblätter, sauber	160	178	164	23	124	511	—	0	80	10,29	6,35	624	525	
Gerste, vor bis Ährenschieben	170	114	119	30	298	439	—	0	81	10,95	6,71	649	605	
Hafer, vor bis Rispenschieben	170	101	151	41	214	493	188	0	82	11,35	6,98	687	620	
Inkarnatklee, in der Blüte	200	100	160	22	261	457	—	0	70	9,74	5,79	553	510	
Klee, persischer, in der Blüte	190	132	206	29	208	425	—	0	73	9,98	5,98	561	510	
Knaulgras, im Rispenschieben	220	72	141	55	269	483	83	0	74	10,57	6,33	593	550	
Kohlrübenblätter	130	161	212	30	131	466	—	0	85	11,12	6,93	675	585	
Landsberger Gemenge, Beginn der Blüte	160	103	157	28	267	445	—	0	70	9,65	5,72	560	535	
Lupine, gelb, süß, in der Blüte	140	94	215	34	269	388	—	0	71	9,34	5,45	539	515	
Luzerne, 1. Schnitt														
in der Knospe	170	111	213	30	257	389	46	0	69	9,43	5,54	537	500	
in der Blüte	200	109	174	28	296	393	—	0	65	8,83	5,12	480	470	
Ende der Blüte	230	101	172	28	340	359	54	0	60	8,20	4,67	423	440	
2. und weitere Schnitte														
in der Knospe	180	105	210	31	264	390	46	0	70	9,03	5,25	468	500	
in der Blüte	210	108	191	31	310	360	—	0	63	8,40	4,81	411	460	
Mais, Beginn der Kolbenbildung	170	66	101	23	261	549	171	0	72	10,27	6,16	605	570	
in der Milchreife	210	53	89	25	226	609	144	158	75	11,00	6,71	654	590	
in der Teigreife	270	49	88	28	205	630	116	243	72	10,70	6,48	630	610	
Ende der Teigreife	320	47	83	31	193	646	100	300	72	10,70	6,48	624	610	

15.1. Futterwerttabelle für Wiederkäuer

Mais, Restpflanze												
aus Lieschkolbenernte	300	64	78	17	274	567	173	42	63	8,95	5,23	492	490
aus Corn-Cob-Mix-Ernte	350	77	70	18	298	537	—	0	62	8,69	5,05	446	465
aus Körnerernte	400	83	59	13	336	509	78	0	58	7,92	4,53	366	430
Maiskolben, mit Hüllblättern	500	22	102	31	141	704	83	515	84	13,06	8,27	739	700
ohne Hüllblätter	600	20	99	39	96	746	12	593	85	13,55	8,66	772	720
Markstammkohl, frühgeerntet	120	146	178	30	127	519	—	0	79	10,67	6,56	644	580
Ölrettich, Beginn der Blüte	130	211	164	32	251	342	—	0	74	9,10	5,44	520	490
Raps, vor der Blüte	110	153	216	40	132	459	111	0	78	10,35	6,29	630	590
Roggen, vor bis im Ährenschieben	170	96	166	37	257	444	86	0	79	10,98	6,67	650	610
Rotklee, 1. Schnitt													
in der Knospe	160	98	186	35	206	475	—	0	75	10,58	6,38	629	560
in der Blüte	220	91	162	29	253	465	36	0	68	9,42	5,53	539	510
Ende der Blüte	235	87	147	28	298	440	—	0	65	9,17	5,35	496	485
2. und weitere Schnitte													
in der Knospe	180	99	201	36	220	444	—	0	69	9,66	5,70	569	550
in der Blüte	220	89	177	34	281	419	—	0	64	9,00	5,22	496	500
Rotkleegrasgemenge, 1. Schnitt													
in der Knospe	170	95	161	31	240	473	—	0	68	10,05	5,98	555	525
in der Blüte	200	83	132	26	277	482	—	0	73	10,07	6,00	579	545
Ende der Blüte	240	92	128	26	311	443	—	0	67	9,22	5,40	498	515
Rüben, vor der Blüte	110	167	209	42	141	441	—	0	84	11,17	6,93	674	590
Senf, weißer, vor der Blüte	130	149	258	43	147	403	117	0	76	9,52	5,79	567	530
Serradella, in der Blüte	135	134	197	31	266	372	—	0	69	9,30	5,48	532	505
Sonnenblume, Beginn der Blüte	120	154	146	28	210	462	—	0	66	8,82	5,20	512	500
Weide, extensiv													
1. Aufwuchs													
vor Ähren-/Rispenschieben	170	103	151	31	209	506	—	0	77	11,09	6,74	640	610
im Ähren-/Rispenschieben	190	86	124	30	247	513	—	0	80	10,72	6,45	607	605
in der Blüte	220	78	112	30	283	497	72	0	76	10,23	6,09	569	585
Ende der Blüte	240	78	98	28	311	485	83	0	66	9,75	5,75	532	515
2. und weitere Aufwüchse													
unter 4 Wochen	170	111	149	39	208	493	—	0	73	10,13	6,05	591	550
4 – 6 Wochen	200	103	131	37	246	483	—	0	70	9,59	5,68	557	520

Fortsetzung 1

Futtermittel	Trocken-masse g je kg Frisch-masse	je kg Trockenmasse							Verdau-lichkeit der organi-schen Substanz %	je kg Trockenmasse			
		Roh-asche g	Roh-pro-tein g	Roh-fett g	Roh-faser g	N-freie Extrakt-stoffe g	Zuk-ker g	Stär-ke g		ME MJ	NEL MJ	StE	EFr
Weide, intensiv (Mähweide)													
1. Aufwuchs													
vor Ähren-/Rispenschieben	160	106	241	41	188	424	—	0	79	11,11	6,75	663	630
im Ähren-/Rispenschieben	180	103	208	44	239	406	—	0	77	10,63	6,39	628	615
in der Blüte	220	106	175	40	268	411	—	0	72	10,00	5,95	571	550
Ende der Blüte	240	107	159	40	302	392	—	0	69	9,33	5,46	509	500
2. und weitere Aufwüchse													
unter 4 Wochen	160	108	230	39	203	420	—	0	71	10,22	6,12	598	530
4–6 Wochen	180	105	228	49	242	376	—	0	73	10,15	6,01	593	530
Weißklee, in der Knospe	130	118	233	26	191	432	—	0	80	10,45	6,30	596	590
Weizen, vor bis im Ährenschieben	210	82	126	33	267	492	—	0	76	10,50	6,30	600	580
Weidelgras, deutsches													
1. Aufwuchs													
vor Ährenschieben	160	102	195	41	192	470	115	0	82	11,41	6,97	663	625
im Ährenschieben	180	111	181	37	220	451	108	0	77	10,77	6,52	617	590
in der Blüte	210	97	135	51	261	476	126	0	70	10,29	6,16	578	550
Ende der Blüte	230	107	125	22	331	415	—	0	62	8,94	5,20	477	470
2. und weitere Aufwüchse													
unter 4 Wochen	190	125	175	33	195	472	—	0	70	10,06	6,02	589	560
4–6 Wochen	220	102	150	38	232	478	109	0	67	10,04	5,97	581	540
Weidelgras, welsches													
1. Aufwuchs													
vor Ährenschieben	160	110	152	35	204	499	133	0	86	11,73	7,31	714	640
im Ährenschieben	180	119	165	37	241	438	151	0	79	10,65	6,47	634	600
in der Blüte	210	102	132	50	271	465	—	0	69	9,56	5,65	541	530
Ende der Blüte	250	106	116	25	317	436	—	0	61	9,19	5,38	496	460
2. und weitere Aufwüchse													
4–6 Wochen	210	142	176	37	234	411	102	0	67	9,49	5,63	546	510

15.1. Futterwerttabelle für Wiederkäuer

Wiese, grasreich, 1. Schnitt												
vor Ähren-/Rispenschieben	170	95	181	57	207	480	—	0	80	11,35	6,94	679	610
im Ähren-/Rispenschieben	180	85	159	54	251	471	107	0	75	10,44	6,27	616	580
in der Blüte	210	85	144	51	282	458	79	0	72	10,13	5,65	527	550
Ende der Blüte	230	85	125	29	309	452	68	0	69	9,58	5,29	484	525
2. und weitere Schnitte												
unter 4 Wochen	180	120	179	57	199	465	—	0	73	10,10	6,05	600	550
4–6 Wochen	200	101	167	38	243	451	—	0	70	9,83	5,83	570	540
Wiese, klee- und kräuterreich												
1. Schnitt												
vor Ähren-/Rispenschieben	160	102	260	44	200	394	—	0	80	11,25	6,85	651	610
im Ähren-/Rispenschieben	180	96	220	34	242	408	—	0	77	10,65	6,40	629	590
in der Blüte	200	95	191	32	276	406	—	0	73	10,08	6,01	561	560
Ende der Blüte	220	93	169	31	305	402	46	0	70	9,61	5,67	525	520
2. und weitere Schnitte												
unter 4 Wochen	170	113	257	45	198	387	—	0	79	10,19	6,10	597	580
4–6 Wochen	190	98	221	38	244	399	—	0	74	10,01	5,92	579	560
Zuckerrübenblätter, sauber	160	165	160	21	109	545	197	0	82	10,61	6,59	654	555
● Grünfutter — Silage												
Hafer, in der Blüte	220	90	92	38	327	453	2	0	66	9,29	5,44	502	510
Ende der Blüte	265	88	83	31	371	427	—	0	59	8,15	4,66	438	460
Landsberger Gemenge, Beginn der Blüte	350	108	141	40	296	415	—	0	71	9,85	5,85	543	530
Luzerne, 1. Schnitt												
vor der Knospe	350	136	220	40	212	392	—	0	70	9,68	5,74	556	520
in der Knospe	350	123	197	38	274	368	—	0	65	8,96	5,22	487	490
in der Blüte	350	117	176	41	318	348	1	0	61	8,36	4,79	429	460
Ende der Blüte	350	120	168	38	362	312	—	0	57	7,82	4,42	402	440
2. und weitere Schnitte												
in der Knospe	350	129	198	38	277	358	1	0	65	9,04	5,25	488	480
in der Blüte	350	131	181	34	319	335	—	0	59	8,24	4,70	419	440
Mais, in der Milchreife	210	61	93	32	234	580	12	179	70	10,43	6,27	605	575
in der Teigreife	270	52	90	32	213	613	3	245	71	10,77	6,52	629	590
Ende der Teigreife	320	46	86	33	204	631	48	300	71	10,88	6,59	637	600
Maiskolben, mit Hüllblättern	500	29	97	36	159	679	2	321	82	12,74	8,03	720	695
ohne Hüllblätter	600	21	95	40	93	751	6	580	84	12,90	8,14	732	700

Fortsetzung 2

Futtermittel	Trockenmasse g je kg Frischmasse	je kg Trockenmasse						Verdaulichkeit der organischen Substanz %	je kg Trockenmasse				
		Rohasche g	Rohprotein g	Rohfett g	Rohfaser g	N-freie Extraktstoffe g	Zucker g	Stärke g		ME MJ	NEL MJ	StE	EFr
Markstammkohl, frühgeerntet	140	163	103	30	180	524	–	0	76	10,15	6,22	599	550
Raps, Beginn der Blüte	130	171	172	60	204	393	–	0	83	10,94	6,73	653	610
Roggen, im Ährenschieben	170	126	163	54	276	381	–	0	77	10,77	6,52	624	610
in der Blüte	230	118	103	41	366	372	–	0	70	9,30	5,46	525	500
Rotklee, 1. Schnitt													
in der Knospe	350	122	194	49	215	420	–	0	75	10,03	6,00	562	585
in der Blüte	350	125	179	42	260	394	–	0	68	9,57	5,65	528	540
Rotkleegrasgemenge, 1. Schnitt													
in der Knospe	350	113	167	42	258	420	–	0	77	10,73	6,50	616	600
Weide, extensiv													
1. Aufwuchs													
vor Ähren-/Rispenschieben	350	111	140	45	227	477	–	0	75	10,85	6,57	622	600
im Ähren-/Rispenschieben	350	103	126	41	263	467	45	0	72	10,44	6,26	592	570
in der Blüte	350	102	112	37	296	453	35	0	72	9,97	5,91	558	550
2. und weitere Aufwüchse													
unter 4 Wochen	350	120	135	45	226	474	–	0	70	9,54	5,64	536	540
4–6 Wochen	350	114	126	40	258	462	–	0	65	8,84	5,14	482	500
Weide, intensiv (Mähweide)													
1. Aufwuchs													
vor Ähren-/Rispenschieben	350	114	187	43	220	436	–	0	77	10,79	6,54	629	610
im Ähren-/Rispenschieben	350	111	168	41	258	422	–	0	73	10,15	6,07	577	570
in der Blüte	350	113	150	37	290	410	–	0	72	9,94	5,92	554	540
2. und weitere Aufwüchse													
unter 4 Wochen	350	132	192	41	214	421	–	0	68	9,86	5,88	563	520
4–6 Wochen	350	124	168	43	254	411	–	0	75	9,45	5,58	531	550
Wiese, grasreich, 1. Schnitt													
vor Ähren-/Rispenschieben	350	114	158	44	224	460	90	0	74	10,85	6,57	623	600
im Ähren-/Rispenschieben	350	110	144	40	263	443	80	0	73	10,08	6,02	572	560
in der Blüte	350	109	129	37	294	431	35	0	73	9,99	5,96	556	540
Ende der Blüte	350	108	111	34	322	425	46	0	69	9,46	5,61	535	510

15.1. Futterwerttabelle für Wiederkäuer

2. und weitere Schnitte													
unter 4 Wochen	350	115	156	48	221	460	—	0	68	10,02	5,98	572	540
4–6 Wochen	350	114	149	41	258	438	—	0	68	9,50	5,61	535	520
Wiese, klee- und kräuterreich													
1. Schnitt													
vor Ähren-/Rispenschieben	350	115	207	45	218	415	—	0	79	11,05	6,71	649	610
im Ähren-/Rispenschieben	350	115	184	38	257	408	1	0	73	10,16	6,07	579	560
in der Blüte	350	112	162	36	290	400	10	0	69	9,49	5,59	524	520
Ende der Blüte	350	106	146	35	320	393	20	0	68	9,33	5,47	502	500
2. und weitere Schnitte													
unter 4 Wochen	350	105	218	38	245	394	—	0	70	9,51	5,58	543	530
4–6 Wochen	350	98	182	31	273	416	—	0	65	8,97	5,21	494	500
Zuckerrübenblätter, sauber	160	168	142	32	159	499	37	0	79	10,41	6,41	624	560
● Heu													
Luzerne, 1. Schnitt													
in der Knospe	860	100	183	21	287	409	—	0	64	8,73	5,05	405	460
in der Blüte	860	85	161	18	340	396	—	0	61	8,44	4,84	372	430
2. und weitere Schnitte													
in der Knospe	860	95	175	21	294	415	—	0	58	8,05	4,58	356	420
Rotklee, 1. Schnitt													
in der Knospe	860	111	151	26	245	467	—	0	68	9,74	5,78	534	490
in der Blüte	860	89	146	24	285	456	—	0	65	9,45	5,54	503	470
Ende der Blüte	860	90	138	18	357	397	—	0	63	8,42	4,84	394	450
Rotkleegrasmenge, 1. Schnitt													
in der Knospe	860	83	133	26	278	480	—	0	72	9,67	5,69	520	550
in der Blüte	860	84	129	24	315	448	—	0	65	9,08	5,29	422	480
Weide, extensiv, 1. Aufwuchs													
im Ähren-/Rispenschieben	860	77	98	24	284	517	—	0	71	9,90	5,85	525	540
in der Blüte	860	76	86	22	314	502	—	0	68	9,20	5,35	435	510
2. und weitere Aufwüchse													
4–6 Wochen	860	92	109	29	279	491	—	0	67	9,10	5,25	430	510
Weide, intensiv (Mähweide)													
im Ähren-/Rispenschieben	860	85	143	28	280	464	—	0	72	10,02	5,97	504	540
in der Blüte	860	85	124	25	309	457	—	0	69	9,47	5,57	455	520
2. und weitere Aufwüchse													
4–6 Wochen	860	98	149	31	270	452	—	0	68	9,33	5,48	465	510

454 15. Anhang

Fortsetzung 3

Futtermittel	Trockenmasse g je kg Frischmasse	je kg Trockenmasse							Verdaulichkeit der organischen Substanz %	je kg Trockenmasse			
		Rohasche g	Rohprotein g	Rohfett g	Rohfaser g	N-freie Extraktstoffe g	Zucker g	Stärke g		ME MJ	NEL MJ	StE	EFr
Wiese, grasreich, 1. Schnitt													
im Ähren-/Rispenschieben	860	80	114	26	283	497	84	0	70	9,69	5,74	484	530
in der Blüte	860	80	101	23	313	483	70	0	63	8,73	5,06	403	480
Ende der Blüte	860	77	89	21	342	471	—	0	60	8,28	4,75	371	440
2. und weitere Schnitte													
unter 4 Wochen	860	109	141	32	233	493	—	0	71	10,03	6,00	527	550
unter 4–6 Wochen	860	90	122	30	276	482	—	0	67	9,35	5,49	457	510
Wiese, klee- und kräuterreich													
1. Schnitt													
im Ähren-/Rispenschieben	860	93	164	30	276	437	—	0	71	9,88	5,86	495	530
in der Blüte	860	94	138	27	307	434	—	0	65	8,93	5,19	421	490
Ende der Blüte	860	86	124	23	339	428	—	0	61	8,30	4,75	375	450
2. und weitere Schnitte													
unter 4 Wochen	860	109	188	34	226	443	—	0	71	9,85	5,86	511	540
4–6 Wochen	860	100	168	31	269	432	—	0	66	9,14	5,33	446	490
● Stroh													
Erbse	860	89	107	21	373	410	0	0	55	7,43	4,17	332	410
Gerste	860	63	38	16	434	449	21	18	48	6,51	3,58	306	385
mit Natronlauge aufgeschlossen	860	108	41	14	417	420	0	0	61	7,86	4,50	395	440
mit Ammoniak aufgeschlossen	860	59	84	15	446	396	0	0	57	7,70	4,33	398	430
Hafer	860	65	56	15	443	441	14	16	49	6,51	3,58	313	390
Knaulgras	860	72	55	24	413	436	—	0	44	5,54	2,97	221	320
Roggen	860	56	37	15	468	424	8	29	45	6,03	3,26	293	280
Rotschwingel	860	70	60	18	391	461	—	0	49	6,72	3,71	292	390
Weidelgras	860	68	54	17	382	479	0	0	53	7,33	4,11	330	410
Weizen	860	81	37	14	427	441	10	13	45	6,02	3,28	270	300
mit Natronlauge aufgeschlossen	860	100	38	14	432	416	0	0	59	7,69	4,37	393	430
mit Ammoniak aufgeschlossen	860	71	86	15	439	389	0	0	54	7,29	4,07	365	400
Wiesenschwingel	860	77	59	18	394	452	0	0	50	6,98	3,88	306	390

15.1. Futterwerttabelle für Wiederkäuer

● Wurzeln und Knollen												
Futterrübe, gehaltvolle	150	97	85	8	66	744	545	0	88	12,07	7,78	711	630
Massenrübe	120	118	94	9	79	700	543	0	90	12,03	7,77	711	630
Kartoffel, roh	220	62	97	4	27	810	37	712	94	13,88	9,18	877	690
gedämpft	220	68	98	6	28	800	6	670	85	12,53	8,05	789	630
gedämpft, siliert	220	74	108	4	37	777	—	—	88	12,88	8,34	814	650
Kohlrübe	110	85	112	8	106	689	588	0	90	12,33	7,92	736	650
Mohrrübe	110	123	93	16	92	676	256	0	90	12,31	7,97	718	650
Stoppelrübe	90	133	142	14	120	591	353	0	90	11,89	7,60	703	650
Zuckerrübe	230	81	68	6	54	791	647	0	89	12,44	8,09	735	650
● Wurzeln und Knollen, fleischige Früchte — getrocknet												
Kartoffelflocken	880	53	89	4	29	825	40	759	87	12,96	8,38	792	650
Kartoffelschnitzel	880	58	92	3	30	817	23	736	86	13,07	8,48	798	650
Maniokmehl/Maniokschnitzel Typ 55	871	45	26	7	36	888	30	756	85	12,94	8,40	809	650
	866	56	28	7	58	851	55	692	85	12,54	8,08	781	650
Zuckerrübenschnitzel	900	54	59	7	71	809	664	—	90	12,91	8,41	765	670
● Körner und Samen												
Ackerbohne	880	59	299	16	90	556	40	411	90	13,59	8,61	839	690
Erbse	880	37	259	15	68	621	66	475	87	13,20	8,34	817	660
Gerste (Sommer)	880	28	120	23	53	776	25	602	86	13,51	8,69	827	700
Gerste (Winter)	880	27	125	27	57	764	26	600	84	13,27	8,47	811	680
Hafer	880	33	123	52	113	679	16	447	73	11,95	7,36	717	650
Hirse (Panicum)	880	34	130	46	52	738	—	—	74	11,89	7,36	713	650
Lein	880	49	248	365	72	266	37	40	79	18,19	11,55	1206	1300
Lupine, blau, süß	880	38	349	55	159	399	54	96	87	13,41	8,30	820	720
Lupine, gelb, süß	880	51	439	54	167	289	51	44	90	13,74	8,52	842	740
Mais	880	17	106	46	26	805	19	695	86	14,20	9,19	882	770
Maiskolbenschrot mit Hüllblättern	880	41	84	22	179	674	86	422	71	10,70	6,48	610	570
ohne Hüllblätter	880	19	90	34	95	762	—	—	77	12,31	7,68	698	650
Milo (Sorghum)	880	18	116	34	25	807	11	734	88	14,05	9,10	839	720
Raps (00-Typ)	880	44	229	445	79	203	52	33	80	16,20	9,80	1030	1550
Reis	880	65	93	23	109	710	—	—	84	12,71	8,10	796	680
Roggen	880	22	113	18	28	819	63	646	90	14,12	9,21	871	720
Sojabohne	880	53	404	201	60	282	77	54	87	16,00	10,06	1035	1020

Fortsetzung 4

Futtermittel	Trockenmasse g je kg Frischmasse	je kg Trockenmasse						Verdaulichkeit der organischen Substanz %	je kg Trockenmasse			
		Rohasche g	Rohprotein g	Rohfett g	Rohfaser g	N-freie Extraktstoffe g	Zucker g	Stärke g		ME MJ	NEL MJ	StE	EFr
Weizen (Hart)	880	23	149	25	30	773	37	662	87	13,77	8,86	847	700
Weizen (Winter)	880	19	138	20	29	794	32	675	89	14,07	9,13	867	720
Wicke	880	71	291	16	64	558	—	—	87	12,73	7,98	785	650
● **Nebenerzeugnisse der Müllerei**													
Gerstenfuttermehl	880	37	140	34	66	723	73	396	77	12,28	7,67	750	660
Gerstenkleie	890	54	126	39	150	631	—	—	73	11,50	7,00	670	620
Gerstenschälkleie	900	67	131	50	204	548	87	103	62	10,08	5,62	503	540
Haferflocken	910	21	139	72	22	746	18	629	86	14,35	9,23	890	790
Haferfuttermehl	910	26	152	80	59	683	16	557	86	14,20	9,10	880	780
Haferschälkleie	910	59	75	33	253	580	11	165	67	10,07	6,00	578	560
Haferspelzen	910	61	56	21	325	537	10	143	59	8,40	4,83	469	470
Maisfuttermehl	890	30	118	73	61	718	38	495	84	13,84	8,83	795	760
Maiskeime	930	57	166	210	59	508	73	306	81	14,45	8,98	886	970
Maiskleie	890	22	125	52	129	672	25	—	81	12,83	8,02	741	700
Reisfuttermehl, gelb	900	115	147	180	104	454	45	241	66	11,86	7,18	690	770
Reisfuttermehl, weiß	890	88	148	153	57	554	47	306	83	14,12	8,96	860	860
Roggenfuttermehl	880	38	162	34	46	720	126	330	80	12,90	8,15	800	630
Roggengrießkleie	880	52	163	38	64	683	109	216	77	11,55	7,11	720	590
Roggenkleie	880	59	163	36	83	659	100	142	69	10,52	6,34	589	550
Weizenfuttermehl	880	43	190	50	52	665	65	375	85	13,51	8,58	790	720
Weizengrießkleie	880	55	176	50	95	624	69	237	75	11,78	7,24	617	630
Weizenkleie	880	65	160	43	134	598	65	156	67	10,12	6,03	495	530
Weizennachmehl	880	38	193	51	33	685	50	519	87	13,96	8,94	815	730
● **Nebenerzeugnisse der Zucker- und Stärkeherstellung**													
Futterzucker	990	8	17	0	0	975	975	—	91	13,72	9,13	689	710
Kartoffelpülpe, frisch	180	35	49	5	208	703	—	—	75	11,04	6,77	650	580
Kartoffelpülpe, getrocknet	880	36	69	6	189	700	2	423	76	11,27	6,94	660	580
Kartoffelstärke	830	5	3	1	8	983	0	980	90	14,30	9,51	900	730

15.1. Futterwerttabelle für Wiederkäuer

Maiskeime, Stärkeindustrie	930	48	139	491	58	264	—	144	82	18,81	11,86	1143	1280
Maiskleber	900	21	705	51	13	210	8	146	90	14,06	8,59	834	680
Maiskleberfutter													
bis 23% Protein	900	63	221	39	87	590	22	231	84	12,67	7,94	767	660
23,1 – 50% Protein	890	60	261	41	90	548	23	203	84	12,86	8,04	775	670
eiweißreich	900	40	417	45	51	447	34	—	83	12,84	7,89	749	650
Maisquellstärke	940	7	4	3	4	982	—	978	91	14,37	9,57	904	720
Maisstärke	880	1	9	3	2	985	20	961	96	15,29	10,36	962	770
Melasse (Zuckerrübe)	770	103	129	2	5	761	628	0	90	12,32	8,02	684	630
Melasse-Rest (Zuckerrübe)	670	272	326	4	3	395	66	0	77	8,76	5,30	492	420
Melasseschnitzel													
9 – 16% Zucker	890	71	107	8	169	645	137	0	87	12,29	7,79	742	620
16 – 25% Zucker	910	80	125	9	159	627	200	0	91	12,66	8,10	764	640
über 25% Zucker	900	84	125	8	143	640	245	0	83	11,61	7,28	699	590
Naßschnitzel, frisch	160	72	98	7	210	613	20	0	80	11,59	7,20	700	610
siliert	140	76	113	20	250	541	51	0	85	11,84	7,36	720	650
Preßschnitzel, siliert	220	70	113	12	212	593	17	0	86	12,15	7,62	734	650
Trockenschnitzel	900	56	100	9	206	629	67	60	84	12,02	7,52	725	630
Weizenkleber	910	12	842	17	5	124	—	0	94	14,33	8,76	886	660
● Nebenerzeugnisse des Gärungsgewerbes													
Biertreber, frisch	240	47	249	78	183	443	12	49	63	10,35	6,06	582	620
siliert	260	50	247	82	195	426	36	—	64	10,55	6,20	568	620
getrocknet	900	48	264	86	169	433	10	39	65	10,63	6,25	579	620
Hefe, Bierhefe, getrocknet	900	81	521	22	24	352	19	75	81	12,15	7,41	756	610
Sulfitablaugenhefe (Torula), getrocknet	910	84	506	36	31	343	3	69	82	12,11	7,36	745	620
Malzkeime	920	70	296	11	145	478	136	54	70	10,01	5,93	504	510
Obsttrester (Apfel), frisch	220	23	66	47	208	656	125	0	62	9,72	5,71	498	515
Obsttrester (Apfel), getrocknet	920	53	57	44	223	623	82	204	70	10,26	6,15	529	560
Schlempe													
aus Kartoffeln, frisch	55	134	306	17	72	471	—	251	87	11,93	7,47	681	600
getrocknet	900	138	278	16	104	464	15	71	72	9,72	5,81	560	500
aus Mais, frisch	70	49	284	116	93	458	29	81	81	13,86	8,63	777	810
getrocknet	900	45	295	77	110	475	17	105	75	12,27	7,47	687	710
aus Roggen	56	53	431	54	56	406	—	—	64	9,94	5,77	554	510
aus Weizen	57	60	369	68	112	391	—	—	58	8,67	4,90	499	470
Zitrustrester, getrocknet	900	64	72	55	136	693	257	34	84	12,41	7,87	685	680

Fortsetzung 5

Futtermittel	Trockenmasse g je kg Frischmasse	je kg Trockenmasse							Verdaulichkeit der organischen Substanz %	je kg Trockenmasse			
		Rohasche g	Rohprotein g	Rohfett g	Rohfaser g	N-freie Extraktstoffe g	Zucker g	Stärke g		ME MJ	NEL MJ	StE	EFr
● **Nebenerzeugnisse der Ölgewinnung**													
Babassuexpeller	910	58	249	71	197	425	–	–	80	12,51	7,68	804	700
Babassuextraktionsschrot	910	55	226	20	255	444	–	–	80	11,49	7,02	729	610
Baumwollsaatexpeller													
aus geschälter Saat													
4–9% Fett	910	69	478	70	102	281	47	–	77	12,17	7,33	762	670
über 9% Fett	900	72	501	116	86	225	40	–	79	13,27	8,07	838	780
aus teilgeschälter Saat													
4–9% Fett	910	69	398	68	174	291	51	–	73	11,51	6,87	651	650
über 9% Fett	910	70	387	108	175	260	26	11	73	12,31	7,40	704	740
aus ungeschälter Saat													
4–9% Fett	910	59	277	68	266	330	27	–	59	9,65	5,57	502	580
über 9% Fett	920	71	326	113	267	223	–	–	61	10,61	6,18	558	680
Baumwollsaatextraktionsschrot													
aus geschälter Saat	900	68	496	19	96	321	58	–	73	10,60	6,24	652	540
aus teilgeschälter Saat	900	69	414	17	182	318	54	36	73	10,57	6,24	578	530
aus ungeschälter Saat	900	67	351	13	260	309	–	–	63	8,97	5,14	462	460
Erdnußexpeller													
aus enthülster Saat													
4–9% Fett	910	62	533	65	56	284	91	59	77	12,30	7,40	767	660
über 9% Fett	930	53	473	136	58	280	121	102	78	13,72	8,37	871	830
aus teilenthülster Saat													
4–9% Fett	920	77	459	63	108	293	95	53	77	12,05	7,27	738	650
aus unenthülster Saat													
4–9% Fett	920	71	372	64	242	251	–	–	64	10,28	5,99	530	570
über 9% Fett	920	81	368	99	246	206	–	–	65	10,87	6,37	566	630
Erdnußextraktionsschrot													
aus enthülster Saat	880	65	568	14	57	296	117	96	88	12,72	7,80	790	620
aus teilenthülster Saat	920	65	530	15	115	275	104	78	84	12,24	7,43	741	600
aus unenthülster Saat	910	63	368	27	261	281	–	–	64	9,64	5,57	489	480

15.1. Futterwerttabelle für Wiederkäuer

Futtermittel													
Kokosexpeller													
5–8% Fett	900	69	230	68	152	481	103	74	77	12,17	7,47	775	690
über 8% Fett	900	67	227	94	145	467	88	19	78	12,73	7,85	814	750
Kokosextraktionsschrot	900	75	257	28	161	499	119	28	83	12,04	7,46	750	640
aufgefettet	900	72	232	54	152	490	119	–	84	12,85	8,02	794	710
Leinexpeller													
4–8% Fett	900	64	375	62	110	389	43	73	75	12,00	7,27	745	650
über 8% Fett	910	63	358	98	100	381	45	76	77	12,79	7,81	801	740
Leinextraktionsschrot	890	66	384	26	103	421	41	–	79	11,76	7,14	718	600
Maiskeimexpeller, 4–8% Fett													
Maismühlenindustrie	910	37	134	55	75	699	43	443	79	12,80	8,03	791	700
Stärkeindustrie	920	35	224	63	100	578	118	298	79	12,63	7,80	791	710
Maiskeimextraktionsschrot													
Maismühlenindustrie	890	43	132	17	82	726	56	436	84	12,76	8,10	782	650
Stärkeindustrie	890	51	259	23	94	573	53	314	88	13,18	8,32	812	670
Palmkernexpeller													
4–9% Fett	910	46	207	73	168	506	30	41	77	12,46	7,65	791	720
über 9% Fett	920	42	187	117	181	473	23	6	77	13,25	8,18	851	840
Palmkernextraktionsschrot	890	43	187	21	199	550	34	8	76	11,33	6,89	714	590
Rapsexpeller													
4–8% Fett	900	77	411	55	128	331	115	19	77	11,78	7,11	724	630
über 8% Fett	910	80	367	87	126	340	115	–	77	12,50	7,62	770	720
Rapsextraktionsschrot	890	82	394	23	140	361	92	46	74	10,74	6,40	647	540
00-Typ	890	79	406	27	129	359	83	–	79	11,49	6,94	694	580
Sesamexpeller													
4–8% Fett	910	129	459	63	80	269	32	–	80	11,85	7,18	738	640
über 8% Fett	920	125	431	110	75	259	16	–	81	12,85	7,89	812	750
Sesamextraktionsschrot	910	110	467	19	73	331	24	–	84	11,82	7,22	730	580
Sojaextraktionsschrot, dampferhitzt													
aus geschälter Saat	890	67	552	13	39	329	115	72	91	12,97	8,01	794	615
aus ungeschälter Saat	880	67	513	14	65	341	105	73	90	13,02	8,06	804	610
Sonnenblumenexpeller													
aus geschälter Saat													
4–8% Fett	900	64	477	64	115	280	71	–	75	11,67	6,95	712	620
über 8% Fett	910	79	474	118	118	211	58	–	75	11,65	6,91	719	710
aus teilgeschälter Saat													
4–8% Fett	910	66	387	59	206	282	85	22	75	10,72	6,31	600	590

Fortsetzung 6

Futtermittel	Trockenmasse g je kg Frischmasse	je kg Trockenmasse							Verdaulichkeit der organischen Substanz %	je kg Trockenmasse				
		Rohasche g	Rohprotein g	Rohfett g	Rohfaser g	N-freie Extraktstoffe g	Zucker g	Stärke g		ME MJ	NEL MJ	StE	EFr	

Sonnenblumenextraktionsschrot														
aus geschälter Saat	910	81	457	17	128	317	103	111	71	10,03	5,87	612	500	
aus teilgeschälter Saat	900	70	383	25	222	300	79	28	68	9,92	5,78	548	510	
aus ungeschälter Saat	880	64	322	27	289	298	65	21	60	8,66	4,91	367	450	
● **Futtermittel tierischer Herkunft und sonstige Futtermittel**														
Backabfälle	880	26	126	32	10	806	35	666	96	15,27	10,16	960	800	
Blutmehl	920	42	923	10	12	13	0	0	73	12,39	7,33	766	500	
Dorschmehl														
65–70% Protein	900	248	680	45	8	21	0	0	87	10,75	6,47	675	540	
Fischmehl														
55–60% Protein, 3–8% Fett	940	272	590	64	17	57	0	0	82	10,22	6,13	651	550	
55–60% Protein, über 8% Fett	940	237	589	122	11	41	0	0	85	12,14	7,43	786	720	
60–65% Protein, 3–8% Fett	920	241	631	68	15	45	0	0	84	10,92	6,58	695	580	
60–65% Protein, über 8% Fett	910	225	631	104	17	23	0	0	86	12,11	7,39	779	690	
65–70% Protein, 3–8% Fett	900	216	675	68	10	31	0	0	86	11,51	6,96	731	610	
65–70% Protein, über 8% Fett	910	186	681	109	10	14	0	0	88	12,97	7,94	833	730	
über 70% Protein, 3–8% Fett	910	177	721	57	8	37	0	0	86	11,76	7,08	744	610	
über 70% Protein, üb. 8% Fett	900	164	716	105	5	10	0	0	89	13,33	8,16	854	740	
Fleischfuttermehl	910	26	841	113	0	20	0	0	90	16,07	9,94	1027	850	
Fleischknochenmehl														
40–45% Protein	940	461	430	71	30	8	0	0	83	7,40	4,38	477	430	
45–50% Protein	940	425	475	77	23	0	0	0	83	8,13	4,84	524	460	
50–55% Protein	950	334	534	86	16	30	0	0	83	9,14	5,42	589	510	
Milchprodukte														
Buttermilchpulver	960	82	320	64	3	531	418	0	91	14,05	9,01	795	790	
Magermilch	86	82	361	11	0	546	559	0	94	13,50	8,60	735	660	
Magermilchpulver	960	83	365	5	3	544	481	0	96	13,34	8,55	727	660	

15.1. Futterwerttabelle für Wiederkäuer

Vollmilch	140	53	262	324	0	361	357	0	98	20,21	13,43	1281	1380
Vollmilchpulver	960	63	270	258	0	409	—	0	96	18,61	12,25	1135	1200
Pflanzenöle													
Erdnußöl	999	1	0	999	0	0	0	0	97	33,00	22,43	2325	2900
Kokosnußöl	999	1	0	999	0	0	0	0	95	32,63	22,10	2299	2850
Maisöl	999	1	0	999	0	0	0	0	85	26,75	17,09	1885	2550
Palmkernöl	999	1	0	999	0	0	0	0	89	30,56	20,28	2153	2650
Sojaöl	999	1	0	999	0	0	0	0	91	30,92	20,60	2179	2700
Tierfett													
Butterschmalz	999	1	0	999	0	0	0	0	92	31,59	21,18	2226	2750
Rindertalg	999	1	0	999	0	0	0	0	82	28,00	18,12	1973	2450
Schweineschmalz	999	1	0	999	0	0	0	0	88	30,12	19,91	2123	2650
Seetieröl, gehärtet	999	1	0	999	0	0	0	0	91	31,15	20,80	2195	2730
Tiermehl													
50–55% Protein, fettreich	950	275	534	140	27	24	0	0	87	11,68	7,13	763	680
55–60% Protein, fettreich	950	235	577	126	30	32	0	0	87	11,78	7,14	765	670
55–60% Protein	950	278	572	86	26	38	0	0	87	10,37	6,23	666	560
60–65% Protein, fettreich	940	194	624	126	38	18	0	0	87	12,41	7,53	804	700
60–65% Protein	940	226	624	85	38	27	0	0	87	11,04	6,62	707	590
65–70% Protein, fettreich	930	147	682	142	29	0	0	0	87	13,71	8,37	889	770
65–70% Protein	930	199	681	71	27	22	0	0	87	11,31	6,77	720	590

15.2. Futterwerttabelle für Schweine

Futtermittel	Trockenmasse g je kg Frischmasse	je kg Trockenmasse									Verdaulichkeit der organischen Substanz %	je kg Trockenmasse			je kg Futtermittel	
		Rohasche g	Rohprotein g	Rohfett g	Rohfaser g	N-freie Extraktstoffe g	Zucker g	Stärke g	BFS g			verdauliches Rohprotein g	ME (BFS-korr.) MJ	EFs	Rohprotein g	ME (BFS-korr.) MJ
● Grünfutter																
Luzerne, vor der Knospe	150	112	272	31	195	390	9	0	379		64	173	8,55	430	36	1,28
in der Knospe	170	111	213	30	257	389	46	0	304		56	137	7,58	380	36	1,29
in der Blüte	200	109	174	28	296	393	66	0	280		51	99	6,96	340	35	1,39
Mais, in der Milchreife	210	53	89	23	226	609	144	158	240		62	28	8,83	470	19	1,94
Maiskolben, mit Hüllblättern	500	22	102	31	141	704	83	515	213		75	64	12,83	630	51	6,42
ohne Hüllblätter	600	20	99	39	96	746	15	593	88		81	74	14,18	700	59	8,51
ohne Hüllblätter, CCM	600	21	106	43	54	776	15	627	60		84	85	14,96	730	64	8,98
Rotklee, vor der Knospe	140	103	228	40	151	478	—	0	290		68	170	10,00	480	32	1,40
in der Knospe	160	98	186	35	206	475	—	0	300		64	141	9,04	450	32	1,44
in der Blüte	220	91	162	29	253	465	36	0	308		56	108	8,04	390	35	1,76
Weide/Wiese, 1. Aufwuchs																
vor Ähren-/Rispenschieben	170	95	181	37	207	480	—	0	236		60	120	8,50	420	31	1,45
im Ähren-/Rispenschieben	180	85	159	34	251	471	107	0	257		50	80	7,35	350	29	1,15
Zuckerrübenblätter, sauber	160	165	160	21	109	545	197	0	349		76	101	9,27	470	21	1,34
● Grünfutter — Silage																
Mais, in der Milchreife	210	61	93	32	234	580	12	179	311		61	40	8,73	470	8	1,83
in der Teigreife	270	52	90	32	213	613	3	245	—		61	40	9,00	480	11	2,43
Ende der Teigreife	320	46	86	33	204	631	48	300	—		61	40	9,20	490	14	3,15
Maiskolben, mit Hüllblättern	500	29	97	36	159	679	2	321	185		72	62	12,02	610	48	6,01
ohne Hüllblätter	600	21	95	40	93	751	6	580	103		80	69	14,18	700	57	8,51
ohne Hüllblätter, CCM	600	21	105	43	53	778	8	625	86		84	83	14,91	730	63	9,38
Weide/Wiese																
vor Ähren-/Rispenschieben	350	114	173	44	222	447	90	0	246		50	94	7,06	350	33	2,47
im Ähren-/Rispenschieben	350	110	156	40	260	434	80	0	275		42	70	6,00	300	24	2,10
Zuckerrübenblätter, sauber	160	168	135	32	159	499	57	0	320		59	62	6,90	420	21	1,08

15.2. Futterwerttabelle für Schweine

● Wurzeln, Knollen und fleischige Früchte

Batatenschnitzel, getrocknet	900	30	42	11	31	886	128	766	0	94	18	15,48	780	38	15,93
Futterrübe, gehaltvolle Rübe	150	97	85	8	66	744	545	0	220	90	48	12,46	680	13	1,87
Massenrübe	120	118	94	9	79	700	543	0	135	82	42	11,54	620	11	1,38
Kartoffel, roh	220	62	97	4	27	810	57	712	390	85	14	11,86	630	21	2,57
gedämpft	220	68	98	6	28	800	6	670	123	93	73	14,98	765	22	5,29
gedämpft, siliert	220	74	108	4	37	777	6	753	12	93	85	14,97	765	24	5,29
Kartoffelflocken	880	55	89	4	29	825	40	739	35	92	60	15,16	770	52	15,34
Kartoffelpülpe, getrocknet	880	36	69	6	189	700	2	423	344	80	0	11,07	600	0	9,75
Kartoffelschnitzel	880	58	92	3	30	817	25	736	55	94	67	15,29	770	81	15,46
Kohlrübe	110	85	112	8	106	689	588	—	154	89	74	12,83	680	12	1,41
Kürbis, Frucht	70	80	190	84	130	516	490	38	50	80	108	13,14	690	15	0,92
Maniokmehl/Maniokschnitzel Typ 55	880	57	26	6	32	899	30	756	93	93	12	15,32	760	23	15,48
	880	58	27	7	56	852	32	684	129	91	12	14,53	730	24	12,79
Mohrrübe	110	123	93	16	92	676	256	—	451	87	52	10,29	640	10	1,13
Stoppelrübe, mit Blättern	100	180	199	22	140	459	184	—	—	—	—	—	600	20	—
ohne Blätter	90	133	142	14	120	591	353	—	—	—	—	—	620	13	—
Topinambur, Knolle	220	59	92	8	41	800	—	724	29	81	6	12,90	680	20	2,84
Zuckerrübe, frisch	230	81	68	6	54	791	647	—	153	91	32	13,00	690	7	2,98
siliert	220	62	56	6	57	808	537	—	256	—	12	11,96	630	12	2,63
getrocknet	900	54	59	7	71	809	664	—	135	86	16	12,71	660	54	11,44

● Körner und Samen

Ackerbohne	880	39	299	16	90	556	40	411	79	81	245	14,39	640	263	12,66
Buchweizen	880	25	133	27	131	684	11	451	153	75	100	12,86	600	88	11,32
Eicheln, geschält	880	24	56	62	52	806	52	491	82	68	0	12,15	630	49	10,69
Erbse	880	57	259	15	68	621	66	475	90	89	215	15,49	720	228	13,63
Gerste, Sommer	880	28	120	23	53	776	25	602	83	83	89	14,41	700	106	12,68
Gerste, Winter	880	27	125	27	57	764	26	447	71	83	94	14,35	700	110	12,62
Hafer	880	53	123	52	113	679	16	447	75	70	95	12,75	630	108	11,22
Hirse, Körner	880	54	130	46	52	738	9	590	62	83	106	14,82	720	114	13,04
Lein	880	49	248	365	72	266	37	—	199	60	170	13,15	730	149	11,57
Lupine, blau, süß	880	38	349	55	159	399	54	96	348	88	312	14,35	720	307	12,63
Lupine, gelb, süß	880	51	439	54	167	289	51	44	307	87	392	14,64	720	386	12,88
Mais	880	17	106	46	26	805	19	695	52	90	84	16,01	790	93	14,09
Milokorn	880	18	116	34	25	807	11	734	47	91	87	16,02	780	102	14,09
Raps	880	53	213	461	96	177	65	—	90	73	163	19,98	1160	187	17,58
„00"-Typ	880	44	229	445	79	203	52	—	110	73	175	19,84	1140	202	17,46

Fortsetzung 1

Futtermittel	Trockenmasse g je kg Frischmasse	je kg Trockenmasse								Verdaulichkeit der organischen Substanz %	je kg Trockenmasse			je kg Futtermittel	
		Rohasche g	Rohprotein g	Rohfett g	Rohfaser g	N-freie Extraktstoffe g	Zucker g	Stärke g	BFS g		verdauliches Rohprotein g	ME (BFS-korr.) MJ	EFs	Rohprotein g	ME (BFS-korr.) MJ
Reis, geschält	880	14	91	19	8	868	47	819	0	97	80	16,78	790	80	14,77
Roggen	880	22	113	18	28	819	63	646	66	89	89	15,29	740	99	13,46
Sojabohne, dampferhitzt	880	53	404	201	60	282	77	54	152	83	337	17,57	880	356	15,46
Triticale	880	23	146	18	30	783	40	667	25	89	124	15,46	740	128	15,60
Weizen (Winter)	880	19	138	20	29	794	32	675	43	90	119	15,67	750	121	13,79
● Nebenerzeugnisse der Müllerei															
Gerstenfuttermehl	880	37	140	34	66	723	73	396	157	79	112	13,61	680	98	11,98
Gerstenkleie	890	54	126	39	150	631	73	338	–	52	73	8,98	430	112	7,99
Haferfuttermehl	910	26	152	80	59	683	16	557	62	84	124	15,60	770	138	14,20
Haferschälkleie	910	59	75	33	253	580	11	165	132	38	32	6,20	310	68	5,65
Maisfuttermehl	890	30	118	73	61	718	42	420	189	83	91	14,61	760	105	15,00
Maiskleie	890	22	125	52	129	672	25	–	238	62	59	10,04	530	111	8,93
Maiskolbenschrot CCM, getrocknet															
ohne Hüllblätter	880	17	96	38	60	789	11	640	64	83	77	14,87	730	84	13,09
mit Hüllblättern	880	19	90	34	95	762	16	590	105	81	63	14,17	700	79	12,47
Maisnachmehl	880	41	84	22	179	674	86	422	127	73	50	11,89	620	74	10,46
Reisfuttermehl, gelb weiß	870	26	111	64	44	755	27	590	84	85	81	15,40	770	97	13,40
	900	115	147	180	104	454	45	241	124	76	107	14,72	790	132	13,25
Roggenfuttermehl	890	88	148	153	57	554	47	306	168	87	128	16,33	860	132	14,53
Roggengrießkleie	880	38	162	34	38	720	126	378	135	81	125	13,80	690	148	12,14
Roggenkleie	880	53	164	37	65	681	97	210	256	72	104	10,99	580	144	9,67
Roggennachmehl	880	59	163	36	83	659	100	142	280	67	106	10,09	540	143	8,88
Weizenfuttermehl	880	32	167	32	21	748	60	460	191	90	143	15,41	750	147	13,56
Weizengrießkleie	880	43	190	50	52	665	65	375	159	82	148	14,21	700	167	12,50
Weizenkeime	880	55	176	50	95	624	69	257	207	71	127	11,74	590	155	10,34
Weizenkleie	900	49	293	94	44	520	135	254	89	82	240	15,37	740	264	13,83
Weizennachmehl	880	65	160	43	134	598	65	156	191	58	105	9,47	480	141	8,33
	880	38	193	51	33	685	50	519	84	90	170	16,18	760	170	14,24

15.2. Futterwerttabelle für Schweine

• Nebenerzeugnisse der Zucker- und Stärkeherstellung

Futterzucker	990	8	17	0	0	975	975	0	0	98	0	15,16	750	0	15,01
Kartoffelflocken	880	53	89	4	29	825	40	759	55	92	60	15,16	740	78	15,34
Kartoffelpülpe	890	169	278	6	92	455	131	153	198	81	193	11,23	570	247	10,00
Maiskeime,															
Mühlenindustrie	930	57	166	210	59	508	73	306	54	75	127	15,41	810	154	14,34
Stärkeindustrie	930	48	139	491	58	264	55	144	38	78	111	21,00	1240	129	19,53
Maiskleber	900	21	705	51	13	210	8	146	49	92	668	18,78	750	634	16,91
Maiskleberfutter,															
bis 23% Protein	900	63	221	39	87	590	22	231	246	74	171	11,96	600	199	10,76
23–30% Protein	890	60	261	41	90	548	23	203	241	74	202	12,15	610	232	10,81
über 30% Protein	900	40	417	45	51	447	34	232	140	85	379	15,93	710	375	14,34
Melasse (Zuckerrohr)	740	122	49	3	5	821	649	0	46	82	22	11,44	580	36	8,47
(Zuckerrübe)	770	103	129	2	5	761	628	0	84	90	95	13,28	660	99	10,23
Melasseschnitzel															
9–16% Zucker	890	71	107	8	169	645	137	0	583	81	30	9,10	530	95	8,10
16–23% Zucker	910	80	125	9	159	627	200	0	506	86	81	10,44	580	114	9,50
über 23% Zucker	900	84	125	8	143	640	245	0	469	85	66	10,45	580	112	9,40
Naßschnitzel, siliert	140	76	113	20	250	541	31	0	633	76	62	8,03	490	16	1,12
Preßschnitzel, siliert	220	70	113	12	212	595	17	0	681	79	32	8,19	500	25	1,80
Trockenschnitzel	900	56	100	9	206	629	67	0	664	82	38	9,04	530	90	8,13
Weizenkleber	910	12	842	17	5	124	4	78	38	97	839	19,67	717	766	17,90
Weizenkleberfutter	900	51	182	46	73	648	101	273	165	75	135	12,69	640	164	11,42

• Nebenerzeugnisse des Gärungsgewerbes

Biertreber, frisch															
siliert	240	47	249	78	183	443	12	49	189	50	181	9,18	440	60	2,20
getrocknet	260	50	247	82	195	426	36	44	164	50	180	9,32	420	64	2,42
Hefe, Bierhefe, frisch	900	48	264	86	169	433	10	39	193	51	192	9,45	450	238	8,50
getrocknet	150	82	525	31	17	345	10	—	306	85	455	13,84	620	79	2,08
Sulfitablaugenhefe	900	81	521	22	24	352	19	75	304	85	451	13,82	620	469	12,44
(Torula), getrocknet	910	84	506	36	31	343	3	69	307	78	396	12,95	580	460	11,45
Malzkeime	920	70	296	11	145	478	136	54	200	57	142	8,68	440	272	7,99
Schlempe															
aus Kartoffeln															
frisch	56	134	306	17	72	471	—	16	405	72	196	9,22	510	17	0,52
getrocknet	900	138	278	18	104	462	13	71	402	75	159	9,55	530	250	8,59

Fortsetzung 2

Futtermittel	Trockenmasse g je kg Frischmasse	je kg Trockenmasse								Verdaulichkeit der organischen Substanz %	je kg Trockenmasse			je kg Futtermittel	
		Rohasche g	Rohprotein g	Rohfett g	Rohfaser g	N-freie Extraktstoffe g	Zucker g	Stärke g	BFS g		verdauliches Rohprotein g	ME (BFS-korr.) MJ	EFs	Rohprotein g	ME (BFS-korr.) MJ

aus Mais															
frisch	71	49	284	116	93	458	29	81	323	77	195	13,75	760	20	0,98
getrocknet	900	52	279	74	101	494	26	76	366	77	192	12,56	700	251	11,30
aus Weizen															
frisch	57	60	369	68	112	391	25	33	248	64	243	11,33	580	14	0,65
getrocknet	920	60	320	78	103	439	25	33	275	65	211	11,26	570	194	10,36
Zitrustrester, getrocknet	900	64	72	35	136	693	257	34	471	83	33	10,48	580	65	9,43
● Nebenerzeugnisse der Ölgewinnung															
Baumwollsaatexpeller															
aus geschälter Saat,															
4 – 9% Fett	910	69	478	70	102	281	47	—	199	74	392	13,76	640	435	12,52
über 9% Fett	900	72	501	116	86	225	40	—	158	76	411	15,00	690	451	13,50
aus teilgeschälter Saat,															
4 – 9% Fett	910	69	398	68	174	291	51	—	139	57	286	10,76	500	362	9,79
über 9% Fett	910	70	387	108	175	260	26	11	148	57	278	11,36	540	352	10,33
Baumwollsaatextraktionsschrot															
aus geschälter Saat	900	68	496	19	96	321	58	—	264	82	422	13,78	620	446	12,41
aus teilgeschälter Saat	900	69	414	17	182	318	54	36	128	51	287	9,25	400	373	8,32
Erdnußexpeller															
aus enthülster Saat															
4 – 9% Fett	910	62	533	65	56	284	91	59	135	86	480	16,32	710	485	14,85
über 9% Fett	930	53	473	136	58	280	121	102	50	85	426	17,46	810	440	16,24
aus teilenthülster Saat															
4 – 9% Fett	920	77	459	63	108	293	95	53	135	77	377	14,30	640	422	13,15
über 9% Fett	920	62	429	88	94	327	84	61	163	78	352	14,83	670	395	13,65
Erdnußextraktionsschrot															
aus enthülster Saat	880	65	568	14	57	296	117	96	94	87	504	15,73	640	500	13,84
aus teilenthülster Saat	920	65	530	15	115	275	104	76	153	84	469	14,67	620	488	13,50

15.2. Futterwerttabelle für Schweine

Futtermittel															
Kokosexpeller															
5–8% Fett	900	69	230	68	152	481	103	74	388	74	146	11,12	650	207	10,01
über 8% Fett	900	67	227	94	145	467	88	19	387	74	145	11,62	670	204	10,46
Kokosextraktionsschrot	900	75	237	28	161	499	119	28	455	79	155	10,09	600	213	9,09
aufgefettet	900	72	232	54	152	490	119	—	379	74	148	10,90	650	209	9,81
Leinexpeller															
4–8% Fett	900	64	375	62	110	389	43	73	302	73	296	12,08	600	337	10,87
über 8% Fett	910	63	358	98	100	381	45	76	291	72	283	12,56	640	326	11,43
Leinextraktionsschrot	890	66	384	26	103	421	41	—	316	74	303	11,74	580	342	10,45
aufgefettet	890	64	369	56	92	419	41	—	311	74	292	12,14	620	328	10,81
Maiskeimexpeller, 4–8% Fett															
Maismühlenindustrie	910	37	134	55	75	699	43	443	126	77	96	13,41	640	122	12,20
Stärkeindustrie	920	35	224	63	100	578	118	298	85	72	162	12,83	610	206	11,80
Maiskeimextraktionsschrot															
Maismühlenindustrie	890	43	132	17	82	726	56	436	146	78	95	12,84	630	117	11,43
Stärkeindustrie	890	51	259	23	94	573	53	314	127	73	108	12,48	590	231	11,11
Mohnsaatexpeller	890	146	410	80	153	211	51	—	117	67	327	12,55	580	291	11,17
Mohnsaatextraktionsschrot	890	151	400	7	164	278	51	—	164	64	319	10,14	430	284	9,02
Palmkernexpeller															
4–9% Fett	910	46	207	73	168	506	30	41	455	68	114	10,10	620	103	9,19
über 9% Fett	920	42	187	117	181	473	23	6	442	68	105	10,82	650	94	9,96
Palmkernextraktionsschrot	890	43	187	21	199	550	34	8	499	66	97	8,18	560	166	7,28
aufgefettet	880	44	191	48	199	518	34	—	475	68	105	9,45	590	168	8,32
Rapsexpeller															
4–8% Fett	900	77	411	53	128	331	115	19	213	76	325	13,04	620	370	11,74
über 8% Fett	910	80	367	87	126	340	115	—	220	76	290	13,46	650	334	12,25
Rapsexpeller „00-Typ"															
4–8% Fett	900	79	401	44	122	354	83	—	261	76	317	12,59	610	361	11,33
Rapsextraktionsschrot	890	82	394	23	140	361	92	46	215	67	296	10,88	510	351	9,68
aufgefettet	880	95	400	44	144	317	92	—	232	75	316	12,38	590	352	10,89
„00-Typ"	890	79	406	27	129	359	83	—	209	67	318	11,12	530	363	9,89
Sesamexpeller															
4–8% Fett	910	129	459	63	80	269	32	—	278	88	402	14,33	680	418	13,04
über 8% Fett	920	125	431	110	75	259	16	—	281	88	378	15,05	720	397	13,85
Sesamextraktionsschrot	910	110	467	19	73	331	24	—	238	76	414	12,31	540	425	11,20

Fortsetzung 3

Futtermittel	Trockenmasse g je kg Frischmasse	je kg Trockenmasse								Verdaulichkeit der organischen Substanz %	je kg Trockenmasse			je kg Futtermittel	
		Rohasche g	Rohprotein g	Rohfett g	Rohfaser g	N-freie Extraktstoffe g	Zucker g	Stärke g	BFS g		verdauliches Rohprotein g	ME (BFS-korr.) MJ	EFs	Rohprotein g	ME (BFS-korr.) MJ
Sojaextraktionsschrot, dampferhitzt															
aus geschälter Saat	890	67	552	15	39	329	115	72	157	92	514	16,21	680	491	14,43
aus ungeschälter Saat	880	67	513	14	65	341	105	73	189	87	438	14,82	650	451	13,04
Sonnenblumenexpeller aus geschälter Saat,															
4–8% Fett	900	64	477	64	115	280	71	–	213	79	404	14,44	670	429	12,99
über 8% Fett	910	79	474	118	118	211	58	–	172	79	401	15,43	730	431	14,04
aus teilgeschälter Saat															
4–8% Fett	910	66	387	59	206	282	85	22	152	64	317	11,68	550	352	10,63
Sonnenblumenextraktionsschrot															
aus geschälter Saat	910	81	457	17	128	317	103	111	–	–	347		540	416	
aus teilgeschälter Saat	900	70	383	25	222	300	79	28	227	72	347	11,99	480	345	10,79
● Futtermittel tierischer Herkunft															
Blutmehl	920	42	923	10	12	13	0	0	0	78	774	15,73	550	849	14,47
Federmehl, hydrolysiert	930	29	907	49	10	5	0	0	0	84	779	17,70	660	844	16,46
Fischmehl															
60–65% Protein, 3–8% Fett	920	241	631	68	15	45	0	0	2	83	569	14,16	560	581	13,03
über 8% Fett	910	225	631	104	17	23	0	0	1	85	569	15,31	630	574	13,93
65–70% Protein, 3–8% Fett	900	216	675	68	10	31	0	0	1	85	608	14,98	590	607	13,49
über 8% Fett	910	186	681	109	10	14	0	0	1	87	614	16,41	670	620	14,93
über 70% Protein, 3–8% Fett	910	177	721	57	8	37	0	0	2	85	650	15,51	620	656	14,11
über 8% Fett	900	164	716	105	5	10	0	0	0	88	645	16,94	700	644	15,25
Fischmehl (Dorschmehl)															
60–65% Protein	900	295	624	27	9	45	0	0	2	83	562	12,71	470	562	11,44
65–70% Protein	900	248	680	43	8	21	0	0	1	87	613	14,27	530	612	12,84
über 70% Protein	900	218	738	34	5	5	0	0	0	89	665	15,06	560	664	13,56

15.2. Futterwerttabelle für Schweine

Fischmehl (Heringsmehl)															
unter 8% Fett	900	195	644	145	13	3	0	0	0	88	580	16,86	730	580	15,17
über 65% Protein, 3 – 8% Fett	900	143	765	68	6	18	0	0	1	87	689	16,68	670	688	15,01
über 65% Protein, üb. 8% Fett	910	153	731	105	2	9	0	0	0	88	659	17,22	700	665	15,67
Fischmehl (Sardellenmehl)	910	165	714	76	24	21	0	0	1	85	643	15,97	640	650	14,54
Fleischknochenmehl															
40 – 45% Protein	940	461	430	71	30	8	0	0	2	69	339	8,29	320	404	7,79
45 – 50% Protein	940	425	475	77	23	0	0	0	0	71	374	9,09	350	446	8,55
50 – 55% Protein	950	534	534	86	16	30	0	0	8	80	421	10,36	400	507	9,84
Geflügelschlachtabfälle,															
getrocknet	940	160	691	78	18	53	0	0	0	71	531	13,59	540	650	12,87
fettreich	940	103	646	224	15	12	0	0	0	76	497	17,42	810	607	16,37
Milch (Schwein), frisch	202	45	286	420	0	251	217	0	–	98	278	24,65	1460	58	5,02
Milch und Milchprodukte (Rind)															
Buttermilch	83	77	374	67	0	482	494	0	41	94	341	16,85	880	31	1,58
Buttermilchpulver	960	82	320	64	0	534	418	0	104	93	297	14,55	860	507	13,97
Magermilch	86	82	361	11	0	546	481	0	52	96	341	15,77	810	31	1,36
Magermilchpulver	960	83	365	5	0	547	481	0	53	96	345	15,78	800	350	15,15
Sauermolke, milchsauer	64	112	156	12	0	720	600	0	95	92	125	13,69	700	10	0,88
Sauermolkepulver, milchsauer	960	110	152	8	0	730	616	0	88	93	122	13,76	700	146	13,21
Vollmilch (frisch)	140	53	262	324	0	361	357	0	0	96	248	22,27	1290	37	3,12
Tierfette															
Rindertalg	999	1	0	999	0	0	0	0	0	65	3	24,29	1580	0	24,26
Schweineschmalz	999	1	0	999	0	0	0	0	0	93	0	34,64	2270	0	34,60
Seetieröl, gehärtet	999	1	0	999	0	0	0	0	0	90	0	33,55	2190	0	33,52
Tiermehl															
50 – 55% Protein, fettreich	950	275	534	140	27	24	0	0	5	67	420	11,08	460	507	10,53
55 – 60% Protein	950	278	572	86	26	38	0	0	7	70	446	11,37	460	543	10,81
55 – 60% Protein, fettreich	950	235	577	126	30	32	0	0	6	69	450	12,32	520	548	11,71
60 – 65% Protein	940	226	624	85	38	27	0	0	1	76	505	13,63	570	587	12,81
60 – 65% Protein, fettreich	940	194	624	126	38	18	0	0	1	78	505	15,08	660	587	14,18
über 65% Protein	930	199	681	71	27	22	0	0	0	84	613	15,19	600	633	14,13
über 65% Protein, fettreich	930	147	682	142	29	0	0	0	0	87	614	17,53	750	634	16,40

Fortsetzung 4

Futtermittel	Trockenmasse g je kg Frischmasse	je kg Trockenmasse							Verdaulichkeit der organischen Substanz %	je kg Trockenmasse			je kg Futtermittel	
		Rohasche g	Rohprotein g	Rohfett g	Rohfaser g	N-freie Extraktstoffe g	Zucker g	Stärke g	BFS g		verdauliches Rohprotein g	ME (BFS-korr.) MJ	EFs	Rohprotein g	ME (BFS-korr.) MJ
● Sonstige Futtermittel															
Bakterieneiweiß M	920	91	800	75	5	29	0	0	0	83	700	16,66	640	738	15,33
Bananen, geschält, getrocknet	880	41	39	13	28	879	740	102	0	83	13	12,64	670	11	11,12
Grünmehl (Gras)	900	114	185	42	229	430	86	0	277	51	83	6,63	380	166	5,97
Grünmehl (Klee)	900	124	205	33	226	412	50	0	305	54	107	7,17	400	184	6,45
Grünmehl (Luzerne)	900	122	200	31	261	386	43	0	307	53	105	6,80	390	180	6,12
Küchenabfälle	212	85	174	172	49	520	98	276	138	89	149	17,14	920	37	3,63
Obsttrester (Apfel), frisch siliert	220	23	66	47	208	656	125	—	566	72	3	8,32	590	15	1,83
getrocknet	230	49	86	67	254	544	35	—	426	51	0	6,17	420	20	1,42
	920	53	57	44	223	623	204	—	292	54	0	7,16	440	52	6,59
Pflanzenöle															
Erdnußöl	999	1	0	999	0	0	0	0	0	98	0	36,61	2390	0	36,57
Kokosnußöl	999	1	0	999	0	0	0	0	0	98	0	36,73	2390	0	36,69
Rapsöl	999	1	0	999	0	0	0	0	0	98	0	36,76	2390	0	36,73
Sojaöl	999	1	0	999	0	0	0	0	0	100	0	37,36	2440	0	37,33

15.3. Futterwerttabelle für Pferde

(Rohnährstoffgehalt s. Futterwerttabellen 15.1. und 15.2.)

Futtermittel	Trockenmasse g je kg Frischmasse	je kg Trockenmasse				Verdaulichkeit der organischen Substanz %	je kg Futtermittel	
		verdauliches Rohprotein g	verdauliche Energie MJ	EFr			verdauliches Rohprotein g	verdauliche Energie MJ

Futtermittel	Trockenmasse	vRp g	vE MJ	EFr		Verd. %	vRp g	vE MJ
● Grünfutter								
Luzerne								
1. Schnitt, in der Blüte	200	127	9,48	470		57	26	1,99
2. und weitere Schnitte in der Blüte	210	157	9,57	460		55	36	2,20
Mais, Restpflanze aus Corn-Cob-Mix-Ernte	350	32	8,74	465		53	11	3,06
Rotklee								
1. Schnitt, in der Blüte	220	113	10,49	510		62	24	2,31
2. und weitere Schnitte in der Blüte	220	119	9,60	500		56	26	2,11
Weide, extensiv								
1. Aufwuchs								
im Ähren-/Rispenschieben	190	90	11,11	605		66	16	2,06
in der Blüte	220	80	9,98	585		59	17	2,19
Ende der Blüte	240	68	7,95	515		51	16	1,91
2. und weitere Aufwüchse 4–6 Wochen	200	90	9,17	520		56	18	1,83
Weide, intensiv (Mähweide)								
1. Aufwuchs								
im Ähren-/Rispenschieben	180	143	11,23	615		66	25	1,97
in der Blüte	220	135	10,16	550		59	29	2,24
Ende der Blüte	240	109	8,14	500		51	26	1,95
2. und weitere Aufwüchse 4–6 Wochen	180	159	9,72	530		56	28	1,75

Fortsetzung 1

Futtermittel	Trockenmasse g je kg Frischmasse	je kg Trockenmasse			Verdaulichkeit der organischen Substanz %	je kg Futtermittel	
		verdauliches Rohprotein g	verdauliche Energie MJ	EFr		verdauliches Rohprotein g	verdauliche Energie MJ
Wiese, grasreich							
1. Schnitt							
im Ähren-/Rispenschieben	180	122	11,34	580	66	21	2,04
in der Blüte	210	105	10,07	550	59	21	2,11
Ende der Blüte	230	85	8,05	525	51	19	1,85
2. und weitere Schnitte							
4–6 Wochen	200	117	9,45	540	56	23	1,89
Wiese, klee- und kräuterreich							
1. Schnitt							
im Ähren-/Rispenschieben	180	157	11,41	590	66	27	2,00
in der Blüte	200	132	10,24	560	59	26	2,05
Ende der Blüte	220	108	8,24	520	51	23	1,81
2. und weitere Schnitte							
4–6 Wochen	190	154	9,85	560	56	29	1,87
● **Grünfutter — Silage**							
Mais, in der Milchreife	210	55	10,37	575	61	12	2,28
in der Teigreife	270	53	11,03	590	64	14	2,98
Wiese, grasreich							
1. Schnitt							
im Ähren-/Rispenschieben	350	108	10,01	560	60	37	3,50
in der Blüte	350	89	9,50	540	57	31	3,32
Ende der Blüte	350	70	8,71	510	53	24	3,05
2. und weitere Schnitte							
4–6 Wochen	350	94	9,74	520	58	32	3,41
Wiese, klee- und kräuterreich							
1. Schnitt							
im Ähren-/Rispenschieben	350	136	10,00	560	59	47	3,50

15.3. Futterwerttabelle für Pferde

in der Blüte	550	117	9,53	520	57	41	3,34
Ende der Blüte	550	96	8,91	500	53	33	3,12
2. und weitere Schnitte							
4–6 Wochen	550	125	9,91	500	59	43	3,47
Zuckerrübenblätter, sauber	160	102	13,94	560	89	16	2,23
● Heu, Trockengrüngut							
Grünmehl (Gras)							
17,1–19% Protein	930	142	11,01	550	66	131	10,21
13,1–15% Protein	910	103	10,10	520	61	94	9,22
Grünmehl (Luzerne)							
17,1–19% Protein	910	134	10,14	490	62	121	9,19
Luzerne – Heu							
1. Schnitt, in der Blüte	860	110	9,42	430	56	94	8,10
Rotklee – Heu							
1. Schnitt, in der Blüte	860	85	9,35	470	54	73	8,04
Wiese, grasreich – Heu							
1. Schnitt, in der Blüte	860	69	9,30	480	56	59	7,99
Ende der Blüte	860	52	7,95	440	48	44	6,84
2. und weitere Schnitte							
unter 4 Wochen	860	99	10,27	550	62	84	8,84
4–6 Wochen	860	84	9,53	510	57	72	8,19
Wiese, klee- und kräuterreich – Heu							
1. Schnitt, in der Blüte	860	86	9,28	490	56	73	7,98
Ende der Blüte	860	67	8,02	450	48	57	6,90
2. und weitere Schnitte							
unter 4 Wochen	860	133	10,28	540	61	114	8,84
4–6 Wochen	860	107	9,85	490	58	92	8,47
● Stroh							
Gerste	860	9	5,65	385	34	7	4,86
mit Ammoniak aufgeschlossen	860	33	8,10	430	50	28	6,97
Hafer	860	12	6,44	390	57	10	5,54
mit Ammoniak aufgeschlossen	860	36	7,24	430	44	30	6,22
Weizen	860	9	5,41	300	32	7	4,65
mit Ammoniak aufgeschlossen	860	33	7,26	400	43	27	6,24

Fortsetzung 2

Futtermittel	Trocken-masse g je kg Frisch-masse	je kg Trockenmasse			Verdaulich-keit der organi-schen Substanz %	je kg Futtermittel	
		verdauliches Roh-protein g	verdauliche Energie MJ	EFr		verdauliches Rohprotein g	verdauliche Energie MJ

● **Wurzeln und Knollen**							
Kartoffeln, gedämpft	220	68	14,18	630	87	14	3,13
Massenrübe	120	63	13,43	630	83	7	1,50
Mohrrübe	110	81	15,22	650	96	9	1,81
Zuckerrübe	230	44	14,25	650	91	10	3,31
Zuckerrübenschnitzel	900	35	14,89	670	90	32	13,64
● **Körner und Samen**							
Ackerbohne	880	249	15,43	690	85	217	13,47
Gerste (Winter)	880	96	14,58	680	84	84	12,83
Hafer	880	98	13,12	650	70	86	11,60
Lein	880	190	15,94	1300	65	172	14,51
Mais	880	77	15,58	770	85	67	13,69
Roggen	880	85	15,97	720	77	74	13,91
Sojabohne	880	388	15,79	1020	73	353	14,40
Weizen (Winter)	880	99	15,33	720	87	86	13,43
● **Nebenerzeugnisse der Müllerei**							
Haferfutterflocken	910	105	15,43	790	85	96	14,14
Haferschälkleie	910	50	7,81	560	44	45	7,09
Haferspelzen	910	28	4,52	470	25	26	4,20
Weizengrießkleie	880	149	13,41	630	74	130	11,77
Weizenkleie	880	250	14,99	850	79	218	13,07
Weizenkeime	880	122	10,72	530	56	107	9,43
Weizenschälkleie	880	78	11,58	580	67	69	10,32
● **Nebenerzeugnisse der Zuckerherstellung**							
Melasse (Zuckerrübe)	770	105	14,35	630	90	80	11,05

15.3. Futterwerttabelle für Pferde 475

Melasseschnitzel, 16–23% Zucker	900	63	12,09	640	73	56	10,83
Trockenschnitzel	900	53	13,63	630	79	48	12,35
● Nebenerzeugnisse des Gärungsgewerbes							
Biertreber, siliert	260	191	11,92	620	63	50	3,12
getrocknet	900	178	9,59	620	48	161	8,67
Hefe, Bierhefe, getrocknet	900	463	15,80	610	82	413	14,11
Malzkeime	920	265	13,47	510	74	243	12,39
● Nebenerzeugnisse der Ölgewinnung							
Erdnußextraktionsschrot aus unenthülster Saat	910	341	13,05	480	68	307	11,78
Leinextraktionsschrot	890	322	12,71	600	63	284	11,26
Rapsextraktionsschrot „00-Typ"	890	320	13,02	580	70	290	11,82
Sojaextraktionsschrot aus ungeschälter Saat	880	469	16,55	610	86	414	14,61
Sonnenblumenextraktionsschrot aus ungeschälter Saat	880	250	8,86	450	32	221	7,86
● Sonstige Futtermittel							
Futterzucker	970	13	14,46	710	91	12	13,95
Magermilchpulver	960	302	14,88	660	90	284	14,00
Pflanzenöl	999	–	38,00	2800	95	–	38,00

15.4. Futterwerttabelle für Geflügel

(Rohnährstoffgehalt s. Futterwerttabellen 15.1. und 15.2.)

Futtermittel	in 1 kg Futtermittel			
	Trockenmasse g	Rohprotein g	ME (N-korr.) MJ	EFh
● Körner und Samen				
Ackerbohne	880	263	10,7	530
Buchweizen	880	117	10,9	–
Erbse	880	227	11,3	550
Gerste (Winter)	880	109	11,4	585
Hafer	880	108	10,2	530
Hirse	880	114	13,1	640
Lein	880	218	17,6	–
Lupine	880	386	8,2	500
Mais	880	93	13,6	710
Milocorn	880	102	13,9	695
Reis	880	81	10,7	550
Roggen	880	99	11,5	625
Sojabohne, dampferhitzt	880	335	13,5	750
Sonnenblume	880	168	14,3	780
Triticale	880	128	13,0	660
Weizen (Winter)	880	121	12,7	655
Wicke	880	256	10,6	530
● Nebenerzeugnisse von Müllerei, Zucker- und Stärkeherstellung sowie Gärungsgewerbe und Ölgewinnung				
Baumwollsaatexpeller, aus geschälter Saat, 4–9% Fett	910	434	10,8	510
Baumwollsaatextraktionsschrot, aus geschälter Saat	900	446	9,7	415
Bierhefe, getrocknet	900	468	11,4	455
Biertreber, getrocknet	900	237	10,6	400
Erdnußexpeller, aus enthülster Saat, 4–9% Fett	910	485	11,0	580
Erdnußextraktionsschrot, aus enthülster Saat	880	499	9,5	480
Gerstenfuttermehl	880	123	10,3	530
Gerstenkleie	890	112	8,8	450
Haferfuttermehl	910	138	14,0	650
Haferschälkleie	910	68	7,1	350
Haferspelzen	910	50	1,7	–
Hefe, Sulfitablaugenhefe, getrocknet	910	460	10,4	435
Kokosexpeller, 5–8% Fett	900	206	7,3	375
Kokosextraktionsschrot	900	213	6,3	320
Leinexpeller, 4–8% Fett	900	337	8,8	400
Leinextraktionsschrot	890	341	8,3	380
Maisfuttermehl	890	105	11,7	600
Maiskeime				
Maismühlenindustrie	930	154	12,6	–
Stärkeindustrie	930	129	17,3	–
Maiskeimexpeller				
Maismühlenindustrie, 4–8% Fett	910	121	11,0	–
Stärkeindustrie, 4–8% Fett	920	206	11,2	–

15.4. Futterwerttabelle für Geflügel

Fortsetzung 1

Futtermittel	in 1 kg Futtermittel			
	Trockenmasse g	Rohprotein g	ME (N-korr.) MJ	EFh
Maiskeimextraktionsschrot				
Maismühlenindustrie	890	117	10,1	—
Stärkeindustrie	890	230	10,3	—
Maiskleber	900	634	13,1	445
Maiskleberfutter				
bis 23% Rohprotein	900	198	7,8	440
23–30% Rohprotein	890	232	8,0	450
über 30% Rohprotein	900	375	10,8	465
Maiskleie	890	111	6,1	430
Maisquellstärke	940	3	15,7	850
Malzkeime	920	272	10,3	—
Melasse (Zuckerrübe)	770	99	10,9	510
Palmkernexpeller, 4–9% Fett	910	188	6,8	310
Palmkernextraktionsschrot	890	166	4,8	175
Rapsexpeller, 4–8% Fett	900	369	8,0	—
8–12% Fett	910	333	8,5	—
„00"-Typ, 4–8% Fett	900	361	8,7	—
Rapsextraktionsschrot	890	350	7,3	290
„00"-Typ	890	361	8,3	350
Reisfuttermehl, gelb	900	132	10,5	—
Reisfuttermehl, weiß	890	131	13,8	—
Roggenfuttermehl	880	147	11,8	550
Roggengrießkleie	880	144	11,1	—
Roggenkleie	880	143	6,0	375
Schlempe (Mais), getrocknet	900	251	8,9	500
Schlempe (Weizen), getr.	920	294	11,2	550
Sesamexpeller, 4–8% Fett	910	417	8,9	—
Sesamextraktionsschrot	910	424	8,2	—
Sojaextraktionsschrot, dampferhitzt				
aus geschälter Saat	890	491	10,4	490
aus ungeschälter Saat	880	451	9,8	445
Sonnenblumenexpeller, aus geschälter Saat, 4–8% Fett	900	429	10,3	490
Sonnenblumenextraktionsschrot, aus geschälter Saat	910	415	9,0	440
Trockenschnitzel	900	89	5,2	500
Weizenfuttermehl	880	167	11,5	580
Weizengrieß	880	120	14,3	—
Weizengrießkleie	880	154	8,2	—
Weizenkleber	910	766	12,6	—
Weizenkleberfutter	900	163	8,5	—
Weizenkleie	880	140	7,0	420
Weizennachmehl	880	169	12,5	615
● Eiweißfuttermittel tierischer Herkunft				
Blutmehl	920	849	14,2	545
Buttermilchpulver	960	307	13,0	750
Casein	890	780	13,6	—
Federmehl, hydrolysiert	930	843	13,0	—

Fortsetzung 2

Futtermittel	in 1 kg Futtermittel			
	Trockenmasse g	Rohprotein g	ME (N-korr.) MJ	EFh
Fischmehl				
60 – 65% Protein, 3 – 8% Fett	920	580	11,4	510
60 – 65% Protein, über 8% Fett	910	574	12,3	550
65 – 70% Protein, 3 – 8% Fett	900	607	11,8	540
65 – 70% Protein, über 8% Fett	910	619	13,2	580
über 70% Protein, 3 – 8% Fett	910	656	12,2	560
über 70% Protein, über 8% Fett	900	644	13,4	600
Fischmehl (Heringsmehl)				
über 65% Protein, 3 – 8% Fett	900	688	13,0	600
über 8% Fett	910	665	13,8	630
Fleischfuttermehl	910	765	15,7	750
Fleischknochenmehl				
40 – 45% Protein	940	404	8,8	420
45 – 50% Protein	940	444	9,6	480
50 – 55% Protein	950	507	11,2	560
Futterknochenschrot				
nicht entleimt	930	330	5,5	—
Magermilchpulver	960	350	11,6	680
Tiermehl				
50 – 55% Protein, fettreich	950	507	11,6	600
55 – 60% Protein	950	543	10,1	500
55 – 65% Protein, fettreich	950	548	11,7	600
60 – 65% Protein	940	586	10,9	550
60 – 65% Protein, fettreich	940	586	12,1	620
über 65% Protein	930	633	11,0	550
über 65% Protein, fettreich	930	634	13,1	700
● Sonstige Futtermittel				
Backabfälle	800	98	12,4	—
Bakterienprotein M	920	735	12,6	—
Fette				
Maisöl	999	—	35,8	2200
Rindertalg	999	—	30,1	2030
Schweineschmalz	999	—	34,0	2150
Sojaöl	999	—	37,0	2250
Futterreis	880	80	14,5	—
Futterzucker	990	14	16,5	765
Grünmehl (Gras)	900	166	5,0	300
Grünmehl (Luzerne)	900	179	5,2	250
Haferfutterflocken	910	126	14,7	715
Kartoffelflocken	880	78	12,1	660
Lebertran (Dorsch)	999	—	24,7	—
Maisflocken	880	85	14,3	—
Maiskolbenschrotsilage – CCM	620	66	9,2	—
Maisstärke	880	7	14,6	770
Maniokmehl/Maniokschnitzel	880	22	13,0	680
Typ 55	880	23	12,4	650
Reisstärke	880	7	14,9	780
Weizenstärke	855	1	14,6	770
Zuckerrübenschnitzel	900	53	10,5	560

15.5. Aminosäurengehalt von Futtermitteln (je kg Futtermittel)

Futtermittel	Trocken-masse g je kg Frischmasse	Roh-protein g	Lys g	Met g	Cys g	Thr g	Trp g	Arg g	His g	Ile g	Leu g	Phe g	Val g
● Grünfutter													
Ackerbohne, Beginn Blüte	160	29	1,9	0,6	0,4	1,3	0,4	2,1	0,8	1,3	2,7	1,6	1,8
Luzerne													
in der Knospe	170	42	1,9	0,4	0,4	1,7	0,7	1,7	0,7	1,6	2,9	1,7	2,2
in der Blüte	200	37	2,0	0,5	0,3	1,7	0,7	1,7	0,7	1,5	2,7	1,7	2,0
Mais, in der Teigreife	270	26	1,1	0,5	0,3	1,0	—	1,3	0,4	—	—	1,0	0,9
Rotklee, vor der Blüte	200	42	2,3	0,7	0,3	2,1	0,7	2,7	1,0	2,3	4,0	2,4	2,7
Weide/Wiese, 1. Aufwuchs													
vor Ähren-/Rispenschieben	180	36	1,8	0,8	0,5	1,5	0,5	3,1	0,7	—	—	1,5	2,3
Zuckerrübenblätter, sauber	160	20	0,8	0,2	0,2	0,6	0,2	0,8	0,3	0,8	1,2	0,7	0,9
● Grünfutter — Silage													
Mais, in der Teigreife	270	24	1,1	0,6	—	1,0	0,2	1,2	0,5	1,4	1,6	0,9	0,9
Maiskolben, ohne Hüllblätter, CCM	550	56	1,5	1,1	1,1	2,0	0,4	1,5	1,3	2,0	7,0	2,6	2,8
Weide/Wiese, vor Ähren-/Rispenschieben	220	33	1,4	—	—	1,4	—	1,2	0,5	1,0	2,8	—	1,7
● Heu und Grünmehl													
Grünmehl (Gras)	900	183	7,1	2,9	2,0	7,9	2,9	8,4	3,5	8,0	13,3	9,0	10,4
Grünmehl (Luzerne)	880	163	6,8	2,3	1,8	6,7	2,3	6,5	3,6	6,4	11,6	7,8	8,0
Heu													
Luzerne, Beginn Blüte	860	165	9,1	5,3	—	7,9	2,9	7,3	3,3	7,9	13,1	8,5	9,8
Rotklee, vor der Blüte	860	132	6,4	—	—	6,2	—	5,5	2,3	5,8	10,0	6,1	6,0
Wiese, Beginn Blüte	860	102	4,3	1,1	1,4	4,4	—	3,8	1,3	5,3	7,0	4,8	4,8
● Wurzeln, Knollen und fleischige Früchte													
Batatenschnitzel, getrocknet	910	28	1,3	0,5	0,4	1,3	0,3	1,2	0,4	1,3	1,8	1,4	1,6
Futterrübe, gehaltvolle Rübe	150	12	0,4	0,1	—	0,3	0,1	0,2	0,2	0,4	0,4	0,2	0,4
Kartoffel, roh	220	20	1,1	0,3	0,3	0,8	0,3	1,0	0,4	1,0	1,4	0,9	1,0
gedämpft	220	21	1,1	0,3	0,2	0,7	0,2	1,1	0,4	0,6	1,1	0,8	0,9
gedämpft, siliert	220	22	1,1	0,4	0,4	0,8	0,4	1,0	0,4	0,8	1,4	1,0	1,0
Kartoffelflocken	880	74	4,5	1,5	0,3	3,7	1,4	3,8	1,5	—	—	3,9	4,3

Fortsetzung 1

Futtermittel	Trockenmasse g je kg Frischmasse	Rohprotein g	Lys g	Met g	Cys g	Thr g	Trp g	Arg g	His g	Ile g	Leu g	Phe g	Val g
Kartoffelschnitzel	870	79	3,3	1,5	1,1	2,7	–	4,5	1,1	2,7	4,6	3,3	3,6
Kohlrübe	110	12	0,5	0,2	0	0,4	0,1	0,9	0,2	0,7	0,4	0,4	0,9
Mohrrübe	110	10	0,2	0,1	0,5	0,4	0,1	0,4	0,1	0,3	0,8	0,2	0,5
Zuckerrübe, frisch	220	14	0,6	0	0,5	0,3	0,1	–	–	–	2,4	0,3	1,2
● Körner und Samen													
Ackerbohne	880	254	16,2	2,0	3,2	8,9	2,2	22,8	6,7	10,3	18,9	10,3	11,4
Buchweizen	880	109	5,9	2,1	2,7	4,4	1,8	10,3	2,5	4,2	6,5	4,7	5,7
Erbse	880	210	14,7	2,0	3,0	7,9	1,9	18,4	5,4	8,2	15,1	9,7	9,4
Gerste, Winter	880	107	3,8	1,7	2,3	3,6	1,2	5,0	2,7	3,5	7,4	5,4	5,0
Hafer	880	109	4,3	1,8	2,3	3,7	1,4	8,0	2,5	4,4	7,7	6,0	5,8
Hirse, Körner	880	112	2,9	2,6	1,5	4,7	1,9	3,9	2,1	5,3	17,0	5,2	5,5
Lein	880	229	9,2	4,7	3,5	8,9	3,5	21,7	5,1	10,5	14,3	11,5	12,8
Lupine, blau, süß	880	307	14,7	2,2	4,7	10,7	2,5	32,3	8,2	12,1	22,1	11,8	11,3
Lupine, gelb, süß	880	386	19,6	2,5	9,2	12,8	2,8	42,1	10,1	16,8	31,9	14,5	15,0
Mais	880	93	2,5	1,8	1,9	3,0	0,6	3,9	2,5	2,8	10,3	3,9	3,9
Mais, lysinreich	880	127	4,8	3,4	2,7	4,3	0,9	4,9	3,9	2,6	7,8	2,9	4,7
Milokorn	880	105	2,0	1,6	1,7	5,0	1,0	3,5	2,3	3,4	11,7	4,8	4,3
Raps	880	202	11,0	4,0	5,2	8,6	2,6	11,2	5,1	7,6	13,5	7,5	10,1
Reis, geschält	880	83	5,1	1,9	1,0	2,9	0,9	6,9	2,1	3,9	6,6	4,3	5,0
Roggen	880	100	3,7	1,2	2,0	3,3	1,2	4,9	2,1	3,6	5,7	4,1	4,7
Sojabohne, dampferhitzt	880	355	22,5	5,3	5,4	14,1	5,1	25,9	9,9	15,6	27,5	17,8	16,5
Sommerwicke	880	292	19,6	5,0	2,0	9,3	4,7	22,8	7,0	11,1	20,7	11,4	12,3
Sonnenblume	880	184	6,2	2,6	4,3	6,3	–	17,8	4,1	7,7	10,9	8,6	8,1
Triticale	880	118	3,9	2,0	2,6	3,6	1,4	5,7	2,6	3,9	7,6	4,9	5,1
Weizen (Winter)	880	121	3,4	2,0	2,9	3,7	1,5	6,0	3,2	4,1	8,6	6,0	5,4
● Nebenerzeugnisse der Müllerei													
Gerstenfuttermehl	880	118	4,7	2,2	2,7	4,6	1,5	7,0	2,7	4,6	8,3	5,8	6,5
Gerstenkleie	880	121	4,8	2,1	2,5	4,5	1,3	7,0	2,7	4,7	8,4	5,9	6,6
Haferfuttermehl	900	128	5,4	2,2	–	4,2	2,0	8,6	2,7	5,5	9,9	6,8	7,5
Haferschälkleie	910	102	3,4	1,7	–	–	–	–	–	–	–	–	–

15.5. Aminosäurengehalt von Futtermitteln (je kg Futtermittel)

Maisfuttermehl	890	101	3,0	1,9	1,2	3,9	0,9	4,4	2,4	4,2	10,1	4,4	5,1
Maisflocken	870	96	0,4	1,9	1,8	3,0	0,3	1,7	2,3	3,4	12,0	3,6	4,3
Maisgrieß	890	95	2,5	2,1	1,8	3,8	0,6	4,3	2,5	3,7	11,3	4,5	4,8
Maiskleie	890	98	4,2	2,1	2,2	4,2	1,0	6,8	2,8	3,5	9,3	4,3	5,3
Maisnachmehl	900	117	4,7	1,9	0,9	–	–	–	–	–	–	–	–
Reisfuttermehl, gelb	900	118	5,1	2,0	1,1	–	–	–	–	–	–	–	–
Reiskleie, weiß	880	126	5,7	2,6	2,7	4,8	1,4	10,0	3,4	4,4	9,2	5,6	6,8
Roggenkleie	880	142	6,7	2,0	1,4	6,4	1,1	9,5	4,0	6,7	8,7	5,5	8,2
Weizenfuttermehl	880	168	6,5	2,4	2,9	6,1	1,9	7,4	4,0	5,7	11,5	6,1	8,1
Weizengrieß	890	130	2,8	2,2	3,2	3,7	1,4	4,9	2,7	5,3	9,2	6,4	5,8
Weizenkeime	850	248	13,2	4,1	4,7	10,1	3,2	13,1	5,1	8,8	15,7	8,4	12,7
Weizenkleie	880	141	6,1	2,3	3,2	5,0	2,3	10,2	4,6	4,7	9,6	6,1	7,0
Weizennachmehl	880	170	5,7	2,7	3,8	5,4	2,1	8,9	3,8	6,1	11,0	7,0	7,8

● **Nebenerzeugnisse der Zucker- und Stärkeherstellung**

Kartoffeleiweißflocken	880	738	25,9	10,3	5,9	25,6	7,4	31,0	10,3	32,5	44,3	26,6	37,7
Maiskeimschrot	880	114	4,6	1,9	2,5	4,4	1,0	6,6	3,4	3,6	10,5	5,0	5,5
Maiskleber	880	602	9,5	14,5	10,3	20,2	3,2	18,6	12,3	23,4	101,3	36,3	26,6
Maiskleberfutter,													
bis 25% Protein	900	188	5,1	3,0	4,1	6,5	1,0	7,5	5,4	5,7	16,9	6,8	8,2
über 30% Protein	890	365	7,7	9,7	–	15,0	1,9	12,0	8,0	16,2	60,1	22,4	18,9
Melasse (Zuckerrohr)	770	44	0,3	0,2	0,2	0,7	0,1	0,2	0,1	0,6	0,8	0,4	1,3
Trockenschnitzel	900	87	4,9	1,4	1,2	4,4	1,0	4,0	2,7	3,6	5,5	3,4	5,5
Weizenkleber	900	806	17,4	13,7	13,5	24,5	8,7	32,3	20,3	29,9	59,8	42,3	41,6
Weizenkleberfutter	900	122	2,3	2,0	2,8	3,2	1,3	4,5	2,5	5,1	8,1	5,9	5,0

● **Nebenerzeugnisse des Gärungsgewerbes**

Biertreber, getrocknet	910	231	9,7	5,8	–	8,5	1,4	9,1	4,9	12,7	19,8	11,6	12,4
Hefe, Bierhefe, getrocknet	880	451	32,0	6,7	5,0	21,8	–	20,9	9,9	20,0	32,8	19,0	23,3
Sulfitablaugenhefe (Torula), getrocknet	905	451	31,3	5,3	3,4	22,0	5,1	21,4	9,4	23,0	31,5	19,2	24,4
Malzkeime (Gerste)	890	271	12,2	3,9	3,9	9,6	2,4	11,9	4,6	9,7	15,1	8,7	13,9
Schlempe aus Kartoffeln													
frisch	55	15	0,7	0,2	0,1	0,5	0,1	0,2	0,2	1,6	0,8	–	0,7
getrocknet	900	240	16,8	3,2	5,3	13,7	1,3	16,8	5,6	29,1	19,3	9,9	12,9
Schlempe aus Mais, getrocknet	900	264	6,4	4,6	–	9,3	1,5	8,6	6,6	14,2	21,8	14,7	14,3

Fortsetzung 2

Futtermittel	Trockenmasse g je kg Frischmasse	Rohprotein g	Lys g	Met g	Cys g	Thr g	Trp g	Arg g	His g	Ile g	Leu g	Phe g	Val g
Schlempe aus Roggen													
frisch	56	24	1,7	0,4	0,5	1,2	0,2	1,4	0,6	2,9	2,7	2,5	1,1
getrocknet	890	196	8,3	2,4	3,9	7,3	1,3	9,4	4,4	16,7	15,2	9,3	9,0
Schlempe aus Weizen													
frisch	57	21	0,7	0,3	0,2	0,7	—	0,7	0,5	0,8	1,4	1,0	1,0
getrocknet	910	292	7,8	4,6	3,1	9,9	—	9,5	6,6	10,0	19,4	13,8	14,2
Zitrustrester, getrocknet	880	62	1,6	0,6	0,9	1,8	0,5	2,0	1,1	1,7	3,1	2,2	2,3
● **Nebenerzeugnisse der Ölgewinnung**													
Baumwollsaatexpeller													
aus geschälter Saat, 4–9% Fett	910	435	18,4	5,8	5,2	15,2	6,5	50,4	11,1	17,9	26,8	21,9	22,4
aus teilgeschälter Saat, 4–9% Fett	910	354	16,0	5,6	5,6	11,5	—	34,7	8,6	11,9	18,8	17,3	15,0
Baumwollsaatextraktionsschrot													
aus geschälter Saat	900	436	18,2	6,1	6,3	15,0	6,2	48,3	11,7	16,8	25,3	21,2	21,6
aus teilgeschälter Saat	900	374	15,2	6,3	6,3	12,3	5,4	38,6	11,1	11,8	22,4	18,4	16,1
Erdnußexpeller													
aus enthülster Saat													
4–9% Fett	910	486	15,5	6,7	9,5	12,1	5,0	57,3	10,0	16,0	29,3	20,7	18,9
über 9% Fett	930	456	16,0	5,5	—	12,8	5,5	49,3	11,9	21,9	28,3	23,7	22,4
aus teilenthülster Saat													
über 9% Fett	920	431	15,5	1,9	3,7	12,2	—	47,4	10,7	12,7	26,3	20,9	15,8
Erdnußextraktionsschrot													
aus enthülster Saat	880	461	16,6	4,6	6,9	12,3	5,3	49,3	11,6	15,5	29,6	22,4	18,6
aus teilweise enthülster Saat	920	455	14,7	—	—	11,6	—	48,4	9,4	11,3	26,7	20,4	14,7
aus nicht enthülster Saat	910	349	11,5	3,4	5,3	11,0	3,5	37,0	6,7	13,9	24,5	19,1	15,7
Kokosexpeller													
5–8% Fett	900	207	5,2	3,0	3,2	7,1	1,7	22,3	3,5	7,6	13,2	9,1	11,5
über 8% Fett	900	205	5,3	2,7	1,8	6,5	1,4	21,1	3,8	7,2	13,3	8,0	10,1
Kokosextraktionsschrot	900	210	5,0	4,0	4,0	6,9	3,3	21,7	3,7	7,1	14,0	8,7	10,3

15.5. Aminosäuregehalt von Futtermitteln (je kg Futtermittel)

Leinexpeller													
4–8% Fett	900	335	11,7	6,0	5,7	12,9	6,3	30,7	6,5	14,7	19,7	15,1	17,7
über 8% Fett	910	330	20,2	4,0	4,0	15,2	4,3	25,1	7,6	19,2	24,4	16,5	16,5
Leinextraktionsschrot	890	342	12,8	7,3	5,4	14,7	5,6	32,1	6,6	17,0	20,9	16,8	21,1
Maiskeimexpeller, 4–8% Fett Stärkeindustrie	920	205	9,0	3,5	3,6	7,8	2,7	14,8	6,0	7,3	15,0	7,8	12,3
Maiskeimextraktionsschrot, Stärkeindustrie	890	230	9,0	2,4	2,6	6,8	1,8	12,4	5,0	6,4	11,7	6,2	9,0
Mohnsaatexpeller	890	350	15,4	—	4,5	—	3,8	25,5	6,3	—	41,4	15,4	26,6
Mohnsaatextraktionsschrot	830	390	15,0	—	5,1	—	4,3	28,5	6,4	—	—	17,4	29,9
Palmkernexpeller, 4–9% Fett	910	171	6,1	3,2	2,2	5,7	1,7	23,7	3,2	6,6	10,0	6,6	8,8
Palmkernextraktionsschrot	890	174	6,0	3,5	3,0	5,8	2,4	22,1	2,7	6,3	11,1	6,7	9,0
Rapsexpeller, 4–8% Fett	900	370	17,9	6,3	5,4	14,4	4,4	18,6	9,2	12,4	22,9	13,2	16,7
Rapsextraktionsschrot	890	350	18,5	6,8	8,7	14,9	4,3	19,4	9,0	13,3	24,0	12,9	17,5
„00-Typ"	890	361	19,4	7,2	8,7	15,6	4,5	20,7	9,6	15,4	25,1	14,3	17,7
Sesamexpeller, 4–8% Fett	910	418	11,1	11,1	10,6	15,6	7,8	50,4	9,8	16,5	27,8	20,1	20,3
Sesamextraktionsschrot	910	436	11,6	12,5	6,3	16,7	8,1	49,3	9,8	17,3	29,3	21,6	21,3
Sojaextraktionsschrot, dampferhitzt aus geschälter Saat	890	501	28,9	5,9	4,6	18,4	6,7	35,3	11,8	22,2	35,8	23,3	23,0
aus ungeschälter Saat	880	454	29,1	6,6	6,9	18,3	5,9	31,2	11,7	21,2	34,8	21,8	21,7
Sonnenblumenexpeller, aus geschälter Saat, 4–8% Fett	900	428	14,9	7,9	6,4	16,1	5,6	31,0	10,9	20,1	27,6	17,6	22,7
nicht entschälte Saat, 4–8% Fett	910	223	8,5	4,9	—	7,6	3,1	17,3	4,9	10,1	13,3	18,7	10,9
Sonnenblumenextraktionsschrot, aus geschälter Saat	910	412	14,8	9,9	6,2	15,6	5,7	37,1	9,1	22,3	26,4	19,7	23,1
aus teilgeschälter Saat	900	345	11,3	7,4	6,0	12,0	3,9	26,3	8,3	13,0	21,0	14,8	16,0
nicht entschälte Saat	880	286	10,6	5,3	4,6	11,1	4,0	24,5	6,7	14,0	18,5	12,6	14,4
● Futtermittel tierischer Herkunft													
Blutmehl	920	849	71,3	8,8	9,0	38,9	7,9	36,5	53,4	9,3	40,3	52,4	70,8
Federmehl, hydrolysiert	910	785	18,8	5,5	40,0	36,6	5,1	53,5	7,0	36,4	64,5	38,5	53,7
Fischmehl													
55–60% Protein	940	555	46,2	16,7	5,5	27,2	6,6	36,1	15,6	26,1	46,4	26,6	30,6
60–65% Protein	910	638	48,3	17,7	6,2	26,7	7,3	37,1	17,7	25,7	47,1	25,3	30,6
65–70% Protein	910	673	53,0	19,4	6,4	29,1	8,1	39,6	20,6	28,0	51,1	26,7	33,7
über 70% Protein	910	714	54,5	22,8	7,4	28,6	6,9	41,9	16,2	34,6	54,5	29,4	41,0

Fortsetzung 3

Futtermittel	Trocken-masse g je kg Frischmasse	Roh-protein g	Lys g	Met g	Cys g	Thr g	Trp g	Arg g	His g	Ile g	Leu g	Phe g	Val g
Fischmehl (Dorschmehl)													
60—65% Protein	890	626	48,3	20,0	9,0	24,7	6,3	40,7	13,4	25,0	43,7	24,7	29,4
65—70% Protein	900	653	60,8	22,6	9,8	32,5	6,9	42,4	16,3	30,5	52,5	28,0	34,8
Fischmehl (Heringsmehl)													
unter 65% Protein	880	563	50,9	15,8	8,0	30,0	6,6	41,2	20,8	28,6	54,0	26,6	33,8
über 65% Protein	930	721	57,3	20,7	7,5	30,1	7,9	47,4	18,1	33,1	54,1	27,8	43,0
Fleischknochenmehl													
40—45% Protein	940	404	18,6	4,8	3,0	11,7	1,7	30,6	6,8	9,4	21,4	12,3	14,6
45—50% Protein	940	446	24,0	6,1	4,8	15,1	2,5	33,2	10,1	12,9	28,7	14,7	18,8
50—55% Protein	950	507	26,2	7,1	5,3	17,0	3,2	36,5	9,2	14,2	31,1	15,2	20,9
Fleischmehl													
40—45% Protein	930	418	33,9	5,5	7,9	—	—	24,8	13,7	8,9	29,0	9,6	17,3
45—50% Protein	930	475	34,0	5,7	9,2	27,1	2,9	34,7	12,8	16,5	35,7	22,2	28,2
50—55% Protein	930	534	32,8	8,5	9,6	21,2	3,2	36,6	13,0	16,9	38,0	19,4	25,5
55—60% Protein	930	581	32,2	9,5	5,8	19,5	3,1	41,2	11,3	17,5	36,7	20,5	24,6
60—65% Protein	920	619	44,6	7,7	—	20,3	6,2	—	—	14,2	58,2	—	42,4
65—70% Protein	910	665	32,9	8,8	7,0	20,9	—	44,2	10,1	18,8	37,7	20,4	31,3
Geflügelschlachtabfälle													
getrocknet	910	584	29,5	9,6	9,7	22,3	5,4	38,7	10,4	20,9	40,2	21,9	27,2
Hühnerei, ohne Schalen													
frisch	251	125	8,0	4,7	2,8	5,8	1,8	8,1	2,8	7,4	11,0	7,2	9,0
getrocknet	950	507	35,6	17,4	12,5	24,9	7,6	33,4	12,8	29,9	44,4	28,2	34,3
Milch (Schwein), frisch	230	128	9,4	2,4	2,5	6,3	1,7	6,4	2,9	5,4	11,5	5,3	7,9
Milch und Milchprodukte (Rind)													
Buttermilch	112	36	3,6	0,9	0,3	1,9	0,5	1,5	1,1	2,3	4,0	2,3	2,8
Magermilchpulver	960	350	28,0	9,0	2,9	15,9	5,0	12,1	10,3	18,3	35,9	17,5	22,8
Sauermolkepulver, milchsauer	975	129	7,6	2,2	2,0	7,0	—	3,3	2,3	6,7	11,2	4,2	6,4
Vollmilch (frisch)	145	35	2,7	1,0	0,3	1,7	0,5	1,2	1,0	2,0	3,3	1,8	2,3
Tiermehl													
50—55% Protein	950	529	26,1	7,1	5,6	18,2	5,6	34,2	8,6	15,2	33,8	17,4	21,6
55—60% Protein	950	550	28,9	7,7	6,6	19,4	4,0	35,7	11,2	16,0	37,6	19,2	24,6
60—65% Protein	940	590	34,4	9,1	4,6	21,7	6,2	39,2	12,4	19,6	37,5	19,3	26,2

15.6. Mineralstoffgehalt von Futtermitteln (je kg Trockenmasse)

Futtermittel	Trockenmasse g je kg Frischmasse	Rohasche g	Ca g	P g	Mg g	Na g	Fe mg	Mn mg	Zn mg	Cu mg	I mg	Co mg	Se mg
● Grünfutter													
Ackerbohne, i. d. Blüte	160	98	15,5	3,5	3,3	0,9	169	38	70	11,3	–	0,31	–
Alexandrinerklee, i. d. Blüte	190	138	16,6	3,9	3,2	–	–	–	57	8,7	–	–	–
Erbse (Futtererbse), i. d. Blüte	150	105	16,2	3,3	3,2	0,4	212	25	28	9,0	–	0,18	–
Esparsette, i. d. Blüte	230	61	12,6	3,0	2,7	0,8	92	38	25	7,1	–	0,06	–
Futterrübenblätter, sauber	160	178	20,8	2,5	6,1	6,1	269	128	47	8,3	–	0,20	0,08
Hafer, im Schossen	170	101	4,4	3,1	1,7	1,0	236	98	51	9,2	–	0,08	–
Inkarnatklee, i. d. Blüte	200	100	14,1	2,3	3,1	–	273	24	–	–	–	–	–
Klee, persischer, i. d. Blüte	190	132	16,9	3,5	2,0	1,4	–	–	–	–	–	–	–
Knaulgras, im Schossen	220	72	6,3	2,7	1,6	1,5	65	139	20	7,9	0,25	0,05	–
Kohlrübenblätter	130	161	23,6	3,6	2,1	1,9	181	71	28	5,8	–	0,07	–
Landsberger Gemenge													
Beginn der Blüte	160	103	8,6	3,0	1,8	0,4	162	86	–	7,7	–	0,11	–
Lupine, blau, süß, i. d. Blüte	160	110	19,6	2,8	3,4	0,4	121	240	74	11	–	0,09	–
gelb, süß, i. d. Blüte	140	94	10,2	2,6	2,3	–	–	165	–	6,7	–	0,03	–
Luzerne, 1. Schnitt													
in der Knospe	170	111	18,9	3,0	3,2	0,5	198	34	33	10	0,24	0,19	0,12
in der Blüte	200	109	20,9	2,8	2,7	1,0	203	37	24	11,2	–	0,18	–
Ende der Blüte	230	101	16,7	2,6	2,1	2,4	–	–	–	–	–	–	–
2. und weitere Schnitte in der Blüte	210	108	18,7	2,8	2,7	0,7	129	45	24	11,6	0,25	0,25	–
Mais, Beginn der Kolbenbildung	170	66	5,0	2,9	2,9	0,3	136	37	30	9,7	–	0,10	–
in der Teigreife	270	49	3,8	2,4	1,8	0,1	100	21	13	2,9	–	0,04	–
Markstammkohl, frühgeerntet	110	146	19,7	3,5	2,0	1,7	118	27	35	6,3	–	0,13	–
Raps, vor der Blüte	110	153	16,8	4,6	2,5	1,3	352	–	–	6,4	–	0,13	–
Roggen, vor bis im Ährenschieben	170	96	4,1	4,1	2,0	1,3	255	71	26	6,4	–	–	–
Rotklee, 1. Schnitt													
in der Knospe	160	18	16,2	2,9	3,6	0,4	157	42	40	10,7	0,36	0,14	0,11
in der Blüte	220	91	15,3	2,5	3,6	0,4	133	40	44	10,9	–	0,13	0,11
Ende der Blüte	235	87	20,9	1,5	5,0	–	90	31	21	9,2	–	0,05	–

Fortsetzung 1

Futtermittel	Trockenmasse g je kg Frischmasse	Rohasche g	Ca g	P g	Mg g	Na g	Fe mg	Mn mg	Zn mg	Cu mg	I mg	Co mg	Se mg
2. und weitere Schnitte													
in der Knospe	180	99	17,1	2,8	3,6	—	133	45	47	10,1	—	0,10	—
in der Blüte	220	89	17,3	3,0	4,0	—	305	42	—	12,3	—	0,12	—
Rotkleegrasgemenge, 1. Schnitt													
in der Knospe	170	95	13,4	3,2	1,3	—	272	103	61	10,0	—	—	—
in der Blüte	200	83	13,0	6,1	2,4	—	—	—	—	—	—	—	—
Rübsen, vor der Blüte	110	167	15,5	5,0	2,8	4,5	218	120	—	7,8	—	—	—
Senf, weißer, vor der Blüte	130	149	15,5	4,0	3,4	—	299	34	—	—	—	—	—
Sommerwicke	180	120	15,5	4,6	3,6	0,7	299	43	—	—	—	—	—
Sonnenblume, Beginn der Blüte	120	154	15,0	2,4	4,1	0,4	228	64	59	11,8	—	0,13	—
Weide, 1. Aufwuchs													
im Ähren-/Rispenschieben	190	86	6,6	3,9	1,9	1,2	168	164	24	8,9	0,70	0,20	—
in der Blüte	220	78	6,7	4,0	1,8	0,8	225	144	36	9,1	—	0,13	—
Ende der Blüte	240	78	5,1	3,7	2,2	1,0	217	133	36	11,3	—	0,04	—
2. und weitere Aufwüchse im Schossen	200	103	5,7	3,8	1,8	0,7	191	60	33	7,8	—	0,10	—
Weißklee, in der Knospe	130	118	14,7	3,3	2,8	2,0	150	53	21	10,4	0,43	0,12	—
Weizen, vor bis im Ährenschieben	210	82	2,6	2,3	1,3	2,3	—	—	22	5,5	—	—	—
Weidelgras, deutsches 1. Aufwuchs													
im Schossen	190	115	5,9	3,3	1,6	1,8	137	79	37	8,0	0,39	0,14	—
in der Blüte	210	97	5,1	3,2	1,6	2,5	75	60	41	8,3	0,17	0,15	—
Weidelgras, welsches 1. Aufwuchs im Ährenschieben	180	119	6,5	3,4	1,4	1,2	126	109	25	6,8	0,30	0,05	—
Wiese, 1. Schnitt													
im Ähren-/Rispenschieben	180	95	6,8	3,7	2,2	0,6	163	116	29	9,0	0,41	0,08	0,11
in der Blüte	210	85	9,1	2,7	1,9	0,6	196	78	24	9,7	0,47	0,08	—
Ende der Blüte	230	85	7,7	3,5	2,0	0,3	160	81	18	7,1	0,45	0,07	—
2. und weitere Schnitte im Schossen	200	101	9,1	3,9	2,7	1,0	129	99	38	9,0	1,19	0,12	—
Zuckerrübenblätter, sauber	160	165	12,4	2,5	4,8	9,4	256	179	72	11,5	0,83	0,37	—

15.6. Mineralstoffgehalt von Futtermitteln (je kg Trockenmasse)

Futtermittel												
● Grünfutter — Silage												
Mais, in der Teigreife	270	52	3,9	2,6	2,3	0,4	209	44	32	7,6	—	0,09	0,18
Roggen, im Schossen	170	126	4,5	3,5	1,5	0,6	—	—	—	—	—	—	—
Rotklee, 1. Schnitt													
in der Knospe	350	122	15,4	2,7	2,1	—	—	—	—	—	—	—	—
in der Blüte	350	125	14,7	5,2	—	—	—	—	—	—	—	—	—
Rotkleegrasgemenge, 1. Schnitt													
in der Knospe	350	113	10,9	3,3	1,7	0,5	—	119	—	14,1	—	—	—
Weide, 1. Aufwuchs													
im Schossen	350	108	9,5	3,8	2,4	1,2	—	—	—	—	—	—	—
in der Blüte	350	106	6,4	3,7	—	—	—	—	—	—	—	—	—
2. und weitere Aufwüchse													
im Schossen	350	120	11,1	3,9	—	—	—	—	—	—	—	—	—
Wiese, 1. Schnitt													
im Schossen	350	112	6,6	3,3	1,6	1,3	—	—	—	6,3	—	—	—
in der Blüte	350	110	7,2	5,4	2,0	—	—	81	—	7,2	—	—	—
Ende der Blüte	350	107	8,0	3,4	3,0	—	—	—	—	9,6	—	—	—
2. und weitere Schnitte													
im Schossen	350	110	7,7	3,4	1,8	1,2	—	—	—	—	—	—	—
in der Blüte	350	106	6,9	3,3	1,7	1,1	—	—	—	—	—	—	—
Zuckerrübenblätter, sauber	160	168	12,9	2,4	4,1	6,4	—	157	59	14,7	—	—	—
● Heu													
Luzerne, 1. Schnitt													
in der Knospe	860	100	16,9	3,1	3,1	0,8	—	38	24	8,1	0,21	0,17	0,06
in der Blüte	860	85	15,7	2,7	2,3	0,4	248	47	24	9,2	0,24	0,15	0,12
2. und weitere Schnitte													
in der Knospe	860	95	18,3	3,1	3,9	2,3	126	36	26	8,5	0,25	0,17	—
Rotklee, 1. Schnitt													
in der Knospe	860	111	18,8	2,5	3,2	0,8	434	74	68	18,0	0,36	0,19	—
in der Blüte	860	89	15,4	2,6	3,7	0,4	159	60	66	6,9	0,29	0,20	—
Rotkleegrasgemenge, 1. Schnitt													
in der Blüte	860	84	10,8	2,7	1,8	0,13	90	97	36	11,4	—	0,02	—
Weide, 1. Aufwuchs	860	77	5,9	2,8	1,6	0,6	311	152	50	7,1	—	0,17	—
2. und weitere Aufwüchse	860	76	7,0	3,4	1,9	0,7	144	111	—	10,4	—	—	—

Fortsetzung 2

Futtermittel	Trockenmasse g je kg Frischmasse	Roh-asche g	Ca g	P g	Mg g	Na g	Fe mg	Mn mg	Zn mg	Cu mg	I mg	Co mg	Se mg
Wiese, 1. Schnitt													
im Ähren-/Rispenschieben	860	80	9,1	2,8	2,1	0,6	238	86	32	7,0	–	0,15	0,13
in der Blüte	860	80	7,2	2,7	2,0	0,75	200	108	28	6,4	0,27	0,12	0,09
Ende der Blüte	860	77	6,1	2,4	1,9	0,55	134	121	31	8,5	0,48	0,06	–
2. und weitere Schnitte													
im Schossen	860	109	11,4	3,1	2,9	0,8	357	112	24	8,7	0,45	0,15	–
in der Blüte	860	90	9,5	3,1	1,7	0,4	–	94	–	7,0	–	–	–
● Trockengrüngut													
Luzerne, Beginn Blüte	930	117	20,2	3,2	3,2	1,9	–	53	25	11,1	0,15	0,31	0,54
Rotklee, Beginn Blüte	930	116	11,0	2,8	2,7	0,9	–	84	30	11,5	–	–	–
Wiesengras, Beginn Ährenschieben	930	130	7,5	4,3	1,6	0,7	225	80	35	7	0,45	0,22	–
● Stroh													
Gerste, Sommergerste	860	60	4,8	0,8	0,9	3,7	258	83	43	5,9	0,35	0,19	–
Hafer	860	65	4,1	1,4	1,1	2,2	187	83	81	7,1	0,32	0,06	–
Roggen, Winterroggen	860	56	2,9	1,0	1,0	1,5	166	74	19	3,6	0,49	0,05	–
Weizen, Winterweizen	860	61	3,1	0,8	1,0	1,3	291	64	39	7,9	0,55	0,06	–
● Körner und Samen													
Ackerbohne	890	41	1,6	4,8	1,8	0,18	86	33	46	12,3	–	0,03	–
Buchweizen	880	35	1,3	3,8	1,2	0,60	50	38	15	10,8	–	0,07	–
Eicheln, geschält	910	34	1,1	1,4	0,7	0,10	154	–	–	–	–	–	–
Erbse	880	36	0,9	4,8	1,3	0,25	64	17	24	7,5	0,15	0,21	0,27
Gerste, Sommer	870	28	0,8	3,9	1,3	0,32	44	18	32	6,1	0,28	0,10	0,17
Gerste, Winter	860	29	0,7	4,1	1,2	0,86	–	–	–	–	0,28	–	–
Hafer	880	33	1,2	3,5	1,4	0,38	65	48	36	4,7	0,11	0,07	0,22
Hirse, Körner	900	20	0,3	3,7	1,4	0,09	78	31	37	–	–	0,04	–
Lein	880	65	2,8	5,4	5,6	0,93	133	26	83	17,8	0,44	0,21	–

15.6. Mineralstoffgehalt von Futtermitteln (je kg Trockenmasse)

Lupine, blau, süß	930	30	3,7	4,6	1,7	—	88	34	—	5,0	—	0,03	—
Lupine, gelb, süß	890	48	2,7	5,1	2,4	—	70	68	—	13,6	—	0,02	—
Mais	870	17	0,4	3,2	1,0	0,26	32	9	31	3,8	0,38	0,13	0,10
Milokorn	870	19	0,9	3,1	2,1	0,71	96	16	13	11,3	—	0,01	—
Raps	920	56	4,8	9,5	3,4	—	—	—	—	—	—	—	—
Reis	900	60	0,5	1,9	0,5	—	45	35	15	6,6	—	0,05	0,13
Roggen	860	22	0,9	3,3	1,4	0,26	52	53	34	5,6	0,20	0,05	0,20
Sojabohne	910	62	2,9	7,1	—	—	15	25	37	7,7	0,50	0,22	—
Sommerwicke	860	40	1,1	4,6	2,0	0,20	75	22	35	8,8	—	0,16	—
Sonnenblume	910	35	2,8	5,8	—	—	75	75	—	—	—	0,35	—
Weizen (Winter)	870	20	0,7	3,8	1,3	0,17	45	35	65	7,0	0,36	0,10	0,12
● Nebenerzeugnisse der Müllerei													
Gerstenfuttermehl	880	37	1,0	2,5	2,0	0,50	—	170	—	—	—	—	—
Gerstenkleie	890	55	1,6	4,5	2,1	0,60	—	56	—	—	—	—	—
Haferflocken	890	22	0,9	4,4	1,9	0,06	73	48	26	4,1	—	0,01	0,08
Haferfuttermehl	890	28	1,1	5,7	2,0	—	—	—	—	—	—	—	—
Haferschälkleie	920	52	1,8	2,7	1,8	0,40	250	129	56	4,4	—	0,09	—
Maisfuttermehl	890	19	0,8	5,0	—	0,51	—	—	—	—	—	—	—
Maiskleie	890	46	1,7	5,6	1,6	—	291	—	—	—	—	—	—
Reisfuttermehl, gelb	900	78	1,5	14,7	7,1	0,22	—	—	—	—	—	—	—
Roggenfuttermehl	880	35	1,3	9,2	3,8	0,19	97	72	77	9,0	—	0,01	—
Roggenkleie	880	54	1,7	11,3	3,6	0,79	180	100	90	12,5	—	0,10	—
Roggennachmehl	880	20	0,9	5,2	2,0	0,13	71	49	54	5,4	—	0,03	—
Weizenfuttermehl	890	36	1,2	8,1	2,9	0,35	98	124	88	5,7	—	0,03	—
Weizengrieß	880	19	0,5	2,6	0,8	0,07	22	14	18	4,9	—	0,07	0,02
Weizenkeime	870	60	1,0	9,9	2,8	0,12	59	144	131	8,4	—	0,13	0,02
Weizenkleie	870	64	1,8	13,0	5,3	0,54	168	134	87	15,0	0,32	0,09	0,28
Weizennachmehl	880	49	0,9	7,4	2,9	0,15	115	108	99	6,6	—	0,16	0,26
● Nebenerzeugnisse der Zucker- und Stärkeherstellung													
Futterzucker	990	18	0,4	0,1	0	0,08	—	—	—	—	—	—	—
Kartoffelflocken	890	58	0,5	2,6	1,0	1,09	—	—	—	—	—	—	—
Maiskleber	890	14	0,9	4,1	0,3	0,50	—	4	—	8,5	—	—	—

Fortsetzung 3

Futtermittel	Trockenmasse g je kg Frischmasse	Roh-asche g	Ca g	P g	Mg g	Na g	Fe mg	Mn mg	Zn mg	Cu mg	I mg	Co mg	Se mg
Maiskleberfutter, <30% Rohprotein	900	63	1,5	9,5	4,8	2,76	307	28	65	19,4	0,79	0,23	—
Melasse (Zuckerrohr)	770	251	9,6	1,0	4,5	1,79	—	—	—	—	—	—	—
(Zuckerrübe)	780	118	5,4	0,3	0,2	7,33	154	36	31	10,8	0,85	0,92	—
Melasseschnitzel	910	76	8,1	1,0	2,5	2,64	800	184	36	11,4	0,51	0,21	—
Naßschnitzel, frisch	100	75	10,0	1,4	2,4	2,85	—	—	—	—	—	—	—
siliert	130	101	9,7	0,9	4,5	3,80	640	—	14	—	—	—	0,18
Trockenschnitzel	910	62	9,7	1,1	2,5	2,41	518	74	22	13,9	1,01	0,58	0,18
Weizenkleber	910	88	0,9	2,5	0,7	—	—	—	—	—	—	—	—
Weizenkleberfutter, <30% Rohprotein	880	96	5,0	6,9	4,4	—	—	—	—	—	—	—	—
● **Nebenerzeugnisse des Gärungsgewerbes**													
Apfeltrester, frisch	330	36	7,9	2,7	1,2	1,39	126	—	—	9,5	—	—	—
Biertreber, frisch	250	46	3,8	6,7	2,2	0,43	277	40	138	24,4	—	0,20	—
siliert	270	48	3,3	5,8	2,2	0,38	—	53	—	14,7	—	—	—
getrocknet	920	46	4,5	7,2	2,2	0,61	—	—	—	—	—	—	—
Hefe													
Bierhefe, getrocknet	900	85	2,6	17,0	2,6	2,44	560	59	92	64,0	—	0,40	0,11
Sulfitablaugenhefe, getrocknet	890	79	4,4	14,6	2,0	1,22	281	42	126	16,9	0,36	1,29	0,08
Malzkeime	920	74	2,6	8,1	1,5	0,61	130	41	79	12,8	—	0,07	—
Schlempe aus Kartoffeln													
frisch	60	132	2,8	7,3	—	0,57	870	—	—	—	—	—	—
getrocknet	940	156	1,6	7,6	—	—	—	—	—	—	—	—	—

15.6. Mineralstoffgehalt von Futtermitteln (je kg Trockenmasse)

Futtermittel											
aus Mais											
frisch	70	115	2,5	8,6	4,7	1,20	–	–	–	–	–
getrocknet	890	40	1,3	8,0	3,2	2,02	300	42	97	70,0	–	0,10	–
aus Weizen											
frisch	42	95	3,5	5,3	2,4	–	–	–	–	–	–	–
Zitrustrester, getrocknet	900	63	20	1,0	–	–	–	–	–	–	–	–
● Nebenerzeugnisse der Ölgewinnung											
Baumwollsaatexpeller											
aus geschälter Saat, 4–8% Fett	910	58	3,6	9,0	5,1	0,15	270	28	77	16,6	–	–	0,13
aus nicht geschälter Saat, 4–8% Fett	890	54	2,7	7,6	4,8	0,13	268	26	32	17,2	0,50	0,20	–
Baumwollsaatextraktionsschrot											
aus geschälter Saat	900	75	4,0	12,1	5,6	–	526	20	–	–	–	–	–
aus teilgeschälter Saat	910	60	2,1	11,8	5,1	0,13	301	21	44	14,2	0,31	0,17	–
aus nicht geschälter Saat	920	58	1,9	10,7	4,9	0,57	136	25	69	20,3	0,72	0,34	–
Erdnußexpeller											
aus enthülster Saat, 4–8% Fett	920	51	1,9	6,6	3,6	0,10	377	46	78	18,3	0,55	0,28	–
aus teilenthülster Saat, 4–8% Fett	920	58	1,6	5,4	3,6	0,11	272	38	43	17,2	0,60	0,24	–
Erdnußextraktionsschrot											
aus enthülster Saat	910	62	1,6	6,7	3,7	0,40	653	57	–	13,8	–	–	0,28
aus teilenthülster Saat	890	60	2,5	5,8	4,9	0,37	534	54	58	20,5	0,56	0,22	–
aus nicht enthülster Saat	900	52	1,9	6,0	3,6	0,63	377	50	44	30,7	–	–	0,28
Kokosexpeller, 5–8% Fett	910	70	1,8	6,0	3,3	1,00	475	108	55	26,8	1,22	0,22	–
Kokosextraktionsschrot	900	74	1,7	6,9	3,8	1,02	438	82	50	36,9	1,42	0,25	–
Leinexpeller,											
4–8% Fett	910	56	4,2	8,2	5,3	1,05	243	44	78	20,3	1,01	0,35	–
über 8% Fett	920	62	3,9	8,8	5,8	0,75	197	43	66	27,0	1,21	0,24	–
Leinextraktionsschrot	910	66	4,5	9,5	5,7	1,09	328	47	66	20,2	1,04	0,30	–
Maiskeimextraktionsschrot	890	35	0,4	7,5	3,1	0,93	670	17	–	2,8	–	–	–
Mohnsaatextraktionsschrot	890	144	30,4	16,4	–	–	–	–	–	–	–	–	–
Palmkernexpeller, 4–8% Fett	900	45	2,4	6,5	3,2	1,11	495	203	58	25,6	–	0,12	–
Palmkernextraktionsschrot	890	44	2,9	7,2	5,9	0,11	367	261	70	31,7	1,24	0,15	0,12
Rapsexpeller, 4–8% Fett	940	87	6,3	10,0	5,1	0,80	640	57	60	8,4	–	0,25	–

Fortsetzung 4

Futtermittel	Trockenmasse g je kg Frischmasse	Roh-asche g	Ca g	P g	Mg g	Na g	Fe mg	Mn mg	Zn mg	Cu mg	I mg	Co mg	Se mg
Rapsextraktionsschrot	900	79	6,9	11,9	5,5	0,13	414	75	74	6,7	0,67	0,22	–
Sesamexpeller, 4–8% Fett	920	131	18,9	11,4	6,4	0,09	235	45	106	34,3	–	0,50	–
Sesamextraktionsschrot	900	112	24,9	14,9	8,4	0,26	369	60	95	45,4	0,48	0,53	–
Sojaextraktionsschrot,													
aus geschälter Saat	900	66	3,2	7,6	2,7	0,34	151	31	59	17,3	–	0,10	–
aus nicht geschälter Saat	880	66	3,1	7,0	3,0	0,23	160	33	70	19,1	0,58	0,25	0,25
Sonnenblumenexpeller,													
aus geschälter Saat, 4–8% Fett	910	66	2,5	12,5	7,4	0,08	135	47	52	31,5	0,39	0,11	–
aus nicht geschälter Saat, 4–8% Fett	910	64	3,9	9,4	5,1	0,22	372	51	101	18,2	0,47	0,24	–
Sonnenblumenextraktionsschrot,													
aus geschälter Saat	910	66	4,4	9,9	5,4	0,12	262	49	64	25,3	0,62	0,14	0,10
aus teilgeschälter Saat	910	66	4,0	10,7	5,2	0,50	525	56	46	29,1	0,76	0,49	–
aus nicht geschälter Saat	900	57	5,5	7,0	4,6	0,18	570	48	44	24,1	0,58	0,15	–
● Futtermittel tierischer Herkunft													
Blutmehl	900	40	1,8	1,6	0,3	8,18	2246	6	29	19,4	0,93	0,08	0,07
Federmehl	930	38	3,0	1,3	2,4	1,32	616	12	221	12,6	–	–	–
Fischmehl,													
55–60% Protein	880	232	54,5	35,6	2,9	6,84	526	21	86	6,7	3,32	0,14	1,35
60–65% Protein	900	194	47,5	28,2	2,5	9,74	982	17	93	7,5	–	–	1,64
65–70% Protein	920	157	42,7	27,2	1,9	8,47	–	–	–	–	–	–	–
Fischmehl (Dorschmehl),													
55–60% Protein	890	254	64,1	46,3	2,4	11,61	858	18	79	7,8	–	0,14	–
60–65% Protein	900	252	78,7	43,3	2,3	15,00	–	–	–	–	–	–	–
65–70% Protein	920	228	75,6	43,2	3,9	16,81	–	–	–	–	–	–	–
Fischmehl (Heringsmehl),													
unter 65% Protein	870	209	45,5	27,8	2,2	5,08	117	6	108	4,1	1,45	0,12	–
über 65% Protein	920	121	24,5	18,9	1,4	6,23	158	8	116	5,4	2,28	0,14	2,55

15.6. Mineralstoffgehalt von Futtermitteln (je kg Trockenmasse)

Futtermittel													
Fleischknochenmehl,													
>30% Asche	930	438	162,7	78,4	2,8	10,05	—	46	98	17,0	—	—	—
<30% Asche	900	260	73,0	40,8	1,0	7,45	845	—	—	—	—	—	—
Fleischmehl													
50—55% Protein	930	257	84,1	38,5	—	—	—	—	—	—	—	—	—
55—60% Protein	910	170	44,7	25,5	0,9	9,55	777	—	—	—	—	—	—
60—65% Protein	900	137	34,5	22,5	1,8	11,53	1230	—	90	—	—	—	—
65—70% Protein	910	144	40,5	22,8	0,9	12,06	823	—	—	—	—	—	—
Futterknochenschrot, nicht entleimt	930	566	194,5	94,2	5,0	7,34	593	18	83	8,1	—	0,12	—
Geflügelschlachtabfälle, getrocknet	920	160	52,2	28,0	—	—	—	—	—	—	—	—	—
Hühnerei, mit Schalen	280	—	107,0	6,3	1,5	3,95	100	—	—	—	—	—	—
ohne Schalen	245	32	2,4	8,0	0,4	4,87	—	—	—	—	—	—	1,26
Knochenfuttermehl, entleimt	940	910	316,3	152,0	6,7	5,00	—	25	172	20,2	—	0,30	—
Milch (Schwein), frisch	210	50	11,2	7,7	0,9	2,18	9	1	42	5,8	—	—	—
Milch und Milchprodukte (Rind)													
Buttermilch	102	—	10,8	8,6	1,1	—	62	—	54	0,9	—	—	—
Magermilch	86	103	13,6	10,9	1,6	3,63	9	1	54	1,4	1,22	0,01	—
Magermilchpulver	940	86	14,0	10,8	1,6	5,41	8	1	48	1,0	—	—	0,08
Sauermolkepulver, milchsauer	940	107	16,4	10,9	—	8,55	—	—	—	—	—	—	—
Vollmilch (frisch)	130	49	8,6	7,2	0,9	3,21	4	1	41	1,0	0,43	0,01	0,30
Tierkörpermehl,													
40—45% Protein	930	373	119,3	66,1	2,8	7,63	486	15	104	4,9	1,06	0,17	—
45—50% Protein	910	253	76,8	36,7	1,4	11,52	414	25	112	16,8	1,69	0,29	—
50—55% Protein	920	224	62,0	40,7	2,2	5,65	625	21	85	12,0	0,90	0,14	—
55—60% Protein	900	232	63,8	33,4	2,8	8,60	1500	34	123	10,0	—	—	—
60—65% Protein	920	200	51,5	28,9	1,7	3,67	367	20	70	7,7	0,80	0,02	—
über 65%	920	186	43,1	25,4	—	—	—	—	—	—	—	—	—
● Sonstige Futtermittel													
Geflügeltiefstreu	850	228	47,1	21,4	8	11	1000	100	90	13	—	—	—
Küchenabfälle, getrocknet	920	77	7,2	4,3	1,2	—	367	22	—	30,2	—	—	—
● Wurzeln, Knollen und fleischige Früchte													
Batate, roh	250	35	0,6	2,1	1,7	0,60	45	12	—	4,1	—	—	—
Futterrübe, gehaltvolle Rübe	135	103	2,7	2,4	1,8	4,1	131	83	32	7,2	0,36	0,16	0,03

Fortsetzung 5

Futtermittel	Trockenmasse g je kg Frischmasse	Rohasche g	Ca g	P g	Mg g	Na g	Fe mg	Mn mg	Zn mg	Cu mg	I mg	Co mg	Se mg
Futterrübe, Massenrübe	105	127	2,5	2,5	2,5	3,3	264	80	28	7,8	–	0,18	–
Kartoffel, roh	220	49	0,4	2,5	1,4	0,55	45	7	24	5,4	0,22	0,09	–
gedämpft	240	60	0,8	2,5	1,0	0,04	36	12	13	10,2	0,16	0,05	0,10
gedämpft, siliert	220	54	0,5	2,5	0,9	–	–	–	–	8,7	–	–	–
Kartoffelflocken	890	58	0,5	2,6	1,0	1,1	77	–	–	–	–	–	–
Kartoffelschnitzel	920	62	0,5	2,6	–	–	–	–	–	–	–	–	–
Kohlrübe	105	99	5,2	3,6	1,7	1,7	117	40	14	7,3	–	0,07	–
Kürbis, Frucht	90	89	3,9	3,8	2,2	–	68	16	–	7,5	–	0,13	–
Maniokmehl/Manioksschnitzel	880	35	1,2	1,1	0,7	0,27	40	–	2	–	–	–	0,07
Mohrrübe	120	68	4,4	3,0	1,9	2,8	60	23	33	6,3	0,33	0,16	0,03
Stoppelrübe, mit Blättern	120	269	20,2	6,2	2,9	6,8	351	–	–	25,1	–	–	–
ohne Blätter	75	136	5,8	5,8	–	3,0	74	16	–	5,0	–	0,16	–
Topinambur, Knolle	220	69	1,1	2,8	–	–	–	20	–	4,0	–	0,07	–
Zuckerrübe, frisch	250	52	2,3	1,5	1,6	0,95	215	61	36	5,1	–	0,09	–
getrocknet	920	66	6,8	1,0	–	2,6	–	–	–	–	–	–	–

15.7. Vitamingehalt von Futtermitteln (je kg Trockenmasse)

Futtermittel	Trocken-masse g je kg Frischmasse	Carotin mg	Vit. E mg	Vit. B_1 mg	Vit. B_2 mg	Vit. B_6 mg	Pantothen-säure mg	Nicotin-säure mg
● Grünfutter								
Ackerbohne, in der Blüte	160	190	–	–	–	–	–	–
Erbse (Futtererbse), in der Blüte	150	150	–	13	19	–	–	–
Esparsette, in der Blüte	230	200	–	10	18	–	–	–
Futterrübenblätter, sauber	160	40	–	9,5	32	2,5	–	30
Hafer, im Rispenschieben	170	220	–	3	13	–	–	50
Kohlrübenblätter	130	250	–	14	26	–	–	–
Luzerne, 1. Schnitt								
Beginn der Blüte	200	270	200	7	17	6	–	63
Mais, in der Milchreife	210	80	–	5,5	16	–	–	43
Markstammkohl, früh geerntet	102	150	–	6	6	–	–	–
Roggen, vor bis im Ährenschieben	170	200	–	4	14	–	–	–
Rotklee, 1. Schnitt								
Beginn der Blüte	220	200	180	10	22	7	–	110
Sommerwicke	120	200	–	8,5	18	6	–	–
Weide (100 kg N/ha)								
1. Aufwuchs, im Ähren-/Rispenschieben	190	300	–	4,0	13	6	–	60
Weißklee, Beginn der Blüte	130	180	250	12	23	–	–	–
Weizen, vor bis im Ährenschieben	210	175	–	3,5	15	–	–	–
Weidelgras, Deutsches								
1. Aufwuchs								
vor Ährenschieben	160	360	350	–	–	–	–	–
Beginn Ährenschieben	180	275	270	–	–	–	–	–
Ende Ährenschieben	210	215	160	–	–	–	–	–
Blüte	230	140	120	–	–	–	–	–
Wiese, grasreich, 1. Schnitt								
vor Ähren-/Rispenschieben	170	375	–	–	–	–	–	–
Beginn Ähren-/Rispenschieben	180	310	–	–	–	–	–	–
Ende Ähren-/Rispenschieben	210	240	270	7	14	5	–	–
Blüte	230	170	–	–	–	–	–	–
Zuckerrübenblätter, sauber	160	50	80	6	6	8,5	–	50

Futtermittel	Trocken-masse g je kg Frischmasse	Carotin mg	Vit. D IE	Vit. E mg	Vit. B_1 mg	Vit. B_2 mg	Vit. B_6 mg	Pantothen-säure mg	Nicotin-säure mg
● Grünfutter — Silage									
Luzerne, 1. Schnitt									
Beginn Blüte	350	110	250	—	—	—	—	—	—
Mais, in der Milchreife	210	40	—	—	—	—	—	—	—
Milchwachsreife	270	22	—	—	—	—	—	—	43
Teigreife	320	10	150	—	—	—	—	—	—
Wiese (100 kg N/ha)									
vor Ähren-/Rispenschieben	350	190	—	—	—	—	—	—	—
Beginn Ähren-/Rispenschieben	350	150	—	—	—	—	—	—	—
Ende Ährenschieben	350	120	—	—	—	—	—	—	—
● Heu									
Luzerne, 1. Schnitt									
Beginn Blüte	910	61	300	40	3,5	15	—	26	40
Rotklee, 1. Schnitt									
Beginn Blüte	860	40	100	126	2,7	16	—	—	43
Wiese, grasreich, 1. Schnitt									
im Ähren-/Rispenschieben	860	—	600	15	—	—	—	—	—
Wiese (100 kg N/ha)									
1. Schnitt									
Ende Ähren-/Rispenschieben	860	30	620	136	2	10	5	—	—

15.7. Vitamingehalt von Futtermitteln (je kg Trockenmasse)

Futtermittel	Trockenmasse g je kg Frischmasse	Carotin mg	Vit. E mg	Vit. B_1 mg	Vit. B_2 mg	Vit. B_6 mg	Pantothensäure mg	Nicotinsäure mg
● Trockengrüngut								
Luzerne, Beginn Blüte	930	170	70	4	15	7	41	40
Rotklee, Beginn Blüte	930	150	—	4	16	—	—	—
Wiesengras, Beginn Ährenschieben	930	230	—	3	12	—	—	—
● Wurzeln, Knollen und fleischige Früchte								
Batate, roh	250	—	—	2,6	2,1	—	—	3
Futterrübe, Massenrübe	105	—	—	0,4	1,7	—	—	11
Kartoffel, roh	220	0,6	—	5,0	1,9	9,4	29	60
gedämpft	240	—	—	4,5	1,0	9,0	—	55
Mohrrübe, rot	120	520	37	3,9	4,8	—	—	121
Stoppelrübe, ohne Blätter	75	4	—	5,0	1,5	—	—	1
Topinambur, Knolle	220	2	15	3,4	1,4	—	—	—
Zuckerrübe, frisch	250	—	—	0,3	1,0	2,6	—	11
● Körner und Samen								
Ackerbohne	890	—	29	7,4	3,0	—	—	26
Buchweizen	880	—	—	3,8	1,9	—	—	20
Eicheln, unentschält	910	—	—	2,0	0,8	—	—	—
Erbse	880	5	61	10	2,9	3,1	—	34
Gerste	880	4,4	36	5,7	2,0	3,3	6,5	58
Hafer	880	0	20	6,4	1,6	1,3	15	18
Lein	880	—	—	7,0	4,5	—	—	41
Mais	880	4,4	22	4,6	1,3	8,4	5,3	22
Milokorn	870	—	14	4,3	1,3	4,1	12	45
Reis	900	3	14	2,8	1,1	7,0	11	30
Roggen	880	0	15	4,4	1,5	3,0	9	16
Sojabohne	910	3	51	6,6	2,6	9,8	16	22
Weizen (Winter)	880	0	15	5,5	1,2	5,3	13	50
Wicken	860	—	—	3,6	2,3	3,2	—	22

Fortsetzung 1

Futtermittel	Trockenmasse g je kg Frischmasse	Carotin mg	Vit. E mg	Vit. B₁ mg	Vit. B₂ mg	Vit. B₆ mg	Pantothensäure mg	Nicotinsäure mg
● Nebenerzeugnisse der Müllerei								
Gerstenfuttermehl	880	—	—	1,3	7,1	—	—	—
Gerstenkleie	890	—	—	2,3	3,2	14	—	—
Haferflocken	880	—	17	7,1	1,7	1,9	—	10
Haferfuttermehl	890	—	—	7,0	1,8	2,0	23	30
Maisfuttermehl	890	—	—	2,4	1,3	13	—	18
Maiskleie	890	3	—	5,1	1,7	19	—	77
Reisfuttermehl, gelb weiß	900	—	—	24	2,7	—	—	—
Reiskleie	900	—	—	22	2,0	—	—	—
Roggenfuttermehl	880	—	69	23	2,7	—	—	17
Roggenkleie	880	1	—	3,3	2,4	—	23	31
Weizenfuttermehl	880	3,1	11	3,9	2,2	15	—	100
Weizenkeime	890	—	20	13	2,0	4,9	20	45
Weizenkleie	870	—	133	28	5,0	7,3	12	320
Weizenkleie	870	2,6	11	6	3,1	6,0	30	
● Nebenerzeugnisse der Zucker- und Stärkeherstellung								
Maiskeime	890	—	180	24	3,9	56	—	18
Maiskleber	890	24	20	0,8	1,8	15	—	70
Maiskleberfutter	900	8,4	15	2,0	2,4	15	17	70
Melasse (Zuckerrohr)	770	—	4,4	1,1	2,3	5,6	39	45
(Zuckerrübe)	780	—	5,7	0,9	2,4	—	50	48
Melasseschnitzel	920	—	—	—	0,7	—	1,6	48
Trockenschnitzel	910	0,2	—	0,4	1,1	1,6	1,5	20
● Nebenerzeugnisse des Gärungsgewerbes								
Biertreber, getrocknet	900	—	65	0,7	1,5	—	8,6	46
Bierhefe, getrocknet	930	—	2,2	95	38	49	114	479
Sulfitablaugenhefe (Torula) getrocknet	890	—	—	6,2	64	30	84	500

15.7. Vitamingehalt von Futtermitteln (je kg Trockenmasse)

Futtermittel								
Malzkeime	920	—	4,5	0,7	1,5	—	10	45
Schlempe								
aus Kartoffeln, getrocknet	940	—	—	7,8	19	19	—	212
aus Mais, getrocknet	890	—	30	2,0	3,4	8,8	6	46
aus Melasse, getrocknet	890	—	—	—	44,9	—	—	68
aus Roggen, getrocknet	890	—	—	1,5	14,4	4,0	—	22
aus Weizen, getrocknet	890	—	—	2,2	4,0	—	—	60
Zitrustrester, getrocknet	900	—	—	1,5	2,4	—	14	22
● **Nebenerzeugnisse der Ölgewinnung**								
Baumwollsaatexpeller	910	—	27	6,1	5,5	—	9	41
Baumwollsaatextraktionsschrot	900	—	11	8,1	4,7	4,2	18	45
Erdnußexpeller	900	0,2	5	7,3	5,3	5,7	50	170
Erdnußextraktionsschrot	910	—	4	8,1	6,2	5,8	50	190
Kokosexpeller	910	—	—	0,7	3,1	5,0	6,7	25
Kokosextraktionsschrot	900	—	—	0,9	3,3	2,4	—	33
Leinexpeller	910	0,3	5	5	3,6	6,0	18	36
Leinextraktionsschrot	910	—	9	10	2,9	3,3	15	50
Maiskeimexpeller	890	—	—	20	5,1	—	—	40
Maiskeimextraktionsschrot	890	—	1	—	4,0	7	5,1	45
Mohnsaatexpeller	890	—	—	15	1,7	—	—	—
Palmkernexpeller	900	—	—	—	3,3	—	—	42
Palmkernextraktionsschrot	890	—	—	1,3	1,0	—	—	5

Futtermittel	Trocken-masse g je kg Frischmasse	Carotin mg	Vit. A IE	Vit. D IE	Vit. E mg	Vit. B_1 mg	Vit. B_2 mg	Vit. B_6 mg	Vit. B_{12} µg	Pantothen-säure mg	Nicotin-säure mg
Rapsexpeller	940	–	–	–	13	1,7	3,6	–	–	9	150
Rapsextraktionsschrot	900	–	–	–	–	1,8	3,7	14	–	10	160
Sesamexpeller	900	1	–	–	–	3,0	3,7	–	–	6	30
Sesamextraktionsschrot	900	–	–	–	–	2,9	3,7	–	–	–	–
Sojaexpeller	900	0,2	–	–	6,5	1,7	4,4	–	–	15	36
Sojaextraktionsschrot	900	0,2	–	–	3,0	1,7	3,0	3,6	–	15	60
Sonnenblumenexpeller	910	–	–	–	12,2	3,9	3,7	12	–	33	184
Sonnenblumenextraktionsschrot	910	–	–	–	11	3,6	3,6	13	–	20	220
● **Futtermittel tierischer Herkunft**											
Blutmehl	900	–	–	–	–	0,5	2,9	1,0	44	1,1	31
Dorschlebermehl	880	–	–	39930	–	18	34	33	0,9	46	133
Federmehl, hydrolysiert	950	–	–	–	–	1,2	1,8	4,5	–	11	31
Fischmehl											
60–65% Protein	880	–	–	–	10	0,7	4,5	5	150	7	50
65–70% Protein	880	–	–	–	5	0,6	6	6	180	8	60
Heringsmehl	880	–	–	–	17	0,1	8,7	5	590	22	142
Fleischknochenmehl	900	–	–	–	–	0,2	5,3	1,5	70	5	56
Geflügelschlachtabfälle, getrocknet	940	–	20000	–	5,0	0,2	12	5,0	–	20	49
Lebermehl (Säugetiere)	880	–	200000	–	–	0,2	47	–	500	46	206
Milch und Milchprodukte (Rind)											
Buttermilch, getrocknet	930	–	–	–	4	3,1	30	2,4	20	30	9
Magermilchpulver	940	–	–	–	9	3,5	20	4,0	45	34	12
Sauermolkepulver, milchsauer	940	–	–	–	–	3,7	30	4,0	20	45	12
Vollmilch (frisch)	140	–	1000	–	1,0	2,0	2,5	–	–	3,0	1,0
Pflanzenfett	999	–	–	–	57	–	–	–	–	–	–
Tierfette	999	–	–	–	8	–	–	–	–	–	–
Tierkörpermehl	910	–	–	–	0,8	0,2	5,0	–	100	4,6	56

Sachregister

Acetamid 424
Acetylharnstoff 424
Acid detergent fibre 67, 242, 312
Ackerbohnen 58, 76, 82, 90, 139 f., 281 f.
Acrolein 425
Aflatoxin 82, 232, 252, 309, 315
Agave 183
Alanin 21, 327
Albumine 21, 245 f., 282, 356
Aldehydzahl 381 f.
Aldosen 24
Alkaloid 81 f., 286 f.
n-Alkane 393 f.
n-Alkanhefe 394 f.
Alkohol 30, 112, 259
Alkylresorcinole 249 f.
Allantoin 395
Alleinfutter 16, 405, 409 ff.
Ameisensäure 92 f., 133, 143, 200 ff., 329, 345, 362, 422
Aminosäuren 19, 30, 60 f., 70, 89, 151, 205 ff., 225 f., 244 ff., 257, 287 f., 327, 340 ff., 367 f., 390 f., 424
Aminosäurensequenz 20
Ammoniak 21, 30, 113, 168 f., 180, 424
Ammoniumhydrogencarbonat 424
Ammoniumsalze 424
Amprolium 422
Amprolium-Ethopabat-Kombination 422
Amylase 254 f., 336
Amylopektin 26, 192, 225
Amylose 26, 192, 225
Ananas 345
Ananaskleie 345
Antinutritive Substanzen 19, 30, 81 f., 240, 249, 284 f., 296, 309 f., 351
Antioxydantien 15, 269, 369, 382 f., 421
Anwelksilage 92
Äpfelsäure 29
Apfelschlempe 338
Apfeltrester 344 f.
Avoparcin 420 f.

Bacillus coagulans 329
Babassukerne 309

Babassukuchen 321
Bagasse 180
Bananen 181, 345 f.
Bananenmehl 345
Bataten 192
Baumwollextraktionsschrot 308 f., 318
Baumwollsaat 308 f.
Baumwollsaatöl 390
Baumwollstroh 178
Behensäure 379
Belüftungstrocknung 96
Bentonite 421
Benzoat 93
Benzoesäure 203, 214, 329
Betain 208, 331 f., 424
Betarüben 192 f., 208 ff.
Bierhefe 338 f., 394 ff.
Biertreber 336 f.
Biertrebersilage 336
Bioschlamm 399 f.
Biotin 249
Birnentrester 344 f.
Biuret 424
Blätter 179
Blattgemüse und -abfälle 351
Blaue Lupine 282
Blausäure 227 f., 315
Blausäureglucosid 222 f., 347
Blumenkohl 349
Blut 362
Blutmehl 362 f.
Borsten 366
Brassica-Rüben 192 f.
Braunalgen 399
Brennessel 153
Brillantsäuregrün 422
Brütereiabfallmehl 363
Bruttoenergie 34 ff., 42, 47, 52
Bucheckern 238, 295 f.
Buchenblätter 185
Buchenholz 185
Buchenrinde 185
Buchenzweige 185
Buchweizen 238, 293 ff.
Butterfett 35

Buttermilch 358 f.
Buttersäure 22 f., 29, 89 ff., 99, 199 f., 259 f., 379
Butterschmalz 387

Calcium 77, 111, 120, 143, 147, 193, 247, 283, 313 ff., 367 f., 385, 396
Calciumsilicat 421
Caprinsäure 23, 379
Capronsäure 23, 379
Caprylsäure 23, 379
Carbadox 421
Carotin 111, 120 ff., 130, 141 f., 255
β-Carotin 80, 220 ff., 249, 271
Carotinoide 23, 240, 270 f., 352 ff., 381 f., 422
Cassava 221 f.
Casein 36, 47, 356 f., 361
CCM 240 f., 260
CCM-Silage 262, 272
Cellulase 267
Cellulose 19, 26 ff., 31, 35 f., 78, 157 ff., 188 ff., 208, 242, 283, 323
Cetoleinsäure 379
Chaconin 193
Chemical score 61
Chicorée 349
Chinoxalinderivate 421
Chitin 396 f.
Cholesterol 23
Cholin 284, 314, 395
Chromlederabfälle 368
Chromoproteide 21
Chymotrypsin 194, 285
Citrat 323
Citronensäure 29, 324, 358, 421 f.
Citrus 181
Citruskernmehl 346
Clupanodonsäure 379
Coenzym 18
Coniferylalkohol 29
Convicin 284 f.
Corn-Cob-Mix-Silagen 242, 259 f.
Cumarin 82 f.
p-Cumarylalkohol 29
Cutin 19, 29
Cyanogene Glykoside 284, 309
Cyclopropensäure 384, 390
Cystein 21
Cystin 21, 62, 111, 142, 206 ff., 219 f., 245, 276 f., 310 ff., 327, 357 f., 395 f.

Darm-Verlust-N 61
Datteln 345 f.
Dattelkerne 346
Dattelkernextraktionsschrot 346
Dattelpülpe 346

DDR-Futterbewertungssystem 43
Detergensfaser (ADF) 225
Diffusionsschnitzel 323 f.
Digalactosylglyceride 23
Dimetridazol 422
Disaccharide 24 f., 40, 78, 241, 334
DLG-Futterwerttabellen 325
DL-Methionin 425

Eicheln 238, 295 f.
Eiprotein-Verhältnis (EPV) 61
Eiweißmischsilage 362 f.
Elaidinsäure 384
Elastin 21, 363 f.
Emulgatoren 15, 421
Energetische Futtereinheit (EF) 44 f., 108 f., 117, 197 f., 209 f., 217 f., 231, 274 f., 294, 312, 329, 358 f., 366, 372, 387
Energie, umsetzbare (ME) 35., 40 ff., 50 ff., 111, 197, 210 f., 217, 230, 243, 303 ff., 320 f., 358, 366 ff., 387
Energie, verdauliche 34 ff., 40, 45, 51 f., 56 ff., 230
Energieansatz 43
Energiebedarf 15, 34, 43
Energieertrag 84
Energiegehalt 34, 38, 45, 47
Energiekonzentration (EK) 45, 48 ff., 84, 104 ff., 109, 116, 270, 398
Energieumsatz 34
Energieumsatz, scheinbarer 41
Energieverluste 47
Entnahmeverluste 101 f.
Enzym 18, 21, 24 ff., 29, 93, 174, 267, 335 f., 357, 368
Enzym, körpereigenes 16
Enzymbehandlung 266 f.
Enzyminhibitoren 62
Enzephalomalazie 421
Ephedrin 324
Erbsen 138 f., 157, 281 f.
Erdgas 400
Erdnuß 308 f.
Erdnußextraktionsschrot 39, 308 f.
Erdnußöl 387
Ergänzungsfuttermittel 16, 405 f., 417
Ergosterol 23, 80
Ergotropika 332
Erucasäure 316, 379 ff., 390
Escherichia coli 421
Essential Amino Acid Index 61
Essigsäure 29, 35, 88, 92, 99 f., 112, 152, 199 ff., 259 ff., 358, 393, 422
Ethanol 35 f., 337, 393
Ethoxyquin 382
Exkrementanfall 437

Exkrementinhaltsstoffe 437
Exkremente 437 ff.
Expeller 309 f., 319
Extensin 21
Extrahierte Zuckerrübenschnitzel 58, 326 f.
Extraktionsschrot 309 ff., 343, 397

Fagin 296
Fagopyrin 294
Fallobst 344 f.
Federn 363 f.
Felderbse 90
Feldverluste 101 f.
Fette 22, 36, 43, 257, 356, 373, 378 ff.
Fettenergie 44
Fettsäuren 19, 23, 30, 41, 259, 270, 282 ff., 296, 320, 380 ff., 389
Fettsäuren, essentielle 22 f., 240 ff., 269, 282, 380
Fichtenblätter 185
Fichtenholz 185
Fichtenrinde 185
Fichtenzweige 185
Fischlebermehle 369 f.
Fischmehl 36, 58, 68, 273, 318, 334, 367 f., 369 f., 398
Fischöl 379 f.
Fischpreßsäfte 369 f.
Fischproteinhydrolysat 369 f.
Fischsilage 368 f.
Flavophospholipol 420
Fleischfuttermehl 365
Fleischknochenmehl 365
Fließhilfsstoffe 15, 421
Folsäure 314
Formaldehyd 21, 421
Formiat 93, 133
Frischblut 362 f.
Frischfisch 368 f.
Frischmolke 360
Fructane 24, 26
Fructosane 78
Fructose 24, 26, 78, 218
Fumarsäure 422
Furonosen 24
Fusarium 252
Futterbewertung 33, 51, 65
Futterbewertungssystem 43, 48
Futtereinheit, energetische 44 ff., 140
Futtererbsen 295
Futterfett 59, 380 ff.
Futtergemische 404
Futtergerste 336
Futtergräser 122 f.
Futterhefe 273, 394 f.
Futterkohl 82, 145

Futterkruziferen 145
Futterleguminosen 134 f.
Futtermehle 298 f.
Futtermittel 15 f., 34, 43 ff., 50, 65, 69, 74
Futtermittelanalyse 29 f.
Futtermittelbewertung 33 f.
Futtermittelbewertung, energetische 34, 36 f., 50
Futtermittelqualität 33
Futtermittelüberwachung 408
Futterrationen 404 f.
Futterrüben 59, 209 f.
Futterstroh 156 f.
Futterwert 29, 33 f., 46 f., 60, 65, 70, 72, 76, 105 ff., 126, 139, 146
Futterwert, energetischer 45, 47 f., 66, 70, 76, 84 ff., 241 f., 273, 288, 294, 300 f.
Futterzucker 334
Futterzuckerrübe 213

Gadoleinsäure 379 f.
β-Galactan 283
Galactane 323
Galactinol 331
Galacto-Mannane 27
Galactose 23 ff., 357
α-Galactoside 283 f.
Galacto-Xylo-Glucane 27
Galacturonsäure 24, 27, 331
Gammabestrahlung 264
Gärgas 38
Gärgasenergie 35
Gärheu 92, 133
Gärqualität 99 f.
Gärverluste 101 ff.
Geflügelexkremente 438 f., 440 f.
Geflügelfett 379, 387
Geflügelschlachtabfälle 363 f.
Gelbe Lupine 282
Gelbklee 138 f.
Geliermittel 421
Gemüsebohne 349
Gemüseerbse 349
Gemüsemarkrückstände 348 f.
Gemüsesaftrückstände 348 f.
Gerinnungshilfsstoffe 421
Gerste 36, 39, 49, 56 ff., 68, 82, 114 ff., 239 f., 267 ff., 277 f.
Gerstenfuttermehl 302 f.
Gerstenkleie 302 f.
Gerstenschälkleie 302 f.
Gerstenschrot 327 f., 407
Getreide 84, 86, 91, 117 f.
Getreideganzpflanzen 117 f.
Getreideschrot 92, 200
Getreidestroh 157 f.
Glatthafer 125

Globuline 21, 245 ff., 282, 356
β-Glucanase 266 f.
Glucane 24, 396
β-Glucane 27, 242, 249 f., 262 f., 268 ff.
Gluco-Mannane 27
Glucose 24 ff., 35 f., 41, 78, 194, 218, 227, 357
β-1,4-Glucose 157
β-Glucosidase 291
Glucoside 227, 285
β-glucosidische Bindung 168
Glucosinolate 81 f., 145 ff., 218 f., 296 ff., 314 f., 351
Glucurono-Arabinose-Xylane 27
Glucuronsäure 24, 27
Glutamin 208, 220
Glutaminsäure 21, 208, 324 ff.
Glutaraldehyd 422
Gluteline 244 f., 282
Glycerol 22 f.
Glycin 21, 327, 370
Glykoalkaloide 193
Glykogen 19, 218
Glykolipoide 22 f.
Glykoproteide 21
Glykoside, cyanogene 81 f., 315, 321
Glyoxal 422
Goldhafer 125
Gossypol 309, 315, 318
Grasanwelksilage 51, 59
Gräser 39, 59, 76, 80 ff., 85, 90 f., 113, 120 ff.
Gräser, geringwertige 125
Gräser, getrocknete 37, 59, 120 ff.
Grasland, natürliches 122
Grassilage 59, 133
Grießkleie 299
Grobfutter 16
Grundfuttermittel 50, 67, 76
Grundmischungen für Kälber 49
Grundmischungen für Schweine 49
Grünfutter 71 f., 74 ff., 83 ff., 92, 95 f., 102, 104 ff.
Grünfutterkonservate 74, 83, 99 ff.
Grünfuttersilage 71, 87
Grünfutterstoffe 47, 50, 57
Grüngetreide 76, 91, 113, 120
Grünhafer 90, 113, 115 ff., 120 f.
Grünmais 104 f., 107
Grünmehl 80
Grünroggen 90, 113, 116 f., 120 ff.

Hafer 58, 82, 114 ff., 121, 156 f., 239 ff., 269 ff.
Hafereinheit 51, 53
Haferfuttermehl 302
Haferkerne 302
Haferschälkleie 302
Halofuginon 422

Hämoglobin 21
Handelsfuttermittel 15
Harnenergie 35, 40 f.
Harnsäure 395, 424
Harnstoff 21, 35 f., 63, 113, 170 f., 180, 234, 258 f., 345, 424
Harnstoffphosphat 424
Hartweizen 239
Hefeglykogen 396
Hefen 337 ff., 394 ff.
Heide 184
Heidelbeerkraut 184
Heißlufttrocknung 96, 98
Hemicellulose 26, 28, 31 f., 78, 157 f., 188 f., 242, 325 ff., 346
Hemicellulose-Lignin-Komplex 19
Herbstrüben 218 ff.
Heu 50, 57, 80, 83, 87, 92, 95 ff., 103, 123, 130, 133, 140
Hexamethylentetramin 93, 133
Hexosamine 395
Hexosen 24
Himbeere 184
Hirse 239, 270 f.
Histidin 21, 227, 327, 366 f.
Histomoniasis 422
Histone 21
Holzabfälle 187
Hopfenextrakt 341
Hopfentreber 338 f.
Hormone 18, 23
Horn 363 f.
Hydrolyse 19
Hydroxyllupanin 284 f.
Hydroxyprolin 21

Immunglobuline 286, 356
In-sacco-Methode 38
In-sacco-Trockensubstanzverlust 158, 186
In-vitro-Methode 38, 47
In-vitro-Trockensubstanzverdaulichkeit 186 f.
Iod 248
Iodzahl 22, 383, 386
Ipronidazol 422
Isoflavone 82
Isoleucin 21, 227, 327, 364
Isothiocyanat 81, 314

Kaffee 181
Kakao 182
Kalilauge 169 f.
Kalium 77, 111, 120, 129, 143, 147, 220, 307
Kaolonit-Tone 421
Kartoffeln 36, 192 ff., 337
Kartoffelpülpe 306
Kartoffelschälrückstände 348 f.

Kartoffelschlempe 338
Kartoffelstärke 306
Kartoffeltrocknung 206 ff.
Käseabfälle 361
Kastanien 296
Katalysatoren, biologische 18
Keime 298 f.
Keimgetreide 265
Keratin 21, 366
Kerne 347
Kernextraktionsschrot 347
Kestose 331
Ketosen 24
Kieselgur 421
Kieselsäure 19, 421
Klee 85, 138 ff.
Kleegras 36
Kleeuntersaaten 137 ff.
Kleie 200, 298 f.
Knaulgras 66, 82, 124, 131, 135
Knochenfett 379, 387
Kohl 82, 348 ff.
Kohlabfälle 348 ff.
Kohlenhydrate 18 ff., 30 ff., 46, 63 f., 70, 78 ff., 93 ff., 101 ff., 257 ff.
Kohlrübe 149, 218, 349
Kokosfuttermittel 321
Kokosnüsse (Kopra) 308 f.
Kokosnußöl 387
Kokzidiose 422
Konservierung von Futtermitteln 87
Konservierungsstoffe 15
Konzentrate 16, 276
Koprophagie 436
Körnerleguminosen 39, 86, 281 ff.
Körnermais 105, 239 ff., 270 ff.
Kot 40, 436 ff.
Kotenergie 34 f., 41
Kotenergieverluste 37
Kraftfutter 57
Krill 375
Krillmehl 376
Küchenabfälle 426 ff.
Kupfer 248, 313
Kolbenhirse 239, 270
Kollagen 21, 363 f.
Kolostrum 356

α-Lactalbumin 357
Lactasen 357 f.
Lactat 360
Lactatbildner 421
Lactobacillus delbrueckii 329
β-Lactoglobulin 357
Lactose 26, 35, 354 ff.
Laub 183

Laurinsäure 23, 379
Laurolinsäure 379
Leguminosen 39, 74, 82, 91, 96, 120, 122
Leguminosengemenge 138
Leinöl 379, 387 f.
Leistungsförderer 15, 420 f.
Lektine 194, 284 f., 315
Leptine 193
Leucin 21, 227, 327
Lieschkolbenschrotsilage 274
Lignin 19, 28 ff., 35 f., 60, 81, 84, 157, 160 f., 184 ff., 208 f., 225, 239 ff., 283 f., 312 ff., 323 ff.
Lignin-Hemicellulose-Cellulose-Komplex 166 f.
Lignocerinsäure 379
Linamarin 315
Linolensäure 22 f., 242, 320, 379 ff., 390
Linolsäure 22 ff., 242, 270 f., 282, 292, 320, 379 f., 390 ff.
Limonin 346
Lipasen 22, 255
Lipide 18 f., 26, 81, 385, 393 ff.
Lipidoxydation 255
Lipochrome 23
Lipoide 22, 30
Lipoproteide 21
Lipovitamine 385
Lipoxydasen 255
Lissamingrün 422
Löwenzahn 153
Lupanin 284 f.
Lupinen 82, 138
Lupinin 284 f.
Luzerne 36, 50, 66, 75 f., 80, 82, 85, 90 f., 96, 115, 134 ff.
Luzerneheu 159
Luzernekonservate 50
Luzernemehl 58
Luzernesilage 88
Luzernetrockengrün 68
Lysin 21, 62 f., 65, 111, 142, 193 ff., 205 ff., 219, 225 f., 240 ff., 268 f., 286 ff., 300 f., 327 ff., 354 f., 395 ff., 402, 424
L-Lysin 425
L-Lysin-HCl 425
L-Lysinmonohydrochlorid 425

Magermilch 357 f.
Magnesium 77, 111, 120, 129, 143, 147, 248, 327 f., 380
Mähweide 123
Maillard-Reaktion 172, 206, 225, 255 f., 332, 372
Mais 39, 58 f., 76, 80, 86, 90 f., 104 ff., 110 ff., 120, 156, 277 f.

Maiscobs 106, 113
Maisextraktionsschrot 322
Maiskeimölkuchen 304
Maiskeimkuchen 322
Maiskleber 305
Maiskleberfutter 304 f.
Maiskolbenfuttermittel 240 f., 271 f.
Maiskörner 271 f.
Maisöl 387
Maispellets 107, 110, 113
Maisschlempe 338
Maisschrot 328
Maissilage 59, 69, 72, 82, 88, 104, 106 f., 112 f., 159, 259 f., 330
Maisstärke 303
Makromoleküle 19
Malassehefe 395
Malonsäure 29
Maltose 336
Malvaliasäure 384
Malzkeime 337
Mangan 248
Mango 181, 345
Mangosamen 346
Maniok 192 f., 221 f.
Maniokmehl 222
Maniokschlempe 227
Maniokschnitzel 222
Maniokstärke 229
Maniokwurzel 222
Mannane 27, 396
Mannose 24, 27
Markenpellets 223
Markstammkohl 90
Maschinenlederleim 368
Medizinalfuttermittel 15
Melasse 58, 92, 163, 324 f., 393 f.
Melassefuttermittel 405
Melasseschlempe 325 f., 393
Melasseschlempehefe 394 f.
Melasseschnitzel 325 f.
Melassesirup 393
Melassesiruphefe 393 f.
Melone 181
Methan 35, 393
Methanol 393, 399 f.
Methionin 21, 62, 111, 142, 206 f., 219, 225 f., 245 f., 276 f., 294 f., 327, 357 f., 364, 395 f., 424
4-Methyl-Imidazol 332
Methylmercaptan 425
Meticolorpindol 422
Milchaustauscherfuttermittel 405, 410
Milcheinheit 53
Milchfett 379
Milchproduktionswert 53

Milchprotein-Verhältnis (MPV) 61
Milchpulver 355
Milchsäure 29, 87 ff., 92 f., 99, 112 f., 199 f., 259 f., 358
Milchsäurebakterien-Impfkulturen 133
Milchsäuregärung 152, 214, 217
Milchserumproteine 357
Millet 156
Milocorn 240 f., 270 f.
Minderzellstoff 188
Mineralfutter 15 f., 405, 417
Mineralstoffe 19, 30, 61, 70, 77, 81, 86, 101, 120, 159, 192, 217, 234 f., 274 f., 291 f., 301 f., 326 f., 345, 353, 396
Mineralstoffgehalt 33, 247 f.
Mischfuttermittel 15 f., 49, 404 ff.
Mischfutterproduktion 404, 407
Mischsilagen 203
Mohnextraktionsschrot 321
Mohrrübe 192 f., 218 f., 349
Molke 358, 396
Molkeeiweiß 361
Molkehefe 394 f.
Molkepulver 355
Monensin-Natrium 420 f., 422
Monocarbonsäuren, aliphatische 384
Monogalactosylglyceride 23
Monogastriden-Exkremente 438
Monomere 27, 29
Monosaccharide 23 ff., 27, 40, 78, 168, 218, 241
Mutterkorn 275 f., 298 f.
Mutterkornalkaloid 249 f.
Myglobinurie 218
Mykotoxine 62, 81, 83, 159, 249 f., 252 f., 309, 315
Mykristinsäure 23, 379
Myristoleinsäure 379
Myrosinase 309, 320

Nachmehl 298 f.
Nacktgerste 239
Nackthafer 239
Nadeln 183
Nahrungsmittelabfälle 426
Nährstoffbedarf 15
Nährstoffe 18, 47 ff., 56 f.
Nährstoffverluste 99
Nährwert 22
N-Ansatz 62
Naßschnitzel 47, 324 f.
Natrium 11, 120, 143, 147, 248, 283, 327
Natronlauge 168 f., 180, 187, 329
Nettoenergie 35, 38, 42 ff., 51, 55, 57, 104, 230, 328
Nettoenergie-Fett (NEF) 43 ff., 58, 107, 111, 116, 126, 140, 196, 312

Nettoenergie-Laktation (NEL) 50, 54, 57, 60, 107, 116, 126, 140, 210 f., 231, 303 f., 327 f., 387
Nettoenergie-Wachstum 55
Neutral Detergent Fibre (NDF) 158, 225, 242, 312
NEV-System 55
N-freie Extraktstoffe 31, 38, 40 f., 47, 158, 185 f., 192 f., 241 f., 265 f., 282, 296, 340
Niacin 284, 314
Nichtprotein-N 247
Nifursol 422
Nitrat 19, 81, 83 f., 122, 219 f., 402
Nitrile 314
Nitrit 83 f., 93
Normtyp 409
Normtyp für Geflügel u. a. 418
Normtyp für Rinder 412
Normtyp für Schafe, Ziegen, Pferde 416
Normtyp für Schweine 414
NPN-Verbindungen 20 f., 63 f., 192, 208, 332 f., 357, 394, 402, 424
NRC-Nettoenergie-System 54
Nukleinsäuren 21, 81, 340, 395 f., 399
Nukleoproteide 21
Nukleotide 340, 395

Obstschlempe 341 f.
Obsttrester 346
Ochratoxin 315
Olaquindox 421
Öle 36, 388
Oleinsäure 379
Oligosaccharide 24, 78
Olivenöl 387
Ölkuchen (Expeller) 309
Ölrettich 146
Ölsaaten 308 f., 319
Ölsäure 23, 242, 282 f.
Omega-3-Fettsäuren 383
Originalsubstanz 49
Oxalat 323
Oxydasen 255

Paecilomyces variotii 399
Palmfrüchte 308
Palmitinsäure 23, 379 f.
Palmitoleinsäure 23, 379 f.
Palmkernextraktionsschrot 321
Palmkernkuchen 321
Palmkernöl 387
Pansen 66 f., 262, 266 f., 323 f., 346
Pansenfermentationsregulatoren 420
Panseninhalt 436, 445 ff.
Pansenpuffer 422
Pantothensäure 381

Papain 285
Papier 190
Pappelblätter 185
Pappelholz 185
Pappelrinde 185
Pappelzweige 185
Partialglyceride 383
Passagerate 68
Patentblau V 422
Pekilo-Protein 399
Pektinasen 267
Pektine 26 ff., 78, 157, 193, 208, 242
Pektinpülpe 346
Pelletierhilfsmittel 333
Pellets 163, 184, 262 f., 318
Penicillium 252
Pentosanasen 267
Pentosane 208, 225, 242, 249 f., 262, 266 f., 283, 327
Pentosen 24, 396
Peptone 340
Peroxidzahl 381 f.
Persischer Klee 137 f.
Pestizidrückstände 19
Pflanzenöl 35
Phacelia 153
Phenylalanin 21, 227, 327
Phospholipide 385
Phospholipoide 21, 23, 357
Phosphor 22, 77, 111, 120, 129, 143, 147, 193, 240, 248, 266, 283, 313, 325 f., 397
pH-Wert 89 ff., 99 f., 160, 199 f., 259, 291, 328 f., 346, 357, 365, 392, 397
Physiologischer Nutzwert 289
Phytin 248 f., 283
Phytin-Phosphor 248, 283
Phytinsäure 238, 248, 313
Pigmente 15, 422
Pilztoxine 293
Polyensäuren 383 f., 390
Polysaccharide 19, 24 f., 337
Preßschnitzel 326 f.
Preßschnitzelsilierung 329 f.
Probiotika 421
Produktive Energie 54
Prolamin 244 f., 282
Prolin 21, 327, 370
Propionsäure 29, 35 f., 92, 112, 257 f., 324 f., 384, 398, 422
Protease-Inhibitoren 284 f., 319
Proteide 21
Proteinbewertung 60, 64 f.
Proteine 18 f., 21, 26, 35 f., 60 f., 64 f., 81, 101, 186 f., 234 f., 306, 354, 393 f.
protein efficiency ratio 62
Protein-Energie-Quotient 46

Proteinschutzstoffe 422
Proteinumsatz 63
Provitamine 80
Pufferkapazität 89, 144
Purine 395
Pyrimidine 395
Pyrimidinglucoside 291
Pyronasen 24
Pyrosulfit 93, 215
Pyrrolidin-Carbonsäure 331

Quark 361

Raffinose 331
Ramie 182
Randverluste 101 f.
Raps 82, 114
Rapsöl 379 f.
Rapsextraktionsschrot 58 f., 68, 200, 215 f., 308 f.
Rapssamen 308 f.
Rauhfuttermittel 57
Reis 157, 239 f., 274 f.
Reisig 184
Reisstroh 178
Rhamnose 24, 27
Rinden 186
Rinderexkremente 444
Rindertalg 379, 387
Rispenhirse 239, 270
Robenidin 422
Roggen 39, 114, 118, 119, 239 f., 275 f., 293 f.
Roggenkleie 300
Roggenschlempe 338
Rohasche 48, 77, 86, 107 f., 126 f., 139, 185 f., 196 f., 241 f., 273 f.
Rohcellulose 225, 312
Rohfaser 31, 36, 38, 41, 46 f., 50, 57, 107 f., 110 f., 116 f., 126 f., 140 f., 183 f., 192 f., 240 f., 268 f., 282 f., 300 f.
Rohfett 30, 36, 38, 40 f., 46 ff., 50, 184 f., 192 f., 241 f., 273 f., 282 f.
Rohhemicellulose 321
Rohkohlenhydrate 31; 47 f., 185, 261
Rohlignin 312
Rohprotein 20, 30, 33, 36, 38 ff., 46 ff., 50, 62 f., 70, 77, 86, 90, 95, 107 f., 111, 113, 116 f., 126 f., 135, 139 f., 183 f., 192 f., 240 f., 261 f., 273 f., 282 f., 340 f.
Rohrglanzgras 82, 124, 127
Rohrglanzschwingel 124
Rohrzucker 393
Ronidazol 422
Rosenkohl 349
Rostocker Futterbewertungssystem 56 f., 60, 209, 325, 398

Roßkastanien 295
Rotalgen 399
Rote Rübe 208 f., 218, 349
Rotklee 75 f., 80, 82, 90 f., 96, 135 f.
Rotkleegras 115
Rotkohl 349
Rotlauge 361
Rotschwingel 125
Rüben 15
Rübenblatt 113, 148 f.
Rübenblattsilage 211
Rübsen 82
Rübsensamen 308 f.
Runkelrübe 148 f.

Saatgrasland 122
Saccharomyces 336
Saccharose 26, 218
Saflorexpeller 321
Saflorkuchen 321
Saflorӧl 387
Salinomycin-Natrium 420
Salzsäure 358, 422
Samen von Holzgewächsen 295
Sammelfutter 426 f.
Saponine 82 f., 135, 209, 296
Sauermolke 360
Sauerstoff 22 f.
Säureamide 21
Säuren 422
Säureregulatoren 15
Schälkleie 298 f.
Schlempen 337 f.
Schleusenfett 387
Schnitzel 325 f.
Schrot 263
Schwedenklee 138 f.
Schweineexkremente 442 ff.
Schweinemastfutter 49
Schweineschmalz 379, 387 f.
Schwermetalle 159
Schwingelarten 82
Seetieröl 387 f.
Selen 248, 313
Sellerie 349
Serin 21, 327
Serradella 139
Sesamexpeller 321
Sesamextraktionsschrot 321
Silage 30, 50, 57, 83, 87, 89, 91 f., 94, 99, 102, 104, 122 f., 130
Siliermittel 92 f., 120 f., 132 f., 143, 215, 329 f.
Siliertechnik 93
Silierung 198 f., 220, 272, 306, 328, 339, 345
Silierverluste 102

Silo 101
Silomais 105 ff.
Sinapin 309, 314, 319
Sinapylalkohol 29
Single Cell Protein (SCP) 392
Sisal 182
Skandinavische Futtereinheit 51, 54
Skleroproteine 19, 21
Soja 367
Sojabohne 36, 277 f., 308 f.
Sojaextraktionsschrot 39, 58 f., 65, 273, 287 f., 308 f., 397 f.
Solanin 193 f., 353
Sommerfutterraps 146
Sommergerste 158
Sommerraps 316
Sommerroggen 114
Sonnenblumen 153
Sonnenblumenextraktionsschrot 49, 308 f.
Sonnenblumenöl 379, 387
Sonnenblumensamen 308 f.
Sorghum-Arten 82, 156, 239, 251, 270 f.
Spartein 284 f.
Sphäroproteine 19, 21
Spiramycin 420
Stabilisatoren 421
Stärke 25, 31, 35, 41, 78 f., 104, 108, 110, 114, 192 f., 218, 241 f., 264, 296 f.
Stärkeeinheit 43, 219, 303, 311 f., 327 f., 335, 345 f., 358
Stärkegehalt 109, 110
Stärkewert 50, 53, 56, 57
Stärkewertlehre 43
Starterfutter 417
Stearinsäure 23, 379 f.
Sterculasäure 384
Steroide 23
Sterole 385
Stickstoff 77, 79
Stoppelrübe 218 f.
Streptococcus faecium 421
Stroh 57, 155 f., 184
Strohhydrolyse 168
Strohmehl 168
Strohpellets 166, 332
Suberin 29
Sulfitablaugenhefe 394 f.
Sumpfrispe 125
Süßlupine 90, 281 f.

Tannin 62, 82 f., 184 f., 249 f., 270, 284 f., 422
Tapioka 221 f.
Tapiokamehl 227 f.
Taro 192
Teilextrahierte Zuckerrübenschnitzel 330

Tetrosen 24
Thioaminosäuren 287
Thiocyanat 228, 314
Thioglycosid-glucohydrolase 309
Threonin 21, 62 f., 225 f., 246, 276 f., 294, 311 f., 327
Tierexkremente 437 ff.
Tiermehl 362 f.
α-Tocopherol 284
Tocopherol s. Vitamin E
Tomaten 352
Topinambur 153, 192 f.
Treber 337
Trespe 125
Trester 337, 345 f.
Trichothecene 83
Triglyceride 22 f.
Trimethylamin (TMA) 314 f., 320, 380
Triosen 24
Triticale 158, 239 f., 276 f.
Trockengrünfutter 50, 130
Trockenmagermilch 273
Trockenschnitzel 47, 57, 324 f.
Trubwassergemisch 338 f.
Trypsin 194, 277, 285
Trypsinhemmstoffe 290 f., 309, 314 f.
Trypsininhibitoren 290 f., 309, 314 f.
Tryptophan 21, 62 f., 225 f., 246, 271 f., 288, 294, 311 f., 374
Turnips 218 f.
Tylosinphosphat 420
Tympanie 135, 137
Tyrosin 227, 327, 374

UFL-System 54
UFV-System 55
Umsetzbare Energie (ME) 40 f., 50 f., 111
Urease 316
Uronsäure 24

Vaccensäure 384
Valin 21, 227, 327
VEM-System 54
Verdauliche Energie 36 ff.
Verdaulichkeit 21, 36 ff., 40, 57, 61, 66, 76, 84 f., 111, 116 f., 126, 140, 240 f., 261 f., 268 f., 298
Verdauungs- und Geliermittel 15
Verdauungsenzym 25
Verdauungsenzym-Inhibitoren 256 f.
Verdauungsquotient 37
Verdickungsmittel 421
Vergärbarkeit 89, 121, 132, 148
Verpilzung 265
Verseifung 22
Verseifungszahl 383 f.

VEVI-System 55
Vicin 284 f.
Viehsalz 398
Vinasse 325
Virginiamycin 420
Vitamin A 221, 369, 373
Vitamin-A-Vorstufen 80, 249
Vitamin-B-Komplex 80, 193, 238, 249, 265, 284, 299 f., 314, 340 f., 366 f., 381, 396
Vitamin B_{12} 80, 373, 401 f.
Vitamin C 193
Vitamin D 23, 80, 182, 340, 381
Vitamin D_2 396
Vitamin D_3 373
Vitamin E 80, 238, 249 f., 269, 284, 299 f., 373, 381 f., 396
Vitamin K 80, 193, 249
Vollmilch 356
Vormischungen 405, 409

Wachse 22
Walfleischmehl 374 f.
Walknochenmehl 374 f.
Wasseraktivität 94
Wasserbindende Stoffe 421
Wasserrübe 218 f.
Wasserstoff 22 f.
Weender Futtermittelanalyse 30 f., 50, 56, 158, 208, 225
Weide 123
Weidefutter 83
Weidegräser 129 f.
Weidelgräser 82, 91, 96, 114 f., 123 f., 130, 135
Weinbeeren 345
Weinhefe 338
Weinsäure 358
Weintrester 338 f.
Weißblühende Futtererbse 282
Weiße Lupine 282
Weißer Senf 146
Weißes Straußgras 125
Weißklee 67, 82, 137 f.
Weißkohl 349
Weizen 36, 39, 58, 115 f., 118 f., 156 f., 239 f., 275 f., 298 f.
Weizenkleie 49, 58 f., 300 f., 398
Weizennachmehl 300
Weizenschlempe 338
Weizenschrot 273

Weizenstärke 305
Weizenstroh 36 f., 59, 67, 69, 159 f., 187
Welsche Weidelgräser 123 f., 130 f.
Wicken 139, 281
Wiesenfuchsschwanz 125
Wiesenlieschgras 124, 131, 135 f., 141
Wiesenrispe 124, 131
Wiesenschwingel 124, 131, 135 f., 141
Winterfutterraps 146
Wintergerste 51, 157, 230
Winterraps 316
Winterroggen 114, 157
Winterrübsen 146
Winterrübsenbastard 146
Winterweizen 157, 230
Winterwicken 114
Wirkstoffe 70
Wirtschaftseigene Futtermittel 15
Wruke 280
Wurzelgemüse 348 f.
Wurzelgemüseabfälle 348 f.

Xanthophylle 422
Xylose 24 f., 27
Xylo-Glucane 27

Yams 192

Zearalenon 83
Zeaxanthin 271, 305
Zentrifugenschlamm 361
Zink 248, 313
Zink-Bacitracin 420
Zitrusextraktionsschrot 345
Zitrusfrüchte 345
Zitrusmehl 345
Zitrusmelasse 345
Zitruspülpe 345
Zitrustrester 344 f.
Z/PK-Quotient 90 ff., 143 ff.
Zuchtbullenfutter 59
Zuckerrohr 179 f., 337
Zuckerrüben 148 f., 213 f., 323 f.
Zuckerrübenblatt 90 f.
Zuckerrübenmelasse 59, 326 f.
Zuckerrübennaßschnitzel 323
Zuckerrübenvollschnitzel 59, 217, 232 f.
Zusatzstoffe 15, 404 ff., 417, 420

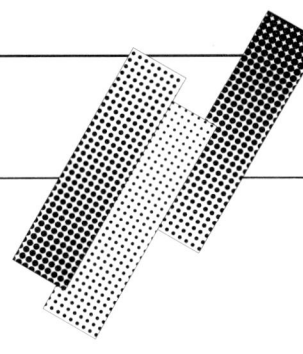

Taschenbuch

LIEBENOW/LIEBENOW

Giftpflanzen

Vademekum für Tierärzte, Landwirte und Tierhalter

4., überarbeitete Auflage.1993.
251 Seiten,
88 Strichzeichnungen,
24 Farbtafeln,
2 Tabellen, 12 x 19 cm,
kt. DM 48,80
ISBN 3-334-60421-7

Den Verfassern des seit zwanzig Jahren gut eingeführten Taschenbuches ist es gelungen, eine Synthese botanischer, chemischer, toxikologischer und veterinärmedizinischer Kenntnisse und Erfahrungen vorzulegen. Aus der praxisorientierten, nutzerfreundlichen Aufbereitung und Gestaltung des Textes ergibt sich ein rascher Zugriff auf die benötigten Informationen. In der vierten Auflage wurden neue Schwerpunkte gesetzt, die Zahl der Grafiken erhöht und die weiterführenden Literaturangaben aktualisiert und ergänzt.

Interessenten:
Tierärzte, Landwirte, Toxikologen,
Apotheker, Botaniker,
Heimtierhalter,
Naturfreunde

Zum Thema:
Kühnert. **Veterinärmedizinische Toxikologie.** Allgemeine und klinische Toxikologie - Grundlagen der Ökotoxikologie.
1991. DM 184,- (Best.-Nr. 6-00386)

Preisänderungen vorbehalten

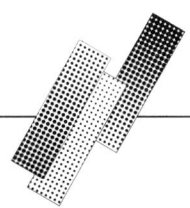

GUSTAV FISCHER
SEMPER BONIS ARTIBUS

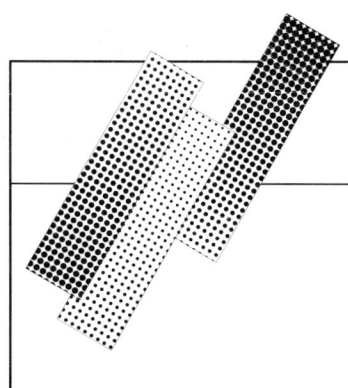

Fachbuch

Grundzüge der Wiederkäuer-Ernährung

Von Prof. Dr. Bernhard PIATKOWSKI, Dummerstorf-Rostock, Prof. Dr. Herbert GÜRTLER, Leipzig, und Dr. Jürgen VOIGT, Dummerstorf-Rostock

1990. 236 Seiten,
42 Abbildungen,
131 Tabellen,
17 x 24 cm,
gebunden DM 85,-
ISBN 3-334-00355-8

Der Faktor Ernährung/Fütterung bildet in der Nutztierproduktion den Dreh- und Angelpunkt betriebswirtschaftlicher Überlegungen und Entscheidungen. Ziel des Verfassers ist es, die Fülle akkumulierten Wissens auf dem Gebiet der Wiederkäuer-Ernährung für die Umsetzung in die Praxis aufzubereiten. Berücksichtigt wurden dabei veterinärmedizinische, tierzüchterische, futterbauliche und technologische Aspekte, die effektive und sinnvolle Nutzung vorhandener Ressourcen und die Qualitätssicherung der erzeugten Produkte. Das interdisziplinäre Zusammenwirken eines Agrarwissenschaftlers, eines Veterinärmediziners und eines Biochemikers erweist sich für die Bewältigung des Stoffes als vorteilhaft.

Interessenten:
Tierärzte,
Agrarwissenschaftler,
Landwirte, Tierzüchter,
Tierphysiologen,
Biochemiker,
Futtermittelproduzenten

Zum Thema:
Püschner/Simon.
Grundlagen der Tierernährung.
4., überarb. Aufl. 1988. DM 45,-
(Best.-Nr. 6-00110)

Preisänderungen vorbehalten

GUSTAV FISCHER
SEMPER BONIS ARTIBUS